国外电子与通信教材系列

信号与系统

(第二版)

Signals and Systems

Second Edition

Alan V. Oppenheim
[美] Alan S. Willsky 著
S. Hamid Nawab

刘树棠 译

电子工业出版社
Publishing House of Electronics Industry
北京·BEIJING

内 容 简 介

本书是美国麻省理工学院的经典教材之一,讨论了信号与系统分析的基本理论、基本分析方法及其应用。全书共 11 章,主要讲述了线性系统的基本理论、信号与系统的基本概念、线性时不变系统、连续与离散信号的傅里叶表示、傅里叶变换以及时域和频域系统的分析方法等内容。书中采用了大量在滤波、采样、通信和反馈系统中的实例,并行讨论了连续系统、离散系统、时域系统和频域系统的分析方法,使读者能够透彻地理解各种信号系统的分析方法并比较其异同。

本书可作为通信与电子系统类、自动化类以及全部电类专业的信号与系统课程的教材,也可供从事信息获取、转换、传输及处理工作的其他专业研究生、教师和广大科技工作者参考。

Authorized translation from the English language edition, entitled Signals and Systems, Second Edition, by Alan V. Oppenheim, Alan S. Willsky, S. Hamid Nawab, published by Pearson Education, Inc., Copyright © 1997 Alan V. Oppenheim and Alan S. Willsky.

All rights reserved. No part of this book may be reproduced or transmitted in any form or by any means, electronic or mechanical, including photocopying, recording or by any information storage retrieval system, without permission from Pearson Education, Inc.

CHINESE SIMPLIFIED language edition published by PUBLISHING HOUSE OF ELECTRONICS INDUSTRY, Copyright © 2020.

本书中文简体字版专有出版权由 Pearson Education(培生教育出版集团)授予电子工业出版社。未经出版者预先书面许可,不得以任何方式复制或抄袭本书的任何部分。

本书贴有 Pearson Education(培生教育出版集团)激光防伪标签,无标签者不得销售。

版权贸易合同登记号　　图字:01-2012-1497

图书在版编目(CIP)数据

信号与系统:第二版/(美)艾伦·V. 奥本海姆(Alan V. Oppenheim),(美)艾伦·S. 威尔斯基(Alan S. Willsky),(美)S. 哈米得·纳瓦卜(S. Hamid Nawab)著;刘树棠译. —北京:电子工业出版社,2020.8
书名原文:Signals and Systems, Second Edition
国外电子与通信教材系列
ISBN 978-7-121-38837-8

Ⅰ. ①信… Ⅱ. ①艾… ②艾… ③S… ④刘… Ⅲ. ①信号系统-高等学校-教材 Ⅳ. ①TN911.6

中国版本图书馆 CIP 数据核字(2020)第 048258 号

责任编辑:马　岚
印　　刷:三河市鑫金马印装有限公司
装　　订:三河市鑫金马印装有限公司
出版发行:电子工业出版社
　　　　　北京市海淀区万寿路 173 信箱　邮编　100036
开　　本:787×1092　1/16　印张:39.25　字数:1105 千字
版　　次:2020 年 8 月第 1 版(原著第 2 版)
印　　次:2024 年 11 月第 9 次印刷
定　　价:99.00 元

凡所购买电子工业出版社的图书有缺损问题,请向购买书店调换;若书店售缺,请与本社发行部联系。联系及邮购电话:(010)88254888,88258888。
质量投诉请发邮件至 zlts@phei.com.cn,盗版侵权举报请发邮件至 dbqq@phei.com.cn。
本书咨询联系方式:classic-series-info@phei.com.cn。

译 者 序

Signals and Systems（A. V. Oppenheim, A. S. Willsky）一书 1983 年在美国公开出版发行，当年 8 月即由笔者从美国带回中国。1984 年 2 月笔者采用该书的中译本（油印讲义）在西安交通大学 1982 级"无线电技术"专业的"信号与系统"课中作为基本教材使用。1985 年由西安交通大学出版社正式出版该书中译本（老式铅字排版，排版师傅非常辛苦）。1997 年原著第二版在美国问世，1998 年该书第二版中译本与读者见面，这就是业界熟知的十几年来各高等院校所采用的由西安交通大学出版社出版的第二版中译本。该书第一版中译本累计发行近 6 万册；第二版中译本累计印刷 15 次，发行近 13 万册。这样的销量是在当时国内"信号与系统"课程方面已有多本主流教材存在，并在随后几年多达十几本甚或几十本自编教材的情况下取得的，实属不易。其中西安交通大学出版社为此付出过诸多努力，应该谢谢他们。这些数字表明该书已经在中国读者心中占有的份量和地位，并已使广大读者受益。

现在，本书原著出版商 Pearson 教育出版集团将该书的简体中文翻译出版权授予电子工业出版社，至此这本书的简体中文版和英文影印版归于同一出版社出版。电子工业出版社的"国外电子与通信教材系列"，经过出版社编辑和许多译者的共同努力，20 年来已逐渐成为引进颇具规模、精品相对集中的系列。Oppenheim 的这本巨著归入这个系列，将使该系列在结构上更加完整。电子工业出版社的编辑根据笔者的译文对全书重新进行了排版和编辑加工，并配合笔者根据网上查询到的多个勘误表，对内容细节进行了改进。本书的英文影印版也做了相应调整，相信两本书的配合勘误会使读者收获更多。笔者多年来翻译出版了十多本国外优秀教材，确实是出自对这些教材的喜欢和偏爱，将它们及时奉献给广大读者，让大家受益、欣赏，并从中悟出什么才称得上一本好教材。好教材是精心写出来的，而不是"编"出来的。所译教材中绝大多数为国内教师教学采用，多次重印并随着原著版本的更新而不断推出新版。许多美国顶尖大学的著名教授所写的名著，都在国内取得较好反响，笔者对此"乐此不疲"。正值新的中译本面世之际，这是译者首先要说明的。

接下来，笔者想就这本书本身及使用这本书的有关方面粗线条地谈几点意见，与使用该教材的老师们和读者切磋，不妥之处祈望给予批评指正。

第一，该书从 1983 年面世至今将近 40 年，在中国大陆中译本就发行了超过 30 万册，原著在中国台湾省、香港特别行政区、澳门特别行政区，以及亚洲各国高校都有使用，可以说几乎遍及世界各国，实属一本得到普遍认可的经典教材。近 30 年使用过程中，并未让人感受到内容的陈旧，或组织结构方面的缺陷，它所涵盖的基础内容和建立的教材体系仍然是十分合理和可取的，对于任何行业从事信息分析和处理的人们来说，这些都是必须具备的基础知识。有了这个铺垫，就能够通过各种方式在各自的领域做些更深入和更前沿方面的研究。我校早已在全部电子和电气信息类专业开设了"信号与系统"课程。电信学院信息与通信工程系任品毅教授于 2005 年首次在我校理学院的理科试点班，接着于 2012 年在我校航空航天学院采用中译本为基本教材开设了"信号与系统"课程，取得了很好的反响。笔者也曾在 20 世纪 90 年代与我校能源与动力工程的研究生讨论过他们所遇到的很有趣的数字滤波器问题。凡此种种都表明，本书所涉及的基础内容是没有专业界限的，直至经济、金融和社会学等领域。2011 年 12 月底 Oppenheim 教授访问我校，笔者与他有过近距离的交谈，曾谈及该书第三版的事。Oppenheim 教授并未正面给出回应，而是说正在写一本深度介乎 Signals and Systems 和 Discrete-Time Signal Processing 之间的新书。看来，Oppenheim 教授还在关注构建他的课程体系，估计短时间内不会有该书第三版的计划。

第二，本书在内容取舍、例题选取、章节结构、排比技法与巧妙等方面都是经过精心策划与构思的，讲过多遍的老师都会有自己的体会。用好这本教材，一定要对该教材的整体情况有很好的掌握，这样才能根据各个专业的具体要求和专业内已设置课程之间的关系重新做出合适取舍和组织。笔者不主张把一本教材按章、按节从头讲到尾来用，应该将一本或两本教材作为主要参考书，而不要作为教科书来用。不要把大学生当成中学生来教。

第三，学生由于对离散时间信号比较陌生，刚开始可能会对第 5 章的内容感到有点难度，实际上这是一种误读。第 5 章是作者首次将离散时间傅里叶变换理论系统、严谨地反映到教材中的，包括理论的系统化、符号的建立、名词的统一等，都做出了贡献，写得很成功。这一章在讲授时不要急于与采样概念挂钩，只当成一个自然序列来研究，让学生牢牢建立序列频谱的概念。有些难点可能要在后续章节中解决，例如数字频率的量纲是弧度等重要概念。笔者认为本书写得最精炼、难度最大的是第 7 章，篇幅很小，但蕴含的概念很丰富，要把这一章与第 3 章至第 5 章前后呼应结合起来讲，力求概念的深化与贯通。第 9 章至第 11 章写得都很精炼，也容易讲授，第 9 章和第 10 章各用 3 个课时足矣。有关第 11 章的处理，大多不在"信号与系统"课中讲授而不被采用。这一章其实是写得非常好的一章，它用短短的一章篇幅把经典控制理论涉及的命题、基本概念和方法都进行了交待。在本书中它是作为全书基本理论在线性反馈系统中的应用来选取的。笔者曾建议过，将该章包含进来，而在"自动控制原理"课中不再讲授经典部分，只讲近代控制理论。这样既保证了"信号与系统"课中基本理论与应用方面的完整性，又可避免课程之间过多的内容重复，还能提升"自动控制原理"课的档次。当然，这涉及专业的课程内容和体系，不一定能由任课老师一人定夺。笔者曾用 50 个课时讲完全部内容。

第四，全书涉及数学公式比较多，如果对此处理不好会对学生产生误导。数学是一种描述和解释物理现象的工程语言，精确、严谨而又简单，切勿在课堂上进行过多推导。关键是要将过程和结果中所包含的物理内容说清楚。必要时可以借用 PPT 工具，但我不主张从头到尾都用已做好的 PPT 课件的"拉洋片"式的授课方式。

第五，本书的习题部分太多、太丰富，不少都是课程内容的延伸。笔者不主张做很多题，在正常教学中选若干基本题做一点就可以了。很长一段时间以来，不少学生为了考研，将所有的题都做了一遍！这既无必要，也没有多少好处，反而耽误了基本概念的理解与消化。

第六，现在已经很少甚或没有传统意义上的硬件实验了，大都在计算机上进行仿真。现在用于仿真实验的软件工具极为丰富，功能强大，而且带有很强的图形化功能。如果老师能精心拟定若干题目，相当于一种不大不小的课程作业，让学生课后自己设法完成，在完成的过程中学生会任意改变一些参数，可能会得出许多稀奇古怪、意想不到的结果，将出现的这些结果都一一搞懂了，都能自圆其说了，就一定会得到许多从书本里、课堂上得不到的知识，从而加深对一些概念的理解和掌握。极力推荐并鼓励老师们都能这样做。

借新的中译本与广大读者见面之际写了上面几点粗浅意见与大家商榷，共同将这本经典教材用好，让广大学生受益。

最后，感谢电子工业出版社对这个中译本的认真编辑加工，祝新的中译本发行成功，并期望电子工业出版社能为读者提供更多、更优质的服务。

刘树棠

于西安交通大学

前　　言

　　本书适合作为大学本科"信号与系统"课程教科书。虽然这类课程通常属于电气工程类的课程，但作为该课程核心的一些基本概念和方法，对于所有工程类的专业来说都很重要。事实上，随着工程师们面临着需要对一些复杂过程进行分析或综合的新挑战，信号与系统分析方法潜在的和实际的应用范围都一直在扩大着。为此我们认为，信号与系统方面的课程不仅是工程教学中一门最基本的课程，而且也能够成为工程类学生在大学教育阶段所修课程中最得益而又引人入胜并且最有用处的一门课。

　　关于"信号与系统"课程的处理和论述的基本宗旨和看法，第二版与第一版相同，但是在内容的组织和选取上有较大的变化，基本上属于重写和重新组织，并有较多的补充。这些变化的目的在于更有助于教师讲授这门课和学生掌握这门课的内容。在第一版的前言中曾提到过，由于在信号与系统设计和实现手段上的持续发展，对于学生来说，需要对连续时间和离散时间系统的分析与综合技术都很熟悉，这一点越来越重要。当我们写第二版前言时，更坚定了这样的看法和指导原则。这样，学习信号与系统的学生就不仅要在基于物理学定律的那些课程上应该具有坚实的基础，而且在使用计算机进行现象分析和系统及算法的实现上也必须具备扎实的基础。结果，在现在的工程类课表中就反映出一些混杂的课程，有些是涉及连续时间模型的，而另一些又主要是针对计算机应用和离散表示的。因此，在工程类学生的教育及其所选定的领域中，为了给现在和将来的发展做准备，以一种统一的方式，在信号与系统课中将离散时间和连续时间的概念揉合在一起，显得日益重要。

　　正是本着这些目的，本书以并行的方式建立了连续时间和离散时间信号与系统的分析方法。这一途径在教学上也是十分可取的，它可以利用连续和离散时间方法之间的共同点来分享各自所获得的理性和感性认识；而两者之间的差异又可用来加深理解各自不同的独特性质。

　　在材料组织方面（无论是第一版还是第二版），我们还认为本书所论述的基本方法在某些重要方面的应用也应该作为基本内容介绍给学生。这样做不仅能让学生了解目前所学内容的某些应用方面和进一步研究的方向，而且还有助于加深对问题本身的理解。为此，就滤波、通信、采样、连续时间信号的离散时间处理，以及反馈等方面的内容都进行了入门性介绍。事实上，第二版的主要变化之一就是将频域滤波概念更早地在傅里叶分析中引入。其目的既是为了给出讨论傅里叶分析这一重要论题的初衷，又可以对这一论题加深理解。另外，为了帮助愿意继续在信号与系统分析方法和应用方面深入学习的学生，书末还附有参考文献清单。

　　我们相信，要全面掌握这门课，没有一定数量且能应用这些基本方法的练习是不可能完成的。因此，在第二版中大幅增加了各章例题的数量。同时，还将第一版所具有的最为珍贵的一点——各章末丰富多彩、类型各异的习题，做了进一步加强，使得习题的总数多达600多道，其中大多数习题都是新的。这样就为教师安排课后作业提供了更多的灵活性。另外，为使学生和教师能更好地使用这些习题，对这些习题的组织安排上进行了一些调整。特别是把各章末的习题分成几种类型，其中每种类型的习题都覆盖了全章的内容，但具有不同的目的。前两部分习题着重于各章基本概念和方法的应用，其中第一类标以"基本题（附答案）"，答案（不是题解）在书末给出。这些答案以一种简单而即时的方式让学生验证其对内容的理解程度。这部分习题一般适合作为课后作业布置。另外，为了给教师布置课后作业提供一些灵活性，我们还提供了另一类不附答案的基本题。

各章末标以"深入题"的是第三类习题,这类习题根据教材内容的基本原理和真正内涵进行深入钻研和进一步发挥,往往涉及一些数学推导,以及在各章中所提到的概念和方法的更深层次应用。某些章还列有标为"扩充题"的习题,这类习题或者涉及本章内容的扩充,或者涉及其他方面的应用(例如一些更高级的电路或机械系统),而这些都是超出课程内容的。在习题方面总的变化都是希望给学生提供一些途径来加深理解各章的内容;同时也为教师布置课后作业提供更大的灵活性,并对不同要求的学生提供因材施教的余地[①]。

我们假定使用本书的学生已具有基本微积分学方面的基础,有进行复数运算的能力,并在微分方程方面也有某些接触。有了这些基础以后,本书就自成体系了,尤其是不需要事先具备系统分析、卷积、傅里叶分析或拉普拉斯变换和 z 变换等方面的知识。在学习"信号与系统"课程之前,大多数学生或许都上过针对电气工程师们的基本电路课,或针对机械工程师们的动力学原理之类的课程;这些课程都多少接触一些本书将要给予深入讨论的那些基本概念。在学习本书时,这些基础很显然对于学生深入理解本书内容会有很大的帮助。

本书首先给出了简短的绪论,其中概述了对"信号与系统"课程的出发点和看法,特别是我们对这一问题的观点和处置。第 1 章从介绍和信号与系统的数学表示有关的某些基本概念入手,特别是讨论了一个信号独立变量的某些变换(如时移和尺度变换),接着介绍了某些最重要的基本连续时间和离散时间信号,即实指数和复指数信号、连续时间和离散时间单位阶跃信号和单位冲激信号等。第 1 章还介绍了系统互联的方框图表示,并讨论了几个基本的系统性质,如因果性、线性和时不变性。第 2 章在上述最后两个性质的基础上,再结合单位脉冲的移位性质来建立离散时间线性时不变(LTI)系统的卷积和表示,以及连续时间线性时不变系统的卷积积分表示。这里采用从导出离散时间情况所得到的直观认识,来导出并理解在连续时间情况下所对应的结论。然后,把问题转到讨论由线性常系数微分及差分方程所表征的因果线性时不变系统上来。在初步讨论中复习了涉及解线性微分方程的一些基本方法(大多数学生对此都会有某些接触),并对线性差分方程的类似解法进行了讨论。然而,第 2 章讨论这些问题的主要着眼点不是在求解的具体方法上,因为稍后将要讨论的利用变换法求解将更为方便。我们的意图是首先让学生对这个极为重要的系统有某些了解,因为在以后的各章中将会经常遇到这类系统。最后,第 2 章以简短讨论奇异函数(阶跃、冲激和冲激偶等)及其在描述和分析连续时间线性时不变系统中的作用作为结束。在讨论中特别强调如何在卷积的意义下定义并解释这类信号,也就是说利用线性时不变系统对这些理想化信号的响应来理解这些奇异信号。

第 3 章到第 6 章完整地建立了连续和离散时间的傅里叶分析方法。这一部分在第二版中做了很大的重新组织和改写。正如前面已指出的,较早介绍频域滤波的概念是为了给傅里叶方法的讨论提供具体应用背景和初衷。与第一版相同的是,第 3 章一开始就指出傅里叶分析在连续和离散时间信号与系统研究中所起的重要作用,都是从强调并说明如下两个基本理由入手的:(1) 相当广泛的一类信号都可以表示成复指数信号的加权和或加权积分;(2) 线性时不变系统对复指数输入信号的响应就是同一复指数信号乘以该系统的复数特征值。然而,与第一版不同的是,第 3 章重点关注连续时间和离散时间周期信号的傅里叶级数表示。这样做的结果是,不仅介绍并研究了傅里叶表示的许多性质而无须另行要求数学上的一般化,以得到非周期性信号的傅里叶变换,还能够在更早的时候引入滤波方面的应用。特别是,利用复指数是线性时不变系统的特征函数这一点,可以引入线性时不变系统频率响应,并利用它来讨论频率选择性滤波的概念,

---

[①] 采用本书作为教材的教师,可联系 te_service@phei.com.cn 获得本书习题解答。采用本书作为教材的教师,若需与译者所在西安交通大学"信号与系统"教学团队沟通交流,可发邮件至 pyren@mail.xjtu.edu.cn。——编者注

介绍理想滤波器以及由微分和差分方程描述的几个非理想滤波器的例子。以这种方式就可以用最少的数学准备知识，给学生展现傅里叶表示的内涵，使学生深入了解这个概念的重要性。

第4章和第5章建立在第3章讨论的基础上。首先，第4章研究了连续时间傅里叶变换，并以平行的方式在第5章研究了离散时间傅里叶变换。这两章都通过将一个周期信号的周期任意趋大时求其傅里叶级数的极限来导出非周期信号的傅里叶变换表示。这种观点强调了傅里叶级数和傅里叶变换之间的密切关系，这种关系将在后续的几节中进一步讨论。这样就能把在第3章得到的傅里叶级数的直观认识转移到更为一般的傅里叶变换上来。其次，这两章都讨论了傅里叶变换的很多性质，并且特别强调了卷积性质和相乘性质。特别是卷积性质，为频率选择性滤波这样的论题提供了另一个审视角度，而相乘性质则是后续各章有关处理采样和调制的出发点。最后，第4章和第5章的最后一节都利用变换法来确定由微分和差分方程描述的线性时不变系统的频率响应，并用几个例子来说明傅里叶变换如何用来计算此类系统的响应。为了补充这些讨论(以及后面拉普拉斯变换与z变换的讨论)，本书仍将部分分式展开法的讨论作为附录放在书末。

在这两章中是以并行的方式来处理傅里叶分析的。具体而言，在第5章的讨论中可以利用许多在第4章对连续时间情况下所获得的概念和细节，直到第5章结束都强调了连续时间和离散时间傅里叶表示的完全对偶关系；同时，也用对比两者的不同点来加深对各自特殊性质的理解。

熟悉第一版的人会注意到，第二版中第4章和第5章的篇幅大大少于第一版中对应的两章。这不仅仅因为将傅里叶级数单独放在一章中来讨论，还因为将几个论题移到了第6章。我们相信这样的安排有几个明显的好处。在较短的三章中讲授傅里叶分析的基本概念和结果，再与频率选择性滤波概念的引入结合在一起，应该有助于学生总结他们对这些内容掌握和理解的程度，建立有关对频域的某些直观认识并了解其潜在的应用价值。有了第3章到第5章的基础，就可以更详细地讨论几个重要的问题和应用。第6章比较深入地研究了线性时不变系统的时域和频域特性，介绍了频率响应的幅相特性及伯德图表示，并讨论了频率响应中的相位特性对线性时不变系统输出时域特性的影响。另外，第6章还研究了理想和非理想滤波器的时域和频域特性，以及两者之间如何折中，而这一点在实际应用中是必须重视的。我们还仔细地分析了一阶与二阶系统，以及它们在连续时间和离散时间复杂系统的综合和分析中作为基本构造单元所起的作用。第6章最后分别讨论了连续时间和离散时间系统中几个较为复杂的滤波器例子。这些例子再与本章习题中所用的其他很多滤波方面的问题结合在一起，就能给学生呈现出这样一个重要的领域是多么丰富多彩和饶有趣味。虽然第6章提出的问题在第一版中都提到了，但是我们相信在紧接着傅里叶分析基本建立之后将它们重新组织到单独一章中，既可以简化在第3章到第5章引入这一重要论题的麻烦，又可以把时域和频域这一重要论题在第6章以一种更为紧密的关系呈现出来。

根据大多数使用第一版教材用户的意见和偏爱，这一版在傅里叶变换讨论中所用的符号已进行了一些修改，以便与大多数在连续时间和离散时间傅里叶变换中所用的符号更一致。具体而言，第3章一开始就将连续时间傅里叶变换记为$X(j\omega)$，将离散时间傅里叶变换记为$X(e^{j\omega})$。但是，就符号选取而言，对傅里叶变换用什么符号表示并不存在唯一的最好选择。不过，我们以及我们的大多数同行都感到这一版所用的符号更为可取。

第7章对采样问题的处理主要着重于采样定理及其含义。然而，为了正确提出这一问题，采用了从讨论连续时间信号的样本来表示信号和利用内插来重建信号的一般概念入手。在利用频域方法导出采样定理以后，对欠采样(Undersampling)下的混叠现象既从频域的角度又从时域的角度进行了直观的解释。采样的一种很重要应用是在连续时间信号的离散时间处理上，本章对这一问题的阐述占据了一定的篇幅。紧接着把问题转向离散时间信号的采样，并用在连续时间下讨论所采用的相同方式来建立离散时间采样的基本结果，以及这些基本结果在抽取和内插问题中的应用。连续时间和离散时间采样的其他各种应用仍将在习题中给出。

熟悉第一版的读者也会发现这一版的另一个变化：采样与通信系统的提出次序颠倒了。在第二版中将采样放在通信系统之前，一方面是由于能够借助于采样的直观性来提出并描述采样过程和样本重建过程；另一方面也是由于这样的安排便于在第8章中更容易地谈及通信系统的类型，因为它们与采样密切相关，或者基本上依靠利用要被传送信号的采样结果。

第8章对通信系统的讨论包括在一定深度上探讨连续时间正弦幅度调制(AM)。首先，直接利用相乘性质来叙述正弦幅度调制在频域中的效果，并讨论了把原始调制信号恢复出来的原理。其次，讨论了与正弦调制有关的几个问题和应用，其中包括频分多路复用和单边带调制。在习题中还涉及更多的例子和应用。在第8章中还包括了其他几个论题，其中包括脉冲幅度调制和时分多路复用，这些与第7章采样问题有直接联系。的确，我们将这种联系体现得更明显，并且通过介绍和简短地讨论脉冲幅度调制(PAM)和码间干扰，初步涉猎数字通信这一重要领域。最后，第8章讨论了频率调制问题，这只是使读者对非线性调制问题有了初步接触。虽然频率调制系统的分析不像幅度调制系统的分析那么直接，但是对频率调制的初步讨论指明了如何利用频域方法获得对频率调制信号和系统特性的实质性了解。通过这些讨论，以及本章习题中的其他很多调制和通信系统方面的问题，我们相信，学生能够对通信领域的丰富内容以及信号与系统分析方法在其中所起的核心作用得出应有的评价。

第9章和第10章分别讨论拉普拉斯变换和 z 变换。虽然9.9节和10.9节讨论了这两种变换的单边形式，及其在非零初始条件下求解微分方程和差分方程中的应用，但这两章的大部分篇幅都集中在双边变换。其内容包括：拉普拉斯变换和 z 变换与傅里叶变换之间的关系，有理函数一类的变换及其零极点表示方法，变换的收敛域与被变换信号特性的关系，利用部分分式展开求逆变换，根据零-极点图对系统函数和频率响应进行几何求值，以及变换的基本性质等。另外，在每一章还分别利用这两种变换对线性时不变系统的系统函数的性质和应用进行了讨论，其中包括由微分和差分方程表征的系统及系统函数的确定；利用系统函数的代数关系来构成线性时不变系统的互联，以及具有有理系统函数的系统，其级联型、并联型和直接型方框图表示的构成等。

拉普拉斯变换和 z 变换工具是研究第11章反馈系统的基础。本章以反馈系统的几个重要应用及其性质入手，其中包括如何使一个不稳定的系统变得稳定，设计跟踪系统和降低系统灵敏度等方面的应用。在随后的几节中，将利用前面各章所获得的方法来研究在连续时间和离散时间反馈系统中具有重要意义的三个问题，它们分别是：根轨迹分析法；奈奎斯特图和奈奎斯特判据；稳定反馈系统的相位裕度和增益裕度的概念以及对数幅-相图。

信号与系统这一学科的内容极为丰富，有各种可能的途径和方式来进行取材，以形成此类基本课程的内容。与第一版一样，第二版意图给教师在组织此类课程教学时提供很大的灵活性。为使本书具有这样的灵活性和最大的可用性，我们对信号与系统方面的基础课程中的大多数核心内容都进行了全面而深入的讨论。为达到此目的，就有必要删去另外一些内容，如随机信号和状态空间方法的讨论，而这些内容有时也放在信号与系统方面的第一门课中。从传统上讲，很多学校不把这些内容放在这类基础课程中，而是放在本科阶段的后续课程或专门研究这些问题的课程中进行更深入的讨论。虽然本书没有包括状态空间内容的介绍，但是讲授此类课程的教师可以很容易地将它们吸收到有关微分方程和差分方程问题的讨论中。特别是在第9章和第10章有关有理系统函数的系统的方框图表示的讨论中，以及具有非零初始条件下单边变换在解微分方程和差分方程上的应用的讨论中，都可以很自然地引入状态空间表示的内容。

适当深度地选用本书第1章到第5章的有关内容(其中有些内容可根据教师本人的意见删减)，再从其余各章中挑选一些论题，就能构成本科二、三年级程度的一学期课程的典型内容。

例如，一种可能的做法是从第6章到第8章选取几个基本问题，再加上拉普拉斯变换和z变换的内容，或许再加一点有关系统函数的概念在分析反馈系统中的应用等。还有其他各种组成方式，其中包括涵盖状态空间的简单介绍，或者更多地侧重连续时间系统，而把第5章和第10章，以及第3章、第7章、第8章和第11章中有关离散时间的内容均放在次要地位，这些都是可能的。

除了上面提到的那些可能的剪裁方式，本书还可以用来作为两学期的线性系统课的基本教材。或者，将信号与系统方面第一门课中本书未用过的部分，再结合一些其他内容就可以形成一门后续课程的基本内容。例如，本书的很多内容都可以和诸如状态空间分析、控制系统、数字信号处理、通信系统及统计信号处理等方面的课程直接衔接。因此，本书的某些内容再结合某些补充材料，就能组成一门后续课程，以便作为一门或多门高年级课程的入门课。事实上，在麻省理工学院一直就是这样做的，并且已经证明：这类新的课程在我们的学生中不仅成为一门受欢迎的课程，而且还是我们的信号与系统类课程中关键的一部分。

与第一版一样，本书写作过程中一直有幸得到很多同事、学生和朋友们的帮助、建议和支持。构成本书核心部分的想法和观点一直是我们在讲授信号与系统课的亲身经历中，以及在很多与我们共事的同事和学生们的影响下演变而成的。感谢 Ian T. Young 教授对本书第一版所做出的贡献，感谢并欢迎 Hamid Nawab 教授在对第二版中例题和习题的重新组织、完善和扩充中所做的一切。感谢 Jason Oppenheim 为本书提供了他的一张原始照片，也感谢 Vivian Berman 为封面设计的完成所提供的设想和帮助。同样，正如在致谢页中所列出的，对于许多学生和同事为第二版的出版在诸多方面付出的巨大努力，我们深表谢意。

对 Ray Stata 先生和 Analog Devices 公司通过"电气工程杰出教授席位(Distinguished Professor Chair in Electrical Engineering)"基金对信号处理和本书所做出的慷慨而持续不断的支持，我们表示最诚挚的感谢。感谢麻省理工学院提供的支持和为我们创造灵感提供的令人鼓舞的氛围。

感谢 Prentice Hall 特别是 Marcia Horton, Tom Robbins, Don Fowley 及其前任，感谢 TKM Productions 的 Ralph Pescatore 及 Prentice Hall 全体制作团队，他们的鼓励、技术支持和热忱帮助一直是本书得以付诸实现的关键。

Alan V. Oppenheim
Alan S. Willsky
于剑桥市麻省理工学院

致 谢

在第二版的出版过程中，非常荣幸地得到很多同事、学生和朋友们的帮助，占用了他们大量的宝贵时间，我们对此表示衷心感谢。他们是：

Jan Maira 和 Ashok Papot 帮助制作和处理了很多图和照片图。

Babak Ayazifar 和 Austin Frakt 帮助更新和汇编了参考文献。

Ramamurthy Mani 准备了本书的习题解答，并帮助制作了不少图。

Michael Daniel 协调管理了第二版制作和修改过程中各版本的 LaTeX 文稿。

John Buck 仔细通读了第二版的文稿。

Robert Becker, Sally Bemus, Maggie Beucler, Ben Halpern, Jon Maira, Chirag Patel 和 Jerry Weinstein 制作了本书各版本的 LaTax 文稿。

以下各位帮助仔细校对了清样：

Babak Ayazifar	Christina Lamarre
Richard Barron	Nicholas Laneman
Rebecca Bates	Li Lee
George Bevis	Sean Lindsay
Sarit Birzon	Jeffrey T. Ludwig
Nabil Bitar	Seth Pappas
Nirav Dagli	Adrienne Prahler
Anne Findlay	Ryan Riddolls
Austin Frakt	Alan Seefeldt
Siddhartha Gupta	Sekhar Tatikonda
Christoforos Hadjicostis	Shawn Verbout
Terrence Ho	Kathleen Wage
Mark Ibanez	Alex Wang
Seema Jaggi	Joseph Winograd
Patrick Kreidl	

绪　　论

　　信号与系统的概念出现在范围广泛的各种领域中，与这些概念有关的思想和方法在很多科学和技术领域起着重要的作用，例如在通信、航空航天、电路设计、声学、地震学、生物工程、能源产生与分配系统、化学过程控制及语音处理等方面。虽然在各个不同领域中所出现的信号与系统的物理性质很不相同，但全都具有两个基本的共同点：作为一个或几个独立变量函数的信号都包含了有关某些现象性质的信息；而系统总是对给定的信号做出响应，从而产生另外的信号，或产生某些所需特性。电路中作为时间的函数的电压和电流就是信号的例子，而一个电路本身就是一个系统的例子，这时该电路就会对外加电压和电流做出响应。另一个例子是，当汽车驾驶员踏油门时，汽车的反应就是加速，这时系统就是这部汽车，油门板上的压力就是系统的输入，汽车的速度就是响应。自动诊断心电图的计算机程序也可以看成一个系统，该系统的输入是数字化了的心电图数据，而输出就是参数估值，如心率等。一架照相机也是一个系统，该系统接受来自不同光源和物体反射回来的光信号而产生一幅照片。一个机器人手臂也是一个系统，它的动作就是控制输入的响应。

　　在出现的这些信号与系统的很多方面，存在各种具有重要意义的问题。在某些情况下，对某个特定的系统，我们关注的是怎样详细地知道系统对各种不同输入的响应。例如，对某一电路的分析是为了使该电路对不同的电压和电流源有定量的响应；为了确定一个飞行器的响应，既要根据飞行员的各种命令，又要根据不同的风力大小。

　　信号与系统分析的另一个问题不是分析已有的系统，而是把重点放在系统的设计上，所设计的系统要求以特定的方式来处理信号。出现这样问题的一个最普遍的场合是，要设计一个系统以便增强或恢复以某种方式被污损了的信号。例如，当领航员与地面空中交通控制塔通信时，信号就可能受到驾驶舱内严重背景噪声的影响。在这种或很多其他类似情况下，有可能设计出一种系统来保留所要求的信号（这时就是领航员的声音），而抑制掉（至少是近似地）不需要的信号，即噪声。在一般图像恢复和图像增晰的领域也能找到类似的目的。例如，由于摄像设备的限制，大气层的影响，以及在信号传回到地面过程中引起的误差等因素，来自大气深层空间的或地球观测卫星所摄取的物景照片就会受到污损，因此照例总是要对从空间返回的图像信号进行处理，以补偿某些被污损的部分。另外，有时需要对这些照片的某些特征予以增强，例如增强河床或断层的线条，以及增强那些在颜色上或黑白程度上有较明显差别的区域边界等。

　　除了增晰和恢复，在许多应用中需要设计一个系统用来提取信号中某种特定的信息。从心电图中估计心率就是其中一种例子，经济形势预测则是另一种例子。例如，有一组以往的经济数据（如一组股票市场的平均值），希望从分析这组数据来预测未来趋势和其他一些特性，如周期性的变化，而这些变化可以用来对将来的走向进行预测。而在另外一些应用中，重点可能是放在具有某些特别性质的信号设计上。具体而言，在通信应用中，相当大的注意力放在设计信号以满足可靠传输所提出的限制和要求。例如，经由大气层的远距通信就要求使用电磁波频谱中某特定频率部分的信号。通信信号的设计还必须考虑在经由大气层传输所引起的失真和由其他用户发射的其他信号的干扰同时存在的条件下可靠接收的问题。

　　信号与系统分析概念和方法的另一类重要应用是用来改变或控制某一已知系统的性能，或者通过选择特定的输入信号，或者利用该系统与其他系统的组合来完成。用于调节化学处理工厂的控制系统的设计就属于这类应用的例子。这种类型的工厂安装了各种传感器来检测诸如温度、湿度、化学成分等这些物理信号，控制系统根据测得的这些传感器信号，调节流速和温度之类的量，以控制正在进行中的化学过程。飞机自动驾驶仪的设计和计算机控制系统代表了另一类例子。在这种情况下，飞机控制系统利用测得的飞行速度、高度和航向等信号来调节油门大小、方向舵和副翼的位置之类的变量，以保证飞机沿着指定的航线平稳地飞行并增强对驾驶员命令的反应程度。在以上两个例子中，称为"反馈"的核心概念起了很重要的作用，因为已测得的信号被回授并用来调节一个系统的响应特性。

以上提到的只是信号与系统概念极为广泛应用的几个方面。这些概念之所以很重要，不仅因为它们存在于各种现象和过程中，而且也由于这一整套概念、分析技术和方法论一直被（并持续发展着）用来解决涉及各种信号与系统的许多问题，它的发展历史可以追溯到很多个世纪以前。虽然大部分工作都是由某些具体应用促成的，但其中很多概念已在远比当初所预计的应用领域大得多的范围内证明是头等重要的。例如，作为信号与系统频域分析的基础，本书将详细讨论的傅里叶分析方法，其发展可以追溯到从古巴比伦人对天文学的研究直到十八和十九世纪在数学物理学方面的研究。

上面提到的例子中，有些信号是随时间连续变化的，而另一些信号则仅仅在离散时间点上有值。例如，在电路分析和机械系统中遇到的信号都是随时间连续变化的；而另一方面，每天股票市场的收盘价（即每日停业前的价格）就是一个在离散时间点上变化的信号。与连续变量函数的曲线不同，每日收盘的股票值是在给定的离散时间点上的一串序列值。由于对这两类信号的描述以及对这些信号做出响应或处理的系统的描述，都有明显的不同，从而导致了两种并行的信号与系统的分析范畴，其中一个是以连续时间描述的现象和过程，另一个则是以离散时间描述的现象和过程。

有关连续时间信号与系统和离散时间信号与系统的概念和方法，都有着悠久的历史，而且在概念上是威威相关的。然而，在历史上由于两者在应用上各行其道，因此它们大部分的研究和发展在一定程度上都是独自进行的。连续时间信号与系统在物理学方面，以及在近代电路理论和通信系统方面的应用有很深的渊源，而离散时间信号与系统方法却在数值分析、统计学，以及与经济学和人口统计学等数据分析应用有关的时间序列分析中有很深的根基。然而，在近几十年内，连续时间和离散时间信号与系统变得日益交织在一起，而在应用上也日益结合。造成这种变化的强大动力来自系统实现和信号产生技术取得的惊人进展。特别是，高速数字计算机、集成电路和尖端高集成度器件制造技术等持续取得进展，使得考虑用时间样本（即转换为离散时间信号）来表示和处理连续时间信号具有越来越多的好处。例如，一架近代高性能飞机的计算机控制系统就是将传感器输出的量（如速度）数字化，以产生一组已采样测量值的序列，然后交由控制系统来处理的。

鉴于连续时间信号与系统和离散时间信号与系统之间的相互关系日益密切，以及与各自有关的一些概念和方法之间的紧密联系，因此本书就选择了以并行的方式来讨论这两种类型的信号与系统。由于两者在很多概念上是类似的（但并不完全一样），因此并行地处理可以做到在概念和观点上两者互为分享，而又能更好地把注意力放在它们之间的异同点上。另外，从以后的讨论中可以明显看到，某些概念从一种系统引入要比从另一种系统引入更容易让人接受；而一旦在一种系统中被理解之后，就很容易把它们用到另一系统中。再者，这种并行处理也非常便于理解在连续时间和离散时间结合在一起应用时的很多重要的实际问题，这指的是连续时间信号的采样和用离散时间系统来处理连续时间信号这种情况。

正如到目前为止我们已经叙述过的，信号与系统是一个极为普遍的概念。在这样的普遍意义下，对于信号与系统的本质仅能做一些概括性的介绍，也只能在最基本的方面讨论它们的一些性质。另一方面，在处理信号与系统时，一种重要而基本的想法是精心地挑选一类子系统，它们都具有若干个特别的性质可资利用，并且可以用来深入地分析与表征这类信号与系统。本书的重点就是放在一种称为"线性时不变系统"的系统上，由定义这类系统的线性和时不变性引出的一套概念和方法，不仅在实践上具有重要意义，而且在理论上也是完整的。

正如在本绪论中已经强调过的，信号与系统分析已经有了一段很长的历史，并且从中产生出应用领域极为广泛的一套基本方法和基本理论。的确，面对着新问题、新技术和新机遇的挑战，信号与系统分析一直在不断地演变和发展着。我们完全可以期望，技术的进步使日益增长的复杂系统和信号处理技术的实现成为可能，而且一定会加速这一进程。将来，我们一定会看到信号与系统分析方法和概念能够应用到更为广泛的领域中去。为此，我们感到信号与系统分析这一论题代表了科学家和工程师都必须关注的一整套知识。我们认为，本书所精选的一组内容，这些内容的提出和组织，以及每章习题的考虑，都会最有效地帮助读者在信号与系统方面打下坚实的基础，对其在滤波、采样、通信和反馈系统分析等最重要和最基本的应用方面有所了解，并在形成和解决复杂问题时能够做出明智的选择，采用某一种最有力且广泛适用的方法。

目 录

第1章 信号与系统 1
  1.0 引言 1
  1.1 连续时间信号和离散时间信号 1
      1.1.1 举例与数学表示 1
      1.1.2 信号能量与功率 4
  1.2 自变量的变换 5
      1.2.1 自变量变换举例 6
      1.2.2 周期信号 8
      1.2.3 偶信号与奇信号 9
  1.3 指数信号与正弦信号 10
      1.3.1 连续时间复指数信号与正弦信号 10
      1.3.2 离散时间复指数信号与正弦信号 14
      1.3.3 离散时间复指数序列的周期性质 16
  1.4 单位冲激函数与单位阶跃函数 19
      1.4.1 离散时间单位脉冲序列和单位阶跃序列 19
      1.4.2 连续时间单位阶跃函数和单位冲激函数 21
  1.5 连续时间系统和离散时间系统 24
      1.5.1 简单系统举例 25
      1.5.2 系统的互联 26
  1.6 基本系统性质 28
      1.6.1 有记忆系统与无记忆系统 28
      1.6.2 可逆性与可逆系统 29
      1.6.3 因果性 30
      1.6.4 稳定性 31
      1.6.5 时不变性 32
      1.6.6 线性 33
  1.7 小结 36
  习题 37

第2章 线性时不变系统 48
  2.0 引言 48
  2.1 离散时间线性时不变系统：卷积和 48
      2.1.1 用脉冲表示离散时间信号 48
      2.1.2 离散时间线性时不变系统的单位脉冲响应及卷积和表示 49
  2.2 连续时间线性时不变系统：卷积积分 57
      2.2.1 用冲激表示连续时间信号 57
      2.2.2 连续时间线性时不变系统的单位冲激响应及卷积积分表示 59

2.3 线性时不变系统的性质 ··· 64
    2.3.1 交换律性质 ··· 64
    2.3.2 分配律性质 ··· 65
    2.3.3 结合律性质 ··· 66
    2.3.4 有记忆和无记忆线性时不变系统 ··· 67
    2.3.5 线性时不变系统的可逆性 ··· 68
    2.3.6 线性时不变系统的因果性 ··· 69
    2.3.7 线性时不变系统的稳定性 ··· 70
    2.3.8 线性时不变系统的单位阶跃响应 ··· 72
2.4 用微分方程和差分方程描述的因果线性时不变系统 ······························ 72
    2.4.1 线性常系数微分方程 ·· 73
    2.4.2 线性常系数差分方程 ·· 76
    2.4.3 用微分方程和差分方程描述的一阶系统的方框图表示 ················· 78
2.5 奇异函数 ··· 80
    2.5.1 作为理想化短脉冲的单位冲激 ··· 80
    2.5.2 通过卷积定义单位冲激 ·· 82
    2.5.3 单位冲激偶和其他奇异函数 ·· 83
2.6 小结 ··· 86
  习题 ·· 86

第3章 周期信号的傅里叶级数表示 ·· 110
3.0 引言 ··· 110
3.1 历史回顾 ··· 110
3.2 线性时不变系统对复指数信号的响应 ··· 113
3.3 连续时间周期信号的傅里叶级数表示 ··· 116
    3.3.1 成谐波关系的复指数信号的线性组合 ···································· 116
    3.3.2 连续时间周期信号傅里叶级数表示的确定 ······························ 119
3.4 傅里叶级数的收敛 ·· 123
3.5 连续时间傅里叶级数性质 ·· 127
    3.5.1 线性性质 ·· 127
    3.5.2 时移性质 ·· 127
    3.5.3 时间反转性质 ·· 128
    3.5.4 时域尺度变换性质 ·· 128
    3.5.5 相乘性质 ·· 129
    3.5.6 共轭与共轭对称性质 ·· 129
    3.5.7 连续时间周期信号的帕塞瓦尔定理 ······································· 129
    3.5.8 连续时间傅里叶级数性质列表 ··· 130
    3.5.9 举例 ··· 130
3.6 离散时间周期信号的傅里叶级数表示 ··· 133
    3.6.1 成谐波关系的复指数信号的线性组合 ···································· 133
    3.6.2 周期信号傅里叶级数表示的确定 ·· 134
3.7 离散时间傅里叶级数性质 ·· 139

		3.7.1 相乘性质 ···	140

- 3.7.1 相乘性质 ··· 140
- 3.7.2 一次差分性质 ··· 141
- 3.7.3 离散时间周期信号的帕塞瓦尔定理 ····················· 141
- 3.7.4 举例 ·· 141

3.8 傅里叶级数与线性时不变系统 ··· 144

3.9 滤波 ··· 147
- 3.9.1 频率成形滤波器 ·· 147
- 3.9.2 频率选择性滤波器 ··· 151

3.10 用微分方程描述的连续时间滤波器举例 ······························ 152
- 3.10.1 简单 RC 低通滤波器 ······································ 153
- 3.10.2 简单 RC 高通滤波器 ······································ 154

3.11 用差分方程描述的离散时间滤波器举例 ······························ 155
- 3.11.1 一阶递归离散时间滤波器 ································ 156
- 3.11.2 非递归离散时间滤波器 ··································· 157

3.12 小结 ·· 159

习题 ·· 159

第4章 连续时间傅里叶变换 ·· 180

4.0 引言 ··· 180

4.1 非周期信号的表示：连续时间傅里叶变换 ····························· 180
- 4.1.1 非周期信号傅里叶变换表示的导出 ······················ 180
- 4.1.2 傅里叶变换的收敛 ·· 183
- 4.1.3 连续时间傅里叶变换举例 ································· 184

4.2 周期信号的傅里叶变换 ··· 188

4.3 连续时间傅里叶变换性质 ·· 190
- 4.3.1 线性性质 ·· 190
- 4.3.2 时移性质 ·· 191
- 4.3.3 共轭与共轭对称性质 ······································· 192
- 4.3.4 微分与积分性质 ··· 194
- 4.3.5 时间与频率的尺度变换性质 ······························ 195
- 4.3.6 对偶性质 ·· 196
- 4.3.7 帕塞瓦尔定理 ·· 197

4.4 卷积性质 ··· 199
- 4.4.1 举例 ·· 201

4.5 相乘性质 ··· 205
- 4.5.1 具有可变中心频率的频率选择性滤波 ··················· 207

4.6 傅里叶变换性质和基本傅里叶变换对列表 ···························· 208

4.7 由线性常系数微分方程表征的系统 ····································· 210

4.8 小结 ··· 212

习题 ·· 212

第5章 离散时间傅里叶变换 · · · · · · 227
- 5.0 引言 · · · · · · 227
- 5.1 非周期信号的表示：离散时间傅里叶变换 · · · · · · 227
  - 5.1.1 离散时间傅里叶变换的导出 · · · · · · 227
  - 5.1.2 离散时间傅里叶变换举例 · · · · · · 230
  - 5.1.3 关于离散时间傅里叶变换的收敛问题 · · · · · · 232
- 5.2 周期信号的傅里叶变换 · · · · · · 233
- 5.3 离散时间傅里叶变换性质 · · · · · · 236
  - 5.3.1 离散时间傅里叶变换的周期性 · · · · · · 237
  - 5.3.2 线性性质 · · · · · · 237
  - 5.3.3 时移与频移性质 · · · · · · 237
  - 5.3.4 共轭与共轭对称性质 · · · · · · 238
  - 5.3.5 差分与累加性质 · · · · · · 238
  - 5.3.6 时间反转性质 · · · · · · 239
  - 5.3.7 时域扩展性质 · · · · · · 239
  - 5.3.8 频域微分性质 · · · · · · 241
  - 5.3.9 帕塞瓦尔定理 · · · · · · 241
- 5.4 卷积性质 · · · · · · 242
  - 5.4.1 举例 · · · · · · 243
- 5.5 相乘性质 · · · · · · 246
- 5.6 傅里叶变换性质和基本傅里叶变换对列表 · · · · · · 248
- 5.7 对偶性质 · · · · · · 250
  - 5.7.1 离散时间傅里叶级数的对偶性质 · · · · · · 250
  - 5.7.2 离散时间傅里叶变换和连续时间傅里叶级数之间的对偶性质 · · · · · · 252
- 5.8 由线性常系数差分方程表征的系统 · · · · · · 253
- 5.9 小结 · · · · · · 255
- 习题 · · · · · · 256

第6章 信号与系统的时域和频域特性 · · · · · · 272
- 6.0 引言 · · · · · · 272
- 6.1 傅里叶变换的模和相位表示 · · · · · · 272
- 6.2 线性时不变系统频率响应的模和相位表示 · · · · · · 275
  - 6.2.1 线性与非线性相位 · · · · · · 275
  - 6.2.2 群延迟 · · · · · · 277
  - 6.2.3 对数模和伯德图 · · · · · · 281
- 6.3 理想频率选择性滤波器的时域特性 · · · · · · 282
- 6.4 非理想滤波器的时域和频域特性讨论 · · · · · · 285
- 6.5 一阶与二阶连续时间系统 · · · · · · 287
  - 6.5.1 一阶连续时间系统 · · · · · · 287
  - 6.5.2 二阶连续时间系统 · · · · · · 289
  - 6.5.3 有理型频率响应的伯德图 · · · · · · 293

6.6 一阶与二阶离散时间系统 ⋯⋯ 296
    6.6.1 一阶离散时间系统 ⋯⋯ 296
    6.6.2 二阶离散时间系统 ⋯⋯ 298
6.7 系统的时域分析与频域分析举例 ⋯⋯ 304
    6.7.1 汽车减震系统的分析 ⋯⋯ 304
    6.7.2 离散时间非递归滤波器举例 ⋯⋯ 306
6.8 小结 ⋯⋯ 311
习题 ⋯⋯ 311

第7章 采样
7.0 引言 ⋯⋯ 331
7.1 用信号样本表示连续时间信号：采样定理 ⋯⋯ 331
    7.1.1 冲激串采样 ⋯⋯ 332
    7.1.2 零阶保持采样 ⋯⋯ 334
7.2 利用内插由样本重建信号 ⋯⋯ 336
7.3 欠采样的效果：混叠现象 ⋯⋯ 339
7.4 连续时间信号的离散时间处理 ⋯⋯ 343
    7.4.1 数字微分器 ⋯⋯ 347
    7.4.2 半采样间隔延迟 ⋯⋯ 349
7.5 离散时间信号采样 ⋯⋯ 350
    7.5.1 脉冲串采样 ⋯⋯ 350
    7.5.2 离散时间抽取与内插 ⋯⋯ 353
7.6 小结 ⋯⋯ 357
习题 ⋯⋯ 357

第8章 通信系统
8.0 引言 ⋯⋯ 373
8.1 复指数与正弦幅度调制 ⋯⋯ 373
    8.1.1 复指数载波的幅度调制 ⋯⋯ 374
    8.1.2 正弦载波的幅度调制 ⋯⋯ 375
8.2 正弦幅度调制的解调 ⋯⋯ 376
    8.2.1 同步解调 ⋯⋯ 376
    8.2.2 非同步解调 ⋯⋯ 378
8.3 频分多路复用 ⋯⋯ 381
8.4 单边带正弦幅度调制 ⋯⋯ 383
8.5 用脉冲串进行载波的幅度调制 ⋯⋯ 385
    8.5.1 脉冲串载波调制 ⋯⋯ 385
    8.5.2 时分多路复用 ⋯⋯ 387
8.6 脉冲幅度调制 ⋯⋯ 387
    8.6.1 脉冲幅度已调信号 ⋯⋯ 387
    8.6.2 脉冲幅度调制系统中的码间干扰 ⋯⋯ 388
    8.6.3 数字脉冲幅度调制和脉冲编码调制 ⋯⋯ 391

8.7 正弦频率调制 ·············· 391
    8.7.1 窄带频率调制 ·············· 393
    8.7.2 宽带频率调制 ·············· 395
    8.7.3 周期方波调制信号 ·············· 396
8.8 离散时间调制 ·············· 397
    8.8.1 离散时间正弦幅度调制 ·············· 397
    8.8.2 离散时间调制转换 ·············· 400
8.9 小结 ·············· 400
习题 ·············· 401

第9章 拉普拉斯变换 ·············· 417

9.0 引言 ·············· 417
9.1 拉普拉斯变换 ·············· 417
9.2 拉普拉斯变换收敛域 ·············· 422
9.3 拉普拉斯逆变换 ·············· 427
9.4 由零-极点图对傅里叶变换进行几何求值 ·············· 430
    9.4.1 一阶系统 ·············· 431
    9.4.2 二阶系统 ·············· 432
    9.4.3 全通系统 ·············· 434
9.5 拉普拉斯变换的性质 ·············· 435
    9.5.1 线性性质 ·············· 435
    9.5.2 时移性质 ·············· 436
    9.5.3 s 域平移性质 ·············· 436
    9.5.4 时域尺度变换性质 ·············· 437
    9.5.5 共轭性质 ·············· 437
    9.5.6 卷积性质 ·············· 438
    9.5.7 时域微分性质 ·············· 439
    9.5.8 s 域微分性质 ·············· 439
    9.5.9 时域积分性质 ·············· 440
    9.5.10 初值定理与终值定理 ·············· 440
    9.5.11 性质列表 ·············· 441
9.6 常用拉普拉斯变换对 ·············· 441
9.7 用拉普拉斯变换分析与表征线性时不变系统 ·············· 442
    9.7.1 因果性 ·············· 443
    9.7.2 稳定性 ·············· 444
    9.7.3 由线性常系数微分方程表征的线性时不变系统 ·············· 446
    9.7.4 系统特性与系统函数的关系举例 ·············· 447
    9.7.5 巴特沃思滤波器 ·············· 449
9.8 系统函数的代数属性与方框图表示 ·············· 452
    9.8.1 线性时不变系统互联的系统函数 ·············· 452
    9.8.2 由微分方程和有理系统函数描述的因果线性时不变系统的方框图表示 ·············· 453

- 9.9 单边拉普拉斯变换 456
  - 9.9.1 单边拉普拉斯变换举例 457
  - 9.9.2 单边拉普拉斯变换性质 458
  - 9.9.3 利用单边拉普拉斯变换求解微分方程 460
- 9.10 小结 460
- 习题 461

第10章 z变换 474
- 10.0 引言 474
- 10.1 z变换 474
- 10.2 z变换的收敛域 478
- 10.3 z逆变换 484
- 10.4 利用零-极点图对傅里叶变换进行几何求值 488
  - 10.4.1 一阶系统 488
  - 10.4.2 二阶系统 489
- 10.5 z变换的性质 490
  - 10.5.1 线性性质 490
  - 10.5.2 时移性质 490
  - 10.5.3 z域尺度变换性质 491
  - 10.5.4 时间反转性质 492
  - 10.5.5 时间扩展性质 492
  - 10.5.6 共轭性质 492
  - 10.5.7 卷积性质 493
  - 10.5.8 z域微分性质 494
  - 10.5.9 初值定理 494
  - 10.5.10 性质小结 495
- 10.6 常用z变换对 496
- 10.7 利用z变换分析与表征线性时不变系统 496
  - 10.7.1 因果性 497
  - 10.7.2 稳定性 498
  - 10.7.3 由线性常系数差分方程表征的线性时不变系统 499
  - 10.7.4 系统特性与系统函数的关系举例 500
- 10.8 系统函数的代数属性与方框图表示 502
  - 10.8.1 线性时不变系统互联的系统函数 502
  - 10.8.2 由差分方程和有理系统函数描述的因果线性时不变系统的方框图表示 502
- 10.9 单边z变换 506
  - 10.9.1 单边z变换和单边z逆变换举例 506
  - 10.9.2 单边z变换性质 508
  - 10.9.3 利用单边z变换求解差分方程 510
- 10.10 小结 511
- 习题 511

第11章 线性反馈系统 ... 523
11.0 引言 ... 523
11.1 线性反馈系统 ... 525
11.2 反馈的某些应用及结果 ... 526
11.2.1 逆系统设计 ... 526
11.2.2 非理想元件的补偿 ... 526
11.2.3 不稳定系统的稳定 ... 527
11.2.4 采样数据反馈系统 ... 530
11.2.5 跟踪系统 ... 531
11.2.6 反馈引起的不稳定 ... 533
11.3 线性反馈系统的根轨迹分析法 ... 534
11.3.1 一个例子 ... 534
11.3.2 闭环极点方程 ... 536
11.3.3 根轨迹的端点：$K=0$ 和 $|K|=\infty$ 时的闭环极点 ... 536
11.3.4 角判据 ... 537
11.3.5 根轨迹的性质 ... 540
11.4 奈奎斯特稳定判据 ... 544
11.4.1 围线性质 ... 544
11.4.2 连续时间线性时不变反馈系统的奈奎斯特判据 ... 546
11.4.3 离散时间线性时不变反馈系统的奈奎斯特判据 ... 549
11.5 增益裕度和相位裕度 ... 550
11.6 小结 ... 556
习题 ... 556

附录 A 部分分式展开 ... 581

附录 B 文献清单 ... 590

基本题答案 ... 597

第 1 章 信号与系统

1.0 引言

在前面绪论中已经提到，信号与系统概念出现在极为广泛的各种领域中。然而，在本书中将会看到，其中存在着一种分析体系，也就是说一种描述信号与系统的语言和一整套分析它们的强有力的方法，而这种语言和方法都能很好地应用于这些领域中所要解决的问题。本章就是从引入信号与系统的数学描述及其表示入手来建立这样一种分析体系的。紧随其后的几章，凭借这个基础来建立和描述另一些概念与方法，而这些又会大大加强对信号与系统问题的理解，以及在分析和解决涉及多个方面的信号与系统问题的能力。

1.1 连续时间信号和离散时间信号

1.1.1 举例与数学表示

信号可以描述范围极为广泛的一类物理现象。虽然信号可以用许多方式来表示，但是在所有的情况下，信号所包含的信息总是寄寓在某种变化形式的波形之中。考虑图 1.1 所示的这个简单电路，此时电压源 v_s 和电容器上的电压 v_c 的变化形式都是可以作为信号的例子。同理，图 1.2 所示的外作用力 f 及所得汽车速度 v 随时间的变化也都是信号的例子。作为另一个例子，考虑人的声道系统，该系统根据声压上的起伏变化产生语音信号。图 1.3 所示为一段语音信号的录音波形，通过拾音器感受到声压的变化，然后再转换为某种电信号。由图可见，不同的语音相应于不同的声压变化波形，并且声道系统产生的可懂语言就对应着一串特定的波形。另外，图 1.4 所示为一张黑白照片，这时整张照片上各点的亮度变化波形才是重要的。

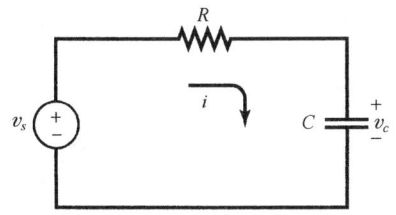

图 1.1 含有电压源 v_s 和电容器电压 v_c 的简单电路

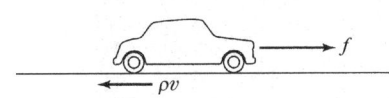

图 1.2 一辆汽车。f 为来自发动机的外加力，ρv 为正比于汽车速度 v 的摩擦力

在数学上，信号可以表示为一个或多个变量的函数。例如，一个语音信号就可以表示为声压随时间变化的函数；一张黑白照片就可以用亮度随二维空间变量变化的函数来表示。本书的讨论范围仅限于单一变量的函数，而且为了方便起见，以后在讨论中一般总是用时间来表示自变量，然而在某些具体应用中自变量不一定是时间。例如，在地球物理学研究中，用于研究地球结构的一些物理量，如密度、气隙度和电阻率等，就是随地球深度变化的信号；在气象观察中，有关气压、温度和风速随高度的变化也是很重要的一类信号。图 1.5 所示为典型的垂直方向风速随高度变化的年平均分布图，这种风速随高度的变化情况用于气象图的研究，以及某些风的状况的研究，后者可能会影响飞机接近机场和飞机的降落。

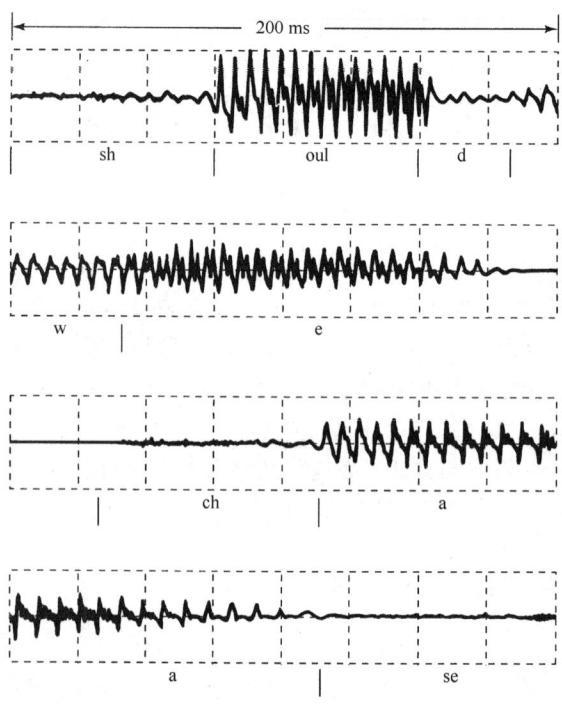

图 1.3 一个语音信号的波形 [摘自 *Applications of Digital Signal Processing*, A. V. Oppenheim, ed. (Englewood Cliffs, N. J. : Prentice-Hall, Inc.,1978), p. 121.]。该信号代表 "Should we chase" 这句话的声压随时间的变化波形。图的上部相应于 "Should", 第二行是 "we", 最下面两行是 "chase"(图中还大致标出了每个字中逐个音的起始和结束部位)

图 1.4 一张黑白照片

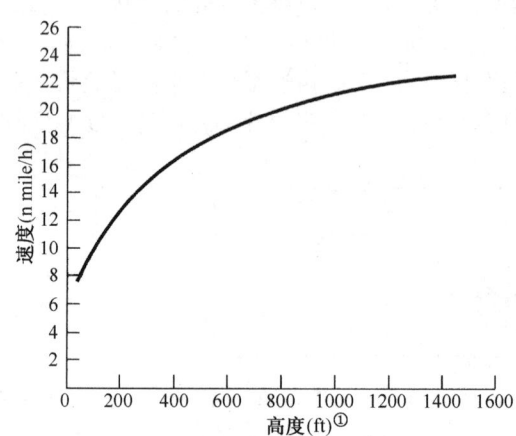

图 1.5 典型的垂直方向风速年平均分布图(摘自 Crawford and Hudson, *National Severe Storms Laboratory Report*, ESSA ERLTM-NSSL 48, August 1970)

　　全书将考虑两种基本类型的信号:连续时间信号和离散时间信号。在前一种情况下,自变量是连续可变的,因此信号在自变量的连续值上都有定义;而后者仅仅定义在离散时刻点上,也就是自变量仅取在一组离散值上。作为时间的函数的语音信号和随高度变化的大气压都是连续时

---

① 1 ft(英尺) = 0.3048 m。——编者注

间信号的例子；图 1.6 所示的每周道·琼斯（Dow Jones）股票市场指数就是离散时间信号的一个例子。在人口统计学的研究中，还可以找到其他离散时间信号的例子，诸如平均预算、犯罪率或捕鱼量等，都可以分别对应家庭大小、总人口或捕鱼船的类型等离散变量列成表格形式。

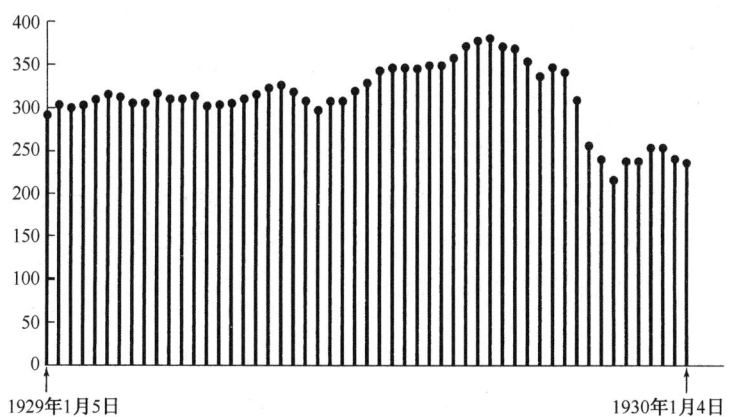

图 1.6 离散时间信号的例子。从 1929 年 1 月 5 日至 1930 年
1 月 4 日，每周道·琼斯股票市场指数的变化

为了区分这两类信号，我们用 t 表示连续时间变量，而用 n 表示离散时间变量。另外，连续时间信号用圆括号（ ）把自变量括在里面，而离散时间信号则用方括号［ ］来表示。当用图的方法来表示信号很有用时，也常常这样做。图 1.7 就给出了一个连续时间信号 $x(t)$ 和一个离散时间信号 $x[n]$ 的例子。值得注意的是，离散时间信号 $x[n]$ 仅仅在自变量的整数值上有定义。把 $x[n]$ 用图来表示就是为了强调这一点，有时为了更加强调这一点，就干脆称 $x[n]$ 为离散时间序列。

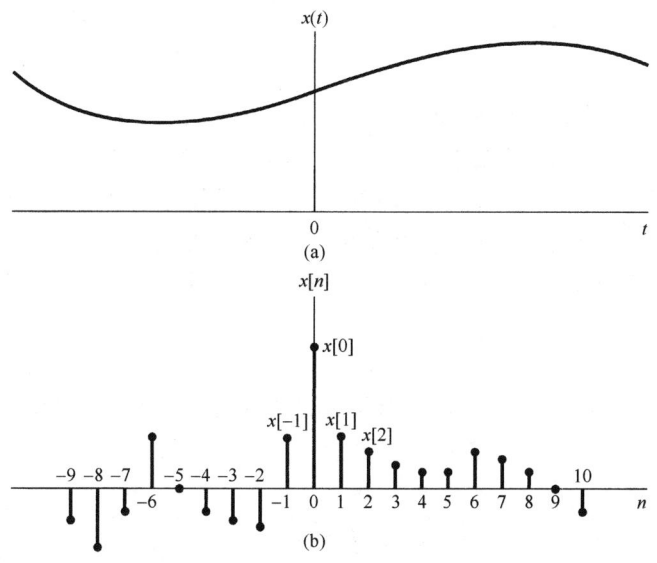

图 1.7 信号的图形表示。(a) 连续时间信号；(b) 离散时间信号

当然，一个离散时间信号 $x[n]$ 可以表示一个其自变量变化本来就是离散的现象，诸如有关人口统计学中的一些数据就属于这类信号的例子。另一方面，有些很重要的离散时间信号则是通过对连续时间信号的采样而得到的，这时该离散时间信号 $x[n]$ 则代表一个自变量连续变化的连续时间信号在相继的离散时刻点上的样本值。由于速度、计算能力及灵活性等方面的进展，因

此近代数字处理器可用来实现许多实际系统,其范围包括数字自动驾驶仪到一般的数字音频系统。这样的系统都要求利用代表连续时间信号经采样过的离散时间样本序列,即飞机的位置、速度和航向,或音频系统的语音和音乐。同理,报纸及本书中所用的照片实际上也是由很多细小的点组成的,其中每个点就代表着相应于原照片上该点亮度的采样。无论这些离散时间信号的来源是什么,信号 $x[n]$ 总是在 n 的整数值上有定义,因此像所谓一个数字语音信号的第 $3\frac{1}{2}$ 个样本,以及对某一家庭的 $2\frac{1}{2}$ 个家庭成员的平均预算等,都是毫无意义的。

本书大部分都分别但并行地讨论离散时间信号和连续时间信号,以使通过一种信号类型获得的细节有助于对另一种信号类型的理解。到第7章再回到采样问题上来,这样就可以把连续时间信号和离散时间信号的概念结合起来,以揭示这两种信号之间的关系。

1.1.2 信号能量与功率

从到目前为止所给出的例子可以看到,信号可以表示范围很广的一些现象。在很多(但不是全部)应用中,所考虑的信号是直接与在某一物理系统中具有功率和能量的一些物理量有关的。例如,若 $v(t)$ 和 $i(t)$ 分别是阻值为 R 的某一电阻上的电压和电流,那么其瞬时功率就是

$$p(t) = v(t)i(t) = \frac{1}{R}v^2(t) \tag{1.1}$$

在时间间隔 $t_1 \leq t \leq t_2$ 内消耗的总能量就是

$$\int_{t_1}^{t_2} p(t)\,\mathrm{d}t = \int_{t_1}^{t_2} \frac{1}{R}v^2(t)\,\mathrm{d}t \tag{1.2}$$

其**平均功率**(average power)为

$$\frac{1}{t_2-t_1}\int_{t_1}^{t_2} p(t)\,\mathrm{d}t = \frac{1}{t_2-t_1}\int_{t_1}^{t_2} \frac{1}{R}v^2(t)\,\mathrm{d}t \tag{1.3}$$

同理,对于图1.2中的汽车,由于摩擦所耗散的瞬时功率是 $p(t) = bv^2(t)$,然后就可以按式(1.2)和式(1.3)来定义在其一段时间内的总能量和平均功率。

利用这些简单的实际例子作为楔子,就可以对任何连续时间信号 $x(t)$ 或离散时间信号 $x[n]$ 采用类似的功率和能量的术语。然而,不久将会看到,把信号看成具有复数值往往更方便,这时在 $t_1 \leq t \leq t_2$ 内的总能量对于一个连续时间信号 $x(t)$ 来说就可以定义为

$$\int_{t_1}^{t_2} |x(t)|^2\,\mathrm{d}t \tag{1.4}$$

其中,$|x|$ 记为 x(可能为复数)的模。将式(1.4)除以长度 t_2-t_1 可以得到其平均功率。同理,在 $n_1 \leq n \leq n_2$ 内的离散时间信号 $x[n]$ 的总能量就是

$$\sum_{n=n_1}^{n_2} |x[n]|^2 \tag{1.5}$$

将其除以区间内的点数 n_2-n_1+1 可得在该区间内的平均功率。要牢记的是,这里所用的"功率"和"能量"与式(1.4)和式(1.5)中的量是否真正关联了物理量无关[①]。尽管如此,我们仍发现采用这些术语在一般意义上很方便。

---

① 即便这样一个关系确实存在,式(1.4)和式(1.5)也可能具有错误的量纲或大小。例如,比较式(1.2)和式(1.4)即可看出,若 $x(t)$ 代表其一电阻上的电压,那么式(1.4)就必须被该电阻值(如以欧姆计)来除,才能得出能量的单位。

并且，在很多系统中关心的是信号在一个无穷区间内（如 $-\infty < t < +\infty$ 或 $-\infty < n < +\infty$）的功率和能量，在这些情况下，将总能量定义成按式(1.4)和式(1.5)，将其区间趋于无穷的极限来考虑，在连续时间情况下就是

$$E_\infty \triangleq \lim_{T \to \infty} \int_{-T}^{T} |x(t)|^2 \, \mathrm{d}t = \int_{-\infty}^{+\infty} |x(t)|^2 \, \mathrm{d}t \tag{1.6}$$

而在离散时间情况下就是

$$E_\infty \triangleq \lim_{N \to \infty} \sum_{n=-N}^{+N} |x[n]|^2 = \sum_{n=-\infty}^{+\infty} |x[n]|^2 \tag{1.7}$$

注意，对于某些信号，式(1.6)的积分或式(1.7)的求和可能不收敛。例如，若 $x(t)$ 或 $x[n]$ 在全部时间内都为某一非零的常数值就是这样的。这样的信号具有无限的能量，而 $E_\infty < \infty$ 的信号具有有限的能量。

关于在无限区间内的平均功率，可按类似的方式分别定义为在连续时间情况下的

$$P_\infty \triangleq \lim_{T \to \infty} \frac{1}{2T} \int_{-T}^{T} |x(t)|^2 \, \mathrm{d}t \tag{1.8}$$

和在离散时间情况下的

$$P_\infty \triangleq \lim_{N \to \infty} \frac{1}{2N+1} \sum_{n=-N}^{+N} |x[n]|^2 \tag{1.9}$$

利用这些定义就可以区分三种重要的信号。其中之一是信号具有有限的总能量，即 $E_\infty < \infty$。这种信号的平均功率必须为零，因为在连续时间情况下，由式(1.8)可看出

$$P_\infty = \lim_{T \to \infty} \frac{E_\infty}{2T} = 0 \tag{1.10}$$

信号在 $0 \leq t \leq 1$ 内其值为1，而在此区间以外其值均为0就是有限能量信号的另一个例子，这时 $E_\infty = 1$，$P_\infty = 0$。

第二类信号是其平均功率 P_∞ 有限的信号。根据刚才看到的，如果 $P_\infty > 0$，就必然有 $E_\infty = \infty$。这是很自然的，因为如果单位时间内有某一个非零的平均能量（也就是非零功率），在无限区间内积分或求和就必然得出无限大的能量值。例如，常数信号 $x[n] = 4$ 就具有无限能量，但是平均功率 $P_\infty = 16$。第三类信号就是 P_∞ 和 E_∞ 都不是有限的，一个例子就是信号 $x(t) = t$。对于这三类信号的其他例子，本章稍后部分及后续各章中都会遇到。

1.2 自变量的变换

信号与系统分析中一个重要的概念是关于信号的变换概念。例如，在飞机控制系统中对应于驾驶员动作的信号，经由电的和机械的系统变换为飞机推力或飞机控制翼面（如舵或副翼）位置上的改变，进而再经过该机体的动力学和运动学原理变换为飞机速度和航向上的变化。同理，在高保真度音频系统中，代表录制在一盘磁带或密纹唱片上的音乐的信号，为了增强所要求的特性、除去录制噪音或者平衡几种信号分量（如高音和低音），也进行了变换。这一节只关注很有限但很重要的几种最基本的信号变换，这些变换只涉及自变量的简单变换，也就是时间轴的变换。正如在本节及本章后续节中将看到的，这些基本变换可以引入信号与系统的几个基本性质。在以后的各章中将会发现它们在定义和表征更为丰富和更加重要的一类系统中也起着重要的作用。

1.2.1 自变量变换举例

一种简单但很重要的信号自变量变换的例子是**时移**(time shift)。离散时间情况下的时移如图 1.8 所示,这里有两个信号 $x[n]$ 和 $x[n-n_0]$,它们在形状上是完全一样的,但在位置上互相有一个移位。连续时间情况下遇到的时移如图 1.9 所示,这里 $x(t-t_0)$ 代表延迟(若 t_0 为正)的 $x(t)$,或超前(若 t_0 为负)的 $x(t)$。这种形式关联的信号可以在雷达、声呐及地震信号处理等应用中找到。配置在不同地点的几台接收机观察经由某一媒质(水、岩石、空气等)传来的同一台发射机发来的信号,由于各个接收点与发射机的距离不等而造成传播时间上的差别,就形成了信号之间的不同时移。

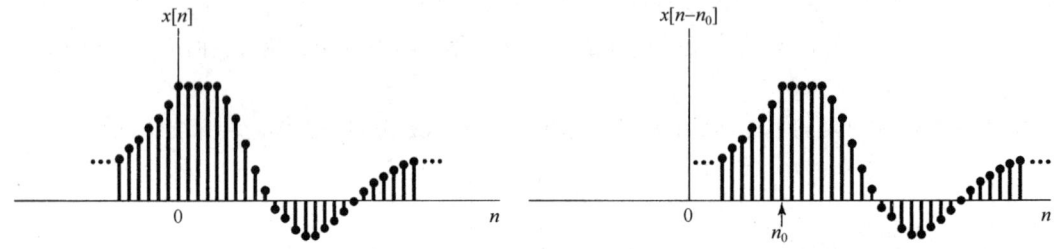

图 1.8 用时移关联的离散时间信号。图中 $n_0 > 0$,所以 $x[n-n_0]$ 是延迟的 $x[n]$,即 $x[n]$ 中的每一点在 $x[n-n_0]$ 中都稍后出现

时间轴的第二种基本变换是**时间反转**(time reversal)。例如,在图 1.10 中,$x[-n]$ 就是将 $x[n]$ 以 $n=0$ 为轴反转而得的。同理,在图 1.11 中,$x(-t)$ 也是从信号 $x(t)$ 以 $t=0$ 为轴反转而得的。这样,如果 $x(t)$ 代表一盘录音磁带,那么 $x(-t)$ 就代表同样一盘磁带倒过来放(即从末尾向前倒放)的结果。第三种基本变换是**时间尺度变换**(time scaling)。在图 1.12 中给出了 $x(t)$,$x(2t)$ 和 $x(t/2)$ 三个信号,这三个信号是与自变量的线性尺度变换联系着的。倘若再一次把 $x(t)$ 想象为一盘录音磁带,那么 $x(2t)$ 将是这盘磁带以两倍的速度放音的结果,而 $x(t/2)$ 则代表将原磁带的放音速度降低一半。

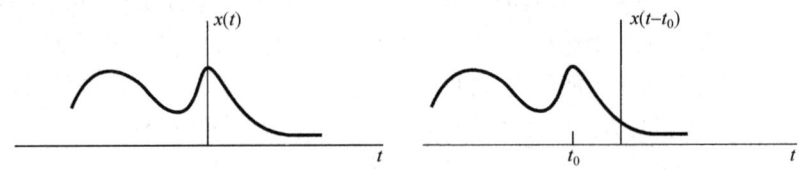

图 1.9 用时移关联的连续时间信号。图中 $t_0 < 0$,所以 $x(t-t_0)$ 就是一个超前的 $x(t)$,即 $x(t)$ 中的每一点在 $x(t-t_0)$ 中都提前出现

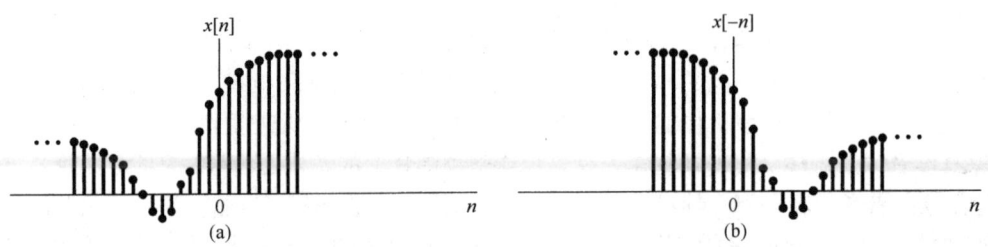

图 1.10 (a) 离散时间信号 $x[n]$;(b) $x[n]$ 以 $n=0$ 为轴反转后的 $x[-n]$

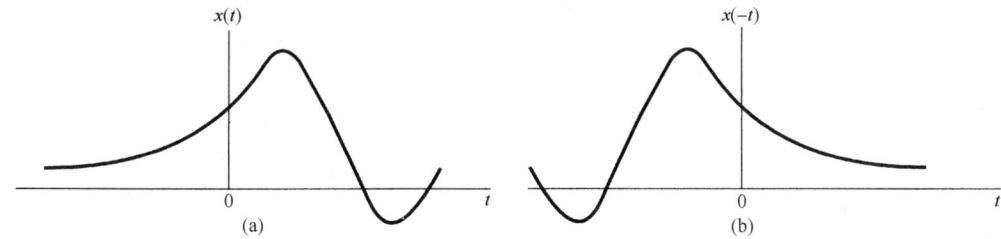

图 1.11 （a）连续时间信号 $x(t)$；（b）$x(t)$ 以 $t=0$ 为轴反转后的 $x(-t)$

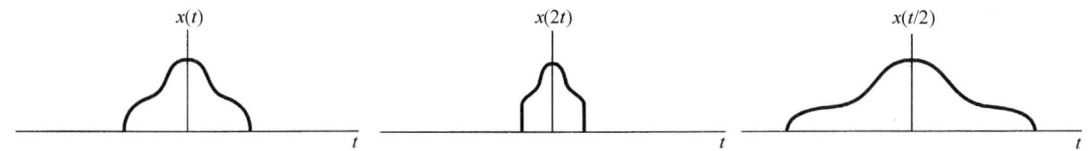

图 1.12 用时间尺度变换关联的连续时间信号

我们常常关注的是对某一个已知的信号 $x(t)$，通过自变量变换以求得一个形式如 $x(\alpha t+\beta)$ 的信号，其中 α 和 β 都是给定的数。这样一种自变量变换所得到的信号除了有一个线性的扩展（当 $|\alpha|<1$ 时）或压缩（当 $|\alpha|>1$ 时），时间上的反转（当 $\alpha<0$ 时）及移位（当 $\beta\neq 0$ 时），仍旧保持 $x(t)$ 的形状。下面用一组例子给予说明。

例 1.1 已知信号 $x(t)$ 如图 1.13（a）所示，$x(t+1)$ 就是 $x(t)$ 沿 t 轴左移一个单位，如图 1.13（b）所示。具体而言，$x(t)$ 在 $t=t_0$ 时取得的值，在 $x(t+1)$ 中发生在 $t=t_0-1$ 时，例如 $x(t)$ 在 $t=1$ 处的值在 $x(t+1)$ 中是在 $t=1-1=0$ 处得到的。同理，因为 $x(t)$ 在 $t<0$ 时为零，所以 $x(t+1)$ 在 $t<-1$ 时为零；因为 $x(t)$ 在 $t>2$ 时为零，所以 $x(t+1)$ 在 $t>1$ 时为零。

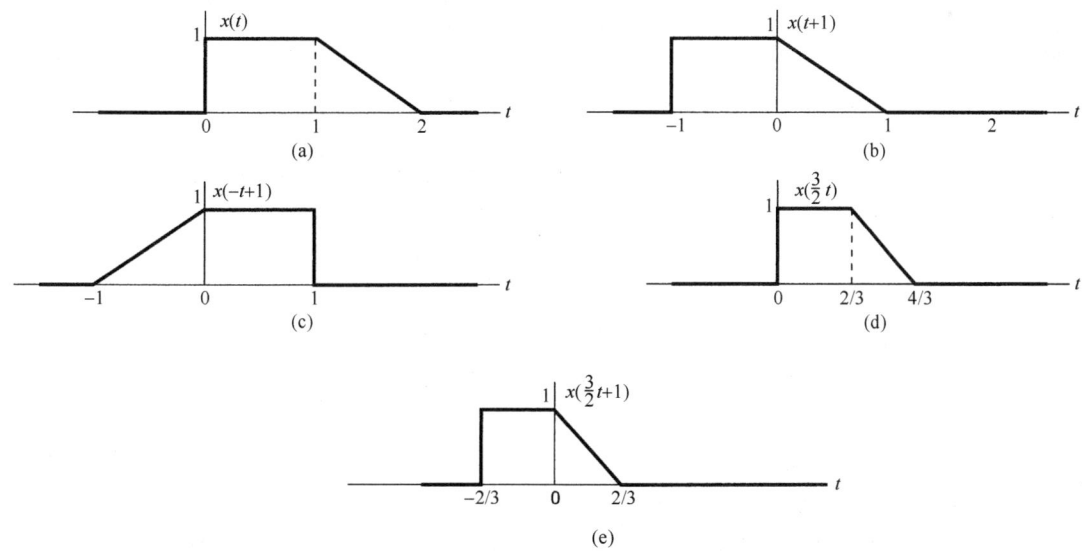

图 1.13 （a）用于例 1.1 至例 1.3 的连续时间信号 $x(t)$，图示说明了自变量变换；（b）时移信号 $x(t+1)$；（c）用时移和反转得到的 $x(-t+1)$；（d）时间尺度变换信号 $x(\frac{3}{2}t)$；（e）由时移和尺度变换得到的 $x(\frac{3}{2}t+1)$

现在考虑信号 $x(-t+1)$，它可以在 $x(t+1)$ 中以 $-t$ 代替 t 来得到。也就是说，$x(-t+1)$ 就是 $x(t+1)$ 的时间反转。因此 $x(-t+1)$ 可以在图上以 $t=0$ 为轴将 $x(t+1)$ 反转而得，如图1.13(c)所示。

例 1.2 已知信号 $x(t)$ 如图1.13(a)所示，信号 $x\left(\dfrac{3}{2}t\right)$ 相应于 $x(t)$ 以因子2/3进行线性时间压缩，如图1.13(d)所示。具体而言，就是 $x(t)$ 在 $t=t_0$ 时所取得的值，在 $x\left(\dfrac{3}{2}t\right)$ 中是在 $t=\dfrac{2}{3}t_0$ 时得到的。例如，$x(t)$ 在 $t=1$ 时的值，在 $x\left(\dfrac{3}{2}t\right)$ 中是在 $t=\dfrac{2}{3}\times 1=\dfrac{2}{3}$ 时求得的。同理，因为 $x(t)$ 在 $t<0$ 时为零，所以有 $x\left(\dfrac{3}{2}t\right)$ 在 $t<0$ 时也为零；因为 $x(t)$ 在 $t>2$ 时为零，所以 $x\left(\dfrac{3}{2}t\right)$ 就在 $t>4/3$ 时为零。

例 1.3 假设对于一个给定信号 $x(t)$，想看看自变量变换的效果，以求得一个形如 $x(\alpha t+\beta)$ 的信号，其中 α 和 β 都是给定的数。为此，一种有条不紊的途径是首先根据 β 的值将 $x(t)$ 延迟或超前，然后再根据 α 的值来对这个已经延迟或超前的信号进行时间尺度变换和/或时间反转。如果 $|\alpha|<1$，就将该已被延迟或超前的信号进行线性扩展；若 $|\alpha|>1$ 则进行线性压缩，而若 $\alpha<0$ 则进行时间反转。

为了说明这种方法，看看 $x\left(\dfrac{3}{2}t+1\right)$ 是怎么由图1.13(a)的 $x(t)$ 求得的。因为 $\beta=1$，所以首先将 $x(t)$ 超前1(即左移1)，如图1.13(b)所示。因为 $|\alpha|=\dfrac{3}{2}$，所以就应将图1.13(b)已左移的信号线性压缩，压缩因子是 $\dfrac{2}{3}$，于是得到如图1.13(e)所示的信号，这就是 $x\left(\dfrac{3}{2}t+1\right)$。

自变量变换除了用来表示一些物理现象(如声呐信号的时移、磁带的快放或倒放等)，它在信号与系统分析中是极为有用的。在1.6节和第2章中都将应用自变量变换来引入和分析系统的性质。这些变换在定义和研究信号的某些重要性质方面也是很重要的。

1.2.2 周期信号

在全书中常常会遇到的一类重要信号是**周期**(periodic)信号。一个周期连续时间信号 $x(t)$ 具有这样的性质，即存在一个正值 T，对所有的 t 来说，有

$$x(t) = x(t+T) \tag{1.11}$$

换句话说，当一个周期信号时移 T 后其值不变。这时就说 $x(t)$ 是一个**周期信号，周期为 T**。周期的连续时间信号出现在各种场合。例如，习题2.61中所说明的具有能量存储系统的自然响应，诸如无电阻损耗的理想 LC 电路和无摩擦损耗的理想机械系统的自然响应都是周期的，而且事实上它们都是由一些基本的周期信号组成的，这些都将在1.3节中讨论。

图1.14给出了一个周期的连续时间信号的例子。从该图或者从式(1.11)中都能很快得出：如果 $x(t)$ 是周期的，周期为 T，那么对所有的 t 和任意整数 m 来说，就有 $x(t)=x(t+mT)$，由此 $x(t)$ 对于周期 $2T,3T,4T,\cdots$ 等都是周期的。使式(1.11)成立的最小正值 T 称为 $x(t)$ 的**基波周期**(fundamental period) T_0。除了 $x(t)$ 为一个常数，基波周期的定义都成立；在 $x(t)$ 为一个常数的情况下，基波周期无定义，因为这时对任意 T 来说 $x(t)$ 都是周期的(所以不存在最小的正值 T)。一个信号 $x(t)$ 不是周期的就称为**非周期**(aperiodic)信号。

在离散时间情况下可类似地定义出周期信号，具体而言，如果一个离散时间信号 $x[n]$ 时移一个 N 后其值不变，即对所有的 n 值有

$$x[n] = x[n+N] \tag{1.12}$$

则 $x[n]$ 是周期的，周期为 N，N 为某一正整数。若式(1.12)成立，那么 $x[n]$ 对于周期 $2N$，$3N$，$4N$，…也都是周期的，其中使式(1.12)成立的最小正值 N 就是它的**基波周期**(fundamental period) N_0。图 1.15 所示为一个基波周期 $N_0 = 3$ 的离散时间周期信号的例子。

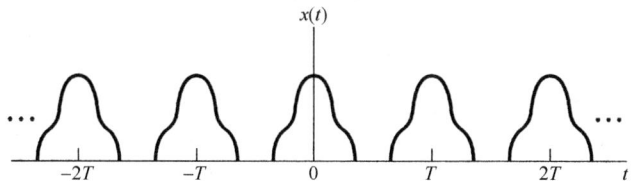

图 1.14　连续时间周期信号

例 1.4　现在来解这一类的问题，即要确定所给信号是否是周期性的。这里要确认的信号是

$$x(t) = \begin{cases} \cos t, & t < 0 \\ \sin t, & t \geqslant 0 \end{cases} \tag{1.13}$$

由三角几何学可知 $\cos(t+2\pi) = \cos t$，$\sin(t+2\pi) = \sin t$，因此分别对 $t>0$ 和 $t<0$ 考虑，$x(t)$ 在相距每 2π 长度时都确实重复无疑。然而，正如图 1.16 所示，$x(t)$ 在原点有一个不连续点，而这样的不连续点并不在其他地方重现。因为一个周期信号在形状上的每一个特点都必须周期性地重现，所以可以得出 $x(t)$ 不是周期的。

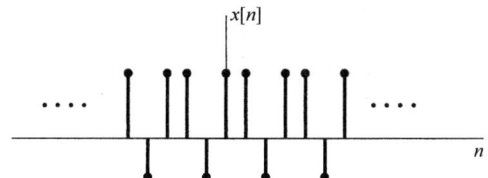

图 1.15　基波周期 $N_0 = 3$ 的离散时间周期信号

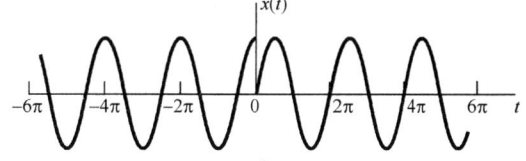

图 1.16　例 1.4 所讨论的信号 $x(t)$

1.2.3　偶信号与奇信号

信号的另一种有用的性质是在时间反转之下有关信号的对称性问题。如果一个信号 $x(t)$ 或 $x[n]$ 以原点为轴反转后不变，就称其为**偶**(even)信号。在连续时间情况下，若有

$$x(-t) = x(t) \tag{1.14}$$

则 $x(t)$ 为偶信号，而在离散时间情况下，若有

$$x[-n] = x[n] \tag{1.15}$$

则 $x[n]$ 为偶信号。同理，若有

$$x(-t) = -x(t) \tag{1.16}$$

或

$$x[-n] = -x[n] \tag{1.17}$$

则称信号 $x(t)$ 或 $x[n]$ 为**奇**(odd)信号。一个奇信号在 $t=0$ 或 $n=0$ 时必须为 0，因为式(1.16)和式(1.17)分别要求 $x(0) = -x(0)$ 和 $x[0] = -x[0]$。图 1.17 所示为偶连续时间信号和奇连续时间信号的例子。

一个重要的事实是，任何信号都能分解为两个信号之和，其中之一为偶信号，另一个为奇信号。为此考虑下列信号：

$$\mathcal{E}v\{x(t)\} = \frac{1}{2}[x(t) + x(-t)] \tag{1.18}$$

$$Od\{x(t)\} = \frac{1}{2}[x(t) - x(-t)] \tag{1.19}$$

$Ev\{x(t)\}$ 和 $Od\{x(t)\}$ 分别称为 $x(t)$ 的**偶部**(even part)和**奇部**(odd part)。很简单地就可确认偶部是偶信号，而奇部是奇信号，且 $x(t)$ 就是两者之和。在离散时间情况下，上述结论也完全成立。图 1.18 所示为一个离散时间信号奇偶分解的例子。

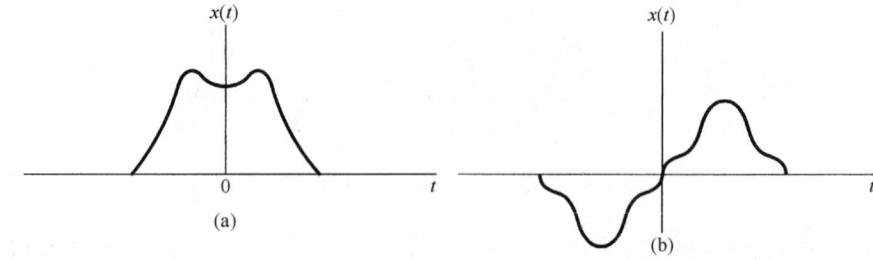

图 1.17　(a) 偶连续时间信号；(b) 奇连续时间信号

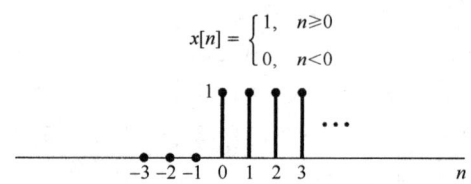

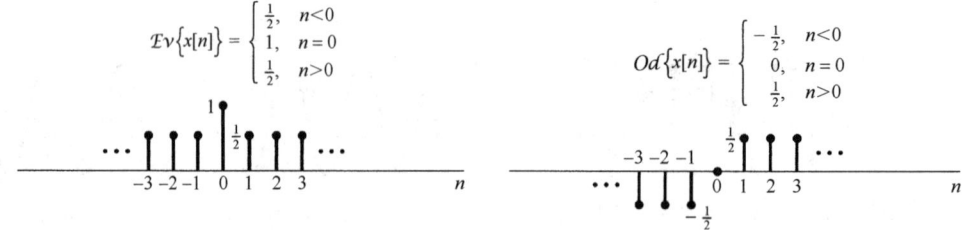

图 1.18　离散时间信号奇偶分解的例子

1.3　指数信号与正弦信号

本节和下一节要介绍几个基本的连续时间和离散时间信号。这样做不仅仅是因为这些信号经常出现，更重要的是它们可以作为基本的信号构造单元来构成其他许多信号。

1.3.1　连续时间复指数信号与正弦信号

连续时间复指数信号(complex exponential signal)具有如下形式：
$$x(t) = Ce^{at} \tag{1.20}$$
其中 C 和 a 一般为复数。根据这些参数值的不同，复指数信号可以有几种不同的特征。

实指数信号

如图 1.19 所示，如果 C 和 a 都是实数，这时的 $x(t)$ 就称为**实指数信号**，具有两种类型的特性。如果 a 是正实数，那么 $x(t)$ 随 t 的增加而呈指数增长。这种类型的信号可以用来描述原子爆炸或复杂化学反应中的连锁反应等很多不同的物理过程。如果 a 是负实数，那么 $x(t)$ 随 t 的增加而呈指数衰减。这种类型的信号也可用来描述诸如放射性衰变、RC 电路及有阻尼的机械系统的响应等范围广泛的各种现象。特别要指出的是，正如习题 2.61 和习题 2.62 中所指出的,图 1.1 所示的电路和图 1.2 所示的汽车,它们的自然响应都是指数衰减的。当 $a=0$ 时 $x(t)$ 就为一个常数。

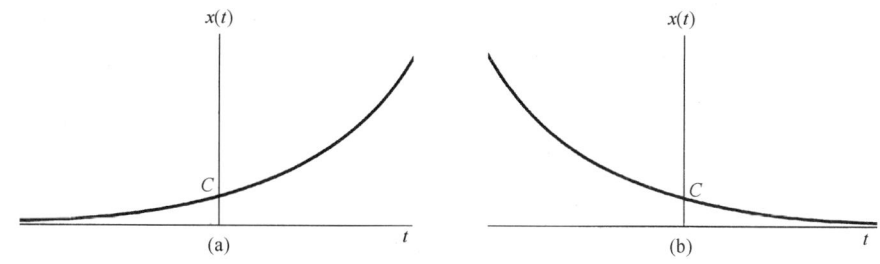

图 1.19 连续时间实指数信号 $x(t)=Ce^{at}$。(a) $a>0$;(b) $a<0$

周期复指数和正弦信号

第二种重要的复指数信号是将 a 限制为纯虚数,特别是考虑如下信号:

$$x(t) = e^{j\omega_0 t} \tag{1.21}$$

该信号的一个重要性质是,它是周期信号。为了证明这一点,可以根据式(1.11),如果存在一个 T 而使下式成立:

$$e^{j\omega_0 t} = e^{j\omega_0(t+T)} \tag{1.22}$$

则 $x(t)$ 就是周期的。或者,由于

$$e^{j\omega_0(t+T)} = e^{j\omega_0 t} e^{j\omega_0 T}$$

要使 $x(t)$ 是周期的,就必须有

$$e^{j\omega_0 T} = 1 \tag{1.23}$$

若 $\omega_0 = 0$,则 $x(t) = 1$,这时对任何 T 值 $x(t)$ 都是周期的;若 $\omega_0 \neq 0$,那么使式(1.23)成立的最小正 T 值,即基波周期 T_0 应为

$$T_0 = \frac{2\pi}{|\omega_0|} \tag{1.24}$$

可见 $e^{j\omega_0 t}$ 和 $e^{-j\omega_0 t}$ 都是具有同一基波周期的周期信号。

与周期复指数信号密切相关的一种信号是**正弦信号**(sinusoidal signal)

$$x(t) = A\cos(\omega_0 t + \phi) \tag{1.25}$$

如图 1.20 所示。用秒作为 t 的单位,则 ϕ 的单位就是弧度(rad),而 ω_0 的单位就是 rad/s。一般又可写成 $\omega_0 = 2\pi f_0$,其中 f_0 的单位是周期数/秒,即 Hz。与复指数信号类似,正弦信号也是周期信号,其基波周期 T_0 由式(1.24)确定。正弦和周期复指数信号也可以用来描述很多物理过程的特性,尤其是存储能量的物理系统。例如,在习题 2.61 中指出,LC 电路的自然响应是正弦的,机械系统的简谐振动,以及音乐中的单音声压振动都是正弦的。

利用**欧拉**(Euler)关系①,复指数信号可以用与其相同基波周期的正弦信号来表示[见式(1.21)],即

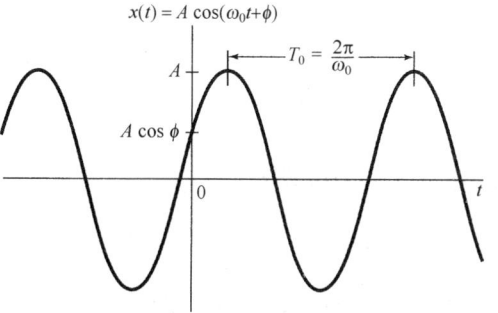

图 1.20 连续时间正弦信号

---

① 欧拉关系和有关复数和指数运算的其他基本概念,将在本章习题的"数学复习"部分中考虑。

$$e^{j\omega_0 t} = \cos(\omega_0 t) + j\sin(\omega_0 t) \tag{1.26}$$

而式(1.25)的正弦信号也能用相同基波周期的复指数信号来表示,即

$$A\cos(\omega_0 t + \phi) = \frac{A}{2}e^{j\phi}e^{j\omega_0 t} + \frac{A}{2}e^{-j\phi}e^{-j\omega_0 t} \tag{1.27}$$

注意,式(1.27)中的两个指数信号都有复数振幅,所以正弦信号还可以用复指数信号表示为

$$A\cos(\omega_0 t + \phi) = A\mathcal{R}e\{e^{j(\omega_0 t + \phi)}\} \tag{1.28}$$

其中,若c是一个复数,则$\mathcal{R}e\{c\}$记为它的实部。$\mathcal{I}m\{c\}$记为c的虚部,这样就有

$$A\sin(\omega_0 t + \phi) = A\mathcal{I}m\{e^{j(\omega_0 t + \phi)}\} \tag{1.29}$$

从式(1.24)可以看到,连续时间正弦信号或一个周期复指数信号,其基波周期T_0是与$|\omega_0|$成反比的,也称ω_0为**基波频率**(fundamental frequency)。由图1.21可以看出这意味着什么。如果ω_0减小,就会减慢$x(t)$的振荡速率,因此周期增长;相反,如果ω_0增加,就会加快振荡速率,因此周期缩短。现在考虑$\omega_0 = 0$的情况,正如早先已经指出的,这时$x(t)$为一个常数,因此对于任意正值T它都是周期的,所以常数信号的基波周期无定义。另一方面,在这种情况下若定义一个常数信号的基波频率为零,也就是说振荡速率为零,那么也不会引起什么混淆。

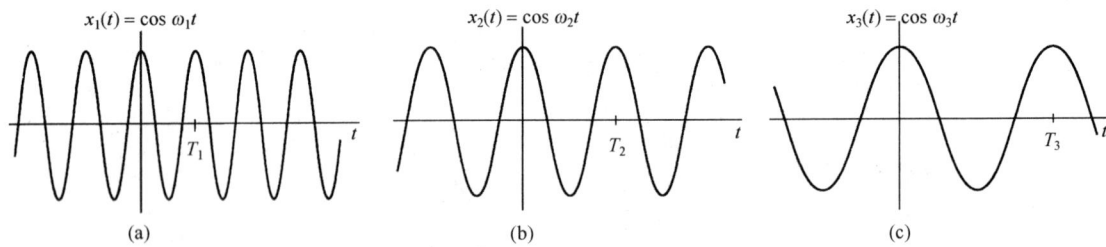

图1.21 连续时间正弦信号基波频率和周期之间的关系。图中$\omega_1 > \omega_2 > \omega_3$,也即$T_1 < T_2 < T_3$

周期信号,尤其是式(1.21)的复指数信号和式(1.25)的正弦信号,给出了具有无限能量但有有限平均功率的这类信号的例子。例如,考虑式(1.21)的周期复指数信号,假设在一个周期内计算该信号的总能量和平均功率:

$$E_{\text{period}} = \int_0^{T_0} |e^{j\omega_0 t}|^2 \, dt = \int_0^{T_0} 1 \cdot dt = T_0 \tag{1.30}$$

$$P_{\text{period}} = \frac{1}{T_0} E_{\text{period}} = 1 \tag{1.31}$$

因为随着t从$-\infty$到$+\infty$,有无穷多个周期,所以在全部时间内积分的总能量就是无限大。该信号的每个周期都完全一样,因为在每个周期内信号的平均功率等于1,所以在多个周期上平均也总是得到1的平均功率。也就是说,周期复指数信号具有有限平均功率,等于

$$P_\infty = \lim_{T \to \infty} \frac{1}{2T} \int_{-T}^{T} |e^{j\omega_0 t}|^2 \, dt = 1 \tag{1.32}$$

在习题1.3中还给出了另外几个有关计算周期和非周期信号能量和功率的例子。

周期复指数信号在讨论信号与系统的大部分问题中都起着十分重要的作用,其部分原因是,对许多其他信号来说,它们可以用来作为极其有用的信号基本构造单元。同时,一组成**谐波关系**(harmonically related)的复指数信号也是很有用的;也就是说,周期复指数信号的集合内的全部信号都是周期的,且有一个公共周期T_0。具体而言,对一个复指数信号$e^{j\omega t}$,要成为具有周期为T_0的周期信号的必要条件是

$$e^{j\omega T_0} = 1 \tag{1.33}$$

这就意味着 ωT_0 是 2π 的倍数,即

$$\omega T_0 = 2\pi k, \quad k = 0, \pm 1, \pm 2, \cdots \tag{1.34}$$

由此,若定义

$$\omega_0 = \frac{2\pi}{T_0} \tag{1.35}$$

则可以得出,为满足式(1.34),ω 必须是 ω_0 的整倍数。也就是说,一个成谐波关系的复指数信号的集合就是一组其基波频率是某一正频率 ω_0 的整倍数的周期复指数信号,即

$$\phi_k(t) = e^{jk\omega_0 t}, \quad k = 0, \pm 1, \pm 2, \cdots \tag{1.36}$$

若 $k=0$,$\phi_k(t)$ 就是一个常数;而对于任何其他的 k 值,$\phi_k(t)$ 是周期的,其基波频率为 $|k|\omega_0$,基波周期为

$$\frac{2\pi}{|k|\omega_0} = \frac{T_0}{|k|} \tag{1.37}$$

因为在任何长度为 T_0 的时间间隔内,恰好通过了 $|k|$ 个基波周期,所以第 k 次谐波 $\phi_k(t)$ 对 T_0 来说仍然是周期的。

这里用的术语"谐波"与在音乐中所用的意思是相同的,即由声压振动得到的各种音调的频率都是某一基波频率的整倍数。例如,小提琴上的一根弦的振动模式就能够当成一组成谐波关系的周期指数信号的加权和。在第 3 章中将看到,利用式(1.36)的成谐波关系的信号作为基本构造单元,可以构成各种各样的周期信号。

例 1.5 有时希望把两个复指数的和化成单一的复指数和单一的正弦函数的乘积来表示。例如,要想画出下列信号的模:

$$x(t) = e^{j2t} + e^{j3t} \tag{1.38}$$

可以首先将式(1.38)的等号右边的两个复指数进行因式分解,其具体做法是将右边和式的两个指数中的频率求平均值,然后作为公因子提出来,为此可得

$$x(t) = e^{j2.5t}(e^{-j0.5t} + e^{j0.5t}) \tag{1.39}$$

根据欧拉关系,上式可写成

$$x(t) = 2e^{j2.5t}\cos(0.5t) \tag{1.40}$$

从上式中可直接得出 $x(t)$ 的模的表达式为

$$|x(t)| = 2|\cos(0.5t)| \tag{1.41}$$

这里已经用到复指数 $e^{j2.5t}$ 的模总是 1 这一点。$|x(t)|$ 就是一般的全波整流过的正弦波,如图 1.22 所示。

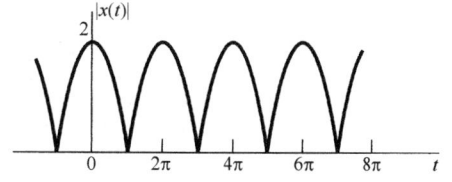

图 1.22 例 1.5 中的已经全波整流过的正弦波

一般复指数信号

最一般情况下的复指数信号可以借助于已经讨论过的实指数信号和周期复指数信号来表示和说明。考虑某一复指数 Ce^{at},将 C 用极坐标表示,将 a 用笛卡儿坐标表示,分别有

$$C = |C|e^{j\theta}$$

和

$$a = r + j\omega_0$$

那么

$$Ce^{at} = |C|e^{j\theta}e^{(r+j\omega_0)t} = |C|e^{rt}e^{j(\omega_0 t+\theta)} \tag{1.42}$$

利用欧拉关系，可以进一步展开为

$$Ce^{at} = |C|e^{rt}\cos(\omega_0 t+\theta) + j|C|e^{rt}\sin(\omega_0 t+\theta) \tag{1.43}$$

由此可见，若 $r=0$，则复指数信号的实部和虚部都是正弦的；而若 $r>0$，其实部和虚部则是一个振幅呈指数增长的正弦信号，若 $r<0$ 则为振幅呈指数衰减的正弦信号。这两种情况如图 1.23 所示，图中的虚线对应于函数 $\pm|C|e^{rt}$。由式(1.42)知道 $|C|e^{rt}$ 是复指数信号的振幅，可见 $|C|e^{rt}$ 起着一种振荡变化的包络作用，也就是说每次振荡的峰值正好落在这两条虚线内。这样，包络线提供了一个十分方便的工具，使我们可以看出振荡幅度的变化趋势。

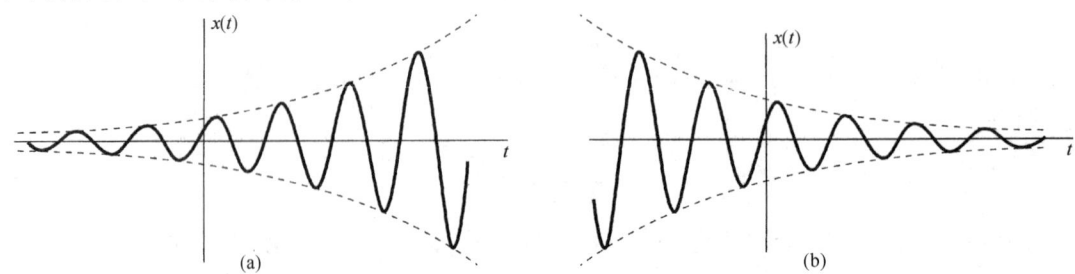

图 1.23 (a) 幅度增长的正弦信号 $x(t) = Ce^{rt}\cos(\omega_0 t+\theta)$，$r>0$；
(b) 幅度衰减的正弦信号 $x(t) = Ce^{rt}\cos(\omega_0 t+\theta)$，$r<0$

具有指数衰减振幅的正弦信号常称为**阻尼正弦振荡**(damped sinusoids)。*RLC* 电路和包括阻尼和恢复力的机械系统(例如汽车减震系统)的响应都是指数衰减振荡的例子。这样一类系统都具有这样的过程：随着振荡衰减的过程，由电阻、摩擦等阻力消耗掉能量。在习题 2.61 和习题 2.62 中还能见到这样的系统，及其有阻尼的正弦自然响应的例子。

1.3.2 离散时间复指数信号与正弦信号

与连续时间情况一样，一种重要的离散时间信号是**复指数信号**(complex exponential signal)或**序列**(sequence)，定义为

$$x[n] = C\alpha^n \tag{1.44}$$

其中 C 和 α 一般均为复数。若令 $\alpha = e^\beta$，则有另一种表示形式为

$$x[n] = Ce^{\beta n} \tag{1.45}$$

虽然从形式上看，式(1.45)更类似于连续时间复指数信号的表达式(1.20)，但是在离散时间情况下，往往把离散时间复指数序列写成式(1.44)更为方便和实用。

实指数信号

如果 C 和 α 都是实数，就会有如图 1.24 所示的几种特性。若 $|\alpha|>1$，则信号随 n 呈指数增长；若 $|\alpha|<1$，则信号随 n 呈指数衰减。另外，若 α 是正值，$C\alpha^n$ 的所有值都具有同一符号；而若 α 为负值，则 $x[n]$ 的符号交替变化。同时要注意，若 $\alpha=1$，$x[n]$ 就是一个常数；而若 $\alpha=-1$，$x[n]$ 的值就在 $+C$ 和 $-C$ 之间交替变化。实离散时间指数序列可以用来描述诸如人口增长作为"代"(generation)的函数、投资总回收作为日、月或季度的函数等这样一些问题。

正弦信号

如果将式(1.45)中的 β 局限为纯虚数，即 $|\alpha|=1$，就可以得到另一个重要的复指数序列。具体而言，考虑如下序列：

$$x[n] = e^{j\omega_0 n} \tag{1.46}$$

与连续时间情况类似,这个信号是与正弦信号密切相关的,即
$$x[n] = A\cos(\omega_0 n + \phi) \tag{1.47}$$
若取 n 无量纲,则 ω_0 和 ϕ 的量纲都应是弧度。图 1.25 中示出了三个正弦序列的例子。

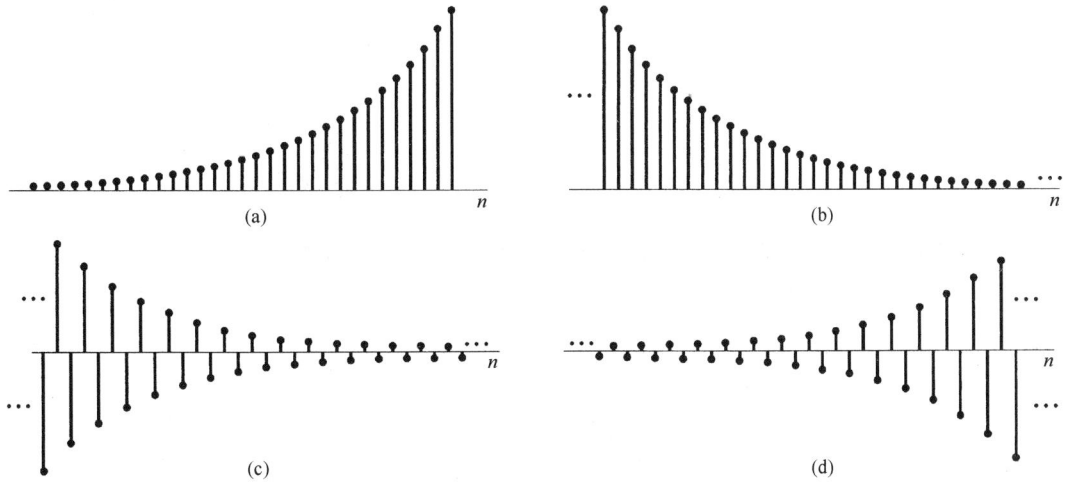

图 1.24 实指数信号 $x[n] = C\alpha^n$。(a) $\alpha > 1$;(b) $0 < \alpha < 1$;(c) $-1 < \alpha < 0$;(d) $\alpha < -1$

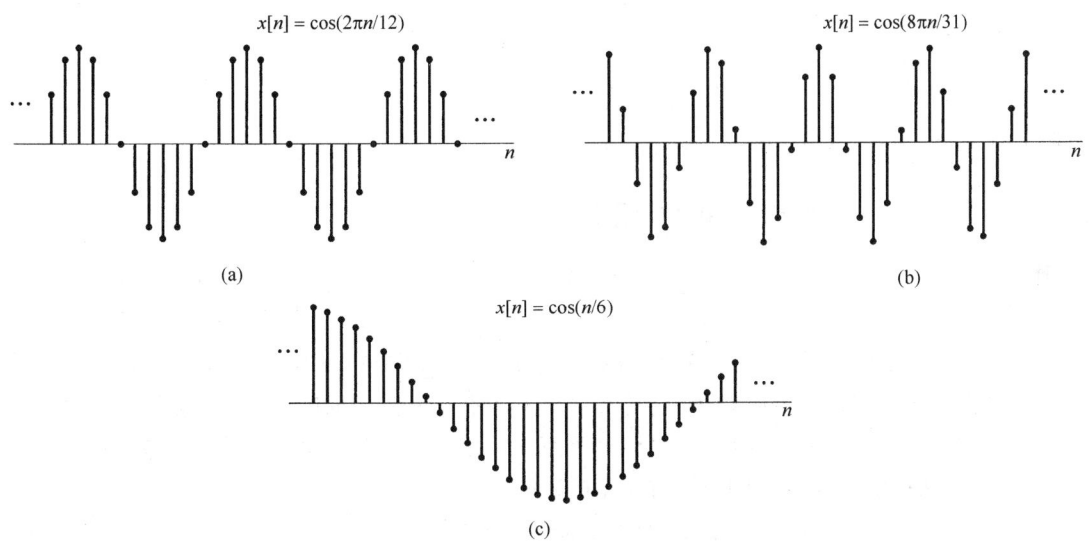

图 1.25 离散时间正弦信号

与前面的做法一样,利用欧拉公式可以将复指数和正弦序列联系起来为
$$e^{j\omega_0 n} = \cos(\omega_0 n) + j\sin(\omega_0 n) \tag{1.48}$$
和
$$A\cos(\omega_0 n + \phi) = \frac{A}{2}e^{j\phi}e^{j\omega_0 n} + \frac{A}{2}e^{-j\phi}e^{-j\omega_0 n} \tag{1.49}$$

式(1.46)和式(1.47)的信号就是在离散时间信号中具有无限总能量和有限平均功率的例子。因为 $|e^{j\omega_0 n}| = 1$,式(1.46)中信号的每个样本在信号能量中的贡献都是 1。因此,在 $-\infty < n < +\infty$ 内的总能量就是无穷大;而在每单位时刻点上的平均功率明显等于 1。在习题 1.3 中将给出计算离散时间信号能量和功率的其他例子。

一般复指数信号

一般离散时间复指数信号可以用实指数和正弦信号来表示。具体而言，将 C 和 α 均以极坐标形式给出，即

$$C = |C|e^{j\theta}$$

和

$$\alpha = |\alpha|e^{j\omega_0}$$

则有

$$C\alpha^n = |C||\alpha|^n \cos(\omega_0 n + \theta) + j|C||\alpha|^n \sin(\omega_0 n + \theta) \tag{1.50}$$

于是，对 $|\alpha|=1$，复指数序列的实部和虚部都是正弦序列。对 $|\alpha|<1$，其实部和虚部为正弦序列乘以一个呈指数衰减的序列。对 $|\alpha|>1$，则乘以一个呈指数增长的序列。图 1.26 示出了这些信号的例子。

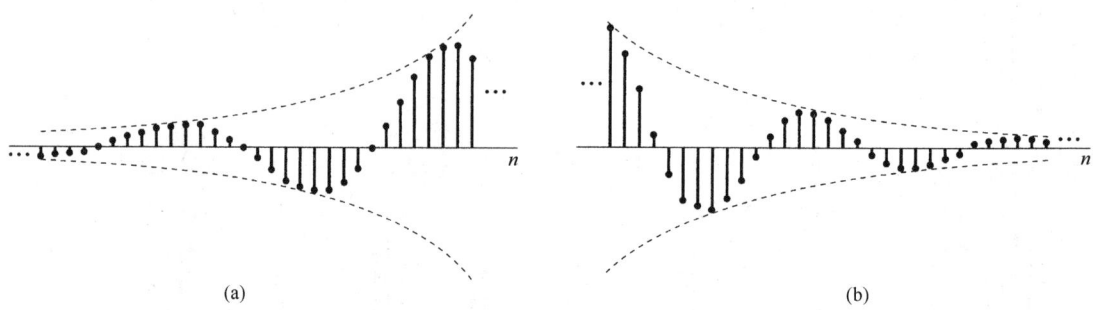

图 1.26　(a) 增长的离散时间正弦信号；(b) 衰减的离散时间正弦信号

1.3.3　离散时间复指数序列的周期性质

虽然在连续时间和离散时间信号之间有很多相似之处，但是也存在一些重要的差别。其中之一是关于离散时间指数信号 $e^{j\omega_0 n}$ 的。在 1.3.1 节中，与其对应的连续时间信号 $e^{j\omega_0 t}$ 具有以下两个性质：(1) ω_0 愈大，信号振荡的速率就愈高；(2) $e^{j\omega_0 t}$ 对任何 ω_0 值都是周期的。现在，就这两方面来考察 $e^{j\omega_0 n}$，就会看到在这两个性质上，离散时间信号和连续时间信号肯定是不一样的。

第一个性质的不同直接来自离散时间和连续时间复指数信号之间另一个极为重要的不同之处。为此，研究频率为 $\omega_0 + 2\pi$ 的离散时间复指数信号：

$$e^{j(\omega_0+2\pi)n} = e^{j2\pi n}e^{j\omega_0 n} = e^{j\omega_0 n} \tag{1.51}$$

式(1.51)表明，离散时间复指数信号在频率 $\omega_0 + 2\pi$ 与频率 ω_0 时是完全一样的。这一点和连续时间复指数信号 $e^{j\omega_0 t}$ 完全不同，后者不同的 ω_0 就对应着不同的信号；而在离散时间情况下，具有频率为 ω_0 的复指数信号与 $\omega_0 \pm 2\pi$，$\omega_0 \pm 4\pi$，…等等这些频率的复指数信号是一样的。因此，在考虑这种离散时间复指数信号时，仅仅需要在某一个 2π 间隔内选择 ω_0 即可。虽然从式(1.51)来看，任何 2π 间隔都是可以的，但在大多数情况下总是利用 $0 \leqslant \omega_0 < 2\pi$ 或 $-\pi \leqslant \omega_0 < \pi$ 这样的区间。

由于式(1.51)指出的周期性质，$e^{j\omega_0 n}$ 就不具有随 ω_0 在数值上的增加而不断增加其振荡速率的特性。事实上，如图 1.27 所示，而是随着 ω_0 从 0 开始增加，其振荡速率愈来愈快，直到 $\omega_0 = \pi$ 为止，然后若继续增加 ω_0，其振荡速率就会下降，直到 $\omega_0 = 2\pi$ 为止，这时又得到与 $\omega_0 = 0$ 时同样的结果(常数序列)。因此，离散时间复指数的低频部分(也就是慢变化)位于 ω_0 在 0，2π 和其他

任何 π 的偶数倍值附近；而高频部分（也就是相应于快变化）则位于 $\omega_0 = \pm\pi$ 及其他任何 π 的奇数倍值附近。特别值得注意的是，在 $\omega_0 = \pi$ 或其他任何 π 的奇数倍处有

$$e^{j\pi n} = (e^{j\pi})^n = (-1)^n \tag{1.52}$$

以至于信号在每一点上都改变符号，产生剧烈振荡，如图 1.27(e) 所示。

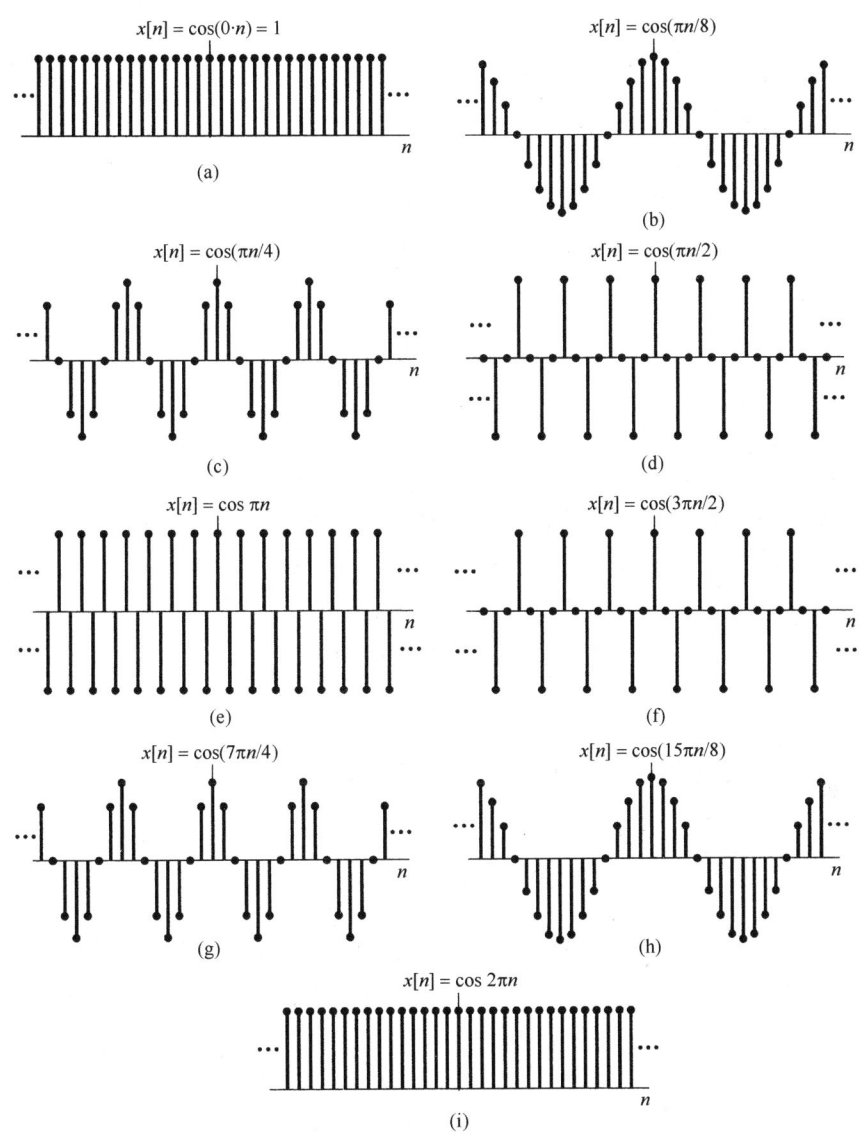

图 1.27 对应于几个不同频率的离散时间正弦序列

要讨论的第二个性质是关于离散时间复指数信号的周期性问题。为了使信号 $e^{j\omega_0 n}$ 是周期的，周期为 $N > 0$，就必须有

$$e^{j\omega_0(n+N)} = e^{j\omega_0 n} \tag{1.53}$$

这就等效于要求

$$e^{j\omega_0 N} = 1 \tag{1.54}$$

为了使式(1.54)成立，$\omega_0 N$ 必须是 2π 的整数倍，也就是说必须有一个整数 m，满足：

$$\omega_0 N = 2\pi m \tag{1.55}$$

或者

$$\frac{\omega_0}{2\pi} = \frac{m}{N} \tag{1.56}$$

根据式(1.56)，若 $\omega_0/2\pi$ 为一个有理数，$e^{j\omega_0 n}$ 就是周期的；否则就不是周期的。这一结论对离散时间正弦信号也是成立的。例如图 1.25(a) 和图 1.25(b) 中的信号就是周期的；而图 1.25(c) 中的信号不是周期的。

根据上面的讨论，我们来求离散时间复指数信号的基波周期和基波频率。基波周期和基波频率的定义和连续时间情况的类似，即如果 $x[n]$ 是一个周期序列，基波周期为 N，它的基波频率就是 $2\pi/N$。然后，考虑一个周期复指数信号 $x[n] = e^{j\omega_0 n}$，其中 $\omega_0 \neq 0$。正如刚才所证明的，一定有若干对 m 和 $N(N>0)$ 存在，满足式(1.56)，即 $\omega_0/2\pi = m/N$。在习题 1.35 中将证明，如果 N 和 m 没有公因子，那么 $x[n]$ 的基波周期就是 N。将这一点再与式(1.56)结合起来，可以求得周期信号 $e^{j\omega_0 n}$ 的基波频率就是

$$\frac{2\pi}{N} = \frac{\omega_0}{m} \tag{1.57}$$

当然，基波周期也可以写为

$$N = m\left(\frac{2\pi}{\omega_0}\right) \tag{1.58}$$

上面最后两个表示式(1.57)和式(1.58)与连续时间情况下所对应的式(1.24)是不同的。表 1.1 中综合了连续时间信号 $e^{j\omega_0 t}$ 和离散时间信号 $e^{j\omega_0 n}$ 之间的一些不同点。当然，若 $\omega_0 = 0$，则基波频率为 0，基波周期无定义，这与连续时间情况下是相同的。

表 1.1　信号 $e^{j\omega_0 t}$ 和 $e^{j\omega_0 n}$ 的比较

$e^{j\omega_0 t}$	$e^{j\omega_0 n}$
ω_0 不同，信号不同	频率相差 2π 的整倍数，信号相同
对任何 ω_0 值都是周期的	仅当 $\omega_0 = 2\pi m/N$ 时才是周期的，这里 N(大于 0) 和 m 均为整数
基波频率为 ω_0	基波频率* 为 ω_0/m
基波周期：$\begin{cases}\omega_0 = 0 \text{ 时无定义} \\ \omega_0 \neq 0 \text{ 时为 } 2\pi/\omega_0\end{cases}$	基波周期：$\begin{cases}\omega_0 = 0 \text{ 时无定义} \\ \omega_0 \neq 0 \text{ 时为 } m\left(\dfrac{2\pi}{\omega_0}\right)\end{cases}$

* 这里假设 m 和 N 无任何公因子。

为了对以上性质加深理解，再来看看图 1.25 中的几个信号。首先，图 1.25(a) 中的序列 $x[n] = \cos(2\pi n/12)$ 可以看成连续时间正弦信号 $x(t) = \cos(2\pi t/12)$ 在整数时刻点上的样本值。这时，$x(t)$ 是基波周期为 12 的周期信号，$x[n]$ 也是基波周期为 12 的周期序列。也就是说，$x[n]$ 的值每隔 12 个点都重复，这与 $x(t)$ 的基波周期是完全同步的。

与此相反，图 1.25(b) 中的序列 $x[n] = \cos(8\pi n/31)$ 可以看成 $x(t) = \cos(8\pi t/31)$ 在整数时刻点上的样本值。这时，$x(t)$ 是基波周期为 31/4 的周期信号；另一方面，$x[n]$ 却是基波周期为 31 的周期序列。造成这种差别的原因是离散时间信号仅能在自变量的整数值上有定义。于是，当 $x(t)$ 从 $t=0$ 开始完成 1 个整周期时，在时刻 $t = 31/4$ 无法取得样本值。同理，在 $t = 2(31/4)$ 或 $t = 3(31/4)$ 时，即当 $x(t)$ 走完 2 个或 3 个整周期时，也不存在样本点。但是，在 $x(t)$ 走完 4 个整周期，即 $t = 4(31/4) = 31$ 时，才有整数的样本点，可以取得样本值。这一点从图 1.25(b) 中就能看出，$x[n]$ 值的变化并不随着 $x(t)$ 每单个周期重复，而是每 4 个周期，即每隔 31 点才重复。

同理，信号 $x[n] = \cos(n/6)$ 可看成信号 $x(t) = \cos(t/6)$ 在整数时刻点上的样本值。这时，$x(t)$ 的值在整数时刻点永不重复，因为这些样本点从来也不会落在 $x(t)$ 的周期 12π 及其倍数的点

上,因此 $x[n]$ 不是周期的。虽然人眼看起来好像是周期的,其实这是由于人眼在样本点之间进行内插,看到了它的包络 $x(t)$ 的结果。在习题1.36中将进一步说明,利用采样概念可对离散时间正弦序列的周期性有更深入的理解。

例1.6 假设欲确定如下离散时间信号的基波周期:

$$x[n] = e^{j(2\pi/3)n} + e^{j(3\pi/4)n} \tag{1.59}$$

式(1.59)的等号右边的第一个指数有一个基波周期是3。虽然这可以用式(1.58)来证明,但是还有一个比较简单的方法可以得出这一答案。留意第一项的相角 $(2\pi/3)n$,要使该指数值开始重复,这个相角就必须增加 2π 的倍数。于是立即可见,若 n 递增一个3,这个相角就增加了一个 2π。至于第二项,要使其相角 $(3\pi/4)n$ 增加一个 2π,n 就必须递增 $8/3$,而这是不可能的,因为 n 只能是整数。同理,要使相角增加 4π,n 就必须递增 $16/3$,这仍然是一个非整数的增量。然而,要使相角增加 6π,就要求 n 的增量为8,这个8就是第二项的基波周期了。

现在,为了使整个信号 $x[n]$ 重复,式(1.59)中的每一项都必须通过各自基波周期的整数倍。完成这个过程的 n 的最小增量是24。也就是说,在24点的间隔内,式(1.59)的等号右边的第一项已经穿过了它的8个基波周期,而第二项则穿过了它的3个基波周期,而总的信号 $x[n]$ 穿过的只是1个基波周期。

与连续时间情况一样,考虑一组成谐波关系的周期离散时间复指数信号在离散时间信号与系统分析中也是有很大价值的。这就是一组具有公共周期 N 的周期复指数信号,由式(1.56)可知,这些信号的频率都是基波频率 $2\pi/N$ 的整倍数,即

$$\phi_k[n] = e^{jk(2\pi/N)n}, \qquad k = 0, \pm 1, \cdots \tag{1.60}$$

在连续时间情况下,这些成谐波关系的信号 $e^{jk(2\pi/T)t}$, $k = 0, \pm 1, \pm 2, \cdots$ 都是不相同的。然而,由于式(1.51)的原因,在离散时间情况下却不是这样。因为

$$\begin{aligned}\phi_{k+N}[n] &= e^{j(k+N)(2\pi/N)n} \\ &= e^{jk(2\pi/N)n}e^{j2\pi n} = \phi_k[n]\end{aligned} \tag{1.61}$$

这意味着,由式(1.60)所给出的一组信号中,仅有 N 个互不相同的周期复指数信号。例如,

$$\phi_0[n] = 1, \phi_1[n] = e^{j2\pi n/N}, \phi_2[n] = e^{j4\pi n/N}, \cdots, \phi_{N-1}[n] = e^{j2\pi(N-1)n/N} \tag{1.62}$$

是全不相同的,而任何其他的 $\phi_k[n]$ 都将与上列中的一个相同,例如 $\phi_N[n] = \phi_0[n]$ 且 $\phi_{-1}[n] = \phi_{N-1}[n]$。

1.4 单位冲激函数与单位阶跃函数

这一节要介绍另外两个基本信号,这就是在连续时间和离散时间情况下的单位冲激与单位阶跃函数,在信号与系统分析中它们都是非常重要的。在第2章中将会看到如何利用单位冲激信号作为基本构成单元来构成和表示其他的信号。先讨论离散时间情况。

1.4.1 离散时间单位脉冲序列和单位阶跃序列

最简单的离散时间信号之一就是**单位脉冲**(unit impulse),或称**单位样本**(unit sample),定义为

$$\delta[n] = \begin{cases} 0, & n \neq 0 \\ 1, & n = 0 \end{cases} \tag{1.63}$$

如图1.28所示。全书把 $\delta[n]$ 称为单位脉冲或单位样本,两者都通用。

第二个基本的离散时间信号是离散时间**单位阶跃**(unit step)，用 $u[n]$ 表示，定义为

$$u[n] = \begin{cases} 0, & n < 0 \\ 1, & n \geq 0 \end{cases} \tag{1.64}$$

单位阶跃序列如图 1.29 所示。

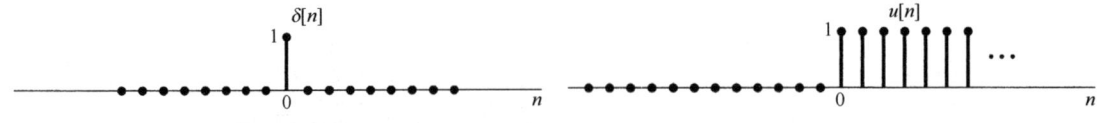

图 1.28　离散时间单位脉冲(样本)序列　　　图 1.29　离散时间单位阶跃序列

离散时间单位脉冲和单位阶跃之间存在着密切的关系。离散时间单位脉冲是离散时间单位阶跃的**一次差分**(first difference)，即

$$\delta[n] = u[n] - u[n-1] \tag{1.65}$$

相反，离散时间阶跃是单位样本的**求和函数**(running sum)，即

$$u[n] = \sum_{m=-\infty}^{n} \delta[m] \tag{1.66}$$

图 1.30 示出了式(1.66)的关系。因为单位样本仅在它的宗量为零时不为零，所以式(1.66)的求和在 $n<0$ 时为 0，而在 $n \geq 0$ 时为 1。另外，在式(1.66)中将求和变量从 m 改变为 $k=n-m$ 后，离散时间单位阶跃也可用单位样本表示成

$$u[n] = \sum_{k=-\infty}^{n} \delta[n-k]$$

或等效为

$$u[n] = \sum_{k=0}^{n} \delta[n-k] \tag{1.67}$$

图 1.31 示出了式(1.67)的关系。这时，$\delta[n-k]$ 在 $k=n$ 时为非零，所以式(1.67)当 $n<0$ 时为 0，而当 $n \geq 0$ 时为 1。

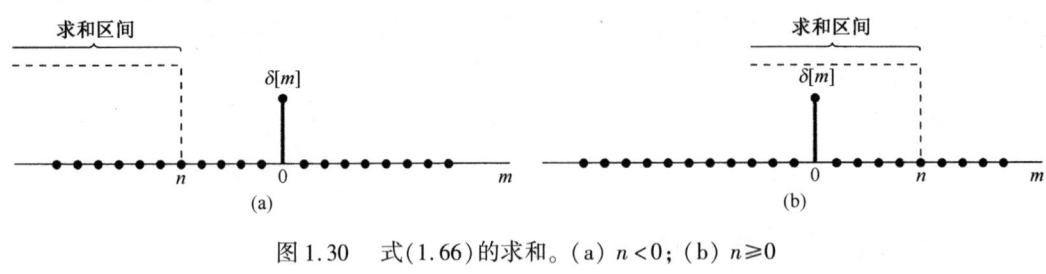

图 1.30　式(1.66)的求和。(a) $n<0$；(b) $n \geq 0$

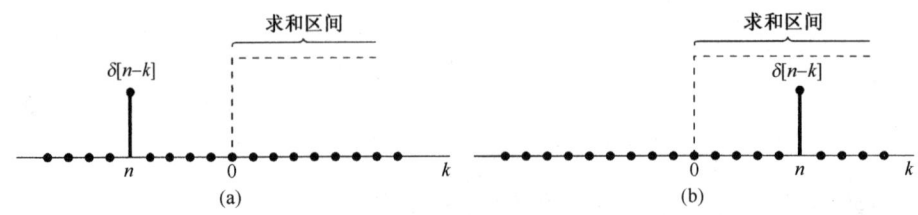

图 1.31　式(1.67)的关系。(a) $n<0$；(b) $n \geq 0$

式(1.67)的一种解释是，可以把它看成一些延迟脉冲的叠加，也就是说将其看成在 $n=0$ 发生的 $\delta[n]$，在 $n=1$ 发生的 $\delta[n-1]$，以及在 $n=2$ 发生的 $\delta[n-2]$ … 等的和。在第 2 章将对这种解释进行更直接的应用。

单位脉冲序列可以用于一个信号在 $n=0$ 时的值的采样,因为 $\delta[n]$ 仅在 $n=0$ 时为非零值(等于1),所以有

$$x[n]\delta[n] = x[0]\delta[n] \tag{1.68}$$

更一般的情况是,若考虑发生在 $n=n_0$ 处的单位脉冲 $\delta[n-n_0]$,就有

$$x[n]\delta[n-n_0] = x[n_0]\delta[n-n_0] \tag{1.69}$$

单位脉冲的这种采样性质在第2章和第7章中将起到重要的作用。

1.4.2 连续时间单位阶跃函数和单位冲激函数

与离散时间情况相类似,连续时间**单位阶跃函数**(unit step function) $u(t)$ 定义为

$$u(t) = \begin{cases} 0, & t<0 \\ 1, & t>0 \end{cases} \tag{1.70}$$

如图 1.32 所示。值得注意的是,单位阶跃在 $t=0$ 这一点是不连续的。连续时间**单位冲激函数**(unit impulse function) $\delta(t)$ 与单位阶跃的关系也和离散时间单位脉冲与单位阶跃函数之间的关系相类似,即连续时间单位阶跃是单位冲激的**积分函数**(running integral),

$$u(t) = \int_{-\infty}^{t} \delta(\tau) \, d\tau \tag{1.71}$$

这就使人联想到 $\delta(t)$ 和 $u(t)$ 之间还有一种类似于式(1.65)这样的关系存在。根据式(1.71),连续时间单位冲激可看成连续时间单位阶跃的**一次微分**(first derivative):

$$\delta(t) = \frac{du(t)}{dt} \tag{1.72}$$

与离散时间情况相比,利用式(1.72)来表示单位冲激函数存在一些困难,这是因为 $u(t)$ 在 $t=0$ 是不连续的,因此正规来讲是不可微的。然而,可以考虑把式(1.72)解释成图 1.33 所示信号 $u_\Delta(t)$ 的一种近似,这里 $u_\Delta(t)$ 从0升到1是在一个较短的时间间隔 Δ 内完成的。很自然,瞬时变化的单位阶跃可以看成 $u_\Delta(t)$ 的一种理想化的结果,因为 Δ 是这样的短暂以至于对任何实际问题来说无关紧要。正规地说,$u(t)$ 是当 $\Delta \to 0$ 时 $u_\Delta(t)$ 的极限。现在来考虑这一导数

$$\delta_\Delta(t) = \frac{du_\Delta(t)}{dt} \tag{1.73}$$

如图 1.34 所示。

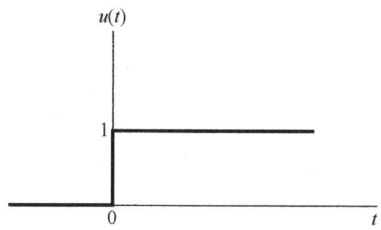

图 1.32 连续时间单位阶跃函数

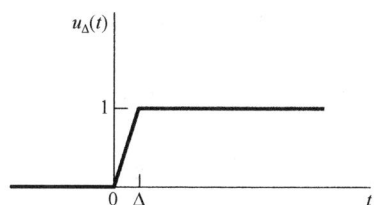

图 1.33 单位阶跃的连续近似 $u_\Delta(t)$

注意,$\delta_\Delta(t)$ 是一个持续期为 Δ 的短脉冲,而且对任何 Δ 值,其面积都为1。随着 $\Delta \to 0$,$\delta_\Delta(t)$ 变得愈来愈窄,愈来愈高,但始终保持单位面积。它的极限形式

$$\delta(t) = \lim_{\Delta \to 0} \delta_\Delta(t) \tag{1.74}$$

就能看成 Δ 变为无穷小后,短脉冲 $\delta_\Delta(t)$ 的一种理想化的结果。事实上,因为 $\delta(t)$ 没有持续期,但有面积,因此就用图 1.35 的符号,在 $t=0$ 处用箭头指出脉冲的面积集中在 $t=0$,用箭头旁边

的高度"1"来表示该冲激的面积，称为冲激强度。更一般的情况是，$k\delta(t)$ 的面积就是 k，因此有

$$\int_{-\infty}^{t} k\delta(\tau)d\tau = ku(t)$$

如图 1.36 所示，箭头的高度选为正比于冲激的面积。

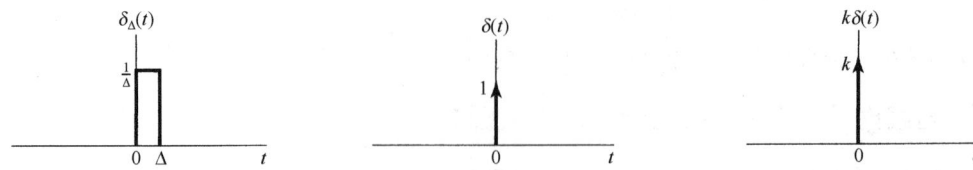

图 1.34　$u_\Delta(t)$ 的导数　　　图 1.35　连续时间单位冲激　　　图 1.36　冲激强度为 k 的冲激 $k\delta(t)$

与离散时间情况一样，式(1.71)的积分可以用图 1.37 来说明。因为连续时间单位冲激 $\delta(\tau)$ 的面积是集中在 $\tau=0$ 的，因此这个积分从 $-\infty$ 开始到 $t<0$ 都是 0，$t>0$ 时则为 1。与离散时间式(1.67)相类似，若把式(1.71)的积分变量 τ 置换为 $\sigma = t-\tau$，就可以将连续时间单位阶跃和单位冲激函数之间的关系表示成另一种形式，即

$$u(t) = \int_{-\infty}^{t}\delta(\tau)d\tau = \int_{\infty}^{0}\delta(t-\sigma)(-d\sigma)$$

或等效为

$$u(t) = \int_{0}^{\infty}\delta(t-\sigma)d\sigma \qquad (1.75)$$

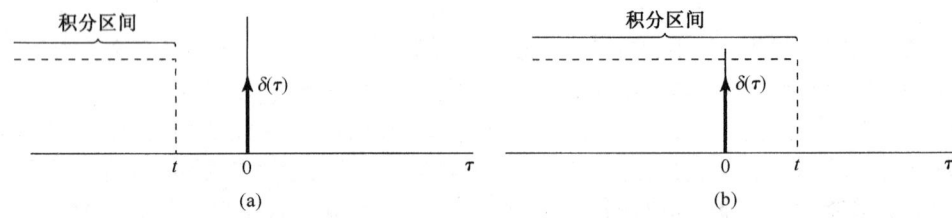

图 1.37　式(1.71)的积分。(a) $t<0$；(b) $t>0$

$u(t)$ 和 $\delta(t)$ 之间的关系可用图 1.38 来说明。在这种情况下，$\delta(t-\sigma)$ 的面积集中于 $\sigma = t$ 的点上，所以式(1.75)的积分对于 $t<0$ 是 0，而对于 $t>0$ 是 1。这种单位冲激特性在积分意义下的图解说明在第 2 章的讨论中极为有用。

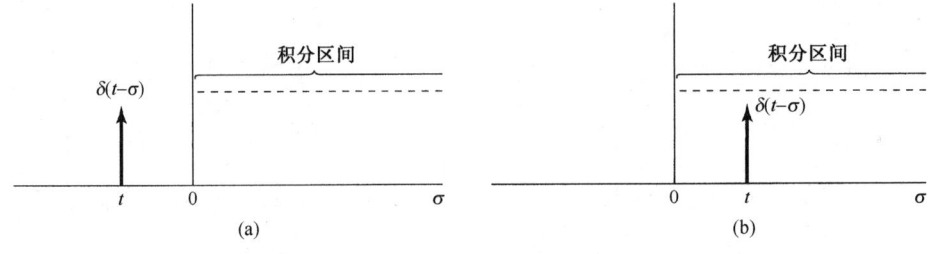

图 1.38　式(1.75)的积分。(a) $t<0$；(b) $t>0$

与离散时间单位脉冲函数一样，连续时间冲激函数也具有一个很重要的采样性质。尤其是，有许多理由认为，考虑一个冲激和一些常规连续时间函数 $x(t)$ 的乘积是很重要的。这个乘积最容易按照式(1.74)的 $\delta(t)$ 的定义来给予说明。具体而言，考虑下式：

$$x_1(t) = x(t)\delta_\Delta(t)$$

在图 1.39(a) 中已经画出了这两个时间函数 $x(t)$ 和 $\delta_\Delta(t)$，图 1.39(b) 是乘积的非零部分经过放大的结果。作为对此，在 $0 \leq t \leq \Delta$ 区间以外，$x_1(t) = 0$。现在若 Δ 足够小，以使 $x(t)$ 在 Δ 内可以近似认为是一个常数 $x(0)$，则有

$$x(t)\delta_\Delta(t) \approx x(0)\delta_\Delta(t)$$

因为 $\delta(t)$ 是 $\Delta \to 0$ 时 $\delta_\Delta(t)$ 的极限，所以有

$$x(t)\delta(t) = x(0)\delta(t) \tag{1.76}$$

同理，对出现在任意一点(例如 t_0)的冲激应该有一个类似的表示式为

$$x(t)\delta(t - t_0) = x(t_0)\delta(t - t_0)$$

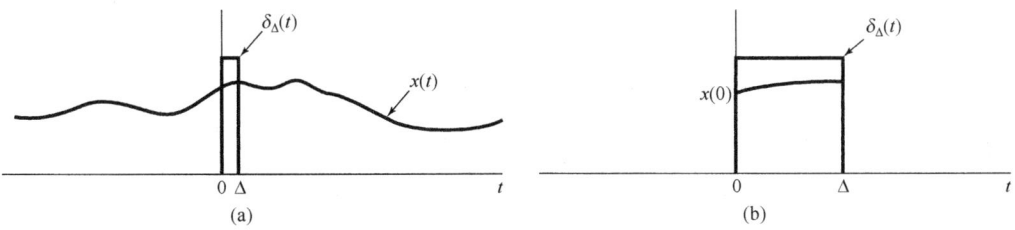

图 1.39　乘积 $x(t)\delta_\Delta(t)$。(a) 两个相乘函数的图；(b) 乘积非零部分的放大

虽然本节有关单位冲激函数的讨论多少有些不太正规，但是却给出了这个信号的一些重要的直观形象，而这些在本书中自始至终都是很有用的。正如我们已经说过的，单位冲激函数应该看成一种理想化的东西。在 2.5 节将更详细地讨论和说明这一点。任何真实的物理系统都会有惯性存在，因此不可能对输入做出瞬时的响应。因此，如果一个足够窄的脉冲加到这样的系统上，该系统的响应就不会受脉冲持续期或脉冲的形状细节而有明显的影响，于是，所关注的脉冲的主要特性就是该脉冲的一种总的综合效果，也就是它的面积。对于那些比其他系统响应快得多的系统，脉冲就必须具有更短的持续期，以达到脉冲形状的细节或者它的持续期不再起作用为止。对任何物理系统来说，总是可以找到一个"足够窄"的脉冲。这样，单位冲激就是这一概念的理想化结果，即对任何系统来说都足够窄的那么一个脉冲。在第 2 章中将会看到，一个系统对这个理想化脉冲的响应在信号与系统分析中起着关键作用，并且在建立和理解这一作用的过程中，对它将会有更进一步的认识①。

例 1.7　考虑图 1.40(a) 中的不连续信号 $x(t)$。由于连续时间单位冲激和单位阶跃之间的关系，可以很容易地算出并画出该信号的导数。具体而言，除了在那些不连续点，$x(t)$ 的导数很明显都是 0。在单位阶跃的情况下，由式(1.72)已得出，在不连续点的微分引起一个单位冲激。另外，将式(1.72)两边都乘以任意数 k，可见大小为 k 的阶跃的微分将在不连续点得到面积为 k 的冲激。这一规律对任何在不连续点跃变的信号都成立，就像图 1.40(a) 中的信号 $x(t)$。这样就能画出导数 $\dot{x}(t)$，如图 1.40(b) 所示，其中冲激位于 $x(t)$ 的每一个不连续点处，面积就是跃变的大

---

① 单位冲激及其有关的函数(统称为奇异函数)已经在所谓**广义函数**(generalized function)和**分配理论**(theory of distribution)这些数学领域中进行了详尽的研究。这一专题的更详细讨论可参阅 A. H. Zemanian 所著 *Distribution Theory and Transform Analysis* (New York: McGraw-Hill Book Company, 1965)，R. F. Hoskins 所著 *Generalized Functions* (New York: Halsted Press, 1979)，或者更深一点的教科书 M. J. Lighthill 所著 *Fourier Analysis and Generalized Functions*，(New York: Cambridge University Press, 1958)。本书 2.5 节关于奇异函数的讨论的基本思路与上述参考书中所阐述的数学理论是一致的，我们只简单地对这一论题在数学上的一些概念进行了介绍。

小。例如在 $t=2$ 这一点，$x(t)$ 的跃变值是 -3，所以在 $\dot{x}(t)$ 的 $t=2$ 处的冲激就标以 -3。

作为一种结果的验证，可以证明能够从 $\dot{x}(t)$ 将 $x(t)$ 恢复出来。因为 $x(t)$ 和 $\dot{x}(t)$ 在 $t\leqslant 0$ 时都是 0，所以仅需对于 $t>0$ 进行验证，

$$x(t)=\int_0^t \dot{x}(\tau)\mathrm{d}\tau \tag{1.77}$$

如图 1.40(c) 所示，对于 $t<1$，式(1.77)的等号右边的积分等于 0，因为在这段积分区间内没有任何冲激。对于 $1<t<2$，第一个冲激(位于 $t=1$)在该积分区间内，所以式(1.77)的积分就等于 2(该冲激的面积)。对于 $2<t<4$，前两个冲激是在这个积分区间内，积分就是它们两个面积之和，即 $2-3=-1$。最后，对于 $t>4$，全部三个冲激都在该积分区间内，积分就等于这三个面积之和，即 $2-3+2=1$。这个结果与图 1.40(a) 中的 $x(t)$ 是完全一样的。

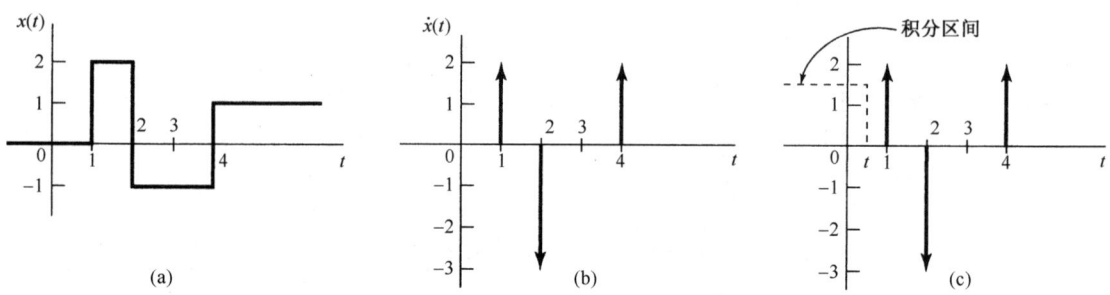

图 1.40 (a) 在例 1.7 中分析的不连续信号 $x(t)$；(b) 它的导数 $\dot{x}(t)$；(c) 图示说明 t 在 0 和 1 之间，$x(t)$ 作为 $\dot{x}(t)$ 的积分的恢复过程

1.5 连续时间系统和离散时间系统

从广义的角度讲，具体的系统都是一些元件、器件或子系统的互联。从信号处理和通信到电机、各种机动车和化学处理工厂等，对于这些应用场景，一个系统都可以看成一个过程，输入信号在过程中被变换，或者说系统以某种方式对信号做出响应。例如，一个高保真度的音频信号录制系统对输入音频信号进行录制，并重现原输入信号。如果该系统具有音调控制功能，就可以通过音调控制来改变被录制信号的整体质量。同理，图 1.1 的电路也可以看成一个系统，其输入电压是 $v_s(t)$，输出电压是 $v_c(t)$。图 1.2 也可认为是输入为 $f(t)$，输出为汽车速度 $v(t)$ 的一个系统。一个图像增强系统也就是变换一幅输入图像以使输出图像具有某些所需性质的系统，如增强图像对比度等。

一个**连续时间系统**(continuous-time system)是这样的系统，输入该系统的信号是连续时间信号，系统产生的输出也是连续时间信号。这样的系统可用图 1.41(a) 来表示，图中 $x(t)$ 是输入，而 $y(t)$ 是输出，所以也常常用下面的符号来表示连续时间系统的输入-输出关系：

$$x(t) \rightarrow y(t) \tag{1.78}$$

同理，一个**离散时间系统**(discrete-time system)就是将离散时间输入信号变换为离散时间输出信号，可以用图 1.41(b) 来表示，也可以用下面的符号来代表输入-输出关系：

$$x[n] \rightarrow y[n] \tag{1.79}$$

本书大部分都将分别但并行地讨论这两种系统。到第 7 章通过采样的概念再把这两种系统结合起来，并研究用离散时间系统来处理已被采样过的连续时间信号的若干细节问题。

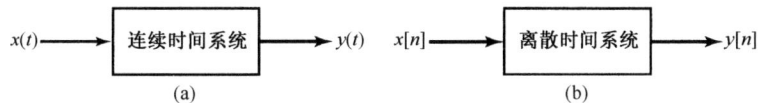

图 1.41 （a）连续时间系统；（b）离散时间系统

1.5.1 简单系统举例

建立分析和设计系统的一般方法的最重要根据之一就是：很多不同应用场合的系统都具有非常类似的数学描述形式。为了说明这一点，下面看几个简单的例子。

例 1.8 考虑图 1.1 的 RC 电路。如果把 $v_s(t)$ 当成输入，把 $v_c(t)$ 当成输出，就可以用简单的电路分析方法来导出描述输出和输入之间关系的方程。具体而言，根据欧姆定律，流经电阻的电流 $i(t)$ 正比于跨在该电阻上的电压降(比例常数为 $1/R$)，即

$$i(t) = \frac{v_s(t) - v_c(t)}{R} \tag{1.80}$$

同理，根据定义一个电容器的基本关系，可以将电流 $i(t)$ 与电容器上电压的变化率联系起来，即

$$i(t) = C\frac{\mathrm{d}v_c(t)}{\mathrm{d}t} \tag{1.81}$$

令式(1.80)和式(1.81)的等号右边相等，即可得出描述输入 $v_s(t)$ 和输出 $v_c(t)$ 之间关系的微分方程为

$$\frac{\mathrm{d}v_c(t)}{\mathrm{d}t} + \frac{1}{RC}v_c(t) = \frac{1}{RC}v_s(t) \tag{1.82}$$

例 1.9 考虑图 1.2，其中把力 $f(t)$ 当成输入，把速度 $v(t)$ 当成输出。若令 m 为汽车的质量，ρv 为由于摩擦而产生的阻力，那么令加速度(也就是速度的时间导数)等于净力除以质量的结果，就得到了

$$\frac{\mathrm{d}v(t)}{\mathrm{d}t} = \frac{1}{m}\left[f(t) - \rho v(t)\right] \tag{1.83}$$

即

$$\frac{\mathrm{d}v(t)}{\mathrm{d}t} + \frac{\rho}{m}v(t) = \frac{1}{m}f(t) \tag{1.84}$$

比较上面两个例子中的式(1.82)和式(1.84)，可以看到，对于这两个很不相同的物理系统，联系它们输入-输出关系的这两个方程却基本上是一样的，它们都是一阶线性微分方程

$$\frac{\mathrm{d}y(t)}{\mathrm{d}t} + ay(t) = bx(t) \tag{1.85}$$

的两个例子，其中 $x(t)$ 是输入，$y(t)$ 是输出，a 和 b 都是常数。一个很简单的例子就能表明这一点，即需要建立由式(1.85)所代表的这样一类系统的分析方法，并且能够在更为广泛的应用中利用它们。

例 1.10 作为离散时间系统的一个简单例子，考虑某一银行户头按月结余的一个简单模型。令 $y[n]$ 为第 n 个月末的结余，假设 $y[n]$ 按月依下列方程变化：

$$y[n] = 1.01y[n-1] + x[n] \tag{1.86}$$

或者写为

$$y[n] - 1.01y[n-1] = x[n] \tag{1.87}$$

其中 $x[n]$ 代表第 n 个月中的净存款(也就是存款减去支取数)，而 $1.01y[n-1]$ 则代表每月利息增长 1%。

例 1.11 作为第二个例子,考虑微分方程式(1.84)的一种简单数字仿真,其中将时间分解成长度为 Δ 的离散间隔,并且用一阶后向差分

$$\frac{v(n\Delta) - v((n-1)\Delta)}{\Delta}$$

来近似当 $t = n\Delta$ 时的 $dv(t)/dt$。这时,若令 $v[n] = v(n\Delta)$, $f[n] = f(n\Delta)$,那么关联该采样信号 $f[n]$ 和 $v[n]$ 的离散时间模型就是

$$v[n] - \frac{m}{(m+\rho\Delta)} v[n-1] = \frac{\Delta}{(m+\rho\Delta)} f[n] \tag{1.88}$$

比较式(1.87)和式(1.88)可见,它们就是下列一阶线性差分方程的两个例子,即

$$y[n] + ay[n-1] = bx[n] \tag{1.89}$$

如同以上例子所表明的,对于来自各种应用领域的系统,它们的数学描述往往具有惊人的共性;而且正是这一点为在信号与系统分析中建立广为适用的方法提供了强大的动力。实现这一任务的关键是要鉴别出一类系统,这类系统应具备两个重要特性:(1) 属于这一类的系统都具有一些性质和结构,通过它们可透彻地了解系统的行为,并能对系统的分析建立起有效的方法;(2) 很多在实践中很重要的系统都可以利用这一类系统准确地建模。本书重点关注并针对称为线性时不变系统这样一个特殊类别的系统所建立的方法,这属于上面所提到的第一个特性方面的问题。下一节将介绍用于表征这类系统的这些性质,以及其他几个很重要的基本系统性质。

实际上,对任何系统分析技术来说,若想具有实用价值,显然上面提到的第二个特性很重要。值得庆幸的是,范围广泛的实际系统(包括例 1.8 至例 1.10 的系统)都可以用本书重点讨论的这类系统来很好地建模。然而,至关重要的一点是,用于描述或分析一个实际系统的任何模型都代表了那个系统的一种理想化的情况,由此所得的任何分析结果也仅仅是模型本身的结果。例如,式(1.80)所表示的一个电阻器和式(1.81)所表示的一个电容器的简单线性模型都是理想化的。然而,在很多应用中这些理想化对真正的电阻器和电容器来说都是相当准确的,因此只要这些电压和电流保持在工作条件范围以内,就不至于使该线性模型失效,那么使用这样的理想化所进行的分析还是给出了许多有用的结果和结论。同理,用一个线性化的阻力来表示摩擦力效果,如式(1.83)所示,也是在某个有限范围内的一种近似。虽然,在本书中并不强调这一问题,重要的是要牢记,工程实际中的一个基本问题就是利用建立的方法时要识别出加在一个模型上的假设的适用范围,并保证基于这个模型的任何分析或设计都没有违反这些假设。

1.5.2 系统的互联

在全书中使用的一个重要概念就是系统的互联。很多实际系统都可以当成几个子系统互联构成的。一个例子就是音频系统,包括一台无线电接收机,带有一个放大器的唱片播放机或磁带机,以及一个或几个扬声器的互联。另一个例子是一架数字控制的飞机,它是由该机体(用它的运动方程和影响它的空气动力学的各种力所描述的)、各种传感器(用于检测飞机的各种变量,如加速度、发动机转速及航向等)、数字自动驾驶仪(对测得的变量和来自驾驶员的命令输入,如所要求的航线、高度和速度等做出响应)和各种飞机调节器(对自动驾驶仪提供的输入做出响应,以利用飞机的控制翼面,如方向舵、尾翼、副翼等来改变作用在飞机上的空气动力)等的互联。将这样一个系统看成它的各组成部分的互联,就可以利用各组成部分的系统特性,以及它们是如何互联的情况来分析整个系统的工作情况和特性表现。另外,借助于一些较简单系统的互联来描述一个系统,还可以用一种有用的方式来综合出由这些较简单的基本构造单元组成的复杂系统。

虽然可以构造成各式各样的系统互联,但是有几种基本形式是经常遇到的。两个系统的**串联**(series interconnection)或称**级联**(cascade interconnection)如图 1.42(a)所示,这样的图称为**方**

框图(block diagram)。这里系统 1 的输出就是系统 2 的输入,而整个系统变换输入信号首先由系统 1 处理,然后再由系统 2 处理。级联系统的一个例子就是一台无线电接收机,紧接着一个放大器。当然也可依此来定义三个或更多个系统的级联。

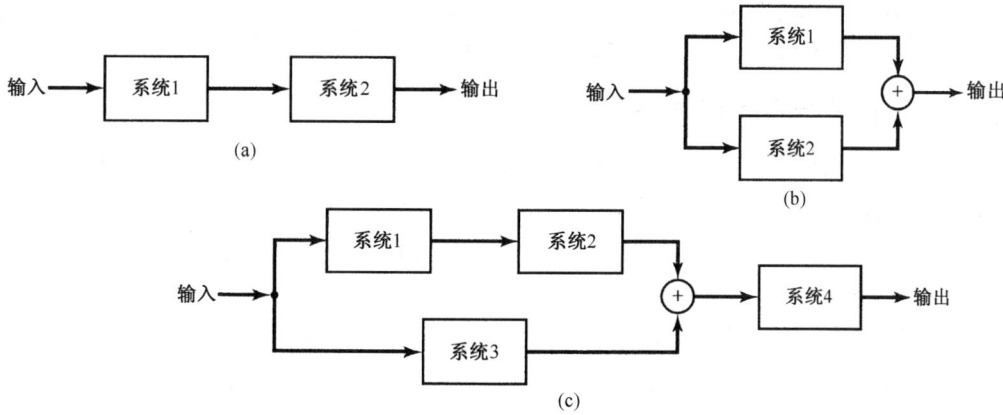

图 1.42 两个系统的互联。(a) 级联;(b) 并联;(c) 级联–并联联接

两个系统的**并联**(parallel interconnection)如图 1.42(b)所示,此时,系统 1 和系统 2 具有相同的输入。图中的符号"⊕"表示相加,所以并联后的输出是系统 1 和 2 的输出之和。若干个拾音器共用一个放大器和扬声器系统的简单音频系统就是系统并联的一个例子。除了图 1.42(b)所示的简单并联,也能定义两个系统以上的并联,并且还能将级联和并联组合起来,以得到更复杂的互联。图 1.42(c)所示为其中一个例子[①]。

反馈互联(feedback interconnection)是系统互联的另一种重要类型,图 1.43 是一个例子。这里,系统 1 的输出是系统 2 的输入,而系统 2 的输出又反馈回来与外加的输入信号一起组成系统 1 的真正输入。反馈系统的应用极为广泛。例如,汽车上的巡航控制系统检测汽车的速度并调节燃料量,以保持车速在一个所要求的水平上。同理,

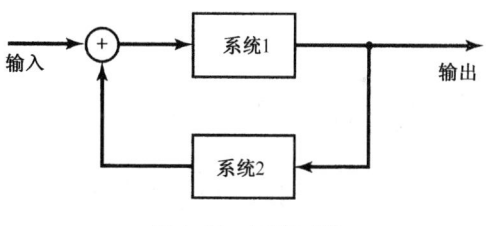

图 1.43 反馈互联

一架数字控制的飞机最为自然地被认为是一个反馈系统,真正的和所要求的速度、航向或高度之差经过自动驾驶仪被反馈回来,以便校正这些偏差。另外,把电路看成包含反馈互联也常常是很有用的。作为一个例子,考虑图 1.44(a)的电路,这个电路可看成两个电路元件的反馈互联,如图 1.44(b)所示。

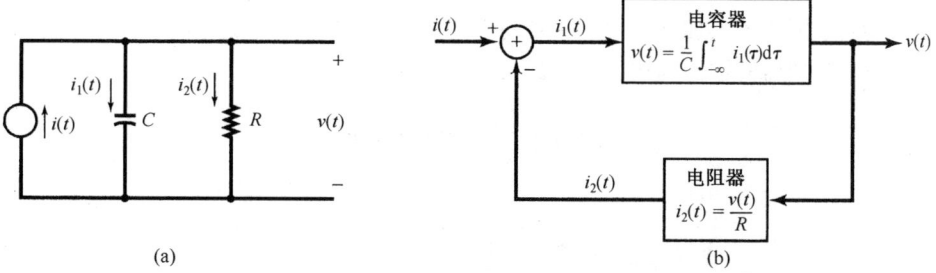

图 1.44 (a) 简单电路;(b) 将电路画成两个电路元件反馈互联的方框图

---

① 有时也用符号 ⊗ 在系统方框图中表示两个信号的相乘(例如图 4.26)。

1.6 基本系统性质

本节将介绍并讨论连续时间和离散时间系统的几个基本性质。这些性质具有重要的物理意义，并且利用已经建立的信号与系统的语言而具有相当简单的数学表达式。

1.6.1 有记忆系统与无记忆系统

如果对自变量的每一个值，一个系统的输出仅仅取决于该时刻的输入，这个系统就称为**无记忆**(memoryless)系统。例如，由下面的关系式所表达的系统：

$$y[n] = (2x[n] - x^2[n])^2 \tag{1.90}$$

就是一个无记忆系统。因为在任何特定时刻 n_0 的输出 $y[n]$ 仅仅取决于该时刻 n_0 的输入 $x[n]$，而与别的时刻值无关。一个电阻器也是一个无记忆系统，若把电流作为输入 $x(t)$，把电压作为输出 $y(t)$，则一个电阻器的输入-输出关系为

$$y(t) = Rx(t) \tag{1.91}$$

其中 R 是电阻器的电阻值。一种特别简单的无记忆系统是所谓**恒等系统**(identity system)，系统的输出就等于输入。也就是说，对连续时间恒等系统而言，其输入-输出关系就是

$$y(t) = x(t)$$

相应地，在离散时间情况下就是

$$y[n] = x[n]$$

离散时间有记忆系统的一个例子就是**累加器**(accumulator)或称**相加器**(summer)

$$y[n] = \sum_{k=-\infty}^{n} x[k] \tag{1.92}$$

第二个例子就是一个**延迟单元**(delay)

$$y[n] = x[n-1] \tag{1.93}$$

一个电容器是连续时间有记忆系统的一个例子，因为如果电流作为输入，电压作为输出，就有

$$y(t) = \frac{1}{C} \int_{-\infty}^{t} x(\tau) d\tau \tag{1.94}$$

其中 C 是电容值。

大致来说，在一个系统中，记忆的概念相应于该系统具有保留或存储不是当前时刻输入信息的功能。例如，式(1.93)的单位延迟系统必须保留或存储输入的前一个值；式(1.92)所示的累加器必须"记住"或存储过去输入的全部信息。特别是，该累加器计算出全部输入的连续求和，直到当前时刻为止，因此该累加器在每一个瞬时都必须将当前的输入加到累计求和的前一个值上。换句话说，一个累加器的输入和输出之间的关系可以表达如下：

$$y[n] = \sum_{k=-\infty}^{n-1} x[k] + x[n] \tag{1.95}$$

或等效为

$$y[n] = y[n-1] + x[n] \tag{1.96}$$

在后面这种表示式中，为了得到当前时刻 n 的输出，累加器就必须记住以前输入值的连续求和，而这就是累加器输出的前一个值。

在许多实际系统中，记忆是直接与能量的存储相联系的。例如，对于式(1.94)所示的电容器

输入-输出关系,存储的量是以电流的积分所表示的累计电荷量。因此,例 1.8 和图 1.1 中的这个简单 RC 电路就具有在电容器中存储的记忆功能。同理,图 1.2 中的汽车也具有以存储动能形式表示的记忆功能。用计算机或数字微处理器实现的离散时间系统中,记忆是直接与保留各时钟脉冲之间值的那些移位寄存器相联系的。

虽然一个系统具有记忆的概念,一般总是使人想到存储**过去**的输入和输出值,但是我们所给出的定义也会导致把当前的输出与输入和输出的**将来**值有关的系统也称为有记忆系统!尽管与将来值有关的系统可能一看就知道是不寻常的,但是事实上它们也形成了一类重要的系统,1.6.3 节将进一步讨论此类系统。

1.6.2 可逆性与可逆系统

一个系统如果在不同的输入下,导致不同的输出,就称该系统是**可逆的**(invertible)。如果一个系统是可逆的,就有一个**逆系统**(inverse system)存在,当该逆系统与原系统级联后,就会产生一个输出 $w[n]$ 等于第一个系统的输入 $x[n]$,在离散时间情况下就如图 1.45(a)所示。由此,图 1.45(a)的级联系统就有一个总的输入-输出关系与恒等系统是一样的。

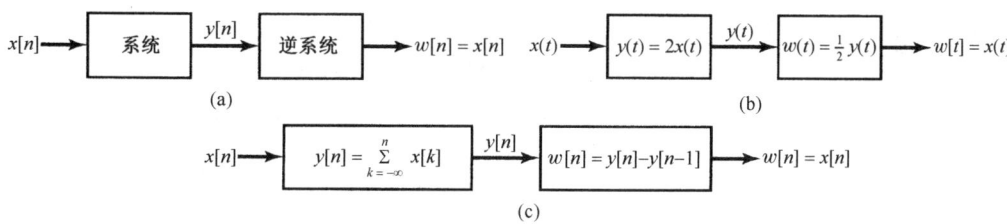

图 1.45 逆系统的概念。(a)一般的可逆系统;(b)由式(1.97)给出的可逆系统;(c)由式(1.92)定义的逆系统

可逆连续时间系统的一个例子是

$$y(t) = 2x(t) \tag{1.97}$$

该可逆系统的逆系统是

$$w(t) = \frac{1}{2}y(t) \tag{1.98}$$

这个例子如图 1.45(b)所示。可逆系统的另一个例子是由式(1.92)所示的累加器,该系统任意两个相邻的输出值之差就是最后的输入值,即 $y[n] - y[n-1] = x[n]$,因此,其逆系统就是

$$w[n] = y[n] - y[n-1] \tag{1.99}$$

如图 1.45(c)所示。

不可逆系统的例子,如

$$y[n] = 0 \tag{1.100}$$

即,该系统对任何输入序列来说都产生零输出序列,另外还有

$$y(t) = x^2(t) \tag{1.101}$$

这种情况下无法根据输出来确定输入的正负号。

可逆性的概念在很多领域是一个重要的概念。各种通信应用中用到的编码系统就是一个例子。在这样的系统中,要传送的信号首先加到称为编码器的系统上作为它的输入。有许多理由要这样做,诸如想要给原始消息加密以提高安全性或保密通信,在信号中提供某些冗余度(例如附加奇偶校验码),以使发生在传输过程中的误差能被检测甚至被校正过来。对于无损失编码来说,编码器的输入必须从输出中完全准确无误地恢复出来,也就是说,该编码器必须是可逆的。

1.6.3 因果性

如果一个系统在任何时刻的输出只取决于现在的输入及过去的输入,该系统就称为**因果**(causal)系统。这样的系统往往也称为不可预测的系统,因为无法根据系统的输出预测未来的输入值。因此,对于一个因果系统,若两个输入直到某一个时间 t_0 或 n_0 以前都是相同的,那么在这同一时间以前相应的输出也一定相等。图 1.1 的 RC 电路是因果的,因为电容器上的电压仅对现在的和过去的源电压值做出响应。同理,一部汽车的运动是因果的,因为汽车运动无法预知驾驶员将来的行动。由式(1.92)到式(1.94)描述的系统也都是因果的,但是由

$$y[n] = x[n] - x[n+1] \tag{1.102}$$

和

$$y(t) = x(t+1) \tag{1.103}$$

定义的系统都是非因果的。所有的无记忆系统都是因果的,因为输出仅仅对当前的输入值做出响应。

虽然因果系统很重要,但这并不表明所有具有实际意义的系统都是仅由因果系统构成的。例如,在独立变量不是时间的应用中(如图像处理),因果性往往不是一个根本性的限制。另外,在一些数据处理系统中,待处理的数据事先都已记录下来了,例如语音处理、地球物理学及气象学中的信号,在这种情况下决不会局限于用因果系统来处理这些数据。作为另一个例子,在很多应用中(其中包括股票市场分析和人口统计学的研究),关注的是某个数据的慢变化趋势,但在这个总的变化趋势中也包含一些高频起伏。在这种情况下,为了仅仅保留总的变化趋势,通常所采用的办法是,在某一段时间间隔内对这些数据取平均,以平滑掉这些高频起伏部分。一个非因果的平滑系统的例子是

$$y[n] = \frac{1}{2M+1} \sum_{k=-M}^{+M} x[n-k] \tag{1.104}$$

例 1.12 当检验一个系统的因果性时,重要的是仔细看看系统的输入-输出关系。为了说明其中涉及的若干问题,我们来检验两个特殊系统的因果性。

第一个系统定义为

$$y[n] = x[-n] \tag{1.105}$$

注意,在某个正的时刻 n_0 的输出 $y[n_0]$ 仅仅取决于输入在时刻 $(-n_0)$ 的值 $x[-n_0]$,$(-n_0)$ 是负的,因此属于 n_0 的过去时刻,这时可能要得出所给系统是因果系统的结论。然而,我们应该总是仔细地检验在全部时间上的输入-输出关系,对于 $n<0$,如 $n=-4$,那么 $y[-4]=x[4]$,所以在这一时间上输出就与输入的将来值有关。因此,系统不是因果的。

在检验系统因果性时,另一点也是很重要的,这就是要把输入信号的影响仔细地与系统定义中所用到的其他函数的影响区分开来。例如,考虑如下系统:

$$y(t) = x(t)\cos(t+1) \tag{1.106}$$

在这个系统中,任何时刻 t 的输出等于在同一时刻的输入再乘以一个随时间变化的数。具体而言,可将式(1.106)重写成

$$y(t) = x(t)g(t)$$

其中 $g(t)$ 是一个时变函数,即 $g(t) = \cos(t+1)$。因此,仅仅是输入 $x(t)$ 的当前值影响了输出 $y(t)$ 的当前值,可以得出该系统是因果的(事实上还是无记忆的)。

1.6.4 稳定性

稳定性(stability)是另一个重要的系统性质。直观上看，一个稳定系统在小的输入下的响应是不会发散的。例如，考虑图1.46(a)所示的这个单摆，其中外加力$x(t)$作为输入，输出是相对于垂直方向的角度偏移$y(t)$。在这种情况下，重力施加一种恢复力，总是企图把单摆拉回到垂直位置，由于阻力所引起的摩擦损耗力图使单摆摆动减慢，因此若施加一个小的力$x(t)$，那么离开垂直方向的偏离也会比较小。与此相比，再看看图1.46(b)中倒立摆的情况，此时重力的效果是施加一个力，使偏离垂直方向的角度增加，因此一个小的外加力会导致一个大的垂直偏移，最后引起倒立摆塌倒，尽管这时由于摩擦也有阻力存在。

图1.46(a)所示的系统是稳定系统的例子，而图1.46(b)所示则是不稳定系统的例子。在食物链反应的模型中，在无限制供给食物并且没有任何食肉类动物存在的条件下所得出的生物种群的增长模型，都是不稳定系统的例子，因为系统响应在小的输入下无界地增长。另一个不稳定系统的例子是示于式(1.86)的某个银行户头结余的模型，因为如果最初存了一笔款，即$x[0]$为一个正数，并且以后都不支取，由于计及复利的关系，那么存款将按月无界地增长。

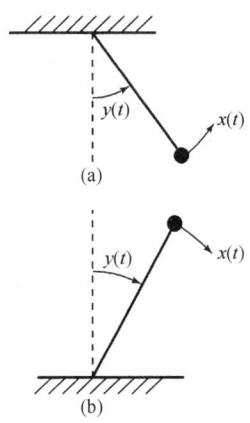

图1.46 （a）稳定的单摆；（b）不稳定的倒立摆

稳定系统的例子也很多。实际系统的稳定性一般来说都是由于存在能量消耗的原因。例如，假设例1.8的简单RC电路中都是正的元件值，电阻要消耗能量，这个电路就是一个稳定的系统；例1.9中的系统由于通过摩擦要消耗能量，所以也是稳定的。

以上这些例子只是给出了一个有关稳定性概念的直观认识。正式地讲，系统的稳定性可以这样来定义：一个稳定系统，若其输入是有界的(即输入的幅度不是无界增长的)，则系统的输出也必须是有界的，因此不可能发散。这就是本书中使用的稳定性定义。例如，若在图1.2的汽车上施加一个恒定不变的力$f(t)=F$，汽车最初是静止的。这时汽车的速度将增加，但不是无界的，因为摩擦引起的阻力也随速度而增加。事实上，速度将一直增加到摩擦力与外加力相等为止。所以由式(1.84)可见，最终的速度V必须满足

$$\frac{\rho}{m}V = \frac{1}{m}F \tag{1.107}$$

即

$$V = \frac{F}{\rho} \tag{1.108}$$

作为另一个例子，考虑由式(1.104)定义的离散时间系统，假设输入$x[n]$是有界的，其界为B(对所有的n来说)，那么$y[n]$的最大可能幅度也就是B，因为$y[n]$是某一段输入值的平均。因此$y[n]$是有界的，该系统也是稳定的。另一方面，再考虑由式(1.92)所表示的累加器。与式(1.104)的系统不一样，这个系统是要将所有的输入过去值相加，而不是只加一段有限值。因为这个和即使在$x[n]$是有界的时也会继续不断地增加，所以系统是不稳定的。例如，若输入该累加器的是单位阶跃$u[n]$，输出就是

$$y[n] = \sum_{k=-\infty}^{n} u[k] = (n+1)u[n]$$

即$y[0]=1$，$y[1]=2$，$y[2]=3$，以此类推，$y[n]$是无界增长的。

例 1.13 如果怀疑某一系统是不稳定的，那么一种实用的办法是力图找一个特定的有界输入而使输出无界，若找到了这样一个例子则可知该系统是不稳定的。如果这样的例子不存在或者找起来很困难，就必须用一种方法来检验它的稳定性，不过这时就不能再用某些特殊输入信号的例子。为了说明这种办法，检验以下两个系统的稳定性：

$$S_1: y(t) = tx(t) \tag{1.109}$$

和

$$S_2: y(t) = e^{x(t)} \tag{1.110}$$

为寻找一个特殊的反例来证明系统是不稳定的，可以试图用一个常数或阶跃输入这样的简单的有界输入来试试。对于由式(1.109)表示的系统 S_1，当恒定输入 $x(t) = 1$ 时，$y(t) = t$，这就是无界的，因为无论取什么样的常数为界，$|y(t)|$ 在某个 t 时都会超过这个界，因此得出 S_1 是不稳定的。

系统 S_2 或许可能是稳定的，因此无法找到一个有界的输入而产生一个无界的输出，所以就得按在所有有界输入下都产生有界输出的办法来确认它。令 B 为一任意正数，并令 $x(t)$ 是被 B 所界定的某任意信号，也就是说并没有对 $x(t)$ 进行任何假设，只要对所有的 t 都有

$$|x(t)| < B \tag{1.111}$$

或

$$-B < x(t) < B \tag{1.112}$$

即可。利用 S_2 的定义式(1.110)就能看出，若 $x(t)$ 满足式(1.111)，$y(t)$ 就一定满足

$$e^{-B} < |y(t)| < e^B \tag{1.113}$$

于是得到：若 S_2 的任何输入是被某一任意正数 B 所界定的，那么相应的输出就保证界定在 e^B，所以 S_2 是稳定的。

到目前为止，这一节所介绍的几个系统性质及概念都是非常重要的，并且还将在本书稍后详细讨论。然而，另外还有两个性质，即时不变性和线性性质，在本书的后续各章中将起到特别重要的作用，下面将对这两个很重要的概念给予介绍并进行初步讨论。

1.6.5 时不变性

从概念上讲，若系统的特性和行为不随时间而变，该系统就是时不变的。例如，图 1.1 的 RC 电路，如果其 R 和 C 的值不随时间而变，该系统就是时不变的。我们会预期到：今天用这个电路做一个实验所取得的结果与明天来做同一个实验所取得的结果是相同的。另一方面，若 R 和 C 的值随时间变化或波动，那么实验结果就会与什么时间做这个实验有关了。同理，如果图 1.2 中的摩擦系数 b 和汽车质量 m 是不变的，那么汽车的响应特性与何时驾驶它是无关的。另一方面，如果有一天给自动行李车装了很重的箱子，也就是增加了 m，那么可以预计到，与在负荷不重时相比，行李车的特性和行为当然会很不一样。

时不变性质可以很简单地用已经介绍过的信号与系统的语言来描述。具体而言，如果在输入信号上有一个时移，而在输出信号中产生同样的时移，那么这个系统就是时不变的；也就是说，若 $y[n]$ 是一个离散时间时不变系统在输入为 $x[n]$ 时的输出，那么当输入为 $x[n-n_0]$ 时，输出就为 $y[n-n_0]$。在连续时间情况下，$y(t)$ 是相应于输入为 $x(t)$ 时的输出，一个时不变系统就一定有当输入为 $x(t-t_0)$ 时，输出为 $y(t-t_0)$ 的结果。

为了看看如何来判定一个系统是否是时不变的，以便对该性质有更深入的了解，我们来讨论以下几个例子。

例1.14 考虑一个连续时间系统,定义如下:

$$y(t) = \sin[x(t)] \tag{1.114}$$

为了确认这个系统是时不变的,就必须判定对于**任何**输入和**任何**时移 t_0,时不变性是否成立。为此,令 $x_1(t)$ 是系统的任一输入,并令

$$y_1(t) = \sin[x_1(t)] \tag{1.115}$$

是其相应的输出。然后,考虑将 $x_1(t)$ 时移作为第二个输入:

$$x_2(t) = x_1(t - t_0) \tag{1.116}$$

对于这个输入的输出是

$$y_2(t) = \sin[x_2(t)] = \sin[x_1(t - t_0)] \tag{1.117}$$

同理,根据式(1.115)有

$$y_1(t - t_0) = \sin[x_1(t - t_0)] \tag{1.118}$$

比较式(1.117)和式(1.118),就可以得到 $y_2(t) = y_1(t - t_0)$,因此这个系统是时不变的。

例1.15 作为第二个例子,考虑如下离散时间系统:

$$y[n] = nx[n] \tag{1.119}$$

这是一个时变系统,采用上面例子那样的正规步骤就能证明它(见习题1.28)。然而,当怀疑一个系统是时变的时,通常采用的办法是找一个反例,即根据直观认识找一个输入信号,使时不变的条件不成立。特别是这个例子的系统代表的是一个具有时变增益的系统。例如,若已知当前的输入值是1,不知道当前的时刻,就不能确定当前的输出是多少。

那么,考虑输入信号 $x_1[n] = \delta[n]$,输出 $y_1[n]$ 就恒为零(因为 $n\delta[n] = 0$),然而当输入 $x_2[n] = \delta[n-1]$ 时,输出 $y_2[n] = n\delta[n-1] = \delta[n-1]$。因此,当 $x_2[n]$ 是 $x_1[n]$ 的时移时,$y_2[n]$ 并不是 $y_1[n]$ 的时移。

在上面这个例子中,由于系统有一个时变的增益,其结果就是一个时变的系统,而式(1.97)的系统有一个常数的增益,它就是时不变的,由式(1.91)至式(1.104)所给出的系统都是时不变系统的例子,下面再给出一个时变系统的例子。

例1.16 考虑这个系统

$$y(t) = x(2t) \tag{1.120}$$

这个系统代表一个时间上的尺度变换,也就是说 $y(t)$ 是 $x(t)$ 的时间压缩(压缩因子是2)。直观上看,任何在输入上的时移都会受到一个因子2的压缩。这样一来这个系统就不是时不变的。为了用一个反例来说明这一点,考虑输入 $x_1(t)$,如图1.47(a)所示,结果输出 $y_1(t)$ 如图1.47(b)所示。若将输入时移2,即 $x_2(t) = x_1(t-2)$,如图1.47(c)所示,所得到的输出 $y_2(t) = x_2(2t)$ 如图1.47(d)所示。比较图1.47(d)和图1.47(e),可见 $y_2(t) \neq y_1(t-2)$,所以这个系统不是时不变的。事实上,$y_2(t) = y_1(t-1)$,由于系统产生的时间压缩,输出的时移仅有时不变时应有的时移的一半大。

1.6.6 线性

线性系统(连续时间或离散时间)具有的一个很重要的性质就是叠加性质,即:如果某一个输入是由几个信号的加权和组成的,那么输出也就是系统对这组信号中每一个的响应的加权和。更准确地说,令 $y_1(t)$ 是一个连续时间系统对输入 $x_1(t)$ 的响应,而 $y_2(t)$ 是对应于输入 $x_2(t)$ 的输出,那么一个线性系统就应该有:

1. $y_1(t) + y_2(t)$ 是对 $x_1(t) + x_2(t)$ 的响应；
2. $ay_1(t)$ 是对 $ax_1(t)$ 的响应，此处 a 为任意复常数。

上面的第一个性质称为**可加性**（additivity）；而第二个则称为**比例性**（scaling）或**齐次性**（homogeneity）。虽然以上都是用连续时间信号来对线性系统下的定义，但对离散时间情况也同样适用。前面所举的式(1.91)至式(1.100)、式(1.102)到式(1.104)及式(1.119)所代表的系统都是线性的；而由式(1.101)和式(1.114)所定义的系统都是非线性的。应该注意的是，一个系统可以是线性的，而不必是时不变的，像式(1.119)的系统就是一例；同理，系统是时不变的却不一定是线性的，如式(1.101)和式(1.114)所代表的系统就属于这一类。

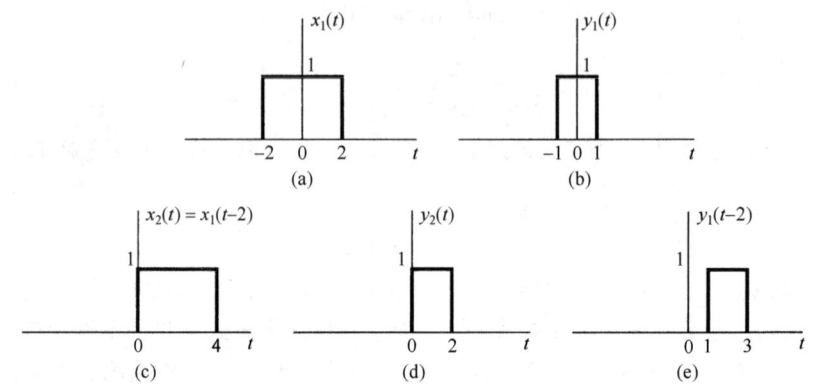

图1.47 (a) 例1.16中的系统输入 $x_1(t)$；(b) 对应于 $x_1(t)$ 的输出 $y_1(t)$；(c) 经移位的输入 $x_2(t) = x_1(t-2)$；(d) 对应于 $x_2(t)$ 的输出 $y_2(t)$；(e) 移位信号 $y_1(t-2)$。注意 $y_2(t) \neq y_1(t-2)$，说明该系统不是时不变的

把定义一个线性系统的两个性质结合在一起，可以简单地写成：

连续时间： $ax_1(t) + bx_2(t) \rightarrow ay_1(t) + by_2(t)$ (1.121)

离散时间： $ax_1[n] + bx_2[n] \rightarrow ay_1[n] + by_2[n]$ (1.122)

其中 a 和 b 是任何复常数。而且，从线性的定义中可直接证明出：如果 $x_k[n]$, $k=1,2,3,\cdots$ 是某一个离散时间线性系统的一组输入，其相应的输出为 $y_k[n]$, $k=1,2,3,\cdots$，那么对这一组输入的线性组合

$$x[n] = \sum_k a_k x_k[n] = a_1 x_1[n] + a_2 x_2[n] + a_3 x_3[n] + \cdots \quad (1.123)$$

的响应就是

$$y[n] = \sum_k a_k y_k[n] = a_1 y_1[n] + a_2 y_2[n] + a_3 y_3[n] + \cdots \quad (1.124)$$

这个很重要的事实就称为**叠加性质**（superposition property），对连续时间和离散时间线性系统都成立。

对于线性系统来说，叠加性质的一个直接结果就是：对于所有的时间都为零的输入，其输出恒为零，即零输入产生零输出。例如，若有一个系统 $x[n] \rightarrow y[n]$，那么根据齐次性应有

$$0 = 0 \cdot x[n] \rightarrow 0 \cdot y[n] = 0 \quad (1.125)$$

下面这些例子用来说明如何根据线性的定义来检验一个系统的线性性质。

例1.17 考虑一个系统 S，其输入 $x(t)$ 和输出 $y(t)$ 的关系为

$$y(t) = tx(t)$$

为了判断 S 是否是线性的,我们来考虑如下两个任意输入 $x_1(t)$ 和 $x_2(t)$:
$$x_1(t) \to y_1(t) = tx_1(t)$$
$$x_2(t) \to y_2(t) = tx_2(t)$$

令 $x_3(t)$ 是 $x_1(t)$ 和 $x_2(t)$ 的线性组合,即
$$x_3(t) = ax_1(t) + bx_2(t)$$

其中 a 和 b 都是任意常数。若 $x_3(t)$ 是 S 的输入,那么相应的输出可以表示为
$$\begin{aligned} y_3(t) &= tx_3(t) \\ &= t(ax_1(t) + bx_2(t)) \\ &= atx_1(t) + btx_2(t) \\ &= ay_1(t) + by_2(t) \end{aligned}$$

结论就是 S 是线性的。

例 1.18 利用与前面例子相同的步骤来检验另一系统 S,其输入 $x(t)$ 和输出 $y(t)$ 的关系为
$$y(t) = x^2(t)$$

定义 $x_1(t)$,$x_2(t)$ 和 $x_3(t)$ 与上例一样,就有
$$x_1(t) \to y_1(t) = x_1^2(t)$$
$$x_2(t) \to y_2(t) = x_2^2(t)$$

和
$$\begin{aligned} x_3(t) \to y_3(t) &= x_3^2(t) \\ &= (ax_1(t) + bx_2(t))^2 \\ &= a^2x_1^2(t) + b^2x_2^2(t) + 2abx_1(t)x_2(t) \\ &= a^2y_1(t) + b^2y_2(t) + 2abx_1(t)x_2(t) \end{aligned}$$

很显然,一旦给定 $x_1(t)$,$x_2(t)$,a 和 b,$y_3(t)$ 就与 $ay_1(t) + by_2(t)$ 不一样了。例如,若 $x_1(t) = 1$,$x_2(t) = 0$,$a = 2$ 且 $b = 0$,那么 $y_3(t) = (2x_1(t))^2 = 4$,而 $2y_1(t) = 2(x_1(t))^2 = 2$。结论就是系统 S 不是线性的。

例 1.19 在检验一个系统的线性时,重要的是牢记:系统必须同时满足可加性和齐次性,而信号和任何比例常数都可以是复数。为了强调这一重要性,考虑如下系统:
$$y[n] = \mathcal{R}e\{x[n]\} \tag{1.126}$$

如习题 1.29 所证明的,这个系统是可加的,然而它却不满足齐次性。现在来证明这一点。
$$x_1[n] = r[n] + js[n] \tag{1.127}$$

是一个实部为 $r[n]$,虚部为 $s[n]$ 的任意复输入,相应的输出就应该是
$$y_1[n] = r[n] \tag{1.128}$$

现在将 $x_1[n]$ 乘以一个复数 $a = j$,也即考虑输入为
$$\begin{aligned} x_2[n] &= jx_1[n] = j(r[n] + js[n]) \\ &= -s[n] + jr[n] \end{aligned} \tag{1.129}$$

对应于 $x_2[n]$ 的输出就是
$$y_2[n] = \mathcal{R}e\{x_2[n]\} = -s[n] \tag{1.130}$$

它并不等于 $y_1[n]$ 的尺度变换形式
$$ay_1[n] = jr[n] \tag{1.131}$$

因此,这个系统违反了齐次性,所以不是线性的。

例 1.20 考虑系统

$$y[n] = 2x[n] + 3 \tag{1.132}$$

可以用几种方法证明这个系统不是线性的。例如，这个系统不满足可加性。若 $x_1[n] = 2$，$x_2[n] = 3$，则

$$x_1[n] \rightarrow y_1[n] = 2x_1[n] + 3 = 7 \tag{1.133}$$
$$x_2[n] \rightarrow y_2[n] = 2x_2[n] + 3 = 9 \tag{1.134}$$

然而，对 $x_3[n] = x_1[n] + x_2[n]$ 的响应却是

$$y_3[n] = 2[x_1[n] + x_2[n]] + 3 = 13 \tag{1.135}$$

它不等于 $y_1[n] + y_2[n] = 16$。另外，因为 $x[n] = 0$ 时 $y[n] = 3$，它也不满足式(1.125)中给出的线性系统的"零输入时零输出"的性质。

这个例子中的系统是一个非线性系统似乎有些令人吃惊，因为式(1.132)明明是一个线性方程；另一方面，如图 1.48 所示，这个系统的输出可以表示为一个线性系统的输出与另一个等于该系统的**零输入响应**（zero-input response）的信号之和。对于式(1.132)的系统，这个线性系统是

$$x[n] \rightarrow 2x[n]$$

而零输入响应为

$$y_0[n] = 3$$

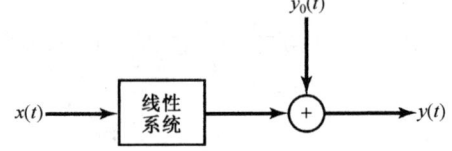

图 1.48 一种增量线性系统的结构。图中 $y_0[t]$ 是系统的零输入响应

事实上，在连续时间和离散时间系统中大量存在的一类系统可由图 1.48 来表示，也就是系统的总输出由一个线性系统的响应与一个零输入响应的叠加来组成。正如在习题 1.47 中所指出的，这样的系统相应于一类**增量线性系统**（incrementally linear system），即在连续或离散时间系统中，其响应对输入中的变化是线性的。换句话说，对增量线性系统而言，对任意两个输入的响应的**差**是两个输入**差**的线性函数(即可加且齐次的)。例如，若 $x_1[n]$ 和 $x_2[n]$ 是由式(1.132)所表征的系统的两个输入，而 $y_1[n]$ 和 $y_2[n]$ 是其对应的输出，那么

$$y_1[n] - y_2[n] = 2x_1[n] + 3 - \{2x_2[n] + 3\} = 2\{x_1[n] - x_2[n]\} \tag{1.136}$$

1.7 小结

本章讨论了有关连续时间与离散时间信号及系统的一些基本概念，通过几个例子说明了信号与系统的直观形象，又介绍了在全书中将用到的信号与系统的数学表示。具体而言，就是介绍了信号的图解表示和数学表示，并用这些表示讨论了自变量的变换。我们还定义和研究了在连续时间和离散时间情况下的几个基本信号，包括复指数信号、正弦信号、单位冲激和单位阶跃函数等。另外，还研究了连续时间和离散时间信号的周期性概念。

在讨论有关系统的基本概念时，引入了方框图以便于讨论系统间的互联问题，并定义了几个重要的系统性质，其中包括因果性、稳定性、时不变性和线性等性质。

本书的大部分内容都重点关注线性时不变系统，包括连续时间和离散时间系统。这类系统在系统分析和设计中起着特别重要的作用，是因为实际中遇见的很多系统都可以成功地按照线性和时不变性来建模；另外，在后续的各章中将会看到，线性和时不变性可以使我们对该类系统的特性进行深入而详细地研究。

习题

基本题：可以利用本章中求解例题的方式，强调应用概念和方法的技巧。
深入题：深入研究和钻研本章中内容的根本原理和实际内涵。

习题的第一部分属于基本题，答案在书末给出。接下来的两部分分别属于基本题和深入题。最后一部分为**数学复习**，在复数运算和代数的基本概念方面给出一些练习题作为复习。

基本题（附答案）

1.1 用笛卡儿坐标形式 $(x+jy)$ 表示下列复数。

$$\frac{1}{2}e^{j\pi}, \frac{1}{2}e^{-j\pi}, e^{j\pi/2}, e^{-j\pi/2}, e^{j5\pi/2}, \sqrt{2}e^{j\pi/4}, \sqrt{2}e^{j9\pi/4}, \sqrt{2}e^{-j9\pi/4}, \sqrt{2}e^{-j\pi/4}.$$

1.2 用极坐标形式 $(re^{j\theta}, -\pi < \theta \leq \pi)$ 表示下列复数。

$$5, -2, -3j, \frac{1}{2} - j\frac{\sqrt{3}}{2}, 1+j, (1-j)^2, j(1-j), (1+j)/(1-j), (\sqrt{2}+j\sqrt{2})/(1+j\sqrt{3}).$$

1.3 对下列每一个信号，求 P_∞ 和 E_∞。

(a) $x_1(t) = e^{-2t}u(t)$ (b) $x_2(t) = e^{j(2t+\pi/4)}$ (c) $x_3(t) = \cos(t)$

(d) $x_1[n] = \left(\frac{1}{2}\right)^n u[n]$ (e) $x_2[n] = e^{j(\pi/2n + \pi/8)}$ (f) $x_3[n] = \cos\left(\frac{\pi}{4}n\right)$

1.4 设 $n<-2$ 和 $n>4$ 时 $x[n]=0$，对以下每个信号确定其值保证为零的 n 值。

(a) $x[n-3]$ (b) $x[n+4]$ (c) $x[-n]$

(d) $x[-n+2]$ (e) $x[-n-2]$

1.5 设 $t<3$ 时 $x(t)=0$，确定以下每个信号的值保证为零的 t 值。

(a) $x(1-t)$ (b) $x(1-t) + x(2-t)$ (c) $x(1-t)x(2-t)$

(d) $x(3t)$ (e) $x(t/3)$

1.6 判断下列信号的周期性。

(a) $x_1(t) = 2e^{j(t+\pi/4)}u(t)$ (b) $x_2[n] = u[n] + u[-n]$

(c) $x_3[n] = \sum_{k=-\infty}^{\infty} \{\delta[n-4k] - \delta[n-1-4k]\}$

1.7 对下列每个信号，求信号的偶部保证为零的所有自变量值。

(a) $x_1[n] = u[n] - u[n-4]$ (b) $x_2(t) = \sin\left(\frac{1}{2}t\right)$ (c) $x_3[n] = \left(\frac{1}{2}\right)^n u[n-3]$

(d) $x_4(t) = e^{-5t}u(t+2)$

1.8 将下列信号的实部表示成 $Ae^{-at}\cos(\omega t + \phi)$ 的形式，其中 A, a, ω 和 ϕ 都是实数，$A>0$ 且 $-\pi < \phi \leq \pi$。

(a) $x_1(t) = -2$ (b) $x_2(t) = \sqrt{2}e^{j\pi/4}\cos(3t+2\pi)$ (c) $x_3(t) = e^{-t}\sin(3t+\pi)$

(d) $x_4(t) = je^{(-2+j100)t}$

1.9 判断下列信号的周期性。若是周期的，则给出它的基波周期。

(a) $x_1(t) = je^{j10t}$ (b) $x_2(t) = e^{(-1+j)t}$ (c) $x_3[n] = e^{j7\pi n}$

(d) $x_4[n] = 3e^{j3\pi(n+1/2)/5}$ (e) $x_5[n] = 3e^{j3/5(n+1/2)}$

1.10 求信号 $x(t) = 2\cos(10t+1) - \sin(4t-1)$ 的基波周期。

1.11 求信号 $x[n] = 1 + e^{j4\pi n/7} - e^{j2\pi n/5}$ 的基波周期。

1.12 考虑离散时间信号

$$x[n] = 1 - \sum_{k=3}^{\infty} \delta[n-1-k]$$

试确定整数 M 和 n_0 的值，以使 $x[n]$ 可表示为

$$x[n] = u[Mn - n_0]$$

1.13 考虑连续时间信号

$$x(t) = \delta(t+2) - \delta(t-2)$$

试对信号

$$y(t) = \int_{-\infty}^{t} x(\tau)d\tau$$

计算 E_∞ 值。

1.14 考虑一个周期信号

$$x(t) = \begin{cases} 1, & 0 \leq t \leq 1 \\ -2, & 1 < t < 2 \end{cases}$$

周期为 $T=2$。这个信号的导数是"冲激串"(impulse train)

$$g(t) = \sum_{k=-\infty}^{\infty} \delta(t - 2k)$$

周期仍为 $T=2$。可以证明

$$\frac{dx(t)}{dt} = A_1 g(t - t_1) + A_2 g(t - t_2)$$

求 A_1, t_1, A_2 和 t_2 的值。

1.15 考虑一个系统 S，其输入为 $x[n]$，输出为 $y[n]$，这个系统是经由系统 S_1 和 S_2 级联后得到的，S_1 和 S_2 的输入-输出关系为

$$S_1: \quad y_1[n] = 2x_1[n] + 4x_1[n-1]$$
$$S_2: \quad y_2[n] = x_2[n-2] + \frac{1}{2}x_2[n-3]$$

这里 $x_1[n]$ 和 $x_2[n]$ 都为输入信号。
(a) 求系统 S 的输入-输出关系。
(b) 若 S_1 和 S_2 的级联次序颠倒，即 S_1 在后，那么系统 S 的输入-输出关系会改变吗？

1.16 考虑一个离散时间系统，其输入为 $x[n]$，输出为 $y[n]$，系统的输入-输出关系为

$$y[n] = x[n]x[n-2]$$

(a) 系统是无记忆的吗？
(b) 当输入为 $A\delta[n]$，A 为任意实数或复数时，求系统输出。
(c) 系统是可逆的吗？

1.17 考虑一个连续时间系统，其输入 $x(t)$ 和输出 $y(t)$ 的关系为

$$y(t) = x(\sin(t))$$

(a) 该系统是因果的吗？
(b) 该系统是线性的吗？

1.18 考虑一个离散时间系统，其输入 $x[n]$ 和输出 $y[n]$ 的关系为

$$y[n] = \sum_{k=n-n_0}^{n+n_0} x[k]$$

其中，n_0 为某一有限正整数。
(a) 系统是线性的吗？
(b) 系统是时不变的吗？
(c) 若 $x[n]$ 有界且界定为一有限整数 B，即对所有的 n，当有 $|x[n]| < B$ 时，可以证明 $y[n]$ 被界定到某一有限数 C，因此可以得出该系统是稳定的。试用 B 和 n_0 来表示 C。

1.19 判定下列输入-输出关系的系统是否具有线性性质、时不变性质，或两者俱有。
(a) $y(t) = t^2 x(t-1)$ (b) $y[n] = x^2[n-2]$ (c) $y[n] = x[n+1] - x[n-1]$
(d) $y[t] = Od\{x(t)\}$

1.20 一个连续时间线性系统 S 的输入为 $x(t)$，输出为 $y(t)$，有下面的输入-输出关系：

$$x(t) = e^{j2t} \xrightarrow{S} y(t) = e^{j3t}$$

$$x(t) = e^{-j2t} \xrightarrow{S} y(t) = e^{-j3t}$$

(a) 若 $x_1(t) = \cos(2t)$，求系统 S 的输出 $y_1(t)$。

(b) 若 $x_2(t) = \cos(2(t-\frac{1}{2}))$，求系统 S 的输出 $y_2(t)$。

基本题

1.21 连续时间信号 $x(t)$ 如图 P 1.21 所示，画出下列信号并进行标注。

(a) $x(t-1)$ (b) $x(2-t)$ (c) $x(2t+1)$

(d) $x\left(4-\dfrac{t}{2}\right)$ (e) $[x(t)+x(-t)]u(t)$ (f) $x(t)\left[\delta\left(t+\dfrac{3}{2}\right)-\delta\left(t-\dfrac{3}{2}\right)\right]$

1.22 离散时间信号 $x[n]$ 如图 P 1.22 所示，画出下列信号并进行标注。

(a) $x[n-4]$ (b) $x[3-n]$ (c) $x[3n]$

(d) $x[3n+1]$ (e) $x[n]u[3-n]$ (f) $x[n-2]\delta[n-2]$

(g) $\dfrac{1}{2}x[n]+\dfrac{1}{2}(-1)^n x[n]$ (h) $x[(n-1)^2]$

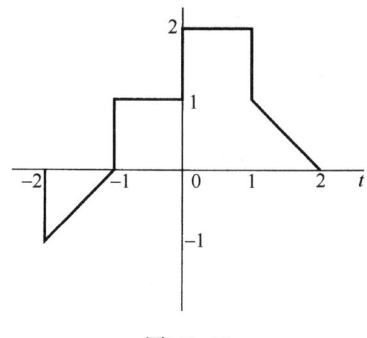

图 P1.21   图 P1.22

1.23 确定并画出图 P1.23 所示信号的奇部和偶部，并进行标注。

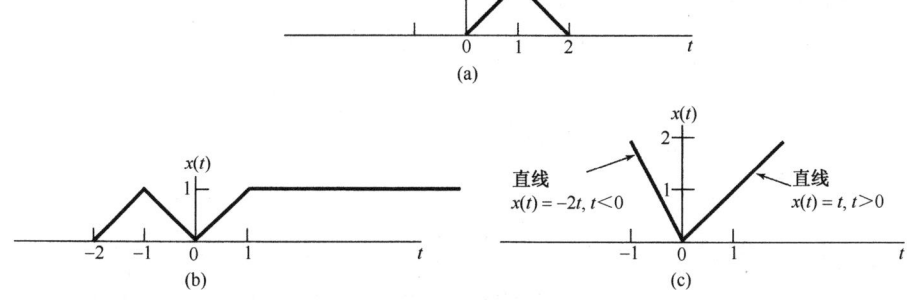

图 P1.23

1.24 确定并画出图 P1.24 所示信号的奇部和偶部，并进行标注。

1.25 判定下列连续时间信号的周期性；若是周期的，则确定它的基波周期。

(a) $x(t) = 3\cos\left(4t + \dfrac{\pi}{3}\right)$ (b) $x(t) = e^{j(\pi t - 1)}$ (c) $x(t) = \left[\cos\left(2t - \dfrac{\pi}{3}\right)\right]^2$

(d) $x(t) = \mathcal{E}v\{\cos(4\pi t)u(t)\}$ (e) $x(t) = \mathcal{E}v\{\sin(4\pi t)u(t)\}$ (f) $x(t) = \displaystyle\sum_{n=-\infty}^{\infty} e^{-(2t-n)}u(2t-n)$

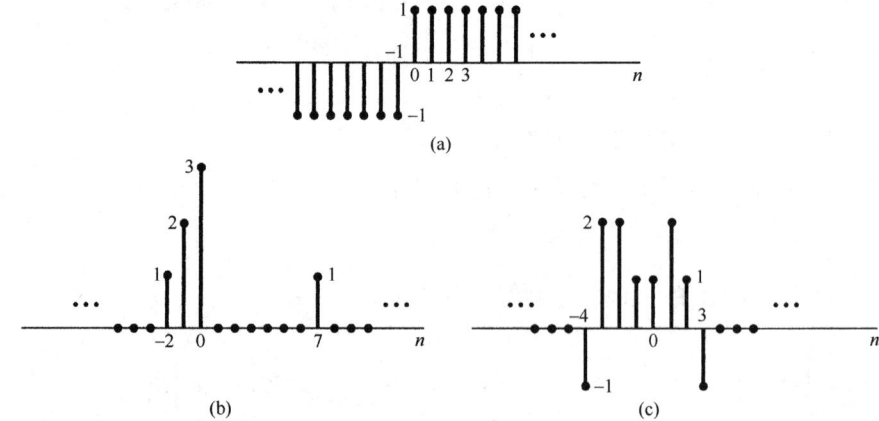

图 P1.24

1.26 判定下列离散时间信号的周期性。若是周期的，则确定它的基波周期。

(a) $x[n] = \sin\left(\frac{6\pi}{7}n + 1\right)$ (b) $x[n] = \cos\left(\frac{n}{8} - \pi\right)$ (c) $x[n] = \cos\left(\frac{\pi}{8}n^2\right)$

(d) $x[n] = \cos\left(\frac{\pi}{2}n\right)\cos\left(\frac{\pi}{4}n\right)$ (e) $x[n] = 2\cos\left(\frac{\pi}{4}n\right) + \sin\left(\frac{\pi}{8}n\right) - 2\cos\left(\frac{\pi}{2}n + \frac{\pi}{6}\right)$

1.27 本章介绍了系统的几个一般性质，这就是一个系统可能是或不是：
(1) 无记忆的；   (2) 时不变的；   (3) 线性的；   (4) 因果的；   (5) 稳定的。
对以下连续时间系统确定哪些性质成立，哪些性质不成立，并陈述你的理由。下例中 $y(t)$ 和 $x(t)$ 分别为系统的输出和输入。

(a) $y(t) = x(t-2) + x(2-t)$ (b) $y(t) = [\cos(3t)]x(t)$ (c) $y(t) = \int_{-\infty}^{2t} x(\tau)\,d\tau$

(d) $y(t) = \begin{cases} 0, & t < 0 \\ x(t) + x(t-2), & t \geq 0 \end{cases}$ (e) $y(t) = \begin{cases} 0, & x(t) < 0 \\ x(t) + x(t-2), & x(t) \geq 0 \end{cases}$

(f) $y(t) = x(t/3)$ (g) $y(t) = \dfrac{dx(t)}{dt}$

1.28 对以下离散时间系统确定习题1.27中所列各个性质哪些成立，哪些不成立，并陈述你的理由。下例中 $y[n]$ 和 $x[n]$ 分别为系统的输出和输入。

(a) $y[n] = x[-n]$ (b) $y[n] = x[n-2] - 2x[n-8]$

(c) $y[n] = nx[n]$ (d) $y[n] = \mathcal{E}v\{x[n-1]\}$

(e) $y[n] = \begin{cases} x[n], & n \geq 1 \\ 0, & n = 0 \\ x[n+1], & n \leq -1 \end{cases}$ (f) $y[n] = \begin{cases} x[n], & n \geq 1 \\ 0, & n = 0 \\ x[n], & n \leq -1 \end{cases}$

(g) $y[n] = x[4n+1]$

1.29 (a) 证明输入 $x[n]$ 和输出 $y[n]$ 的关系为 $y[n] = \mathcal{R}e\{x[n]\}$ 的离散时间系统是可加的。若其关系变为 $y[n] = \mathcal{R}e\{e^{j\pi n/4}x[n]\}$，那么仍是可加的吗？提示：此题中不要假设 $x[n]$ 为实数。

(b) 本章中讨论到一个系统的线性性质等效为既具有可加性又具有齐次性，试对下列系统确定它们的可加性和/或齐次性。对每一个性质，若成立则给出证明；若不成立则给出一个反例。

(i) $y(t) = \dfrac{1}{x(t)}\left[\dfrac{dx(t)}{dt}\right]^2$ (ii) $y[n] = \begin{cases} \dfrac{x[n]x[n-2]}{x[n-1]}, & x[n-1] \neq 0 \\ 0, & x[n-1] = 0 \end{cases}$

1.30 判定下列系统的可逆性。若是，则求其逆系统；若不是，则找到两个输出相同的输入信号。

(a) $y(t) = x(t-4)$ (b) $y(t) = \cos[x(t)]$ (c) $y[n] = nx[n]$

(d) $y(t) = \int_{-\infty}^{t} x(\tau) d\tau$ (e) $y[n] = \begin{cases} x[n-1], & n \geq 1 \\ 0, & n = 0 \\ x[n], & n \leq -1 \end{cases}$ (f) $y[n] = x[n]x[n-1]$

(g) $y[n] = x[1-n]$ (h) $y(t) = \int_{-\infty}^{t} e^{-(t-\tau)} x(\tau) d\tau$ (i) $y[n] = \sum_{k=-\infty}^{n} \left(\frac{1}{2}\right)^{n-k} x[k]$

(j) $y(t) = \dfrac{dx(t)}{dt}$ (k) $y[n] = \begin{cases} x[n+1], & n \geq 0 \\ x[n], & n \leq -1 \end{cases}$ (l) $y(t) = x(2t)$

(m) $y[n] = x[2n]$ (n) $y[n] = \begin{cases} x[n/2], & n \text{ 为偶数} \\ 0, & n \text{ 为奇数} \end{cases}$

1.31 在本题中将要说明线性时不变性质的最重要结果之一,即一旦知道了一个线性系统或线性时不变系统对某单一输入的响应,或者对若干个输入的响应,就能直接计算出对许多其他输入信号的响应。本书后续绝大部分内容都是利用这一点来建立分析与综合线性时不变系统的一些结果和方法的。
(a) 考虑一个线性时不变系统,它对示于图 P 1.31(a)的信号 $x_1(t)$ 的响应 $y_1(t)$ 示于图 P 1.31(b)中,确定并画出该系统对示于图 P 1.31(c)的信号 $x_2(t)$ 的响应。
(b) 确定并画出上述(a)中的系统对示于图 P 1.31(d)的信号 $x_3(t)$ 的响应。

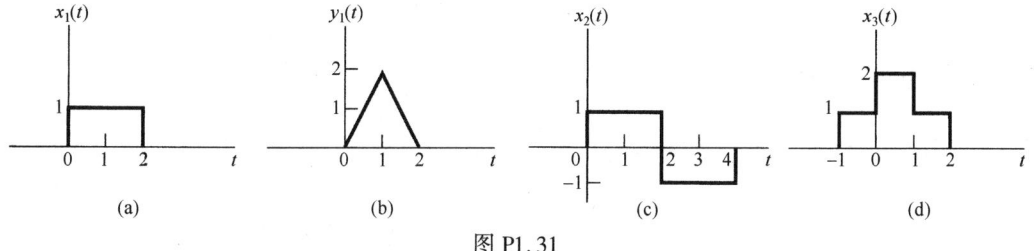

图 P1.31

深入题

1.32 设 $x(t)$ 是一个连续时间信号,并令
$$y_1(t) = x(2t) \text{ 且 } y_2(t) = x(t/2)$$
信号 $y_1(t)$ 代表 $x(t)$ 的一种加速形式,即信号的持续期减了一半;而 $y_2(t)$ 代表 $x(t)$ 的一种减慢形式,即信号的持续期加倍。考虑以下说法:
(1) 若 $x(t)$ 是周期的,则 $y_1(t)$ 也是周期的。
(2) 若 $y_1(t)$ 是周期的,则 $x(t)$ 也是周期的。
(3) 若 $x(t)$ 是周期的,则 $y_2(t)$ 也是周期的。
(4) 若 $y_2(t)$ 是周期的,则 $x(t)$ 也是周期的。
对于以上每一种说法,判断是否正确。若正确,则确定这两个信号基波周期之间的关系;若不正确,则给出一个反例。

1.33 设 $x[n]$ 是一个离散时间信号,并令
$$y_1[n] = x[2n] \text{ 且 } y_2[n] = \begin{cases} x[n/2], & n \text{ 为偶数} \\ 0, & n \text{ 为奇数} \end{cases}$$
信号 $y_1[n]$ 和 $y_2[n]$ 分别代表 $x[n]$ 的一种加速和减慢形式。然而,应该注意在离散时间下的加速和减慢与连续时间下相比有一些细微的差别。考虑以下说法:
(1) 若 $x[n]$ 是周期的,则 $y_1[n]$ 也是周期的。
(2) 若 $y_1[n]$ 是周期的,则 $x[n]$ 也是周期的。
(3) 若 $x[n]$ 是周期的,则 $y_2[n]$ 也是周期的。
(4) 若 $y_2[n]$ 是周期的,则 $x[n]$ 也是周期的。
对以上每一种说法,判断是否正确。若正确,则确定这两个信号基波周期之间的关系;若不正确,则给出一个反例。

1.34 在本题中要研究奇偶信号的几个性质。

(a) 证明：若 $x[n]$ 是一个奇信号，则
$$\sum_{n=-\infty}^{+\infty} x[n] = 0$$

(b) 若 $x_1[n]$ 是一个奇信号，$x_2[n]$ 是一个偶信号，试证明：$x_1[n]x_2[n]$ 是一个奇信号。

(c) $x[n]$ 为一个任意信号，其偶部和奇部分别记为
$$x_e[n] = \mathcal{E}v\{x[n]\} \quad \text{和} \quad x_o[n] = \mathcal{O}d\{x[n]\}$$

证明：
$$\sum_{n=-\infty}^{+\infty} x^2[n] = \sum_{n=-\infty}^{+\infty} x_e^2[n] + \sum_{n=-\infty}^{+\infty} x_o^2[n]$$

(d) 虽然以上(a)至(c)都是针对离散时间信号的，但类似的性质对连续时间信号也成立，为此证明：
$$\int_{-\infty}^{+\infty} x^2(t)dt = \int_{-\infty}^{+\infty} x_e^2(t)dt + \int_{-\infty}^{+\infty} x_o^2(t)dt$$

其中 $x_e(t)$ 和 $x_o(t)$ 分别为 $x(t)$ 的偶部和奇部。

1.35 考虑周期离散时间指数时间信号
$$x[n] = e^{jm(2\pi/N)n}$$

证明该信号的基波周期是
$$N_0 = N/\gcd(m, N)$$

其中 $\gcd(m, N)$ 是 m 和 N 的**最大公约数**(greatest common divisor)，也就是将 m 和 N 都能约成整数的最大整数，例如
$$\gcd(2,3) = 1, \quad \gcd(2,4) = 2, \quad \gcd(8,12) = 4$$

注意：若 m 和 N 无公因子，则 $N_0 = N$。

1.36 设 $x(t)$ 是连续时间复指数信号
$$x(t) = e^{j\omega_0 t}$$

基波频率为 ω_0，基波周期 $T_0 = 2\pi/\omega_0$。将 $x(t)$ 取等间隔样本，得到一个离散时间信号
$$x[n] = x(nT) = e^{j\omega_0 nT}$$

(a) 证明：仅当 T/T_0 为一个有理数时，$x[n]$ 才是周期的，也就是说，仅当采样间隔的某一倍数是 $x(t)$ 周期的倍数时，$x[n]$ 才是周期的。

(b) 假设 $x[n]$ 是周期的，即有
$$\frac{T}{T_0} = \frac{p}{q} \tag{P1.36-1}$$

其中 p 和 q 都是整数。$x[n]$ 的基波周期和基波频率是什么？将基波频率表示成 $\omega_0 T$ 的分式。

(c) 仍假设 T/T_0 满足式(P1.36-1)，确定需要多少个 $x(t)$ 的周期才能得到 $x[n]$ 的一个周期的样本。

1.37 很多通信系统应用中的一个重要的概念是两个信号之间的**相关**(correlation)。在第2章的习题中将更多地提到这一问题，并给出一些实际应用。现在，我们只对相关函数及其有关性质进行简单介绍。设 $x(t)$ 和 $y(t)$ 是两个信号，**相关函数**(correlation function)定义为
$$\phi_{xy}(t) = \int_{-\infty}^{\infty} x(t+\tau)y(\tau)d\tau$$

函数 $\phi_{xx}(t)$ 通常称为信号 $x(t)$ 的**自相关函数**(autocorrelation function)，而 $\phi_{xy}(t)$ 则称为**互相关函数** (cross-correlation function)。

(a) $\phi_{xy}(t)$ 和 $\phi_{yx}(t)$ 之间是什么关系？

(b) 求 $\phi_{xx}(t)$ 的奇部。

(c) 假设 $y(t) = x(t+T)$，将 $\phi_{xy}(t)$ 和 $\phi_{yy}(t)$ 用 $\phi_{xx}(t)$ 来表示。

1.38 本题将讨论单位冲激函数的几个性质。

(a) 证明
$$\delta(2t) = \frac{1}{2}\delta(t)$$

提示：考察 $\delta_\Delta(t)$，如图 1.34 所示。

(b) 1.4 节将连续时间单位冲激定义成信号 $\delta_\Delta(t)$ 的极限，现在根据考察 $\delta_\Delta(t)$ 的性质来定义 $\delta(t)$ 的几个性质。例如，因为信号

$$u_\Delta(t) = \int_{-\infty}^{t} \delta_\Delta(\tau)d\tau$$

收敛于单位阶跃

$$u(t) = \lim_{\Delta \to 0} u_\Delta(t) \tag{P1.38-1}$$

于是就可通过如下方程：

$$u(t) = \int_{-\infty}^{t} \delta(\tau)d\tau$$

来解释 $\delta(t)$，或者把 $\delta(t)$ 看成 $u(t)$ 的导数。

这种讨论方式很重要，因为事实上我们是想通过它的性质而不是给出在每一 t 时的值来定义 $\delta(t)$ 的。第 2 章将给出单位冲激行为的一种很简单的特性，而这个特性在线性时不变系统的研究中是极其有用的。然而，目前重点关注应用单位冲激的重要概念是为了明白它是如何表现的。为此，考虑图 P1.38 中的 6 个信号，证明：其中每一个信号随 $\Delta \to 0$ 时的"表现都像一个冲激"，条件是如果

$$u_\Delta^i(t) = \int_{-\infty}^{t} r_\Delta^i(\tau)d\tau$$

那么

$$\lim_{\Delta \to 0} u_\Delta^i(t) = u(t)$$

在每一种情况下，画出信号 $u_\Delta^i(t)$，并给以标注。注意，

$$r_\Delta^2(0) = r_\Delta^4(0) = 0, \quad 对于所有的 \Delta$$

因此，定义 $\delta(t)$ 或把 $\delta(t)$ 想成 $t \neq 0$ 时为零，$t = 0$ 时为无穷大是不够的，而宁肯用一些性质来定义冲激，诸如式(P1.38-1)那样的性质。2.5 节将定义称为**奇异函数**(singularity function)的一类信号，而这些信号都是与单位冲激有关的，而且都是用它们的性质而不是它们的值来定义的。

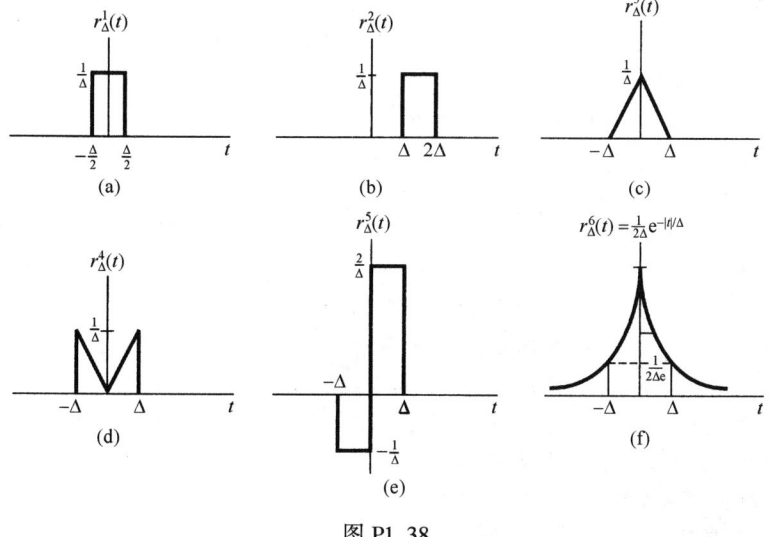

图 P1.38

1.39 $u(t)$, $\delta(t)$ 及其他奇异函数在线性时不变系统的研究中所起的作用是一种物理现象理想化的作用。我们将会看到，利用这些理想化会使这样的系统得到一种极其重要而又非常简单的表示。然而，在应用奇异函数时要特别小心，尤其是必须记住它们是理想化了的。因此，每当利用它们来完成某一计算时，都隐含着假设：这个计算所代表的是对理想化了的信号特征的精确描述。为了说明这一点，考虑下式：

$$x(t)\delta(t) = x(0)\delta(t) \quad (P1.39\text{-}1)$$

该式基于如下观察：

$$x(t)\delta_\Delta(t) \approx x(0)\delta_\Delta(t) \quad (P1.39\text{-}2)$$

将这一关系取极限，即可得到式(P1.39-1)所给出的理想化关系。然而，更仔细地考虑式(P1.39-2)的导出，就会发现该式真正有意义的条件是 $t=0$ 时 $x(t)$ 是连续的；否则，对于小的 t，就不会有 $x(t) \approx x(0)$。为了使这一点更为清楚，看看单位阶跃信号 $u(t)$。由式(1.70)可知，$t<0$ 时 $u(t)=0$，$t>0$ 时 $u(t)=1$，但是在 $t=0$，它的值不确定[注意，对所有的 Δ，$u_\Delta(0)=0$，而 $u_\Delta^1(0)=\frac{1}{2}$（由习题 1.38（b）所得）]。只要利用 $u(t)$ 进行的计算不依赖于对 $u(0)$ 的特定选取，$u(0)$ 不确定这一点就不会带来特别的麻烦。例如，若 $f(t)$ 是一个在 $t=0$ 时连续的信号，那么

$$\int_{-\infty}^{+\infty} f(\sigma)u(\sigma)\mathrm{d}\sigma$$

的值就与 $u(0)$ 的选择无关。另一方面，$u(0)$ 无定义这一点是有意义的，它意味着涉及奇异函数的某些计算是没有定义的。考虑试图对乘积 $u(t)\delta(t)$ 定义一个值。为了看出这是不能定义的，只需证明

$$\lim_{\Delta \to 0}[u_\Delta(t)\delta(t)] = 0$$

但是

$$\lim_{\Delta \to 0}[u_\Delta(t)\delta_\Delta(t)] = \frac{1}{2}\delta(t)$$

一般来说，只要这些信号不包括位置重合的奇异点（不连续点、冲激或 2.5 节将介绍的其他奇异点），定义两个信号的乘积就不会有任何困难。当这些奇异点的位置重合时，乘积就没有定义。作为一个例子，证明

$$g(t) = \int_{-\infty}^{+\infty} u(\tau)\delta(t-\tau)\mathrm{d}\tau$$

与 $u(t)$ 是恒等的。也就是说，当 $t<0$ 时它为零；当 $t>0$ 时它等于 1，而在 $t=0$ 时它无定义。

1.40 (a) 证明如果一个系统无论是可加的还是齐次的，它都有这个性质：若输入恒为零，那么输出也恒为零。

(b) 确定一个系统(无论是连续时间的还是离散时间的)，它既不可加，又不齐次；但当输入恒为零时，它有零的输出。

(c) 根据(a)，你能得出"若一个线性系统的输入在连续时间情况下，在 t_1 到 t_2 之间为零，或者在离散时间情况下，在 n_1 到 n_2 之间为零，那么在同样的时间间隔内输出也必须为零"的结论吗？为什么？

1.41 考虑一个系统 S，其输入 $x[n]$ 与输出 $y[n]$ 的关系为

$$y[n] = x[n]\{g[n] + g[n-1]\}$$

(a) 若对所有的 n，$g[n]=1$，证明 S 是时不变的。

(b) 若 $g[n]=n$，证明 S 不是时不变的。

(c) 若 $g[n]=1+(-1)^n$，证明 S 是时不变的。

1.42 (a) 下列说法是对的还是错的？说明理由。

两个线性时不变系统的级联还是一个线性时不变系统。

(b) 下列说法是对的还是错的？说明理由。

两个非线性系统的级联还是非线性的。

(c) 考虑具有下列输入-输出关系的三个系统：

系统 1：$y[n] = \begin{cases} x[n/2], & n \text{ 为偶数} \\ 0, & n \text{ 为奇数} \end{cases}$

系统 2：$y[n] = x[n] + \dfrac{1}{2}x[n-1] + \dfrac{1}{4}x[n-2]$

系统 3：$y[n] = x[2n]$

假设这三个系统按图 P1.42 级联的，求整个系统的输入-输出关系。它是线性的吗？是时不变的吗？

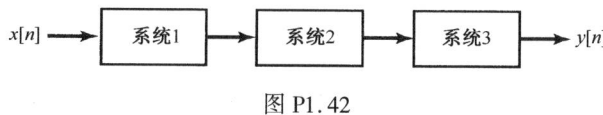

图 P1.42

1.43 (a) 有一个时不变系统，其输入为 $x(t)$，输出为 $y(t)$，证明：若 $x(t)$ 是周期的，周期为 T，则 $y(t)$ 也是周期的，周期为 T。同时证明在离散时间情况下也有同样的结论。

(b) 给出一个时不变系统的例子，在输入 $x(t)$ 为非周期时，输出 $y(t)$ 是周期的。

1.44 (a) 证明对连续时间线性系统而言，其因果性就等效于下面的说法：
对任何 t_0 和任意输入 $x(t)$，若 $t < t_0$ 时 $x(t)$ 为零，则对应的输出 $y(t)$ 在 $t < t_0$ 时也必定为零。

(b) 找出一个非线性系统，它满足上面的条件，但不是因果的。

(c) 找出一个非线性系统，它是因果的但不满足上述条件。

(d) 证明一个离散时间线性系统的可逆性就等效于下面的说法：
对所有的 n 都产生 $y[n] = 0$ 的唯一输入是对所有的 n 有 $x[n] = 0$。
对连续时间线性系统，类似的说法也成立。

(e) 找出一个非线性系统，它满足(d)中的条件，但不是可逆的。

1.45 在习题 1.37 中介绍了相关函数的概念。在实践中往往重要的是计算相关函数 $\phi_{hx}(t)$，其中 $h(t)$ 是一个固定的已知函数，而 $x(t)$ 可能是任何其他信号。现在要设计一个系统 S，其输入为 $x(t)$，输出为 $\phi_{hx}(t)$。

(a) S 是线性的吗？是时不变的吗？是因果的吗？为什么？

(b) 如果输出的是 $\phi_{xh}(t)$ 而不是 $\phi_{hx}(t)$，(a)中的答案有任何变化吗？

1.46 考虑图 P1.46 的反馈系统，假设 $n < 0$ 时 $y[n] = 0$。

(a) 当 $x[n] = \delta[n]$ 时，画出输出图形。

(b) 当 $x[n] = u[n]$ 时，画出输出图形。

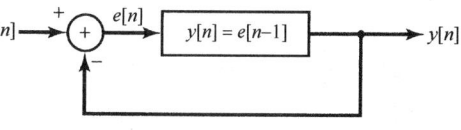

图 P1.46

1.47 (a) 设 S 为一个增量线性系统，$x_1[n]$ 为任一输入信号，当 $x_1[n]$ 输入 S 时，其相应的输出为 $y_1[n]$。现在考虑图 P1.47(a) 的系统，证明该系统是线性的。并且事实上 $x[n]$ 和 $y[n]$ 之间的总输入-输出关系与 $x_1[n]$ 的选取无关。

(b) 利用(a)所得的结果，证明 S 可以用图 1.48 来表示。

(c) 下面哪个系统是增量线性的？为什么？如果某一系统是增量线性的，请将线性系统 L 和零输入响应 $y_0[n]$ 或 $y_0(t)$ 鉴别出来，表示成图 1.48 的形式。

(i) $y[n] = n + x[n] + 2x[n+4]$

(ii) $y[n] = \begin{cases} n/2, & n \text{ 为偶数} \\ (n-1)/2 + \sum\limits_{k=-\infty}^{(n-1)/2} x[k], & n \text{ 为奇数} \end{cases}$

(iii) $y[n] = \begin{cases} x[n] - x[n-1] + 3, & \text{若 } x[0] \geq 0 \\ x[n] - x[n-1] - 3, & \text{若 } x[0] < 0 \end{cases}$

(iv) 示于图 P1.47(b) 的系统。

(v) 示于图 P1.47(c) 的系统。

(d) 假设一个特定的增量线性系统如图1.48所示，L记为线性系统，$y_0[n]$记为零输入响应。证明：当且仅当L是时不变系统且$y_0[n]$是常数时，S才是时不变的。

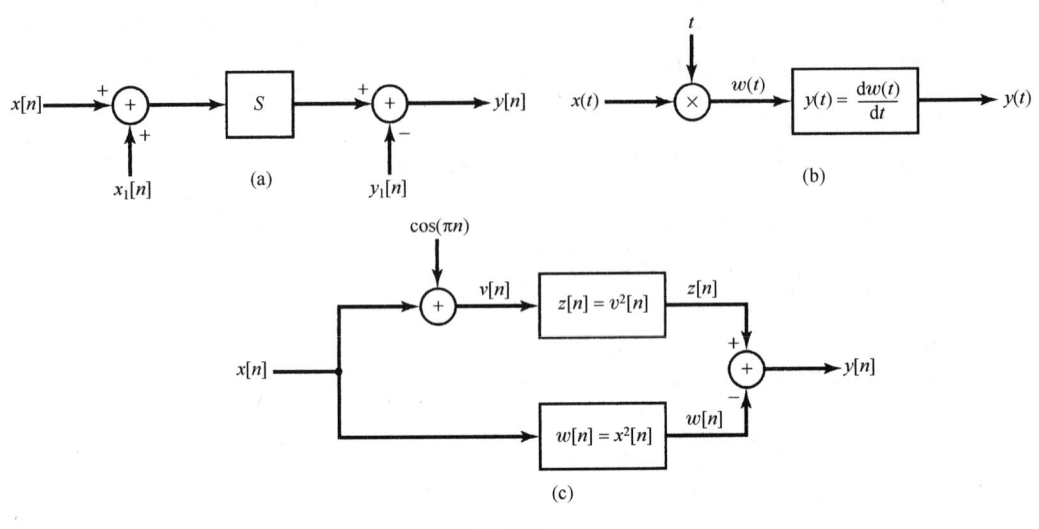

图 P1.47

数学复习

复数z可以用几种方法来表示。z的**笛卡儿坐标**形式为

$$z = x + jy$$

其中$j = \sqrt{-1}$，x和y都是实数，且分别称为z的**实部**和**虚部**。正如早先已指出过的，也常用下列符号来表示复数的实部和虚部：

$$x = \mathcal{R}e\{z\}, \qquad y = \mathcal{I}m\{z\}$$

复数z也可以用**极坐标**形式表示为

$$z = re^{j\theta}$$

其中$r > 0$是z的**模**(magnitude)，θ是z的**相角**(angle)或**相位**(phase)。它们也经常写成

$$r = |z|, \qquad \theta = \measuredangle z$$

这两种复数表示法之间的关系可以根据**欧拉公式**

$$e^{j\theta} = \cos\theta + j\sin\theta$$

来确定，也可以将z图示在复平面上来确定，如图P1.48所示。图中$\mathcal{R}e\{z\}$是坐标轴的水平轴，$\mathcal{I}m\{z\}$是其垂直轴。对于这种图形表示来说，x和y就是z的笛卡儿坐标，而r和θ就是它的极坐标。

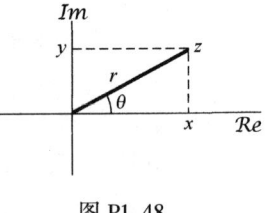

图 P1.48

1.48 设z_0是一个复数，其极坐标是(r_0, θ_0)，笛卡儿坐标是(x_0, y_0)。求下列复数用x_0和y_0的笛卡儿坐标表示式，当$r_0 = 2$，$\theta_0 = \pi/4$和$r_0 = 2$，$\theta_0 = \pi/2$时，在复数平面上标出点z_0，z_1，z_2，z_3，z_4和z_5，并示出每一点的实部和虚部。

(a) $z_1 = r_0 e^{-j\theta_0}$ (b) $z_2 = r_0$ (c) $z_3 = r_0 e^{j(\theta_0 + \pi)}$ (d) $z_4 = r_0 e^{j(-\theta_0 + \pi)}$ (e) $z_5 = r_0 e^{j(\theta_0 + 2\pi)}$

1.49 将下列复数用极坐标表示，并在复平面上画出它们，指出每个数的模和相角。

(a) $1 + j\sqrt{3}$ (b) -5 (c) $-5 - 5j$ (d) $3 + 4j$ (e) $(1 - j\sqrt{3})^3$

(f) $(1 + j)^5$ (g) $(\sqrt{3} + j^3)(1 - j)$ (h) $\dfrac{2 - j(6/\sqrt{3})}{2 + j(6/\sqrt{3})}$ (i) $\dfrac{1 + j\sqrt{3}}{\sqrt{3} + j}$

(j) $j(1 + j)e^{j\pi/6}$ (k) $(\sqrt{3} + j)2\sqrt{2}e^{-j\pi/4}$ (l) $\dfrac{e^{j\pi/3} - 1}{1 + j\sqrt{3}}$

1.50 (a) 利用欧拉公式或图 P1.48 求 x 和 y 关于 r 和 θ 的表示式。
(b) 求 r 和 θ 关于 x 和 y 的表示式。
(c) 如果仅给出 r 和 $\tan\theta$，能唯一确定 x 和 y 吗？为什么？

1.51 利用欧拉公式，导出下列关系。

(a) $\cos\theta = \frac{1}{2}(e^{j\theta} + e^{-j\theta})$ (b) $\sin\theta = \frac{1}{2j}(e^{j\theta} - e^{-j\theta})$

(c) $\cos^2\theta = \frac{1}{2}(1 + \cos 2\theta)$ (d) $\sin\theta\sin\phi = \frac{1}{2}\cos(\theta - \phi) - \frac{1}{2}\cos(\theta + \phi)$

(e) $\sin(\theta + \phi) = \sin\theta\cos\phi + \cos\theta\sin\phi$

1.52 设 z 是一个复变量，即
$$z = x + jy = re^{j\theta}$$

z 的**复数共轭**(complex conjugate)是
$$z^* = x - jy = re^{-j\theta}$$

试导出下列关系式，其中 z, z_1 和 z_2 都是任意复数。

(a) $zz^* = r^2$ (b) $\frac{z}{z^*} = e^{j2\theta}$ (c) $z + z^* = 2\,\mathcal{R}e\{z\}$ (d) $z - z^* = 2j\,\mathcal{I}m\{z\}$

(e) $(z_1 + z_2)^* = z_1^* + z_2^*$ (f) $(az_1z_2)^* = az_1^*z_2^*$，其中 a 为任一实数

(g) $\left(\frac{z_1}{z_2}\right)^* = \frac{z_1^*}{z_2^*}$ (h) $\mathcal{R}e\left\{\frac{z_1}{z_2}\right\} = \frac{1}{2}\left[\frac{z_1z_2^* + z_1^*z_2}{z_2z_2^*}\right]$

1.53 试导出下列关系式，其中 z, z_1 和 z_2 都是任意复数。

(a) $(e^z)^* = e^{z^*}$ (b) $z_1z_2^* + z_1^*z_2 = 2\,\mathcal{R}e\{z_1z_2^*\} = 2\,\mathcal{R}e\{z_1^*z_2\}$ (c) $|z| = |z^*|$

(d) $|z_1z_2| = |z_1||z_2|$ (e) $\mathcal{R}e\{z\} \leq |z|$，$\mathcal{I}m\{z\} \leq |z|$

(f) $|z_1z_2^* + z_1^*z_2| \leq 2|z_1z_2|$ (g) $(|z_1| - |z_2|)^2 \leq |z_1 + z_2|^2 \leq (|z_1| + |z_2|)^2$

1.54 本题所提到的这些关系式在全书的很多场合都会用到。
(a) 证明下面的表示式成立：
$$\sum_{n=0}^{N-1}\alpha^n = \begin{cases} N, & \alpha = 1 \\ \frac{1-\alpha^N}{1-\alpha}, & \text{任意复数 } \alpha \neq 1 \end{cases}$$

该式常称为**有限项和公式**(finite sum formula)。
(b) 证明：若 $|\alpha| < 1$，则
$$\sum_{n=0}^{\infty}\alpha^n = \frac{1}{1-\alpha}$$

该式常称**无限项和公式**(infinite sum formula)。
(c) 证明：若 $|\alpha| < 1$，则
$$\sum_{n=0}^{\infty}n\alpha^n = \frac{\alpha}{(1-\alpha)^2}$$

(d) 假设 $|\alpha| < 1$，求
$$\sum_{n=k}^{\infty}\alpha^n$$

1.55 利用习题 1.54 的结果，求下列各和式，并将结果用笛卡儿坐标表示。

(a) $\sum_{n=0}^{9}e^{j\pi n/2}$ (b) $\sum_{n=-2}^{7}e^{j\pi n/2}$ (c) $\sum_{n=0}^{\infty}\left(\frac{1}{2}\right)^n e^{j\pi n/2}$ (d) $\sum_{n=2}^{\infty}\left(\frac{1}{2}\right)^n e^{j\pi n/2}$

(e) $\sum_{n=0}^{9}\cos\left(\frac{\pi}{2}n\right)$ (f) $\sum_{n=0}^{\infty}\left(\frac{1}{2}\right)^n\cos\left(\frac{\pi}{2}n\right)$

1.56 求下列各积分值，并将结果用笛卡儿坐标表示。

(a) $\int_0^4 e^{j\pi t/2}dt$ (b) $\int_0^6 e^{j\pi t/2}dt$ (c) $\int_2^8 e^{j\pi t/2}dt$ (d) $\int_0^{\infty}e^{-(1+j)t}dt$

(e) $\int_0^{\infty}e^{-t}\cos(t)dt$ (f) $\int_0^{\infty}e^{-2t}\sin(3t)dt$

第 2 章 线性时不变系统

2.0 引言

1.6 节介绍并讨论了几个系统的基本性质。其中两个性质，即线性和时不变性，在信号与系统分析中是最主要的。其理由是：第一，很多物理过程都具有这两个性质，因此都能用线性时不变系统来表征；第二，可以对线性时不变系统进行详细的分析。这样既求得了对系统性质的深入理解，又提供了形成信号与系统分析核心的一整套强有力的方法。

本书的一个主要目的就是为了阐明这些性质和方法，并介绍这些方法的几个主要应用方面。在这一章就从导出并分析一种最基本而又极为有用的线性时不变系统的表示方法入手，并引入其中一类重要的系统。

线性时不变系统能够被深入分析的主要原因之一在于该类系统具有 1.6.6 节所说的叠加性质。这样，如果能够将线性时不变系统的输入用一组基本信号的线性组合来表示，就可以根据该系统对这些基本信号的响应，然后利用叠加性质求得整个系统的输出。

正如将在以下各节中看到的，无论在离散时间还是在连续时间情况下，单位冲激函数的重要特性之一就是一般信号都可以表示为延迟冲激的线性组合。这个事实，再与叠加性和时不变性结合起来，就能够用线性时不变的单位冲激响应来完全表征任何一个线性时不变系统的特性。这样一种表示，在离散时间情况下称为卷积和，在连续时间情况下称为卷积积分，这种表示方式在分析线性时不变系统时提供了极大的方便性。在建立了卷积和与卷积积分之后，再用这些特性来分析线性时不变系统的某些其他性质。然后讨论由线性常系数微分方程描述的连续时间系统，由线性常系数差分方程描述的离散时间系统，在后续各章中还会不时地回到分析这两种重要的系统上来。最后，将从另一角度来审视连续时间单位冲激函数，以及与其有关的其他几个信号，以期对这些理想化的信号提供另一些认识，特别是在分析线性时不变系统方面的应用和理解上。

2.1 离散时间线性时不变系统：卷积和

2.1.1 用脉冲表示离散时间信号

如何把任何离散时间信号看成由离散时间单位脉冲构成的关键是：要把一个离散时间信号当成一串单个脉冲来想象。为了明了如何把这种直观认识变成一种数学表示式，让我们来看图 2.1(a) 中的信号。在该图的其余部分画出了 5 个时间移位并加权了的单位脉冲序列，每个脉冲的大小与 $x[n]$ 所对应的时刻序列值相等，例如

$$x[-1]\delta[n+1] = \begin{cases} x[-1], & n = -1 \\ 0, & n \neq -1 \end{cases}$$

$$x[0]\delta[n] = \begin{cases} x[0], & n = 0 \\ 0, & n \neq 0 \end{cases}$$

$$x[1]\delta[n-1] = \begin{cases} x[1], & n = 1 \\ 0, & n \neq 1 \end{cases}$$

因此，图2.1中这5个序列的和就等于在 $-2 \leq n \leq 2$ 区间内的 $x[n]$。若把这样的表示式扩大到包括更多的移位加权脉冲，就可以得到一般的表示式为

$$x[n] = \cdots + x[-3]\delta[n+3] + x[-2]\delta[n+2] + x[-1]\delta[n+1] + x[0]\delta[n] \\ + x[1]\delta[n-1] + x[2]\delta[n-2] + x[3]\delta[n-3] + \cdots \qquad (2.1)$$

在式(2.1)的等号右边，对所有的 n 值，只有一项是非零的，而非零项的大小就是 $x[n]$。上式写成更为紧凑的形式是

$$x[n] = \sum_{k=-\infty}^{+\infty} x[k]\delta[n-k] \qquad (2.2)$$

这个式子相应于把任意一个序列表示成一串移位的单位脉冲序列 $\delta[n-k]$ 的线性组合，而这个线性组合式中的权因子就是 $x[k]$。例如，$x[n] = u[n]$ 时即为单位阶跃序列。在这种情况下，因为 $k < 0$ 时 $u[k] = 0$，而 $k \geq 0$ 时 $u[k] = 1$，所以式(2.2)变为

$$u[n] = \sum_{k=0}^{+\infty} \delta[n-k]$$

这与1.4节所得结果式(1.67)是完全一致的。

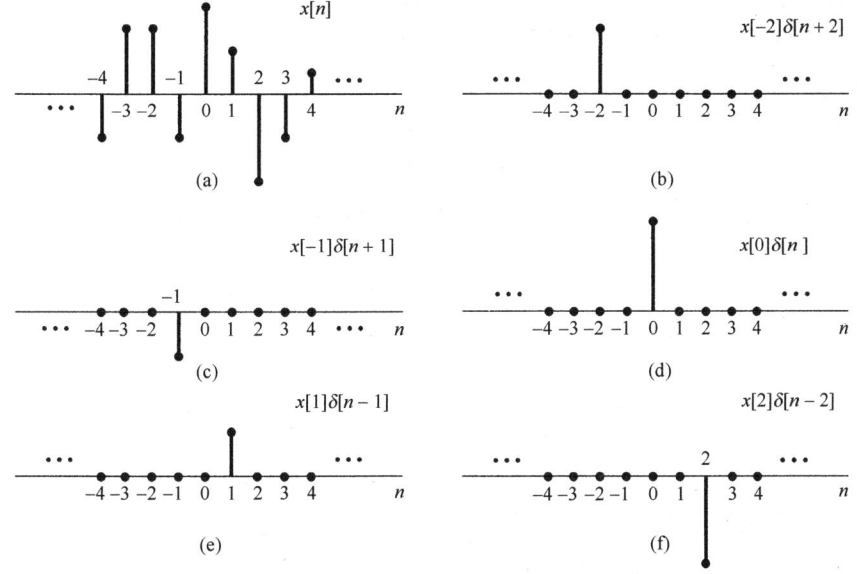

图2.1 一个离散时间信号分解为一组加权的移位脉冲之和

式(2.2)称为离散时间单位脉冲序列的**筛选性质**(sifting property)。因为序列 $\delta[n-k]$ 仅当 $k = n$ 时为非零，所以在式(2.2)的等号右边的和就把 $x[k]$ 序列进行了筛除，而仅保留下对应于 $k = n$ 时的值。下面将利用离散时间信号这种表示来建立一个离散时间线性时不变系统的卷积和表示。

2.1.2 离散时间线性时不变系统的单位脉冲响应及卷积和表示

式(2.1)和式(2.2)筛选性质的重要性在于它把 $x[n]$ 表示成一组加权的基本函数的叠加，这个极简单的基本函数就是移位单位脉冲 $\delta[n-k]$，其中每一个在相应于 k 的单一时刻点上非零，其值为1。一个线性系统对 $x[n]$ 的响应就是系统对这些移位脉冲中的每一个响应加权后的叠加；而且，时不变性又意味着一个时不变系统对移位单位脉冲的响应就是未被移位的单位脉冲响应的移位。将这两点结合在一起，即可得到具有线性和时不变性的离散时间系统的卷积和表示。

具体而言，现在来考虑某一线性（但可能为时变的）系统对任一输入 $x[n]$ 的响应。由式(2.2)可以将输入表示为一组移位单位脉冲的线性组合，令 $h_k[n]$ 为该线性系统对移位单位脉冲 $\delta[n-k]$ 的响应，那么根据线性系统的叠加性质，即式(1.123)和式(1.124)，该线性系统对输入 $x[n]$ 的响应 $y[n]$ 就是这些基本响应的加权线性组合，见式(2.2)。也就是说，若线性系统的输入 $x[n]$ 表示成式(2.2)，则输出 $y[n]$ 就可以表示为

$$y[n] = \sum_{k=-\infty}^{+\infty} x[k] h_k[n] \tag{2.3}$$

由式(2.3)可知，如果已知一个线性系统对每一个移位单位脉冲序列的响应，那么系统对任何输入的响应都可求出。图2.2给出了一个简单的例子来说明式(2.3)的意义。图2.2(b)分别给出了该系统对 $\delta[n+1]$，$\delta[n]$ 和 $\delta[n-1]$ 的响应 $h_{-1}[n]$，$h_0[n]$ 和 $h_1[n]$，因为 $x[n]$ 可以写成 $\delta[n+1]$，$\delta[n]$ 和 $\delta[n-1]$ 的线性组合。所以根据叠加性质，对 $x[n]$ 的响应就可以表示成系统对这些单个移位脉冲响应的线性组合。这些单个的移位并加权了的脉冲分别于图2.2(c)的左边，而其响应则示于该图的右边。图2.2(d)的左边就是真正的输入 $x[n]$，它是图2.2(c)左边各信号之和；该图的右边就是真正的输出 $y[n]$，它是图2.2(c)右边各分量的叠加。由此可见，一个线性系统在时刻 n 的响应就是在时间上每一点的输入值所产生的各个响应在该时刻 n 的叠加。

一般来说，在线性系统中，对于不同的 k 值，其响应 $h_k[n]$ 相互之间并不必有什么关系。但是，若该线性系统也是**时不变**(time invariant)的，那么这些对时间移位的单位脉冲的响应也全都互相移位了。具体而言，因为 $\delta[n-k]$ 是 $\delta[n]$ 的时间移位，响应 $h_k[n]$ 也就是 $h_0[n]$ 的一个时移，即

$$h_k[n] = h_0[n-k] \tag{2.4}$$

为了简化符号，现将 $h_0[n]$ 的下标除掉，而定义系统**单位脉冲（样本）序列响应**[unit impulse (sample) response]为

$$h[n] = h_0[n] \tag{2.5}$$

也就是说，$h[n]$ 是线性时不变系统当输入为 $\delta[n]$ 时的输出。那么，对线性时不变系统而言，式(2.3)就变成

$$\boxed{y[n] = \sum_{k=-\infty}^{+\infty} x[k] h[n-k]} \tag{2.6}$$

这个结果称为**卷积和**(convolution sum)或**叠加和**(superposition sum)，并且式(2.6)的等号右边的运算称为 $x[n]$ 和 $h[n]$ 的卷积，并用符号记为

$$y[n] = x[n] * h[n] \tag{2.7}$$

式(2.6)意味着一个很重要的结果：既然一个线性时不变系统对任意输入的响应可以用系统对单位脉冲的响应来表示，那么线性时不变系统的单位脉冲响应就完全刻画了系统的特征。

式(2.6)和前面给出的式(2.3)的含义是类似的，不过现在的情况下是线性时不变系统，由时刻 k 加入的输入 $x[k]$ 引起的响应 $x[k]h[n-k]$ 就是 $h[n]$ 移位并经加权的结果。与前面一样，真正的输出是所有这些响应的叠加。

例 2.1 考虑一个线性时不变系统，其单位脉冲响应为 $h[n]$，输入为 $x[n]$，如图2.3(a)所示。这时，因为仅有 $x[0]$ 和 $x[1]$ 为非零，式(2.6)就简化为

$$y[n] = x[0]h[n-0] + x[1]h[n-1] = 0.5h[n] + 2h[n-1] \tag{2.8}$$

在求 $y[n]$ 时仅涉及两个单位脉冲响应的移位和加权的结果，即 $0.5h[n]$ 和 $2h[n-1]$ 两个序列，它们分别示于图2.3(b)。在每个 n 值上将这两个序列相加就得到了 $y[n]$，如图2.3(c)所示。

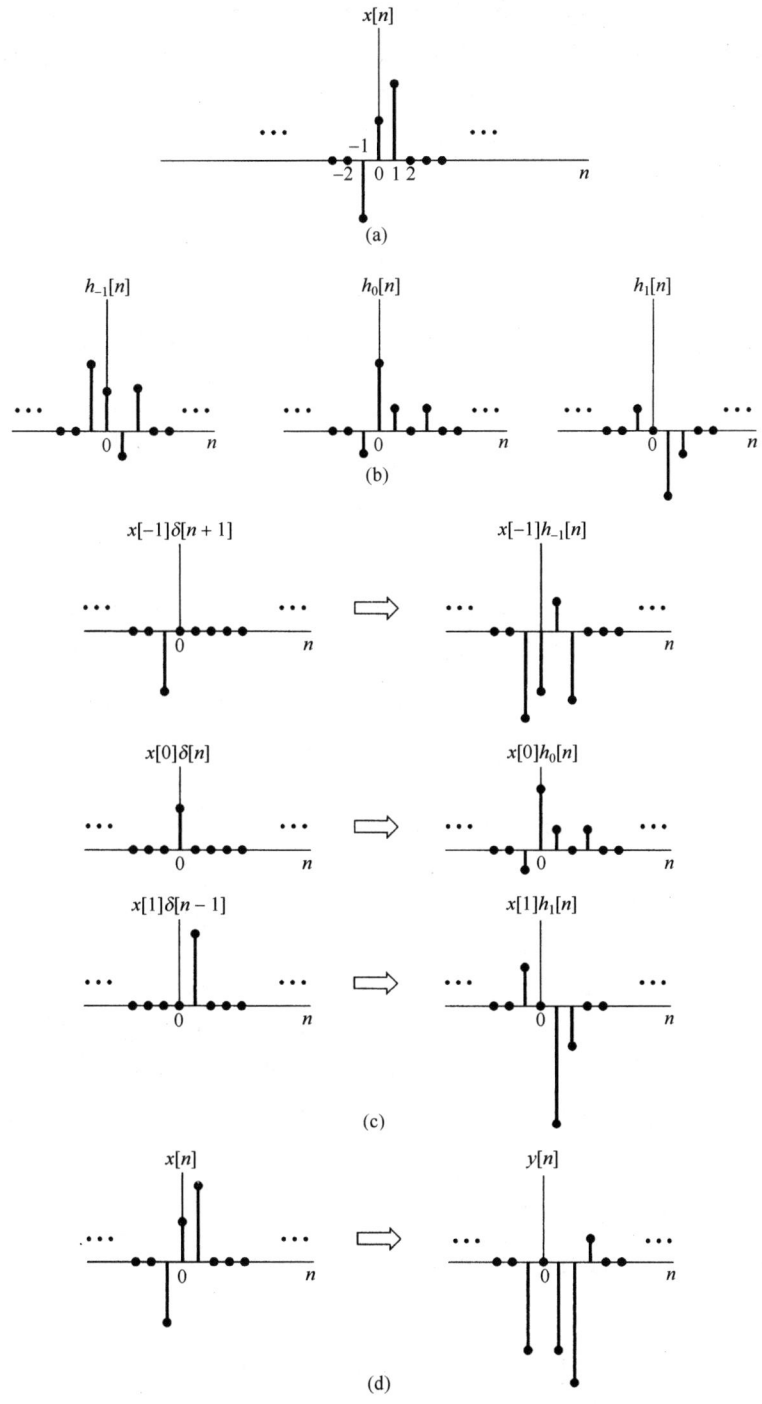

图 2.2 由式(2.3)表示的离散时间线性系统响应的图解表示

利用在每个单独输出样本上的叠加求和的结果,可以得出另一种有用的方法,即用卷积和来想象 $y[n]$ 的计算。现在具体考虑对某个特定的 n 值求 $y[n]$ 的问题。用图来展现这种计算的一种特别有用的方式是一开始就将信号 $x[k]$ 和 $h[n-k]$ 都看成 k 的函数,将它们相乘就得到了序列 $g[k] = x[k]h[n-k]$,它可看成在每一个时刻 k,输入 $x[k]$ 对输出在时刻 n 做出的贡献,这样就能得出如下结论:将全部 $g[k]$ 序列中的样本值相加就是在所选定的时刻 n 的输出值。由此,为了计算出对于所有的 n 的 $y[n]$ 值,就需要对每个 n 值重复这一过程。所幸的是,对 $x[k]$ 和 $h[n-k]$,将它们看成 k 的函数,改变 n 值可以有一个非常简单的图解表示。下面的例子用来说明这一点,并利用前面提到的观点来求卷积和。

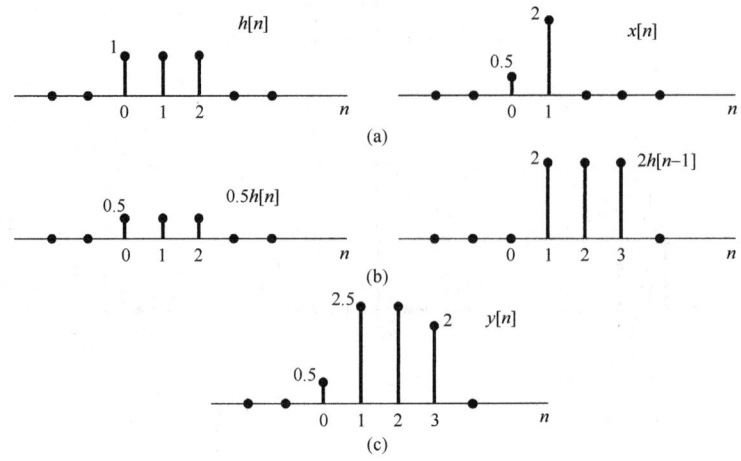

图 2.3 (a) 线性时不变系统的单位脉冲响应 $h[n]$ 及其输入 $x[n]$;(b) 对 $x[0]=0.5$ 和 $x[1]=2$ 的响应 $0.5h[n]$ 和 $2h[n-1]$;(c) 总的响应 $y[n]$ 就是(b)的和

例 2.2 重新考虑例 2.1 中的卷积问题。序列 $x[k]$ 示于图 2.4(a);而序列 $h[n-k]$ 看成固定 n 时 k 的函数,对于几个不同的 n 值的序列示于图 2.4(b)。在画这些序列时已经用到了这一点,就是 $h[n-k]$ 是单位脉冲响应 $h[k]$ 的时间反转与移位。随着 k 的增加,宗量 $n-k$ 减小,这就说明了需要对 $h[k]$ 进行一个时间反转。知道了这一点,为了画出信号 $h[n-k]$,仅仅需要确定对某个特定 k 值的 $h[n-k]$ 值就够了,例如,当 $k=n$ 时,宗量 $n-k$ 等于 0。于是,如果画出了信号 $h[-k]$,将它右移 $n(n>0$ 时)或左移 $n(n<0$ 时),就能得到信号 $h[n-k]$。图 2.4(b)画出了 $n<0$, $n=0,1,2,3$ 和 $n>3$ 时的结果。

对于任何具体的 n 值,画出了 $x[k]$ 和 $h[n-k]$ 之后,将这两个信号相乘并在全部 k 值上相加。对该例来说,对于 $n<0$,由图 2.4 看出,因为 $x[k]$ 和 $h[n-k]$ 的非零值都不重合,所以 $x[k]h[n-k]=0$,结果就是 $n<0$ 时 $y[n]=0$。对于 $n=0$,因为序列 $x[k]$ 与序列 $h[0-k]$ 的乘积仅有一个非零样本,其值为 0.5,所以有

$$y[0] = \sum_{k=-\infty}^{\infty} x[k]h[0-k] = 0.5 \tag{2.9}$$

序列 $x[k]$ 与序列 $h[1-k]$ 的乘积有两个非零样本,相加之后得

$$y[1] = \sum_{k=-\infty}^{\infty} x[k]h[1-k] = 0.5 + 2.0 = 2.5 \tag{2.10}$$

同理,有

$$y[2] = \sum_{k=-\infty}^{\infty} x[k]h[2-k] = 0.5 + 2.0 = 2.5 \tag{2.11}$$

和

$$y[3] = \sum_{k=-\infty}^{\infty} x[k]h[3-k] = 2.0 \tag{2.12}$$

最后,对于 $n>3$,乘积 $x[k]h[n-k]$ 对于所有的 k 都是零,由此可得 $n>3$ 时 $y[n]=0$。所得到的输出值与例 2.1 中得到的相同。

第 2 章 线性时不变系统　　53

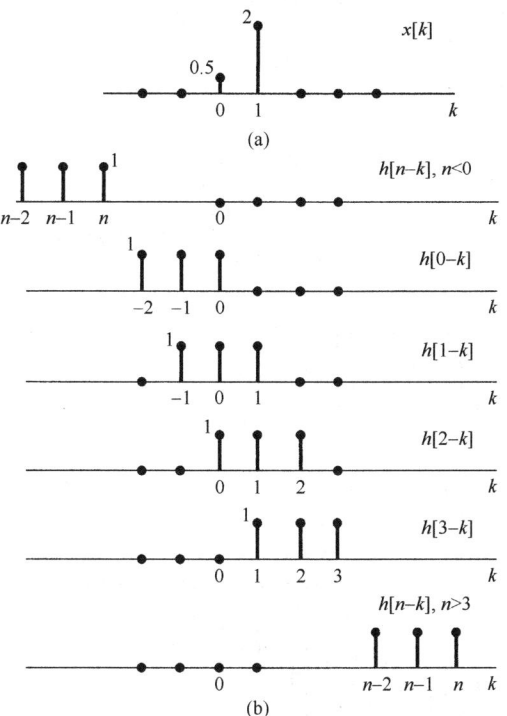

图2.4 对于图2.3中的信号$h[n]$和$x[n]$，式(2.6)的说明。(a) 信号$x[k]$；(b) 将$h[n-k]$看成固定n时k的函数，对于几个n值($n<0;n=0,1,2,3;n>3$)的信号$h[n-k]$，这些信号都是由$h[k]$的反转和移位得出的。对于每个n值的$y[n]$是将图(a)中的$x[k]$与图(b)中的$h[n-k]$相乘，然后在全部k值上将乘积相加后得出的。这个例子的计算在例2.2中已详细做过

例2.3 已知输入$x[n]$和单位脉冲响应$h[n]$为

$$x[n] = \alpha^n u[n]$$
$$h[n] = u[n]$$

其中$0<\alpha<1$。图2.5中画出了这两个信号。为了帮助我们想象并计算这两个信号的卷积，在图2.6中已经画出了$x[k],h[-k],h[-1-k]$和$h[1-k]$(也就是$n=0,-1$和$+1$时的$h[n-k]$)，以及最后对于任意正n值和负n值的$h[n-k]$。由该图可知，对于$n<0$，$x[k]$和$h[n-k]$的非零部分没有任何重合，所以对于$n<0$而言，$x[k]h[n-k]$对于所有的k值都为零，由式(2.6)可知$n<0$时$y[n]=0$。对于$n\geq 0$，

$$x[k]h[n-k] = \begin{cases} \alpha^k, & 0 \leq k \leq n \\ 0, & \text{其他} \end{cases}$$

因此，对于$n\geq 0$，

$$y[n] = \sum_{k=0}^{n} \alpha^k$$

利用习题1.54的结果，就可以写成

$$y[n] = \sum_{k=0}^{n} \alpha^k = \frac{1-\alpha^{n+1}}{1-\alpha}, \qquad n \geq 0 \quad (2.13)$$

于是，对于所有的n就有

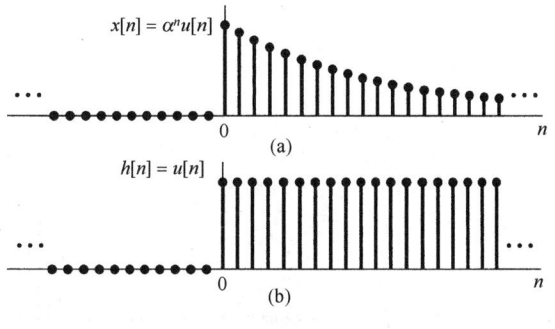

图2.5 例2.3中的信号$x[n]$和$h[n]$

$$y[n] = \left(\frac{1-\alpha^{n+1}}{1-\alpha}\right)u[n]$$

信号 $y[n]$ 如图 2.7 所示。

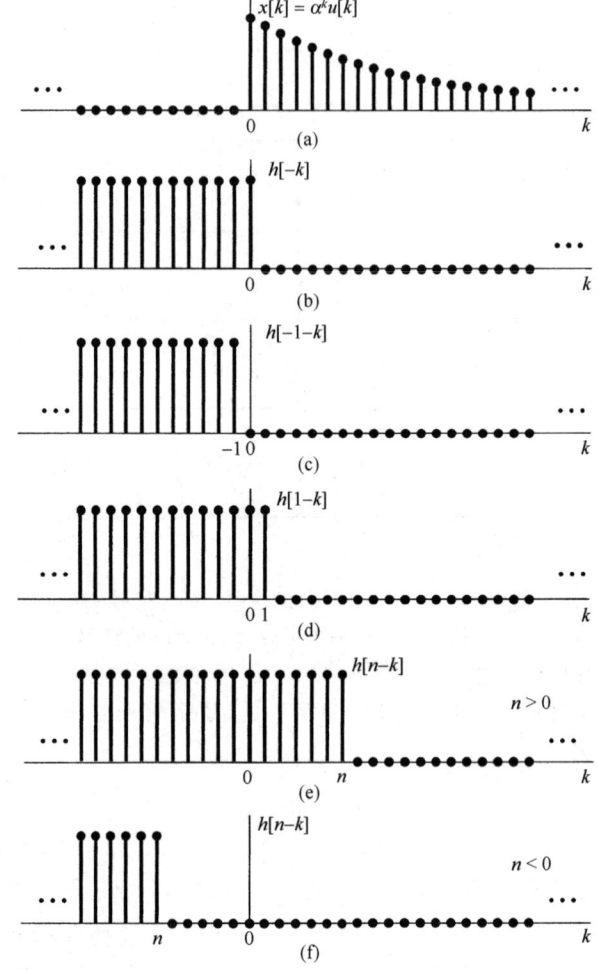

图 2.6 计算例 2.3 卷积和的图解说明

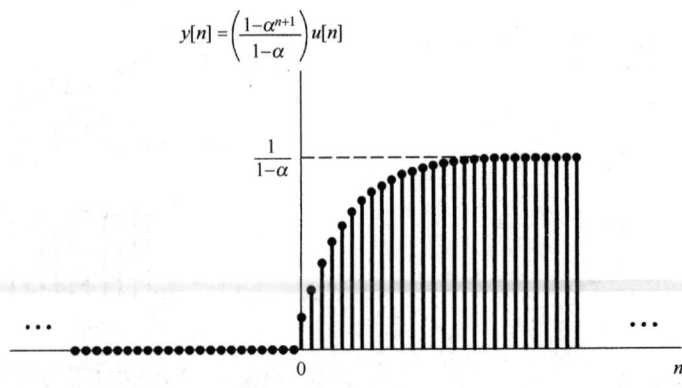

图 2.7 例 2.3 的输出

卷积运算有时也用序列 $h[n-k]$ 沿 $x[k]$ 的"滑动"来说明。例如，对某一 n 值，比如 $n = n_0$，已经求得了 $y[n]$，也就是说已经画出了信号 $h[n_0 - k]$，将它与 $x[k]$ 相乘，并对所有的 k 值将乘积相加。现在想要求下一个 n 值，即 $n = n_0 + 1$ 时的 $y[n]$。这时就需要画出信号 $h[(n_0 + 1) - k]$，然而这时只需要将信号 $h[n_0 - k]$ 右移一点即可；对于接踵而来的每一个 n 值，继续这一过程，把 $h[n-k]$ 一点一点地向右移，再与 $x[k]$ 相乘，并对所有的 k 值将乘积相加即可。

例 2.4 作为一个深入一些的例子，考虑如下两个序列：

$$x[n] = \begin{cases} 1, & 0 \leq n \leq 4 \\ 0, & \text{其他} \end{cases}$$

和

$$h[n] = \begin{cases} \alpha^n, & 0 \leq n \leq 6 \\ 0, & \text{其他} \end{cases}$$

对于某个正的 $\alpha > 1$ 的值，这两个信号如图 2.8 所示。为了计算这两个信号的卷积，将 n 分成 5 个不同的区间来考虑比较方便，如图 2.9 所示。

区间 1 对于 $n < 0$，由于 $x[k]$ 与 $h[n-k]$ 的非零部分无任何重合，故 $y[n] = 0$。

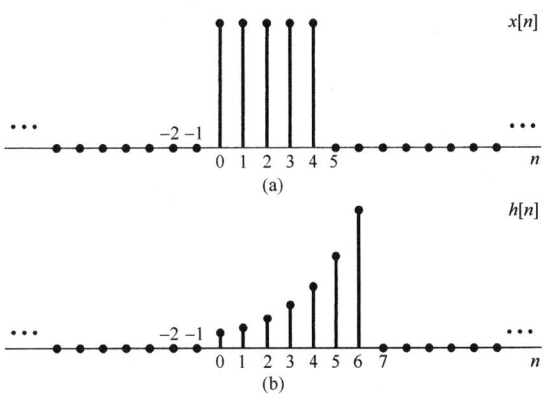

图 2.8 例 2.4 中待卷积的信号

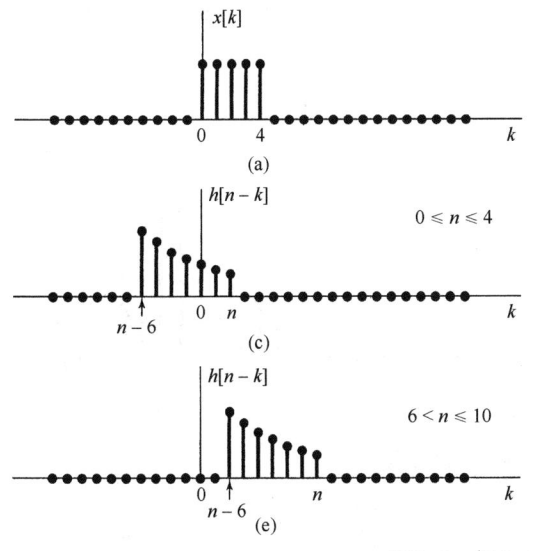

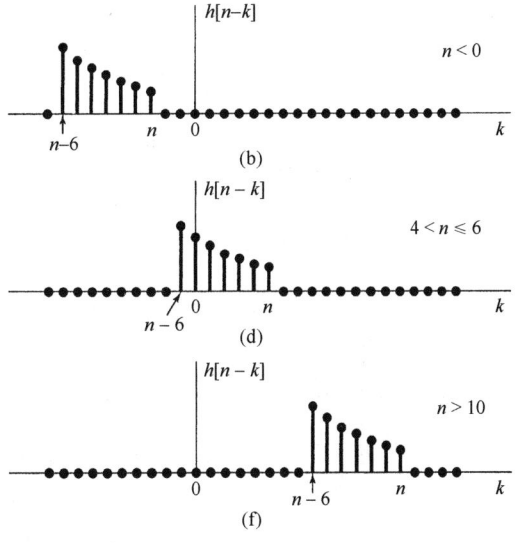

图 2.9 例 2.4 卷积的图解说明

区间 2 对于 $0 \leq n \leq 4$，

$$x[k]h[n-k] = \begin{cases} \alpha^{n-k}, & 0 \leq k \leq n \\ 0, & \text{其他} \end{cases}$$

因此，在该区间内

$$y[n] = \sum_{k=0}^{n} \alpha^{n-k} \tag{2.14}$$

利用有限项求和公式(2.13)可以求出这个和。具体而言，将式(2.14)中的求和变量由 k 置换成 $r = n - k$，得到

$$y[n] = \sum_{r=0}^{n} \alpha^r = \frac{1-\alpha^{n+1}}{1-\alpha}$$

区间 3 对于 $n>4$,但 $n-6\leq 0$,即 $4<n\leq 6$,这时

$$x[k]h[n-k] = \begin{cases} \alpha^{n-k}, & 0 \leq k \leq 4 \\ 0, & 其他 \end{cases}$$

则在该区间内

$$y[n] = \sum_{k=0}^{4} \alpha^{n-k} \tag{2.15}$$

再次利用求和公式(2.13)来求式(2.15),为此将式(2.15)中的 α^n 常数因子提出来,可得

$$y[n] = \alpha^n \sum_{k=0}^{4}(\alpha^{-1})^k = \alpha^n \frac{1-(\alpha^{-1})^5}{1-\alpha^{-1}} = \frac{\alpha^{n-4}-\alpha^{n+1}}{1-\alpha} \tag{2.16}$$

区间 4 对于 $n>6$,但 $n-6\leq 4$,即 $6<n\leq 10$,这时

$$x[k]h[n-k] = \begin{cases} \alpha^{n-k}, & (n-6) \leq k \leq 4 \\ 0, & 其他 \end{cases}$$

所以

$$y[n] = \sum_{k=n-6}^{4} \alpha^{n-k}$$

令 $r = k - n + 6$,再利用式(2.13)来求这个和,可得

$$y[n] = \sum_{r=0}^{10-n} \alpha^{6-r} = \alpha^6 \sum_{r=0}^{10-n}(\alpha^{-1})^r = \alpha^6 \frac{1-\alpha^{n-11}}{1-\alpha^{-1}} = \frac{\alpha^{n-4}-\alpha^7}{1-\alpha}$$

区间 5 对于 $n-6>4$,即 $n>10$,$x[k]$ 和 $h[n-k]$ 的非零部分没有任何重合,所以

$$y[n] = 0$$

综合以上所得,$y[n]$ 可归纳如下:

$$y[n] = \begin{cases} 0, & n < 0 \\ \dfrac{1-\alpha^{n+1}}{1-\alpha}, & 0 \leq n \leq 4 \\ \dfrac{\alpha^{n-4}-\alpha^{n+1}}{1-\alpha}, & 4 < n \leq 6 \\ \dfrac{\alpha^{n-4}-\alpha^7}{1-\alpha}, & 6 < n \leq 10 \\ 0, & 10 < n \end{cases}$$

整个 $y[n]$ 如图 2.10 所示。

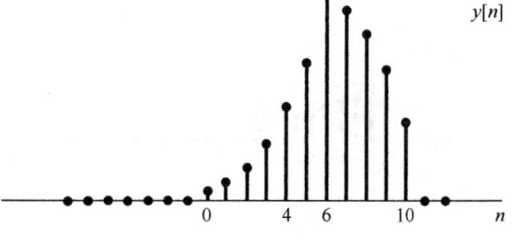

图 2.10 例 2.4 的卷积结果

例 2.5 一个线性时不变系统,其输入 $x[n]$ 和单位脉冲响应 $h[n]$ 如下:

$$x[n] = 2^n u[-n] \tag{2.17}$$
$$h[n] = u[n] \tag{2.18}$$

序列 $x[k]$ 和 $h[n-k]$ 作为 k 的函数画在图 2.11(a)中,注意,$x[k]$ 对于 $k>0$ 是零,而 $h[n-k]$ 对于 $k>n$ 是零。同时还能看到,无论 n 为何值,序列 $x[k]h[n-k]$ 沿 k 轴总是有非零的样本值。当 $n \geq 0$ 时 $x[k]h[n-k]$ 在 $k \leq 0$ 时有非零的样本值,于是对 $n \geq 0$ 就有

$$y[n] = \sum_{k=-\infty}^{0} x[k]h[n-k] = \sum_{k=-\infty}^{0} 2^k \tag{2.19}$$

式(2.19)是一个无穷项的和式,可以用**无限项求和公式**(infinite sum formula)

$$\sum_{k=0}^{\infty} \alpha^k = \frac{1}{1-\alpha}, \quad 0 < |\alpha| < 1 \tag{2.20}$$

将式(2.19)中的求和变量由 k 置换为 $r = -k$,可得

$$\sum_{k=-\infty}^{0} 2^k = \sum_{r=0}^{\infty} \left(\frac{1}{2}\right)^r = \frac{1}{1-(1/2)} = 2 \tag{2.21}$$

因此，对于 $n \geq 0$，$y[n]$ 为常数 2。

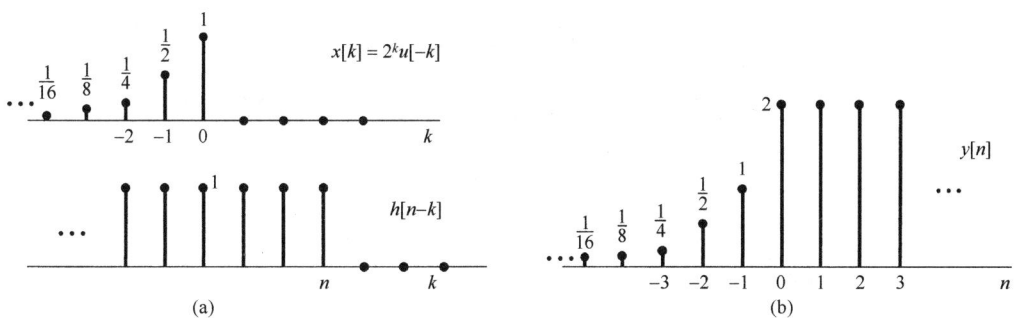

图 2.11　(a) 例 2.5 中的序列 $x[k]$ 和 $h[n-k]$；(b) 输出结果 $y[n]$

当 $n<0$ 时，对于 $k \leq n$，$x[k]h[n-k]$ 有非零样本值，因此对 $n<0$ 有

$$y[n] = \sum_{k=-\infty}^{n} x[k]h[n-k] = \sum_{k=-\infty}^{n} 2^k \tag{2.22}$$

以 $l=-k$ 和 $m=l+n$ 进行变量代换，再次利用无限项求和公式(2.20)来求式(2.22)，其结果是对 $n<0$ 可得

$$y[n] = \sum_{l=-n}^{\infty} \left(\frac{1}{2}\right)^l = \sum_{m=0}^{\infty} \left(\frac{1}{2}\right)^{m-n} = \left(\frac{1}{2}\right)^{-n} \sum_{m=0}^{\infty} \left(\frac{1}{2}\right)^m = 2^n \cdot 2 = 2^{n+1} \tag{2.23}$$

整个 $y[n]$ 序列如图 2.11(b)所示。

以上这些例子都说明用图解的方法来进行卷积和的计算是很有用的。另外，卷积和除了给出计算线性时不变系统的响应的一种有用方法，还给出了线性时不变系统的一种极其有用的表示，借此可以对线性时不变系统的性质进行深入研究。在 2.3 节将讨论卷积的某些性质，并且还要研究前一章所介绍的某些系统性质，以便看看对线性时不变系统而言，如何表征这些系统性质。

2.2　连续时间线性时不变系统：卷积积分

与上一节讨论并导出的结果相类似，这一节的目的也是要利用一个连续时间线性时不变系统的单位冲激响应来对系统给出完全的表征。在离散时间情况下，导出卷积和的关键是离散时间单位脉冲的筛选性质，这就是把一个信号作为一组加权并移位的单位脉冲函数叠加的数学表示式。这样一来，直观上看也就能把离散时间系统当成对这一串单个脉冲的响应。当然，在连续时间情况下没有一个离散的输入序列。然而，正如 1.4.2 节所讨论的，如果把单位冲激看成它的持续期短到对任何实际物理系统已毫无意义的一个短脉冲理想化的结果，就能利用这些持续期小到难以察觉的理想化脉冲，即冲激，来表示任何连续时间信号。下面将导出这种表示，并接着用与 2.1 节类似的方式来建立连续时间线性时不变系统的卷积积分表示。

2.2.1　用冲激表示连续时间信号

为了建立与离散时间筛选性质式(2.2)对应的连续时间情况下的性质，先考虑用一串脉冲或者说阶梯信号 $\hat{x}(t)$ 来近似 $x(t)$，如图 2.12(a)所示。如同离散时间情况一样，对于近似式 $\hat{x}(t)$ 来说，可以用一串延迟脉冲的线性组合来表示，如图 2.12(a)至图 2.12(e)所示。若定义

$$\delta_\Delta(t) = \begin{cases} \frac{1}{\Delta}, & 0 \leq t < \Delta \\ 0, & \text{其他} \end{cases} \tag{2.24}$$

由于 $\Delta \delta_\Delta(t)$ 为 1，则 $\hat{x}(t)$ 可表示成

$$\hat{x}(t) = \sum_{k=-\infty}^{\infty} x(k\Delta)\delta_\Delta(t - k\Delta)\Delta \tag{2.25}$$

从图 2.12 中可以看到，与离散时间情况下的式(2.2)一样，式(2.25)的等号右边的和式中对任何 t 值来说，只有一项为非零。

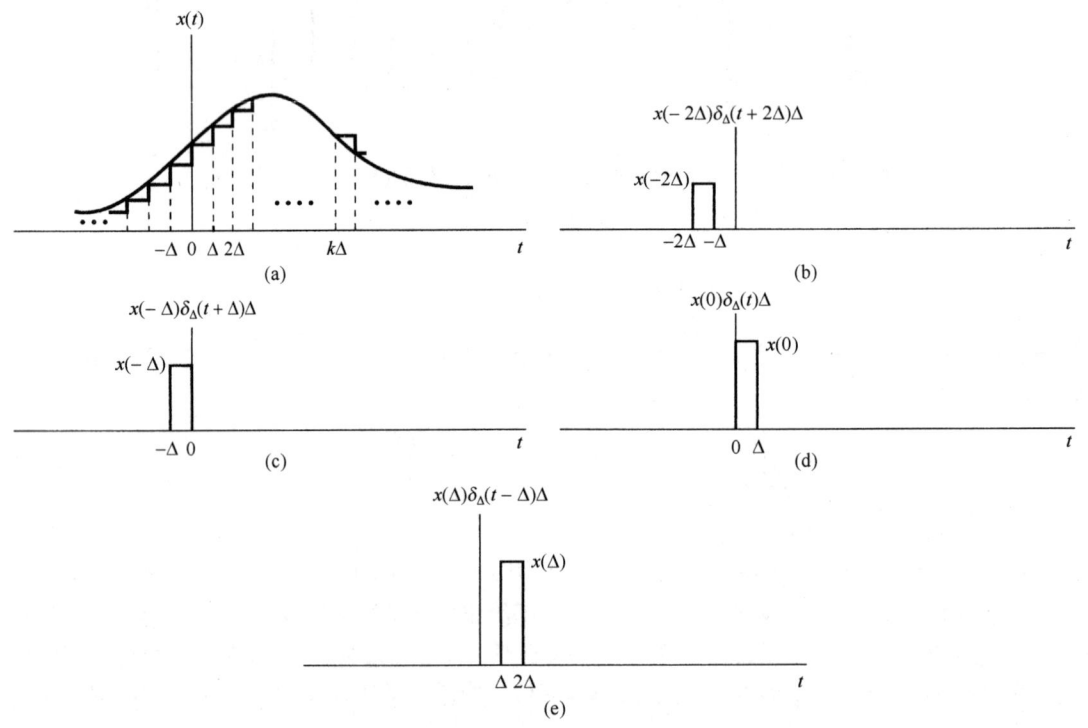

图 2.12 一个连续时间信号的阶梯形近似

随着 Δ 趋近于零，$\hat{x}(t)$ 将越来越近似于 $x(t)$，最后极限就是 $x(t)$，因此

$$x(t) = \lim_{\Delta \to 0} \sum_{k=-\infty}^{+\infty} x(k\Delta)\delta_\Delta(t - k\Delta)\Delta \tag{2.26}$$

同时，随着 $\Delta \to 0$，式(2.26)的求和趋近为一个积分式。利用图 2.13 把式(2.26)用图解来表示，就能看出这一变化过程。图中画出了 $x(\tau)$，$\delta_\Delta(t-\tau)$ 及其乘积。当 $\Delta \to 0$ 时，图中阴影部分的面积应趋近于 $x(\tau)\delta_\Delta(t-\tau)$ 下的面积。注意，图中阴影部分面积等于 $x(m\Delta)$，其中 $t-\Delta < m\Delta < t$。而且，在式(2.26)中，对于该 t 值来说，仅有 $k=m$ 这一项是非零的，因此该式等号右边的部分也应等于 $x(m\Delta)$。于是，根据式(2.26)及前面的讨论可知，$x(t)$ 就应为当 $\Delta \to 0$ 时，位于 $x(\tau)\delta_\Delta(t-\tau)$ 下的面积。另外，由式(1.74)已经知道，当 $\Delta \to 0$ 时，$\delta_\Delta(t)$ 的极限就是单位冲激函数 $\delta(t)$，所以可得

$$x(t) = \int_{-\infty}^{+\infty} x(\tau)\delta(t-\tau)d\tau \tag{2.27}$$

与离散时间情况一样，式(2.27)为连续时间冲激函数的**筛选性质**(sifting property)。特别是，若以 $x(t) = u(t)$ 为例，因为 $\tau < 0$ 时 $u(\tau) = 0$，$\tau > 0$ 时 $u(\tau) = 1$，所以式(2.27)就变成

$$u(t) = \int_{-\infty}^{+\infty} u(\tau)\delta(t-\tau)d\tau = \int_{0}^{\infty} \delta(t-\tau)d\tau \qquad (2.28)$$

式(2.28)与1.4.2节所得结果式(1.75)是完全一致的。

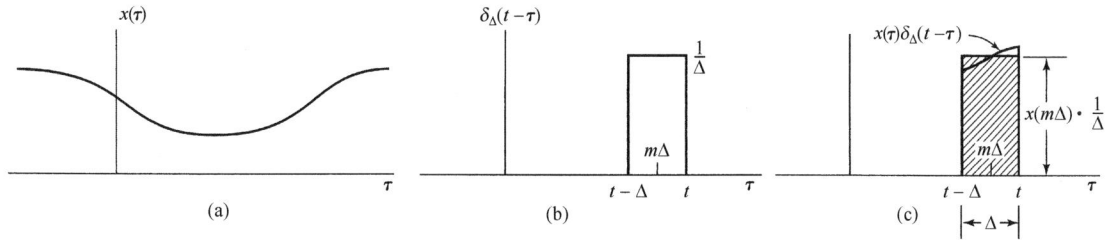

图2.13 式(2.26)的图解表示

再次提出,式(2.27)应该看成在这种意义下的一种理想化结果。这就是从任何实际情况来看,对于"足够小"的 Δ 来说,式(2.25)中 $x(t)$ 的近似基本上就是准确的了。这样,式(2.27)就只是表示在 Δ 取为"难以觉察得到小"时,式(2.25)的一种理想化结果。同时,也应该注意到,我们本来就能够利用1.4.2节讨论过的单位冲激函数的性质来直接导出式(2.27)。具体而言,如图2.14(b)所示,信号 $\delta(t-\tau)$ 是一个在 τ 的时间轴上,发生在 $\tau=t$(t固定)时的单位冲激函数。这样,信号 $x(\tau)\delta(t-\tau)$ 还是看成 τ 的函数,就等于 $x(t)\delta(t-\tau)$,即发生在 $\tau=t$,面积等于 $x(t)$ 值的冲激,如图2.14(c)所示。那么,这个信号从 $\tau=-\infty$ 到 $\tau=+\infty$ 的积分就应等于 $x(t)$,也就是

$$\int_{-\infty}^{+\infty} x(\tau)\delta(t-\tau)d\tau = \int_{-\infty}^{+\infty} x(t)\delta(t-\tau)d\tau = x(t)\int_{-\infty}^{+\infty} \delta(t-\tau)d\tau = x(t)$$

尽管这样的导出很直接,但是我们采用的由式(2.24)到式(2.27)的推导强调了与离散时间情况的类似性;特别是强调了式(2.27)把信号 $x(t)$ 表示成了一个加权的移位冲激函数的"和"(即积分)。

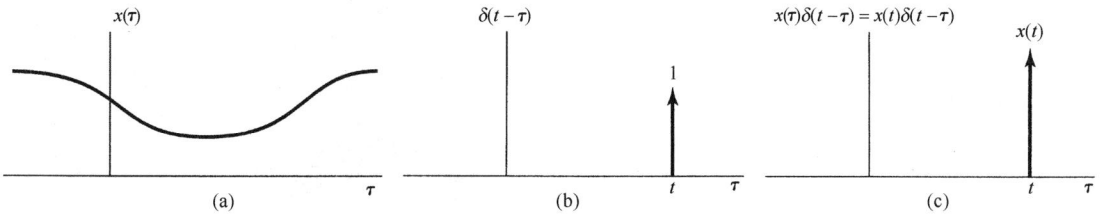

图2.14 (a) 任意信号 $x(\tau)$;(b) t 固定,作为 τ 的函数的冲激 $\delta(t-\tau)$;(c) 这两个信号的乘积

2.2.2 连续时间线性时不变系统的单位冲激响应及卷积积分表示

和离散时间情况一样,上一节得出的表示就是把任意一个连续时间信号看成加权和移位脉冲的叠加。尤其是式(2.25)的近似式代表了信号 $\hat{x}(t)$ 是基本脉冲信号 $\delta_\Delta(t)$ 的加权和移位的和。这样,一个线性系统对该信号的响应 $\hat{y}(t)$ 就是系统对这些 $\delta_\Delta(t)$ 加权和移位脉冲响应的叠加。具体而言,令 $\hat{h}_{k\Delta}(t)$ 为一个线性时不变系统对输入 $\delta_\Delta(t-k\Delta)$ 的响应,那么由式(2.25)和叠加性质,对连续时间线性系统而言,就有

$$\hat{y}(t) = \sum_{k=-\infty}^{+\infty} x(k\Delta)\hat{h}_{k\Delta}(t)\Delta \qquad (2.29)$$

式(2.29)与离散时间的式(2.3)是类似的,我们也像图2.2一样,用图2.15来解释式(2.29)。图2.15(a)是输入$x(t)$和它的近似值$\hat{x}(t)$,而图2.15(b)至图2.15(d)则画出了$\hat{x}(t)$中的三个加权脉冲及其响应。那么,相应于$\hat{x}(t)$的输出$\hat{y}(t)$就应该是这些响应的叠加,如图2.15(e)所示。

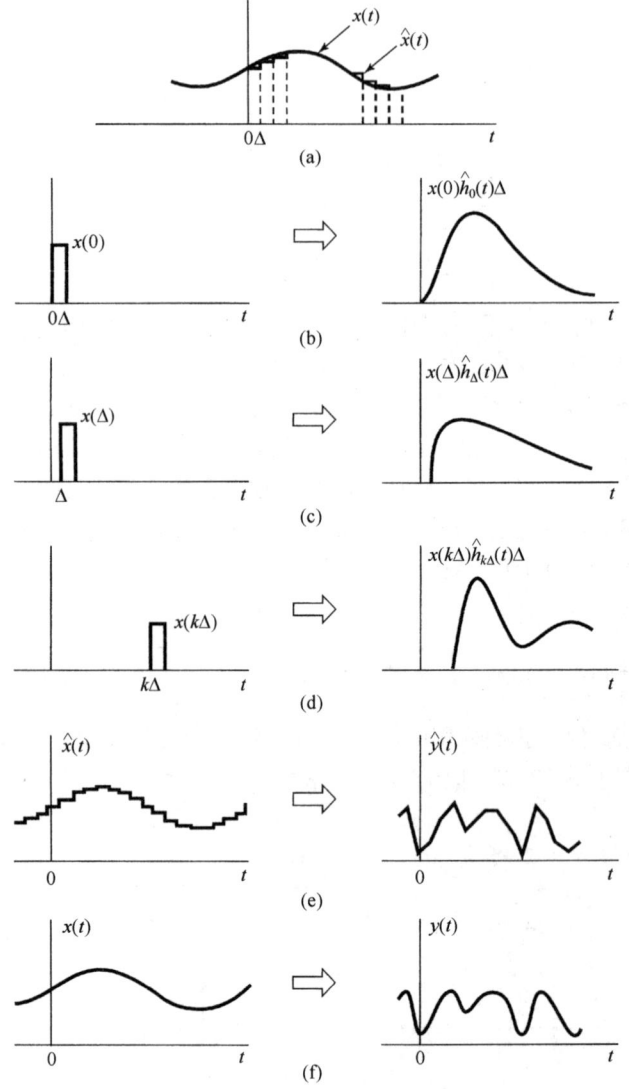

图 2.15 由式(2.29)和式(2.30)表示的连续时间线性系统响应的图解说明

接下来要考虑的就是当Δ变成无穷小,即$\Delta \to 0$时会产生什么结果。特别是,由于$x(t)$表示成式(2.26),因此当$\Delta \to 0$后$\hat{x}(t)$逼近$x(t)$,事实上两者最终趋于一致,其结果就是对$\hat{x}(t)$的响应$\hat{y}(t)$一定收敛于$y(t)$,即对真正输入$x(t)$的响应,如图2.15(f)所示。此外,正如早已提到的,对于"足够小"的Δ,就考虑的系统而言,$\delta_\Delta(t-k\Delta)$脉冲的持续期已无任何意义,系统对这个脉冲的响应实质上与在同一时刻单位冲激的响应是一样的。也就是说,因为脉冲$\delta_\Delta(t-k\Delta)$当$\Delta \to 0$时相当于一个移位的单位冲激,所以对这个输入脉冲的响应$\hat{h}_{k\Delta}(t)$就成为极限情况下的冲激响应。若令$h_\tau(t)$表示系统在时间t对发生于时间τ的单位冲激$\delta(t-\tau)$的响应,那么

$$y(t) = \lim_{\Delta \to 0} \sum_{k=-\infty}^{+\infty} x(k\Delta)\hat{h}_{k\Delta}(t)\Delta \tag{2.30}$$

随着 $\Delta \to 0$，右边的求和就变成一个积分，如图 2.16 所示。图中阴影部分的矩形代表式(2.30)的等号右边和式中的一项，而随着 $\Delta \to 0$，这个和式就逼近于作为 τ 的函数的 $x(\tau)h_\tau(t)$ 下的面积，因此得到

$$y(t) = \int_{-\infty}^{+\infty} x(\tau)h_\tau(t)\mathrm{d}\tau \qquad (2.31)$$

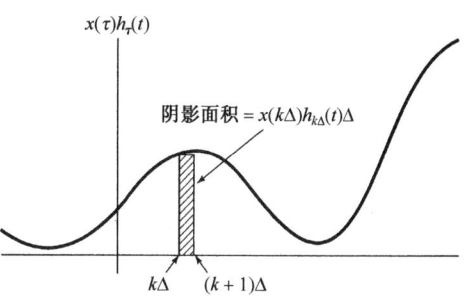

图 2.16 式(2.30)和式(2.31)的图解说明

式(2.31)的意义和式(2.29)是完全类似的。因为在 2.2.1 节已经证明，任何输入 $x(t)$ 都可以表示为

$$x(t) = \int_{-\infty}^{+\infty} x(\tau)\delta(t-\tau)\mathrm{d}\tau$$

直观上可以把 $x(t)$ 看成一组加权移位的冲激函数之"和"，这里对冲激 $\delta(t-\tau)$ 的权是 $x(\tau)\mathrm{d}\tau$。按照这种解释，式(2.31)就是系统对这些加权移位冲激函数响应的叠加。因此，根据线性性质，对 $\delta(t-\tau)$ 的响应 $h_\tau(t)$ 的权也就是 $x(\tau)\mathrm{d}\tau$。

式(2.31)代表了连续时间情况下一个线性系统响应的一般形式。如果系统除了是线性的，还是时不变的，那么 $h_\tau(t) = h_0(t-\tau)$。也就是说，一个线性时不变系统对单位冲激 $\delta(t-\tau)$ 的响应，就是对 $\delta(t)$ 响应的时移。再一次，为了便于符号表示而略去下标，定义**单位冲激响应**(unit impulse response) $h(t)$ 为

$$h(t) = h_0(t) \qquad (2.32)$$

也就是 $h(t)$ 是系统对 $\delta(t)$ 的响应。这时，式(2.31)变为

$$\boxed{y(t) = \int_{-\infty}^{+\infty} x(\tau)h(t-\tau)\mathrm{d}\tau} \qquad (2.33)$$

式(2.33)称为**卷积积分**(convolution integral)或**叠加积分**(superposition integral)。它是与离散时间情况下式(2.6)的卷积和相对应的，并且表明了一个连续时间线性时不变系统的特性可以用它的单位冲激响应来刻画。两个信号 $x(t)$ 和 $h(t)$ 的卷积，以后就表示成

$$y(t) = x(t) * h(t) \qquad (2.34)$$

虽然在离散时间和连续时间情况下都用同一符号 * 来表示卷积，不过一般根据上下文就能区分这两种情况。

可以看到，与在离散时间情况下相同，一个连续时间线性时不变系统是完全由它的冲激响应，即对单一的基本信号单位冲激 $\delta(t)$ 的响应来表征的，在下一节研究连续时间和离散时间情况下卷积和线性时不变系统的几个性质时，将会用到它的内涵。

求解卷积积分的步骤与求卷积和是十分相似的。由式(2.33)知道，在任意时刻 t 的输出 $y(t)$ 是输入的加权积分，对 $x(\tau)$ 其权是 $h(t-\tau)$。因此，为了求出对某一给定 t 时的这个积分值，首先需要得到 $h(t-\tau)$。$h(t-\tau)$ 是 τ 函数，t 为某一固定值，利用 $h(\tau)$ 的反转再加上平移($t>0$ 时就向右移 t；$t<0$ 时就向左移 $|t|$)，就可以求得 $h(t-\tau)$。然后将 $x(\tau)$ 与 $h(t-\tau)$ 相乘，将该乘积在 $\tau = -\infty$ 到 $\tau = +\infty$ 区间内积分就得到了 $y(t)$。下面用几个例子来予以说明。

例 2.6 设某一线性时不变系统的输入为 $x(t)$，其单位冲激响应为 $h(t)$

$$x(t) = \mathrm{e}^{-at}u(t), \quad a > 0 \quad \text{和} \quad h(t) = u(t)$$

图 2.17 分别画出了 $h(\tau), x(\tau)$ 及对应于某个正值 t 和负值 t 的 $h(t-\tau)$。由图中可以看出，由于 $t < 0$ 时，$x(\tau)$ 与 $h(t-\tau)$ 的乘积为零，所以 $y(t) = 0$；而对 $t > 0$ 有

$$x(\tau)h(t-\tau) = \begin{cases} \mathrm{e}^{-a\tau}, & 0 < \tau < t \\ 0, & \text{其他} \end{cases}$$

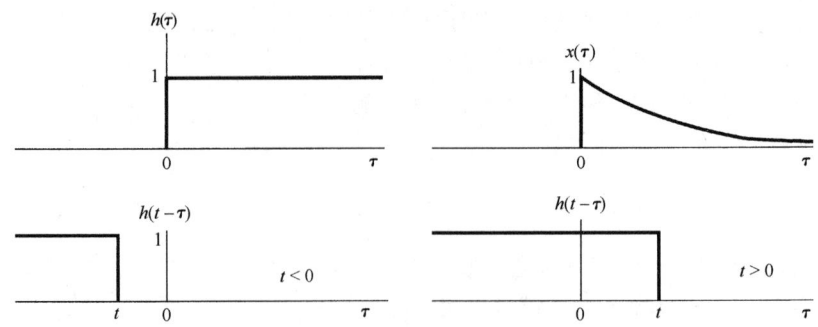

图 2.17 例 2.6 的卷积积分的计算

由该式可算出 $t>0$ 时

$$y(t) = \int_0^t e^{-a\tau} d\tau = -\frac{1}{a} e^{-a\tau} \Big|_0^t$$
$$= \frac{1}{a}(1 - e^{-at})$$

因此,对于所有的 t,$y(t)$ 是

$$y(t) = \frac{1}{a}(1 - e^{-at})u(t)$$

如图 2.18 所示。

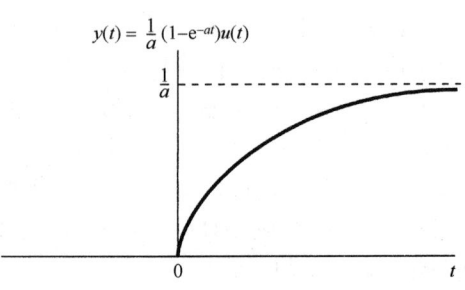

图 2.18 例 2.6 的系统响应

例 2.7 求以下两信号的卷积:

$$x(t) = \begin{cases} 1, & 0 < t < T \\ 0, & \text{其他} \end{cases}$$

$$h(t) = \begin{cases} t, & 0 < t < 2T \\ 0, & \text{其他} \end{cases}$$

在这种情况下,与例 2.4 一样,最方便的是分别在几个不同的区间内求 $y(t)$。图 2.19 画出了 $x(\tau)$ 及在各个有关区间内的 $h(t-\tau)$。不难看出,在 $t<0$ 和 $t>3T$ 区间内,对所有的 τ 都有 $x(\tau)h(t-\tau)=0$,所以 $y(t)=0$。而在其他区间内,乘积 $x(\tau)h(t-\tau)$ 示于图 2.20。根据图 2.20,对该三个区间内的 $y(t)$,这个积分值可用图解方法求出,全部 $y(t)$ 为

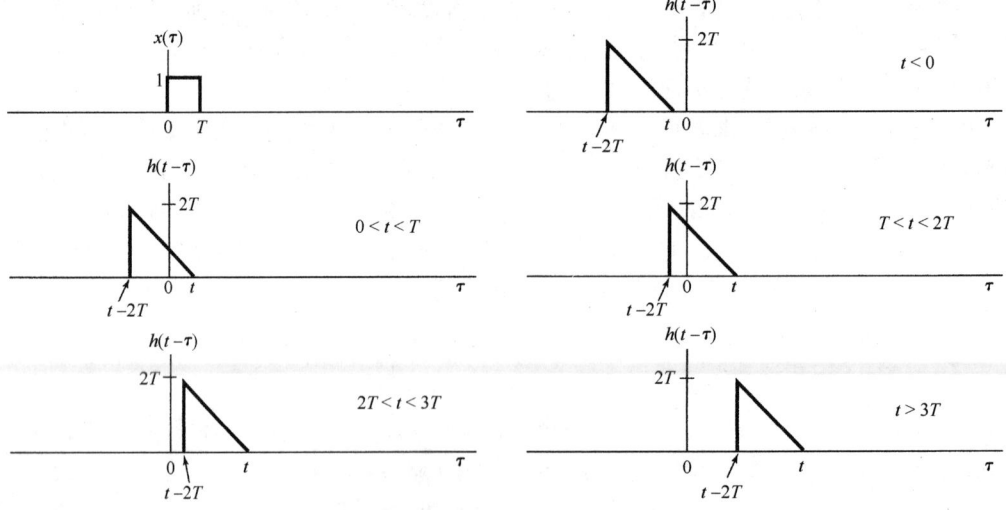

图 2.19 例 2.7 中信号 $x(\tau)$ 和不同 t 值时的 $h(t-\tau)$

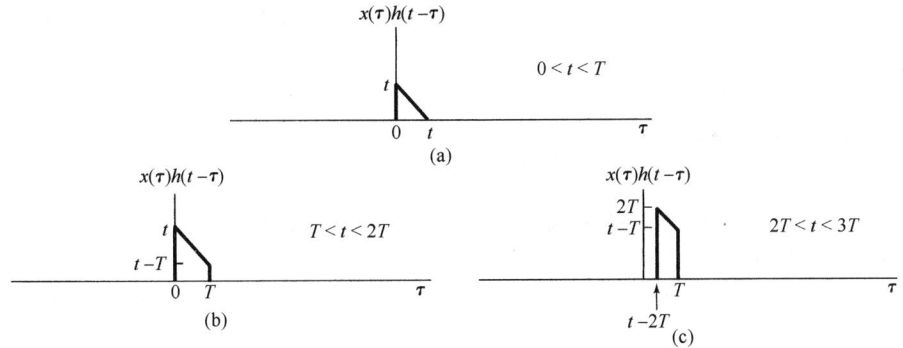

图 2.20 例 2.7 中乘积 $x(\tau)h(t-\tau)$ 不为零(见图 2.19)的对应三个不同 t 区间的 $x(\tau)h(t-\tau)$

$$y(t) = \begin{cases} 0, & t < 0 \\ \frac{1}{2}t^2, & 0 < t < T \\ Tt - \frac{1}{2}T^2, & T < t < 2T \\ -\frac{1}{2}t^2 + Tt + \frac{3}{2}T^2, & 2T < t < 3T \\ 0, & 3T < t \end{cases}$$

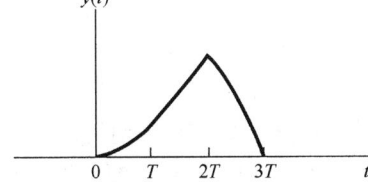

图 2.21 例 2.7 中的信号 $y(t) = x(t) * h(t)$

$y(t)$ 如图 2.21 所示。

例 2.8 令 $y(t)$ 为下列两信号的卷积:

$$x(t) = e^{2t}u(-t) \tag{2.35}$$

$$h(t) = u(t-3) \tag{2.36}$$

信号 $x(\tau)$ 和 $h(t-\tau)$ 作为 τ 的函数均画在图 2.22(a)中。先观察一下,无论 t 为何值,这两个信号都有非零的重合区。当 $t-3 \leq 0$,$x(\tau)$ 和 $h(t-\tau)$ 的乘积在 $-\infty < \tau < t-3$ 时非零,其卷积积分为

$$y(t) = \int_{-\infty}^{t-3} e^{2\tau} d\tau = \frac{1}{2} e^{2(t-3)} \tag{2.37}$$

对于 $t-3 \geq 0$,在 $-\infty < \tau < 0$ 内,乘积 $x(\tau)h(t-\tau)$ 为非零,其卷积积分为

$$y(t) = \int_{-\infty}^{0} e^{2\tau} d\tau = \frac{1}{2} \tag{2.38}$$

其结果 $y(t)$ 如图 2.22(b)所示。

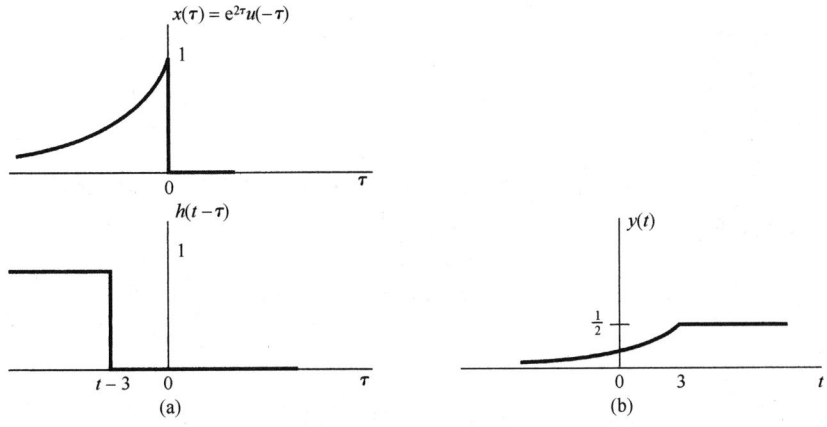

图 2.22 例 2.8 的卷积结果

以上这些例子及在 2.1 节提到的例子都表明,图解方法在求卷积积分和卷积和时都有很大的用处。

2.3 线性时不变系统的性质

前面两节得出了借助于连续时间和离散时间线性时不变系统的单位冲激响应来表示这些系统的重要结论。在离散时间情况下,这种表示是取卷积和的形式,而在连续时间情况下是取卷积积分的形式。为方便起见,现将两者重复如下:

$$y[n] = \sum_{k=-\infty}^{+\infty} x[k]h[n-k] = x[n] * h[n] \qquad (2.39)$$

$$y(t) = \int_{-\infty}^{+\infty} x(\tau)h(t-\tau)\mathrm{d}\tau = x(t) * h(t) \qquad (2.40)$$

正如已经指出过的,这些表示的一种结果就是:一个线性时不变系统的特性可以完全由它的冲激响应来决定。要特别强调的是,一般来说这个结论仅对线性时不变系统成立。下面的例子将说明,一个非线性系统的单位冲激响应是不能完全表征系统的特性行为的。

例 2.9 考虑一个离散时间系统,其单位冲激响应为

$$h[n] = \begin{cases} 1, & n = 0, 1 \\ 0, & \text{其他} \end{cases} \qquad (2.41)$$

如果该系统是线性时不变的,式(2.41)就可以完全确定系统的输入-输出关系。尤其是,将式(2.41)代入式(2.39)的卷积和中,可得出描述该线性时不变系统输入和输出之间的如下方程:

$$y[n] = x[n] + x[n-1] \qquad (2.42)$$

另一方面,有许多非线性系统也具有由式(2.41)所表示的单位冲激响应,例如下面两个系统都有如式(2.41)所表示的单位冲激响应:

$$y[n] = (x[n] + x[n-1])^2$$
$$y[n] = \max(x[n], x[n-1])$$

因此,如果系统是非线性的,它就不能被式(2.41)的单位冲激响应完全表征。

由线性时不变系统具有卷积和与卷积积分这种特别的表示形式入手,上面这个例子说明了这样一点:线性时不变系统具有一些其他系统不具备的性质。本节余下部分将研究这些性质中的几个最基本和最重要的性质。

2.3.1 交换律性质

在连续时间和离散时间情况下,卷积运算的一个基本性质是:满足**交换律**(commutative)。即,在离散时间情况下有

$$x[n] * h[n] = h[n] * x[n] = \sum_{k=-\infty}^{+\infty} h[k]x[n-k] \qquad (2.43)$$

在连续时间情况下有

$$x(t) * h(t) = h(t) * x(t) = \int_{-\infty}^{+\infty} h(\tau)x(t-\tau)\mathrm{d}\tau \qquad (2.44)$$

这两个表示式通过变量代换可由式(2.39)和式(2.40)直接得到。例如,在离散时间情况下,若

令 $r = n - k$ 或等效为 $k = n - r$,则式(2.39)变为

$$x[n] * h[n] = \sum_{k=-\infty}^{+\infty} x[k]h[n-k] = \sum_{r=-\infty}^{+\infty} x[n-r]h[r] = h[n] * x[n] \quad (2.45)$$

利用这种变量代换,$x[n]$ 和 $h[n]$ 的作用就互换了。根据式(2.45)表明,一个输入为 $x[n]$ 且单位冲激响应为 $h[n]$ 的线性时不变系统的输出,与输入为 $h[n]$ 且单位冲激响应为 $x[n]$ 的输出,是完全一样的。例如,在例2.4中本来就可以先将 $x[k]$ 反转和移位,然后将信号 $x[n-k]$ 与 $h[k]$ 相乘,最后对所有的 k 值将乘积相加,从而完成了这个卷积和的计算。

式(2.44)也能依此来证明,其内涵也是相同的,即输入为 $x(t)$ 且单位冲激响应为 $h(t)$ 的线性时不变系统的输出,与输入为 $h(t)$ 且单位冲激响应为 $x(t)$ 的输出,是完全一样的。因此,在例2.7中也就可以将 $x(t)$ 进行反转和移位,再将 $x(t-\tau)$ 与 $h(\tau)$ 相乘,最后将乘积在 $-\infty < \tau < +\infty$ 积分,从而完成这个卷积积分的计算。在有些情况下,两种形式中的一种在计算卷积时可能比另一种更容易些,即离散时间情况下的式(2.39)或式(2.43),连续时间情况下的式(2.40)或式(2.44),但是两者的结果总是相同的。

2.3.2 分配律性质

卷积的另一个基本性质是:它满足**分配律**(distributive)。具体而言,卷积可以在相加项上进行分配,即在离散时间情况下有

$$x[n] * (h_1[n] + h_2[n]) = x[n] * h_1[n] + x[n] * h_2[n] \quad (2.46)$$

在连续时间情况下有

$$x(t) * [h_1(t) + h_2(t)] = x(t) * h_1(t) + x(t) * h_2(t) \quad (2.47)$$

这个性质也能直接给予证明。

分配律在系统互联中有一个很有用的解释。图2.23(a)所示为两个连续时间线性时不变系统的并联,图中方框内都给出了它们的单位冲激响应。这种方框图的表示法特别方便,并且再次强调了一个线性时不变系统完全由它的冲激响应来表征的这一事实。

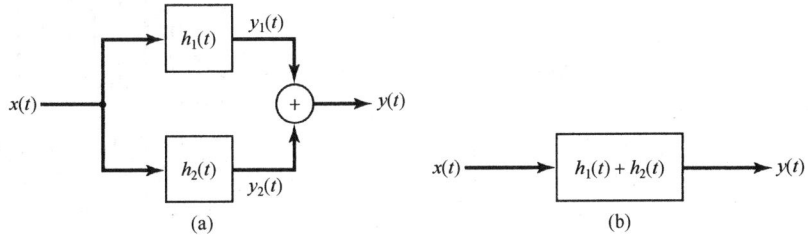

图 2.23 线性时不变系统并联中卷积分配律的说明

这两个系统,其单位冲激响应为 $h_1(t)$ 和 $h_2(t)$,具有相同的输入,而输出相加。因为

$$y_1(t) = x(t) * h_1(t)$$

且

$$y_2(t) = x(t) * h_2(t)$$

所以整个图2.23(a)的输出

$$y(t) = x(t) * h_1(t) + x(t) * h_2(t) \quad (2.48)$$

就相应于式(2.47)的等号右边。图2.23(b)所示系统的输出为

$$y(t) = x(t) * [h_1(t) + h_2(t)] \quad (2.49)$$

就相应于式(2.47)的等号左边。将式(2.47)应用于式(2.49),再与式(2.48)的结果相比较,可得图2.23(a)和图2.23(b)的系统是完全一样的。

对于离散时间情况也有相同的解释,只要将图2.23中的每个信号用相应的离散量代替即可,即 $x(t)$, $h_1(t)$, $h_2(t)$, $y_1(t)$, $y_2(t)$ 和 $y(t)$ 分别用 $x[n]$, $h_1[n]$, $h_2[n]$, $y_1[n]$, $y_2[n]$ 和 $y[n]$ 代替。总之,由于卷积运算的分配律,线性时不变系统的并联可以用一个单一的线性时不变系统来代替,而该系统的单位冲激响应就是并联时各个单位冲激响应的和。

同时,由于交换律和分配律,就有

$$[x_1[n] + x_2[n]] * h[n] = x_1[n] * h[n] + x_2[n] * h[n] \quad (2.50)$$

和

$$[x_1(t) + x_2(t)] * h(t) = x_1(t) * h(t) + x_2(t) * h(t) \quad (2.51)$$

这两个式子又说明:线性时不变系统对两个输入的和的响应一定等于系统对单个输入响应的和。

下面的例子还说明,由于卷积的分配律,可以利用它将一个复杂的卷积分为几个较简单的卷积。

例2.10 令 $y[n]$ 为下面两个序列的卷积:

$$x[n] = \left(\frac{1}{2}\right)^n u[n] + 2^n u[-n] \quad (2.52)$$

$$h[n] = u[n] \quad (2.53)$$

注意,沿整个时间轴,序列 $x[n]$ 都是非零的,因此直接求这个卷积有些烦琐,可以用分配律性质将 $y[n]$ 表示为两个较为简单的卷积之和。若令 $x_1[n] = \left(\frac{1}{2}\right)^n u[n]$ 且 $x_2[n] = 2^n u[-n]$,那么

$$y[n] = (x_1[n] + x_2[n]) * h[n] \quad (2.54)$$

根据卷积的分配律,可将式(2.54)重新写成

$$y[n] = y_1[n] + y_2[n] \quad (2.55)$$

其中

$$y_1[n] = x_1[n] * h[n] \quad (2.56)$$

且

$$y_2[n] = x_2[n] * h[n] \quad (2.57)$$

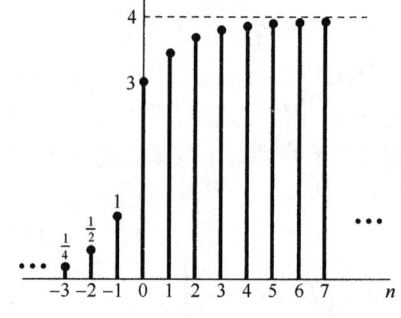

图2.24 例2.10的 $y[n] = x[n] * h[n]$

由例2.3可得式(2.56)的卷积 $y_1[n]$ ($\alpha = 1/2$),而 $y_2[n]$ 则由例2.5求出。它们的和 $y[n]$ 如图2.24所示。

2.3.3 结合律性质

卷积的另一个重要而有用的性质是满足**结合律**(associative)。即,在离散时间情况下有

$$x[n] * (h_1[n] * h_2[n]) = (x[n] * h_1[n]) * h_2[n] \quad (2.58)$$

并且在连续时间情况下有

$$x(t) * [h_1(t) * h_2(t)] = [x(t) * h_1(t)] * h_2(t) \quad (2.59)$$

这个性质可以直接用求和与积分运算得到证明,习题2.43给出了证明的例子。

作为结合律的一个结果就是对于下面的表示式

$$y[n] = x[n] * h_1[n] * h_2[n] \quad (2.60)$$

和

$$y(t) = x(t) * h_1(t) * h_2(t) \quad (2.61)$$

不存在二义性,即按照式(2.58)和式(2.59),按什么顺序来卷积这些信号是没有关系的。

图 2.25(a)和图 2.25(b)以离散时间系统为例来解释结合律的意义。在图 2.25(a)中，
$$y[n] = w[n] * h_2[n]$$
$$= (x[n] * h_1[n]) * h_2[n]$$
在图 2.25(b)中，
$$y[n] = x[n] * h[n]$$
$$= x[n] * (h_1[n] * h_2[n])$$

根据结合律，图 2.25(a)中两个系统的级联就等效于图 2.25(b)中的单一系统。这一结果可以一般化到任意多个线性时不变系统的级联，并且对连续时间情况也有相同的意义和结论。

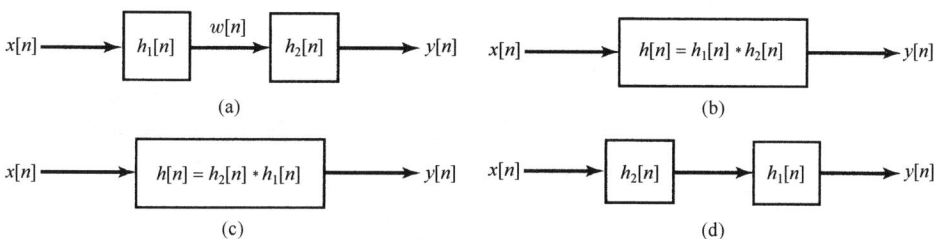

图25 卷积的结合律性质，以及结合律与交换律相互作用的性质对线性时不变系统级联的意义

将交换律与结合律结合在一起，可以发现线性时不变系统的另一个十分重要的性质。根据图 2.25(a)和图 2.25(b)可以得出，两个线性时不变系统级联后的冲激响应就是它们单个冲激响应的卷积。因为卷积是可以交换的，所以能够用两种次序中的任一种来求 $h_1[n]$ 和 $h_2[n]$ 的卷积；这样图 2.25(b)和图 2.25(c)就是等效的了，再根据结合律，又依次等效到图 2.25(d)中的系统。因此，图 2.25(a)和图 2.25(d)所示的系统是完全等效的，但它们级联的次序却交换了。因此，两个线性时不变系统级联后的单位冲激响应与它们在级联中的次序无关。事实上，这个结论对任意多个线性时不变系统的级联都成立，即只要关注的是整个系统的冲激响应，它们的级联次序就是无关紧要的。对于连续时间情况也有同样的结论。

值得特别强调的是，线性时不变系统级联的特性，其总系统响应与系统级联次序无关这一点对这样一类系统是很特别的。相比之下，一般来说，对于非线性系统的级联，为了不改变总的响应，就不能改变其级联次序。例如，有两个无记忆系统，一个是乘以 2，而另一个是将输入平方，那么先乘以 2，再求平方，可得
$$y[n] = 4x^2[n]$$
而若先求平方，再乘以 2，就是
$$y[n] = 2x^2[n]$$
因此，在级联中可以交换次序只是线性时不变系统的一种特性。事实上，如习题 2.51 所证明的，一般而言既要求线性，又要求时不变性，才能使这一性质成立。

2.3.4 有记忆和无记忆线性时不变系统

1.6.1 节已经指出，若一个系统在任何时刻的输出仅与同一时刻的输入值有关，它就是无记忆的。由式(2.39)可见，对一个离散时间线性时不变系统来说，唯一能使这一点成立的就只有：对 $n \neq 0$，$h[n] = 0$，这时其单位冲激响应为
$$h[n] = K\delta[n] \tag{2.62}$$
其中 $K = h[0]$ 是一个常数，卷积和就变为如下关系：

$$y[n] = Kx[n] \tag{2.63}$$

对于一个离散时间线性时不变系统,如果它的单位脉冲响应 $h[n]$ 对于 $n \neq 0$ 不全为零,这个系统就是有记忆的。由式(2.42)所给出的系统就是一个有记忆的线性时不变系统的例子,这个系统单位脉冲响应由式(2.41)给出,它在 $n = 1$ 时不等于零。

对于连续时间线性时不变系统,根据式(2.40)也能推出有关记忆和无记忆的类似性质。也就是说,如果一个连续时间线性时不变系统 $h(t)$ 在 $t \neq 0$ 时有 $h(t) = 0$,该系统就是无记忆的;并且这样一个无记忆的线性时不变系统具有

$$y(t) = Kx(t) \tag{2.64}$$

其单位冲激响应为

$$h(t) = K\delta(t) \tag{2.65}$$

其中 K 为某一常数。

注意,若 $K = 1$,那么这些系统就变成恒等系统,其输出等于输入,单位冲激响应等于单位冲激。这时,卷积和与卷积积分公式就意味着

$$x[n] = x[n] * \delta[n]$$
$$x(t) = x(t) * \delta(t)$$

这两个式子就是离散时间和连续时间单位冲激函数的筛选性质,即

$$x[n] = \sum_{k=-\infty}^{+\infty} x[k]\delta[n-k]$$

$$x(t) = \int_{-\infty}^{+\infty} x(\tau)\delta(t-\tau)d\tau$$

2.3.5 线性时不变系统的可逆性

考虑冲激响应为 $h(t)$ 的连续时间线性时不变系统,根据在1.6.2节中的讨论,仅当存在一个逆系统,其与原系统级联后所产生的输出等于第一个系统的输入时,这个系统才是可逆的。而且,如果一个线性时不变系统是可逆的,它就有一个线性时不变的逆系统(见习题2.50)。因此,就有图2.26这样的图,给定一个系统,其冲激响应是 $h(t)$,逆系统的冲激响应是 $h_1(t)$,它的输出是 $w(t) = x(t)$,这样图2.26(a)的级联系统就与图2.26(b)的恒等系统一样。因为图2.26(a)的总冲激响应是 $h(t) * h_1(t)$,而 $h_1(t)$ 又必须满足它是逆系统冲激响应的条件,即

$$h(t) * h_1(t) = \delta(t) \tag{2.66}$$

同理,在离散时间情况下,一个冲激响应为 $h[n]$ 的线性时不变系统的逆系统的冲激响应 $h_1[n]$ 也必须满足

$$h[n] * h_1[n] = \delta[n] \tag{2.67}$$

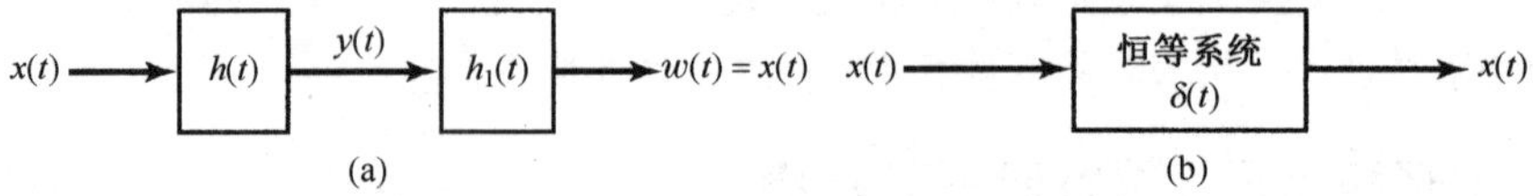

图2.26 连续时间线性时不变系统的逆系统概念。如果 $h(t) * h_1(t) = \delta(t)$,冲激响应为 $h_1(t)$ 的系统就是冲激响应为 $h(t)$ 的系统的逆系统

下面两个例子用来说明可逆性及其逆系统的构成。

例2.11 考虑一个纯时移组成的线性时不变系统

$$y(t) = x(t - t_0) \tag{2.68}$$

若 $t_0 > 0$ 则系统是延迟的；若 $t_0 < 0$ 则系统是超前的。例如，若 $t_0 > 0$，那么在 t 时刻的输出等于更早些时刻 $t - t_0$ 的输入值。若 $t_0 = 0$，式(2.68)就是恒等系统，因此是无记忆的；而对于其他任何 t_0 值，系统都是有记忆的，因为系统所响应的输入值不在当前时刻。

令输入为 $\delta(t)$，可得式(2.68)系统的单位冲激响应

$$h(t) = \delta(t - t_0) \tag{2.69}$$

因此，

$$x(t - t_0) = x(t) * \delta(t - t_0) \tag{2.70}$$

即，一个信号与一个移位冲激的卷积就是该信号的移位。

为了从输出中恢复输入，即其逆系统要做的就是将输出再移回来，具有这种补偿时间移位的系统就是其逆系统，即

$$h_1(t) = \delta(t + t_0)$$

那么

$$h(t) * h_1(t) = \delta(t - t_0) * \delta(t + t_0) = \delta(t)$$

同理，在离散时间情况下，一个纯时移系统的单位脉冲响应为 $\delta[n - n_0]$，这样任一信号与一个移位单位脉冲的卷积就是该信号的移位。另外，具有单位脉冲响应为 $\delta[n - n_0]$ 的线性时不变系统的逆系统就是将输出朝相反方向再移位相同量的线性时不变系统，即具有单位脉冲响应为 $\delta[n + n_0]$ 的线性时不变系统。

例 2.12 有一个线性时不变系统，其单位脉冲响应为

$$h[n] = u[n] \tag{2.71}$$

利用卷积和来计算该系统对任意输入的响应：

$$y[n] = \sum_{k=-\infty}^{+\infty} x[k]u[n-k] \tag{2.72}$$

因为 $n-k < 0$ 时 $u[n-k] = 0$，而 $n-k \geq 0$ 时 $u[n-k] = 1$，所以式(2.72)变成

$$y[n] = \sum_{k=-\infty}^{n} x[k] \tag{2.73}$$

这就是最早在1.6.1节曾遇到的系统[见式(1.6.1)]，它是一个相加器，又称为累加器，将直到当前时刻的全部输入值加起来。在1.6.2节已经知道，该系统是可逆的，其逆系统由式(1.99)给出：

$$y[n] = x[n] - x[n-1] \tag{2.74}$$

这就是**一次差分**(first difference)运算。令 $x[n] = \delta[n]$，求得该逆系统的冲激响应是

$$h_1[n] = \delta[n] - \delta[n-1] \tag{2.75}$$

检查一下就会发现，式(2.71)的 $h[n]$ 和式(2.75)的 $h_1[n]$ 的确是一对互为可逆的线性时不变系统的冲激响应，只要证明式(2.67)成立就能得出这一结论，由如下简单计算可得

$$\begin{aligned} h[n] * h_1[n] &= u[n] * \{\delta[n] - \delta[n-1]\} \\ &= u[n] * \delta[n] - u[n] * \delta[n-1] \\ &= u[n] - u[n-1] \\ &= \delta[n] \end{aligned} \tag{2.76}$$

2.3.6 线性时不变系统的因果性

1.6.3节已经介绍过因果性质，即一个因果系统的输出只取决于现在和过去的输入值。现在利用线性时不变系统的卷积和与卷积积分，可以把这一性质与线性时不变系统冲激响应的相应性质联系起来。一个离散时间线性时不变系统若要是因果的，$y[n]$ 就必须与 $k > n$ 时的 $x[k]$ 无关，由式(2.39)可以看出，为了做到这一点，乘以 $x[k]$ 的所有系数 $h[n-k]$ 当 $k > n$ 时都必须为

零,这就要求因果离散时间线性时不变系统的冲激响应满足下列条件:

$$h[n] = 0, \quad n < 0 \tag{2.77}$$

根据式(2.77),一个因果线性时不变系统的冲激响应在冲激出现之前必须为零,这就与因果性的直观概念相一致了。更一般的情况是,如习题1.44所指出的,一个线性系统的因果性就等效于**初始松弛**(initial rest)的条件;也就是说,如果一个因果系统的输入在某个时刻点以前是零,那么其输出在那个时刻以前也必须为零。要强调的是,因果性和初始松弛条件的等效仅适用于线性系统。例如在1.6.6节所讨论的,系统$y[n]=2x[n]+3$不是线性的,然而它却是因果的,并且还是无记忆的。但是,当$x[n]=0$时,$y[n]=3\neq 0$,所以它并不满足初始松弛的条件。

对于一个因果离散时间线性时不变系统,式(2.77)的条件就意味着式(2.39)的卷积和变为

$$y[n] = \sum_{k=-\infty}^{n} x[k]h[n-k] \tag{2.78}$$

而式(2.43)的另一种等效形式为

$$y[n] = \sum_{k=0}^{\infty} h[k]x[n-k] \tag{2.79}$$

同理,如果

$$h(t) = 0, \quad t < 0 \tag{2.80}$$

一个连续时间线性时不变系统就是因果的,这时卷积积分由下式给出:

$$y(t) = \int_{-\infty}^{t} x(\tau)h(t-\tau)d\tau = \int_{0}^{\infty} h(\tau)x(t-\tau)d\tau \tag{2.81}$$

例2.12中的累加器$h[n]=u[n]$及其逆系统$h[n]=\delta[n]-\delta[n-1]$都满足式(2.77),因此都是因果的。当$t_0 \geq 0$时冲激响应$h(t)=\delta(t-t_0)$的纯时移系统是因果的(这时的时移是一个延迟),而当$t_0 < 0$时就不是因果的(这时的时移是一个超前,说明输出可以预计将来的输入值)。

最后,虽然因果性只是系统的一个特性,但是一般也将$n<0$或$t<0$时为零的信号称为因果信号。这一术语来自式(2.77)和式(2.80):一个线性时不变系统的因果性就等效于它的冲激响应是一个因果信号。

2.3.7 线性时不变系统的稳定性

1.6.4节曾提到,如果一个系统对于每一个有界的输入,其输出都是有界的,就称该系统是稳定的。现在来看看一个稳定的线性时不变系统应该具备什么条件。设输入$x[n]$是有界的,其界为B,即

$$|x[n]| < B, \quad \text{对所有的} n \tag{2.82}$$

现在把这样一个有界的输入加到一个单位脉冲响应为$h[n]$的线性时不变系统上,则按卷积和公式,响应输出的绝对值为

$$|y[n]| = \left| \sum_{k=-\infty}^{+\infty} h[k]x[n-k] \right| \tag{2.83}$$

因为乘积和的绝对值总不大于绝对值乘积的和,所以

$$|y[n]| \leq \sum_{k=-\infty}^{+\infty} |h[k]||x[n-k]| \tag{2.84}$$

由于式(2.82)的条件,对于任何n和k都有$|x[n-k]|<B$,那么再结合式(2.84),这就意味着

$$|y[n]| \leq B \sum_{k=-\infty}^{+\infty} |h[k]|, \quad \text{对所有的} n \tag{2.85}$$

由式(2.85)可以得出,如果单位脉冲响应是**绝对可和**(absolutely summable)的,即

$$\sum_{k=-\infty}^{+\infty} |h[k]| < \infty \tag{2.86}$$

$y[n]$就是有界的,因此系统是稳定的。式(2.86)是保证一个离散时间线性时不变系统稳定性的充分条件;事实上,这个条件也是一个必要条件。因为如习题2.49所证明的,若不满足式(2.86),就会由一些有界的输入而产生无界的输出。由此,一个离散时间线性时不变系统的稳定性就完全等效于式(2.86)。

在连续时间情况下,利用线性时不变系统的单位冲激响应可以得出有关稳定性的类似结果。也就是说,若对所有的 t 有 $|x(t)| < B$,与式(2.83)至式(2.85)类似地就有

$$|y(t)| = \left| \int_{-\infty}^{+\infty} h(\tau)x(t-\tau)\mathrm{d}\tau \right|$$

$$\leqslant \int_{-\infty}^{+\infty} |h(\tau)||x(t-\tau)|\mathrm{d}\tau$$

$$\leqslant B \int_{-\infty}^{+\infty} |h(\tau)|\mathrm{d}\tau$$

因此,若单位冲激响应是**绝对可积**(absolutely integrable)的,即

$$\int_{-\infty}^{+\infty} |h(\tau)|\mathrm{d}\tau < \infty \tag{2.87}$$

则该系统是稳定的。与离散时间情况一样,如果不满足式(2.87),总能找到一些有界的输入而产生无界的输出,因此一个连续时间线性时不变系统的稳定性就完全等效于式(2.87)。下面两个例子就用式(2.86)和式(2.87)来检验系统的稳定性。

例 2.13 考虑在连续时间和离散时间情况下都是纯时移的系统。在离散时间情况下,

$$\sum_{n=-\infty}^{+\infty} |h[n]| = \sum_{n=-\infty}^{+\infty} |\delta[n-n_0]| = 1 \tag{2.88}$$

而在连续时间情况下,

$$\int_{-\infty}^{+\infty} |h(\tau)|\mathrm{d}\tau = \int_{-\infty}^{+\infty} |\delta(\tau-t_0)|\mathrm{d}\tau = 1 \tag{2.89}$$

可以得出,这两个系统都是稳定的。这一点毫不奇怪,因为一个在幅度上有界的信号,这个信号经任意时移后仍是有界的。

现在再考虑例2.12中的累加器。1.6.4节已经讨论过这是一个不稳定的系统,因为如果将一个常数输入加到一个累加器上,输出就会无界地增长;由该系统的单位脉冲响应 $u[n]$ 不是绝对可和的这一点也能判断出该系统是不稳定的,

$$\sum_{n=-\infty}^{\infty} |u[n]| = \sum_{n=0}^{\infty} u[n] = \infty$$

现在来考虑积分器,同理,它就是连续时间情况下的累加器

$$y(t) = \int_{-\infty}^{t} x(\tau)\mathrm{d}\tau \tag{2.90}$$

这是一个不稳定的系统,其理由与累加器时完全一样,即一个常数输入会引起一个无限增长的输出。令 $x(t) = \delta(t)$,该积分器的单位冲激响应就为

$$h(t) = \int_{-\infty}^{t} \delta(\tau)\mathrm{d}\tau = u(t)$$

以及

$$\int_{-\infty}^{+\infty}|u(\tau)|\mathrm{d}\tau = \int_{0}^{+\infty}\mathrm{d}\tau = \infty$$

因为单位冲激响应不是绝对可积的,所以系统是不稳定的。

2.3.8 线性时不变系统的单位阶跃响应

到现在为止可以看到,利用单位冲激响应来表示一个线性时不变系统,使我们能对系统的性质进行非常简洁而清晰的表征;尤其是,由于 $h[n]$ 或 $h(t)$ 完全确定了一个线性时不变系统的特性,所以就有可能把稳定性和因果性之类的系统性质与 $h[n]$ 或 $h(t)$ 的性质联系起来。

除了单位冲激响应,**单位阶跃响应**(unit step response) $s[n]$ 或 $s(t)$ 也常用来描述一个线性时不变系统的特性, $s[n]$ 或 $s(t)$ 是当 $x[n] = u[n]$ 或 $x(t) = u(t)$ 时的系统输出响应。由于单位阶跃响应还是有不少应用,值得把它与 $h[n]$ 或 $h(t)$ 的关系联系起来。根据卷积和的表示,一个离散时间线性时不变系统的阶跃响应就是单位阶跃序列与单位脉冲响应的卷积

$$s[n] = u[n] * h[n]$$

然而,根据卷积的交换律, $s[n] = h[n] * u[n]$,因此 $s[n]$ 可以看成输入为 $h[n]$,系统的单位脉冲响应为 $u[n]$ 时的响应。根据例2.12, $u[n]$ 是一个累加器的单位脉冲响应,因此有

$$s[n] = \sum_{k=-\infty}^{n} h[k] \tag{2.91}$$

根据式(2.91)和例2.12,很显然可以依据

$$h[n] = s[n] - s[n-1] \tag{2.92}$$

从 $s[n]$ 中恢复 $h[n]$。也就是说,一个离散时间线性时不变系统的单位阶跃响应是其单位脉冲响应[见式(2.91)]的求和函数。相反,一个离散时间线性时不变系统的单位脉冲响应就是其单位阶跃响应[见式(2.92)]的一次差分。

同理,在连续时间情况下,单位冲激响应为 $h(t)$ 的一个线性时不变系统的单位阶跃响应是 $s(t) = u(t) * h(t)$,它也等于一个积分器[其单位冲激响应为 $u(t)$]对输入 $h(t)$ 的响应。也就是说,一个连续时间线性时不变系统的单位阶跃响应是其单位冲激响应的积分函数,即

$$s(t) = \int_{-\infty}^{t} h(\tau)\mathrm{d}\tau \tag{2.93}$$

或者根据式(2.93),单位冲激响应是其单位阶跃响应的一阶导数[1],即

$$h(t) = \frac{\mathrm{d}s(t)}{\mathrm{d}t} = s'(t) \tag{2.94}$$

因此,在连续时间和离散时间情况下,由于线性时不变系统的单位阶跃响应可由其单位冲激响应求出来,所以单位阶跃响应也可用来刻画线性时不变系统。在习题2.45中,将利用单位阶跃响应导出线性时不变系统类似于卷积和与卷积积分的表示式。

2.4 用微分方程和差分方程描述的因果线性时不变系统

一类极为重要的连续时间系统是其输入-输出关系用**线性常系数微分方程**(linear constant-coefficient differential equation)描述的系统。这种形式的方程可以用来描述范围广泛的系统和物理现象。例如,图1.1所示的 RC 电路的响应和图1.2中汽车在受到加速输入和各种摩擦力之下

---

[1] 全书都采用式(2.94)的两种符号来表示一阶导数,高阶导数也将采用类似的符号。

的运动响应,都能够通过线性常系数微分方程来描述,包括有恢复力和阻尼力的力学系统,化学反应动力学,以及其他很多方面都有类似的微分方程出现。

相对应地,一类重要的离散时间系统是其输入-输出关系用**线性常系数差分方程**(linear constant-coefficient difference equation)描述的系统。这种形式的方程可以用来描述许多不同过程的序列行为。例如,在例1.10中可看到差分方程如何用来描述一个银行存户余额的总数,而例1.11则用来描述由微分方程表征的连续时间系统的数字仿真。差分方程也常常出现在专门用于对输入信号完成某种特定运算的离散时间系统中,例如式(1.99)所示的计算相继输入值之差的系统,以及由式(1.104)所代表的计算输入在某一区间内平均值的系统等,都是由差分方程描述的。

全书将会经常考虑和研究由线性常系数微分方程和差分方程描述的系统。本节只介绍这类系统在涉及微分方程和差分方程解法上的一些基本概念,并揭示和剖析由这类方程所描述的系统的某些性质。在以后的各章中,将研究其他一些信号与系统的分析方法,这些方法在分析由这类方程所描述的系统能力方面,以及在理解它们的特性行为方面,都提供了强有力的工具。

2.4.1 线性常系数微分方程

为了介绍由线性常系数微分方程所表征的系统的一些重要概念,考虑类似式(1.85)的一阶微分方程

$$\frac{\mathrm{d}y(t)}{\mathrm{d}t} + 2y(t) = x(t) \tag{2.95}$$

其中$y(t)$是系统的输出,$x(t)$是其输入。例如,若将式(2.95)与微分方程式(1.84)进行对比,就会发现:如果认为$y(t)$是汽车的速度$v(t)$,$x(t)$为外力$f(t)$,而式(1.84)中的参数在单位上进行归一化,以使$b/m=2$和$1/m=1$,那么式(2.95)就完全是该系统的响应方程。

对于诸如式(2.95)这样的微分方程,很重要的一点是:它们所给出的是该系统的一种隐含的特性;也就是说,它们所描述的输入和输出的关系并不是将系统输出作为输入函数的一种明确的表达式。为了得到一个明确的表达式,就必须解这个微分方程。为了求得一个解,就需要比单独由这个微分方程提供的信息更多的信息。例如,如果汽车以$1~\mathrm{m/s^2}$的固定加速度持续了10 s,为了确定10 s时的末速度,就需要同时知道正在行进中的汽车在这个间隔开始时是多快。同理,如果1 V的恒定电压源加在图1.1的RC上持续了10 s,在不知道初始电容上的电压是多少时,也无法确定第10 s时电容器上的电压是多少。

一般来说,为了求解一个微分方程,必须给定一个或多个附加条件;一旦给定这些条件,原则上就能得到一个用输入表示输出的明确的表达式。换句话说,类似式(2.95)的这样一个微分方程描述的只是系统输入和输出之间的一种约束关系,但是为了完全表征系统,就必须同时给出附加条件。对于附加条件的不同选择,可以导致输入和输出之间的不同关系。本书的绝大部分都关注的是将微分方程用于描述因果线性时不变系统,而对这样一类系统,附加条件是取一种特殊而简单的形式。为了说明这一点并揭示微分方程解的某些基本性质,考虑有一个特定**输入信号** $x(t)$时式(2.95)的解[①]。

[①] 因为我们已经假定读者熟悉有关线性常系数微分方程的求解方法,所以在这方面的讨论比较简略。为了便于复习,现推荐一本有关常微分方程求解方面的教科书,如G. Brikhoff和G. C. Rota所著 *Ordinary Differential Equations* (3rd ed.)(New York: John Wiley and Sons, 1978),或者W. E. Boyce和R. C. DiPrima所著 *Elementary Differential Equations* (3rd ed.)(New York: John Wiley and Sons, 1977)。在电路理论方面也有很多教科书讨论微分方程的问题,如L. O. Chua, C. A. Desoer和E. S. Kuh所著 *Basic Circuit Theory* (New York: McGraw-Hill Book Company, 1987)。正如文中已经提到的,在下面的有关章中将给出另一种非常有用的方法来解线性微分方程,而对我们来说这种解法已经够用了。另外,在本章习题中有几个涉及了求解微分方程。

例 2.14 现在考虑式(2.95)中当输入信号为

$$x(t) = Ke^{3t}u(t) \tag{2.96}$$

时的解,其中 K 为某一实数。

式(2.96)的完全解由一个**特解**(particular solution) $y_p(t)$ 和一个**齐次解**(homogeneous solution) $y_h(t)$ 组成,即

$$y(t) = y_p(t) + y_h(t) \tag{2.97}$$

这里特解 $y_p(t)$ 满足式(2.95),而 $y_h(t)$ 是以下齐次微分方程的一个解:

$$\frac{dy(t)}{dt} + 2y(t) = 0 \tag{2.98}$$

对于像式(2.96)这样的指数输入信号,求特解的通用方法是找一个所谓的**受迫响应**(forced response),即一个与输入形式相同的信号。就式(2.95)而言,因为 $t > 0$ 时 $x(t) = Ke^{3t}$,就可以设想 $t > 0$ 时一个解的形式为

$$y_p(t) = Ye^{3t} \tag{2.99}$$

其中 Y 是一个待定的数。将式(2.96)和式(2.99)代入式(2.95),对 $t > 0$ 可得

$$3Ye^{3t} + 2Ye^{3t} = Ke^{3t} \tag{2.100}$$

在式(2.100)两边消去因子 e^{3t},就得到了

$$3Y + 2Y = K \tag{2.101}$$

或者

$$Y = \frac{K}{5} \tag{2.102}$$

所以

$$y_p(t) = \frac{K}{5}e^{3t}, \quad t > 0 \tag{2.103}$$

为了求 $y_h(t)$,假定一个解的形式为

$$y_h(t) = Ae^{st} \tag{2.104}$$

将其代入式(2.98)后给出

$$Ase^{st} + 2Ae^{st} = Ae^{st}(s + 2) = 0 \tag{2.105}$$

根据这个方程,必须取 $s = -2$,那么 Ae^{-2t} 就是式(2.98)在选取任意 A 下的一个解。对于式(2.97),利用这一点和式(2.103),当 $t > 0$ 时,微分方程式(2.97)的解就是

$$y(t) = Ae^{-2t} + \frac{K}{5}e^{3t}, \quad t > 0 \tag{2.106}$$

正如早先已经指出的,微分方程式(2.95)本身并没有唯一确定对式(2.96)的输入 $x(t)$ 的响应 $y(t)$。特别是,式(2.106)中的常数 A 还未确定。为了确定 A 的值,除了微分方程式(2.95),需要再给出一个附加条件。习题 2.34 已说明,不同的附加条件选取会导致不同的解 $y(t)$,结果就有不同的输入和输出之间的关系。前文已经说过,本书的绝大部分都关注的是用微分方程和差分方程来描述因果线性时不变系统。所以在这种情况下附加条件要取初始松弛这种形式的条件。如同习题 1.44 所指出的,这就是:对于一个因果线性时不变系统,若 $t < t_0$ 时 $x(t) = 0$,那么 $t < t_0$ 时 $y(t)$ 必须也等于 0。由式(2.96)可以看到,对这个例子就是 $t < 0$ 时 $x(t) = 0$,初始松弛条件就意味着 $t < 0$ 时 $y(t) = 0$。在式(2.106)中 $t = 0$,以 $y(0) = 0$ 代入,得

$$0 = A + \frac{K}{5}$$

或者

$$A = -\frac{K}{5}$$

据此，对 $t>0$ 有

$$y(t) = \frac{K}{5}\left[e^{3t} - e^{-2t}\right] \tag{2.107}$$

而对 $t<0$ 有 $y(t)=0$（由于初始松弛），将两者结合在一起，可得完全解为

$$y(t) = \frac{K}{5}\left[e^{3t} - e^{-2t}\right]u(t) \tag{2.108}$$

由例 2.14 关于线性常系数微分方程及其表示的系统可以说明很重要的几点。首先，对某个输入 $x(t)$ 的响应一般都是由一个特解和一个齐次解（即输入置为零时该微分方程的解）组成的。该齐次解往往称为系统的自然响应。简单电路和力学系统的自然响应在习题 2.61 和习题 2.62 中说明。

在例 2.14 中还看到，为了完全确定由微分方程式(2.95)所描述的系统输入和输出之间的关系，就必须给出附加条件。这一事实的内涵，正如在习题 2.34 所说明的，就是不同的附加条件的选取会导致不同的输入-输出关系。在本例中已经说明，对大部分情况，由微分方程描述的系统都采用初始松弛的条件。在这个例子中，由于 $t<0$ 时输入为零，所以初始松弛条件就意味着初始条件 $y(0)=0$。如同习题 2.33 所表明的，在初始松弛条件下，由式(2.95)所描述的系统就是线性时不变的，而且是因果的①。例如，如果将式(2.96)的输入乘以 2，所得到的输出也是式(2.108)输出的两倍。

值得强调的是，初始松弛条件并不表明在某一固定时刻点上的零初始条件，而是在时间上调整这一点，以使在输入变成非零之前，响应一直为零。因此，若 $t \leq t_0$ 时 $x(t)=0$，那么对于由式(2.95)描述的因果线性时不变系统，就是当 $t \leq t_0$ 时 $y(t)=0$，并且将用初始条件 $y(t_0)=0$ 来求解 $t>t_0$ 时的输出。作为一个具体例子，再次考虑图 1.1 的电路（同时也在例 1.8 中讨论过）。对于这个例子来说，初始松弛等效于：直到把一个非零的电压源接入该电路为止，电容器上的电压都是零。因此，如果准备在今天中午开始用这个电路，那么当今天中午接入这个电压源时，初始电容器电压是零；同理，如果明天中午开始用这个电路，那么当明天中午接入这个电压源时，初始电容器电压是零。

关于为什么初始松弛条件会使一个由线性常系数微分方程描述的系统成为时不变的，这个例子也给我们提供了某些直观认识。例如，如果在这个电路上完成一个实验，假定系数 R 和 C 不随时间而变化，那么由初始松弛条件开始做，就可以预期，不管这个实验是在今天做，还是在明天做，都会有相同的结果。也就是说，如果在两天里做同样一个实验，在每天的中午电路都是从初始松弛开始的，就会有相同的响应，只是这两个响应互相有一个一天的时移罢了。

虽然用一阶微分方程式(2.95)来讨论这些问题，但是相同的概念可以直接推广到由高阶微分方程描述的系统中。一个 N 阶线性常系数微分方程由如下方程给出：

$$\sum_{k=0}^{N} a_k \frac{d^k y(t)}{dt^k} = \sum_{k=0}^{M} b_k \frac{d^k x(t)}{dt^k} \tag{2.109}$$

阶次指的是出现在这个方程中输出 $y(t)$ 的最高阶导数。当 $N=0$ 时，式(2.109)就变为

$$y(t) = \frac{1}{a_0}\sum_{k=0}^{M} b_k \frac{d^k x(t)}{dt^k} \tag{2.110}$$

---

① 事实上，在习题 2.34 中也表明，若式(2.95)的初始条件为非零的，其系统就属于增量线性的。也就是很像图 1.48 那样，整个系统可以看成单独由初始条件产生的响应（输入置零）和由初始条件为零时对输入的响应两者的叠加，初始条件为零时对输入的响应也就是由式(2.95)描述的因果线性时不变系统的响应。

这时，$y(t)$ 就是输入 $x(t)$ 及其导数的一个明确的函数。对于 $N \geq 1$，式(2.109)就以隐含的形式用输入来给出输出，这时这个方程的分析就以在例 2.14 中一阶微分方程的讨论相同的步骤进行。$y(t)$ 的解由两部分组成：式(2.109)的特解加上如下齐次微分方程的解：

$$\sum_{k=0}^{N} a_k \frac{\mathrm{d}^k y(t)}{\mathrm{d}t^k} = 0 \qquad (2.111)$$

这个方程的解称为该系统的**自然响应**(natural response)。

与一阶的情况相同，微分方程式(2.109)不能完全用输入来表征输出，而是需要给出附加条件，以完全确定系统的输入-输出关系。这些附加条件的不同选取，同样会产生不同的输入-输出关系，但本书中的大多数情况在处理由微分方程描述的系统时都用初始松弛条件，即如果 $t \leq t_0$ 时 $x(t) = 0$，那么 $t \leq t_0$ 时 $y(t) = 0$。因此，对 $t > t_0$ 的响应可以用初始条件

$$y(t_0) = \frac{\mathrm{d}y(t_0)}{\mathrm{d}t} = \cdots = \frac{\mathrm{d}^{N-1} y(t_0)}{\mathrm{d}t^{N-1}} = 0 \qquad (2.112)$$

从微分方程式(2.109)中计算出来。在初始松弛条件下，由式(2.109)描述的系统是因果的，并且是线性时不变的。给出式(2.112)的初始条件，原则上输出 $y(t)$ 就能用例 2.14 所示的方式解出微分方程来确定，本章末有几道习题对此做了进一步的说明。然而，在第 4 章和第 9 章中还将讨论某些方法。对于连续时间线性时不变系统分析来说，这些方法对微分方程的求解极为方便，特别是还为分析与表征由这类方程描述的系统性质提供了强有力的工具。

2.4.2 线性常系数差分方程

和式(2.109)相对应的离散时间方程就是 N 阶线性常系数差分方程

$$\sum_{k=0}^{N} a_k y[n-k] = \sum_{k=0}^{M} b_k x[n-k] \qquad (2.113)$$

这类形式的方程可以完全按对微分方程的类似解法来求解(见习题 2.32)①。具体而言，$y[n]$ 的解可以写成一个式(2.113)的特解和一个齐次方程

$$\sum_{k=0}^{N} a_k y[n-k] = 0 \qquad (2.114)$$

解的和。对该齐次方程的解往往称为由式(2.113)所描述的系统的自然响应。

与连续时间情况一样，式(2.113)不能用输入来完全表征输出。为此，必须给出某些附加条件。附加条件虽然存在很多可能的选择，都会导致不同的输入-输出关系；但在大多数情况下都用初始松弛条件给出，即如果 $n < n_0$ 时 $x[n] = 0$，那么 $n < n_0$ 时 $y[n] = 0$。在初始松弛条件下，由式(2.113)描述的系统就是线性时不变的，并且是因果的。

虽然全部这些性质可以直接沿着讨论微分方程的方式并行地予以建立，但是对于离散时间情况还提供了另一种途径。这来源于对式(2.113)的直接观察，式(2.113)可以重新写成如下形式：

$$y[n] = \frac{1}{a_0} \left\{ \sum_{k=0}^{M} b_k x[n-k] - \sum_{k=1}^{N} a_k y[n-k] \right\} \qquad (2.115)$$

---

① 关于求解线性常系数差分方程的详细论述，可见 H. Levy, F. Lessman 所著 *Finite Difference Equations*(New York: Macmillan, Inc., 1961)，或者 F. B. Hildebrand 所著 *Finite Difference Equations and Simulations*(Englewood Cliffs, NJ: Prentice-Hall, 1968)。在第 6 章将介绍另一种方法求来解差分方程，利用这一方法非常便于分析由线性差分方程描述的线性时不变系统。另外，建议读者去做一些在本章末习题中有关处理差分方程求解的题。

式(2.115)就把 n 时刻的输出直接用以前的输入和输出值来表示；据此可立即看出需要附加条件。为了计算出 $y[n]$，就需要知道 $y[n-1]$，…，$y[n-N]$，因此如果给出了所有 n 时的输入和一组附加条件，如 $y[-N]$，$y[-N+1]$，…，$y[-1]$，利用式(2.115)就能够连续求得各 $y[n]$ 值。

式(2.113)至式(2.115)这样形式的方程称为**递归方程**(recursive equation)，因为它表明利用输入和以前的输出来求输出的过程是一个递归过程。在 $N=0$ 的特殊情况下，式(2.115)就演变成

$$y[n] = \sum_{k=0}^{M} \left(\frac{b_k}{a_0}\right) x[n-k] \tag{2.116}$$

这就是在离散时间情况下与连续时间系统式(2.110)相对应的公式。现在，$y[n]$ 是以前的输入值和当前输入值的显函数。为此，式(2.116)称为**非递归方程**(nonrecursive equation)，因为没有递归地利用前面计算出来的输出值来计算当前的输出值。因此，与式(2.110)给出的系统一样，无须附加条件来确定 $y[n]$。另外，式(2.116)描述了一个线性时不变系统，由直接计算，这个系统的单位脉冲响应是

$$h[n] = \begin{cases} \frac{b_n}{a_0}, & 0 \leq n \leq M \\ 0, & \text{其他} \end{cases} \tag{2.117}$$

也就是说，式(2.116)本身就是卷积和的表示。注意，它的单位脉冲响应是有限长的，即仅在一个有限的时间间隔内是非零的。由于这个特点，由式(2.116)表征的系统往往称为**有限脉冲响应**(finite impulse response, FIR)系统。

虽然对于 $N=0$ 的情况不要求附加条件，但是这样的条件对于 $N \geq 1$ 的递归情况是需要的。为了说明这类方程的求解，并对递归差分方程的性质和特性有所领悟，看一看下面这个简单例子。

例2.15 考虑如下差分方程：

$$y[n] - \frac{1}{2} y[n-1] = x[n] \tag{2.118}$$

式(2.118)可以表示成

$$y[n] = x[n] + \frac{1}{2} y[n-1] \tag{2.119}$$

很容易看出，为了求得当前的输出值，需要前一个输出值 $y[n-1]$。因此，为了开始进行递归就需要有一个初始条件。

例如，假设强加给初始松弛的条件，并考虑输入为

$$x[n] = K\delta[n] \tag{2.120}$$

这时，因为 $n \leq -1$ 时 $x[n]=0$，初始松弛条件就意味着 $n \leq -1$ 时有 $y[n]=0$，所以就有一个初始条件为 $y[-1]=0$。由这个初始条件出发，对于 $n \geq 0$ 的各个 $y[n]$ 值解出如下：

$$y[0] = x[0] + \frac{1}{2} y[-1] = K \tag{2.121}$$

$$y[1] = x[1] + \frac{1}{2} y[0] = \frac{1}{2} K \tag{2.122}$$

$$y[2] = x[2] + \frac{1}{2} y[1] = \left(\frac{1}{2}\right)^2 K \tag{2.123}$$

$$\vdots$$

$$y[n] = x[n] + \frac{1}{2} y[n-1] = \left(\frac{1}{2}\right)^n K \tag{2.124}$$

因为初始松弛条件，由式(2.118)表征的系统就是线性时不变的，它的输入-输出特性是完全由它

的单位脉冲响应表征的。令 $K=1$，该系统的单位脉冲响应就是

$$h[n] = \left(\frac{1}{2}\right)^n u[n] \tag{2.125}$$

应该注意，例 2.15 的因果线性时不变系统的单位脉冲响应是无限长的。事实上，如果式(2.113)中的 $N \geq 1$，该差分方程就是递归的，相应于这个方程的线性时不变系统再与初始松弛条件结合在一起，一定有无限长的单位脉冲响应。这类系统通常就称为**无限脉冲响应**(infinite impulse response, IIR)系统。

前面已经指出过，本书的大多数情况都用递归差分方程来描述和分析线性、时不变和因果的系统，因此通常都有初始松弛的假设。第 5 章和第 10 章还要研究分析离散时间系统的其他方法，这些方法对于线性常系数差分方程的求解，以及分析由这类方程描述的系统性质，提供了更为有用和有效的手段。

2.4.3 用微分方程和差分方程描述的一阶系统的方框图表示

由线性常系数差分方程和微分方程描述的系统的一个重要特点是：能够以很简单而且很自然的方式用若干基本运算的方框图互联来表示。这样做是很有意义的。其一是给出一种形象化的表示，这有助于加深对这些系统的特性和性质的理解。另外，这种表示对于系统的仿真或实现有很大的价值。例如，本节要介绍的连续时间系统的方框图表示就是早期模拟计算机对由微分方程描述的系统仿真的基础，并且还能直接转换为一个程序，以便在数字计算机上对这类系统进行仿真。除此以外，离散时间差分方程的方框图表示还能为由差分方程描述的系统以数字硬件来实现提供一些简便而有效的方式。这一节将以例 1.8 至例 1.11 的一阶因果系统的方框图表示为例，说明隐含在其中的基本概念。习题 2.57 至习题 2.60，以及第 9 章和第 10 章将考虑其他一些更为复杂的微分和差分方程描述的系统方框图的实现问题。

我们由离散时间情况入手，就是由一阶差分方程

$$y[n] + ay[n-1] = bx[n] \tag{2.126}$$

描述的因果系统开始。为了建立这个系统的方框图表示，注意到式(2.126)的求值要求三种基本运算：相加、系数相乘和单位延迟(体现 $y[n]$ 和 $y[n-1]$ 之间的关系)。因此，我们来定义三种基本网络单元，如图 2.27 所示。为了看出这些基本单元怎样用来表示由式(2.126)描述的因果系统，可以把这个方程重新写成一种直接计算输出 $y[n]$ 的递归算法形式：

$$y[n] = -ay[n-1] + bx[n] \tag{2.127}$$

这个算法可用图 2.28 形象化地表示出来。这就是一个反馈系统的例子，因为输出经由一个延迟并乘以一个系数反馈回来，然后与 $bx[n]$ 相加。反馈的存在是式(2.127)递归性质的一个直接结果。

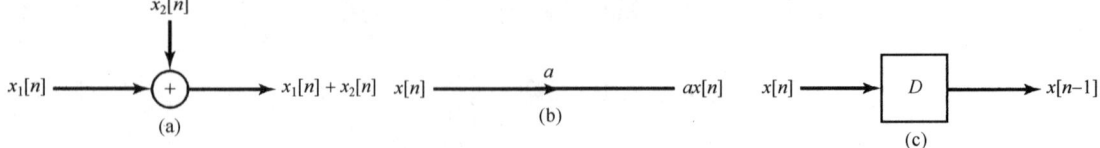

图 2.27 用于由式(2.126)描述的因果系统方框图表示的基本单元。(a) 相加器；(b) 系数相乘；(c) 单位延迟

图 2.28 的方框图很清楚地表明这个系统要求有记忆(存储)，这样就必然需要初始条件。特别是，一个延迟就对应于一个记忆单元，因为它必须保留它的输入的前一个值。因此，这个记忆单元的初始值就可以作为一个必要的初始条件，提供给图 2.28 或式(2.127)表示的递归运算。

当然，如果由式(2.126)描述的系统是初始松弛的，存储在该记忆单元内的初始值就为零。

接下来考虑由一阶微分方程描述的因果连续时间系统：

$$\frac{\mathrm{d}y(t)}{\mathrm{d}t} + ay(t) = bx(t) \tag{2.128}$$

第一步就是对该系统确定一种方框图表示，先将方程改写为

$$y(t) = -\frac{1}{a}\frac{\mathrm{d}y(t)}{\mathrm{d}t} + \frac{b}{a}x(t) \tag{2.129}$$

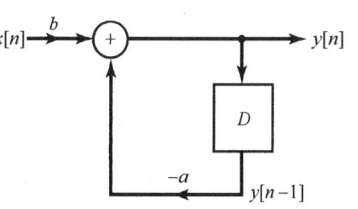

图 2.28 由式(2.126)描述的离散时间系统的方框图表示

该方程的等号右边涉及三种基本运算：相加、系数相乘和微分。因此，如果如图2.29所示定义三种基本网络，那么就像离散时间系统所讨论的，可以把式(2.129)表示为这些基本运算单元的互联，如图2.30的方框图表示。

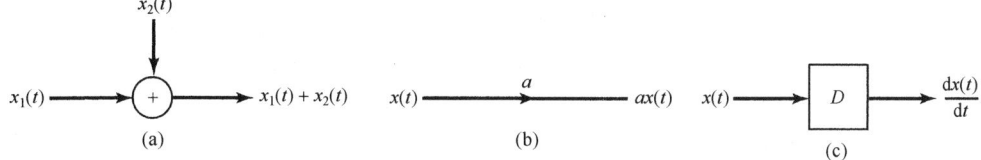

图 2.29 用于由式(2.128)描述的连续时间系统方框图表示中的一组可能的基本单元。(a) 相加器；(b) 系数相乘；(c) 微分器

虽然图2.30是由式(2.128)描述的因果系统的一种正确表示，但它并不是最常用的或者直接导致实际实现的表示，这是因为微分器不仅难以实现，并且对误差和噪声又极为灵敏。更广泛应用的另一种实现是先将式(2.128)写成

$$\frac{\mathrm{d}y(t)}{\mathrm{d}t} = bx(t) - ay(t) \tag{2.130}$$

然后从 $-\infty$ 到 t 积分。若假设由式(2.130)描述的系统是初始松弛的，那么 $\mathrm{d}y(t)/\mathrm{d}t$ 从 $-\infty$ 到 t 的积分就是 $y(t)$，因为 $y(-\infty)$ 的值是零，结果可得

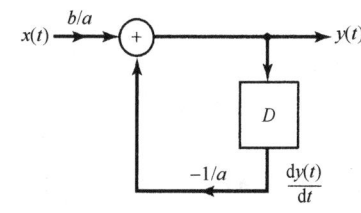

图 2.30 利用相加器、系数相乘器和微分器的式(2.128)和式(2.129)所示系统的方框图表示

$$y(t) = \int_{-\infty}^{t} [bx(\tau) - ay(\tau)] \mathrm{d}\tau \tag{2.131}$$

这种表示形式的系统就可以用图2.29中的相加器和系数相乘器，以及由图2.31定义的积分器来实现。图2.32就是利用这些基本单元对该系统的一种方框图表示。

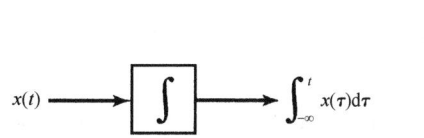

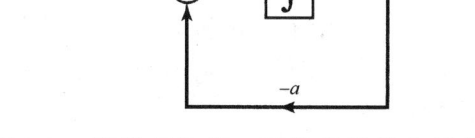

图 2.31 积分器的方框图表示　　图 2.32 利用相加器、系数相乘器和积分器的式(2.128)和式(2.131)所示系统的方框图表示

因为积分器可以很方便地用运算放大器来实现，因此图2.32的表示就直接导致了模拟实现；确实如此，这种实现既是早期模拟计算机，又是当今模拟计算系统的基础。应该注意，在连续时间情况下，积分器就代表了该系统的记忆存储单元，若将式(2.130)的积分考虑为从某一有限点 t_0 开始，或许能更加容易地看出这一点，这时

$$y(t) = y(t_0) + \int_{t_0}^{t} [bx(\tau) - ay(\tau)] \, d\tau \tag{2.132}$$

式(2.132)清楚地表明：$y(t)$ 的表征要求有一个初始条件，即 $y(t_0)$ 值，这个值就是积分器在 t_0 时刻存储的值。

尽管我们只是说明了最简单的一阶微分和差分方程的方框图构成，但是对高阶系统同样可以构成这样的方框图表示，这些都对系统的直观认识和各种可能的实现提供了有价值的启示。习题2.58和习题2.60将给出高阶系统方框图实现的例子。

2.5 奇异函数

这一节将从另一角度来审视连续时间单位冲激函数，以便进一步认识这一重要的理想化信号，并据此介绍一组与之相关的称为**奇异函数**(singularity function)的信号。特别是在1.4.2节中曾提到，一个连续时间单位冲激可以看成一个脉冲的理想化，它的持续期"足够短"，以至于它的形状和持续期已不具有任何实际意义；也就是说，就所关心的任何特定线性时不变系统的响应来说，在这个脉冲下的全部面积可认为是已瞬间加上的。这一节首先给出一个具体的例子来说明这是什么意思，然后利用这个例子的意义来说明单位冲激和其他奇异函数应用的关键在于：线性时不变系统对这些理想化信号的响应是如何表征的；也就是说，本质上这些信号如何借助于它们与其他信号在卷积意义下的特性来定义的。

2.5.1 作为理想化短脉冲的单位冲激

根据式(2.27)的筛选性质，单位冲激 $\delta(t)$ 是恒等系统的单位冲激响应，即对任意信号 $x(t)$ 有

$$x(t) = x(t) * \delta(t) \tag{2.133}$$

因此，如果取 $x(t) = \delta(t)$，就有

$$\delta(t) = \delta(t) * \delta(t) \tag{2.134}$$

式(2.134)是单位冲激的一个基本性质，并且在将单位冲激理解为一个理想化的脉冲时，它还有一个重要的隐含意义。例如，如1.4.2节所论及的，设想将 $\delta(t)$ 看成一个矩形脉冲的极限形式，令 $\delta_\Delta(t)$ 相应于图1.34所定义的矩形脉冲，并设

$$r_\Delta(t) = \delta_\Delta(t) * \delta_\Delta(t) \tag{2.135}$$

那么 $r_\Delta(t)$ 就如图2.33所示。若将 $\delta(t)$ 解释为 $\delta_\Delta(t)$ 在 $\Delta \to 0$ 下的极限，那么由于式(2.134)，$r_\Delta(t)$ 在 $\Delta \to 0$ 时的极限也一定是单位冲激。同理还能证明 $r_\Delta(t) * r_\Delta(t)$ 或者 $r_\Delta(t) * \delta_\Delta(t)$ 等在 $\Delta \to 0$ 时都是单位冲激！由此可见，如果将单位冲激定义为某信号的极限形式，那么事实上就存在着无限多个看起来很不相同的信号，但在极限之下其表现都像一个冲激。

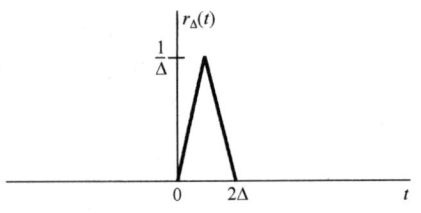

图2.33　由式(2.135)定义的信号 $r_\Delta(t)$

上面一段中关键一句话是"其表现都像一个冲激"。正如已经指出过的，这里所指的意思是一个线性时不变系统对所有这些信号的响应在本质上都是一样的，只要这个脉冲"足够短"，即 Δ "足够小"。下面这个例子用来阐明这一概念。

例2.16　现在考虑由一阶微分方程描述的线性时不变系统

$$\frac{dy(t)}{dt} + 2y(t) = x(t) \tag{2.136}$$

它是初始松弛的。图 2.34 画出了对几个不同的 Δ 值,该系统对 $\delta_\Delta(t)$,$r_\Delta(t)$,$\delta_\Delta(t)*r_\Delta(t)$ 和 $r_\Delta(t)*r_\Delta(t)$ 的响应。对于较大的 Δ,这些信号的响应明显不同。然而,对于足够小的 Δ 而言,这些响应实质上是无法区分的,以至于对所有这些信号都以相同的方式"表现"出来。另外,正如在图 2.34 中所看到的,全部这些响应的极限形式就是 $e^{-2t}u(t)$。因为随着 $\Delta \to 0$,这些信号中的每一个的极限都是单位冲激,所以就得出该系统的冲激响应是 $e^{-2t}u(t)$[①]。

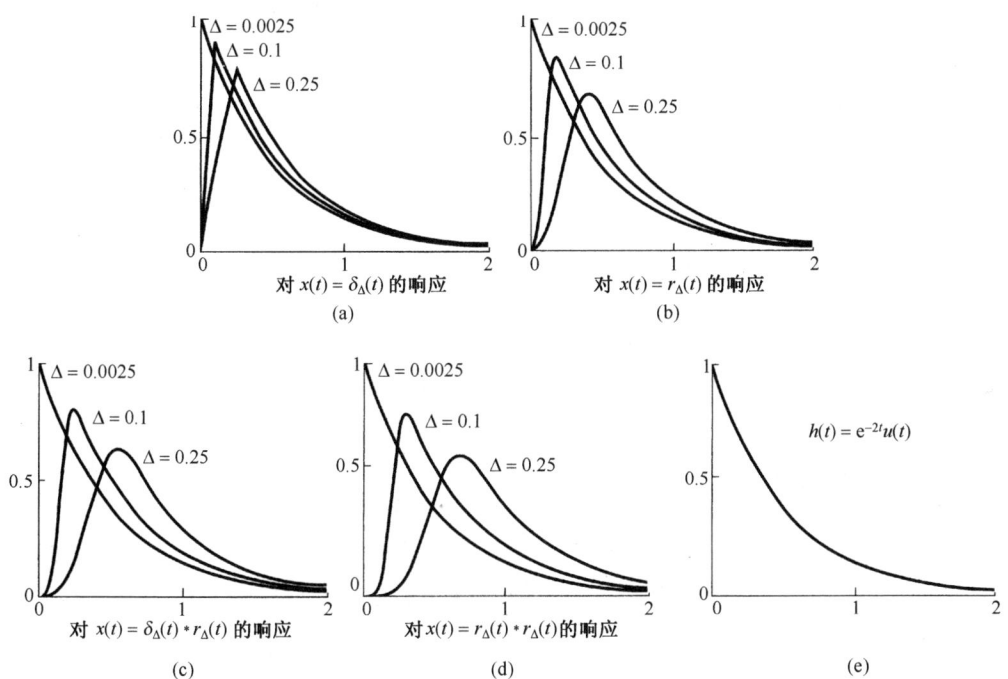

图 2.34 单位冲激作为一个持续期"足够短"的脉冲理想化的解释,只要关心的是线性时不变系统对这个脉冲的响应,这个脉冲就可认为是已瞬间加上的。(a) 由式(2.136)给出的因果线性时不变系统对 $\delta_\Delta(t)$ 的响应,其中 $\Delta = 0.25, 0.1$ 和 0.0025;(b) 同一系统在各相同的 Δ 值时对 $r_\Delta(t)$ 的响应;(c) 对 $\delta_\Delta(t)*r_\Delta(t)$ 的响应;(d) 对 $r_\Delta(t)*r_\Delta(t)$ 的响应;(e) 该系统的单位冲激响应 $h(t) = e^{-2t}u(t)$。注意:$\Delta = 0.25$ 时这些不同信号的响应之间有明显的差别;随着 Δ 变得愈来愈小,这些差别消失,最终所有响应都收敛于图(e)的单位冲激响应

要强调的重要一点是,我们所指的"Δ 足够小"是与特定的线性时不变系统有关的。为此,图 2.35 画出了对于由下列一阶微分方程

$$\frac{dy(t)}{dt} + 20y(t) = x(t) \tag{2.137}$$

所给出的因果线性时不变系统,在不同的 Δ 下,该系统对这些脉冲的响应。由图 2.35 可见,这时为了使得这些响应之间,以及这些响应与该系统单位冲激响应 $h(t) = e^{-20t}u(t)$ 之间成为不可区分的,就需要更小的 Δ 值。因此尽管对这两个系统而言,所谓的"Δ 足够小"是不同的,但是对两者而言,总能找到这些 Δ 足够小的值。那么单位冲激就是对所有系统来说其持续期都足够小的那么一个短脉冲的理想化结果。

[①] 第 4 章和第 9 章将讨论用更简单的方法来确定由线性常系数微分方程描述的因果线性时不变系统的单位冲激响应。

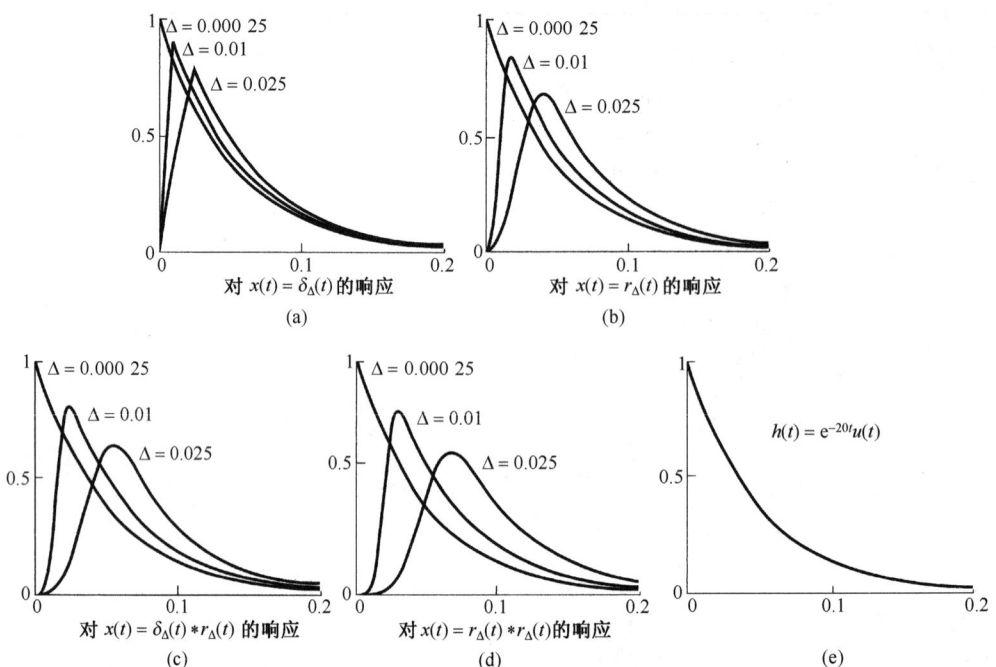

图 2.35 找一个"足够小"的 Δ 值取决于这些输入所作用的系统。(a) 由式(2.137)给出的因果线性时不变系统对 $\delta_\Delta(t)$ 的响应,其中 $\Delta=0.025,0.01$ 和 $0.000\,25$;(b) 对 $r_\Delta(t)$ 的响应;(c) 对 $\delta_\Delta(t)*r_\Delta(t)$ 的响应;(d) 对 $r_\Delta(t)*r_\Delta(t)$ 的响应;(e) 该系统的单位冲激响应 $h(t)=\mathrm{e}^{-20t}u(t)$。将这些响应与图2.34的各响应进行比较,可见这时需要更小的Δ值,才能使这些脉冲的形状失去意义

2.5.2 通过卷积定义单位冲激

正如前面例子所说明的,对于足够小的 Δ,信号 $\delta_\Delta(t),r_\Delta(t),\delta_\Delta(t)*r_\Delta(t)$ 及 $r_\Delta(t)*r_\Delta(t)$,当它们作用于一个线性时不变系统时,其表现全像是冲激。事实上,还有很多其他的信号,对这一点也是对的。所以就想到应该借助于一个线性时不变系统对它的响应如何来考虑单位冲激。虽然,通常一个函数或者信号总是用它在自变量每一点的值来定义的,但是单位冲激主要考虑的不是在每个 t 值时它怎么样,而是在卷积的意义下它有何作为。因此从线性系统分析的角度,可以用另一种办法将单位冲激定义为这样的信号,即当它加到一个线性时不变系统上时,就产生了冲激响应。这就是,定义 $\delta(t)$ 为一个信号,其对任何 $x(t)$ 有

$$x(t) = x(t)*\delta(t) \tag{2.138}$$

在这种意义下,$\delta_\Delta(t)$ 和 $r_\Delta(t)$ 等这些信号都对应一些短脉冲,持续期随 $\Delta\to 0$ 而逐渐消失,因为如果用这些信号代替 $\delta(t)$ 后,在极限之下,式(2.138)仍然成立,那么这些信号在极限之下的表现全像一个单位冲激。

根据式(2.138)的**运算定义**(operational definition)可以得到所需的有关单位冲激的全部性质。例如,若令 $x(t)=1$(对所有的 t),则

$$1 = x(t) = x(t)*\delta(t) = \delta(t)*x(t) = \int_{-\infty}^{+\infty}\delta(\tau)x(t-\tau)\mathrm{d}\tau$$
$$= \int_{-\infty}^{+\infty}\delta(\tau)\mathrm{d}\tau$$

所以单位冲激的面积为1。

有时也用另一种完全等效的 $\delta(t)$ 运算定义。为了求得另一种形式,取任意信号 $g(t)$,将其反转得到 $g(-t)$,然后再与 $\delta(t)$ 求卷积。由式(2.138),有

$$g(-t) = g(-t) * \delta(t) = \int_{-\infty}^{+\infty} g(\tau - t)\delta(\tau)\mathrm{d}\tau$$

对于 $t = 0$,得

$$g(0) = \int_{-\infty}^{+\infty} g(\tau)\delta(\tau)\mathrm{d}\tau \tag{2.139}$$

因此,由式(2.138)给出的 $\delta(t)$ 的运算定义就包含了式(2.139);另一方面,式(2.139)也隐含有式(2.138)。为此,令 $x(t)$ 为一个已知信号,固定某一时间 t,定义

$$g(\tau) = x(t - \tau)$$

则由式(2.139)就有

$$x(t) = g(0) = \int_{-\infty}^{+\infty} g(\tau)\delta(\tau)\mathrm{d}\tau = \int_{-\infty}^{+\infty} x(t - \tau)\delta(\tau)\mathrm{d}\tau$$

这就是式(2.138)。因此,式(2.139)是单位冲激的一个等效的运算定义;也就是说,单位冲激是这样一种信号,当它与某一信号 $g(t)$ 相乘并在 $-\infty$ 到 $+\infty$ 上积分时,其结果就是 $g(0)$。

我们主要关心的是线性时不变系统,所以关心的就是卷积。所以我们在大多数情况下乐意采用由式(2.138)给出的 $\delta(t)$ 的特性。然而,在确定单位冲激的其他性质时,式(2.139)也是有用的。例如,考虑信号 $f(t)\delta(t)$。这里 $f(t)$ 是另一个信号,那么由式(2.139)有

$$\int_{-\infty}^{+\infty} g(\tau)f(\tau)\delta(\tau)\mathrm{d}\tau = g(0)f(0) \tag{2.140}$$

另一方面,考虑信号 $f(0)\delta(t)$,可知

$$\int_{-\infty}^{+\infty} g(\tau)f(0)\delta(\tau)\mathrm{d}\tau = g(0)f(0) \tag{2.141}$$

比较式(2.140)至式(2.141),可发现对于 $f(t)\delta(t)$ 和 $f(0)\delta(t)$ 这两个信号,当它们与任一信号 $g(t)$ 相乘之后,再从 $-\infty$ 到 $+\infty$ 积分,它们的表现是完全一样的。结果,利用信号的这种运算定义,可得

$$f(t)\delta(t) = f(0)\delta(t) \tag{2.142}$$

这就是曾在1.4.2节用另外的方法导出的一个性质,见式(1.76)。

2.5.3 单位冲激偶和其他奇异函数

单位冲激是一类称为**奇异函数**(singularity function)的信号中的一种,其中每一种信号都是借助它在卷积运算中的特性来定义的。考虑输出是输入的导数的线性时不变系统,即

$$y(t) = \frac{\mathrm{d}x(t)}{\mathrm{d}t} \tag{2.143}$$

这个系统的单位冲激响应是单位冲激的导数,称为**单位冲激偶**(unit doublet) $u_1(t)$。根据线性时不变系统的卷积表示,对任何信号 $x(t)$ 应有

$$\frac{\mathrm{d}x(t)}{\mathrm{d}t} = x(t) * u_1(t) \tag{2.144}$$

与式(2.138)作为 $\delta(t)$ 的运算定义一样,我们要将式(2.144)取为 $u_1(t)$ 的运算定义。同理,也能依此定义 $\delta(t)$ 的二阶导数 $u_2(t)$,取输入的二阶导数的线性时不变系统的冲激响应为

$$\frac{\mathrm{d}^2 x(t)}{\mathrm{d}t^2} = x(t) * u_2(t) \tag{2.145}$$

由式(2.144)，可见

$$\frac{d^2 x(t)}{dt^2} = \frac{d}{dt}\left(\frac{dx(t)}{dt}\right) = x(t) * u_1(t) * u_1(t) \tag{2.146}$$

因此，

$$u_2(t) = u_1(t) * u_1(t) \tag{2.147}$$

一般情况下，$k > 0$ 时，$u_k(t)$ 就是 $\delta(t)$ 的 k 次导数，因此是一个取输入 k 次导数系统的单位冲激响应。因为该系统可以由 k 个微分器级联得到，所以就有

$$u_k(t) = \underbrace{u_1(t) * \cdots * u_1(t)}_{k\text{次}} \tag{2.148}$$

与单位冲激一样，这些奇异函数中的每一个，其性质都能由它的运算定义导出。例如，若考虑常数信号 $x(t) = 1$，可得

$$0 = \frac{dx(t)}{dt} = x(t) * u_1(t) = \int_{-\infty}^{+\infty} u_1(\tau) x(t-\tau) d\tau$$
$$= \int_{-\infty}^{+\infty} u_1(\tau) d\tau$$

所以单位冲激偶的面积为零。而且，若考虑信号 $g(-t)$ 与 $u_1(t)$ 卷积，得

$$\int_{-\infty}^{+\infty} g(\tau - t) u_1(\tau) d\tau = g(-t) * u_1(t) = \frac{dg(-t)}{dt} = -g'(-t)$$

对于 $t = 0$，得出

$$-g'(0) = \int_{-\infty}^{+\infty} g(\tau) u_1(\tau) d\tau \tag{2.149}$$

用类似的道理可以导得 $u_1(t)$ 及高阶奇异函数的有关性质，在习题 2.69 中将研究它们的几个性质。

和单位冲激一样，这些奇异函数中的每一个都可以与一些短脉冲相联系。例如，因为单位冲激偶就是单位冲激的导数，因此可认为单位冲激偶是面积为 1 的短脉冲导数的理想化。考虑图 1.34 的短脉冲 $\delta_\Delta(t)$，随着 $\Delta \to 0$，这个脉冲的表现像一个冲激，那么可以期望它的导数随着 $\Delta \to 0$，其表现也应该像一个冲激偶。如同在习题 2.72 所证明的，$d\delta_\Delta(t)/dt$ 就是如图 2.36 所画的那样：它是由一个发生在 $t = 0$ 的面积为 $+1/\Delta$ 的单位冲激，与紧随其后的发生在 $t = \Delta$ 的面积为 $-1/\Delta$ 的单位冲激组成的，即

$$\frac{d\delta_\Delta(t)}{dt} = \frac{1}{\Delta}[\delta(t) - \delta(t - \Delta)] \tag{2.150}$$

这样，利用式(2.70)的 $x(t) * \delta(t - t_0) = x(t - t_0)$，求得

$$x(t) * \frac{d\delta_\Delta(t)}{dt} = \frac{x(t) - x(t - \Delta)}{\Delta} \approx \frac{dx(t)}{dt} \tag{2.151}$$

随着 $\Delta \to 0$，式中的这个近似变得愈来愈准确。将式(2.151)与式(2.144)比较后可见，$d\delta_\Delta(t)/dt$ 随着 $\Delta \to 0$，其表现确实像一个单位冲激偶。

除了单位冲激各不同阶导数的这些奇异函数，还能定义代表单位冲激函数连续多次积分的一些信号。正如在例 2.13 中所看到的，单位阶跃是一个积分器的单位冲激响应：

$$y(t) = \int_{-\infty}^{t} x(\tau) d\tau$$

因此，

$$u(t) = \int_{-\infty}^{t} \delta(\tau) d\tau \qquad (2.152)$$

从而就有 $u(t)$ 的如下运算定义：

$$x(t) * u(t) = \int_{-\infty}^{t} x(\tau) d\tau \qquad (2.153)$$

同理，也能定义由两个积分器的级联所组成的系统，它的单位冲激响应记为 $u_{-2}(t)$，这就是一个积分器的单位冲激响应 $u(t)$ 与自身的卷积：

$$u_{-2}(t) = u(t) * u(t) = \int_{-\infty}^{t} u(\tau) d\tau \qquad (2.154)$$

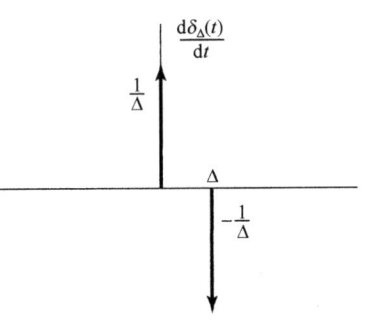

图 2.36 图 1.34 中短矩形脉冲 $\delta_\Delta(t)$ 的导数 $d\delta_\Delta(t)/dt$

因为 $t<0$ 时 $u(t)=0$，$t>0$ 时 $u(t)=1$，所以

$$u_{-2}(t) = tu(t) \qquad (2.155)$$

这个信号称为**单位斜坡函数**(unit ramp function) 如图 2.37 所示。同时根据式(2.153)和式(2.154)，$u_{-2}(t)$ 的特性也能在卷积的形式下得到一个运算定义：

$$\begin{aligned} x(t) * u_{-2}(t) &= x(t) * u(t) * u(t) \\ &= \left(\int_{-\infty}^{t} x(\sigma) d\sigma \right) * u(t) \\ &= \int_{-\infty}^{t} \left(\int_{-\infty}^{\tau} x(\sigma) d\sigma \right) d\tau \end{aligned} \qquad (2.156)$$

以类似的方式可以将 $\delta(t)$ 的高阶积分定义为多个积分器级联的单位冲激响应：

$$u_{-k}(t) = \underbrace{u(t) * \cdots * u(t)}_{k 次} = \int_{-\infty}^{t} u_{-(k-1)}(\tau) d\tau \qquad (2.157)$$

$x(t)$ 与 $u_{-3}(t)$, $u_{-4}(t)$, … 的卷积就相应地产生了 $x(t)$ 的高阶积分。式(2.157)的积分也能直接像式(2.155)所做的那样求出来(见习题 2.73)，得到

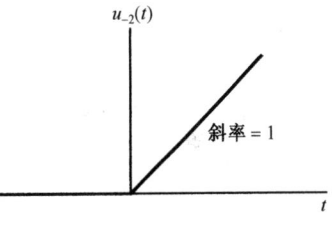

图 2.37 单位斜坡函数

$$u_{-k}(t) = \frac{t^{k-1}}{(k-1)!} u(t) \qquad (2.158)$$

因此，不像 $\delta(t)$ 的各阶导数那样，单位冲激的连续多次积分仍是在每个 t 值都有定义的函数，见式(2.158)，与它们在卷积定义下的特性一样。

对 $\delta(t)$ 和 $u(t)$ 有时也需要用另一种符号，即

$$\delta(t) = u_0(t) \qquad (2.159)$$
$$u(t) = u_{-1}(t) \qquad (2.160)$$

利用这一符号，$k>0$ 时 $u_k(t)$ 就记为 k 个微分器级联的单位冲激响应，$u_0(t)$ 就是恒等系统的单位冲激响应，而 $k<0$ 时 $u_k(t)$ 就是 $|k|$ 个积分器级联的单位冲激响应。而且，因为微分器是积分器的逆系统，

$$u(t) * u_1(t) = \delta(t)$$

或者用另一种符号表示为

$$u_{-1}(t) * u_1(t) = u_0(t) \qquad (2.161)$$

由式(2.148)、式(2.157)和式(2.161)可见,更一般的情况是对任何整数 k 和 r,有
$$u_k(t) * u_r(t) = u_{k+r}(t) \tag{2.162}$$

若 k 和 r 都是正的,式(2.162)就是 k 个微分器的级联,再接着 r 个微分器,产生的输出就是输入的 $(k+r)$ 次微分。同理,如果 k 和 r 都是负的,那就是 $|k|$ 个积分器的级联,再跟着另外的 $|r|$ 个积分器。若 k 是负的,而 r 为正的,则是 $|k|$ 个积分器的级联,再跟着 r 个微分器,整个系统就等效于:若 $k+r<0$ 则 $|k+r|$ 个积分器级联;若 $k+r>0$ 则 $k+r$ 个微分器级联;或者,若 $k+r=0$ 则是一个恒等系统。因此,利用在卷积意义下的特性来定义奇异函数,就能够相对容易地对它们进行运算,并直接用它们对线性时不变系统的意义来予以解释。这是本书主要关注的问题,因此我们在本节所给出的有关奇异函数的运算定义对此目的已经是足够了[①]。

2.6 小结

本章研究了线性时不变系统(包括离散时间和连续时间系统)的一些很重要的表示。在离散时间情况下,将离散时间信号表示成一组移位的单位脉冲的加权和,并据此导出了对离散时间线性时不变系统响应的卷积和表示。同理,在连续时间情况下,将连续时间信号表示成移位的单位冲激函数的加权积分,并据此导出了对连续时间线性时不变系统响应的卷积积分表示。这些表示方法是极为重要的,因为这样就可以利用系统的单位冲激响应来计算系统对任何输入信号的响应。此外,2.3 节还提供了一种分析线性时不变系统性质的方法。特别是这一方法把包括因果性和稳定性在内的线性时不变系统性质与单位冲激响应的对应性质联系起来。最后,2.5 节讨论了卷积意义下连续时间单位冲激函数及其有关的奇异函数的意义,这些讨论和阐述在线性时不变系统分析中特别有用。

一类重要的连续时间系统是由线性常系数微分方程描述的系统,在离散时间情况下对应的就是由线性常系数差分方程描述的系统,它们都起着重要的作用。2.4 节分析了简单的微分和差分方程的例子,并讨论了由这类方程描述的系统的一些性质。尤其是,由线性常系数微分和差分方程描述的系统再与初始松弛的条件结合起来,它们就是因果的,并且是线性时不变的。在后续各章中将建立其他方法,以便于对这类系统进行分析。

习题

习题的第一部分属于基本题,答案在书末给出。其余三部分分别属于基本题、深入题和扩充题。
扩充题介绍一些超出本章内容的应用、概念或方法。

基本题(附答案)

2.1 设 $x[n] = \delta[n] + 2\delta[n-1] - \delta[n-3]$ 和 $h[n] = 2\delta[n+1] + 2\delta[n-1]$,计算并画出下列各卷积。
  (a) $y_1[n] = x[n] * h[n]$ (b) $y_2[n] = x[n+2] * h[n]$ (c) $y_3[n] = x[n] * h[n+2]$

2.2 考虑信号
$$h[n] = \left(\frac{1}{2}\right)^{n-1} \{u[n+3] - u[n-10]\}$$

将 A 和 B 用 n 来表示,以使下式成立:

[①] 正如第 1 章中提到的,关于奇异函数的问题一直在数学领域内进行着大量的研究,其中把奇异函数称为广义函数和分配理论。本节所采用的方法是沿袭 1.4 节脚注中给出的参考文献的严格途径进行的。

$$h[n-k] = \begin{cases} (\frac{1}{2})^{n-k-1}, & A \leq k \leq B \\ 0, & \text{其他} \end{cases}$$

2.3 已知输入 $x[n]$ 和单位脉冲响应 $h[n]$ 为

$$x[n] = \left(\frac{1}{2}\right)^{n-2} u[n-2]$$

$$h[n] = u[n+2]$$

确定并画出输出 $y[n] = x[n] * h[n]$。

2.4 计算并画出 $y[n] = x[n] * h[n]$，其中

$$x[n] = \begin{cases} 1, & 3 \leq n \leq 8 \\ 0, & \text{其他} \end{cases}$$

$$h[n] = \begin{cases} 1, & 4 \leq n \leq 15 \\ 0, & \text{其他} \end{cases}$$

2.5 设

$$x[n] = \begin{cases} 1, & 0 \leq n \leq 9 \\ 0, & \text{其他} \end{cases} \quad \text{且} \quad h[n] = \begin{cases} 1, & 0 \leq n \leq N \\ 0, & \text{其他} \end{cases}$$

其中 $N \leq 9$，是一个整数。已知 $y[n] = x[n] * h[n]$ 且

$$y[4] = 5, \quad y[14] = 0$$

试求 N 的值。

2.6 计算并画出卷积 $y[n] = x[n] * h[n]$，其中

$$x[n] = \left(\frac{1}{3}\right)^{-n} u[-n-1] \quad \text{且} \quad h[n] = u[n-1]$$

2.7 一个线性系统 S 的输入 $x[n]$ 输出 $y[n]$ 之间有如下关系：

$$y[n] = \sum_{k=-\infty}^{\infty} x[k]g[n-2k]$$

其中 $g[n] = u[n] - u[n-4]$。
(a) 当 $x[n] = \delta[n-1]$ 时，求 $y[n]$。 (b) 当 $x[n] = \delta[n-2]$ 时，求 $y[n]$。
(c) S 是线性时不变的吗？ (d) 当 $x[n] = u[n]$ 时，求 $y[n]$。

2.8 确定并概略画出下列两个信号的卷积：

$$x(t) = \begin{cases} t+1, & 0 \leq t \leq 1 \\ 2-t, & 1 < t \leq 2 \\ 0, & \text{其他} \end{cases}$$

$$h(t) = \delta(t+2) + 2\delta(t+1)$$

2.9 令

$$h(t) = e^{2t} u(-t+4) + e^{-2t} u(t-5)$$

确定 A 和 B，使之有

$$h(t-\tau) = \begin{cases} e^{-2(t-\tau)}, & \tau < A \\ 0, & A < \tau < B \\ e^{2(t-\tau)}, & B < \tau \end{cases}$$

2.10 假设

$$x(t) = \begin{cases} 1, & 0 \leq t \leq 1 \\ 0, & \text{其他} \end{cases}$$

且 $h(t) = x(t/\alpha)$，其中 $0 < \alpha \leq 1$。
(a) 求出并画出 $y(t) = x(t) * h(t)$。
(b) 若 $dy(t)/dt$ 仅含有三个不连续点，α 值为多少？

2.11 令

$$x(t) = u(t-3) - u(t-5) \quad 且 \quad h(t) = e^{-3t}u(t)$$

(a) 计算 $y(t) = x(t) * h(t)$。 (b) 计算 $g(t) = (dx(t)/dt) * h(t)$。

(c) $g(t)$ 与 $y(t)$ 有什么关系？

2.12 令

$$y(t) = e^{-t}u(t) * \sum_{k=-\infty}^{\infty} \delta(t - 3k)$$

证明：$y(t) = Ae^{-t}$, $0 \leq t < 3$，并求出 A 值。

2.13 考虑一个离散时间系统 S_1，其单位脉冲响应为

$$h[n] = \left(\frac{1}{5}\right)^n u[n]$$

(a) 求整数 A 以满足 $h[n] - Ah[n-1] = \delta[n]$。

(b) 利用(a)的结果，求 S_1 的逆系统 S_2 是线性时不变的单位脉冲响应 $g[n]$。

2.14 在下面的单位冲激响应中，哪些对应于稳定的线性时不变系统？

(a) $h_1(t) = e^{-(1-2j)t}u(t)$ (b) $h_2(t) = e^{-t}\cos(2t)u(t)$

2.15 在下面的单位脉冲响应中，哪些对应于稳定的线性时不变系统？

(a) $h_1[n] = n\cos\left(\frac{\pi}{4}n\right)u[n]$ (b) $h_2[n] = 3^n u[-n+10]$

2.16 对下列各说法，判断是对还是错。

(a) 若 $n < N_1$ 时 $x[n] = 0$ 且 $n < N_2$ 时 $h[n] = 0$，那么 $n < N_1 + N_2$ 时 $x[n] * h[n] = 0$。

(b) 若 $y[n] = x[n] * h[n]$，则 $y[n-1] = x[n-1] * h[n-1]$。

(c) 若 $y(t) = x(t) * h(t)$，则 $y(-t) = x(-t) * h(-t)$。

(d) 若 $t > T_1$ 时 $x(t) = 0$ 且 $t > T_2$ 时 $h(t) = 0$，则 $t > T_1 + T_2$ 时 $x(t) * h(t) = 0$。

2.17 考虑一个线性时不变系统，其输入 $x(t)$ 和输出 $y(t)$ 由下面的微分方程描述：

$$\frac{d}{dt}y(t) + 4y(t) = x(t) \tag{P2.17-1}$$

并且系统满足初始松弛的条件。

(a) 若 $x(t) = e^{(-1+3j)t}u(t)$，求 $y(t)$。

(b) 注意到式(P2.17-1)对 $\mathcal{R}e\{x(t)\}$ 与 $\mathcal{R}e\{y(t)\}$ 的关系也满足，若

$$x(t) = e^{-t}\cos(3t)u(t)$$

求该线性时不变系统的输出 $y(t)$。

2.18 考虑一个因果线性时不变系统，其输入 $x[n]$ 和输出 $y[n]$ 由下面的差分方程给出：

$$y[n] = \frac{1}{4}y[n-1] + x[n]$$

若 $x[n] = \delta[n-1]$，求 $y[n]$。

2.19 考虑图 P2.19 所示的两个系统 S_1 和 S_2 的级联：

S_1：因果线性时不变系统，$w[n] = \frac{1}{2}w[n-1] + x[n]$；

S_2：因果线性时不变系统，$y[n] = \alpha y[n-1] + \beta w[n]$。

$x[y]$ 与 $y[n]$ 的关系由下面的差分方程给出：

$$y[n] = -\frac{1}{8}y[n-2] + \frac{3}{4}y[n-1] + x[n]$$

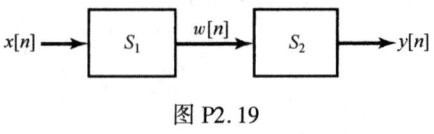

图 P2.19

(a) 求 α 和 β。

(b) 给出 S_1 和 S_2 级联后的单位脉冲响应。

2.20 求下列积分。

(a) $\int_{-\infty}^{\infty} u_0(t)\cos(t)\mathrm{d}t$ 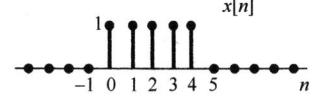 (b) $\int_0^5 \sin(2\pi t)\delta(t+3)\mathrm{d}t$ (c) $\int_{-5}^5 u_1(1-\tau)\cos(2\pi\tau)\mathrm{d}\tau$

基本题

2.21 计算下列各对信号的卷积 $y[n]=x[n]*h[n]$。

(a) $\left.\begin{array}{l}x[n]=\alpha^n u[n]\\ h[n]=\beta^n u[n]\end{array}\right\}\alpha\neq\beta$ (b) $x[n]=h[n]=\alpha^n u[n]$

(c) $x[n]=\left(-\dfrac{1}{2}\right)^n u[n-4],\ h[n]=4^n u[2-n]$ (d) $x[n]$ 和 $h[n]$ 如图 P2.21 所示。

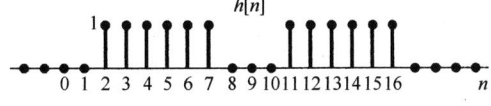

图 P2.21

2.22 对下列各对波形,求单位冲激响应为 $h(t)$ 的线性时不变系统对输入 $x(t)$ 的响应 $y(t)$,并概略画出结果。

(a) $x(t)=\mathrm{e}^{-\alpha t}u(t),\ h(t)=\mathrm{e}^{-\beta t}u(t)$(分别在 $\alpha\neq\beta$ 和 $\alpha=\beta$ 时完成)

(b) $x(t)=u(t)-2u(t-2)+u(t-5),\ h(t)=\mathrm{e}^{2t}u(1-t)$

(c) $x(t)$ 和 $h(t)$ 如图 P2.22(a)所示。

(d) $x(t)$ 和 $h(t)$ 如图 P2.22(b)所示。

(e) $x(t)$ 和 $h(t)$ 如图 P2.22(c)所示。

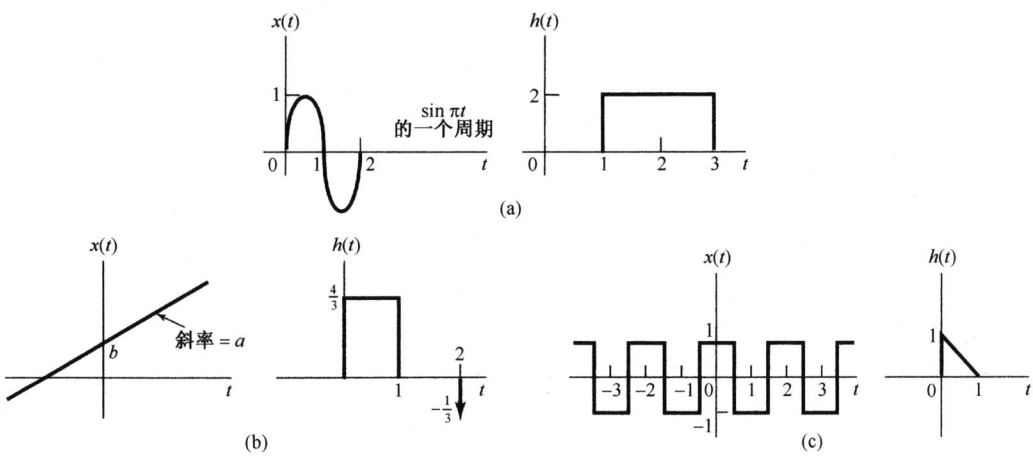

图 P2.22

2.23 设 $h(t)$ 是如图 P2.23(a)所示的三角脉冲,$x(t)$ 为图 P2.23(b)所示的单位冲激串,即

$$x(t)=\sum_{k=-\infty}^{+\infty}\delta(t-kT)$$

对下列 T 值,求出并画出 $y(t)=x(t)*h(t)$。

(a) $T=4$ (b) $T=2$ (c) $T=3/2$ (d) $T=1$

2.24 考虑图 P2.24(a)中的三个因果线性时不变系统的级联,单位脉冲响应 $h_2[n]$ 为

$$h_2[n]=u[n]-u[n-2]$$

整个系统的单位脉冲响应如图 P2.24(b)所示。

(a) 求 $h_1[n]$。

(b) 求整个系统对输入 $x[n]=\delta[n]-\delta[n-1]$ 的响应。

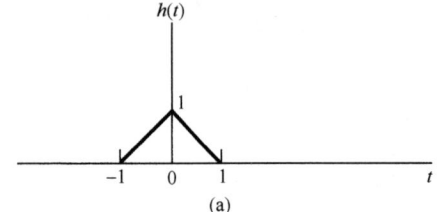
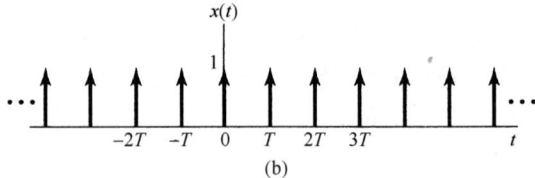

图 P2.23

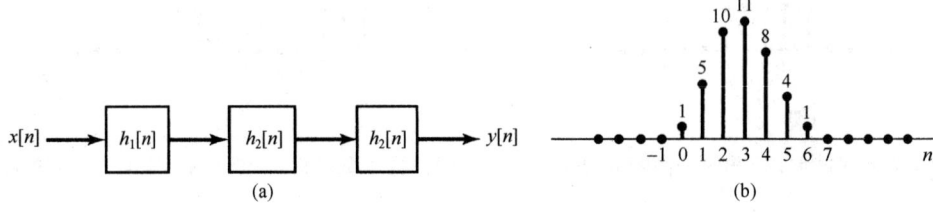

图 P2.24

2.25 令信号
$$y[n] = x[n] * h[n]$$
其中
$$x[n] = 3^n u[-n-1] + \left(\frac{1}{3}\right)^n u[n] \ \text{且} \ h[n] = \left(\frac{1}{4}\right)^n u[n+3]$$

(a) 不利用卷积的分配律性质求 $y[n]$。
(b) 利用卷积的分配律性质求 $y[n]$。

2.26 考虑求 $y[n] = x_1[n] * x_2[n] * x_3[n]$ 的值,其中 $x_1[n] = (0.5)^n u[n]$, $x_2[n] = u[n+3]$ 且 $x_3[n] = \delta[n] - \delta[n-1]$。
(a) 求卷积 $x_1[n] * x_2[n]$。
(b) 将(a)的结果与 $x_3[n]$ 卷积,以求 $y[n]$。
(c) 求卷积 $x_2[n] * x_3[n]$。
(d) 将(c)的结果与 $x_1[n]$ 卷积,以求 $y[n]$。

2.27 定义一个连续时间信号 $v(t)$ 下的面积为
$$A_v = \int_{-\infty}^{+\infty} v(t) \, dt$$
证明:若 $y(t) = x(t) * h(t)$,则
$$A_y = A_x A_h$$

2.28 下面均为离散时间线性时不变系统的单位脉冲响应,试判定每一系统是否是因果和/或稳定的。陈述理由。

(a) $h[n] = \left(\frac{1}{5}\right)^n u[n]$ (b) $h[n] = (0.8)^n u[n+2]$ (c) $h[n] = \left(\frac{1}{2}\right)^n u[-n]$

(d) $h[n] = (5)^n u[3-n]$ (e) $h[n] = \left(-\frac{1}{2}\right)^n u[n] + (1.01)^n u[n-1]$

(f) $h[n] = \left(-\frac{1}{2}\right)^n u[n] + (1.01)^n u[1-n]$ (g) $h[n] = n\left(\frac{1}{3}\right)^n u[n-1]$

2.29 下面均为连续时间线性时不变系统的单位冲激响应,试判定每一系统是否是因果和/或稳定的。陈述理由。

(a) $h(t) = e^{-4t} u(t-2)$ (b) $h(t) = e^{-6t} u(3-t)$ (c) $h(t) = e^{-2t} u(t+50)$

(d) $h(t) = e^{2t} u(-1-t)$ (e) $h(t) = e^{-6|t|}$ (f) $h(t) = t e^{-t} u(t)$

(g) $h(t) = (2e^{-t} - e^{(t-100)/100})u(t)$

2.30 考虑一阶差分方程
$$y[n] + 2y[n-1] = x[n]$$
并设系统初始松弛，即若 $n<n_0$ 时 $x[n]=0$，则 $n<n_0$ 时 $y[n]=0$，求该系统的单位脉冲响应。可以将该方程重新安排成将 $y[n]$ 用 $y[n-1]$ 和 $x[n]$ 来求解，这样依次得出 $y[0]$，$y[+1]$，$y[+2]$，…等。

2.31 考虑一个初始松弛的线性时不变系统，其差分方程为
$$y[n] + 2y[n-1] = x[n] + 2x[n-2]$$
利用递归过程求该系统对图 P2.31 所示的输入 $x[n]$ 的响应。

2.32 考虑一个差分方程
$$y[n] - \frac{1}{2}y[n-1] = x[n] \quad \text{(P2.32-1)}$$

设
$$x[n] = \left(\frac{1}{3}\right)^n u[n] \quad \text{(P2.32-2)}$$

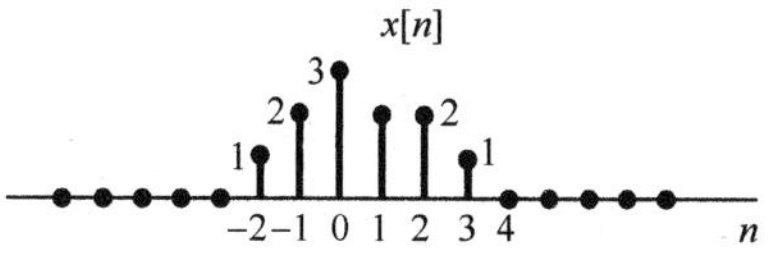

图 P2.31

假定解 $y[n]$ 由式(P2.32-1)的一个特解 $y_p[n]$ 和一个满足下列方程：
$$y_h[n] - \frac{1}{2}y_h[n-1] = 0$$

的齐次解 $y_h[n]$ 组成，

(a) 证明：齐次解 $y_h[n]$ 为
$$y_h[n] = A\left(\frac{1}{2}\right)^n$$

(b) 求得的特解 $y_p[n]$ 满足
$$y_p[n] - \frac{1}{2}y_p[n-1] = \left(\frac{1}{3}\right)^n u[n]$$

假设 $y_p[n]$ 具有形式为 $B\left(\frac{1}{3}\right)^n$，$n \geq 0$，将其代入以上方程以确定 B 值。

(c) 假设由式(P2.32-1)给出的线性时不变系统初始松弛，其输入为式(P2.32-2)所示。因为 $n<0$ 时 $x[n]=0$，所以就有 $n<0$ 时 $y[n]=0$。同时，根据上面的(a)和(b)，$n \geq 0$ 时 $y[n]$ 就为
$$y[n] = A\left(\frac{1}{2}\right)^n + B\left(\frac{1}{3}\right)^n$$

为了求出未知常数 A，必须在 $n \geq 0$ 给出某一个 $y[n]$ 的值。利用初始松弛条件和式(P2.32-1)及式(P2.32-2)确定 $y[0]$，根据这个值确定 A。这样计算，就会得到差分方程式(P2.32-1)在初始松弛条件下，当输入 $x[n]$ 由式(P2.32-2)给出时的解。

2.33 一个系统的输入 $x(t)$ 和输出 $y(t)$ 满足如下一阶微分方程：
$$\frac{dy(t)}{dt} + 2y(t) = x(t) \quad \text{(P2.33-1)}$$

同时系统也满足初始松弛条件。
(a) (i) 当输入 $x_1(t) = e^{3t}u(t)$ 时，求系统输出 $y_1(t)$。
    (ii) 当输入 $x_2(t) = e^{2t}u(t)$ 时，求系统输出 $y_2(t)$。
    (iii) 当输入 $x_3(t) = \alpha e^{3t}u(t) + \beta e^{2t}u(t)$ 时，α 和 β 是实数，求系统输出 $y_3(t)$。证明：$y_3(t) = \alpha y_1(t) + \beta y_2(t)$。
    (iv) 现在令 $x_1(t)$ 和 $x_2(t)$ 为任意信号，且
$$x_1(t) = 0, \quad t<t_1$$
$$x_2(t) = 0, \quad t<t_2$$

设 $y_1(t)$ 是系统对输入 $x_1(t)$ 的输出，$y_2(t)$ 是系统对输入 $x_2(t)$ 的输出，$y_3(t)$ 是系统对 $x_3(t) = \alpha x_1(t) + \beta x_2(t)$ 的输出，证明：

$$y_3(t) = \alpha y_1(t) + \beta y_2(t)$$

因此可得该系统是线性的。

(b) (i) 当 $x_1(t) = Ke^{2t}u(t)$ 时，求系统输出 $y_1(t)$。

(ii) 当 $x_2(t) = Ke^{2(t-T)}u(t-T)$ 时，求系统输出 $y_2(t)$，并证明：$y_2(t) = y_1(t-T)$。

(iii) 现在设 $x_1(t)$ 是任意信号，且有 $t < t_0$ 时 $x_1(t) = 0$，令 $y_1(t)$ 是系统对输入 $x_1(t)$ 的输出，$y_2(t)$ 是系统对 $x_2(t) = x_1(t-T)$ 的输出，证明：

$$y_2(t) = y_1(t-T)$$

因此可得该系统是时不变的。再与(a)所得结论联系起来，所给系统是线性时不变的。因为系统满足初始松弛条件，所以它也是因果的。

2.34 初始松弛的条件相应于在输入信号所加入时刻的零附加条件。本题要证明，如果附加条件是非零的，或者它总是在某一固定时刻给出，而不考虑输入信号何时加入，那么相应的系统就不可能是线性时不变的。考虑一个系统，其输入 $x(t)$ 和输出 $y(t)$ 满足式(P2.33-1)的一阶微分方程。

(a) 给定附加条件 $y(1) = 1$，用一个反例证明：系统不是线性的。

(b) 给定附加条件 $y(1) = 1$，用一个反例证明：系统不是时不变的。

(c) 给定附加条件 $y(1) = 1$，证明：系统是增量线性的。

(d) 给定附加条件 $y(1) = 0$，证明：系统是线性的，但不是时不变的。

(e) 给定附加条件 $y(0) + y(4) = 0$，证明：系统是线性的，但不是时不变的。

2.35 在前一习题中看到，在某一固定时刻应用附加条件，而不考虑输入信号加入的时刻，会导致相应的系统不是时不变的。本题将研究固定时刻的附加条件对系统因果性的影响。现考虑一个系统的输入 $x(t)$ 和输出 $y(t)$ 满足式(P2.33-1)给出的一阶微分方程。假设与该微分方程有关的附加条件是 $y(0) = 0$。求系统对下列两个输入的系统输出：

(a) $x_1(t) = 0$，对所有 t

(b) $x_2(t) = \begin{cases} 0, & t < -1 \\ 1, & t > -1 \end{cases}$

直观地看，若 $y_1(t)$ 是对输入 $x_1(t)$ 的输出，$y_2(t)$ 是对输入 $x_2(t)$ 的输出，那么即使 $x_1(t)$ 和 $x_2(t)$ 在 $t < -1$ 时是完全一样的，$y_1(t)$ 和 $y_2(t)$ 在 $t < -1$ 时也是不同的。以这一点作为证明的基础来得出所给系统不是因果的。

2.36 考虑一个离散时间系统，其输入 $x[n]$ 和输出 $y[n]$ 的关系由下列差分方程给出：

$$y[n] = \left(\frac{1}{2}\right)y[n-1] + x[n]$$

(a) 证明：若该系统满足初始松弛条件，即若 $n < n_0$ 时 $x[n] = 0$，则 $n < n_0$ 时 $y[n] = 0$，那么该系统是线性和时不变的。

(b) 证明，若系统不满足初始松弛条件，而是利用附加条件 $y[n] = 0$，那么它不是因果的。**提示**：利用类似于习题 2.35 的证明方法。

2.37 考虑一个系统，其输入和输出关系由式(P2.33-1)的一阶微分方程给出，假定系统满足初始松弛条件，即若 $t > t_0$ 时 $x(t) = 0$，则 $t > t_0$ 时 $y(t) = 0$。证明：该系统不是因果的。**提示**：对该系统考虑两个输入，$x_1(t) = 0$ 和 $x_2(t) = e^t(u(t) - u(t-1))$，其输出分别为 $y_1(t)$ 和 $y_2(t)$，然后证明：对于 $t < 0$ 有 $y_1(t) \neq y_2(t)$。

2.38 对于由下列差分方程描述的因果线性时不变系统，画出它们的方框图表示。

(a) $y[n] = \frac{1}{3}y[n-1] + \frac{1}{2}x[n]$

(b) $y[n] = \frac{1}{3}y[n-1] + x[n-1]$

2.39 对于由下列微分方程描述的因果线性时不变系统，画出它们的方框图表示。

(a) $y(t) = -\left(\frac{1}{2}\right)\frac{dy(t)}{dt} + 4x(t)$

(b) $\frac{dy(t)}{dt} + 3y(t) = x(t)$

深入题

2.40 (a) 考虑一个线性时不变系统，其输入和输出关系通过如下方程联系：

$$y(t) = \int_{-\infty}^{t} e^{-(t-\tau)} x(\tau - 2) d\tau$$

求该系统的单位冲激响应 $h(t)$？

(b) 当输入 $x(t)$ 如图 P2.40 所示时，求系统的响应。

2.41 有一个信号

$$x[n] = \alpha^n u[n]$$

(a) 画出 $g[n] = x[n] - \alpha x[n-1]$。

(b) 利用(a)的结果，再与卷积性质结合起来，求一个序列 $h[n]$，使之满足

$$x[n] * h[n] = \left(\frac{1}{2}\right)^n \{u[n+2] - u[n-2]\}$$

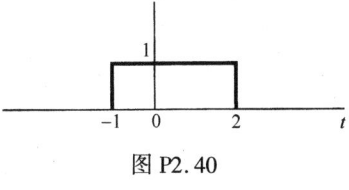

图 P2.40

2.42 假定信号

$$x(t) = u(t + 0.5) - u(t - 0.5)$$

与下列信号 $h(t)$ 卷积：

$$h(t) = e^{j\omega_0 t}$$

(a) 确定一个 ω_0 值，保证 $y(0) = 0$，其中 $y(t) = x(t) * h(t)$。

(b) 你认为上述答案是唯一的吗？

2.43 卷积的一个重要性质是满足结合律，本题将验证并说明这个性质。

(a) 证明

$$[x(t) * h(t)] * g(t) = x(t) * [h(t) * g(t)] \tag{P2.43-1}$$

利用式(P2.43-1)两边都等于

$$\int_{-\infty}^{+\infty}\int_{-\infty}^{+\infty} x(\tau)h(\sigma)g(t-\tau-\sigma) d\tau d\sigma$$

来证明。

(b) 考虑两个线性时不变系统，其单位脉冲响应 $h_1[n]$ 和 $h_2[n]$ 分别如图 P2.43(a)所示。这两个系统按图 P2.43(b)级联，令 $x[n] = u[n]$。

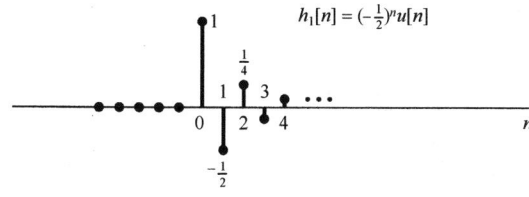

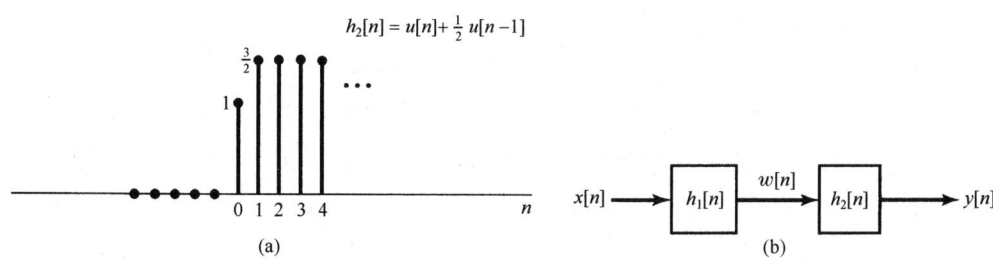

图 P2.43

(i) 先计算 $w[n] = x[n] * h_1[n]$，然后再计算 $y[n] = w[n] * h_2[n]$，也就是按 $y[n] = [x[n] * h_1[n]] * h_2[n]$ 来求 $y[n]$。

(ii) 先将 $h_1[n]$ 和 $h_2[n]$ 卷积，得出 $g[n] = h_1[n] * h_2[n]$，然后再将 $x[n]$ 与 $g[n]$ 卷积，求出 $y[n] = x[n] * [h_1[n] * h_2[n]]$。

(i) ~ (ii) 的结果应该相同，这就说明了离散时间卷积的结合律性质。

(c) 再次考虑图 P2.43(b)所示两个线性时不变系统的级联，这时
$$h_1[n] = \sin 8n \quad \text{且} \quad h_2[n] = a^n u[n], \quad |a| < 1$$
输入是
$$x[n] = \delta[n] - a\delta[n-1]$$
求输出 $y[n]$。**提示**：利用卷积性质的结合律和交换律将大大方便此题的求解。

2.44 (a) 若
$$x(t) = 0, \ |t| > T_1 \quad \text{且} \quad h(t) = 0, \ |t| > T_2$$
则
$$x(t) * h(t) = 0, \ |t| > T_3$$
T_3 是某个正数。试用 T_1 和 T_2 来表示 T_3。

(b) 一个离散时间线性时不变系统的输入为 $x[n]$，单位脉冲响应为 $h[n]$，且输出为 $y[n]$。若已知 $h[n]$ 在 $N_0 \leq n \leq N_1$ 区间以外都是零，而已知 $x[n]$ 在 $N_2 \leq n \leq N_3$ 区间以外都是零，那么输出 $y[n]$ 除了在某一区间 $N_4 \leq n \leq N_5$ 内，在其余地方都是零。

(i) 利用 N_0，N_1，N_2 和 N_3 来求出 N_4 和 N_5。

(ii) 若 $N_0 \leq n \leq N_1$ 区间长度为 M_h，$N_2 \leq n \leq N_3$ 区间长度为 M_x，而 $N_4 \leq n \leq N_5$ 区间长度为 M_y，试用 M_h 和 M_x 来表示 M_y。

(c) 考虑一个离散时间线性时不变系统，它具有这么一个特点：若对所有的 $n \geq 10$ 都有 $x[n] = 0$，则对所有的 $n \geq 15$ 都有 $y[n] = 0$。系统单位脉冲响应 $h[n]$ 必须满足什么条件才有此特性？

(d) 有一个线性时不变系统的单位冲激响应如图 P2.44所示。为了确定 $y(0)$，必须知道 $x(t)$ 在什么区间内？

2.45 (a) 证明，若一个线性时不变系统对 $x(t)$ 的响应是输出 $y(t)$，则该系统对
$$x'(t) = \frac{dx(t)}{dt}$$
的响应是 $y'(t)$。做这道题有三种不同的方法：

(i) 直接由线性和时不变性，并根据
$$x'(t) = \lim_{h \to 0} \frac{x(t) - x(t-h)}{h}$$

(ii) 通过将卷积积分取微分来解。

(iii) 利用图 P2.45 所示的系统来解。

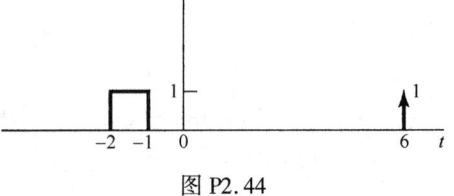

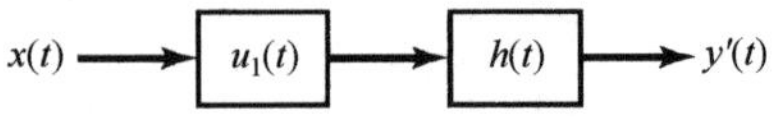

图 P2.44

图 P2.45

(b) 说明下列关系的正确性：

(i) $y'(t) = x(t) * h'(t)$

(ii) $y(t) = \left(\int_{-\infty}^{t} x(\tau)d\tau\right) * h'(t) = \int_{-\infty}^{t} [x'(\tau) * h(\tau)]d\tau = x'(t) * \left(\int_{-\infty}^{t} h(\tau)d\tau\right)$

提示：利用本题(a)中(iii)题的方框图和 $u_1(t) * u_{-1}(t) = \delta(t)$，这些都很容易证明。

(c) 一个线性时不变系统对输入 $x(t) = e^{-5t}u(t)$ 的响应为 $y(t) = \sin\omega_0 t$，用本题的(a)的结果，会有助于确定该系统的单位冲激响应。

(d) 令 $s(t)$ 是一个连续时间线性时不变系统的单位阶跃响应，利用(b)的结果，推出对输入 $x(t)$ 的响应 $y(t)$ 为

$$y(t) = \int_{-\infty}^{+\infty} x'(\tau)s(t-\tau)\,d\tau \qquad \text{(P2.45-1)}$$

同时证明

$$x(t) = \int_{-\infty}^{+\infty} x'(\tau)u(t-\tau)\,d\tau \qquad \text{(P2.45-2)}$$

(e) 利用式(P2.45-1)求单位阶跃响应为

$$s(t) = (e^{-3t} - 2e^{-2t} + 1)u(t)$$

的线性时不变系统对输入 $x(t) = e^t u(t)$ 的响应。

(f) 令 $s[n]$ 为一个离散时间线性时不变系统的单位阶跃响应，在离散时间情况下与式(P2.45-1)和式(P2.45-2)对应的是什么？

2.46 考虑一个线性时不变系统 S 和一个信号 $x(t) = 2e^{-3t}u(t-1)$，若

$$x(t) \longrightarrow y(t)$$

且

$$\frac{dx(t)}{dt} \longrightarrow -3y(t) + e^{-2t}u(t)$$

求系统 S 的单位冲激响应 $h(t)$。

2.47 已知单位冲激响应为 $h_0(t)$ 的某一线性时不变系统，当输入为 $x_0(t)$ 时，输出为 $y_0(t)$，如图 P2.47 所示。现在给出下列一组输入和线性时不变系统的单位冲激响应：

输入 $x(t)$ 单位冲激响应 $h(t)$

(a) $x(t) = 2x_0(t)$ $h(t) = h_0(t)$
(b) $x(t) = x_0(t) - x_0(t-2)$ $h(t) = h_0(t)$
(c) $x(t) = x_0(t-2)$ $h(t) = h_0(t+1)$
(d) $x(t) = x_0(-t)$ $h(t) = h_0(t)$
(e) $x(t) = x_0(-t)$ $h(t) = h_0(-t)$
(f) $x(t) = x_0'(t)$ $h(t) = h_0'(t)$

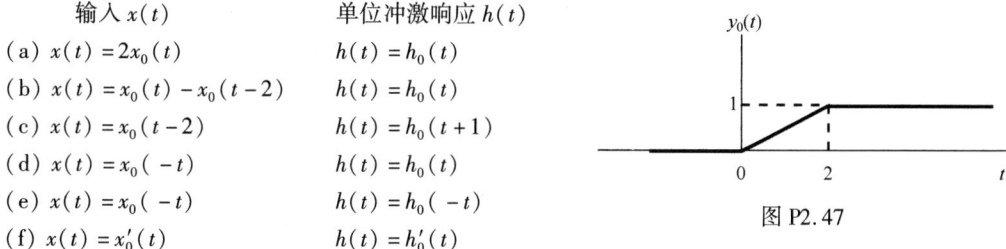

图 P2.47

这里 $x_0'(t)$ 和 $h_0'(t)$ 分别为 $x_0(t)$ 和 $h_0(t)$ 的一阶导数。

在每一种情况下，判断当输入为 $x(t)$，系统的单位冲激响应为 $h(t)$ 时，有无足够的信息来确定输出 $y(t)$。如果有可能确定 $y(t)$，请准确地画出 $y(t)$，并在图上标明数值。

2.48 判断下面有关线性时不变系统的说法是对还是错，并陈述理由。

(a) 若 $h(t)$ 是一个线性时不变系统的单位冲激响应，并且 $h(t)$ 是周期的且非零，则系统是不稳定的。
(b) 一个因果线性时不变系统的逆系统总是因果的。
(c) 若 $|h[n]| \leq K$(对每一个 n), K 为某已知数，则以 $h[n]$ 作为单位脉冲响应的线性时不变系统是稳定的。
(d) 若一个离散时间线性时不变系统的单位脉冲响应 $h[n]$ 为有限长的，则系统是稳定的。
(e) 若一个线性时不变系统是因果的，它就是稳定的。
(f) 一个非因果线性时不变系统与一个因果线性时不变系统级联，必定是非因果的。
(g) 当且仅当一个连续时间线性时不变系统的单位阶跃响应 $s(t)$ 是绝对可积的，即

$$\int_{-\infty}^{+\infty} |s(t)|\,dt < \infty$$

该系统就是稳定的。

(h) 当且仅当一个离散时间线性时不变系统的单位阶跃响应 $s[n]$ 在 $n<0$ 时为零，该系统就是因果的。

2.49 本章中已证明，若 $h[n]$ 是绝对可和的，即

$$\sum_{k=-\infty}^{+\infty} |h[k]| < \infty$$

那么具有单位脉冲响应为 $h[n]$ 的线性时不变系统就是稳定的。这意味着绝对可和是稳定性的**充分条**

件。本题将证明它也是一个**必要**条件。现考虑一个线性时不变系统,它的单位脉冲响应 $h[n]$ 不是绝对可和的,即

$$\sum_{k=-\infty}^{+\infty} |h[k]| = \infty$$

(a) 假定这个系统的输入是

$$x[n] = \begin{cases} 0, & \text{若 } h[-n] = 0 \\ \frac{h[-n]}{|h[-n]|}, & \text{若 } h[-n] \neq 0 \end{cases}$$

这个输入信号代表了一个有界的输入吗?若是,什么是最小的 B,使得

$$|x[n]| \leq B \quad \text{对全部} n$$

(b) 对这一特选的输入,求 $n=0$ 时的输出。这个结果能证明绝对可和是稳定性的必要条件这一论点吗?

(c) 用相同的方法证明:当且仅当单位冲激响应是绝对可积的时,一个连续时间线性时不变系统就是稳定的。

2.50 图 P2.50 所示为两个系统的级联,其中第一个系统 A 是线性时不变的,而第二个系统 B 是系统 A 的逆系统。设 $y_1(t)$ 是系统 A 对 $x_1(t)$ 的响应,$y_2(t)$ 是系统 A 对 $x_2(t)$ 的响应。

(a) 若输入为 $ay_1(t) + by_2(t)$,a 和 b 都是常数,求系统 B 的响应。

(b) 若输入为 $y_1(t-\tau)$,求系统 B 的响应。

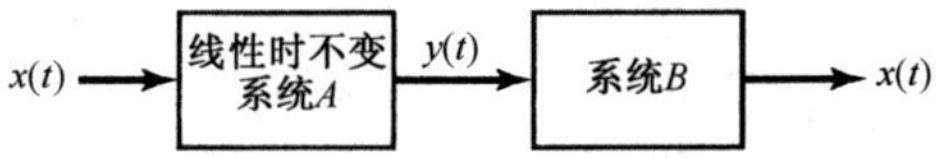

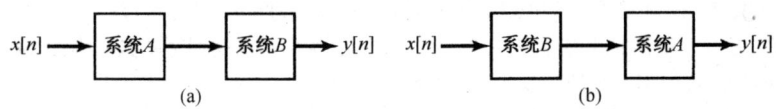

图 P2.50

2.51 在本章中已经看到,两个线性时不变系统的级联的总的输入-输出关系与它们在级联中的次序没有关系。这一交换律性质都依赖于这两个系统的线性和时不变性。在本题中要说明这一点。

(a) 考虑两个离散时间系统 A 和 B,其中系统 A 是一个线性时不变系统,其单位脉冲响应 $h[n] = (1/2)^n u[n]$,系统 B 是线性的,但是是时变的。具体而言,若 $w[n]$ 是系统 B 的输入,其输出是

$$z[n] = nw[n]$$

分别计算图 P2.51(a) 和图 P2.51(b) 两个级联系统的单位脉冲响应,证明这两个系统不具备交换律性质。

(b) 将图 P2.51 的两个级联系统中系统 B 代之以输入 $w[n]$ 和输出 $z[n]$ 满足下列关系的系统:

$$z[n] = w[n] + 2$$

重新按(a)的要求计算。

图 P2.51

2.52 考虑一个离散时间线性时不变系统,其单位脉冲响应为

$$h[n] = (n+1)\alpha^n u[n]$$

其中 $|\alpha| < 1$。证明:该系统的单位阶跃响应是

$$s[n] = \left[\frac{1}{(\alpha-1)^2} - \frac{\alpha}{(\alpha-1)^2} \alpha^n + \frac{\alpha}{(\alpha-1)}(n+1)\alpha^n \right] u[n]$$

提示:利用下面的等式:

$$\sum_{k=0}^{N} (k+1)\alpha^k = \frac{d}{d\alpha} \sum_{k=0}^{N+1} \alpha^k$$

2.53 (a) 有齐次微分方程

$$\sum_{k=0}^{N} a_k \frac{d^k y(t)}{dt^k} = 0 \tag{P2.53-1}$$

证明：若 s_0 是方程

$$p(s) = \sum_{k=0}^{N} a_k s^k = 0 \tag{P2.53-2}$$

的一个解，则 $Ae^{s_0 t}$ 是式(P2.53-1)的一个解，其中 A 是任意复常数。

(b) 式(P2.53-2)的多项式 $p(s)$ 可以根据方程的根 $s_1, \cdots, s_r$ 进行因式分解为

$$p(s) = a_N(s - s_1)^{\sigma_1}(s - s_2)^{\sigma_2} \cdots (s - s_r)^{\sigma_r}$$

其中 s_i 是式(P2.53-2)的互异根，而 σ_i 是重根数(即在解中每个根出现的次数)。应该有

$$\sigma_1 + \sigma_2 + \cdots + \sigma_r = N$$

一般来说，若 $\sigma_i > 1$，那么不仅 $Ae^{s_i t}$ 是式(P2.53-1)的一个解，而且 $At^j e^{s_i t}$ 也是它的解，只要 j 是整数且 $0 \le j \le \sigma_i - 1$。为了说明这一点，证明：若 $\sigma_i = 2$，那么 $At e^{s_i t}$ 就是式(P2.53-1)的一个解。

提示：证明，若 s 是某任意复数，则

$$\sum_{k=0}^{N} \frac{\mathrm{d}^k (At e^{st})}{\mathrm{d} t^k} = Ap(s)t e^{st} + A \frac{\mathrm{d} p(s)}{\mathrm{d} s} e^{st}$$

因此，式(P2.53-1)的最一般解是

$$\sum_{i=1}^{r} \sum_{j=0}^{\sigma_i - 1} A_{ij} t^j e^{s_i t}$$

其中 A_{ij} 是任意复常数。

(c) 用给出的附加条件解下列齐次微分方程。

(i) $\dfrac{\mathrm{d}^2 y(t)}{\mathrm{d} t^2} + 3 \dfrac{\mathrm{d} y(t)}{\mathrm{d} t} + 2y(t) = 0$, $y(0) = 0$, $y'(0) = 2$

(ii) $\dfrac{\mathrm{d}^2 y(t)}{\mathrm{d} t^2} + 3 \dfrac{\mathrm{d} y(t)}{\mathrm{d} t} + 2y(t) = 0$, $y(0) = 1$, $y'(0) = -1$

(iii) $\dfrac{\mathrm{d}^2 y(t)}{\mathrm{d} t^2} + 3 \dfrac{\mathrm{d} y(t)}{\mathrm{d} t} + 2y(t) = 0$, $y(0) = 0$, $y'(0) = 0$

(iv) $\dfrac{\mathrm{d}^2 y(t)}{\mathrm{d} t^2} + 2 \dfrac{\mathrm{d} y(t)}{\mathrm{d} t} + y(t) = 0$, $y(0) = 1$, $y'(0) = 1$

(v) $\dfrac{\mathrm{d}^3 y(t)}{\mathrm{d} t^3} + \dfrac{\mathrm{d}^2 y(t)}{\mathrm{d} t^2} - \dfrac{\mathrm{d} y(t)}{\mathrm{d} t} - y(t) = 0$, $y(0) = 1$, $y'(0) = 1$, $y''(0) = -2$

(vi) $\dfrac{\mathrm{d}^2 y(t)}{\mathrm{d} t^2} + 2 \dfrac{\mathrm{d} y(t)}{\mathrm{d} t} + 5y(t) = 0$, $y(0) = 1$, $y'(0) = 1$

2.54 (a) 考虑齐次差分方程

$$\sum_{k=0}^{N} a_k y[n-k] = 0 \tag{P2.54-1}$$

证明：若 z_0 是方程

$$\sum_{k=0}^{N} a_k z^{-k} = 0 \tag{P2.54-2}$$

的一个解，则 Az_0^n 就是式(P2.54-1)的一个解，其中 A 为任意常数。

(b) 由于现在对仅有非负幂的 z 多项式操作起来比较方便，所以将式(P2.54-2)的两边各乘以 z^N，可得

$$p(z) = \sum_{k=0}^{N} a_k z^{N-k} = 0 \tag{P2.54-3}$$

$p(z)$ 多项式可以因式分解为

$$p(z) = a_0(z - z_1)^{\sigma_1} \cdots (z - z_r)^{\sigma_r}$$

其中 $z_1, \cdots, z_r$ 为 $p(z)$ 的各互异根。

证明：若 $y[n] = nz^{n-1}$，则

$$\sum_{k=0}^{N} a_k y[n-k] = \frac{\mathrm{d}p(z)}{\mathrm{d}z} z^{n-N} + (n-N) p(z) z^{n-N-1}$$

利用上面的结果，证明：若 $\sigma_i = 2$，则 $A z_i^n$ 和 $B n z_i^{n-1}$ 都是式（P2.54-1）的解，其中 A 和 B 为任意复常数。更一般的情况是可以利用相同的过程证明：若 $\sigma_i > 1$，则

$$A \frac{n!}{r!(n-r)!} z^{n-r}$$

是式（P2.54-1）的一个解，$r = 0, 1, \cdots, \sigma_i - 1$①。

(c) 用给出的附加条件解下列齐次差分方程。

 (i) $y[n] + \frac{3}{4} y[n-1] + \frac{1}{8} y[n-2] = 0;\ y[0] = 1,\ y[-1] = -6$

 (ii) $y[n] - 2y[n-1] + y[n-2] = 0;\ y[0] = 1,\ y[1] = 0$

 (iii) $y[n] - 2y[n-1] + y[n-2] = 0;\ y[0] = 1,\ y[10] = 21$

 (iv) $y[n] - \frac{\sqrt{2}}{2} y[n-1] + \frac{1}{4} y[n-2] = 0;\ y[0] = 0,\ y[-1] = 1$

2.55 本章中讨论了一种解线性常系数差分方程的方法，而在习题 2.30 中又给了另一种解法。如果已进行了初始松弛假设，由该差分方程描述的系统就是线性时不变和因果的，那么原则上就能利用这两种方法中的任何一种来确定系统的单位脉冲响应 $h[n]$。第 5 章将讨论另一种方法，可以更简洁地确定 $h[n]$。本题还将介绍另一种方法，这种方法基本上表明，$h[n]$ 可以通过在适当的初始条件下解齐次方程来确定。

(a) 考虑系统初始松弛，并由下列方程描述：

$$y[n] - \frac{1}{2} y[n-1] = x[n] \tag{P2.55-1}$$

假设 $x[n] = \delta[n]$，$y[0]$ 是什么？对于 $n \geq 1$，$h[n]$ 满足什么样的方程和怎样的附加条件？解出这个方程就求出了 $h[n]$ 的一个闭式表达式。

(b) 接下来考虑该线性时不变系统，初始松弛且由下列差分方程描述：

$$y[n] - \frac{1}{2} y[n-1] = x[n] + 2x[n-1] \tag{P2.55-2}$$

这个系统作为两个初始松弛的线性时不变系统的级联，如图 P2.55(a)所示。由于线性时不变系统的性质，可以颠倒级联中系统的次序而得到另一种表示，如图 P2.55(b)所示。据此，利用(a)的结果来确定由式（P2.55-2）给出的系统单位脉冲响应。

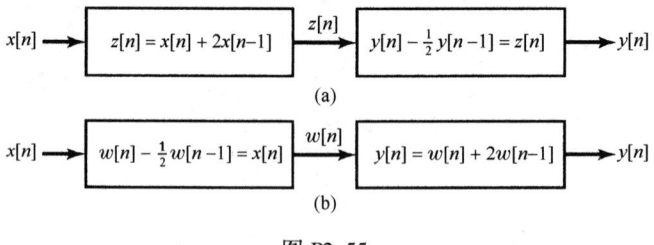

图 P2.55

(c) 再考虑(a)中的系统，$h[n]$ 记为它的单位脉冲响应。利用证明式（P2.55-3）满足差分方程式（P2.55-1）来证明对任意输入 $x[n]$ 的响应 $y[n]$ 事实上可由下面的卷积和给出：

$$y[n] = \sum_{m=-\infty}^{+\infty} h[n-m] x[m] \tag{P2.55-3}$$

---

① 此处用了阶乘的符号，即 $k! = k(k-1)(k-2)\cdots(2)(1)$，在这里 $0!$ 定义为 1。

(d) 考虑一个初始松弛并由下列差分方程描述的线性时不变系统：

$$\sum_{k=0}^{N} a_k y[n-k] = x[n] \qquad (P2.55\text{-}4)$$

假定 $a_0 \neq 0$，若 $x[n] = \delta[n]$，则 $y[0]$ 是什么？利用这个结果，列出齐次方程和系统单位脉冲响应必须满足的初始条件。

接下来考虑由差分方程

$$\sum_{k=0}^{N} a_k y[n-k] = \sum_{k=0}^{M} b_k x[n-k] \qquad (P2.55\text{-}5)$$

描述的因果线性时不变系统。将这个系统的单位脉冲响应用由式(P2.55-4)给出的线性时不变系统的单位脉冲响应来表示。

(e) 还有另一种方法来确定由式(P2.55-5)描述的线性时不变系统的单位脉冲响应。已知初始松弛，这种情况下即 $y[-N] = y[-N+1] = \cdots = y[-1] = 0$，当 $x[n] = \delta[n]$ 时，用递归运算解式(P2.55-5)，求得 $y[0], \cdots, y[M]$。对 $n \geq M$，$h[n]$ 满足什么方程？对这个方程合适的初始条件是什么？

(f) 利用(d)和(e)中所讨论的任一种方法，求由下列方程描述的因果线性时不变系统的单位脉冲响应。
  (i) $y[n] - y[n-2] = x[n]$
  (ii) $y[n] - y[n-2] = x[n] + 2x[n-1]$
  (iii) $y[n] - y[n-2] = 2x[n] - 3x[n-4]$
  (iv) $y[n] - (\sqrt{3}/2)y[n-1] + \frac{1}{4}y[n-2] = x[n]$

2.56 本题和上题一样是对连续时间系统讨论一种求单位冲激响应的办法。下面将再次看到，对于一个具有初始松弛条件的，由线性常系数微分方程描述的线性时不变系统，求 $t > 0$ 时单位冲激响应 $h(t)$ 的问题，转变为解一个具有适当初始条件的齐次方程的问题。

(a) 考虑初始松弛并由下面的微分方程描述的线性时不变系统：

$$\frac{dy(t)}{dt} + 2y(t) = x(t) \qquad (P2.56\text{-}1)$$

设 $x(t) = \delta(t)$。为了在单位冲激加入**以后立即**确定 $y(t)$ 的值，可以考虑将式(P2.56-1)从 $t = 0^-$ 到 $t = 0^+$（也就是从冲激"刚刚加入之前"到"刚刚加入之后"）积分，可得

$$y(0^+) - y(0^-) + 2\int_{0^-}^{0^+} y(\tau)d\tau = \int_{0^-}^{0^+} \delta(\tau)d\tau = 1 \qquad (P2.56\text{-}2)$$

因为系统初始松弛，以及 $t < 0$ 时 $x(t) = 0$，所以 $y(0^-) = 0$。为了满足式(P2.56-2)，必须有 $y(0^+) = 1$。因为 $t > 0$ 时 $x(t) = 0$，因此系统的单位冲激响应就是齐次微分方程

$$\frac{dy(t)}{dt} + 2y(t) = 0$$

在初始条件 $y(0^+) = 1$ 下的解。解这个微分方程可以求得该系统的单位冲激响应 $h(t)$。证明

$$y(t) = \int_{-\infty}^{+\infty} h(t-\tau)x(\tau)d\tau$$

对任何输入 $x(t)$ 都满足式(P2.56-1)，就可验证所得结果。

(b) 为了把前面的论据一般化，现考虑初始松弛并由下面的微分方程描述的线性时不变系统：

$$\sum_{k=0}^{N} a_k \frac{d^k y(t)}{dt^k} = x(t) \qquad (P2.56\text{-}3)$$

设 $x(t) = \delta(t)$。因为 $t < 0$ 时 $x(t) = 0$，所以初始松弛条件就意味着

$$y(0^-) = \frac{dy}{dt}(0^-) = \cdots = \frac{d^{N-1}y}{dt^{N-1}}(0^-) = 0 \qquad (P2.56\text{-}4)$$

将式(P2.56-3)两边从 $t = 0^-$ 到 $t = 0^+$ 积分，并应用式(P2.56-4)，采用类似于在(a)中所用的证明

方式，可以证明所得方程满足：

$$y(0^+) = \frac{dy}{dt}(0^+) = \cdots = \frac{d^{N-2}y}{dt^{N-2}}(0^+) = 0 \quad (P2.56\text{-}5a)$$

和

$$\frac{d^{N-1}y}{dt^{N-1}}(0^+) = \frac{1}{a_N} \quad (P2.56\text{-}5b)$$

这样，对于 $t>0$ 的系统单位冲激响应就可以用式(P2.56-5)的初始条件，解下面的齐次方程求出：

$$\sum_{k=0}^{N} a_k \frac{d^k y(t)}{dt^k} = 0$$

(c) 考虑由下面的微分方程描述的因果线性时不变系统：

$$\sum_{k=0}^{N} a_k \frac{d^k y(t)}{dt^k} = \sum_{k=0}^{M} b_k \frac{d^k x(t)}{dt^k} \quad (P2.56\text{-}6)$$

将该系统的单位冲激响应用(b)系统的单位冲激响应来表示。**提示**：考察图 P2.56。

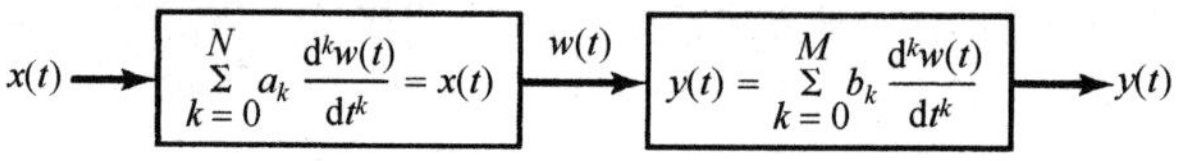

$$x(t) \longrightarrow \boxed{\sum_{k=0}^{N} a_k \frac{d^k w(t)}{dt^k} = x(t)} \xrightarrow{w(t)} \boxed{y(t) = \sum_{k=0}^{M} b_k \frac{d^k w(t)}{dt^k}} \longrightarrow y(t)$$

图 P2.56

(d) 应用在(b)和(c)中所说的步骤，求由下列微分方程描述的初始松弛的线性时不变系统的单位冲激响应。

(i) $\dfrac{d^2 y(t)}{dt^2} + 3 \dfrac{dy(t)}{dt} + 2y(t) = x(t)$ (ii) $\dfrac{d^2 y(t)}{dt^2} + 2 \dfrac{dy(t)}{dt} + 2y(t) = x(t)$

(e) 利用(b)和(c)中所得的结果，推论：若在式(P2.56-6)中 $M \geq N$，那么单位冲激响应 $h(t)$ 一定在 $t=0$ 处含有奇异函数项。特别是 $h(t)$ 一定包含有形式为

$$\sum_{r=0}^{M-N} \alpha_r u_r(t)$$

的项，其中 α_r 是常数，而 $u_r(t)$ 是2.5节所定义的奇异函数。

(f) 求由下列微分方程描述的因果线性时不变系统的单位冲激响应。

(i) $\dfrac{dy(t)}{dt} + 2y(t) = 3 \dfrac{dx(t)}{dt} + x(t)$

(ii) $\dfrac{d^2 y(t)}{dt^2} + 5 \dfrac{dy(t)}{dt} + 6y(t) = \dfrac{d^3 x(t)}{dt^3} + 2 \dfrac{d^2 x(t)}{dt^2} + 4 \dfrac{dx(t)}{dt} + 3x(t)$

2.57 考虑一个因果线性时不变系统 S，其输入 $x[n]$ 和输出 $y[n]$ 由下列差分方程给出：

$$y[n] = -ay[n-1] + b_0 x[n] + b_1 x[n-1]$$

(a) 证明：系统 S 可以由 S_1 和 S_2 两个因果线性时不变系统的级联构成，S_1 和 S_2 的输入-输出关系分别为

$$S_1: y_1[n] = b_0 x_1[n] + b_1 x_1[n-1]$$

$$S_2: y_2[n] = -a y_2[n-1] + x_2[n]$$

(b) 画出 S_1 的方框图表示。

(c) 画出 S_2 的方框图表示。

(d) 将 S 的方框图表示画成 S_1 的方框图表示紧跟着 S_2 的方框图表示的级联。

(e) 将 S 的方框图表示画成 S_2 的方框图表示紧跟着 S_1 的方框图表示的级联。

(f) 证明：在(e)中得到的 S 方框图表示中，2个单位延迟单元可以合并成1个单位延迟单元。这样所得的方框图称为 S 的**直接Ⅱ型实现**；而在(d)和(e)中得到的方框图称为**直接Ⅰ型实现**。

2.58 考虑一个因果线性时不变系统 S，其输入 $x[n]$ 和输出 $y[n]$ 由下列差分方程给出：

$$2y[n] - y[n-1] + y[n-3] = x[n] - 5x[n-4]$$

(a) 证明：系统 S 可以由 S_1 和 S_2 两个因果线性时不变系统的级联构成，S_1 和 S_2 的输入-输出关系分别为

$$S_1: 2y_1[n] = x_1[n] - 5x_1[n-4]$$

$$S_2: y_2[n] = \frac{1}{2}y_2[n-1] - \frac{1}{2}y_2[n-3] + x_2[n]$$

(b) 画出 S_1 的方框图表示。

(c) 画出 S_2 的方框图表示。

(d) 将 S 的方框图表示画成 S_1 的方框图表示紧跟着 S_2 的方框图表示的级联。

(e) 将 S 的方框图表示画成 S_2 的方框图表示紧跟着 S_1 的方框图表示的级联。

(f) 证明：在(e)中得到的 S 方框图表示中，4 个延迟单元可以合并成 3 个。这样所得到的方框图称为 S 的直接 Ⅱ 型实现；而在(d)和(e)中得到的方框图称为 S 的直接 Ⅰ 型实现。

2.59 考虑一个因果线性时不变系统 S，其输入 $x(t)$ 和输出 $y(t)$ 由下列微分方程给出：

$$a_1\frac{\mathrm{d}y(t)}{\mathrm{d}t} + a_0 y(t) = b_0 x(t) + b_1\frac{\mathrm{d}x(t)}{\mathrm{d}t}$$

(a) 证明

$$y(t) = A\int_{-\infty}^{t} y(\tau)\mathrm{d}\tau + Bx(t) + C\int_{-\infty}^{t} x(\tau)\mathrm{d}\tau$$

并用常数 a_0，a_1，b_0 和 b_1 来表示常数 A，B 和 C。

(b) 证明 S 可以认为是下面两个因果线性时不变系统的级联：

$$S_1: y_1(t) = Bx_1(t) + C\int_{-\infty}^{t} x(\tau)\mathrm{d}\tau$$

$$S_2: y_2(t) = A\int_{-\infty}^{t} y_2(\tau)\mathrm{d}\tau + x_2(t)$$

(c) 画出 S_1 的方框图表示。

(d) 画出 S_2 的方框图表示。

(e) 将 S 的方框图表示画成 S_1 的方框图表示紧跟着 S_2 的方框图表示的级联。

(f) 将 S 的方框图表示画成 S_2 的方框图表示紧跟着 S_1 的方框图表示的级联。

(g) 证明：在(f)中 2 个积分器可以合并成 1 个。这样所得到的方框图称为 S 的直接 Ⅱ 型实现；而在(e)和(f)中所得到的方框图称为 S 的直接 Ⅰ 型实现。

2.60 考虑一个因果线性时不变系统 S，其输入 $x(t)$ 和输出 $y(t)$ 由下列微分方程给出：

$$a_2\frac{\mathrm{d}^2 y(t)}{\mathrm{d}t^2} + a_1\frac{\mathrm{d}y(t)}{\mathrm{d}t} + a_0 y(t) = b_0 x(t) + b_1\frac{\mathrm{d}x(t)}{\mathrm{d}t} + b_2\frac{\mathrm{d}^2 x(t)}{\mathrm{d}t^2}$$

(a) 证明

$$y(t) = A\int_{-\infty}^{t} y(\tau)\mathrm{d}\tau + B\int_{-\infty}^{t}\left(\int_{-\infty}^{\tau} y(\sigma)\mathrm{d}\sigma\right)\mathrm{d}\tau +$$

$$Cx(t) + D\int_{-\infty}^{t} x(\tau)\mathrm{d}\tau + E\int_{-\infty}^{t}\left(\int_{-\infty}^{\tau} x(\sigma)\mathrm{d}\sigma\right)\mathrm{d}\tau$$

并用常数 a_0，a_1，a_2，b_0，b_1 和 b_2 来表示常数 A，B，C，D 和 E。

(b) 证明：S 可以认为是下面两个因果线性时不变系统的级联：

$$S_1: y_1(t) = Cx_1(t) + D\int_{-\infty}^{t} x_1(\tau)\mathrm{d}\tau + E\int_{-\infty}^{t}\left(\int_{-\infty}^{\tau} x_1(\sigma)\mathrm{d}\sigma\right)\mathrm{d}\tau$$

$$S_2: y_2(t) = A\int_{-\infty}^{t} y_2(\tau)\mathrm{d}\tau + B\int_{-\infty}^{t}\left(\int_{-\infty}^{\tau} y_2(\sigma)\mathrm{d}\sigma\right)\mathrm{d}\tau + x_2(t)$$

(c) 画出 S_1 的方框图表示。

(d) 画出 S_2 的方框图表示。

(e) 将 S 的方框图表示画成 S_1 的方框图表示紧跟着 S_2 的方框图表示的级联。

(f) 将 S 的方框图表示画成 S_2 的方框图表示紧跟着 S_1 的方框图表示的级联。

(g) 证明：在(f)中 4 个积分器可以合并成 2 个。这样所得到的方框图称为 S 的直接 II 型实现；而在 (e) 和(f)中所得到的方框图称为 S 的直接 I 型实现。

扩充题

2.61 (a) 在图 P2.61(a)中，$x(t)$ 是输入电压，电容器上的电压 $y(t)$ 是该系统的输出。

  (i) 求联系 $x(t)$ 和 $y(t)$ 的微分方程。

  (ii) 证明由(i)得出的微分方程的齐次解的形式为 $K_1 e^{j\omega_1 t} + K_2 e^{j\omega_2 t}$，给出 ω_1 和 ω_2 的值。

  (iii) 因为电压和电流都为实数，证明：该系统的自然响应是正弦的。

(b) 在图 P2.61(b)中，$x(t)$ 是输入电压，电容器上的电压 $y(t)$ 是该系统的输出。

  (i) 求关联 $x(t)$ 和 $y(t)$ 的微分方程。

  (ii) 证明该系统的自然响应的形式为 Ke^{-at}，给出 a 的值。

(c) 图 P2.61(c)中的 $x(t)$ 是输入电压，电容器上的电压 $y(t)$ 是该系统的输出。

  (i) 求关联 $x(t)$ 和 $y(t)$ 的微分方程。

  (ii) 证明由(i)得出的微分方程的齐次解的形式为 $e^{-at}\{K_1 e^{j2t} + K_2 e^{-j2t}\}$，给出 a 的值。

  (iii) 因为电压和电流都是实数，证明：该系统的自然响应为一个衰减的正弦振荡。

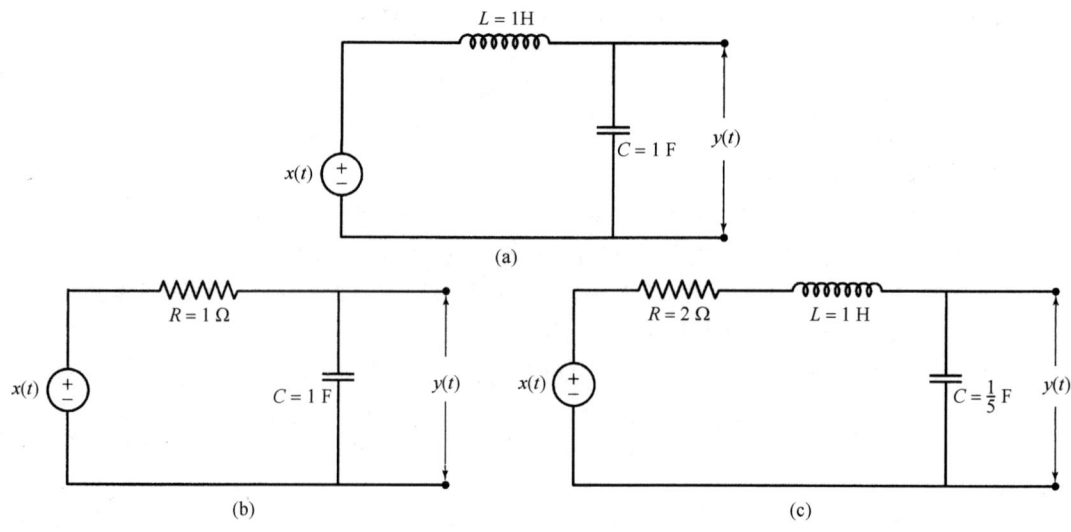

图 P2.61

2.62 (a) 在图 P2.62(a)所示的力学系统中，作用于质量上的力 $x(t)$ 代表输入，而该质量的位移 $y(t)$ 代表输出。求关联 $x(t)$ 和 $y(t)$ 的微分方程。证明：该系统的自然响应是周期的。

(b) 考虑图 P2.62(b)，其中外力 $x(t)$ 是输入，速度 $y(t)$ 是输出。小车的质量为 m，而运动摩擦系数是 ρ。证明：该系统的自然响应随时间增加而衰减。

(c) 在图 P2.62(c)所示的力学系统中，作用于质量上的力 $x(t)$ 代表输入，而该质量的位移 $y(t)$ 代表输出。

  (i) 求关联 $x(t)$ 和 $y(t)$ 的微分方程。

  (ii) 证明由(i)得出的微分方程的齐次解的形式为 $e^{-at}\{K_1 e^{jt} + K_2 e^{-jt}\}$，给出 a 的值。

  (iii) 因为力和位移都是实数，证明：该系统的自然响应是一个衰减的正弦振荡。

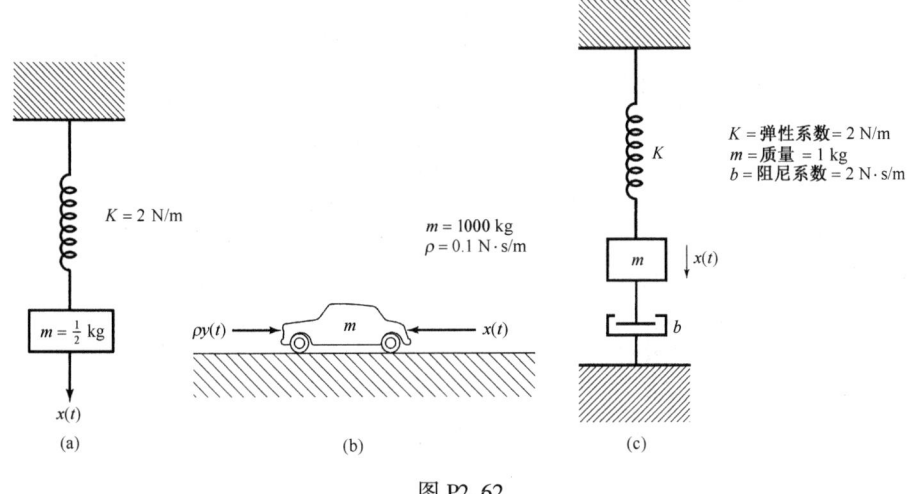

图 P2.62

2.63 以每月支付 D 美元的办法偿还一笔 100 000 美元的抵押贷款。利息(按月复利)是按每年末偿还金额 12% 计息的。例如，第一个月，总的欠款等于

$$\$100\,000 + \left(\frac{0.12}{12}\right)\$100\,000 = \$101\,000$$

现在的问题是要确定 D，以使得在某一规定时间内，贷款全部还清，留下的余额为零。

(a) 为了拟定这个问题，令 $y[n]$ 记为第 n 个月支付后余下的未付欠款。假设贷款是在第 0 个月借的，第 1 个月开始每月偿还。证明 $y[n]$ 满足下列差分方程：

$$y[n] - \gamma y[n-1] = -D, \qquad n \geq 1 \qquad \text{(P2.63-1)}$$

初始条件为

$$y[0] = \$100\,000$$

其中 γ 是一个常数。确定 γ 的值。

(b) 解(a)中的差分方程，求出 $n \geq 0$ 时的 $y[n]$。

提示：式(P2.63-1)的特解是一个常数 Y，求出 Y 的值，并将 $n \geq 1$ 时的 $y[n]$ 表示成特解与齐次解的和。通过式(P2.63-1)直接计算 $y[1]$，定出齐次解中的未知常数，并与你的解进行比较。

(c) 若该抵押贷款要在 30 年内(即每月支付 D 美元，共付 360 个月)偿清，求所需要的 D 值。

(d) 在 30 年内总共付给银行的金额是多少？

(e) 银行为什么要发放贷款？

2.64 逆系统的一个重要应用是希望消除某种类型的失真。其中一个很好的例子就是从声音信号中消除回音的问题。例如，如果某一礼堂有明显的回音，那么一个初始的声音冲激之后将会跟着一些衰减了的原声音冲激，它们在空间间隔上都是有规律地分布的。因此，对这一现象通常使用的模型是一个线性时不变系统，该系统的冲激响应由一个冲激串组成，即

$$h(t) = \sum_{k=0}^{\infty} h_k \delta(t - kT) \qquad \text{(P2.64-1)}$$

其中，T 表示回波发生的间隔，h_k 表示由初始声音冲激产生的第 k 次回波的增益因子。

(a) 假定 $x(t)$ 代表原声音信号(比如由某一乐队发出的音乐)，而 $y(t) = x(t) * h(t)$ 是实际听到的未经回音消除处理的信号。为了消除由回音引入的失真，假定用拾音器检测 $y(t)$，并把获得的信号转换成电信号，仍然用 $y(t)$ 表示这个信号，因为它代表了与该声音信号等价的电信号，并且经由声-电转换系统可从一处传至其他地方。

重要的是，由式(P2.64-1)给定的冲激响应的系统是可逆的。因此，可以找到一个线性时不变系统，使它的冲激响应 $g(t)$ 满足

$$y(t) * g(t) = x(t)$$

于是按此方法处理电信号 $y(t)$，然后再变换成声音信号，就能消除令人烦恼的回音。

所要求的冲激响应 $g(t)$ 也是一个冲激串：

$$g(t) = \sum_{k=0}^{\infty} g_k \delta(t - kT)$$

求各个 g_k 所必须满足的代数方程组，并用 h_k 解出 g_0，g_1 和 g_2。

(b) 假设 $h_0 = 1$，$h_1 = 1/2$，而当 $i \geq 2$ 时所有的 $h_i = 0$，这时，$g(t)$ 是什么？

(c) 回波产生器的一个很好的模型如图 P2.64 所示。所以，每一个回波都代表了被延迟 T 秒并乘以比例因子 α 后被反馈回来的 $y(t)$。由于回波总是衰减了的，所以 $0 < \alpha < 1$。

(i) 该系统的单位冲激响应是什么？假定系统初始松弛，即若 $t < 0$ 时 $x(t) = 0$，则 $t < 0$ 时 $y(t) = 0$。

(ii) 证明：若 $0 < \alpha < 1$ 则系统是稳定的；若 $\alpha > 1$ 则系统是不稳定的。

(iii) 这时 $g(t)$ 是什么？用相加器、系数相乘器和 T 秒延迟单元构成这个逆系统。

(d) 由于一直在考虑连续时间情况下的应用，所以讨论就以连续时间系统来进行。但是，同样的一般概念在离散时间情况下也是成立的，也就是说，单位脉冲响应为

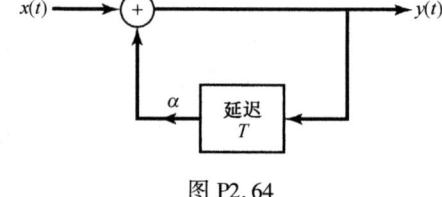

图 P2.64

$$h[n] = \sum_{k=0}^{\infty} h_k \delta[n - kN]$$

的线性时不变系统是可逆的，而且有一个线性时不变系统作为它的逆系统，其单位脉冲响应是

$$g[n] = \sum_{k=0}^{\infty} g_k \delta[n - kN]$$

不难验证，g_k 段满足与 (a) 中同样的代数方程组。

现在考虑单位脉冲响应为

$$h[n] = \sum_{k=-\infty}^{\infty} \delta[n - kN]$$

的离散时间线性时不变系统。该系统是不可逆的。试找出能够产生同样输出的两个输入。

2.65 在习题 1.45 中，介绍并研究了连续时间信号相关函数的某些基本性质。离散时间信号的相关函数基本上也具有与连续时间信号相关函数相同的性质，并且两者在很多应用中都是极为重要的（如在习题 2.66 和习题 2.67 中所讨论的）。本题将介绍离散时间相关函数，并研究它的几个性质。

令 $x[n]$ 和 $y[n]$ 是两个实数值的离散时间信号。$x[n]$ 和 $y[n]$ 的**自相关函数**(autocorrelation function) $\phi_{xx}[n]$ 和 $\phi_{yy}[n]$ 分别定义如下：

$$\phi_{xx}[n] = \sum_{m=-\infty}^{+\infty} x[m+n]x[m] \quad \text{和} \quad \phi_{yy}[n] = \sum_{m=-\infty}^{+\infty} y[m+n]y[m]$$

而**互相关函数**(cross-correlation function) 则由下式给出：

$$\phi_{xy}[n] = \sum_{m=-\infty}^{+\infty} x[m+n]y[m] \quad \text{和} \quad \phi_{yx}[n] = \sum_{m=-\infty}^{+\infty} y[m+n]x[m]$$

与连续时间情况下的类似，这些函数也具有某些对称特性。具体而言，$\phi_{xx}[n]$ 和 $\phi_{yy}[n]$ 是偶函数，而 $\phi_{xy}[n] = \phi_{yx}[-n]$。

(a) 对图 P2.65 所示信号 $x_1[n]$，$x_2[n]$，$x_3[n]$ 和 $x_4[n]$ 计算自相关序列。

(b) 对图 P2.65 所示的 $x_i[n]$，$i = 1, 2, 3, 4$ 计算互相关序列

$$\phi_{x_i x_j}[n], \quad i \neq j, \ i, j = 1, 2, 3, 4$$

(c) 设 $x[n]$ 是单位脉冲响应为 $h[n]$ 的线性时不变系统的输入,相应的输出为 $y[n]$。求用 $\phi_{xx}[n]$ 和 $h[n]$ 表示 $\phi_{xy}[n]$ 和 $\phi_{yy}[n]$ 的表达式。说明怎样才能将 $\phi_{xy}[n]$ 和 $\phi_{yy}[n]$ 看成以 $\phi_{xx}[n]$ 作为输入时,线性时不变系统的输出。**提示**:要通过明确地给出这两个系统的单位脉冲响应来做此题。

(d) 设 $h[n] = x_1[n]$,$x_1[n]$ 示于图 P2.65 中,并设单位脉冲响应为 $h[n]$ 的线性时不变系统,当输入 $x[n]$ 也等于 $x_1[n]$ 时的输出为 $y[n]$。利用(c)的结果,计算 $\phi_{xy}[n]$ 和 $\phi_{yy}[n]$。

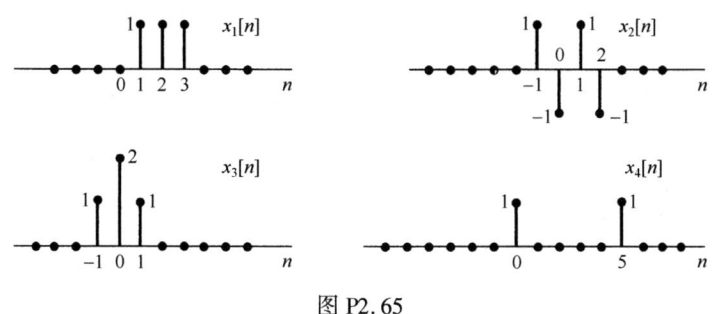

图 P2.65

2.66 设图 P2.66 中的 $h_1(t)$,$h_2(t)$ 和 $h_3(t)$ 是三个线性时不变系统的单位冲激响应。这三个信号称为**沃尔什函数**(Walsh function)。由于沃尔什函数很容易用数字逻辑电路产生,而且与这些函数中的每一个相乘都可以用一种极性倒换开关的简单方式来实现,因此具有很大的实际意义。

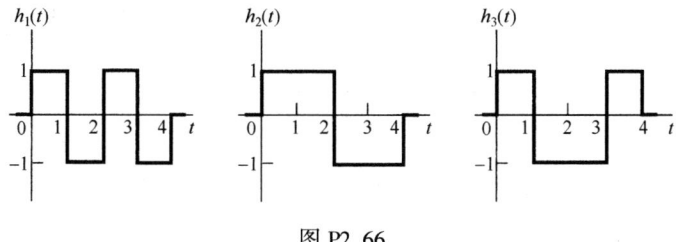

图 P2.66

(a) 确定并草拟出一个连续时间信号 $x_1(t)$,使它具有如下性质:
 (i) $x_1(t)$ 是实信号。
 (ii) $t < 0$ 时 $x_1(t) = 0$。
 (iii) $t \geq 0$ 时 $|x_1(t)| \leq 1$。
 (iv) $y_1(t) = x_1(t) * h(t)$ 在 $t = 4$ 时尽可能大。

(b) 对 $x_2(t)$ 和 $x_3(t)$ 重做(a),并使 $y_2(t) = x_2(t) * h_2(t)$ 和 $y_3(t) = x_3(t) * h_3(t)$ 的值在 $t = 4$ 时尽可能大。

(c) 当 $i, j = 1, 2, 3$ 时,在 $t = 4$ 处

$$y_{ij}(t) = x_i(t) * h_j(t), \; i \neq j$$

的值是什么?

具有单位冲激响应为 $h_i(t)$ 的系统,对信号 $x_i(t)$ 来说称为**匹配滤波器**(matched filter)。这是因为,为了产生最大的输出信号,系统的单位冲激响应已对信号 $x_i(t)$ 进行了"调谐"。在下题中,将把匹配滤波器的概念与连续时间信号相关函数的概念联系起来。

2.67 两个连续时间实信号 $x(t)$ 和 $y(t)$ 的互相关函数是

$$\phi_{xy}(t) = \int_{-\infty}^{+\infty} x(t + \tau) y(\tau) \, d\tau \qquad (\text{P2.67-1})$$

在上式中令 $y(t) = x(t)$ 就可以得到一个信号 $x(t)$ 的自相关函数

$$\phi_{xx}(t) = \int_{-\infty}^{+\infty} x(t + \tau) x(\tau) \, d\tau$$

(a) 对图 P2.67(a)中的 $x_1(t)$ 和 $x_2(t)$ 分别计算它们的自相关函数。

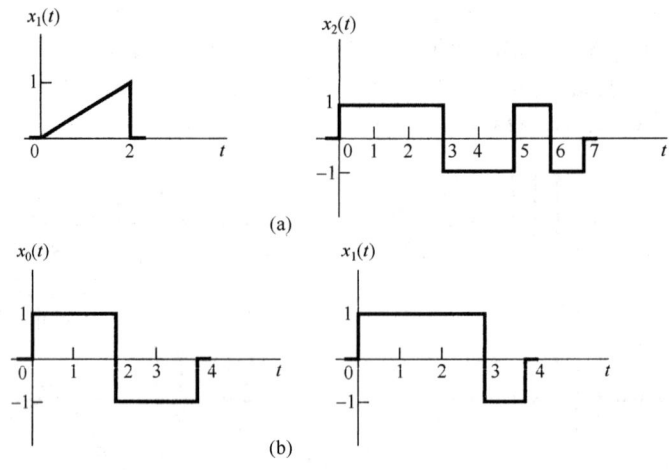

图 P2.67

(b) 设 $x(t)$ 是一个已知信号,并假定 $x(t)$ 为有限持续期,即 $t<0$ 和 $t>T$ 时 $x(t)=0$。求一个线性时不变系统的单位冲激响应,使该系统当输入为 $x(t)$ 时,输出为 $\phi_{xx}(t-T)$。

(c) 在(b)中确定的系统就是信号 $x(t)$ 的匹配滤波器。匹配波波器的这个定义与习题 2.66 中介绍的定义是等同的,关于这一点可由下面看出:
设 $x(t)$ 与(b)中的相同,$y(t)$ 是一个具有实单位冲激响应 $h(t)$ 的线性时不变系统对 $x(t)$ 的响应。假设 $t<0$ 和 $t>T$ 时 $h(t)=0$。证明:在约束条件

$$\int_0^T h^2(t)\mathrm{d}t = M, \qquad M\text{为某一固定正数} \qquad (\text{P2.67-2})$$

下,使 $y(T)$ 为最大的 $h(t)$ 就是(b)中所确定的单位冲激响应乘以一个标量因子。

提示:对任意两个信号 $u(t)$ 和 $v(t)$,施瓦兹(Schwartz)不等式表明

$$\int_b^a u(t)v(t)\mathrm{d}t \leq \left[\int_a^b u^2(t)\mathrm{d}t\right]^{1/2}\left[\int_a^b v^2(t)\mathrm{d}t\right]^{1/2}$$

利用这一关系可求得 $y(T)$ 的界。

(d) 由式(P2.67-2)给出的约束条件只是对单位冲激响应给出了一个尺度,因为 M 的增加只不过改变了(c)中提到的标量乘数。因此可以看出,在(b)和(c)中特别选取的 $h(t)$ 就是为了产生最大输出而与信号 $x(t)$ 达到了匹配。正如将要指出的,这在很多应用中是极为重要的性质。

在通信问题中,人们往往都愿意发送信息含量尽可能少的那种信号。例如,如果某一复杂的消息编成一串二进制数的序列,就可以想象一个系统,该系统逐比特地连续发送这条信息。每一比特都可以通过发送一种信号来传送,例如,如果这个比特是 0,就发信号 $x_0(t)$;如果是 1 就发不同的信号 $x_1(t)$。这时,接收这些信号的系统必须能够辨别出已经接收到的是 $x_0(t)$ 还是 $x_1(t)$。直观看来,在接收装置中必须有两个系统,一个对 $x_0(t)$"调谐",另一个对 $x_1(t)$"调谐"。这里的"调谐"是指对某信号"调谐"的系统在接收到该信号后,系统会产生一个大的输出。当一个特定信号被接收时,系统能产生一个大的输出的这种性质正是匹配滤波器所具有的。

实际上,在信号发送和接收过程中,失真和干扰总是存在的,所以希望匹配滤波器对与其相匹配的输入信号的响应和其他被传送信号的响应之间有最大的差别。为了说明这一点。考虑图 P2.67(b)中的两个信号 $x_0(t)$ 和 $x_1(t)$。设 L_0 表示对 $x_0(t)$ 匹配的滤波器,L_1 表示对 $x_1(t)$ 匹配的滤波器。

(i) 分别概略画出 L_0 和 L_1 各自对 $x_0(t)$ 和 $x_1(t)$ 的响应。

(ii) 比较这些响应在 $t=4$ 时的值。在 $t=4$ 时,当 L_0 对 $x_1(t)$ 的响应和 L_1 对 $x_0(t)$ 的响应都为零时,如何改变 $x_0(t)$ 以使接收机更容易区分开 $x_0(t)$ 和 $x_1(t)$?

2.68 匹配滤波器和相关函数起着重要作用的另一个应用是雷达系统。雷达的基本原理是向目标发送的电磁脉冲被目标反射而回到发送端,反射波的延迟与目标距离成正比。在理想情况下,被接收的信号只不过是时移了的,并在大小上可能有些变化的原发送信号。

设 $p(t)$ 是发送的原脉冲,证明

$$\phi_{pp}(0) = \max_t \phi_{pp}(t)$$

也说是 $\phi_{pp}(0)$ 是从 $\phi_{pp}(t)$ 中取到的最大值。利用这一关系推论:若发送端接收到的回波为

$$x(t) = \alpha p(t - t_0)$$

其中 α 为一个正常数,那么

$$\phi_{xp}(t_0) = \max_t \phi_{xp}(t)$$

提示:利用施瓦兹不等式。

因此,简单的雷达测距系统的工作方式就是利用一个匹配发送波形 $p(t)$ 的匹配滤波器,并记录该系统的输出达到最大值的时刻。

2.69 2.5 节曾将单位冲激偶用如下方程来表征:

$$x(t) * u_1(t) = \int_{-\infty}^{+\infty} x(t-\tau)u_1(\tau)\,d\tau = x'(t) \tag{P2.69-1}$$

其中 $x(t)$ 为任意信号。并据此导出了如下关系:

$$\int_{-\infty}^{+\infty} g(\tau)u_1(\tau)\,d\tau = -g'(0) \tag{P2.69-2}$$

(a) 通过证明式(P2.69-2)包含式(P2.69-1)来证明式(P2.69-2)是 $u_1(t)$ 的一种等效表示。

提示:固定 t,定义信号 $g(\tau) = x(t-\tau)$。

因此看到,单位冲激或单位冲激偶用在卷积意义下的表现如何来表征,与当它和任意信号 $g(t)$ 相乘之后在积分意义下的表现如何来表征是等价的。事实上,正如 2.5 节所指出的,这些运算定义的等效性对所有信号,特别是对所有奇异函数都是成立的。

(b) 设 $f(t)$ 是一个已知信号,证明

$$f(t)u_1(t) = f(0)u_1(t) - f'(0)\delta(t)$$

(通过证明等式两边具有相同的运算定义来证明)。

(c) $\int_{-\infty}^{+\infty} x(\tau)u_2(t)\,d\tau$ 的值是什么?

对 $f(t)u_2(t)$ 找一个类似于(b)中对 $f(t)u_1(t)$ 的表示式。

2.70 用类似于连续时间奇异函数的方法,可以定义一组离散时间信号。具体而言,令

$$u_{-1}[n] = u[n], \quad u_0[n] = \delta[n] \quad \text{和} \quad u_1[n] = \delta[n] - \delta[n-1]$$

并定义

$$u_k[n] = \underbrace{u_1[n] * u_1[n] * \cdots * u_1[n]}_{k \text{ 次}}, \quad k > 0$$

和

$$u_k[n] = \underbrace{u_{-1}[n] * u_{-1}[n] * \cdots * u_{-1}[n]}_{|k| \text{ 次}}, \quad k < 0$$

注意到

$$x[n] * \delta[n] = x[n]$$

$$x[n] * u[n] = \sum_{m=-\infty}^{\infty} x[m]$$

和
$$x[n] * u_1[n] = x[n] - x[n-1]$$

(a) 求 $\sum_{m=\infty}^{\infty} x[m]u_1[m]$ 的值。

(b) 证明：$x[n]u_1[n] = x[0]u_1[n] - [x[1] - x[0]]\delta[n-1] = x[1]u_1[n] - [x[1] - x[0]]\delta[n]$。

(c) 概略画出信号 $u_2[n]$ 和 $u_3[n]$。

(d) 画出 $u_{-2}[n]$ 和 $u_{-3}[n]$。

(e) 证明：一般对 $k > 0$，有
$$u_k[n] = \frac{(-1)^n k!}{n!(k-n)!}[u[n] - u[n-k-1]] \quad (\text{P2.70-1})$$

提示：用归纳法。由(c)很明显，当 $k = 2$ 和 3 时，$u_k[n]$ 满足式(P2.70-1)；然后假定对 $u_k[n]$，式(P2.70-1)成立，再用 $u_k[n]$ 写出 $u_{k+1}[n]$，并证明对 $u_{k+1}[n]$，等式也是成立的。

(f) 证明：一般对 $k > 0$，有
$$u_{-k}[n] = \frac{(n+k-1)!}{n!(k-1)!} u[n] \quad (\text{P2.70-2})$$

提示：再次应用归纳法。注意
$$u_{-(k+1)}[n] - u_{-(k+1)}[n-1] = u_{-k}[n] \quad (\text{P2.70-3})$$

然后假定式(P2.70-2)对 $u_{-k}[n]$ 成立，利用式(P2.70-3)证明它对 $u_{-(k+1)}[n]$ 也是正确的。

2.71 本章已经利用了使线性时不变系统分析大为简化的几个性质和概念。本题对其中两个性质进行比较深入的讨论。我们将要看到，在某些很特殊的情况下，应用这些性质时必须倍加细心，因为这些性质不是无条件成立的。

(a) 卷积(无论对连续时间还是离散时间情况)的一个基本而重要的性质是结合律性质，即如果 $x(t)$，$h(t)$ 和 $g(t)$ 是三个信号，那么
$$x(t) * [g(t) * h(t)] = [x(t) * g(t)] * h(t) = [x(t) * h(t)] * g(t) \quad (\text{P2.71-1})$$

只要这三个表示式都有确切的定义并且是有限的，这个关系一般都是成立的。因为现实中一般都属于这种情况，所以在应用时无须加以评注或限定。然而，在某些情况下却不是这样。例如，考虑图 P2.71 所示的系统，取 $h(t) = u_1(t)$，$g(t) = u(t)$，比较这个系统对输入
$$x(t) = 1, \quad \text{对所有的 } t$$
的响应。根据式(P2.71-1)所建议的三种不同方法，并根据图 P2.71 来做。

(i) 先将两个冲激响应卷积，再将所得结果与 $x(t)$ 卷积。

(ii) 先将 $x(t)$ 和 $u_1(t)$ 卷积，再将所得结果与 $u(t)$ 卷积。

(iii) 先将 $x(t)$ 与 $u(t)$ 卷积，再将所得结果与 $u_1(t)$ 卷积。

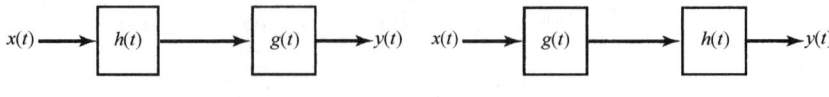

图 P2.71

(b) 当
$$x(t) = e^{-t}$$
$$h(t) = e^{-t}u(t)$$
$$g(t) = u_1(t) + \delta(t)$$

时，重做(a)。

(c) 对

$$x[n] = \left(\frac{1}{2}\right)^n$$

$$h[n] = \left(\frac{1}{2}\right)^n u[n]$$

$$g[n] = \delta[n] - \frac{1}{2}\delta[n-1]$$

重做(a)。

因此，一般来说，当且仅当式(P2.71-1)中的三个表达式都有意义(即用线性时不变系统来解释有意义)时，卷积的结合律性质才成立。例如，在(a)中先对一个常数微分，然后再积分是有意义的；而先对常数从 $t = -\infty$ 积分，然后再微分却无意义，这是因为在这种情况下结合律性质被破坏了。与上述讨论密切相关的是逆系统的问题。现考虑单位冲激响应 $h(t) = u(t)$ 的线性时不变系统。如同在(a)中看到的，有一些输入，比如 $x(t)$ 为非零常数，使该系统对它们的输出为无穷大。因此，研究把这种输出取逆来恢复输入的问题就毫无意义了。然而，如果只限于讨论产生有限输出的输入，也即满足

$$\left| \int_{-\infty}^{t} x(\tau)\,\mathrm{d}\tau \right| < \infty \tag{P2.71-2}$$

的那些输入，那么该系统仍是可逆的，并且单位冲激响应为 $u_1(t)$ 的线性时不变系统就是它的逆系统。

(d) 证明：冲激响应为 $u_1(t)$ 的线性时不变系统是不可逆的。

提示：找出两个不同的输入，它们在所有时间上都产生零输出。

然而，若将输入限于满足式(P2.71-2)的输入，试证明该系统是可逆的。

提示：在习题1.44中已证明，如果除了 $x(t) = 0$，没有其他任何输入能在全部时间内产生零输出，这个线性时不变系统就是可逆的。可能有两个都满足式(P2.71-2)的输入 $x(t)$，当它们与 $u_1(t)$ 卷积时产生的响应都恒等于零吗？

在本题中业已说明的可归纳如下：

(i) 如果 $x(t)$, $h(t)$ 和 $g(t)$ 是三个信号，且 $x(t)*g(t)$, $x(t)*h(t)$ 和 $h(t)*g(t)$ 全都有确切的定义，而且是有限值，则结合律，即式(P2.71-1)成立。

(ii) 设 $h(t)$ 是一个线性时不变系统的单位冲激响应，并假设第二个系统的单位冲激响应 $g(t)$ 有如下性质：

$$h(t) * g(t) = \delta(t) \tag{P2.71-3}$$

那么由(i)，对所有输入 $x(t)$，当 $x(t)*h(t)$ 和 $x(t)*g(t)$ 都有确切定义且为有限值时，图 P2.71 所示系统的两种级联所起的作用都相当于恒等系统，因此这两个系统可互相认为是另一个系统的逆系统。例如，若 $h(t) = u(t)$, $g(t) = u_1(t)$，只要限定输入满足式(P2.71-2)，就可认为这两个系统互为逆系统。

因此可以看出，只要涉及的所有卷积都是有限的，那么式(P2.71-1)的结合律性质和由式(P2.71-3)给出的线性时不变逆系统的定义都是正确的。由于在任何实际问题中确实都是这种情况，一般在应用这些性质时无须加以评注或限定。应该指出：尽管大多数讨论都是以连续时间信号和系统为例的，但是相同的结论在离散时间情况下也能得到，(c)中就是一个例证。

2.72 设 $\delta_\Delta(t)$ 为 $0 < t \leq \Delta$ 条件下的高为 $\frac{1}{\Delta}$ 的矩形脉冲，证明

$$\frac{\mathrm{d}}{\mathrm{d}t}\delta_\Delta(t) = \frac{1}{\Delta}[\delta(t) - \delta(t - \Delta)]$$

2.73 用归纳法证明：

$$u_{-k}(t) = \frac{t^{k-1}}{(k-1)!}u(t), \qquad k = 1, 2, 3\cdots$$

第 3 章 周期信号的傅里叶级数表示

3.0 引言

通过第 2 章所建立的卷积和来表示、分析线性时不变系统，基于将信号表示成一组移位单位冲激的线性组合。第 3 章至第 5 章将讨论信号与线性时不变系统的另一种表示。和第 2 章一样，讨论的出发点仍是将信号表示成一组基本信号的线性组合，不过这时所用的基本信号是复指数，所得到的表示就是连续时间和离散时间傅里叶级数和傅里叶变换。读者将会看到，这些表示法也能够用来构成范围相当广泛而有用的一类信号。

这样就可以按照在第 2 章所做的那样来处理，即根据叠加性质，线性时不变系统对任意一个由这些基本信号线性组合而成的输入信号的响应，就是系统对这些基本信号单个响应的线性组合。在第 2 章中，这些单个响应皆为单位脉冲（或冲激）响应的移位，这样就导出了卷积和或卷积积分。在本章中将会看到，线性时不变系统对复指数信号的响应也具有一种特别简单的形式，这样就提供了另一种非常方便的线性时不变系统表示法，以及另一种线性时不变系统的分析方法，从而对系统的性质求得更为深入的了解。

本章集中讨论连续时间和离散时间周期信号的傅里叶级数表示，到第 4 章和第 5 章再把这种分析推广到非周期的有限能量信号的傅里叶变换表示中。这两者合在一起就为分析、设计和理解信号与线性时不变系统提供了一种最有力和最重要的方法。这一章及后面的各章还把相当大的注意力放在了研究傅里叶方法的应用上。

为了对下面各章节要详细讨论的一些概念和问题有较深入的理解，下一节先对傅里叶分析方法进行简短的历史回顾。

3.1 历史回顾

傅里叶分析方法的建立有过一段漫长的历史，涉及很多人的工作和许多不同物理现象的研究[1]。利用"三角函数和"（即，成谐波关系的正弦和余弦函数或周期复指数函数的和）的概念来描述周期性过程至少可以追溯到古巴比伦时代，人们当时利用这一想法来预测天体运动[2]。这一问题的近代历史始于 1748 年欧拉对振动弦的研究工作。图 3.1 画出了弦振动的前几个标准振荡模式。如果用 $f(t,x)$ 来表示弦在时间 t 和沿着弦的某一横向距离 x 处的垂直偏离，则对任意固定时刻 t 来说，所有这些振荡模式均为 x 的正弦函数，并成谐波关系。欧拉得出的结论是：如果在

---

[1] 本文提到的有关历史材料取自以下文献：I. Grattan-Guiness 所著 *Joseph Fourier*, 1768–1830 (Cambridge, MA: The MIT Press, 1972); G. F. Simmons 所著 *Differential Equations: With Applications and Historical Notes* (New York: McGraw-Hill Book Company, 1972); C. Lanczos 所著 *Discourse on Fourier Series* (London: Oliver and Boyd, 1966); R. E. Edwards 所著 *Fourier Series: A Modern Introduction* (New York: Springer-Verlag, 2nd ed., 1970); A. D. Aleksandrov, A. N. Kolmogorov 和 M. A. Lavrent'ev 所著 *Mathematics: Its Content, Methods, and Meaning* (S. H. Gould 译第二卷, K. Hirsch 译第三卷) (Cambridge, MA: The MIT Press, 1969)。在上述文献中，Grattan-Guiness 的书中提供了有关傅里叶生平和贡献的最为全面的论述。在本章的另外几个地方引用了以上其余几种文献的材料。

[2] H. Dym 和 H. P. McKean 所著 *Fourier Series and Integrals* (New York: Academic Press, 1972)。该书及上面提到的 Simmons 的书也包括了关于振动弦问题的讨论及其在傅里叶分析发展过程中所起的作用。

某一时刻振动弦的形状是这些标准振荡模的线性组合,那么在其后任何时刻,振动弦的形状也都是这些振荡模的线性组合。另外欧拉还证明了:在该线性组合中,其后面时间的加权系数可以直接根据前面时间的加权系数导出。与此同时,欧拉还完成了相同的计算形式,这一点将在下一节导出有关三角函数和的一个性质时看到,这些性质使三角函数和的概念在线性时不变系统分析中变得十分有用。具体而言,如果一个线性时不变系统的输入可以表示为周期复指数或正弦信号的线性组合,则输出也一定能表示成这种形式;并且输出线性组合中的加权系数直接与输入中对应的系数有关。

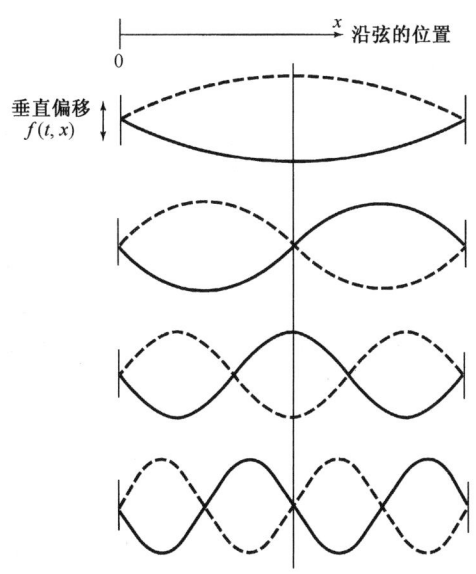

图 3.1 振动弦的标准振荡模(实线是在某一瞬时 t,每一个振荡模的波形)

显然,除非很多有用信号都能用复指数的线性组合来表示,否则上面所讨论的性质就不会特别有用。在 18 世纪中期,这一点曾是激烈争论的主题。1753 年,伯努利(D. Bernoulli)曾经声称:一根弦的实际运动都可以用标准振荡模的线性组合来表示。但是,他并没有继续在数学上深入探求,当时他的想法也并未被广泛接受。事实上,欧拉本人后来抛弃了三角级数的想法,并且 1759 年拉格朗日(J. L. Lagrange)也曾强烈批评使用三角级数来研究振动弦运动的主张。他反对的论据基于他自己的信念,即不可能用三角级数来表示一个具有间断点的函数。因为振动弦的波形是由拨动弦而引起的(即把弦绷紧再松开),所以拉格朗日认为三角级数的应用范围非常有限。

正是在这种多少有些敌意和怀疑的处境之下,傅里叶(Jean Baptiste Joseph Fourier,见图 3.2)约于半个世纪后提出了他自己的想法。傅里叶于 1768 年 3 月 21 日生于法国奥克斯雷,到他加入这场有关三角级数论战时,他已有了相当的阅历。他当时进行研究所处的境遇使他的很多贡献(特别是以他的名字命名的级数和变换)更是令人难忘。他的重大发现虽然在他自己的有生之年未得到完全的承认,但却对数学这门学科的发展产生了深刻的影响,并在极为广泛的科学和工程领域内一直具有并仍将继续具有很大的价值。

除了在数学方面的研究,傅里叶还有一段活跃的政治生涯。事实上,就在法国大革命后的那些年里,他的一些活动几乎导致他的

图 3.2 傅里叶

垮台。他曾经两次差一点走上了断头台。其后，傅里叶又成为波拿巴(Napoleon Bonaparte)的伙伴而跟随着他远征埃及(在此期间，傅里叶搜集了后来作为他的"埃及学"论文基础的有关资料)。1802年他被波拿巴任命为法国某一地区的行政长官，就在任职行政长官的期间，傅里叶构思了关于三角级数的想法。

热的传播和扩散现象是导致傅里叶研究成果的实际物理背景。在当时数学物理学领域中大多数前人的研究已经涉及理论力学和天体力学的背景下，这一问题本身就是十分有意义的一步。到了1807年，傅里叶已经完成了一项研究，他发现在表示一个物体的温度分布时，成谐波关系的正弦函数级数是非常有用的。另外，他还断言："任何"周期信号都可以用这样的级数来表示。虽然在这一问题上他的论述很有意义，但隐藏在这一问题后面的很多基本概念已经被其他科学家们所发现；同时，傅里叶的数学证明也不是很完善。后来于1829年，狄里赫利(P. L. Dirichlet)给出了若干精确的条件，在这些条件下，一个周期信号才能用一个傅里叶级数表示[1]。因此，傅里叶实际上并没有对傅里叶级数的数学理论做出什么贡献。然而，他确实洞察出这个级数表示法的潜在威力，并且在很大程度上正是由于他的工作和断言，才大大激励和推动了傅里叶级数问题的深入研究。另外，傅里叶在这一问题上的研究成果比他的任何先驱者都大大前进了一步，这指的是他还得出了关于非周期信号的表示——不是成谐波关系的正弦信号的加权和，而是不完全成谐波关系的正弦信号的加权积分。这就是第4章和第5章所关注的从傅里叶级数到傅里叶积分(或变换)的推广。和傅里叶级数一样，傅里叶变换仍然是分析线性时不变系统的最强有力的工具之一。

当时指定了4位著名的数学家和科学家来评审1807年傅里叶的论文，其中3位，即拉克劳克斯(S. F. Lacroix)、孟济(G. Monge)和拉普拉斯(P. S. Laplace)，赞成发表傅里叶的论文，而第4位拉格朗日仍然顽固地坚持他于50年前就已经提出过的关于拒绝接受三角级数的论点。由于拉格朗日的强烈反对，傅里叶的论文从未公开发表过。为了使他的研究成果能让法兰西研究院接受并发表，在经过了几次其他的尝试以后，傅里叶才把他的成果以另一种方式出现在"热的分析理论"这本书中[2]。这本书出版于1822年，也即比他最初想在法兰西研究院宣读自己的研究成果晚15年!

直到傅里叶的晚年，他才得到了某种应有的承认！但是，对他来说最有意义的称赞是他的研究成果已经在数学、科学和工程等如此众多的领域内产生的巨大影响。傅里叶级数和积分的分析在很多数学问题中都留下了足迹，积分理论、点集拓扑和特征函数展开等仅是这方面的几个例子[3]。再者，除了最初在振动问题和传热问题中的研究，在科学和工程领域中有大量的其他问题，正弦信号(以及由此得出的傅里叶级数和变换)在其中起着很重要的作用。例如，在描述行星运动和反映地球气候的周期性变化中，很自然地会出现正弦信号；交流电源产生的正弦电压和电流；以及我们将要看到的，傅里叶分析方法能够用来分析线性时不变系统的响应，比如一个电路对正弦输入的响应等。同时，如图3.3所示，海浪也是由不同波长的正弦波的线性组合组成的；无线电台和电视台发射的信号都是正弦的；以及依据傅里叶分析可以给出任何文本的快速阅读，等等。总之，正弦信号和傅里叶分析方法的应用范围远远超出以上所列举的这几个例子。

---

[1] S. D. 泊松(S. D. Poisson)和A. L. 柯西(A. L. Gauchy)早在1829年以前就得出了关于傅里叶级数的收敛条件，但是狄里赫利对前人的结果进行了很有意义的推广。因此，通常都认为狄里赫利是第一个以严密的方式给出傅里叶级数收敛条件的人。

[2] 参见J. B. J. Fourier 所著 *The Analytical Theory of Heat*(A. Freeman 译) (New York: Dover, 1955)。

[3] 关于傅里叶的工作在数学方面的更多影响，可参阅 W. A. Coppel 的文章 J. B. Fourier—On the occasion of His Two Hundredth Birthday, 发表于 *American Mathematical Monthly*, 76(1969), 468-83。

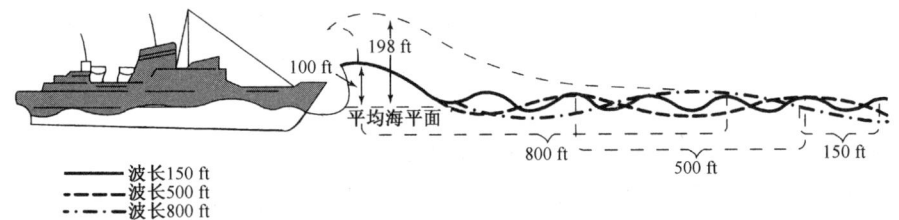

图 3.3 遭遇到三种波列叠加袭击的船只。这三种波各有不同的波长,当这些波处于互相增强的情况时,可以形成一个很大的波浪。在更为严峻的海浪下,可以形成由图中虚线所示的一个巨大的波浪。这种情况是否出现取决于这些分量的相对相位

前一自然段中提及的许多应用,以及傅里叶和他的同伴们在数学物理学方面的最初研究,都集中在连续时间内的现象。与此同时,离散时间信号与系统的傅里叶分析方法,却有着它们自己不同的历史根基,并且也有众多的应用领域。尤其是,离散时间概念和方法是数值分析这门学科的基础。用于处理离散点集以产生数值近似的有关内插、积分和微分等方面的公式,远在 17 世纪的牛顿时代就被研究过。另外,在已知一组天体观察数据序列,预测某一天体运动的问题在 18 世纪和 19 世纪曾吸引着包括高斯(Gauss)在内的许多著名科学家和数学家从事时间序列调和的研究,从而为大量的初始工作能在离散时间信号与系统下完成提供了第二个舞台。

在 20 世纪 60 年代中期,一种称为快速傅里叶变换(FFT)的算法被引入。这一算法在 1965 年被库利(Cooley)和图基(Tukey)独立地发现,其实它也有相当长的历史。事实上,这一算法在高斯的手稿中已能找到[1]。它之所以成为重要的近代发现,是由于快速傅里叶变换被证明非常适合于高效的数字实现,并且它将计算变换所需的时间减少了几个数量级。有了这一算法,以往利用离散时间傅里叶级数和变换时的许多有趣但被认为不切实际的想法突然变得实际起来,并且使离散时间信号与系统分析技术的发展加速向前迈进。

历经这样漫长的历史发展所涌现的,对于连续时间和离散时间信号与系统分析来说,是一个强有力而严谨的分析体系,并有着极为广泛的现有和潜在的应用范围。本章和后续几章将建立这个体系中的一些基本方法,并研究其中某些重要的内涵。

3.2 线性时不变系统对复指数信号的响应

正如在 3.0 节已经指出的,在研究线性时不变系统时,将信号表示成基本信号的线性组合是很有利的,但这些基本信号应该具有以下两个性质:

1. 由这些基本信号能够构成相当广泛的一类有用信号;
2. 线性时不变系统对每一个基本信号的响应应该十分简单,以使系统对任意输入信号的响应有一个很方便的表示式。

傅里叶分析的很多重要价值都来自这一点,即连续和离散时间复指数信号集都具有上述两个性质,即连续时间的 e^{st} 和离散时间的 z^n 信号,其中 s 和 z 都是复数。在本章的后续各节和下面两章将详细研究第一个性质。这一节集中讨论第二个性质,并且以此说明在线性时不变系统分析中应用傅里叶级数和傅里叶变换的缘由。

在研究线性时不变系统时,复指数信号的重要性在于这样一个事实,即一个线性时不变系统

---

[1] M. T. Heideman, D. H. Johnson 和 C. S. Burrus 的文章 Gauss and the History of the Fast Fourier Transform,发表于 *The IEEE ASSP Magazine I*(1984),14-21 页。

对复指数信号的响应也同样是一个复指数信号,不同的只是在幅度上的变化,即

$$\text{连续时间：} \quad e^{st} \longrightarrow H(s)e^{st} \tag{3.1}$$

$$\text{离散时间：} \quad z^n \longrightarrow H(z)z^n \tag{3.2}$$

其中 $H(s)$ 或 $H(z)$ 是一个复振幅因子,一般来说是复变量 s 或 z 的函数。一个信号,若系统对该信号的输出响应仅是一个常数(可能是复数)乘以输入,则称该信号为系统的**特征函数**(eigenfunction),而幅度因子称为系统的**特征值**(eigenvalue)。

为了证明复指数确实是线性时不变系统的特征函数,现考虑一个单位冲激响应为 $h(t)$ 的连续时间线性时不变系统。对任意输入 $x(t)$,可由卷积积分来确定输出,因此若 $x(t) = e^{st}$,则有

$$\begin{aligned} y(t) &= \int_{-\infty}^{+\infty} h(\tau)x(t-\tau)\,d\tau \\ &= \int_{-\infty}^{+\infty} h(\tau)e^{s(t-\tau)}\,d\tau \end{aligned} \tag{3.3}$$

$e^{s(t-\tau)}$ 可写为 $e^{st}e^{-s\tau}$,而 e^{st} 可以从积分号内移出来。这样式(3.3)就变成了

$$y(t) = e^{st}\int_{-\infty}^{+\infty} h(\tau)e^{-s\tau}\,d\tau \tag{3.4}$$

假定式(3.4)的等号右边的积分收敛,于是系统对 e^{st} 的响应就是

$$y(t) = H(s)e^{st} \tag{3.5}$$

其中 $H(s)$ 是一个复常数(其值取决于 s),与系统单位冲激响应的关系为

$$H(s) = \int_{-\infty}^{+\infty} h(\tau)e^{-s\tau}\,d\tau \tag{3.6}$$

这样就证明了复指数是线性时不变系统的特征函数。对某一给定的 s 值,常数 $H(s)$ 就是与特征函数 e^{st} 有关的特征值。

可以用完全并行的方式证明,复指数序列也是离散时间线性时不变系统的特征函数。也就是说,单位脉冲响应为 $h[n]$ 的线性时不变系统,其输入序列为

$$x[n] = z^n \tag{3.7}$$

其中 z 为某一复数。由卷积和可以确定系统的输出为

$$\begin{aligned} y[n] &= \sum_{k=-\infty}^{+\infty} h[k]x[n-k] \\ &= \sum_{k=-\infty}^{+\infty} h[k]z^{n-k} = z^n \sum_{k=-\infty}^{+\infty} h[k]z^{-k} \end{aligned} \tag{3.8}$$

假定式(3.8)的等号右边的求和收敛,可见若输入 $x[n]$ 是如式(3.7)给出的复指数,输出就是同一复指数乘以一个常数。该常数取决于 z 的值,即

$$y[n] = H(z)z^n \tag{3.9}$$

其中,

$$H(z) = \sum_{k=-\infty}^{+\infty} h[k]z^{-k} \tag{3.10}$$

结果和连续时间情况的一样,复指数是离散时间线性时不变系统的特征函数;对于某一给定的 z 值,常数 $H(z)$ 就是与特征函数 z^n 有关的特征值。

对于线性时不变系统分析来说,把一个更为一般的信号借助于特征函数来分解的有效性,可用一个例子来说明。令 $x(t)$ 为三个复指数信号的线性组合,即

$$x(t) = a_1 e^{s_1 t} + a_2 e^{s_2 t} + a_3 e^{s_3 t} \tag{3.11}$$

根据特征函数的性质,系统对其中每一个分量的响应分别是

$$a_1 e^{s_1 t} \longrightarrow a_1 H(s_1) e^{s_1 t}$$
$$a_2 e^{s_2 t} \longrightarrow a_2 H(s_2) e^{s_2 t}$$
$$a_3 e^{s_3 t} \longrightarrow a_3 H(s_3) e^{s_3 t}$$

再根据叠加性质,和的响应就是响应的和,因而

$$y(t) = a_1 H(s_1) e^{s_1 t} + a_2 H(s_2) e^{s_2 t} + a_3 H(s_3) e^{s_3 t} \tag{3.12}$$

更一般地说,在连续时间情况下,式(3.5)与叠加性质结合在一起就意味着:将信号表示成复指数的线性组合,就会导致一个线性时不变系统响应的方便表达式。具体而言,若一个连续时间线性时不变系统的输入表示成复指数的线性组合,即

$$x(t) = \sum_k a_k e^{s_k t} \tag{3.13}$$

那么输出就一定是

$$y(t) = \sum_k a_k H(s_k) e^{s_k t} \tag{3.14}$$

同理,对于离散时间情况,若一个离散时间线性时不变系统的输入表示成复指数的线性组合,即

$$x[n] = \sum_k a_k z_k^n \tag{3.15}$$

输出就一定是

$$y[n] = \sum_k a_k H(z_k) z_k^n \tag{3.16}$$

换句话说,对于连续时间和离散时间来说,如果一个线性时不变系统的输入能够表示成复指数的线性组合,那么系统的输出也能够表示成相同复指数信号的线性组合;并且在输出表示式中的每一个系数可以用输入中相应的系数 a_k 分别与特征函数 $e^{s_k t}$ 或 z_k^n 有关的系统特征值 $H(s_k)$ 或 $H(z_k)$ 相乘求得。欧拉在振动弦问题的研究中发现的正是这一事实,高斯及其他学者在时间序列分析中所用的也是这一点。这就促使傅里叶及其后的其他人考虑这样一个问题:究竟有多大范围的信号可以用复指数的线性组合来表示?!在下面几节中将对周期信号来研究这个问题,次序是先连续后离散。到第4章和第5章再把这些表示式推广到非周期信号。一般来说,在式(3.1)到式(3.16)中的 s 和 z 都可以是任意复数,但傅里叶分析仅限于这些变量的特殊形式。在连续时间情况下仅涉及 s 的纯虚部值,即 $s = j\omega$,因此仅考虑 $e^{j\omega t}$ 形式的复指数。同理,在离散时间情况下仅限于单位振幅的 z 值,即 $z = e^{j\omega}$,因此仅考虑 $e^{j\omega n}$ 形式的复指数。

例3.1 作为式(3.5)和式(3.6)的一个解释,考虑输入 $x(t)$ 和输出 $y(t)$ 的时移为3的线性时不变系统,即

$$y(t) = x(t-3) \tag{3.17}$$

若该系统的输入是复指数信号 $x(t) = e^{j2t}$,那么由式(3.17)有

$$y(t) = e^{j2(t-3)} = e^{-j6} e^{j2t} \tag{3.18}$$

正如我们能想到的,式(3.18)具有与式(3.5)相同的形式,因为 e^{j2t} 是一个特征函数,所以有关的特征值是 $H(j2) = e^{-j6}$。对于这个例子,可以直接验证式(3.6)。根据式(3.17),该系统的单位冲激响应是 $h(t) = \delta(t-3)$,将其代入式(3.6)后可得

$$H(s) = \int_{-\infty}^{+\infty} \delta(\tau-3)e^{-s\tau}\,d\tau = e^{-3s}$$

所以 $H(j2) = e^{-j6}$。

以输入信号为 $x(t) = \cos(4t) + \cos(7t)$ 作为第二个例子，用以说明式(3.11)和式(3.12)。根据式(3.17)，$y(t)$ 当然就是

$$y(t) = \cos(4(t-3)) + \cos(7(t-3)) \tag{3.19}$$

为了说明这也就是式(3.12)的结果，可以先用欧拉关系将 $x(t)$ 展开为

$$x(t) = \tfrac{1}{2}e^{j4t} + \tfrac{1}{2}e^{-j4t} + \tfrac{1}{2}e^{j7t} + \tfrac{1}{2}e^{-j7t} \tag{3.20}$$

根据式(3.11)和式(3.12)，有

$$y(t) = \tfrac{1}{2}e^{-j12}e^{j4t} + \tfrac{1}{2}e^{j12}e^{-j4t} + \tfrac{1}{2}e^{-j21}e^{j7t} + \tfrac{1}{2}e^{j21}e^{-j7t}$$

或者

$$\begin{aligned}y(t) &= \tfrac{1}{2}e^{j4(t-3)} + \tfrac{1}{2}e^{-j4(t-3)} + \tfrac{1}{2}e^{j7(t-3)} + \tfrac{1}{2}e^{-j7(t-3)}\\ &= \cos(4(t-3)) + \cos(7(t-3))\end{aligned}$$

对于这个简单的例子来说，$x(t)$ 中的每个周期指数分量(如 $\tfrac{1}{2}e^{j4t}$)乘以相应的特征值(如 $H(j4) = e^{-j12}$)，引起了该输入分量的时移为 3。很显然，在这种情况下，凭直观观察就可以用式(3.19)来确定 $y(t)$，而无须使用式(3.11)和式(3.12)。然而，下文中将会看到，寄寓在式(3.11)和式(3.12)中的一般特性不仅可以用来计算更复杂的线性时不变系统响应，而且还提供了线性时不变系统分析和频域表示的基础。

3.3 连续时间周期信号的傅里叶级数表示

3.3.1 成谐波关系的复指数信号的线性组合

正如在第 1 章中所定义的，如果一个信号是周期的，那么对所有的 t，存在某个正值的 T，有

$$x(t) = x(t+T), \quad \text{对所有的} t \tag{3.21}$$

$x(t)$ 的基波周期就是满足式(3.21)的最小非零正值 T，而 $\omega_0 = 2\pi/T$ 称为基波频率。

在第 1 章中还介绍了两个基本周期信号，即正弦信号

$$x(t) = \cos\omega_0 t \tag{3.22}$$

和周期复指数信号

$$x(t) = e^{j\omega_0 t} \tag{3.23}$$

这两个信号都是周期的，而且其基波频率为 ω_0，基波周期 $T = 2\pi/\omega_0$。与式(3.23)有关的**成谐波关系**(harmonically related)的复指数信号集就是

$$\phi_k(t) = e^{jk\omega_0 t} = e^{jk(2\pi/T)t}, \quad k = 0, \pm 1, \pm 2, \cdots \tag{3.24}$$

这些信号中的每一个都有一个基波频率，它是 ω_0 的倍数。因此每一个信号对周期 T 来说都是周期的(虽然，对 $|k| \geq 2$ 来说，$\phi_k(t)$ 的基波周期是 T 的约数)。于是，一个由成谐波关系的复指数线性组合形成的信号

$$x(t) = \sum_{k=-\infty}^{+\infty} a_k e^{jk\omega_0 t} = \sum_{k=-\infty}^{+\infty} a_k e^{jk(2\pi/T)t} \tag{3.25}$$

对 T 来说也是周期的。在式(3.25)中，$k=0$ 这一项就是一个常数，$k=+1$ 和 $k=-1$ 这两项都有

基波频率等于 ω_0，两者合在一起称为**基波分量**(fundamental component)或称为**一次谐波分量**(first harmonic component)。$k = +2$ 和 $k = -2$ 这两项也是周期的，其周期是基波分量周期的 $1/2$（或者说频率是基波频率的两倍），称为**二次谐波分量**(second harmonic component)。一般来说，$k = +N$ 和 $k = -N$ 的分量称为第 N 次谐波分量。

一个周期信号表示成式(3.25)的形式，就称为**傅里叶级数**(Fourier series)表示。在研究这一表示法的性质以前，先来看一个例子。

例 3.2 有一个周期信号 $x(t)$ 的基波频率为 2π，写成式(3.25)的形式为

$$x(t) = \sum_{k=-3}^{+3} a_k \mathrm{e}^{\mathrm{j}k2\pi t} \tag{3.26}$$

其中，

$$a_0 = 1, \quad a_1 = a_{-1} = \frac{1}{4}, \quad a_2 = a_{-2} = \frac{1}{2}, \quad a_3 = a_{-3} = \frac{1}{3}$$

将式(3.26)中具有同一基波频率的谐波分量合在一起，重新写成

$$x(t) = 1 + \frac{1}{4}(\mathrm{e}^{\mathrm{j}2\pi t} + \mathrm{e}^{-\mathrm{j}2\pi t}) + \frac{1}{2}(\mathrm{e}^{\mathrm{j}4\pi t} + \mathrm{e}^{-\mathrm{j}4\pi t}) + \frac{1}{3}(\mathrm{e}^{\mathrm{j}6\pi t} + \mathrm{e}^{-\mathrm{j}6\pi t}) \tag{3.27}$$

再用欧拉关系，可将 $x(t)$ 写为

$$x(t) = 1 + \frac{1}{2}\cos 2\pi t + \cos 4\pi t + \frac{2}{3}\cos 6\pi t \tag{3.28}$$

图 3.4 中用图解的方法说明了 $x(t)$ 是如何由这些谐波分量构成的。

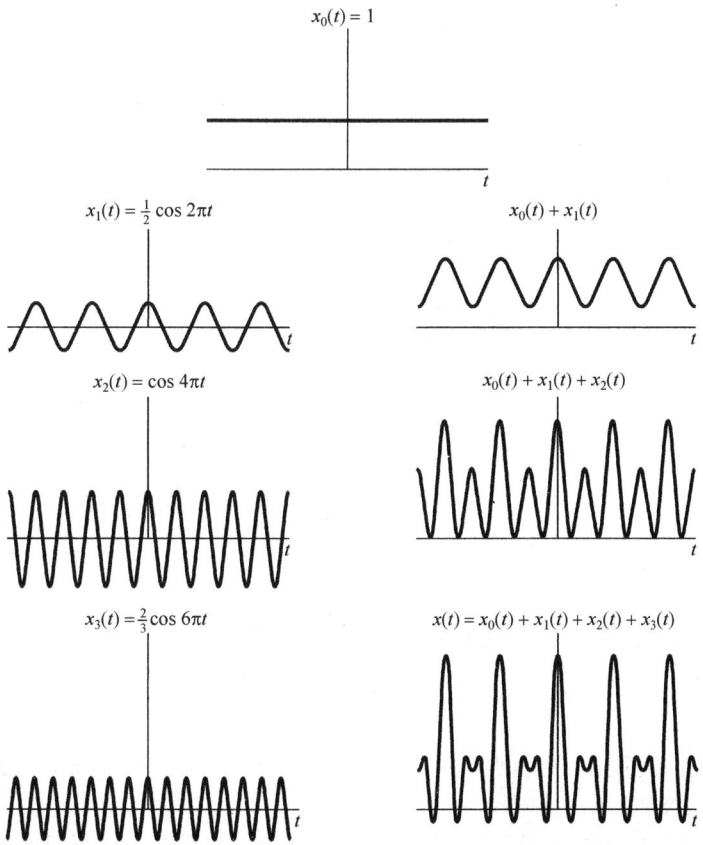

图 3.4　例 3.2 中的 $x(t)$ 作为成谐波关系的正弦信号的线性组合来构成的图解说明

式(3.28)是实周期信号傅里叶级数的另一种表示形式的例子。具体而言,若$x(t)$是一个实信号,而且能表示成式(3.25)所示的形式,那么因为$x^*(t)=x(t)$,所以就有

$$x(t) = \sum_{k=-\infty}^{+\infty} a_k^* e^{-jk\omega_0 t}$$

在该求和式中,以$-k$代替k,则有

$$x(t) = \sum_{k=-\infty}^{+\infty} a_{-k}^* e^{jk\omega_0 t}$$

将此式与式(3.25)进行比较,则要求$a_k = a_{-k}^*$,或者

$$a_k^* = a_{-k} \tag{3.29}$$

注意,例3.2就属于这种情况,在那里a_k还是实数,且有$a_k = a_{-k}$。

为导出傅里叶级数的另一种形式,首先将式(3.25)的求和重新写成

$$x(t) = a_0 + \sum_{k=1}^{\infty}[a_k e^{jk\omega_0 t} + a_{-k} e^{-jk\omega_0 t}]$$

由式(3.29),以a_k^*取代a_{-k},上式变为

$$x(t) = a_0 + \sum_{k=1}^{\infty}[a_k e^{jk\omega_0 t} + a_k^* e^{-jk\omega_0 t}]$$

因为在括号内的两项互为共轭,于是

$$x(t) = a_0 + \sum_{k=1}^{\infty} 2\mathcal{R}e\{a_k e^{jk\omega_0 t}\} \tag{3.30}$$

若将a_k以极坐标形式给出为

$$a_k = A_k e^{j\theta_k}$$

式(3.30)则可以写成

$$x(t) = a_0 + \sum_{k=1}^{\infty} 2\mathcal{R}e\{A_k e^{j(k\omega_0 t + \theta_k)}\}$$

即

$$x(t) = a_0 + 2\sum_{k=1}^{\infty} A_k \cos(k\omega_0 t + \theta_k) \tag{3.31}$$

式(3.31)就是在连续时间情况下,实周期信号的常见的傅里叶级数表示式。若将a_k以笛卡儿坐标形式表示,则可以得到另一种表示形式。令

$$a_k = B_k + jC_k$$

其中B_k和C_k都是实数,于是式(3.30)可改写为

$$x(t) = a_0 + 2\sum_{k=1}^{\infty} [B_k \cos k\omega_0 t - C_k \sin k\omega_0 t] \tag{3.32}$$

在例3.2中,由于a_k全都是实数,所以$a_k = A_k = B_k$。因此,式(3.31)和式(3.32)这两个表示式最后都变成如式(3.28)所示的形式。

由此可见,对实周期函数来说,按式(3.25)所给出的复指数形式的傅里叶级数,在数学上就等效为式(3.31)和式(3.32)这两种形式之一,即都是三角函数的表示式。尽管式(3.31)和

式(3.32)这两种形式是最普遍采用的傅里叶级数表示式[1]，但是式(3.25)的复指数表示式对于我们要讨论的问题来说，却是特别方便的。所以今后将几乎毫无例外地采用这种傅里叶级数表示式。

式(3.29)的关系是与傅里叶级数有关的诸多性质之一。这些性质对于计算和本质问题的了解都是非常有用的。3.5节将把大部分重要性质集中在一起列出，其中几个性质的导出将在本章末的习题中考虑。4.3节将在傅里叶变换这样一个更广泛的范围内讨论它的大部分性质。

3.3.2 连续时间周期信号傅里叶级数表示的确定

假设一个给定的周期信号能表示成式(3.25)的级数形式，这就需要一种方法来确定这些系数 a_k。将式(3.25)两边各乘以 $\mathrm{e}^{-\mathrm{j}n\omega_0 t}$，可得

$$x(t)\mathrm{e}^{-\mathrm{j}n\omega_0 t} = \sum_{k=-\infty}^{+\infty} a_k \mathrm{e}^{\mathrm{j}k\omega_0 t} \mathrm{e}^{-\mathrm{j}n\omega_0 t} \tag{3.33}$$

将上式两边从 0 到 $T=2\pi/\omega_0$ 对 t 积分，有

$$\int_0^T x(t)\mathrm{e}^{-\mathrm{j}n\omega_0 t} \mathrm{d}t = \int_0^T \sum_{k=-\infty}^{+\infty} a_k \mathrm{e}^{\mathrm{j}k\omega_0 t} \mathrm{e}^{-\mathrm{j}n\omega_0 t} \mathrm{d}t$$

这里 T 是 $x(t)$ 的基波周期，以上就是在该周期内积分。将上式等号右边的积分和求和次序交换之后，可得

$$\int_0^T x(t)\mathrm{e}^{-\mathrm{j}n\omega_0 t} \mathrm{d}t = \sum_{k=-\infty}^{+\infty} a_k \left[\int_0^T \mathrm{e}^{\mathrm{j}(k-n)\omega_0 t} \mathrm{d}t \right] \tag{3.34}$$

式(3.34)的等号右边括号内的积分是很容易的，为此利用欧拉关系可得

$$\int_0^T \mathrm{e}^{\mathrm{j}(k-n)\omega_0 t} \mathrm{d}t = \int_0^T \cos[(k-n)\omega_0 t]\mathrm{d}t + \mathrm{j}\int_0^T \sin[(k-n)\omega_0 t]\mathrm{d}t \tag{3.35}$$

对于 $k \neq n$，$\cos(k-n)\omega_0 t$ 和 $\sin(k-n)\omega_0 t$ 都是周期函数，其基波周期为 $T/|k-n|$。现在做的积分是在 T 区间内进行的，而 T 又一定是它们的基波周期 ($T/|k-n|$) 的整倍数。由于积分可以看成被积函数在积分区间内所包括的面积，所以式(3.35)右边的两个积分对于 $k \neq n$ 来说，其值为0；而对于 $k = n$，式(3.35)的等号左边的被积函数是1，所以其积分值为 T。综合上述得到

$$\int_0^T \mathrm{e}^{\mathrm{j}(k-n)\omega_0 t} \mathrm{d}t = \begin{cases} T, & k = n \\ 0, & k \neq n \end{cases}$$

这样式(3.34)的等号右边就简化为 Ta_n。因此有

$$a_n = \frac{1}{T}\int_0^T x(t)\mathrm{e}^{-\mathrm{j}n\omega_0 t} \mathrm{d}t \tag{3.36}$$

该式给出了确定系数的关系式。另外，在求式(3.35)时仅仅用到这一点，即积分是在一个 T 的间隔内进行，而该 T 又是 $\cos(k-n)\omega_0 t$ 和 $\sin(k-n)\omega_0 t$ 周期的整倍数。因此，如果在任意 T 的间隔内求积分，结果一定是相同的。也就是说，若以 $\int_T$ 表示在任何一个 T 间隔内的积分，则应该有

$$\int_T \mathrm{e}^{\mathrm{j}(k-n)\omega_0 t} \mathrm{d}t = \begin{cases} T, & k = n \\ 0, & k \neq n \end{cases}$$

因此

$$a_n = \frac{1}{T}\int_T x(t)\mathrm{e}^{-\mathrm{j}n\omega_0 t} \mathrm{d}t \tag{3.37}$$

---

[1] 事实上，在傅里叶最初的工作中用的就是由式(3.32)给出的傅里叶级数的正弦-余弦形式。

上述过程可归纳如下：如果 $x(t)$ 有一个傅里叶级数表示式，即 $x(t)$ 能表示成一组成谐波关系的复指数信号的线性组合，如式(3.25)所示，那么傅里叶级数中的系数就由式(3.37)所确定。这一对关系式就定义为一个周期连续时间信号的傅里叶级数：

$$x(t) = \sum_{k=-\infty}^{+\infty} a_k e^{jk\omega_0 t} = \sum_{k=-\infty}^{+\infty} a_k e^{jk(2\pi/T)t} \tag{3.38}$$

$$a_k = \frac{1}{T}\int_T x(t) e^{-jk\omega_0 t} dt = \frac{1}{T}\int_T x(t) e^{-jk(2\pi/T)t} dt \tag{3.39}$$

其中分别给出了用基波频率 ω_0 和基波周期 T 表示的傅里叶级数的等效表示式。式(3.38)称为**综合**(synthesis)公式，而式(3.39)则称为**分析**(analysis)公式。系数 $\{a_k\}$ 往往称为 $x(t)$ 的**傅里叶级数系数**(Fourier series coefficient，常简称为傅里叶系数)或称为 $x(t)$ 的**频谱系数**(spectral coefficient)[①]。这些复数系数是对信号 $x(t)$ 中的每一个谐波分量大小的度量。系数 a_0 就是 $x(t)$ 中的直流或常数分量，由式(3.39)以 $k=0$ 代入可得

$$a_0 = \frac{1}{T}\int_T x(t) dt \tag{3.40}$$

这就是 $x(t)$ 在一个周期内的平均值。

式(3.38)和式(3.39)在18世纪中叶对欧拉和拉格朗日来说都是熟悉的，然而他们两人都放弃了这条分析途径，而没有去研究这样一个问题：究竟有多大一类的周期信号可以表示成这种形式？在下一节讨论这个问题之前，先举几个例子来说明傅里叶级数的展开。

例 3.3 考虑信号

$$x(t) = \sin(\omega_0 t)$$

其基波频率为 ω_0。确定该信号 $x(t)$ 的傅里叶级数系数的一种方法是利用式(3.39)，但是在该例这样简单的情况下，只要将 $x(t)$ 直接展开成复指数的线性组合，就能凭直观确定傅里叶级数系数，即将 $\sin(\omega_0 t)$ 表示成

$$\sin(\omega_0 t) = \frac{1}{2j}e^{j\omega_0 t} - \frac{1}{2j}e^{-j\omega_0 t}$$

将上式与式(3.38)比较可得

$$a_1 = \frac{1}{2j}, \qquad a_{-1} = -\frac{1}{2j}$$
$$a_k = 0, \qquad k \neq +1 \text{ 或 } -1$$

例 3.4 令

$$x(t) = 1 + \sin(\omega_0 t) + 2\cos(\omega_0 t) + \cos\left(2\omega_0 t + \frac{\pi}{4}\right)$$

$x(t)$ 的基波频率是 ω_0。和例3.3一样，将 $x(t)$ 直接展开成复指数的形式，则有

$$x(t) = 1 + \frac{1}{2j}[e^{j\omega_0 t} - e^{-j\omega_0 t}] + [e^{j\omega_0 t} + e^{-j\omega_0 t}] + \frac{1}{2}[e^{j(2\omega_0 t + \pi/4)} + e^{-j(2\omega_0 t + \pi/4)}]$$

将相应项归并后可得

$$x(t) = 1 + \left(1 + \frac{1}{2j}\right)e^{j\omega_0 t} + \left(1 - \frac{1}{2j}\right)e^{-j\omega_0 t} + \left(\frac{1}{2}e^{j(\pi/4)}\right)e^{j2\omega_0 t} + \left(\frac{1}{2}e^{-j(\pi/4)}\right)e^{-j2\omega_0 t}$$

由此可得该例的傅里叶级数系数为

$$a_0 = 1$$

[①] "频谱系数"这一术语是从光的分解中借用来的，光通过分光镜分解出一组谱线，这组谱线就是光在不同频率下的各个基本分量，每一条谱线的强度就是在整个光的能量中，该谱线频率所占有的分量。

$$a_1 = \left(1 + \frac{1}{2j}\right) = 1 - \frac{1}{2}j$$

$$a_{-1} = \left(1 - \frac{1}{2j}\right) = 1 + \frac{1}{2}j$$

$$a_2 = \frac{1}{2}e^{j(\pi/4)} = \frac{\sqrt{2}}{4}(1+j)$$

$$a_{-2} = \frac{1}{2}e^{-j(\pi/4)} = \frac{\sqrt{2}}{4}(1-j)$$

$$a_k = 0, \qquad |k| > 2$$

在图 3.5 上用条线图表示出 a_k 的幅度和相位。

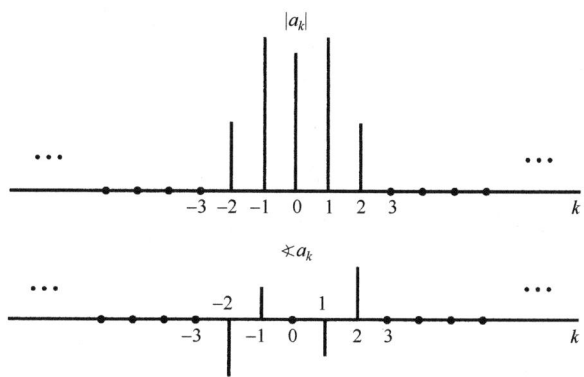

图 3.5 例 3.4 中信号的傅里叶系数的幅度和相位

例 3.5 图 3.6 所示为一个周期性方波，在一个周期内定义如下：

$$x(t) = \begin{cases} 1, & |t| < T_1 \\ 0, & T_1 < |t| < T/2 \end{cases} \tag{3.41}$$

这个信号是在本书中经常遇到的。该信号的基波周期是 T，基波频率就为 $\omega_0 = 2\pi/T$。

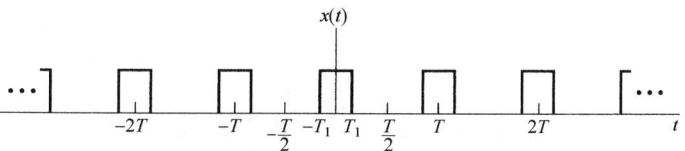

图 3.6 周期性方波

现在用式(3.39)来确定 $x(t)$ 的傅里叶级数系数。由于 $x(t)$ 关于 $t=0$ 是对称的，因此在一个周期内积分时取积分区间为 $-T/2 \leqslant t < T/2$ 最方便。

首先，对 $k=0$ 有

$$a_0 = \frac{1}{T}\int_{-T_1}^{T_1} dt = \frac{2T_1}{T} \tag{3.42}$$

前面已经提到，a_0 代表 $x(t)$ 的平均值。在本例中它代表在一个周期内信号 $x(t) = 1$ 时所占的比例。对 $k \neq 0$ 有

$$a_k = \frac{1}{T}\int_{-T_1}^{T_1} e^{-jk\omega_0 t} dt = -\frac{1}{jk\omega_0 T}e^{-jk\omega_0 t}\Big|_{-T_1}^{T_1}$$

或重写为下式：

$$a_k = \frac{2}{k\omega_0 T} \left[\frac{e^{jk\omega_0 T_1} - e^{-jk\omega_0 T_1}}{2j} \right] \tag{3.43}$$

上式括号内就是 $\sin(k\omega_0 T_1)$，系数 a_k 就能表示成

$$a_k = \frac{2\sin(k\omega_0 T_1)}{k\omega_0 T} = \frac{\sin(k\omega_0 T_1)}{k\pi}, \quad k \neq 0 \tag{3.44}$$

在此用到 $\omega_0 T = 2\pi$ 这一关系。

在图 3.7 中，画出了在某一固定的 T_1 值和几个不同的 T 值下傅里叶级数系数的条线图。对这个例子来说，傅里叶级数系数是实数，所以用一个图就能表示。当然，在更一般的情况下，它们是复数，需要两个图来分别表示每个系数的实部与虚部，或模与相位。当 $T = 4T_1$ 时，$x(t)$ 是一个一半为 0 且另一半为 1 的方波，这时 $\omega_0 T_1 = \pi/2$，由式(3.44)

$$a_k = \frac{\sin(\pi k/2)}{k\pi}, \quad k \neq 0 \tag{3.45}$$

而

$$a_0 = \frac{1}{2} \tag{3.46}$$

根据式(3.45)，当 k 为偶数且非零时，$a_k = 0$。另外，当 k 为奇数时，$\sin(\pi k/2)$ 相继在 ± 1 之间交替变化，因此

$$a_1 = a_{-1} = \frac{1}{\pi}$$

$$a_3 = a_{-3} = -\frac{1}{3\pi}$$

$$a_5 = a_{-5} = \frac{1}{5\pi}$$

$$\vdots$$

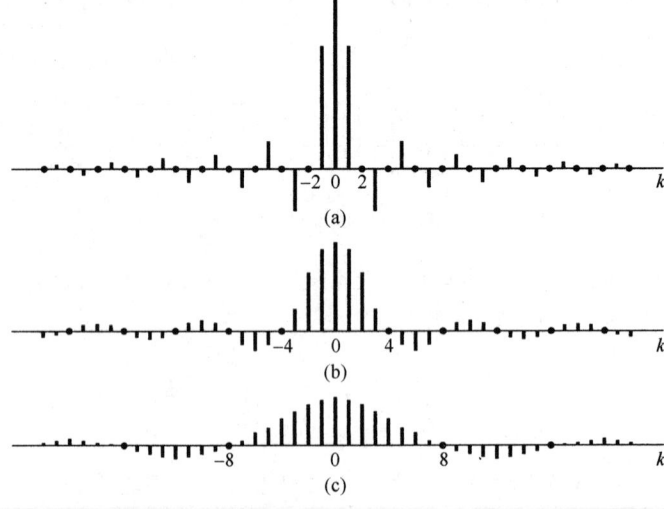

图 3.7 在某一固定的 T_1 值和几个不同的 T 值时，周期性方波傅里叶级数系数 Ta_k 的图。(a) $T = 4T_1$；(b) $T = 8T_1$；(c) $T = 16T_1$。这些系数都是包络 $(2\sin \omega T_1)/\omega$ 的等间隔样本，样本间隔为 $2\pi/T$，随 T 的增加而减小

3.4 傅里叶级数的收敛

虽然欧拉和拉格朗日对例 3.3 和例 3.4 的结果一直是很满意的,但是他们都反对例 3.5 的情况。因为例 3.5 中 $x(t)$ 是不连续的,而每个谐波分量却都是连续的。另一方面,傅里叶研究了同一个例子,并且认为方波的傅里叶级数表示也是对的。事实上,傅里叶坚持的是任何周期信号都能用傅里叶级数表示!虽然这一点并不完全正确,但傅里叶级数的确能用于表示相当广泛的一类周期信号,其中包括周期方波和其他本书将要涉及并在实际中很重要的一些周期信号。

为了对所给的周期方波例子有更进一步的理解,并更为一般地看看傅里叶级数表示的有效性问题,先来研究一个周期信号 $x(t)$ 用成谐波关系的有限项复指数信号的线性组合来近似的问题。也就是说,用下列有限项级数:

$$x_N(t) = \sum_{k=-N}^{N} a_k e^{jk\omega_0 t} \tag{3.47}$$

来近似 $x(t)$ 的问题。令 $e_N(t)$ 为近似误差

$$e_N(t) = x(t) - x_N(t) = x(t) - \sum_{k=-N}^{+N} a_k e^{jk\omega_0 t} \tag{3.48}$$

为了确定近似的程度,需要对近似误差的大小给出一种定量的度量。所采用的标准是在一个周期内误差的能量:

$$E_N = \int_T |e_N(t)|^2 \, dt \tag{3.49}$$

在习题 3.66 中已证明,要使误差能量最小,对式(3.47)各系数的特别选取应为

$$a_k = \frac{1}{T} \int_T x(t) e^{-jk\omega_0 t} \, dt \tag{3.50}$$

将式(3.50)和式(3.39)进行比较可以发现,这与确定傅里叶级数系数的表示式是一致的。由此得到:如果 $x(t)$ 能展开成傅里叶级数,那么当把这一无穷项级数在所要求的某一项处截断时,这就是仅用成谐波关系的有限项复指数来近似 $x(t)$ 时的最佳近似。随着 N 的增加,附加上新的项,E_N 减小。事实上,如果 $x(t)$ 有一个傅里叶级数展开式,那么随着 $N \to \infty$,E_N 的极限就是零。

现在再回到这样一个问题上来,即一个周期信号 $x(t)$ 什么时候才确实具有一个傅里叶级数的表示。当然,对于任何周期信号,总是能用式(3.39)求得一组傅里叶系数。然而,在某些情况下式(3.39)的积分可能不收敛,也就是说,对某些 a_k 求得的值可能是无穷大。而且,即使从式(3.39)求得的全部系数都是有限值,当把这些系数代入式(3.38)中时,所得到的无限项级数也可能不收敛于原来的信号 $x(t)$。

所幸的是,对大部分周期性信号而言不存在任何收敛上的困难。例如,全部连续的周期信号都有一个傅里叶级数表示,使其近似误差能量 E_N 随着 N 趋于无穷大而趋于零。这一点对很多不连续信号也是对的。由于考虑包括像以上讨论的方波这样一些不连续信号是很有用的,因此值得对收敛问题进行稍许详细一些的研究。有两类稍有不同的条件,如果一个周期信号满足这些条件,就能保证该信号能用傅里叶级数来表示。在讨论这些问题时,我们不打算给出完整的数学证明,更为严谨的讨论可以从很多有关傅里叶分析的教科书中找到[1]。

---

[1] 例如,可参阅 R. V. Churchill 所著 *Fourier Series and Boundary Value Problems*. 3rd ed. (New York: McGraw-Hill Book Company, 1978),W. Kaplan 所著 *Operational Methods for Linear Systems* (Reading, MA: Addison-Wesley Publishing Company, 1962),以及在 110 页脚注中提及的 Dym 和 McKean 的书。

可以用傅里叶级数表示的一类周期信号 $x(t)$ 是它在一个周期内能量有限的信号,即

$$\int_T |x(t)|^2 \, dt < \infty \tag{3.51}$$

当满足这一条件时,就能保证由式(3.39)求得的各系数 a_k 是有限值。进一步,若令 $x_N(t)$ 是对 $x(t)$ 的近似,而 $x_N(t)$ 是用 $|k| \leq N$ 时的这些系数得到的,即

$$x_N(t) = \sum_{k=-N}^{+N} a_k e^{jk\omega_0 t} \tag{3.52}$$

那么就能保证近似误差中的能量 E_N[由式(3.49)定义],随着所增加的项数愈来愈多,即 N 趋于无穷大而收敛于零。也就是说,如果定义一个误差函数为

$$e(t) = x(t) - \sum_{k=-\infty}^{+\infty} a_k e^{jk\omega_0 t} \tag{3.53}$$

那么就有

$$\int_T |e(t)|^2 \, dt = 0 \tag{3.54}$$

正如在本节末尾的一个例子中将看到的,式(3.54)并不意味着信号 $x(t)$ 和它的傅里叶级数表示

$$\sum_{k=-\infty}^{+\infty} a_k e^{jk\omega_0 t} \tag{3.55}$$

在每一个 t 值上都相等,而只表示两者没有任何能量上的差别。

当 $x(t)$ 在一个周期内具有有限能量时就保证收敛,这在实际中是很有用的。这时式(3.54)代表的是 $x(t)$ 和它的傅里叶级数表示之间没有能量上的差别。因为实际系统都是对信号能量做出响应,从这个角度讲,$x(t)$ 和它的傅里叶级数表示就是不可区分的了。由于要研究的大多数周期信号在一个周期内的能量都是有限的,因此它们都有傅里叶级数的表示。然后,狄里赫利得到了另一组条件,这组条件对于我们所关注的信号也基本上都能满足。除了某些对 $x(t)$ 不连续的孤立的 t 值,这组条件保证 $x(t)$ 等于它的傅里叶级数表示;而在那些 $x(t)$ 不连续的点上,式(3.55)的无穷级数收敛于不连续点两边值的平均值。

狄里赫利条件如下所示。

条件1 在任何周期内,$x(t)$ 必须**绝对可积**(absolutely integrable),即

$$\int_T |x(t)| \, dt < \infty \tag{3.56}$$

与平方可积条件相同,这一条件保证了每一系数 a_k 都是有限值,因为

$$|a_k| \leq \frac{1}{T} \int_T |x(t) e^{-jk\omega_0 t}| \, dt = \frac{1}{T} \int_T |x(t)| \, dt$$

所以,如果

$$\int_T |x(t)| \, dt < \infty$$

则 $|a_k| < \infty$。不满足狄里赫利第一条件的周期信号可以举例如下:

$$x(t) = \frac{1}{t}, \quad 0 < t \leq 1$$

也就是说,$x(t)$ 是周期的,周期为1。这个信号如图3.8(a)所示。

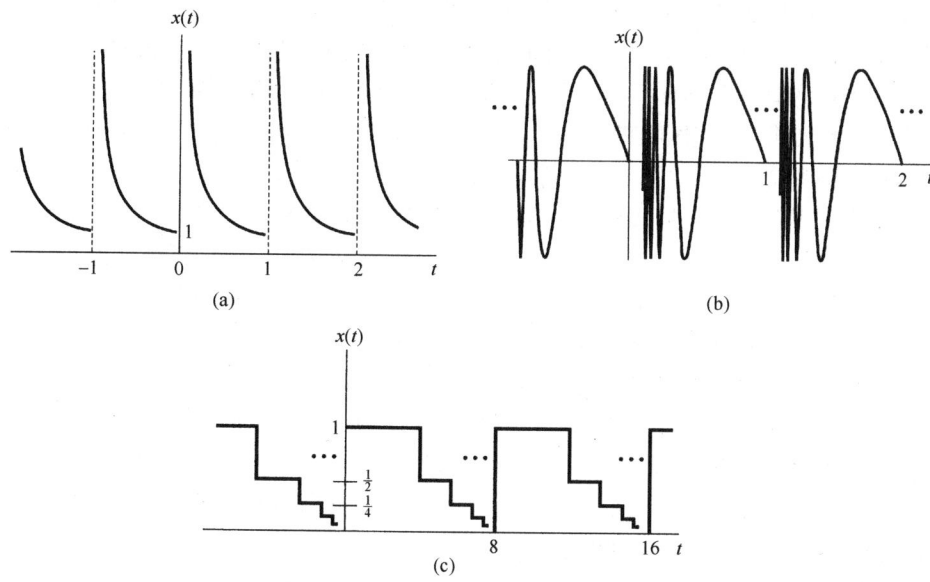

图 3.8 不满足狄里赫利条件的信号。(a) 信号 $x(t) = 1/t$, $0 < t \leq 1$。周期为 1(该信号违反狄里赫利条件1);(b) 由式(3.57)定义的周期信号,它不满足条件2;(c) 周期为8的一个周期信号,它不满足条件3。该信号 $x(t)$ 的值在区间 $0 \leq t < 8$ 内,随着从 t 到 8 的距离减半,$x(t)$ 的值也减半,即 $x(t) = 1, 0 \leq t < 4; x(t) = 1/2, 4 \leq t < 6; x(t) = 1/4, 6 \leq t < 7; x(t) = 1/8, 7 \leq t < 7.5;$ 等等

条件 2 在任意有限区间内,$x(t)$ 具有有限个起伏变化。也就是说,在任何单个周期内,$x(t)$ 的最大值和最小值的数目有限。

满足条件 1 而不满足条件 2 的一个函数是

$$x(t) = \sin\left(\frac{2\pi}{t}\right), \quad 0 < t \leq 1 \tag{3.57}$$

如图 3.8(b)所示。对此函数,其周期 $T = 1$,有

$$\int_0^1 |x(t)|\, \mathrm{d}t < 1$$

然而,它在一个周期内有无限多的最大点和最小点。

条件 3 在 $x(t)$ 的任何有限区间内,只有有限个不连续点,而且在这些不连续点上,函数是有限值。

不满足条件 3 的例子如图 3.8(c)所示。这个信号 $x(t)$ 的周期 $T = 8$,它是这样组成的:后一个阶梯的高度和宽度都是前一个阶梯的一半。可见 $x(t)$ 在一个周期内的面积不会超过 8,即满足条件 1。但是不连续点的数目却是无穷多个,从而不满足条件 3。

由图 3.8 给出的例子可知,一个不满足狄里赫利条件的信号,一般来说在自然界中都属于比较反常的信号,结果在实际场合不会出现。因此,傅里叶级数的收敛问题对本书要讨论的问题不具有特别重要的意义。对于一个不存在任何间断点的周期信号而言,傅里叶级数收敛,并且在每一点上该级数都等于原来的信号 $x(t)$。对于在一个周期内存在有限数目不连续点的周期信号而言,除了那些孤立的不连续点,其余所有点上傅里叶级数都等于原来的 $x(t)$;而在那些孤立的不连续点上,傅里叶级数收敛于不连续点处的值的平均值。在这种情况下,原来信号和它的傅里叶级数表示之间没有任何能量上的差别。因此,两者从所有实际目的来看可以认为是一样的;具体而言,因为两者只

是在一些孤立点上有差异,所以两者在任意区间内的积分是一样的。为此,在卷积的意义下,两者的特性是一样的,因而从线性时不变系统分析的角度来看,两个信号完全是一致的。

为了进一步理解对一个具有不连续点的周期信号,其傅里叶级数是如何收敛的,我们还是回到方波的例子。1898 年[①],美国物理学家米切尔森(Albert Michelson)制作了一台谐波分析仪。该仪器可以计算任何一个周期信号 $x(t)$ 的傅里叶级数截断后的近似式(3.52),其中 N 可以算到 80。米切尔森用了很多函数来测试他的仪器,结果发现 $x_N(t)$ 都和 $x(t)$ 非常一致。然而当他测试方波信号时,他得到了一个令他吃惊的重要结果!于是他根据这一结果而怀疑他的仪器是否有不完善的地方。他将这一问题写了一封信给著名的数学物理学家吉伯斯(Josiah Gibbs),吉伯斯研究了这一结果,并于 1899 年发表了他的看法。

米切尔森所观察到的现象可以用图 3.9 来说明。图中,设 $x(t)$ 是一个对称方波($T=4T_1$),画出了对应几个 N 值时 $x_N(t)$ 的波形,并且在每一种情况下,都将部分和的结果套在原来的方波上,以便比较。因为方波满足狄里赫利条件,因此随着 $N\to\infty$,$x_N(t)$ 在不连续点的极限应该是不连续点处的平均值。从图 3.9 可以看到确实如此,因为对于任意的 N 来说,$x_N(t)$ 在不连续点都具有这个平均值。而且,对任何其他的 t,例如 $t=t_1$,可以保证

$$\lim_{N\to\infty} x_N(t_1) = x(t_1)$$

因此,方波的傅里叶级数表示式的平方误差,如式(3.53)和式(3.54)所示,其面积也是零。

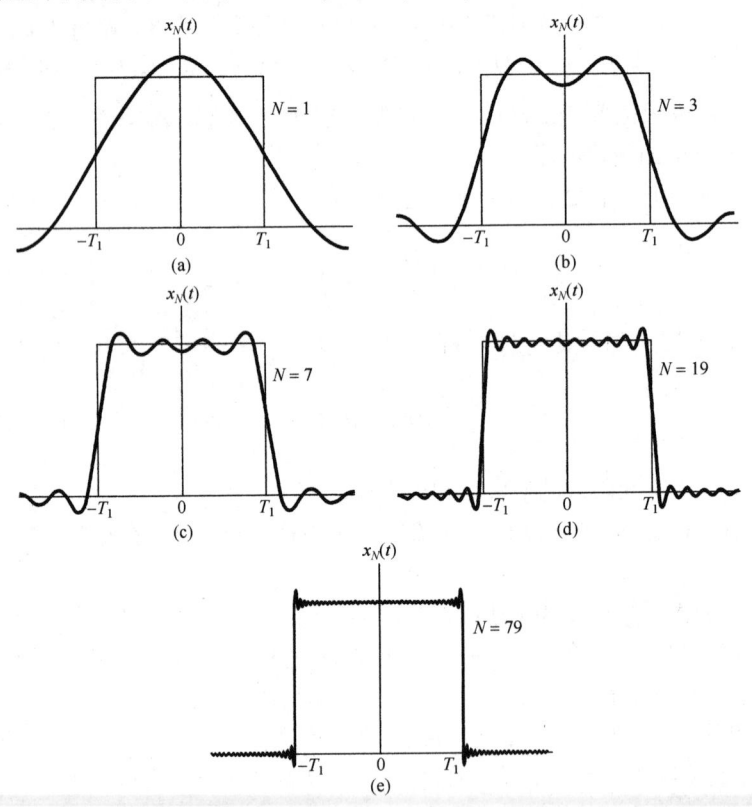

图 3.9 方波傅里叶级数表示的收敛:吉伯斯现象。图中对几个 N 值画出了有限项近似 $x_N(t) = \sum_{k=-N}^{N} a_k e^{jk\omega_0 t}$ 的波形

---

① 用于这个例子的材料取自 110 页脚注中提及的 Lanczos 的著作。

对于这个例子，米切尔森所观察到的有趣现象是在不连续点附近部分和 $x_N(t)$ 所呈现的起伏，而且这个起伏的峰值大小似乎不随 N 的增大而下降！吉伯斯证明：情况确实是这样，而且也应该是这样。若不连续点处的高度是1，则部分和所呈现的峰值的最大值是1.09，即有9%的超量。无论 N 取多大，这个超量不变。对这个现象必须给予正确的解释！如前所述，对任何一个给定的 t，例如 $t = t_1$，部分和将会收敛于 $x(t_1)$ 的真正值，而在不连续点处将收敛于不连续点两边信号值之和的一半。然而，当 t_1 取得越接近不连续点时，为了把误差减小到低于某一给定值，N 就必须取得越大。于是，随着 N 的增加，部分和的起伏就向不连续点处压缩，但是对任何有限的 N 值，起伏的峰值大小保持不变，这就是**吉伯斯现象**（Gibbs phenomenon）。这个现象的含义是：一个不连续信号 $x(t)$ 的傅里叶级数的截断近似 $x_N(t)$，一般来说，在接近不连续点处将呈现高频起伏和超量。而且，若在实际情况下利用这样一个近似式，就应该选择足够大的 N，以保证这些起伏拥有的总能量可以忽略。当然，在极限情况下，我们知道近似误差的能量是零，而且一个不连续信号（如方波）的傅里叶级数表示是收敛的。

3.5 连续时间傅里叶级数性质

前面曾提到过，傅里叶级数表示具有一系列重要的性质，这些性质对于在概念上深入理解这样的表示是很有用的；并且，它们还有助于简化求取很多信号傅里叶级数的复杂性。表3.1 中综合列出了这些性质，其中几个性质将放在本章末习题中去考虑。第4章讨论傅里叶变换时将看到，大部分性质都可以从对应的连续时间傅里叶变换的性质中推演出来。所以这里只限于几个性质的讨论，以此来说明这些性质是如何被导出、解释和应用的。

下面从表3.1 中挑选出的几个性质的讨论都用一种简便的符号来表明一个周期信号及其傅里叶级数之间的关系，即假设 $x(t)$ 是一个周期信号，周期为 T，基波频率 $\omega_0 = 2\pi/T$。那么，若 $x(t)$ 的傅里叶级数系数记为 a_k，则用

$$x(t) \xleftrightarrow{\mathcal{FS}} a_k$$

来表示一个周期信号及其傅里叶级数系数的一对关系。

3.5.1 线性性质

令 $x(t)$ 和 $y(t)$ 为两个周期信号，周期为 T，它们的傅里叶级数系数分别为 a_k 和 b_k，即

$$x(t) \xleftrightarrow{\mathcal{FS}} a_k$$
$$y(t) \xleftrightarrow{\mathcal{FS}} b_k$$

因为 $x(t)$ 和 $y(t)$ 具有相同的周期 T，因此极易得出这两个信号的任意线性组合也一定是周期的，且周期为 T。而且，$x(t)$ 和 $y(t)$ 的线性组合 $z(t) = Ax(t) + By(t)$ 的傅里叶级数系数 c_k 由 $x(t)$ 和 $y(t)$ 的傅里叶级数系数的同一线性组合给出，即

$$z(t) = Ax(t) + By(t) \xleftrightarrow{\mathcal{FS}} c_k = Aa_k + Bb_k \tag{3.58}$$

根据式(3.39)可以直接证明这一点。同时可以看到，线性性质很容易推广到具有相同周期 T 的任意多个信号的线性组合中去。

3.5.2 时移性质

当给一个周期信号 $x(t)$ 以某个 t_0 时移时，该信号的周期 T 保持不变，所得到的信号 $y(t) = x(t - t_0)$ 的傅里叶级数系数 b_k 可以表示为

$$b_k = \frac{1}{T}\int_T x(t-t_0)\mathrm{e}^{-jk\omega_0 t}\mathrm{d}t \tag{3.59}$$

令 $\tau = t - t_0$，并注意到新的变量 τ 也是在某一 T 的区间内变化的，于是可得

$$\frac{1}{T}\int_T x(\tau)\mathrm{e}^{-jk\omega_0(\tau+t_0)}\mathrm{d}\tau = \mathrm{e}^{-jk\omega_0 t_0}\frac{1}{T}\int_T x(\tau)\mathrm{e}^{-jk\omega_0\tau}\mathrm{d}\tau$$
$$= \mathrm{e}^{-jk\omega_0 t_0}a_k = \mathrm{e}^{-jk(2\pi/T)t_0}a_k \tag{3.60}$$

其中 a_k 就是 $x(t)$ 的第 k 个傅里叶级数系数。也就是说，若

$$x(t) \overset{\mathcal{FS}}{\longleftrightarrow} a_k$$

那么

$$x(t-t_0) \overset{\mathcal{FS}}{\longleftrightarrow} \mathrm{e}^{-jk\omega_0 t_0}a_k = \mathrm{e}^{-jk(2\pi/T)t_0}a_k$$

这个性质的一个结果就是：当一个周期信号在时间上移位时，它的傅里叶级数系数的模保持不变，即 $|b_k| = |a_k|$。

3.5.3 时间反转性质

当一个周期信号 $x(t)$ 经过时间反转后，其周期 T 仍然保持不变，为了确定 $y(t) = x(-t)$ 的傅里叶级数系数，先看一下时间反转对综合公式(3.38)所带来的影响：

$$x(-t) = \sum_{k=-\infty}^{\infty} a_k \mathrm{e}^{-jk2\pi t/T} \tag{3.61}$$

进行变量代换 $k = -m$，得

$$y(t) = x(-t) = \sum_{m=-\infty}^{\infty} a_{-m}\mathrm{e}^{jm2\pi t/T} \tag{3.62}$$

可见上式的等号右边就具有对 $x(-t)$ 的傅里叶级数展开形式，其傅里叶级数系数 b_k 就是

$$b_k = a_{-k} \tag{3.63}$$

也就是说，若

$$x(t) \overset{\mathcal{FS}}{\longleftrightarrow} a_k$$

那么

$$x(-t) \overset{\mathcal{FS}}{\longleftrightarrow} a_{-k}$$

换句话说，施加于连续时间信号上的时间反转会导致其对应的傅里叶级数系数序列的时间反转。时间反转性质的一种结果是：若 $x(t)$ 为偶函数，即 $x(-t) = x(t)$，则其傅里叶级数系数也为偶函数，即 $a_{-k} = a_k$；若 $x(t)$ 为奇函数，即 $x(-t) = -x(t)$，则其傅里叶级数系数也为奇函数，即 $a_{-k} = -a_k$。

3.5.4 时域尺度变换性质

时域尺度变换是一种运算。一般来说，这种运算会改变被变换的信号的周期。如果 $x(t)$ 是周期的，周期为 T，基波频率 $\omega_0 = 2\pi/T$，那么 $x(\alpha t)$，α 为一个正实数，就是一个周期为 T/α 且基波频率为 $\alpha\omega_0$ 的周期信号。因为时间尺度运算是直接加在 $x(t)$ 的每一次谐波分量上的，所以能很容易得出，这些谐波分量中每一个的傅里叶系数仍是相同的。也就是说，若 $x(t)$ 具有式(3.38)的傅里叶级数表示，那么

$$x(\alpha t) = \sum_{k=-\infty}^{+\infty} a_k \mathrm{e}^{jk(\alpha\omega_0)t}$$

就是 $x(\alpha t)$ 的傅里叶级数表示。要强调的是，虽然傅里叶系数没有改变，但由于基波频率变化了，傅里叶级数表示却改变了。

3.5.5 相乘性质

假设 $x(t)$ 和 $y(t)$ 是两个周期为 T 的周期信号,且有

$$x(t) \overset{\mathcal{FS}}{\longleftrightarrow} a_k$$
$$y(t) \overset{\mathcal{FS}}{\longleftrightarrow} b_k$$

因为乘积 $x(t)y(t)$ 也是周期的,周期为 T,就可以将它展开成傅里叶级数,而其傅里叶级数系数 h_k 可以用 $x(t)$ 和 $y(t)$ 的傅里叶系数来表示,结果是

$$x(t)y(t) \overset{\mathcal{FS}}{\longleftrightarrow} h_k = \sum_{l=-\infty}^{\infty} a_l b_{k-l} \tag{3.64}$$

导出上面关系的一种办法(见习题3.46)就是将 $x(t)$ 和 $y(t)$ 的傅里叶级数表示式相乘,并注意到在这个乘积中的第 k 次谐波分量一定有一个系数是具有 $a_l b_{k-l}$ 形式的项之和。可以看出,式(3.64)的等号右边的和式可以看成代表 $x(t)$ 的傅里叶系数序列与代表 $y(t)$ 的傅里叶系数序列的离散时间卷积。

3.5.6 共轭与共轭对称性质

将一个周期信号 $x(t)$ 取它的复数共轭,在它的傅里叶级数系数上就会有复数共轭并进行时间反转的结果,即若

$$x(t) \overset{\mathcal{FS}}{\longleftrightarrow} a_k$$

那么

$$x^*(t) \overset{\mathcal{FS}}{\longleftrightarrow} a_{-k}^* \tag{3.65}$$

将式(3.38)两边各取复数共轭,并在求和中以 $-k$ 代替 k,就很容易证明这个性质。

当 $x(t)$ 为实函数时,可以从这个性质导出一些很有用的结果。这时,由式(3.65)可以看出,由于 $x(t) = x^*(t)$,傅里叶级数系数就一定是**共轭对称**(conjugate symmetric)的,即

$$a_{-k} = a_k^* \tag{3.66}$$

如式(3.29)中所见。这样,对于实信号的傅里叶级数系数的模、相位、实部和虚部,又依次意味着各种对称性质(均列于表3.1中)。例如,若 $x(t)$ 为实信号,由式(3.66)看出,a_0 就为实数,且有

$$|a_k| = |a_{-k}|$$

同时,若 $x(t)$ 为实偶函数,那么由3.5.3节可知 $a_k = a_{-k}$。然而,根据式(3.66)又有 $a_k^* = a_{-k}$,所以 $a_k = a_k^*$。也就是说,若 $x(t)$ 为实偶函数,那么它的傅里叶级数系数也为实偶函数。同理,若 $x(t)$ 为实奇函数,那么它的傅里叶级数系数为纯虚奇函数。由此,例如 $x(t)$ 为实奇函数,则 $a_0 = 0$。傅里叶级数的对称性质将在习题3.42中进一步讨论。

3.5.7 连续时间周期信号的帕塞瓦尔定理

正如在习题3.46中所证明的,连续时间周期信号的帕塞瓦尔定理是

$$\frac{1}{T}\int_T |x(t)|^2 dt = \sum_{k=-\infty}^{+\infty} |a_k|^2 \tag{3.67}$$

其中 a_k 是 $x(t)$ 的傅里叶级数系数,T 是该信号的周期。

式(3.67)的等号左边是周期信号 $x(t)$ 在一个周期内的平均功率(也就是单位时间内的能量),而同时有

$$\frac{1}{T}\int_T \left|a_k e^{jk\omega_0 t}\right|^2 dt = \frac{1}{T}\int_T |a_k|^2 dt = |a_k|^2 \tag{3.68}$$

所以 $|a_k|^2$ 就是 $x(t)$ 中第 k 次谐波的平均功率。于是,帕塞瓦尔定理所说的就是:一个周期信号的总平均功率等于它的全部谐波分量的平均功率之和。

3.5.8 连续时间傅里叶级数性质列表

在表 3.1 中列出了连续时间傅里叶级数的全部重要性质。

表 3.1 连续时间傅里叶级数性质

节 号	性 质	周期信号	傅里叶级数系数
		$\left.\begin{array}{l}x(t)\\y(t)\end{array}\right\}$ 周期为 T, 基本频率 $\omega_0=2\pi/T$	a_k b_k
3.5.1	线性	$Ax(t)+By(t)$	Aa_k+Bb_k
3.5.2	时移	$x(t-t_0)$	$a_k e^{-jk\omega_0 t_0}=a_k e^{-jk(2\pi/T)t_0}$
	频移	$e^{jM\omega_0 t}x(t)=e^{jM(2\pi/T)t}x(t)$	a_{k-M}
3.5.6	共轭	$x^*(t)$	a_{-k}^*
3.5.3	时间反转	$x(-t)$	a_{-k}
3.5.4	时域尺度变换	$x(\alpha t),\ \alpha>0$(周期为 T/α)	a_k
	周期卷积	$\int_T x(\tau)y(t-\tau)\mathrm{d}\tau$	$Ta_k b_k$
3.5.5	相乘	$3x(t)y(t)$	$\sum_{l=-\infty}^{+\infty} a_l b_{k-l}$
	微分	$\dfrac{\mathrm{d}x(t)}{\mathrm{d}t}$	$jk\omega_0 a_k=jk\dfrac{2\pi}{T}a_k$
	积分	$\int_{-\infty}^{t}x(t)\mathrm{d}t$ (仅当 $a_0=0$ 才为有限值且为周期的)	$\left(\dfrac{1}{jk\omega_0}\right)a_k=\left(\dfrac{1}{jk(2\pi/T)}\right)a_k$
3.5.6	实信号的共轭对称	$x(t)$ 为实信号	$\begin{cases}a_k=a_{-k}^*\\ \mathcal{R}e\{a_k\}=\mathcal{R}e\{a_{-k}\}\\ \mathcal{I}m\{a_k\}=-\mathcal{I}m\{a_{-k}\}\\ |a_k|=|a_{-k}|\\ \sphericalangle a_k=-\sphericalangle a_{-k}\end{cases}$
3.5.6	实偶信号	$x(t)$ 为实偶信号	a_k 为实偶函数
3.5.6	实奇信号	$x(t)$ 为实奇信号	a_k 为纯虚奇函数
	实信号的奇偶分解	$\begin{cases}x_e(t)=\mathcal{E}v\{x(t)\} & [x(t)\text{为实信号}]\\ x_o(t)=\mathcal{O}d\{x(t)\} & [x(t)\text{为实信号}]\end{cases}$	$\mathcal{R}e\{a_k\}$ $j\mathcal{I}m\{a_k\}$
	周期信号的帕塞瓦尔定理	$\dfrac{1}{T}\int_T |x(t)|^2\mathrm{d}t=\sum_{k=-\infty}^{+\infty}|a_k|^2$	

3.5.9 举例

在求取一个已知信号的傅里叶系数时,可以利用列于表 3.1 中的这些傅里叶级数性质,绕过一些繁杂的代数运算。下面用三个例子来说明这一点。最后一个例子用来说明,如何用一个信号的性质来详细地表征该信号。

例 3.6 信号 $g(t)$ 的基波周期是 4,如图 3.10 所示。本可以用分析公式(3.39)直接求 $g(t)$ 的傅里叶级数表示式,现在利用 $g(t)$ 与例 3.5 中对称周期方波 $x(t)$ 的关系来求。由例 3.5 可见,$T=4$,$T_1=1$ 而

$$g(t)=x(t-1)-1/2 \tag{3.69}$$

根据表 3.1 中的时移性质,若 $x(t)$ 的傅里叶级数系数为 a_k,那么 $x(t-1)$ 的傅里叶系数 b_k 就是

$$b_k = a_k e^{-jk\pi/2} \quad (3.70)$$

在 $g(t)$ 中直流偏移,即式(3.69)的等号右边的 $-\frac{1}{2}$ 这一项的傅里叶系数 c_k 是

$$c_k = \begin{cases} 0, & k \neq 0 \\ -\frac{1}{2}, & k = 0 \end{cases} \quad (3.71)$$

利用表3.1的线性性质,$g(t)$ 的傅里叶系数 d_k 可表示为

$$d_k = \begin{cases} a_k e^{-jk\pi/2}, & k \neq 0 \\ a_0 - \frac{1}{2}, & k = 0 \end{cases}$$

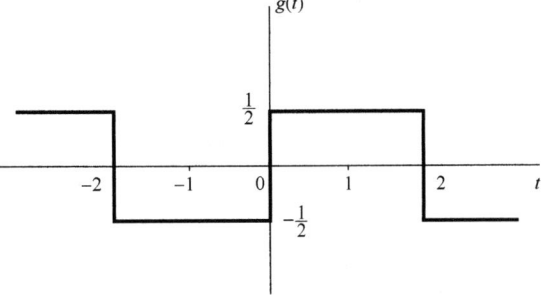

图 3.10 例 3.6 中的周期信号

再将式中的 a_k 用式(3.45)和式(3.46)的表示式代入,可得

$$d_k = \begin{cases} \frac{\sin(\pi k/2)}{k\pi} e^{-jk\pi/2}, & k \neq 0 \\ 0, & k = 0 \end{cases} \quad (3.72)$$

例 3.7 考虑一个周期为 $T=4$ 的三角波信号 $x(t)$,其基波频率 $\omega_0 = \pi/2$,如图 3.11 所示。这个信号的导数就是例 3.6 中的 $g(t)$。将 $g(t)$ 的傅里叶系数记为 d_k,$x(t)$ 的傅里叶系数记为 e_k,根据表 3.1 的微分性质,有

$$d_k = jk(\pi/2)e_k \quad (3.73)$$

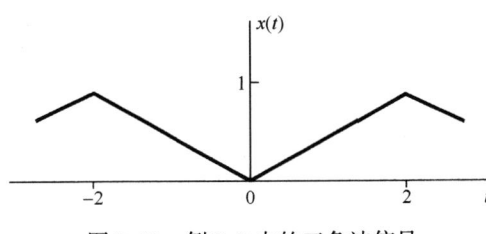

图 3.11 例 3.7 中的三角波信号

除了 $k=0$ 的情况,上式可用来用 d_k 表示 e_k。具体而言,由式(3.72)

$$e_k = \frac{2d_k}{jk\pi} = \frac{2\sin(\pi k/2)}{j(k\pi)^2} e^{-jk\pi/2}, \quad k \neq 0 \quad (3.74)$$

对于 $k=0$,用在一个周期内 $x(t)$ 所包含的面积除以周期长度得到 $e_0 = 1/2$。

例 3.8 现在来考察一个周期冲激串的傅里叶级数表示的某些性质。在第7章讨论采样时,这种信号及其利用复指数的表示将起着重要的作用。周期为 T 的冲激串可表示如下:

$$x(t) = \sum_{k=-\infty}^{\infty} \delta(t - kT) \quad (3.75)$$

如图 3.12(a)所示。为了求傅里叶级数系数 a_k,可用式(3.39),并选取积分区间为 $-T/2 \leq t \leq T/2$,以避开在积分上下限处发生冲激。在该积分区间内,$x(t)$ 就与 $\delta(t)$ 一样,所以有

$$a_k = \frac{1}{T} \int_{-T/2}^{T/2} \delta(t) e^{-jk2\pi t/T} dt = \frac{1}{T} \quad (3.76)$$

换句话说,该冲激串的全部傅里叶系数都是一样的;并且这些系数都是实数,对于 k 来说还是偶函数。这也正是我们预料中的。因为根据表 3.1,任何实的偶信号(就像现在的冲激串)其傅里叶系数本该就是实的和偶的。

冲激串与类似于例 3.6 中的方波信号 $g(t)$ 还有一种直接的关系。图 3.12(b)重复了一种方波信号。$g(t)$ 的导数就是图 3.12(c)所示的信号 $q(t)$,可以将 $q(t)$ 表示为两个经移位了的冲激串 $x(t)$ 之差,即

$$q(t) = x(t + T_1) - x(t - T_1) \quad (3.77)$$

利用傅里叶级数性质,就可以计算出 $q(t)$ 和 $g(t)$ 的傅里叶级数系数,而无须经由傅里叶级数分析公式直接计算。首先,根据时移性质和线性性质,由式(3.77),$q(t)$ 的傅里叶级数系数 b_k 可以

用 $x(t)$ 的傅里叶系数 a_k 表示为

$$b_k = e^{jk\omega_0 T_1} a_k - e^{-jk\omega_0 T_1} a_k$$

其中 $\omega_0 = 2\pi/T$。利用式(3.76),就有

$$b_k = \frac{1}{T}[e^{jk\omega_0 T_1} - e^{-jk\omega_0 T_1}] = \frac{2j\sin(k\omega_0 T_1)}{T}$$

最后,因为 $q(t)$ 是 $g(t)$ 的导数,所以由表3.1的微分性质,直接写出

$$b_k = jk\omega_0 c_k \tag{3.78}$$

其中 c_k 是 $g(t)$ 的傅里叶级数系数。于是

$$c_k = \frac{b_k}{jk\omega_0} = \frac{2j\sin(k\omega_0 T_1)}{jk\omega_0 T} = \frac{\sin(k\omega_0 T_1)}{k\pi}, \quad k \neq 0 \tag{3.79}$$

其中用到 $\omega_0 T = 2\pi$。注意,式(3.79)对 $k \neq 0$ 成立,因为由式(3.78),当 $k=0$ 时无法解得 c_0。然而,c_0 就是 $g(t)$ 在一个周期内的平均值,由图3.12(b)凭直观就可求出为

$$c_0 = \frac{2T_1}{T} \tag{3.80}$$

式(3.80)和式(3.79)分别与在例3.5中导出的式(3.42)和式(3.44)是一样的。

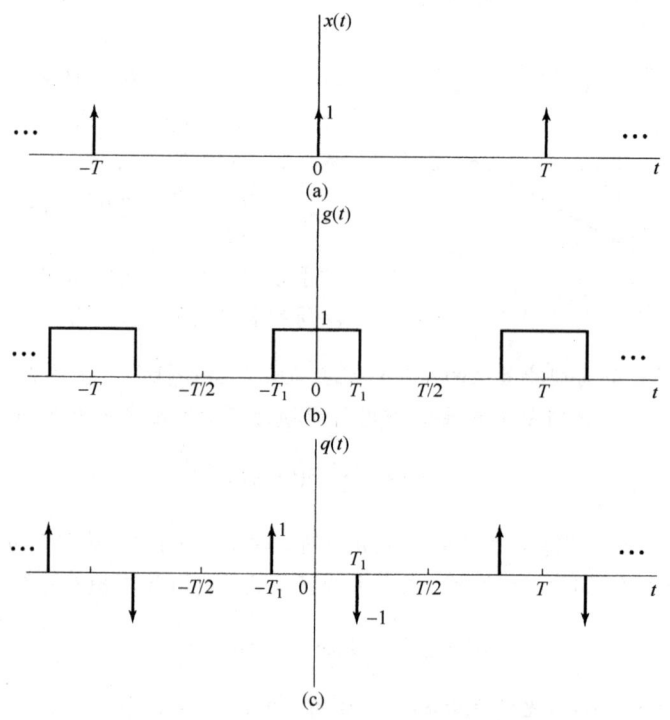

图3.12 (a)周期冲激串;(b)周期方波;(c)图(b)中周期方波的导数

下面的例子用来说明表3.1中很多性质的应用。

例3.9 假设关于某一信号 $x(t)$ 给出下列条件:

1. $x(t)$ 是一个实信号。
2. $x(t)$ 是周期的,周期为 $T=4$,它的傅里叶级数系数是 a_k。
3. $a_k = 0$, $|k| > 1$。
4. 傅里叶系数为 $b_k = e^{-j\pi k/2} a_{-k}$ 的信号是奇信号。

5. $\frac{1}{4}\int_4 |x(t)|^2 dt = 1/2$。

现在要证明，以上所给条件，除了一个正负号可供选择，足以将信号 $x(t)$ 确定。根据条件 3，$x(t)$ 至多只有三个非零的傅里叶系数 a_k，即 a_0，a_1 和 a_{-1}。然后，因为 $x(t)$ 的基波频率 $\omega_0 = 2\pi/4 = \pi/2$，于是

$$x(t) = a_0 + a_1 e^{j\pi t/2} + a_{-1} e^{-j\pi t/2}$$

又由条件 1，$x(t)$ 为实信号，利用表 3.1 中的对称性质可得 a_0 为实数，且 $a_1 = a_{-1}^*$。这样就有

$$x(t) = a_0 + a_1 e^{j\pi t/2} + (a_1 e^{j\pi t/2})^* = a_0 + 2Re\{a_1 e^{j\pi t/2}\} \qquad (3.81)$$

现在来确定由条件 4 给出的傅里叶系数为 b_k 的信号。根据表 3.1 的时间反转性质，a_{-k} 就对应于信号 $x(-t)$。另外，时移性质又指出，第 k 次傅里叶系数乘以 $e^{-jk\pi/2} = e^{-jk\omega_0}$ 就相应于信号向右移 1（即以 $t-1$ 代替 t）。这样就可得出，系数 b_k 对应于信号 $x(-(t-1)) = x(-t+1)$；又根据条件 4，它必须为奇信号。因为 $x(t)$ 为实信号，$x(-t+1)$ 也必须为实信号。根据表 3.1，$x(-t+1)$ 的傅里叶系数一定为纯虚数，而且为奇函数，于是 $b_0 = 0$ 和 $b_{-1} = -b_1$。由于时间反转和时移运算都不可能改变每个周期内的平均功率，所以条件 5 即使在 $x(t)$ 被 $x(-t+1)$ 替代后仍然成立，即

$$\frac{1}{4}\int_4 |x(-t+1)|^2 dt = 1/2 \qquad (3.82)$$

现在利用帕塞瓦尔定理可得

$$|b_1|^2 + |b_{-1}|^2 = 1/2 \qquad (3.83)$$

在式(3.83)中以 $b_1 = -b_{-1}$ 代入，可得 $|b_1| = 1/2$。因为已知 b_1 也为纯虚数，所以 b_1 一定为 $j/2$，或者 $-j/2$。

现在，可以把加在 b_0 和 b_1 上的这些条件转移到加在 a_0 和 a_1 上的等效条件。首先，因为 $b_0 = 0$，条件 4 就意味着 $a_0 = 0$；当 $k = 1$ 时，这一条件就意味着 $a_1 = e^{-j\pi/2} b_{-1} = -jb_{-1} = jb_1$。据此，若取 $b_1 = j/2$，那么 $a_1 = -1/2$，由式(3.81)，$x(t) = -\cos(\pi t/2)$；若取 $b_1 = -j/2$，那么 $a_1 = 1/2$，$x(t) = \cos(\pi t/2)$。

3.6 离散时间周期信号的傅里叶级数表示

本节讨论离散时间周期信号的傅里叶级数表示。虽然这一讨论采用了与 3.3 节的讨论完全并行的方式进行，但是它们之间有一些很重要的差别。特别是，一个离散时间周期信号的傅里叶级数是**有限**项级数，而在连续时间周期信号情况下是一个无穷级数。其结果就是在离散时间情况下不存在曾在 3.4 节讨论的数学上的收敛问题。

3.6.1 成谐波关系的复指数信号的线性组合

正如第 1 章所定义的，一个离散时间信号 $x[n]$，若有

$$x[n] = x[n + N] \qquad (3.84)$$

就是一个周期为 N 的周期信号。基波周期就是使式(3.84)成立的最小正整数 N，而 $\omega_0 = 2\pi/N$ 就是基波频率。例如，复指数 $e^{j(2\pi/N)n}$ 是周期的，周期为 N。而且，由下式

$$\phi_k[n] = e^{jk\omega_0 n} = e^{jk(2\pi/N)n}, \qquad k = 0, \pm 1, \pm 2, \cdots \qquad (3.85)$$

给出的所有离散时间复指数信号的集合都是周期的，且周期为 N。$\phi_k[n]$ 中的全部信号，其基波频率都是 $2\pi/N$ 的倍数，因此它们之间是成谐波关系的。

1.3.3 节曾提到，由式(3.85)给出的信号集中只有 N 个信号是不相同的，这是由于在频率上相

差 2π 的整倍数的离散时间复指数信号都是一样的;具体而言,$\phi_0[n] = \phi_N[n]$,$\phi_1[n] = \phi_{N+1}[n]\cdots$ 一般形式的关系为

$$\phi_k[n] = \phi_{k+rN}[n] \tag{3.86}$$

也就是说,当 k 变化一个 N 的整倍数时,就得到了一个完全一样的序列。这一点与连续时间情况是不同的,在那里由式(3.24)定义的信号 $\phi_k(t)$ 全都是不相同的。

现在我们希望利用式(3.85)中的序列 $\phi_k[n]$ 的线性组合来表示更为一般的周期序列,这样一个线性组合的形式如下:

$$x[n] = \sum_k a_k \phi_k[n] = \sum_k a_k e^{jk\omega_0 n} = \sum_k a_k e^{jk(2\pi/N)n} \tag{3.87}$$

序列 $\phi_k[n]$ 只在 k 的 N 个连续值的范围内是不同的,因此式(3.87)的求和仅仅需要包括 N 项。于是,式(3.87)的对 k 求和是当 k 在 N 个相继整数的区间上变化时,从任意 k 值开始进行的。为了指出这一点,特将求和限表示成 $k=\langle N \rangle$,即

$$x[n] = \sum_{k=\langle N \rangle} a_k \phi_k[n] = \sum_{k=\langle N \rangle} a_k e^{jk\omega_0 n} = \sum_{k=\langle N \rangle} a_k e^{jk(2\pi/N)n} \tag{3.88}$$

例如,k 既可以取 $k=0,1,2,\cdots,N-1$,也可以取 $k=3,4,\cdots,N+2$,等等。无论怎样取值,由于式(3.86)的关系存在,式(3.88)的等号右边的求和都是一样的。式(3.88)称为**离散时间傅里叶级数**,而系数 a_k 则称为**傅里叶级数系数**。

3.6.2 周期信号傅里叶级数表示的确定

假设一个周期序列 $x[n]$,其周期为 N。现在想确定,$x[n]$ 能否表示成式(3.88)的形式?如果可以,那么这些系数 a_k 是什么?这个问题实质上就是要求得一组线性联立方程的解。如果对式(3.88)在 $x[n]$ 的一个周期内对 n 的 N 个连续的值进行求值,则有

$$\begin{aligned} x[0] &= \sum_{k=\langle N \rangle} a_k \\ x[1] &= \sum_{k=\langle N \rangle} a_k e^{j2\pi k/N} \\ &\vdots \\ x[N-1] &= \sum_{k=\langle N \rangle} a_k e^{j2\pi k(N-1)/N} \end{aligned} \tag{3.89}$$

这样,式(3.89)就表示当 k 在 N 个连续整数值范围内变化时,具有 N 个未知系数 a_k 的 N 个线性方程。可以证明,这 N 个方程是线性独立的,因此可以利用已知的 $x[n]$ 值求得系数 a_k。习题 3.32 考虑的一个例子就是用式(3.89)解出这组联立方程,得到这些傅里叶级数的系数。然而,以下采用与连续时间情况下并行的方法,有可能利用 $x[n]$ 求得 a_k 的一个闭式表示式。

导出这一结果的基础是在习题 3.54 中所证明的如下事实:

$$\sum_{n=\langle N \rangle} e^{jk(2\pi/N)n} = \begin{cases} N, & k=0, \pm N, \pm 2N, \cdots \\ 0, & \text{其他} \end{cases} \tag{3.90}$$

式(3.90)所说明的是:一个周期复指数序列的值在一个完整周期内求和,除非该复指数是某一常数,否则其和为零。

现在再来考虑式(3.88)的傅里叶级数表示式。在该式两边各乘以 $e^{-jr(2\pi/N)n}$,然后在 N 项上求和,得到

$$\sum_{n=\langle N \rangle} x[n] e^{-jr(2\pi/N)n} = \sum_{n=\langle N \rangle} \sum_{k=\langle N \rangle} a_k e^{j(k-r)(2\pi/N)n} \tag{3.91}$$

交换上式等号右边的求和次序，可得

$$\sum_{n=\langle N \rangle} x[n]e^{-jr(2\pi/N)n} = \sum_{k=\langle N \rangle} a_k \sum_{n=\langle N \rangle} e^{j(k-r)(2\pi/N)n} \quad (3.92)$$

根据式(3.90)的恒等关系，式(3.92)的等号右边内层对 n 求和为零，除非 $(k-r)$ 为零或 N 的整倍数。因此，如果把 r 值的选择范围设成与外层求和 k 值的变化范围一样，那么式(3.92)的等号右边最内层的求和，在 $k=r$ 时就等于 N；在 $k \neq r$ 时就等于 0。因此，式(3.92)的等号右边就演变为 Na_r，于是有

$$a_r = \frac{1}{N} \sum_{n=\langle N \rangle} x[n]e^{-jr(2\pi/N)n} \quad (3.93)$$

这样，就求得了一个傅里叶级数系数的闭式表示式，**离散时间傅里叶级数对**则为

$$\boxed{\begin{aligned} x[n] &= \sum_{k=\langle N \rangle} a_k e^{jk\omega_0 n} = \sum_{k=\langle N \rangle} a_k e^{jk(2\pi/N)n} & (3.94) \\ a_k &= \frac{1}{N} \sum_{n=\langle N \rangle} x[n] e^{-jk\omega_0 n} = \frac{1}{N} \sum_{n=\langle N \rangle} x[n] e^{-jk(2\pi/N)n} & (3.95) \end{aligned}}$$

这两个公式对离散时间周期信号所起的作用，与式(3.38)和式(3.39)对连续时间周期信号所起的作用完全一样，其中式(3.94)就是**综合**公式，而式(3.95)则是**分析**(analysis)公式。与连续时间情况一样，离散时间傅里叶级数系数 a_k 往往也称为 $x[n]$ 的**频谱系数**(spectral coefficient)。这些系数说明了 $x[n]$ 可分解成 N 个成谐波关系的复指数信号之和。

再回到式(3.88)，我们看到若从 0 到 $N-1$ 范围内取 k，则有

$$x[n] = a_0 \phi_0[n] + a_1 \phi_1[n] + \cdots + a_{N-1} \phi_{N-1}[n] \quad (3.96)$$

同理，若从 1 到 N 范围内取 k，则有

$$x[n] = a_1 \phi_1[n] + a_2 \phi_2[n] + \cdots + a_N \phi_N[n] \quad (3.97)$$

由式(3.86)知道，$\phi_0[n] = \phi_N[n]$，因此只要把式(3.96)和式(3.97)进行比较，就可以得出 $a_0 = a_N$。同理，若 k 取任何一组 N 个相连的整数，利用式(3.86)，就一定有

$$a_k = a_{k+N} \quad (3.98)$$

也就是说，假设考虑的 k 值多于 N 个，那么 a_k 的值必定以 N 为周期，周期性重复。详细地说明这一点是很重要的。特别是，因为只有 N 个不同的复指数(周期均为 N)，所以离散时间傅里叶级数表示式就是一个 N 项的有限级数。因此，对于定义傅里叶级数式(3.94)的 N 个连续 k 值，如果固定这 N 个连续 k 值，就一定能由式(3.95)求得 N 个傅里叶系数。另一方面，常常为了方便而要利用一组 N 个不同的 k 值，把式(3.94)看成在**任意** N 个顺序 k 值上求和是很有用的。由于这个缘故，有时把 a_k 也看成定义在全部 k 值上的一个序列，而在傅里叶级数表示式中仅仅利用其中某 N 个连续序列值。此外，随着 k 值的变化，由式(3.86)，$\phi_k[n]$ 值必然以周期 N 周期性重复，根据式(3.98)，a_k 值也必然以周期 N 周期性重复。现在用下面的例子来说明这一点。

例3.10 考虑信号

$$x[n] = \sin \omega_0 n \quad (3.99)$$

该信号与例3.3中的连续时间信号 $x(t) = \sin \omega_0 t$ 是对应的。仅当 $2\pi/\omega_0$ 是一个整数，或整数的比时，$x[n]$ 才是周期的。在 $2\pi/\omega_0$ 为一个整数 N，即

$$\omega_0 = \frac{2\pi}{N}$$

的情况下，$x[n]$ 是周期的，其基波周期为 N，这时所得到的结果与连续时间情况下的完全一样。

把信号展开为两个复指数信号之和,可得

$$x[n] = \frac{1}{2j}e^{j(2\pi/N)n} - \frac{1}{2j}e^{-j(2\pi/N)n} \tag{3.100}$$

将它与式(3.94)进行比较,可直接得到

$$a_1 = \frac{1}{2j}, \quad a_{-1} = -\frac{1}{2j} \tag{3.101}$$

其余系数均为0。如同前面所说的,这些系数以 N 为周期重复,所以 $a_{N+1} = 1/2j$,$a_{N-1} = -1/2j$。对于这个例子,当 $N=5$ 时,其傅里叶级数的系数示于图 3.13 中。图中指出,这些系数是周期性重复的。然而,在综合公式(3.94)中仅仅用到其中一个周期内的系数。

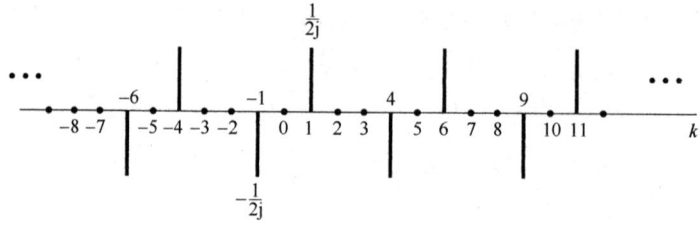

图3.13 $x[n] = \sin(2\pi/5)n$ 的傅里叶系数

现在考虑 $2\pi/\omega_0$ 为两个整数之比,即当

$$\omega_0 = \frac{2\pi M}{N}$$

时的情况。假定 M 和 N 没有公共因子,$x[n]$ 就有一个基波周期为 N。再将 $x[n]$ 展开为两个复指数之和

$$x[n] = \frac{1}{2j}e^{jM(2\pi/N)n} - \frac{1}{2j}e^{-jM(2\pi/N)n}$$

由该式可直接确定 $a_M = 1/2j$,$a_{-M} = -1/2j$,而在一个长度为 N 的周期内,其余系数均为0。以 $M=3$ 和 $N=5$ 为例的傅里叶系数示于图 3.14 中。图中再次表明了这些系数的周期性。例如,对于 $N=5$,$a_2 = a_{-3}$,在该例中就等于 $-1/2j$。然而,应该注意到,在长度为5的任意周期内,仅有两个非零的傅里叶系数,因此在综合公式中仅有两个非零项。

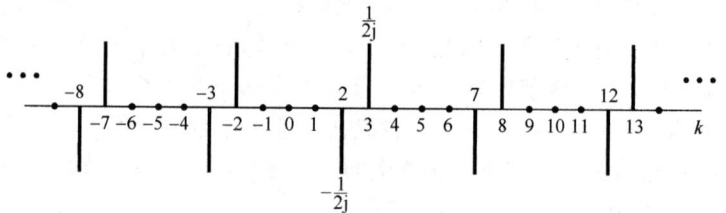

图3.14 $x[n] = \sin 3(2\pi/5)n$ 的傅里叶系数

例3.11 考虑如下信号:

$$x[n] = 1 + \sin\left(\frac{2\pi}{N}\right)n + 3\cos\left(\frac{2\pi}{N}\right)n + \cos\left(\frac{4\pi}{N}n + \frac{\pi}{2}\right)$$

这个信号是周期的,其周期为 N,与例 3.10 类似,将 $x[n]$ 直接展开成复指数形式,得到

$$x[n] = 1 + \frac{1}{2j}[e^{j(2\pi/N)n} - e^{-j(2\pi/N)n}] + \frac{3}{2}[e^{j(2\pi/N)n} + e^{-j(2\pi/N)n}] + \frac{1}{2}[e^{j(4\pi n/N + \pi/2)} + e^{-j(4\pi n/N + \pi/2)}]$$

归并相应项后,可得

$$x[n] = 1 + \left(\frac{3}{2} + \frac{1}{2j}\right)e^{j(2\pi/N)n} + \left(\frac{3}{2} - \frac{1}{2j}\right)e^{-j(2\pi/N)n} + \left(\frac{1}{2}e^{j\pi/2}\right)e^{j2(2\pi/N)n} + \left(\frac{1}{2}e^{-j\pi/2}\right)e^{-j2(2\pi/N)n}$$

因此,该例的傅里叶级数系数为

$$a_0 = 1$$
$$a_1 = \frac{3}{2} + \frac{1}{2j} = \frac{3}{2} - \frac{1}{2}j$$
$$a_{-1} = \frac{3}{2} - \frac{1}{2j} = \frac{3}{2} + \frac{1}{2}j$$
$$a_2 = \frac{1}{2}j$$
$$a_{-2} = -\frac{1}{2}j$$

对于综合公式(3.94)求和间隔内其余的 k 值,$a_k = 0$。再次指出,这些傅里叶系数是周期的,其周期为 N。例如,$a_N = 1$,$a_{3N-1} = \frac{3}{2} + \frac{1}{2}j$ 及 $a_{2-N} = \frac{1}{2}j$,等等。在图 3.15(a) 中,以 $N = 10$ 为例,画出了这些系数的实部和虚部,而图 3.15(b) 则是同一组系数的模和相位。

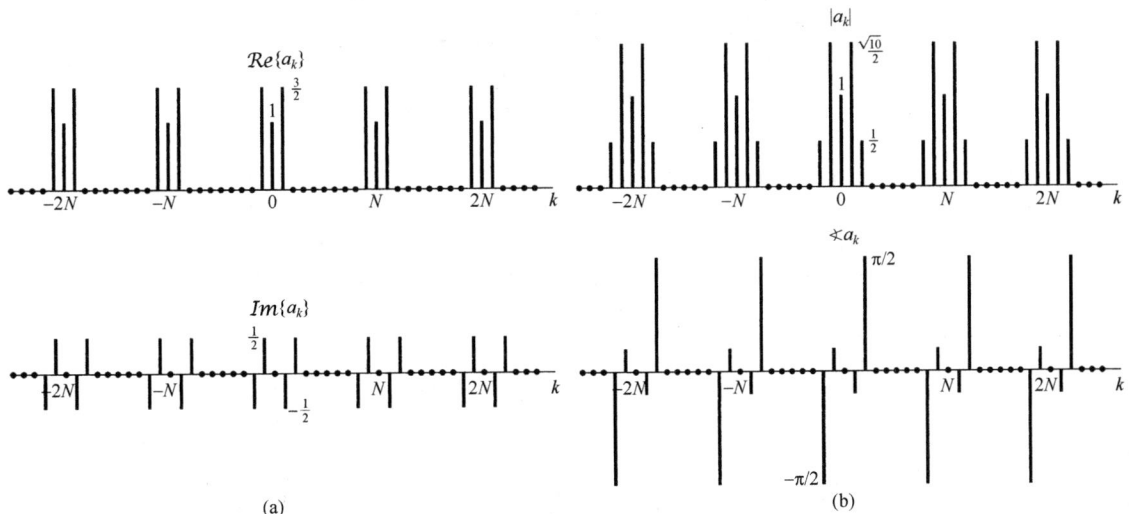

图 3.15 (a) 例 3.11 的傅里叶级数系数的实部和虚部;(b) 同一系数的模和相位

在这个例子中,可注意到对所有的 k 值,$a_{-k} = a_k^*$。事实上,只要 $x[n]$ 是实序列,这个关系总是成立的。这一性质与 3.3 节对连续时间周期信号讨论的性质是一致的,并且与连续时间情况下的一样,这就意味着,对于一个实周期序列的离散时间傅里叶级数,有两种等效的表达形式。这些形式与连续时间傅里叶级数的两种表示,即式(3.31)和式(3.32)是很类似的,习题 3.52 将对此进行讨论。对于我们的讨论目的,由式(3.94)和式(3.95)给出的傅里叶级数的指数表达式尤为方便,今后将毫无例外地使用这一形式。

例 3.12 在这个例子中,考虑图 3.16 的离散时间周期方波序列,可以利用式(3.95)求其傅里叶级数。由于在 $-N_1 \leq n \leq N_1$ 范围内有 $x[n] = 1$,所以将式(3.95)的求和区间选在 $-N_1 \leq n \leq N_1$ 这一范围内是特别有利的。这时就可将式(3.95)表示为

$$a_k = \frac{1}{N} \sum_{n=-N_1}^{N_1} e^{-jk(2\pi/N)n} \tag{3.102}$$

令 $m = n + N_1$，可见式(3.102)就变为

$$a_k = \frac{1}{N} \sum_{m=0}^{2N_1} e^{-jk(2\pi/N)(m-N_1)} = \frac{1}{N} e^{jk(2\pi/N)N_1} \sum_{m=0}^{2N_1} e^{-jk(2\pi/N)m} \quad (3.103)$$

式(3.103)的和是一个几何级数的前$(2N_1 + 1)$项之和，利用习题1.54所得的结果，可以得出

$$\begin{aligned} a_k &= \frac{1}{N} e^{jk(2\pi/N)N_1} \left(\frac{1 - e^{-jk2\pi(2N_1+1)/N}}{1 - e^{-jk(2\pi/N)}} \right) \\ &= \frac{1}{N} \frac{e^{-jk(2\pi/2N)}[e^{jk2\pi(N_1+1/2)/N} - e^{-jk2\pi(N_1+1/2)/N}]}{e^{-jk(2\pi/2N)}[e^{jk(2\pi/2N)} - e^{-jk(2\pi/2N)}]} \\ &= \frac{1}{N} \frac{\sin[2\pi k(N_1 + 1/2)/N]}{\sin(\pi k/N)}, \quad k \neq 0, \pm N, \pm 2N, \cdots \end{aligned} \quad (3.104)$$

且

$$a_k = \frac{2N_1 + 1}{N}, \quad k = 0, \pm N, \pm 2N, \cdots \quad (3.105)$$

在图3.17(a)至图3.17(c)中，对于$2N_1 + 1 = 5$，当$N = 10, 20, 40$时的a_k示于图中。

图3.16 离散时间周期方波序列

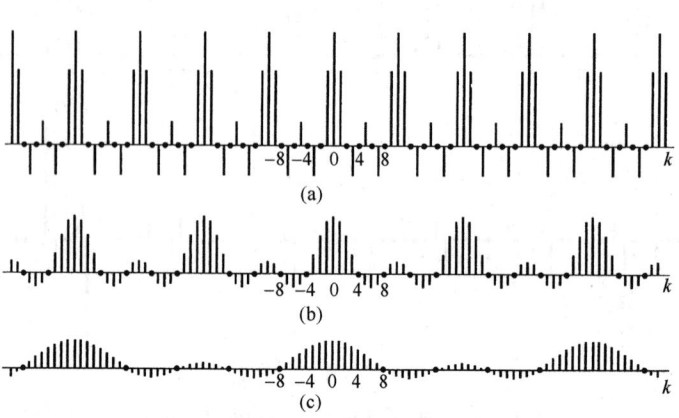

图3.17 例3.12的周期方波序列的傅里叶级数系数。图中Na_k是在$2N_1 + 1 = 5$
时分别对三种N值画出的。(a) $N = 10$；(b) $N = 20$；(c) $N = 40$

3.4节讨论连续时间傅里叶级数的收敛问题时，曾以对称周期方波信号为例，并展示了随着取的项数趋于无限多，式(3.52)中的有限项和是如何收敛于方波信号的。尤其是在不连续点处观察到吉伯斯现象，随着所考虑的项数的增加，部分和的起伏(见图3.9)愈来愈向不连续点处压缩，但起伏峰值的大小与部分和中的项数无关而保持不变。现在来研究一个类似的离散时间方波序列的部分和序列。为了方便起见，先假定周期N为奇数。用图3.16的例子，取$N = 9$，$2N_1 + 1 = 5$，并对几个不同的M值，在图3.18中对如下信号$\hat{x}[n]$

$$\hat{x}[n] = \sum_{k=-M}^{M} a_k e^{jk(2\pi/N)n} \quad (3.106)$$

作图。

第3章 周期信号的傅里叶级数表示

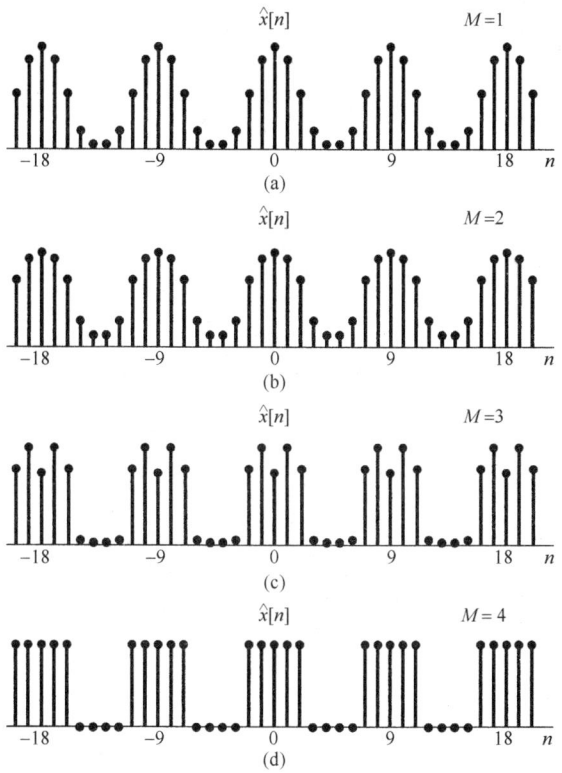

图3.18 图3.16中的周期方波序列的部分和表示,即式(3.106)和式(3.107),在 $N=9$ 和 $2N_1+1=5$ 时对应于几个不同 M 值时的波形。(a) $M=1$;(b) $M=2$;(c) $M=3$;(d) $M=4$

由图3.18可见,对于 $M=4$,部分和 $\hat{x}[n]=x[n]$。可见,与连续时间情况相比,这里不存在任何收敛问题,也没有吉伯斯现象。事实上,一般来讲离散时间傅里叶级数不存在任何收敛问题。究其原因,是由于这样一个事实:任何离散时间周期序列 $x[n]$ 完全是由有限个参数(即 N 个)来表征的,这就是在一个周期内的 N 个序列值。傅里叶级数分析公式(3.95)只是把这 N 个参数变换为一组等效的 N 个傅里叶系数值,而综合公式(3.94)则告诉我们如何利用一个**有限项**级数来恢复原来的序列值。因此,若 N 为奇数,而 $M=(N-1)/2$,那么式(3.106)中的和就完全包括了 N 项,于是由综合公式就能得到 $\hat{x}[n]=x[n]$。同理,若 N 为偶数,可以令

$$\hat{x}[n] = \sum_{k=-M+1}^{M} a_k e^{jk(2\pi/N)n} \tag{3.107}$$

那么,在 $M=N/2$ 时,这个和式仍由 N 项组成,由式(3.94)仍可得出 $\hat{x}[n]=x[n]$ 的结论。

相比之下,一个连续时间周期信号在单个周期内有连续取值问题,这就要求用无限多个傅里叶系数来表示它。因此,式(3.52)中没有任何一个部分和可以得到真正的 $x(t)$ 值。这样,正如3.4节所讨论的,随着项数趋于无穷多而考虑求极限的问题时,收敛问题就自然产生了。

3.7 离散时间傅里叶级数性质

离散时间和连续时间傅里叶级数性质之间存在着很大的相似性。将列于表3.2的离散时间傅里叶级数的性质与表3.1的性质进行对比,很容易就能证实这一点。

表 3.2 离散时间傅里叶级数性质

性质	周期信号	傅里叶级数系数
	$\left.\begin{array}{l}x[n]\\y[n]\end{array}\right\}$ 周期为 N, 基本频率 $\omega_0=2\pi/N$	$\left.\begin{array}{l}a_k\\b_k\end{array}\right\}$ 周期的, 周期为 N
线性	$Ax[n]+By[n]$	Aa_k+Bb_k
时移	$x[n-n_0]$	$a_k e^{-jk(2\pi/N)n_0}$
频移	$e^{jM(2\pi/N)n}x[n]$	a_{k-M}
共轭	$x^*[n]$	a^*_{-k}
时间反转	$x[-n]$	a_{-k}
时域尺度变换	$x_{(m)}[n]=\begin{cases}x[n/m], & \text{若 } n \text{ 是 } m \text{ 的倍数}\\0, & \text{若 } n \text{ 不是 } m \text{ 的倍数}\end{cases}$	$\dfrac{1}{m}a_k$(看成周期的, 周期为 mN)
周期卷积	$\sum_{r=\langle N\rangle}x[r]y[n-r]$	$Na_k b_k$
相乘	$x[n]y[n]$	$\sum_{l=\langle N\rangle}a_l b_{k-l}$
一阶差分	$x[n]-x[n-1]$	$(1-e^{-jk(2\pi/N)})a_k$
求和	$\sum_{k=-\infty}^{n}x[k]$ (仅当 $a_0=0$ 才为有限值且为周期的)	$\left(\dfrac{1}{1-e^{-jk(2\pi/N)}}\right)a_k$
实信号的共轭对称	$x[n]$ 为实信号	$\begin{cases}a_k=a^*_{-k}\\\mathcal{R}e\{a_k\}=\mathcal{R}e\{a_{-k}\}\\\mathcal{I}m\{a_k\}=-\mathcal{I}m\{a_{-k}\}\\|a_k|=|a_{-k}|\\\sphericalangle a_k=-\sphericalangle a_{-k}\end{cases}$
实偶信号	$x[n]$ 为实偶信号	a_k 为实偶数
实奇信号	$x[n]$ 为实奇信号	a_k 为纯虚奇数
实信号的奇偶分解	$\begin{cases}x_e[n]=\mathcal{E}v\{x[n]\} & [x[n] \text{ 为实数}]\\x_o[n]=\mathcal{O}d\{x[n]\} & [x[n] \text{ 为实数}]\end{cases}$	$\mathcal{R}e\{a_k\}$ $j\mathcal{I}m\{a_k\}$
周期信号的帕塞瓦尔定理 $\dfrac{1}{N}\sum_{n=\langle N\rangle}|x[n]|^2=\sum_{k=\langle N\rangle}|a_k|^2$		

上述大部分性质的导出与对应的连续时间傅里叶级数性质的导出是很类似的, 并且其中的几个将在本章末的习题中考虑。另外, 在第 5 章中将会看到, 大部分性质都能够从离散时间傅里叶变换相应的性质中推论出来。因此, 在下面的各小节中将只限于讨论与连续时间情况相比有重要差别的几个性质。同时, 用一些例子来说明离散时间傅里叶级数性质在建立一些概念和简化许多周期序列的傅里叶级数的复杂性方面的一些用处。

与连续时间情况相同, 下面将用一种简便的符号来表示一个周期信号和它的傅里叶级数系数之间的关系。若 $x[n]$ 是一个周期信号, 周期为 N, 其傅里叶级数系数记为 a_k, 那么就写成

$$x[n] \stackrel{\mathcal{FS}}{\longleftrightarrow} a_k$$

3.7.1 相乘性质

傅里叶级数表示的相乘性质是体现出连续时间和离散时间情况之间性质有差别的例子。由表 3.1 知道, 两个周期为 T 的连续时间信号的乘积还是一个周期为 T 的周期信号, 它的傅里叶级数系数序列就是被乘的这两个信号的傅里叶级数系数序列的**卷积**。在离散时间情况下, 假设

$$x[n] \overset{\mathcal{FS}}{\longleftrightarrow} a_k, \quad y[n] \overset{\mathcal{FS}}{\longleftrightarrow} b_k$$

都是周期的，且周期为 N，那么乘积 $x[n]y[n]$ 也是一个周期为 N 的周期序列。正如习题 3.57 所证明的，它的傅里叶系数 d_k 为

$$x[n]y[n] \overset{\mathcal{FS}}{\longleftrightarrow} d_k = \sum_{l=\langle N \rangle} a_l b_{k-l} \tag{3.108}$$

除了求和变量现在要限制在 N 个连续的样本区间，式(3.108)就类似于卷积的定义。正如习题 3.57 所指出的，求和可以在任何 l 的相继 N 个值上进行。这种类型的运算称为两个周期的傅里叶系数序列之间的**周期卷积**(periodic convolution)，而求和变量从 $-\infty$ 到 ∞ 的这种卷积和的形式有时就称为**非周期卷积**(aperiodic convolution)，以区别于周期卷积。

3.7.2 一次差分

与连续时间傅里叶级数的微分性质相并列的是离散时间序列的一次差分运算，其定义为 $x[n]-x[n-1]$。若 $x[n]$ 是周期的，周期为 N，那么 $y[n]$ 也是周期的，周期为 N，因为将 $x[n]$ 移位，或者把 $x[n]$ 与另一个周期为 N 的周期信号进行线性组合，总是能得到一个周期为 N 的周期信号。同理，若

$$x[n] \overset{\mathcal{FS}}{\longleftrightarrow} a_k$$

则对应于 $x[n]$ 一次差分的傅里叶系数可以表示成

$$x[n] - x[n-1] \overset{\mathcal{FS}}{\longleftrightarrow} (1 - e^{-jk(2\pi/N)}) a_k \tag{3.109}$$

利用表 3.2 的时移和线性性质，这是很容易得到的。在求一次差分的傅里叶级数系数比求原序列的更容易时，常常使用这个性质(见习题 3.31)。

3.7.3 离散时间周期信号的帕塞瓦尔定理

习题 3.57 已经指出，离散时间周期信号的帕塞瓦尔定理是

$$\frac{1}{N} \sum_{n=\langle N \rangle} |x[n]|^2 = \sum_{k=\langle N \rangle} |a_k|^2 \tag{3.110}$$

其中 a_k 是 $x[n]$ 的傅里叶级数系数，N 是周期。与连续时间情况相同，上式等号左边是 $x[n]$ 在一个周期内的平均功率，而 $|a_k|^2$ 是 $x[n]$ 的第 k 次谐波的平均功率。据此，帕塞瓦尔定理再一次表明：一个周期信号的平均功率等于它的所有谐波分量的平均功率之和。当然，在离散时间中只有 N 个不同的谐波分量。同时，由于 a_k 也是周期的，周期为 N，所以式(3.110)的等号右边的求和可以在任何 k 的 N 个相继值上进行。

3.7.4 举例

这一小节将给出几个例子来说明如何利用离散时间傅里叶级数的性质来表征离散时间周期信号，以及计算它们的傅里叶级数表示式。具体而言，列于表 3.2 的这些性质可用于简化求取一个给定信号的傅里叶级数系数的过程。首先，这涉及利用其他信号来表示这个给定信号，而前者的傅里叶级数系数是已知的，或者比较容易求得，然后利用表 3.2 就能表示给定信号的傅里叶级数系数。例 3.13 就是这种应用的例子。例 3.14 用来说明根据某些部分信息来确定一个序列。例 3.15 用来说明表 3.2 中周期卷积性质的应用。

例3.13 考虑求图3.19(a)的$x[n]$的傅里叶级数系数a_k的问题。该序列有一个基波周期为5。$x[n]$可以看成图3.19(b)的方波序列$x_1[n]$与图3.19(c)的直流序列$x_2[n]$之和。将$x_1[n]$的傅里叶级数系数记为b_k,将$x_2[n]$的傅里叶级数系数记为c_k,利用表3.2的线性性质可得出

$$a_k = b_k + c_k \tag{3.111}$$

由例3.12($N_1=1$和$N=5$)可知,相应于$x_1[n]$的b_k可以表示为

$$b_k = \begin{cases} \dfrac{1}{5}\dfrac{\sin(3\pi k/5)}{\sin(\pi k/5)}, & k \neq 0, \pm 5, \pm 10, \cdots \\ \dfrac{3}{5}, & k = 0, \pm 5, \pm 10, \cdots \end{cases} \tag{3.112}$$

序列$x_2[n]$仅有一个直流值,它由零次傅里叶级数系数表示为

$$c_0 = \frac{1}{5}\sum_{n=0}^{4} x_2[n] = 1 \tag{3.113}$$

因为离散时间傅里叶级数系数是周期的,所以当k为5的整倍数时,$c_k=1$。$x_2[n]$其余的系数都必须为零,因为$x_2[n]$仅包含一个直流分量。将b_k和c_k的表示式代入式(3.111)可得出

$$a_k = \begin{cases} b_k = \dfrac{1}{5}\dfrac{\sin(3\pi k/5)}{\sin(\pi k/5)}, & k \neq 0, \pm 5, \pm 10, \cdots \\ \dfrac{8}{5}, & k = 0, \pm 5, \pm 10, \cdots \end{cases} \tag{3.114}$$

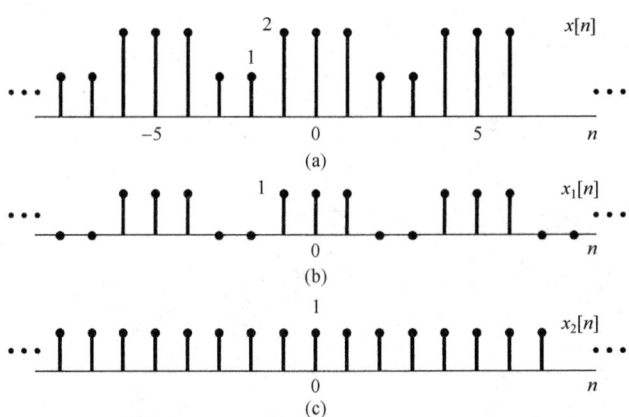

图3.19 (a)例3.13的周期序列$x[n]$,表示为(b)和(c)之和;(b)方波序列$x_1[n]$;(c)直流序列$x_2[n]$

例3.14 关于某一序列$x[n]$给出如下条件:

1. $x[n]$是周期的,周期$N=6$。
2. $\sum_{n=0}^{5} x[n] = 2$。
3. $\sum_{n=2}^{7} (-1)^n x[n] = 1$。
4. 在满足上述三个条件的所有信号中,$x[n]$具有在每个周期内最小的功率。

试求$x[n]$。将$x[n]$的傅里叶级数系数记为a_k,由条件2可得$a_0=1/3$。注意,$(-1)^n = e^{-j\pi n} = e^{-j(2\pi/6)3n}$,由条件3可得$a_3=1/6$。根据帕塞瓦尔定理(见表3.2),$x[n]$的平均功率为

$$P = \sum_{k=0}^{5} |a_k|^2 \tag{3.115}$$

因为每一个非零系数都在 P 中提供一个正的量,又因为 a_0 和 a_3 的值已经确定,所以要使 P 最小,就只有选 $a_1 = a_2 = a_4 = a_5 = 0$,从而得到

$$x[n] = a_0 + a_3 \mathrm{e}^{\mathrm{j}\pi n} = (1/3) + (1/6)(-1)^n \tag{3.116}$$

如图 3.20 所示。

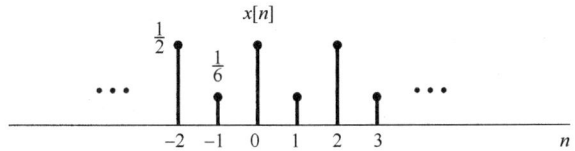

图 3.20　满足例 3.14 所给条件的序列 $x[n]$

例 3.15　在已知一个傅里叶级数系数代数表示式的情况下,这个例子要求确定一个周期序列,并画出它。在这个过程中也将用到离散时间傅里叶级数的周期卷积性质(见表 3.2)。如表 3.2 所示及习题 3.58 所证明的,若 $x[n]$ 和 $y[n]$ 都是周期为 N 的周期序列,则信号

$$w[n] = \sum_{r=\langle N \rangle} x[r] y[n-r]$$

也是周期为 N 的周期序列。这里,求和可以在任意 r 的 N 个相继值上进行;另外,$w[n]$ 的傅里叶级数系数等于 $Na_k b_k$,其中 a_k 和 b_k 分别为 $x[n]$ 和 $y[n]$ 的傅里叶系数。

假设已被告知,某一信号 $w[n]$ 是周期的,其基波周期 $N = 7$,而且它的傅里叶级数系数为

$$c_k = \frac{\sin^2(3\pi k/7)}{7\sin^2(\pi k/7)} \tag{3.117}$$

由此式可观察到 $c_k = 7d_k^2$,其中 d_k 就是如例 3.12 中的方波 $x[n]$ 在 $N_1 = 1$ 和 $N = 7$ 时的傅里叶级数系数序列。利用周期卷积性质,可得

$$w[n] = \sum_{r=\langle 7 \rangle} x[r] x[n-r] = \sum_{r=-3}^{3} x[r] x[n-r] \tag{3.118}$$

其中,在最后的等式中已将求和区间选为 $-3 \leq r \leq 3$。除了求和必须限定在一个有限区间内,对于求卷积的"先乘再加"的方法在这里也是适用的。事实上,若定义另一信号 $\hat{x}[n]$,它在 $-3 \leq n \leq 3$ 内就等于 $x[n]$,而在该区间以外全是零,就可以将式(3.118)转换成一般的卷积,由式(3.118)可得

$$w[n] = \sum_{r=-3}^{3} \hat{x}[r] x[n-r] = \sum_{r=-\infty}^{+\infty} \hat{x}[r] x[n-r]$$

也就是说,$w[n]$ 是 $\hat{x}[n]$ 和 $x[n]$ 的非周期卷积。

序列 $x[r]$,$\hat{x}[r]$ 和 $x[n-r]$ 分别图示于图 3.21(a) 至图 3.21(c) 中,由该图可立即计算出 $w[n]$,即 $w[0] = 3$,$w[-1] = w[1] = 2$,$w[-2] = w[2] = 1$,以及 $w[-3] = w[3] = 0$。因为 $w[n]$ 是周期的,周期为 7,所以可以将 $w[n]$ 画出,如图 3.21(d) 所示。

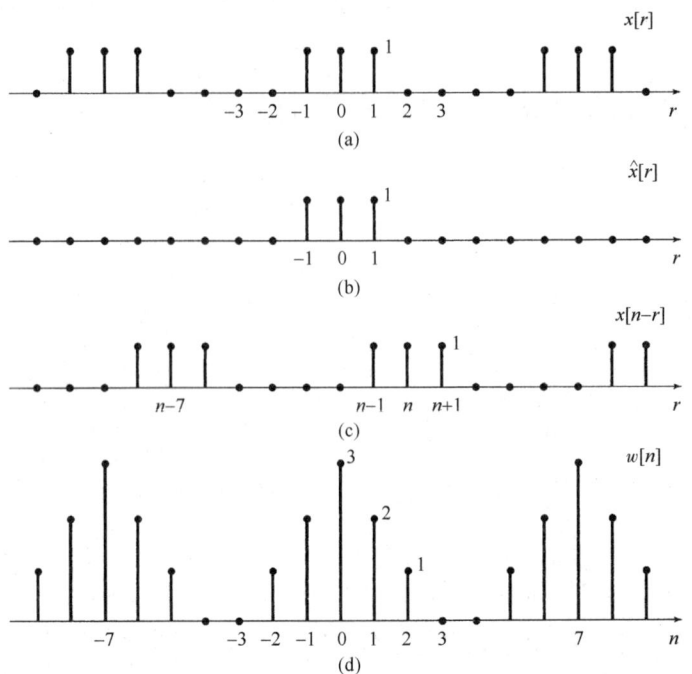

图 3.21 (a) 例 3.15 中的方波序列 $x[r]$；(b) 序列 $\hat{x}[r]$，$-3 \leqslant r \leqslant 3$ 时 $\hat{x}[r]=x[r]$，对于其余 r 有 $\hat{x}[r]=0$；(c) 序列 $x[n-r]$；(d) 序列 $w[n]$ 等于 $x[n]$ 与其本身的周期卷积，也等于 $\hat{x}[n]$ 与 $x[n]$ 的非周期卷积

3.8 傅里叶级数与线性时不变系统

从前面几节已经看出，傅里叶级数表示可以用来构造任何离散时间周期信号，以及在实践中具有重要意义的几乎所有连续时间周期信号。另外，在 3.2 节中也看到，一个线性时不变系统对一组复指数信号的线性组合的响应具有特别简单的形式。具体而言，在连续时间情况下，若 $x(t)=e^{st}$ 是一个连续时间线性时不变系统的输入，其输出就为 $y(t)=H(s)e^{st}$，而 $H(s)$ 由式(3.6)

$$H(s) = \int_{-\infty}^{+\infty} h(\tau)e^{-s\tau}d\tau \tag{3.119}$$

给出，其中 $h(\tau)$ 是该线性时不变系统的单位冲激响应。

同理，若 $x[n]=z^n$ 是一个离散时间线性时不变系统的输入，其输出就为 $y[n]=H(z)z^n$，$H(z)$ 由式(3.10)

$$H(z) = \sum_{k=-\infty}^{+\infty} h[k]z^{-k} \tag{3.120}$$

给出，其中 $h[k]$ 是该线性时不变系统的单位脉冲响应。

当 s 或 z 是一般复数时，$H(s)$ 和 $H(z)$ 就称为该系统的**系统函数**(system function)。对于连续时间信号与系统，本章和下一章都将注意力放在 $\mathcal{R}e\{s\}=0$ 这一特殊情况，这时 $s=j\omega$，e^{st} 就具有 $e^{j\omega t}$ 的形式。这个输入是在频率 ω 上的一个复指数。具有 $s=j\omega$ 形式的系统函数[即 $H(j\omega)$ 被看成 ω 的函数]就称为该系统的**频率响应**(frequency response)，由下式给出：

$$H(j\omega) = \int_{-\infty}^{+\infty} h(t)e^{-j\omega t}dt \tag{3.121}$$

同理，对于离散时间信号与系统而言，本章和第 5 章都将集中在 $|z|=1$ 的 z 值上，这时

$z = e^{j\omega}$，z^n 就具有 $e^{j\omega n}$ 的形式。将 z 局限于 $z = e^{j\omega}$ 形式的系统函数 $H(z)$ 称为该系统的频率响应，由下式给出：

$$H(e^{j\omega}) = \sum_{n=-\infty}^{+\infty} h[n]e^{-j\omega n} \tag{3.122}$$

利用系统的频率响应来表示一个线性时不变系统，对 $e^{j\omega t}$（连续时间）或 $e^{j\omega n}$（离散时间）这种形式的复指数信号的响应是特别简单的；而且，由于线性时不变系统具有叠加性质，因此一个线性时不变系统对复指数信号线性组合的响应也同样简单且容易表示。在第 4 章和第 5 章中，读者将会看到如何把这些概念与连续时间和离散时间傅里叶变换结合起来，以分析线性时不变系统对非周期信号的响应。这一章的余下部分，由于首次接触这些重要的概念和结果，将集中在周期信号方面来解释和理解这一概念。

首先考虑连续时间情况。令 $x(t)$ 为一个周期信号，其傅里叶级数表示为

$$x(t) = \sum_{k=-\infty}^{+\infty} a_k e^{jk\omega_0 t} \tag{3.123}$$

假定将该信号加入单位冲激响应为 $h(t)$ 的线性时不变系统作为它的输入，因为在式(3.123)中每一个复指数信号都是该系统的特征函数，在式(3.13)中以 $s_k = jk\omega_0$ 代入，那么其输出就是

$$y(t) = \sum_{k=-\infty}^{+\infty} a_k H(jk\omega_0) e^{jk\omega_0 t} \tag{3.124}$$

于是 $y(t)$ 也是周期的，且与 $x(t)$ 有相同的基波频率。而且，若 $\{a_k\}$ 是输入 $x(t)$ 的一组傅里叶级数系数，那么 $\{a_k H(jk\omega_0)\}$ 就是输出 $y(t)$ 的一组傅里叶级数系数。也就是说，线性时不变系统的作用就是通过乘以相应频率点上的频率响应值来逐个改变输入信号的每一个傅里叶系数。

例 3.16 假设例 3.2 中讨论的周期信号 $x(t)$ 是某个线性时不变系统的输入信号，该系统的单位冲激响应是

$$h(t) = e^{-t} u(t)$$

为了计算输出 $y(t)$ 的傅里叶级数系数，就要首先求频率响应

$$H(j\omega) = \int_0^\infty e^{-\tau} e^{-j\omega\tau} d\tau = -\frac{1}{1+j\omega} e^{-\tau} e^{-j\omega\tau} \Big|_0^\infty = \frac{1}{1+j\omega} \tag{3.125}$$

利用式(3.124)和式(3.125)，考虑到本例中 $\omega_0 = 2\pi$，因此可得

$$y(t) = \sum_{k=-3}^{+3} b_k e^{jk2\pi t} \tag{3.126}$$

由于 $b_k = a_k H(jk2\pi)$，所以

$$\begin{aligned} b_0 &= 1 \\ b_1 &= \frac{1}{4}\left(\frac{1}{1+j2\pi}\right), \quad b_{-1} = \frac{1}{4}\left(\frac{1}{1-j2\pi}\right) \\ b_2 &= \frac{1}{2}\left(\frac{1}{1+j4\pi}\right), \quad b_{-2} = \frac{1}{2}\left(\frac{1}{1-j4\pi}\right) \\ b_3 &= \frac{1}{3}\left(\frac{1}{1+j6\pi}\right), \quad b_{-3} = \frac{1}{3}\left(\frac{1}{1-j6\pi}\right) \end{aligned} \tag{3.127}$$

应该注意，$y(t)$ 一定是实信号，因为 $y(t)$ 是 $x(t)$ 和 $h(t)$ 的卷积，而这两个都是实信号。检查一下式(3.127)，并注意到 $b_k^* = b_{-k}$ 就能证明这一点。因此，$y(t)$ 也能表示成式(3.31)和式(3.32)这两种形式，即

$$y(t) = 1 + 2\sum_{k=1}^{3} D_k \cos(2\pi kt + \theta_k) \tag{3.128}$$

或者

$$y(t) = 1 + 2\sum_{k=1}^{3} [E_k \cos 2\pi kt - F_k \sin 2\pi kt] \tag{3.129}$$

其中,

$$b_k = D_k e^{j\theta_k} = E_k + jF_k, \quad k = 1, 2, 3 \tag{3.130}$$

这些系数都能直接由式(3.127)求出,例如:

$$D_1 = |b_1| = \frac{1}{4\sqrt{1 + 4\pi^2}}, \qquad \theta_1 = \angle b_1 = -\arctan(2\pi)$$

$$E_1 = \mathcal{R}e\{b_1\} = \frac{1}{4(1 + 4\pi^2)}, \qquad F_1 = Im\{b_1\} = -\frac{\pi}{2(1 + 4\pi^2)}$$

在离散时间情况下,一个线性时不变系统的输出与输入傅里叶级数系数之间的关系完全是与式(3.123)和式(3.124)相并列的。具体而言,令 $x[n]$ 为一个周期信号,其傅里叶级数表示为

$$x[n] = \sum_{k=\langle N \rangle} a_k e^{jk(2\pi/N)n}$$

若将该信号加入单位脉冲响应为 $h[n]$ 的线性时不变系统作为它的输入,那么根据式(3.16),以 $z_k = e^{jk(2\pi/N)}$ 代入,输出就是

$$y[n] = \sum_{k=\langle N \rangle} a_k H(e^{j2\pi k/N}) e^{jk(2\pi/N)n} \tag{3.131}$$

于是 $y[n]$ 也是周期的,且与 $x[n]$ 有相同的周期,$y[n]$ 的第 k 个傅里叶系数就是输入的第 k 个傅里叶系数与该系统在对应频率点上的频率响应值 $H(e^{j2\pi k/N})$ 的乘积。

例3.17 考虑一个线性时不变系统,其单位脉冲响应 $h[n] = \alpha^n u[n]$,$-1 < \alpha < 1$,输入为

$$x[n] = \cos\left(\frac{2\pi n}{N}\right) \tag{3.132}$$

正如例3.10,$x[n]$ 可以写成傅里叶级数形式

$$x[n] = \frac{1}{2} e^{j(2\pi/N)n} + \frac{1}{2} e^{-j(2\pi/N)n}$$

同时,由式(3.122)

$$H(e^{j\omega}) = \sum_{n=0}^{\infty} \alpha^n e^{-j\omega n} = \sum_{n=0}^{\infty} (\alpha e^{-j\omega})^n \tag{3.133}$$

利用习题1.54的结果,该几何级数收敛为

$$H(e^{j\omega}) = \frac{1}{1 - \alpha e^{-j\omega}} \tag{3.134}$$

利用式(3.131),得到输出的傅里叶级数为

$$\begin{aligned} y[n] &= \frac{1}{2} H\left(e^{j2\pi/N}\right) e^{j(2\pi/N)n} + \frac{1}{2} H\left(e^{-j2\pi/N}\right) e^{-j(2\pi/N)n} \\ &= \frac{1}{2}\left(\frac{1}{1 - \alpha e^{-j2\pi/N}}\right) e^{j(2\pi/N)n} + \frac{1}{2}\left(\frac{1}{1 - \alpha e^{j2\pi/N}}\right) e^{-j(2\pi/N)n} \end{aligned} \tag{3.135}$$

若写成下式:

$$\frac{1}{1 - \alpha e^{-j2\pi/N}} = re^{j\theta}$$

那么式(3.135)就化简为

$$y[n] = r\cos\left(\frac{2\pi}{N}n + \theta\right) \tag{3.136}$$

例如，若 $N=4$，则

$$\frac{1}{1-\alpha e^{-j2\pi/4}} = \frac{1}{1+\alpha j} = \frac{1}{\sqrt{1+\alpha^2}}e^{j(-\arctan\alpha)}$$

因此

$$y[n] = \frac{1}{\sqrt{1+\alpha^2}}\cos\left(\frac{\pi n}{2} - \arctan\alpha\right)$$

应该注意，对于诸如式(3.124)和式(3.131)这样的表示式，若使其有意义，式(3.121)和式(3.122)中的频率响应 $H(j\omega)$ 和 $H(e^{j\omega})$ 就必须是有明确定义，而且是有限的。在第4章和第5章中将会看到，如果考虑中的线性时不变系统是稳定的，就属于这种情况。例如，例3.16中的线性时不变系统的冲激响应 $h(t) = e^{-t}u(t)$ 是稳定的，该系统就有一个如式(3.125)所给出的明确定义的频率响应。另一方面，冲激响应为 $h(t) = e^t u(t)$ 的线性时不变系统是不稳定的，这一点由式(3.121)的积分，$H(j\omega)$ 对任何 ω 值都发散而极易得到证实。同理，例3.17中的线性时不变系统的单位脉冲响应 $h[n] = \alpha^n u[n]$，对于 $|\alpha|<1$ 就是稳定的，而且有一个如式(3.134)所给出的频率响应；然而，若 $|\alpha|>1$，该系统就是不稳定的，式(3.133)的求和将不收敛。

3.9 滤波

在各种不同的应用中，改变一个信号中各频率分量的相对大小，或者全部消除某些频率分量之类的要求，常常是颇受关注的，这样的过程称为**滤波**(filter)。用于改变频谱形状的线性时不变系统往往称为**频率成形滤波器**(frequency-shaping filter)。专门设计成基本上无失真地通过某些频率，而显著地衰减或消除掉另一些频率的系统称为**频率选择性滤波器**(frequency-selective filter)。正如式(3.124)和式(3.131)已指出的，一个线性时不变系统输出的傅里叶级数系数就是输入的这些系数乘以该系统的频率响应，因此就能通过恰当地选取系统的频率响应，利用线性时不变系统很方便地实现滤波，并且频域方法为检验这一重要的应用领域提供了理想的工具。本节和下面两节将首先通过几个例子来看看滤波方面的问题。

3.9.1 频率成形滤波器

经常应用频率成形滤波器的场合是在音响系统中。例如，在这类系统中一般都包含线性时不变滤波器，使听众可以改变声音中高低频分量的相对大小。这些滤波器就相应于线性时不变系统，而它们的频率响应能够通过操纵音调控制来改变。同时，在高保真度的音响系统中，为了补偿扬声器的频率响应特性，往往在前置放大器中还包括一个所谓的均衡滤波器。这些级联的滤波器合在一起称为音响系统的均衡或均衡器电路。图3.22所示为用于一组特殊音频扬声器系统的三级均衡器电路。图中每一级频率响应的模都是以"对数-对数"坐标作图的，即模取 $20\log_{10}|H(j\omega)|$，单位为分贝(dB)。频率轴以对数尺度标出，单位是赫兹 $Hz(\omega/2\pi)$。6.2.3节将会更详细地讨论到，频率响应的模这种对数展示的形式很普遍，而且很有用。

图3.22的三部分合在一起形成的均衡电路，其设计目的是为了补偿扬声器和听音室的频率响应，并允许听音者能够控制整个频率响应。特别是由于这三个系统是级联的，而每一个系统都将一个复指数的输入 $Ke^{j\omega t}$ 乘以在那个频率上的该系统的频率响应，所以这三个系统级联后的总频率响应就是这三个频率响应的乘积。示于图3.22(a)和图3.22(b)的前两个滤波器共同组成系统的控制级，因为这两个滤波器的频率特性可以由听者来调节，而示于图3.22(c)的第三个滤波

器是均衡级，它有如图所示的固定频率响应。图 3.22(a) 的滤波器是一个低频滤波器，它由一个双位开关来控制，可以给出图中指出的两种频率响应中的一种。在控制级中的第二个滤波器有两个连续可调的滑动开关，用以在图 3.22(b) 所指出的范围内改变频率响应。

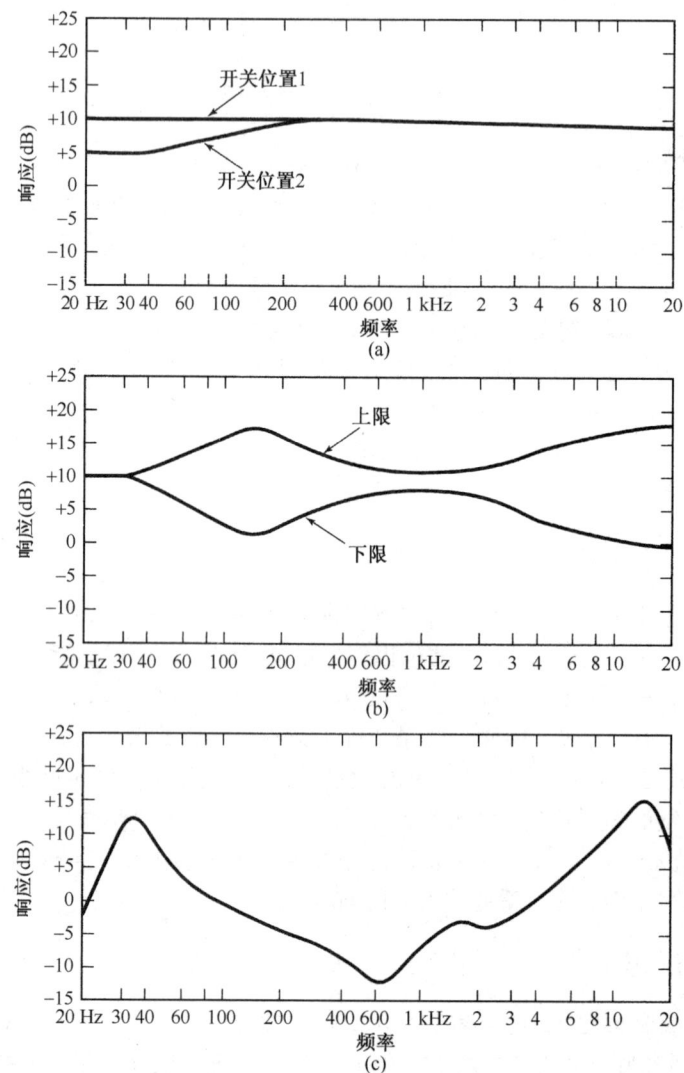

图 3.22 用于一组特殊音频扬声器系统中的均衡器电路频率响应的模特性，图中所示为 $20\log_{10}|H(j\omega)|$，单位为 dB。(a) 用双位开关控制的低频滤波器；(b) 连续可调成形滤波器频率响应的上、下限特性范围；(c) 均衡器级的固定频率响应

常见的还有另一类频率成形滤波器，其输出为输入的导数，即 $y(t) = dx(t)/dt$。在 $x(t)$ 为 $x(t) = e^{j\omega t}$ 的情况下，$y(t)$ 也一定为 $y(t) = j\omega e^{j\omega t}$，由此其频率响应就为

$$H(j\omega) = j\omega \tag{3.137}$$

一个微分滤波器的频率响应如图 3.23 所示。因为 $H(j\omega)$ 一般为复数(在该例子中尤为如此)，所以在图上展示 $H(j\omega)$ 时，就把 $|H(j\omega)|$ 和 $\angle H(j\omega)$ 的图分别画出来。这个频率响应的形状就意味着：对复指数输入 $e^{j\omega t}$ 来说，较大的 ω 值将有较大的放大；其结果就是微分滤波器在增强信号中的快速变化部分或在信号快速变换中是有用的。

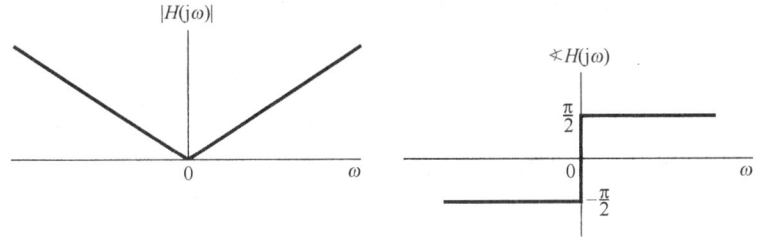

图 3.23 具有输出是输入的导数的特性的滤波器的频率响应特性

微分滤波器经常应用的一种目的是在图像处理中用于边缘的增晰。一幅黑白图像可以认为是一个二维的"连续时间"信号 $x(t_1, t_2)$，这里 t_1 和 t_2 分别是水平与垂直坐标，而 $x(t_1, t_2)$ 是图像的亮度。如果图像在水平和垂直方向上周期性重复，就能用由复指数 $e^{j\omega_1 t_1}$ 与 $e^{j\omega_2 t_2}$ 乘积的和所构成的二维傅里叶级数来表示它(见习题 3.70)，$e^{j\omega_1 t_1}$ 与 $e^{j\omega_2 t_2}$ 表示在两个坐标方向的每一方向上以可能不同的频率振荡，在某一特定方向上亮度的慢变化用该方向较低的谐波分量来表示。例如，考虑在一幅图像沿垂直方向亮度急剧变化的某一边缘。因为沿着这条边缘亮度是不变的或变化很缓慢，在垂直方向这条边缘的频率分量就集中在较低的频域；相反，因为跨过这条边缘在亮度上有一个陡峭的变化，在水平方向这条边缘的频率分量就集中在较高的频域。图 3.24 说明了一个二维等效微分器在图像上的效果①。图 3.24(a) 是两幅原始图像，而图 3.24(b) 则是用该滤波器处理的结果，因为在图像边缘处的导数比亮度随距离缓慢变化区域的导数要大，所以该滤波器的效果就是使边缘增晰。

图 3.24 微分滤波器在一幅图像上的效果。(a) 两幅原始图像；(b) 用微分滤波器处理该原始图像的结果

---

① 图 3.24(b) 中的每一幅图像是图 3.24(a) 中对应图像的二维梯度的模，其中 $f(x, y)$ 的梯度定义为 $\left[\left(\frac{\partial f(x, y)}{\partial x} \right)^2 + \left(\frac{\partial f(x, y)}{\partial y} \right)^2 \right]^{1/2}$。

离散时间线性时不变系统也能找到一些很广泛的应用领域。其中很多都涉及通过通用或专用数字处理器实现的离散时间系统的应用,以处理连续时间信号(在第 7 章将较深入地讨论这一论题)。另外,包括人口统计学中的数据和股票市场平均值之类的经济数据序列在内的时间序列信息的分析,一般都涉及离散时间滤波器的应用。往往长期变化(相应于低频)与短期变化(相应于高频)相比具有不同的意义,分别分析这些分量是很有用的。将这些分量重新给予相对的加权,一般是用离散时间滤波器来完成的。

作为简单离散时间滤波器的一个例子,现在考虑一个线性时不变系统,它在输入值上连续取两点的平均:

$$y[n] = \frac{1}{2}(x[n] + x[n-1]) \tag{3.138}$$

在这一情况下,$h[n] = \frac{1}{2}(\delta[n] + \delta[n-1])$,由式(3.122)可知该系统的频率响应是

$$H(e^{j\omega}) = \frac{1}{2}[1 + e^{-j\omega}] = e^{-j\omega/2}\cos(\omega/2) \tag{3.139}$$

$H(e^{j\omega})$ 的模示于图 3.25(a),相位 $\sphericalangle H(e^{j\omega})$ 示于图 3.25(b)。1.3.3 节已讨论过,离散时间复指数的低频域发生在 $\omega = 0$,$\pm 2\pi$,$\pm 4\pi$,…附近,而高频域发生在 $\omega = \pm \pi$,$\pm 3\pi$,…附近。由于 $e^{j(\omega+2\pi)n} = e^{j\omega n}$,所以在离散时间情况下仅需考虑 ω 的某一 2π 区间,以覆盖整个不同的离散时间频率范围。结果是,任何离散时间频率响应 $H(e^{j\omega})$ 一定是周期的,周期为 2π。其实这一结果也能直接从式(3.122)推导出来。

对于由式(3.138)和式(3.139)定义的这个特殊滤波器,由图 3.25(a)可见,$|H(e^{j\omega})|$ 在 $\omega = 0$ 附近是比较大的,随着 $|\omega|$ 朝 π 方向增加而减小,这就表明了在高频域比在低频域有较多的衰减。例如,若该系统的输入是常数,也就是具有零频率的复指数 $x[n] = Ke^{j0 \cdot n} = K$,那么输出一定是

$$y[n] = H(e^{j \cdot 0})Ke^{j\omega 0 \cdot n} = K = x[n]$$

另一方面,若输入是高频信号 $x[n] = Ke^{j\pi n} = K(-1)^n$,那么输出将是

$$y[n] = H(e^{j\pi})Ke^{j\pi \cdot n} = 0$$

因此,这个系统就将一个信号的长期不变值从它的高频起伏中区分开来。这就代表了频率选择性滤波的第一个例子,在下面的小节中还将更详细地关注这一问题。

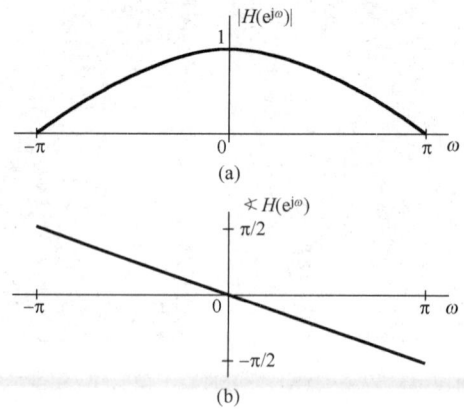

图 3.25 离散时间线性时不变系统 $y[n] = \frac{1}{2}(x[n] + x[n-1])$ 的频率响应的(a)模和(b)相位

3.9.2 频率选择性滤波器

频率选择性滤波器是一类专门用于完全地或近似地选取某些频带范围内的信号,以及除掉其他频带范围内的信号的滤波器。频率选择性滤波器的应用极为广泛。例如,在一个音频录制系统中,如果噪声比录制的音乐或声音的频率更高,就可以通过频率选择性滤波器将噪声滤除掉。频率选择性滤波器的另一类重要应用是在通信系统中。正如第8章将要详细讨论的,幅度调制(AM)系统的基础就是利用许多频率选择性滤波器,把来自不同信源的各种待发送的信号,安排在彼此分开的频带内,然后组合起来一起发送;而在接收端仍利用这类滤波器从这单一信道内提取出各路信号。用于划分信道的频率选择性滤波器和用于调节音质的频率成形滤波器(如图3.22所示的均衡器),是构成所有家用收音机和电视接收机的一个主要部分。

频率选择性不只是在应用中受到关注,由于它的普遍意义,已经产生了一组被广泛接受的术语,用来描述频率选择性滤波器的特性。特别是,尽管由于应用的不同,一个频率选择性滤波器通过的频率特性有很大的变化,但人们还是广泛采用着几种基本类型的滤波器,并通过特定名称来标明它们的功能。例如,**低通滤波器**(lowpass filter)就是通过低频(即在 $\omega = 0$ 附近的频率)而衰减或阻止较高频率的滤波器;**高通滤波器**(highpass filter)就是通过高频而衰减或阻止较低频率的滤波器;**带通滤波器**(bandpass filter)就是通过某一频带范围,而衰减掉既高于又低于所要通过的这段频带的滤波器。在每一种情况下,**截止频率**(cutoff frequency)都是用来定义那些边界频率的,以标明要通过的频率与要阻止的频率之间的边界,也就是在**通带**(passband)和**阻带**(stopband)内频率的边界。

在定义和评价一个频率选择性滤波器的性能时会出现很多问题。在通带内这个滤波器在通过的频率上效果究竟怎么样?在阻带内这个滤波器在衰减的频率上会衰减到什么程度?在靠近截止频率附近过渡带(也就是由通带内接近无失真到阻带内大的衰减这一过渡区)有多陡峭?其中的每一个问题都涉及一个真实的频率选择性滤波器的特性与一个理想滤波器特性之间的比较。**理想频率选择性滤波器**(ideal frequency-selective filter)是这样一种滤波器,它无失真地通过一组频率上的复指数信号,并全部阻止掉所有其他频率的信号。例如,一个截止频率为 ω_c 的连续时间**理想低通滤波器**(ideal lowpass filter)就是一个线性时不变系统,它通过 ω 位于 $-\omega_c \leq \omega \leq \omega_c$ 内的复指数信号 $e^{j\omega t}$,而阻止掉所有其他频率的信号。也就是说,一个连续时间理想低通滤波器的频率响应是

$$H(j\omega) = \begin{cases} 1, & |\omega| \leq \omega_c \\ 0, & |\omega| > \omega_c \end{cases} \quad (3.140)$$

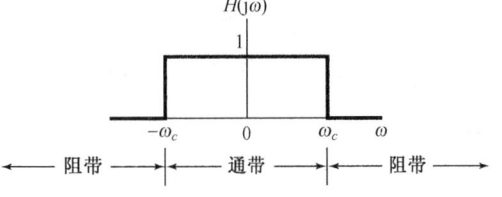

图 3.26 理想低通滤波器的频率响应

如图 3.26 所示。

图 3.27(a)是一个截止频率为 ω_c 的理想连续时间高通滤波器的频率响应,而图 3.27(b)则是一个下截止频率为 ω_{c1},上截止频率为 ω_{c2} 的理想连续时间带通滤波器的频率响应。可以注意到,每一种滤波器的特性对于 $\omega = 0$ 都是对称的,因此看起来对高通和带通滤波器好像有两个通带!这其实是由于我们采用了复指数信号 $e^{j\omega t}$,而不是采用正弦信号 $\sin \omega t$ 和 $\cos \omega t$ 的结果。因为 $e^{j\omega t} = \cos \omega t + j\sin \omega t$ 和 $e^{-j\omega t} = \cos \omega t - j\sin \omega t$,两个这样的复指数就组成了在同一频率 ω 的正弦信号。为此,通常在定义理想滤波器时都用图 3.26 和图 3.27 所示的对称频率响应特性。

完全以相似的方式,可以定义出相应的一组离散时间理想频率选择性滤波器,其频率响应如图 3.28 所示。图 3.28(a)是一个离散时间理想低通滤波器,图 3.28(b)是一个理想高通滤波器,

而图 3.28(c)则是一个理想带通滤波器。应该注意到，正如前面所讨论过的，连续时间和离散时间理想滤波器的特性之差异在于：对离散时间滤波器来说，频率响应 $H(e^{j\omega})$ 一定是周期的，周期为 2π，其低频在 π 的偶数倍附近，而高频在 π 的奇数倍附近。

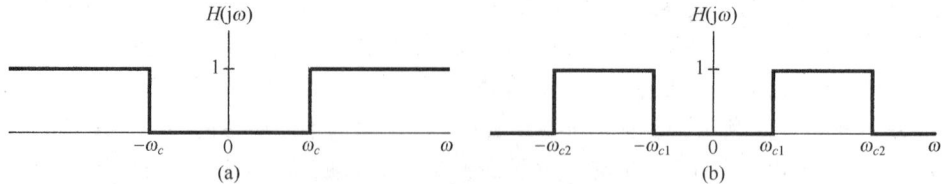

图 3.27 (a) 理想高通滤波器的频率响应；(b) 理想带通滤波器的频率响应

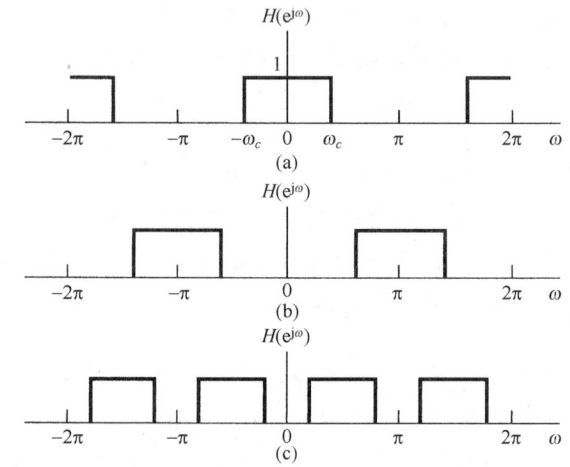

图 3.28 离散时间理想频率选择性滤波器。(a) 低通；(b) 高通；(c) 带通

在许多情况下，理想滤波器在很多应用中描述理想化系统的构成时很有用，但在实践应用中它们只能近似地实现。再者，即使它们能实现，理想滤波器的某些特性使其对于某些特殊应用并不适合，事实上，非理想的滤波器更为可取。

滤波包含着很多专题内容，其中包括设计与实现。尽管我们不会深入探究滤波器设计方法方面的一些细节问题，但是在本章的余下部分和下面各章都将见到连续时间和离散时间滤波器的几个例子，并且将建立有关形成这一重要工程学科的一些概念和方法。

3.10 用微分方程描述的连续时间滤波器举例

在许多应用中，频率选择性滤波器是用线性常系数微分或差分方程描述的线性时不变系统来实现的。这有许多理由，例如很多具有滤波作用的物理系统都是由微分或差分方程表征的。这方面的一个很好的例子就是将在第 6 章研究的汽车减震系统，在某种程度上这个系统的设计就是为了滤掉由道路表面不平坦引起的高频颠簸和起伏。利用由微分或差分方程描述的滤波器的第二个原因是，它们能很方便地用模拟硬件或数字硬件来实现。另外，由微分或差分方程描述的系统提供了一个极为广泛而灵活的设计空间，例如它可以得到一个非常近似于理想的滤波器，或具有所要求的其他特性的滤波器。本节和下一节将研究几个例子，用以说明如何利用微分和差分方程来实现连续时间和离散时间频率选择性滤波器。在第 4 章到第 6 章中还会见到这类滤波器的其他一些例子，并且一定会更深入地理解使此类滤波器如此有用的一些性质。

3.10.1 简单 RC 低通滤波器

电路广泛用于实现连续时间滤波功能。其中最简单的一个例子就是示于图 3.29 的一阶 RC 电路,图中电压源 $v_s(t)$ 是系统的输入。这个电路既能用来实现低通滤波,又能用来实现高通滤波,这取决于以什么作为输出信号。假定以电容器上的电压 $v_c(t)$ 作为输出,这时输出电压与输入电压就由下列线性常系数微分方程所关联:

$$RC\frac{dv_c(t)}{dt} + v_c(t) = v_s(t) \tag{3.141}$$

假定系统为最初松弛的,由式(3.141)描述的系统就是线性时不变的。为了确定频率响应 $H(j\omega)$,根据定义,当输入电压 $v_s(t) = e^{j\omega t}$ 时,输出电压一定是 $v_c(t) = H(j\omega)e^{j\omega t}$,将这些代入式(3.141),可得

$$RC\frac{d}{dt}[H(j\omega)e^{j\omega t}] + H(j\omega)e^{j\omega t} = e^{j\omega t} \tag{3.142}$$

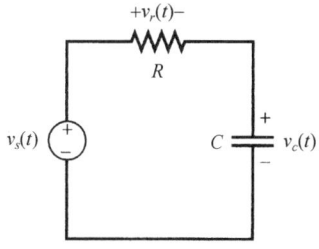

图 3.29 一阶 RC 滤波器

或者

$$RCj\omega H(j\omega)e^{j\omega t} + H(j\omega)e^{j\omega t} = e^{j\omega t} \tag{3.143}$$

由此可直接得出

$$H(j\omega)e^{j\omega t} = \frac{1}{1 + RCj\omega}e^{j\omega t} \tag{3.144}$$

或

$$H(j\omega) = \frac{1}{1 + RCj\omega} \tag{3.145}$$

该例的频率响应 $H(j\omega)$ 的模和相位如图 3.30 所示。应该注意到,在频率 $\omega = 0$ 附近,$|H(j\omega)| \approx 1$;而在较大的 ω 值处(正值或负值),$|H(j\omega)|$ 显著较小,实际上就是随 $|\omega|$ 的增加而平缓地减小。因此,这个简单的 RC 滤波器在以 $v_c(t)$ 为输出的情况下就是非理想的低通滤波器。

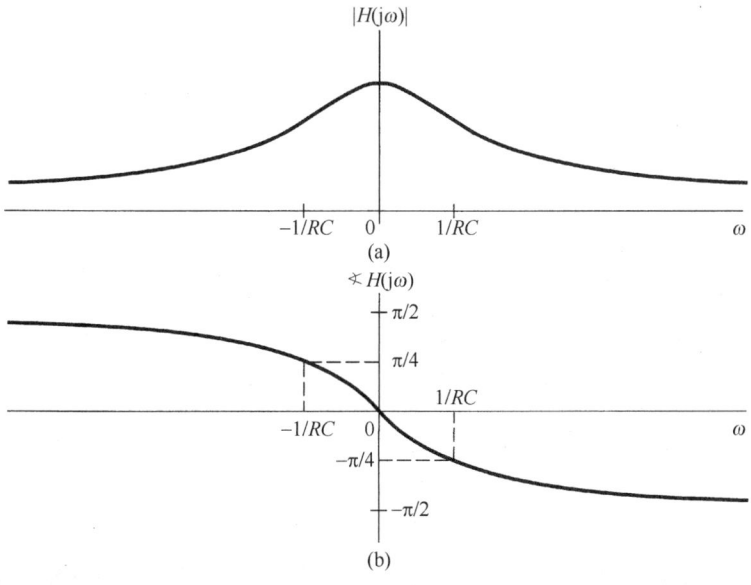

图 3.30 图 3.29 的 RC 电路以 $v_c(t)$ 作为输出时的频率响应的(a)模和(b)相位

为了初步了解滤波器设计中涉及的一些折中和权衡等问题,简要考虑一下该电路的时域特性,尤其是由式(3.141)描述的系统单位冲激响应是

$$h(t) = \frac{1}{RC}e^{-t/RC}u(t) \qquad (3.146)$$

它的单位阶跃响应是

$$s(t) = [1 - e^{-t/RC}]u(t) \qquad (3.147)$$

两者都示于图 3.31 中,图中 $\tau = RC$。将图 3.30 和图 3.31 进行对比,可以看到一种基本的折中。这就是:假如希望让滤波器仅仅通过很低的一些频率,那么由图 3.30(a) 可知 $1/RC$ 必须要小,或者等效为 RC 要大,以使那些不需要的频率有足够大的衰减;然而,由图 3.31(b) 可知,RC 一旦变大,阶跃响应就得用较长的时间才能达到它的长期稳态值 1。也就是说,该系统对阶跃输入的响应是缓慢的。相反,如果希望有较快的阶跃响应,就需要有较小的 RC 值,这就意味着该滤波器将通过较高的频率。这种在频域和时域特性之间的折中是线性时不变系统和滤波器的分析与设计中出现的典型问题。这就是第 6 章将要详细讨论的一个主题。

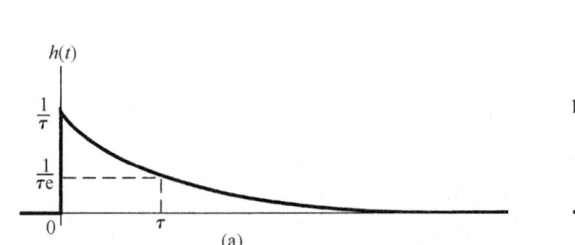
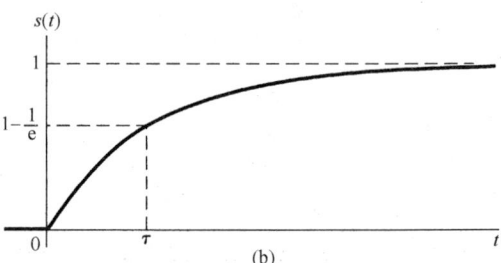

图 3.31 (a) $\tau = RC$ 的一阶 RC 低通滤波器的单位冲激响应;(b) 该滤波器的阶跃响应

3.10.2 简单 RC 高通滤波器

将 RC 电路的输出选为电阻两端的电压是另一种选择输出的方式。这时,关联输入和输出的微分方程是

$$RC\frac{dv_r(t)}{dt} + v_r(t) = RC\frac{dv_s(t)}{dt} \qquad (3.148)$$

求这个系统的频率响应 $G(j\omega)$ 完全可以和前面讨论的情况一样,即若 $v_s(t) = e^{j\omega t}$,就一定有 $v_r(t) = G(j\omega)e^{j\omega t}$,将它们代入式(3.148)并稍许进行代数演算,可得

$$G(j\omega) = \frac{j\omega RC}{1 + j\omega RC} \qquad (3.149)$$

图 3.32 所示为这个系统频率响应的模和相位。由图可见,该系统衰减掉较低的频率,而让较高的频率通过;也就是对于 $|\omega| \gg 1/RC$ 的频率有最小的衰减。也就是说,该系统是一个非理想的高通滤波器。

与低通滤波器的情况类似,电路参数既控制了该高通滤波器的频率响应,又控制了它的时间响应特性。例如,考虑该滤波器的阶跃响应,由图 3.29 可见 $v_r(t) = v_s(t) - v_c(t)$,因此若 $v_s(t) = u(t)$,则 $v_c(t)$ 可由式(3.147)给出。结果,该高通滤波器的阶跃响应是

$$v_r(t) = e^{-t/RC}u(t) \qquad (3.150)$$

如图 3.33 所示。结果是,由于 RC 的增加,响应变得更为迟钝,即阶跃响应要用较长的时间才能达到它的长期稳态值 0。另外,由图 3.32 可以看出,增大 RC(即减小 $1/RC$),在频率响应上的影响就是将通带朝着更低的频率方向扩展。

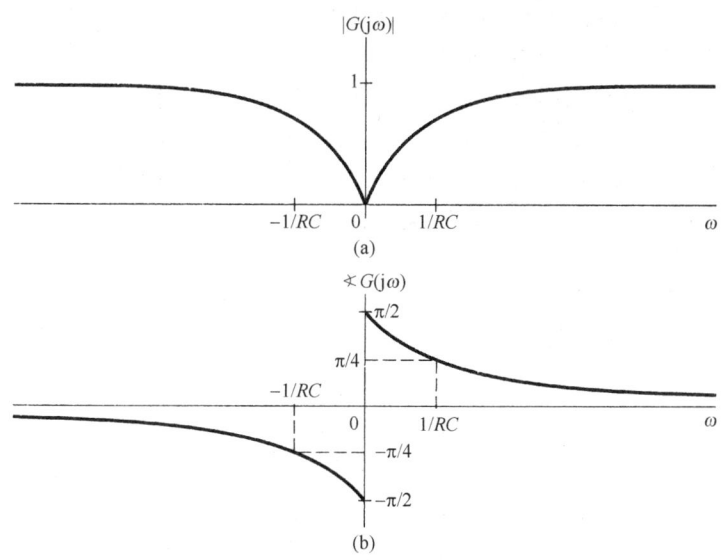

图 3.32　图 3.29 的 RC 电路以 $v_r(t)$ 作为输出时的频率响应的(a)模和(b)相位

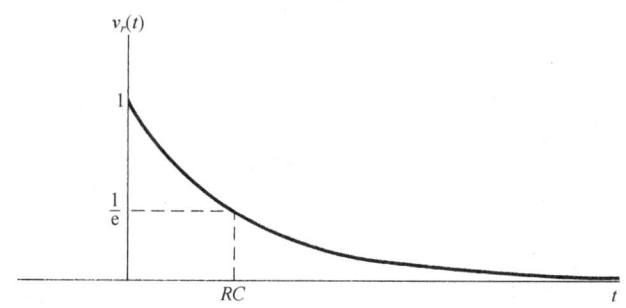

图 3.33　$\tau = RC$ 的一阶 RC 高通滤波器的阶跃响应

由本节的两个例子看到，一个简单 RC 电路，根据所选取的不同输出变量，既能作为一个高通滤波器的粗略近似，又能作为一个低通滤波器的粗略近似。由习题 3.71 可看出，由一个质量块和一个机械式减震器组成的简单机械系统，也能作为由类似的一阶微分方程所描述的低通或高通滤波器。由于它们过于简单，这些电的和机械的滤波器例子都没有从通带到阻带的陡峭过渡区；事实上，这里仅有一个参数(在电路的情况下就是 RC)，既要控制系统的频率响应特性，又要控制系统的时间响应特性，勉为其难而不可兼顾。设计更加复杂的滤波器，就需要利用更多的储能元件(在电的滤波器中就是电容和电感，在机械滤波器中就是弹簧和减震装置)，这样就得到了由高阶微分方程所描述的滤波器。这样的滤波器在特性上能提供更多的灵活性，譬如通带到阻带的陡峭过渡区，或者对时间响应和频率响应之间的折中有更多的控制等。

3.11　用差分方程描述的离散时间滤波器举例

与连续时间情况相同，由线性常系数差分方程描述的离散时间滤波器在实践中也非常重要。由于离散时间系统能有效地用专用或通用数字系统来实现，由差分方程描述的滤波器在实际中被广泛地采用。当研究由差分方程描述的离散时间滤波器时，正如信号与系统分析的各个方面，与连续时间情况相比，它们既有很多类似性，又有一些重要的差异。特别是，由差分方程描述的离散时间线性时不变系统既可以是递归的,从而具有无限脉冲响应(infinite impulse response,IIR),又可以是非递归的,从而具有有限脉冲响应(finite impulse response,FIR)。前者是与上节讨论的由微分方程描述的连续时间系统直接对应的,而后者在数字系统中也具有很大的实际意义。针对一个特定的设计目标,在实现的难易程度、滤波器的阶次或者复杂性等方面,这两类滤波器都各有明显的优点和缺点。这一节只限于讨论递归和非递归滤波器的几个简单例子。第5章和第6章将通过另外的方法和工具,对这些系统的性质进行更详细的分析和理解。

3.11.1 一阶递归离散时间滤波器

与3.10节讨论的一阶滤波器相对应的离散时间滤波器是由一阶差分方程所描述的线性时不变系统

$$y[n] - ay[n-1] = x[n] \tag{3.151}$$

根据复指数信号的特征函数性质知道,若 $x[n] = e^{j\omega n}$,则 $y[n] = H(e^{j\omega})e^{j\omega n}$,其中 $H(e^{j\omega})$ 是该系统的频率响应。将这些代入式(3.151),可得

$$H(e^{j\omega})e^{j\omega n} - aH(e^{j\omega})e^{j\omega(n-1)} = e^{j\omega n} \tag{3.152}$$

或者

$$[1 - ae^{-j\omega}]H(e^{j\omega})e^{j\omega n} = e^{j\omega n} \tag{3.153}$$

于是

$$H(e^{j\omega}) = \frac{1}{1 - ae^{-j\omega}} \tag{3.154}$$

$a = 0.6$ 和 $a = -0.6$ 时 $H(e^{j\omega})$ 的模和相位分别示于图3.34(a)和图3.34(b)中。可以看到,对于正的 a 值,式(3.151)的差分方程表现为一个低通滤波器,其在 $\omega = 0$ 附近的低频域有最小的衰减,而随着 ω 朝 $\omega = \pi$ 增加,衰减将加大。对于负的 a 值,该系统是一个高通滤波器,通过 $\omega = \pi$ 附近的频率,而衰减掉较低的频率。事实上,对于任何正的 $a < 1$,该系统都近似为一个低通滤波器;而对任何负的 $a > -1$,该系统都近似为一个高通滤波器。这里 $|a|$ 控制了该滤波器通带的宽度,随着 $|a|$ 的减小,带宽愈宽。

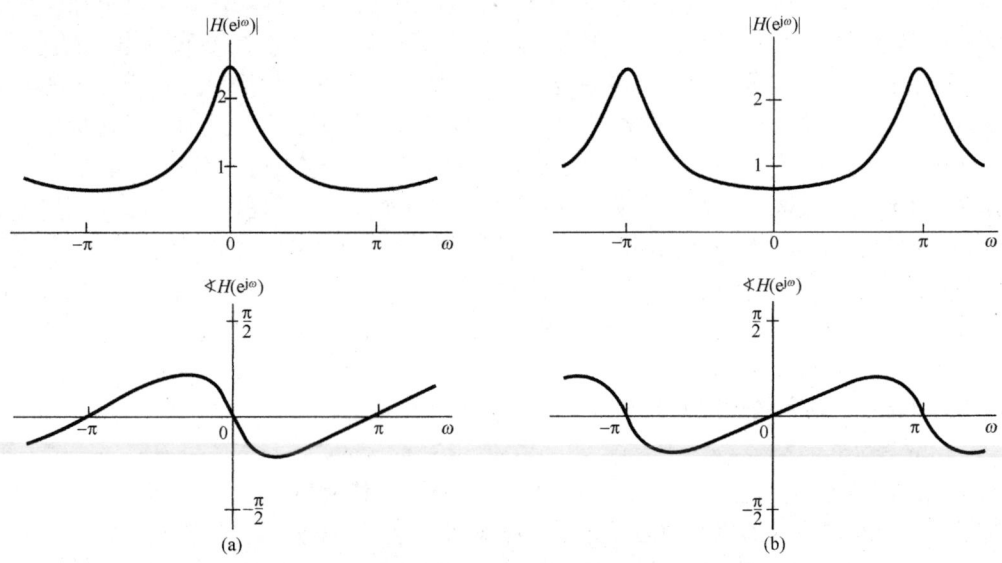

图3.34 式(3.151)中的一阶递归离散时间滤波器的频率响应。(a) $a = 0.6$;(b) $a = -0.6$

与连续时间情况的例子一样,在时域和频域特性之间仍有一个折中问题。由式(3.151)描述的系统的单位脉冲响应是

$$h[n] = a^n u[n] \tag{3.155}$$

阶跃响应 $s[n] = u[n] * h[n]$ 是

$$s[n] = \frac{1-a^{n+1}}{1-a} u[n] \tag{3.156}$$

从上两式可看到,$|a|$ 也控制着单位脉冲响应和阶跃响应趋向它们长期稳态值的速度。较小的 $|a|$ 值会有较快的响应,所以滤波器也就具有较宽的通带宽度。与微分方程一样,高阶递归差分方程能够给出较陡峭的滤波器特性,并且在时域和频域特性的均衡上也能提供更大的灵活性。

最后应注意,由式(3.155)可知,用式(3.151)描述的系统在 $|a| \geq 1$ 时是不稳定的,于是它对复指数的输入没有一个有限的响应。正如先前曾提到过的,基于傅里叶方法和频域分析都集中在对复指数具有有限响应的系统上,所以类似式(3.151)这样的例子都限制在稳定系统的范畴内。

3.11.2 非递归离散时间滤波器

一个有限脉冲响应非递归差分方程的一般形式是

$$y[n] = \sum_{k=-N}^{M} b_k x[n-k] \tag{3.157}$$

即,输出 $y[n]$ 是 $x[n-M]$ 到 $x[n+N]$ 的 $(N+M+1)$ 个值的**加权平均**(weighted average),其加权系数为 b_k。这种形式的系统可以满足很广泛的一些滤波要求,其中包括频率选择性滤波器。

这类滤波器常用的一个例子是移动平均滤波器,这时对于任意 n,如 n_0,其输出 $y[n]$ 就是在 n_0 点附近 $x[n]$ 的平均。它的基本思想就是局部平均,输入中的快速变化的高频分量被平均掉,而低频变化部分得到保留,这就相应于将原始序列进行平滑或低通滤波。一个简单的两点移动平均曾在 3.9 节进行过简要介绍,见式(3.138)。稍许再复杂一点的例子是三点移动平均滤波器,其形式为

$$y[n] = \frac{1}{3}(x[n-1] + x[n] + x[n+1]) \tag{3.158}$$

每一输出 $y[n]$ 是三个连续输入值的平均,这时

$$h[n] = \frac{1}{3}[\delta[n+1] + \delta[n] + \delta[n-1]]$$

根据式(3.122),相应的频率响应是

$$H(e^{j\omega}) = \frac{1}{3}[e^{j\omega} + 1 + e^{-j\omega}] = \frac{1}{3}(1 + 2\cos\omega) \tag{3.159}$$

$H(e^{j\omega})$ 的模如图 3.35 所示。可见,虽然和一阶递归滤波器相同,从通带到阻带没有陡峭的过渡带,但该滤波器仍具有低通滤波器的一般特性。

在式(3.158)的三点移动平均滤波器中,没有任何参数可供变化以调节有效截止频率。作为这类移动平均滤波器的一般化,可以考虑对 $(N+M+1)$ 个相邻点求平均,即利用如下形式的差分方程:

$$y[n] = \frac{1}{N+M+1} \sum_{k=-N}^{M} x[n-k] \tag{3.160}$$

相应的单位脉冲响应就是一个矩形脉冲，即 $h[n] = 1/(N+M+1)$，$-N \leq n \leq M$；对于其他 n 值，$h[n] = 0$。该滤波器的频率响应为

$$H(e^{j\omega}) = \frac{1}{N+M+1} \sum_{k=-N}^{M} e^{-j\omega k} \quad (3.161)$$

式(3.161)的求和可用类似于例 3.12 的方法求得：

$$H(e^{j\omega}) = \frac{1}{N+M+1} e^{j\omega[(N-M)/2]} \frac{\sin[\omega(M+N+1)/2]}{\sin(\omega/2)}$$
$$(3.162)$$

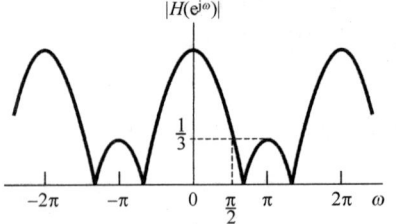

图 3.35　一个三点移动平均低通滤波器频率响应的模特性

通过调节平均窗口 $N+M+1$ 的大小可以改变截止频率。例如，对于 $M+N+1=33$ 和 $M+N+1=65$，$H(e^{j\omega})$ 的模分别如图 3.36(a)和图 3.36(b)所示。

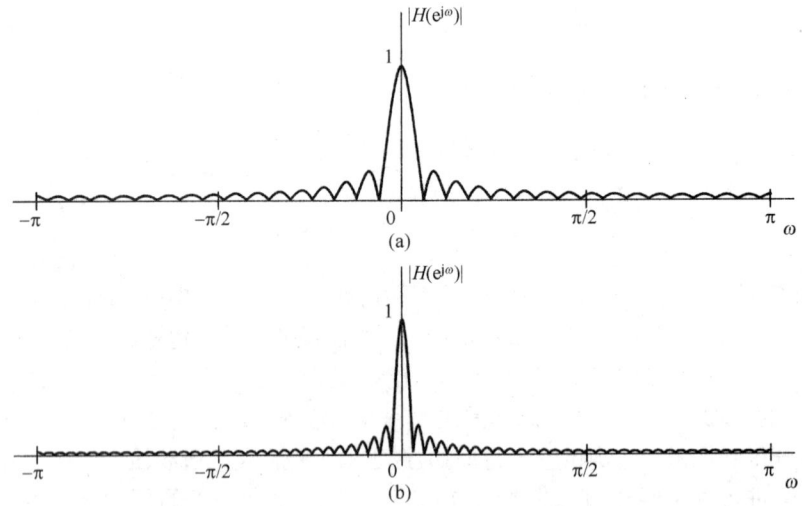

图 3.36　式(3.162)中低通移动平均滤波器频率响应的模特性。(a) $M=N=16$；(b) $M=N=32$

非递归滤波器也能用于实现高通滤波。为此，再举一个简单例子，考虑如下差分方程：

$$y[n] = \frac{x[n] - x[n-1]}{2} \quad (3.163)$$

这个系统在输入信号近似不变时，$y[n]$ 的值就接近于零。对于从一个样本到另一个样本变化很大的输入信号来说，可以预期 $y[n]$ 会有较大的输出值。因此，由式(3.163)描述的系统可近似表示一种高通过滤的作用：对慢变化的低频分量进行衰减，对快变化的较高频率分量几乎无衰减地给予通过。为了更仔细地看出这一点，需要看看系统的频率响应。这时，$h[n] = \frac{1}{2}\{\delta[n] - \delta[n-1]\}$，直接利用式(3.122)，可得

$$H(e^{j\omega}) = \frac{1}{2}[1 - e^{-j\omega}] = je^{j\omega/2}\sin(\omega/2) \quad (3.164)$$

图 3.37 中画出了 $H(e^{j\omega})$ 的模特性，表明该简单系统可近似表示一个高通滤波器，尽管从通带到阻带的过渡非常平缓。若考虑更为一般的非递归滤波器，就能够实现具有更为陡峭过渡区的各种低通、高通和其他频率选择性滤波器。

任何有限冲激响应系统的冲激响应都是有限长的，即由式(3.157)有 $h[n] = b_n$，$-N \leq n \leq M$；

对于其他 n 值有 $h[n]=0$，因此无论怎样选取 b_n，它总是绝对可加的，所以这种类型的所有滤波器都是稳定的。同时，若 $N>0$，由式(3.157)给出的系统就是非因果的，因为 $y[n]$ 取决于输入的未来值。在先前信号已被录制而要进行事后处理的应用中，因果性不是一个必要的限制，因此可以使用 $N>0$ 的滤波器。在另外的情形下，如涉及很多实时处理，因果性就是必要的了，这时必须取 $N\leqslant 0$。

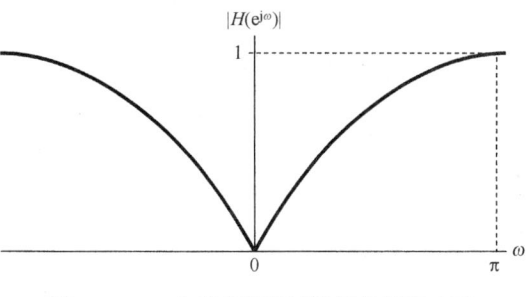

图 3.37 一个简单高通滤波器的频率响应

3.12 小结

本章对连续时间和离散时间系统引入并建立了傅里叶级数表示，并且利用这些表示初步涉及了信号与系统分析方法中的一个重要应用领域——滤波。在 3.2 节中已经提到过，利用傅里叶级数的主要原因就是由于复指数信号是线性时不变系统的特征函数的关系。由 3.3 节到 3.7 节已经看到，任何具有实际意义的周期信号都可以表示成一个傅里叶级数，也就是成谐波关系的复指数信号的加权和，并与被表示的信号具有相同的周期。另外还可以看到，傅里叶级数表示具有许多重要的性质，这些性质体现了信号的各种特征如何反映到它们的傅里叶级数系数中。

傅里叶级数最重要的性质之一是复指数特征函数性质的一个直接结果，这就是：若一个周期信号加到一个线性时不变系统上，那么输出也一定是周期的，且与输入信号的周期相同；并且，输出的每一个傅里叶系数就是对应的输入傅里叶系数乘以复指数，该复指数的值是相应于傅里叶系数的那个频率的函数。这一频率函数是该线性时不变系统的表征，称为该系统的频率响应。考察系统的频率响应就能直接得到利用线性时不变系统对信号进行过滤的思想，这是一个具有很多应用的概念，其中几个应用已在本章中进行了介绍。一个重要的应用是有关频率选择性滤波的概念，即利用线性时不变系统，通过某些给定频带的频率而阻止或显著衰减掉其余频率。本章还介绍了理想频率选择性滤波器的概念，并给出了由线性常系数微分和差分方程描述的频率选择性滤波器的几个例子。

在建立傅里叶分析方法并在应用中利用这些方法进行正确评价等方面，本章是一个开端。在后续各章将继续这一论题，以建立连续时间和离散时间非周期信号的傅里叶变换表示，并且不仅在滤波方面，也会在傅里叶方法的其他一些重要应用领域进行较为深入的介绍。

习题

习题的第一部分属于基本题，答案在书末给出。其余三个部分分别属于基本题、深入题和扩充题。

基本题（附答案）

3.1 有一个实值连续时间周期信号 $x(t)$，其基波周期 $T=8$，$x(t)$ 的非零傅里叶级数系数是

$$a_1 = a_{-1} = 2, \quad a_3 = a_{-3}^* = 4\mathrm{j}$$

试将 $x(t)$ 表示成如下形式：

$$x(t) = \sum_{k=0}^{\infty} A_k \cos(\omega_k t + \phi_k)$$

3.2 有一个实值离散时间周期信号 $x[n]$，其基波周期 $N=5$，$x[n]$ 的非零傅里叶级数系数是

$$a_0 = 1, \quad a_2 = a_{-2}^* = e^{j\pi/4}, \quad a_4 = a_{-4}^* = 2e^{j\pi/3}$$

试将 $x[n]$ 表示成如下形式:

$$x[n] = A_0 + \sum_{k=1}^{\infty} A_k \sin(\omega_k n + \phi_k)$$

3.3 对下面的连续时间周期信号

$$x(t) = 2 + \cos\left(\frac{2\pi}{3}t\right) + 4\sin\left(\frac{5\pi}{3}t\right)$$

求基波频率 ω_0 和傅里叶级数系数 a_k,以表示成

$$x(t) = \sum_{k=-\infty}^{\infty} a_k e^{jk\omega_0 t}$$

3.4 利用傅里叶级数分析式(3.39),计算下列连续时间周期信号(基波频率 $\omega_0 = \pi$)的系数 a_k:

$$x(t) = \begin{cases} 1.5, & 0 \leq t < 1 \\ -1.5, & 1 \leq t < 2 \end{cases}$$

3.5 设 $x_1(t)$ 为连续时间周期信号,其基波频率为 ω_1,傅里叶系数为 a_k,已知

$$x_2(t) = x_1(1-t) + x_1(t-1)$$

$x_2(t)$ 的基波频率 ω_2 与 ω_1 是什么关系? 求 $x_2(t)$ 的傅里叶级数系数 b_k 与系数 a_k 之间的关系。可以使用列于表 3.1 中的性质。

3.6 有三个连续时间周期信号,其傅里叶级数表示如下:

$$x_1(t) = \sum_{k=0}^{100} \left(\frac{1}{2}\right)^k e^{jk\frac{2\pi}{50}t}$$

$$x_2(t) = \sum_{k=-100}^{100} \cos(k\pi) e^{jk\frac{2\pi}{50}t}$$

$$x_3(t) = \sum_{k=-100}^{100} j\sin\left(\frac{k\pi}{2}\right) e^{jk\frac{2\pi}{50}t}$$

利用傅里叶级数性质帮助回答下列问题:
(a) 三个信号中哪些是实值的?
(b) 哪些信号是偶函数?

3.7 假定周期信号 $x(t)$ 的基波周期为 T,傅里叶系数为 a_k,在各种情况下,与直接计算 a_k 相比,都是求 $g(t) = dx(t)/dt$ 的傅里叶级数系数 b_k 更容易。现在已知

$$\int_T^{2T} x(t) dt = 2$$

试利用 b_k 和 T 求 a_k 的表示式。利用表 3.1 的性质有助于求得这个表示式。

3.8 现对一个信号 $x(t)$ 给出如下信息:
1. $x(t)$ 是实奇函数。
2. $x(t)$ 是周期的,周期 $T=2$,傅里叶系数为 a_k。
3. 对 $|k| > 1$, $a_k = 0$。
4. $\frac{1}{2}\int_0^2 |x(t)|^2 dt = 1$。

试确定两个不同的信号都满足这些条件。

3.9 利用分析式(3.95)求下面的周期信号在一个周期内的傅里叶级数系数值:

$$x[n] = \sum_{m=-\infty}^{\infty} \{4\delta[n-4m] + 8\delta[n-1-4m]\}$$

3.10 令 $x[n]$ 是一个实奇周期信号,周期 $N=7$,傅里叶系数为 a_k,已知

$$a_{15} = \text{j}, \quad a_{16} = 2\text{j}, \quad a_{17} = 3\text{j}$$

确定 a_0，a_{-1}，a_{-2} 和 a_{-3} 的值。

3.11 现对一个信号 $x[n]$ 给出如下信息：
1. $x[n]$ 是实偶信号。
2. $x[n]$ 的周期 $N=10$，傅里叶系数为 a_k。
3. $a_{11}=5$。
4. $\frac{1}{10}\sum_{n=0}^{9}|x[n]|^2 = 50$。

证明：$x[n] = A\cos(Bn + C)$，并给出常数 A，B 和 C 的值。

3.12 序列 $x_1[n]$ 和 $x_2[n]$ 都有一个周期 $N=4$，对应的傅里叶系数是
$$x_1[n] \longleftrightarrow a_k, \quad x_2[n] \longleftrightarrow b_k$$
其中，
$$a_0 = a_3 = \frac{1}{2}a_1 = \frac{1}{2}a_2 = 1, \quad b_0 = b_1 = b_2 = b_3 = 1$$

利用表 3.1 中的相乘性质，确定信号 $g[n] = x_1[n]x_2[n]$ 的傅里叶级数系数 c_k。

3.13 考虑一个连续时间线性时不变系统，其频率响应是
$$H(\text{j}\omega) = \int_{-\infty}^{\infty} h(t)\text{e}^{-\text{j}\omega t}\,\text{d}t = \frac{\sin(4\omega)}{\omega}$$

若输入至该系统的信号是一个周期信号 $x(t)$，即
$$x(t) = \begin{cases} 1, & 0 \leq t < 4 \\ -1, & 4 \leq t < 8 \end{cases}$$

周期 $T=8$，求系统的输出 $y(t)$。

3.14 当一个频率响应为 $H(\text{e}^{\text{j}\omega})$ 的线性时不变系统，其输入为如下冲激串时，
$$x[n] = \sum_{k=-\infty}^{\infty}\delta[n-4k]$$

其输出为
$$y[n] = \cos\left(\frac{5\pi}{2}n + \frac{\pi}{4}\right)$$

求 $H(\text{e}^{\text{j}k\pi/2})$ 在 $k=0,1,2$ 和 3 时的值。

3.15 考虑一个连续时间理想低通滤波器 S，其频率响应是
$$H(\text{j}\omega) = \begin{cases} 1, & |\omega| \leq 100 \\ 0, & |\omega| > 100 \end{cases}$$

当该滤波器的输入是基波周期 $T=\pi/6$ 且傅里叶级数系数为 a_k 的信号 $x(t)$ 时，发现有
$$x(t) \xrightarrow{S} y(t) = x(t)$$

试问 k 为何值才能保证 $a_k = 0$？

3.16 对于下列周期输入，求示于图 P3.16 的滤波器的输出：

(a) $x_1[n] = (-1)^n$ (b) $x_2[n] = 1 + \sin\left(\frac{3\pi}{8}n + \frac{\pi}{4}\right)$ (c) $x_3[n] = \sum_{k=-\infty}^{\infty}\left(\frac{1}{2}\right)^{n-4k}u[n-4k]$

3.17 有三个连续时间系统 S_1，S_2 和 S_3，它们对复指数输入 $\text{e}^{\text{j}5t}$ 的响应分别给出如下：
$$S_1: \text{e}^{\text{j}5t} \longrightarrow t\text{e}^{\text{j}5t}$$
$$S_2: \text{e}^{\text{j}5t} \longrightarrow \text{e}^{\text{j}5(t-1)}$$
$$S_3: \text{e}^{\text{j}5t} \longrightarrow \cos(5t)$$

对于每个系统，根据给出的信息能否充分肯定地得出"该系统不是线性时不变的"的结论？

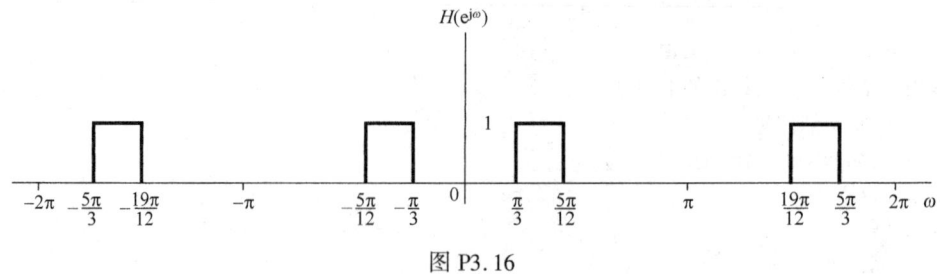

图 P3.16

3.18 有三个离散时间系统 S_1, S_2 和 S_3,它们对复指数输入 $e^{j\pi n/2}$ 的响应分别给出如下:

$$S_1: e^{j\pi n/2} \longrightarrow e^{j\pi n/2}u[n]$$
$$S_2: e^{j\pi n/2} \longrightarrow e^{j3\pi n/2}$$
$$S_3: e^{j\pi n/2} \longrightarrow 2e^{j5\pi n/2}$$

对于每个系统,根据给出的信息能否充分肯定地得出"该系统不是线性时不变的"的结论?

3.19 由图 P3.19 所示的 RL 电路实现的因果线性时不变系统,电流源输出电流为输入 $x(t)$,系统的输出是流经电感线圈的电流 $y(t)$。

(a) 求关联 $x(t)$ 和 $y(t)$ 的微分方程。
(b) 求输入为 $x(t) = e^{j\omega t}$ 时的系统频率响应。
(c) 若 $x(t) = \cos(t)$,求输出 $y(t)$。

3.20 由图 P3.20 所示的 RLC 电路实现的因果线性时不变系统,$x(t)$ 为输入电压,跨于电容器上的电压取为该系统的输出 $y(t)$。

(a) 求关联 $x(t)$ 和 $y(t)$ 的微分方程。
(b) 求输入为 $x(t) = e^{j\omega t}$ 时的系统频率响应。
(c) 若 $x(t) = \sin(t)$,求输出 $y(t)$。

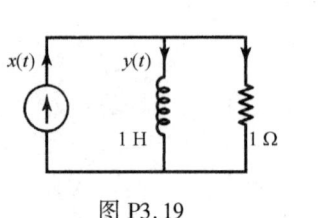

图 P3.19

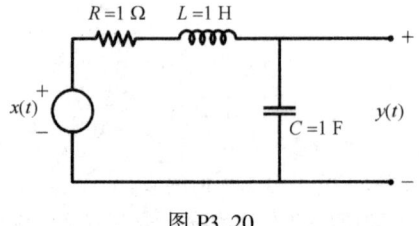

图 P3.20

基本题

3.21 有一个连续时间周期信号 $x(t)$ 是实信号,其基波周期 $T = 8$,$x(t)$ 的非零傅里叶级数系数为

$$a_1 = a_{-1}^* = j, \quad a_5 = a_{-5} = 2$$

试将 $x(t)$ 表示为如下形式:

$$x(t) = \sum_{k=0}^{\infty} A_k \cos(w_k t + \phi_k)$$

3.22 求下列信号的傅里叶级数表示:

(a) 示于图 P3.22(a) 至图 P3.22(f) 的每一个 $x(t)$。
(b) $x(t)$ 的周期为 2,且

$$x(t) = e^{-t}, \quad -1 < t < 1$$

(c) $x(t)$ 的周期为 4,且

$$x(t) = \begin{cases} \sin \pi t, & 0 \leq t \leq 2 \\ 0, & 2 < t \leq 4 \end{cases}$$

3.23 给出下列周期为 4 的各连续时间信号的傅里叶级数系数，求每一个 $x(t)$ 信号：

(a) $a_k = \begin{cases} 0, & k = 0 \\ (\mathrm{j})^k \dfrac{\sin k\pi/4}{k\pi}, & \text{其他} \end{cases}$

(b) $a_k = (-1)^k \dfrac{\sin k\pi/8}{2k\pi}, \quad a_0 = \dfrac{1}{16}$

(c) $a_k = \begin{cases} \mathrm{j}k, & |k| < 3 \\ 0, & \text{其他} \end{cases}$

(d) $a_k = \begin{cases} 1, & k \text{ 为偶数} \\ 2, & k \text{ 为奇数} \end{cases}$

3.24 令
$$x(t) = \begin{cases} t, & 0 \leq t \leq 1 \\ 2-t, & 1 \leq t \leq 2 \end{cases}$$
是一个基波周期 $T = 2$ 的周期信号，傅里叶系数为 a_k。

(a) 求 a_0。

(b) 求 $\mathrm{d}x(t)/\mathrm{d}t$ 的傅里叶级数表示。

(c) 利用(b)的结果和连续时间傅里叶级数的微分性质求 $x(t)$ 的傅里叶级数系数。

3.25 下面三个连续时间周期信号的基波周期 $T = 1/2$：
$$x(t) = \cos(4\pi t)$$
$$y(t) = \sin(4\pi t)$$
$$z(t) = x(t)y(t)$$

(a) 求 $x(t)$ 的傅里叶级数系数。

(b) 求 $y(t)$ 的傅里叶级数系数。

(c) 利用(a)和(b)的结果，按照连续时间傅里叶级数的相乘性质，求 $z(t) = x(t)y(t)$ 的傅里叶级数系数。

(d) 通过直接将 $z(t)$ 展开成三角函数的形式，求 $z(t)$ 的傅里叶级数系数，并与(c)的结果进行比较。

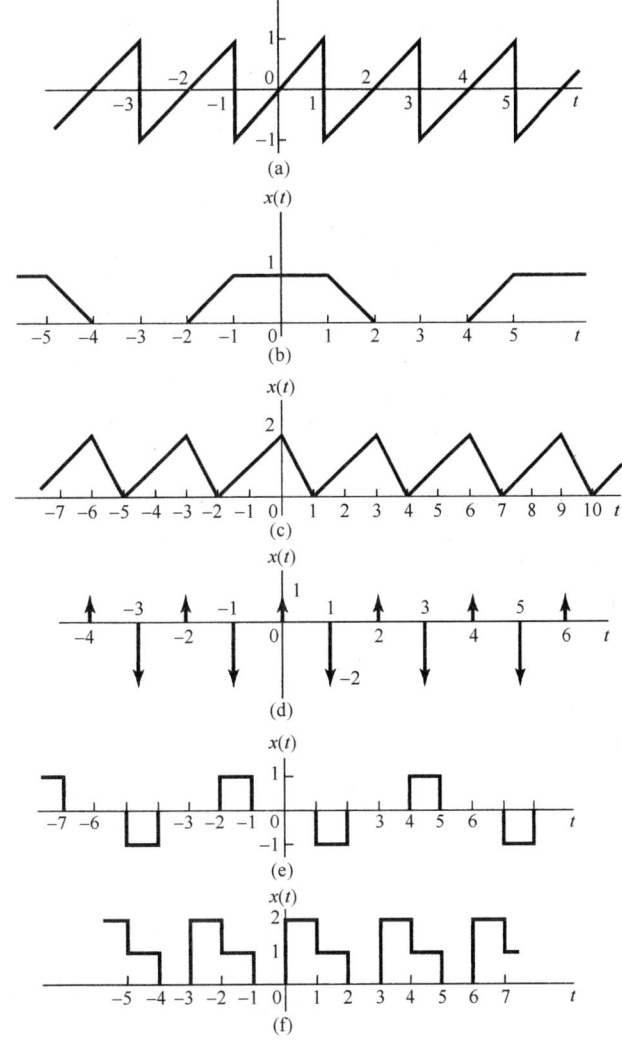

图 P3.22

3.26 设 $x(t)$ 是一个周期信号，其傅里叶级数系数是
$$a_k = \begin{cases} 2, & k = 0 \\ \mathrm{j}(\tfrac{1}{2})^{|k|}, & \text{其他} \end{cases}$$

利用傅里叶级数性质回答下列问题：

(a) $x(t)$ 是实的吗？

(b) $x(t)$ 是偶的吗？

(c) $\mathrm{d}x(t)/\mathrm{d}t$ 是偶的吗？

3.27 有一个实值离散时间周期信号 $x[n]$，基波周期 $N = 5$，$x[n]$ 的非零傅里叶级数系数是
$$a_0 = 2, \quad a_2 = a_{-2}^* = 2\mathrm{e}^{\mathrm{j}\pi/6}, \quad a_4 = a_{-4}^* = \mathrm{e}^{\mathrm{j}\frac{\pi}{3}}$$

试将 $x[n]$ 表示成如下形式：
$$x[n] = A_0 + \sum_{k=1}^{\infty} A_k \sin(\omega_k n + \phi_k)$$

3.28 对下面每一个离散时间周期信号,求其傅里叶级数系数,并画出每一组系数 a_k 的模和相位。
   (a) 图 P3.28(a) 至图 P3.28(c) 中的每一个 $x[n]$。
   (b) $x[n] = \sin(2\pi n/3)\cos(\pi n/2)$。
   (c) $x[n]$ 的周期为 4,且有
   $$x[n] = 1 - \sin\frac{\pi n}{4}, \qquad 0 \leq n \leq 3$$
   (d) $x[n]$ 的周期为 12,且有
   $$x[n] = 1 - \sin\frac{\pi n}{4}, \qquad 0 \leq n \leq 11$$

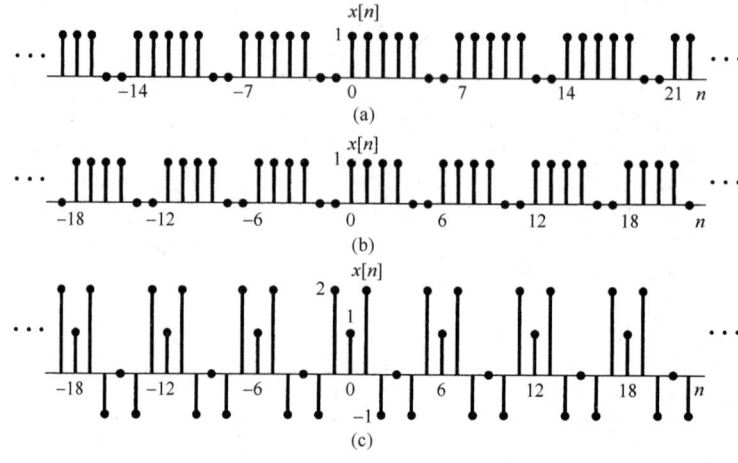

图 P3.28

3.29 下面每一种情况都给出了周期为 8 的某一信号的傅里叶级数系数,求各个 $x[n]$。

(a) $a_k = \cos\left(\frac{k\pi}{4}\right) + \sin\left(\frac{3k\pi}{4}\right)$

(b) $a_k = \begin{cases} \sin\left(\dfrac{k\pi}{3}\right), & 0 \leq k \leq 6 \\ 0, & k = 7 \end{cases}$

(c) a_k 如图 P3.29(a) 所示。

(d) a_k 如图 P3.29(b) 所示。

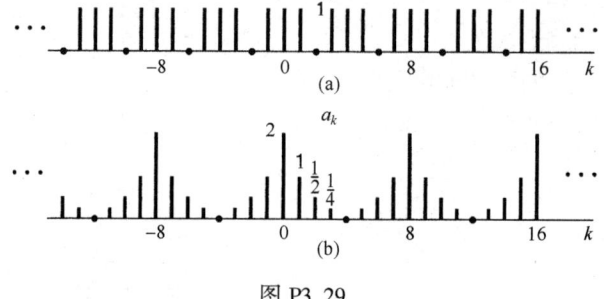

图 P3.29

3.30 考虑下面三个基波周期为 6 的离散时间信号:
$$x[n] = 1 + \cos\left(\frac{2\pi}{6}n\right), \qquad y[n] = \sin\left(\frac{2\pi}{6}n + \frac{\pi}{4}\right), \qquad z[n] = x[n]y[n]$$

(a) 求 $x[n]$ 的傅里叶级数系数。
(b) 求 $y[n]$ 的傅里叶级数系数。
(c) 利用(a)和(b)的结果,并按照离散时间傅里叶级数的相乘性质,求 $z[n] = x[n]y[n]$ 的傅里叶级数系数。
(d) 通过直接求值,求 $z[n]$ 的傅里叶级数系数,并将结果与(c)进行比较。

3.31 令
$$x[n] = \begin{cases} 1, & 0 \leq n \leq 7 \\ 0, & 8 \leq n \leq 9 \end{cases}$$
是一个基波周期 $N=10$ 的周期信号, 傅里叶级数系数为 a_k, 同时令
$$g[n] = x[n] - x[n-1]$$
(a) 证明 $g[n]$ 的基波周期也为 10。
(b) 求 $g[n]$ 的傅里叶级数系数。
(c) 利用 $g[n]$ 的傅里叶级数系数和表 3.2 中的一次差分性质求 a_k, $k \neq 0$。

3.32 考虑图 P3.32 的信号 $x[n]$, 它是周期的, 周期 $N=4$。该信号的离散时间傅里叶级数表示式为
$$x[n] = \sum_{k=0}^{3} a_k e^{jk(2\pi/4)n} \tag{P3.32-1}$$

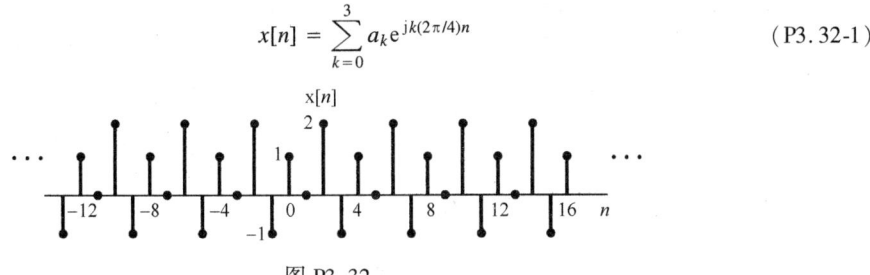

图 P3.32

在正文中曾提到, 求这个傅里叶级数系数的一种方法是将式(P3.32-1)当成含 4 个未知数(a_0, a_1, a_2 和 a_3)的一组(4个)线性方程($n=0, 1, 2, 3$)来对待。
(a) 明确写出这 4 个方程, 并用任何标准方法直接解这 4 个联立方程组, 以求得该 4 个未知数(首先一定要将上面的复指数化简成最简形式)。
(b) 利用离散时间傅里叶级数分析公式
$$a_k = \frac{1}{4} \sum_{n=0}^{3} x[n] e^{-jk(2\pi/4)n}$$
直接计算 a_k, 并验证你的答案。

3.33 考虑一个因果连续时间线性时不变系统, 其输入 $x(t)$ 和输出 $y(t)$ 由下列微分方程所关联:
$$\frac{d}{dt}y(t) + 4y(t) = x(t)$$
在下面两种输入下, 求输出 $y(t)$ 的傅里叶级数表示:
(a) $x(t) = \cos(2\pi t)$ (b) $x(t) = \sin(4\pi t) + \cos(6\pi t + \pi/4)$

3.34 考虑一个连续时间线性时不变系统, 其单位冲激响应为
$$h(t) = e^{-4|t|}$$
在下列各输入情况下, 求输出 $y(t)$ 的傅里叶级数表示:
(a) $x(t) = \sum_{n=-\infty}^{+\infty} \delta(t-n)$
(b) $x(t) = \sum_{n=-\infty}^{+\infty} (-1)^n \delta(t-n)$
(c) $x(t)$ 为如图 P3.34 所示的周期性方波。

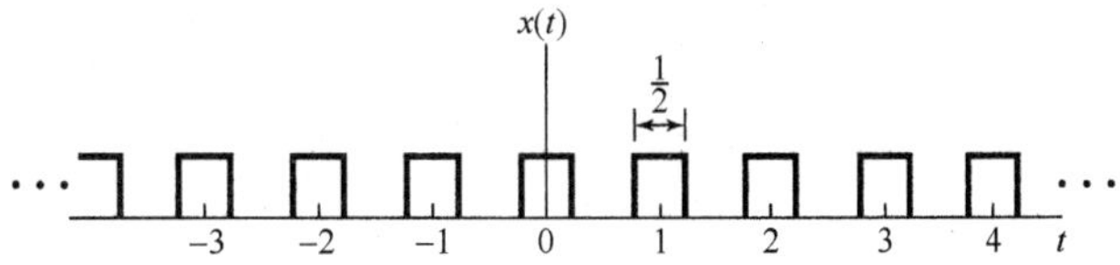

图 P3.34

3.35 考虑一个连续时间线性时不变系统 S, 其频率响应为
$$H(j\omega) = \begin{cases} 1, & |\omega| \geq 250 \\ 0, & 其他 \end{cases}$$
当输入该系统的信号 $x(t)$ 的基波周期 $T = \pi/7$, 傅里叶级数系数为 a_k 时, 发现输出 $y(t) = x(t)$。对于什么样的 k 值才有 $a_k = 0$?

3.36 考虑一个因果离散时间线性时不变系统，其输入 $x[n]$ 和输出 $y[n]$ 由下列差分方程所关联：

$$y[n] - \frac{1}{4}y[n-1] = x[n]$$

在下面两种输入情况下，求输出 $y[n]$ 的傅里叶级数表示：

(a) $x[n] = \sin\left(\frac{3\pi}{4}n\right)$ 　　(b) $x[n] = \cos\left(\frac{\pi}{4}n\right) + 2\cos\left(\frac{\pi}{2}n\right)$

3.37 考虑一个离散时间线性时不变系统，其单位脉冲响应为

$$h[n] = \left(\frac{1}{2}\right)^{|n|}$$

在下面两种输入情况下，求输出 $y[n]$ 的傅里叶级数表示：

(a) $x[n] = \sum_{k=-\infty}^{\infty} \delta[n-4k]$

(b) $x[n]$ 是周期的，周期为 6，且有

$$x[n] = \begin{cases} 1, & n = 0, \pm 1 \\ 0, & n = \pm 2, \pm 3 \end{cases}$$

3.38 考虑一个离散时间线性时不变系统，其单位脉冲响应为

$$h[n] = \begin{cases} 1, & 0 \leqslant n \leqslant 2 \\ -1, & -2 \leqslant n \leqslant -1 \\ 0, & 其他 \end{cases}$$

已知系统的输入是

$$x[n] = \sum_{k=-\infty}^{+\infty} \delta[n-4k]$$

求输出 $y[n]$ 的傅里叶级数系数。

3.39 考虑一个离散时间线性时不变系统 S，其频率响应是

$$H(e^{j\omega}) = \begin{cases} 1, & |\omega| \leqslant \frac{\pi}{8} \\ 0, & \frac{\pi}{8} < |\omega| < \pi \end{cases}$$

证明：若该系统的输入 $x[n]$ 的周期 $N=3$，则输出 $y[n]$ 在每个周期内仅有一个非零傅里叶级数系数。

深入题

3.40 令 $x(t)$ 为一个周期信号，基波周期为 T，傅里叶级数系数为 a_k，利用 a_k 导出下列各信号的傅里叶级数系数：

(a) $x(t-t_0) + x(t+t_0)$ 　　(b) $\mathcal{E}v\{x(t)\}$ 　　(c) $\mathcal{R}e\{x(t)\}$ 　　(d) $\dfrac{d^2 x(t)}{dt^2}$

(e) $x(3t-1)$ [先确定 $x(3t-1)$ 的周期]

3.41 关于一个周期为 3 和傅里叶系数为 a_k 的连续时间周期信号，给出下列信息：

1. $a_k = a_{k+2}$ 　　2. $a_k = a_{-k}$ 　　3. $\int_{-0.5}^{0.5} x(t) dt = 1$ 　　4. $\int_{1}^{2} x(t) dt = 2$

试确定 $x(t)$。

3.42 令 $x(t)$ 是一个基波周期为 T，傅里叶级数系数为 a_k 的实信号。

(a) 证明：$a_k = a_{-k}^*$，并且 a_0 一定为实数。

(b) 证明：若 $x(t)$ 为偶函数，则它的傅里叶级数系数一定为实偶函数。

(c) 证明：若 $x(t)$ 为奇函数，则它的傅里叶级数系数是虚数且为奇函数，$a_0 = 0$。

(d) 证明：$x(t)$ 偶部的傅里叶系数等于 $\mathcal{R}e\{a_k\}$。

(e) 证明：$x(t)$ 奇部的傅里叶系数等于 $j\mathcal{I}m\{a_k\}$。

3.43 (a) 一个周期为 T 的连续时间周期信号 $x(t)$，若在其傅里叶级数表示式

$$x(t) = \sum_{k=-\infty}^{+\infty} a_k e^{jk(2\pi/T)t} \tag{P3.43-1}$$

中，对全部非零的偶数 k，有 $a_k = 0$，则称 $x(t)$ 是**奇谐**(odd-harmonic)的。

(i) 证明：若 $x(t)$ 是奇谐的，则有

$$x(t) = -x\left(t + \frac{T}{2}\right) \quad \text{(P3.43-2)}$$

(ii) 证明：若 $x(t)$ 满足式(P3.43-2)，则它是奇谐的。

(b) 假设 $x(t)$ 是一个周期为 2 的奇谐周期信号，且有

$$x(t) = t, \quad 0 < t < 1$$

画出 $x(t)$ 并求出它的傅里叶级数系数。

(c) 同理，可以把在式(P3.43-1)中，当 k 为奇数时 $a_k = 0$ 的函数定义为偶谐信号。试问，T 可能是这种信号的基波周期吗？试陈述理由。

(d) 更一般的情况是，证明：若出现下面两种情况之一，则 T 是式(P3.43-1)中 $x(t)$ 的基波周期：
(1) a_1 或 a_{-1} 为非零。
(2) 存在两个没有公共因子的整数 k 和 l，使 a_k 和 a_l 都是非零的。

3.44 假设关于信号 $x(t)$ 给出如下信息：

1. $x(t)$ 是实信号。
2. $x(t)$ 是周期的，周期 T 为 6，傅里叶系数为 a_k。
3. 对于 $k = 0$ 和 $k > 2$，有 $a_k = 0$。
4. $x(t) = -x(t-3)$。
5. $\frac{1}{6}\int_{-3}^{3} |x(t)|^2 dt = \frac{1}{2}$。
6. a_1 是正实数。

证明：$x(t) = A\cos(Bt + C)$，并求常数 A，B 和 C。

3.45 设 $x(t)$ 是一个实周期信号，其正弦-余弦形式[见式(3.32)]的傅里叶级数表示为

$$x(t) = a_0 + 2\sum_{k=1}^{\infty}[B_k\cos(k\omega_0 t) - C_k\sin(k\omega_0 t)] \quad \text{(P3.45-1)}$$

(a) 求 $x(t)$ 的偶部和奇部的指数形式的傅里叶级数表示，即利用式(P3.45-1)的系数求下列两式中的 α_k 和 β_k：

$$\mathcal{E}v\{x(t)\} = \sum_{k=-\infty}^{+\infty} \alpha_k e^{jk\omega_0 t}$$

$$\mathcal{O}d\{x(t)\} = \sum_{k=-\infty}^{+\infty} \beta_k e^{jk\omega_0 t}$$

(b) (a)中的 α_k 和 α_{-k} 之间是什么关系？β_k 和 β_{-k} 之间是什么关系？

(c) 假设信号 $x(t)$ 和 $z(t)$ 如图 P3.45 所示，它的正弦-余弦形式的级数表示式为

$$x(t) = a_0 + 2\sum_{k=1}^{\infty}\left[B_k\cos\left(\frac{2\pi kt}{3}\right) - C_k\sin\left(\frac{2\pi kt}{3}\right)\right]$$

$$z(t) = d_0 + 2\sum_{k=1}^{\infty}\left[E_k\cos\left(\frac{2\pi kt}{3}\right) - F_k\sin\left(\frac{2\pi kt}{3}\right)\right]$$

试画出信号

$$y(t) = 4(a_0 + d_0) + 2\sum_{k=1}^{\infty}\left\{\left[B_k + \frac{1}{2}E_k\right]\cos\left(\frac{2\pi kt}{3}\right) + F_k\sin\left(\frac{2\pi kt}{3}\right)\right\}$$

3.46 在本题中，要导出连续时间傅里叶级数的两个重要性质：相乘性质和帕塞瓦尔定理。令 $x(t)$ 和 $y(t)$ 是两个周期为 T_0 的连续时间周期信号，其傅里叶级数表示为

$$x(t) = \sum_{k=-\infty}^{+\infty} a_k e^{jk\omega_0 t}, \quad y(t) = \sum_{k=-\infty}^{+\infty} b_k e^{jk\omega_0 t} \quad \text{(P3.46-1)}$$

(a) 证明：信号

$$z(t) = x(t)y(t) = \sum_{k=-\infty}^{+\infty} c_k e^{jk\omega_0 t}$$

的傅里叶级数系数由离散卷积

$$c_k = \sum_{n=-\infty}^{+\infty} a_n b_{k-n}$$

给出。

(b) 利用(a)的结果，计算图 P3.46 中信号 $x_1(t)$，$x_2(t)$ 和 $x_3(t)$ 的傅里叶级数系数。

(c) 假设式(P3.46-1)中的 $y(t)$ 等于 $x^*(t)$，用 a_k 来表示 b_k，并用(a)的结果证明周期信号的帕塞瓦尔定理，即

$$\frac{1}{T_0}\int_0^{T_0} |x(t)|^2 \, dt = \sum_{k=-\infty}^{+\infty} |a_k|^2$$

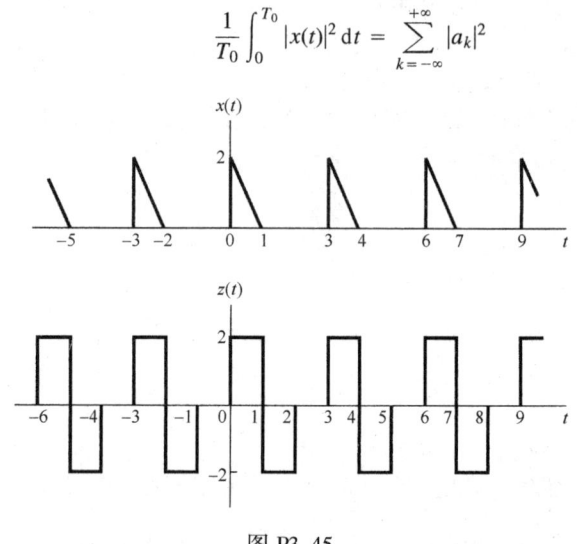

图 P3.45

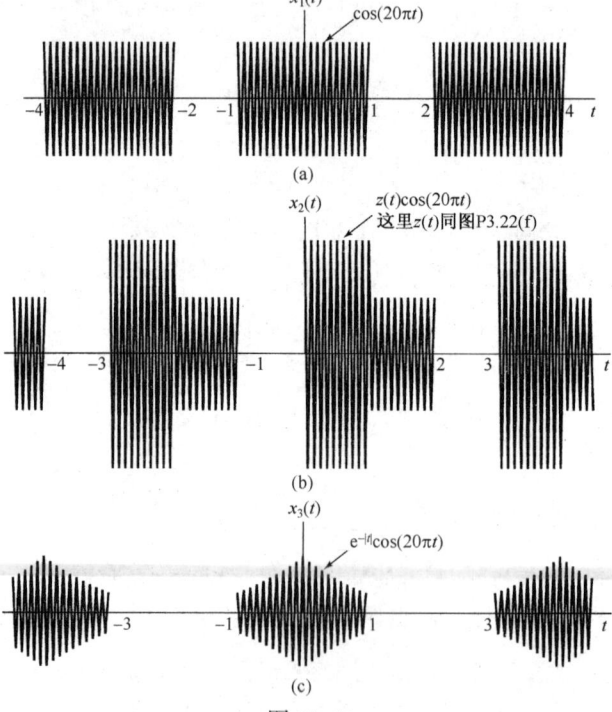

图 P3.46

3.47 考虑信号 $x(t)$

$$x(t) = \cos(2\pi t)$$

因为 $x(t)$ 是周期的,基波周期为 1,因此对任意正整数 N,该信号也是周期的。若将 $x(t)$ 看成周期为 3 的周期信号,那么 $x(t)$ 的傅里叶级数系数是什么?

3.48 令 $x[n]$ 是一个周期为 N 的周期序列,其傅里叶级数表示为

$$x[n] = \sum_{k=<N>} a_k e^{jk(2\pi/N)n} \tag{P3.48-1}$$

下列每个信号的傅里叶级数系数都能用式(P3.48-1)中的 a_k 来表示,试导出如下信号的表示式:

(a) $x[n-n_0]$

(b) $x[n] - x[n-1]$

(c) $x[n] - x\left[n - \dfrac{N}{2}\right]$(设 N 为偶数)

(d) $x[n] + x\left[n + \dfrac{N}{2}\right]$(设 N 为偶数;注意该信号是周期的,周期为 $N/2$)

(e) $x^*[-n]$

(f) $(-1)^n x[n]$(设 N 为偶数)

(g) $(-1)^n x[n]$(设 N 为奇数;注意该信号是周期的,周期为 $2N$)

(h) $y[n] = \begin{cases} x[n], & n \text{ 为偶数} \\ 0, & n \text{ 为奇数} \end{cases}$

3.49 令 $x[n]$ 是一个周期序列,周期为 N,其傅里叶级数表示为

$$x[n] = \sum_{k=<N>} a_k e^{jk(2\pi/N)n} \tag{P3.49-1}$$

(a) 设 N 为偶数,式(P3.49-1)中的 $x[n]$ 满足

$$x[n] = -x\left[n + \dfrac{N}{2}\right], \quad \text{对全部} n$$

证明:对全部偶数 k,$a_k = 0$。

(b) 设 N 可被 4 除尽,证明:若

$$x[n] = -x\left[n + \dfrac{N}{4}\right], \quad \text{对全部} n$$

则对每一个是 4 的倍数的 k 值,有 $a_k = 0$。

(c) 更一般的情况是,设 N 能被某一整数 M 除尽,证明:若

$$\sum_{r=0}^{(N/M)-1} x\left[n + r\dfrac{N}{M}\right] = 0, \quad \text{对全部} n$$

则对每一个是 M 的倍数的 k 值,有 $a_k = 0$。

3.50 假设对一个周期为 8,傅里叶系数为 a_k 的周期信号给出如下信息:

1. $a_k = -a_{k-4}$
2. $x[2n+1] = (-1)^n$

试画出 $x[n]$ 的一个周期内的波形。

3.51 令 $x[n]$ 是一个周期 $N=8$,傅里叶级数系数有 $a_k = -a_{k-4}$ 的周期信号,现产生一个周期 $N=8$ 的信号 $y[n]$ 为

$$y[n] = \left(\dfrac{1+(-1)^n}{2}\right) x[n-1]$$

将 $y[n]$ 的傅里叶级数系数记为 b_k,试求一个函数 $f[k]$,使得

$$b_k = f[k] a_k$$

3.52 $x[n]$ 是一个周期为 N 的实周期信号,其复数傅里叶级数系数为 a_k,设 a_k 用笛卡儿坐标表示为

$$a_k = b_k + jc_k$$

其中 b_k 和 c_k 都是实数。

(a) 证明：$a_{-k} = a_k^*$，b_k 和 b_{-k} 之间是什么关系？c_k 和 c_{-k} 之间是什么关系？

(b) 设 N 是偶数，证明：$a_{N/2}$ 是实数。

(c) 证明 $x[n]$ 也能表示成如下三角函数形式的傅里叶级数，若 N 为奇数，则有

$$x[n] = a_0 + 2\sum_{k=1}^{(N-1)/2} b_k \cos\left(\frac{2\pi kn}{N}\right) - c_k \sin\left(\frac{2\pi kn}{N}\right)$$

若 N 为偶数，则有

$$x[n] = (a_0 + a_{N/2}(-1)^n) + 2\sum_{k=1}^{(N-2)/2} b_k \cos\left(\frac{2\pi kn}{N}\right) - c_k \sin\left(\frac{2\pi kn}{N}\right)$$

(d) 证明：若 a_k 的极坐标为 $A_k e^{j\theta_k}$，那么 $x[n]$ 的傅里叶级数表示也能写成如下形式，若 N 为奇数，则有

$$x[n] = a_0 + 2\sum_{k=1}^{(N-1)/2} A_k \cos\left(\frac{2\pi kn}{N} + \theta_k\right)$$

若 N 为偶数，则有

$$x[n] = (a_0 + a_{N/2}(-1)^n) + 2\sum_{k=1}^{(N/2)-1} A_k \cos\left(\frac{2\pi kn}{N} + \theta_k\right)$$

(e) 假设 $x[n]$ 和 $z[n]$ 如图 P3.52 所示，它们都有一个正弦-余弦的级数表示式

$$x[n] = a_0 + 2\sum_{k=1}^{3}\left\{b_k \cos\left(\frac{2\pi kn}{7}\right) - c_k \sin\left(\frac{2\pi kn}{7}\right)\right\}$$

$$z[n] = d_0 + 2\sum_{k=1}^{3}\left\{d_k \cos\left(\frac{2\pi kn}{7}\right) - f_k \sin\left(\frac{2\pi kn}{7}\right)\right\}$$

试画出如下信号 $y[n]$：

$$y[n] = a_0 - d_0 + 2\sum_{k=1}^{3}\left\{d_k \cos\left(\frac{2\pi kn}{7}\right) + (f_k - c_k) \sin\left(\frac{2\pi kn}{7}\right)\right\}$$

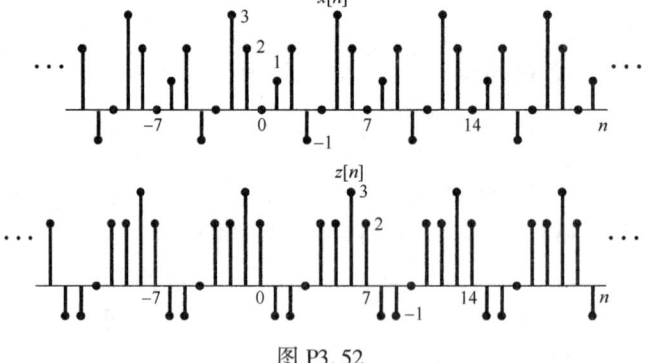

图 P3.52

3.53 设 $x[n]$ 是一个周期为 N 的实周期信号，其傅里叶系数为 a_k。

(a) 证明：若 N 为偶数，那么在 a_k 的一个周期内至少有两个傅里叶系数是实数。

(b) 证明：若 N 为奇数，那么在 a_k 的一个周期内至少有一个傅里叶系数是实数。

3.54 考虑下列函数：

$$a[k] = \sum_{n=0}^{N-1} e^{j(2\pi/N)kn}$$

(a) 证明：对于 $k = 0, \pm N, \pm 2N, \pm 3N, \cdots$，有 $a[k] = N$。
(b) 证明：只要 k 不是 N 的整倍数，则有 $a[k] = 0$。**提示**：利用有限和公式。
(c) 若
$$a[k] = \sum_{n=<N>} e^{j(2\pi/N)kn}$$
重做(a)和(b)。

3.55 设 $x[n]$ 是一个基波周期为 N 的周期信号，其傅里叶级数系数为 a_k。在本题中欲导出列于表 3.2 中的时域尺度变换性质
$$x_{(m)}[n] = \begin{cases} x[\frac{n}{m}], & n = 0, \pm m, \pm 2m, \cdots \\ 0, & \text{其他} \end{cases}$$

(a) 证明：$x_{(m)}[n]$ 的周期为 mN。
(b) 证明：若
$$x[n] = v[n] + w[n]$$
则
$$x_{(m)}[n] = v_{(m)}[n] + w_{(m)}[n]$$

(c) 假定对某整数 k_0，$x[n] = e^{j2\pi k_0 n/N}$，证明：
$$x_{(m)}[n] = \frac{1}{m} \sum_{l=0}^{m-1} e^{j2\pi(k_0 + lN)n/(mN)}$$

也就是说，在 $x[n]$ 中的一个复指数，在 $x_{(m)}[n]$ 中就变成了 m 个复指数的线性组合。
(d) 利用(a)至(c)的结果，证明：若 $x[n]$ 有傅里叶系数 a_k，那么 $x_{(m)}[n]$ 一定有傅里叶系数 $\frac{1}{m} a_k$。

3.56 设 $x[n]$ 是周期为 N 的周期信号，其傅里叶系数为 a_k。
(a) 用 a_k 来表示 $|x[n]|^2$ 的傅里叶系数 b_k。
(b) 若系数 a_k 为实数，那么可以保证系数 b_k 也是实数吗？

3.57 (a) 设 $x[n]$ 为
$$x[n] = \sum_{k=0}^{N-1} a_k e^{jk(2\pi/N)n} \tag{P3.57-1}$$
$y[n]$ 为
$$y[n] = \sum_{k=0}^{N-1} b_k e^{jk(2\pi/N)n}$$
它们都是周期信号。证明：
$$x[n]y[n] = \sum_{k=0}^{N-1} c_k e^{jk(2\pi/N)n}$$
其中，
$$c_k = \sum_{l=0}^{N-1} a_l b_{k-l} = \sum_{l=0}^{N-1} a_{k-l} b_l$$

(b) 将(a)的结果一般化，证明：
$$c_k = \sum_{l=<N>} a_l b_{k-l} = \sum_{l=<N>} a_{k-l} b_l$$

(c) 利用(b)的结果，求下列各信号的傅里叶级数表示，其中 $x[n]$ 由式(P3.57-1)给出：

(i) $x[n] \cos\left(\frac{6\pi n}{N}\right)$

(ii) $x[n] \sum_{r=-\infty}^{+\infty} \delta[n - rN]$

(iii) $x[n] \left(\sum_{r=-\infty}^{+\infty} \delta\left[n - \frac{rN}{3}\right] \right)$（设 N 可被 3 除尽）

(d) 求 $x[n]y[n]$ 的傅里叶级数表示，其中

$$x[n] = \cos(\pi n/3)$$
$$y[n] = \begin{cases} 1, & |n| \leq 3 \\ 0, & 4 \leq |n| \leq 6 \end{cases}$$

$y[n]$ 的周期为 12。

(e) 利用(b)的结果证明:

$$\sum_{n=<N>} x[n]y[n] = N \sum_{l=<N>} a_l b_{-l}$$

并从这个表示式导出离散时间周期信号的帕塞瓦尔定理。

3.58 $x[n]$ 和 $y[n]$ 是公共周期 N 的周期信号,令

$$z[n] = \sum_{r=<N>} x[r]y[n-r]$$

为它们的周期卷积。

(a) 证明: $z[n]$ 也是周期的,周期为 N。

(b) 证明: 若 a_k, b_k 和 c_k 分别是 $x[n]$, $y[n]$ 和 $z[n]$ 的傅里叶系数,则

$$c_k = Na_k b_k$$

(c) 令

$$x[n] = \sin\left(\frac{3\pi n}{4}\right)$$

和

$$y[n] = \begin{cases} 1, & 0 \leq n \leq 3 \\ 0, & 4 \leq n \leq 7 \end{cases}$$

是两个周期都为 8 的周期信号,求它们的周期卷积的傅里叶级数表示。

(d) 对于下列两个周期也为 8 的周期信号重复(c):

$$x[n] = \begin{cases} \sin\left(\frac{3\pi n}{4}\right), & 0 \leq n \leq 3 \\ 0, & 4 \leq n \leq 7 \end{cases}$$

$$y[n] = \left(\frac{1}{2}\right)^n, \quad 0 \leq n \leq 7$$

3.59 (a) 假设 $x[n]$ 是周期为 N 的周期信号,证明周期信号 $g(t)$

$$g(t) = \sum_{k=-\infty}^{\infty} x[k] \delta(t - kT)$$

的傅里叶级数系数也是周期的,周期为 N。

(b) 假设 $x(t)$ 是一个周期信号,周期为 T;其傅里叶级数系数 a_k 的周期为 N,证明:一定存在一个周期序列 $g[n]$,使得

$$x(t) = \sum_{k=-\infty}^{\infty} g[k] \delta(t - kT/N)$$

(c) 一个连续周期信号能有周期的傅里叶系数吗?

3.60 考虑下面各对信号 $x[n]$ 和 $y[n]$。对每一对信号判断是否有一个离散时间线性时不变系统,当该系统相应的输入是 $x[n]$ 时,其输出是 $y[n]$。若这样的系统存在,解释该系统是否是唯一的(即:是否有一个以上的线性时不变系统具有所给定的输入-输出对),并求出具有所要求特性的线性时不变系统的频率响应。如果对给出的一对 $x[n]$ 和 $y[n]$ 不存在这样的线性时不变系统,试说明为什么?

(a) $x[n] = \left(\frac{1}{2}\right)^n, \quad y[n] = \left(\frac{1}{4}\right)^n$

(b) $x[n] = \left(\frac{1}{2}\right)^n u[n], \quad y[n] = \left(\frac{1}{4}\right)^n u[n]$

(c) $x[n] = \left(\frac{1}{2}\right)^n u[n]$, $y[n] = 4^n u[-n]$

(d) $x[n] = e^{jn/8}$, $y[n] = 2e^{jn/8}$

(e) $x[n] = e^{jn/8}u[n]$, $y[n] = 2e^{jn/8}u[n]$

(f) $x[n] = j^n$, $y[n] = 2j^n(1-j)$

(g) $x[n] = \cos(\pi n/3)$, $y[n] = \cos(\pi n/3) + \sqrt{3}\sin(\pi n/3)$

(h) $x[n]$ 和 $y_1[n]$ 如图 P3.60 所示。

(i) $x[n]$ 和 $y_2[n]$ 如图 P3.60 所示。

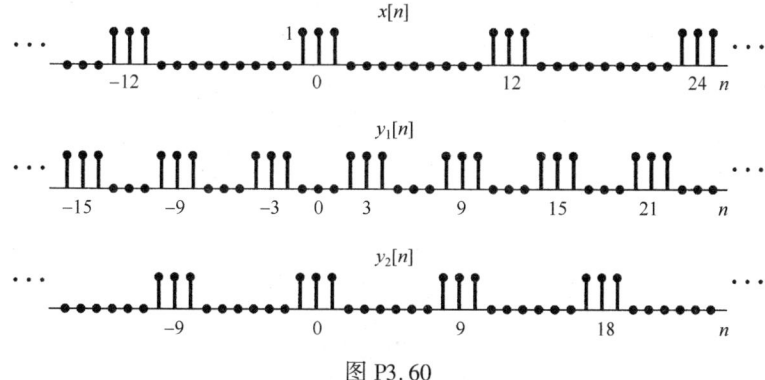

图 P3.60

3.61 正如我们已经看到的，由于周期性复指数函数是线性时不变系统的特征函数，因此在研究连续时间线性时不变系统时，傅里叶分析方法是很有价值的。在本题中，希望证实下列论述：尽管某些线性时不变系统可能有另外的特征函数，但复指数函数是**唯一**能够成为**一切**线性时不变系统特征函数的信号。

(a) 单位冲激响应为 $h(t) = \delta(t)$ 的线性时不变系统的特征函数是什么？其相应的特征值是什么？

(b) 考虑单位冲激响应 $h(t) = \delta(t-T)$ 的线性时不变系统，试找到一个信号，它不具有 e^{st} 的形式，但却是该系统的特征函数，且特征值为 1。与此类似，找出两个特征函数，它们的特征值分别是 1/2 和 2，但都不是复指数函数。**提示**：能够找到满足这些要求的冲激串。

(c) 考虑一个稳定线性时不变系统，其单位冲激响应 $h(t)$ 是实偶函数，证明：$\cos(\omega t)$ 和 $\sin(\omega t)$ 都是该系统的特征函数。

(d) 考虑单位冲激响应 $h(t) = u(t)$ 的线性时不变系统，假如 $\phi(t)$ 是该系统的特征函数，其特征值为 λ。找出 $\phi(t)$ 必须满足的微分方程，并解出这个微分方程。此结果连同(a)至(c)的结果能证明本题最初论述的正确性。

3.62 产生直流电源的一种办法是将交流信号进行全波整流。也就是说，将交流信号 $x(t)$ 通过一个具有 $y(t) = |x(t)|$ 的系统。

(a) 若 $x(t) = \cos(\omega t)$，画出输入、输出波形。输入和输出的基波周期是什么？

(b) 若 $x(t) = \cos(\omega t)$，求输出 $y(t)$ 傅里叶级数系数。

(c) 输入信号中的直流分量是多少？输出信号中的直流分量是多大？

3.63 假设有一个连续时间周期信号加到线性时不变系统上，该信号用傅里叶级数表示为

$$x(t) = \sum_{k=-\infty}^{\infty} \alpha^{|k|} e^{jk(\pi/4)t}$$

其中 α 是位于 0 和 1 之间的实数，系统的频率响应为

$$H(j\omega) = \begin{cases} 1, & |\omega| \leq W \\ 0, & |\omega| > W \end{cases}$$

为了使系统的输出至少有 $x(t)$ 在每个周期内 90% 的平均能量，W 必须有多宽？

3.64 在本章已经看到，在研究线性时不变系统时，特征函数概念是一个极为重要而有用的方法。这对于线

性时变系统来说同样是正确的。具体而言,考虑一个输入为 $x(t)$,输出为 $y(t)$ 的系统,如果有
$$\phi(t) \longrightarrow \lambda\phi(t)$$
也即若 $x(t) = \phi(t)$,则 $y(t) = \lambda\phi(t)$,那么就说信号 $\phi(t)$ 是该系统的一个**特征函数**,这里复常数 λ 称为与 $\phi(t)$ **有关的特征值**。

(a) 假设能够把系统的输入 $x(t)$ 表示为特征函数 $\phi_k(t)$ 的线性组合,即
$$x(t) = \sum_{k=-\infty}^{\infty} c_k \phi_k(t)$$
而且每一个特征函数都有相应的特征值 λ_k。试用 $\{c_k\}$,$\{\phi_k(t)\}$ 和 $\{\lambda_k\}$ 表示该系统的输出 $y(t)$。

(b) 考虑由下列微分方程表征的系统:
$$y(t) = t^2 \frac{d^2 x(t)}{dt^2} + t \frac{dx(t)}{dt}$$
这个系统是线性的吗?是时不变的吗?

(c) 证明
$$\phi_k(t) = t^k$$
这一组函数是(b)中所述系统的特征函数。对每一个 $\phi_k(t)$,确定其相应的特征值 λ_k。

(d) 如果
$$x(t) = 10t^{-10} + 3t + \frac{1}{2}t^4 + \pi$$
求该系统的输出。

扩充题

3.65 设两个函数 $u(t)$ 和 $v(t)$,如果
$$\int_a^b u(t)v^*(t) dt = 0 \tag{P3.65-1}$$
则称 $u(t)$ 和 $v(t)$ **在区间** (a,b) **上是正交的**。如果另外有
$$\int_a^b |u(t)|^2 dt = 1 = \int_a^b |v(t)|^2 dt$$
则称这两个函数是**归一化的**。因此称这两个函数为**归一化正交**。如果在一个函数集 $\{\phi_k(t)\}$ 中,每一对函数都是正交(或归一化正交)的,则称这个函数集为**正交(或归一化正交)函数集**。

(a) 考虑图 P3.65 所示的各对信号 $u(t)$ 和 $v(t)$,判定每一对信号是否在区间 $(0,4)$ 上正交。

(b) 函数 $\sin(m\omega_0 t)$ 和 $\sin(n\omega_0 t)$ 在区间 $(0,T)$ 上是正交的吗?这里 $T=2\pi/\omega_0$。它们也是归一化正交的吗?

(c) 对函数 $\phi_m(t)$ 和 $\phi_n(t)$,重做(b),其中
$$\phi_k(t) = \frac{1}{\sqrt{T}}[\cos(k\omega_0 t) + \sin(k\omega_0 t)]$$

(d) 证明:函数集 $\phi_k(t) = e^{jk\omega_0 t}$ 在**任何**长度为 $T=2\pi/\omega_0$ 的区间上都是正交的。它们也是归一化正交的吗?

(e) 设 $x(t)$ 是一个任意信号,$x_o(t)$ 和 $x_e(t)$ 分别是 $x(t)$ 的奇部和偶部。证明:对于任何 T,$x_o(t)$ 和 $x_e(t)$ 在区间 $(-T,T)$ 上是正交的。

(f) 证明:如果 $\{\phi_k(t)\}$ 是区间 (a,b) 上的正交信号集,则信号集 $\{(1/\sqrt{A_k})\phi_k(t)\}$ 是归一化正交的,其中
$$A_k = \int_a^b |\phi_k(t)|^2 dt$$

(g) 设 $\{\phi_i(t)\}$ 是区间 (a,b) 的归一化正交信号集,考虑如下形式的信号:
$$x(t) = \sum_i a_i \phi_i(t)$$
其中 a_i 为复常数。证明:

$$\int_a^b |x(t)|^2 \, dt = \sum_i |a_i|^2$$

(h) 假设声 $\phi_1(t), \cdots, \phi_N(t)$ 仅在时间区间 $0 \leq t \leq T$ 上是非零的，而且它们在此时间区间上是归一化正交的。令 L_i 为一个线性时不变系统，其单位冲激响应为

$$h_i(t) = \phi_i(T - t) \tag{P3.65-2}$$

证明：若将 $\phi_j(t)$ 加到该系统上，则当 $i = j$ 时，在时刻 T，系统的输出为 1；当 $i \neq j$ 时，在时刻 T，系统的输出为 0。单位冲激响应由式（P3.65-2）给出的系统在习题 2.66 和习题 2.67 中称为信号 $\phi_i(t)$ 的**匹配滤波器**。

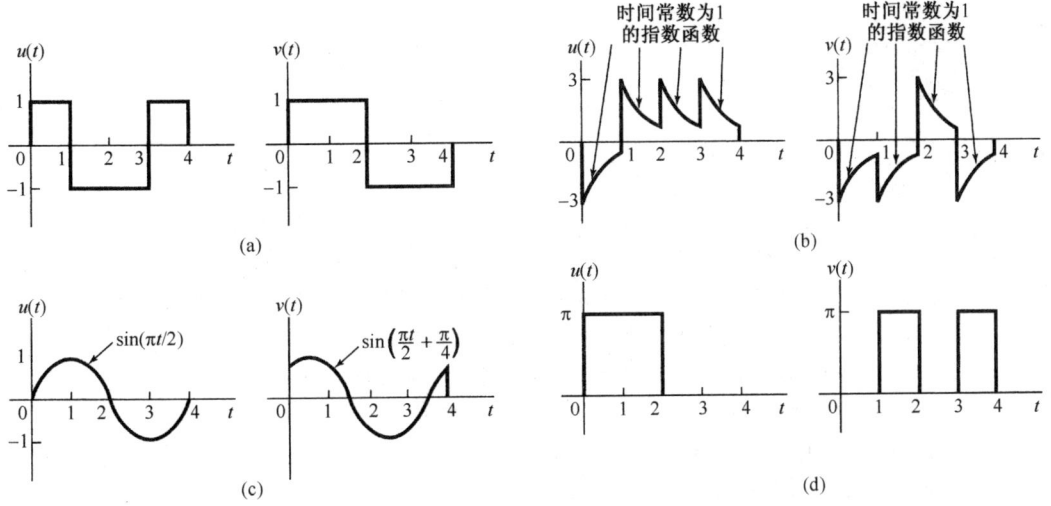

图 P3.65

3.66 本题的目的在于证明任何一个周期信号用傅里叶级数，或更一般地用任何一组正交函数的线性组合来表示，在计算上是很有效的；并且，事实上，它对于得到信号的很好近似是非常有用的[①]。

令 $\{\phi_i(t)\}$, $i = 0, \pm 1, \pm 2, \cdots$ 是在区间 $a \leq t \leq b$ 上的一组归一化正交函数，$x(t)$ 为已知信号。现研究 $x(t)$ 在区间 $a \leq t \leq b$ 上的近似：

$$\hat{x}_n(t) = \sum_{i=-N}^{+N} a_i \phi_i(t) \tag{P3.66-1}$$

其中 a_i 是常数（一般为复数）。为了度量 $x(t)$ 与级数近似 $\hat{x}_N(t)$ 之间的差别，定义误差 $e_N(t)$ 为

$$e_N(t) = x(t) - \hat{x}_N(t) \tag{P3.66-2}$$

对于衡量近似的好坏，一种合理并广泛应用的准则是所研究区间上误差信号的能量；也就是在区间 $a \leq t \leq b$ 上，误差信号模平方的积分为

$$E = \int_a^b |e_N(t)|^2 \, dt \tag{P3.66-3}$$

(a) 证明：当选择

$$a_i = \int_a^b x(t) \phi_i^*(t) \, dt \tag{P3.66-4}$$

时，E 达到最小值。

提示：利用式（P3.66-1）~式（P3.66-3），以 a_i，$\phi_i(t)$ 和 $x(t)$ 表示 E，然后按照 $a_i = b_i + jc_i$ 把 a_i 表示成笛卡儿坐标形式，并证明式（P3.66-4）所给定的 a_i 满足下列各式：

---

① 正交函数与归一化正交函数的定义见习题 3.65。

$$\frac{\partial E}{\partial b_i} = 0, \quad \frac{\partial E}{\partial c_i} = 0, \quad i = 0, \pm 1, \pm 2, \cdots, N$$

(b) 若

$$A_i = \int_a^b |\phi_i(t)|^2 \, dt$$

而且 $\{\phi_i(t)\}$ 是正交的, 但不是归一化正交的, 那么(a)的结果将有何变化?

(c) 设 $\phi_n(t) = e^{jn\omega_0 t}$ 并选任何一个长度为 $T_0 = 2\pi/\omega_0$ 的区间, 证明: 使 E 最小的 a_i 由式(3.50)给出。

(d) 沃尔什(Walsh)函数集是一个经常用到的归一化正交函数集(见习题 2.66), 它的前 5 个函数 $\phi_0(t), \phi_1(t), \cdots, \phi_4(t)$ 如图 P3.66 所示。在此已对时间进行了归一化, 使得 $\phi_i(i)$ 在区间 $0 \le t \le 1$ 上为非零, 而且在该区间上归一化正交。设 $x(t) = \sin \pi t$, 求出形式为

$$\hat{x}(t) = \sum_{i=0}^{4} a_i \phi_i(t)$$

的 $x(t)$ 的近似式, 使得

$$\int_0^1 |x(t) - \hat{x}(t)|^2 \, dt$$

达到最小。

(e) 证明: 如果 a_i 依式(P3.66-4)选取, 则式(P3.66-1)中的 $\hat{x}_N(t)$ 和式(P3.66-2)中的 $e_N(t)$ 是正交的。
(a)和(b)的结果是极其重要的。这些结果表明, 在 $i \ne j$ 时, 每个系数 a_i 对其他所有的 a_j 都是独立的。因而, 如果给近似式增添更多的项, 例如计算近似式 $\hat{x}_{N+1}(t)$, 那么先前已经确定的 $\phi_i(t), i = 1, \cdots, N$ 的系数将不会改变。与此作为对比的是**泰勒**(Taylor)级数的多项式展开。e^t 的无穷泰勒级数由式 $e^t = 1 + t + t^2/2! + \cdots$ 给出, 后文将要指出, 当研究一个**有限项**多项式级数和式(P3.66-3)的误差准则时, 就会得到一个完全不同的结果。
具体而言, 令 $\phi_0(t) = 1, \phi_1(t) = t, \phi_2(t) = t^2$, 等等。

(f) 在区间 $0 \le t \le 1$ 上这些 $\phi_i(t)$ 是正交的吗?
(g) 考虑 $x(t) = e^t$ 在区间 $0 \le t \le 1$ 上的近似式, 其形式为

$$\hat{x}_0(t) = a_0 \phi_0(t)$$

求使误差信号在该区间内的能量为最小的 a_0 值。

(h) 现在希望用泰勒级数近似 e^t, 并只取两项, 即 $\hat{x}_1(t) = a_0 + a_1(t)$, 求出 a_0 和 a_1 的最佳值。
提示: 用 a_0 和 a_1 计算 E, 然后解联立方程

$$\frac{\partial E}{\partial a_0} = 0 \quad \text{和} \quad \frac{\partial E}{\partial a_1} = 0$$

注意, a_0 的结果已经不同于(g)中的值了, 因为在那里级数只有一项。进而, 随着增加级数的项数, 那个系数及其他所有系数都将不断变化。因此, 可以看出应用正交函数展开的优点。

3.67 在正文中曾提到, 傅里叶分析最初源于数学物理学问题, 特别是, 傅里叶的工作受到他对热扩散问题研究的激励。在本题中将说明傅里叶级数是如何被引入这一研究课题的①。
现在考虑将地球表面正下方给定深度处的温度作为一个时间函数来测定它的温度问题, 此处假定地球表面温度是一个已知的时间函数 $T(t)$, 并且是周期为 1 的周期函数(时间的单位是以年计)。令 $T(x, t)$ 记为在 t 时间, 位于地表下方 x 深度处的温度, 这个函数服从热扩散方程

$$\frac{\partial T(x, t)}{\partial t} = \frac{1}{2} k^2 \frac{\partial^2 T(x, t)}{\partial x^2} \tag{P3.67-1}$$

其附加条件为

$$T(0, t) = T(t) \tag{P3.67-2}$$

---

① 该题引自 A. Sommerfeld 所著 *Partial Differential Equations in Physics* (New York: Academic Press, 1949). pp 68-71。

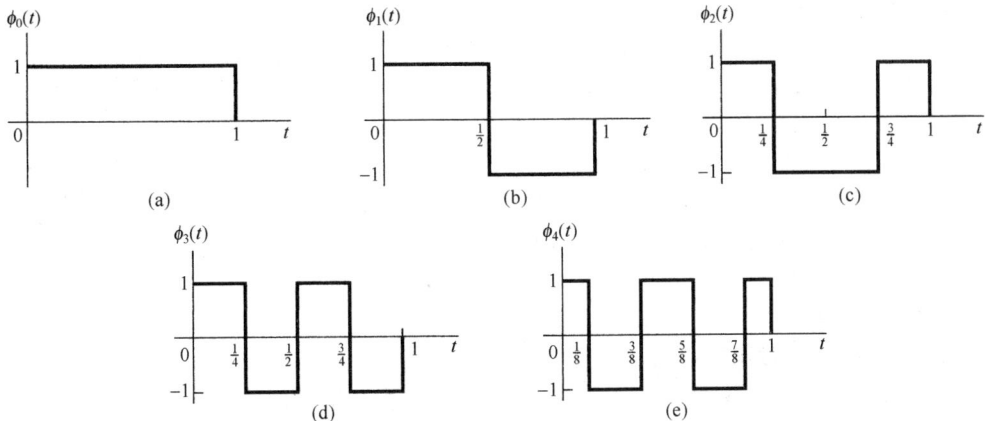

图 P3.66

其中 k 是地球的热扩散系数 ($k>0$)。假设将 $T(t)$ 展开为傅里叶级数

$$T(t) = \sum_{n=-\infty}^{+\infty} a_n e^{jn2\pi t} \tag{P3.67-3}$$

同理,在任意给定深度 x 处,将 $T(x,t)$ 对 t 展开为傅里叶级数

$$T(x,t) = \sum_{n=-\infty}^{+\infty} b_n(x) e^{jn2\pi t} \tag{P3.67-4}$$

其中傅里叶系数 $b_n(x)$ 与深度 x 有关。

(a) 利用式(P3.67-1)至式(P3.67-4)证明,$b_n(x)$ 满足下列微分方程:

$$\frac{d^2 b_n(x)}{dx^2} = \frac{4\pi j n}{k^2} b_n(x) \tag{P3.67-5a}$$

其附加条件为

$$b_n(0) = a_n \tag{P3.67-5b}$$

因为式(P3.67-5a)是一个二阶方程,所以需要两个附加条件。基于物理原因,可以认为在地表下面很深的地方,由于地表温度的起伏所引起的温度变化应该消失,即

$$\lim_{x \to \infty} T(x,t) \text{ 为常量} \tag{P3.67-5c}$$

(b) 证明式(P3.67-5)的解是

$$b_n(x) = \begin{cases} a_n \exp[-\sqrt{2\pi|n|}(1+j)x/k], & n \geq 0 \\ a_n \exp[-\sqrt{2\pi|n|}(1-j)x/k], & n \leq 0 \end{cases}$$

(c) 因此,在深度为 x 处的温度的波动就是地表温度的波动,只是幅度上有衰减,相位上有平移。为了更清楚地看出这一点,设

$$T(t) = a_0 + a_1 \sin 2\pi t$$

(因此 a_0 表示每年的平均温度),试对

$$x = k\sqrt{\frac{\pi}{2}}$$

且 $a_0 = 2$ 和 $a_1 = 1$ 的情况,画出一年内 $T(t)$ 和 $T(x,t)$ 的图形。注意,在此深度上,温度的波动不只是明显被衰减了,而且相位的平移使得在冬季最暖,夏季最冷。这就是为什么要构筑菜窖的道理!

3.68 考虑图 P3.68 所示的封闭曲线。我们可以把这条曲线看成一个由变长旋转矢量的端点形成的轨迹。令 $r(\theta)$ 为该矢量的长度,它是角度 θ 的函数。这样,$r(\theta)$ 对 θ 而言就是周期的,周期为 2π,从而有一个傅里叶级数表示,令 $\{a_k\}$ 为 $r(\theta)$ 的傅里叶系数。

(a) 如图 P3.68 所示,现在来研究矢量 $r(\theta)$ 在 x 轴上的投影 $x(\theta)$,求用 a_k 表示的 $x(\theta)$ 的傅里叶系数。

(b) 考虑如下系数序列：
$$b_k = a_k e^{jk\pi/4}$$
在平面上概略画出与这组系数相对应的图形。

(c) 若
$$b_k = a_k \delta[k]$$
重做(b)。

(d) 在平面上作图，要求 $r(\theta)$ 不是常数，但却有下列每一个性质：
(i) $r(\theta)$ 是偶函数。 (ii) $r(\theta)$ 的基波周期是 π。
(iii) $r(\theta)$ 的基波周期是 $\pi/2$。

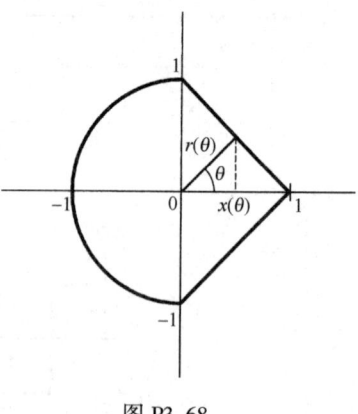

图 P3.68

3.69 在本题中，要考虑在离散时间情况下与习题 3.65 和习题 3.66 中所介绍的相对应概念。与连续时间情况类似，如果两个离散时间信号 $\phi_k[n]$ 和 $\phi_m[n]$ 满足

$$\sum_{n=N_1}^{N_2} \phi_k[n]\phi_m^*[n] = \begin{cases} A_k, & k = m \\ 0, & k \neq m \end{cases} \qquad (P3.69\text{-}1)$$

则称 $\phi_k[n]$ 与 $\phi_m[n]$ 在区间 (N_1, N_2) 上是正交的。若常数 A_k 和 A_m 的值都是 1，则称这两个信号是**归一化正交的**。

(a) 考虑信号
$$\phi_k[n] = \delta[n-k], \quad k = 0, \pm 1, \pm 2, \cdots, \pm N$$
证明：这些信号在区间 $(-N, N)$ 上是归一化正交的。

(b) 证明：信号
$$\phi_k[n] = e^{jk(2\pi/N)n}, \quad k = 0, 1, \cdots, N-1$$
在长度为 N 的任何区间上是正交的。

(c) 证明：若
$$x[n] = \sum_{i=1}^{M} a_i \phi_i[n]$$
其中 $\phi_i[n]$ 在区间 (N_1, N_2) 上是正交的，则有
$$\sum_{n=N_1}^{N_2} |x[n]|^2 = \sum_{i=1}^{M} |a_i|^2 A_i$$

(d) 设 $\phi_i[n], i = 0, 1, \cdots, M$ 是一组在区间 (N_1, N_2) 上正交的函数，$x[n]$ 是一个给定的信号。我们希望用 $\phi_i[n]$ 的线性组合来近似 $x[n]$，即
$$\hat{x}[n] = \sum_{i=0}^{M} a_i \phi_i[n]$$
其中 a_i 是常数系数。令
$$e[n] = x[n] - \hat{x}[n]$$
证明：欲使
$$E = \sum_{n=N_1}^{N_2} |e[n]|^2$$
为最小，则 a_i 应由下式给出：
$$a_i = \frac{1}{A_i} \sum_{n=N_1}^{N_2} x[n]\phi_i^*[n] \qquad (P3.69\text{-}2)$$

提示：与习题 3.66 相同，用 $a_i, \phi_i[n], A_i$ 和 $x[n]$ 来表示 E；把 a_i 写成 $a_i = b_i + jc_i$，并证明：由

式(P3.69-2)给出的 a_i 满足以下关系：

$$\frac{\partial E}{\partial b_i} = 0 \quad 和 \quad \frac{\partial E}{\partial c_i} = 0$$

注意，当 $\phi_i[n]$ 是(b)的形式时，应用这个结果就能得到式(3.95)的 a_k。

(e) 当 $\phi_i[n]$ 为(a)的形式时，应用(d)的结果，用 $x[n]$ 来确定系数 a_i。

3.70 (a) 在本题中考虑具有两个独立变量的周期信号的二维傅里叶级数的定义。考虑一个信号 $x(t_1, t_2)$，它对所有的 t_1, t_2 都满足

$$x(t_1, t_2) = x(t_1 + T_1, t_2 + T_2), \quad 对于所有 t_1, t_2$$

这个信号是周期的，它在 t_1 方向具有周期 T_1，在 t_2 方向具有周期 T_2。这样一个信号有如下的级数表示式：

$$x(t_1, t_2) = \sum_{n=-\infty}^{+\infty} \sum_{m=-\infty}^{+\infty} a_{mn} e^{j(m\omega_1 t_1 + n\omega_2 t_2)}$$

其中，

$$\omega_1 = 2\pi/T_1, \quad \omega_2 = 2\pi/T_2$$

求用 $x(t_1, t_2)$ 表示 a_{mn} 的表示式。

(b) 对下列信号确定傅里叶级数系数 a_{mn}。

(i) $\cos(2\pi t_1 + 2t_2)$。 (ii) 图 P3.70 所示的信号。

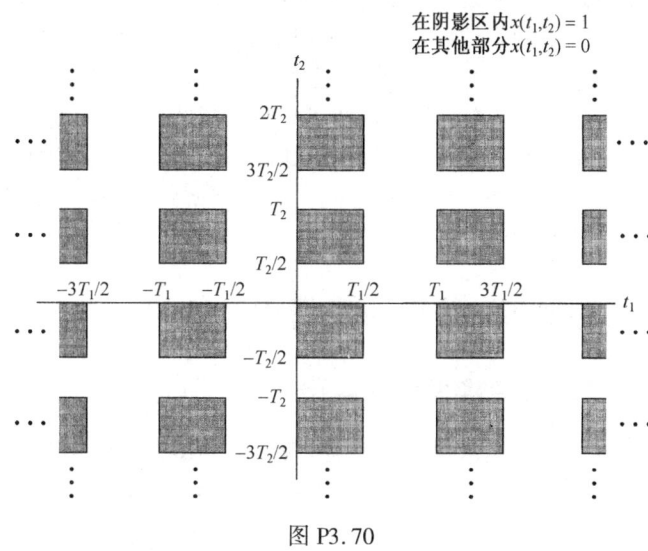

图 P3.70

3.71 考虑图 P3.71 的系统，速度 $v(t)$ 和输入力 $f(t)$ 的关系由下列微分方程给出：

$$Bv(t) + K \int v(t) \, dt = f(t)$$

(a) 假定输出是作用在弹簧上的压缩力 $f_s(t)$，试写出关于 $f_s(t)$ 和 $f(t)$ 的微分方程，求得该系统的频率响应，并确认该系统近似为一个低通滤波器。

(b) 假定输出是作用在减震器上的压缩力 $f_d(t)$，试写出关于 $f_d(t)$ 和 $f(t)$ 的微分方程，求得该系统的频率响应，并确认该系统近似为一个高通滤波器。

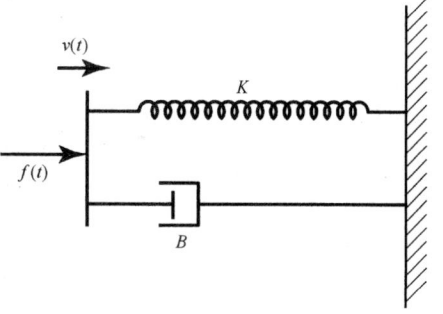

图 P3.71

第 4 章　连续时间傅里叶变换

4.0　引言

第 3 章建立了周期信号作为复指数信号线性组合的表示，同时我们也看到了这一表示是如何用来描述线性时不变系统对这些信号的作用效果的。

本章和下一章将把这些概念推广应用到非周期信号中。读者将会看到，相当广泛的一类信号，其中包括全部有限能量的信号，也能经由复指数信号的线性组合来表示。对周期信号而言，这些复指数基本信号构造单元全是成谐波关系的；而对非周期信号而言，它们则是在频率上无限小地靠近的。因此，作为线性组合表示所取的形式是一个积分，而不是求和。在这种表示中，得到的系数谱称为傅里叶变换，而利用这些系数将信号表示为复指数信号线性组合的综合积分式本身则称为傅里叶逆变换。

对连续时间非周期信号建立这种表示是傅里叶的最重要的贡献之一，现在我们讨论傅里叶变换也遵循了他最初研究所采用的途径，特别是傅里叶曾认为的，一个非周期信号能够看成周期无限长的周期信号这一点。更确切地说，在一个周期信号的傅里叶级数表示中，当周期增大时，基波频率就会减小，成谐波关系的各分量在频率上愈趋靠近。

当周期变成无穷大时，这些频率分量就形成了一个连续域，从而傅里叶级数的求和也就变成了一个积分。下一节将建立连续时间非周期信号的傅里叶变换表示，并且在以后的各节中将据此来讨论形成连续时间信号与系统频域法基础的连续时间傅里叶变换的很多重要性质。第 5 章将并行地对离散时间信号进行讨论。

4.1　非周期信号的表示：连续时间傅里叶变换

4.1.1　非周期信号傅里叶变换表示的导出

为了对傅里叶变换表示的实质求得更深入的了解，我们还是先由在例 3.5 中研究过的连续时间周期方波的傅里叶级数表示入手。也就是说，在一个周期内，

$$x(t) = \begin{cases} 1, & |t| < T_1 \\ 0, & T_1 < |t| < T/2 \end{cases}$$

以周期 T 周期重复，如图 4.1 所示。

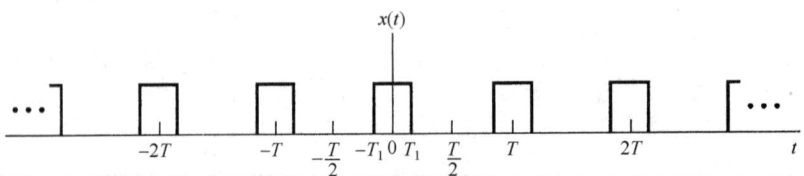

图 4.1　连续时间周期方波信号

在例 3.5 中曾求出，该方波信号的傅里叶级数系数 a_k 是

$$a_k = \frac{2\sin(k\omega_0 T_1)}{k\omega_0 T} \tag{4.1}$$

其中 $\omega_0 = 2\pi/T$。在图 3.7 中,已展示出对某个固定的 T_1 值和几个不同的 T 值,这些系数的条状图。

理解式(4.1)的另一种方式是把它当成一个包络函数的样本,即

$$Ta_k = \left.\frac{2\sin(\omega T_1)}{\omega}\right|_{\omega = k\omega_0} \tag{4.2}$$

也就是说,若将 ω 看成一个连续变量,则函数 $(2\sin\omega T_1)/\omega$ 就代表 Ta_k 的包络,这些系数就是在此包络上等间隔取得的样本。而且,若 T_1 固定,则 Ta_k 的包络就与 T 无关。在图 4.2 中,再次表明了该周期方波的傅里叶级数系数,但这次是按式(4.2)作为 Ta_k 包络的样本给出的。从该图可以看出,随着 T 增大(或等效地,基波频率 $\omega_0 = 2\pi/T$ 减小),该包络就被以愈来愈密集的间隔采样。随着 T 变成任意大,原来的周期方波就趋近于一个矩形脉冲(也就是说,在时域保留的是一个非周期信号,它对应于原方波的一个周期)。与此同时,傅里叶级数系数(乘以 T 后)作为包络上的样本也变得愈来愈密集,这样从某种意义上说(稍后将说明),随着 $T \to \infty$,傅里叶级数系数就趋近于这个包络函数。

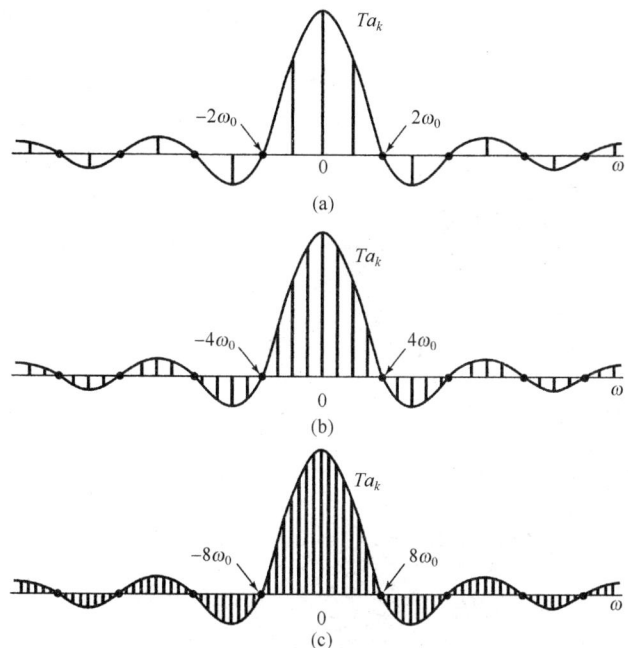

图 4.2 周期方波的傅里叶级数系数及其包络,T_1 固定。(a) $T = 4T_1$;(b) $T = 8T_1$;(c) $T = 16T_1$

这个例子说明了对非周期信号建立傅里叶表示的基本思想。具体而言,在建立非周期信号的傅里叶变换时,可以把非周期信号当成一个周期信号在周期任意大时的极限,并且研究这个周期信号傅里叶级数表示式的极限特性。现在考虑一个信号 $x(t)$,它具有有限持续期,即对某个 T_1,当 $|t| > T_1$ 时,$x(t) = 0$,如图 4.3(a)所示。从这个非周期信号出发,可以构成一个周期信号 $\tilde{x}(t)$,使 $x(t)$ 就是 $\tilde{x}(t)$ 的一个周期,如图 4.3(b)所示。当把 T 选得比较大时,$\tilde{x}(t)$ 就在一个更长的时段上与 $x(t)$ 相一致,并且随着 $T \to \infty$,对任意有限时间 t 值而言,$\tilde{x}(t)$ 就等于 $x(t)$。

现在来考察在这种情况下 $\tilde{x}(t)$ 的傅里叶级数表示式的变化。这里,为方便起见,将式(3.38)和式(3.39)重写如下,并将式(3.39)的积分区间取为 $-T/2 \le t \le T/2$,就有

$$\tilde{x}(t) = \sum_{k=-\infty}^{+\infty} a_k e^{jk\omega_0 t} \tag{4.3}$$

$$a_k = \frac{1}{T}\int_{-T/2}^{T/2} \tilde{x}(t) e^{-jk\omega_0 t} dt \qquad (4.4)$$

其中 $\omega_0 = 2\pi/T$。由于在 $|t| < T/2$ 时 $\tilde{x}(t) = x(t)$，而在其他情况下 $x(t) = 0$，所以式(4.4)可以重新写成

$$a_k = \frac{1}{T}\int_{-T/2}^{T/2} x(t) e^{-jk\omega_0 t} dt = \frac{1}{T}\int_{-\infty}^{+\infty} x(t) e^{-jk\omega_0 t} dt$$

因此，定义 Ta_k 的包络 $X(j\omega)$ 为

$$X(j\omega) = \int_{-\infty}^{+\infty} x(t) e^{-j\omega t} dt \qquad (4.5)$$

这时，系数 a_k 可以写为

$$a_k = \frac{1}{T} X(jk\omega_0) \qquad (4.6)$$

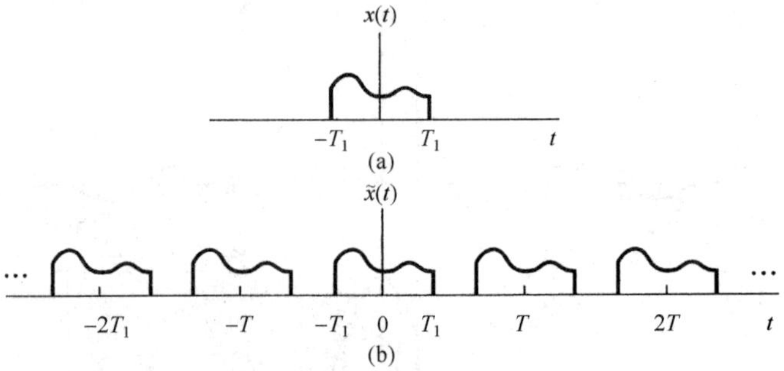

图4.3 (a) 非周期信号 $x(t)$；(b) 由 $x(t)$ 为一个周期构成的周期信号 $\tilde{x}(t)$

将式(4.6)和式(4.3)结合在一起，就可以用 $X(j\omega)$ 表示 $\tilde{x}(t)$：

$$\tilde{x}(t) = \sum_{k=-\infty}^{+\infty} \frac{1}{T} X(jk\omega_0) e^{jk\omega_0 t}$$

或者，因为 $2\pi/T = \omega_0$，$\tilde{x}(t)$ 又可以表示为

$$\tilde{x}(t) = \frac{1}{2\pi} \sum_{k=-\infty}^{+\infty} X(jk\omega_0) e^{jk\omega_0 t} \omega_0 \qquad (4.7)$$

随着 $T \to \infty$，$\tilde{x}(t)$ 趋近于 $x(t)$，结果式(4.7)的极限就变成了 $x(t)$ 的表示式。再者，当 $T \to \infty$ 时有 $\omega_0 \to 0$，式(4.7)的等号右边就过渡为一个积分。这一点可以利用图4.4给予说明。在式(4.7)的等号右边和式中的每一项都是高度为 $X(jk\omega_0)e^{jk\omega_0 t}$（这里 t 被认为是固定的），宽度为 ω_0 的一个矩形的面积。当 $\omega_0 \to 0$ 时，求和收敛于 $X(j\omega)e^{j\omega t}$ 的积分，因此，利用 $T \to +\infty$ 时 $\tilde{x}(t) \to x(t)$ 这一事实，可见式(4.7)和式(4.5)就分别变成

$$\boxed{x(t) = \frac{1}{2\pi}\int_{-\infty}^{+\infty} X(j\omega) e^{j\omega t} d\omega} \qquad (4.8)$$

和

$$\boxed{X(j\omega) = \int_{-\infty}^{+\infty} x(t) e^{-j\omega t} dt} \qquad (4.9)$$

式(4.8)和式(4.9)称为**傅里叶变换对**(Fourier transform pair)。函数 $X(j\omega)$ 称为 $x(t)$

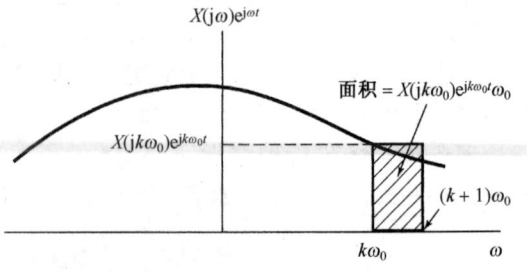

图4.4 式(4.7)的图解说明

的**傅里叶变换**或**傅里叶积分**(Fourier integral),而式(4.8)称为**傅里叶逆变换**(inverse Fourier transform)。综合公式(4.8)对非周期信号所起的作用与式(3.38)对周期信号所起的作用相同,因为两者都相当于把一个信号表示为一组复指数信号的线性组合。对周期信号来说,这些复指数信号的幅度为$\{a_k\}$,由式(3.39)给出,并且在成谐波关系的一组离散点$k\omega_0$,$k=0$, ± 1, ± 2, …上出现。对非周期信号而言,这些复指数信号出现在连续频率上,并且根据综合公式(4.8),其"幅度"为$X(j\omega)(d\omega/2\pi)$。与周期信号傅里叶级数系数所用的术语类似,一个非周期信号$x(t)$的变换$X(j\omega)$通常称为$x(t)$的**频谱**,因为$X(j\omega)$告诉了我们将$x(t)$表示为不同频率正弦信号的线性组合(就是积分)所需要的信息。

基于以上讨论,或者等效地基于式(4.9)和式(3.39)的比较,也可以注意到,一个周期信号$\tilde{x}(t)$的傅里叶系数a_k可以利用$\tilde{x}(t)$的一个周期内信号的傅里叶变换的等间隔**样本**来表示。具体而言,设$\tilde{x}(t)$是一个周期为T的周期信号,其傅里叶系数为a_k;令$x(t)$是一个有限持续期信号,它等于在一个周期(比如$s \leq t \leq s+T$,s为某一个任意值)内等于$\tilde{x}(t)$,而在该周期外全为零。那么,因为式(3.39)求$\tilde{x}(t)$的傅里叶系数时可以在任何周期内求积分,因此

$$a_k = \frac{1}{T}\int_s^{s+T} \tilde{x}(t)e^{-jk\omega_0 t}dt = \frac{1}{T}\int_s^{s+T} x(t)e^{-jk\omega_0 t}dt$$

由于$x(t)$在$s \leq t \leq s+T$以外为零,所以又可写成

$$a_k = \frac{1}{T}\int_{-\infty}^{+\infty} x(t)e^{-jk\omega_0 t}dt$$

将上式与式(4.9)比较后可得

$$a_k = \frac{1}{T}X(j\omega)\bigg|_{\omega=k\omega_0} \tag{4.10}$$

这里,$X(j\omega)$就是$x(t)$的傅里叶变换。式(4.10)表明$\tilde{x}(t)$的傅里叶系数正比于一个周期内的$\tilde{x}(t)$信号傅里叶变换的样本。这一点在实际中常常是有用的,将在习题4.37中进一步阐明。

4.1.2 傅里叶变换的收敛

虽然在导出式(4.8)和式(4.9)的傅里叶变换对时假设$x(t)$是任意的,但具有有限持续期。事实上这一对变换关系对于相当广泛的一类无限持续期的信号仍然成立。我们对傅里叶变换所采用的推导过程,本身似乎就暗示了$x(t)$的傅里叶变换是否存在的条件应该和傅里叶级数收敛所要求的那一组条件一样。事实证明确实如此[1]!现在考虑按照式(4.9)求出的$X(j\omega)$,令$\hat{x}(t)$表示将$X(j\omega)$代入式(4.8)中所得到的信号,即

$$\hat{x}(t) = \frac{1}{2\pi}\int_{-\infty}^{+\infty} X(j\omega)e^{j\omega t}d\omega$$

我们想知道的是,什么时候式(4.8)成立[也就是说,什么时候$\hat{x}(t)$才是原来信号$x(t)$的真正表示?]。如果$x(t)$能量有限,也即$x(t)$平方可积,因而

---

[1] 傅里叶变换及其性质和应用在数学上的严谨讨论,可参见 R. Bracewell 所著 *The Fourier Transform and Its Applications*. 2nd ed. (New York: McGraw-Hill Book Company, 1986), A. Papoulis 所著 *The Fourier Integral and Its Applications* (New York: McGraw-Hill Book Company, 1987), E. C. Titchmarsh 所著 *Introduction to the Theory of Fourier Integrals* (Oxford: Clarendon Press, 1948);以及第3章所列的 Dym 和 McKean 的书。

$$\int_{-\infty}^{+\infty} |x(t)|^2 \mathrm{d}t < \infty \tag{4.11}$$

就可以保证 $X(\mathrm{j}\omega)$ 是有限的, 即式(4.9)收敛。现在用 $e(t)$ 表示 $\hat{x}(t)$ 和 $x(t)$ 之间的误差, 即 $e(t) = \hat{x}(t) - x(t)$, 那么

$$\int_{-\infty}^{+\infty} |e(t)|^2 \mathrm{d}t = 0 \tag{4.12}$$

式(4.11)和式(4.12)与周期信号的式(3.51)和式(3.54)是相对应的。因此, 与周期信号相类似, 如果 $x(t)$ 能量有限, 那么虽然 $x(t)$ 和它的傅里叶表示 $\hat{x}(t)$ 在个别点上或许有明显的不同, 但是在能量上没有任何差别。

也与周期信号一样, 有另一组条件, 这组条件充分保证了除那些不连续点以外, $\hat{x}(t)$ 在任何其他的 t 上都等于 $x(t)$, 而在不连续点处 $\hat{x}(t)$ 等于 $x(t)$ 在不连续点两边值的平均值。这组条件也称为狄里赫利条件, 它们是:

1. $x(t)$ 绝对可积, 即

$$\int_{-\infty}^{+\infty} |x(t)| \mathrm{d}t < \infty \tag{4.13}$$

2. 在任何有限区间内, $x(t)$ 只有有限个最大值和最小值。
3. 在任何有限区间内, $x(t)$ 有有限个不连续点, 并且在每个不连续点都必须是有限值。因此, 本身是连续的或者只有有限个不连续点的绝对可积信号都存在傅里叶变换。

尽管这两组条件都给出了一个信号存在傅里叶变换的充分条件, 但是下一节将会看到, 倘若在变换过程中可以使用冲激函数, 那么, 在一个无限区间内, 既不绝对可积, 又不具备平方可积的周期信号也可以认为具有傅里叶变换。这样, 就有可能把傅里叶级数和傅里叶变换纳入一个统一的框架内。在以后的各章讨论中将会发现这样做是非常方便的。在下一节进一步讨论这一问题之前, 先举几个有关傅里叶变换的例子。

4.1.3 连续时间傅里叶变换举例

例 4.1 考虑信号

$$x(t) = \mathrm{e}^{-at}u(t), \qquad a > 0$$

由式(4.9), 有

$$X(\mathrm{j}\omega) = \int_0^\infty \mathrm{e}^{-at}\mathrm{e}^{-\mathrm{j}\omega t}\mathrm{d}t = -\frac{1}{a+\mathrm{j}\omega}\mathrm{e}^{-(a+\mathrm{j}\omega)t}\bigg|_0^\infty$$

也就是

$$X(\mathrm{j}\omega) = \frac{1}{a+\mathrm{j}\omega}, \quad a > 0$$

这个傅里叶变换是复数, 要画出作为 ω 的函数, 就需要利用它的模和相位来表示 $X(\mathrm{j}\omega)$:

$$|X(\mathrm{j}\omega)| = \frac{1}{\sqrt{a^2+\omega^2}}, \quad \sphericalangle X(\mathrm{j}\omega) = -\arctan\left(\frac{\omega}{a}\right)$$

$|X(\mathrm{j}\omega)|$ 和 $\sphericalangle X(\mathrm{j}\omega)$ 如图 4.5 所示。注意, 若 a 是复数而不是实数, 那么只要 $\mathcal{Re}\{a\} > 0$, $x(t)$ 就是绝对可积的, 并且在这种情况下 $X(\mathrm{j}\omega)$ 具有同样的形式, 即

$$X(\mathrm{j}\omega) = \frac{1}{a+\mathrm{j}\omega}, \quad \mathcal{Re}\{a\} > 0$$

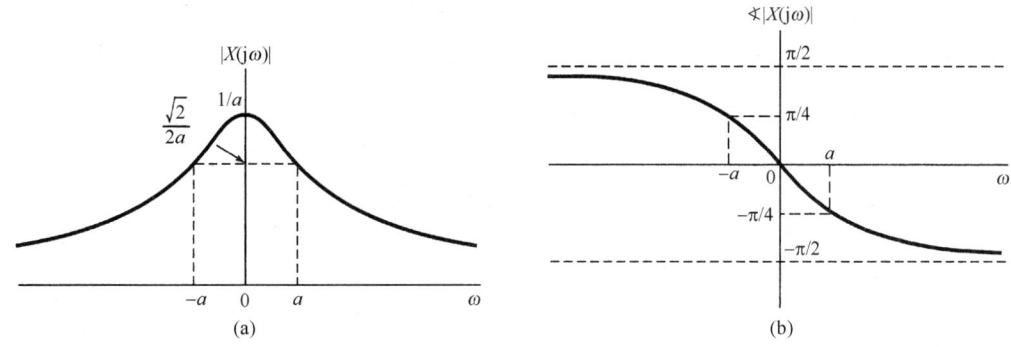

图 4.5 例 4.1 中的信号 $x(t) = e^{-at}u(t)$,$a > 0$ 的傅里叶变换

例 4.2 设 $x(t)$ 为

$$x(t) = e^{-a|t|}, \quad a > 0$$

如图 4.6 所示。该信号的傅里叶变换是

$$X(j\omega) = \int_{-\infty}^{+\infty} e^{-a|t|} e^{-j\omega t} dt = \int_{-\infty}^{0} e^{at} e^{-j\omega t} dt + \int_{0}^{\infty} e^{-at} e^{-j\omega t} dt$$

$$= \frac{1}{a - j\omega} + \frac{1}{a + j\omega}$$

$$= \frac{2a}{a^2 + \omega^2}$$

这时,$X(j\omega)$ 是实数,如图 4.7 所示。

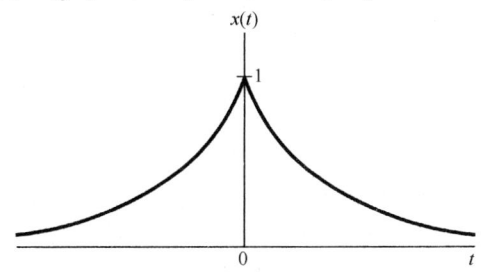

图 4.6 例 4.2 中的信号 $x(t) = e^{-a|t|}$

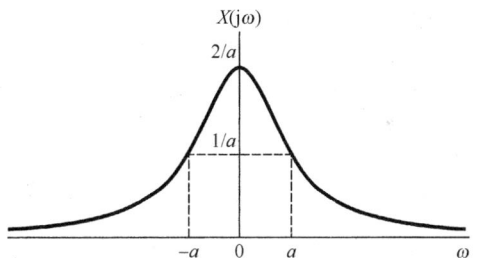

图 4.7 例 4.2 中考虑的并示于图 4.6 中的信号的傅里叶变换

例 4.3 现在求单位冲激函数的傅里叶变换

$$x(t) = \delta(t) \tag{4.14}$$

将上式代入式(4.9),可得

$$X(j\omega) = \int_{-\infty}^{+\infty} \delta(t) e^{-j\omega t} dt = 1 \tag{4.15}$$

也就是说,单位冲激函数的频谱在所有频率上都是相同的。

例 4.4 考虑如下矩形脉冲信号

$$x(t) = \begin{cases} 1, & |t| < T_1 \\ 0, & |t| > T_1 \end{cases} \tag{4.16}$$

如图 4.8(a)所示。利用式(4.9)求得它的傅里叶变换为

$$X(j\omega) = \int_{-T_1}^{T_1} e^{-j\omega t} dt = 2\frac{\sin(\omega T_1)}{\omega} \tag{4.17}$$

如图 4.8(b)所示。

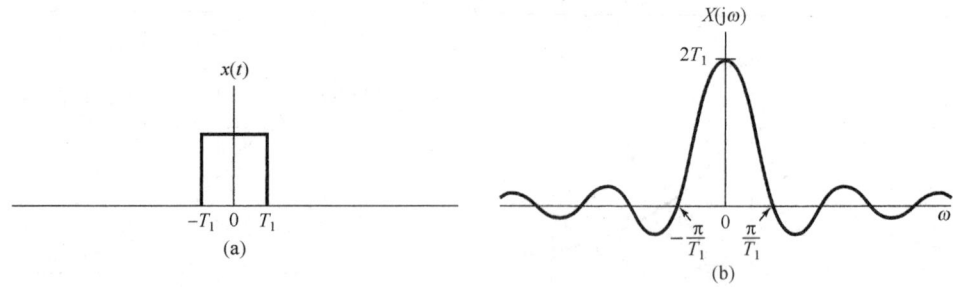

图 4.8　(a) 例 4.4 中的矩形脉冲信号；(b) 该信号的傅里叶变换

正如本节一开始所讨论的，由式(4.16)给出的信号可以看成一个周期方波信号当周期变得任意大时的极限形式。因此，可以估计到，这个信号综合公式的收敛将具有与例 3.5 中方波信号收敛时所观察到的类似现象。事实确实如此！现在来考虑矩形脉冲信号傅里叶变换的逆变换，即

$$\hat{x}(t) = \frac{1}{2\pi}\int_{-\infty}^{+\infty} 2\frac{\sin(\omega T_1)}{\omega}e^{j\omega t}d\omega$$

因为 $x(t)$ 是平方可积的，所以

$$\int_{-\infty}^{+\infty}|x(t) - \hat{x}(t)|^2 dt = 0$$

再者，因为 $x(t)$ 满足狄里赫利条件，因此 $t \neq \pm T_1$ 时 $\hat{x}(t) = x(t)$；而当 $t = \pm T_1$ 时，$\hat{x}(t)$ 收敛于 $1/2$，这就是 $x(t)$ 在不连续点两边的平均值。另外，$\hat{x}(t)$ 收敛于 $x(t)$ 时呈现的吉伯斯现象，也很像图 3.9 中对周期方波所画的那样。具体而言，就是类似于有限项傅里叶级数的近似式(3.47)。考虑下列在一个有限频率区间上的积分

$$\frac{1}{2\pi}\int_{-W}^{W} 2\frac{\sin(\omega T_1)}{\omega}e^{j\omega t}d\omega$$

随着 $W \to \infty$，除了不连续的点，这个信号均收敛于 $x(t)$。在接近不连续点处，这一信号呈现起伏，起伏的峰值大小不随 W 的增大而减小，但起伏会向不连续点压缩，而且起伏中的能量将收敛于零。

例 4.5　考虑一个信号 $x(t)$，其傅里叶变换 $X(j\omega)$ 为

$$X(j\omega) = \begin{cases} 1, & |\omega| < W \\ 0, & |\omega| > W \end{cases} \tag{4.18}$$

如图 4.9(a)所示。利用综合公式(4.8)可求得

$$x(t) = \frac{1}{2\pi}\int_{-W}^{W} e^{j\omega t}d\omega = \frac{\sin(Wt)}{\pi t} \tag{4.19}$$

如图 4.9(b)所示。

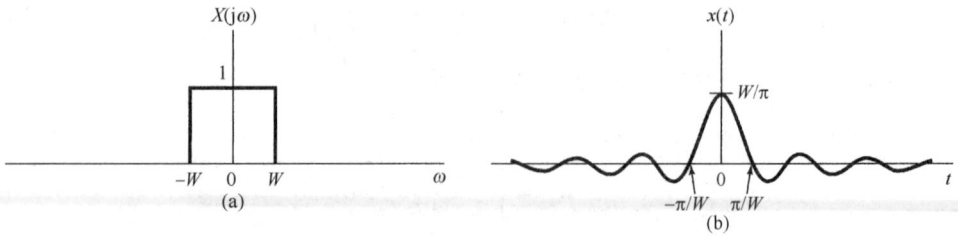

图 4.9　例 4.5 中的傅里叶变换对。(a) 例 4.5 中的傅里叶变换；(b) 相应的时间函数

将图 4.8 和图 4.9 相比较，或者将式(4.16)和式(4.17)与式(4.18)和式(4.19)相比较，可以发现一个很有意义的关系。在每种情况下，傅里叶变换对都是由形式为 $(\sin a\theta)/b\theta$ 的函数和

一个矩形脉冲组成的,只是在例4.4中**信号** $x(t)$ 是一个脉冲,而在例4.5中**变换** $X(j\omega)$ 是一个脉冲。这种特殊关系显然是傅里叶变换具有**对偶性质**(duality property)的一个直接结果。关于这一点,将在4.3.6节给予详细讨论。

由式(4.17)和式(4.19)给出的函数形式在傅里叶分析和线性时不变系统的研究中经常出现,称为 sinc 函数。sinc 函数通常所用的形式为

$$\text{sinc } \theta = \frac{\sin(\pi\theta)}{\pi\theta} \tag{4.20}$$

如图4.10所示。由式(4.17)和式(4.19)表示的信号都能用 sinc 函数表示为

$$\frac{2\sin(\omega T_1)}{\omega} = 2T_1 \text{ sinc}\left(\frac{\omega T_1}{\pi}\right)$$

$$\frac{\sin(Wt)}{\pi t} = \frac{W}{\pi} \text{ sinc}\left(\frac{Wt}{\pi}\right)$$

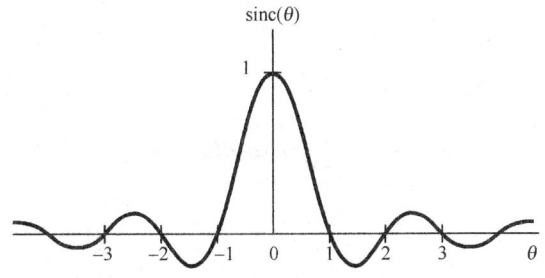

图4.10 sinc 函数

最后,从图4.9的分析中还可以得到傅里叶变换的另一个性质,对应于几个不同的 W 值,在图4.11中重画了这几个图。从该图可以看到,当 W 增大时,$X(j\omega)$ 变宽,而 $x(t)$ 在 $t=0$ 处的主峰变得愈来愈高。该信号的第一个波瓣(就是信号在 $|t|<\pi/W$ 的部分)的宽度也变窄了。事实上,在 $W\to\infty$ 的极限情况下,对所有的 ω,$X(j\omega)=1$,其结果是,由例4.3可知,由式(4.19)给出的 $x(t)$ 随着 $W\to\infty$ 而收敛于一个冲激函数。由图4.11所描述的特性就是存在于时域和频域之间的一种相反关系的例子;并且,在图4.8中可以看到一种类似的结果,即当 T_1 增加时 $x(t)$ 加宽,而 $X(j\omega)$ 变窄。4.3.5节将以傅里叶变换的尺度性质来解释这一特性。

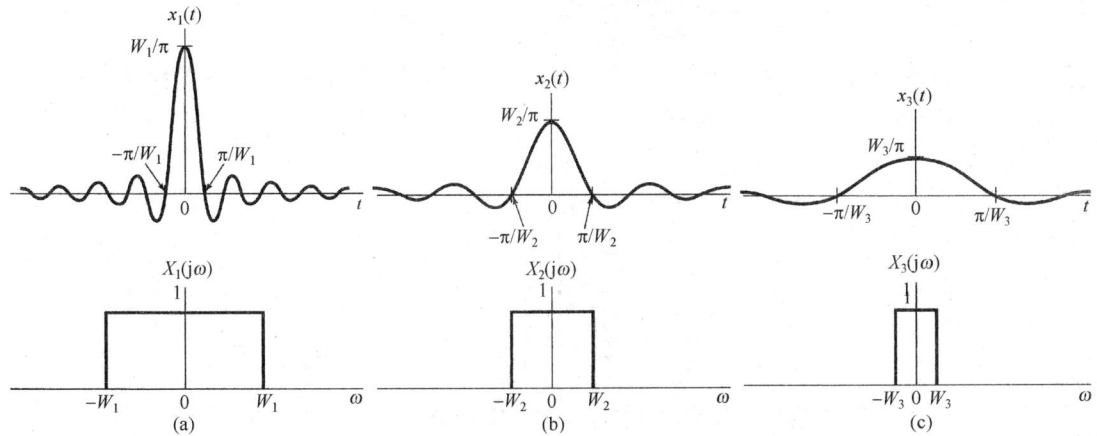

图4.11 对于几个不同的 W 值,图4.9的傅里叶变换对

4.2 周期信号的傅里叶变换

上一节介绍了傅里叶变换表示,并给出了几个例子。那一节重点关注非周期信号,但其实对于周期信号也能建立傅里叶变换表示,从而能在统一框架内考虑周期和非周期信号。事实上我们将会看到,可以直接由周期信号的傅里叶级数表示构造出一个周期信号的傅里叶变换,得到的变换在频域由一串冲激组成,各冲激的面积正比于傅里叶级数系数。这是一个非常有用的表示。

为了得到一般性的结果,考虑一个信号 $x(t)$,其傅里叶变换 $X(j\omega)$ 是一个面积为 2π,出现在 $\omega = \omega_0$ 处的单独冲激,即

$$X(j\omega) = 2\pi\delta(\omega - \omega_0) \tag{4.21}$$

为了求出与 $X(j\omega)$ 相应的 $x(t)$,可以应用式(4.8)的逆变换公式得到

$$x(t) = \frac{1}{2\pi}\int_{-\infty}^{+\infty} 2\pi\delta(\omega - \omega_0)e^{j\omega t}d\omega$$
$$= e^{j\omega_0 t}$$

将上面结果再加以推广,如果 $X(j\omega)$ 是在频率上等间隔的一组冲激函数的线性组合,即

$$X(j\omega) = \sum_{k=-\infty}^{+\infty} 2\pi a_k \delta(\omega - k\omega_0) \tag{4.22}$$

那么利用式(4.8),可得

$$x(t) = \sum_{k=-\infty}^{+\infty} a_k e^{jk\omega_0 t} \tag{4.23}$$

可以看出,式(4.23)就是如式(3.38)给出的一个周期信号的傅里**叶级数**(series)表示。因此,一个傅里叶级数系数为 $\{a_k\}$ 的周期信号的傅里叶变换,可以看成出现在成谐波关系的频率上的一串冲激函数,发生于第 k 次谐波频率 $k\omega_0$ 上的冲激函数的面积是第 k 个傅里叶级数系数 a_k 的 2π 倍。

例4.6 再次考虑图 4.1 的方波信号,其傅里叶级数系数为

$$a_k = \frac{\sin(k\omega_0 T_1)}{\pi k}$$

因此,该信号的傅里叶变换 $X(j\omega)$ 是

$$X(j\omega) = \sum_{k=-\infty}^{+\infty} \frac{2\sin(k\omega_0 T_1)}{k}\delta(\omega - k\omega_0)$$

如图 4.12 所示(图对应于 $T = 4T_1$ 画出)。将该图与图 3.7(a)进行比较,不同的仅仅是比例因子 2π,以及用的是冲激函数而不是条线图。

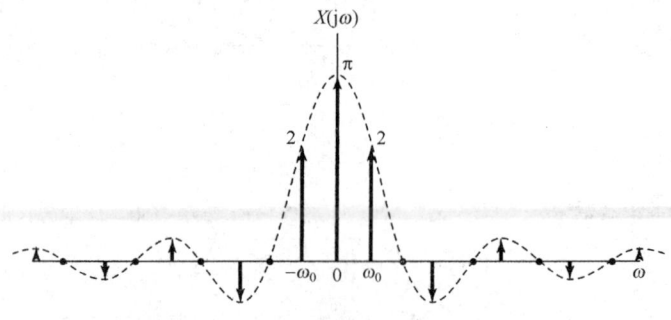

图 4.12 一个对称周期方波的傅里叶变换

例 4.7 设 $x(t)$ 为

$$x(t) = \sin(\omega_0 t)$$

该信号的傅里叶级数系数是

$$a_1 = \frac{1}{2j}$$

$$a_{-1} = -\frac{1}{2j}$$

$$a_k = 0, \quad k \neq 1 \text{ 且 } k \neq -1$$

因此，其傅里叶变换就如图 4.13(a) 所示。同理，对于

$$x(t) = \cos(\omega_0 t)$$

它的傅里叶级数系数是

$$a_1 = a_{-1} = \frac{1}{2}$$

$$a_k = 0, \quad k \neq 1 \text{ 且 } k \neq -1$$

该信号的傅里叶变换如图 4.13(b) 所示。这两个变换在第 8 章分析正弦调制系统时都非常重要。

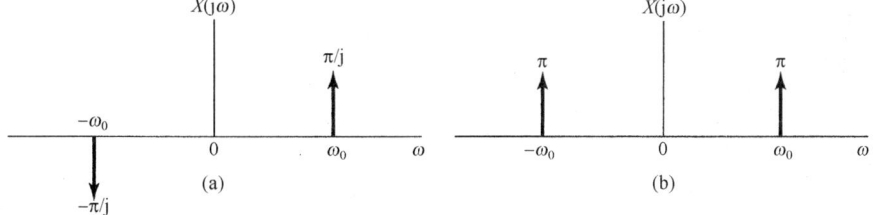

图 4.13　(a) $x(t) = \sin(\omega_0 t)$ 的傅里叶变换；(b) $x(t) = \cos(\omega_0 t)$ 的傅里叶变换

例 4.8　在第 7 章关于采样系统的分析中，一种极为有用的信号是周期为 T 的周期冲激串

$$x(t) = \sum_{k=-\infty}^{+\infty} \delta(t - kT)$$

如图 4.14(a) 所示。

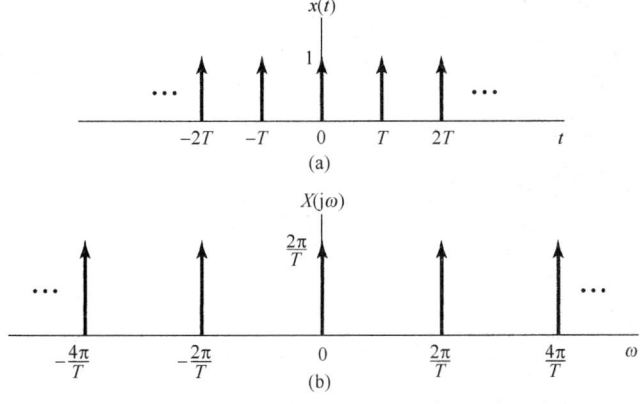

图 4.14　(a) 周期冲激串；(b) 该冲激串的傅里叶变换

在例 3.8 中已求出该信号的傅里叶级数系数是

$$a_k = \frac{1}{T} \int_{-T/2}^{+T/2} \delta(t) e^{-jk\omega_0 t} dt = \frac{1}{T}$$

也就是说，周期冲激串的每一个傅里叶系数都有相同的值 $1/T$。将此 a_k 值代入式(4.22)，可得

$$X(j\omega) = \frac{2\pi}{T} \sum_{k=-\infty}^{+\infty} \delta\left(\omega - \frac{2\pi k}{T}\right)$$

由此可见，在时域的一个周期为 T 的周期冲激串的傅里叶变换，在频域就是一个周期为 $2\pi/T$ 的周期冲激串，如图 4.14(b) 所示。这里，再次看到了时域和频域之间相反关系的另一个例证：随着时域冲激之间间隔(也就是周期)的增大，在频域各冲激之间的间隔(即基波频率)就会变小。

4.3 连续时间傅里叶变换性质

本节以及后面两节将讨论傅里叶变换的几个重要性质。4.6 节的表 4.1 详细地列出了这些性质。与周期信号的傅里叶级数表示的情况相同，通过这些性质能够透彻地认识变换本身以及一个信号的时域描述和频域描述之间的关系。另外，很多性质对简化傅里叶变换或逆变换的求取往往很有用。再者，正如上一节所指出的，由于一个周期信号的傅里叶级数和傅里叶变换表示之间存在着密切的关系，利用这一关系就能够把傅里叶变换的性质直接转移到对应的傅里叶级数性质中，而傅里叶级数性质已在第 3 章中单独讨论过(见 3.5 节和表 3.1)。

为了方便起见，在本节的讨论中，频繁使用时间函数及其傅里叶变换，并用一些简便的符号来代表信号与其变换之间的成对关系。4.1 节已经给出，一个信号 $x(t)$ 及其傅里叶变换 $X(j\omega)$ 是由如下傅里叶变换的综合和分析公式

$$x(t) = \frac{1}{2\pi} \int_{-\infty}^{+\infty} X(j\omega) e^{j\omega t} d\omega \tag{4.24}$$

和

$$X(j\omega) = \int_{-\infty}^{+\infty} x(t) e^{-j\omega t} dt \tag{4.25}$$

联系起来的。有时为了方便，将 $X(j\omega)$ 用 $\mathcal{F}\{x(t)\}$ 表示，将 $x(t)$ 用 $\mathcal{F}^{-1}\{X(j\omega)\}$ 表示；我们也将 $x(t)$ 和 $X(j\omega)$ 这一对傅里叶变换用下列符号表示：

$$x(t) \overset{\mathcal{F}}{\longleftrightarrow} X(j\omega)$$

例如，以例 4.1 为例就有

$$\frac{1}{a + j\omega} = \mathcal{F}\{e^{-at}u(t)\}$$

$$e^{-at}u(t) = \mathcal{F}^{-1}\left\{\frac{1}{a + j\omega}\right\}$$

以及

$$e^{-at}u(t) \overset{\mathcal{F}}{\longleftrightarrow} \frac{1}{a + j\omega}$$

4.3.1 线性性质

若

$$x(t) \overset{\mathcal{F}}{\longleftrightarrow} X(j\omega)$$

且

$$y(t) \overset{\mathcal{F}}{\longleftrightarrow} Y(j\omega)$$

则有

$$\boxed{ax(t) + by(t) \overset{\mathcal{F}}{\longleftrightarrow} aX(j\omega) + bY(j\omega)} \tag{4.26}$$

将分析公式(4.25)应用于 $ax(t) + by(t)$ 就可以直接得出式(4.26)。线性性质很容易推广到任意个信号的线性组合中。

4.3.2 时移性质

若
$$x(t) \xleftrightarrow{\mathcal{F}} X(j\omega)$$

则有

$$\boxed{x(t-t_0) \xleftrightarrow{\mathcal{F}} e^{-j\omega t_0} X(j\omega)} \tag{4.27}$$

为了得到这一性质,可先考虑式(4.24)

$$x(t) = \frac{1}{2\pi} \int_{-\infty}^{\infty} X(j\omega) e^{j\omega t} d\omega$$

在该式中以 $t - t_0$ 取代 t,可得

$$x(t-t_0) = \frac{1}{2\pi} \int_{-\infty}^{+\infty} X(j\omega) e^{j\omega(t-t_0)} d\omega$$
$$= \frac{1}{2\pi} \int_{-\infty}^{+\infty} \left(e^{-j\omega t_0} X(j\omega) \right) e^{j\omega t} d\omega$$

这就是对 $x(t-t_0)$ 的综合公式,所以可得

$$\mathcal{F}\{x(t-t_0)\} = e^{-j\omega t_0} X(j\omega)$$

这个性质说明:信号在时间上移位,并不改变它的傅里叶变换的模。也就是说,若将 $X(j\omega)$ 用极坐标表示为

$$\mathcal{F}\{x(t)\} = X(j\omega) = |X(j\omega)| e^{j \sphericalangle X(j\omega)}$$

那么

$$\mathcal{F}\{x(t-t_0)\} = e^{-j\omega t_0} X(j\omega) = |X(j\omega)| e^{j[\sphericalangle X(j\omega) - \omega t_0]}$$

因此,信号在时间上的移位只是在它的变换中引入相移,即 $-\omega t_0$,相移与频率 ω 成线性关系。

例 4.9 为了说明傅里叶变换线性和时移性质的用处,现在考虑对图 4.15(a)的信号 $x(t)$ 求其傅里叶变换。

首先看出,$x(t)$ 可以表示成如下线性组合:

$$x(t) = \frac{1}{2} x_1(t-2.5) + x_2(t-2.5)$$

其中信号 $x_1(t)$ 和 $x_2(t)$ 都是如图 4.15(b)和图 4.15(c)所示的矩形脉冲。利用例 4.4 的结果,分别有

$$X_1(j\omega) = \frac{2\sin(\omega/2)}{\omega}$$

和

$$X_2(j\omega) = \frac{2\sin(3\omega/2)}{\omega}$$

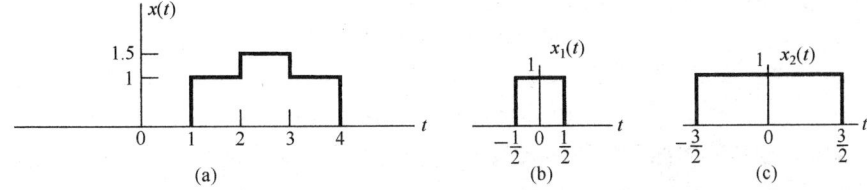

图 4.15 将一个信号分解为两个简单信号的线性组合。(a) 例 4.9 中的信号 $x(t)$;(b) 和 (c) 用来表示 $x(t)$ 的两个简单信号

最后，利用傅里叶变换的线性和时移性质，可得

$$X(j\omega) = e^{-j5\omega/2} \left\{ \frac{\sin(\omega/2) + 2\sin(3\omega/2)}{\omega} \right\}$$

4.3.3 共轭与共轭对称性质

共轭性质是指，若

$$x(t) \overset{\mathcal{F}}{\longleftrightarrow} X(j\omega)$$

则有

$$\boxed{x^*(t) \overset{\mathcal{F}}{\longleftrightarrow} X^*(-j\omega)} \tag{4.28}$$

将式(4.25)取共轭就可以得出这一性质，即

$$X^*(j\omega) = \left[\int_{-\infty}^{+\infty} x(t) e^{-j\omega t} dt \right]^*$$
$$= \int_{-\infty}^{+\infty} x^*(t) e^{j\omega t} dt$$

以 $-\omega$ 代替 ω，可得

$$X^*(-j\omega) = \int_{-\infty}^{+\infty} x^*(t) e^{-j\omega t} dt \tag{4.29}$$

式(4.29)的等号右边就是 $x^*(t)$ 的傅里叶变换的分析公式，于是就得到了式(4.28)所示的关系。

共轭性质就能证明，若 $x(t)$ 为实函数，那么 $X(j\omega)$ 就具有**共轭对称性质**，即

$$\boxed{X(-j\omega) = X^*(j\omega) \qquad x(t) \text{为实函数}} \tag{4.30}$$

具体而言，若 $x(t)$ 为实数，就有 $x^*(t) = x(t)$，由式(4.29)可得

$$X^*(-j\omega) = \int_{-\infty}^{+\infty} x(t) e^{-j\omega t} dt = X(j\omega)$$

用 $-\omega$ 替换 ω 就可得出式(4.30)。

由例4.1可知 $x(t) = e^{-at} u(t)$，于是

$$X(j\omega) = \frac{1}{a + j\omega}$$

且

$$X(-j\omega) = \frac{1}{a - j\omega} = X^*(j\omega)$$

作为式(4.30)的一个结果，若将 $X(j\omega)$ 用笛卡儿坐标表示为

$$X(j\omega) = \mathcal{R}e\{X(j\omega)\} + j\mathcal{I}m\{X(j\omega)\}$$

那么若 $x(t)$ 为实函数，则有

$$\mathcal{R}e\{X(j\omega)\} = \mathcal{R}e\{X(-j\omega)\}$$

和

$$\mathcal{I}m\{X(j\omega)\} = -\mathcal{I}m\{X(-j\omega)\}$$

也就是说，傅里叶变换的实部是频率的**偶**函数，而虚部则是频率的**奇**函数。同理，若将 $X(j\omega)$ 用极坐标表示为

$$X(j\omega) = |X(j\omega)| e^{j\sphericalangle X(j\omega)}$$

那么，根据式(4.30)就可得出：$|X(j\omega)|$ 是频率 ω 的偶函数，$\sphericalangle X(j\omega)$ 是频率 ω 的奇函数。因此，

当欲计算或图示一个实信号的傅里叶变换,以及该变换的实部和虚部,或者模与相位时,只需给出正频率时的值就可以了;因为对于负频率时的值,可以利用上面导出的关系,直接从 $\omega > 0$ 时的值得出。

作为式(4.30)进一步的结果,若 $x(t)$ 为实偶函数,那么 $X(j\omega)$ 也一定为实偶函数。为此,可以写出

$$X(-j\omega) = \int_{-\infty}^{+\infty} x(t) e^{j\omega t} dt$$

或者用 $\tau = -t$ 替换,可得

$$X(-j\omega) = \int_{-\infty}^{+\infty} x(-\tau) e^{-j\omega\tau} d\tau$$

因为 $x(-\tau) = x(\tau)$,所以有

$$X(-j\omega) = \int_{-\infty}^{+\infty} x(\tau) e^{-j\omega\tau} d\tau$$
$$= X(j\omega)$$

因此,$X(j\omega)$ 是偶函数。再与式(4.30)相结合,这也就要求 $X^*(j\omega) = X(j\omega)$,即 $X(j\omega)$ 为实函数。在例 4.2 中的实偶信号 $e^{-a|t|}$ 就表明了这个性质。同理可证明,若 $x(t)$ 是时间的实奇函数,而有 $x(t) = -x(-t)$,那么 $X(j\omega)$ 就是纯虚奇函数。

最后,在第 1 章中曾讨论过,一个实函数 $x(t)$ 总是可以用一个偶函数 $x_e(t) = \mathcal{E}v\{x(t)\}$ 和一个奇函数 $x_o(t) = \mathcal{O}d\{x(t)\}$ 之和来表示,即

$$x(t) = x_e(t) + x_o(t)$$

根据傅里叶变换的线性性质,有

$$\mathcal{F}\{x(t)\} = \mathcal{F}\{x_e(t)\} + \mathcal{F}\{x_o(t)\}$$

并且,根据上面的讨论,$\mathcal{F}\{x_e(t)\}$ 是一个实函数,$\mathcal{F}\{x_o(t)\}$ 是一个纯虚数,于是可以得出,若 $x(t)$ 为实函数,则有

$$x(t) \xleftrightarrow{\mathcal{F}} X(j\omega)$$

$$\mathcal{E}v\{x(t)\} \xleftrightarrow{\mathcal{F}} \mathcal{R}e\{X(j\omega)\}$$

$$\mathcal{O}d\{x(t)\} \xleftrightarrow{\mathcal{F}} j\mathcal{I}m\{X(j\omega)\}$$

下面这个例子用来说明这些对称性质的一种应用。

例 4.10 重新考虑例 4.2 中的信号 $x(t) = e^{-a|t|}$,$a > 0$ 的傅里叶变换求解问题,现在用傅里叶变换的对称性质来帮助求解。

由例 4.1,有

$$e^{-at} u(t) \xleftrightarrow{\mathcal{F}} \frac{1}{a + j\omega}$$

注意到,若 $t > 0$,则 $x(t)$ 就等于 $e^{-at}u(t)$;而对 $t < 0$,$x(t)$ 取的是镜像值,即

$$x(t) = e^{-a|t|} = e^{-at} u(t) + e^{at} u(-t)$$
$$= 2\left[\frac{e^{-at}u(t) + e^{at}u(-t)}{2}\right]$$
$$= 2\mathcal{E}v\{e^{-at}u(t)\}$$

因为 $e^{-at}u(t)$ 是实函数,由傅里叶变换的对称性质就可以导得

$$\mathcal{E}v\{e^{-at}u(t)\} \xleftrightarrow{\mathcal{F}} \mathcal{R}e\left\{\frac{1}{a + j\omega}\right\}$$

于是就有
$$X(j\omega) = 2\mathcal{R}e\left\{\frac{1}{a+j\omega}\right\} = \frac{2a}{a^2+\omega^2}$$

这与例4.2中的结果是一致的。

4.3.4 微分与积分性质

令 $x(t)$ 的傅里叶变换是 $X(j\omega)$，将傅里叶变换综合公式(4.24)两边对 t 进行微分，可得
$$\frac{\mathrm{d}x(t)}{\mathrm{d}t} = \frac{1}{2\pi}\int_{-\infty}^{+\infty} j\omega X(j\omega) e^{j\omega t}\mathrm{d}\omega$$

因此有
$$\boxed{\frac{\mathrm{d}x(t)}{\mathrm{d}t} \overset{\mathcal{F}}{\longleftrightarrow} j\omega X(j\omega)} \tag{4.31}$$

这是一个特别重要的性质，因为它将时域内的微分用频域内乘以 $j\omega$ 所代替。4.7节讨论利用傅里叶变换来分析由微分方程描述的线性时不变系统时，这一性质极其有用。

因为时域内的微分对应于频域内乘以 $j\omega$，这就使人或许可能得出，时域内的积分是否应该对应于频域内除以 $j\omega$？的确是这样，但这只是事情的一部分，真正的关系应该是

$$\boxed{\int_{-\infty}^{t} x(\tau)\mathrm{d}\tau \overset{\mathcal{F}}{\longleftrightarrow} \frac{1}{j\omega}X(j\omega) + \pi X(0)\delta(\omega)} \tag{4.32}$$

式(4.32)中的双向箭头右边的冲激函数项反映了由积分所产生的直流或平均值。

下面用两个例子来说明式(4.31)和式(4.32)的应用。

例4.11 求单位阶跃函数 $x(t) = u(t)$ 的傅里叶变换 $X(j\omega)$。利用式(4.32)，并已知
$$g(t) = \delta(t) \overset{\mathcal{F}}{\longleftrightarrow} G(j\omega) = 1$$

注意到
$$x(t) = \int_{-\infty}^{t} g(\tau)\mathrm{d}\tau$$

上式两边各取傅里叶变换，得
$$X(j\omega) = \frac{G(j\omega)}{j\omega} + \pi G(0)\delta(\omega)$$

此处已经用到列于表4.1中的积分性质。因为 $G(j\omega) = 1$，所以可得
$$X(j\omega) = \frac{1}{j\omega} + \pi\delta(\omega) \tag{4.33}$$

还可以看到，应用式(4.31)的微分性质可以复原单位冲激函数的傅里叶变换，即
$$\delta(t) = \frac{\mathrm{d}u(t)}{\mathrm{d}t} \overset{\mathcal{F}}{\longleftrightarrow} j\omega\left[\frac{1}{j\omega} + \pi\delta(\omega)\right] = 1$$

式中最后的等式成立是由于 $\omega\delta(\omega) = 0$。

例4.12 现在想要求图4.16(a)所示 $x(t)$ 的傅里叶变换 $X(j\omega)$。不是直接对 $x(t)$ 应用傅里叶积分来求，而是考虑如下信号：
$$g(t) = \frac{\mathrm{d}}{\mathrm{d}t}x(t)$$

如图4.16(b)所示，$g(t)$ 是一个矩形脉冲和两个冲激函数的和。这些分量信号的傅里叶变换可以用表4.2求出为

$$G(j\omega) = \left(\frac{2\sin\omega}{\omega}\right) - e^{j\omega} - e^{-j\omega}$$

注意，$G(0) = 0$。利用积分性质就有

$$X(j\omega) = \frac{G(j\omega)}{j\omega} + \pi G(0)\delta(\omega)$$

由于 $G(0) = 0$，所以最后得出

$$X(j\omega) = \frac{2\sin\omega}{j\omega^2} - \frac{2\cos\omega}{j\omega}$$

可见，$X(j\omega)$ 的表示式是纯虚奇函数，这与 $x(t)$ 是实奇函数这一点是一致的。

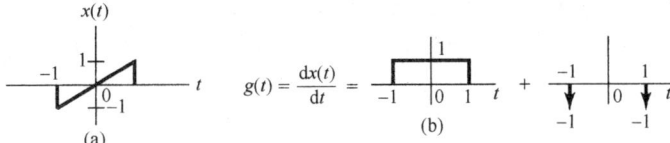

图 4.16 (a) 欲求傅里叶变换的信号 $x(t)$；(b) $x(t)$ 的导数表示为两个分量的和

4.3.5 时间与频率的尺度变换性质

若

$$x(t) \overset{\mathcal{F}}{\longleftrightarrow} X(j\omega)$$

则有

$$\boxed{x(at) \overset{\mathcal{F}}{\longleftrightarrow} \frac{1}{|a|}X\left(\frac{j\omega}{a}\right)} \tag{4.34}$$

其中 a 是一个实常数。这个性质可以直接由傅里叶变换的定义得到，即

$$\mathcal{F}\{x(at)\} = \int_{-\infty}^{+\infty} x(at)e^{-j\omega t}dt$$

利用 $\tau = at$，替换后可得

$$\mathcal{F}\{x(at)\} = \begin{cases} \dfrac{1}{a}\int_{-\infty}^{+\infty} x(\tau)e^{-j(\omega/a)\tau}d\tau, & a > 0 \\ -\dfrac{1}{a}\int_{-\infty}^{+\infty} x(\tau)e^{-j(\omega/a)\tau}d\tau, & a < 0 \end{cases}$$

这就相应于式(4.34)。因此，除了一个 $1/|a|$ 的幅度因子，信号在时间上有一个线性尺度因子 a 的变换，相应于它在频率上有一个线性因子 $1/a$ 的变换，反之亦然。若令 $a = -1$，则由式(4.34)就有

$$\boxed{x(-t) \overset{\mathcal{F}}{\longleftrightarrow} X(-j\omega)} \tag{4.35}$$

也就是说，在时间上反转一个信号，它的傅里叶变换也反转。

关于式(4.34)的一个最通俗的说明是，当一盘磁带在录制和放音时的速度不同时，对其所含频率分量的影响。假设有一盘已经录好的磁带，如果重放时的放音速度比原磁带录制时的速度更高，就相当于信号在时间上受到压缩（即 $a > 1$），那么其频谱就应该扩展，因而听起来就会感到声音的频率变高了。反之，如果放音速度比原来的慢（即 $0 < a < 1$），听起来在频率上就感到减低了。例如，如果一只小铃的声音被录制在磁带上，放的时候把速度变慢，那么听起来就宛如声音深沉的大钟了。

尺度变换性质又一次说明了时间和频率之间的相反关系。关于这一点,我们已经遇到好几次了。例如,增加正弦信号的周期,其频率就下降,再如曾在例4.5(见图4.11)中所看到的,若考虑如下变换:

$$X(j\omega) = \begin{cases} 1, & |\omega| < W \\ 0, & |\omega| > W \end{cases}$$

那么,随着 W 的增加,$X(j\omega)$ 的逆变换就愈来愈窄,幅度愈来愈高,最终当 $W \to \infty$ 时,其逆变换就趋近于一个冲激函数。最后,在例4.8中也看到,一个周期冲激串的傅里叶变换也是一个冲激串,其在频域中的频率间隔是反比于时域中的冲激串的时间间隔的。

时域与频域之间的相反关系在信号与系统的各个方面都十分重要,其中包括滤波和滤波器设计,并且在本书后续许多地方还会看到它的重要性。另外,读者或许在科学和工程领域的各个方面已经熟悉了这一性质的含义,例如物理学中的不确定性原理就是其中一例,另一个例子将在习题4.49中讨论。

4.3.6 对偶性质

比较一下正变换和逆变换的关系式(4.24)和式(4.25),可以看到,这两个式子在形式上很相似,但不完全一样。这一对称性质就导致了傅里叶变换的一个性质,称为对偶性质。通过例4.4和例4.5中这一对傅里叶变换对之间存在的关系,在例4.5之后就讲解了对偶性质。在前面的例子中导出了如下一对傅里叶变换:

$$x_1(t) = \begin{cases} 1, & |t| < T_1 \\ 0, & |t| > T_1 \end{cases} \xleftrightarrow{\mathcal{F}} X_1(j\omega) = \frac{2\sin(\omega T_1)}{\omega} \tag{4.36}$$

而在后面的例子,又考虑了下面的变换对:

$$x_2(t) = \frac{\sin(Wt)}{\pi t} \xleftrightarrow{\mathcal{F}} X_2(j\omega) = \begin{cases} 1, & |\omega| < W \\ 0, & |\omega| > W \end{cases} \tag{4.37}$$

这两个变换对及其相互之间的关系绘于图4.17中。

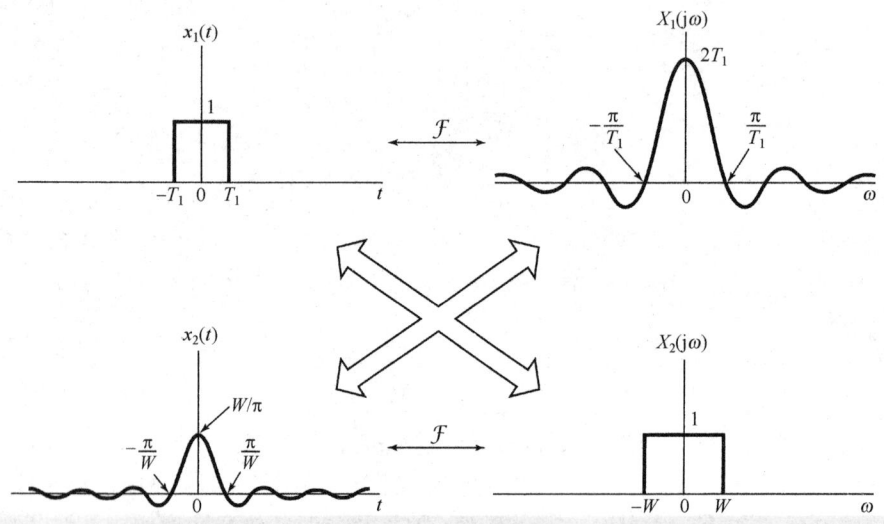

图4.17 式(4.36)和式(4.37)两对傅里叶变换之间的关系

由这两个例子所呈现出的对称性质可以推广到一般的傅里叶变换中。具体而言,由于式(4.24)和式(4.25)之间的对称性质,对于任何变换对来说,在时间和频率变量互换之后都有一种对偶关系。对于这一点最好还是用例子来说明。

例 4.13 考虑利用对偶性质来求如下信号：

$$g(t) = \frac{2}{1+t^2}$$

的傅里叶变换 $G(j\omega)$。在例 4.2 中曾经遇到一个傅里叶变换对，其中作为 ω 的函数的傅里叶变换与该信号 $g(t)$ 有类似的函数形式。也就是说，设某一信号 $x(t)$ 的傅里叶变换是

$$X(j\omega) = \frac{2}{1+\omega^2}$$

那么，由例 4.2 就有

$$x(t) = e^{-|t|} \xleftrightarrow{\mathcal{F}} X(j\omega) = \frac{2}{1+\omega^2}$$

对于这一变换对的综合公式是

$$e^{-|t|} = \frac{1}{2\pi}\int_{-\infty}^{\infty}\left(\frac{2}{1+\omega^2}\right)e^{j\omega t}d\omega$$

将上式两边乘以 2π，并将 t 以 $-t$ 替换，可得

$$2\pi e^{-|t|} = \int_{-\infty}^{\infty}\left(\frac{2}{1+\omega^2}\right)e^{-j\omega t}d\omega$$

现在将变量名 t 和 ω 交换一下，得出

$$2\pi e^{-|\omega|} = \int_{-\infty}^{\infty}\left(\frac{2}{1+t^2}\right)e^{-j\omega t}dt \tag{4.38}$$

式(4.38)的等号右边就是 $2/(1+t^2)$ 的傅里叶变换分析公式，因此最后得到

$$\mathcal{F}\left\{\frac{2}{1+t^2}\right\} = 2\pi e^{-|\omega|}$$

对偶性质也能用来确定或联想到傅里叶变换的其他性质。具体而言，如果一个时间函数有某些特性，而这些特性在其傅里叶变换中隐含着其他一些关系，那么与频率函数有关的同一特性也会在时域中隐含着对偶的关系。例如，在 4.3.4 节中曾见到，时域中的微分对应于在频域内乘以 $j\omega$，于是由前面的讨论，可以想到在时域中乘以 jt，大概也会对应于频域的微分。为了确定这一对偶性质的确切形式，完全可以像在 4.3.4 节中所做的，将式(4.25)两边对 ω 微分，得到

$$\frac{dX(j\omega)}{d\omega} = \int_{-\infty}^{+\infty} -jt x(t) e^{-j\omega t}dt \tag{4.39}$$

即

$$\boxed{-jt x(t) \xleftrightarrow{\mathcal{F}} \frac{dX(j\omega)}{d\omega}} \tag{4.40}$$

同理，对于式(4.27)和式(4.32)可导出它们的对偶性质为

$$\boxed{e^{j\omega_0 t}x(t) \xleftrightarrow{\mathcal{F}} X(j(\omega-\omega_0))} \tag{4.41}$$

和

$$\boxed{-\frac{1}{jt}x(t) + \pi x(0)\delta(t) \xleftrightarrow{\mathcal{F}} \int_{-\infty}^{\omega}x(\eta)d\eta} \tag{4.42}$$

4.3.7 帕塞瓦尔定理

若 $x(t)$ 和 $X(j\omega)$ 是一对傅里叶变换，则有

$$\int_{-\infty}^{+\infty} |x(t)|^2 dt = \frac{1}{2\pi} \int_{-\infty}^{+\infty} |X(j\omega)|^2 d\omega \qquad (4.43)$$

该式称为帕塞瓦尔定理。该式直接用傅里叶变换就能得出，即

$$\int_{-\infty}^{+\infty} |x(t)|^2 dt = \int_{-\infty}^{+\infty} x(t)x^*(t) dt$$

$$= \int_{-\infty}^{+\infty} x(t) \left[\frac{1}{2\pi} \int_{-\infty}^{+\infty} X^*(j\omega) e^{-j\omega t} d\omega \right] dt$$

改变一下积分次序，有

$$\int_{-\infty}^{+\infty} |x(t)|^2 dt = \frac{1}{2\pi} \int_{-\infty}^{+\infty} X^*(j\omega) \left[\int_{-\infty}^{+\infty} x(t) e^{-j\omega t} dt \right] d\omega$$

上式等号右边中括号里的这一项就是 $x(t)$ 的傅里叶变换，因此可以得到

$$\int_{-\infty}^{+\infty} |x(t)|^2 dt = \frac{1}{2\pi} \int_{-\infty}^{+\infty} |X(j\omega)|^2 d\omega$$

式(4.43)的等号左边是信号 $x(t)$ 的总能量。帕塞瓦尔定理指出，这个总能量既可以按每单位时间内的能量（$|x(t)|^2$）在整个时间内积分计算出来，也可以按每单位频率内的能量（$|X(j\omega)|^2/2\pi$）在整个频率范围内积分而得到。因此，$|X(j\omega)|^2$ 常常称为信号 $x(t)$ 的**能谱密度**（energy-density spectrum）（见习题 4.45）。应该注意，对于有限能量信号的帕塞瓦尔定理与对于周期信号的帕塞瓦尔定理式(3.67)是直接对应的，表明一个周期信号的平均功率等于它的各次谐波分量的平均功率之和，而这些谐波分量的平均功率就等于傅里叶级数系数的模平方。

帕塞瓦尔定理和其他傅里叶变换性质在直接从傅里叶变换确定一个信号的某些时域特性时是很有用处的。下面的例子就是一个简单的说明。

例 4.14 对于图 4.18 中的每个傅里叶变换，希望能求得如下时域表示式：

$$E = \int_{-\infty}^{\infty} |x(t)|^2 dt$$

$$D = \frac{d}{dt} x(t) \bigg|_{t=0}$$

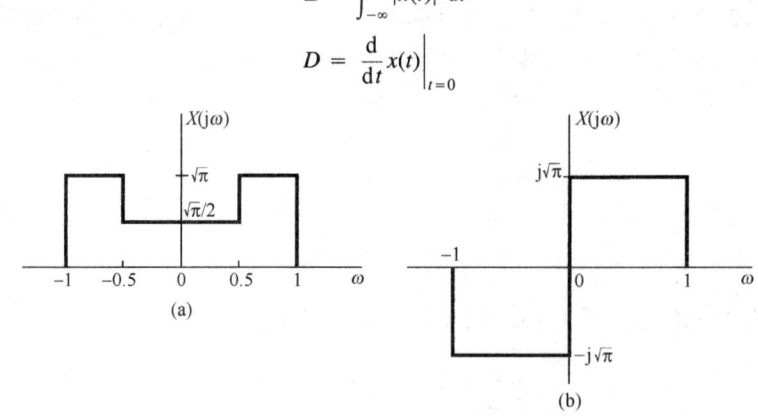

图 4.18 例 4.14 中要考虑的傅里叶变换

为了在频域中求 E，可以利用帕塞瓦尔定理，即

$$E = \frac{1}{2\pi} \int_{-\infty}^{\infty} |X(j\omega)|^2 d\omega \qquad (4.44)$$

对于图 4.18(a)，该值是 5/8，对于图 4.18(b)，该值则是 1。为了在频域中求 D，首先应该用微分性质

$$g(t) = \frac{d}{dt}x(t) \overset{\mathcal{F}}{\longleftrightarrow} j\omega X(j\omega) = G(j\omega)$$

注意到

$$D = g(0) = \frac{1}{2\pi}\int_{-\infty}^{\infty} G(j\omega)d\omega \quad (4.45)$$

最后得到

$$D = \frac{1}{2\pi}\int_{-\infty}^{\infty} j\omega X(j\omega)d\omega \quad (4.46)$$

对图 4.18(a)，该值为零，对图 4.18(b)，该值为 $-\sqrt{\pi}$。

除了以上讨论到的这些性质，傅里叶变换还有一些其他的性质。下面两节将特别讨论另外两个性质，这两个性质在线性时不变系统研究及其应用中起着特别重要的作用。其中的第一个性质(在 4.4 节讨论)称为**卷积性质**(convolution property)，它是很多信号与系统应用中的核心，其中包括滤波。第二个性质称为**相乘性质**(multiplication property)，将在 4.5 节讨论。相乘性质是第 7 章讨论采样和第 8 章讨论幅度调制的基础。4.6 节将综合讨论傅里叶变换的性质。

4.4 卷积性质

在第 3 章已经知道，如果一个周期信号用一个傅里叶级数来表示，也就是按式(3.38)作为成谐波关系的复指数信号的线性组合来表示，那么一个线性时不变系统对这个输入的响应也能够用一个傅里叶级数来表示。因为复指数信号是线性时不变系统的特征函数，所以输出的傅里叶级数系数是输入的那些系数乘以对应谐波频率上的系统频率响应的值。

本节将把这一结论推广到非周期信号的情况。首先以第 3 章对周期信号所建立的直观认识为基础，通过稍微欠正规的方式来导出这一性质。然后直接由卷积积分出发，以简短但是正规的方式来导出这一性质。

回想一下，我们是把作为 $x(t)$ 的一种表示式的傅里叶变换综合公式当成复指数信号的一种线性组合来理解的。重新回到式(4.7)，$x(t)$ 是作为一个和的极限来表示的，即

$$x(t) = \frac{1}{2\pi}\int_{-\infty}^{+\infty} X(j\omega)e^{j\omega t}d\omega = \lim_{\omega_0 \to 0}\frac{1}{2\pi}\sum_{k=-\infty}^{+\infty} X(jk\omega_0)e^{jk\omega_0 t}\omega_0 \quad (4.47)$$

3.2 节和 3.8 节都讨论过，单位冲激响应为 $h(t)$ 的线性系统对复指数信号 $e^{jk\omega_0 t}$ 的响应是 $H(jk\omega_0)e^{jk\omega_0 t}$，其中

$$H(jk\omega_0) = \int_{-\infty}^{+\infty} h(t)e^{-jk\omega_0 t}dt \quad (4.48)$$

按照式(3.121)的定义，可以把频率响应 $H(j\omega)$ 当成该系统单位冲激响应的傅里叶变换。换句话说，单位冲激响应的傅里叶变换(在 $\omega = k\omega_0$ 上求值)就是线性时不变系统对于特征函数 $e^{jk\omega_0 t}$ 的复标尺因子。由叠加原理[见式(3.124)]可知

$$\frac{1}{2\pi}\sum_{k=-\infty}^{+\infty} X(jk\omega_0)e^{jk\omega_0 t}\omega_0 \to \frac{1}{2\pi}\sum_{k=-\infty}^{+\infty} X(jk\omega_0)H(jk\omega_0)e^{jk\omega_0 t}\omega_0$$

因此，根据式(4.47)，该线性系统对 $x(t)$ 的响应为

$$y(t) = \lim_{\omega_0 \to 0}\frac{1}{2\pi}\sum_{k=-\infty}^{+\infty} X(jk\omega_0)H(jk\omega_0)e^{jk\omega_0 t}\omega_0$$
$$= \frac{1}{2\pi}\int_{-\infty}^{+\infty} X(j\omega)H(j\omega)e^{j\omega t}d\omega \quad (4.49)$$

因为 $y(t)$ 和它的傅里叶变换是由下式联系在一起的：

$$y(t) = \frac{1}{2\pi} \int_{-\infty}^{+\infty} Y(j\omega) e^{j\omega t} d\omega \tag{4.50}$$

所以，根据式(4.49)，可以认为

$$Y(j\omega) = X(j\omega) H(j\omega) \tag{4.51}$$

作为比较正规的推导，可考虑如下卷积积分：

$$y(t) = \int_{-\infty}^{+\infty} x(\tau) h(t-\tau) d\tau \tag{4.52}$$

要求的 $Y(j\omega)$ 是

$$Y(j\omega) = \mathcal{F}\{y(t)\} = \int_{-\infty}^{+\infty} \left[\int_{-\infty}^{+\infty} x(\tau) h(t-\tau) d\tau \right] e^{-j\omega t} dt \tag{4.53}$$

交换积分次序，并注意到 $x(\tau)$ 与 t 无关，则有

$$Y(j\omega) = \int_{-\infty}^{+\infty} x(\tau) \left[\int_{-\infty}^{+\infty} h(t-\tau) e^{-j\omega t} dt \right] d\tau \tag{4.54}$$

根据时移性质式(4.27)，上式方括号内就是 $e^{-j\omega \tau} H(j\omega)$，将其代入式(4.54)，可得

$$Y(j\omega) = \int_{-\infty}^{+\infty} x(\tau) e^{-j\omega \tau} H(j\omega) d\tau = H(j\omega) \int_{-\infty}^{+\infty} x(\tau) e^{-j\omega \tau} d\tau \tag{4.55}$$

上式第二个等号右边的积分部分就是 $X(j\omega)$，所以

$$Y(j\omega) = H(j\omega) X(j\omega)$$

也即

$$\boxed{y(t) = h(t) * x(t) \stackrel{\mathcal{F}}{\longleftrightarrow} Y(j\omega) = H(j\omega) X(j\omega)} \tag{4.56}$$

式(4.56)在信号与系统分析中十分重要。正如该式所表达的，它将两个信号的卷积映射为其傅里叶变换的乘积。单位冲激响应的傅里叶变换 $H(j\omega)$ 是按式(3.121)所定义的频率响应，它控制着在每一频率 ω 输入傅里叶变换复振幅的变化。例如，在频率选择性滤波中，可以要求在某一频率范围内 $H(j\omega) \approx 1$，以便让通带内的各频率分量几乎不受任何由于系统带来的衰减或变化；而在另一些频率范围内，可能要求 $H(j\omega) \approx 0$，以便将该范围内的各频率分量消除或显著衰减掉。

在线性时不变系统分析中，频率响应 $H(j\omega)$ 所起的作用与其逆变换——单位冲激响应 $h(t)$ 所起的作用是同样的。一方面，因为 $h(t)$ 完全表征了一个线性时不变系统，因此 $H(j\omega)$ 也一定是这样的；另外，线性时不变系统的很多性质也能够很方便地借助 $H(j\omega)$ 来反映。例如，在2.3节中我们已经知道两个线性时不变系统级联后的冲激响应就是这些系统冲激响应的卷积，而且总的特性与级联次序无关。利用式(4.56)就可以用频率响应来描述这种系统的级联特性。正如图4.19所表明的，由于两个线性时不变系统级联后的单位冲激响应是每个冲激响应的卷积，应用卷积性质即可得出，两个线性时不变系统级联后的总频率响应就是这些单个频率响应的乘积，而且由此可明显看出，总的频率响应与级联次序无关。

正如在4.1.2节中曾讨论过的，傅里叶变换的收敛是在几个条件之下才得以保证的，这样就不是对所有的线性时不变系统都能定义出频率响应。然而，如果一个线性时不变系统是稳定的，那么正如2.3.7节和习题2.49中所介绍的，该系统的单位冲激响应就一定是绝对可积的，即

$$\int_{-\infty}^{+\infty} |h(t)| dt < \infty \tag{4.57}$$

式(4.57)是三个狄里赫利条件之一，而这三个条件合在一起才能保证 $h(t)$ 的傅里叶变换 $H(j\omega)$ 存在。因此，假设 $h(t)$ 也满足另外两个条件(因为所有物理上或实际上有意义的信号都是这样的)，那么一个稳定的线性时不变系统就有一个频率响应 $H(j\omega)$。

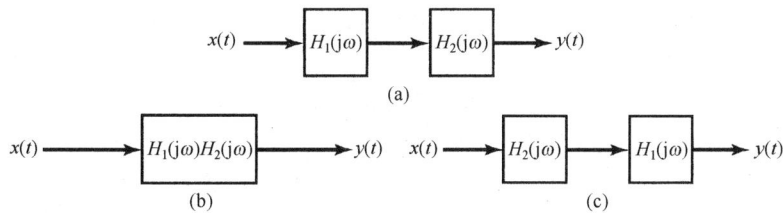

图4.19 三种等效的线性时不变系统，其中每个方框代表一个线性时不变系统，其频率响应函数如图示

在利用傅里叶分析来研究线性时不变系统时，将只局限于系统的冲激响应有傅里叶变换的情况。为了应用变换法来研究不稳定的线性时不变系统，就要建立一种更为一般化的连续时间傅里叶变换，这就是拉普拉斯变换，我们将其推迟到第9章讨论。在这之前都只讨论能够利用傅里叶变换来分析的很多问题和实际应用。

4.4.1 举例

为了进一步说明卷积性质及其应用，下面举几个例子。

例4.15 一个连续时间线性时不变系统的单位冲激响应为

$$h(t) = \delta(t - t_0) \tag{4.58}$$

该系统的频率响应就是 $h(t)$ 的傅里叶变换，为

$$H(j\omega) = e^{-j\omega t_0} \tag{4.59}$$

因此，对于具有傅里叶变换 $X(j\omega)$ 的任何输入 $x(t)$，输出的傅里叶变换是

$$\begin{aligned} Y(j\omega) &= H(j\omega)X(j\omega) \\ &= e^{-j\omega t_0}X(j\omega) \end{aligned} \tag{4.60}$$

其实，这个结果与4.3.2节的时移性质是一致的。单位冲激响应为 $\delta(t-t_0)$ 的系统对输入将产生一个时移 t_0，即

$$y(t) = x(t - t_0)$$

因此，由式(4.27)给出的时移性质也可得到式(4.60)。值得注意的是，无论根据4.3.2节中的讨论，或直接从式(4.59)来看，一个属于纯时移的系统的频率响应在所有频率上其模为1(即 $|e^{-j\omega t_0}| = 1$)，而相位则与 ω 成线性关系(即 $-\omega t_0$)。

例4.16 作为第二个例子，考虑一个微分器，即一个线性时不变系统的输入 $x(t)$ 和输出 $y(t)$ 由下列关系给出：

$$y(t) = \frac{dx(t)}{dt}$$

根据4.3.4节的微分性质，

$$Y(j\omega) = j\omega X(j\omega) \tag{4.61}$$

于是根据式(4.56)，微分器的频率响应就是

$$H(j\omega) = j\omega \tag{4.62}$$

例 4.17 考虑一个积分器,即一个线性时不变系统由下列方程给出:

$$y(t) = \int_{-\infty}^{t} x(\tau)d\tau$$

这个系统的单位冲激响应是单位阶跃 $u(t)$。因此,根据例 4.11 和式(4.33),该系统的频率响应是

$$H(j\omega) = \frac{1}{j\omega} + \pi\delta(\omega)$$

然后,利用式(4.56),可得

$$\begin{aligned}Y(j\omega) &= H(j\omega)X(j\omega) \\ &= \frac{1}{j\omega}X(j\omega) + \pi X(j\omega)\delta(\omega) \\ &= \frac{1}{j\omega}X(j\omega) + \pi X(0)\delta(\omega)\end{aligned}$$

这与式(4.32)的积分性质是一致的。

例 4.18 在 3.9.2 节中已讨论过,频率选择性滤波可以用一个线性时不变系统来实现,该系统的频率响应 $H(j\omega)$ 通过所需的频率范围而大幅衰减掉在该范围以外的频率分量。例如,考虑在 3.9.2 节介绍过的理想低通滤波器,它的频率响应如图 4.20 所示,并由下式给出:

$$H(j\omega) = \begin{cases} 1, & |\omega| < \omega_c \\ 0, & |\omega| > \omega_c \end{cases} \quad (4.63)$$

现在已经有了它的傅里叶变换表示,并且知道该理想滤波器的单位冲激响应 $h(t)$ 就是式(4.63)的逆变换。利用例 4.5 的结果,可得

$$h(t) = \frac{\sin(\omega_c t)}{\pi t} \quad (4.64)$$

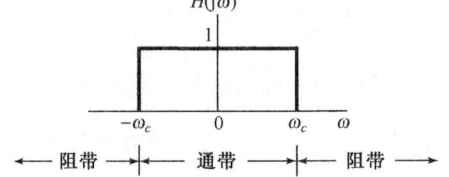

图 4.20 理想低通滤波器的频率响应

如图 4.21 所示。

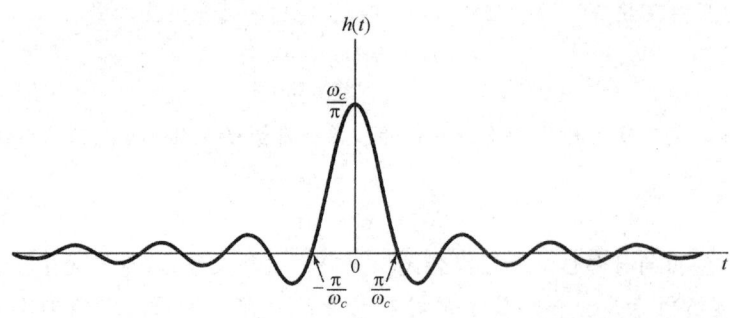

图 4.21 理想低通滤波器的单位冲激响应

根据例 4.18 已经能够看到在滤波器设计中所出现的一些问题,滤波器设计中涉及时域和频域两方面的要求。尽管理想低通滤波器确实有非常完美的频率选择性,但是它的单位冲激响应的某些特性却可能是我们不希望的。首先注意到,$h(t)$ 在 $t<0$ 时不是零,其结果就是理想低通滤波器不是因果的,因此在要求因果系统的应用中无法采用理想低通滤波器。进而,正如第 6 章将要讨论的,即使因果性不是一个主要的限制,理想滤波器也不是很容易近似实现的,倒是较为容易实现的非理想滤波器常常让人乐于接受。再者,在某些应用中(正如 6.7.1 节将要讨论的汽车减震系统),一个低通滤波器单位冲激响应中的起伏振荡特性可能是我们不希望的。在这样一

些应用中,像图 4.21 这样的理想低通滤波器的时域特性或许是不可接受的。这就意味着需要在像理想频率选择性这样的频域特性与时域特性之间进行一些折中和权衡。

例如,考虑单位冲激响应为

$$h(t) = e^{-t}u(t) \tag{4.65}$$

的线性时不变系统,其频率响应是

$$H(j\omega) = \frac{1}{j\omega + 1} \tag{4.66}$$

将式(3.145)和式(4.66)相比较就会发现,这个系统可以用 3.10 节讨论的简单 RC 电路来实现。系统的单位冲激响应和频率响应的模特性示于图 4.22。虽然这个系统没有理想低通滤波器那么好的频率选择性,但它是因果的,并且其冲激响应是单调衰减的,也就是说没有振荡。这种滤波器,或者相应于更高阶微分方程的稍许更复杂一些的滤波器,由于它们的因果性、容易实现,以及在诸如频率选择性和时域振荡特性等这样一些设计考虑上能灵活地做出一些权衡等原因,相对于理想滤波器来说倒是常常被采纳。这些问题将在第 6 章更详细地讨论。

卷积性质在求卷积积分时是很有用的,也就是在计算线性时不变系统的响应中是很有用的。下面用例子来给予说明。

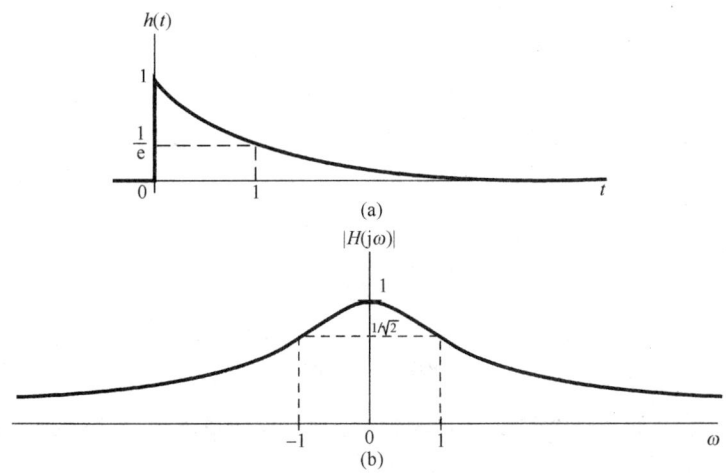

图 4.22 (a) 式(4.65)所示线性时不变系统的单位冲激响应;(b) 该系统频率响应的模特性

例 4.19 考虑一个线性时不变系统对输入信号 $x(t)$ 的响应,系统的单位冲激响应为 $h(t)$,它们是

$$h(t) = e^{-at}u(t), \quad a > 0$$
$$x(t) = e^{-bt}u(t), \quad b > 0$$

不直接计算 $y(t) = x(t) * h(t)$,而是将问题先变换到频域。由例 4.1,$x(t)$ 和 $h(t)$ 的傅里叶变换是

$$X(j\omega) = \frac{1}{b + j\omega}$$
$$H(j\omega) = \frac{1}{a + j\omega}$$

因此有

$$Y(j\omega) = \frac{1}{(a + j\omega)(b + j\omega)} \tag{4.67}$$

为了求出输出 $y(t)$,希望得到 $Y(j\omega)$ 的逆变换。最简单的做法就是将 $Y(j\omega)$ 展开成部分分式。这样的展开式在求逆变换时极为有用,其一般的展开法在附录 A 中已给出。对于这个例子,

假设 $b \neq a$,$Y(j\omega)$ 的部分分式展开为

$$Y(j\omega) = \frac{A}{a+j\omega} + \frac{B}{b+j\omega} \tag{4.68}$$

其中 A 和 B 都是待定常数。求 A 和 B 的一种办法是令式(4.67)和式(4.68)两式的等号右边相等,然后两边各乘以 $(a+j\omega)(b+j\omega)$,解出 A 和 B。在附录 A 中给出了另一种更一般且更为有效的方法来求式(4.68)这样的部分分式展开式中的系数。无论用哪种办法,都能求得

$$A = \frac{1}{b-a} = -B$$

因此

$$Y(j\omega) = \frac{1}{b-a}\left[\frac{1}{a+j\omega} - \frac{1}{b+j\omega}\right] \tag{4.69}$$

式(4.69)中每一项的逆变换都可凭直观得到,利用 4.3.1 节的线性性质,有

$$y(t) = \frac{1}{b-a}[e^{-at}u(t) - e^{-bt}u(t)]$$

当 $b=a$ 时,式(4.69)的部分分式展开不成立。然而,当 $b=a$ 时,式(4.67)就变为

$$Y(j\omega) = \frac{1}{(a+j\omega)^2}$$

进一步可表示为

$$\frac{1}{(a+j\omega)^2} = j\frac{d}{d\omega}\left[\frac{1}{a+j\omega}\right]$$

利用由式(4.40)给出的微分性质的对偶特性,可得

$$e^{-at}u(t) \overset{\mathcal{F}}{\longleftrightarrow} \frac{1}{a+j\omega}$$

$$te^{-at}u(t) \overset{\mathcal{F}}{\longleftrightarrow} j\frac{d}{d\omega}\left[\frac{1}{a+j\omega}\right] = \frac{1}{(a+j\omega)^2}$$

从而得到

$$y(t) = te^{-at}u(t)$$

例 4.20 卷积性质应用的另一个例子是考虑求一个理想低通滤波器对具有 sinc 函数形式的 $x(t)$ 的响应问题,即

$$x(t) = \frac{\sin(\omega_i t)}{\pi t}$$

当然,该理想低通滤波器的冲激响应具有与 $x(t)$ 相类似的形式,即

$$h(t) = \frac{\sin(\omega_c t)}{\pi t}$$

因此,滤波器的输出 $y(t)$ 就是这两个 sinc 函数的卷积。现在证明它还是一个 sinc 函数。导出这一结果的特别方便的方法是先看一下

$$Y(j\omega) = X(j\omega)H(j\omega)$$

其中,

$$X(j\omega) = \begin{cases} 1, & |\omega| \leq \omega_i \\ 0, & \text{其他} \end{cases}$$

且

$$H(j\omega) = \begin{cases} 1, & |\omega| \leq \omega_c \\ 0, & \text{其他} \end{cases}$$

因此有
$$Y(j\omega) = \begin{cases} 1, & |\omega| \leqslant \omega_0 \\ 0, & \text{其他} \end{cases}$$

其中，ω_0 等于 ω_i 和 ω_c 中较小的一个。最后，$Y(j\omega)$ 的逆变换为
$$y(t) = \begin{cases} \dfrac{\sin(\omega_c t)}{\pi t}, & \omega_c \leqslant \omega_i \\ \dfrac{\sin(\omega_i t)}{\pi t}, & \omega_i \leqslant \omega_c \end{cases}$$

即，取决于 ω_c 和 ω_i 中哪一个较小，输出或者等于 $x(t)$，或者等于 $h(t)$。

4.5 相乘性质

卷积性质指的是**时域**内的卷积对应于**频域**内的相乘。由于时域和频域之间的对偶性质，可以期望对此也一定有一个相应的对偶性质存在，即时域内的相乘应该对应于频域内的卷积。具体而言，就是

$$\boxed{r(t) = s(t)p(t) \longleftrightarrow R(j\omega) = \frac{1}{2\pi}\int_{-\infty}^{+\infty} S(j\theta)P(j(\omega-\theta))d\theta} \tag{4.70}$$

式(4.70)可以利用 4.3.6 节的对偶关系与卷积性质一起来证明，或者直接利用傅里叶变换关系，通过类似推导卷积性质的步骤来得到。

一个信号被另一个信号去乘，可以理解为用一个信号去**调制**另一个信号的振幅，因此两个信号相乘往往也称为**幅度调制**。为此，式(4.70)有时也称为**调制性质**(modulation property)。在第 7 章和第 8 章中将会看到，这个性质有几个很重要的应用。为了说明式(4.70)及今后将要讨论到的若干应用，先来举几个例子。

例 4.21 设信号 $s(t)$ 的频谱 $S(j\omega)$ 如图 4.23(a)所示，同时考虑另一信号 $p(t)$，
$$p(t) = \cos(\omega_0 t)$$

那么
$$P(j\omega) = \pi\delta(\omega - \omega_0) + \pi\delta(\omega + \omega_0)$$

如图 4.23(b)所示。利用式(4.70)可以求得 $r(t) = s(t)p(t)$ 的频谱 $R(j\omega)$ 为
$$\begin{aligned} R(j\omega) &= \frac{1}{2\pi}\int_{-\infty}^{+\infty} S(j\theta)P(j(\omega-\theta))d\theta \\ &= \frac{1}{2}S(j(\omega-\omega_0)) + \frac{1}{2}S(j(\omega+\omega_0)) \end{aligned} \tag{4.71}$$

如图 4.23(c)所示。这里已假定 $\omega_0 > \omega_1$，所以 $R(j\omega)$ 中两个非零的部分互不重叠。很显然，$r(t)$ 的频谱是由 $S(j\omega)$ 移位并受到加权的两个部分组成的。

由式(4.71)和图 4.23 可见，当该信号 $s(t)$ 被一个正弦信号相乘以后，虽然信号中包含的信息全都搬移到较高的频率中，但 $s(t)$ 中的全部信息却被原封不动地保留了下来！这一点就构成了通信中正弦幅度调制系统的基础。下一个例子将展示如何从该幅度已调信号 $r(t)$ 中恢复出原始信号 $s(t)$。

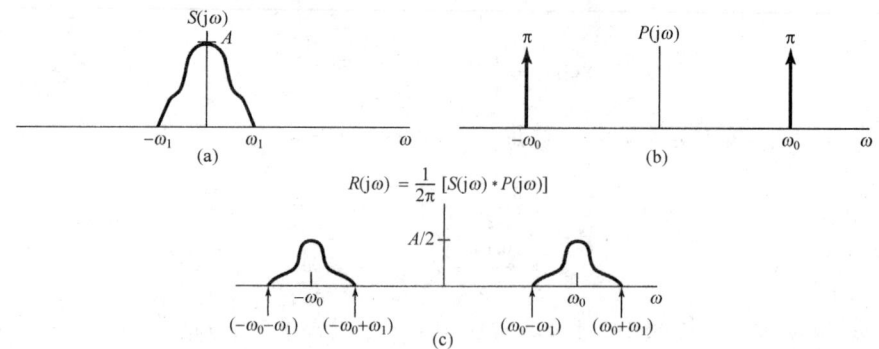

图 4.23 例 4.21 中相乘性质的应用。(a) 信号 $s(t)$ 的傅里叶变换;(b) $p(t) = \cos\omega_0 t$ 的傅里叶变换;(c) $r(t) = s(t)p(t)$ 的傅里叶变换

例 4.22 现在考虑在例 4.21 中得到的信号 $r(t)$,并令

$$g(t) = r(t)p(t)$$

其中,$p(t) = \cos(\omega_0 t)$。这时,$R(j\omega)$,$P(j\omega)$ 和 $G(j\omega)$ 均如图 4.24 所示。

由图 4.24(c) 并根据傅里叶变换的线性性质,可知 $g(t)$ 是 $(1/2)s(t)$ 与一个其频谱仅在较高的频率上(以 $\pm 2\omega_0$ 为中心附近)为非零的信号之和。假设将信号 $g(t)$ 作为一个输入加在一个频率响应 $H(j\omega)$ 只局限在低频域(如 $|\omega| < \omega_1$),而在高频域(如 $|\omega| > \omega_1$)为零的频率选择性低通滤波器上,那么系统的输出频谱就为 $H(j\omega)G(j\omega)$,由于对 $H(j\omega)$ 给以如上的特殊选取,它除了在幅度上有一个加权,就是 $S(j\omega)$。因此,输出就是一个受到加权的 $s(t)$。当第 8 章更详细地讨论幅度调制的原理后,将会大大扩展这一概念。

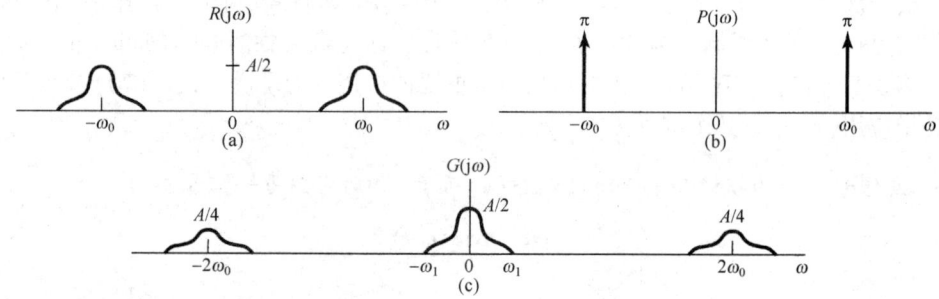

图 4.24 例 4.22 中考虑的各信号的频谱。(a) $R(j\omega)$;(b) $P(j\omega)$;(c) $G(j\omega)$

例 4.23 傅里叶变换相乘性质的另一个应用是求下面信号 $x(t)$ 的傅里叶变换:

$$x(t) = \frac{\sin(t)\sin(t/2)}{\pi t^2}$$

这里的关键是将 $x(t)$ 当成两个 sinc 函数的乘积,即

$$x(t) = \pi\left(\frac{\sin(t)}{\pi t}\right)\left(\frac{\sin(t/2)}{\pi t}\right)$$

应用傅里叶变换的相乘性质,可得

$$X(j\omega) = \frac{1}{2}\mathcal{F}\left\{\frac{\sin(t)}{\pi t}\right\} * \mathcal{F}\left\{\frac{\sin(t/2)}{\pi t}\right\}$$

注意,每个 sinc 函数的傅里叶变换都是一个矩形脉冲,把这两个脉冲求卷积就得到了 $X(j\omega)$,如图 4.25 所示。

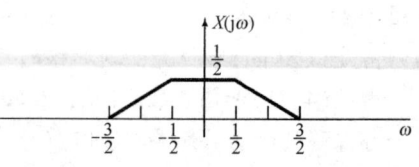

图 4.25 例 4.23 中 $x(t)$ 的傅里叶变换

4.5.1 具有可变中心频率的频率选择性滤波

正如在例 4.21 和例 4.22 中想到的,并将更全面地在第 8 章将讨论的,相乘性质的一个重要应用是在通信系统中的幅度调制。另一个重要应用是在中心频率可调的频率选择性带通滤波器的实现上,其中心频率可以简单地用一个调谐旋钮来调节。在由电阻器、运算放大器和电容器构成的频率选择性带通滤波器中,其中心频率取决于许多元件值,若要直接调节中心频率,则所有元件都必须同时以一种正确的方式变化。这一点一般来说十分困难,而且与仅制作一个固定特性的滤波器相比很麻烦。另一种办法是利用一个固定特性的频率选择性滤波器,然后用恰当地移动信号频谱的办法来改变滤波器的中心频率,其中就要用到正弦幅度调制的原理。

例如,考虑示于图 4.26 的系统。这里,输入信号 $x(t)$ 被一个复指数信号 $e^{j\omega_c t}$ 相乘,所得信号通过一个截止频率为 ω_c 的低通滤波器,其输出再乘以 $e^{-j\omega_c t}$。信号 $x(t)$,$y(t)$,$w(t)$ 和 $f(t)$ 的频谱如图 4.27 所示。无论从相乘性质还是频移性质来看,$y(t) = e^{j\omega_c t} x(t)$ 的傅里叶变换都是

$$Y(j\omega) = \int_{-\infty}^{+\infty} \delta(\theta - \omega_c) X(\omega - \theta) d\theta$$

这样 $Y(j\omega)$ 就等于 $X(j\omega)$ 向右移 ω_c,在 $X(j\omega)$ 中靠近 $\omega = \omega_c$ 附近的频谱就移进该低通滤波器的通带内。同理,$f(t) = e^{-j\omega_c t} w(t)$ 的傅里叶变换是

$$F(j\omega) = W(j(\omega + \omega_c))$$

$F(j\omega)$ 就是 $W(j\omega)$ 向左移 ω_c。由图 4.27 可见,图 4.26 所示整个系统等效于一个中心频率为 $-\omega_c$,带宽为 $2\omega_0$ 的理想带通滤波器,如图 4.28 所示。随着复指数振荡器的频率 ω_c 的改变,该带通滤波器的中心频率也就改变了。

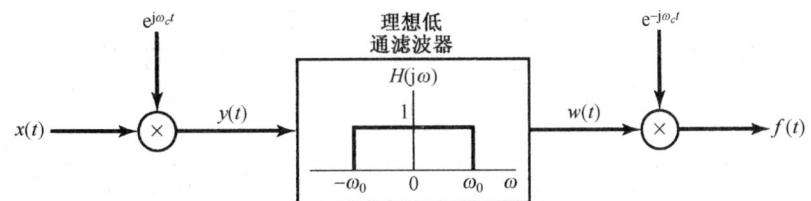

图 4.26 利用复指数载波的幅度调制实现带通滤波器

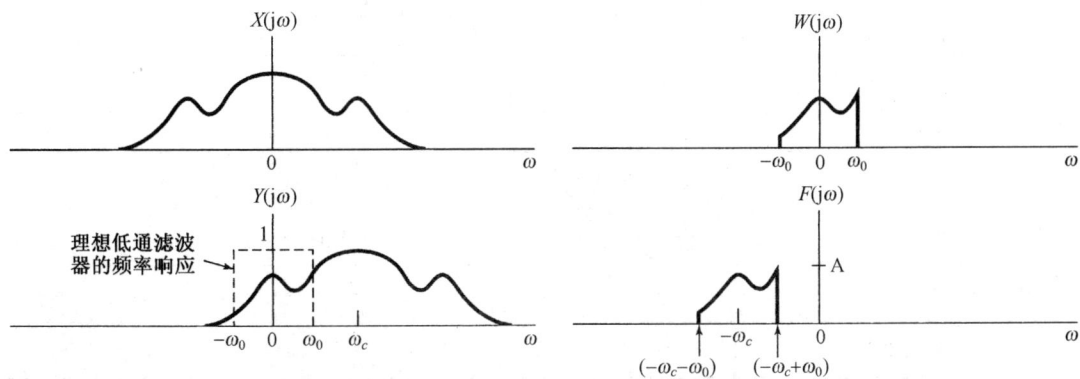

图 4.27 图 4.26 所示系统中各信号的频谱

在图 4.26 所示的系统中，$x(t)$ 为实信号，而 $y(t)$，$w(t)$ 和 $f(t)$ 则全都是复信号。如果仅保留 $f(t)$ 中的实部，得到的频谱就如图 4.29 所示，而与其相应的等效带通滤波器就应有分别以 ω_c 和 $-\omega_c$ 为中心的两个频带，如图 4.30 所示。在一定的条件下，利用正弦调制而不用复指数调制来实现图 4.30 所示的系统也是可能的。这将在习题 4.46 中进一步说明。

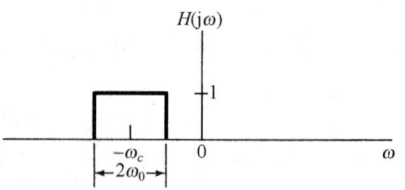

图 4.28　与图 4.26 等效的带通滤波器

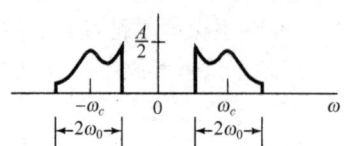

图 4.29　与图 4.26 有关的 $Re\{f(t)\}$ 的频谱

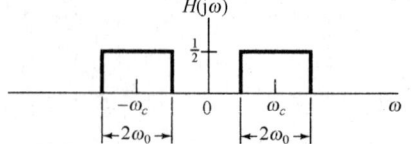

图 4.30　对应图 4.29 中 $Re\{f(t)\}$ 的等效带通滤波器

4.6　傅里叶变换性质和基本傅里叶变换对列表

在前面几节和本章末的习题中已经研究过傅里叶变换的若干重要性质，现将这些性质综合出来列于表 4.1 中。表中还给出了每个性质所在的节号。

表 4.2 汇总了一些重要的基本傅里叶变换对，这些变换对在用傅里叶分析这一工具研究信号与系统时会反复遇到。所列变换对，除了最后一个，都在前面各节作为例子讨论过。最后一个变换对将在习题 4.40 中考虑。另外，要注意在表 4.2 中有几个信号是周期的，这里还列出了相应的傅里叶级数系数。

表 4.1　傅里叶变换性质

节　号	性　质	非周期信号	傅里叶变换
		$x(t)$	$X(j\omega)$
		$y(t)$	$Y(j\omega)$
4.3.1	线性	$ax(t) + by(t)$	$aX(j\omega) + bY(j\omega)$
4.3.2	时移	$x(t - t_0)$	$e^{-j\omega t_0} X(j\omega)$
4.3.6	频移	$e^{j\omega_0 t} x(t)$	$X(j(\omega - \omega_0))$
4.3.3	共轭	$x^*(t)$	$X^*(-j\omega)$
4.3.5	时间反转	$x(-t)$	$X(-j\omega)$
4.3.5	时间与频率的尺度变换	$x(at)$	$\dfrac{1}{|a|} X\left(\dfrac{j\omega}{a}\right)$
4.4	卷积	$x(t) * y(t)$	$X(j\omega) Y(j\omega)$
4.5	相乘	$x(t) y(t)$	$\dfrac{1}{2\pi} \int_{-\infty}^{+\infty} X(j\theta) Y(j(\omega - \theta)) d\theta$
4.3.4	时域微分	$\dfrac{d}{dt} x(t)$	$j\omega X(j\omega)$
4.3.4	积分	$\int_{-\infty}^{t} x(t) dt$	$\dfrac{1}{j\omega} X(j\omega) + \pi X(0) \delta(\omega)$
4.3.6	频域微分	$t x(t)$	$j \dfrac{d}{d\omega} X(j\omega)$

(续表)

节号	性质	非周期信号	傅里叶变换
4.3.3	实信号的共轭对称	$x(t)$ 为实函数	$\begin{cases} X(j\omega) = X^*(-j\omega) \\ \mathcal{Re}\{X(j\omega)\} = \mathcal{Re}\{X(-j\omega)\} \\ \mathcal{I}m\{X(j\omega)\} = -\mathcal{I}m\{X(-j\omega)\} \\ |X(j\omega)| = |X(-j\omega)| \\ \sphericalangle X(j\omega) = -\sphericalangle X(-j\omega) \end{cases}$
4.3.3	实偶信号的对称	$x(t)$ 为实偶函数	$X(j\omega)$ 为实偶函数
4.3.3	实奇信号的对称	$x(t)$ 为实奇函数	$X(j\omega)$ 为纯虚奇函数
4.3.3	实信号的奇偶分解	$x_e(t) = \mathcal{E}v\{x(t)\}$ [$x(t)$为实] $x_o(t) = \mathcal{O}d\{x(t)\}$ [$x(t)$为实]	$\mathcal{Re}\{X(j\omega)\}$ $j\,\mathcal{I}m\{X(j\omega)\}$
4.3.7	非周期信号的帕塞瓦尔定理	$\int_{-\infty}^{+\infty} |x(t)|^2 dt = \dfrac{1}{2\pi}\int_{-\infty}^{+\infty} |X(j\omega)|^2 d\omega$	

表 4.2 基本傅里叶变换对

信号	傅里叶变换	傅里叶级数系数(若为周期的)
$\sum_{k=-\infty}^{+\infty} a_k e^{jk\omega_0 t}$	$2\pi \sum_{k=-\infty}^{+\infty} a_k \delta(\omega - k\omega_0)$	a_k
$e^{jk\omega_0 t}$	$2\pi\delta(\omega - k\omega_0)$	$a_1 = 1$ $a_k = 0$, 其余 k
$\cos(\omega_0 t)$	$\pi[\delta(\omega - \omega_0) + \delta(\omega + \omega_0)]$	$a_1 = a_{-1} = \dfrac{1}{2}$ $a_k = 0$, 其余 k
$\sin(\omega_0 t)$	$\dfrac{\pi}{j}[\delta(\omega - \omega_0) - \delta(\omega + \omega_0)]$	$a_1 = -a_{-1} = \dfrac{1}{2j}$ $a_k = 0$, 其余 k
$x(t) = 1$	$2\pi\delta(\omega)$	$a_0 = 1$, $a_k = 0$, $k \neq 0$(这是对任意 $T > 0$ 选择的傅里叶级数表示)
周期方波 $x(t) = \begin{cases} 1, & |t| < T_1 \\ 0, & T_1 < |t| \leq \dfrac{T}{2} \end{cases}$ 和 $x(t+T) = x(t)$	$\sum_{k=-\infty}^{+\infty} \dfrac{2\sin(k\omega_0 T_1)}{k}\delta(\omega - k\omega_0)$	$\dfrac{\omega_0 T_1}{\pi}\mathrm{sinc}\left(\dfrac{k\omega_0 T_1}{\pi}\right) = \dfrac{\sin(k\omega_0 T_1)}{k\pi}$
$\sum_{n=-\infty}^{+\infty} \delta(t - nT)$	$\dfrac{2\pi}{T}\sum_{k=-\infty}^{+\infty}\delta\left(\omega - \dfrac{2\pi k}{T}\right)$	$a_k = \dfrac{1}{T}$, 对全部 k
$x(t)\begin{cases} 1, & |t| < T_1 \\ 0, & |t| > T_1 \end{cases}$	$\dfrac{2\sin(\omega T_1)}{\omega}$	—
$\dfrac{\sin(Wt)}{\pi t}$	$X(j\omega) = \begin{cases} 1, & |\omega| < W \\ 0, & |\omega| > W \end{cases}$	—
$\delta(t)$	1	—
$u(t)$	$\dfrac{1}{j\omega} + \pi\delta(\omega)$	—
$\delta(t - t_0)$	$e^{-j\omega t_0}$	—
$e^{-at}u(t)$, $\mathcal{Re}\{a\} > 0$	$\dfrac{1}{a + j\omega}$	—
$te^{-at}u(t)$, $\mathcal{Re}\{a\} > 0$	$\dfrac{1}{(a + j\omega)^2}$	—
$\dfrac{t^{n-1}}{(n-1)!}e^{-at}u(t)$, $\mathcal{Re}\{a\} > 0$	$\dfrac{1}{(a + j\omega)^n}$	—

4.7 由线性常系数微分方程表征的系统

在几种场合都曾经讨论过,一类特别重要而有用的连续时间线性时不变系统是其输入-输出关系满足如下形式的线性常系数微分方程的系统:

$$\sum_{k=0}^{N} a_k \frac{\mathrm{d}^k y(t)}{\mathrm{d}t^k} = \sum_{k=0}^{M} b_k \frac{\mathrm{d}^k x(t)}{\mathrm{d}t^k} \tag{4.72}$$

这一节将要讨论如何确定这样一个线性时不变系统的频率响应问题。全部讨论中都假定系统是稳定的,所以它的频率响应存在,即式(3.121)收敛。

有两种密切联系的途径可以确定由微分方程式(4.72)所描述的线性时不变系统的频率响应 $H(j\omega)$。其中第一个是由于复指数信号是线性时不变系统的特征函数这一事实,这个事实曾在3.10节分析几个简单的非理想滤波器时使用过。具体而言,若 $x(t) = e^{j\omega t}$,输出就一定是 $y(t) = H(j\omega)e^{j\omega t}$,将这些代入式(4.72)并进行一些代数运算,就能解出 $H(j\omega)$。这一节将用另一种方法来达到同样的结果,这就是应用傅里叶变换的微分性质式(4.31)。

考虑一个由式(4.72)表征的线性时不变系统。根据卷积性质,

$$Y(j\omega) = H(j\omega)X(j\omega)$$

或等效为

$$H(j\omega) = \frac{Y(j\omega)}{X(j\omega)} \tag{4.73}$$

其中 $X(j\omega)$,$Y(j\omega)$ 和 $H(j\omega)$ 分别是输入 $x(t)$,输出 $y(t)$ 和系统单位冲激响应 $h(t)$ 的傅里叶变换。现在,对式(4.72)两边取傅里叶变换,可得

$$\mathcal{F}\left\{\sum_{k=0}^{N} a_k \frac{\mathrm{d}^k y(t)}{\mathrm{d}t^k}\right\} = \mathcal{F}\left\{\sum_{k=0}^{M} b_k \frac{\mathrm{d}^k x(t)}{\mathrm{d}t^k}\right\} \tag{4.74}$$

根据式(4.26)的线性性质,上式变为

$$\sum_{k=0}^{N} a_k \mathcal{F}\left\{\frac{\mathrm{d}^k y(t)}{\mathrm{d}t^k}\right\} = \sum_{k=0}^{M} b_k \mathcal{F}\left\{\frac{\mathrm{d}^k x(t)}{\mathrm{d}t^k}\right\} \tag{4.75}$$

并且由微分性质式(4.31),可得

$$\sum_{k=0}^{N} a_k (j\omega)^k Y(j\omega) = \sum_{k=0}^{M} b_k (j\omega)^k X(j\omega)$$

或者等效为

$$Y(j\omega)\left[\sum_{k=0}^{N} a_k (j\omega)^k\right] = X(j\omega)\left[\sum_{k=0}^{M} b_k (j\omega)^k\right]$$

因此,由式(4.73)有

$$H(j\omega) = \frac{Y(j\omega)}{X(j\omega)} = \frac{\sum_{k=0}^{M} b_k (j\omega)^k}{\sum_{k=0}^{N} a_k (j\omega)^k} \tag{4.76}$$

可以看出,$H(j\omega)$ 是一个有理函数,也就是两个 $(j\omega)$ 的多项式之比。其分子多项式的系数与式(4.72)的等号右边的系数相同,分母多项式的系数就是式(4.72)的等号左边的系数。因此,由式(4.72)表征的线性时不变系统的频率响应式(4.76)可根据该式的系数直接写出来。

微分方程式(4.72)一般统称为 N 阶微分方程,因为方程中涉及直至输出 $y(t)$ 的第 N 阶导数。同时,式(4.76)中 $H(j\omega)$ 的分母也是一个 $(j\omega)$ 的 N 阶多项式。

例 4.24 一个稳定的线性时不变系统由如下微分方程表征：

$$\frac{dy(t)}{dt} + ay(t) = x(t) \tag{4.77}$$

其中 $a > 0$。由式(4.76)可知，频率响应为

$$H(j\omega) = \frac{1}{j\omega + a} \tag{4.78}$$

将该式与例 4.1 的结果进行比较，可见式(4.78)就是 $e^{-at}u(t)$ 的傅里叶变换。因此该系统的单位冲激响应就是

$$h(t) = e^{-at}u(t)$$

例 4.25 一个稳定的线性时不变系统由如下微分方程表征：

$$\frac{d^2y(t)}{dt^2} + 4\frac{dy(t)}{dt} + 3y(t) = \frac{dx(t)}{dt} + 2x(t)$$

由式(4.76)可知，频率响应是

$$H(j\omega) = \frac{(j\omega) + 2}{(j\omega)^2 + 4(j\omega) + 3} \tag{4.79}$$

为了求出相应的单位冲激响应，需要求出 $H(j\omega)$ 的逆变换，这就要用到在例 4.19 中所用的并在附录 A 中详细讨论的部分分式展开[具体见例 A.1，其中详细地对式(4.79)的部分分式展开进行了计算]。作为第一步，要将式(4.79)的等号右边的分母因式分解为较低阶项的乘积：

$$H(j\omega) = \frac{j\omega + 2}{(j\omega + 1)(j\omega + 3)} \tag{4.80}$$

然后，利用部分分式展开，求得

$$H(j\omega) = \frac{\frac{1}{2}}{j\omega + 1} + \frac{\frac{1}{2}}{j\omega + 3}$$

这里每一项的逆变换都能从例 4.24 中得出，其结果是

$$h(t) = \frac{1}{2}e^{-t}u(t) + \frac{1}{2}e^{-3t}u(t)$$

例 4.25 所采用的求逆变换的过程，一般来说，对于变换式是两个($j\omega$)的多项式之比的情况是适用的。特别是，可以用式(4.76)来确定任何一个由线性常系数微分方程描述的线性时不变系统的频率响应 $H(j\omega)$，然后利用部分分式展开来计算单位冲激响应。由于部分分式展开的结果，就把频率响应 $H(j\omega)$ 变成这样一种形式，使得其中每一项的逆变换都能够一目了然。另外，如果系统输入的傅里叶变换 $X(j\omega)$ 也是两个($j\omega$)的多项式之比，那么 $Y(j\omega) = H(j\omega)X(j\omega)$ 也一定是两个($j\omega$)的多项式之比。在这种情况下，就可以用同样的办法来解微分方程，也就是求对输入 $x(t)$ 的响应 $y(t)$。下面用一个例子给予说明。

例 4.26 假设例 4.25 所示系统的输入是

$$x(t) = e^{-t}u(t)$$

那么应用式(4.80)，有

$$\begin{aligned} Y(j\omega) = H(j\omega)X(j\omega) &= \left[\frac{j\omega + 2}{(j\omega + 1)(j\omega + 3)}\right]\left[\frac{1}{j\omega + 1}\right] \\ &= \frac{j\omega + 2}{(j\omega + 1)^2(j\omega + 3)} \end{aligned} \tag{4.81}$$

正如附录 A 中所指出的，这种情况，其部分分式展开应为

$$Y(j\omega) = \frac{A_{11}}{j\omega+1} + \frac{A_{12}}{(j\omega+1)^2} + \frac{A_{21}}{j\omega+3} \tag{4.82}$$

其中 A_{11}，A_{12} 和 A_{21} 均是待定常数。为了确定这些常数，可以应用附录 A 中例 A.2 的部分分式展开法，求得

$$A_{11} = \frac{1}{4}, \quad A_{12} = \frac{1}{2}, \quad A_{21} = -\frac{1}{4}$$

于是得到

$$Y(j\omega) = \frac{\frac{1}{4}}{j\omega+1} + \frac{\frac{1}{2}}{(j\omega+1)^2} - \frac{\frac{1}{4}}{j\omega+3} \tag{4.83}$$

式(4.83)中每一项的逆变换都能直接得到，其中第一项和第三项与前两个例子的形式相同，而第二项的逆变换可以从表 4.2 中得到，或者像例 4.19 那样，利用微分性质的对偶性质式(4.40)，对 $1/(j\omega+1)$ 进行频域微分求得。这样式(4.83)的逆变换为

$$y(t) = \left[\frac{1}{4}e^{-t} + \frac{1}{2}te^{-t} - \frac{1}{4}e^{-3t}\right]u(t)$$

由以上这些例子可以看到，傅里叶变换方法如何把一个由微分方程表征的线性时不变系统的问题演变为直接的代数问题，本章末习题中将用更多的例子来说明这一点。另外（见第 6 章），在处理由微分方程描述的线性时不变系统时，有理变换的代数结构非常便于其频域性质的分析，并且对这类重要系统在时域和频域特性上都能得到更为透彻的认识。

4.8 小结

本章建立了连续时间信号的傅里叶变换表示，并研究了许多很有用的性质。特别是在把一个非周期信号看成周期变得任意大时一个周期信号的极限之后，由第 3 章所建立的周期信号的傅里叶级数表示导出了非周期信号的傅里叶变换表示。另外，周期信号本身也可以用傅里叶变换来表示，这个傅里叶变换是由发生在该周期信号各谐波频率上的冲激串组成的，并且每个冲激串的面积正比于各傅里叶级数系数。

傅里叶变换具有一系列重要性质，这些性质表达了不同的信号特性是如何反映到它们的变换中的，并且在本章推导并研究了其中的许多性质。在这些性质中，有两个性质在研究信号与系统时具有特别重要的意义。第一个就是卷积性质。这个性质是复指数信号的特征函数性质的一个直接结果，并由此导致可以用系统的频率响应来表征一个线性时不变系统。这种表征是用频域的方法来分析线性时不变系统的基础，在后续各章中将继续给予讨论。具有极其重要内涵的傅里叶变换的第二个性质是相乘性质，它是频域分析方法研究采样和调制系统的基础。这些系统将在第 7 章和第 8 章中讨论。

本章还可看出，傅里叶分析方法特别适合于研究由线性常系数微分方程描述的线性时不变系统。具体而言，这种系统的频率响应能直接根据微分方程的系数来确定，利用部分分式展开法很容易求出系统的单位冲激响应。在下面的各章中将会发现，这些系统频率响应的代数结构对于深入分析它们的时域和频域特性极为方便。

习题

习题的第一部分属于基本题，答案在书末给出。其余三个部分分别属于基本题、深入题和扩充题。

基本题（附答案）

4.1 利用傅里叶变换分析式(4.9)，求下列信号的傅里叶变换：

(a) $e^{-2(t-1)}u(t-1)$ (b) $e^{-2|t-1|}$

概略画出每一个傅里叶变换的模特性并进行标注。

4.2 利用傅里叶变换分析式(4.9),求下列信号的傅里叶变换:

(a) $\delta(t+1) + \delta(t-1)$ (b) $\dfrac{d}{dt}\{u(-2-t) + u(t-2)\}$

概略画出每一个傅里叶变换的模特性并进行标注。

4.3 求下列各周期信号的傅里叶变换:

(a) $\sin\left(2\pi t + \dfrac{\pi}{4}\right)$ (b) $1 + \cos\left(6\pi t + \dfrac{\pi}{8}\right)$

4.4 利用傅里叶变换综合式(4.8),求下式的逆变换:

(a) $X_1(j\omega) = 2\pi\delta(\omega) + \pi\delta(\omega - 4\pi) + \pi\delta(\omega + 4\pi)$

(b) $X_2(j\omega) = \begin{cases} 2, & 0 \le \omega \le 2 \\ -2, & -2 \le \omega < 0 \\ 0, & |\omega| > 2 \end{cases}$

4.5 利用傅里叶变换综合式(4.8),求 $X(j\omega) = |X(j\omega)|e^{j\angle X(j\omega)}$ 的逆变换,其中

$$|X(j\omega)| = 2\{u(\omega + 3) - u(\omega - 3)\}$$
$$\angle X(j\omega) = -\dfrac{3}{2}\omega + \pi$$

用所得答案确定 $x(t) = 0$ 时的 t 值。

4.6 已知 $x(t)$ 的傅里叶变换为 $X(j\omega)$,试将下列各信号的傅里叶变换用 $X(j\omega)$ 来表示。列于表4.1中的各傅里叶变换性质对解此题是有用的。

(a) $x_1(t) = x(1-t) + x(-1-t)$ (b) $x_2(t) = x(3t-6)$ (c) $x_3(t) = \dfrac{d^2}{dt^2}x(t-1)$

4.7 对于下列各傅里叶变换,根据傅里叶变换性质(见表4.1)确定对应于时域信号,是否为(i)实,虚,或都不是;(ii)偶、奇,或都不是。应该不通过求出逆变换来解此题。

(a) $X_1(j\omega) = u(\omega) - u(\omega - 2)$ (b) $X_2(j\omega) = \cos(2\omega)\sin\left(\dfrac{\omega}{2}\right)$

(c) $X_3(j\omega) = A(\omega)e^{jB(\omega)}$,其中 $A(\omega) = \sin(2\omega)/\omega$ 且 $B(\omega) = 2\omega + \dfrac{\pi}{2}$。

(d) $X(j\omega) = \sum\limits_{k=-\infty}^{\infty}\left(\dfrac{1}{2}\right)^{|k|}\delta\left(\omega - \dfrac{k\pi}{4}\right)$

4.8 考虑信号

$$x(t) = \begin{cases} 0, & t < -\tfrac{1}{2} \\ t + \tfrac{1}{2}, & -\tfrac{1}{2} \le t \le \tfrac{1}{2} \\ 1, & t > \tfrac{1}{2} \end{cases}$$

(a) 利用表4.1中的微分和积分性质,以及表4.2中的矩形脉冲傅里叶变换对,求 $X(j\omega)$ 的闭式表示式。

(b) $g(t) = x(t) - \dfrac{1}{2}$ 的傅里叶变换是什么?

4.9 考虑信号

$$x(t) = \begin{cases} 0, & |t| > 1 \\ (t+1)/2, & -1 \le t \le 1 \end{cases}$$

(a) 借助于表4.1和表4.2,求 $X(j\omega)$ 的闭式表示式。

(b) 取(a)中答案的实部,证明它就是 $x(t)$ 的偶部的傅里叶变换。

(c) $x(t)$ 的奇部的傅里叶变换是什么?

4.10 (a) 借助于表 4.1 和表 4.2，求下列信号的傅里叶变换：
$$x(t) = t\left(\frac{\sin t}{\pi t}\right)^2$$

(b) 利用帕塞瓦尔定理和上面的结果，求
$$A = \int_{-\infty}^{+\infty} t^2 \left(\frac{\sin t}{\pi t}\right)^4 dt$$

的值。

4.11 已知下列关系：
$$y(t) = x(t) * h(t)$$
$$g(t) = x(3t) * h(3t)$$

并已知 $x(t)$ 的傅里叶变换是 $X(j\omega)$，$h(t)$ 的傅里叶变换是 $H(j\omega)$，利用傅里叶变换性质证明 $g(t)$ 为
$$g(t) = Ay(Bt)$$

并求出 A 和 B 的值。

4.12 考虑下面的傅里叶变换对：
$$e^{-|t|} \xleftrightarrow{\mathcal{F}} \frac{2}{1+\omega^2}$$

(a) 利用恰当的傅里叶变换性质求 $te^{-|t|}$ 的傅里叶变换。

(b) 根据(a)的结果，再结合对偶性质，求
$$\frac{4t}{(1+t^2)^2}$$

的傅里叶变换。**提示**：见例 4.13。

4.13 设 $x(t)$ 的傅里叶变换为
$$X(j\omega) = \delta(\omega) + \delta(\omega - \pi) + \delta(\omega - 5)$$

并令
$$h(t) = u(t) - u(t-2)$$

(a) $x(t)$ 是周期的吗？

(b) $x(t) * h(t)$ 是周期的吗？

(c) 两个非周期信号的卷积有可能是周期的吗？

4.14 考虑一个信号 $x(t)$，其傅里叶变换为 $X(j\omega)$，假设给出下列条件：

1. $x(t)$ 是实值且非负的。
2. $\mathcal{F}^{-1}\{(1+j\omega)X(j\omega)\} = Ae^{-2t}u(t)$，其中 A 与 t 无关。
3. $\int_{-\infty}^{\infty} |X(j\omega)|^2 d\omega = 2\pi$

求 $x(t)$ 的闭式表达式。

4.15 设 $x(t)$ 有傅里叶变换 $X(j\omega)$，假设给出下列条件：

1. $x(t)$ 为实信号。
2. $x(t) = 0$, $t \leq 0$
3. $\frac{1}{2\pi}\int_{-\infty}^{\infty} \text{Re}\{X(j\omega)\} e^{j\omega t} d\omega = |t|e^{-|t|}$

求 $x(t)$ 的闭式表达式。

4.16 考虑信号
$$x(t) = \sum_{k=-\infty}^{\infty} \frac{\sin(k\frac{\pi}{4})}{k\frac{\pi}{4}} \delta(t - k\frac{\pi}{4})$$

(a) 求满足下式的 $g(t)$：
$$x(t) = \left(\frac{\sin t}{\pi t}\right) g(t)$$

(b) 利用傅里叶变换的相乘性质，证明 $X(j\omega)$ 是周期的，并给出一个周期内的 $X(j\omega)$。

4.17 试判断下面每一种说法是对还是错的,并给出理由。
(a) 一个纯虚奇函数的信号总是有一个纯虚奇函数的傅里叶变换。
(b) 一个奇的傅里叶变换与一个偶的傅里叶变换的卷积总是奇的。

4.18 有一个系统的频率响应为
$$H(j\omega) = \frac{\sin^2(3\omega)\cos\omega}{\omega^2}$$
求它的单位冲激响应。

4.19 有一个因果线性时不变系统的频率响应为
$$H(j\omega) = \frac{1}{j\omega + 3}$$
对于某一特定的输入 $x(t)$,观察到该系统的输出是
$$y(t) = e^{-3t}u(t) - e^{-4t}u(t)$$
求 $x(t)$。

4.20 求习题3.20考虑的由 RLC 电路表示的该因果线性时不变系统的单位冲激响应。通过求该电路频率响应的逆变换来做此题。表4.1和表4.2都将有助于求逆变换。

基本题

4.21 求下列每一信号的傅里叶变换:

(a) $[e^{-\alpha t}\cos(\omega_0 t)]u(t)$, $\alpha > 0$ (b) $e^{-3|t|}\sin(2t)$ (c) $x(t) = \begin{cases} 1+\cos(\pi t), & |t| \leq 1 \\ 0, & |t| > 1 \end{cases}$

(d) $\sum_{k=0}^{\infty} \alpha^k \delta(t-kT)$, $|\alpha| < 1$ (e) $[te^{-2t}\sin(4t)]u(t)$ (f) $\left[\frac{\sin(\pi t)}{\pi t}\right]\left[\frac{\sin(2\pi(t-1))}{\pi(t-1)}\right]$

(g) $x(t)$ 如图 P4.21(a) 所示。   (h) $x(t)$ 如图 P4.21(b) 所示。

(i) $x(t) = \begin{cases} 1-t^2, & 0 < t < 1 \\ 0, & \text{其他} \end{cases}$ (j) $\sum_{n=-\infty}^{+\infty} e^{-|t-2n|}$

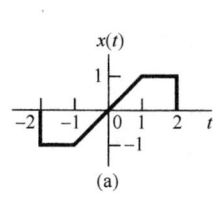
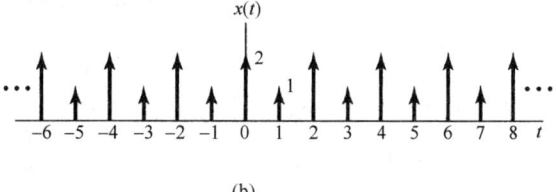

图 P4.21

4.22 对下列每一个变换求对应的连续时间信号:

(a) $X(j\omega) = \dfrac{2\sin[3(\omega - 2\pi)]}{(\omega - 2\pi)}$

(b) $X(j\omega) = \cos(4\omega + \pi/3)$

(c) $|X(j\omega)|$ 的模和相位如图 P4.22(a) 所示。

(d) $X(j\omega) = 2[\delta(\omega-1) - \delta(\omega+1)] + 3[\delta(\omega-2\pi) + \delta(\omega+2\pi)]$

(e) $X(j\omega)$ 如图 P4.22(b) 所示。

4.23 考虑信号 $x_0(t)$ 为
$$x_0(t) = \begin{cases} e^{-t}, & 0 \leq t \leq 1 \\ 0, & \text{其他} \end{cases}$$
求图 P4.23 所示的每一个信号的傅里叶变换。解此题时,应该能够**仅需**具体求出 $x_0(t)$ 的变换,然后利用傅里叶变换性质来求其他的变换。

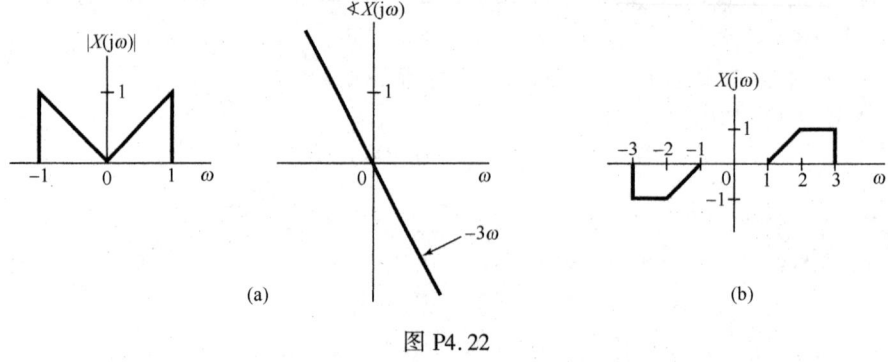

图 P4.22

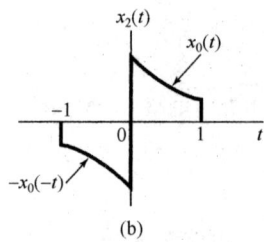

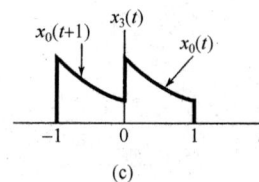
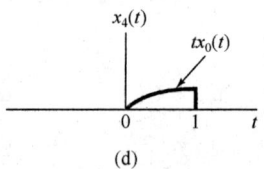

图 P4.23

4.24 (a) 图 P4.24 中所示实信号有哪些(如果有)，其傅里叶变换满足下列性质中的哪一项：

(1) $\mathcal{R}e\{X(j\omega)\} = 0$

(2) $\mathcal{I}m\{X(j\omega)\} = 0$

(3) 存在一个实数 α，使 $e^{j\alpha\omega}X(j\omega)$ 为实函数。

(4) $\int_{-\infty}^{\infty} X(j\omega) d\omega = 0$

(5) $\int_{-\infty}^{\infty} \omega X(j\omega) d\omega = 0$

(6) $X(j\omega)$ 是周期的。

(b) 构造一个信号，它具有上述性质(1)，(4)和(5)，但没有其余性质。

4.25 设 $X(j\omega)$ 为图 P4.25 信号 $x(t)$ 的傅里叶变换：

(a) 求 $\sphericalangle X(j\omega)$。

(b) 求 $X(j0)$。

(c) 求 $\int_{-\infty}^{\infty} X(j\omega) d\omega$。

(d) 计算 $\int_{-\infty}^{\infty} X(j\omega) \frac{2\sin\omega}{\omega} e^{j2\omega} d\omega$。

(e) 计算 $\int_{-\infty}^{\infty} |X(j\omega)|^2 d\omega$。

(f) 画出 $\mathcal{R}e\{X(j\omega)\}$ 的逆变换。

注意：不必具体算出 $X(j\omega)$ 就应能完成以上全部计算。

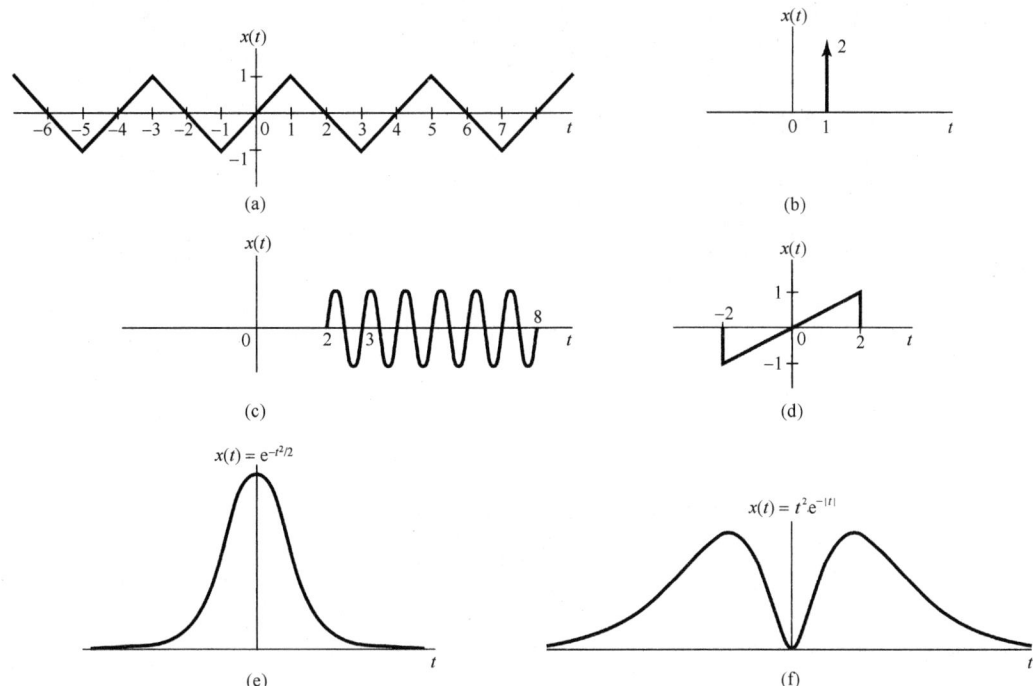

图 P4.24

4.26 (a) 利用卷积性质和逆变换,通过计算 $X(j\omega)$ 和 $H(j\omega)$ 求下列各对信号 $x(t)$ 和 $h(t)$ 的卷积:

(i) $x(t) = te^{-2t}u(t)$, $h(t) = e^{-4t}u(t)$

(ii) $x(t) = te^{-2t}u(t)$, $h(t) = te^{-4t}u(t)$

(iii) $x(t) = e^{-t}u(t)$, $h(t) = e^{t}u(-t)$

(b) 假设 $x(t) = e^{-(t-2)}u(t-2)$, $h(t)$ 如图 P4.26 所示,对这一对信号,通过证明 $y(t) = x(t) * h(t)$ 的傅里叶变换等于 $H(j\omega)X(j\omega)$ 来验证卷积性质。

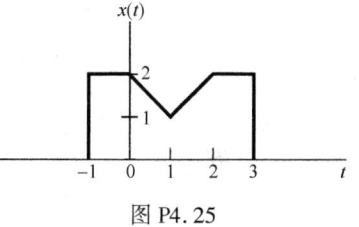

图 P4.25

4.27 考虑信号

$$x(t) = u(t-1) - 2u(t-2) + u(t-3)$$

和

$$\tilde{x}(t) = \sum_{k=-\infty}^{\infty} x(t-kT)$$

其中 $T>0$。令 a_k 记为 $\tilde{x}(t)$ 的傅里叶级数系数,$X(j\omega)$ 为 $x(t)$ 的傅里叶变换。

(a) 求 $X(j\omega)$ 的闭式表达式。

(b) 求傅里叶系数 a_k 的表达式,并验证 $a_k = \frac{1}{T}X\left(j\frac{2\pi k}{T}\right)$。

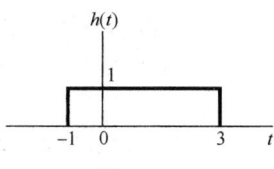

图 P4.26

4.28 (a) 设 $x(t)$ 有傅里叶变换 $X(j\omega)$,令 $p(t)$ 为基波频率 ω_0 的周期信号,其傅里叶级数表示是

$$p(t) = \sum_{n=-\infty}^{+\infty} a_n e^{jn\omega_0 t}$$

求

$$y(t) = x(t)p(t) \tag{P4.28-1}$$

的傅里叶变换表示式。

(b) 设 $X(j\omega)$ 如图 P4.28(a) 所示,对下列每一个 $p(t)$ 画出式(P4.28-1)中 $y(t)$ 的频谱:

(1) $p(t) = \cos(t/2)$ (2) $p(t) = \cos t$ (3) $p(t) = \cos(2t)$

(4) $p(t) = \sin t \sin(2t)$ (5) $p(t) = \cos(2t) - \cos t$ (6) $p(t) = \sum_{n=-\infty}^{+\infty} \delta(t - \pi n)$

(7) $p(t) = \sum_{n=-\infty}^{+\infty} \delta(t - 2\pi n)$ (8) $p(t) = \sum_{n=-\infty}^{+\infty} \delta(t - 4\pi n)$

(9) $p(t) = \sum_{n=-\infty}^{+\infty} \delta(t - 2\pi n) - \frac{1}{2}\sum_{n=-\infty}^{+\infty} \delta(t - \pi n)$ (10) $p(t)$ 为图 P4.28(b) 所示周期方波。

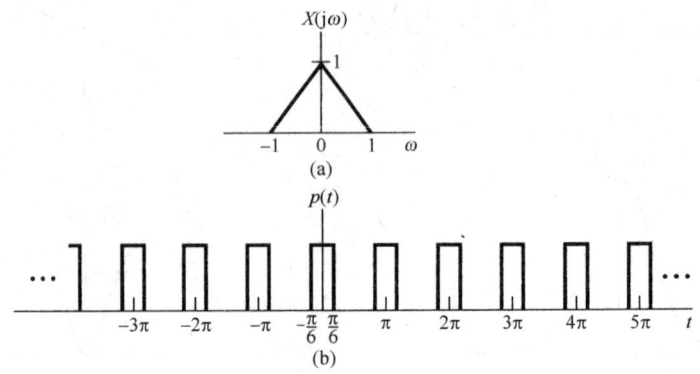

图 P4.28

4.29 一个实值连续时间函数 $x(t)$ 有傅里叶变换 $X(j\omega)$,其模与相位如图 P4.29(a)所示。函数 $x_a(t)$, $x_b(t)$, $x_c(t)$ 和 $x_d(t)$ 都有傅里叶变换,它们的模都与 $X(j\omega)$ 的模完全相同,但相位不同,分别如图 P4.29(b)至图 P4.29(e)所示。相位函数 $\sphericalangle X_a(j\omega)$ 和 $\sphericalangle X_b(j\omega)$ 是通过给 $\sphericalangle X(j\omega)$ 附加一个线性相位而形成的;相位函数 $\sphericalangle X_c(j\omega)$ 是把 $\sphericalangle X(j\omega)$ 关于 $\omega=0$ 反转得来的;而 $\sphericalangle X_d(j\omega)$ 则是把反转和附加一个线性相位结合起来得到的。利用傅里叶变换性质,确定用 $x(t)$ 表示 $x_a(t)$, $x_b(t)$, $x_c(t)$ 和 $x_d(t)$ 的表示式。

4.30 假设 $g(t) = x(t)\cos t$,而 $g(t)$ 的傅里叶变换是

$$G(j\omega) = \begin{cases} 1, & |\omega| \leq 2 \\ 0, & \text{其他} \end{cases}$$

(a) 求 $x(t)$。
(b) 若有

$$g(t) = x_1(t)\cos\left(\frac{2}{3}t\right)$$

试确定 $x_1(t)$ 的傅里叶变换 $X_1(j\omega)$。

4.31 (a) 证明下面三个不同单位冲激响应的线性时不变系统:

$$h_1(t) = u(t)$$
$$h_2(t) = -2\delta(t) + 5e^{-2t}u(t)$$
$$h_3(t) = 2te^{-t}u(t)$$

对输入为 $x(t) = \cos t$ 的响应全都一样。

(b) 求另一个线性时不变系统的单位冲激响应,它对 $\cos t$ 的响应也相同。
这道题说明,对 $\cos t$ 的响应不能唯一用来标定一个线性时不变系统。

4.32 考虑一个线性时不变系统 S,其单位冲激响应为

$$h(t) = \frac{\sin[4(t-1)]}{\pi(t-1)}$$

求系统 S 对下面每个输入信号的输出：

(a) $x_1(t) = \cos\left(6t + \frac{\pi}{2}\right)$

(b) $x_2(t) = \sum_{k=0}^{\infty} \left(\frac{1}{2}\right)^k \sin(3kt)$

(c) $x_3(t) = \frac{\sin[4(t+1)]}{\pi(t+1)}$

(d) $x_4(t) = \left(\frac{\sin(2t)}{\pi t}\right)^2$

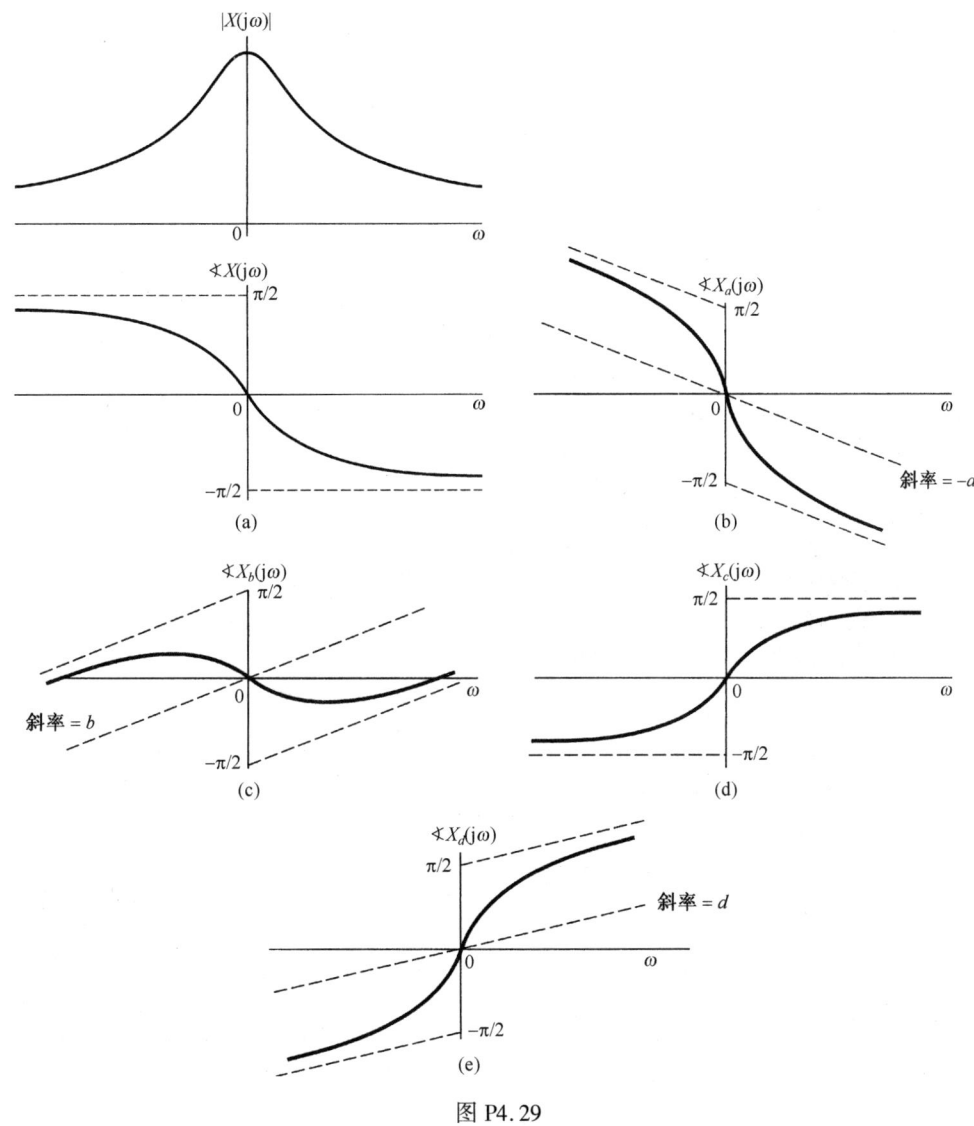

图 P4.29

4.33 一个因果线性时不变系统的输入和输出，由下列微分方程表征：

$$\frac{d^2 y(t)}{dt^2} + 6\frac{dy(t)}{dt} + 8y(t) = 2x(t)$$

(a) 求该系统的单位冲激响应。

(b) 若 $x(t) = te^{-2t}u(t)$，那么该系统的响应是什么？

(c) 对于由下列方程描述的因果线性时不变系统，重做(a)：

$$\frac{d^2 y(t)}{dt^2} + \sqrt{2}\frac{dy(t)}{dt} + y(t) = 2\frac{d^2 x(t)}{dt^2} - 2x(t)$$

4.34 一个因果稳定线性时不变系统 S，有频率响应为

$$H(j\omega) = \frac{j\omega + 4}{6 - \omega^2 + 5j\omega}$$

(a) 写出关联系统 S 输入 $x(t)$ 和输出 $y(t)$ 的微分方程。
(b) 求该系统 S 的单位冲激响应 $h(t)$。
(c) 若输入 $x(t)$ 为

$$x(t) = e^{-4t}u(t) - te^{-4t}u(t)$$

求系统的输出。

4.35 在本题中给出有关相位非线性变化产生的影响的几个例子。
(a) 有一个连续时间线性时不变系统，其频率响应为

$$H(j\omega) = \frac{a - j\omega}{a + j\omega}$$

其中 $a > 0$。问 $H(j\omega)$ 的模是什么？$\angle H(j\omega)$ 是什么？该系统的单位冲激响应是什么？
(b) 若在(a)中，$a = 1$，当输入为

$$\cos(t/\sqrt{3}) + \cos t + \cos\sqrt{3}t$$

时，求该系统的输出。大致画出输入和输出。

4.36 考虑一个线性时不变系统，输入 $x(t)$ 为

$$x(t) = [e^{-t} + e^{-3t}]u(t)$$

响应 $y(t)$ 是

$$y(t) = [2e^{-t} - 2e^{-4t}]u(t)$$

(a) 求系统的频率响应。
(b) 确定该系统的单位冲激响应。
(c) 求关联该系统输入和输出的微分方程。

深入题

4.37 考虑示于图 P4.37 的信号 $x(t)$，
(a) 求 $x(t)$ 的傅里叶变换 $X(j\omega)$。
(b) 概略画出信号

$$\tilde{x}(t) = x(t) * \sum_{k=-\infty}^{\infty} \delta(t - 4k)$$

(c) 求另一个 $g(t)$，该 $g(t)$ 不同于 $x(t)$，且有

$$\tilde{x}(t) = g(t) * \sum_{k=-\infty}^{\infty} \delta(t - 4k)$$

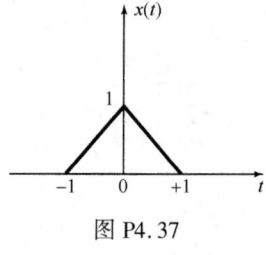

图 P4.37

(d) 证明：虽然 $G(j\omega)$ 不同于 $X(j\omega)$，但是对全部整数 k 有 $G\left(j\frac{\pi k}{2}\right) = X\left(j\frac{\pi k}{2}\right)$。不必通过算出 $G(j\omega)$ 来回答此题。

4.38 设 $x(t)$ 为任意信号，其傅里叶变换为 $X(j\omega)$。傅里叶变换的频移性质可陈述为

$$e^{j\omega_0 t}x(t) \xleftrightarrow{\mathcal{F}} X(j(\omega - \omega_0))$$

(a) 对分析公式

$$X(j\omega) = \int_{-\infty}^{\infty} x(t)e^{-j\omega t}\,dt$$

施加频率偏移来证明频移性质。
(b) 利用 $e^{j\omega_0 t}$ 的傅里叶变换，再与傅里叶变换的相乘性质结合起来证明频移性质。

4.39 假设一个信号 $x(t)$ 有傅里叶变换 $X(j\omega)$，现考虑另一信号 $g(t)$，它的形状与 $X(j\omega)$ 的形状完全相同，即

$$g(t) = X(jt)$$

(a) 证明: $g(t)$ 的傅里叶变换 $G(j\omega)$ 有与 $2\pi x(-t)$ 同样的形式,也即要证明:
$$G(j\omega) = 2\pi x(-\omega)$$
(b) 利用
$$\mathcal{F}\{\delta(t+B)\} = e^{jB\omega}$$
再结合(a)中的结果,证明:
$$\mathcal{F}\{e^{jBt}\} = 2\pi\delta(\omega - B)$$

4.40 利用傅里叶变换性质,用归纳法证明:
$$x(t) = \frac{t^{n-1}}{(n-1)!}e^{-at}u(t), \quad a > 0$$
的傅里叶变换是
$$\frac{1}{(a+j\omega)^n}$$

4.41 本题要导出连续时间傅里叶变换的相乘性质。令 $x(t)$ 和 $y(t)$ 是两个连续时间信号,其傅里叶变换分别为 $X(j\omega)$ 和 $Y(j\omega)$。同时,令 $g(t)$ 是 $\frac{1}{2\pi}\{X(j\omega) * Y(j\omega)\}$ 的傅里叶逆变换。

(a) 证明:
$$g(t) = \frac{1}{2\pi}\int_{-\infty}^{+\infty} X(j\theta)\left[\frac{1}{2\pi}\int_{-\infty}^{+\infty} Y(j(\omega-\theta))e^{j\omega t}d\omega\right]d\theta$$

(b) 证明:
$$\frac{1}{2\pi}\int_{-\infty}^{+\infty} Y(j(\omega-\theta))e^{j\omega t}d\omega = e^{j\theta t}y(t)$$

(c) 将(a)和(b)中的结果结合起来,得出
$$g(t) = x(t)y(t)$$

4.42 令
$$g_1(t) = \{[\cos(\omega_0 t)]x(t)\} * h(t) \quad \text{和} \quad g_2(t) = \{[\sin(\omega_0 t)]x(t)\} * h(t)$$
其中,
$$x(t) = \sum_{k=-\infty}^{\infty} a_k e^{jk100t}$$
是一个实值周期信号,$h(t)$ 是一个稳定的线性时不变系统的单位冲激响应。
(a) 给出某一 ω_0 值,并在 $H(j\omega)$ 上给予任何必要的限制,以保证
$$g_1(t) = Re\{a_5\} \quad \text{和} \quad g_2(t) = Im\{a_5\}$$
(b) 给出 $h(t)$ 的一个例子,以使 $H(j\omega)$ 满足在(a)中所给定的限制。

4.43 令
$$g(t) = x(t)\cos^2 t * \frac{\sin t}{\pi t}$$
假定 $x(t)$ 是实信号,并且 $X(j\omega) = 0$,$|\omega| \geq 1$。证明存在一个线性时不变系统 S,使之有
$$x(t) \xrightarrow{S} g(t)$$

4.44 一个因果线性时不变系统的输入 $x(t)$ 和输出 $y(t)$ 的关系由下列方程给出:
$$\frac{dy(t)}{dt} + 10y(t) = \int_{-\infty}^{+\infty} x(\tau)z(t-\tau)d\tau - x(t)$$
其中 $z(t) = e^{-t}u(t) + 3\delta(t)$。
(a) 求该系统的频率响应 $H(j\omega) = Y(j\omega)/X(j\omega)$。
(b) 求该系统的单位冲激响应。

4.45 在 4.3.7 节讨论连续时间信号的帕塞瓦尔定理时,可看到

$$\int_{-\infty}^{+\infty}|x(t)|^2\,dt = \frac{1}{2\pi}\int_{-\infty}^{+\infty}|X(j\omega)|^2\,d\omega$$

表明信号中的总能量可以通过在全部频率积分 $|X(j\omega)|^2$ 来求得。现在考虑一个实信号 $x(t)$ 经由图 P4.45 的理想带通滤波器处理后的输出信号 $y(t)$,试将 $y(t)$ 的能量用 $|X(j\omega)|^2$ 在频率上的积分来表示。对于足够小的 Δ,使得 $|X(j\omega)|$ 在宽度为 Δ 的频率区间内近似为一个常数,证明:该带通滤波器输出 $y(t)$ 的能量近似正比于 $\Delta|X(j\omega_0)|^2$。

基于上述结论,$\Delta|X(j\omega_0)|^2$ 正比于该信号在以 ω_0 为中心,带宽为 Δ 内的能量。为此,$|X(j\omega)|^2$ 往往称为信号 $x(t)$ 的**能量密度谱**(energy-density spectrum)。

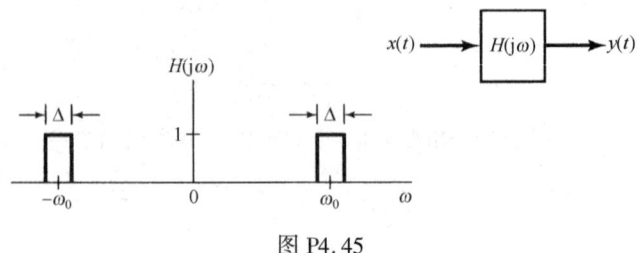

图 P4.45

4.46 在 4.5.1 节曾讨论过用复指数载波的幅度调制来实现一个带通滤波器,对于图 4.26 这样的系统,若仅保留 $f(t)$ 的实部,其等效带通滤波器就如图 4.30 所示。

图 P4.46 所示为利用正弦调制和低通滤波器实现一个带通滤波器的原理图。证明:该系统的输出 $y(t)$ 与图 4.26 仅保留 $Re\{f(t)\}$ 所得到的输出是一样的。

4.47 具有实的因果单位冲激响应 $h(t)$ 的连续时间线性时不变系统的频率响应 $H(j\omega)$ 的一个重要性质是 $H(j\omega)$ 可完全由它的实部 $Re\{H(j\omega)\}$ 来表征。这一性质通常称为**实部自满性质**(real-part sufficiency)。本题关注的是导出并研究这一性质的某些内涵。

(a) 通过研究信号 $h(t)$ 的偶部 $h_e(t)$ 来证明实部自满性质。$h_e(t)$ 的傅里叶变换是什么?指出如何才能从 $h_e(t)$ 得到 $h(t)$。

(b) 若一个因果系统频率响应的实部是

$$Re\{H(j\omega)\} = \cos\omega$$

那么,$h(t)$ 是什么?

(c) 证明:除了 $t=0$,对一切 t 值,都能够从 $h(t)$ 的奇部 $h_o(t)$ 得到 $h(t)$。注意,如果 $h(t)$ 在 $t=0$ 不包含任何奇异函数 $[\delta(t), u_1(t), u_2(t),$ 等等 $]$,那么频率响应

$$H(j\omega) = \int_{-\infty}^{+\infty} h(t)e^{-j\omega t}\,dt$$

将不因 $h(t)$ 在 $t=0$ 这一点置于任意有限值而改变。从而,在这种情况下,证明 $H(j\omega)$ 也完全由它的虚部来确定。

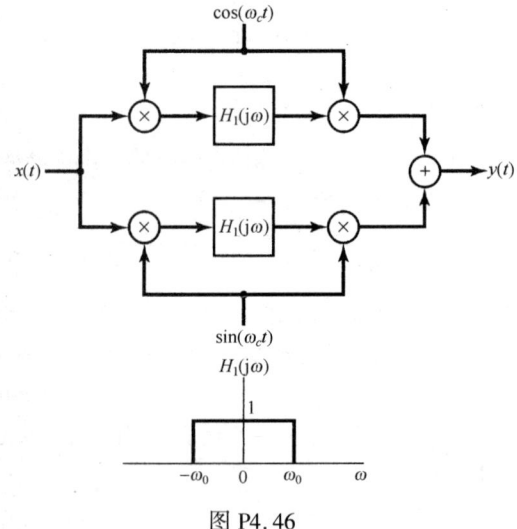

图 P4.46

扩充题

4.48 现在考虑一个实的因果单位冲激响应 $h(t)$ 的系统,并假定 $h(t)$ 在 $t=0$ 没有任何奇异性。在习题 4.47 中已看到,无论根据 $H(j\omega)$ 的实部或虚部都能完全确定 $H(j\omega)$。在本题将导出 $H(j\omega)$ 的实部 $H_R(j\omega)$ 和虚部 $H_I(j\omega)$ 之间的明确关系。

(a) 首先由于 $h(t)$ 是因果的，因而可能除了 $t=0$ 的情况，有
$$h(t) = h(t)u(t) \quad (\text{P4.48-1})$$
现在，因为 $h(t)$ 在 $t=0$ 不包含任何奇异函数，所以式(P4.48-1)两边的傅里叶变换必是恒等的。根据这一点再结合相乘性质。证明：
$$H(j\omega) = \frac{1}{j\pi}\int_{-\infty}^{+\infty}\frac{H(j\eta)}{\omega-\eta}d\eta \quad (\text{P4.48-2})$$
利用式(P4.48-2)确定用 $H_I(j\omega)$ 表示 $H_R(j\omega)$ 的表示式，以及用 $H_R(j\omega)$ 表示 $H_I(j\omega)$ 的表示式。

(b)
$$y(t) = \frac{1}{\pi}\int_{-\infty}^{+\infty}\frac{x(\tau)}{t-\tau}d\tau \quad (\text{P4.48-3})$$

这种运算称为**希尔伯特变换**(Hilbert transform)。刚才已经看到，对一个实的因果单位冲激响应 $h(t)$，其傅里叶变换的实部和虚部可以互相利用希尔伯特变换来确定。

现在考虑式(P4.48-3)，并认为 $y(t)$ 是一个线性时不变系统对输入 $x(t)$ 的输出。证明：该系统的频率响应是
$$H(j\omega) = \begin{cases} -j, & \omega > 0 \\ j, & \omega < 0 \end{cases}$$

(c) 信号 $x(t) = \cos 3t$ 的希尔伯特变换是什么？

4.49 设 $H(j\omega)$ 是一个连续时间线性时不变系统的频率响应，并假定 $H(j\omega)$ 是实偶函数且为正值。同时还假定
$$\max_{\omega}\{H(j\omega)\} = H(0)$$

(a) 证明：(i) 单位冲激响应 $h(t)$ 是实的。
  (ii) $\max\{|h(t)|\} = h(0)$
  提示：若 $f(t,\omega)$ 是两个变量的复函数，则
$$\left|\int_{-\infty}^{+\infty}f(t,\omega)d\omega\right| \leqslant \int_{-\infty}^{+\infty}|f(t,\omega)|d\omega$$

(b) 在系统分析中，一个重要的概念是线性时不变系统的带宽。有几个不同的方式来定义带宽，但它们都与这样一个定性的和直观的概念有关，即频率响应为 $G(j\omega)$ 的系统，在 $G(j\omega)$ 为零或较小的那些 ω 值上能基本"阻止"形式为 $e^{j\omega t}$ 的信号，而在 $G(j\omega)$ 较大的频带内则能够让这些复指数信号"通过"，这一频带的宽度就是带宽。这些概念在第 6 章将变得更为清楚。但是，现在要研究带宽的一种特殊定义，这个定义对于具有上面所规定的 $H(j\omega)$ 特性的频率响应的系统是合适的。具体而言，这种系统的带宽 B_w 的一种定义是，把高度为 $H(j0)$ 的一个矩形的宽度作为带宽，该矩形的面积等于 $H(j\omega)$ 下的面积。这可以用图 P4.49(a)说明。注意，由于 $H(j0) = \max_{\omega} H(j\omega)$，因此图中所示的位于频带内的那些频率就是 $H(j\omega)$ 最大的那些频率。在这个图中，当然，宽度的严格选取是有点任意性的，但是已经选择了一种定义，就能够在不同的系统之间进行比较，并使时间和频率之间的一种很重要的关系更精确。

频率响应为
$$H(j\omega) = \begin{cases} 1, & |\omega| < W \\ 0, & |\omega| > W \end{cases}$$

的系统，其带宽为什么？

(c) 求出用 $H(j\omega)$ 表示带宽 B_w 的表示式。

(d) 设 $s(t)$ 代表(a)中所设定系统的阶跃响应。对一个系统的响应速率的重要度量是**上升时间**(rise time)。与带宽一样，上升时间也是一个定性的概念，从而可能导致许多数学上不同的定义，在此将使用其中的一种。直观地看，一个系统的上升时间是其阶跃响应从零上升到它的终值
$$s(\infty) = \lim_{t\to\infty} s(t)$$

有多快的一种度量。因而，上升时间越小，该系统的响应就越快。对于在本题中所考虑的系统，将上升时间 t_r 定义为

$$t_r = \frac{s(\infty)}{h(0)}$$

因为

$$s'(t) = h(t)$$

又因为有 $h(0) = \max_t h(t)$ 这一性质，所以可以把 t_r 看成这样一个时间，即在保持 $s(t)$ 的最大变化率的情况下，$s(t)$ 由零上升到 $s(\infty)$ 所需的时间，如图 P4.49(b)所示。求用 $H(j\omega)$ 表示 t_r 的表达式。

(e) 将(c)和(d)的结果结合起来，证明：

$$B_w t_r = 2\pi \tag{P4.49-1}$$

因此，我们**不能**独立地既要求系统有一定的上升时间，又要求有一定的带宽。例如，如果要求一个快速响应的系统(t_r较小)，式(P4.49-1)就意味着该系统必须有较大的带宽。这是一个基本的折中关系，这一点在许多系统设计中是最为核心的问题。

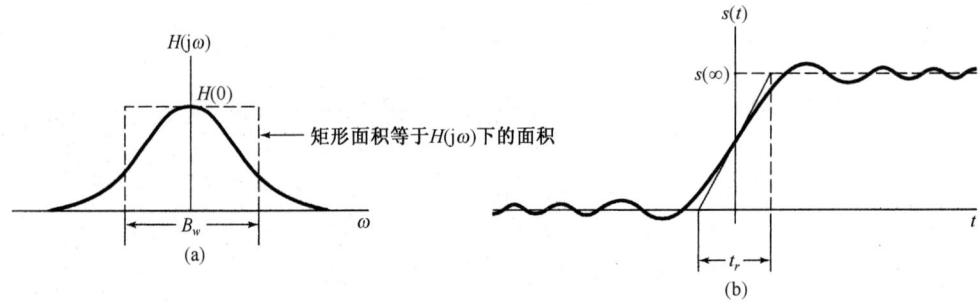

图 P4.49

4.50 在习题1.45和习题2.67中，曾定义并研究了相关函数的几个性质和用途。在本题中将考虑这些函数在频域的性质。设 $x(t)$ 和 $y(t)$ 是两个实信号，那么 $x(t)$ 和 $y(t)$ 的互相关函数就定义为

$$\phi_{xy}(t) = \int_{-\infty}^{+\infty} x(t+\tau) y(\tau) d\tau$$

同理可定义 $\phi_{yx}(t)$，$\phi_{xx}(t)$ 和 $\phi_{yy}(t)$，后两个分别称为 $x(t)$ 和 $y(t)$ 的自相关函数。设 $\Phi_{xy}(j\omega)$，$\Phi_{yx}(j\omega)$，$\Phi_{xx}(j\omega)$ 和 $\Phi_{yy}(j\omega)$ 分别代表 $\phi_{xy}(t)$，$\phi_{yx}(t)$，$\phi_{xx}(t)$ 和 $\phi_{yy}(t)$ 的傅里叶变换。

(a) $\Phi_{xy}(j\omega)$ 和 $\Phi_{yx}(j\omega)$ 之间的关系是什么？
(b) 求出用 $X(j\omega)$ 和 $Y(j\omega)$ 表示 $\Phi_{xy}(j\omega)$ 的表达式。
(c) 证明：对一切 ω，$\Phi_{xx}(j\omega)$ 是非负实函数。
(d) 现在假设 $x(t)$ 是一个线性时不变系统的输入，$y(t)$ 为输出，该系统的单位冲激响应为实数值，频率响应为 $H(j\omega)$。求出用 $\Phi_{xx}(j\omega)$ 和 $H(j\omega)$ 表示 $\Phi_{yy}(j\omega)$ 和 $\Phi_{xy}(j\omega)$ 的表示式。
(e) 设 $x(t)$ 如图 P4.50 所示，线性时不变系统的单位冲激响应为 $h(t) = e^{-at} u(t)$，$a>0$，利用(a)至(d)的结果计算 $\Phi_{xx}(j\omega)$，$\Phi_{xy}(j\omega)$ 和 $\Phi_{yy}(j\omega)$。
(f) 假设已知函数 $\phi(t)$ 的傅里叶变换为

$$\Phi(j\omega) = \frac{\omega^2 + 100}{\omega^2 + 25}$$

求出两个因果稳定线性时不变系统的单位冲激响应，它们的自相关函数都等于 $\phi(t)$。这两个系统中，哪一个具有因果稳定的逆系统？

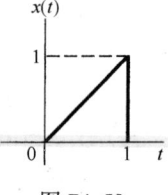

图 P4.50

4.51 (a) 考虑两个线性时不变系统，其单位冲激响应分别为 $h(t)$ 和 $g(t)$，假设这两个系统是彼此互逆的，而且它们的频率响应分别记为 $H(j\omega)$ 和 $G(j\omega)$。试问 $H(j\omega)$ 和 $G(j\omega)$ 之间的关系是什么？

(b) 有一个连续时间线性时不变系统，其频率响应为

$$H(j\omega) = \begin{cases} 1, & 2 < |\omega| < 3 \\ 0, & \text{其他} \end{cases}$$

(i) 对该系统能够找到一个输入 $x(t)$，使得输出如图 P4.50 所示吗？如果能，请找出这样的 $x(t)$；若不能，说明理由。
(ii) 该系统是可逆的吗？说明理由。

(c) 考虑一个有回声问题的会场。正如在习题 2.64 中所讨论的，可以把会场的声学机理作为一个线性时不变系统来建立其模型，该系统的单位冲激响应由一个冲激串组成，其中第 k 个冲激就对应于第 k 次回声。假定在此特定情况下，单位冲激响应是

$$h(t) = \sum_{k=0}^{\infty} e^{-kT} \delta(t - kT)$$

其中因子 e^{-kT} 表示第 k 次回声的衰减。

为了获得高质量的舞台录音效果，必须对录制设备所检测到的声音进行某些处理，以消除回声的影响。在习题 2.64 中，曾有用卷积的方法设计此类处理器的例子（对某一个不同的声学模型）。在本题中，将用频域的方法来考虑这一问题。设 $G(j\omega)$ 代表用来处理检测到的声音信号的线性时不变系统的频率响应。试选取 $G(j\omega)$，使得回声完全被消除，而得到的信号是原来舞台声音的准确再现。

(d) 求单位冲激响应为

$$h(t) = 2\delta(t) + u_1(t)$$

系统的逆系统的微分方程。

(e) 有一个初始松弛且由下列微分方程描述的线性时不变系统：

$$\frac{d^2 y(t)}{dt^2} + 6\frac{dy(t)}{dt} + 9y(t) = \frac{d^2 x(t)}{dt^2} + 3\frac{dx(t)}{dt} + 2x(t)$$

该系统的逆系统也是初始松弛的，而且也可以用一个微分方程来描述。求出描述这个逆系统的微分方程，并求出原来系统的单位冲激响应 $h(t)$ 和它的逆系统的单位冲激响应 $g(t)$。

4.52 在涉及性能不完善的测量装置的问题中，往往会发现逆系统的应用。例如，考虑一个测量液体温度的装置，由于测量元件（如温度计中的水银）的响应特性，系统不能对温度的变化做出瞬时响应，因此通常将它作为一个线性时不变系统来建模是合理的。假定这个装置对温度的单位阶跃响应为

$$s(t) = (1 - e^{-t/2})u(t) \qquad (\text{P4.52-1})$$

(a) 设计一个补偿系统，当把测量装置的输出提供给该系统时，它产生的输出等于液体的瞬时温度。
(b) 在把逆系统作为测量装置的补偿器时，常常发生的一个问题是：如果由于装置内微小而无规律的一些现象致使测量装置的实际输出包含误差，就可能发生很大的读数误差。由于在实际系统中，这种误差源总是存在的，因此必须考虑它们。为了说明这一点，考虑一个测量装置，它的总输出可以用式(P4.52-1)所表示的测量装置的响应与干扰"噪声"信号 $n(t)$ 之和来模拟。这样一个模型示于图 P4.52(a)，图中也包括了逆系统，该系统以测量装置的总输出作为输入。假定 $n(t) = \sin(\omega t)$，那么 $n(t)$ 对逆系统的输出有什么影响？随着 ω 的增加，这个输出又如何变化？
(c) 在(b)中所提出的问题在许多线性时不变系统分析应用中是一个很重要的问题。具体而言，要在系统的响应速度和系统抑制高频干扰的能力之间进行基本的折中。在(b)中看到，这种折中意味着如果试图提高测量装置的响应速度（利用一个逆系统），也就产生了一个把那些不需要的正弦信号也放大了的系统。为了进一步说明这一概念，考虑一个测量装置，它对被噪声污损了的温度变化做出瞬时响应。这个系统的响应可以用图 P4.52(b)的模型来表示，即它的响应可以用理想化的测量装置的响应与污损信号 $n(t)$ 之和表示。假如我们希望设计一个补偿系统，该系统将减慢对实际温度变化的响应，并且也衰减了噪声 $n(t)$。设这个补偿系统的单位冲激响应是

$$h(t) = ae^{-at}u(t)$$

选择 a,使得图 P4.52(b) 的总系统在对噪声 $n(t) = \sin(6t)$ 所产生的输出幅度不大于 1/4 的条件下,对温度阶跃变化的响应尽可能快。

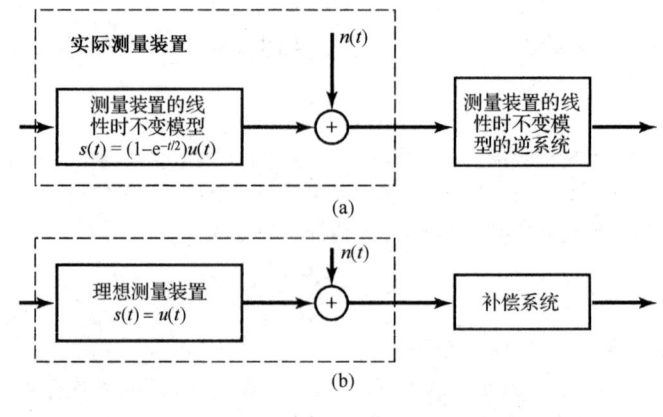

图 P4.52

4.53 正如在本章中所提到的,傅里叶分析方法可推广到具有两个独立变量的信号。在某些应用(如图像处理)中,这些方法所起的重要作用就像一维傅里叶变换在其他应用中所起的作用。在本题中将介绍二维傅里叶变换的一些基本概念。

设 $x(t_1, t_2)$ 是两个独立变量 t_1 和 t_2 的信号,其二维傅里叶变换定义为

$$X(j\omega_1, j\omega_2) = \int_{-\infty}^{+\infty}\int_{-\infty}^{+\infty} x(t_1, t_2) e^{-j(\omega_1 t_1 + \omega_2 t_2)} dt_1 dt_2$$

(a) 证明这个二重积分可以按照两个逐次一维傅里叶变换来进行,即先对 t_1 进行变换而把 t_2 看成固定值,然后再对 t_2 进行变换。

(b) 利用(a)的结果,求逆变换式,即用 $X(j\omega_1, j\omega_2)$ 来表示 $x(t_1, t_2)$ 的表达式。

(c) 求下列信号的二维傅里叶变换:

(1) $x(t_1, t_2) = e^{-t_1 + 2t_2} u(t_1 - 1) u(2 - t_2)$

(2) $x(t_1, t_2) = \begin{cases} e^{-|t_1| - |t_2|}, & -1 < t_1 \leq 1 \text{ 且 } -1 \leq t_2 \leq 1 \\ 0, & \text{其他} \end{cases}$

(3) $x(t_1, t_2) = \begin{cases} e^{-|t_1| - |t_2|}, & 0 \leq t_1 \leq 1 \text{ 或 } 0 \leq t_2 \leq 1 (\text{或两者兼有}) \\ 0, & \text{其他} \end{cases}$

(4) $x(t_1, t_2)$ 如图 P4.53 所示。

(5) $e^{-|t_1 + t_2| - |t_1 - t_2|}$

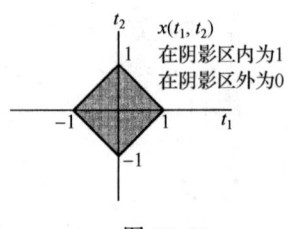

图 P4.53

(d) 已知信号 $x(t_1, t_2)$ 的二维傅里叶变换是

$$X(j\omega_1, j\omega_2) = \frac{2\pi}{4 + j\omega_1} \delta(\omega_2 - 2\omega_1)$$

求 $x(t_1, t_2)$。

(e) 设 $x(t_1, t_2)$ 和 $h(t_1, t_2)$ 是两个信号,其二维傅里叶变换分别为 $X(j\omega_1, j\omega_2)$ 和 $H(j\omega_1, j\omega_2)$。用 $X(j\omega_1, j\omega_2)$ 和 $H(j\omega_1, j\omega_2)$ 确定下列信号的变换:

(1) $x(t_1 - T_1, t_2 - T_2)$

(2) $x(at_1, bt_2)$

(3) $y(t_1, t_2) = \int_{-\infty}^{+\infty}\int_{-\infty}^{+\infty} x(\tau_1, \tau_2) h(t_1 - \tau_1, t_2 - \tau_2) d\tau_1 d\tau_2$

第5章 离散时间傅里叶变换

5.0 引言

第4章研究了连续时间傅里叶变换，并研究了这种变换的许多特性，这些特性使傅里叶分析方法在分析和理解连续时间信号与系统的性质时具有很大的价值。这一章将介绍并研究离散时间傅里叶变换，这样就完整地建立了傅里叶分析方法。

在第3章讨论傅里叶级数时，曾看到在连续时间和离散时间信号分析中存在着很多类似的地方，并且在分析途径上也是并行的；然而，它们也有一些重大的差别。例如，在3.6节里，离散时间周期信号的傅里叶级数表示是一个**有限项**级数；而连续时间周期信号的傅里叶级数则要求用一个无穷项级数来表示。这一章将会看到，连续时间和离散时间傅里叶变换之间也存在着相应的差别。

这一章将基本上与第4章所采用的办法相同，即充分利用连续时间和离散时间傅里叶分析之间的类似性来展开讨论。具体而言，首先为了建立离散时间非周期信号的傅里叶变换表示，而将周期信号的傅里叶级数表示进行推广，接着采用与第4章相平行的做法，分析离散时间傅里叶变换的性质和特点。这样做不仅加深了对连续时间和离散时间所共有的傅里叶分析基本概念的理解，而且还对比了它们之间的差别，以更加突出对它们各自独特性质的理解。

5.1 非周期信号的表示：离散时间傅里叶变换

5.1.1 离散时间傅里叶变换的导出

在4.1节的式(4.2)和图4.2中曾经看到，一个连续时间周期方波的傅里叶级数可以看成一个包络函数的采样值，并且随着这个方波周期的增大，这些样本变得愈来愈密。这一性质使人想到一个非周期信号 $x(t)$ 可以这样表示，即首先产生一个周期信号 $\tilde{x}(t)$，使 $\tilde{x}(t)$ 在一个周期内等于 $x(t)$，然后随着这个周期趋于无限大，$\tilde{x}(t)$ 就会在一个愈来愈大的时间间隔上等于 $x(t)$，这样对 $\tilde{x}(t)$ 的傅里叶级数表示也就收敛于 $x(t)$ 的傅里叶变换表示。在本节中，对于离散时间非周期序列，为了建立它的傅里叶变换表示，将采用与在连续时间情况下完全类似的步骤进行。

考虑某一序列 $x[n]$，它具有有限持续期，即对于某个整数 N_1 和 N_2，在 $-N_1 \leq n \leq N_2$ 范围以外，$x[n] = 0$。图5.1(a)示出了这种类型的一个信号。由这个非周期信号可以构成一个周期序列 $\tilde{x}[n]$，使得对 $\tilde{x}[n]$ 来说 $x[n]$ 是它的一个周期，如图5.1(b)所示。随着所选周期 N 的增大，$\tilde{x}[n]$ 就在一个更长的时间间隔内与 $x[n]$ 一样，而当 $N \to \infty$ 时，对于任意有限的 n 值来说，有 $\tilde{x}[n] = x[n]$。

现在来考虑 $\tilde{x}[n]$ 的傅里叶级数表示式。由式(3.94)和式(3.95)有

$$\tilde{x}[n] = \sum_{k=\langle N \rangle} a_k e^{jk(2\pi/N)n} \tag{5.1}$$

$$a_k = \frac{1}{N} \sum_{n=\langle N \rangle} \tilde{x}[n] e^{-jk(2\pi/N)n} \qquad (5.2)$$

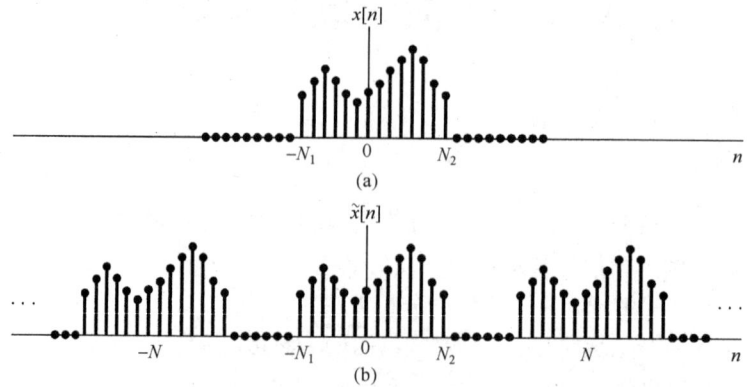

图 5.1 (a) 有限长序列 $x[n]$; (b) 由 $x[n]$ 构成的周期序列 $\tilde{x}[n]$

因为在包括 $-N_1 \leq n \leq N_2$ 区间的一个周期上 $x[n] = \tilde{x}[n]$, 因此在式(5.2)中, 求和区间就选在这个周期上, 这样在式(5.2)的求和中就可用 $x[n]$ 来代替 $\tilde{x}[n]$, 从而得到

$$a_k = \frac{1}{N} \sum_{n=-N_1}^{N_2} x[n] e^{-jk(2\pi/N)n} = \frac{1}{N} \sum_{n=-\infty}^{+\infty} x[n] e^{-jk(2\pi/N)n} \qquad (5.3)$$

上式中已经考虑到在 $-N_1 \leq n \leq N_2$ 区间以外, $x[n]=0$ 这一点。现在定义函数

$$X(e^{j\omega}) = \sum_{n=-\infty}^{+\infty} x[n] e^{-j\omega n} \qquad (5.4)$$

可见这些系数 a_k 是正比于 $X(e^{j\omega})$ 的各样本值的, 即

$$a_k = \frac{1}{N} X(e^{jk\omega_0}) \qquad (5.5)$$

其中 $\omega_0 = 2\pi/N$ 用来表示频域中的样本间隔。将式(5.1)和式(5.5)组合在一起, 可得

$$\tilde{x}[n] = \sum_{k=\langle N \rangle} \frac{1}{N} X(e^{jk\omega_0}) e^{jk\omega_0 n} \qquad (5.6)$$

因为 $\omega_0 = 2\pi/N$, 或写为 $1/N = \omega_0/2\pi$, 所以式(5.6)又可写成

$$\tilde{x}[n] = \frac{1}{2\pi} \sum_{k=\langle N \rangle} X(e^{jk\omega_0}) e^{jk\omega_0 n} \omega_0 \qquad (5.7)$$

与式(4.7)相同, 随着 N 增加, ω_0 减小, 一旦 $N \to \infty$, 式(5.7)就过渡为一个积分。为了更清楚地看到这一点, 把 $X(e^{j\omega})e^{j\omega n}$ 画在图 5.2 中。根据式(5.4), $X(e^{j\omega})$ 对 ω 来说是周期的, 周期为 2π; 而 $e^{j\omega n}$ 也是以 2π 为周期的。所以, 乘积 $X(e^{j\omega})e^{j\omega n}$ 也一定是周期的。如图中所指出的, 在式(5.7)求和中的每一项都代表了一个高为 $X(e^{jk\omega_0})e^{j\omega_0 n}$, 宽为 ω_0 的矩形面积。当 $\omega_0 \to 0$ 时, 这个求和式就演变为一个积分。再者, 因为这个求和是在 N 个宽为 $\omega_0 = 2\pi/N$ 的间隔内完成的, 所以总的积分区间总是有一个 2π 的宽度。因此, 随着 $N \to \infty$, $\tilde{x}[n] = x[n]$, 式(5.7)就变成了

$$x[n] = \frac{1}{2\pi} \int_{2\pi} X(e^{j\omega}) e^{j\omega n} d\omega$$

其中，因为 $X(e^{j\omega})e^{j\omega n}$ 是周期的，周期为 2π，因此积分区间可以取任何长度为 2π 的间隔。这样，就得到了一对公式：

$$x[n] = \frac{1}{2\pi}\int_{2\pi} X(e^{j\omega})e^{j\omega n}\,d\omega \tag{5.8}$$

$$X(e^{j\omega}) = \sum_{n=-\infty}^{+\infty} x[n]e^{-j\omega n} \tag{5.9}$$

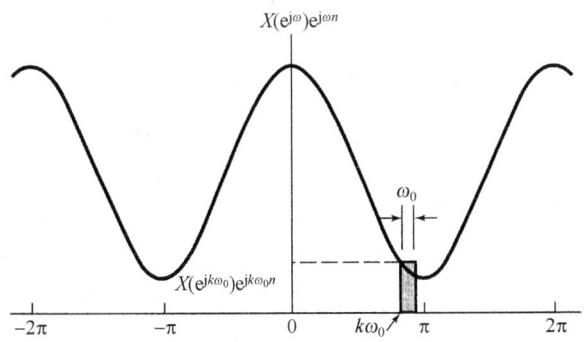

图 5.2 式(5.7)的图解说明

式(5.8)和式(5.9)是式(4.8)和式(4.9)在离散时间情况下所对应的关系。$X(e^{j\omega})$ 称为**离散时间傅里叶变换**(discrete-time Fourier transform)，这一对式子就是**离散时间傅里叶变换对**。式(5.8)是**综合公式**，而式(5.9)则是**分析公式**。在推导这些公式的过程中，可看出一个非周期序列是怎样被看成复指数信号的线性组合的。事实上，综合公式本身就是把序列 $x[n]$ 作为一种复指数序列的线性组合来表示的，这些复指数序列在频率上是无限靠近的，其幅度是 $X(e^{j\omega})(d\omega/2\pi)$。为此，与连续时间情况一样，傅里叶变换 $X(e^{j\omega})$ 往往称为 $x[n]$ 的**频谱**(spectrum)，因为它给出了这样的信息：$x[n]$ 是怎样由这些不同频率的复指数序列组成的。

值得提及的是，与连续时间情况一样，上述离散时间傅里叶变换的推导过程给我们在离散时间傅里叶级数和离散时间傅里叶变换之间提供了一种重要的关系。特别是，一个周期信号 $\tilde{x}[n]$ 的傅里叶系数 a_k 可以用一个有限长序列 $x[n]$ 的傅里叶变换的等间隔样本来表示，这个 $x[n]$ 就等于在一个周期上的 $\tilde{x}[n]$，而在其余地方为零。这一点在实际的信号处理和傅里叶分析中极为重要，在习题 5.41 中将进一步给予讨论。

正如在推导过程中所表明的，离散时间傅里叶变换和连续时间情况相比具有许多类似之处。两者的主要差别在于离散时间变换 $X(e^{j\omega})$ 的周期性和在综合公式中的有限积分区间。这两者均来自这样一个事实(以前已经多次提到)：在频率上相差 2π 的离散时间复指数信号是完全一样的。在 3.6 节已看到，对周期离散时间信号而言，这就意味着傅里叶级数系数也是周期的，并且傅里叶级数表示式是一个有限项的和式。对非周期信号而言，这就意味着 $X(e^{j\omega})$ 也是周期的(周期为 2π)，并且综合公式只涉及在一个频率区间内的积分，这个频率区间就是产生不同复指数信号的那个间隔，即任何 2π 长度的间隔。1.3.3 节曾指出过，$e^{j\omega n}$ 作为 ω 的函数的周期性的进一步结果是 $\omega=0$ 和 $\omega=2\pi$ 都得出同一个信号。因此，位于这些频率值或任何 π 偶数倍的 ω 附近都是慢变化的，从而都相应于低频率的信号；而靠近 π 的奇数倍的 ω，在离散时间情况下都相应于高频率的信号。因此，在图 5.3(a) 中的信号 $x_1[n]$[其傅里叶变换见图 5.3(b)]的变化比图 5.3(c) 的信号 $x_2[n]$[其傅里叶变换见图 5.3(d)]的变化要更慢一些。

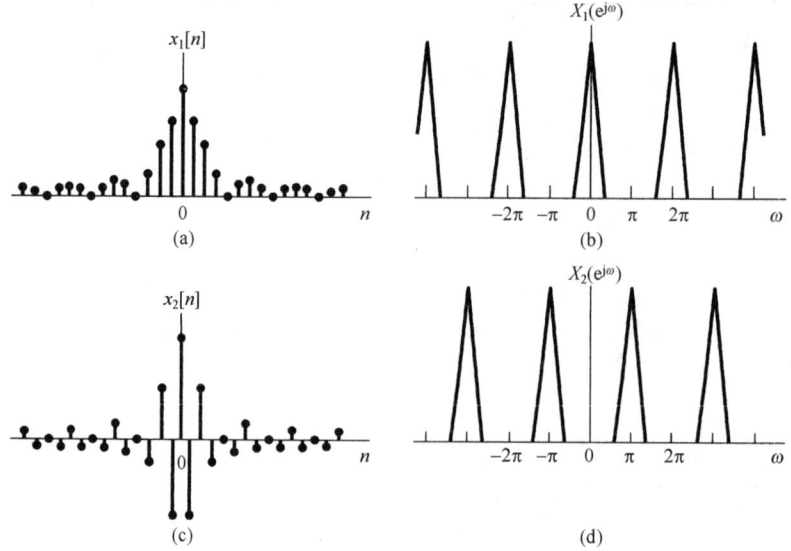

图 5.3 (a) 离散时间信号 $x_1[n]$；(b) $x_1[n]$ 的傅里叶变换，注意 $X_1(e^{j\omega})$ 集中在 $\omega=0$，$\pm 2\pi$，$\pm 4\pi$，… 附近；(c) 离散时间信号 $x_2[n]$；(d) $x_2[n]$ 的傅里叶变换，注意 $X_2(e^{j\omega})$ 集中在 $\omega=\pm\pi$，$\pm 3\pi$，… 附近

5.1.2 离散时间傅里叶变换举例

为了说明离散时间傅里叶变换，考虑下面几个例子。

例 5.1 考虑信号

$$x[n] = a^n u[n], \qquad |a| < 1$$

这时

$$X(e^{j\omega}) = \sum_{n=-\infty}^{+\infty} a^n u[n] e^{-j\omega n} = \sum_{n=0}^{\infty} (ae^{-j\omega})^n = \frac{1}{1-ae^{-j\omega}}$$

图 5.4(a) 示出了 $a>0$ 时 $X(e^{j\omega})$ 的模和相位；图 5.4(b) 示出了 $a<0$ 时的模和相位。应该注意，图中所有这些函数都是周期为 2π 的周期函数。

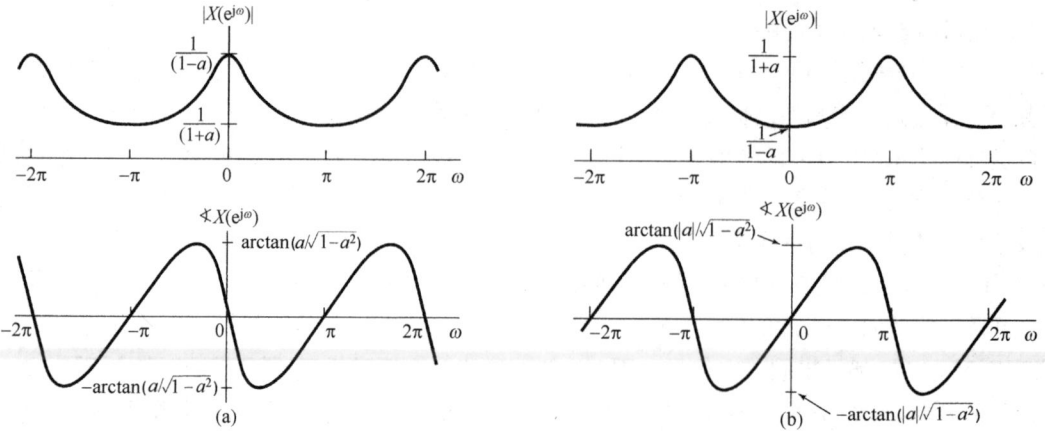

图 5.4 例 5.1 中的信号的傅里叶变换的模和相位。(a) $a>0$；(b) $a<0$

例5.2 设

$$x[n] = a^{|n|}, \qquad |a| < 1$$

该信号在 $0 < a < 1$ 时如图 5.5(a) 所示。它的傅里叶变换由式(5.9)可求出为

$$X(e^{j\omega}) = \sum_{n=-\infty}^{+\infty} a^{|n|} e^{-j\omega n}$$

$$= \sum_{n=0}^{\infty} a^n e^{-j\omega n} + \sum_{n=-\infty}^{-1} a^{-n} e^{-j\omega n}$$

在上式第二个求和式中,以 $m = -n$ 替换,可得

$$X(e^{j\omega}) = \sum_{n=0}^{\infty} (ae^{-j\omega})^n + \sum_{m=1}^{\infty} (ae^{j\omega})^m$$

这两个求和式都是无穷几何级数,可以用闭式表示为

$$X(e^{j\omega}) = \frac{1}{1 - ae^{-j\omega}} + \frac{ae^{j\omega}}{1 - ae^{j\omega}}$$

$$= \frac{1 - a^2}{1 - 2a\cos\omega + a^2}$$

在此情况下,$X(e^{j\omega})$ 是实函数,在 $0 < a < 1$ 时如图 5.5(b) 所示。

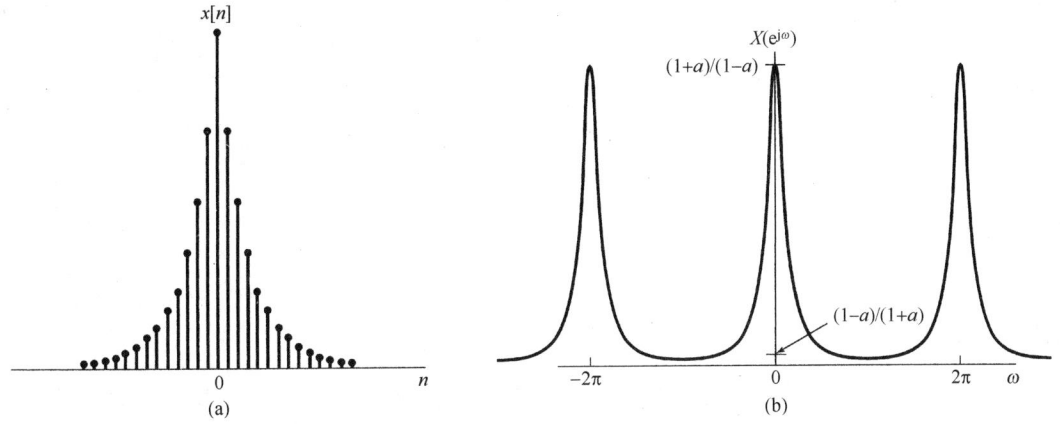

图 5.5 (a) 例 5.2 中的信号 $x[n] = a^{|n|}$;(b) 它的傅里叶变换($0 < a < 1$)

例5.3 考虑下列矩形脉冲序列:

$$x[n] = \begin{cases} 1, & |n| \leq N_1 \\ 0, & |n| > N_1 \end{cases} \tag{5.10}$$

图 5.6(a) 示出了 $N_1 = 2$ 时的 $x[n]$,这时

$$X(e^{j\omega}) = \sum_{n=-N_1}^{N_1} e^{-j\omega n} \tag{5.11}$$

利用在例 3.12 中求式(3.104)时使用过的类似计算,可得

$$X(e^{j\omega}) = \frac{\sin\omega\left(N_1 + \frac{1}{2}\right)}{\sin(\omega/2)} \tag{5.12}$$

$N_1 = 2$ 时的 $X(e^{j\omega})$ 如图 5.6(b) 所示。式(5.12)的函数是 sinc 函数在离散时间情况下所对应的形式(见例4.4)。这两个函数之间最重要的差别就是式(5.12)的函数是周期的,周期为 2π,而 sinc 函数是非周期的。

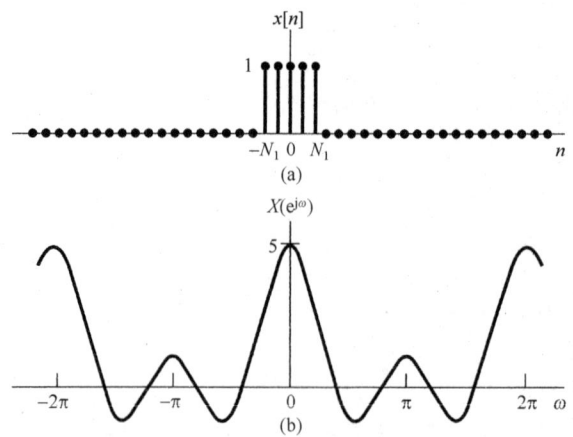

图 5.6　(a) 例 5.3 中的 $N_1 = 2$ 时的矩形脉冲序列；(b) 对应的傅里叶变换

5.1.3　关于离散时间傅里叶变换的收敛问题

尽管以上讨论都假设 $x[n]$ 是任意的，属于有限长情况下得到的结论，但是式(5.8)和式(5.9)对极为广泛的一类无限长序列(例如例 5.1 和例 5.2 中的信号)也是成立的。在信号为无限长的情况下，还必须考虑分析公式(5.9)中无穷项求和的收敛问题。保证这个和式收敛，而对 $x[n]$ 所加的条件是与连续时间傅里叶变换的收敛条件直接相对应的①。如果 $x[n]$ 是绝对可和的，即

$$\sum_{n=-\infty}^{+\infty} |x[n]| < \infty \tag{5.13}$$

或者，如果这个序列的能量是有限的，即

$$\sum_{n=-\infty}^{+\infty} |x[n]|^2 < \infty \tag{5.14}$$

那么，式(5.9)就一定收敛。

与分析公式(5.9)的情况相比，综合公式(5.8)的积分是在一个有限的积分区间内进行的，因此一般不存在收敛问题。这一点与离散时间傅里叶级数综合公式(3.94)的情况非常相像，在那里由于只涉及一个有限项和式，所以也就没有任何收敛问题存在。特别是，若用在频率范围为 $|\omega| \leq W$ 的复指数信号的积分来近似一个非周期信号 $x[n]$，即

$$\hat{x}[n] = \frac{1}{2\pi} \int_{-W}^{W} X(e^{j\omega}) e^{j\omega n} d\omega \tag{5.15}$$

那么，若 $W = \pi$，则有 $\hat{x}[n] = x[n]$。因此，正如图 3.18 所示，在求离散时间傅里叶变换综合公式时，看不到任何类似于吉伯斯现象的行为存在！这一点可用下例来说明。

例 5.4　令 $x[n]$ 是一个单位脉冲序列，即

$$x[n] = \delta[n]$$

这时由分析公式(5.9)极易求得

---

① 关于离散时间傅里叶变换收敛问题的讨论，可参阅 A. V. Oppenheim 和 R. W. Schafer 所著的 *Discrete-Time Signal Processing*(Englewood Cliffs, NJ: Prentice-Hall, Inc., 1989)，以及 L. R. Rabiner 和 B. Gold 所著的 *Theory and Application of Digital Signal Processing*(Englewood Cliffs, NJ: Prentice-Hall, Inc., 1975)。

$$X(e^{j\omega}) = 1$$

也就是说,与连续时间情况一样,单位脉冲序列的傅里叶变换在所有频率上都是相等的。如果将式(5.15)用到这个例子中,就能得到

$$\hat{x}[n] = \frac{1}{2\pi}\int_{-W}^{W} e^{j\omega n} d\omega = \frac{\sin(Wn)}{\pi n} \quad (5.16)$$

对应于几个不同的 W 值,$\hat{x}[n]$ 图示于图 5.7 中。由图可见,当 W 增加时,近似式 $\hat{x}[n]$ 的振荡频率就增加,这一点很像在连续时间情况下所观察到的;但是,另一方面,与连续时间情况相反,这些振荡的幅度相对于 $\hat{x}[0]$ 的幅度来说,会随着 W 的增大而减小,直至 $W = \pi$ 时,这些振荡完全消失。

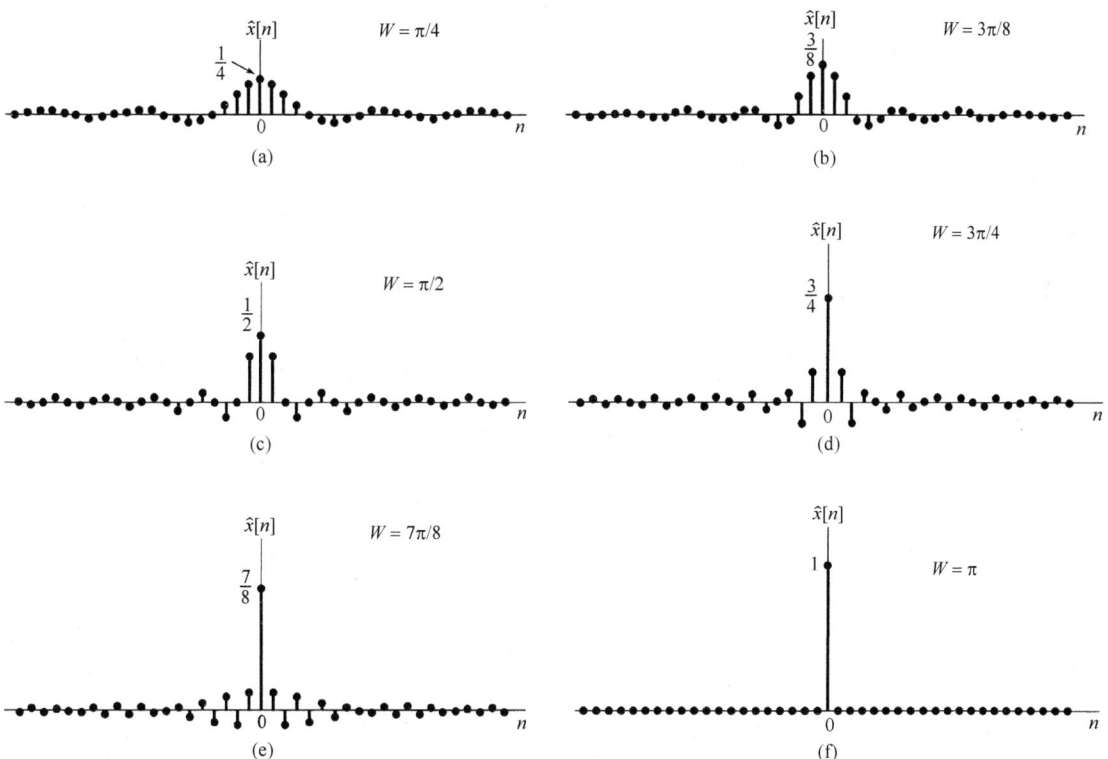

图 5.7 利用 $|\omega| \leq W$ 范围内的复指数信号,按式(5.16)得到的一个近似单位脉冲序列。(a) $W = \pi/4$;(b) $W = 3\pi/8$;(c) $W = \pi/2$;(d) $W = 3\pi/4$;(e) $W = 7\pi/8$;(f) $W = \pi$。应注意:$W = \pi$ 时 $\hat{x}[n] = \delta[n]$

5.2 周期信号的傅里叶变换

与连续时间情况下相同,利用把一个周期信号的变换表示成频域中的冲激串的方法,就可以把离散时间周期信号也归并到离散时间傅里叶变换的范畴中。为了导出这种表示的形式,考虑如下信号:

$$x[n] = e^{j\omega_0 n} \quad (5.17)$$

在连续时间情况下,已经看到 $e^{j\omega_0 t}$ 的傅里叶变换就是在 $\omega = \omega_0$ 处的冲激。因此,可以期望对离散时间情况下的式(5.17)的变换,或许会有相同的结果。然而,离散时间傅里叶变换对 ω 来说必须是周期的,周期为 2π。由此可以想到,式(5.17)中的 $x[n]$ 的傅里叶变换应该是在 ω_0,$\omega_0 \pm 2\pi$,$\omega_0 \pm 4\pi$,… 处的冲激。事实上,$x[n]$ 的傅里叶变换正是如下冲激串:

$$X(e^{j\omega}) = \sum_{l=-\infty}^{+\infty} 2\pi \delta(\omega - \omega_0 - 2\pi l) \tag{5.18}$$

如图 5.8 所示。为了验证该式，必须求出式(5.18)的逆变换。将式(5.18)代入综合公式(5.8)，可得

$$\frac{1}{2\pi}\int_{2\pi} X(e^{j\omega})e^{j\omega n}d\omega = \frac{1}{2\pi}\int_{2\pi} \sum_{l=-\infty}^{+\infty} 2\pi \delta(\omega - \omega_0 - 2\pi l)e^{j\omega n}d\omega$$

注意，在任意一个长度为 2π 的积分区间内，在式(5.18)的和式中真正包括的只有一个冲激，因此，如果所选的积分区间包含在 $\omega_0 + 2\pi r$ 处的冲激，那么

$$\frac{1}{2\pi}\int_{2\pi} X(e^{j\omega})e^{j\omega n}d\omega = e^{j(\omega_0+2\pi r)n} = e^{j\omega_0 n}$$

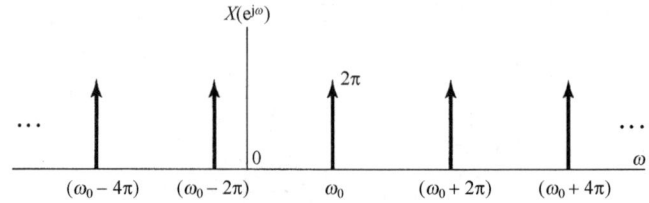

图 5.8 $x[n] = e^{j\omega_0 n}$ 的傅里叶变换

现在考虑一个周期序列 $x[n]$，周期为 N，其傅里叶级数为

$$x[n] = \sum_{k=\langle N \rangle} a_k e^{jk(2\pi/N)n} \tag{5.19}$$

这时，傅里叶变换就是

$$X(e^{j\omega}) = \sum_{k=-\infty}^{+\infty} 2\pi a_k \delta\left(\omega - \frac{2\pi k}{N}\right) \tag{5.20}$$

这样，一个周期信号的傅里叶变换就能直接从它的傅里叶系数得到。

为了证明式(5.20)是对的，只要注意到式(5.19)的 $x[n]$ 是式(5.17)这类信号的线性组合，因此 $x[n]$ 的傅里叶变换也一定是式(5.18)这类变换形式的线性组合。特别是，假设选取式(5.19)的求和区间为 $k = 0, 1, \cdots, N-1$，则有

$$x[n] = a_0 + a_1 e^{j(2\pi/N)n} + a_2 e^{j2(2\pi/N)n} + \cdots + a_{N-1} e^{j(N-1)(2\pi/N)n} \tag{5.21}$$

$x[n]$ 就是如式(5.17)所示信号的线性组合，其中 $\omega_0 = 0, 2\pi/N, 4\pi/N, \cdots, (N-1)2\pi/N$。所得到的傅里叶变换如图 5.9 所示。图 5.9(a)示出了式(5.21)的等号右边第一项的傅里叶变换：常数序列 $a_0 = a_0 e^{j0n}$ 的傅里叶变换，按式(5.18)，就是 $\omega_0 = 0$，每个冲激的大小为 $2\pi a_0$ 的周期冲激串。再者，由第 4 章的讨论可知，这些傅里叶系数 a_k 都是周期的，周期为 N，所以有 $2\pi a_0 = 2\pi a_N = 2\pi a_{-N}$。图 5.9(b)是式(5.21)中第二项的傅里叶变换，这里再次应用式(5.18)的结果，并有 $2\pi a_1 = 2\pi a_{N+1} = 2\pi a_{-N+1}$。同理，图 5.9(c)是最后一项的傅里叶变换。最后，图 5.9(d)就是整个 $X(e^{j\omega})$。应该注意，由于 a_k 的周期性，可得 $X(e^{j\omega})$ 看成发生在基波频率 $2\pi/N$ 的整倍数频率上的一串冲激，位于 $\omega = 2\pi k/N$ 处的冲激面积是 $2\pi a_k$。这就是式(5.20)的含义。

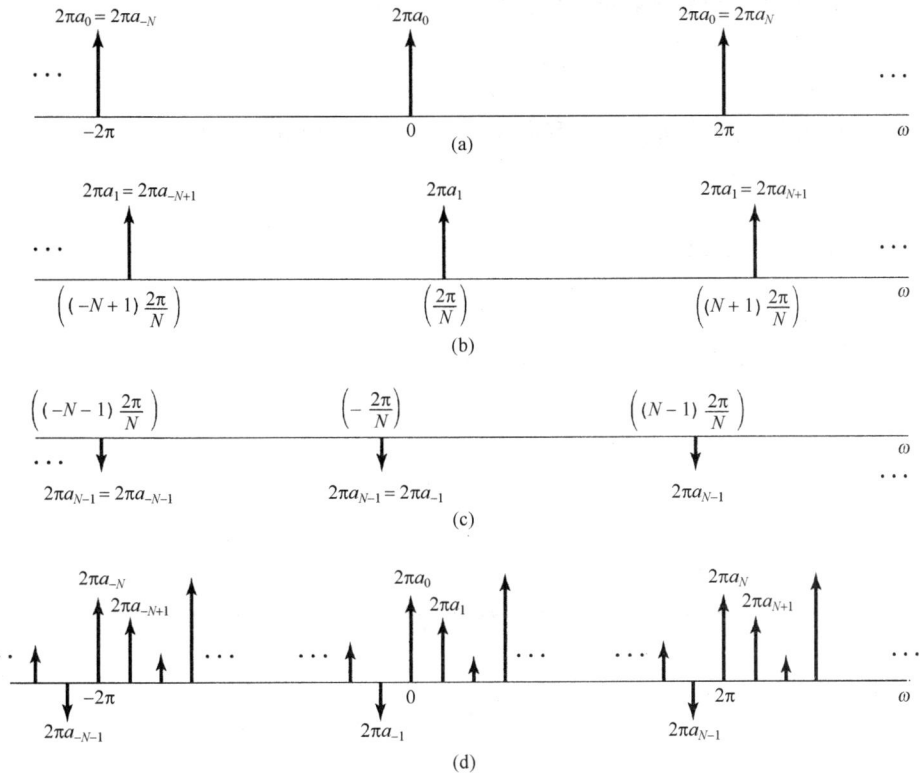

图 5.9 一个离散时间周期信号的傅里叶变换。(a) 式(5.21)的等号右边第一项的傅里叶变换;(b) 式(5.21)第二项的傅里叶变换;(c) 式(5.21)最后一项的傅里叶变换;(d) 式(5.21)中 $x[n]$ 的傅里叶变换

例 5.5 考虑周期信号

$$x[n] = \cos(\omega_0 n) = \frac{1}{2}e^{j\omega_0 n} + \frac{1}{2}e^{-j\omega_0 n}, \qquad \omega_0 = \frac{2\pi}{5} \tag{5.22}$$

根据式(5.18),可立即写出

$$X(e^{j\omega}) = \sum_{l=-\infty}^{+\infty} \pi \delta\left(\omega - \frac{2\pi}{5} - 2\pi l\right) + \sum_{l=-\infty}^{+\infty} \pi \delta\left(\omega + \frac{2\pi}{5} - 2\pi l\right) \tag{5.23}$$

也就是

$$X(e^{j\omega}) = \pi \delta\left(\omega - \frac{2\pi}{5}\right) + \pi \delta\left(\omega + \frac{2\pi}{5}\right), \qquad -\pi \leqslant \omega < \pi \tag{5.24}$$

$X(e^{j\omega})$ 以 2π 为周期重复,如图 5.10 所示。

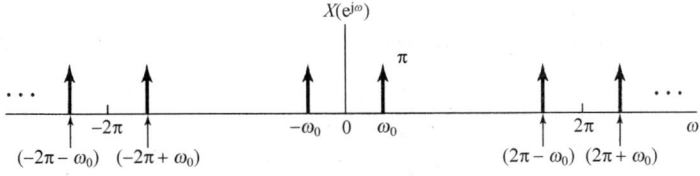

图 5.10 $x[n] = \cos(\omega_0 n)$ 的离散时间傅里叶变换

例 5.6 与例 4.8 的周期冲激串相对应的离散时间冲激串是序列

$$x[n] = \sum_{k=-\infty}^{+\infty} \delta[n-kN] \tag{5.25}$$

如图 5.11(a)所示。这个信号的傅里叶级数系数可由式(3.95)直接算出来:

$$a_k = \frac{1}{N} \sum_{n=\langle N \rangle} x[n] e^{-jk(2\pi/N)n}$$

选取求和区间为 $0 \leqslant n \leqslant N-1$,有

$$a_k = \frac{1}{N} \tag{5.26}$$

利用式(5.26)和式(5.20),该信号的傅里叶变换就能表示为

$$X(e^{j\omega}) = \frac{2\pi}{N} \sum_{k=-\infty}^{+\infty} \delta\left(\omega - \frac{2\pi k}{N}\right) \tag{5.27}$$

如图 5.11(b)所示。

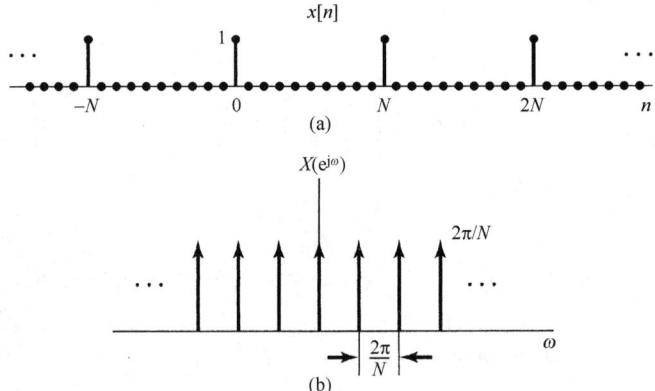

图 5.11 (a) 离散时间周期冲激串;(b)对应的傅里叶变换

5.3 离散时间傅里叶变换性质

与连续时间傅里叶变换一样,离散时间傅里叶变换的各种性质也提供了对变换本质的进一步了解,同时往往在简化一个信号的正变换和逆变换的求取时很有用。本节及下面两节将考虑这些性质,并将这些性质简明扼要地综合于表 5.1 中。将表 5.1 和表 4.1 进行比较就会发现,连续时间和离散时间傅里叶变换性质呈现出的相似和差别。若某一性质的推导及陈述基本上与连续时间情况下的一样,则从简。同时,由于傅里叶级数和傅里叶变换之间的紧密关系,因此就将傅里叶变换的很多性质直接移至离散时间傅里叶级数的相应性质中。这些性质已经列于表 3.2 中,并在 3.7 节简要讨论过。

在以下的讨论中,与 4.3 节一样,采用如下符号来表明一个信号及其傅里叶变换的一对关系,即

$$X(e^{j\omega}) = \mathcal{F}\{x[n]\}$$
$$x[n] = \mathcal{F}^{-1}\{X(e^{j\omega})\}$$
$$x[n] \xleftrightarrow{\mathcal{F}} X(e^{j\omega})$$

5.3.1 离散时间傅里叶变换的周期性

正如5.1节所讨论的，离散时间傅里叶变换对 ω 来说**总是**周期的，其周期为 2π，即

$$X(e^{j(\omega+2\pi)}) = X(e^{j\omega}) \tag{5.28}$$

这一点与连续时间傅里叶变换是不同的，一般来说，后者不是周期的。

5.3.2 线性性质

若

$$x_1[n] \xleftrightarrow{\mathcal{F}} X_1(e^{j\omega})$$

且

$$x_2[n] \xleftrightarrow{\mathcal{F}} X_2(e^{j\omega})$$

则有

$$ax_1[n] + bx_2[n] \xleftrightarrow{\mathcal{F}} aX_1(e^{j\omega}) + bX_2(e^{j\omega}) \tag{5.29}$$

5.3.3 时移与频移性质

若

$$x[n] \xleftrightarrow{\mathcal{F}} X(e^{j\omega})$$

则有

$$x[n-n_0] \xleftrightarrow{\mathcal{F}} e^{-j\omega n_0} X(e^{j\omega}) \tag{5.30}$$

和

$$e^{j\omega_0 n} x[n] \xleftrightarrow{\mathcal{F}} X(e^{j(\omega-\omega_0)}) \tag{5.31}$$

将 $x[n-n_0]$ 直接代入分析公式(5.9)即可得到式(5.30)，而将 $X(e^{j(\omega-\omega_0)})$ 代入综合公式(5.8)即可导出式(5.31)。

作为离散时间傅里叶变换周期性和频移性质的一个结果，就是在理想低通和理想高通离散时间滤波器之间存在的一种特别关系。

例 5.7 图 5.12(a) 示出了一个截止频率为 ω_c 的低通滤波器的频率响应 $H_{lp}(e^{j\omega})$，而图 5.12(b) 则是将 $H_{lp}(e^{j\omega})$ 频移半个周期(即 π)之后的 $H_{lp}(e^{j(\omega-\pi)})$。因为在离散时间情况下，高频集中在 π（或 π 的奇数倍）附近，所以图 5.12(b) 所示特性就是一个截止频率为 $\pi-\omega_c$ 的理想高通滤波器，也即

$$H_{hp}(e^{j\omega}) = H_{lp}(e^{j(\omega-\pi)}) \tag{5.32}$$

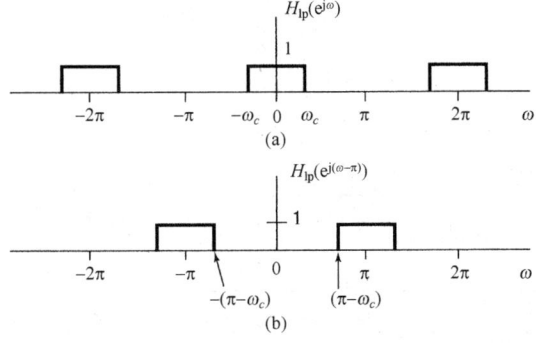

图 5.12 (a) 某低通滤波器的频率响应；(b) 将(a)的频率响应频移半个周期 $\omega = \pi$ 得到一个高通滤波器的频率响应

由式(3.122)可知，并且在5.4节将再次讨论到，一个线性时不变系统的频率响应是该系统单位脉冲响应的傅里叶变换。于是，若 $h_{\text{lp}}[n]$ 和 $h_{\text{hp}}[n]$ 分别记为图 5.12(a) 和图 5.12(b) 的单位脉冲响应，那么式(5.32)和频移性质就意味着低通和高通滤波器有如下关系：

$$h_{\text{hp}}[n] = e^{j\pi n} h_{\text{lp}}[n] \tag{5.33}$$

$$= (-1)^n h_{\text{lp}}[n] \tag{5.34}$$

5.3.4 共轭与共轭对称性质

若

$$x[n] \xleftrightarrow{\mathcal{F}} X(e^{j\omega})$$

则

$$\boxed{x^*[n] \xleftrightarrow{\mathcal{F}} X^*(e^{-j\omega})} \tag{5.35}$$

同时，若 $x[n]$ 是实值序列，那么其变换是共轭对称的，即

$$\boxed{X(e^{j\omega}) = X^*(e^{-j\omega}) \quad x[n]\text{为实值}} \tag{5.36}$$

据此可得，$\mathcal{R}e\{X(e^{j\omega})\}$ 是 ω 的偶函数，而 $\mathcal{I}m\{X(e^{j\omega})\}$ 是 ω 的奇函数。同理，$X(e^{j\omega})$ 的模是 ω 的偶函数，相角是 ω 的奇函数。另外，进一步可得

$$\mathcal{E}v\{x[n]\} \xleftrightarrow{\mathcal{F}} \mathcal{R}e\{X(e^{j\omega})\}$$

和

$$\mathcal{O}d\{x[n]\} \xleftrightarrow{\mathcal{F}} j\mathcal{I}m\{X(e^{j\omega})\}$$

这里，$\mathcal{E}v$ 和 $\mathcal{O}d$ 分别表示 $x[n]$ 的偶部和奇部。例如，若 $x[n]$ 为实偶序列，那么其傅里叶变换也是实偶函数。例 5.2 中的序列 $x[n] = a^{|n|}$ 就说明了这种对称性质。

5.3.5 差分与累加性质

离散时间情况下的累加就相应于连续时间情况下的积分。现在来讨论离散时间序列的累加及其逆运算，即一次差分的傅里叶变换。设 $x[n]$ 的傅里叶变换为 $X(e^{j\omega})$，那么根据线性和时移性质，一次差分信号 $x[n] - x[n-1]$ 的傅里叶变换对就是

$$\boxed{x[n] - x[n-1] \xleftrightarrow{\mathcal{F}} (1 - e^{-j\omega})X(e^{j\omega})} \tag{5.37}$$

再考虑信号

$$y[n] = \sum_{m=-\infty}^{n} x[m] \tag{5.38}$$

因为 $y[n] - y[n-1] = x[n]$，似乎可能得出 $y[n]$ 的变换应为 $x[n]$ 的变换被 $(1 - e^{-j\omega})$ 所除！但是，这只是对了一部分，与式(4.32)所给出的连续时间积分性质一样，除此以外，还会涉及更多的项，其精确的关系是

$$\boxed{\sum_{m=-\infty}^{n} x[m] \xleftrightarrow{\mathcal{F}} \frac{1}{1-e^{-j\omega}}X(e^{j\omega}) + \pi X(e^{j0})\sum_{k=-\infty}^{+\infty}\delta(\omega - 2\pi k)} \tag{5.39}$$

其中，双向箭头右边的冲激串反映了累加过程中可能出现的直流或平均值。

例 5.8 现在利用累加性质来导出单位阶跃序列 $x[n] = u[n]$ 的傅里叶变换 $X(e^{j\omega})$。已知

$$g[n] = \delta[n] \xleftrightarrow{\mathcal{F}} G(e^{j\omega}) = 1$$

由 1.4.1 节知道,单位阶跃序列就是单位脉冲序列的累加,即

$$x[n] = \sum_{m=-\infty}^{n} g[m]$$

上式两边取傅里叶变换,并应用累加性质,可得

$$X(e^{j\omega}) = \frac{1}{(1-e^{-j\omega})} G(e^{j\omega}) + \pi G(e^{j0}) \sum_{k=-\infty}^{\infty} \delta(\omega - 2\pi k)$$

$$= \frac{1}{1-e^{-j\omega}} + \pi \sum_{k=-\infty}^{\infty} \delta(\omega - 2\pi k)$$

5.3.6 时间反转性质

设信号 $x[n]$ 的频谱为 $X(e^{j\omega})$,考虑 $y[n] = x[-n]$ 的变换 $Y(e^{j\omega})$。由式(5.9)可知

$$Y(e^{j\omega}) = \sum_{n=-\infty}^{+\infty} y[n] e^{-j\omega n} = \sum_{n=-\infty}^{+\infty} x[-n] e^{-j\omega n} \tag{5.40}$$

在式(5.40)中进行 $m = -n$ 替换,可得

$$Y(e^{j\omega}) = \sum_{m=-\infty}^{+\infty} x[m] e^{-j(-\omega)m} = X(e^{-j\omega}) \tag{5.41}$$

也即

$$\boxed{x[-n] \stackrel{\mathcal{F}}{\longleftrightarrow} X(e^{-j\omega})} \tag{5.42}$$

5.3.7 时域扩展性质

由于离散时间信号在时间上的离散性,因此时间和频率的尺度变换性质与在连续时间情况下相比都稍许有些不同。在 4.3.5 节曾导出连续时间情况下的性质为

$$x(at) \stackrel{\mathcal{F}}{\longleftrightarrow} \frac{1}{|a|} X\left(\frac{j\omega}{a}\right) \tag{5.43}$$

然而,试图定义一个信号 $x[an]$ 时,若 a 不是一个整数就遇到了困难。因此不能用 $a<1$ 来减慢这个信号的变化;另一方面,令 a 是一个不同于 ± 1 的整数,比如考虑 $x[2n]$,这也不只是使原信号的变化加速。因为 n 仅仅取整数值,$x[2n]$ 仅由 $x[n]$ 中的偶次样本组成。

然而,若令 k 是一个正整数,并且定义

$$x_{(k)}[n] = \begin{cases} x[n/k], & n \text{为} k \text{的整倍数} \\ 0, & n \text{不为} k \text{的整倍数} \end{cases} \tag{5.44}$$

则有一个与式(5.43)相并行的结果。图 5.13 示出了一个 $k=3$ 的例子,这时的 $x_{(k)}[n]$ 是在 $x[n]$ 的连续值之间插入 $(k-1)$ 个零值而得到的。直观上看,可以把 $x_{(k)}[n]$ 看成减慢了的 $x[n]$。因为,除非 n 是 k 的某一倍数,也即 $n = rk$,否则 $x_{(k)}[n]$ 都等于 0,所以 $x_{(k)}[n]$ 的傅里叶变换可由下式给出:

$$X_{(k)}(e^{j\omega}) = \sum_{n=-\infty}^{+\infty} x_{(k)}[n] e^{-j\omega n} = \sum_{r=-\infty}^{+\infty} x_{(k)}[rk] e^{-j\omega rk}$$

再者,由于 $x_{(k)}[rk] = x[r]$,可求得

$$X_{(k)}(e^{j\omega}) = \sum_{r=-\infty}^{+\infty} x[r] e^{-j(k\omega)r} = X(e^{jk\omega})$$

也即

$$x_{(k)}[n] \xleftrightarrow{\mathcal{F}} X(e^{jk\omega}) \tag{5.45}$$

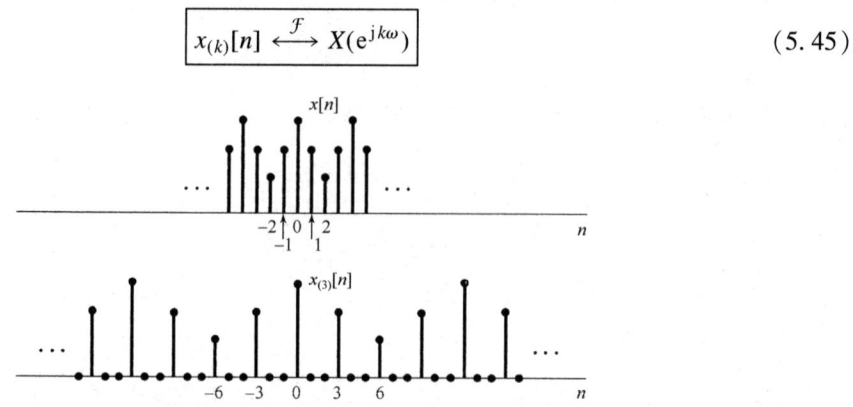

图 5.13 在序列 $x[n]$ 的每两个连续值之间插入两个零值而得到的序列 $x_{(3)}[n]$

应该注意到,当取 $k>1$ 时,该信号在时间上被拉开了,从而在时间上减慢了,而它的傅里叶变换就会受到压缩。例如,由于 $X(e^{j\omega})$ 是周期的,周期为 2π,因而 $X(e^{jk\omega})$ 也是周期的,其周期为 $2\pi/k$。图 5.14 示出了一个矩形脉冲的例子来说明这一性质。

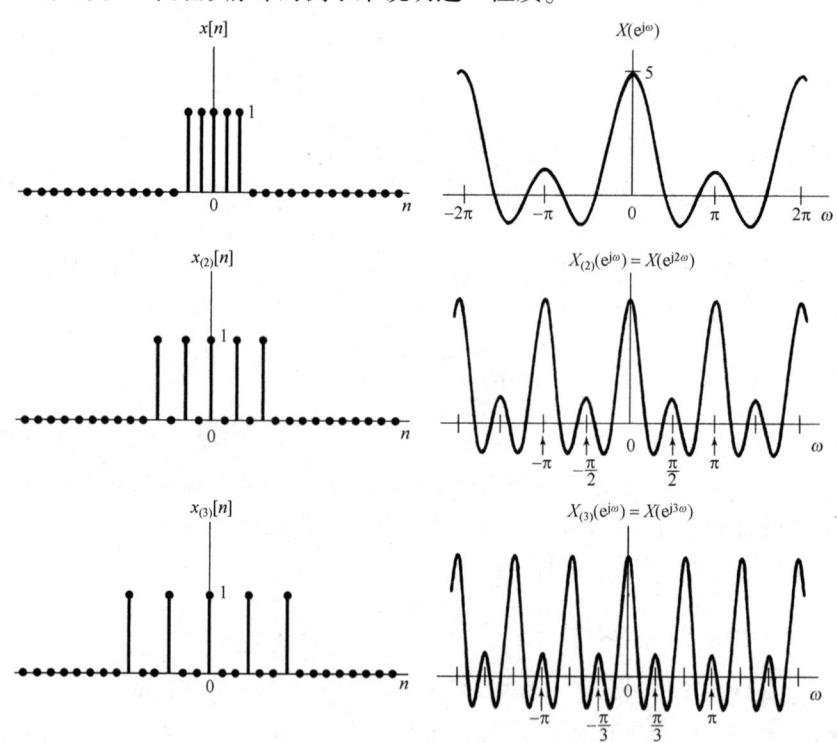

图 5.14 时域和频域之间的相反关系:当 k 增加时,$x_{(k)}[n]$ 在时域上拉开,而其变换则在频域上压缩

例 5.9 作为时域扩展性质在确定傅里叶变换应用中的一个例子,我们来考虑图 5.15(a)所示的序列 $x[n]$。可以将这个序列与图 5.15(b)这一较为简单的序列 $y[n]$ 联系起来,这就是

$$x[n] = y_{(2)}[n] + 2y_{(2)}[n-1]$$

其中,

$$y_{(2)}[n] = \begin{cases} y[n/2], & n \text{ 为偶数} \\ 0, & n \text{ 为奇数} \end{cases}$$

而 $y_{(2)}[n-1]$ 则代表 $y_{(2)}[n]$ 右移一个单位。信号 $y_2[n]$ 和 $2y_{(2)}[n-1]$ 分别示于图 5.15(c) 和图 5.15(d)。

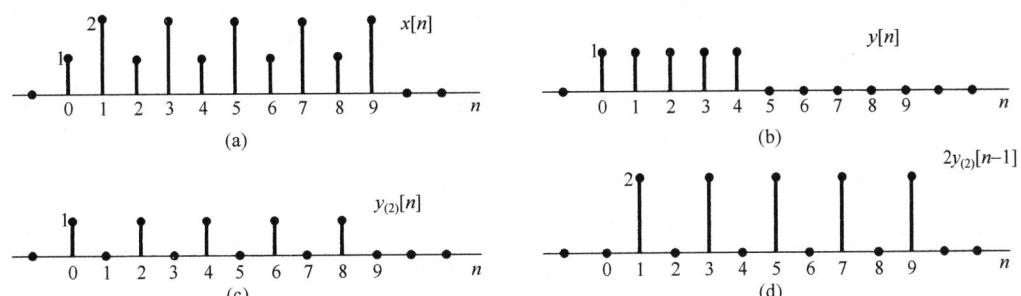

图 5.15　(a) 例 5.9 中的信号 $x[n]$；(b) 信号 $y[n]$；(c) 由 $y[n]$ 每两点之间插入一个零值所得到的信号 $y_{(2)}[n]$；(d) 信号 $2y_{(2)}[n-1]$

接下来可以看到，$y[n] = g[n-2]$，$g[n]$ 就是曾在例 5.3 中讨论过的当 $N_1 = 2$ 时的矩形脉冲，并示于图 5.6(a) 中。结果，根据例 5.3 和时移性质，有

$$Y(e^{j\omega}) = e^{-j2\omega}\frac{\sin(5\omega/2)}{\sin(\omega/2)}$$

利用时域扩展性质可得

$$y_{(2)}[n] \overset{\mathcal{F}}{\longleftrightarrow} e^{-j4\omega}\frac{\sin(5\omega)}{\sin(\omega)}$$

再根据线性和时移性质，有

$$2y_{(2)}[n-1] \overset{\mathcal{F}}{\longleftrightarrow} 2e^{-j5\omega}\frac{\sin(5\omega)}{\sin(\omega)}$$

将以上两个结果合在一起，最后得出

$$X(e^{j\omega}) = e^{-j4\omega}(1 + 2e^{-j\omega})\left(\frac{\sin(5\omega)}{\sin(\omega)}\right)$$

5.3.8　频域微分性质

设

$$x[n] \overset{\mathcal{F}}{\longleftrightarrow} X(e^{j\omega})$$

如果利用分析公式 (5.9) 中 $X(e^{j\omega})$ 的定义，并在两边对 ω 微分，可得

$$\frac{dX(e^{j\omega})}{d\omega} = \sum_{n=-\infty}^{+\infty} -jnx[n]e^{-j\omega n}$$

上式等号右边就是 $-jnx[n]$ 的傅里叶变换，因此两边各乘以 j，可得

$$\boxed{nx[n] \overset{\mathcal{F}}{\longleftrightarrow} j\frac{dX(e^{j\omega})}{d\omega}} \tag{5.46}$$

这个性质的用途将在 5.4 节的例 5.13 中说明。

5.3.9　帕塞瓦尔定理

若 $x[n]$ 和 $X(e^{j\omega})$ 是一对傅里叶变换，则有

$$\boxed{\sum_{n=-\infty}^{+\infty} |x[n]|^2 = \frac{1}{2\pi}\int_{2\pi} |X(e^{j\omega})|^2 d\omega} \tag{5.47}$$

这个关系类似于式(4.43)，并且推导过程也很类似。式(5.47)的等号左边的量就是信号 $x[n]$ 中的总能量，帕塞瓦尔定理表明这个总能量可以在离散时间频率的 2π 区间上用积分每单位频率上的能量 $|X(e^{j\omega})|^2/2\pi$ 来获得。与连续时间情况类似，$|X(e^{j\omega})|^2$ 称为信号 $x[n]$ 的**能量密度谱**(energy-density spectrum)。同时要注意，式(5.47)是与周期信号的帕塞瓦尔定理式(3.110)相对应的，在那里说的是：在一个周期信号中的平均功率等于它的各次谐波分量的平均功率之和。

已知一个序列的傅里叶变换，就有可能根据傅里叶变换的性质来确定某一特殊的序列是否有某些不同的性质。现在用下面的例子来说明这一概念。

例 5.10 考虑序列 $x[n]$，其傅里叶变换 $X(e^{j\omega})$ 在 $-\pi \leq \omega \leq \pi$ 区间上示于图 5.16。现在想要确定在时域中 $x[n]$ 是否是周期的、实信号、偶信号和/或有限能量的。

首先注意到，在时域上的周期性就意味着其傅里叶变换除了在各个基波频率的整倍数频率上有可能出现冲激，其余地方均为零。现在 $X(e^{j\omega})$ 不是这样的，所以得出 $x[n]$ 不是周期的。

接下来，根据傅里叶变换的对称性质知道，一个实值序列一定有一个傅里叶变换，其模是 ω 的偶函数，相位是 ω 的奇函数。对于给出的 $|X(e^{j\omega})|$ 和 $\sphericalangle X(e^{j\omega})$ 来看是这样的，因此 $x[n]$ 是实信号。

第三，若 $x[n]$ 是偶函数，那么根据实信号的对称性质，$X(e^{j\omega})$ 必须为实偶函数。然而，因为 $X(j\omega) = |X(e^{j\omega})|e^{-j2\omega}$，$X(e^{j\omega})$ 不是一个实函数，因此 $x[n]$ 不是偶信号。

最后，为了检查是否为有限能量的，可以用帕塞瓦尔定理

$$\sum_{n=-\infty}^{\infty}|x[n]|^2 = \frac{1}{2\pi}\int_{2\pi}|X(e^{j\omega})|^2 d\omega$$

由图 5.16 显然可知，在 $-\pi$ 到 π 上积分 $|X(e^{j\omega})|^2$ 一定为一个有限量，所以 $x[n]$ 是有限能量的。

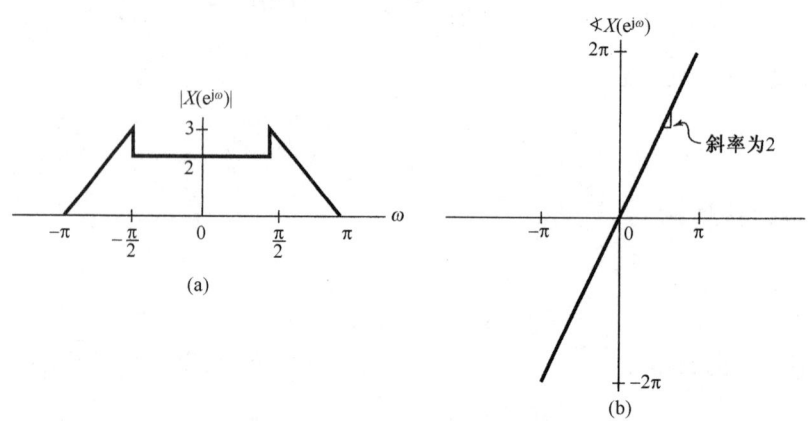

图 5.16 例 5.10 中傅里叶变换的模和相位

在下面的各节中将讨论另外几个性质。其中前两个就是卷积和相乘性质，这很类似于 4.4 节和 4.5 节讨论过的那些性质。第三个是对偶性质，将在 5.7 节中讨论。这里所考虑的对偶性质不仅仅是离散时域中的对偶性质，而且也考虑到存在于连续时间和离散时域之间的对偶性质。

5.4 卷积性质

4.4 节曾经讨论过连续时间傅里叶变换在处理卷积运算，以及在连续时间线性时不变系统应用中的重要性。在离散时间情况下也有完全相同的关系，并且这也就是离散时间傅里叶变换在表示和分析离散时间线性时不变系统时具有如此重要价值的主要原因之一。若 $x[n]$，$h[n]$ 和

$y[n]$ 分别为某一线性时不变系统的输入、单位脉冲响应和输出,而有
$$y[n] = x[n] * h[n]$$
那么
$$\boxed{Y(e^{j\omega}) = X(e^{j\omega})H(e^{j\omega})} \tag{5.48}$$

其中 $X(e^{j\omega})$, $H(e^{j\omega})$ 和 $Y(e^{j\omega})$ 分别为 $x[n]$, $h[n]$ 和 $y[n]$ 的傅里叶变换。将式(3.122)与式(5.9)进行比较即可看出,一个离散时间线性时不变系统的频率响应,如同第一次在3.8节中所定义的,就是该系统单位脉冲响应的傅里叶变换。

式(5.48)的导出可完全与4.4节的导出过程一样来进行。尤其是,与连续时间情况相同,对 $x[n]$ 的综合公式(5.8)可以看成将 $x[n]$ 分解成一组复指数信号的线性组合,其中每个复指数信号的振幅都是无限小的,正比于 $X(e^{j\omega})$,并且每一个复指数信号都是系统的特征函数。第3章正是应用这一点证明了,一个线性时不变系统对一个周期信号响应的傅里叶级数系数就是输入的傅里叶系数乘以该系统频率响应在相应谐波频率上的值。卷积性质式(5.48)代表了这一结果对于非周期输入和输出情况下的推广,不过所用的是傅里叶变换,而不是傅里叶级数。

与连续时间情况一样,式(5.48)将两个信号的卷积转化为它们的傅里叶变换相乘这样简单的代数运算,这一点既便于信号与系统的分析,又大大深化了一个线性时不变系统对施加于它的输入信号的响应这一问题的理解。特别是,从式(5.48)可见,频率响应 $H(e^{j\omega})$ 控制了输入的傅里叶变换在每一频率 ω 上复振幅的变化。因此,在频率选择性滤波中,就要求在对应于所需的通带频率范围内 $H(e^{j\omega}) \approx 1$,而在需要消除或大大衰减的频带内 $H(e^{j\omega}) \approx 0$。

5.4.1 举例

为了说明卷积性质及其他几个性质的应用,本节研究以下几个例子。

例5.11 考虑一个线性时不变系统,其单位脉冲响应为
$$h[n] = \delta[n - n_0]$$
它的频率响应 $H(e^{j\omega})$ 就是
$$H(e^{j\omega}) = \sum_{n=-\infty}^{+\infty} \delta[n - n_0]e^{-j\omega n} = e^{-j\omega n_0}$$
因此,对于傅里叶变换为 $X(e^{j\omega})$ 的任意输入 $x[n]$,其输出的傅里叶变换是
$$Y(e^{j\omega}) = e^{-j\omega n_0} X(e^{j\omega}) \tag{5.49}$$

对于这个例子,$y[n] = x[n - n_0]$,式(5.49)就与时移性质相一致。同时,频率响应 $H(e^{j\omega}) = e^{-j\omega n_0}$,它是一个纯时移系统,对于所有频率,其模为1,而其相移则与频率成线性关系,即 $-\omega n_0$。

例5.12 考虑3.9.2节介绍过的离散时间理想低通滤波器。该系统的频率响应 $H(e^{j\omega})$ 如图5.17(a)所示。因为一个线性时不变系统的单位脉冲响应和频率响应是一对傅里叶变换,所以就能利用傅里叶变换的综合公式(5.8)由频率响应来确定该理想低通滤波器的单位脉冲响应。以 $-\pi \leq \omega \leq \pi$ 作为积分区间,由图5.17(a)有
$$\begin{aligned}h[n] &= \frac{1}{2\pi}\int_{-\pi}^{\pi} H(e^{j\omega})e^{j\omega n}d\omega = \frac{1}{2\pi}\int_{-\omega_c}^{\omega_c} e^{j\omega n}d\omega \\ &= \frac{\sin(\omega_c n)}{\pi n}\end{aligned} \tag{5.50}$$

$h[n]$ 如图5.17(b)所示。

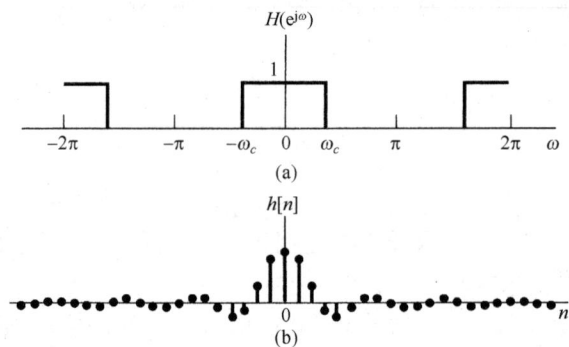

图 5.17 (a) 离散时间理想低通滤波器的频率响应；(b) 该理想低通滤波器的单位脉冲响应

在图 5.17 中遇到了许多同样的问题，这些问题曾在例 4.18 的连续时间理想低通滤波器中出现过。首先，因为 $h[n]$ 在 $n<0$ 时不为零，因此该理想低通滤波器不是因果的。第二，即便因果性不是一个重要的因素，也还有一些其他原因而选择用非理想滤波器来实现频率选择性滤波，其中包括易于实现以及对时域特性的一些要求等。特别是，图 5.17(b) 的理想低通滤波器的单位脉冲响应是振荡型的，这一点在某些应用中是不希望有的。在这样一些情况下，必须在频域要求（如频率选择性）和时域特性（如非振荡性）之间进行某种折中。第 6 章将详细讨论这些问题及其有关的概念。

下面的例子用来说明卷积性质在卷积和的计算上也是很有用的。

例 5.13 考虑一个线性时不变系统，其单位脉冲响应为

$$h[n] = \alpha^n u[n]$$

其中 $|\alpha|<1$。假设该系统的输入是

$$x[n] = \beta^n u[n]$$

其中 $|\beta|<1$。求 $h[n]$ 和 $x[n]$ 的傅里叶变换，有

$$H(e^{j\omega}) = \frac{1}{1-\alpha e^{-j\omega}} \tag{5.51}$$

和

$$X(e^{j\omega}) = \frac{1}{1-\beta e^{-j\omega}} \tag{5.52}$$

这样就有

$$Y(e^{j\omega}) = H(e^{j\omega})X(e^{j\omega}) = \frac{1}{(1-\alpha e^{-j\omega})(1-\beta e^{-j\omega})} \tag{5.53}$$

和例 4.19 相同，求 $Y(e^{j\omega})$ 的逆变换，最容易的做法就是用部分分式将 $Y(e^{j\omega})$ 展开。$Y(e^{j\omega})$ 是含 $e^{-j\omega}$ 的两个多项式之比，我们总是愿意将它表示成比较简单的一些项之和，这样就能直观地（或许再结合利用 5.3.8 节的频率微分性质）求得每一项的逆变换。对于有理变换的一般情况，其运算步骤在附录 A 中给予讨论。对于本例，若 $\alpha \neq \beta$，则 $Y(e^{j\omega})$ 的部分分式展开具有如下形式：

$$Y(e^{j\omega}) = \frac{A}{1-\alpha e^{-j\omega}} + \frac{B}{1-\beta e^{-j\omega}} \tag{5.54}$$

令式(5.53)和式(5.54)的等号右边相等，可得

$$A = \frac{\alpha}{\alpha-\beta}, \quad B = -\frac{\beta}{\alpha-\beta}$$

因此，根据例 5.1 和线性性质，凭直观可得式(5.54)的逆变换为

第5章 离散时间傅里叶变换

$$y[n] = \frac{\alpha}{\alpha - \beta}\alpha^n u[n] - \frac{\beta}{\alpha - \beta}\beta^n u[n]$$
$$= \frac{1}{\alpha - \beta}[\alpha^{n+1} u[n] - \beta^{n+1} u[n]] \tag{5.55}$$

若 $\alpha = \beta$,则式(5.54)的部分分式展开式不成立,然而,这时

$$Y(e^{j\omega}) = \left(\frac{1}{1 - \alpha e^{-j\omega}}\right)^2$$

该式可以表示成

$$Y(e^{j\omega}) = \frac{j}{\alpha} e^{j\omega} \frac{d}{d\omega}\left(\frac{1}{1 - \alpha e^{-j\omega}}\right) \tag{5.56}$$

与例4.19相同,可以利用频域微分性质式(5.46),再结合傅里叶变换对

$$\alpha^n u[n] \xleftrightarrow{\mathcal{F}} \frac{1}{1 - \alpha e^{-j\omega}}$$

得出

$$n\alpha^n u[n] \xleftrightarrow{\mathcal{F}} j\frac{d}{d\omega}\left(\frac{1}{1 - \alpha e^{-j\omega}}\right)$$

为了因子 $e^{j\omega}$,可应用时移性质得到

$$(n+1)\alpha^{n+1} u[n+1] \xleftrightarrow{\mathcal{F}} je^{j\omega}\frac{d}{d\omega}\left(\frac{1}{1 - \alpha e^{-j\omega}}\right)$$

最后再考虑到式(5.56)中的 $1/\alpha$ 因子,可得

$$y[n] = (n+1)\alpha^n u[n+1] \tag{5.57}$$

值得注意的是,虽然上式的等号右边乘以了一个起始于 $n = -1$ 的阶跃,但序列 $(n+1)\alpha^n u[n+1]$ 在 $n = 0$ 以前仍为零,因为因子 $(n+1)$ 在 $n = -1$ 时为零。因此,也能换成另一种形式将 $y[n]$ 表示为

$$y[n] = (n+1)\alpha^n u[n] \tag{5.58}$$

下面的例子表明,卷积性质与其他傅里叶变换性质一起,在分析系统互联中往往也是很有用的。

例5.14 考虑图5.18(a)的系统,其输入为 $x[n]$,输出为 $y[n]$。频率响应为 $H_{lp}(e^{j\omega})$ 的线性时不变系统是一个截止频率为 $\pi/4$ 的理想低通滤波器,通带内增益为1。

先考虑图5.18(a)中的上部路径。信号 $w_1[n]$ 的傅里叶变换可以通过 $(-1)^n = e^{j\pi n}$ 而有 $w_1[n] = e^{j\pi n} x[n]$,再利用频移性质得到

$$W_1(e^{j\omega}) = X(e^{j(\omega - \pi)})$$

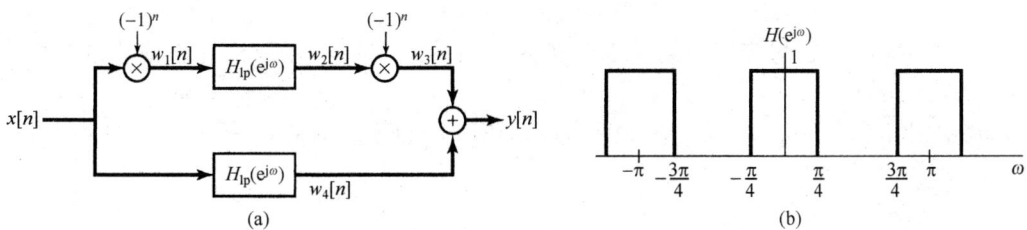

图5.18 (a)例5.14中的系统互联;(b)该系统的总频率响应

由卷积性质得出

$$W_2(e^{j\omega}) = H_{lp}(e^{j\omega})X(e^{j(\omega-\pi)})$$

因为 $w_3[n] = e^{j\pi n}w_2[n]$，再次利用频移性质，可得

$$W_3(e^{j\omega}) = W_2(e^{j(\omega-\pi)})$$
$$= H_{lp}(e^{j(\omega-\pi)})X(e^{j(\omega-2\pi)})$$

因为离散时间傅里叶变换总是周期的，周期为 2π，

$$W_3(e^{j\omega}) = H_{lp}(e^{j(\omega-\pi)})X(e^{j\omega})$$

再在图 5.18(a) 的下部路径应用卷积性质，可得

$$W_4(e^{j\omega}) = H_{lp}(e^{j\omega})X(e^{j\omega})$$

根据傅里叶变换的线性性质，有

$$Y(e^{j\omega}) = W_3(e^{j\omega}) + W_4(e^{j\omega})$$
$$= [H_{lp}(e^{j(\omega-\pi)}) + H_{lp}(e^{j\omega})]X(e^{j\omega})$$

结果，图 5.18(a) 整个系统的频率响应为

$$H(e^{j\omega}) = [H_{lp}(e^{j(\omega-\pi)}) + H_{lp}(e^{j\omega})]$$

如图 5.18(b) 所示。

如同在例 5.7 中所看到的，$H_{lp}(e^{j(\omega-\pi)})$ 是一个理想高通滤波器的频率响应。因此，整个系统既通过低频，又通过高频，而阻止这两个频带之间的频率通过。也就是说，这是一个称为具有**理想带阻特性**(ideal bandstop characteristic)的滤波器，其阻带范围是 $\pi/4 < |\omega| < 3\pi/4$。

值得提及的是，与连续时间情况相同，不是每一个线性时不变系统都有一个频率响应。例如，单位脉冲响应 $h[n] = 2^n u[n]$ 的线性时不变系统，对正弦输入就不是一个有限的响应，这就反映出对 $h[n]$ 的傅里叶变换的分析公式是发散的。然而，若一个线性时不变系统是稳定的，那么由 2.3.7 节可知，它的单位脉冲响应就是绝对可和的，即

$$\sum_{n=-\infty}^{+\infty} |h[n]| < \infty \tag{5.59}$$

因此，对稳定系统而言，频率响应总是收敛的。在利用傅里叶方法时，总是局限到单位脉冲响应的傅里叶变换存在的系统内。第 10 章将把傅里叶变换推广到 z 变换中，在那里就可以对频率响应不收敛的线性时不变系统应用变换法。

5.5 相乘性质

4.5 节介绍了连续时间信号的相乘性质，并通过几个例子指出了它的某些应用。对于离散时间信号也有一个类似的性质，在应用中也起着同样的作用。这一节直接来导出这一结果，并给出一个例子来说明它的应用。第 7 章和第 8 章将用相乘性质在采样和通信的范畴内进行讨论。

考虑 $y[n]$ 等于 $x_1[n]$ 和 $x_2[n]$ 的乘积，它们的傅里叶变换分别是 $Y(e^{j\omega})$、$X_1(e^{j\omega})$ 和 $X_2(e^{j\omega})$，那么

$$Y(e^{j\omega}) = \sum_{n=-\infty}^{+\infty} y[n]e^{-j\omega n} = \sum_{n=-\infty}^{+\infty} x_1[n]x_2[n]e^{-j\omega n}$$

或者，因为

$$x_1[n] = \frac{1}{2\pi} \int_{2\pi} X_1(e^{j\theta}) e^{j\theta n} d\theta \tag{5.60}$$

于是有

$$Y(e^{j\omega}) = \sum_{n=-\infty}^{+\infty} x_2[n] \left\{ \frac{1}{2\pi} \int_{2\pi} X_1(e^{j\theta}) e^{j\theta n} d\theta \right\} e^{-j\omega n} \tag{5.61}$$

交换求和与积分次序,可得

$$Y(e^{j\omega}) = \frac{1}{2\pi} \int_{2\pi} X_1(e^{j\theta}) \left[\sum_{n=-\infty}^{+\infty} x_2[n] e^{-j(\omega-\theta)n} \right] d\theta \tag{5.62}$$

上式方括号内的和就是 $X_2(e^{j(\omega-\theta)})$,结果式(5.62)就变成

$$\boxed{Y(e^{j\omega}) = \frac{1}{2\pi} \int_{2\pi} X_1(e^{j\theta}) X_2(e^{j(\omega-\theta)}) d\theta} \tag{5.63}$$

式(5.63)就相应于 $X_1(e^{j\omega})$ 和 $X_2(e^{j\omega})$ 的**周期卷积**,并且在这个式子中的积分可以在任意2π长度的区间内进行。卷积的一般形式(积分区间从 $-\infty$ 到 $+\infty$)常称为非周期卷积,以与周期卷积相区分。周期卷积的机理最好通过例子来说明。

例5.15 有一个信号 $x[n]$,它为另外的两个信号的乘积,求其傅里叶变换 $X(e^{j\omega})$,即

$$x[n] = x_1[n] x_2[n]$$

其中,

$$x_1[n] = \frac{\sin(3\pi n/4)}{\pi n}$$

且

$$x_2[n] = \frac{\sin(\pi n/2)}{\pi n}$$

根据式(5.63)的相乘性质可知, $X(e^{j\omega})$ 是 $X_1(e^{j\omega})$ 和 $X_2(e^{j\omega})$ 的周期卷积,其中式(5.63)的积分可以在任意2π长度的区间内进行。现选取积分区间为 $-\pi < \theta \leq \pi$,可得

$$X(e^{j\omega}) = \frac{1}{2\pi} \int_{-\pi}^{\pi} X_1(e^{j\theta}) X_2(e^{j(\omega-\theta)}) d\theta \tag{5.64}$$

除了积分是限制在区间 $-\pi < \theta \leq \pi$ 内的,式(5.64)类似于非周期卷积。然而,这个式子可以转换成一般的卷积,定义

$$\hat{X}_1(e^{j\omega}) = \begin{cases} X_1(e^{j\omega}), & -\pi < \omega \leq \pi \\ 0, & 其他 \end{cases}$$

然后,在式(5.64)中用 $\hat{X}_1(e^{j\theta})$ 替代 $X_1(e^{j\theta})$,并利用 $|\theta| > \pi$ 时 $\hat{X}_1(e^{j\theta})$ 为零,就有

$$X(e^{j\omega}) = \frac{1}{2\pi} \int_{-\pi}^{\pi} \hat{X}_1(e^{j\theta}) X_2(e^{j(\omega-\theta)}) d\theta$$

$$= \frac{1}{2\pi} \int_{-\infty}^{\infty} \hat{X}_1(e^{j\theta}) X_2(e^{j(\omega-\theta)}) d\theta$$

因此, $X(e^{j\omega})$ 是矩形脉冲 $\hat{X}_1(e^{j\omega})$ 和周期方波 $X_2(e^{j\omega})$ 的非周期卷积的 $\frac{1}{2\pi}$ 倍, $\hat{X}_1(e^{j\omega})$ 和 $X_2(e^{j\omega})$ 如图5.19所示。这一卷积的结果就是傅里叶变换 $X(e^{j\omega})$,如图5.20所示。

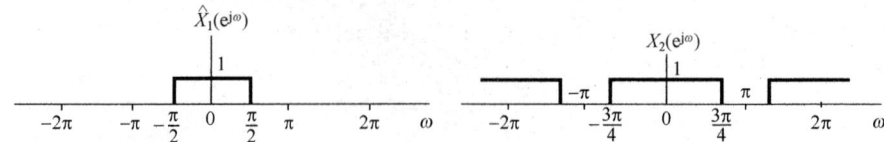

图 5.19 代表 $X_1(e^{j\omega})$ 的一个周期的 $\hat{X}_1(e^{j\omega})$ 及 $X_2(e^{j\omega})$。$\hat{X}_1(e^{j\omega})$ 和 $X_2(e^{j\omega})$ 的线性卷积就相应于 $X_1(e^{j\omega})$ 和 $X_2(e^{j\omega})$ 的周期卷积

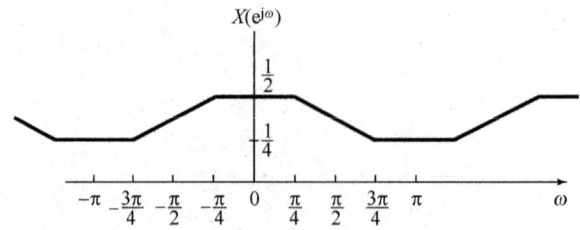

图 5.20 例 5.15 中的周期卷积的结果

5.6 傅里叶变换性质和基本傅里叶变换对列表

表 5.1 综合了离散时间傅里叶变换的若干重要性质,并指出在文中讨论它们的节号。表 5.2 汇总了一些基本而最重要的离散时间傅里叶变换对,其中大多数在文中的例子里都曾导出过。

表 5.1 傅里叶变换性质

节 号	性 质	非周期信号	傅里叶变换
		$x[n]$ $y[n]$	$X(e^{j\omega})$ $Y(e^{j\omega})$ 是周期的,周期为 2π
5.3.2	线性	$ax[n]+by[n]$	$aX(e^{j\omega})+bY(e^{j\omega})$
5.3.3	时移	$x[n-n_0]$	$e^{-j\omega n_0}X(e^{j\omega})$
5.3.3	频移	$e^{j\omega_0 n}x[n]$	$X(e^{j(\omega-\omega_0)})$
5.3.4	共轭	$x^*[n]$	$X^*(e^{-j\omega})$
5.3.6	时间反转	$x[-n]$	$X(e^{-j\omega})$
5.3.7	时域扩展	$x_{(k)}[n]=\begin{cases}x[n/k], & n \text{ 为 } k \text{ 的倍数} \\ 0, & n \text{ 不为 } k \text{ 的倍数}\end{cases}$	$X(e^{jk\omega})$
5.4	卷积	$x[n]*y[n]$	$X(e^{j\omega})Y(e^{j\omega})$
5.5	相乘	$x[n]y[n]$	$\dfrac{1}{2\pi}\int_{2\pi}X(e^{j\theta})Y(e^{j(\omega-\theta)})d\theta$
5.3.5	时域差分	$x[n]-x[n-1]$	$(1-e^{-j\omega})X(e^{j\omega})$

(续表)

节 号	性 质	非周期信号	傅里叶变换
5.3.5	累加	$\sum_{k=-\infty}^{n} x[k]$	$\dfrac{1}{1-e^{-j\omega}}X(e^{j\omega}) + \pi X(e^{j0})\sum_{k=-\infty}^{+\infty}\delta(\omega-2\pi k)$
5.3.8	频域微分	$nx[n]$	$j\dfrac{dX(e^{j\omega})}{d\omega}$
5.3.4	实信号的共轭对称	$x[n]$ 为实信号	$\begin{cases} X(e^{j\omega}) = X^*(e^{-j\omega}) \\ \mathcal{R}e\{X(e^{j\omega})\} = \mathcal{R}e\{X(e^{-j\omega})\} \\ \mathcal{I}m\{X(e^{j\omega})\} = -\mathcal{I}m\{X(e^{-j\omega})\} \\ |X(e^{j\omega})| = |X(e^{-j\omega})| \\ \sphericalangle X(e^{j\omega}) = -\sphericalangle X(e^{-j\omega}) \end{cases}$
5.3.4	实偶信号的对称	$X[n]$ 为实偶信号	$X(e^{j\omega})$ 为实偶函数
5.3.4	实奇信号的对称	$X[n]$ 为实奇信号	$X(e^{j\omega})$ 为纯虚奇函数
5.3.4	实信号的奇偶分解	$X_e[n] = \mathcal{E}v\{x[n]\}$ $[x[n]$ 为实$]$ $X_o[n] = \mathcal{O}d\{x[n]\}$ $[x[n]$ 为实$]$	$\mathcal{R}e\{X(e^{j\omega})\}$ $j\,\mathcal{I}m\{X(e^{j\omega})\}$
5.3.9	非周期信号的帕塞瓦尔定理 $\sum_{n=-\infty}^{+\infty} |x[n]|^2 = \dfrac{1}{2\pi}\int_{2\pi} |X(e^{j\omega})|^2 d\omega$		

表 5.2 基本傅里叶变换对

信 号	傅里叶变换	傅里叶级数系数(若为周期的)
$\sum_{k=\langle N\rangle} a_k e^{jk(2\pi/N)n}$	$2\pi\sum_{k=-\infty}^{+\infty} a_k \delta\left(\omega - \dfrac{2\pi k}{N}\right)$	a_k
$e^{j\omega_0 n}$	$2\pi\sum_{l=-\infty}^{+\infty} \delta(\omega - \omega_0 - 2\pi l)$	(a) $\omega_0 = \dfrac{2\pi m}{N}$ $a_k = \begin{cases} 1, & k=m,\ m\pm N,\ m\pm 2N,\cdots \\ 0, & 其他 \end{cases}$ (b) $\dfrac{\omega_0}{2\pi}$ 无理数表明信号是非周期的
$\cos(\omega_0 n)$	$\pi\sum_{l=-\infty}^{+\infty}\{\delta(\omega - \omega_0 - 2\pi l) + \delta(\omega + \omega_0 - 2\pi l)\}$	(a) $\omega_0 = \dfrac{2\pi m}{N}$ $a_k = \begin{cases} \dfrac{1}{2}, & k=\pm m,\ \pm m\pm N,\ \pm m\pm 2N,\cdots \\ 0, & 其他 \end{cases}$ (b) $\dfrac{\omega_0}{2\pi}$ 无理数表明信号是非周期的
$\sin(\omega_0 n)$	$\dfrac{\pi}{j}\sum_{l=-\infty}^{+\infty}\{\delta(\omega - \omega_0 - 2\pi l) - \delta(\omega + \omega_0 - 2\pi l)\}$	(a) $\omega_0 = \dfrac{2\pi r}{N}$ $a_k = \begin{cases} \dfrac{1}{2j}, & k=r,\ r\pm N,\ r\pm 2N,\cdots \\ -\dfrac{1}{2j}, & k=-r,\ -r\pm N,\ -r\pm 2N,\cdots \\ 0, & 其他 \end{cases}$ (b) $\dfrac{\omega_0}{2\pi}$ 无理数表明信号是非周期的
$x[n] = 1$	$2\pi\sum_{l=-\infty}^{+\infty}\delta(\omega - 2\pi l)$	$a_k = \begin{cases} 1, & k=0,\ \pm N,\ \pm 2N,\cdots \\ 0, & 其他 \end{cases}$

(续表)

信 号	傅里叶变换	傅里叶级数系数(若为周期的)
周期方波 $x[n] = \begin{cases} 1, & |n| \leq N_1 \\ 0, & N_1 < |n| \leq N/2 \end{cases}$ 和 $x[n+N] = x[n]$	$2\pi \sum_{k=-\infty}^{+\infty} a_k \delta\left(\omega - \frac{2\pi k}{N}\right)$	$a_k = \frac{\sin\left[(2\pi k/N)(N_1 + \frac{1}{2})\right]}{N\sin[2\pi k/2N]}$, $k \neq 0, \pm N, \pm 2N, \cdots$ $a_k = \frac{2N_1 + 1}{N}$, $k = 0, \pm N, \pm 2N, \cdots$
$\sum_{k=-\infty}^{+\infty} \delta[n - kN]$	$\frac{2\pi}{N} \sum_{k=-\infty}^{+\infty} \delta\left(\omega - \frac{2\pi k}{N}\right)$	$a_k = \frac{1}{N}$, 对全部 k
$a^n u[n]$, $|a| < 1$	$\frac{1}{1 - ae^{-j\omega}}$	—
$x[n] \begin{cases} 1, & |n| \leq N_1 \\ 0, & |n| > N_1 \end{cases}$	$\frac{\sin[\omega(N_1 + \frac{1}{2})]}{\sin(\omega/2)}$	—
$\frac{\sin(Wn)}{\pi n} = \frac{W}{\pi}\text{sinc}\left(\frac{Wn}{\pi}\right)$ $0 < W < \pi$	$X(\omega) = \begin{cases} 1, & 0 \leq |\omega| \leq W \\ 0, & W < |\omega| \leq \pi \end{cases}$ $X(\omega)$ 周期的,周期为 2π	—
$\delta[n]$	1	—
$u[n]$	$\frac{1}{1 - e^{-j\omega}} + \sum_{k=-\infty}^{+\infty} \pi\delta(\omega - 2\pi k)$	—
$\delta[n - n_0]$	$e^{-j\omega n_0}$	—
$(n+1)a^n u[n]$, $|a| < 1$	$\frac{1}{(1 - ae^{-j\omega})^2}$	—
$\frac{(n+r-1)!}{n!(r-1)!} a^n u[n]$, $|a| < 1$	$\frac{1}{(1 - ae^{-j\omega})^r}$	—

5.7 对偶性质

在讨论连续时间傅里叶变换时,已经观察到在分析公式(4.9)和综合公式(4.8)之间有某种对称性质或对偶性质存在,然而对离散时间傅里叶变换而言,分析公式(5.9)和综合公式(5.8)之间却不存在相应的对偶性质。但是,在离散时间傅里叶级数公式(3.94)和公式(3.95)之间却存在一种对偶关系,这将在5.7.1节中进行讨论。另外,在离散时间傅里叶变换和连续时间傅里叶级数之间也存在一种对偶关系,这一关系将在5.7.2节中讨论。

5.7.1 离散时间傅里叶级数的对偶性质

因为一个周期信号 $x[n]$ 的傅里叶级数系数 a_k 本身就是一个周期序列,所以可将这个序列 a_k 展开成傅里叶级数。离散时间傅里叶级数的对偶性质意味着周期序列 a_k 的傅里叶级数系数是 $(1/N)x[-n]$ 的值(也就是说正比于原信号在时间反转后的值)。为了更仔细地看出这一点,现考虑两个周期均为 N 的周期序列,这两个序列通过下列和式联系起来:

$$f[m] = \frac{1}{N} \sum_{r=\langle N \rangle} g[r] e^{-jr(2\pi/N)m} \tag{5.65}$$

如果令 $m = k$ 和 $r = n$,则式(5.65)就变成

$$f[k] = \frac{1}{N} \sum_{n=\langle N \rangle} g[n] e^{-jk(2\pi/N)n}$$

将该式与式(3.95)比较可知，序列 $f[k]$ 就相应于信号 $g[n]$ 的傅里叶级数系数。也就是说，如果对一个周期离散时间信号和它的傅里叶级数系数采用在第 3 章所引入的记法：

$$x[n] \xleftrightarrow{\mathcal{FS}} a_k$$

那么，通过式(5.65)相联系的两个周期序列就满足

$$g[n] \xleftrightarrow{\mathcal{FS}} f[k] \tag{5.66}$$

另一方面，若令 $m = n$ 和 $r = -k$，则式(5.65)就变为

$$f[n] = \sum_{k=\langle N \rangle} \frac{1}{N} g[-k] \mathrm{e}^{jk(2\pi/N)n}$$

将该式与式(3.94)比较可知，$(1/N)g[-k]$ 就相应于 $f[n]$ 的傅里叶级数的系数序列，即

$$f[n] \xleftrightarrow{\mathcal{FS}} \frac{1}{N} g[-k] \tag{5.67}$$

与连续时间情况下一样，这一对偶性质意味着：离散时间傅里叶级数的每个性质都有对应的一个对偶关系存在。例如，参照表 3.2，如下一对性质就是对偶的：

$$x[n - n_0] \xleftrightarrow{\mathcal{FS}} a_k \mathrm{e}^{-jk(2\pi/N)n_0} \tag{5.68}$$

$$\mathrm{e}^{jm(2\pi/N)n} x[n] \xleftrightarrow{\mathcal{FS}} a_{k-m} \tag{5.69}$$

同理，从该表可以提取的另一对对偶关系如下：

$$\sum_{r=\langle N \rangle} x[r] y[n-r] \xleftrightarrow{\mathcal{FS}} N a_k b_k \tag{5.70}$$

$$x[n] y[n] \xleftrightarrow{\mathcal{FS}} \sum_{l=\langle N \rangle} a_l b_{k-l} \tag{5.71}$$

关于离散时间傅里叶级数的性质，除了上述结果，对偶性质还常常用以简化涉及求取傅里叶级数表示式的复杂计算上。这一点将用如下例子给予说明。

例 5.16 考虑周期为 $N=9$ 的如下周期信号：

$$x[n] = \begin{cases} \dfrac{1}{9} \dfrac{\sin(5\pi n/9)}{\sin(\pi n/9)}, & n \text{ 不是 9 的倍数} \\ \dfrac{5}{9}, & n \text{ 是 9 的倍数} \end{cases} \tag{5.72}$$

第 3 章曾求得一个矩形方波的傅里叶系数在形式上与式(5.72)很相像。由对偶性质可以想到，$x[n]$ 的傅里叶系数也一定具有矩形方波的形式。为了更仔细地看出这点，令 $g[n]$ 是一个周期为 $N=9$ 的周期方波，而有

$$g[n] = \begin{cases} 1, & |n| \leq 2 \\ 0, & 2 < |n| \leq 4 \end{cases}$$

$g[n]$ 的傅里叶级数系数 b_k 可由例 3.12 确定为

$$b_k = \begin{cases} \dfrac{1}{9} \dfrac{\sin(5\pi k/9)}{\sin(\pi k/9)}, & k \text{ 不是 9 的倍数} \\ \dfrac{5}{9}, & k \text{ 是 9 的倍数} \end{cases}$$

对于 $g[n]$ 的傅里叶级数分析公式(3.95)，现在可以写成

$$b_k = \frac{1}{9} \sum_{n=-2}^{2} (1) \mathrm{e}^{-j2\pi nk/9}$$

将变量 k 和 n 的名称互换，并令 $x[n] = b_k$，求得

$$x[n] = \frac{1}{9} \sum_{k=-2}^{2} (1) e^{-j2\pi nk/9}$$

对于等号右边的和式，令 $k' = -k$，得到

$$x[n] = \frac{1}{9} \sum_{k'=-2}^{2} e^{+j2\pi nk'/9}$$

最后，将因子 1/9 移至求和号里面，可见该式等号右边就具有对 $x[n]$ 的综合公式(3.94)的形式，据此得出 $x[n]$ 的傅里叶系数就是

$$a_k = \begin{cases} 1/9, & |k| \leq 2 \\ 0, & 2 < |k| \leq 4 \end{cases}$$

当然这是周期的，周期 $N = 9$。

5.7.2 离散时间傅里叶变换和连续时间傅里叶级数之间的对偶性质

除了离散时间傅里叶级数的对偶性质，在**离散时间傅里叶变换**和**连续时间傅里叶级数**之间也存在着一种对偶关系。现在让我们将连续时间傅里叶级数公式(3.38)和公式(3.39)与离散时间傅里叶变换公式(5.8)和公式(5.9)进行比较。为方便起见，将这些公式重新写出如下：

$$x[n] = \frac{1}{2\pi} \int_{2\pi} X(e^{j\omega}) e^{j\omega n} d\omega \qquad (5.73)$$

$$X(e^{j\omega}) = \sum_{n=-\infty}^{+\infty} x[n] e^{-j\omega n} \qquad (5.74)$$

$$x(t) = \sum_{k=-\infty}^{+\infty} a_k e^{jk\omega_0 t} \qquad (5.75)$$

$$a_k = \frac{1}{T} \int_T x(t) e^{-jk\omega_0 t} dt \qquad (5.76)$$

可以注意到，式(5.73)和式(5.76)很相像，式(5.74)和式(5.75)也很类似。事实上，可以将式(5.73)和式(5.74)看成周期性频率响应 $X(e^{j\omega})$ 的**傅里叶级数**表示。特别是，因为 $X(e^{j\omega})$ 是 ω 的周期函数，周期为 2π，从而可以用成谐波关系的周期指数函数的加权和傅里叶级数表示，所有这些成谐波关系的周期指数函数都有一个公共周期 2π。也就是说，$X(e^{j\omega})$ 能够表示成信号 $e^{j\omega n}$，$n = 0$，± 1，± 2，$\cdots$ 的加权和的傅里叶级数。由式(5.74)可见，这个展开式中的第 n 次傅里叶系数(也即与 $e^{j\omega n}$ 相乘的系数)是 $x[-n]$。再者，因为 $X(e^{j\omega})$ 的周期是 2π，所以式(5.73)也就能够看成对傅里叶级数系数 $x[n]$ 的傅里叶级数的分析公式，也就是在式(5.74)中 $X(e^{j\omega})$ 的表示式中与 $e^{-j\omega n}$ 相乘的系数。这一对偶关系的应用最好用一个例子来说明。

例5.17 利用离散时间傅里叶变换综合公式和连续时间傅里叶级数分析公式之间的对偶性质，求下面序列的离散时间傅里叶变换：

$$x[n] = \frac{\sin(\pi n/2)}{\pi n}$$

为了利用对偶性质，首先必须确认一个周期 $T = 2\pi$ 的连续时间信号 $g(t)$，其傅里叶系数 $a_k = x[k]$。由例3.5可知，$g(t)$ 是一个周期为 2π(或者等效为基波频率 $\omega_0 = 1$)的周期性方波，

$$g(t) = \begin{cases} 1, & |t| \leq T_1 \\ 0, & T_1 < |t| \leq \pi \end{cases}$$

那么，$g(t)$ 的傅里叶级数系数是

$$a_k = \frac{\sin(kT_1)}{k\pi}$$

这样，若取 $T_1 = \pi/2$，就有 $a_k = x[k]$。这时，$g(t)$ 的分析公式是

$$\frac{\sin(\pi k/2)}{\pi k} = \frac{1}{2\pi}\int_{-\pi}^{\pi} g(t)\mathrm{e}^{-jkt}\mathrm{d}t = \frac{1}{2\pi}\int_{-\pi/2}^{\pi/2}(1)\mathrm{e}^{-jkt}\mathrm{d}t$$

将 k 写为 n，t 写为 ω，则有

$$\frac{\sin(\pi n/2)}{\pi n} = \frac{1}{2\pi}\int_{-\pi/2}^{\pi/2}(1)\mathrm{e}^{-jn\omega}\mathrm{d}\omega \tag{5.77}$$

在上式等号两边以 $-n$ 替换 n，并注意到 sinc 函数是偶函数，可得

$$\frac{\sin(\pi n/2)}{\pi n} = \frac{1}{2\pi}\int_{-\pi/2}^{\pi/2}(1)\mathrm{e}^{j n\omega}\mathrm{d}\omega$$

上式等号右边具有 $x[n]$ 的傅里叶变换综合公式的形式，其中

$$X(\mathrm{e}^{j\omega}) = \begin{cases} 1, & |\omega| \leqslant \pi/2 \\ 0, & \pi/2 < |\omega| \leqslant \pi \end{cases}$$

表5.3 简要地综合了连续和离散时间信号的傅里叶级数和傅里叶变换表示式，同时也指出了每一种情况下的对偶关系。

表5.3 傅里叶级数与傅里叶变换综合

	连续时间		离散时间	
	时域	频域	时域	频域
傅里叶级数	$x(t) = \sum_{k=-\infty}^{+\infty} a_k \mathrm{e}^{jk\omega_0 t}$ 连续时间， 在时间上是周期的	$a_k = \frac{1}{T_0}\int_{T_0} x(t)\mathrm{e}^{-jk\omega_0 t}\mathrm{d}t$ 离散频率， 在频率上是非周期的	$x[n] = \sum_{k=\langle N\rangle} a_k \mathrm{e}^{jk(2\pi/N)n}$ 离散时间， 在时间上是周期的	$a_k = \frac{1}{N}\sum_{n=\langle N\rangle} x[n]\mathrm{e}^{-jk(2\pi/N)n}$ 离散频率， 在频率上是周期的
		←对偶→		
傅里叶变换	$x(t) = \frac{1}{2\pi}\int_{-\infty}^{+\infty} X(\mathrm{j}\omega)\mathrm{e}^{j\omega t}\mathrm{d}\omega$ 连续时间， 在时间上是非周期的	$X(\mathrm{j}\omega) = \int_{-\infty}^{+\infty} x(t)\mathrm{e}^{-j\omega t}\mathrm{d}t$ 连续频率， 在频率上是非周期的	$x[n] = \frac{1}{2\pi}\int_{2\pi} X(\mathrm{e}^{j\omega})\mathrm{e}^{j\omega n}\mathrm{d}\omega$ 离散时间， 在时间上是非周期的	$X(\mathrm{e}^{j\omega}) = \sum_{n=-\infty}^{+\infty} x[n]\mathrm{e}^{-j\omega n}$ 连续频率， 在频率上是周期的
	←对偶→			

（连续时间栏与离散时间栏之间：对偶）

5.8 由线性常系数差分方程表征的系统

对于一个线性时不变系统而言，其输出 $y[n]$ 和输入 $x[n]$ 之间的线性常系数差分方程一般具有如下形式：

$$\sum_{k=0}^{N} a_k y[n-k] = \sum_{k=0}^{M} b_k x[n-k] \tag{5.78}$$

由这样的差分方程描述的系统是十分重要而有用的一类系统。这一节将利用离散时间傅里叶变换的几个性质导出由这样一个方程所描述的线性时不变系统的频率响应 $H(\mathrm{e}^{j\omega})$。所采用的方法与4.7节讨论的由线性常系数微分方程描述的连续时间线性时不变系统是紧密并行的。

有两种方法来确定 $H(e^{j\omega})$。其中第一种方法是曾在 3.11 节对几个简单的差分方程所说明的，即利用复指数是线性时不变系统特征函数这一事实。若 $x[n] = e^{j\omega n}$ 是一个线性时不变系统的输入，其输出就一定具有 $H(e^{j\omega})e^{j\omega n}$ 这种形式。将这些表达式代入式(5.78)并做一些代数运算，就可以解出 $H(e^{j\omega})$。这一节将采用第二种方法，利用离散时间傅里叶变换的卷积、线性和时移性质。设 $X(e^{j\omega})$，$Y(e^{j\omega})$ 和 $H(e^{j\omega})$ 分别为输入 $x[n]$，输出 $y[n]$ 和单位脉冲响应 $h[n]$ 的傅里叶变换，离散时间傅里叶变换的卷积性质就意味着有

$$H(e^{j\omega}) = \frac{Y(e^{j\omega})}{X(e^{j\omega})} \tag{5.79}$$

在式(5.78)两边应用傅里叶变换，并利用线性和时移性质，可得

$$\sum_{k=0}^{N} a_k e^{-jk\omega} Y(e^{j\omega}) = \sum_{k=0}^{M} b_k e^{-jk\omega} X(e^{j\omega})$$

或者等效为

$$H(e^{j\omega}) = \frac{Y(e^{j\omega})}{X(e^{j\omega})} = \frac{\sum_{k=0}^{M} b_k e^{-jk\omega}}{\sum_{k=0}^{N} a_k e^{-jk\omega}} \tag{5.80}$$

将式(5.80)与式(4.76)进行比较可见，与连续时间情况下一样，$H(e^{j\omega})$ 是两个多项式之比，但是在离散时间情况下，这些多项式的变量是 $e^{-j\omega}$。分子多项式的系数就是式(5.78)的等号右边的系数，而分母多项式的系数就是式(5.78)的等号左边的系数。因此，由式(5.78)表征的线性时不变系统的频率响应就能够凭直觉写出来。

式(5.78)的差分方程一般称为 N 阶差分方程，因为它涉及输出 $y[n]$ 直到 N 步的延迟。同时式(5.80)中的 $H(e^{j\omega})$ 的分母也是 $e^{-j\omega}$ 的 N 阶多项式。

例 5.18 考虑一个因果线性时不变系统，其差分方程为

$$y[n] - ay[n-1] = x[n] \tag{5.81}$$

其中 $|a| < 1$。由式(5.80)可知，该系统的频率响应是

$$H(e^{j\omega}) = \frac{1}{1 - ae^{-j\omega}} \tag{5.82}$$

将式(5.82)与例 5.1 比较可知，它就是序列 $a^n u[n]$ 的傅里叶变换。因此，该系统的单位脉冲响应为

$$h[n] = a^n u[n] \tag{5.83}$$

例 5.19 考虑一个因果线性时不变系统，其差分方程为

$$y[n] - \frac{3}{4}y[n-1] + \frac{1}{8}y[n-2] = 2x[n] \tag{5.84}$$

由式(5.80)可知，该系统的频率响应是

$$H(e^{j\omega}) = \frac{2}{1 - \frac{3}{4}e^{-j\omega} + \frac{1}{8}e^{-j2\omega}} \tag{5.85}$$

为求单位脉冲响应，第一步是要将式(5.85)的分母因式分解为

$$H(e^{j\omega}) = \frac{2}{(1 - \frac{1}{2}e^{-j\omega})(1 - \frac{1}{4}e^{-j\omega})} \tag{5.86}$$

$H(e^{j\omega})$ 就能按部分分式展开，如同附录 A 的例 A.3 那样，展开的结果为

$$H(e^{j\omega}) = \frac{4}{1 - \frac{1}{2}e^{-j\omega}} - \frac{2}{1 - \frac{1}{4}e^{-j\omega}} \tag{5.87}$$

其中每一项的逆变换都可凭直观写出，其结果为

$$h[n] = 4\left(\frac{1}{2}\right)^n u[n] - 2\left(\frac{1}{4}\right)^n u[n] \tag{5.88}$$

在例5.19中所采用的步骤与在连续时间情况下所用的是相同的。具体而言，在将$H(e^{j\omega})$利用部分分式方法展开以后，就能凭直观求得每一项的逆变换。这一方法可用于由线性常系数差分方程所描述的任何线性时不变系统的频率响应，以确定该系统的单位脉冲响应。同时，正如下面这个例子将要说明的，若这样的系统输入的傅里叶变换$X(e^{j\omega})$也是$e^{-j\omega}$的多项式之比，那么$Y(e^{j\omega})$也一定是$e^{-j\omega}$的多项式之比。这时可用同样的办法求得系统对输入$x[n]$的响应$y[n]$。

例5.20 考虑例5.19的线性时不变系统，并设系统输入为

$$x[n] = \left(\frac{1}{4}\right)^n u[n]$$

利用式(5.80)和例5.1或例5.18，可得

$$Y(e^{j\omega}) = H(e^{j\omega})X(e^{j\omega}) = \left[\frac{2}{(1-\frac{1}{2}e^{-j\omega})(1-\frac{1}{4}e^{-j\omega})}\right]\left[\frac{1}{1-\frac{1}{4}e^{-j\omega}}\right] \\ = \frac{2}{(1-\frac{1}{2}e^{-j\omega})(1-\frac{1}{4}e^{-j\omega})^2} \tag{5.89}$$

如同在附录A中给出的，这种情况下的部分分式展开式是

$$Y(e^{j\omega}) = \frac{B_{11}}{1-\frac{1}{4}e^{-j\omega}} + \frac{B_{12}}{(1-\frac{1}{4}e^{-j\omega})^2} + \frac{B_{21}}{1-\frac{1}{2}e^{-j\omega}} \tag{5.90}$$

其中常数B_{11}、B_{12}和B_{21}可用附录A中给出的方法求出。这个特定的展开式在附录A的例A.4中详细列出了，所得到的值是

$$B_{11} = -4, \quad B_{12} = -2, \quad B_{21} = 8$$

这样

$$Y(e^{j\omega}) = -\frac{4}{1-\frac{1}{4}e^{-j\omega}} - \frac{2}{(1-\frac{1}{4}e^{-j\omega})^2} + \frac{8}{1-\frac{1}{2}e^{-j\omega}} \tag{5.91}$$

上式第一项和第三项与在例5.19中所遇到的形式相同，而第二项与在例5.13中所见过的一样。无论由这些例子，还是根据表5.2，都能将式(5.91)中的每一项求逆变换，从而得出

$$y[n] = \left\{-4\left(\frac{1}{4}\right)^n - 2(n+1)\left(\frac{1}{4}\right)^n + 8\left(\frac{1}{2}\right)^n\right\} u[n] \tag{5.92}$$

5.9 小结

本章和第4章并行地研究了离散时间信号的傅里叶变换，并考察了它的许多重要性质。贯穿整章，我们已经看到连续时间和离散时间傅里叶分析之间有很多类似之处，同时也看到了某些重要的差别。例如，在离散时间情况下，傅里叶级数和傅里叶变换之间的关系非常类似于在连续时间情况下两者之间的关系。特别是，由离散时间傅里叶级数表示导出非周期信号的离散时间傅里叶变换的过程与在连续时间情况下所对应的过程几乎完全一样。再者，连续时间傅里叶变换的很多性质都能在离散时间情况下找到相对应的性质。但另一方面，与连续时间情况相比，一个非周期信号的离散时间傅里叶变换总是周期的，且周期为2π。除了上述这些异同点，本章还讨论了连续时间和离散时间信号的傅里叶表示之间的对偶关系。

连续时间和离散时间傅里叶分析之间最重要的相似之处在于其应用于分析和表示信号,以及在线性时不变系统中的应用。具体而言,卷积性质提供了线性时不变系统频域分析的基础。我们已经看到了该方法用于第3章至第5章滤波问题的讨论,并用于研究由线性常系数微分及差分方程所描述的系统。并且,第6章更详细地研究滤波和时域与频域的关系问题时,将会对此有更进一步的了解。另外,连续时间和离散时间情况下的相乘性质则是第7章研究采样和第8章讨论通信系统问题的基础。

习题

习题的第一部分属于基本题,答案在书末给出。其余三个部分分别属于基本题、深入题和扩充题。

基本题(附答案)

5.1 利用傅里叶变换分析公式(5.9),计算下列傅里叶变换:

(a) $\left(\frac{1}{2}\right)^{n-1} u[n-1]$ (b) $\left(\frac{1}{2}\right)^{|n-1|}$

概略画出每个傅里叶变换在一个周期内的模,并给以标注。

5.2 利用傅里叶变换分析公式(5.9),计算下列傅里叶变换:

(a) $\delta[n-1] + \delta[n+1]$ (b) $\delta[n+2] - \delta[n-2]$

概略画出每个傅里叶变换在一个周期内的模,并给以标注。

5.3 对于 $-\pi \leq \omega < \pi$,求下列周期信号的傅里叶变换:

(a) $\sin\left(\frac{\pi}{3}n + \frac{\pi}{4}\right)$ (b) $2 + \cos\left(\frac{\pi}{6}n + \frac{\pi}{8}\right)$

5.4 利用傅里叶变换的综合公式(5.8)求下列逆变换:

(a) $X_1(e^{j\omega}) = \sum_{k=-\infty}^{\infty} \left\{ 2\pi\delta(\omega - 2\pi k) + \pi\delta\left(\omega - \frac{\pi}{2} - 2\pi k\right) + \pi\delta\left(\omega + \frac{\pi}{2} - 2\pi k\right) \right\}$

(b) $X_2(e^{j\omega}) = \begin{cases} 2j, & 0 < \omega \leq \pi \\ -2j, & -\pi < \omega \leq 0 \end{cases}$

5.5 利用傅里叶变换的综合公式(5.8),求 $X(e^{j\omega}) = |X(e^{j\omega})|e^{j\angle X(e^{j\omega})}$ 的逆变换,其中

$$|X(e^{j\omega})| = \begin{cases} 1, & 0 \leq |\omega| < \frac{\pi}{4} \\ 0, & \frac{\pi}{4} \leq |\omega| \leq \pi \end{cases} \quad \text{且} \quad \angle X(e^{j\omega}) = -\frac{3\omega}{2}$$

根据答案求 $x[n] = 0$ 时的 n 值。

5.6 已知 $x[n]$ 有傅里叶变换 $X(e^{j\omega})$,用 $X(e^{j\omega})$ 表示下列信号的傅里叶变换。可以利用表5.1的傅里叶变换性质。

(a) $x_1[n] = x[1-n] + x[-1-n]$ (b) $x_2[n] = \frac{x^*[-n] + x[n]}{2}$ (c) $x_3[n] = (n-1)^2 x[n]$

5.7 对于下面每个傅里叶变换,利用傅里叶变换性质(见表5.1),确定对应的时域信号是否是(i)实信号、虚信号,或均不是;(ii)偶信号、奇信号,或均不是。解本题时无须求出任何逆变换。

(a) $X_1(e^{j\omega}) = e^{-j\omega} \sum_{k=1}^{10} \sin(k\omega)$ (b) $X_2(e^{j\omega}) = j\sin\omega\cos(5\omega)$

(c) $X_3(e^{j\omega}) = A(\omega) + e^{jB(\omega)}$,其中

$$A(\omega) = \begin{cases} 1, & 0 \leq |\omega| \leq \frac{\pi}{8} \\ 0, & \frac{\pi}{8} < |\omega| \leq \pi \end{cases} \qquad B(\omega) = -\frac{3\omega}{2} + \pi$$

5.8 借助于表5.1和表5.2,当 $X(e^{j\omega})$ 为

$$X(e^{j\omega}) = \frac{1}{1 - e^{-j\omega}} \left(\frac{\sin\frac{3}{2}\omega}{\sin\frac{\omega}{2}} \right) + 5\pi\delta(\omega), \quad -\pi < \omega \leq \pi$$

求 $x[n]$。

5.9 实信号 $x[n]$ 的傅里叶变换为 $X(e^{j\omega})$，已知具有下列条件：
1. $x[n] = 0, n > 0$
2. $x[0] > 0$
3. $Im\{X(e^{j\omega})\} = \sin\omega - \sin(2\omega)$
4. $\frac{1}{2\pi}\int_{-\pi}^{\pi}|x(e^{j\omega})|^2 d\omega = 3$

求 $x[n]$。

5.10 利用表 5.1 和表 5.2，并结合
$$X(e^{j0}) = \sum_{n=-\infty}^{\infty} x[n]$$

确定
$$A = \sum_{n=0}^{\infty} n\left(\frac{1}{2}\right)^n$$

的数值。

5.11 考虑一个信号 $g[n]$，其傅里叶变换为 $G(e^{j\omega})$，假设
$$g[n] = x_{(2)}[n]$$

其中信号 $x[n]$ 的傅里叶变换为 $X(e^{j\omega})$。试确定某一实数 $\alpha, 0 < \alpha < 2\pi$，并有 $G(e^{j\omega}) = G(e^{j(\omega-\alpha)})$。

5.12 设
$$y[n] = \left(\frac{\sin(\frac{\pi}{4}n)}{\pi n}\right)^2 * \frac{\sin(\omega_c n)}{\pi n}$$

其中 * 表示卷积，且 $|\omega_c| \leq \pi$。试对 ω_c 确定一个较严格的限制，以保证
$$y[n] = \left(\frac{\sin(\frac{\pi}{4}n)}{\pi n}\right)^2$$

5.13 一个单位脉冲响应为 $h_1[n] = \left(\frac{1}{3}\right)^n u[n]$ 的线性时不变系统与另一单位脉冲响应为 $h_2[n]$ 的因果线性时不变系统并联，并联后的频率响应为
$$H(e^{j\omega}) = \frac{-12 + 5e^{-j\omega}}{12 - 7e^{-j\omega} + e^{-j2\omega}}$$

求 $h_2[n]$。

5.14 假设一个单位脉冲响应为 $h[n]$，频率响应为 $H(e^{j\omega})$ 的线性时不变系统 S，具有下列条件：
1. $\left(\frac{1}{4}\right)^n u[n] \to g[n]$，其中 $g[n] = 0, n \geq 2$ 且 $n < 0$
2. $H(e^{j\pi/2}) = 1$
3. $H(e^{j\omega}) = H(e^{j(\omega-\pi)})$

求 $h[n]$。

5.15 设 $Y(e^{j\omega})$ 的逆变换是
$$y[n] = \left(\frac{\sin(\omega_c n)}{\pi n}\right)^2$$

其中 $0 < \omega_c < \pi$。试确定 ω_c 的值，以保证
$$Y(e^{j\pi}) = \frac{1}{2}$$

5.16 有一个信号的傅里叶变换是
$$X(e^{j\omega}) = \sum_{k=0}^{3} \frac{(1/2)^k}{1 - \frac{1}{4}e^{-j(\omega - \pi/2k)}}$$

可以证明
$$x[n] = g[n]q[n]$$
其中 $g[n]$ 具有 $\alpha^n u[n]$ 形式，$q[n]$ 是周期为 N 的周期信号。
(a) 求 α 的值。
(b) 求 N 的值。
(c) $x[n]$ 是实序列吗？

5.17 信号 $x[n] = (-1)^n$ 有一个基波周期为 2，傅里叶级数系数为 a_k，利用对偶性质求基波周期为 2 的信号 $g[n] = a_n$ 的傅里叶级数系数 b_k。

5.18 已知
$$a^{|n|} \stackrel{\mathcal{F}}{\longleftrightarrow} \frac{1-a^2}{1-2a\cos\omega + a^2}, \quad |a| < 1$$
利用对偶性质求下面周期 $T = 1$ 的连续时间信号的傅里叶级数系数：
$$x(t) = \frac{1}{5 - 4\cos(2\pi t)}$$

5.19 考虑一个因果稳定线性时不变系统 S，其输入 $x[n]$ 和输出 $y[n]$ 通过如下二阶差分方程所关联：
$$y[n] - \frac{1}{6}y[n-1] - \frac{1}{6}y[n-2] = x[n]$$
(a) 求该系统 S 的频率响应 $H(e^{j\omega})$。
(b) 求系统 S 的单位脉冲响应 $h[n]$。

5.20 有一个因果稳定线性时不变系统 S 具有如下性质：
$$\left(\frac{4}{5}\right)^n u[n] \longrightarrow n\left(\frac{4}{5}\right)^n u[n]$$
(a) 求该系统的频率响应 $H(e^{j\omega})$。
(b) 求该系统的差分方程。

基本题

5.21 计算下列信号的傅里叶变换：

(a) $x[n] = u[n-2] - u[n-6]$

(b) $x[n] = \left(\frac{1}{2}\right)^{-n} u[-n-1]$

(c) $x[n] = \left(\frac{1}{3}\right)^{|n|} u[-n-2]$

(d) $x[n] = 2^n \sin\left(\frac{\pi}{4}n\right) u[-n]$

(e) $x[n] = \left(\frac{1}{2}\right)^{|n|} \cos\left(\frac{\pi}{8}(n-1)\right)$

(f) $x[n] = \begin{cases} n, & -3 \leq n \leq 3 \\ 0, & \text{其他} \end{cases}$

(g) $x[n] = \sin\left(\frac{\pi}{2}n\right) + \cos(n)$

(h) $x[n] = \sin\left(\frac{5\pi}{3}n\right) + \cos\left(\frac{7\pi}{3}n\right)$

(i) $x[n] = x[n-6]$ 和 $x[n] = u[n] - u[n-5]$，$0 \leq n \leq 5$

(j) $x[n] = (n-1)\left(\frac{1}{3}\right)^{|n|}$

(k) $x[n] = \frac{\sin(\pi n/5)}{\pi n} \cos\left(\frac{7\pi}{2}n\right)$

5.22 下列是各离散时间信号的傅里叶变换，求相应于每一变换的信号。

(a) $X(e^{j\omega}) = \begin{cases} 1, & \frac{\pi}{4} \leq |\omega| \leq \frac{3\pi}{4} \\ 0, & \frac{3\pi}{4} \leq |\omega| \leq \pi, 0 \leq |\omega| < \frac{\pi}{4} \end{cases}$

(b) $X(e^{j\omega}) = 1 + 3e^{-j\omega} + 2e^{-j2\omega} - 4e^{-j3\omega} + e^{-j10\omega}$

(c) $X(e^{j\omega}) = e^{-j\omega/2}, \quad -\pi \leq \omega \leq \pi$

(d) $X(e^{j\omega}) = \cos^2\omega + \sin^2(3\omega)$

(e) $X(e^{j\omega}) = \sum_{k=-\infty}^{\infty} (-1)^k \delta\left(\omega - \frac{\pi}{2}k\right)$

(f) $X(e^{j\omega}) = \dfrac{e^{-j\omega} - \dfrac{1}{5}}{1 - \dfrac{1}{5}e^{-j\omega}}$

(g) $X(e^{j\omega}) = \dfrac{1-\dfrac{1}{3}e^{-j\omega}}{1-\dfrac{1}{4}e^{-j\omega}-\dfrac{1}{8}e^{-2j\omega}}$ (h) $X(e^{j\omega}) = \dfrac{1-\left(\dfrac{1}{3}\right)^6 e^{-j6\omega}}{1-\dfrac{1}{3}e^{-j\omega}}$

5.23 设 $X(e^{j\omega})$ 是图 P5.23 所示的 $x[n]$ 信号的傅里叶变换，不经求出 $X(e^{j\omega})$ 完成下列计算：

(a) 求 $X(e^{j0})$ (b) 求 $\sphericalangle X(e^{j\omega})$ (c) 求 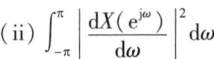   (d) 求 $X(e^{j\pi})$

(e) 求并画出傅里叶变换为 $\mathcal{Re}\{X(e^{j\omega})\}$ 的信号。

(f) 求

(i) $\int_{-\pi}^{\pi} |X(e^{j\omega})|^2 d\omega$ (ii) $\int_{-\pi}^{\pi} \left|\dfrac{dX(e^{j\omega})}{d\omega}\right|^2 d\omega$

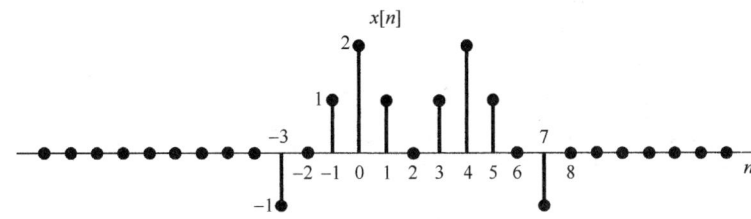

图 P5.23

5.24 试判定下列各信号，其傅里叶变换有哪一个(如果有)满足下面每一个条件：

1. $\mathcal{Re}\{X(e^{j\omega})\} = 0$
2. $\mathcal{Im}\{X(e^{j\omega})\} = 0$
3. 存在一个实数 α，使得 $e^{j\alpha\omega}X(e^{j\omega})$ 为实的。
4. $\int_{-\pi}^{\pi} X(e^{j\omega}) d\omega = 0$
5. $X(e^{j\omega})$ 是周期的。
6. $X(e^{j0}) = 0$

(a) $x[n]$ 如图 P5.24(a) 所示。   (b) $x[n]$ 如图 P5.24(b) 所示。
(c) $x[n] = \left(\dfrac{1}{2}\right)^n u[n]$ (d) $x[n] = \left(\dfrac{1}{2}\right)^{|n|}$
(e) $x[n] = \delta[n-1] + \delta[n+2]$ (f) $x[n] = \delta[n-1] + \delta[n+3]$
(g) $x[n]$ 如图 P5.24(c) 所示。   (h) $x[n]$ 如图 P5.24(d) 所示。
(i) $x[n] = \delta[n-1] - \delta[n+1]$

5.25 考虑图 P5.25 的信号，设该信号的傅里叶变换用笛卡儿坐标写出为

$$X(e^{j\omega}) = A(\omega) + jB(\omega)$$

试画出对应于变换为

$$Y(e^{j\omega}) = [B(\omega) + A(\omega)e^{j\omega}]$$

的时间信号。

5.26 设 $x_1[n]$ 的傅里叶变换 $X_1(e^{j\omega})$ 如图 P5.26(a) 所示。

(a) 考虑信号 $x_2[n]$，其傅里叶变换 $X_2(e^{j\omega})$ 如图 P5.26(b) 所示，试用 $x_1[n]$ 来表示 $x_2[n]$。

提示：首先用 $X_1(e^{j\omega})$ 来表示 $X_2(e^{j\omega})$，然后利用傅里叶变换性质。

(b) $x_3[n]$ 的傅里叶变换 $X_3(e^{j\omega})$ 如图 P5.26(c) 所示，对 $x_3[n]$ 重做(a)。

(c) 设

$$\alpha = \dfrac{\sum\limits_{n=-\infty}^{\infty} nx_1[n]}{\sum\limits_{n=-\infty}^{\infty} x_1[n]}$$

这个 α 量是信号 $x_1[n]$ 的重心,通常称为 $x_1[n]$ 的**延迟时间**(delay time)。求 α(做该题无须首先明确地求出 $x_1[n]$)。

(d) 考虑信号 $x_4[n] = x_1[n] * h[n]$,其中

$$h[n] = \frac{\sin(\pi n/6)}{\pi n}$$

概略画出 $X_4(e^{j\omega})$。

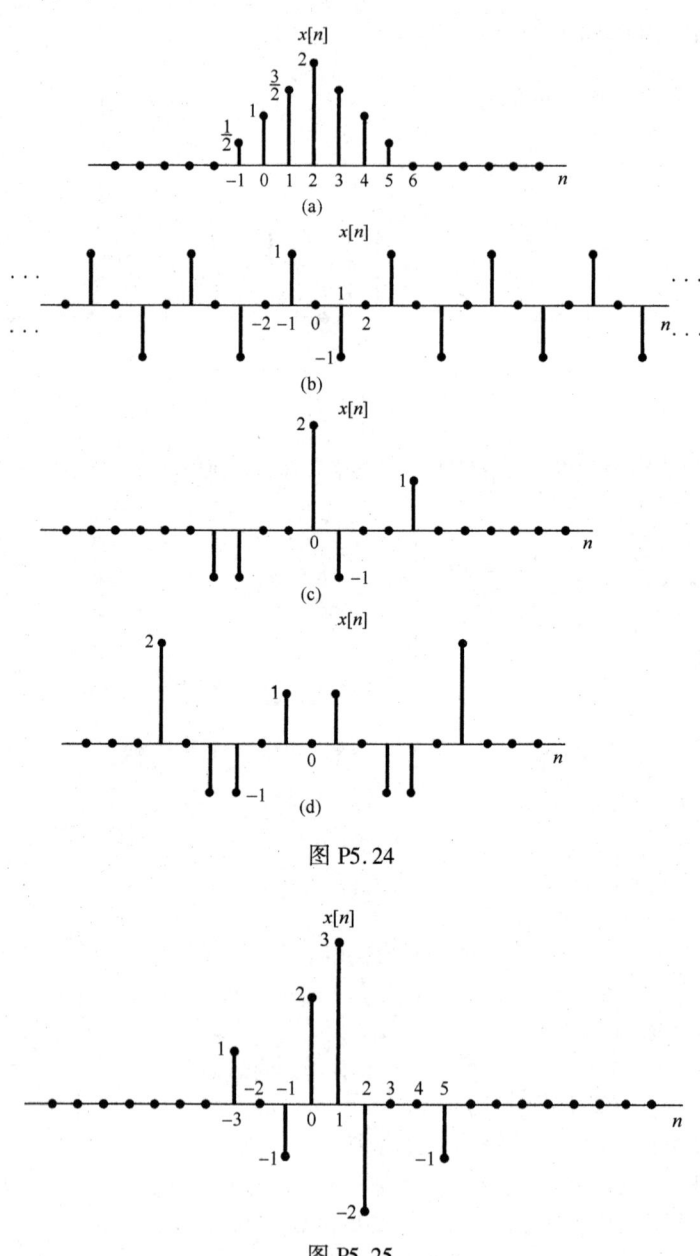

图 P5.24

图 P5.25

5.27 (a) 设 $x[n]$ 的傅里叶变换为 $X(e^{j\omega})$,如图 P5.27 所示。对于下列每个 $p[n]$,分别概略画出

$$w[n] = x[n]p[n]$$

的傅里叶变换。

(i) $p[n] = \cos(\pi n)$ (ii) $p[n] = \cos(\pi n/2)$ (iii) $p[n] = \sin(\pi n/2)$

(iv) $p[n] = \sum_{k=-\infty}^{\infty} \delta[n-2k]$ (v) $p[n] = \sum_{k=-\infty}^{\infty} \delta[n-4k]$

(b) 假设(a)中的信号 $w[n]$ 作为输入加到一个单位脉冲响应为

$$h[n] = \frac{\sin(\pi n/2)}{\pi n}$$

的线性时不变系统中，求对应于(a)中所选 $p[n]$ 的输出 $y[n]$。

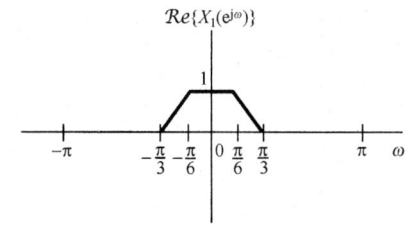
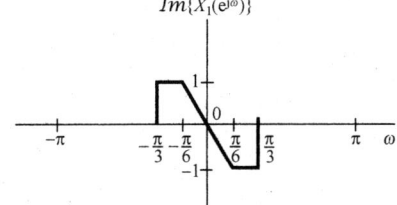

(a)

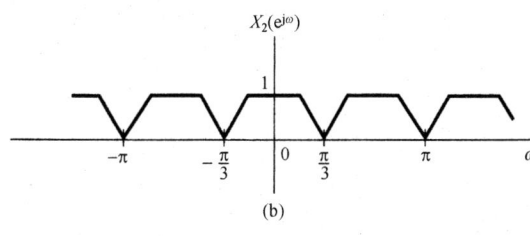
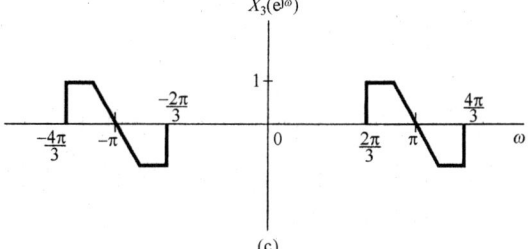

(b)   (c)

图 P5.26

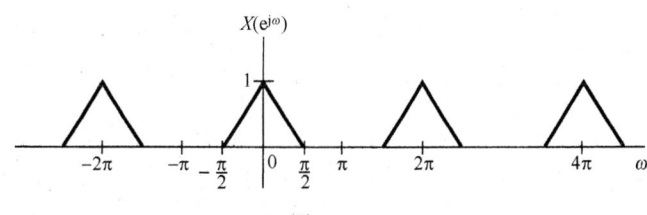

图 P5.27

5.28 已知信号 $x[n]$ 和 $g[n]$ 分别有傅里叶变换 $X(e^{j\omega})$ 和 $G(e^{j\omega})$。另外，$X(e^{j\omega})$ 和 $G(e^{j\omega})$ 之间的关系如下：

$$\frac{1}{2\pi}\int_{-\pi}^{+\pi} X(e^{j\theta})G(e^{j(\omega-\theta)})d\theta = 1 + e^{-j\omega} \quad (\text{P5.28-1})$$

(a) 若 $x[n] = (-1)^n$，求 $g[n]$，使其傅里叶变换 $G(e^{j\omega})$ 满足式(P5.28-1)。对于 $g[n]$ 还存在其他可能的解吗？

(b) 若 $x[n] = \left(\frac{1}{2}\right)^n u[n]$，重做(a)。

5.29 (a) 考虑一个离散时间线性时不变系统，其单位脉冲响应为

$$h[n] = \left(\frac{1}{2}\right)^n u[n]$$

利用傅里叶变换求在下列各输入信号下的响应：

(i) $x[n] = \left(\frac{3}{4}\right)^n u[n]$ (ii) $x[n] = (n+1)\left(\frac{1}{4}\right)^n u[n]$ (iii) $x[n] = (-1)^n$

(b) 假设

$$h[n] = \left[\left(\frac{1}{2}\right)^n \cos\left(\frac{\pi n}{2}\right)\right]u[n]$$

利用傅里叶变换求在下列各输入信号下的响应：

(i) $x[n] = \left(\frac{1}{2}\right)^n u[n]$ (ii) $x[n] = \cos(\pi n/2)$

(c) 设 $x[n]$ 和 $h[n]$ 的傅里叶变换为

$$X(e^{j\omega}) = 3e^{j\omega} + 1 - e^{-j\omega} + 2e^{-j3\omega}$$
$$H(e^{j\omega}) = -e^{j\omega} + 2e^{-2j\omega} + e^{j4\omega}$$

求 $y[n] = x[n] * h[n]$。

5.30 第 4 章曾指出过，单位冲激响应为

$$h(t) = \frac{W}{\pi}\text{sinc}\left(\frac{Wt}{\pi}\right) = \frac{\sin Wt}{\pi t}$$

的连续时间线性时不变系统在线性时不变系统分析中起着很重要的作用。同样正确的是，单位脉冲响应为

$$h[n] = \frac{W}{\pi}\text{sinc}\left(\frac{Wn}{\pi}\right) = \frac{\sin Wn}{\pi n}$$

的离散时间线性时不变系统在线性时不变系统分析中也起着很重要的作用。

(a) 求并画出单位脉冲响应为 $h[n]$ 的系统的频率响应。

(b) 考虑信号

$$x[n] = \sin\left(\frac{\pi n}{8}\right) - 2\cos\left(\frac{\pi n}{4}\right)$$

假定该信号是具有下列单位脉冲响应的线性时不变系统的输入，求每种情况的输出。

(i) $h[n] = \frac{\sin(\pi n/6)}{\pi n}$ (ii) $h[n] = \frac{\sin(\pi n/6)}{\pi n} + \frac{\sin(\pi n/2)}{\pi n}$

(iii) $h[n] = \frac{\sin(\pi n/6)\sin(\pi n/3)}{\pi^2 n^2}$ (iv) $h[n] = \frac{\sin(\pi n/6)\sin(\pi n/3)}{\pi n}$

(c) 考虑单位脉冲响应为

$$h[n] = \frac{\sin(\pi n/3)}{\pi n}$$

的线性时不变系统，求在下列各输入信号下的输出：

(i) $x[n]$ 为图 P5.30 所示的方波。   (ii) $x[n] = \sum_{k=-\infty}^{\infty} \delta[n-8k]$

(iii) $x[n] = (-1)^n$ 乘以图 P5.30 所示的方波。   (iv) $x[n] = \delta[n+1] + \delta[n-1]$

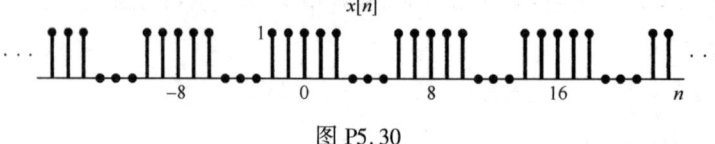

图 P5.30

5.31 一个单位脉冲响应为 $h[n]$，频率响应为 $H(e^{j\omega})$ 的线性时不变系统 S，当 $-\pi \leq \omega_0 \leq \pi$ 时具有如下特性：

$$\cos(\omega_0 n) \longrightarrow \omega_0 \cos(\omega_0 n)$$

(a) 求 $H(e^{j\omega})$。   (b) 求 $h[n]$。

5.32 设 $h_1[n]$ 和 $h_2[n]$ 是因果线性时不变系统的单位脉冲响应，相应的频率响应是 $H_1(e^{j\omega})$ 和 $H_2(e^{j\omega})$，在这些条件下，下面的式子一般来说是对还是不对？陈述理由。

$$\left[\frac{1}{2\pi}\int_{-\pi}^{\pi}H_1(e^{j\omega})d\omega\right]\left[\frac{1}{2\pi}\int_{-\pi}^{\pi}H_2(e^{j\omega})d\omega\right]=\frac{1}{2\pi}\int_{-\pi}^{\pi}H_1(e^{j\omega})H_2(e^{j\omega})d\omega$$

5.33 考虑一个因果线性时不变系统，其差分方程为

$$y[n]+\frac{1}{2}y[n-1]=x[n]$$

(a) 求该系统的频率响应 $H(e^{j\omega})$。
(b) 在下列输入时求系统响应：

(i) $x[n]=\left(\frac{1}{2}\right)^n u[n]$ (ii) $x[n]=\left(-\frac{1}{2}\right)^n u[n]$

(iii) $x[n]=\delta[n]+\frac{1}{2}\delta[n-1]$ (iv) $x[n]=\delta[n]-\frac{1}{2}\delta[n-1]$

(c) 在输入具有下列傅里叶变换时求系统响应：

(i) $X(e^{j\omega})=\dfrac{1-\frac{1}{4}e^{-j\omega}}{1+\frac{1}{2}e^{-j\omega}}$ (ii) $X(e^{j\omega})=\dfrac{1+\frac{1}{2}e^{-j\omega}}{1-\frac{1}{4}e^{-j\omega}}$

(iii) $X(e^{j\omega})=\dfrac{1}{\left(1-\frac{1}{4}e^{-j\omega}\right)\left(1+\frac{1}{2}e^{-j\omega}\right)}$ (iv) $X(e^{j\omega})=1+2e^{-3j\omega}$

5.34 考虑一个由两个线性时不变系统级联组成的系统，这两个系统的频率响应为

$$H_1(e^{j\omega})=\frac{2-e^{-j\omega}}{1+\frac{1}{2}e^{-j\omega}} \quad 和 \quad H_2(e^{j\omega})=\frac{1}{1-\frac{1}{2}e^{-j\omega}+\frac{1}{4}e^{-j2\omega}}$$

(a) 求描述整个系统的差分方程。
(b) 求整个系统的单位脉冲响应。

5.35 一个因果线性时不变系统由如下差分方程所描述：

$$y[n]-ay[n-1]=bx[n]+x[n-1]$$

其中 a 为实数，且 $|a|<1$。
(a) 找一个 b 值，使该系统的频率响应满足

$$|H(e^{j\omega})|=1, \text{对全部} \omega$$

因为对任何 ω 值的输入 $e^{j\omega n}$ 都不衰减，所以这类系统称为**全通系统**。将该 b 值用于求解下面的问题。

(b) 粗略画出 $a=1/2$ 时的 $\sphericalangle H(e^{j\omega})$，$0\leq\omega\leq\pi$。
(c) 粗略画出 $a=-1/2$ 时的 $\sphericalangle H(e^{j\omega})$，$0\leq\omega\leq\pi$。
(d) 当 $a=-\frac{1}{2}$ 时，系统的输入 $x[n]$ 为

$$x[n]=\left(\frac{1}{2}\right)^n u[n]$$

求出并画出该系统的输出。由这个例子可见，一个非线性相移对信号造成的影响明显不同于一个线性相移所引起的信号的时移。

5.36 (a) 设 $h[n]$ 和 $g[n]$ 是两个互逆的离散时间线性时不变系统的单位脉冲响应，并且都是稳定的。这两个系统频率响应之间是什么关系？
(b) 考虑由下列各差分方程描述的因果线性时不变系统，在每一种情况下，求逆系统的单位脉冲响应和表征该逆系统的差分方程。

(i) $y[n]=x[n]-\frac{1}{4}x[n-1]$

(ii) $y[n]+\frac{1}{2}y[n-1]=x[n]$

(iii) $y[n] + \frac{1}{2}y[n-1] = x[n] - \frac{1}{4}x[n-1]$

(iv) $y[n] + \frac{5}{4}y[n-1] - \frac{1}{8}y[n-2] = x[n] - \frac{1}{4}x[n-1] - \frac{1}{8}x[n-2]$

(v) $y[n] + \frac{5}{4}y[n-1] - \frac{1}{8}y[n-2] = x[n] - \frac{1}{2}x[n-1]$

(vi) $y[n] + \frac{5}{4}y[n-1] - \frac{1}{8}y[n-2] = x[n]$

(c) 考虑由下列差分方程描述的因果离散时间线性时不变系统：

$$y[n] + y[n-1] + \frac{1}{4}y[n-2] = x[n-1] - \frac{1}{2}x[n-2] \quad (P5.36\text{-}1)$$

该系统的逆系统是什么？证明：逆系统是非因果的。试找出另一个因果线性时不变系统，它是由式(P5.36-1)描述的系统的"逆加延迟"，也即找一个因果线性时不变系统，使得图 P5.36 中的输出 $w[n]$ 等于 $x[n-1]$。

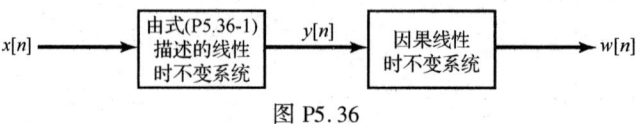

图 P5.36

深入题

5.37 设 $X(e^{j\omega})$ 是 $x[n]$ 的傅里叶变换。利用 $X(e^{j\omega})$ 导出下列信号傅里叶变换表示式（没有假设 $x[n]$ 是实序列）。

(a) $\mathcal{R}e\{x[n]\}$ (b) $x^*[-n]$ (c) $\mathcal{E}v\{x[n]\}$

5.38 设 $X(e^{j\omega})$ 是一个实信号 $x[n]$ 的傅里叶变换，证明：$x[n]$ 可以写成

$$x[n] = \int_0^{\pi} \{B(\omega)\cos\omega + C(\omega)\sin\omega\} d\omega$$

提示：找出利用 $X(e^{j\omega})$ 来表示 $B(\omega)$ 和 $C(\omega)$ 的表示式。

5.39 导出卷积性质

$$x[n] * h[n] \overset{\mathcal{F}}{\longleftrightarrow} X(e^{j\omega})H(e^{j\omega})$$

5.40 $x[n]$ 和 $h[n]$ 是两个信号，并令 $y[n] = x[n] * h[n]$。试对 $y[0]$ 写出两个表示式：一个利用 $x[n]$ 和 $h[n]$（直接利用卷积和）；另一个用 $X(e^{j\omega})$ 和 $H(e^{j\omega})$（利用傅里叶变换的卷积性质）。然后，选择一个恰当的 $h[n]$，利用这两个表示式导出帕塞瓦尔定理，即

$$\sum_{n=-\infty}^{+\infty} |x[n]|^2 = \frac{1}{2\pi}\int_{-\pi}^{\pi} |X(e^{j\omega})|^2 d\omega$$

用类似的方式，导出帕塞瓦尔定理的一般形式：

$$\sum_{n=-\infty}^{+\infty} x[n]z^*[n] = \frac{1}{2\pi}\int_{-\pi}^{\pi} X(e^{j\omega})Z^*(e^{j\omega}) d\omega$$

5.41 令 $\tilde{x}[n]$ 是一个周期为 N 的周期信号，另一个有限长信号 $x[n]$ 通过下式与 $\tilde{x}[n]$ 关联：

$$x[n] = \begin{cases} \tilde{x}[n], & n_0 \leq n \leq n_0 + N - 1 \\ 0, & \text{其他} \end{cases}$$

其中 n_0 为某整数。也就是说，$x[n]$ 等于一个周期上的 $\tilde{x}[n]$，而在其余地方均为零。

(a) 若 $\tilde{x}[n]$ 的傅里叶级数系数为 a_k，$x[n]$ 的傅里叶变换为 $X(e^{j\omega})$。证明：

$$a_k = \frac{1}{N}X(e^{j2\pi k/N})$$

且与 n_0 的值无关。

(b) 考虑如下两个信号：

$$x[n] = u[n] - u[n-5]$$
$$\tilde{x}[n] = \sum_{k=-\infty}^{\infty} x[n-kN]$$

其中 N 为一个正整数。令 a_k 为 $\tilde{x}[n]$ 的傅里叶系数，$X(e^{j\omega})$ 为 $x[n]$ 的傅里叶变换。
(i) 求 $X(e^{j\omega})$ 的闭式表示式。
(ii) 利用(i)的结果，求傅里叶系数 a_k 的表示式。

5.42 本题将导出作为相乘性质的一种特殊情况的离散时间傅里叶变换的频移性质。令 $x[n]$ 为任意离散时间信号，其傅里叶变换为 $X(e^{j\omega})$，并令
$$g[n] = e^{j\omega_0 n} x[n]$$
(a) 求出并画出下面信号的傅里叶变换：
$$p[n] = e^{j\omega_0 n}$$
(b) 傅里叶变换的相乘性质有
$$g[n] = p[n]x[n]$$
$$G(e^{j\omega}) = \frac{1}{2\pi} \int_{<2\pi>} X(e^{j\theta}) P(e^{j(\omega-\theta)}) d\theta$$

求出这个积分以证明
$$G(e^{j\omega}) = X(e^{j(\omega-\omega_0)})$$

5.43 令 $x[n]$ 的傅里叶变换为 $X(e^{j\omega})$，并令
$$g[n] = x[2n]$$
它的傅里叶变换是 $G(e^{j\omega})$。在本题中要导出 $G(e^{j\omega})$ 和 $X(e^{j\omega})$ 之间的关系。
(a) 设
$$v[n] = \frac{(e^{-j\pi n} x[n]) + x[n]}{2}$$
试用 $X(e^{j\omega})$ 表示 $v[n]$ 的傅里叶变换 $V(e^{j\omega})$。
(b) 注意，当 n 为奇数时，$v[n]=0$，证明：$v[2n]$ 的傅里叶变换等于 $V(e^{j\frac{\omega}{2}})$。
(c) 证明
$$x[2n] = v[2n]$$
于是就有
$$G(e^{j\omega}) = V(e^{j\omega/2})$$
现在利用(a)的结果，用 $X(e^{j\omega})$ 来表示 $G(e^{j\omega})$。

5.44 (a) 令
$$x_1[n] = \cos\left(\frac{\pi n}{3}\right) + \sin\left(\frac{\pi n}{2}\right)$$
是一个信号，$x_1[n]$ 的傅里叶变换记为 $X_1(e^{j\omega})$，画出 $x_1[n]$ 和具有下列傅里叶变换的信号：
(i) $X_2(e^{j\omega}) = X_1(e^{j\omega}) e^{j\omega}$, $|\omega| < \pi$ (ii) $X_3(e^{j\omega}) = X_1(e^{j\omega}) e^{-j3\omega/2}$, $|\omega| < \pi$
(b) 令
$$w(t) = \cos\left(\frac{\pi t}{3T}\right) + \sin\left(\frac{\pi t}{2T}\right)$$
是一个连续时间信号。可以注意到，$x_1[n]$ 可以看成 $w(t)$ 的等间隔采样的序列，即
$$x_1[n] = w(nT)$$
证明
$$x_2[n] = w(nT - \alpha) \text{ 和 } x_3[n] = w(nT - \beta)$$
并给出 α 和 β 的值。由此可以得出，$x_2[n]$ 和 $x_3[n]$ 也都是 $w(t)$ 的等间隔样本序列。

5.45 考虑一个离散时间信号 $x[n]$，其傅里叶变换如图 P5.45 所示。试画出下面连续时间信号，并进行标注：

(a) $x_1(t) = \sum_{n=-\infty}^{\infty} x[n] e^{j(2\pi/10)nt}$

(b) $x_2(t) = \sum_{n=-\infty}^{\infty} x[-n] e^{j(2\pi/10)nt}$

(c) $x_3(t) = \sum_{n=-\infty}^{\infty} \mathcal{O}d\{x[n]\} e^{j(2\pi/8)nt}$

(d) $x_4(t) = \sum_{n=-\infty}^{\infty} \mathcal{R}e\{x[n]\} e^{j(2\pi/6)nt}$

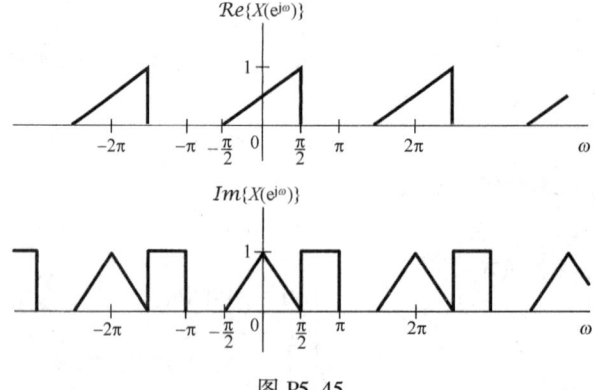

图 P5.45

5.46 在例 5.1 中已证明了，对于 $|\alpha| < 1$ 有

$$\alpha^n u[n] \stackrel{\mathcal{F}}{\longleftrightarrow} \frac{1}{1 - \alpha e^{-j\omega}}$$

(a) 利用傅里叶变换性质，证明

$$(n+1)\alpha^n u[n] \stackrel{\mathcal{F}}{\longleftrightarrow} \frac{1}{(1 - \alpha e^{-j\omega})^2}$$

(b) 用归纳法证明

$$X(e^{j\omega}) = \frac{1}{(1 - \alpha e^{-j\omega})^r}$$

的傅里叶逆变换是

$$x[n] = \frac{(n+r-1)!}{n!(r-1)!} \alpha^n u[n]$$

5.47 判定下列说法是对还是错，并陈述理由。下列每一条陈述中，$x[n]$ 与 $X(e^{j\omega})$ 为一对傅里叶变换：

(a) 若 $X(e^{j\omega}) = X(e^{j(\omega-1)})$，则 $x[n] = 0$，$|n| > 0$。
(b) 若 $X(e^{j\omega}) = X(e^{j(\omega-\pi)})$，则 $x[n] = 0$，$|n| > 0$。
(c) 若 $X(e^{j\omega}) = X(e^{j\omega/2})$，则 $x[n] = 0$，$|n| > 0$。
(d) 若 $X(e^{j\omega}) = X(e^{j2\omega})$，则 $x[n] = 0$，$|n| > 0$。

5.48 已知一个离散时间线性时不变的因果系统，其输入为 $x[n]$，输出为 $y[n]$。该系统由下面一对差分方程所表征：

$$y[n] + \frac{1}{4}y[n-1] + w[n] + \frac{1}{2}w[n-1] = \frac{2}{3}x[n]$$

$$y[n] - \frac{5}{4}y[n-1] + 2w[n] - 2w[n-1] = -\frac{5}{3}x[n]$$

其中 $w[n]$ 是一个中间信号。
(a) 求该系统的频率响应和单位脉冲响应。
(b) 对该系统找出单一的关联 $x[n]$ 和 $y[n]$ 的差分方程。

5.49 (a) 有一个离散时间系统，其输入为 $x[n]$，输出为 $y[n]$。它们的傅里叶变换由下式所关联：

$$Y(e^{j\omega}) = 2X(e^{j\omega}) + e^{-j\omega}X(e^{j\omega}) - \frac{dX(e^{j\omega})}{d\omega}$$

(i) 该系统是线性的吗？陈述理由。
(ii) 该系统是时不变的吗？陈述理由。

(iii) 若 $x[n] = \delta[n]$，求 $y[n]$。

(b) 考虑一个离散时间系统，其输出的傅里叶变换 $Y(e^{j\omega})$ 与输入的变换 $X(e^{j\omega})$ 关系如下：

$$Y(e^{j\omega}) = \int_{\omega-\pi/4}^{\omega+\pi/4} X(e^{j\omega}) d\omega$$

找出用 $x[n]$ 来表示 $y[n]$ 的表示式。

5.50 (a) 假设想要设计一个离散时间线性时不变系统具有如下性质：若输入是

$$x[n] = \left(\frac{1}{2}\right)^n u[n] - \frac{1}{4}\left(\frac{1}{2}\right)^{n-1} u[n-1]$$

那么，输出就是

$$y[n] = \left(\frac{1}{3}\right)^n u[n]$$

(i) 求具有上述性质的离散时间线性时不变系统的单位脉冲响应和频率响应。
(ii) 求表征该系统 $x[n]$ 和 $y[n]$ 的差分方程。

(b) 假定有一个系统对输入 $(n+2)(1/2)^n u[n]$ 的响应是 $(1/4)^n u[n]$。如果该系统的输出是 $\delta[n] - (-1/2)^n u[n]$，那么输入应该是什么？

5.51 (a) 考虑一个离散时间系统，其单位脉冲响应为

$$h[n] = \left(\frac{1}{2}\right)^n u[n] + \frac{1}{2}\left(\frac{1}{4}\right)^n u[n]$$

求一个关联该系统输入和输出的线性常系数差分方程。

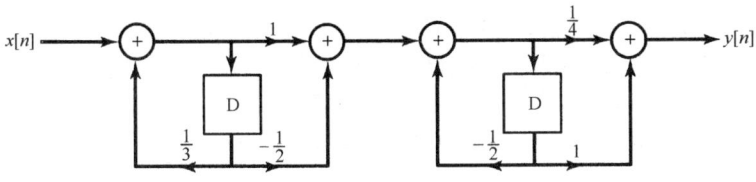

图 P5.51

(b) 图 P5.51 示出了一个因果线性时不变系统的方框图实现。
(i) 求关联该系统 $x[n]$ 和 $y[n]$ 的差分方程。
(ii) 该系统的频率响应是什么？
(iii) 求该系统的单位脉冲响应。

5.52 (a) 设 $h[n]$ 是一个实因果离散时间线性时不变系统，证明该系统可由它的频率响应的实部完全表征。

提示：证明 $h[n]$ 如何由 $\mathcal{E}v\{h[n]\}$ 恢复，$\mathcal{E}v\{h[n]\}$ 的傅里叶变换是什么？

这就是与习题 4.47 中讨论的连续时间因果线性时不变系统的**实部自满**性质在离散时间下相对应的关系。

(b) 设 $h[n]$ 为实因果系统，若

$$\mathcal{R}e\{H(e^{j\omega})\} = 1 + \alpha\cos(2\omega), \quad \alpha\text{ 为实数}$$

求 $h[n]$ 和 $H(e^{j\omega})$。

(c) 证明：$h[n]$ 完全可由 $\mathcal{I}m\{H(e^{j\omega})\}$ 和 $h[0]$ 恢复。

(d) 找出两个实因果线性时不变系统，其频率响应的虚部都等于 $\sin\omega$。

扩充题

5.53 在信号与系统的分析与综合中，离散时间方法应用的急剧增加，其原因之一就是由于对离散时间序列实现傅里叶分析的高效算法的出现。这些方法的核心是一种与离散时间傅里叶分析关系紧密，而又非常适合于应用数字计算机或以数字硬件实现的技术，称为有限长序列的**离散傅里叶变换**（DFT）。

设 $x[n]$ 是一个有限长信号，即存在某个整数 N_1，在 $0 \leq n \leq N_1 - 1$ 以外，有
$$x[n] = 0$$

另外，设 $x[n]$ 的傅里叶变换为 $X(e^{j\omega})$。现在可以构成一个周期信号 $\tilde{x}[n]$，$\tilde{x}[n]$ 在一个周期内等于 $x[n]$。也即，令 $N \geq N_1$ 是一个已知的整数，并令 $\tilde{x}[n]$ 的周期为 N，使之有
$$\tilde{x}[n] = x[n], \quad 0 \leq n \leq N - 1$$

$\tilde{x}[n]$ 的傅里叶级数系数为
$$a_k = \frac{1}{N} \sum_{\langle N \rangle} \tilde{x}[n] e^{-jk(2\pi/N)n}$$

选取求和区间，以便在该区间内有 $\tilde{x}[n] = x[n]$，于是可得
$$a_k = \frac{1}{N} \sum_{n=0}^{N-1} x[n] e^{-jk(2\pi/N)n} \tag{P5.53-1}$$

由式 (P5.53-1) 定义的系数构成了 $x[n]$ 的离散时间傅里叶变换。$x[n]$ 的离散时间傅里叶变换通常记为 $\tilde{X}[k]$，并定义为
$$\tilde{X}[k] = a_k = \frac{1}{N} \sum_{n=0}^{N-1} x[n] e^{-jk(2\pi/N)n}, \quad k = 0, 1, \cdots, N - 1 \tag{P5.53-2}$$

离散时间傅里叶变换的重要性来自几个原因。第一，原先的有限长信号可以从它的离散时间傅里叶变换恢复，具体而言，
$$x[n] = \sum_{k=0}^{N-1} \tilde{X}[k] e^{jk(2\pi/N)n}, \quad n = 0, 1, \cdots, N - 1 \tag{P5.53-3}$$

因此，有限长信号既可以看成由所给的有限个非零值所表征，也能看成由它的有限个离散时间傅里叶变换值 $\tilde{X}[k]$ 来确定。离散时间傅里叶变换的第二个重要特点是对于它的计算有一个称为**快速傅里叶变换** (FFT) 的极快的算法 (见习题 5.54 对这一极为重要方法的介绍)。同时，由于它与离散时间傅里叶级数和变换之间的密切关系，离散时间傅里叶变换本身就有一些傅里叶分析的重要特性。

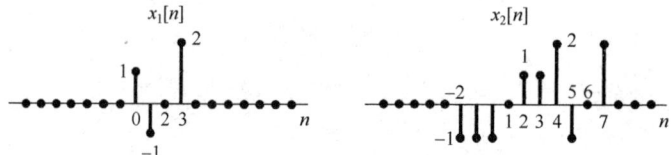

图 P5.53

(a) 假设 $N \geq N_1$，证明
$$\tilde{X}[k] = \frac{1}{N} X\left(e^{j(2\pi k/N)}\right)$$

其中 $\tilde{X}[k]$ 是 $x[n]$ 的离散时间傅里叶变换。也就是说，离散时间傅里叶变换就相应于每隔 $2\pi/N$ 所取的 $X(e^{j\omega})$ 的样本值。根据式 (P5.53-3) 可以导出结论：$x[n]$ 能唯一地由 $X(e^{j\omega})$ 的这些样本值来表示。

(b) 现在考虑每隔 $2\pi/M$，$M < N_1$ 所取的 $X(e^{j\omega})$ 的样本值。取得这些样本值所对应的序列就不仅是一个长度为 N_1 的序列。为了说明这一点，现考虑两个信号 $x_1[n]$ 和 $x_2[n]$，如图 P5.53 所示，证明：若取 $M = 4$，则对所有的 k 值有
$$X_1\left(e^{j(2\pi k/4)}\right) = X_2\left(e^{j(2\pi k/4)}\right)$$

5.54 正如习题 5.53 所指出的，有许多实际上很重要的问题，都希望计算离散时间信号的离散时间傅里叶变换。通常，这些信号的持续期很长，在这种情况下，使用高效的算法是非常重要的。通过计算机技术分析信号明显增多的原因之一就是出现了一种高效算法，即计算有限长序列离散时间傅里叶变换的快

速傅里叶变换算法。本题将讨论快速傅里叶变换的基本原理。

设 $x[n]$ 是一个在区间 $0 \leq n \leq N_1 - 1$ 以外为零的信号，对于 $N \geq N_1$，$x[n]$ 的 N 点离散时间傅里叶变换可为

$$\tilde{X}[k] = \frac{1}{N}\sum_{k=0}^{N-1} x[n] e^{-jk(2\pi/N)n}, \quad k = 0, 1, \cdots, N-1 \qquad (P5.54\text{-}1)$$

为了方便，将式(P5.54-1)改写为

$$\tilde{X}[k] = \frac{1}{N}\sum_{k=0}^{N-1} x[n] W_N^{nk} \qquad (P5.54\text{-}2)$$

其中，

$$W_N = e^{-j2\pi/N}$$

(a) 计算 $\tilde{X}[k]$ 的一种方法是直接计算式(P5.54-2)。对这种计算的复杂程度的一种有用度量是所需复数乘法的总数。证明，对于 $k = 0, 1, \cdots, N-1$，直接计算式(P5.54-2)所需的复数乘法次数是 N^2。假定 $x[n]$ 是复数，且所需的 W_N^{nk} 值已预先计算并存放在一个表中。为简单起见，不计如下情况：对于某些 n 和 k 的值，W_N^{nk} 等于 ± 1 或 $\pm j$，因而严格说来并不需要全都做复数乘法。

(b) 假设 N 是偶数。令 $f[n] = x[2n]$ 表示 $x[n]$ 的偶数下标样本，令 $g[n] = x[2n+1]$ 表示 $x[n]$ 的奇数下标样本。

(i) 证明：$f[n]$ 和 $g[n]$ 在区间 $0 \leq n \leq (N/2) - 1$ 以外是零。

(ii) 证明：$x[n]$ 的 N 点离散时间傅里叶变换 $\tilde{X}[k]$ 可以表示为

$$\begin{aligned}\tilde{X}[k] &= \frac{1}{N}\sum_{n=0}^{(N/2)-1} f[n] W_{N/2}^{nk} + \frac{1}{N} W_N^k \sum_{n=0}^{(N/2)-1} g[n] W_{N/2}^{nk} \\ &= \frac{1}{2}\tilde{F}[k] + \frac{1}{2} W_N^k \tilde{G}[k], \quad k = 0, 1, \cdots, N-1\end{aligned} \qquad (P5.54\text{-}3)$$

其中，

$$\tilde{F}[k] = \frac{2}{N}\sum_{n=0}^{(N/2)-1} f[n] W_{N/2}^{nk}$$

$$\tilde{G}[k] = \frac{2}{N}\sum_{n=0}^{(N/2)-1} g[n] W_{N/2}^{nk}$$

(iii) 证明：对于所有 k，有

$$\tilde{F}\left[k + \frac{N}{2}\right] = \tilde{F}[k]$$

$$\tilde{G}\left[k + \frac{N}{2}\right] = \tilde{G}[k]$$

注意：$\tilde{F}[k]$，$k = 0, 1, \cdots, (N/2) - 1$，和 $\tilde{G}[K]$，$k = 0, 1, \cdots, (N/2) - 1$ 分别是 $f[n]$ 和 $g[n]$ 的 $(N/2)$ 点离散时间傅里叶变换。因此，式(P5.54-3)表明，$x[n]$ 的长度为 N 点的离散时间傅里叶变换可以用两个长度为 $(N/2)$ 的离散时间傅里叶变换来计算。

(iv) 当根据式(P5.54-3)，通过先计算 $\tilde{F}[k]$ 和 $\tilde{G}[k]$ 来计算 $\tilde{X}[k]$，$k = 0, 1, \cdots, N-1$ 时，确定所需的复数乘法次数。[有关做乘法时的假定与(a)相同，且不计入式(P5.54-3)中乘 $1/2$ 量的运算。]

(c) 若像 N 一样，$N/2$ 还是偶数，则 $f[n]$ 和 $g[n]$ 都可以被分解为偶数下标和奇数下标的样本序列。因此，它们的离散时间傅里叶变换可以利用与式(P5.54-3)中相同的步骤来计算。进而，若 N 是 2 的整数幂，就可以继续重复这一过程，从而有效地节省计算时间。当 N 为 32，256，1024 和 4096 时，用这个过程来做，大约各需要多少次复数乘法？试将此方法与(a)中的直接计算法进行比较。

5.55 本题将介绍**加窗**的概念，它无论在线性时不变系统的设计，还是在信号的频谱分析中都非常重要。"加窗"就是把信号 $x[n]$ 乘以一个有限长的**窗口信号** $w[n]$ 的运算，即

$$p[n] = x[n]w[n]$$

注意，$p[n]$ 也是有限长的。

在频谱分析中，加窗的重要性来自：在大量应用场合，人们总是希望计算被测信号的傅里叶变换。由于在实际中只能在有限时间区间（即**时窗**）内测得信号 $x[n]$，因而对频谱分析来说，实际可利用的信号是

$$p[n] = \begin{cases} x[n], & -M \leq n \leq M \\ 0, & \text{其他} \end{cases}$$

其中 $-M \leq n \leq M$ 就是时窗。于是

$$p[n] = x[n]w[n]$$

这里 $w[n]$ 是矩形窗，即

$$w[n] = \begin{cases} 1, & -M \leq n \leq M \\ 0, & \text{其他} \end{cases} \quad (P5.55\text{-}1)$$

"加窗"在线性时不变系统设计中也起着重要的作用。具体而言，由于种种原因[例如快速傅里叶变换算法的潜在应用；见习题 5.54]，需要设计一个具有有限长脉冲响应的系统，以便达到某种要求的信号处理目的。也就是说，往往从所需的频率响应 $H(e^{j\omega})$ 开始，它的逆变换 $h[n]$ 是一个无限长（或至少是非常长）的单位脉冲响应，而要求构成一个有限长单位脉冲响应 $g[n]$，使它的傅里叶变换 $G(e^{j\omega})$ 充分地逼近 $H(e^{j\omega})$。选择 $g[n]$ 的一般方法是找一个窗函数 $w[n]$，使 $h[n]w[n]$ 的傅里叶变换满足所需的 $G(e^{j\omega})$ 的指标要求。

很明显，将一个信号加窗对所得到的频谱是会有影响的，本题将说明这种影响。

(a) 为了对加窗的效果加深理解，现用式(P5.55-1)所给的矩形窗对信号

$$x[n] = \sum_{k=-\infty}^{\infty} \delta[n-k]$$

进行加窗。

(i) $X(e^{j\omega})$ 是什么？

(ii) 当 $M=1$ 时，概略画出 $p[n]=x[n]w[n]$ 的变换。

(iii) 当 $M=10$ 时，重做(ii)。

(b) 考虑一个信号 $x[n]$，其傅里叶变换为

$$X(e^{j\omega}) = \begin{cases} 1, & |\omega| < \pi/4 \\ 0, & \pi/4 < |\omega| \leq \pi \end{cases}$$

设 $p[n]=x[n]w[n]$，其中 $w[n]$ 是式(P5.55-1)的矩形窗。对 $M=4,8$ 和 16，大致画出 $P(e^{j\omega})$。

(c) 应用矩形窗的一个问题是它在变换 $P(e^{j\omega})$ 中引入了起伏（这一点与吉伯斯现象直接有关）。由于这个原因，人们又研究了其他各种窗口信号，这些窗口信号不是陡峭变化的，也就是说，它们从 0 到 1 的变化要比矩形窗的陡峭变化平缓得多。这样做是为了利用进一步平滑 $X(e^{j\omega})$，从而增加一点失真作为代价来减小 $P(e^{j\omega})$ 中的起伏。

为了说明上面这一点，考虑(b)中所描述的信号 $x[n]$，并设 $p[n]=x[n]w[n]$，这里 $w[n]$ 是**三角形窗**或巴特利特(Bartlett)窗，即

$$w[n] = \begin{cases} 1 - \frac{|n|}{M+1}, & -M \leq n \leq M \\ 0, & \text{其他} \end{cases}$$

对于 $M=4,8$ 和 16，大致画出 $p[n]=x[n]w[n]$ 的傅里叶变换。

提示：注意三角形信号可作为矩形信号与它自身的卷积得到，这会导致 $W(e^{j\omega})$ 一个方便的表达式。

(d) 设 $p[n]=x[n]w[n]$，其中 $w[n]$ 是一个升余弦信号，称为**汉宁**(Hanning)窗，即

$$w[n] = \begin{cases} \frac{1}{2}[1+\cos(\pi n/M)], & -M \leq n \leq M \\ 0, & \text{其他} \end{cases}$$

对于 $M=4,8$ 和 16，大致画出 $P(e^{j\omega})$。

5.56 设 $x[m,n]$ 是一个信号,它是两个独立的离散变量 m 和 n 的函数。与一维的情况类似,也与在习题 4.53 中处理的连续时间情况类似,可以定义 $x[m,n]$ 的二维傅里叶变换为

$$X(e^{j\omega_1}, e^{j\omega_2}) = \sum_{n=-\infty}^{\infty} \sum_{m=-\infty}^{\infty} x[m,n] e^{-j(\omega_1 m + \omega_2 n)} \qquad (\text{P5.56-1})$$

(a) 证明:式(P5.56-1)可以按照两个逐次的一维傅里叶变换来计算,即先对 m 变换,而认为 n 是固定的;然后再对 n 变换。利用这一结果,确定用 $X(e^{j\omega_1}, e^{j\omega_2})$ 表示 $x[m,n]$ 的表达式。

(b) 假设

$$x[m,n] = a[m]b[n]$$

其中 $a[m]$ 和 $b[n]$ 都是一个独立变量的函数。设 $A(e^{j\omega})$ 和 $B(e^{j\omega})$ 分别代表 $a[m]$ 和 $b[n]$ 的傅里叶变换,试用 $A(e^{j\omega})$ 和 $B(e^{j\omega})$ 来表示 $X(e^{j\omega_1}, e^{j\omega_2})$。

(c) 求下列信号的二维傅里叶变换:

(i) $x[m,n] = \delta[m-1] \delta[n+4]$

(ii) $x[m,n] = \left(\dfrac{1}{2}\right)^{n-m} u[n-2] u[-m]$

(iii) $x[m,n] = \left(\dfrac{1}{2}\right)^{n} \cos(2\pi m/3) u[n]$

(iv) $x[m,n] = \begin{cases} 1, & -2<m<2 \text{ 和 } -4<n<4 \\ 0, & \text{其他} \end{cases}$

(v) $x[m,n] = \begin{cases} 1, & -2+n<m<2+n \text{ 和 } -4<n<4 \\ 0, & \text{其他} \end{cases}$

(vi) $x[m,n] = \sin\left(\dfrac{\pi n}{3} + \dfrac{2\pi m}{5}\right)$

(d) 已知信号 $x[m,n]$ 的傅里叶变换为

$$X(e^{j\omega_1}, e^{j\omega_2}) = \begin{cases} 1, & 0<|\omega_1| \leq \pi/4 \text{ 和 } 0<|\omega_2| \leq \pi/2 \\ 0, & \pi/4<|\omega_1|<\pi \text{ 或 } \pi/2<|\omega_2|<\pi \end{cases}$$

求 $x[m,n]$。

(e) 设 $x[m,n]$ 和 $h[m,n]$ 是两个信号,它们的二维傅里叶变换分别为 $X(e^{j\omega_1}, e^{j\omega_2})$ 和 $H(e^{j\omega_1}, e^{j\omega_2})$。试用 $X(e^{j\omega_1}, e^{j\omega_2})$ 和 $H(e^{j\omega_1}, e^{j\omega_2})$ 表示下列信号的傅里叶变换式:

(i) $x[m,n] e^{j\omega_1 m} e^{j\omega_2 n}$

(ii) $y[m,n] = \begin{cases} x[k,r], & m=2k \text{ 且 } n=3r \\ 0, & m \text{ 不是 2 的倍数,或 } n \text{ 不是 3 的倍数} \end{cases}$

(iii) $y[m,n] = x[m,n] h[m,n]$

第6章 信号与系统的时域和频域特性

6.0 引言

对于一个线性时不变系统来说，除了通过卷积的时域特性，利用系统频率响应的频域特性是另一种可供选择的表示方法。在线性时不变系统分析中，由于时域中的微分（差分）方程和卷积运算在频域都变成了代数运算，所以利用频域往往特别方便。像频率选择性滤波这样一些概念在频域很容易而且能很直接地被想象到，然而在系统设计中，对频域和时域的要求一般都有一些考虑。例如，正如在例4.18和例5.12中的一些简单讨论，本章将要详细说明，在一个频率选择性滤波器的单位冲激响应上存在的显著振荡特性可能是我们不希望的，因此需要在一个滤波器的频率选择性上做些牺牲，以满足在单位冲激响应上所要求的容限。在实际中，类似这样的情况是一个普遍规律，而不是一种个别的例外。因为，在大量的应用中，对于一个系统，既从频域又从时域方面提出或限定了一定的特性要求，而往往这些又是互相矛盾的要求。所以，在系统设计和分析中，将时域特性与频域特性联系起来并给以权衡考虑是很必要的。介绍这些方面的问题和关系就是本章的主题。

6.1 傅里叶变换的模和相位表示

正如前几章讨论过的，一般来说，傅里叶变换是复数值的，并且可以用它的实部和虚部，或者用它的模和相位来表示。连续时间傅里叶变换 $X(j\omega)$ 的模-相表示是

$$X(j\omega) = |X(j\omega)|e^{j\sphericalangle X(j\omega)} \tag{6.1}$$

同理，离散时间傅里叶变换 $X(e^{j\omega})$ 的模-相表示是

$$X(e^{j\omega}) = |X(e^{j\omega})|e^{j\sphericalangle X(e^{j\omega})} \tag{6.2}$$

下面在叙述和说明有关模-相表示的几个问题上，大多数讨论关注的是连续时间情况，但是这些基本要点对离散时间系统都是同样适用的。

从傅里叶变换综合公式(4.8)来看，$X(j\omega)$ 本身就可以看成信号 $x(t)$ 的一种分解，即把信号 $x(t)$ 分解成不同频率的复指数之"和"。事实上，正如4.3.7节讨论过的，$|X(j\omega)|^2$ 可以看成 $x(t)$ 的能谱密度；也就是说，$|X(j\omega)|^2 d\omega/2\pi$ 可以认为是位于 ω 到 $\omega+d\omega$ 之间这样一个无限小的频带内信号 $x(t)$ 所占有的能量。因此，模 $|X(j\omega)|$ 所描述的是一个信号的基本频率含量，即组成 $x(t)$ 的各复指数信号相对振幅的信息。例如，如果在频率为零附近一个小的频带范围以外 $|X(j\omega)|=0$，那么 $x(t)$ 所呈现的仅是相当低的频率振荡。

另一方面，相位角 $\sphericalangle X(j\omega)$ 不影响各个频率分量的大小，但提供的是有关这些复指数信号的相对相位信息。由 $\sphericalangle X(j\omega)$ 所代表的相位关系对信号 $x(t)$ 的本质属性有显著的影响，因此一般包含了信号的大量信息。尤其是，依赖于什么样的相位函数，即使模函数保持不变也能得出看起来很不相同的信号。例如，再考虑图3.3所表明的例子。这时，一艘船遭遇到三种波串叠加后的波浪袭击，其中每一种都可以模拟为一个正弦信号。在这些正弦波的幅度保持不变的条件，根据它们的相对相位关系，其和的大小可能很小或者很大。因此，对于这艘船来说，相位的寓意就非常明显了。作为相位影响的另一个例子，考虑下面的信号：

$$x(t) = 1 + \frac{1}{2}\cos(2\pi t + \phi_1) + \cos(4\pi t + \phi_2) + \frac{2}{3}\cos(6\pi t + \phi_3) \tag{6.3}$$

图 3.4 曾示出过该信号 $x(t)$ 在 $\phi_1 = \phi_2 = \phi_3 = 0$ 时的情况。在图 6.1 中，分别选择了另外几个不同的相位关系，画出了各个相位情况下的 $x(t)$。该图说明，不同的相对相位关系使得到的信号很不相同。

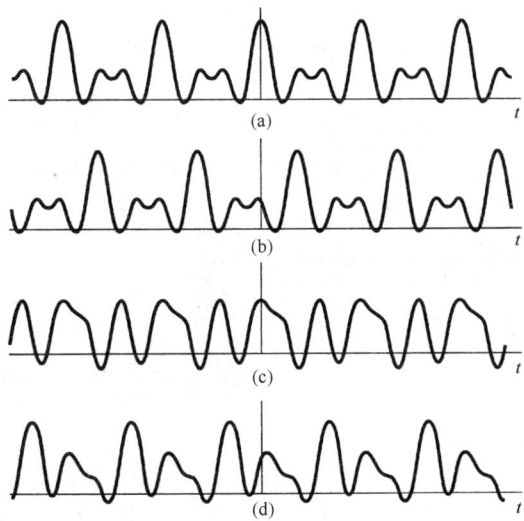

图 6.1 选择不同的 ϕ_1，ϕ_2 和 ϕ_3，由式(6.3)给出的信号 $x(t)$。(a) $\phi_1 = \phi_2 = \phi_3 = 0$；(b) $\phi_1 = 4$ rad，$\phi_2 = 8$ rad，$\phi_3 = 12$ rad；(c) $\phi_1 = 6$ rad，$\phi_2 = -2.7$ rad，$\phi_3 = 0.93$ rad；(d) $\phi_1 = 1.2$ rad，$\phi_2 = 4.1$ rad，$\phi_3 = -7.02$ rad

一般来说，$X(j\omega)$ 的相位函数的变化会导致信号 $x(t)$ 时域特性的改变。在某些情况下，相位失真可能很重要，而在另一些情况下，也可能不重要。例如，听觉系统的一个众所周知的特性是对相位相对不灵敏，具体而言，如果某个元音信号的傅里叶变换受到一些失真而使相位发生变化，但模没有改变，那么虽然在时域中的波形看起来可能有很大的不同，但这一影响在感觉上是可忽略的。尽管那些影响单个音调信号的轻微相位失真不会导致对整个语音信号的可理解性，但是语言上严重的相位失真肯定不可接受。作为一个极端的例子，若 $x(t)$ 是录制在磁带上的一句话，那么 $x(-t)$ 就代表把这个句子倒过来放。根据表 4.1，假设 $x(t)$ 是实信号，那么 $x(-t)$ 的频谱是

$$\mathcal{F}\{x(-t)\} = X(-j\omega) = |X(j\omega)|e^{-j\sphericalangle X(j\omega)}$$

也就是说，一个倒过来放的句子的频谱的模函数与原句子的模函数是一样的，而相位函数则反相。显然，这样的相位变化对录制信号的可理解性会有很大的影响。

说明相位重要性及其影响的第二个例子是在研究图像信号时发现的。第 3 章已简要介绍了一些，一幅黑白照片可以认为是一个具有两个独立变量的信号 $x(t_1, t_2)$，其中 t_1 表示照片上一个点的水平坐标，t_2 是它的垂直坐标，而 $x(t_1, t_2)$ 代表在点 (t_1, t_2) 上图像的亮度。这幅图像的傅里叶变换 $X(j\omega_1, j\omega_2)$ 代表了将图像信号分解成形为 $e^{j\omega_1 t_1}e^{j\omega_2 t_2}$ 这样的复指数信号的组合，这两个复指数信号体现了 $x(t_1, t_2)$ 在两个坐标方向的每一个方向上，以不同频率呈现的空间变化。有关二维傅里叶分析的若干基本知识在习题 4.53 和习题 5.56 中均介绍过。

看一幅图像最重要的信息是图像边缘和那些高对比度的区域。从直观上看，在一幅图像上最大和最小强度的地方就是这些不同频率的复指数信号发生同相位的地方。因此，可以想到一幅图像的傅里叶变换的相位包含了图像中的大部分信息，尤其是关于边缘方面的信息。为了证实这一点，现将图 1.4 的照片重新印在图 6.2(a) 中，图 6.2(b) 是图 6.2(a) 所示照片的二维傅里叶变换的模，图中水平坐标是 ω_1，垂直坐标是 ω_2，在图中 (ω_1, ω_2) 这一点的亮度正比于图 6.2(a) 照片的傅里叶变换 $X(j\omega_1, j\omega_2)$ 的模 $|X(j\omega_1, j\omega_2)|$ 的大小。同理，图 6.2(c) 画出的是 $X(j\omega_1, j\omega_2)$ 的相位。现在取图 6.2(b) 的模特性，而把相位特性人为地全部置于零相位，利用这组模-相特性求逆变

换而得到的结果就是图6.2(d)。图6.2(e)则正相反,是保持原相位特性不变,即图6.2(c),而置$X(j\omega_1,j\omega_2)$的模全都为1时所得到的逆变换结果。最后,图6.2(f)则是用图6.2(c)的相位特性,而用另一幅完全不同的照片[见图6.2(g)]的傅里叶变换的模特性,经逆变换后得到的一幅照片!这几张图清楚地说明了相位在图像的表示中多么重要。

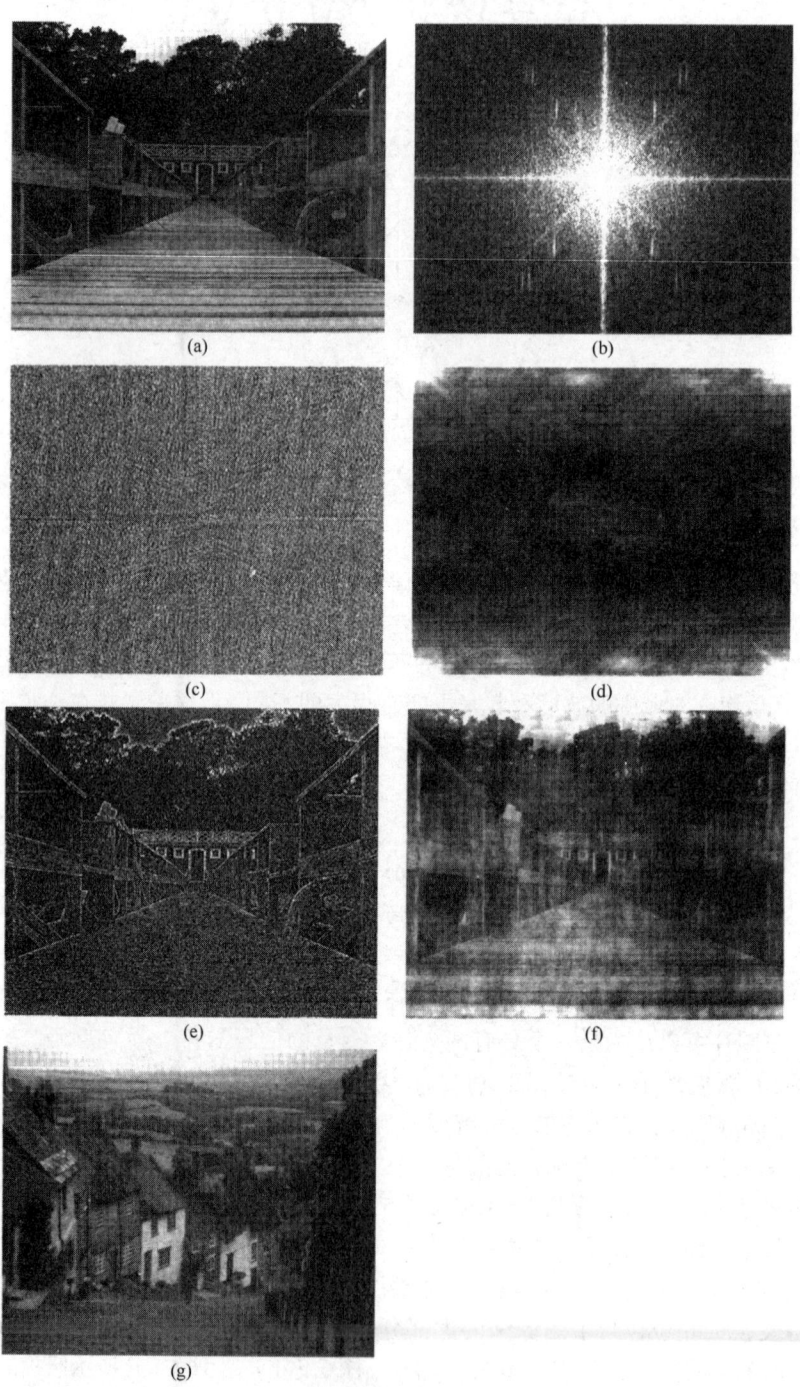

图6.2 (a) 示于图1.4的照片;(b) 图(a)二维傅里叶变换的模;(c) 图(a)傅里叶变换的相位;(d) 傅里叶变换的模与图(b)相同,而相位为零的照片;(e) 傅里叶变换的模为1,相位与图(c)相同的照片;(f) 相位与图(c)相同,模为图(g)照片的傅里叶变换的模时所得的照片

6.2 线性时不变系统频率响应的模和相位表示

根据连续时间傅里叶变换的卷积性质,一个线性时不变系统的输入和输出的傅里叶变换 $X(j\omega)$ 和 $Y(j\omega)$ 是由如下关系联系起来的:

$$Y(j\omega) = H(j\omega)X(j\omega)$$

其中 $H(j\omega)$ 是系统的频率响应,即系统单位冲激响应的傅里叶变换。同理,在离散时间情况下,一个频率响应为 $H(e^{j\omega})$ 的线性时不变系统,其输入和输出的傅里叶变换 $X(e^{j\omega})$ 和 $Y(e^{j\omega})$ 的关系是

$$Y(e^{j\omega}) = H(e^{j\omega})X(e^{j\omega}) \tag{6.4}$$

因此,一个线性时不变系统对输入的作用就是改变信号中每一频率分量的复振幅。利用模-相表示来看,更能深入理解这个作用的性质。具体而言,在连续时间情况下,

$$|Y(j\omega)| = |H(j\omega)||X(j\omega)| \tag{6.5}$$

且

$$\sphericalangle Y(j\omega) = \sphericalangle H(j\omega) + \sphericalangle X(j\omega) \tag{6.6}$$

在离散时间情况下有完全类似的关系。从式(6.5)可见,一个线性时不变系统对输入傅里叶变换模特性的作用就是将其乘以系统频率响应的模,为此,$|H(j\omega)|$ 或 $|H(e^{j\omega})|$ 一般称为系统的**增益**(gain)。同时,由式(6.6)可见,由线性时不变系统将输入的相位 $\sphericalangle X(j\omega)$ 变化成在它基础上附加了一个相位 $\sphericalangle H(j\omega)$,因此 $\sphericalangle H(j\omega)$ 一般称为系统的**相移**(phase shift)。系统的相移可以改变输入信号中各分量之间的相对相位关系,这样即使系统的增益对所有频率都为常数,也有可能在输入的时域特性上产生很大的变化。如果系统对输入的改变是以一种有意义的方式进行的,那么这种在模和相位上的变化可能都是我们所希望的;否则,就是不希望有的。在后一种情况下,式(6.5)和式(6.6)的影响一般称为幅度和相位**失真**(distortion)。下面将给出几个概念和方法,以便更完整地理解这些影响。

6.2.1 线性与非线性相位

当相移是 ω 的线性函数时,相移在时域中的作用就有一个非常直接的解释。考虑频率响应为

$$H(j\omega) = e^{-j\omega t_0} \tag{6.7}$$

的连续时间线性时不变系统,它有单位增益和线性相位,即

$$|H(j\omega)| = 1, \quad \sphericalangle H(j\omega) = -\omega t_0 \tag{6.8}$$

如同在例4.15中所指出的,具有这种频率响应特性的系统所产生的输出就是输入的时移,即

$$y(t) = x(t - t_0) \tag{6.9}$$

在离散时间情况下,当线性相位的斜率是一个整数时,其产生的效果与连续时间情况下是类似的。具体而言,由例5.11可知,具有线性相位函数 $-\omega n_0$ 的频率响应 $e^{-j\omega n_0}$ 的线性时不变系统所产生的输出就是输入的简单移位,即 $y[n] = x[n - n_0]$。因此,具有**整数**斜率的线性相位就相应于 $x[n]$ 一个整数样本的移位。当相位特性的斜率不是一个整数时,其在时域中的效果就要稍微更复杂一些,这个留待7.5节讨论。大致说来,这一效果是序列值包络的时移,但这些序列值本身可能要改变。

虽然线性相移对一个信号产生的变化是很简单并很容易理解和想象的,但是如果输入信号受到的是一个 ω 的非线性函数的相移,那么在输入中各不同频率的复指数分量都将以某种方式移位,从而在它们的相对相位上发生变化。当这些复指数再次叠加在一起时,就会得到一个看起来与输入信号有很大不同的信号。这一点将以连续时间情况为例,用图 6.3 给予说明。

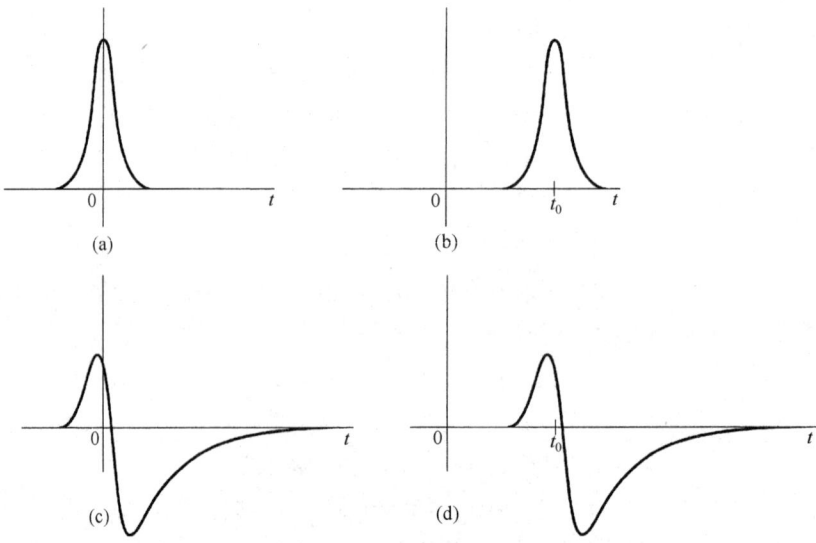

图 6.3　(a) 作为输入加到几个频率响应模为 1 的系统上的信号;(b) 具有线性相位的系统的响应;(c) 具有非线性相位的系统的响应;(d) 相位特性为(c)的系统的非线性相位外加一个线性相移项的系统响应

在图 6.3(a)中画出了一个信号,该信号作为输入分别加到三个不同的系统上。图 6.3(b)表示的是当系统频率响应具有 $H_1(j\omega) = e^{-j\omega t_0}$ 时的输出,该输出等于输入延迟了 t_0 秒。图 6.3(c)展示的是系统的增益为 1,具有非线性相位特性的系统输出,即

$$H_2(j\omega) = e^{j\angle H_2(j\omega)} \tag{6.10}$$

其中 $\angle H_2(j\omega)$ 是 ω 的非线性函数。图 6.3(d)是另一个具有非线性相移的系统的输出,这时的频率响应的相移是 $\angle H_2(j\omega)$ 再附加一个线性相移项,即

$$H_3(j\omega) = H_2(j\omega)e^{-j\omega t_0} \tag{6.11}$$

因此,图 6.3(d)的输出也可看成 $H_2(j\omega)$ 系统的输出再级联一个时移系统,所以图 6.3(c)和图 6.3(d)的波形就是通过一个单一的时移联系起来的。

图 6.4 用以说明在离散时间情况下,线性和非线性相移产生的影响。同理,图 6.4(a)是分别加到三个不同的线性时不变系统的输入,这三个系统增益都为 1,即 $|H(e^{j\omega})| = 1$。图 6.4 其余部分都是相应的输出信号。图 6.4(b)是系统具有线性相位,且斜率为 -5 的系统输出,所以输出就等于输入延迟 5。与图 6.4(c)和图 6.4(d)有关的系统相移都是非线性的,但是这两个相位函数之差是一个具有整数斜率的线性相移,所以图 6.4(c)和图 6.4(d)的信号就是通过一个时移联系起来的。

应该提及的是,在图 6.3 和图 6.4 所举的例子中考虑的系统都具有单位增益,这样输入信号傅里叶变换的模通过这些系统时都没有改变。为此,这样的系统一般称为**全通**(all-pass)系统。一个全通系统的特性完全由它的相位特性决定。当然,一般的线性时不变系统 $H(j\omega)$ 或 $H(e^{j\omega})$ 既会在幅度上(通过增益 $|H(j\omega)|$ 或 $|H(e^{j\omega})|$),也会在相位上(可能线性或不是线性的)给予影响。

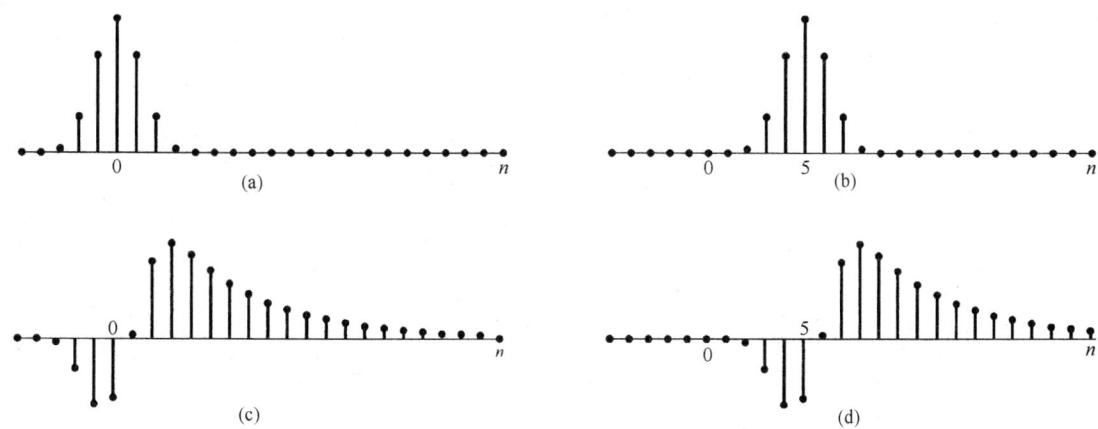

图 6.4　(a) 作为输入加到几个频率响应模为 1 的系统上的信号；(b) 斜率为 -5 的线性相位系统的响应；(c) 非线性相位系统的响应；(d) 相位特性为 (c) 的系统的非线性相位外加一个具有整数斜率的线性相移项的系统响应

6.2.2　群延迟

如同 6.2.1 节讨论过的，具有线性相位特性的系统有一个特别简单的意义，这就是时移。事实上，根据式 (6.8) 和式 (6.9)，相位特性的斜率就是时移的大小。也就是说，在连续时间情况下，若 $\sphericalangle H(\mathrm{j}\omega) = -\omega t_0$，那么系统给出的时移就是 $-t_0$，或者说等效地延迟 t_0。同理，在离散时间情况下，$\sphericalangle H(\mathrm{e}^{\mathrm{j}\omega}) = -\omega n_0$ 就对应于一个 n_0 的延迟。

延迟的概念能够很自然地直接推广到包括非线性相位特性的情况。设想要检查一个连续时间线性时不变系统的相位对于一个窄带输入信号所产生的效果，该窄带输入 $x(t)$ 的傅里叶变换在以 $\omega = \omega_0$ 为中心的一个很小的频率范围以外都是零或非常小。将这一频带取得很小，就可以将该系统的相位特性在这个频带内准确地用线性关系来近似，即

$$\sphericalangle H(\mathrm{j}\omega) \simeq -\phi - \omega\alpha \tag{6.12}$$

这样就有

$$Y(\mathrm{j}\omega) \simeq X(\mathrm{j}\omega)|H(\mathrm{j}\omega)|\mathrm{e}^{-\mathrm{j}\phi}\mathrm{e}^{-\mathrm{j}\omega\alpha} \tag{6.13}$$

因此，这个系统对于窄带输入信号傅里叶变换的近似效果就由如下部分组成：对应于 $|H(\mathrm{j}\omega)|$ 的幅度成形部分，乘以一个总的恒定复数因子 $\mathrm{e}^{-\mathrm{j}\phi}$ 以及对应于时间延迟 α 秒的线性相移项 $\mathrm{e}^{-\mathrm{j}\omega\alpha}$。这个时间延迟称为在 $\omega = \omega_0$ 的**群延迟**(group delay)，因为它代表了以 $\omega = \omega_0$ 为中心的一个很小的频带或很少的一组频率上所受到的有效公共延迟。

在每个频率上的群延迟就等于在那个频率上相位特性斜率的负值，即群延迟定义为

$$\tau(\omega) = -\frac{\mathrm{d}}{\mathrm{d}\omega}\{\sphericalangle H(\mathrm{j}\omega)\} \tag{6.14}$$

群延迟的概念也可直接用到离散时间系统中。下面的例子将说明非线性群延迟对一个信号的影响。

例 6.1　考虑一个全通系统的单位冲激响应，该系统的群延迟是频率的函数。本例所用系统的频率响应 $H(\mathrm{j}\omega)$ 由三个因式的乘积构成，即

$$H(j\omega) = \prod_{i=1}^{3} H_i(j\omega)$$

其中,

$$H_i(j\omega) = \frac{1 + (j\omega/\omega_i)^2 - 2j\zeta_i(\omega/\omega_i)}{1 + (j\omega/\omega_i)^2 + 2j\zeta_i(\omega/\omega_i)} \tag{6.15}$$

$$\begin{cases} \omega_1 = 315 \text{ rad/s}, & \zeta_1 = 0.066 \\ \omega_2 = 943 \text{ rad/s}, & \zeta_2 = 0.033 \\ \omega_3 = 1888 \text{ rad/s}, & \zeta_3 = 0.058 \end{cases}$$

将以弧度/秒(rad/s)计的频率 ω_i 用以赫兹(Hz)计的频率 f_i 来表示,通常较为有利,即

$$\omega_i = 2\pi f_i$$

这样就有

$$f_1 \approx 50 \text{ Hz}$$
$$f_2 \approx 150 \text{ Hz}$$
$$f_3 \approx 300 \text{ Hz}$$

因为每一 $H_i(j\omega)$ 的分子就是对应分母的复数共轭,所以有 $|H_i(j\omega)| = 1$,这样就可以得出

$$|H(j\omega)| = 1$$

每一 $H_i(j\omega)$ 的相位由式(6.15)确定为

$$\sphericalangle H_i(j\omega) = -2\arctan\left[\frac{2\zeta_i(\omega/\omega_i)}{1 - (\omega/\omega_i)^2}\right]$$

和

$$\sphericalangle H(j\omega) = \sum_{i=1}^{3} \sphericalangle H_i(j\omega)$$

如果将 $\sphericalangle H(j\omega)$ 的值限制在 $-\pi$ 到 π 之间,就得到了所谓的**主值相位**(principal-phase)函数(也就是说,将相位以 2π 取模数),如图 6.5(a)所示,图中画出的是相位与以 Hz 计的频率的关系图。注意,这个函数包括了在各个频率上的 2π 大小的几个不连续点,使得该相位函数在这些点上是不可微分的。然而,在任何频率上将这个相位值加上或减去任何 2π 的整倍数,原来的频率响应仍旧未变,因此在主值相位的各个部分适当地加上或减去这样的 2π 整倍数值,就得到图 6.5(b)所示展开的相位特性。作为频率函数的群延迟现在就可计算为

$$\tau(\omega) = -\frac{d}{d\omega}\{\sphericalangle[H(j\omega)]\}$$

其中 $\sphericalangle[H(j\omega)]$ 代表对应于 $H(j\omega)$ 的展开后的相位特性。$\tau(\omega)$ 如图 6.5(c)所示。由图可以看出,在邻近 50 Hz 频率处,其延迟要比邻近 150 Hz 或 300 Hz 处的频率延迟更大。这个非恒定群延迟的效果也能由该线性时不变系统的单位冲激响应[见图 6.5(d)]定性地观察到。回想一下,$\mathcal{F}\{\delta(t)\} = 1$,因此冲激函数频谱的每一频率分量在时间上是全部对准的,以使各频率分量组合起来可形成一个冲激;当然,这是在时间上高度集中了的。因此该全通系统具有非恒定群延迟,所以在输入中的不同频率就被延迟了不同的量。这个现象称为**弥散**(dispersion)。在本例中,群延迟在 50 Hz 处最大,因此可预期单位冲激响应的后面部分会在接近 50 Hz 的较低频率上振荡。这一点在图 6.5(d)中显而易见。

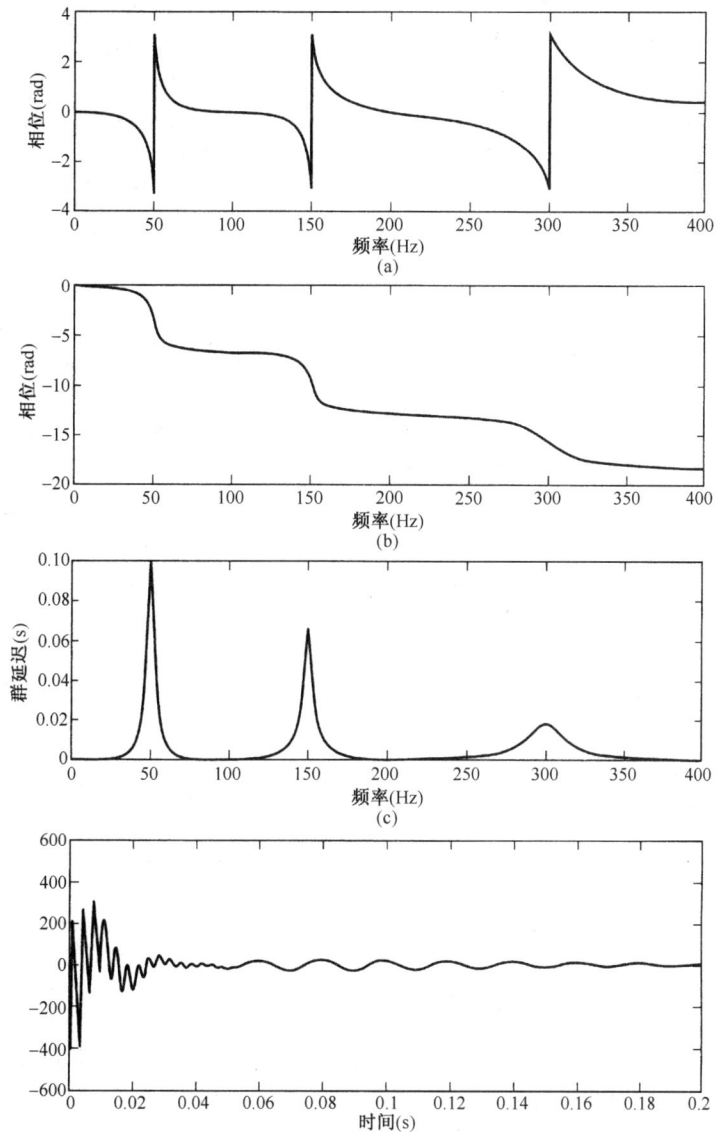

图 6.5 例 6.1 中全通系统的相位, 群延迟和单位冲激响应。(a) 主值相位; (b) 展开的相位特性; (c) 群延迟; (d) 单位冲激响应。这些量都是根据以 Hz 计的频率绘出的

例 6.2 在评价交换式电信网的传输性能时, 非恒定群延迟在所考虑的诸因素中是很重要的一种。在涉及横跨美国大陆各地的一项调查中[①], AT&T/Bell System 发表了各种类别长途电话的群延迟特性。图 6.6 显示了其中两类的研究结果。特别是, 图 6.6(a) 所示的是每一类长途电话群延迟的非恒定部分; 也即对每一类来说, 对所有频率都有一个公共的恒定延迟(相应于群延迟特性的最小值), 将这部分从群延迟中减去, 将所得到的差示于图 6.6(a) 中。这样, 图 6.6(a) 中的每一条曲线就代表在每一类里长途电话的各个频率分量所受到的附加延迟(超过公共恒定延迟的部分)。图中曲线分别为短距离(0~289.68 km)和中距离(289.68 km~1166.77 km 直线)长途电话的结果。由图可见, 群延迟作为频率的函数在 1700 Hz 最小, 并且在此点向两边移时都是单调增加的。

---

① 见 F. P. Duffy 和 T. W. Thatcher, Jr 所著 Analog Transmission Performance on the Switched Telecommunications Network(*Bell System Technical Journal*, Vol. 50, no.4, April, 1971)。

把图 6.6(a)的群延迟特性与 AT&T/Bell System 调查报告所报道的频率响应的模特性图 6.6(b)结合起来,就可以得到示于图 6.7 中的单位冲激响应。图 6.7(a)对应于短距离类的单位冲激响应。该响应中的很低和很高的频率分量都出现得比中间频率范围内的分量更早。这一点是与图 6.6(a)对应的群延迟特性相符的。图 6.7(b)说明的是对应于中距离长途电话单位冲激响应的同一现象。

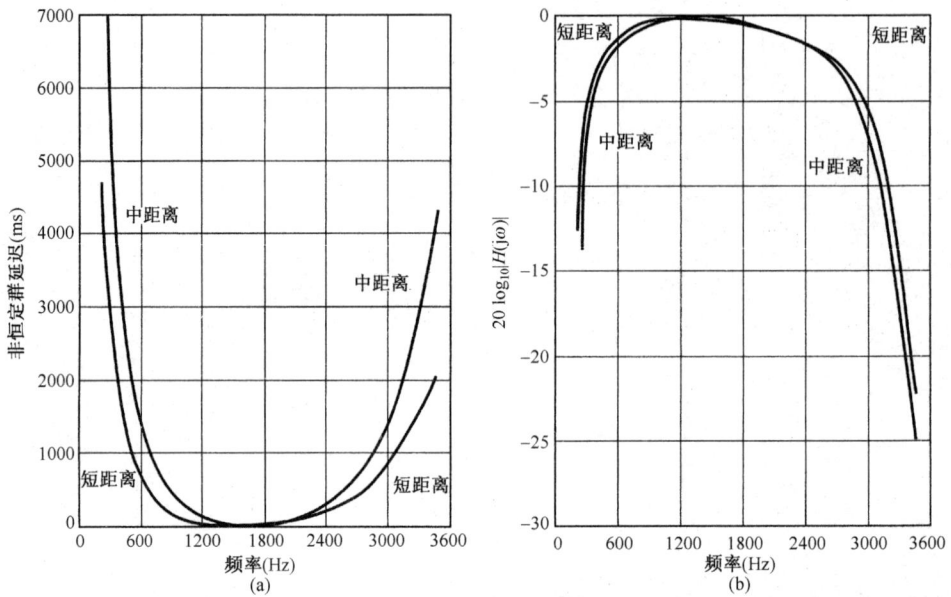

图 6.6　(a) 群延迟的非恒定部分;(b) 在交换式电信网中短距离和中距离长途电话频率响应的模[引自 Duffy 和 Thatcher 的文章]。这些量都是根据频率(Hz)绘出的。另外,在实际中一般频率响应的模都以单位为分贝(dB)的对数标尺作图,即图6.6(b)中对应于短距离和中距离长途电话频率响应的模画出 $20\log_{10}|H(j\omega)|$。对频率响应的模采用对数标尺的问题将在 6.2.3 节中详细讨论

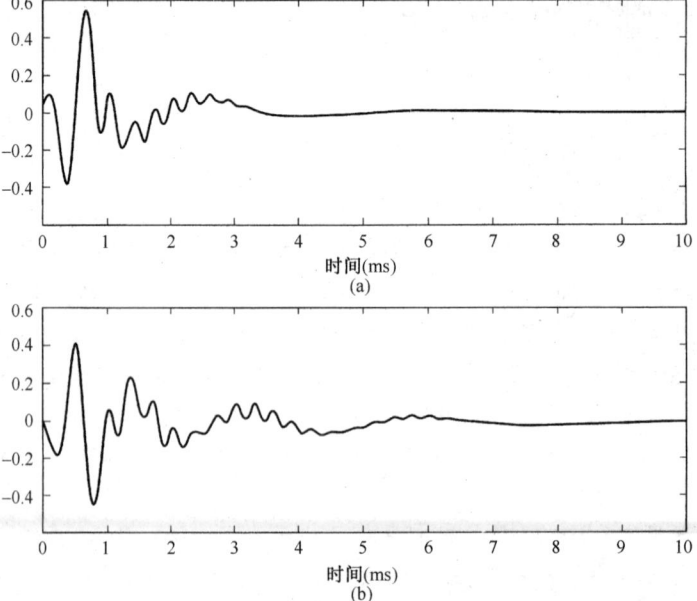

图 6.7　与图 6.6 的群延迟和模特性有关的单位冲激响应。(a) 对应于短距离类长途电话的单位冲激响应;(b) 对应于中距离类长途电话的单位冲激响应

6.2.3 对数模和伯德图

用极坐标形式来展现连续时间和离散时间傅里叶变换和系统频率响应时,对傅里叶变换的模采用对数尺度往往很方便。这样做的主要原因之一可以由式(6.5)和式(6.6)看出,这两式都将一个线性时不变系统输出的模和相位与输入和频率响应的模和相位联系在一起。注意,相位关系是相加的,而模的关系则涉及$|H(j\omega)|$和$|X(j\omega)|$的相乘。因此,如果傅里叶变换的模是在一个对数幅度尺度上展示的,那么式(6.5)就会有一个相加的关系,即

$$\log|Y(j\omega)| = \log|H(j\omega)| + \log|X(j\omega)| \tag{6.16}$$

在离散时间情况下也有完全一样的表示式。

因此,如果有一幅输入的傅里叶变换和一个线性时不变系统频率响应的对数模和相位图,那么输出的傅里叶变换就可以通过将两者的对数模图相加,相位图相加来得到。同理,由于线性时不变系统级联的频率响应就是各个频率响应的乘积,因此一个级联系统的总频率响应的对数模和相位图就可以分别将相应的各部分系统的图相加而求得。另外,在一个对数标尺上展现傅里叶变换的模还能在一个较宽的动态范围内将细节显示出来。例如,在线性标尺上,具有很大衰减的频率选择性滤波器阻带内的模特性细节一般不明显,而在一个对数标尺上它就非常明显。

一般所采用的对数标尺是以$20\log_{10}$为单位的,称为**分贝**①(decibels,缩写为dB)。因此,0 dB就对应于频率响应的模等于1,20 dB就对应于10倍增益,-20 dB就对应于衰减0.1,等等。另外,6 dB就近似地对应于2倍增益,记住这个值通常很有用。

对于连续时间系统,采用对数频率坐标也是很通常的,而且是有用的。$20\log_{10}|H(j\omega)|$和$\measuredangle H(j\omega)$对于$\log_{10}(\omega)$的图称为**伯德图**(Bode)。图6.8是一个典型的伯德图例子。应该注意,正如4.3.3节所讨论的,如果$h(t)$是实函数,那么$|H(j\omega)|$是ω的偶函数,而$\measuredangle H(j\omega)$是$\omega$的奇函数。由于这个原因,负$\omega$部分的图就是多余的了,它可以立即由正$\omega$部分的图来得到。因此,画出频率响应特性在$\omega>0$对于$\log_{10}(\omega)$的图就足够了,如图6.8所示。

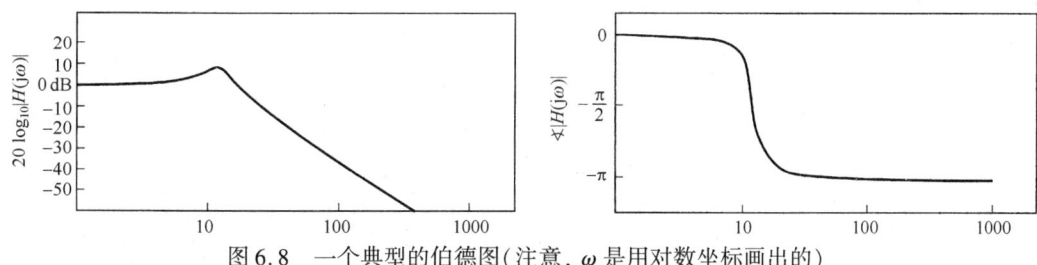

图6.8 一个典型的伯德图(注意,ω是用对数坐标画出的)

在连续时间情况下,应用对数频率坐标有几个优点。例如,它常常可以比线性频率坐标展示宽得多的频率范围。另外,在对数频率坐标上,一种特定的响应曲线的形状不会因频率的加权而改变(见习题6.30)。再者,对于由微分方程描述的连续时间线性时不变系统来说,对数模对于对数频率的近似图往往很容易通过利用渐近线绘出。6.5节将通过对一阶和二阶连续时间系统建

---

① 这一特殊单位选择和术语decibels的来源可以追溯到系统中功率比的定义。因为一个信号傅里叶变换的模平方可以看成在一个信号中每单位频率内的能量或功率,那么一个系统频率响应的模平方$|H(j\omega)|^2$或$|H(e^{j\omega})|^2$就可以认为是一个线性时不变系统输入和输出之间的功率比。为了纪念电话的发明人Alexander Graham Bell,引入bel来表示功率比中10倍的因子,而decibel则用来表示在一个对数坐标上这个因子的十分之一(这样,具有1 dB功率比的10个系统级联就会产生1 bel的功率放大)。因此,$10\log_{10}|H(j\omega)|^2$就是频率响应为$H(j\omega)$的功率放大的decibels(分贝)数,这就等于$20\log_{10}|H(j\omega)|$的模的放大倍数。

立简单的分段线性近似的伯德图来说明这一点。

在离散时间情况下,傅里叶变换和频率响应的模常常也是用 dB 来表示的,其理由与在连续时间情况下的相同。然而,在离散时间情况下对数频率坐标一般是不用的,因为这时要考虑的频率范围总是有限的,并且微分方程所具有的优点(即线性渐近线)对差分方程不适用。图 6.9 示出了一个典型的离散时间频率响应的模和相位图。图中作为 ω 的函数画出了 $\measuredangle H(e^{j\omega})$(单位:弧度)和 $|H(e^{j\omega})|$[单位:dB,即 $20\log_{10}|H(e^{j\omega})|$]。注意,对于实值的 $h[n]$,仅需画出 $0 \leq \omega \leq \pi$ 范围的 $H(e^{j\omega})$,因为在这种情况下,傅里叶变换的对称性质意味着利用 $|H(e^{j\omega})| = |H(e^{-j\omega})|$ 和 $\measuredangle H(e^{-j\omega}) = -\measuredangle H(e^{j\omega})$ 的关系就能计算出 $-\pi \leq \omega \leq 0$ 范围内的 $H(e^{j\omega})$。再者,由于 $H(e^{j\omega})$ 的周期性,无须考虑 $|\omega| > \pi$ 时的值。

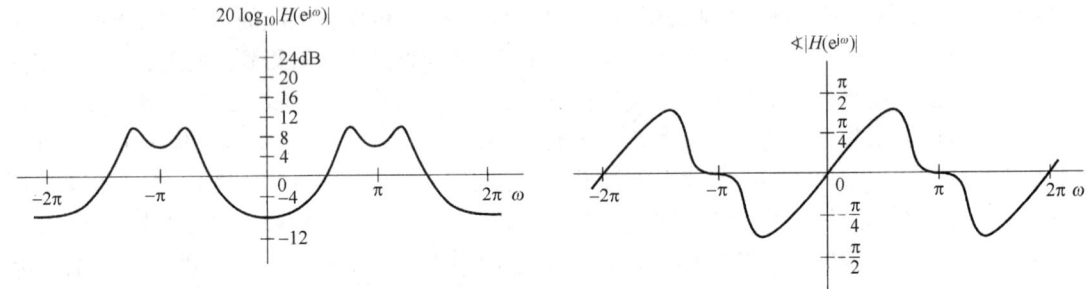

图 6.9 一个离散时间频率响应 $H(e^{j\omega})$ 的模和相位的典型作图表示

正如在这一节曾强调过的,对数坐标往往是有用的而且是重要的。然而,也有许多情况应用线性坐标很方便。例如,在讨论理想滤波器时,频率响应的模在某些频带上是一个非零常数,而在其他频带上则是零,这时线性坐标就更为合适。因此,对傅里叶变换模的表示,既介绍了线性的,又介绍了对数的作图表示,今后将根据使用方便而择其一。

6.3 理想频率选择性滤波器的时域特性

第 3 章介绍了频率选择性滤波器,即按所选频率响应的线性时不变系统,它几乎没有衰减或很小衰减地通过一个或几个频带范围的信号,而阻止或大大衰减掉在这些频带以外的频率分量。正如在第 3 章至第 5 章所讨论的,在频率选择性滤波的应用中出现了几个重要的问题,并且这些问题都直接与频率选择性滤波器的特性有关。本节将从另一角度来看看这样的滤波器及其性质。这里重点关注低通滤波器,对于其他类型的频率选择性滤波器,如高通或带通滤波器,非常类似的一些概念和结果也都成立(见习题 6.5、习题 6.6、习题 6.26 和习题 6.38)。

第 3 章已提到,一个连续时间理想低通滤波器具有如下形式的频率响应:

$$H(j\omega) = \begin{cases} 1, & |\omega| \leq \omega_c \\ 0, & |\omega| > \omega_c \end{cases} \tag{6.17}$$

如图 6.10(a)所示。同理,一个离散时间理想低通滤波器的频率响应为

$$H(e^{j\omega}) = \begin{cases} 1, & |\omega| \leq \omega_c \\ 0, & \omega_c < |\omega| \leq \pi \end{cases} \tag{6.18}$$

如图 6.10(b)所示,它对 ω 是周期的。由式(6.17)和式(6.18),或者从图 6.10 中可以看到,理想低通滤波器具有极好的频率选择性。也就是说,它们无衰减地通过低于截止频率 ω_c(包括 ω_c 中)的所有频率,而完全阻掉阻带(即高于 ω_c)内的所有频率。再者,这些滤波器具有零相位特性,所以它们不会引入相位失真。

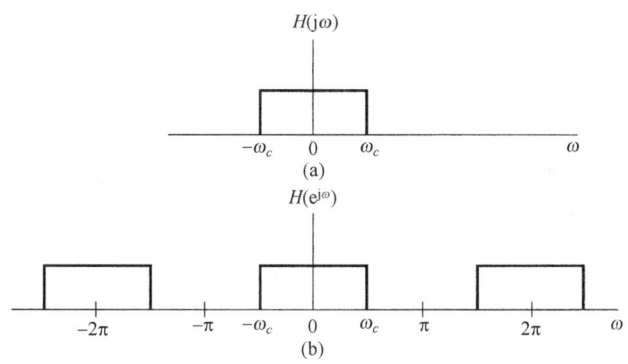

图6.10 （a）一个连续时间理想低通滤波器的频率响应；（b）一个离散时间理想低通滤波器的频率响应

在6.2节中已经看到，即使信号频谱的模不被系统改变，非线性相位特性也能导致一个信号的时域特性有很大的变化。因此一个**模**（magnitude）特性如式（6.17）或式（6.18）所示的滤波器具有非线性相位，在某些应用中还可能产生一些不希望有的效果。另一方面，在通带内具有线性相位的理想滤波器，如图6.11所示，相对于零相位特性的理想低通滤波器的响应来说，仅引入一个单一的时移。

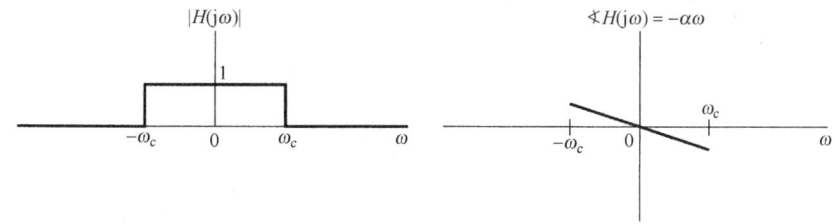

图6.11 具有线性相位特性的连续时间理想低通滤波器

在例4.18和例5.12中，曾求出过理想低通滤波器的单位冲激（脉冲）响应。对应于式（6.17）滤波器的单位冲激响应是

$$h(t) = \frac{\sin(\omega_c t)}{\pi t} \qquad (6.19)$$

如图6.12（a）所示。同理，与式（6.18）所示离散时间理想滤波器对应的单位脉冲响应是

$$h[n] = \frac{\sin(\omega_c n)}{\pi n} \qquad (6.20)$$

如图6.12（b）所示，其中 $\omega_c = \pi/4$。如果式（6.17）和式（6.18）这两个理想频率响应中的任何一个再附加上线性相位特性，单位冲激响应就只是延迟一个等于该相位特性斜率的负值的量，对于连续时间单位冲激响应的情况就如图6.13所示。应当注意，无论是在连续时间还是离散时间情况下，滤波器的通带宽度都是正比于 ω_c 的，而单位冲激响应的主瓣宽度都是正比于 $1/\omega_c$ 的。当滤波器的带宽增加时，单位冲激响应就变得愈来愈窄；反之亦然，这个是与在第4章和第5章讨论过的时间和频率之间的相反关系一致的。

连续时间和离散时间理想低通滤波器的单位阶跃响应 $s(t)$ 和 $s[n]$ 如图6.14所示。在两种情况下都可以看到，阶跃响应所表现出的几个特性可能都是我们不希望有的。特别是，对于这些滤波器其阶跃响应都有比它们最后稳态值大的超量，并且呈现出称为**振铃**（ringing）的振荡行为。另外，回忆一下，阶跃响应就是单位冲激响应的积分或求和，即

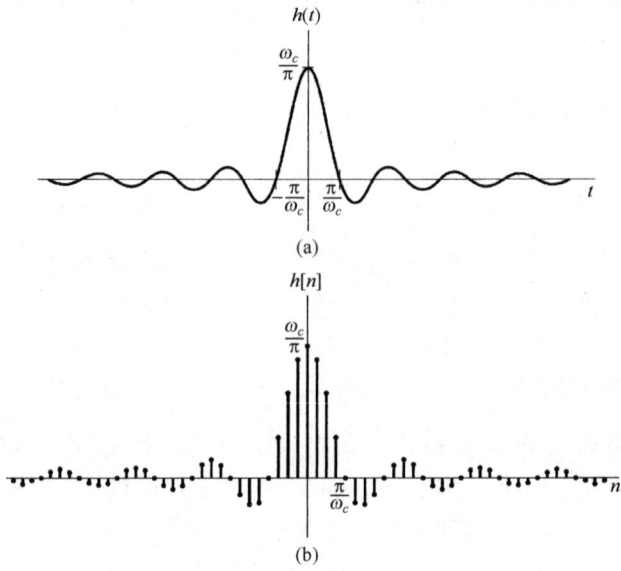

图 6.12　(a) 图 6.10(a) 的连续时间理想低通滤波器的单位冲激响应；(b) 图 6.10(b) 的离散时间理想低通滤波器在 $\omega_c = \pi/4$ 时的单位脉冲响应

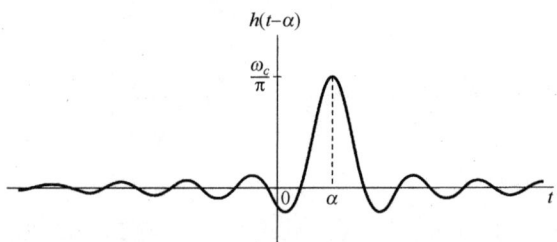

图 6.13　模和相位特性如图 6.11 所示的理想低通滤波器的单位冲激响应

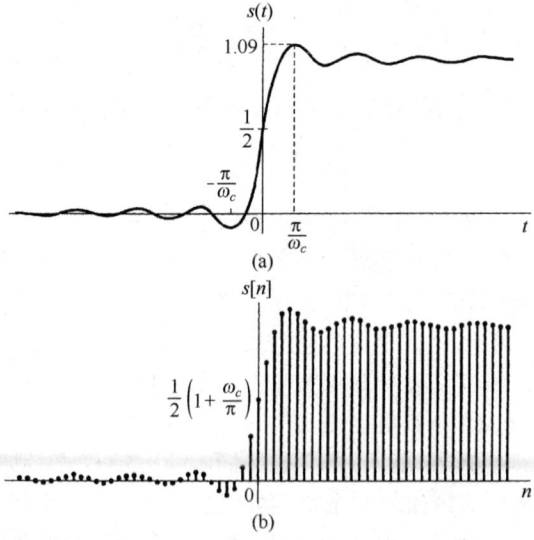

图 6.14　(a) 连续时间理想低通滤波器的阶跃响应；(b) 离散时间理想低通滤波器的阶跃响应

$$s(t) = \int_{-\infty}^{t} h(\tau) d\tau$$

$$s[n] = \sum_{m=-\infty}^{n} h[m]$$

因为理想滤波器的单位冲激响应的主瓣是从 $-\pi/\omega_c$ 延伸到 $+\pi/\omega_c$ 的，所以阶跃响应就在这个时间间隔内其值发生最显著的变化。也就是说，阶跃响应的所谓**上升时间**（rise time）也就反比于相关滤波器的带宽。这个上升时间也是该滤波器响应时间的一种大致度量。

6.4 非理想滤波器的时域和频域特性讨论

理想滤波器的特性在实际中不一定总是所要求的。例如，在许多滤波问题中，要进行分离的信号不总是位于完全分隔开的频带上。图 6.15 或许是一种典型的情况，这里两个信号的频谱稍微有些重叠。在这样的情况下，或许应该在两个信号的保真度上进行一些权衡，例如滤波器保留 $x_1(t)$，而对 $x_2(t)$ 中的频率分量给予衰减。当过滤具有重叠频谱的混合信号时，我们宁肯希望有一个从通带到阻带具有逐渐过渡特性的滤波器。

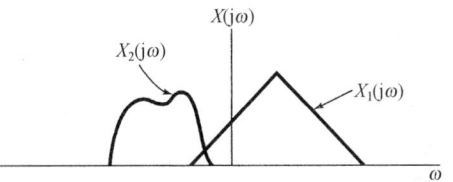

图 6.15　稍微有些重叠的两个频谱

另一个原因就是考虑到理想低通滤波器的阶跃响应问题（见图 6.14）。在连续时间和离散时间两种情况下，阶跃响应都逐渐趋近于一个等于阶跃值的恒定值。然而，在跳变点附近呈现过冲（超量）和振荡。在某些情况下，这种时域特性是不希望的。

退一步说，即使在某些情况下需要理想的频率选择性滤波器特性，也是不可能实现的。例如，根据式（6.18）和式（6.19）及图 6.12，很显然理想低通滤波器是非因果的，而当滤波必须实时来完成时，因果性就是一个必要的限制，因此就需要对理想特性进行一个因果的近似。在滤波器特性方面要再进一步考虑，进行一些折中，即实现它的难易程度。一般来讲，若对一个理想频率选择特性愈逼近或实现得愈接近，那么其复杂程度和付出的代价就愈高，而无论该滤波器是用一些什么基本元件构成的。例如，在连续时间情况下的电阻器、电容器和运算放大器等，在离散时间情况下的寄存器、乘法器和加法器等。在很多场合下，或许并不需要一个精密的滤波器，往往一个简单的滤波器就足够了。

基于上述原因，非理想滤波器具有很大的实际意义，而且它们的特性常常在频域和时域两方面都用几个参数来标定。首先，由于理想频率选择性滤波器的模特性是不能实现的，或者是不需要的，因此更可取的是在滤波器的通带和阻带特性上容许有某些灵活性，以及相对于理想滤波器的陡峭的过渡带来说，容许在通带和阻带之间有一个逐渐过渡的特性。例如，在低通滤波器情况下，通带内在单位增益上可以有某些偏离，阻带内在零增益上也可以有某些偏离，以及在通带边缘和阻带边缘之间容许有一个过渡带存在。因此，对一个连续时间低通滤波器的特性要求常常是要求滤波器频率响应的模限制在图 6.16 的非阴影区之内。在该图中，偏离单位增益的 $\pm\delta_1$ 就是可容许的通带偏离，而 δ_2 就是可容许的阻带偏离，分别称为**通带起伏**（passband ripple）（或**波纹**）和**阻带起伏**（stopband ripple）（或**波纹**）。ω_p 和 ω_s 分别称为**通带边缘**（passband edge）和**阻带边缘**（stopband edge）。从 ω_p 到 ω_s 的频率范围就是从通带到阻带的过渡，称为**过渡带**（transition band）。以上所讨论的概念和定义也适用于离散时间低通滤波器，以及其他连续时间和离散时间频率选择性滤波器。

在频域中，除了模特性的要求，在某些情况下，相位特性的要求也很重要。尤其是，一个在通带内线性或接近线性相位的特性往往是我们所希望的。

为了控制时域特性,一般都将指标要求放在一个滤波器的阶跃响应上。现用图6.17来给予说明。在阶跃响应中往往关心的一个量是上升时间 t_r,也就是阶跃响应上升到它的终值所需的时间。另外,在阶跃响应上有无振荡也很重要。如果这样的振荡存在,那么就由三个其他的量来表征这些振荡的性质,它们是:超过阶跃响应终值的超量 Δ,振荡频率 ω_r 和建立时间 t_s。t_s 代表阶跃响应位于偏离终值容许范围内所要求的时间。

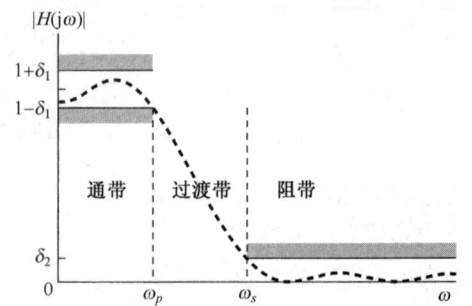

图6.16 低通滤波器模特性的容限。可容许的通带波纹是 δ_1,阻带波纹是 δ_2。图中虚线指出一种可能的频率响应模特性,它们位于所给容限内

对于非理想低通滤波器来说,可以看到在过渡带的宽度(频域特性)与阶跃响应的建立时间(时域特性)之间可能有一种折中。下面这个例子用来说明这种折中。

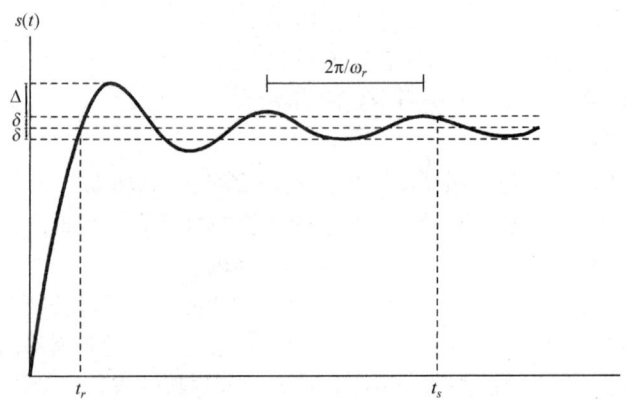

图6.17 一个连续时间低通滤波器的阶跃响应,图中指出上升时间 t_r,超量 Δ,
振荡频率 ω_r 和建立时间 t_s。t_s 即阶跃响应位于其终值 $\pm \delta$ 内所需的时间

例6.3 现在来考虑两个具体的低通滤波器,它们都有一个截止频率为500 Hz。每一个滤波器都有一个五阶的有理频率响应和一个实值的单位冲激响应。这两个滤波器都是特殊类型的,一个称为巴特沃思(Butterworth)滤波器,另一个是椭圆滤波器。这两类滤波器在实际中常常被采用。

这两个滤波器频率响应的模(对频率以 Hz 为计量单位得出)如图6.18(a)所示。现以下述标准取每个滤波器的过渡带:以截止频率 500 Hz 为中心,使频率响应的模既不在偏离 1 的 0.05 以内(通带波纹),又不在偏离 0 的 0.05 以内(阻带波纹)的范围。由图6.18(a)可见,巴特沃思滤波器的过渡带宽于椭圆滤波器的过渡带。

椭圆滤波器所具有的较窄的过渡带所付出的代价可由图6.18(b)看到,该图示出了这两个滤波器的阶跃响应。由图可见,椭圆滤波器阶跃响应中的振荡比巴特沃思滤波器的显著得多,特别是椭圆滤波器阶跃响应的建立时间要更长一些。

滤波器时域和频域特性之间的折中,以及诸如复杂度和成本之间的折中之类问题的考虑,成为滤波器设计方面的核心领域。下面几节以及章末的几个习题,会给出其他几个线性时不变系统和滤波器及其时域和频域特性的例子。

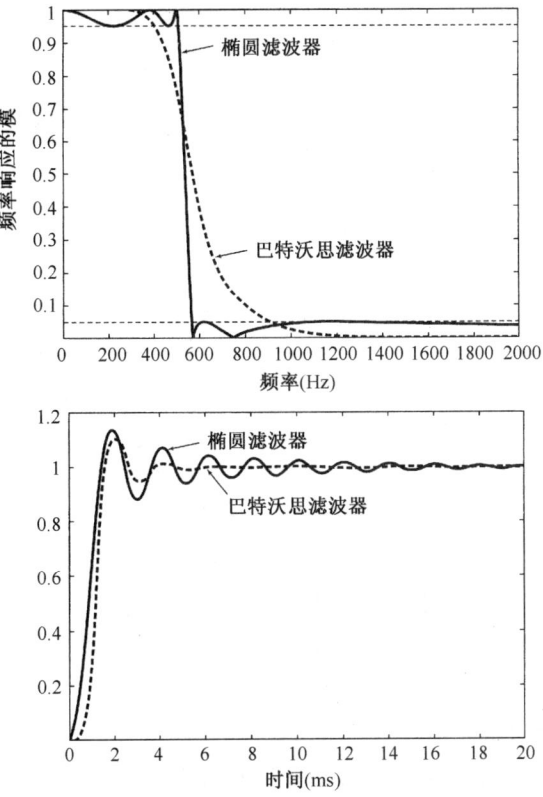

图6.18 具有相同通带和阻带波纹，相同截止频率的五阶巴特沃思滤波器和五阶椭圆滤波器的例子。(a) 频率响应的模特性；(b) 阶跃响应

6.5 一阶与二阶连续时间系统

由线性常系数微分方程描述的线性时不变系统，在实际中具有很大的重要性，这是因为很多物理系统都可以用这样的方程来建模，并且这种类型的系统往往又很容易实现。有很多实际理由表明，高阶系统总是常常由一阶和二阶系统以级联或并联的形式来实现或表示的。因此，一阶和二阶系统的性质在分析、设计和理解高阶系统的时域和频域特性方面起着重要作用。这一节将详细讨论连续时间系统中的这些低阶系统，6.6节将讨论离散时间系统中的这些低阶系统。

6.5.1 一阶连续时间系统

对于一个一阶系统，其微分方程往往表示成下列形式：

$$\tau \frac{\mathrm{d}y(t)}{\mathrm{d}t} + y(t) = x(t) \tag{6.21}$$

其中 τ 是一个系数，它的意义将在下文解释。相应的一阶系统的频率响应是

$$H(\mathrm{j}\omega) = \frac{1}{\mathrm{j}\omega\tau + 1} \tag{6.22}$$

其单位冲激响应为

$$h(t) = \frac{1}{\tau}\mathrm{e}^{-t/\tau}u(t) \tag{6.23}$$

系统的阶跃响应为

$$s(t) = h(t) * u(t) = [1 - e^{-t/\tau}]u(t) \tag{6.24}$$

这些都分别绘于图 6.19(a)和图 6.19(b)中。参数 τ 称为系统的**时间常数**(time constant),它控制着一阶系统响应的快慢。例如,如图 6.19 所示,当 $t=\tau$ 时,冲激响应衰减到 $t=0$ 时的 $1/e$ 倍,而阶跃响应则离终值 1 还有 $1/e$。因此,当 τ 减小时,冲激响应衰减得就更快,而阶跃响应上升的时间就更短;也就是说,阶跃响应朝向最终值上升得更陡峭了。注意,一阶系统的阶跃响应不会出现任何振荡。

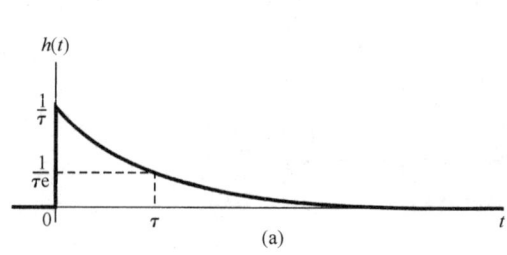 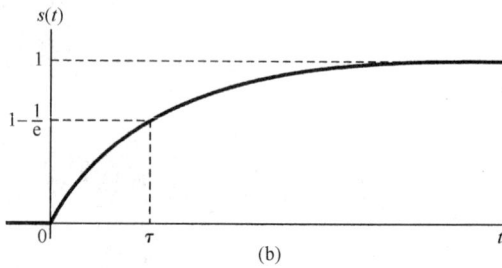

图 6.19　一阶连续时间系统。(a) 单位冲激响应;(b) 阶跃响应

图 6.20 画出了式(6.22)频率响应的伯德图。这幅图体现了使用对数频率坐标的一个优点,即没有多大困难就能得到一阶系统的一个很有用的近似伯德图。为此,先检查一下频率响应的对数模特性,由式(6.22)可得

$$20\log_{10}|H(j\omega)| = -10\log_{10}[(\omega\tau)^2 + 1] \tag{6.25}$$

从该式可见,对于 $\omega\tau \ll 1$,对数模近似为零;而对于 $\omega\tau \gg 1$,对数模就近似为 $\log_{10}(\omega)$ 的**线性**函数。也就是说

$$20\log_{10}|H(j\omega)| \simeq 0, \quad \omega \ll 1/\tau \tag{6.26}$$

和

$$\begin{aligned} 20\log_{10}|H(j\omega)| &\simeq -20\log_{10}(\omega\tau) \\ &= -20\log_{10}(\omega) - 20\log_{10}(\tau), \quad \omega \gg 1/\tau \end{aligned} \tag{6.27}$$

换句话说,一阶系统的对数模特性在低频和高频域的渐近线都是直线。低频渐近线[由式(6.26)给出]就是一条 0 dB 线;而高频渐近线[由式(6.27)给出]相应于在 $|H(j\omega)|$ 上每隔十倍频程有 20 dB 的衰减,有时这就称为"每十倍频程 20 dB"渐近线。

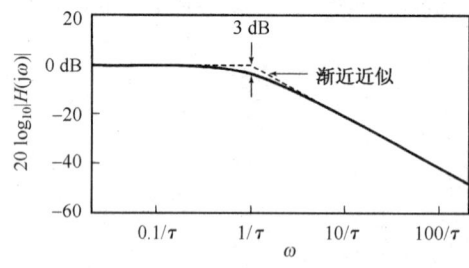 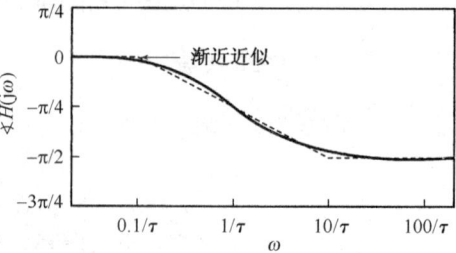

图 6.20　一个一阶连续时间系统的伯德图

注意,由式(6.26)和式(6.27)所表示的这两条渐近线在 $\log_{10}(\omega) = -\log_{10}(\tau)$ 这一点,也即 $\omega = 1/\tau$ 这一点是相等的。由图来看,这就意味着两条渐近线应在 $\omega = 1/\tau$ 相交,这样就提供了对数模特性图的一种直线近似。它就是说,对于 $\omega \le 1/\tau$,$20\log_{10}|H(j\omega)| = 0$;而对于 $\omega \ge 1/\tau$,则

由式(6.27)给出。在图 6.20 中用虚线画出了这一近似。由于在 $\omega = 1/\tau$ 这一点,近似特性的斜率发生了变化,因此这一点往往就称为**转折频率**(break frequency)。同时,由式(6.25)可知,在 $\omega = 1/\tau$ 这一点,式中对数内的两项 $[(\omega\tau)^2$ 和 $1]$ 相等,所以在这一点,模的实际值为

$$20\log_{10}\left|H\left(j\frac{1}{\tau}\right)\right| = -10\log_{10}(2) \simeq -3 \text{ dB} \tag{6.28}$$

由于这个原因,$\omega = 1/\tau$ 这一点有时又称为 3 dB 点。从该图还可以看到,直线近似的伯德图仅在转折频率附近有明显的误差。因此,如果希望得到更准确一些的伯德图,仅仅需要在转折频率附近对近似进行一些修正。

对 $\sphericalangle H(j\omega)$ 也能求得一个有用的直线近似式为

$$\sphericalangle H(j\omega) = -\arctan(\omega\tau)$$
$$\simeq \begin{cases} 0, & \omega \leq 0.1/\tau \\ -(\pi/4)[\log_{10}(\omega\tau) + 1], & 0.1/\tau \leq \omega \leq 10/\tau \\ -\pi/2, & \omega \geq 10/\tau \end{cases} \tag{6.29}$$

可以注意到这条近似特性作为 $\log_{10}(\omega)$ 的函数,在

$$\frac{0.1}{\tau} \leq \omega \leq \frac{10}{\tau}$$

范围内是线性下降的(从 0 到 $-\pi/2$),即在转折频率上下各一个十倍频程的范围内。同时,当 $\omega \ll 1/\tau$ 时,$\sphericalangle H(j\omega)$ 的准确渐近值是零,而当 $\omega \gg 1/\tau$ 时,$\sphericalangle H(j\omega)$ 的准确渐近值就是 $-\pi/2$。再者,在转折频率 $\omega = 1/\tau$ 处,$\sphericalangle H(j\omega)$ 的近似值与真正值是一致的,其值为

$$\sphericalangle H\left(j\frac{1}{\tau}\right) = -\frac{\pi}{4} \tag{6.30}$$

这条渐近近似线也画在图 6.20 中。由图 6.20 可以看出,如果需要一幅更准确一点的 $\sphericalangle H(j\omega)$ 图,可以修正这条直线近似,以得到一条更准确一点的 $\sphericalangle H(j\omega)$ 图。

从这个一阶系统可以再次看到时间和频率之间的相反关系。当 τ 减小时,就加速了系统的时间响应,即 $h(t)$ 变得更向原点压缩,阶跃响应的上升时间就减小了;与此同时,转折频率升高,即 $|H(j\omega)| \approx 1$ 的频率范围更宽,$H(j\omega)$ 就变宽了。这一点也可以将单位冲激响应乘以 τ 而从 $\tau h(t)$ 和 $H(j\omega)$ 之间的关系中看出:

$$\tau h(t) = e^{-t/\tau}u(t), \quad H(j\omega) = \frac{1}{j\omega\tau + 1}$$

于是,$\tau h(t)$ 是 t/τ 的函数,而 $H(j\omega)$ 是 $\omega\tau$ 的函数。因此从这一点可以看出,改变 τ 在本质上等效于在时间和频率上给予一个尺度的变化。

6.5.2 二阶连续时间系统

二阶系统的线性常系数微分方程的一般形式可表示为

$$\frac{d^2y(t)}{dt^2} + 2\zeta\omega_n\frac{dy(t)}{dt} + \omega_n^2 y(t) = \omega_n^2 x(t) \tag{6.31}$$

这种形式的方程可以在很多物理系统中见到,其中包括 RLC 电路及图 6.21 所示的力学系统,该力学系统由弹簧、质量 m 和黏性阻尼器或减震器组成。在图中,输入是外力 $x(t)$,输出是物体从某一平衡位置的位移 $y(t)$。该系统的运动方程是

$$m\frac{d^2y(t)}{dt^2} = x(t) - ky(t) - b\frac{dy(t)}{dt}$$

或者
$$\frac{d^2 y(t)}{dt^2} + \left(\frac{b}{m}\right)\frac{dy(t)}{dt} + \left(\frac{k}{m}\right)y(t) = \frac{1}{m}x(t)$$

将上式与式(6.31)进行比较,若定义该系统的

$$\omega_n = \sqrt{\frac{k}{m}} \tag{6.32}$$

和

$$\zeta = \frac{b}{2\sqrt{km}}$$

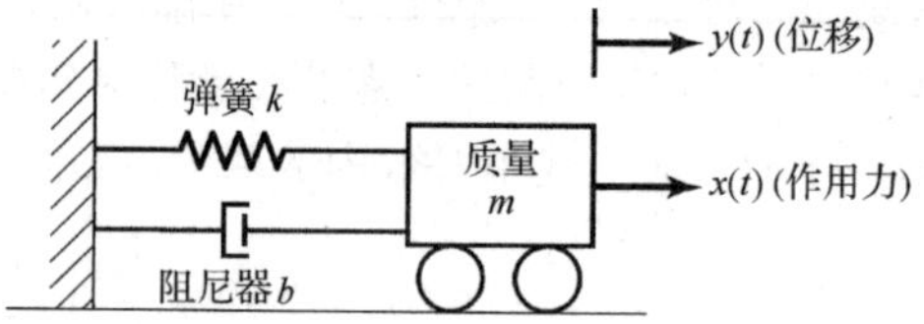

图6.21 由弹簧、减震器及一个连接着它们的可移动质量和一个固定支撑组成的二阶系统

那么,除了在 $x(t)$ 上有一个尺度变化因子 $1/k$,该系统的运动方程就化简为式(6.31)。

由式(6.31)所代表的二阶系统的频率响应是

$$H(j\omega) = \frac{\omega_n^2}{(j\omega)^2 + 2\zeta\omega_n(j\omega) + \omega_n^2} \tag{6.33}$$

将 $H(j\omega)$ 的分母因式化后,得到

$$H(j\omega) = \frac{\omega_n^2}{(j\omega - c_1)(j\omega - c_2)}$$

其中,

$$\begin{aligned} c_1 &= -\zeta\omega_n + \omega_n\sqrt{\zeta^2 - 1} \\ c_2 &= -\zeta\omega_n - \omega_n\sqrt{\zeta^2 - 1} \end{aligned} \tag{6.34}$$

若 $\zeta \neq 1$,则 $c_1 \neq c_2$,进行部分分式展开,得到

$$H(j\omega) = \frac{M}{j\omega - c_1} - \frac{M}{j\omega - c_2} \tag{6.35}$$

其中,

$$M = \frac{\omega_n}{2\sqrt{\zeta^2 - 1}} \tag{6.36}$$

由式(6.35),系统的单位冲激响应为

$$h(t) = M[e^{c_1 t} - e^{c_2 t}]u(t) \tag{6.37}$$

如果 $\zeta = 1$,则 $c_1 = c_2 = -\omega_n$,这时有

$$H(j\omega) = \frac{\omega_n^2}{(j\omega + \omega_n)^2} \tag{6.38}$$

由表4.2可得,此时的单位冲激响应为

$$h(t) = \omega_n^2 t e^{-\omega_n t} u(t) \tag{6.39}$$

由式(6.37)和式(6.39)可注意到, $h(t)/\omega_n$ 是 $\omega_n t$ 的函数。另外,式(6.33)还可写成

$$H(j\omega) = \frac{1}{(j\omega/\omega_n)^2 + 2\zeta(j\omega/\omega_n) + 1}$$

由这里可以看到,频率响应 $H(j\omega)$ 是 ω/ω_n 的函数,因此改变 ω_n 实质上与一个时间和频率的尺度变换是一致的。

参数 ζ 称为**阻尼系数**(damping ratio), ω_n 称为**无阻尼自然频率**(undamped natural frequency)。这些术语的意义会随着对二阶系统单位冲激响应和阶跃响应研究的深入而更加明确。首先,由式(6.35)可看出,当 $0 < \zeta < 1$ 时, c_1 和 c_2 都是复数,因此可以将式(6.37)的单位冲激响应写成

$$h(t) = \frac{\omega_n e^{-\zeta\omega_n t}}{2j\sqrt{1-\zeta^2}}\{\exp[j(\omega_n\sqrt{1-\zeta^2})t] - \exp[-j(\omega_n\sqrt{1-\zeta^2})t]\}u(t)$$

$$= \frac{\omega_n e^{-\zeta\omega_n t}}{\sqrt{1-\zeta^2}}[\sin(\omega_n\sqrt{1-\zeta^2})t]u(t) \tag{6.40}$$

因此，对于 $0<\zeta<1$，二阶系统的单位冲激响应就是一个衰减的振荡。这时系统称为**欠阻尼的**(underdamped)。如果 $\zeta>1$，则 c_1 和 c_2 都是实数，并且是负的，单位冲激响应就是两个衰减的指数之差，这时系统称为**过阻尼的**(overdamped)。当 $\zeta=1$ 时，$c_1=c_2$，这时系统称为**临界阻尼的**(critically damped)。二阶系统在不同 ζ 值下的单位冲激响应（乘以 $1/\omega_n$）如图 6.22(a) 所示。

对于 $\zeta\neq 1$，二阶系统的阶跃响应可由式(6.37)算出，其表达式是

$$s(t) = h(t) * u(t) = \left\{1 + M\left[\frac{e^{c_1 t}}{c_1} - \frac{e^{c_2 t}}{c_2}\right]\right\}u(t) \tag{6.41}$$

对于 $\zeta=1$，利用式(6.39)可得

$$s(t) = [1 - e^{-\omega_n t} - \omega_n t e^{-\omega_n t}]u(t) \tag{6.42}$$

在几个不同的 ζ 值下，二阶系统的阶跃响应绘于图 6.22(b)。从该图可以看出，在欠阻尼情况下，阶跃响应既有**超量**(overshoot)（即阶跃响应超过它的终值），又呈现出振荡。当 $\zeta=1$ 时，阶跃响应是在没有超量的情况下所能得到的最快的响应（也即最短的上升时间），从而有最短的建立时间。随着 ζ 的增加（超过 1），响应愈来愈慢，这一点可以从式(6.34)和式(6.41)看出。随着 ζ 的增加，c_1 的模越来越小，而 c_2 的模则增大，因此虽然与 $e^{c_2 t}$ 有关的时间常数($1/|c_2|$)减小了，但与 $e^{c_1 t}$ 有关的时间常数($1/|c_1|$)增大了。结果，在式(6.41)中涉及 $e^{c_1 t}$ 的这一项要用一个较长的时间衰减到零，因此正是与该项有关的时间常数决定了阶跃响应的建立时间。于是，对于大的 ζ 值，阶跃响应就要用较长的时间才能建立起来。用弹簧-减震器这个力学系统的例子来说，当衰减系数 b 增大，使 ζ 超过临界值 1 时[见式(6.33)]，该质量的运动变得愈来愈迟钝。

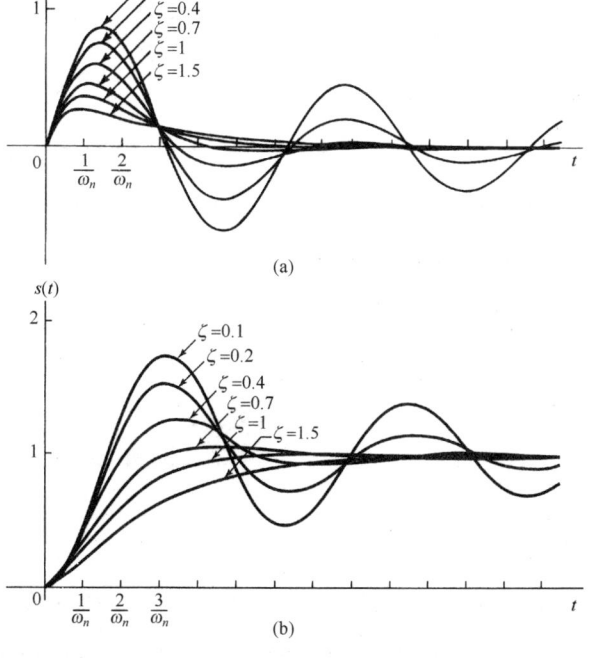

图 6.22 不同阻尼系数 ζ 下的二阶系统响应。(a) 单位冲激响应；(b) 阶跃响应

最后，正如已经说过的，ω_n 的值本质上只是控制响应 $h(t)$ 和 $s(t)$ 的时间尺度。例如，在欠阻尼情况下，ω_n 愈大，作为 t 的函数的单位冲激响应在时间上更为压缩，并且 $h(t)$ 和 $s(t)$ 中的振荡频率就更高。事实上，从式(6.40)中可以看到，$h(t)$ 和 $s(t)$ 中的振荡频率是 $\omega_n\sqrt{1-\zeta^2}$，它就是随着 ω_n 增加而增加的。然而，应当注意，这个频率明显地与阻尼系数有关，而且不等于(而是小于)ω_n，除非在 $\zeta=0$ 的无阻尼情况下，才等于 ω_n。由于这个原因，传统上就把这个参数 ω_n 称为无阻尼自然频率。对于上述弹簧-减震器的例子来说，就是当减震器不存在时，该质量的振荡频率就等于 ω_n，而当加入减震器后，振荡频率下降了。

在图6.23中画出了由式(6.33)给出的频率响应对于几个不同 ζ 值的伯德图。和一阶系统中一样，由对数频率坐标导出对数模特性的高、低频率的线性渐近线。具体而言，由式(6.33)可得

$$20\log_{10}|H(j\omega)| = -10\log_{10}\left\{\left[1-\left(\frac{\omega}{\omega_n}\right)^2\right]^2 + 4\zeta^2\left(\frac{\omega}{\omega_n}\right)^2\right\} \tag{6.43}$$

从这个表示式可以导出高、低频率两条线性渐近线为

$$20\log_{10}|H(j\omega)| \simeq \begin{cases} 0, & \omega \ll \omega_n \\ -40\log_{10}\omega + 40\log_{10}\omega_n, & \omega \gg \omega_n \end{cases} \tag{6.44}$$

因此，对数模特性的低频渐近线是 0 dB 线，而高频渐近线则有一个每十倍频程 -40 dB 的斜率；也就是说，当 ω 每增加 10 倍时，$|H(j\omega)|$ 就下降 40 dB。另外，两条渐近线在 $\omega = \omega_n$ 处相交。因此得出，对 $\omega \leqslant \omega_n$，可以利用式(6.44)给出的近似，对对数模特性求得一个直线渐近近似。为此，ω_n 称为二阶系统的转折频率。近似特性用虚线也画在图6.23中。

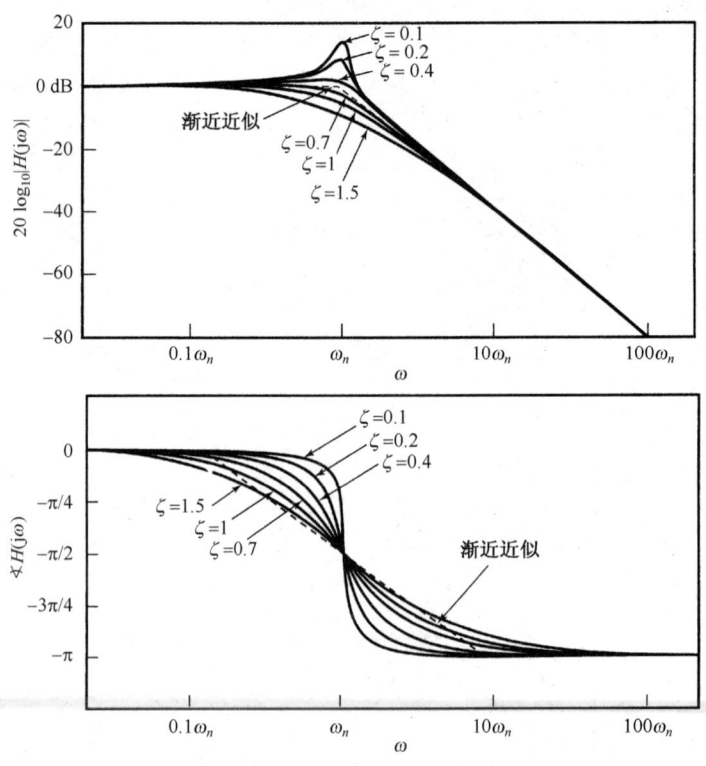

图6.23 在几个不同阻尼系数 ζ 值下，二阶系统的伯德图

另外，也能求得 $\sphericalangle H(j\omega)$ 的一个直线近似，$\sphericalangle H(j\omega)$ 的准确表示式可由式(6.33)得到

$$\sphericalangle H(j\omega) = -\arctan\left(\frac{2\zeta(\omega/\omega_n)}{1-(\omega/\omega_n)^2}\right) \tag{6.45}$$

对 $\sphericalangle H(j\omega)$ 的近似式是

$$\sphericalangle H(j\omega) \simeq \begin{cases} 0, & \omega \leqslant 0.1\omega_n \\ -\frac{\pi}{2}\left[\log_{10}\left(\frac{\omega}{\omega_n}\right)+1\right], & 0.1\omega_n \leqslant \omega \leqslant 10\omega_n \\ -\pi, & \omega \geqslant 10\omega_n \end{cases} \tag{6.46}$$

它也画在图 6.23 中。注意，在转折频率 $\omega=\omega_n$ 处，近似值和真正值又相等，且为

$$\sphericalangle H(j\omega_n) = -\frac{\pi}{2}$$

对于二阶系统，其渐近线式(6.44)和式(6.46)与 ζ 无关，而 $|H(j\omega)|$ 和 $\sphericalangle H(j\omega)$ 的真正图形变化肯定是与 ζ 有关的，注意到这一点是很重要的。因为如果要想在一个渐近近似的特性上画出准确的图(特别是在转折频率附近)，就必须考虑到这一点，才能把一张近似图修改得与真正的图更为一致。这个差别在 ζ 值较小时最为明显；特别是，在这种情况下，真正的对数模特性在 $\omega=\omega_n$ 附近有一个峰值。事实上，利用式(6.43)直接计算可以证明，当 $\zeta < \sqrt{2}/2 \approx 0.707$ 时，$|H(j\omega)|$ 在

$$\omega_{\max} = \omega_n\sqrt{1-2\zeta^2} \tag{6.47}$$

处有一个最大值，其值为

$$|H(j\omega_{\max})| = \frac{1}{2\zeta\sqrt{1-\zeta^2}} \tag{6.48}$$

然而，对于 $\zeta > 0.707$，$H(j\omega)$ 从 $\omega=0$ 开始，随 ω 的增加而单调衰减。$H(j\omega)$ 可能有一个峰值，这一点在设计频率选择性滤波器和选频放大器中是非常重要的。在某些应用中，可能想要设计这样一种电路，使其频率响应的模在某一给定频率上有一个陡峭的尖峰，从而能在某一较窄的频率范围内，对一些正弦信号提供选频性放大。这种电路用**品质因数**(quality) Q 来衡量峰值的尖锐程度。对于一个由式(6.31)描述的二阶电路，Q 通常取为

$$Q = \frac{1}{2\zeta}$$

并且由图 6.23 和式(6.48)可见，这个定义有这样的性质：系统中阻尼愈小，$|H(j\omega)|$ 中的峰值就愈尖锐。

6.5.3 有理型频率响应的伯德图

本节一开始曾指出过，一阶和二阶系统都能用来作为基本单元，以构成更复杂的具有有理型频率响应的线性时不变系统。本节给出的伯德图基本上提供了为构成任何一个有理型频率响应的伯德图所需的全部信息。具体而言，这一节已经讨论了由式(6.22)和式(6.33)给出的频率响应的伯德图。另外，就能很快得到具有如下频率响应形式：

$$H(j\omega) = 1 + j\omega\tau \tag{6.49}$$

和

$$H(j\omega) = 1 + 2\zeta\left(\frac{j\omega}{\omega_n}\right) + \left(\frac{j\omega}{\omega_n}\right)^2 \tag{6.50}$$

的伯德图(见图 6.20 和图 6.23)，因为

$$20\log_{10}|H(j\omega)| = -20\log_{10}\left|\frac{1}{H(j\omega)}\right|$$

且

$$\angle(H(j\omega)) = -\angle\left(\frac{1}{H(j\omega)}\right)$$

同时，对于系统函数为恒定增益的系统

$$H(j\omega) = K$$

若 $K > 0$ 则 $K = |K|e^{j0}$，若 $K < 0$ 则 $K = |K|e^{j\pi}$，所以

$$20\log_{10}|H(j\omega)| = 20\log_{10}|K|$$

$$\angle H(j\omega) = \begin{cases} 0, & K > 0 \\ \pi, & K < 0 \end{cases}$$

因为一个有理型频率响应可以按因式分解为一个恒定增益和一阶、二阶项的乘积，所以它的伯德图就能由乘积中每一项的伯德图相加得到。下面两个例子将用来进一步说明伯德图的构成。

例 6.4 求频率响应为

$$H(j\omega) = \frac{2 \times 10^4}{(j\omega)^2 + 100j\omega + 10^4}$$

的伯德图。首先注意到

$$H(j\omega) = 2\hat{H}(j\omega)$$

这里 $\hat{H}(j\omega)$ 就是由式(6.33)所给出的标准二阶频率响应的形式，于是有

$$20\log_{10}|H(j\omega)| = 20\log_{10}2 + 20\log|\hat{H}(j\omega)|$$

将 $\hat{H}(j\omega)$ 与式(6.33)的频率响应进行比较，可得 $\omega_n = 100$，$\zeta = 1/2$。利用式(6.44)，现在就可以对 $20\log_{10}|\hat{H}(j\omega)|$ 标定渐近线：

$$20\log_{10}|\hat{H}(j\omega)| \approx 0, \qquad \omega \ll 100$$

和

$$20\log_{10}|\hat{H}(j\omega)| \approx -40\log_{10}\omega + 80, \qquad \omega \gg 100$$

除了由于另加 $20\log_{10}2$（近似为 6 dB）这一项而对所有频率有一个恒定偏置，$20\log_{10}|H(j\omega)|$ 与 $\hat{H}(j\omega)$ 有相同的渐近线。图 6.24(a)中的虚线就代表了这一渐近线。图 6.24(b)中的实线代表 $20\log_{10}|H(j\omega)|$ 由计算机产生的真正伯德图。因为对 $\hat{H}(j\omega)$ 来说，ζ 的值小于 $\sqrt{2}/2$，所以真正的伯德图在接近 $\omega = 100$ 的地方有一个微小的峰值。

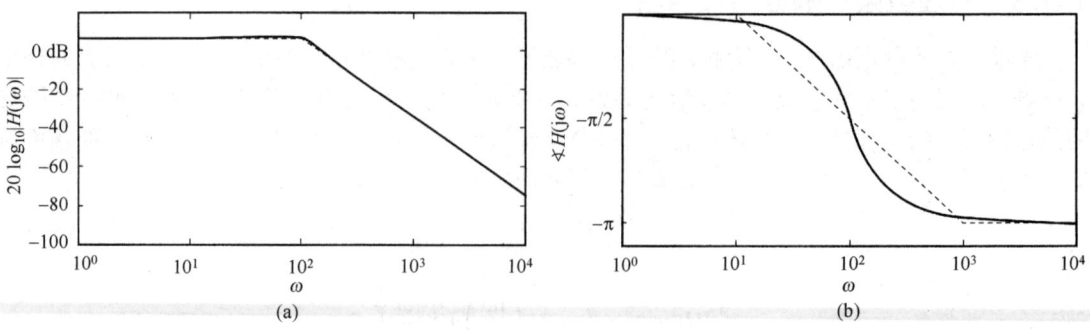

图 6.24 例 6.4 的系统函数伯德图。(a) 模；(b) 相位

为了得到 $\angle H(j\omega)$ 的图，可注意到

$$\angle H(j\omega) = \angle\hat{H}(j\omega)$$

而 $\angle \hat{H}(j\omega)$ 的渐近线按式(6.46)给出为

$$\angle \hat{H}(j\omega) = \begin{cases} 0, & \omega \leq 10 \\ -(\pi/2)[\log_{10}(\omega/100)+1], & 10 \leq \omega \leq 1000 \\ -\pi, & \omega \geq 1000 \end{cases}$$

图 6.24(b) 中分别用虚线和实线画出了 $\angle H(j\omega)$ 的渐近线和真实值。

例 6.5 考虑如下频率响应：

$$H(j\omega) = \frac{100(1+j\omega)}{(10+j\omega)(100+j\omega)}$$

为了获得 $H(j\omega)$ 的伯德图，将 $H(j\omega)$ 重写成如下因式的形式：

$$H(j\omega) = \left(\frac{1}{10}\right)\left(\frac{1}{1+j\omega/10}\right)\left(\frac{1}{1+j\omega/100}\right)(1+j\omega)$$

这里，第一个因子是一个常数，接下来的两个因式都与式(6.22)给出的一阶频率响应有相同的标准形式，而第四个因式是一阶标准形式的倒数。因此，$20\log_{10}|H(j\omega)|$ 的伯德图就是相应于每个因式的伯德图之和。另外，可以将每一个的渐近线相加以得到总的伯德图的渐近线。这些渐近线和 $20\log_{10}|H(j\omega)|$ 的真正值都画在图 6.25(a) 中。应该注意，常数因子 1/10 在所有频率都有 −20 dB 的偏置。$\omega=1$ 的转折频率对应于 $(1+j\omega)$ 这一因式，它由 $\omega=1$ 开始产生 20 dB/十倍频程的上升，然后由于因式 $1/(1+j\omega/10)$ 而在转折频率 $\omega=10$ 处，被以 20 dB/十倍频程的下降而抵消。最后，因式 $1/(1+j\omega/100)$ 提供了另一转折频率 $\omega=100$，随后就以 20 dB/十倍频程的速率下降。

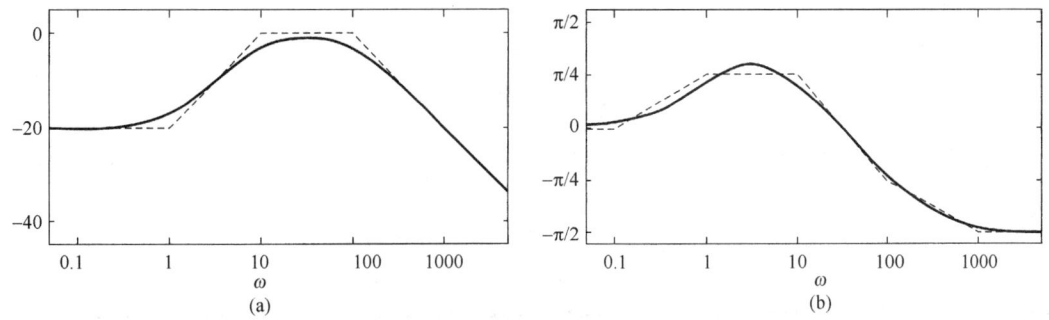

图 6.25　例 6.5 的系统函数的伯德图。(a) 模；(b) 相位

根据如上说明的每个因式的渐近线，再与图 6.25(b) 的真实相位图相结合，就可以对 $\angle H(j\omega)$ 的相位构成渐近近似。特别是，常数因子 1/10 对相位的贡献是 0，而因式 $(1+j\omega)$ 的贡献是：当 $\omega<0.1$ 时为 0，然后在 $\omega=0.1$ 从零相位开始，随 $\log_{10}(\omega)$ 线性上升，本应在 $\omega=10$ 时升到一个 $\pi/2$ 值。然而，这一上升在 $\omega=1$ 处被因式 $1/(1+j\omega/10)$ 的相位的渐近近似所抵消，该因式对相位的贡献是：从 $\omega=1$ 到 $\omega=100$ 的频率范围内线性减小 $\pi/2$ rad。最后，因式 $1/(1+j\omega/100)$ 相位的渐近近似在从 $\omega=10$ 到 $\omega=1000$ 的频率范围内提供了另一个 $\pi/2$ rad 的线性下降。

在本节关于一阶系统的讨论中，我们只关心 $\tau>0$ 的值。事实上，如果 $\tau<0$，很容易证明，由式(6.21)所描述的因果一阶系统的单位冲激响应不是绝对可积的，结果系统是不稳定的。同理，在分析式(6.31)的二阶因果系统时要求 ζ 和 ω_n^2 都是正数，如果有哪一个不是正的，所得到的单位冲激响应也不是绝对可积的。因此，这一节只关心稳定的因果一阶和二阶系统，对它们可以定义出频率响应。

6.6 一阶与二阶离散时间系统

本节与上一节的讨论是并行的,用来研究一阶和二阶离散时间线性时不变系统的性质。与连续时间情况一样,具有频率响应为 $e^{-j\omega}$ 的两个多项式之比的任何系统(也就是由线性常系数差分方程描述的任何离散时间线性时不变系统),都能够写成一阶和二阶系统的乘积或和,这意味着这些基本系统在实现和分析更为复杂的系统时具有很大的价值(例如习题6.45)。

6.6.1 一阶离散时间系统

考虑由如下差分方程描述的一阶因果线性时不变系统:

$$y[n] - ay[n-1] = x[n] \tag{6.51}$$

其中 $|a|<1$。由例 5.18,该系统的频率响应为

$$H(e^{j\omega}) = \frac{1}{1-ae^{-j\omega}} \tag{6.52}$$

其单位脉冲响应为

$$h[n] = a^n u[n] \tag{6.53}$$

对于几个不同的 a 值,其 $h[n]$ 如图 6.26 所示。同时,该系统的阶跃响应为(见图 6.27)

$$s[n] = h[n] * u[n] = \frac{1-a^{n+1}}{1-a}u[n] \tag{6.54}$$

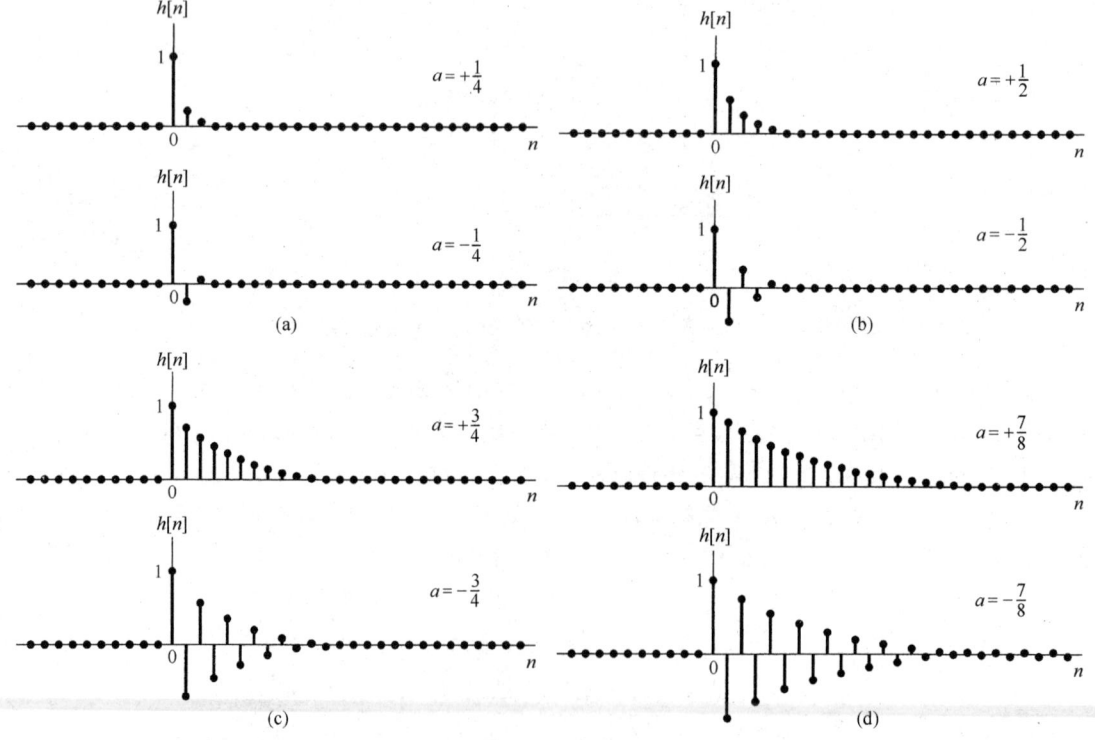

图 6.26 一阶系统单位脉冲响应 $h[n] = a^n u[n]$。(a) $a = \pm 1/4$;(b) $a = \pm 1/2$;(c) $a = \pm 3/4$;(d) $a = \pm 7/8$

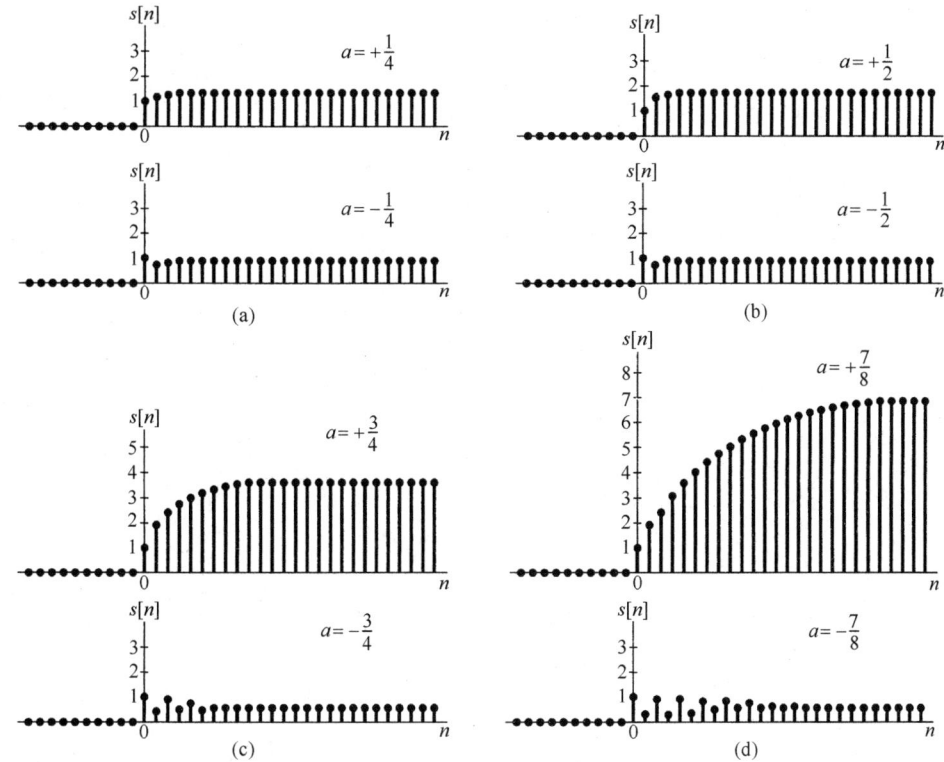

图 6.27 一阶系统的阶跃响应 $s[n]$。(a) $a = \pm 1/4$;(b) $a = \pm 1/2$;(c) $a = \pm 3/4$;(d) $a = \pm 7/8$

这里,参数 a 的模 $|a|$ 所起的作用很类似于连续时间一阶系统中时间常数 τ 的作用,即 $|a|$ 决定了一阶系统响应的速率。例如,由式(6.53)和式(6.54)及图 6.26 和图 6.27 都可以看到,$h[n]$ 和 $s[n]$ 收敛于它们终值的速率就是 $|a|^n$ 收敛于零的速率。因此,对于小的 $|a|$ 值,单位脉冲响应急剧衰减,而阶跃响应则很快地建立起来。当 $|a|$ 接近于 1 时,这些响应都是比较慢的。值得注意的是,与一阶连续时间系统不同,由式(6.51)确定的一阶系统可以呈现出振荡的特性。这发生在 $a < 0$ 时,在这种情况下,阶跃响应既呈现出超量,又呈现出振荡特性。

由式(6.51)描述的一阶系统频率响应的模和相位分别是

$$|H(e^{j\omega})| = \frac{1}{(1 + a^2 - 2a\cos\omega)^{1/2}} \quad (6.55)$$

和

$$\sphericalangle H(e^{j\omega}) = -\arctan\left[\frac{a\sin\omega}{1 - a\cos\omega}\right] \quad (6.56)$$

在图 6.28(a) 中,画出了式(6.52) 中 $a > 0$ 时对应几个 a 值的频率响应的对数模和相位特性;图 6.28(b) 是 $a < 0$ 时的情况。从这些图中可以看到,当 $a > 0$ 时,系统呈现出高频衰减的特性,即 $|H(e^{j\omega})|$ 在 ω 接近 $\pm\pi$ 时的值比 ω 接近 0 时的值小;而当 $a < 0$ 时,系统对高频分量放大,而对低频分量衰减。同时,也可注意到,对于小的 $|a|$ 值,$|H(e^{j\omega})|$ 的最大值 $1/(1+a)$ 和最小值 $1/(1-a)$ 在数值上逐渐靠近,因此 $|H(e^{j\omega})|$ 的变化相对地平坦。另一方面,在 $|a|$ 接近于 1 时,这两个值就相差很大,$|H(e^{j\omega})|$ 呈现出更为陡峭的峰值,这样就在一个较窄的频带内提供了具有良好选择性的滤波和放大。

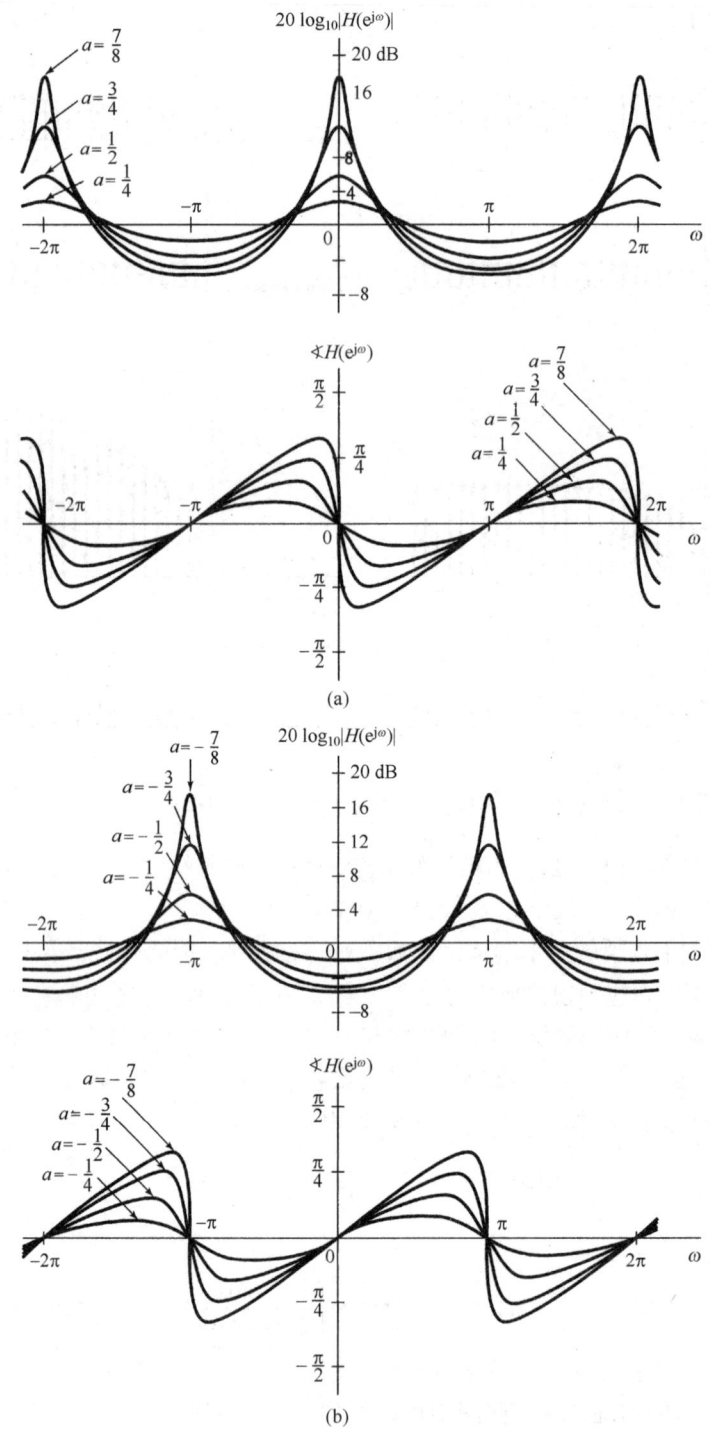

图 6.28 由式(6.52)确定的一阶系统频率响应的模和相位特性。(a) $a>0$ 时对应几个不同 a 值的图;(b) $a<0$ 时对应几个不同 a 值的图

6.6.2 二阶离散时间系统

考虑一个二阶因果线性时不变系统,其差分方程为

$$y[n] - 2r\cos\theta y[n-1] + r^2 y[n-2] = x[n] \tag{6.57}$$

其中 $0 < r < 1$, $0 \leq \theta \leq \pi$。该系统的频率响应是

$$H(e^{j\omega}) = \frac{1}{1 - 2r\cos\theta e^{-j\omega} + r^2 e^{-j2\omega}} \tag{6.58}$$

$H(e^{j\omega})$ 的分母可以因式分解，从而得到

$$H(e^{j\omega}) = \frac{1}{[1 - (re^{j\theta})e^{-j\omega}][1 - (re^{-j\theta})e^{-j\omega}]} \tag{6.59}$$

当 θ 不等于 0 或 π 时，这两个因式是不同的，利用部分分式展开可得

$$H(e^{j\omega}) = \frac{A}{1 - (re^{j\theta})e^{-j\omega}} + \frac{B}{1 - (re^{-j\theta})e^{-j\omega}} \tag{6.60}$$

其中，

$$A = \frac{e^{j\theta}}{2j\sin\theta}, \quad B = -\frac{e^{-j\theta}}{2j\sin\theta} \tag{6.61}$$

这时系统的单位脉冲响应是

$$\begin{aligned}h[n] &= [A(re^{j\theta})^n + B(re^{-j\theta})^n]u[n]\\ &= r^n \frac{\sin[(n+1)\theta]}{\sin\theta} u[n]\end{aligned} \tag{6.62}$$

当 θ 等于 0 或 π 时，式(6.59)的分母的这两个因式是相同的。当 $\theta = 0$ 时，

$$H(e^{j\omega}) = \frac{1}{(1 - re^{-j\omega})^2} \tag{6.63}$$

且

$$h[n] = (n+1)r^n u[n] \tag{6.64}$$

当 $\theta = \pi$ 时，

$$H(e^{j\omega}) = \frac{1}{(1 + re^{-j\omega})^2} \tag{6.65}$$

且

$$h[n] = (n+1)(-r)^n u[n] \tag{6.66}$$

图 6.29 示出了 r 和 θ 的值在某一范围内改变时二阶系统的单位脉冲响应。由该图及式(6.62)都可看到，$h[n]$ 的衰减速率受 r 的控制，即 r 愈接近 1，$h[n]$ 衰减得愈慢。同理，θ 值决定振荡频率。例如，当 $\theta = 0$ 时，在 $h[n]$ 中就没有振荡，而当 $\theta = \pi$ 时，振荡就会加剧。不同的 r 和 θ 值的影响也可以从式(6.57)的阶跃响应中看到。当 θ 不等于 0 或 π 时，

$$s[n] = h[n] * u[n] = \left[A\left(\frac{1 - (re^{j\theta})^{n+1}}{1 - re^{j\theta}}\right) + B\left(\frac{1 - (re^{-j\theta})^{n+1}}{1 - re^{-j\theta}}\right) \right] u[n] \tag{6.67}$$

同时，利用习题 2.52 的结果，当 $\theta = 0$ 时可以求得

$$s[n] = \left[\frac{1}{(r-1)^2} - \frac{r}{(r-1)^2} r^n + \frac{r}{r-1}(n+1)r^n \right] u[n] \tag{6.68}$$

而当 $\theta = \pi$ 时，

$$s[n] = \left[\frac{1}{(r+1)^2} + \frac{r}{(r+1)^2}(-r)^n + \frac{r}{r+1}(n+1)(-r)^n \right] u[n] \tag{6.69}$$

对于一组 r 和 θ 值的阶跃响应示于图 6.30 中。

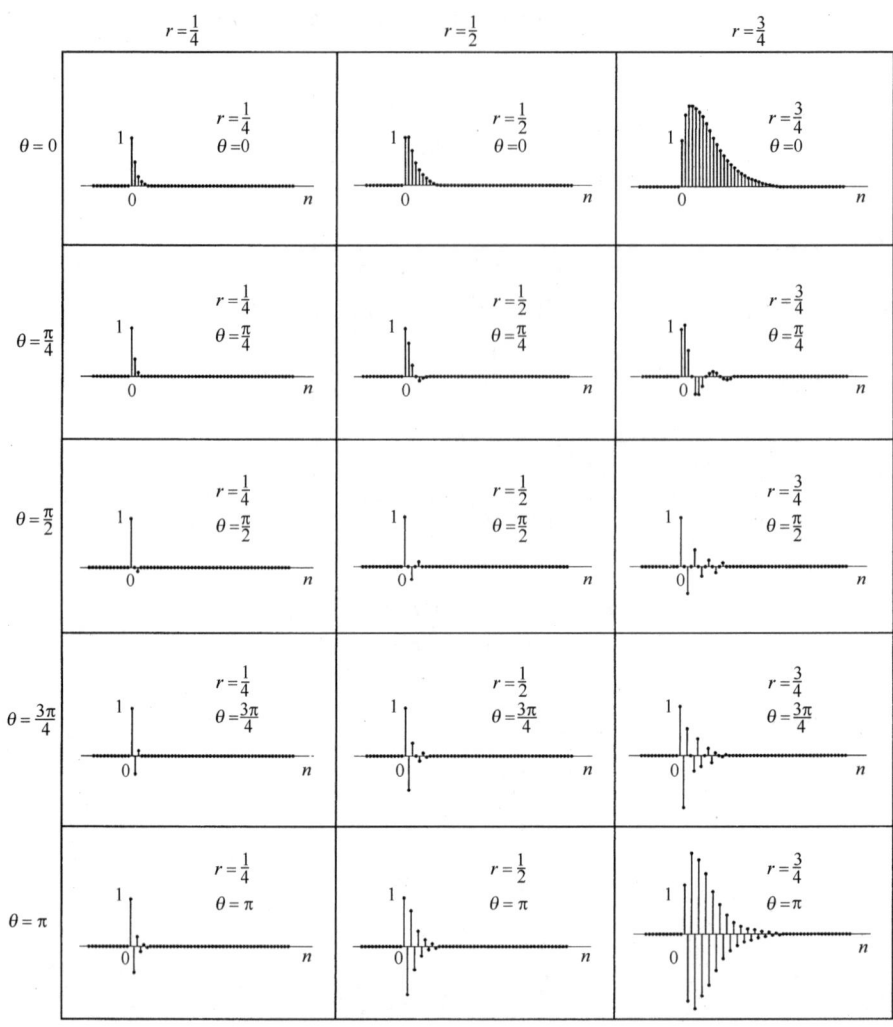

图 6.29 由式(6.57)表示的二阶系统对于一组不同的 r 和 θ 值的单位脉冲响应

由式(6.57)给出的二阶系统就是相应于连续时间系统**欠阻尼**情况下的二阶系统,而 $\theta = 0$ 的特殊情况就是临界阻尼情况。也就是说,对于任何不等于零的 θ 值,单位脉冲响应都有一个衰减振荡的特性,阶跃响应则呈现出超量和起伏。对于一组不同的 r 和 θ 值,该系统的频率响应如图 6.31 所示。从该图可见,系统在某一频率范围内具有放大作用,并且 r 决定了在这一段频率范围内频率响应的尖锐程度。

正如我们刚才看到的,由式(6.59)定义的二阶系统具有复数系数因子(除非 θ 等于 0 或 π)。但是,二阶系统也可能具有实系数因子。现考虑如下的 $H(e^{j\omega})$:

$$H(e^{j\omega}) = \frac{1}{(1 - d_1 e^{-j\omega})(1 - d_2 e^{-j\omega})} \tag{6.70}$$

其中 d_1 和 d_2 都是实数,且 $|d_1|$ 和 $|d_2|$ 都小于 1。式(6.70)就是下列差分方程的频率响应:

$$y[n] - (d_1 + d_2)y[n-1] + d_1 d_2 y[n-2] = x[n] \tag{6.71}$$

在这种情况下,

$$H(e^{j\omega}) = \frac{A}{1 - d_1 e^{-j\omega}} + \frac{B}{1 - d_2 e^{-j\omega}} \tag{6.72}$$

其中,
$$A = \frac{d_1}{d_1 - d_2}, \quad B = \frac{d_2}{d_2 - d_1} \tag{6.73}$$

由此
$$h[n] = [Ad_1^n + Bd_2^n]u[n] \tag{6.74}$$

这是两个衰减的实指数序列之和。同时,
$$s[n] = \left[A\left(\frac{1-d_1^{n+1}}{1-d_1}\right) + B\left(\frac{1-d_2^{n+1}}{1-d_2}\right)\right]u[n] \tag{6.75}$$

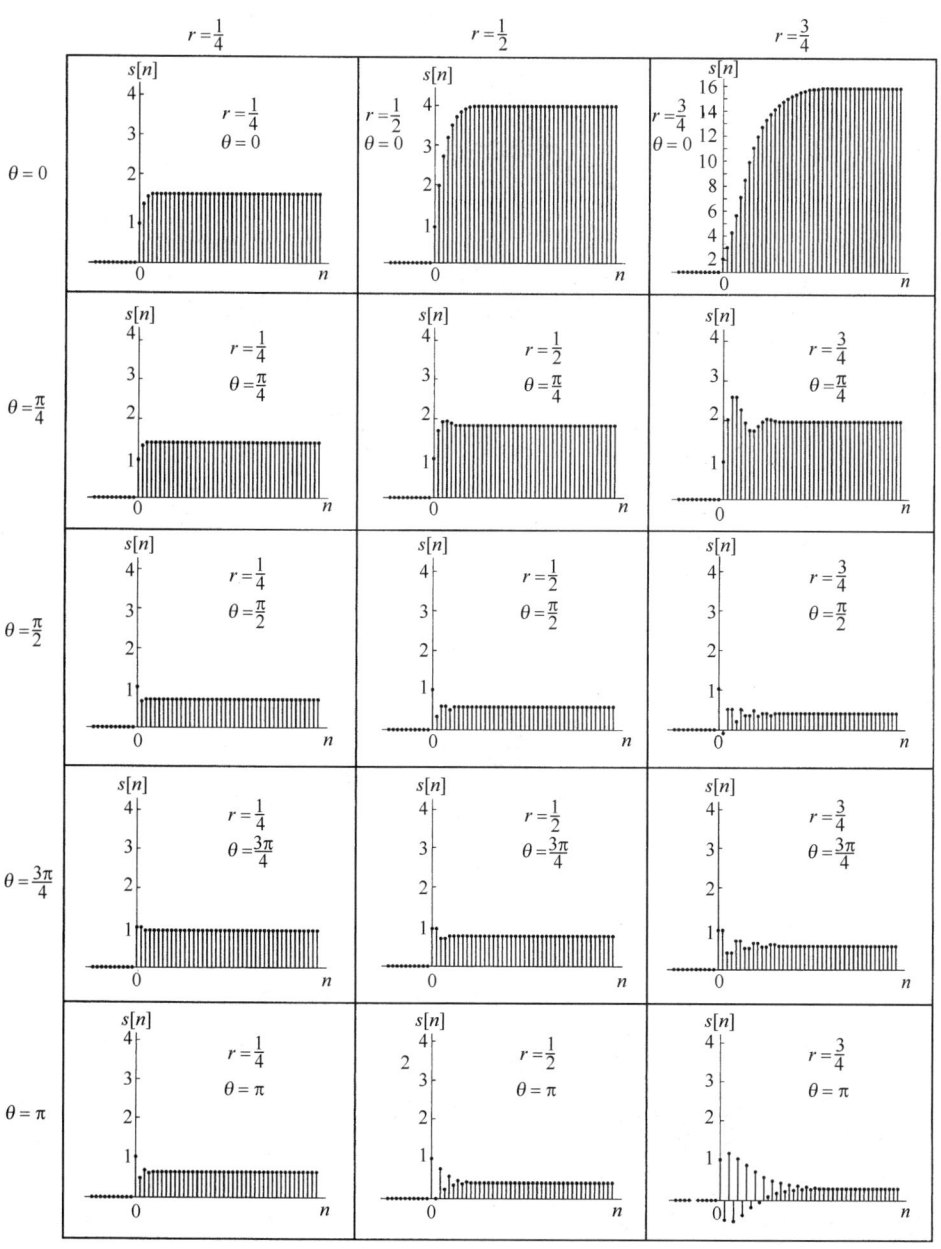

图 6.30 由式(6.57)表示的二阶系统对于一组不同的 r 和 θ 值的阶跃响应

由式(6.70)所给出的频率响应相应于两个一阶系统的级联。因此,可以从对一阶系统的研究中演绎出该系统的大部分性质。例如,它的对数模及相位特性可以通过将两个一阶系统的特性相加而得到。同时,如同在一阶系统中所看到的,如果$|d_1|$和$|d_2|$都较小,系统响应就快;如果两者的大小有一个接近于1,系统就会有一个比较长的建立时间。再者,如果d_1和d_2都是负的,响应就是振荡型的。最后,当d_1和d_2都是正数时,就相应于连续时间过阻尼的情况,因为这时单位脉冲响应和阶跃响应在建立过程中都没有振荡。

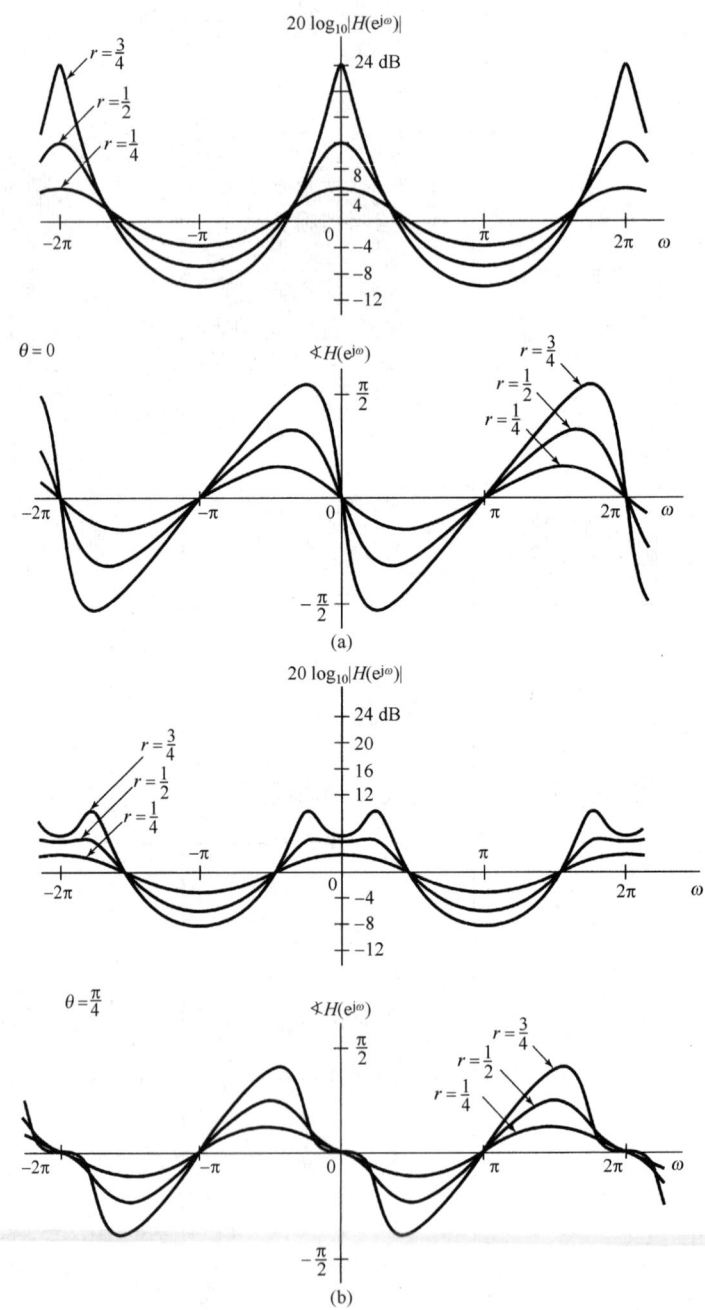

图6.31 由式(6.57)所示的二阶系统频率响应的模和相位特性。(a) $\theta=0$;(b) $\theta=\pi/4$;(c) $\theta=\pi/2$;(d) $\theta=3\pi/4$;(e) $\theta=\pi$。每幅图都包括r等于1/4,1/2和3/4时的曲线

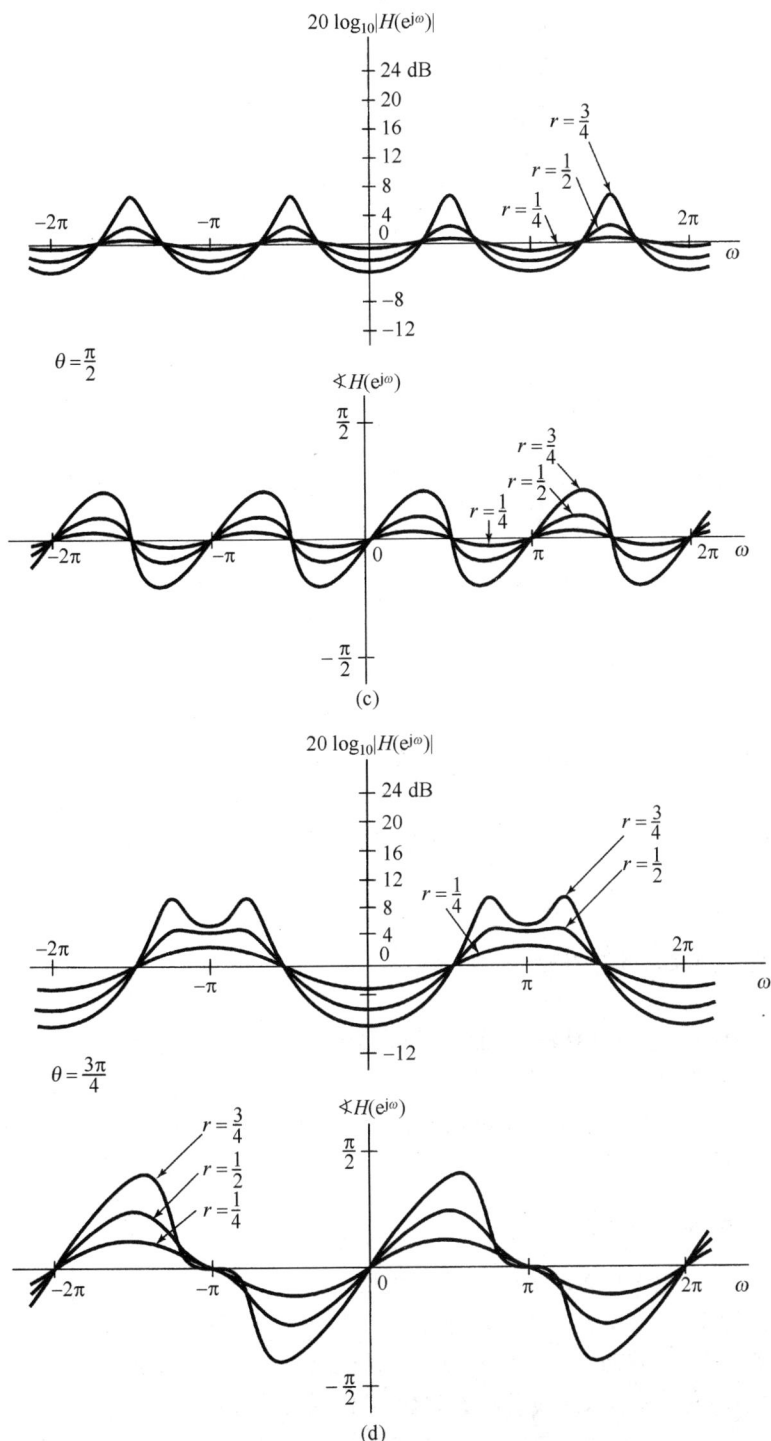

图 6.31(续)　由式(6.57)所示的二阶系统频率响应的模和相位特性。(a) $\theta=0$；(b) $\theta=\pi/4$；(c) $\theta=\pi/2$；(d) $\theta=3\pi/4$；(e) $\theta=\pi$。每幅图都包括 r 等于 1/4, 1/2 和 3/4 时的曲线

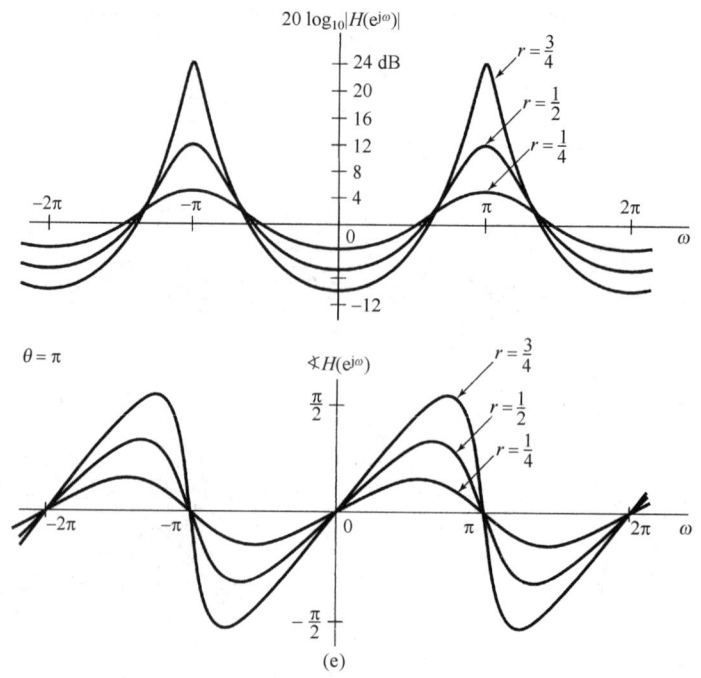

图6.31(续) 由式(6.57)所示的二阶系统频率响应的模和相位特性。(a) $\theta = 0$；(b) $\theta = \pi/4$；(c) $\theta = \pi/2$；(d) $\theta = 3\pi/4$；(e) $\theta = \pi$。每幅图都包括r等于1/4,1/2和3/4时的曲线

这一节仅关心那些稳定的因果一阶和二阶系统，也即频率响应是有定义的一阶和二阶系统。特别是，由式(6.51)定义的因果系统，当$|a| \geqslant 1$时是不稳定的；同时，由式(6.56)定义的因果系统，当$r \geqslant 1$时也是不稳定的，而由式(6.71)定义的因果系统，当$|d_1|$和$|d_2|$中有一个超过1时也是不稳定的。

6.7 系统的时域分析与频域分析举例

本章一直在说明从时域和频域两方面来观察系统的重要性，并关注在这两个域的特性之间进行某些权衡或折中的意义。这一节将进一步说明这些问题中的某些方面。6.7.1节以一个汽车减震系统为例来讨论在连续时间情况下的这些折中；6.7.2节将讨论称为移动平均或非递归系统的这样一类重要的离散时间滤波器。

6.7.1 汽车减震系统的分析

我们已经得出的在连续时间系统中有关特性和折中的几点，可以用汽车减震系统作为一个低通滤波器来给予说明。图6.32示出了一个简单的减震装置的原理图，它由一个弹簧和一个减震器(震动吸收器)组成。路面可以看成两部分叠加的结果，一部分代表路面不平度，因而在高度上有一些快速的小幅度变化，这对应着高频分量；另一部分是由于整个地形的变化，因而在高度上有缓慢的变化，这对应着低频分量。汽车减震系统一般来说是想要滤掉由于路面不平而在驾驶中引起的这些快速波动，也就是说该系统是作为一个低通滤波器来使用的。

这个减震系统的基本目的是提供平稳的驾驶，而且在允许通过和不允许通过的频率之间没有明显的界限。因此，接受(事实上更倾向于)一个从通带到阻带具有逐渐过渡特性的低通滤波器是合理的。另外，这个系统的时域特性是重要的。如果该减震系统的单位冲激响应或阶跃响应呈

现振荡,那么在路面上遇到一个大的冲撞(相当于冲激输入),或者是有一个道路缘石(相当于阶跃输入),都会形成一个很不舒服的振荡响应。事实上,在减震系统的一般检验中都要引入一个先将底盘猛压一下然后再释放的激励。如果减震系统在这种激励下的响应有振荡,就说明系统中的减震器需要更换。

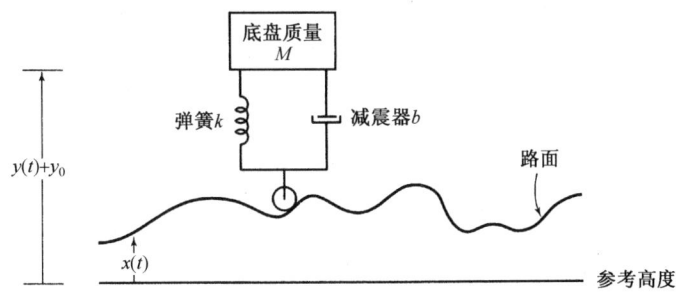

图 6.32 汽车减震系统原理图。y_0 代表当汽车静止时汽车底盘和路面间的距离,$y(t)+y_0$ 是底盘在参考高度上方的位置,$x(t)$ 是高于参考高度的路面高度

经济上的考虑和实现上的难易程度在汽车减震系统的设计上也起着很重要的作用。从乘客舒适的角度出发,人们已经完成了很多最理想的减震系统频率响应特性的研究。而在另一些情况下,经济上的因素可能不是一个主要问题,例如像火车客车车厢,这时就采用复杂而昂贵的减震系统。对汽车工业来说,成本是一个很重要的因素,因此大多采用简单而成本低廉的减震系统。一个典型的汽车减震系统就是通过一个弹簧和一个减震器与车轮相连的底盘。

在图 6.32 中,y_0 代表汽车在静止时,底盘与路面间的距离,$y(t)+y_0$ 是底盘在参考高度上方的位置,而 $x(t)$ 是道路在参考高度上方的高度。制约底盘运动的微分方程就是

$$M\frac{d^2y(t)}{dt^2} + b\frac{dy(t)}{dt} + ky(t) = kx(t) + b\frac{dx(t)}{dt} \quad (6.76)$$

其中 M 是底盘的质量,k 和 b 是分别与弹簧和减震器有关的系数。于是系统的频率响应是

$$H(j\omega) = \frac{k + bj\omega}{(j\omega)^2 M + b(j\omega) + k}$$

或者

$$H(j\omega) = \frac{\omega_n^2 + 2\zeta\omega_n(j\omega)}{(j\omega)^2 + 2\zeta\omega_n(j\omega) + \omega_n^2} \quad (6.77)$$

其中,

$$\omega_n = \sqrt{\frac{k}{M}}, \qquad 2\zeta\omega_n = \frac{b}{M}$$

和 6.5.2 节相同,参数 ω_n 称为无阻尼自然频率,参数 ζ 称为阻尼系数。由式(6.77)给出的频率响应对数模的伯德图可以用一阶和二阶系统的伯德图来构成。在几个不同 ζ 值下的频率响应的模的伯德图如图 6.33 所示。图 6.34 是在几个不同 ζ 值下系统的阶跃响应特性。

如同在 6.5.2 节里曾看到的,该滤波器的截止频率基本上是通过 ω_n 来控制的,或者等效地说,对于某一个底盘质量 M,是通过对弹簧系统 k 的适当选择来控制的。对某一个给定的 ω_n,阻尼系数 ζ 是由与减震器有关的阻尼因子 b 来调整的。当自然频率 ω_n 减小时,减震系统就趋于滤掉较慢的路面变化,从而提供平滑的驾驶。另一方面,由图 6.34 可见,系统的上升时间却增加了,因此系统反应就更加迟钝一些。一方面想保持小的 ω_n,以改善低通滤波性能;另一方面又想有大的 ω_n,以便有更快的时间响应!自然,这都是互为矛盾的要求,从而说明了需要在时域和频

域特性之间求得某种折中。一般将具有低的 ω_n 值，从而上升时间长的这种减震系统称为"软"系统；而将具有高的 ω_n 值，从而上升时间短的这种减震系统称为"硬"系统。从图6.33和图6.34也能看到，随着阻尼系数的减小，系统频率响应截止得就更陡峭一些，但在阶跃响应中的过冲和振荡就趋于增加。因此，系统在时域和频域之间还存在着这样一种折中考虑。一般来讲，减震器的阻尼选为有一个快速的上升时间，但又避免过冲和振荡，这种选择相应于曾在6.5.2节考虑过的 $\zeta = 1.0$ 时的临界阻尼情况。

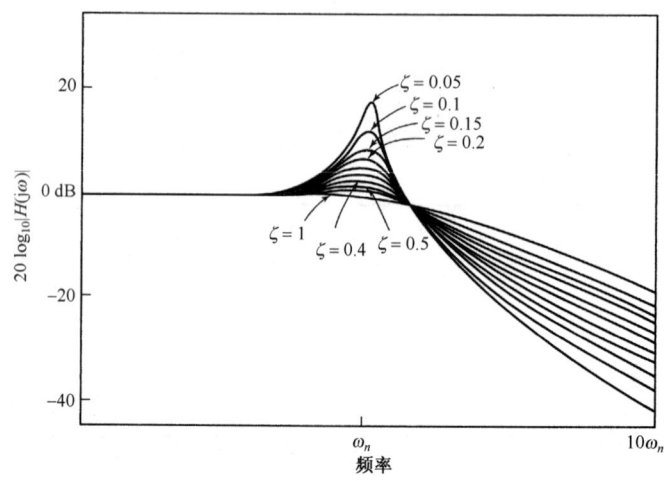

图6.33 对应于几个不同的阻尼系数 ζ 值，汽车减震系统频率响应模的伯德图

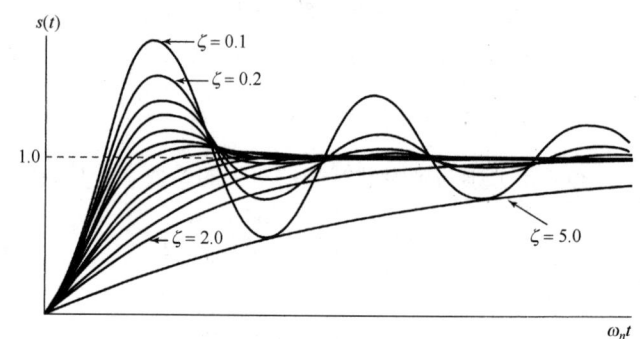

图6.34 在各种不同阻尼系数($\zeta = 0.1, 0.2, 0.3, 0.4, 0.5, 0.6, 0.7,$
0.8, 0.9, 1.0, 1.2, 1.5, 2.0, 5.0)下汽车减震系统的阶跃响应

6.7.2 离散时间非递归滤波器举例

3.11节曾介绍过由差分方程描述的两种基本类型的线性时不变滤波器，即递归或无限脉冲响应(IIR)滤波器和非递归或有限脉冲响应(FIR)滤波器。在实际中，这两类滤波器都十分重要，并各有优缺点。例如，6.6节讨论的用一阶和二阶系统互联来实现的递归滤波器，实现灵活而且高效，并且它的特性可用改变每个一阶和二阶子系统的参数和数目来调整。另一方面，如在习题6.64中所证明的，不可能设计一个具有真正线性相位的因果递归滤波器；而线性相位这个性质如我们已经看到的，往往又是希望有的，因为在线性相位的情况下，相位在输出上的影响只是一个单一的时间延迟。与此相对照，在本节将证明，非递归滤波器可以有一个真正的线性相位特性。然而，一般来讲这也是肯定的：对于同一特性要求的滤波器，当用一个非递归方程来实现时，与用递归差分方程相比，会要求一个阶次更高的方程，从而也就需要更多的系数和延迟。因此，对FIR滤波器来说，

时域和频域之间的主要权衡之一是:在给出滤波器频域特性上要有更多的灵活性(例如其中包括实现高频率选择性的要求),就需要用一个更长的单位脉冲响应的 FIR 滤波器。

最基本的非递归滤波器之一就是曾在 3.11.2 节介绍过的移动平均滤波器。对于这类滤波器,输出是输入在一个有限窗口内的平均:

$$y[n] = \frac{1}{N+M+1} \sum_{k=-N}^{M} x[n-k] \tag{6.78}$$

对应的单位脉冲响应是一个矩形脉冲,它的频率响应为

$$H(e^{j\omega}) = \frac{1}{N+M+1} e^{j\omega[(N-M)/2]} \frac{\sin[\omega(M+N+1)/2]}{\sin(\omega/2)} \tag{6.79}$$

图 6.35 示出了 $M+N+1=33$ 和 $M+N+1=65$ 时的对数模特性。这些频率响应的主瓣就对应于该滤波器的有效带宽。可以注意到,当单位脉冲响应在长度上增加时,频率响应模特性的主瓣宽度随之减小。这就提供了在时域和频域之间进行折中的另一个例子。具体而言,为了有较窄的带宽,式(6.78)和式(6.79)的滤波器就必须有更长的单位脉冲响应。因为一个 FIR 滤波器的单位脉冲响应的长度直接影响着实现时的复杂性,这就意味着频率选择性和滤波器的复杂性之间有一个折中。这是在滤波器设计中关心的主要问题之一。

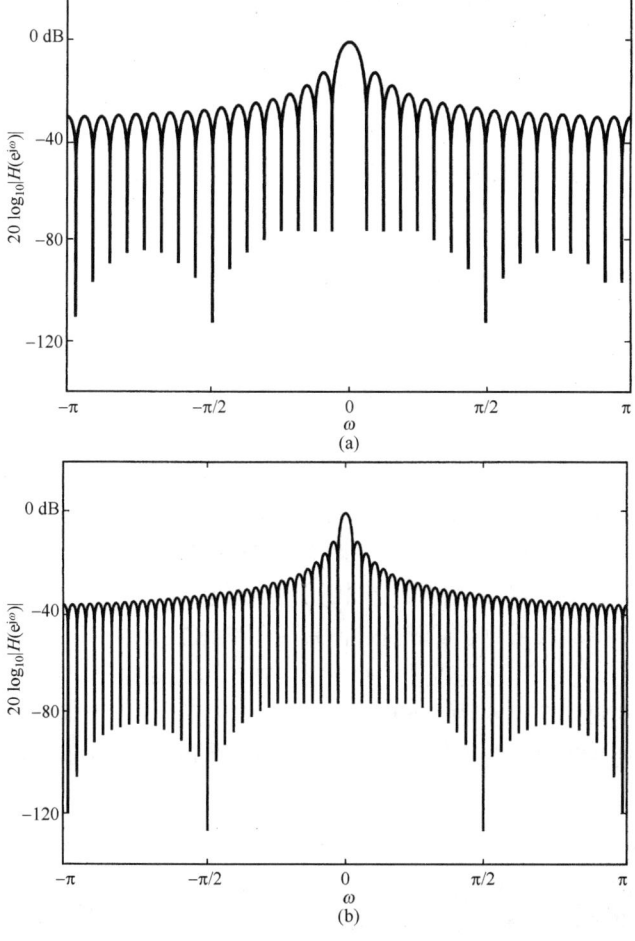

图 6.35　(a) $M+N+1=33$ 和(b) $M+N+1=65$ 时由式(6.78)和
式(6.79)所表示的移动平均滤波器的对数模特性

在经济问题分析中，通常应用移动平均滤波器来衰减长期经济倾向中的短期波动。图 6.36 给出了式(6.78)的移动平均滤波器应用于道·琼斯股票市场每周指数(10 年)的例子。图 6.36(a)示出了 10 年的道·琼斯股票市场的指数。图 6.36(b)是图 6.36(a)取 51 天(即 $M = N = 25$)的移动平均，而图 6.36(c)则是取 201 天(即 $M = N = 100$)的移动平均。这两个移动平均都是有用的，51 天的平均指出发生在一年期间内有循环性(即周期性)的趋势；而 201 天的平均主要突出了较长时间的变化趋势。

离散时间非递归滤波器的更一般形式是

$$y[n] = \sum_{k=-N}^{M} b_k x[n-k] \tag{6.80}$$

这样，这个滤波器的输出就可以认为是在 $N + M + 1$ 个相邻点上进行的**加权**平均，而式(6.78)所表示的简单移动平均就相应地将所有这些加权系数都置于同样的值 $1/(N + M + 1)$。然而，用其他方法来选择这些系数，就能在调整滤波器的频率响应上有相当大的灵活性。

选择式(6.80)中的这些系数有很多方法，以满足滤波器的某些特性要求。例如，在一个滤波器的给定长度内(即 $N + M + 1$ 固定)，尽可能地锐化过渡带。这些方法在一些教科书中已详细讨论过[①]。虽然这里不讨论这一问题，但值得强调的是，这些设计方法都强烈地依赖于本书所建立的基本概念和方法。为了说明这些系数的调整如何影响滤波器的响应，现考虑一个 $N = M = 16$ 的形如式(6.80)的滤波器，其系数选择成

$$b_k = \begin{cases} \dfrac{\sin(2\pi k/33)}{\pi k}, & |k| \leq 32 \\ 0, & |k| > 32 \end{cases} \tag{6.81}$$

该滤波器的单位脉冲响应是

$$h[n] = \begin{cases} \dfrac{\sin(2\pi n/33)}{\pi n}, & |n| \leq 32 \\ 0, & |n| > 32 \end{cases} \tag{6.82}$$

将该式与式(6.20)相比较可知，式(6.82)的 $h[n]$ 相应于把截止频率为 $\omega_c = 2\pi/33$ 的理想低通滤波器的单位脉冲响应在 $|n| > 32$ 时截断的结果。

一般来讲，系数 b_k 可以调整到使截止频率处于所要求的频率上。对于图 6.37 的例子来说，其截止频率选择得与 $N = M = 16$ 的图 6.35 的截止频率近似匹配。图 6.37(a)是它的单位脉冲响应，而图 6.37(b)则是以 dB 计的频率响应的对数模特性。与图 6.35 的频率响应相比，可以看到两者有近似相等的滤波器的通带宽度，但是图 6.37(b)有较陡峭的过渡带。图 6.38(a)和图 6.38(b)给出了这两种滤波器的模特性(在相同的线性坐标上)以供比较。从这两个例子的比较应该看到，恰当地选择加权系数，可以使过渡带变得尖锐。图 6.39 是一个高阶低通滤波器的例子($N + M + 1 = 125$)，它的系数是通过一个称为 Parks-McClellan 算法[②]的数值计算来确定的。这再一次说明时域和频域之间的折中：如果增加滤波器的长度 $N + M + 1$，那么利用对式(6.80)中这些滤波器系数的明智选择，就可能实现更为尖锐的过渡带特性和更优越的频率选择性。

[①] 例如，可参阅 R. W. Hamming 所著 *Digital Filters*(Englewood Cliffs, NJ: Prentice-Hall, Inc., 1989), A. V. Oppenheim 和 R. W. Schafer 所著 *Discrete-Time Signal Processing*(Englewood Cliffs, NJ: Prentice-Hall, Inc., 1989), 以及 L. R. Rabiner 和 B. Gold 所著 *Theory and Application of Digital Signal Processing*(Englewood Cliffs, NJ: Prentice-Hall, Inc., 1975)。

[②] A. V. Oppenheim 和 R. W. Schafer 所著 *Discrete-Time Signal Processing*(Englewood Cliffs, NJ: Prentice-Hall, Inc., 1989) 第 7 章。

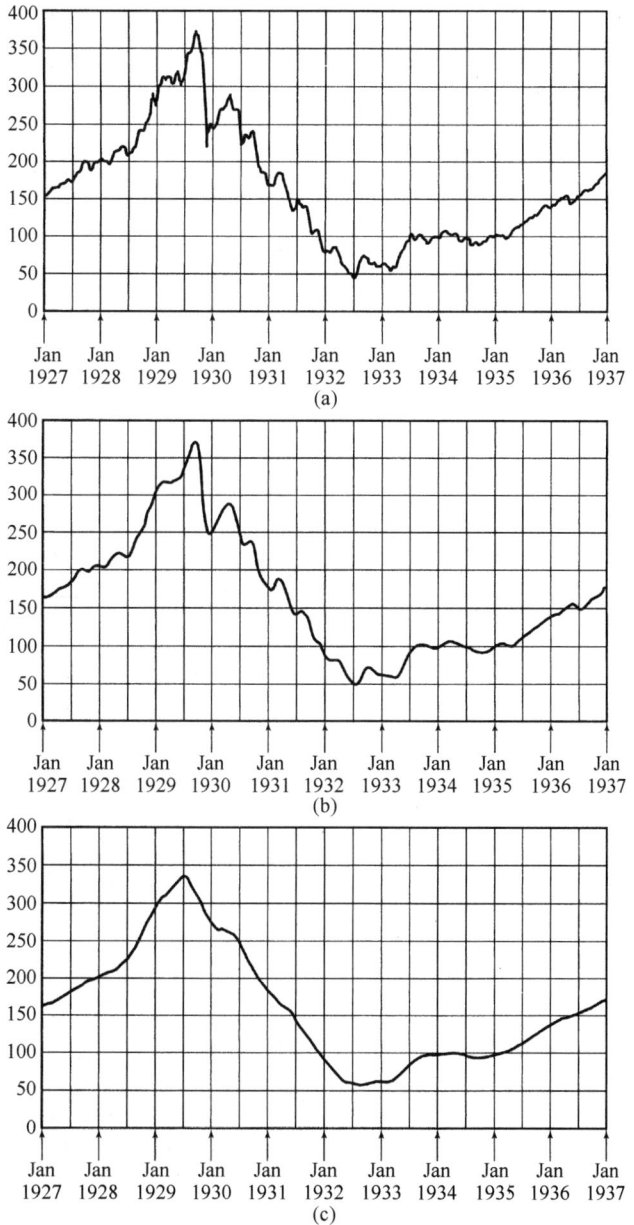

图 6.36 对 10 年内道·琼斯每周股票市场指数利用移动平均滤波器进行低通滤波的效果。(a) 每周指数；(b) 对 (a) 取 51 天的移动平均；(c) 对 (a) 取 201 天的移动平均。图中每周股票市场指数和两个移动平均值都是离散时间序列，为了图示清楚起见，三张图的序列值都用直线相连形成了一条连续曲线

已经给出的这些例子有一个重要的性质：它们全都有零或线性相位特性。例如，由式 (6.79) 表示的移动平均滤波器的相位特性是 $\omega[(N-M)/2]$。同时，因为式 (6.82) 的单位脉冲响应是实偶序列，它的频率响应就具有零相位。根据实信号傅里叶变换的对称性质知道，**任何**具有实偶单位脉冲响应的非递归滤波器都一定有一个实偶函数的频率响应 $H(e^{j\omega})$，从而具有零相位。当然，这样的滤波器是非因果的，因为它的单位脉冲响应 $h[n]$ 在 $n<0$ 时不为零。然而，如果要求一个因果滤波器，那么在单位脉冲响应上进行一些改变也能完成这一目的，这样就得到了一个具有线

性相位的系统。具体而言,因为 $h[n]$ 是一个 FIR 滤波器的单位脉冲响应,它在以原点为中心的某一范围外都为零(即对全部 $|n|>N$ 有 $h[n]=0$),现在将 $h[n]$ 仅做 N 位延迟而得到一个非递归线性时不变系统,即

$$h_1[n] = h[n-N] \tag{6.83}$$

那么,在 $n<0$ 时 $h_1[n]=0$,所以该线性时不变系统是因果的。另外,依据时移性质,该系统的频率响应就是

$$H_1(e^{j\omega}) = H(e^{j\omega})e^{-j\omega N} \tag{6.84}$$

因为 $H(e^{j\omega})$ 具有零相位,所以 $H_1(e^{j\omega})$ 的确具有线性相位。

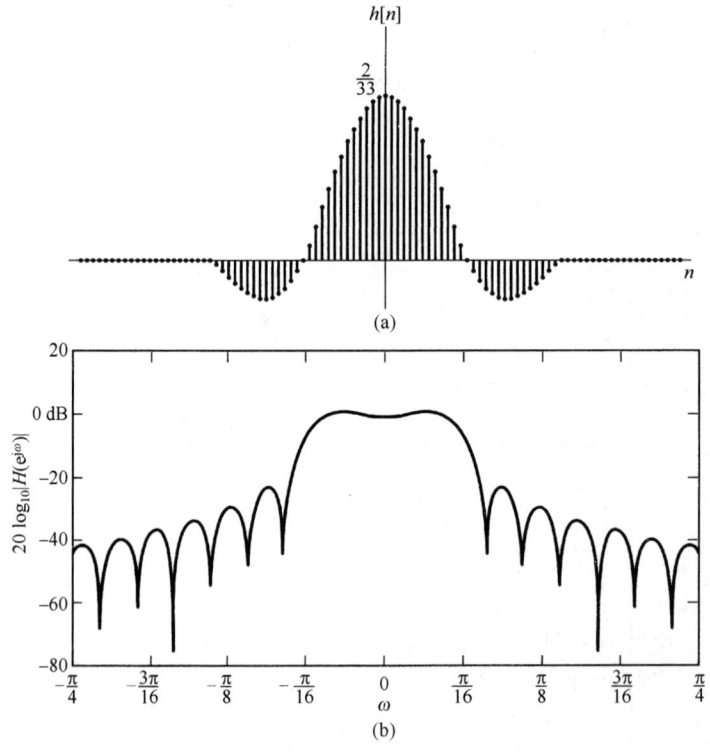

图 6.37 (a) 由式(6.82)表示的非递归滤波器的单位脉冲响应;(b) 该滤波器频率响应的对数模特性

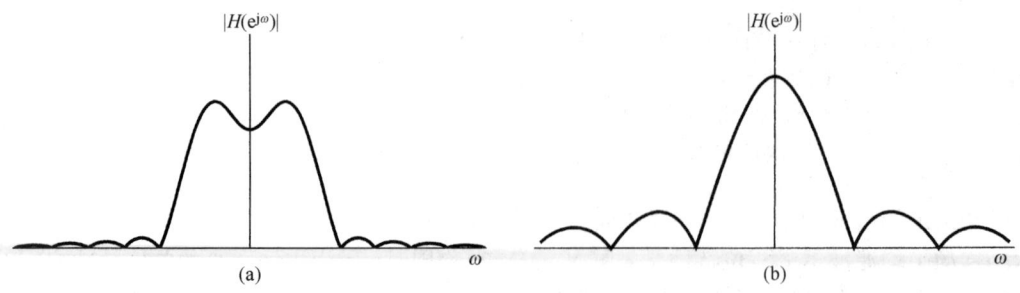

图 6.38 (a) 图 6.37 和 (b) 图 6.35 两个频率响应(线性坐标)的对比

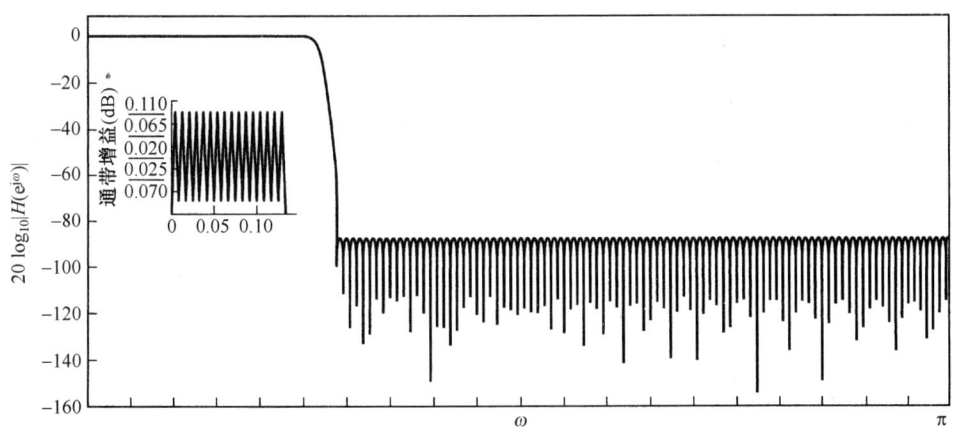

图 6.39 用 251 个系数设计的以获得最锐截止的低通非递归滤波器

6.8 小结

本章依据第 3 章至第 5 章所建立的信号与系统的傅里叶分析基础,详细地研究了线性时不变系统的特性及其在信号上的作用。特别是,仔细地审视了信号与系统的模和相位特性,并且引入了线性时不变系统的对数模和伯德图。同时,本章还讨论了相位及相位失真对于信号与系统的影响。这一研究让我们了解了线性相位特性所起的特别作用:它对所有频率都给出了一个恒定延迟,从而引入了与具有非线性相位特性的系统有关的非恒定群延迟和弥散的概念。利用这些方法和概念,又从另一个角度审视了频率选择性滤波器及涉及的时域和频域之间的折中问题。我们既研究了理想的又研究了非理想的频率选择性滤波器的性质,并且看到,时域和频域的考虑、因果性的限制,以及实现方面的问题等常常使具有过渡带和在通带与阻带具有容限的非理想滤波器成为最优先的选择。

另外,本章还详细地研究了连续和离散时间一阶与二阶系统的时域和频域特性,特别要注意这些系统的响应时间和频域带宽之间的折中。因为一阶和二阶系统是构成更复杂的高阶线性时不变系统的基本构造单元,所以对这些基本系统所得出的细节在实际中是非常有用的。

最后,本章给出了几个线性时不变系统的例子,以说明本章得出的一些结论。特别是,研究了一个简单的汽车减震系统的模型,以提供一个关注时间响应与频率响应的具体例子,正是这些关注在实际中指导着系统设计。我们还讨论了几个离散时间非递归滤波器的例子,这其中涉及从简单的移动平均滤波器到旨在用于增强频率选择性的高阶 FIR 滤波器。除此以外,还看到 FIR 滤波器能够设计成具有真正的线性相位。这些例子,先前所建立的傅里叶分析方法,以及这些方法所提供的概念和细节,都说明了傅里叶分析方法在分析和设计线性时不变系统时具有很高价值。

习题

习题的第一部分属于基本题,答案在书末给出。其余两个部分分别属于基本题与深入题。

基本题(附答案)

6.1 考虑一个频率响应为 $H(j\omega) = |H(j\omega)|e^{j\sphericalangle H(j\omega)}$ 且实值单位冲激响应为 $h(t)$ 的连续时间线性时不变系统。假设在该系统上施加一个输入 $x(t) = \cos(\omega_0 t + \phi_0)$,所得到的输出可表示成如下形式:
$$y(t) = Ax(t - t_0)$$

其中 A 是一个非负实数，代表一个幅度放大因子，t_0 是一个时间延迟。
(a) 用 $|H(j\omega)|$ 表示 A；　　　　　(b) 用 $\sphericalangle H(j\omega)$ 表示 t_0。

6.2 考虑一个频率响应为 $H(e^{j\omega}) = |H(e^{j\omega})|e^{j\sphericalangle H(e^{j\omega})}$ 且实值单位脉冲响应为 $h[n]$ 的离散时间线性时不变系统。假设在该系统上施加一个输入 $x[n] = \sin(\omega_0 n + \phi_0)$，所得到的输出可表示成

$$y[n] = |H(e^{j\omega_0})|x[n - n_0]$$

假设 $\sphericalangle H(e^{j\omega})$ 和 ω_0 以一种特别的方式相关联，试求这个关系。

6.3 一个因果稳定线性时不变系统具有如下频率响应：

$$H(j\omega) = \frac{1 - j\omega}{1 + j\omega}$$

(a) 证明：$|H(j\omega)| = A$，并求出 A 的值。
(b) 对该系统的群延迟 $\tau(\omega)$，试判断下面哪种说法是对的。注意：$\tau(\omega) = -d(\sphericalangle H(j\omega))/d\omega$，其中 $\sphericalangle H(j\omega)$ 表示成不包含任何不连续点的形式。
　1. $\tau(\omega) = 0, \omega > 0$
　2. $\tau(\omega) > 0, \omega > 0$
　3. $\tau(\omega) < 0, \omega > 0$

6.4 考虑一个频率响应为 $H(e^{j\omega})$ 且实值单位脉冲响应为 $h[n]$ 的离散时间线性时不变系统，该系统的群延迟函数定义为

$$\tau(\omega) = -\frac{d}{d\omega}\sphericalangle H(e^{j\omega})$$

其中 $\sphericalangle H(e^{j\omega})$ 没有不连续点。假设对该系统有

$$|H(e^{j\pi/2})| = 2, \quad \sphericalangle H(e^{j0}) = 0, \quad \tau\left(\frac{\pi}{2}\right) = 2$$

试求下面两种输入情况下系统的输出。
(a) $\cos\left(\dfrac{\pi}{2}n\right)$　　　　　(b) $\sin\left(\dfrac{7\pi}{2}n + \dfrac{\pi}{4}\right)$

6.5 考虑一个连续时间理想带通滤波器，其频率响应为

$$H(j\omega) = \begin{cases} 1, & \omega_c \leq |\omega| \leq 3\omega_c \\ 0, & \text{其他} \end{cases}$$

(a) 若 $h(t)$ 是该滤波器的单位冲激响应，确定一个函数 $g(t)$，使之有

$$h(t) = \left(\frac{\sin\omega_c t}{\pi t}\right)g(t)$$

(b) 当 ω_c 增加时，该滤波器的单位冲激响应是更加向原点集中呢，还是不是？

6.6 考虑一个离散时间理想高通滤波器，其频率响应是

$$H(e^{j\omega}) = \begin{cases} 1, & \pi - \omega_c \leq |\omega| \leq \pi \\ 0, & |\omega| < \pi - \omega_c \end{cases}$$

(a) 若 $h[n]$ 是该滤波器的单位脉冲响应，确定一个函数 $g[n]$，使之有

$$h[n] = \left(\frac{\sin\omega_c n}{\pi n}\right)g[n]$$

(b) 当 ω_c 增加时，该滤波器的单位脉冲响应是更加向原点集中呢，还是不是？

6.7 一个连续时间低通滤波器设计成通带频率为 1000 Hz，阻带频率为 1200 Hz，通带波纹为 0.1，阻带波纹为 0.05。该低通滤波器的单位冲激响应为 $h(t)$，现在希望把该滤波器转换成具有如下单位冲激响应的带通滤波器：

$$g(t) = 2h(t)\cos(4\,000\pi t)$$

假设对于 $|\omega| > 4000\pi$，$|H(j\omega)|$ 可忽略，请回答下列问题：

(a) 若对该带通滤波器的通带波纹限制为 0.1，与带通滤波器有关的两个通带频率是什么？
(b) 若对该带通滤波器的阻带波纹限制为 0.05，与带通滤波器有关的两个阻带频率是什么？

6.8 一个因果非理想低通滤波器设计成具有频率响应 $H(e^{j\omega})$，关联该滤波器输入 $x[n]$ 和输出 $y[n]$ 的差分方程是

$$y[n] = \sum_{k=1}^{N} a_k y[n-k] + \sum_{k=0}^{M} b_k x[n-k]$$

该滤波器也满足下列频率响应模特性的要求：

通带频率 = ω_p 通带波纹 = δ_p
阻带频率 = ω_s 阻带波纹 = δ_s

现在考虑某一个因果线性时不变系统，其输入和输出的差分方程是

$$y[n] = \sum_{k=1}^{N} (-1)^k a_k y[n-k] + \sum_{k=0}^{M} (-1)^k b_k x[n-k]$$

证明：该滤波器有一个波纹为 δ_p 的通带，并给出对应的通带位置。

6.9 考虑一个连续时间因果稳定线性时不变系统，其关联输入 $x(t)$ 和输出 $y(t)$ 的微分方程是

$$\frac{dy(t)}{dt} + 5y(t) = 2x(t)$$

问该滤波器阶跃响应 $s(t)$ 的终值 $s(\infty)$ 是什么？另外，求满足

$$s(t_0) = s(\infty)\left[1 - \frac{1}{e^2}\right]$$

的 t_0 值。

6.10 对下列一阶系统的频率响应，试给出模的伯德图的直线近似。

(a) $40\left(\dfrac{j\omega + 0.1}{j\omega + 40}\right)$ (b) $0.04\left(\dfrac{j\omega + 50}{j\omega + 0.2}\right)$

6.11 对下列二阶系统的频率响应，试给出模的伯德图的直线近似。

(a) $\dfrac{250}{(j\omega)^2 + 50.5 j\omega + 25}$ (b) $0.02\left(\dfrac{j\omega + 50}{(j\omega)^2 + 0.2 j\omega + 1}\right)$

6.12 有一个连续时间线性时不变系统 S，其频率响应 $H(j\omega)$ 由两个频率响应分别为 $H_1(j\omega)$ 和 $H_2(j\omega)$ 的线性时不变系统级联而成，图 P6.12(a) 和图 P6.12(b) 分别为 $H_1(j\omega)$ 和 $H(j\omega)$ 的模特性伯德图的直线近似，试画出 $H_2(j\omega)$ 模的伯德图。

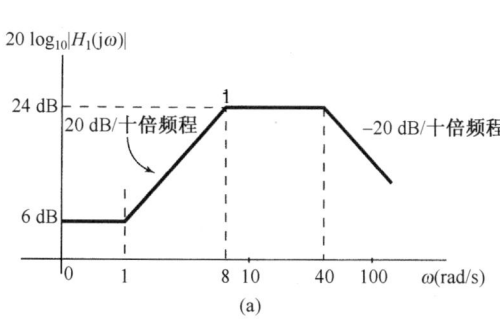
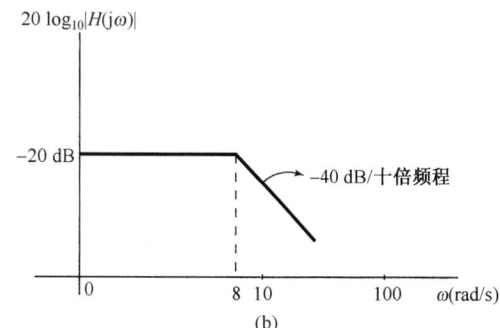

图 P6.12

6.13 一个二阶连续时间线性时不变系统 S 的模特性伯德图的直线近似如图 P6.13 所示。S 既可由两个一阶系统 S_1 和 S_2 级联而构成，也可以由两个一阶系统 S_3 和 S_4 并联而构成。试判断下列说法是否正确并陈述理由。

(a) S_1 和 S_2 的频率响应可唯一确定。
(b) S_3 和 S_4 的频率响应可唯一确定。

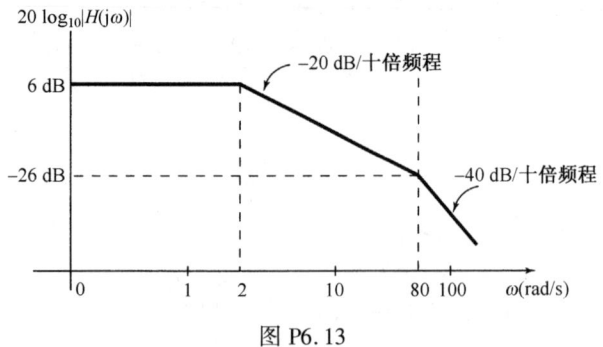

图 P6.13

6.14 一个因果稳定连续时间线性时不变系统 S 的模特性伯德图的直线近似如图 P6.14 所示。试给出系统 S 的逆系统的频率响应。

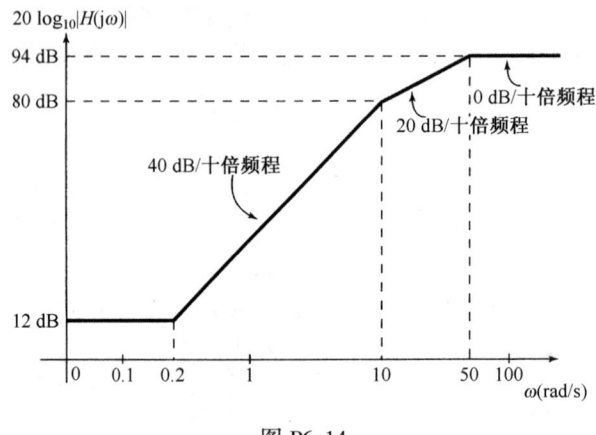

图 P6.14

6.15 对于因果稳定线性时不变系统，确定下列各二阶微分方程的单位冲激响应是否为欠阻尼、过阻尼或临界阻尼的。

(a) $\dfrac{d^2 y(t)}{dt^2} + 4\dfrac{dy(t)}{dt} + 4y(t) = x(t)$

(b) $5\dfrac{d^2 y(t)}{dt^2} + 4\dfrac{dy(t)}{dt} + 5y(t) = 7x(t)$

(c) $\dfrac{d^2 y(t)}{dt^2} + 20\dfrac{dy(t)}{dt} + y(t) = x(t)$

(d) $5\dfrac{d^2 y(t)}{dt^2} + 4\dfrac{dy(t)}{dt} + 5y(t) = 7x(t) + \dfrac{1}{3}\dfrac{dx(t)}{dt}$

6.16 有一个一阶因果稳定离散时间线性时不变系统，它的阶跃响应的最大超量是其终值的 50%。若终值为 1，试求该滤波器的关联输入 $x[n]$ 和输出 $y[n]$ 的差分方程。

6.17 对下列因果稳定线性时不变系统的每个二阶差分方程，确定这个系统的阶跃响应是否是振荡型的。

(a) $y[n] + y[n-1] + \dfrac{1}{4}y[n-2] = x[n]$

(b) $y[n] - y[n-1] + \dfrac{1}{4}y[n-2] = x[n]$

6.18 考虑由图 P6.18 所示的 RC 电路实现的连续时间线性时不变系统，电压源 $x(t)$ 是系统的输入，横跨电容器上的电压 $y(t)$ 是系统的输出。该系统的阶跃响应是否可能具有振荡特性？

6.19 考虑由图 P6.19 所示的 RLC 电路实现的线性时不变系统，电压源 $x(t)$ 是系统的输入，横跨电容器上的电压 $y(t)$ 是系统的输出。R，L 和 C 应具有什么样的关系，才会使该系统的阶跃响应不存在振荡？

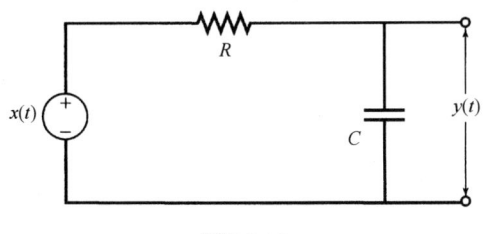
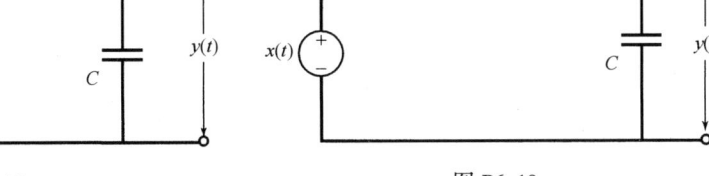

图 P6.18　　　　　　　　　　　　图 P6.19

6.20 考虑一个非递归滤波器，其单位脉冲响应如图 P6.20 所示。对该滤波器，作为频率函数的群延迟是什么？

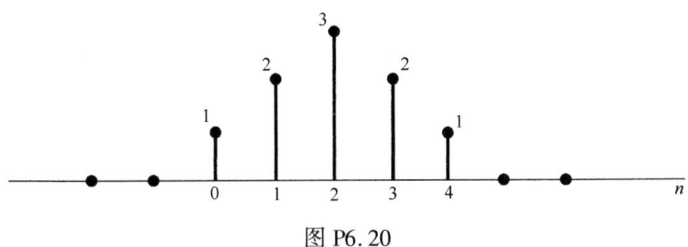

图 P6.20

基本题

6.21 有一个因果线性时不变滤波器，其频率响应 $H(j\omega)$ 如图 P6.21 所示。对以下给定的输入，求经过滤波后的输出 $y(t)$：

(a) $x(t) = e^{jt}$　　　　(b) $x(t) = \sin(\omega_0 t)u(t)$

(c) $X(j\omega) = \dfrac{1}{j\omega(6+j\omega)}$　　(d) $X(j\omega) = \dfrac{1}{2+j\omega}$

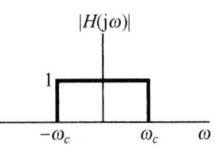

图 P6.21

6.22 一个称为低通微分器的连续时间滤波器的频率响应 $H(j\omega)$ 如图 P6.22(a) 所示，试对以下每个输入信号 $x(t)$，求输出信号 $y(t)$。

(a) $x(t) = \cos(2\pi t + \theta)$　　(b) $x(t) = \cos(4\pi t + \theta)$

(c) $x(t)$ 是一个经半波整流后的正弦信号，如图 P6.22(b) 所示。

$$x(t) = \begin{cases} \sin(2\pi t), & m \leq t \leq \left(m + \dfrac{1}{2}\right) \\ 0, & 对于任意整数\ m,\ \left(m + \dfrac{1}{2}\right) \leq t \leq m \end{cases}$$

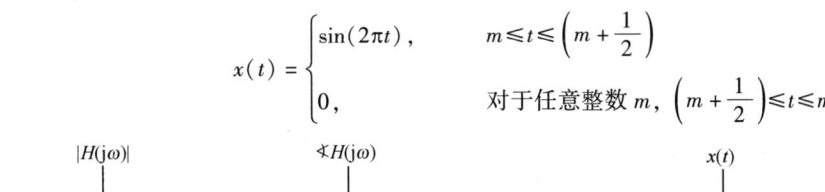

图 P6.22

6.23 示于图 P6.23 的是一个低通滤波器的 $|H(j\omega)|$。对于具有下列每一相位特性的滤波器，求并画出其单位冲激响应。

(a) $\angle H(j\omega) = 0$

(b) $\angle H(j\omega) = \omega T$，其中 T 为常数。

(c) $\angle H(j\omega) = \begin{cases} \dfrac{\pi}{2}, & \omega > 0 \\ \dfrac{-\pi}{2}, & \omega < 0 \end{cases}$

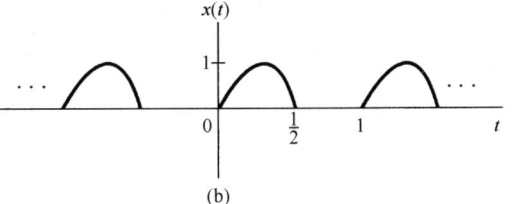

图 P6.23

6.24 考虑一个连续时间低通滤波器，它的单位冲激响应 $h(t)$ 已知为实值，且其频率响应的模为

$$|H(j\omega)| = \begin{cases} 1, & |\omega| \leq 200\pi \\ 0, & \text{其他} \end{cases}$$

(a) 当相应的群延迟函数分别如下列所示时，求并画出该滤波器的实值单位冲激响应 $h(t)$：

(i) $\tau(\omega) = 5$ (ii) $\tau(\omega) = \dfrac{5}{2}$ (iii) $\tau(\omega) = -\dfrac{5}{2}$

(b) 如果单位冲激响应 $h(t)$ 未限定为实值，由 $|H(j\omega)|$ 和 $\tau(\omega)$ 可以唯一确定 $h(t)$ 吗？为什么？

6.25 通过在两个挑选的频率上计算群延迟，证明下列每个频率响应都具有非线性相位：

(a) $H(j\omega) = \dfrac{1}{j\omega + 1}$ (b) $H(j\omega) = \dfrac{1}{(j\omega + 1)^2}$ (c) $H(j\omega) = \dfrac{1}{(j\omega + 1)(j\omega + 2)}$

6.26 考虑一个理想高通滤波器，其频率响应为

$$H(j\omega) = \begin{cases} 1, & |\omega| > \omega_c \\ 0, & \text{其他} \end{cases}$$

(a) 求该滤波器的单位冲激响应 $h(t)$。

(b) 当 ω_c 增加时，$h(t)$ 向原点更集中了吗？

(c) 求 $s(0)$ 和 $s(\infty)$，其中 $s(t)$ 是该滤波器的阶跃响应。

6.27 因果线性时不变系统的输出 $y(t)$ 与其输入 $x(t)$ 由下列微分方程联系：

$$\frac{dy(t)}{dt} + 2y(t) = x(t)$$

(a) 求频率响应

$$H(j\omega) = \frac{Y(j\omega)}{X(j\omega)}$$

并画出它的伯德图。

(b) 给出该系统作为频率函数的群延迟。

(c) 若 $x(t) = e^{-t}u(t)$，求输出的傅里叶变换 $Y(j\omega)$。

(d) 利用部分分式展开法求(c)的输入 $x(t)$ 的输出 $y(t)$。

(e) 如果输入的傅里叶变换分别为

(i) $X(j\omega) = \dfrac{1 + j\omega}{2 + j\omega}$ (ii) $X(j\omega) = \dfrac{2 + j\omega}{1 + j\omega}$ (iii) $X(j\omega) = \dfrac{1}{(2 + j\omega)(1 + j\omega)}$

重做(c)和(d)。

6.28 (a) 画出下列频率响应的伯德图：

(i) $1 + (j\omega/10)$ (ii) $1 - (j\omega/10)$ (iii) $\dfrac{16}{(j\omega + 2)^4}$

(iv) $\dfrac{1 - (j\omega/10)}{1 + j\omega}$ (v) $\dfrac{(j\omega/10) - 1}{1 + j\omega}$ (vi) $\dfrac{1 + (j\omega/10)}{1 + j\omega}$

(vii) $\dfrac{1 - (j\omega/10)}{(j\omega)^2 + (j\omega) + 1}$ (viii) $\dfrac{10 + 5j\omega + 10(j\omega)^2}{1 + (j\omega/10)}$ (ix) $1 + j\omega + (j\omega)^2$

(x) $1 - j\omega + (j\omega)^2$ (xi) $\dfrac{(j\omega + 10)(10j\omega + 1)}{[(j\omega/100) + 1][(j\omega)^2 + j\omega + 1]}$

(b) 求出并画出频率响应为(a)中的(iv)和(vi)的系统单位冲激响应和阶跃响应。

由(iv)所给出的系统常称为非最小相位系统，而由(vi)所表征的系统称为最小相位系统。对应于(iv)和(vi)的单位冲激响应分别称为非最小相位信号和最小相位信号。比较这两个系统的伯德图，会发现它们有相同的模特性；然而，系统(iv)的**相位值**要大于系统(vi)的相位值。

我们也能看到这两个系统在时域特性上的差异。例如，最小相位系统的单位冲激响应比非最小相位系统有更多的能量集中在 $t = 0$ 附近；另外，(iv)系统的阶跃响应的初始值和随 $t \to \infty$ 时的渐近值有相反的符号，而对于系统(vi)则并非如此。

最小相位系统和非最小相位系统的重要概念可以推广到比在这里讨论的简单一阶系统更为一般的线性时不变系统中,而且对这些系统的独特性质的描述可以比现在所做的更为详尽。

6.29 如果在一个特定频率 $\omega = \omega_0$ 处有 $\angle H(j\omega_0) > 0$,则认为该线性时不变系统在 $\omega = \omega_0$ 处有**相位超前**(phase ahead)。这个术语来自如下事实:若 $e^{j\omega_0 t}$ 是该系统的输入,那么输出的相位将超过或导前于输入的相位。同理,若 $\angle H(j\omega_0) < 0$,则认为该系统在此频率处有**相位滞后**(phase lag)。应当注意,频率响应为

$$\frac{1}{1+j\omega\tau}$$

的系统对所有 $\omega > 0$ 都有相位滞后,而频率响应为

$$1 + j\omega\tau$$

的系统对所有 $\omega > 0$ 都有相位超前。

(a) 作出下面两个系统的伯德图,哪一个系统有相位超前?哪一个有相位滞后?另外,哪一个在某些频率上放大信号?

(i) $\dfrac{1+(j\omega/10)}{1+10j\omega}$ (ii) $\dfrac{1+10j\omega}{1+(j\omega/10)}$

(b) 对下列三个频率响应,重做(a):

(i) $\dfrac{(1+(j\omega/10))^2}{(1+10j\omega)^3}$ (ii) $\dfrac{1+j\omega/10}{100(j\omega)^2+10j\omega+1}$ (iii) $\dfrac{1+10j\omega}{0.01(j\omega)^2+0.2j\omega+1}$

6.30 设 $h(t)$ 有一个伯德图如图 P6.30 所示,图中虚线代表直线近似。试画出 $10h(10t)$ 的伯德图。

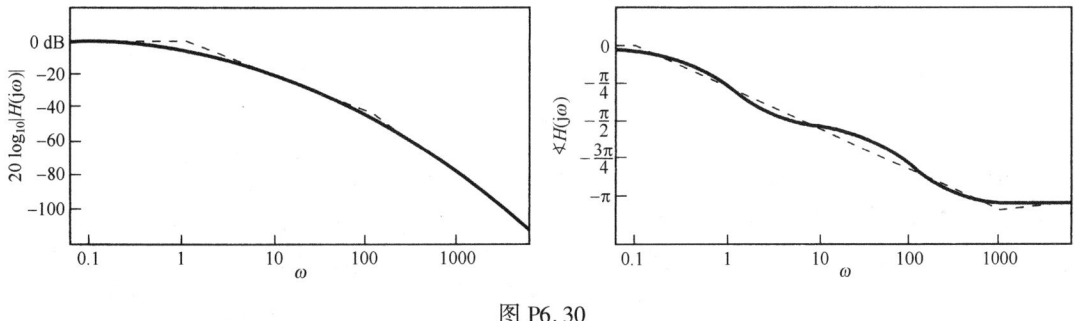

图 P6.30

6.31 一个积分器的频率响应为

$$H(j\omega) = \frac{1}{j\omega} + \pi\delta(\omega)$$

其中,在 $\omega = 0$ 处的冲激是由于一个常数输入从 $t = -\infty$ 积分所产生的无限输出的结果。因此,若要避免输入为常数,或等效为只考虑 $\omega > 0$ 的 $H(j\omega)$,可见

$$20\log|H(j\omega)| = -20\log(\omega)$$

$$\angle H(j\omega) = \frac{-\pi}{2}$$

换句话说,一个积分器的伯德图(见图 P6.31)是由两条直线的图组成的。这两个图反映出一个积分器的主要特征:对全部正频率均相移 $-90°$,以及低频域的放大作用。

(a) 一部电机的有用而简单的模型是一个线性时不变系统,其输入为外加电压,而输出则可由电机轴的角度给出。该系统可想象为一个稳定的线性时不变系统(电压作为输入,轴的角速度作为输出)和一个积分器的级联(代表角速度的积分)。我们往往用一个一阶系统的模型作为级联中的第一部分。假设这个一阶系统的时间常数是 0.1 s,就可以得到总的电机频率响应的形式为

$$H(j\omega) = \frac{1}{j\omega(1+j\omega/10)} + \pi\delta(\omega)$$

试画出 $\omega > 0.001$ 的伯德图。

(b) 试画出一个微分器的伯德图。
(c) 对具有如下频率响应的系统画出伯德图:

(i) $H(j\omega) = \dfrac{j\omega}{1+j\omega/100}$ (ii) $H(j\omega) = \dfrac{j\omega}{1+j\omega/10+(j\omega)^2/100}$

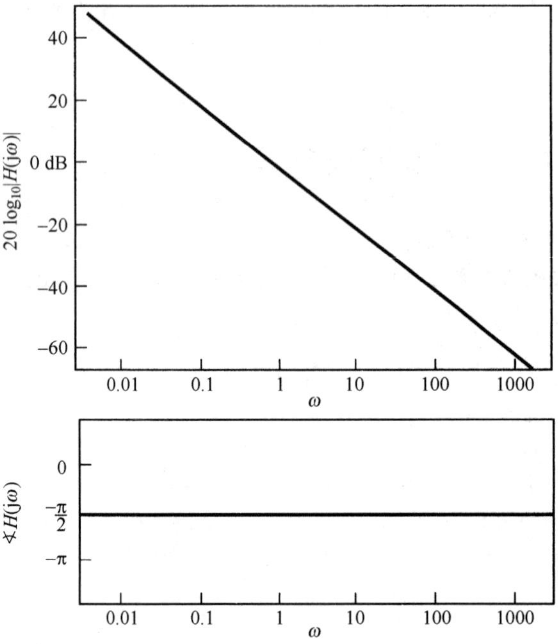

图 P6.31

6.32 考虑图 P6.32 所示的系统。标有"补偿器"的框代表一个连续时间线性时不变系统。

(a) 假设要求选择补偿器的频率响应,使得整个级联系统的频率响应 $H(j\omega)$ 满足下列两个条件:

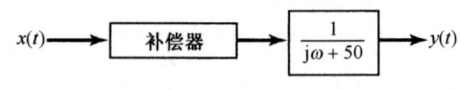

图 P6.32

(i) $H(j\omega)$ 的对数模在超过 $\omega = 1000$ 的频段有 $-40\ \text{dB}/$十倍频程的斜率。

(ii) 对 $0 < \omega < 1000$ 的所有频率,$H(j\omega)$ 的对数模应在 $\pm 10\ \text{dB}$ 之间。

试设计一个合适的补偿器(也即确定一个满足上述要求的补偿器的频率响应),画出所得 $H(j\omega)$ 的伯德图。

(b) 如果对 $H(j\omega)$ 的对数模有如下要求,重做(a):

(i) 对 $0 < \omega < 10$,应有 $+20\ \text{dB}/$十倍频程的斜率。

(ii) 对 $10 < \omega < 100$,应在 $+10\ \text{dB}$ 和 $+30\ \text{dB}$ 之间。

(iii) 对 $100 < \omega < 1000$,应有 $-20\ \text{dB}/$十倍频程的斜率。

(iv) 对 $\omega > 1000$,应有 $-40\ \text{dB}/$十倍频程的斜率。

6.33 图 P6.33 所表示的系统通常用于从一个低通滤波器获得一个高通滤波器,反之亦然。

(a) 如果 $H(j\omega)$ 是一个截止频率为 ω_{lp} 的理想低通滤波器,试证明整个系统相当于一个理想高通滤波器。求它的截止频率并大致画出它的单位冲激响应。

(b) 如果 $H(j\omega)$ 是一个截止频率为 ω_{hp} 的理想高通滤波器,试证明整个系统相当于一个理想低通滤波器,并求它的截止频率。

(c) 如果把一个理想离散时间低通滤波器按图 P6.33 连接,那么得到的系统是一个理想离散时间高通滤波器吗?

6.34 在习题 6.33 中,研究了一个通常用于从低通滤波器获得高通滤波器的系统(反之亦然)。在本题中,我们进一步利用这个系统,并特别研究当 $H(j\omega)$ 的相位没有适当选定时所存在的潜在困难。
(a) 根据图 P6.33,首先假定 $H(j\omega)$ 是实函数,并且如图 P6.34 所示。此外,特别假定:
$$1 - \delta_1 < H(j\omega) < 1 + \delta_1, \quad 0 \leq \omega \leq \omega_1$$
$$-\delta_2 < H(j\omega) < +\delta_2, \quad \omega_2 < \omega$$
对图 P6.33 的整个系统,确定并概略画出所得的频率响应。所得出的系统相当于一个高通滤波器的近似吗?

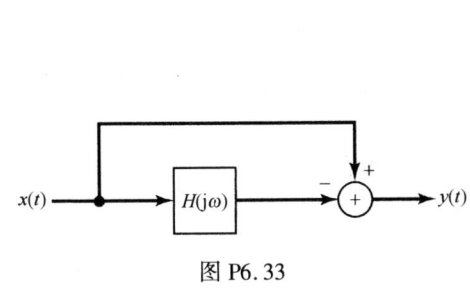

图 P6.33   图 P6.34

(b) 现在假设图 P6.33 中的 $H(j\omega)$ 具有如下形式:
$$H(j\omega) = H_1(j\omega) e^{j\theta(\omega)} \tag{P6.34-1}$$
其中 $H_1(j\omega)$ 与图 P6.34 相同,而 $\theta(\omega)$ 是未给定的相位特性。如果 $H(j\omega)$ 具有这种更为一般的形式,它仍相当于对一个低通滤波器的近似吗?
(c) 若对 $\theta(\omega)$ 无任何假设,试确定图 P6.33 的整个系统频率响应的模并画出其容限。
(d) 如果图 P6.33 中的 $H(j\omega)$ 是一个对低通滤波器的近似,而其相位特性未被规定,那么图 P6.33 的整个系统必定相当于对一个高通滤波器的近似吗?

6.35 示于图 P6.35 的是一个离散时间微分器的频率响应 $H(e^{j\omega})$,若输入 $x[n]$ 为
$$x[n] = \cos[\omega_0 n + \theta]$$
求作为 ω_0 函数的输出信号 $y[n]$。

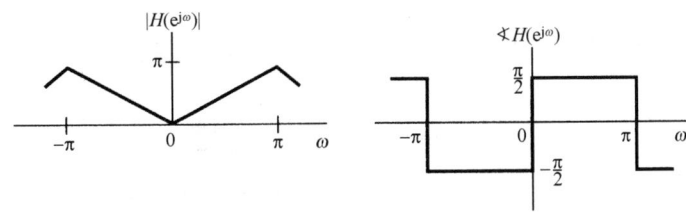

图 P6.35

6.36 考虑一个离散时间低通滤波器,已知它的单位脉冲响应 $h[n]$ 为实值序列,频率响应在 $-\pi \leq \omega \leq \pi$ 内为
$$|H(e^{j\omega})| = \begin{cases} 1, & |\omega| \leq \frac{\pi}{4} \\ 0, & \text{其他} \end{cases}$$
分别求出并画出该滤波器在下列群延迟函数下的实值单位脉冲响应:
(a) $\tau(\omega) = 5$ (b) $\tau(\omega) = \dfrac{5}{2}$ (c) $\tau(\omega) = -\dfrac{5}{2}$

6.37 考虑一个因果线性时不变系统,其频率响应给出如下:
$$H(e^{j\omega}) = e^{-j\omega} \frac{1 - \frac{1}{2} e^{j\omega}}{1 - \frac{1}{2} e^{-j\omega}}$$

(a) 证明 $|H(e^{j\omega})|$ 对所有频率均为 1。
(b) 证明

$$\sphericalangle H(e^{j\omega}) = -\omega - 2\arctan\left(\frac{\frac{1}{2}\sin\omega}{1-\frac{1}{2}\cos\omega}\right)$$

(c) 证明该滤波器的群延迟为

$$\tau(\omega) = \frac{\frac{3}{4}}{\frac{5}{4}-\cos\omega}$$

并大致画出 $\tau(\omega)$。

(d) 当输入为 $\cos\left(\frac{\pi}{3}n\right)$ 时，该滤波器的输出是什么？

6.38 考虑一个理想带通滤波器，其频率响应在 $-\pi \leq \omega \leq \pi$ 内为

$$H(e^{j\omega}) = \begin{cases} 1, & \frac{\pi}{2}-\omega_c \leq |\omega| \leq \frac{\pi}{2}+\omega_c \\ 0, & 其他 \end{cases}$$

分别求出并画出在下列 ω_c 时，该滤波器的单位脉冲响应 $h[n]$：

(a) $\omega_c = \frac{\pi}{5}$ (b) $\omega_c = \frac{\pi}{4}$ (c) $\omega_c = \frac{\pi}{3}$

随着 ω_c 的增加，$h[n]$ 向原点更集中了吗？

6.39 画出下列每个频率响应的对数模和相位特性图。

(a) $1 + \frac{1}{2}e^{-j\omega}$ (b) $1 + 2e^{-j\omega}$ (c) $1 - 2e^{-j\omega}$

(d) $1 + 2e^{-2j\omega}$ (e) $\dfrac{1}{\left(1+\frac{1}{2}e^{-j\omega}\right)^3}$ (f) $\dfrac{1+\frac{1}{2}e^{-j\omega}}{1-\frac{1}{2}e^{-j\omega}}$

(g) $\dfrac{1+2e^{-j\omega}}{1+\frac{1}{2}e^{-j\omega}}$ (h) $\dfrac{1-2e^{-j\omega}}{1+\frac{1}{2}e^{-j\omega}}$ (i) $\dfrac{1}{\left(1-\frac{1}{4}e^{-j\omega}\right)\left(1-\frac{3}{4}e^{-j\omega}\right)}$

(j) $\dfrac{1}{\left(1-\frac{1}{4}e^{-j\omega}\right)\left(1+\frac{3}{4}e^{-j\omega}\right)}$ (k) $\dfrac{1+2e^{-2j\omega}}{\left(1-\frac{1}{2}e^{-j\omega}\right)^2}$

6.40 考虑一个理想离散时间低通滤波器，其单位脉冲响应为 $h[n]$，而与 $h[n]$ 相对应的频率响应如图 P6.40 所示。现在要得到一个新滤波器，其单位脉冲响应为 $h_1[n]$，对应的频率响应为 $H_1(e^{j\omega})$，而 $h_1[n]$ 为

$$h_1[n] = \begin{cases} h[n/2], & n\text{为偶数} \\ 0, & n\text{为奇数} \end{cases}$$

这就相应于在 $h[n]$ 的每一个序列值之间插入一个零值序列。求出并画出 $H_1(e^{j\omega})$，并说说这类理想滤波器属于哪一类（即低通、高通、带通、多通带等）。

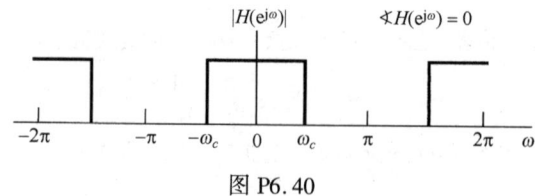

图 P6.40

6.41 一个因果线性时不变系统由下列差分方程描述：

$$y[n] - \frac{\sqrt{2}}{2}y[n-1] + \frac{1}{4}y[n-2] = x[n] - x[n-1]$$

(a) 求该系统的单位脉冲响应。
(b) 画出该系统的频率响应的对数模和相位特性图。

6.42 (a) 考虑两个具有如下频率响应的线性时不变系统：

$$H_1(e^{j\omega}) = \frac{1 + \frac{1}{2}e^{-j\omega}}{1 + \frac{1}{4}e^{-j\omega}}$$

$$H_2(e^{j\omega}) = \frac{\frac{1}{2} + e^{-j\omega}}{1 + \frac{1}{4}e^{-j\omega}}$$

证明：这两个频率响应有相同的模函数，即$|H_1(e^{j\omega})| = |H_2(e^{j\omega})|$，但是$H_2(e^{j\omega})$的群延迟在$\omega > 0$时大于$H_1(e^{j\omega})$的群延迟。

(b) 求出并画出这两个系统的单位冲激响应和阶跃响应。

(c) 证明：

$$H_2(e^{j\omega}) = G(e^{j\omega})H_1(e^{j\omega})$$

其中$G(e^{j\omega})$是一个**全通系统**(all-pass system)，即对于所有ω有$|G(e^{j\omega})| = 1$。

6.43 当设计具有高通或带通特性的滤波器时，常常首先设计一个具有所需通带和阻带要求的低通滤波器，然后将这个原型低通滤波器变换到所要求的带通或高通滤波器。这样的变换称为低通-高通或高通-低通变换。用这种方式设计滤波器之所以方便，是由于只需要对低通特性的一类滤波器拟定一个滤波器设计算法。作为一个例子，考虑一个单位脉冲响应为$h_{lp}[n]$且频率响应为$H_{lp}(e^{j\omega})$的离散时间低通滤波器，其$H_{lp}(e^{j\omega})$如图P6.43所示。假设该滤波器的单位脉冲响应$h_{lp}[n]$用一个$(-1)^n$的序列来调制，以得到$h_{hp}[n] = (-1)^n h_{lp}[n]$。

(a) 利用$H_{lp}(e^{j\omega})$，求出并画出$H_{hp}(e^{j\omega})$。证明：若$H_{lp}(e^{j\omega})$如图P6.43所示，则$H_{hp}(e^{j\omega})$对应于一个高通滤波器。

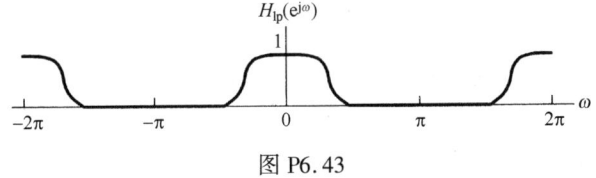

图 P6.43

(b) 证明：一个离散时间高通滤波器的单位脉冲响应被$(-1)^n$所调制后，一定变换为一个低通滤波器。

6.44 按图P6.44实现一个离散时间系统，图中系统S是一个单位脉冲响应为$h_{lp}[n]$的线性时不变系统。

(a) 证明：整个系统是时不变的。

(b) 若$h_{lp}[n]$是一个低通滤波器，由这个图实现了什么类型的滤波器？

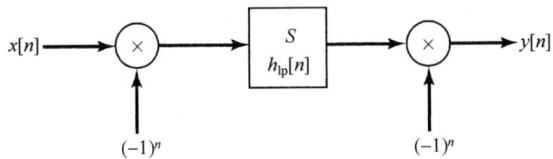

图 P6.44

6.45 考虑下面三个因果稳定的三阶线性时不变系统，利用6.6节讨论的一阶和二阶系统的性质确定：每个三阶系统的单位脉冲响应是否有振荡(注意：不用求出三阶系统频率响应的逆变换就能够回答这一问题)。

$$H_1(e^{j\omega}) = \frac{1}{(1 - \frac{1}{2}e^{-j\omega})(1 - \frac{1}{3}e^{-j\omega})(1 - \frac{1}{4}e^{-j\omega})}$$

$$H_2(e^{j\omega}) = \frac{1}{(1 + \frac{1}{2}e^{-j\omega})(1 - \frac{1}{3}e^{-j\omega})(1 - \frac{1}{4}e^{-j\omega})}$$

$$H_3(e^{j\omega}) = \frac{1}{(1 - \frac{1}{2}e^{-j\omega})(1 - \frac{3}{4}e^{-j\omega} + \frac{9}{16}e^{-j2\omega})}$$

6.46 考虑一个因果的非递归(FIR)滤波器，其实值单位脉冲响应 $h[n]$ 对于 $n \geq N$ 为零。

(a) 假定 N 为奇数，证明：若 $h[n]$ 关于 $(N-1)/2$ 对称，即 $h[(N-1)/2+n] = h[(N-1)/2-n]$，则

$$H(e^{j\omega}) = A(\omega)e^{-j[(N-1)/2]\omega}$$

其中，$A(\omega)$ 是 ω 的实函数。从而得出该滤波器具有线性相位。

(b) 给出一个因果线性相位 FIR 滤波器的单位脉冲响应 $h[n]$ 的例子，使其有 $h[n]=0, n \geq 5$ 和 $h[n] \neq 0, 0 \leq n \leq 4$。

(c) 假定 N 为偶数，证明：若 $h[n]$ 关于 $(N-1)/2$ 对称，即 $h[(N/2)+n] = h[N/2-n-1]$，则

$$H(e^{j\omega}) = A(\omega)e^{-j[(N-1)/2]\omega}$$

其中，$A(\omega)$ 是 ω 的实函数。

(d) 给出一个因果线性相位 FIR 滤波器的单位脉冲响应 $h[n]$ 的例子，使其有 $h[n]=0, n \geq 4$ 和 $h[n] \neq 0, 0 \leq n \leq 3$。

6.47 称为"加权移动平均"的一个三点对称移动平均具有如下形式：

$$y[n] = b\{ax[n-1] + x[n] + ax[n+1]\} \quad \text{(P6.47-1)}$$

(a) 求作为 a 和 b 的函数的，由式(P6.47-1)表示的三点移动平均的频率响应 $H(e^{j\omega})$。

(b) 求使 $H(e^{j\omega})$ 在零频率有单位增益的加权系数 b。

(c) 在许多时间序列分析问题中，在式(P6.47-1)的加权移动平均中，系数 a 一般都选为 1/2。求出并画出所得滤波器的频率响应。

6.48 考虑一个 4 点移动平均的离散时间滤波器，其差分方程为

$$y[n] = b_0 x[n] + b_1 x[n-1] + b_2 x[n-2] + b_3 x[n-2]$$

求出并画出下列每一种情况的频率响应的模特性：

(a) $b_0 = b_3 = 0, b_1 = b_2$ (b) $b_1 = b_2 = 0, b_0 = b_3$

(c) $b_0 = b_1 = b_2 = b_3$ (d) $b_0 = -b_1 = b_2 = -b_3$

深入题

6.49 时间常数是一阶系统对输入的响应快慢的一种度量。度量一个系统响应速度的概念对高阶系统也是重要的，本题中将研究这一概念对高阶系统的推广。

(a) 回想一下，单位冲激响应为

$$h(t) = ae^{-at}u(t), \quad a > 0$$

的一阶系统的时间常数是 $1/a$，它是从 $t=0$ 到系统阶跃响应 $s(t)$ 达到其终值[即 $s(\infty) = \lim_{t \to \infty} s(t)$] 的 $1/e$ 时所需的时间。利用与此定量关系相同的定义，找出为了确定由微分方程

$$\frac{d^2 y(t)}{dt^2} + 11 \frac{dy(t)}{dt} + 10y(t) = 9x(t) \quad \text{(P6.49-1)}$$

描述的因果线性时不变系统的时间常数而必须解的方程式。

(b) 正如从(a)中所能看到的，如果采用(a)中给出的时间常数的精确定义，就能对一阶系统的时间常数给出一个简单的表示式。但对式(P6.49-1)的系统来说，其计算明显复杂化了。这个系统可以看成两个一阶系统的并联，因此通常认为式(P6.49-1)的系统具有**两个**时间常数，它们分别对应于两个一阶因式。试问这个系统的两个时间常数是什么？

(c) 在(b)中进行的讨论可以直接推广到单位冲激响应为衰减指数函数线性组合的所有系统。在这种类型的任何系统中，都可以找出系统的**主**(dominant)时间常数，这些主时间常数就是各时间常数中最大的。它们代表了系统响应中的最慢部分，因此对于系统作为一个整体时能有多快的响应，它们就有支配作用。式(P6.49-1)所示系统的主时间常数是什么？将这个时间常数代入(a)中确定的方程式，尽管这个时间常数不能恰好满足此方程，但是接近于满足。这表明它很接近于在(a)中定义的时间常数。因此，在(b)和(c)中提出的方法，对于深入了解线性时不变系统的响应速度是有价值的，而且又无须进行过多的计算。

(d) 主时间常数这一概念的一个重要应用是在简化线性时不变系统的阶数上。这在具有几个主时间常数和另一些很小时间常数的复杂系统分析中有很大的实际意义。为了简化待分析系统模型的复杂性，往往可以把系统的快变化部分简化掉。也就是说，假如把一个复杂系统看成一些一阶和二阶系统的并联连接，假设这些子系统中，具有单位冲激响应 $h(t)$ 和阶跃响应 $s(t)$ 的那一个是快速变化的，即 $s(t)$ 达到它的终值 $s(\infty)$ 非常快，那么在此情况下，就可以用一个**瞬时**上升到同样终值的子系统来近似这个系统。也就是说，若 $\hat{s}(t)$ 是近似阶跃响应，则

$$\hat{s}(t) = s(\infty)u(t)$$

如图 P6.49 所示。注意，该近似系统的单位冲激响应因而是

$$\hat{h}(t) = s(\infty)\delta(t)$$

这表明近似系统是无记忆的。

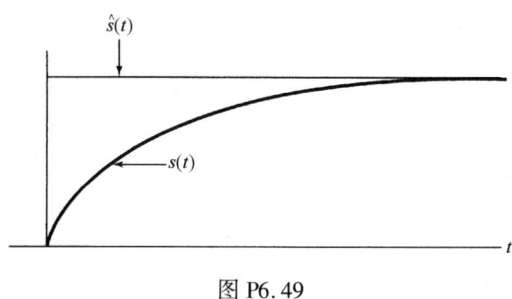

图 P6.49

再次考虑由式（P6.49-1）所描述的因果线性时不变系统，并且特别地把它表示成在(b)中确定的两个一阶系统的并联连接。用上面提出的方法，以无记忆系统来代替两个子系统中较快的一个。问：描述所得到的总系统的微分方程是什么？这个系统的频率响应是什么？对原系统和近似系统画出模 $|H(j\omega)|$ [不是 $\log|H(j\omega)|$] 和相位 $\not\subset H(j\omega)$。在什么频率范围内，这两个频率响应近于相等？画出这两个系统的阶跃响应。在什么时间范围内，这两个阶跃响应近于相等？从这些曲线图中，将看到原系统与近似系统之间的某些相同与不同之处。这种近似的实用性取决于具体的应用场合。特别是，既要考虑不同的时间常数之间分散性究竟有多大，又要考虑输入信号的性质。正如从本题这一部分的答案中所看到的，近似系统的频率响应在低频域与原系统基本相同。也就是说，当系统的快变化部分与输入的波动快慢相比足够快时，近似系统就成为有用的了。

6.50 与频率选择性滤波相联系的概念往往被用来分离两个互为相加的信号。如果两个信号的频谱不重叠，那么理想的频率选择性滤波器就是所希望的了。然而，当频谱重叠时，将滤波器设计成从通带到阻带逐渐过渡的形状往往更为可取。本题将研究确定用来分离频谱重叠信号的滤波器频率响应的一种方法。设 $x(t)$ 代表一个复合连续时间信号，它由两个信号 $s(t)$ 和 $w(t)$ 的和组成。如图 P6.50(a) 所指出的，我们想要设计一个线性时不变滤波器，以便从 $x(t)$ 中将 $s(t)$ 恢复出来。该滤波器的频率响应 $H(j\omega)$ 要选择成在某种意义上讲 $y(t)$ 是对 $s(t)$ 的一个"好"的近似。

现在把在每个频率 ω 上，$y(t)$ 和 $s(t)$ 之间误差的度量定义为

$$\epsilon(\omega) \triangleq |S(j\omega) - Y(j\omega)|^2$$

其中 $S(j\omega)$ 和 $Y(j\omega)$ 分别是 $s(t)$ 和 $y(t)$ 的傅里叶变换。

(a) 用 $S(j\omega)$，$H(j\omega)$ 和 $W(j\omega)$ 来表示 $\epsilon(\omega)$，其中 $W(j\omega)$ 是 $w(t)$ 的傅里叶变换。

(b) 将 $H(j\omega)$ 限定为实函数，有 $H(j\omega) = H^*(j\omega)$。令 $\epsilon(\omega)$ 对 $H(j\omega)$ 的导数为零，求使误差 $\epsilon(\omega)$ 为最小的 $H(j\omega)$。

(c) 证明，若 $S(j\omega)$ 和 $W(j\omega)$ 的频谱不重叠，那么(b)中的结果就变为一个理想的频率选择性滤波器。

(d) 如果 $S(j\omega)$ 和 $W(j\omega)$ 如图 P6.50(b)所示，由(b)中的结果，求出并画出 $H(j\omega)$。

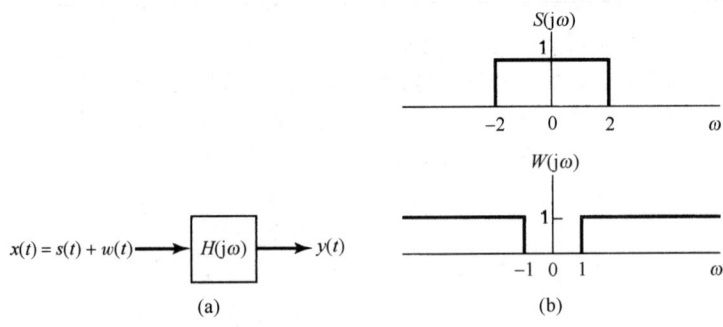

图 P6.50

6.51 一个理想带通滤波器是这样一种滤波器,它只在某一频率范围内通过信号,并且没有在幅度或相位上的改变。如图 P6.51(a)所示,设通带是

$$\omega_0 - \frac{w}{2} \leq |\omega| \leq \omega_0 + \frac{w}{2}$$

(a) 该滤波器的单位冲激响应 $h(t)$ 是什么?

(b) 通过把一个一阶低通滤波器和一个一阶高通滤波器按照图 P6.51(b)级联起来,可以近似一个理想带通滤波器。对这两个滤波器 $H_1(j\omega)$ 和 $H_2(j\omega)$ 中的每一个画出其伯德图。

(c) 利用(b)的结果,确定整个带通滤波器的伯德图。

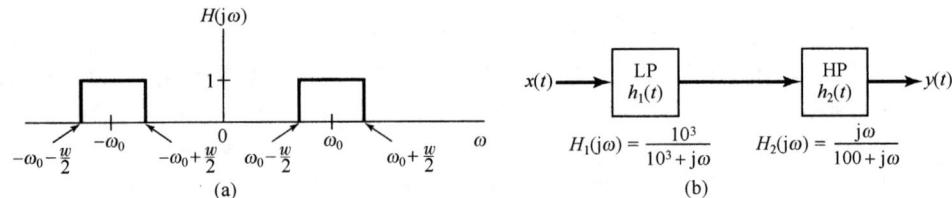

图 P6.51

6.52 在图 P6.52(a)中,给出了一个理想连续时间微分器频率响应的模特性。一个非理想微分器的频率响应与图 P6.52(a)的频率响应也应有某些近似。

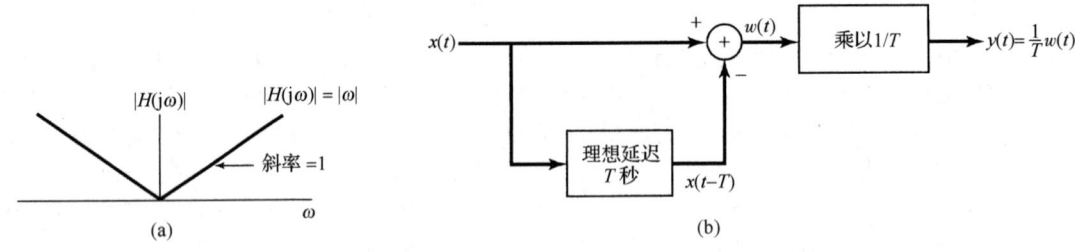

图 P6.52

(a) 考虑一个频率响应为 $G(j\omega)$ 的非理想微分器,在所有频率上,该微分器的 $|G(j\omega)|$ 都被限制在理想微分器频率响应的模的 ±10% 以内,即

$$-0.1|H(j\omega)| \leq [|G(j\omega)| - |H(j\omega)|] \leq 0.1|H(j\omega)|$$

在 $G(j\omega)$ 关于 ω 的图上指明并画出,为了满足这个指标,$|G(j\omega)|$ 必须被限定的区域。

(b) 由于在图 P6.52(b)中有一个 T 秒的理想延迟,因而有时用它来近似一个连续时间微分器。当 $T = 10^{-2}$ s 时,试确定一个频率范围,使得在此范围内,图 P6.52(b)所示系统频率响应的模在理想微分器频率响应的模的 ±10% 以内。

6.53 在许多滤波应用中，往往不希望滤波器的阶跃响应超过它的终值。例如，在图像处理中，一个线性滤波器阶跃响应中的超量会在陡峭的边界上产生闪烁，即强度上的增加。然而，如果要求滤波器单位冲激响应对全部时间都是正值，就可能消除超量。

证明：如果一个连续时间线性时不变滤波器的单位冲激响应 $h(t)$ 总大于或等于零，即 $h(t) \geq 0$，那么该滤波器的阶跃响应就是一个单调非减的函数，因此一定没有超量。

6.54 假定利用某一特定的滤波器设计方法设计了一个非理想的连续时间低通滤波器，它的频率响应为 $H_0(j\omega)$，单位冲激响应为 $h_0(t)$，阶跃响应为 $s_0(t)$。该滤波器的截止频率在 $\omega = 2\pi \times 10^2$ rad/s，阶跃响应上升时间为 $\tau_r = 10^{-2}$ s，定义为阶跃响应从其终值的10%上升到终值的90%所需的时间。根据这个设计，通过利用频率的尺度变换，可以得到一个具有任意截止频率 ω_c 的新滤波器，并且所得滤波器的频率响应 $H_{lp}(j\omega)$ 具有如下关系：

$$H_{lp}(j\omega) = H_0(ja\omega)$$

其中 a 是一个适当的比例因子。
(a) 确定比例因子 a，以使 $H_{lp}(j\omega)$ 的截止频率为 ω_c。
(b) 利用 ω_c 和 $h_0(t)$ 确定新滤波器的单位冲激响应 $h_{lp}(t)$。
(c) 利用 ω_c 和 $s_0(t)$ 确定新滤波器的阶跃响应 $s_{lp}(t)$。
(d) 作为截止频率 ω_c 的函数，确定并画出新滤波器的上升时间。
这个例子说明了时域特性和频域特性之间的一种折中；特别是随着截止频率的减小，上升时间就趋向增大。

6.55 一类称为巴特沃思滤波器的连续时间低通滤波器的频率响应的模平方为

$$|B(j\omega)|^2 = \frac{1}{1+(\omega/\omega_c)^{2N}}$$

将其通带边缘频率 ω_p 定义成 $|B(j\omega)|^2$ 大于它在 $\omega = 0$ 处的值的一半，即

$$|B(j\omega)|^2 \geq \frac{1}{2}|B(j0)|^2, \quad |\omega| < \omega_p$$

将其阻带边缘频率 ω_s 定义成 $|B(j\omega)|^2$ 小于它在 $\omega = 0$ 处的值的 10^{-2}，即

$$|B(j\omega)|^2 \leq 10^{-2}|B(j0)|^2, \quad |\omega| > \omega_s$$

ω_p 和 ω_s 之间的频率范围称为过渡带，比值 ω_s/ω_p 称为过渡比。
固定 ω_p，并进行合理近似的情况下，确定并画出作为 N 的函数的巴特沃思滤波器的过渡比。

6.56 在本题中将研究大多数现代盒式磁带走带机构中用以减少噪音的一种商业化的典型系统中涉及的某些滤波问题。主要的噪声源是磁带放音过程中的高频咝咝声，这种噪声一部分是由磁带和放音头之间的摩擦引起的。现假定一旦放音噪音咝咝声叠加在信号上，当以 dB 为单位计量时，就具有图 P6.56(a) 所示的频谱，且在 100 Hz 处，信号电平等于 0 dB。信号的频谱 $S(j\omega)$ 如图 P6.56(b) 所示。该系统有一个滤波器 $H_1(j\omega)$，在录音前，该滤波器适当改变信号 $s(t)$。放音时，咝咝声加到信号上。该系统的方框图如图 P6.56(c) 所示。
希望整个系统在频率范围 50 Hz $< \omega/2\pi <$ 20 kHz 内具有 40 dB 的信噪比。
(a) 确定滤波器 $H_1(j\omega)$ 的传输特性，画出 $H_1(j\omega)$ 的伯德图。
(b) 如果要听的是信号 $p(t)$，并假定放音过程只是给信号叠加了咝咝声，你认为听到的将是什么声音？
(c) 滤波器 $H_2(j\omega)$ 的伯德图和传输特性应该是什么样的，才能使信号 $\hat{s}(t)$ 听起来与 $s(t)$ 相近。

6.57 证明：若一个离散时间线性时不变滤波器的单位脉冲响应 $h[n]$ 总是大于或等于零，即 $h[n] \geq 0$，那么该滤波器的阶跃响应就是单调非减小的，因此就一定没有超量。

6.58 无论是在模拟滤波器还是在数字滤波器设计中，通常都是逼近一个给定的模特性，而没有特别考虑相位问题。例如，低通和带通滤波器的标准设计方法就是只考虑模特性而导出的。

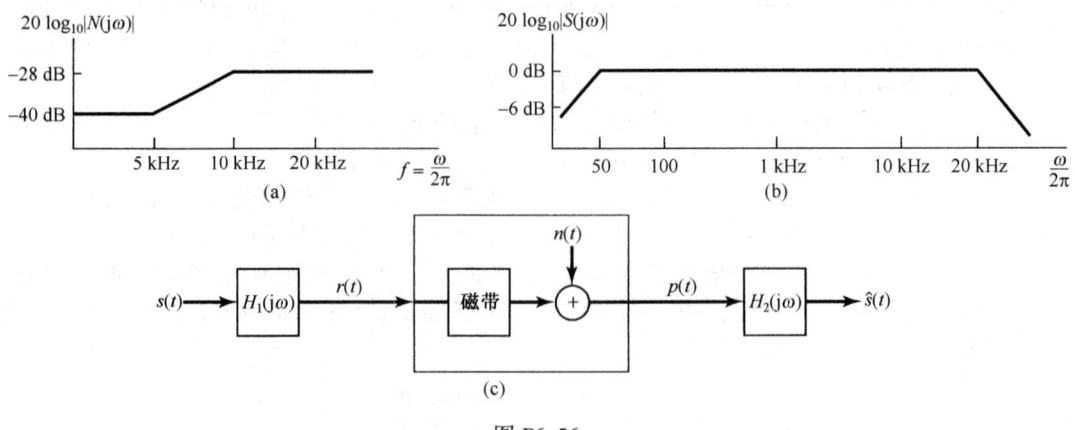

图 P6.56

在许多滤波问题中,人们总是希望能有一个零相位或线性相位的特性。对于因果滤波器来说,具有零相位是不可能的。然而,在许多数字滤波器的应用场合,如果对信号的处理不一定要实时,就不必使滤波器的单位脉冲响应在 $n<0$ 时为零。

当被过滤的数据具有有限长,并且被存储在磁盘或磁带上时,通常应用于数字滤波中的一种方法是把数据先按顺序,然后再颠倒过来通过同一个滤波器来进行处理。

令 $h[n]$ 是一个具有任意相位特性的因果滤波器的单位脉冲响应。假定 $h[n]$ 为实序列,其傅里叶变换为 $H(e^{j\omega})$。设 $x[n]$ 是要过滤的数据。这一滤波运算按如下步骤进行:

(a) **方法 A**:按图 P6.58(a) 所示步骤处理 $x[n]$,得到 $s[n]$。
  (1) 确定从 $x[n]$ 到 $s[n]$ 的总的单位脉冲响应 $h_1[n]$,并证明它具有零相位特性。
  (2) 确定 $|H_1(e^{j\omega})|$,并用 $|H(e^{j\omega})|$ 和 $\sphericalangle H(e^{j\omega})$ 来表示 $H_1(e^{j\omega})$。

(b) **方法 B**:通过滤波器 $h[n]$ 处理 $x[n]$ 以得到 $g[n]$ [见图 P6.58(b)],并且让 $x[n]$ 倒置过来通过 $h[n]$ 以得到 $r[n]$,而输出 $y[n]$ 是 $g[n]$ 与 $r[-n]$ 之和。这一组复合运算可以用一个输入为 $x[n]$,输出为 $y[n]$,单位脉冲响应为 $h_2[n]$ 的滤波器来表示。
  (1) 证明该复合滤波器 $h_2[n]$ 具有零相位特性。
  (2) 确定 $|H_2(e^{j\omega})|$,并用 $|H(e^{j\omega})|$ 和 $\sphericalangle H(e^{j\omega})$ 来表示 $H_2(e^{j\omega})$。

(c) 假若已知一个有限长序列,现欲对它进行带通、零相位过滤;再者,假定已知带通滤波器 $h[n]$,其频率响应由图 P6.58(c) 给出,它具有所需的模特性,但相位是线性的。为了实现零相位,既可以应用方法 A,也可以应用方法 B。确定并画出 $|H_1(e^{j\omega})|$ 和 $|H_2(e^{j\omega})|$。根据这些结果,应该用哪一种方法才能实现所要求的带通滤波?为什么?更一般地讲,若 $h[n]$ 具有所要求的模特性,但相位特性是非线性的,那么为了得到零相位特性,哪一种方法更为可取?

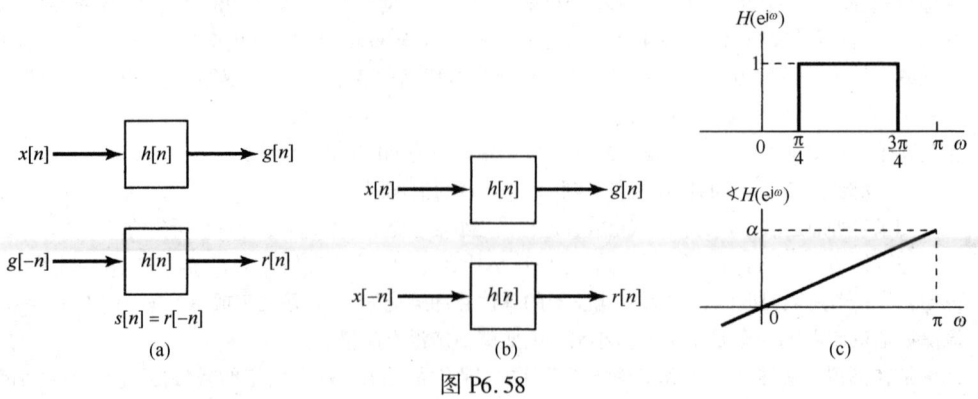

图 P6.58

6.59 设 $h_d[n]$ 代表一个所需理想系统的单位脉冲响应，其频率响应为 $H_d(e^{j\omega})$，再设 $h[n]$ 代表一个长度为 N，频率响应为 $H(e^{j\omega})$ 的 FIR 系统的单位脉冲响应。在本题中，要证明对 $h_d[n]$ 施加一个长度为 N 个样本点的矩形窗，将得到一个单位脉冲响应 $h[n]$，使得均方误差

$$\epsilon^2 = \frac{1}{2\pi}\int_{-\pi}^{\pi}|H_d(e^{j\omega}) - H(e^{j\omega})|^2 \, d\omega$$

为最小。

(a) 误差函数 $E(e^{j\omega}) = H_d(e^{j\omega}) - H(e^{j\omega})$ 可以表示为幂级数

$$E(e^{j\omega}) = \sum_{n=-\infty}^{\infty} e[n]e^{-j\omega n}$$

求用 $h_d[n]$ 和 $h[n]$ 表示的系数 $e[n]$。

(b) 利用帕塞瓦尔定理，用系数 $e[n]$ 表示均方误差 ϵ^2。

(c) 证明：对长度为 N 个样本点的单位脉冲响应 $h[n]$，当

$$h[n] = \begin{cases} h_d[n], & 0 \leq n \leq N-1 \\ 0, & \text{其他} \end{cases}$$

时，ϵ^2 为最小。也就是说，对于一个固定的 N 值，简单地截断就给出了对所需频率响应的最好均方近似。

6.60 在习题 6.50 中，曾讨论一个连续时间滤波器用于从频谱有重叠的两个信号中恢复一个信号的问题，并就该滤波器频率响应的确定考虑了一个特定的准则，现在就离散时间滤波器的情况，对应习题 6.50 的(b)部分所得的结果，建立相应的结论。

6.61 在许多场合，都有某种模拟或数字滤波器模块可资利用，例如一个基本的硬件单元或一个计算机子程序。重复使用这些模块或者把一些相同的模块组合起来，即可实现通带或阻带特性有所改善的新的滤波器。在本题和下一个习题中，讨论这样做的两种方法。虽然讨论是对离散时间滤波器进行的，但大部分都能直接用到连续时间滤波器中。

考虑频率响应为 $H(e^{j\omega})$ 的一个低通滤波器，它的 $|H(e^{j\omega})|$ 位于图 P6.61 所示的容限之内，即

$$1 - \delta_1 \leq |H(e^{j\omega})| \leq 1 + \delta_1, \quad 0 \leq \omega \leq \omega_1$$
$$0 \leq |H(e^{j\omega})| \leq \delta_2, \quad \omega_2 \leq \omega \leq \pi$$

现在由两个频率响应均为 $H(e^{j\omega})$ 的滤波器经级联后构成一个新的滤波器，其频率响应为 $G(e^{j\omega})$。

(a) 确定 $|G(e^{j\omega})|$ 的容限。

(b) 假定 $H(e^{j\omega})$ 是对一个低通滤波器的很好近似，因此 $\delta_1 \ll 1, \delta_2 \ll 1$，那么 $G(e^{j\omega})$ 的通带起伏比 $H(e^{j\omega})$ 的通带起伏大还是小？$G(e^{j\omega})$ 的阻带起伏比 $H(e^{j\omega})$ 的大还是小？

(c) 若将 N 个频率响应均为 $H(e^{j\omega})$ 的相同滤波器级联起来，从而得到一个新的频率响应 $G(e^{j\omega})$，并再次假定 $\delta_1 \ll 1, \delta_2 \ll 1$，试决定 $|G(e^{j\omega})|$ 的近似容限。

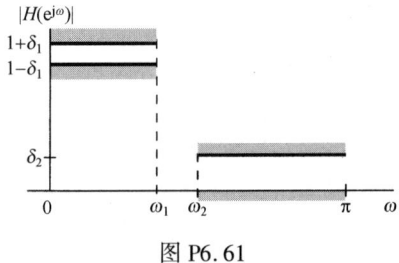

图 P6.61

6.62 在习题 6.61 中，讨论了重复利用基本滤波器模块实现特性改善了的新滤波器的一种方法。现在来考虑另一种方法，该方法是由 J. W. Tukey 在 *Exploratory Date-Analysis* (Reading MA: Addison-Wesley, 1976) 一书中提出来的。这种方法以方框图的形式示于图 P6.62(a)。

(a) 假设 $H(e^{j\omega})$ 是实函数，而且具有通带起伏 $\pm \delta_1$ 和阻带起伏 $\pm \delta_2$，即 $H(e^{j\omega})$ 位于图 P6.62(b)所示的

容限之内。图 P6.62(a)中整个系统的频率响应 $G(e^{j\omega})$ 位于图 P6.62(c)所指出的容限内。试用 δ_1 和 δ_2 来确定 A、B、C 和 D。

(b) 若 $\delta_1 \ll 1$，$\delta_2 \ll 1$，那么与 $G(e^{j\omega})$ 有关的近似通带和阻带起伏是什么？特别要指出：$G(e^{j\omega})$ 的通带起伏比 $H(e^{j\omega})$ 的通带起伏大还是小？同时也应指出：$G(e^{j\omega})$ 的阻带起伏比 $H(e^{j\omega})$ 的阻带起伏大还是小？

(c) 在(a)和(b)中都假定 $H(e^{j\omega})$ 是实函数。现考虑 $H(e^{j\omega})$ 具有更一般的形式：
$$H(e^{j\omega}) = H_1(e^{j\omega})e^{j\theta(\omega)}$$
其中 $H_1(e^{j\omega})$ 是实函数，且 $\theta(\omega)$ 是一个未给定的相位特性。如果 $|H(e^{j\omega})|$ 是对某个理想低通滤波器的一个合理近似，问 $|G(e^{j\omega})|$ 必定是对某一理想低通滤波器的一个合理近似吗？

(d) 现在假定 $H(e^{j\omega})$ 是一个 FIR 线性相位低通滤波器，因此有
$$H(e^{j\omega}) = H_1(e^{j\omega})e^{jM\omega}$$
其中 $H_1(e^{j\omega})$ 是实函数，且 M 为整数。说明如何修改图 P6.62(a)的系统，使得整个系统可近似为一个低通滤波器。

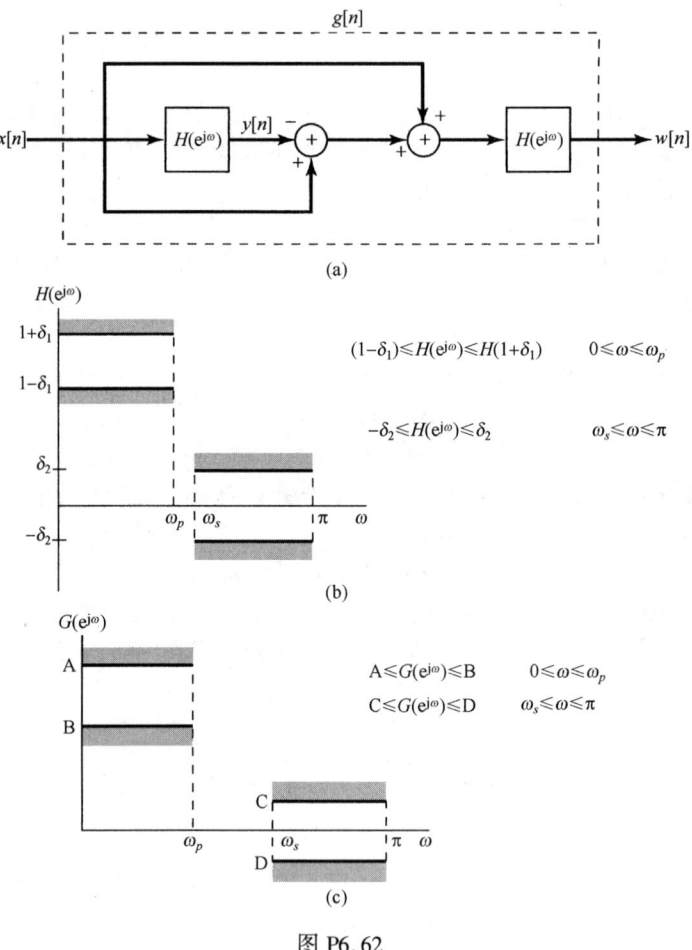

图 P6.62

6.63 在数字滤波器的设计中，往往选择一种具有最短长度而又有所给定模特性的滤波器；也就是说，单位脉冲响应(它是复频谱的傅里叶逆变换)应该尽可能短。假定 $h[n]$ 是实序列，要证明：如果与频率响应 $H(e^{j\omega})$ 有关的相位 $\theta(\omega)$ 是零，则单位脉冲响应的长度就是最短的。设频率响应可表示为
$$H(e^{j\omega}) = |H(e^{j\omega})|e^{j\theta(\omega)}$$

以 D 作为与单位脉冲响应 $h[n]$ 的长度有关的一种度量,这里 D 为

$$D = \sum_{n=-\infty}^{\infty} n^2 h^2[n] = \sum_{n=-\infty}^{\infty} (nh[n])^2$$

(a) 利用傅里叶变换的微分性质和帕塞瓦尔定理,用 $H(e^{j\omega})$ 表示 D。
(b) 通过把 $H(e^{j\omega})$ 表示为它的模 $|H(e^{j\omega})|$ 和相位 $\theta(\omega)$,利用(a)中的结果,证明当相位 $\theta(\omega) = 0$ 时,D 为最小。

6.64 对于一个因果的且具有真正线性相位的离散时间滤波器,其单位脉冲响应必须是有限长的,因此其差分方程也必然是非递归的。为了看一看这种说法所包含的深层意义,现在考虑一种特殊的情况,这种情况的线性相位的斜率为一个整数,因此假定频率响应具有如下形式:

$$H(e^{j\omega}) = H_r(e^{j\omega})e^{-jM\omega}, \quad -\pi < \omega < \pi \quad (\text{P6.64-1})$$

其中 $H_r(e^{j\omega})$ 为实偶函数。

令 $h[n]$ 为频率响应为 $H(e^{j\omega})$ 的滤波器的单位脉冲响应,$h_r[n]$ 为频率响应为 $H_r(e^{j\omega})$ 的滤波器的单位脉冲响应。

(a) 利用表 5.1 的相关性质,证明:
(1) $h_r[n] = h_r[-n]$,即 $h_r[n]$ 关于 $n = 0$ 对称。
(2) $h[n] = h_r[n - M]$。

(b) 利用(a)中结果,证明:如果 $H(e^{j\omega})$ 具有式(P6.64-1)的形式,则 $h[n]$ 关于 $n = M$ 对称,也即

$$h[M + n] = h[M - n] \quad (\text{P6.64-2})$$

(c) 根据(b)的结果,式(P6.64-1)中的线性相位特性就一定有单位脉冲响应的对称性质。证明:若 $h[n]$ 是因果的,并且具有式(P6.64-2)的对称性质,则

$$h[n] = 0, \quad 2M < n < 0$$

即 $h[n]$ 必定是有限长的。

6.65 对离散时间巴特沃思低通滤波器来说,其频率响应的模平方为

$$|B(e^{j\omega})|^2 = \frac{1}{1 + \left(\frac{\tan(\omega/2)}{\tan(\omega_c/2)}\right)^{2N}}$$

其中 ω_c 是截止频率(将它取为 $\pi/2$),N 是滤波器的阶数(将其定为 $N=1$),因此有

$$|B(e^{j\omega})|^2 = \frac{1}{1 + \tan^2(\omega/2)}$$

(a) 利用三角恒等式证明 $|B(e^{j\omega})|^2 = \cos^2(\omega/2)$。
(b) 令 $B(e^{j\omega}) = a\cos(\omega/2)$,当 a 取什么复数值时,$|B(e^{j\omega})|^2$ 与(a)中的相同?
(c) 证明(b)中的 $B(e^{j\omega})$ 是与如下差分方程:

$$y[n] = \alpha x[n] + \beta x[n - \gamma]$$

对应的传输函数。确定 α,β 和 γ。

6.66 在图 P6.66(a)中,给出一个离散时间系统,它由 N 个单位脉冲响应为 $h_k[n]$,$k = 0, 1, \cdots, N-1$ 的线性时不变滤波器并联组合而成。对任何 k,$h_k[n]$ 由如下表达式与 $h_0[n]$ 相联系:

$$h_k[n] = e^{j(2\pi nk/N)} h_0[n]$$

(a) 如果 $h_0[n]$ 是一个理想的离散时间低通滤波器,其频率响应 $H_0(e^{j\omega})$ 如图 P6.66(b)所示,试对 $-\pi < \omega \le +\pi$ 范围内的 ω,大致画出 $h_1[n]$ 和 $h_{N-1}[n]$ 的傅里叶变换。

(b) 利用 N 确定图 P6.66(b) 中的截止频率 $\omega_c (0 < \omega_c \leq \pi)$，使得图 P6.66(a) 的系统是一个恒等系统。也就是说，对所有的 n 和任何输入 $x[n]$，都有 $y[n] = x[n]$。

(c) 假定 $h[n]$ 不再限定为理想低通滤波器，如果 $h[n]$ 代表图 P6.66(a) 整个系统的单位脉冲响应，该系统的输入为 $x[n]$，输出为 $y[n]$，那么 $h[n]$ 可以表示为如下形式：

$$h[n] = r[n]h_0[n]$$

试确定并画出 $r[n]$。

(d) 根据(c)的结果，对 $h_0[n]$ 确定一个必要与充分条件，以保证整个系统是一个恒等系统（即对任何输入 $x[n]$，输出 $y[n]$ 都一定等于 $x[n]$）。答案中不应包含任何和式。

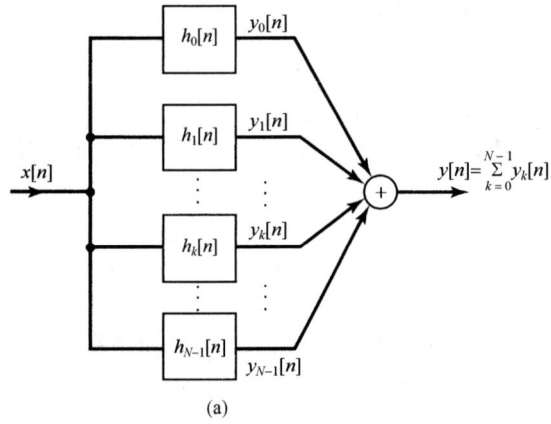
(a)

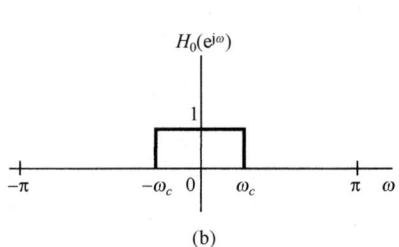
(b)

图 P6.66

第7章 采 样

7.0 引言

在一定条件下,一个连续时间信号完全可以用该信号在等时间间隔点上的值或**样本**(sample)来表示,并且可以用这些样本值把该信号全部恢复出来。这个有些令人惊讶的性质来自**采样定理**(sampling theorem)。这一定理是极为重要和有用的。例如,电影就是由一组按时序的单个画面(一帧)组成的,其中每一帧都代表着连续变化景象中的一个瞬时画面(也就是时间样本),当以足够快的速度来看这些时序样本时,我们就会感觉到原来连续活动景象的重现。又如,印刷照片一般是由很多非常细小的网点组成的,其中每一点就相应于空间连续图像的一个采样点,如果这些样点在空间距离上足够靠近,那么这幅照片看起来在空间上还是连续的。当然,借助于放大镜,这些样点的不连续性还是可以看得见的。

采样定理的重要性还在于它在连续时间信号和离散时间信号之间所起的桥梁作用。正如我们将在本章中看到的,在一定条件下,一个连续时间信号可以由它的样本完全恢复出来,这样就提供了用一个离散时间信号来表示一个连续时间信号的想法。在很多方面,离散时间信号的处理更灵活方便,因此往往比处理连续时间信号更为可取。这主要是由于在过去的几十年中数字技术的急剧发展,产生了大量价廉、轻便、可编程并易于再生产的离散时间系统可资利用。采样的概念使人们想到一种极富吸引力并广泛使用的方法,利用离散时间系统技术来实现连续时间系统并处理连续时间信号:可以利用采样先把一个连续时间信号变换为一个离散时间信号,再用一个离散时间系统将该离散时间信号进行处理,之后再把它变换回到连续时间中。

在下面的讨论中,首先介绍并建立采样的概念和从样本值重建一个连续时间信号的过程。在讨论中,既要证明一个连续时间信号能真正由它的样本值恢复出来的条件,也要研究当这些条件不满足时所产生的后果。接着研究经由采样已经变换到离散时间信号的连续时间信号处理。最后讨论离散时间信号的采样,以及有关抽取和内插的概念。

7.1 用信号样本表示连续时间信号:采样定理

一般来讲,在没有任何附加条件或说明的情况下,我们不能指望一个信号能唯一地由一组等间隔的样本值来表征。例如,在图 7.1 中示出了三个不同的连续时间信号,在 T 的整倍数时刻点上,它们全部有相同的值,即

$$x_1(kT) = x_2(kT) = x_3(kT)$$

很明显,有无限多个信号都可以产生一组给定的样本值。然而,读者将会看到,如果一个信号是带限的(即它的傅里叶变换在某一有限频带范围以外均为零),并且它的样本取得足够密(相对于信号中的最高频率而言),这些样本值就能**唯一地**(uniquely)用来表征这一信号,并且能从这些样本中把信号完全恢复出来。这一结果就是**采样定理**(sampling theorem),它在信号与系统分析方法的实际应用中极为重要。

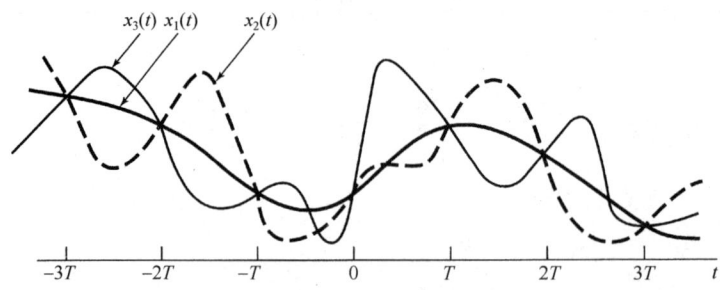

图 7.1　在 T 的整倍数时刻点上具有相同值的三个连续时间信号

7.1.1　冲激串采样

为了建立采样定理,我们需要一种方便的方式来表示一个连续时间信号在均匀间隔上的采样。为此,一种有用的方法是用一个周期冲激串去乘待采样的连续时间信号 $x(t)$,该方法称为**冲激串采样**(impulse-train sampling),如图 7.2 所示。这个周期冲激串 $p(t)$ 称为**采样函数**(sampling function),周期 T 称为**采样周期**(sampling period),而 $p(t)$ 的基波频率 $\omega_s = 2\pi/T$ 称为**采样频率**(sampling frequency)。

在时域中有

$$x_p(t) = x(t)p(t) \tag{7.1}$$

其中,

$$p(t) = \sum_{n=-\infty}^{+\infty} \delta(t - nT) \tag{7.2}$$

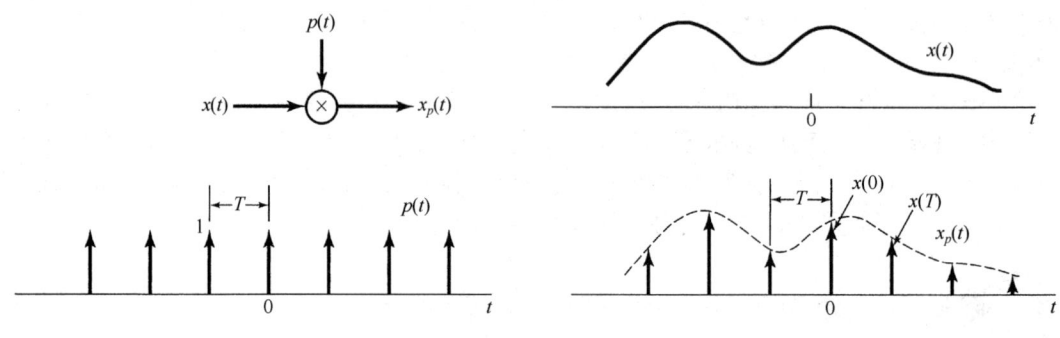

图 7.2　冲激串采样

由 1.4.2 节曾讨论过的单位冲激函数的采样性质可知,$x(t)$ 被一个单位冲激函数相乘以后就将冲激发生的这一点的信号值采样出来,即 $x(t)\delta(t-t_0) = x(t_0)\delta(t-t_0)$。将此应用于式(7.1),如图 7.2 所示,可见 $x_p(t)$ 本身就是一个冲激串,其冲激的幅度等于 $x(t)$ 在以 T 为间隔处的样本值,即

$$x_p(t) = \sum_{n=-\infty}^{+\infty} x(nT)\delta(t - nT) \tag{7.3}$$

由 4.5 节的相乘性质可知

$$X_p(j\omega) = \frac{1}{2\pi}\int_{-\infty}^{+\infty} X(j\omega)P(j(\omega - \theta))d\theta \tag{7.4}$$

并由例 4.8 有

$$P(j\omega) = \frac{2\pi}{T} \sum_{k=-\infty}^{+\infty} \delta(\omega - k\omega_s) \tag{7.5}$$

因为信号与一个单位冲激函数的卷积就是该信号的移位,即 $X(j\omega) * \delta(\omega - \omega_0) = X(j(\omega - \omega_0))$,于是有

$$X_p(j\omega) = \frac{1}{T} \sum_{k=-\infty}^{+\infty} X(j(\omega - k\omega_s)) \tag{7.6}$$

也就是说,$X_p(j\omega)$ 是频率 ω 的周期函数,它由一组移位的 $X(j\omega)$ 的叠加组成,但在幅度上标以 $1/T$ 的变化,如图 7.3 所示。在图 7.3(c) 中,由于 $\omega_M < (\omega_s - \omega_M)$,或者 $\omega_s > 2\omega_M$,因此在互相移位的这些 $X(j\omega)$ 之间并无重叠现象出现;而在图 7.3(d) 中,由于 $\omega_s < 2\omega_M$,从而存在重叠。对于图 7.3(c) 这样的情况,$X(j\omega)$ 如实地在采样频率的整数倍频率上重现,因而如果 $\omega_s > 2\omega_M$,$x(t)$ 就能够完全用一个低通滤波器从 $x_p(t)$ 中恢复出来。该低通滤波器的增益为 T,截止频率大于 ω_M 而小于 $\omega_s - \omega_M$,如图 7.4 所示。这一基本结果称为**采样定理**,可叙述如下[①]。

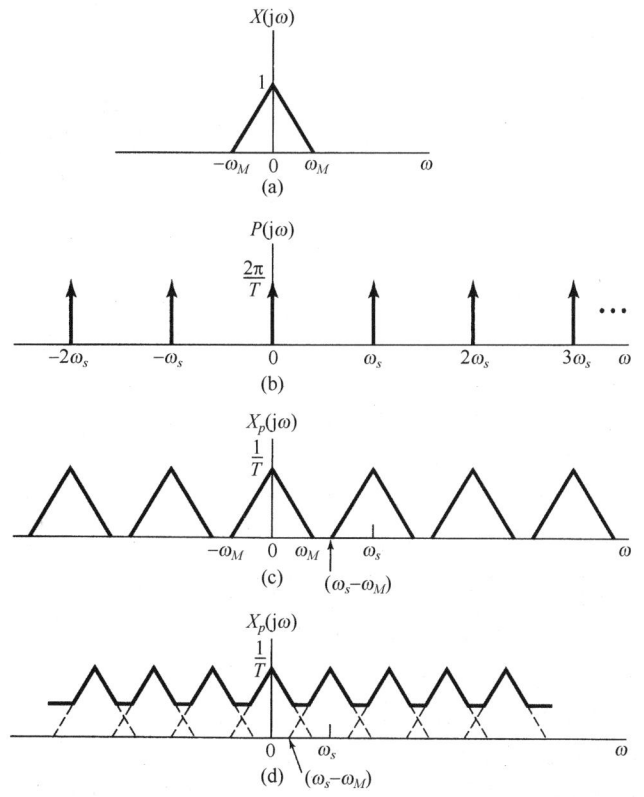

图 7.3 时域采样在频域中的效果。(a) 原始信号频谱;(b) 采样函数的频谱;
(c) $\omega_s > 2\omega_M$ 时已采样信号的频谱;(d) $\omega_s < 2\omega_M$ 时已采样信号的频谱

---

① 这一重要而著名的采样定理曾在数学文献中以各种不同的形式应用了很多年,关于这一点可见 J. M. Whittaker 所著 *Interpolatory Function Theory* (New York: Stecher-Hafner Service Agency, 1964) 第 4 章。直到 1949 年香农(Shannon)发表了经典论文 Communication in the Presence of Noise (*Proceedings of the IRE*, January 1949, pp. 10~21) 以后,才明确地出现在通信理论的文献中。然而,H. Nyquist(1928) 和 D. Gabor(1946) 都指出过,根据傅里叶级数的应用,为表示一个持续期为 T 且最高频率为 W 的时间函数,有 $2TW$ 个数就足够了。[H. Nyquist, Certain Topics in Telegraph Transmission Theory. *AIEE Transactions*, 1928, p. 617; D. Gabor. Theory of Communication. *Journal of IEE* 93, no. 26 (1946), p.429]。

采样定理

设 $x(t)$ 是某一个带限信号，在 $|\omega|>\omega_M$ 时，$X(j\omega)=0$。如果 $\omega_s>2\omega_M$，其中 $\omega_s=2\pi/T$，那么 $x(t)$ 就唯一地由其样本 $x(nT)$，$n=0,\pm 1,\pm 2,\cdots$ 所确定。

已知这些样本值，就能用如下方法重建 $x(t)$：产生一个周期冲激串，其冲激幅度就是这些依次而来的样本值；然后将该冲激串通过一个增益为 T，截止频率大于 ω_M 而小于 $\omega_s-\omega_M$ 的理想低通滤波器，该滤波器的输出就是 $x(t)$。

在采样定理中，采样频率必须大于 $2\omega_M$，该频率 $2\omega_M$ 一般称为**奈奎斯特速率**(Nyquist rate)[①]。

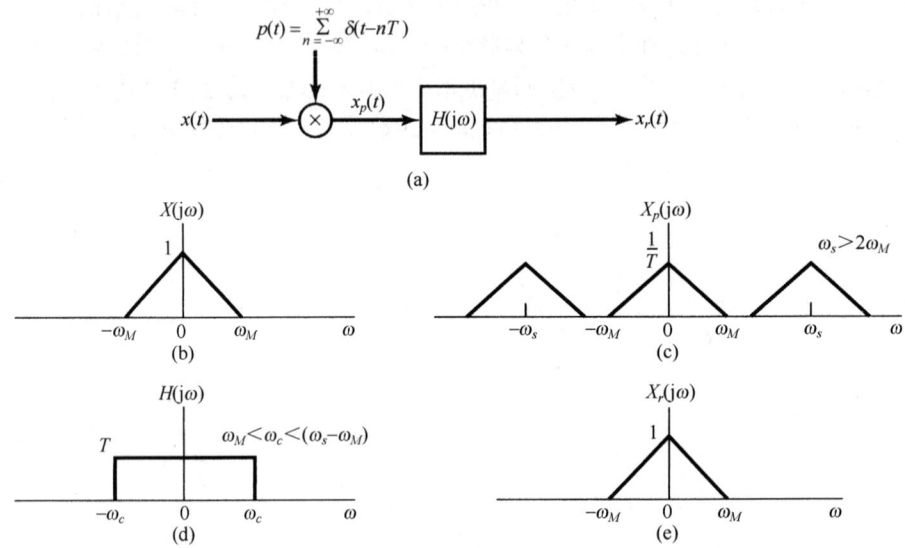

图 7.4 利用一个理想低通滤波器从信号的样本中完全恢复一个连续时间信号。(a) 采样与恢复系统; (b) $x(t)$ 的频谱; (c) $x_p(t)$ 的频谱; (d) 用于从 $X_p(j\omega)$ 恢复 $X(j\omega)$ 的理想低通滤波器; (e) $x_r(t)$ 的频谱

正如在第 6 章所讨论的，有各种不同的理由表明在实际中一般不用理想滤波器。在任何实际应用中，图 7.4 中的理想低通滤波器都用一个非理想滤波器 $H(j\omega)$ 所代替，该 $H(j\omega)$ 对于所关心的问题来说已足够准确地近似于所要求的频率特性，即 $|\omega|<\omega_M$ 时 $H(j\omega)\approx 1$，$|\omega|>\omega_s-\omega_M$ 时 $H(j\omega)\approx 0$。显然，在这个低通滤波部分，任何这样的近似都会带来图 7.4 中 $x(t)$ 与 $x_r(t)$ 之间的某些差异，或者说 $X(j\omega)$ 与 $X_r(j\omega)$ 之间的某些差异。这样，考虑到特定应用中所能接受的失真程度，非理想滤波器的选择就很关键了。为了方便，同时也为了强调诸如采样定理这样一些基本原理，本章和下一章都假定使用这些理想滤波器，但在实际中就所讨论的问题来说，这样一个滤波器都必须被一个专门设计的、对理想特性足够近似的非理想滤波器所代替。

7.1.2 零阶保持采样

最容易利用冲激串采样来说明的采样定理确立了这样一个事实，即一个带限信号唯一地可以用它的样本来代表。实际上，产生和传输窄而幅度大的脉冲(这就很近似于冲激)都相当困难，因此以所谓**零阶保持**(zero-order hold)的方式来产生采样信号往往更方便一些。在这样的系统中，

[①] 对应于 1/2 奈奎斯特速率的频率 ω_M 往往称为**奈奎斯特频率**。

在一个给定的瞬时对 $x(t)$ 采样并保持这一样本值,直到下一个样本被采到为止,如图 7.5 所示。由一个零阶保持系统的输出来重建 $x(t)$,仍可以利用低通滤波的方法来实现。然而,在这一情况下,所要求的滤波器特性不再是在通带内具有恒定的增益。为了求得所要求的滤波器特性,首先注意到这个零阶保持的输出 $x_0(t)$ 在原理上可以用冲激串采样,再紧跟着一个线性时不变系统(该系统具有矩形的单位冲激响应)来得到,如图 7.6 所示。为了由 $x_0(t)$ 重建 $x(t)$,可以考虑用一个单位冲激响应为 $h_r(t)$,频率响应为 $H_r(j\omega)$ 的线性时不变系统来处理 $x_0(t)$。这个系统与图 7.6 所示的系统级联后如图 7.7 所示,这里希望给出一个 $H_r(j\omega)$,以使 $r(t)=x(t)$。对比图 7.7 和图 7.4 中的系统可以看出,如果 $h_0(t)$ 与 $h_r(t)$ 级联后的特性是在图 7.4 中所用的理想低通滤波器 $H(j\omega)$ 的特性,那么 $r(t)=x(t)$。因为根据例 4.4 和 4.3.2 节的时移性质,有

$$H_0(j\omega) = e^{-j\omega T/2}\left[\frac{2\sin(\omega T/2)}{\omega}\right] \tag{7.7}$$

这就要求

$$H_r(j\omega) = \frac{e^{j\omega T/2}H(j\omega)}{\frac{2\sin(\omega T/2)}{\omega}} \tag{7.8}$$

例如,若 $H(j\omega)$ 的截止频率等于 $\omega_s/2$,则紧跟在一个零阶保持系统后面的重建滤波器的理想模和相位特性如图 7.8 所示。

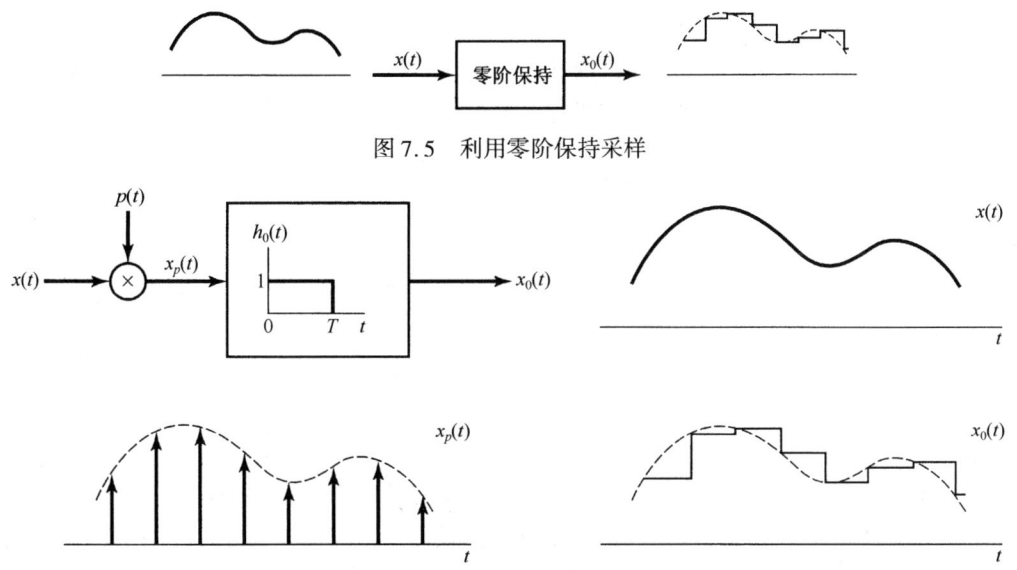

图 7.5 利用零阶保持采样

图 7.6 作为冲激串采样,再紧跟一个具有矩形单位冲激响应的线性时不变系统的零阶保持

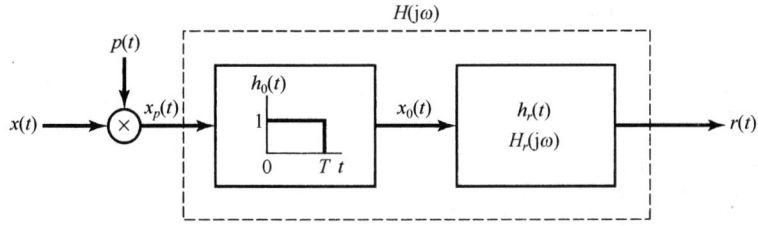

图 7.7 零阶保持(见图 7.6)与一个重建滤波器的级联

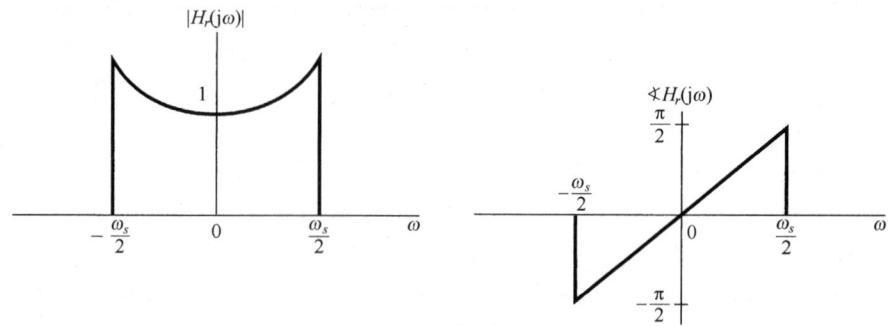

图7.8 为零阶保持采样重建信号的重建滤波器的模和相位特性

再次看到,实际上式(7.8)的频率响应也是不可能真正实现的,因此必须对它进行充分近似的设计。事实上,在很多情况下,零阶保持输出本身就被认为是一种对原始信号的充分近似,而用不着附加任何低通滤波。并且,实质上它就代表了一种可能的(虽然肯定很粗糙)样本值之间的内插。另一方面,在某些应用中也可能希望在样本值之间进行某些较平滑的内插。下一节将更详细地将从信号样本重建信号看成一个内插的过程,以研究内插的一般概念。

7.2 利用内插由样本重建信号

内插(也就是用一个连续信号对一组样本值的拟合)是一个由样本值来重建某一函数的常用过程,这一重建结果既可以是近似的,也可以是完全准确的。一种简单的内插过程就是7.1节讨论过的零阶保持;另一种简单而有用的内插形式是**线性内插**(linear interpolation),就是将相邻的样本点用直线直接连起来,如图7.9所示。在更为复杂的内插公式中,样本点之间可以用高阶多项式或其他数学函数来进行拟合。

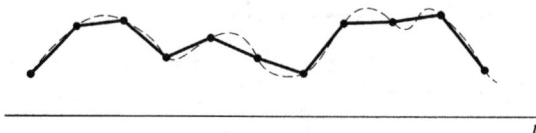

图7.9 样本点之间的线性内插。虚线为原始信号,实线为线性内插

在7.1节中已经看到,一个带限信号,如果采样足够密,信号就能完全恢复。也就是说,通过应用一个低通滤波器在样本点之间的真正内插就能实现这一点。当考虑图7.4中的低通滤波器在时域中的效果时,把重建$x(t)$作为一个内插过程就变得愈加清楚了。特别是,输出$x_r(t)$为

$$x_r(t) = x_p(t) * h(t)$$

或者,以式(7.3)的$x_p(t)$代入得

$$x_r(t) = \sum_{n=-\infty}^{+\infty} x(nT)h(t - nT) \tag{7.9}$$

式(7.9)体现了在样本点$x(nT)$之间如何拟合成一条连续曲线,因此代表了一种内插公式。对于图7.4中的理想低通滤波器$H(j\omega)$,$h(t)$为

$$h(t) = \frac{\omega_c T \sin(\omega_c t)}{\pi \omega_c t} \tag{7.10}$$

所以有

$$x_r(t) = \sum_{n=-\infty}^{+\infty} x(nT)\frac{\omega_c T}{\pi}\frac{\sin[\omega_c(t-nT)]}{\omega_c(t-nT)} \tag{7.11}$$

按照式(7.11),在 $\omega_c = \omega_s/2$ 时的重建过程如图7.10所示。图7.10(a)代表原始带限信号 $x(t)$,图7.10(b)是样本冲激串 $x_p(t)$,图7.10(c)则是由式(7.11)中每一项叠加的结果。

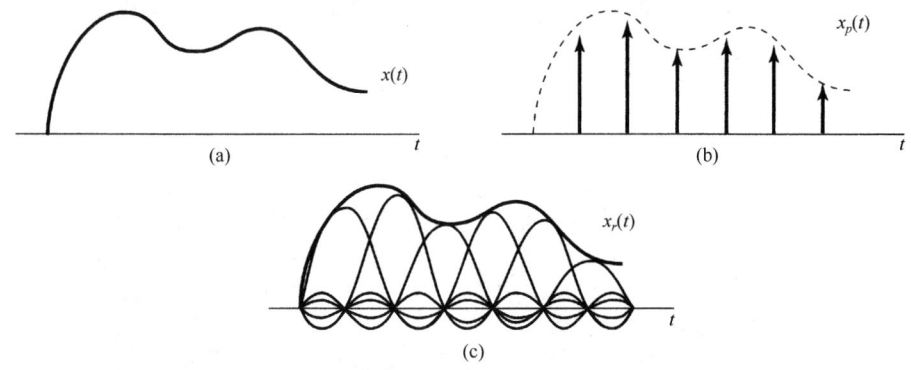

图7.10 利用 sinc 函数的理想带限内插。(a) 带限信号 $x(t)$;(b) $x(t)$ 的样本冲激串;(c) 用式(7.11)的 sinc 函数的叠加取代冲激串的理想带限内插

正如式(7.11)所示,利用理想低通滤波器的单位冲激响应的内插通常称为**带限内插**(band-limited interpolation)。因为只要 $x(t)$ 是带限的,而采样频率又满足采样定理中的条件,这种内插就实现了信号的真正重建。正如前文已经指出的,在很多情况下,宁可采用准确性差一些,但稍微简单一些的滤波器,或者说比式(7.10)简单一些的内插函数。例如,零阶保持就可以看成在样本值之间进行内插的一种形式,在那里内插函数 $h(t)$ 就是图7.6所示的单位冲激响应 $h_0(t)$。在这种意义下,若图7.6中的 $x_0(t)$ 相应于对 $x(t)$ 的近似,系统 $h_0(t)$ 就代表对一个能实现真正内插的理想低通滤波器的近似。图7.11给出了零阶保持内插滤波器传输函数的模特性,图中把该模特性叠放在一个能实现真正内插的滤波器特性之上,以供比较。

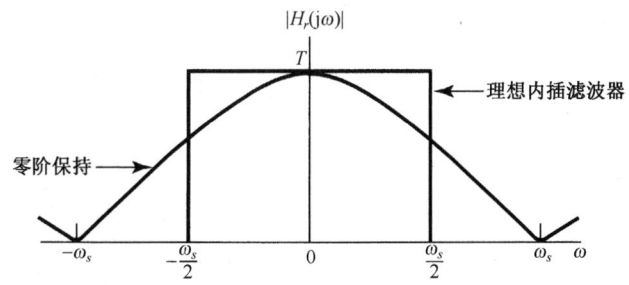

图7.11 零阶保持和理想内插滤波器的传输函数

由图7.11和图7.6都能看出,零阶保持是一种很粗糙的近似,尽管在某些情况下这已经足够了。例如,如果在某一具体应用中,本身就有某种附加的低通滤波作用,就会有助于改善总的内插效果。这一点可以用图7.12所示的照片例子来说明。图7.12(a)示出的是照片经冲激采样的结果(即用空间上很窄的脉冲来采样)。图7.12(b)则是将图7.12(a)的样本通过一个二维零阶保持系统的结果,图中具有明显的镶嵌效应。然而,由于人的视觉系统具有固有的某种低通滤波作用,因此如果站在远处看,镶嵌上的不连续处就得到了平滑。例如,图7.12(c)仍旧采用零阶保持,但在每一个方向上的采样间隔都是图7.12(a)所用的采样间隔的1/4。这时,虽然镶嵌效应仍然很明显,但在正常观察下,好似加了一个很强的低通过滤。

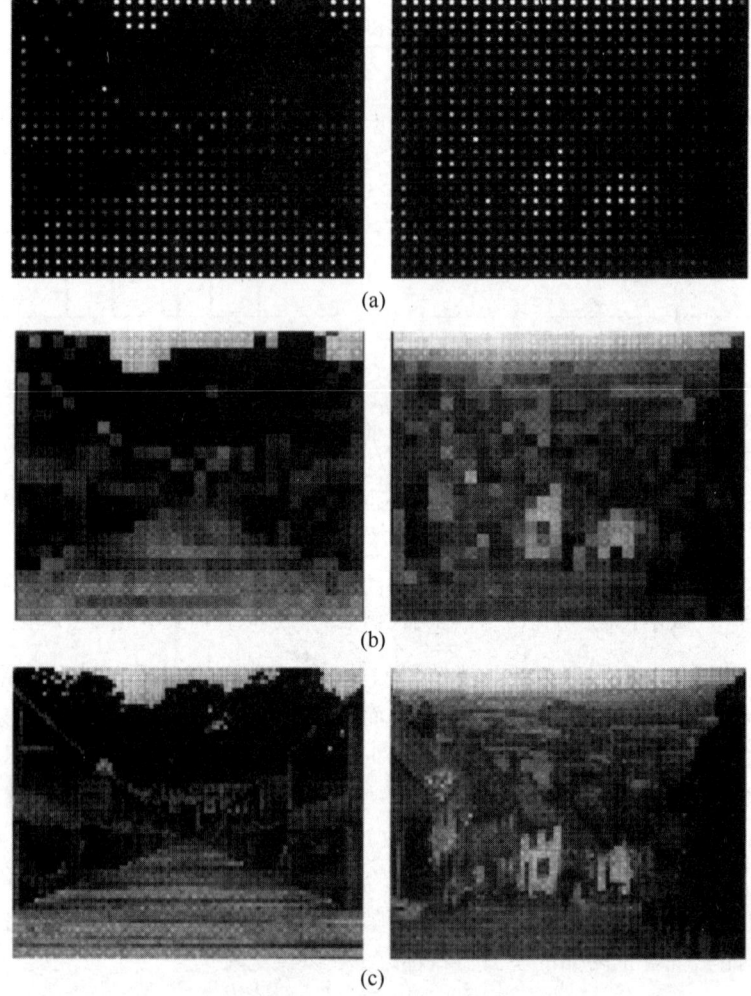

图 7.12 (a) 将图 6.2 的(a)和(g)的照片冲激串采样的结果;(b) 对图(a)施加零阶保持滤波,由于人的视觉系统具有固有的低通过滤作用,其截止频率随距离而减小,因此当从远距离观察时,图7.12(b)中镶嵌的不连续处得到平滑;(c) 水平和垂直方向采样间隔都只是(a)和(b)时的1/4,仍用零阶保持过滤的结果

如果由零阶保持所给出的粗糙内插令人不够满意,则可以使用各种更为平滑的内插手段,其中的一些合起来统称为**高阶保持**(higher order hold)。特别是,零阶保持产生的图 7.5 所示的输出信号是不连续的;而与此相比,图 7.9 所示的线性内插产生的恢复信号是连续的,但由于在各样本点上斜率的改变而导致导数是不连续的。线性内插(有时也称一阶保持)也可看成一种如图 7.4 和式(7.9)形式的内插,不过 $h(t)$ 为三角形特性,如图 7.13 所示。其传输函数 $H(j\omega)$ 也如图 7.13 所示,并且

$$H(j\omega) = \frac{1}{T}\left[\frac{\sin(\omega T/2)}{\omega/2}\right]^2 \tag{7.12}$$

一阶保持系统的传输函数在图 7.13 中叠放在理想内插滤波器传输函数特性上,以供比较。图 7.14 所示是相应于图 7.12(b)的同一张照片的样本在用一阶保持内插后的结果。与此相仿,也可以定义二阶或高阶保持系统,它们所产生的恢复信号具有更好的平滑度。例如,二阶保持系统的输出在样本值间的内插可以给出连续的曲线,并有连续的一阶导数和不连续的二阶导数。

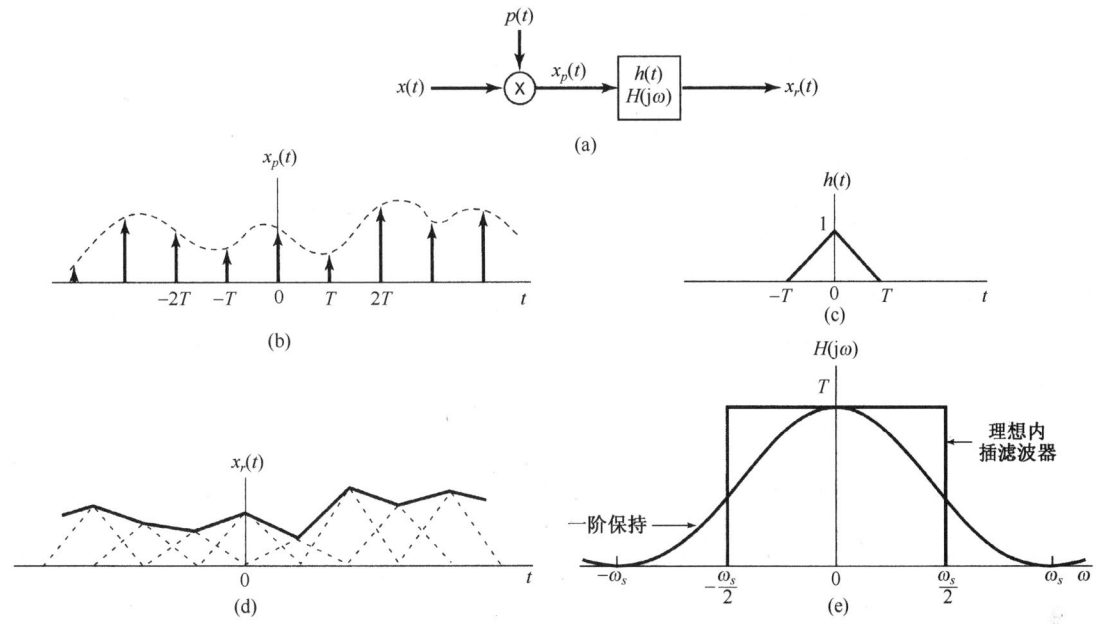

图 7.13 把线性内插(一阶保持)看成冲激串采样与三角形冲激响应特性卷积的结果。
(a) 采样与恢复系统;(b) 冲激串采样;(c) 一阶保持的单位冲激响应;
(d) 对已采样信号施加一阶保持;(e) 理想内插和一阶保持传输函数的比较

图 7.14 在水平和垂直方向采样间隔都是图 7.12 的(a)和(b)所用的采
样间隔的1/4时的冲激串采样,再用一阶保持内插的结果

7.3 欠采样的效果:混叠现象

在前面的讨论中都假定采样频率足够高,因而满足采样定理中的条件。正如在图7.3中所说明的,当 $\omega_s > 2\omega_M$ 时,采样信号的频谱是由 $x(t)$ 的频谱重复组成的,而这正是采样定理的基础。当 $\omega_s < 2\omega_M$ 时,$x(t)$ 的频谱 $X(j\omega)$ 不再在 $X_p(j\omega)$ 中重复,因此利用低通滤波也不再能从采样信号中恢复 $x(t)$。这时,式(7.6)中的那些单项发生了重叠,这一现象称为**混叠**(aliasing)。本节将讨论它的影响和一些结果。

显然,如果图7.4这样的系统用于某一信号,这时 $\omega_s < 2\omega_M$,那么被重建的信号 $x_r(t)$ 不会再等于 $x(t)$。然而(见习题7.25),原始信号 $x(t)$ 和利用带限内插得到的 $x_r(t)$ 在那些采样瞬时总是相等的,即对任意选取的 ω_s 都有

$$x_r(nT) = x(nT), \quad n = 0, \pm 1, \pm 2, \cdots \quad (7.13)$$

若以 $x(t)$ 为一种比较简单的正弦信号的例子，更详细地讨论当 $\omega_s < 2\omega_M$ 时的情况，就会对 $x(t)$ 和 $x_r(t)$ 之间的关系有一些深入、透彻的了解。于是设

$$x(t) = \cos(\omega_0 t) \quad (7.14)$$

这个信号的傅里叶变换 $X(j\omega)$ 如图 7.15(a) 所示。图中，为了讨论的方便，画图时已经把在 ω_0 处的冲激与在 $-\omega_0$ 处的冲激进行了区别。现在来讨论 $X_p(j\omega)$，即已采样信号的频谱。在讨论中特别把注意力放在：对一个固定的采样频率 ω_s 来说，当改变 ω_0 后对 $X_p(j\omega)$ 所产生的影响。在图 7.15(b) 至图 7.15(e) 分别画出了对应几个 ω_0 值时的 $X_p(j\omega)$。同时用虚线框起来的是图 7.4 中 $\omega_c = \omega_s/2$ 的低通滤波器的通带。可以看到，在图 7.15(b) 和图 7.15(c) 中，由于 $\omega_0 < \omega_s/2$，因此没有出现混叠，而在图 7.15(d) 和图 7.15(e) 中则出现了混叠。在这几种情况下，经过低通滤波后的输出 $x_r(t)$ 分别是：

(a) $\omega_0 = \dfrac{\omega_s}{6}$; $\quad x_r(t) = \cos(\omega_0 t) = x(t)$ (b) $\omega_0 = \dfrac{2\omega_s}{6}$; $\quad x_r(t) = \cos(\omega_0 t) = x(t)$

(c) $\omega_0 = \dfrac{4\omega_s}{6}$; $\quad x_r(t) = \cos[(\omega_s - \omega_0)t] \neq x(t)$ (d) $\omega_0 = \dfrac{5\omega_s}{6}$; $x_r(t) = \cos[(\omega_s - \omega_0)t] \neq x(t)$

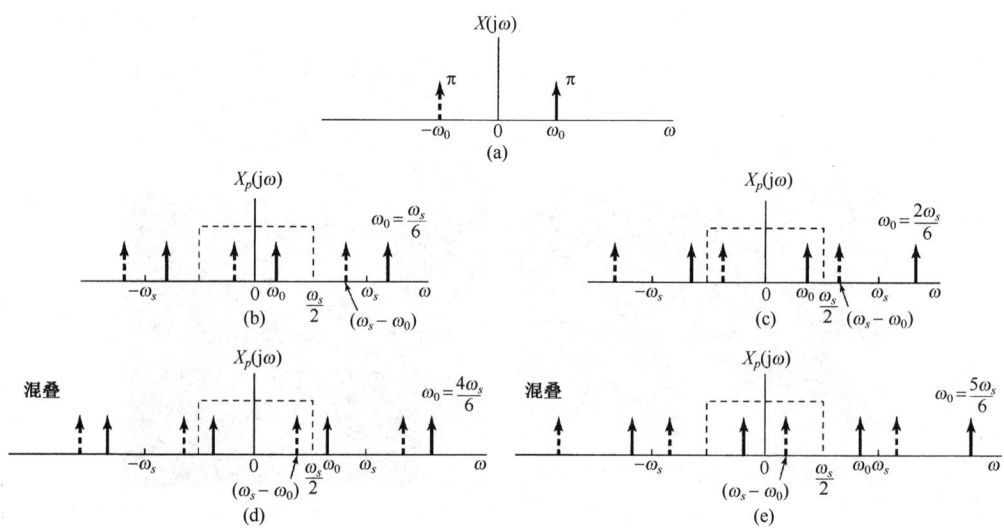

图 7.15 过采样和欠采样在频域中的效果。(a) 原始正弦信号的频谱；(b) 和 (c) $\omega_s > 2\omega_0$ 时已采样信号的频谱；(d) 和 (e) $\omega_s < 2\omega_0$ 时已采样信号的频谱。当从 (b) 到 (d) 增大 ω_0 时，用实线标出的冲激向右边移动，而用虚线标出的冲激则向左边移动。(d) 和 (e) 中，这些冲激都移动了足够大，以至于落在该理想低通滤波器通带内的那些部分就产生了变化

出现混叠时，原始频率 ω_0 就被混叠成一个较低的频率 $(\omega_s - \omega_0)$。对于 $\omega_s/2 < \omega_0 < \omega_s$，随着 ω_0 相对于 ω_s 的增加，输出频率 $(\omega_s - \omega_0)$ 就会下降，当 $\omega_s = \omega_0$ 时，被重建的信号就是一个常数。这一点与如下事实相一致：当每一个周期只采样一次时，这些样本值都是相等的，这与对一个直流信号 ($\omega_0 = 0$) 采样所得的结果无疑是一样的。在图 7.16 中分别画出了图 7.15 所示每种情况下的信号 $x(t)$、$x(t)$ 的样本值，以及重建信号 $x_r(t)$。从这些图中可以看到，低通滤波器是如何在这些样本值之间进行内插的，尤其是总有一个频率小于 $\omega_s/2$ 的正弦信号与 $x(t)$ 的样本值相对应。

对上面例子进行一点变化，考虑信号

$$x(t) = \cos(\omega_0 t + \phi) \quad (7.15)$$

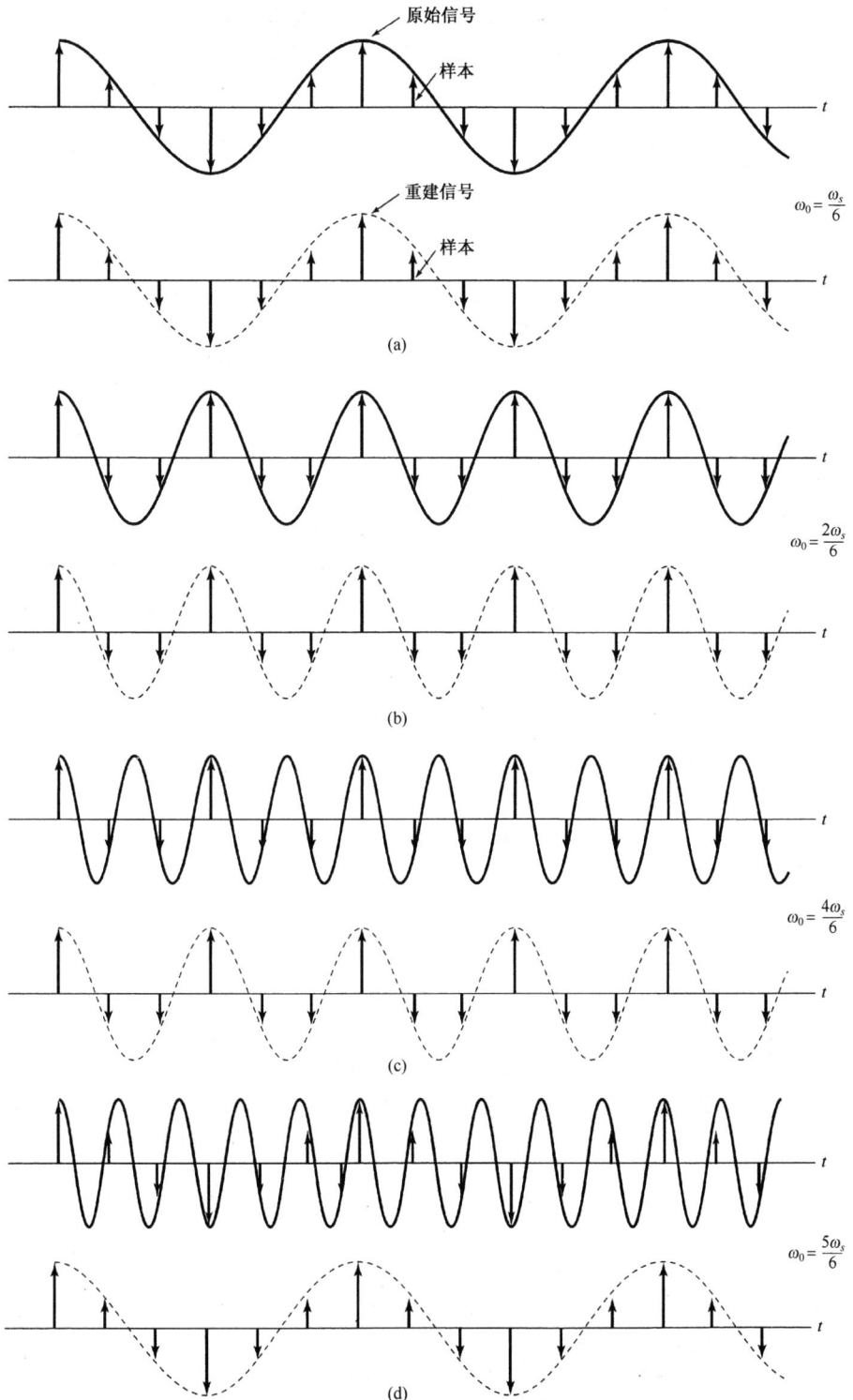

图 7.16　在一个正弦信号上混叠的效果。对应 4 种不同的 ω_0 值,画出了原始正弦信号(实线)、它的样本和重建信号(虚线)。(a) $\omega_0 = \omega_s/6$;(b) $\omega_0 = 2\omega_s/6$;(c) $\omega_0 = 4\omega_s/6$;(d) $\omega_0 = 5\omega_s/6$。在(a)和(b)中没有出现混叠,而在(c)和(d)中则出现了混叠

在这种情况下，$x(t)$ 的傅里叶变换基本上与图 7.15(a) 的是相同的，只是现在用实线标出的冲激有一个幅度因子 $\pi e^{j\phi}$，而用虚线标出的冲激，其幅度因子有一个相反的相位，即 $\pi e^{-j\phi}$。如果现在考虑用与图 7.15 所选的同一组 ω_s 值，那么得到的 $\cos(\omega_0 t + \phi)$ 的已采样信号的频谱与该图也是一样的。只是所有的实线冲激都有幅度因子 $\pi e^{j\phi}$，而所有的虚线冲激都有幅度因子 $\pi e^{-j\phi}$。再者，在图 7.15(b) 和图 7.15(c) 所示的情况下，满足采样定理中的条件，所以 $x_r(t) = \cos(\omega_0 t + \phi) = x(t)$；而在图 7.15(d) 和图 7.15(e) 所示的情况下，再次发生混叠。然而，现在可以看到，出现在低通滤波器通带内的实线冲激和虚线冲激在位置上发生了颠倒，结果发现在这些情况下，$x_r(t) = \cos[(\omega_s - \omega_0)t - \phi]$，此时相位中的符号有变化，即**相位倒置**(phase reversal)。

注意到这一点是很重要的：采样定理明确要求采样频率**大于**信号中最高频率的 2 倍，而不是大于或等于最高频率的 2 倍。下面这个例子用来说明用真正 2 倍于正弦信号的频率对它进行采样(即每一周期采两个样本)是不够的。

例 7.1 考虑正弦信号

$$x(t) = \cos\left(\frac{\omega_s}{2}t + \phi\right)$$

假定以 2 倍于该正弦信号的频率即 ω_s 对它进行冲激串采样。正如在习题 7.39 中所证明的，若这个已采样的冲激信号作为输入加到一个截止频率为 $\omega_s/2$ 的理想低通滤波器上下，其产生的输出是

$$x_r(t) = \cos\phi\cos\left(\frac{\omega_s}{2}t\right)$$

结果可见，$x(t)$ 的完全恢复仅仅发生在相位 ϕ 为零(或 2π 整倍数)的情况下，否则信号 $x_r(t)$ 不等于 $x(t)$。

作为一个极端的例子，考虑 $\phi = -\pi/2$ 的情况，这样就有

$$x(t) = \sin\left(\frac{\omega_s}{2}t\right)$$

这个信号如图 7.17 所示。可见该信号在采样周期 $2\pi/\omega_s$ 整倍数点上的值都是零。因此，在这个采样率下所产生的信号全是零；当这个零输入加到该理想低通滤波器上时，所得输出 $x_r(t)$ 当然也都是零。

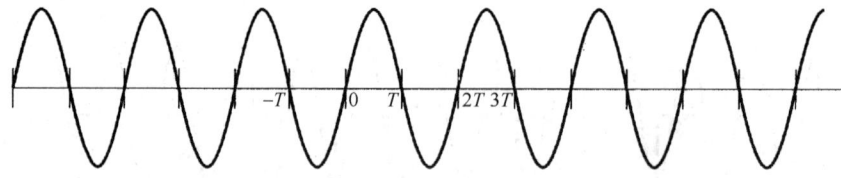

图 7.17　例 7.1 中的正弦信号

欠采样的效果(在此，较高频率被转折到较低频率)就是频闪效应所基于的原理。例如，考虑图 7.18 所示的情况，这里有一个圆盘以恒定速度旋转，在圆盘上标一根径向直线。将闪光灯当成一个采样系统，因为它以某一周期率在一个极短的时间间隔内照亮圆盘。若闪光灯的闪烁频率比圆盘的旋转速度高得多，那么圆盘的旋转速度就会被正确地觉察到。当闪烁频率变得小于圆盘旋转速度的 2 倍时，圆盘的旋转速度看起来就比它真正的速度低。甚至，由于相位倒置，圆盘还会像在相反的方向上旋转！粗略地说，如果通过接连不断的样本跟踪圆盘上的一根固定线的位置，那么当 $\omega_0 < \omega_s < 2\omega_0$ 时，采样就比每转一周要略微频繁一些，这样每次采得的圆盘样本

就将这根固定的线显示在好像它以逆时针方向展现的位置上,而这是与圆盘本身以顺时针方向旋转相反的。若闪光灯只在圆盘转一周时闪烁一次(这就相当于 $\omega_s = \omega_0$),那么这根径线看起来好像静止不动,这就相当于圆盘的旋转频率及其谐波都被混叠到零频率上了。一种类似的现象也常在美国西部电影中观察到。电影中马车的轮子看起来旋转得比马车真正向前运动的速度更慢一些,并且有时会看到以相反的方向在旋转。在这种情况下,采样过程就相应于:活动图像就是一串单个的画面(或称为一帧),帧频(通常每秒 18~24 帧)就相当于采样频率。

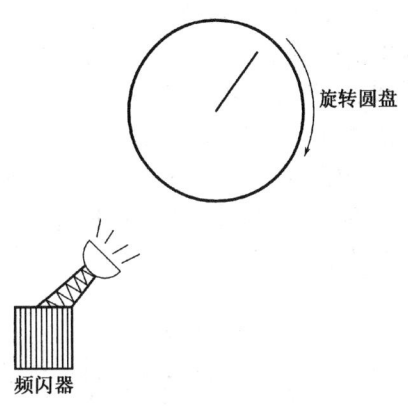

图 7.18 频闪效应

在上面的讨论中,把频闪效应看成在欠采样下产生混叠的一种应用的例子,是很有启发性的。在测量仪器中有一种**取样示波器**(sampling oscilloscope),借助于采样原理,把欲观察而又不便于显示的很高频率混叠到一个更容易显示的低频率上。这就是在欠采样情况下,混叠现象的另一个有用的例子。关于取样示波器,将在习题 7.38 中进行更为详细的讨论。

7.4 连续时间信号的离散时间处理

在很多应用中,首先把一个连续时间信号转换为一个离散时间信号,然后进行处理,处理完后再把它转换为连续时间信号。这种处理方式有一个显著的优点:离散时间信号的处理可以借助于某一通用或专用计算机,借助于各种微处理器,或面向离散时间信号处理而专门设计的各种装置来实现。

广而言之,对连续时间信号的这种处理方法可以看成图 7.19 所示的三个环节的级联,其中 $x_c(t)$ 和 $y_c(t)$ 都是连续时间信号,而 $x_d[n]$ 和 $y_d[n]$ 分别是对应于 $x_c(t)$ 和 $y_c(t)$ 的离散时间信号。当然,就图 7.19 的整个系统而言,仍是一个连续时间系统,因为系统的输入和输出都是连续时间信号。将一个连续时间信号转换为一个离散时间信号,以及从信号的离散时间表示重建连续时间信号,它们所依据的理论基础都是 7.1 节讨论的采样定理。通过这样一个周期采样的过程(其采样频率满足采样定理中的条件),连续时间信号 $x_c(t)$ 就可以完全用一串瞬时样本值 $x_c(nT)$ 来表示,即离散时间序列 $x_d[n]$ 与 $x_c(t)$ 以下式关联:

$$x_d[n] = x_c(nT) \tag{7.16}$$

将 $x_c(t)$ 转换到 $x_d[n]$ 相应于图 7.19 中的第一个系统,称为**连续时间到离散时间**(continuous-to-discrete time, C/D)的转换。图 7.19 中的第三个系统是一个与上述相反的转换,即**离散时间到连续时间**(discrete-time to continuous-time, D/C)的转换。D/C 转换实现的是作为它的输入的各样本点之间的内插;也就是说,经 D/C 转换后产生一个连续时间信号 $y_c(t)$,该 $y_c(t)$ 与其输入的离散时间信号 $y_d[n]$ 以下式关联:

$$y_d[n] = y_c(nT)$$

这一概念在图 7.20 中表示得更为明显。在诸如数字计算机和其他数字系统中,离散时间信号是以数字形式给出的,这时用于实现 C/D 转换的器件就称为**模数**(analog-to-digital, A/D)**转换器**,而实现 D/C 转换的器件就称为**数模**(digital-to-analog, D/A)**转换器**。

为了进一步明了连续时间信号 $x_c(t)$ 和它的离散时间表示 $x_d[n]$ 之间的关系,可以把从连续时间到离散时间的转换表示成一个周期采样的过程,再紧跟着一个把冲激串映射为一个序列的环节,这样做是非常有益的。这两步都表示在图 7.21 中。图中的第一步代表一个采样过程,冲激串 $x_p(t)$ 就是一个冲激序列,各冲激的幅度与 $x_c(t)$ 的样本值相对应,而在时间间隔上等于采样周期 T。然后,在从冲激串到离散时间序列的转换中,得到 $x_d[n]$。这就是以 $x_c(t)$ 的样本值为序列值的同一序列,但是其单位间隔采用新的自变量 n。因此,实际上从样本的冲激串到样本的离散时间序列的转换可认为是一个时间的归一化过程。图 7.21(b)和图 7.21(c)明确地表示了由 $x_p(t)$ 到 $x_d[n]$ 的转换中这种时间的归一化过程。在这里,$x_p(t)$ 和 $x_d[d]$ 分别以 $T = T_1$ 和 $T = 2T_1$ 的两种采样率表示。

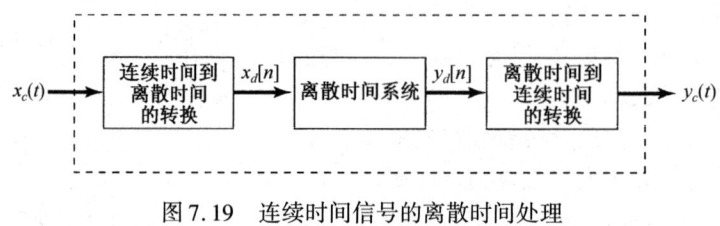

图 7.19 连续时间信号的离散时间处理

图 7.20 连续时间到离散时间的转换和离散时间到连续时间转换的概念。T 代表采样周期

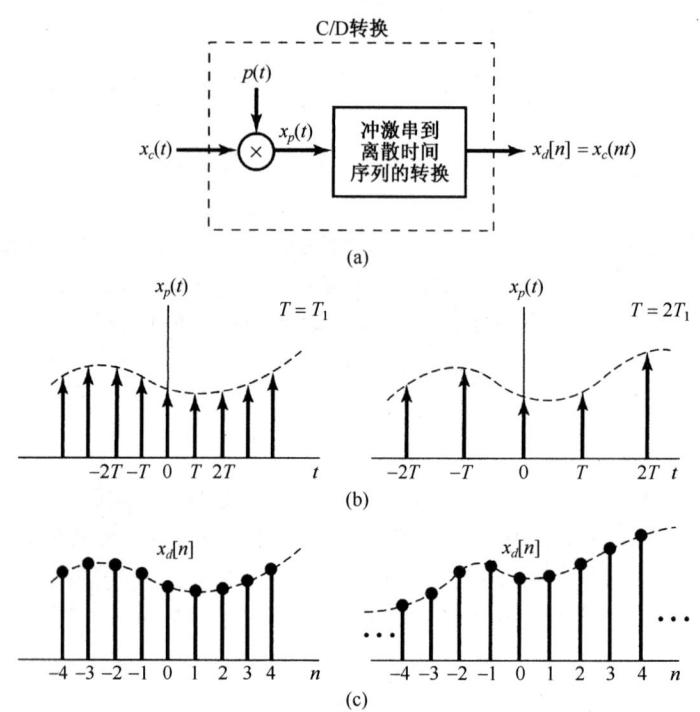

图 7.21 用一个周期冲激串采样,再跟着一个到离散时间序列的转换。(a)整个系统;
(b)两种采样率的 $x_p(t)$,虚线包络代表 $x_c(t)$;(c)两种不同采样率的输出序列

在频域中考察图 7.19 的处理过程也是很有启发意义的。由于我们面临着既要在连续时间又要在离散时间处理傅里叶变换,因此仅在本节将连续时间的频率变量用 ω 表示,将离散时间的频率变量用 Ω 表示,以便加以区分。例如,$x_c(t)$ 和 $y_c(t)$ 的连续时间傅里叶变换分别用 $X_c(j\omega)$ 和

$Y_c(j\omega)$表示,而$x_d[n]$和$y_d[n]$的离散时间傅里叶变换分别用$X_d(e^{j\Omega})$和$Y_d(e^{j\Omega})$表示。

现在,对式(7.3)应用傅里叶变换,以便利用$x_c(t)$的样本值来表示$x_p(t)$的连续时间傅里叶变换$X_p(j\omega)$。因为

$$x_p(t) = \sum_{n=-\infty}^{+\infty} x_c(nT)\delta(t-nT) \tag{7.17}$$

又根据$\delta(t-nT)$的傅里叶变换是$e^{-j\omega nT}$,所以可得

$$X_p(j\omega) = \sum_{n=-\infty}^{+\infty} x_c(nT)e^{-j\omega nT} \tag{7.18}$$

现在考虑$x_d[n]$的离散时间傅里叶变换,即

$$X_d(e^{j\Omega}) = \sum_{n=-\infty}^{+\infty} x_d[n]e^{-j\Omega n} \tag{7.19}$$

或者,利用式(7.16)有

$$X_d(e^{j\Omega}) = \sum_{n=-\infty}^{+\infty} x_c(nT)e^{-j\Omega n} \tag{7.20}$$

将式(7.18)和式(7.20)进行比较可见,$X_d(e^{j\Omega})$和$X_p(j\omega)$是通过如下关系关联的:

$$X_d(e^{j\Omega}) = X_p(j\Omega/T) \tag{7.21}$$

另外,回想一下式(7.6)和图7.3所说明的,

$$X_p(j\omega) = \frac{1}{T}\sum_{k=-\infty}^{+\infty} X_c(j(\omega - k\omega_s)) \tag{7.22}$$

因此得到

$$X_d(e^{j\Omega}) = \frac{1}{T}\sum_{k=-\infty}^{+\infty} X_c(j(\Omega - 2\pi k)/T) \tag{7.23}$$

在图7.22中,对应两种不同的采样率,示出了$X_c(j\omega)$,$X_p(j\omega)$和$X_d(e^{j\Omega})$三者之间的关系。从该图中可以注意到,$X_d(e^{j\Omega})$就是$X_p(j\omega)$的重复,唯频率坐标有一个尺度变换。特别应注意到$X_d(e^{j\Omega})$是Ω的周期函数,周期为2π。当然,这种周期性是任何离散时间傅里叶变换都具有的特征。因此,$x_d[n]$和$x_c(t)$之间的频谱关系,是通过先把$x_c(t)$的频谱$X_c(j\omega)$按式(7.22)进行周期重复,然后再做一个按式(7.21)的线性频率尺度变换联系起来的。频谱的周期性重复是图7.21转换过程中第一步的结果,即冲激串采样;而按式(7.21)进行的线性频率尺度变换,可以不太正规地看成从冲激串$x_p(t)$转换到离散时间序列$x_d[n]$时引入的时间归一化的结果。根据4.3.5节傅里叶变换的时域尺度变换性质,时间轴上有一个$1/T$的变化,一定会在频率轴上引入一个T倍的变化。因此,$\Omega=\omega T$的关系就与从$x_p(t)$到$x_d[n]$的转换过程中,时间轴上有一个$1/T$的尺度变换,在概念上完全一致。

在图7.19所示的系统中,经过离散时间系统处理后得到的序列又转换为一个连续时间信号,这一过程就是图7.21中各步骤的逆过程。具体而言,就是可以由序列$y_d[n]$产生一个连续时间冲激串$y_p(t)$,而连续时间信号$y_c(t)$的恢复可以借助图7.23所示的低通滤波方法来实现。

现在,考虑将图7.19所示的整个系统用图7.24来表示。很显然,如果图中的离散时间系统是一个恒等系统,即$x_d[n]=y_d[n]$,而且假定满足采样定理中的条件,那么整个系统也一定是一个恒等系统。将图7.24中离散时间系统的频率响应一般化为$H_d(e^{j\Omega})$,这时用图7.25这样一个有代表性的例子来说明图7.24的整个系统特性,或许会得到最好的理解。该图的左边是某一具

有代表性的频谱 $X_c(j\omega)$, $X_p(j\omega)$ 和 $X_d(e^{j\Omega})$, 其中假定 $\omega_M < \omega_s/2$, 所以没有发生混叠。相应于离散时间滤波器输出的频谱 $Y_d(e^{j\Omega})$ 就是 $X_d(e^{j\Omega})$ 和 $H_d(e^{j\Omega})$ 相乘, 如图 7.25(d) 所示, 图中是将 $X_d(e^{j\Omega})$ 和 $H_d(e^{j\Omega})$ 重合画在一起的。变换到 $Y_c(j\omega)$ 就相应于进行频率尺度的变换, 然后进行低通滤波, 所得到的频谱分别如图 7.25(e) 和图 7.25(f) 所示。因为 $Y_d(e^{j\Omega})$ 是两个互为重叠的频谱的乘积, 如图 7.25(d) 所示, 所以对两者都应施加频率尺度的变换和滤波。将图 7.25(a) 和图 7.25(f) 进行比较, 显而易见有

$$Y_c(j\omega) = X_c(j\omega)H_d(e^{j\omega T}) \tag{7.24}$$

这样, 在输入是充分带限的并满足采样定理的条件下, 图 7.24 的整个系统事实上就等效于一个频率响应为 $H_c(j\omega)$ 的连续时间系统, 而 $H_c(j\omega)$ 与离散时间频率响应 $H_d(e^{j\Omega})$ 的关系为

$$H_c(j\omega) = \begin{cases} H_d(e^{j\omega T}), & |\omega| < \omega_s/2 \\ 0, & |\omega| > \omega_s/2 \end{cases} \tag{7.25}$$

这个等效的连续时间滤波器的频率响应就是该离散时间滤波器在一个周期内的特性, 只是频率轴有一个线性尺度变化。离散时间频率响应和等效的连续时间频率响应之间的关系如图 7.26 所示。

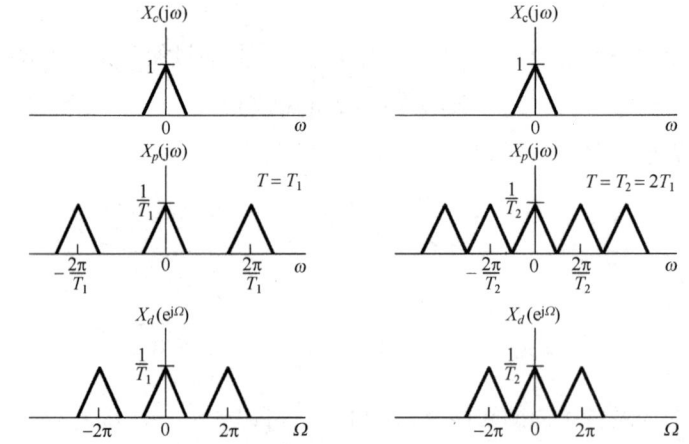

图 7.22 在两种不同的采样率下, $X_c(j\omega)$, $X_p(j\omega)$ 和 $X_d(e^{j\Omega})$ 之间的关系

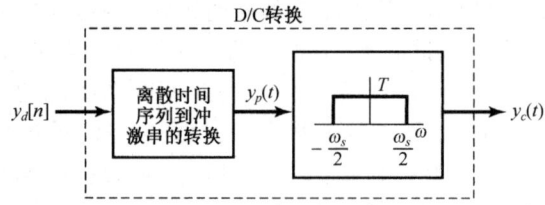

图 7.23 一个离散时间序列到连续时间信号的转换

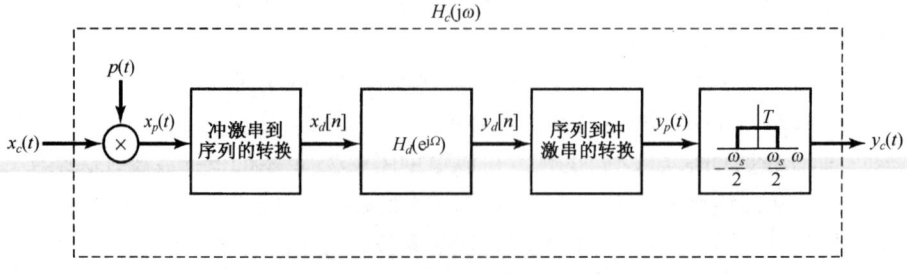

图 7.24 利用离散时间滤波器过滤连续时间信号的系统

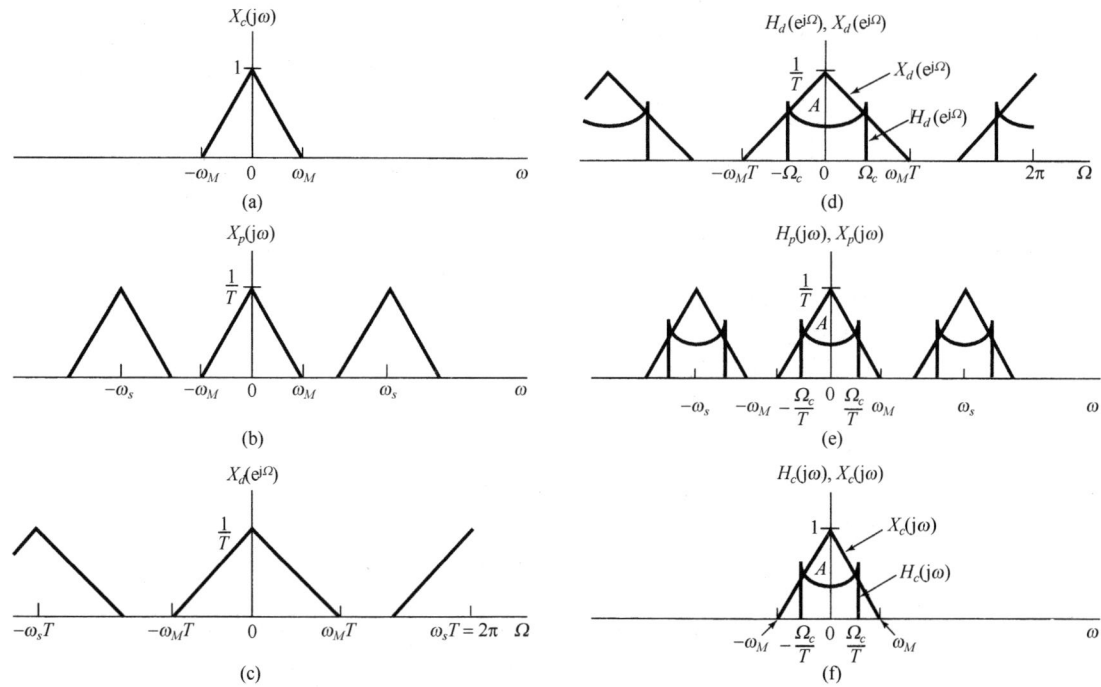

图 7.25 图 7.24 所示系统的频域说明。(a) 连续时间信号的频谱 $X_c(j\omega)$;(b) 冲激串采样以后的频谱;(c) 离散时间序列 $x_d[n]$ 的频谱;(d) $H_d(e^{j\Omega})$ 和 $X_d(e^{j\Omega})$ 相乘后得到 $Y_d(e^{j\Omega})$;(e) $H_p(j\omega)$ 和 $X_p(j\omega)$ 相乘后得到 $Y_p(j\omega)$;(f) $H_c(j\omega)$ 和 $X_c(j\omega)$ 相乘后得到 $Y_c(j\omega)$

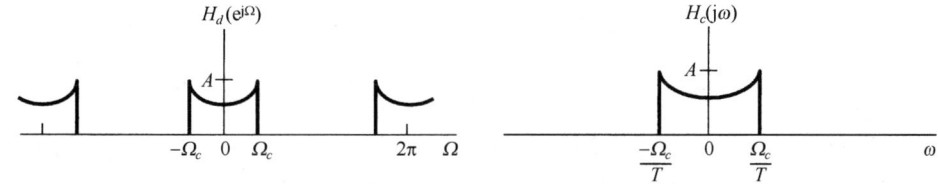

图 7.26 图 7.24 所示系统的离散时间频率响应及其等效的连续时间频率响应

由于被一个冲激串相乘不是一个时不变的环节,因此图 7.24 所示的整个系统能够等效为一个线性时不变系统多少有些令人吃惊!事实上,图 7.24 所示的整个系统对任意输入来讲并不都是时不变的。例如,如果 $x_c(t)$ 是一个窄的矩形脉冲,持续期小于 T,$x_c(t)$ 的时间移位就可能产生一个序列 $x[n]$,该 $x[n]$ 要么全部序列值为零,要么有一个非零的序列值,这取决于矩形脉冲相对于采样冲激串来说,符合的程度如何。然而,正如通过图 7.25 所示频谱所想到的,对于一个**带限输入信号**(band-limited input signal)来说,若采样率足够高,从而避免了混叠发生,图 7.25 所示系统就能够等效为一个连续时间线性时不变系统。对于这样的输入信号来说,图 7.24 和式(7.25)就提供了利用离散时间滤波器对连续时间信号进行处理的基础。下面将以一些例子对此进行深入探讨。

7.4.1 数字微分器

现在来考虑一个连续时间带限微分器的离散时间实现。正如 3.9.1 节所讨论的,连续时间微分滤波器的频率响应是

$$H_c(j\omega) = j\omega \tag{7.26}$$

截止频率为 ω_c 的带限微分器的频率响应就是

$$H_c(j\omega) = \begin{cases} j\omega, & |\omega| < \omega_c \\ 0, & |\omega| > \omega_c \end{cases} \tag{7.27}$$

如图 7.27 所示。利用式(7.25)的关系，若 $\omega_s = 2\omega_c$，则相应的离散时间的频率响应 $H_d(e^{j\Omega})$ 是

$$H_d(e^{j\Omega}) = j\left(\frac{\Omega}{T}\right), \quad |\Omega| < \pi \tag{7.28}$$

如图 7.28 所示。利用这一离散时间频率响应，在图 7.24 中只要 $x_c(t)$ 的采样中没有出现混叠，$y_c(t)$ 就一定是 $x_c(t)$ 的导数。

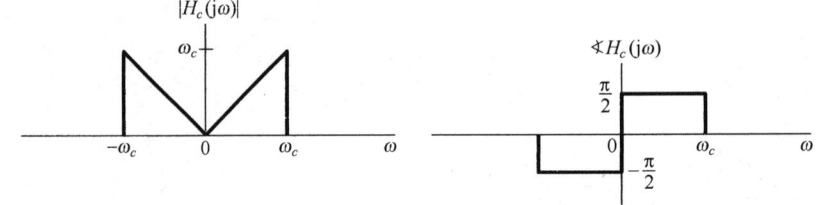

图 7.27 连续时间理想带限微分器的频率响应 $H_c(j\omega) = j\omega$, $|\omega| < \omega_c$

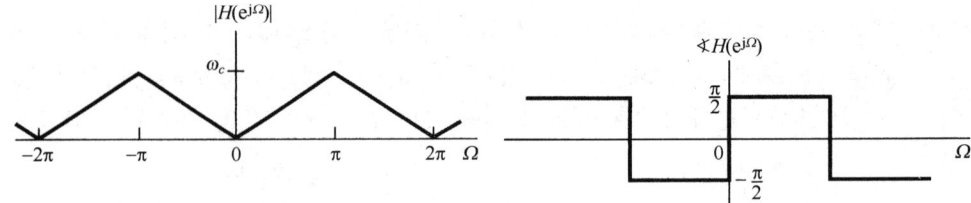

图 7.28 用于实现一个连续时间带限微分器的离散时间滤波器的频率响应

例 7.2 利用该数字微分器在连续时间 sinc 函数输入时的输出，可以很方便地确定在数字微分器的实现中，该离散时间滤波器的单位脉冲响应 $h_d[n]$。参照图 7.24，令

$$x_c(t) = \frac{\sin(\pi t/T)}{\pi t} \tag{7.29}$$

其中 T 是采样周期，那么

$$X_c(j\omega) = \begin{cases} 1, & |\omega| < \pi/T \\ 0, & \text{其他} \end{cases}$$

是充分带限的，以确保在采样频率 $\omega_s = 2\pi/T$ 时对 $x_c(t)$ 采样不会引起任何混叠。这样，数字微分器的输出就是

$$y_c(t) = \frac{d}{dt} x_c(t) = \frac{\cos(\pi t/T)}{Tt} - \frac{\sin(\pi t/T)}{\pi t^2} \tag{7.30}$$

对于由式(7.29)给出的 $x_c(t)$，相应于图 7.24 的信号 $x_d[n]$ 可以表示为

$$x_d[n] = x_c(nT) = \frac{1}{T}\delta[n] \tag{7.31}$$

即 $x_c(nT) = 0$, $n \neq 0$；而

$$x_d[0] = x_c(0) = \frac{1}{T}$$

上式可以用洛必达法则来证明。同理，可以求出图7.24中对应于式(7.30)中$y_c(t)$的$y_d[n]$为

$$y_d[n] = y_c(nT) = \begin{cases} \dfrac{(-1)^n}{nT^2}, & n \neq 0 \\ 0, & n = 0 \end{cases} \tag{7.32}$$

对于$n \neq 0$，上式可以直接代入式(7.30)而得到证明；对于$n=0$，可利用洛必达法则求证。

因此，当由式(7.28)给出的离散时间滤波器的输入是由式(7.31)表示的加权单位脉冲时，所得到的输出就由式(7.32)给出，从而可以得出该滤波器的单位脉冲响应为

$$h_d[n] = \begin{cases} \dfrac{(-1)^n}{nT}, & n \neq 0 \\ 0, & n = 0 \end{cases}$$

7.4.2 半采样间隔延迟

本节要讨论利用图7.19的系统来实现一个连续时间信号的时间移位(延迟)问题。于是，根据要求，在输入$x_c(t)$是带限的，且采样率足够高以避免混叠的条件下，整个系统的输入、输出是用下列关系联系起来的：

$$y_c(t) = x_c(t - \Delta) \tag{7.33}$$

其中Δ代表延迟时间。根据4.3.2节的时移性质有

$$Y_c(j\omega) = e^{-j\omega\Delta} X_c(j\omega)$$

根据式(7.25)，要实现的等效连续时间系统必须是带限的，因此选取

$$H_c(j\omega) = \begin{cases} e^{-j\omega\Delta}, & |\omega| < \omega_c \\ 0, & 其他 \end{cases} \tag{7.34}$$

其中ω_c是该连续时间滤波器的截止频率。也就是说，$H_c(j\omega)$对于带限内的信号就相应于式(7.33)的一个时间移位，而对于比ω_c高的频率则全部滤除。这个频率响应的模和相位特性如图7.29(a)所示。若取采样频率$\omega_s = 2\omega_c$，则相应的离散时间频率响应$H_d(e^{j\Omega})$是

$$H_d(e^{j\Omega}) = e^{-j\Omega\Delta/T}, \quad |\Omega| < \pi \tag{7.35}$$

如图7.29(b)所示。

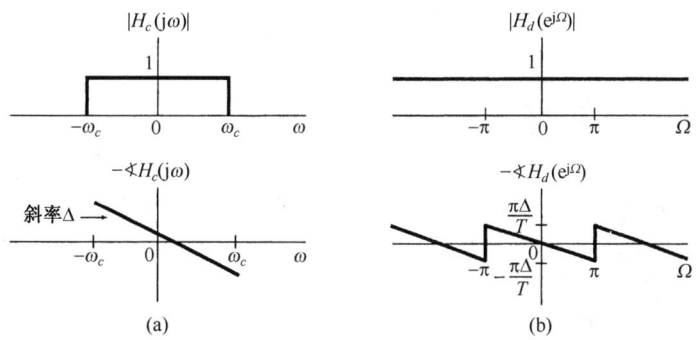

图7.29　(a) 连续时间延迟系统频率响应的模和相位特性；(b) 相应的离散时间延迟系统频率响应的模和相位特性

对于适当的带限输入来说，图7.24系统的输出，若其$H_d(e^{j\Omega})$如式(7.35)所示，它就是输入的延迟。若Δ/T是整数，序列$y_d[n]$就是$x_d[n]$的延迟，即

$$y_d[n] = x_d\left[n - \dfrac{\Delta}{T}\right] \tag{7.36}$$

若 Δ/T 不是整数，式(7.36)就没有任何意义，因为序列仅仅在整数 n 值上才有定义。然而，我们却能利用带限内插来解释在这些情况下的 $x_d[n]$ 和 $y_d[n]$ 之间的关系。信号 $x_c(t)$ 和 $x_d[n]$ 是通过采样和带限内插联系在一起的，$y_c(t)$ 和 $y_d[n]$ 之间也是如此。若 $H_d(e^{j\Omega})$ 如式(7.35)所示，那么 $y_d[n]$ 就等于序列 $x_d[n]$ 带限内插后移位的样本。正如图 7.30 所示的 $(\Delta/T)=1/2$，这种情况有时称为半采样间隔延迟。

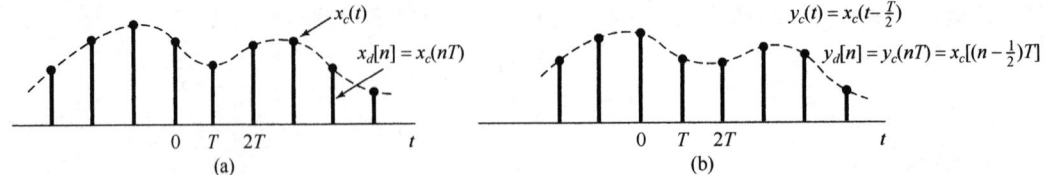

图 7.30 (a) 连续时间信号 $x_c(t)$ 的样本序列；(b) 在(a)中延迟半个采样间隔的序列

例7.3 例 7.2 中所采用的办法也可以用来确定半采样间隔延迟系统中的离散时间滤波器的单位脉冲响应 $h_d[n]$。参照图 7.24，令

$$x_c(t) = \frac{\sin(\pi t/T)}{\pi t} \tag{7.37}$$

由例 7.2 可得

$$x_d[n] = x_c(nT) = \frac{1}{T}\delta[n]$$

同时，因为对于式(7.37)的输入不存在混叠，所以半采样间隔延迟系统的输出就是

$$y_c(t) = x_c(t - T/2) = \frac{\sin[\pi(t - T/2)/T]}{\pi(t - T/2)}$$

并且，图 7.24 中的序列 $y_d[n]$ 就是

$$y_d[n] = y_c(nT) = \frac{\sin[\pi(n - \frac{1}{2})]}{T\pi(n - \frac{1}{2})}$$

从而可得

$$h[n] = \frac{\sin[\pi(n - \frac{1}{2})]}{\pi(n - \frac{1}{2})}$$

7.5 离散时间信号采样

到目前为止，本章已经讨论了连续时间信号的采样，而且为明了连续时间采样进行了必要的分析，并给出了若干应用。我们将会看到，对离散时间信号的采样也有一些十分类似的性质和结果，包括若干重要应用。

7.5.1 脉冲串采样

与利用图 7.2 的系统完成的连续时间采样类似，离散时间信号的采样也能表示成图 7.31 所示的系统。这里，由采样过程形成的新序列 $x_p[n]$ 在采样周期 N 的整数倍点上就等于原来的序列 $x[n]$，而在采样点之间都是零，即

$$x_p[n] = \begin{cases} x[n], & \text{若 } n \text{ 为 } N \text{ 的整数倍} \\ 0, & \text{其他} \end{cases} \tag{7.38}$$

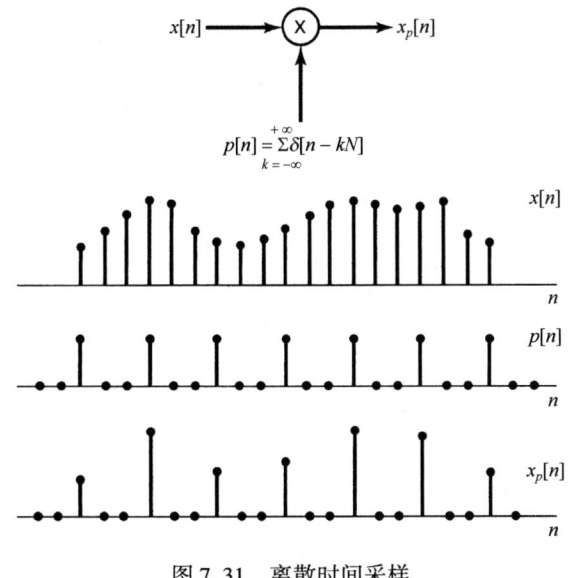

图 7.31 离散时间采样

与 7.1 节的连续时间采样类似,离散时间采样的频域效果可用 5.5 节的相乘性质得出。于是,由于

$$x_p[n] = x[n]p[n] = \sum_{k=-\infty}^{+\infty} x[kN]\delta[n-kN] \qquad (7.39)$$

在频域内就有

$$X_p(e^{j\omega}) = \frac{1}{2\pi}\int_{2\pi} P(e^{j\theta})X(e^{j(\omega-\theta)})d\theta \qquad (7.40)$$

根据例 5.6,采样序列 $p[n]$ 的傅里叶变换是

$$P(e^{j\omega}) = \frac{2\pi}{N}\sum_{k=-\infty}^{+\infty} \delta(\omega - k\omega_s) \qquad (7.41)$$

其中采样频率 $\omega_s = 2\pi/N$。将式(7.40)和式(7.41)结合起来,可得

$$X_p(e^{j\omega}) = \frac{1}{N}\sum_{k=0}^{N-1} X\left(e^{j(\omega-k\omega_s)}\right) \qquad (7.42)$$

式(7.42)对应于连续时间采样中的式(7.6),并由图 7.32 给予说明。在图 7.32(c)中,由于 $\omega_s - \omega_M > \omega_M$,或者说 $\omega_s > 2\omega_M$,因此没有频谱重叠,即这些 $X(e^{j\omega})$ 重复的非零部分不重叠;而在图 7.32(d)中,由于 $\omega_s < 2\omega_M$,频域中的混叠就产生了。在没有任何混叠的情况下,$X(e^{j\omega})$ 如实地在 $\omega = 0$ 和 2π 的整数倍附近再现,这样就能利用增益为 N,截止频率大于 ω_M 而小于 $\omega_s - \omega_M$ 的低通滤波器从 $x_p[n]$ 中恢复 $x[n]$,如图 7.33 所示。图中已经给出该低通滤波器的截止频率为 $\omega_s/2$。如果对图 7.33(a)所示的整个系统,所加的输入序列属于 $\omega_s < 2\omega_M$ 的情况,从而产生了混叠,$x_r[n]$ 就一定不再等于 $x[n]$。然而,与连续时间采样类似,这两个序列 $x[n]$ 和 $x_r[n]$ 在采样周期的整数倍点上总是相等的;也就是说,与式(7.13)相对应,有

$$x_r[kN] = x[kN], \quad k = 0, \pm 1, \pm 2, \cdots \qquad (7.43)$$

这一点与是否存在混叠无关(见习题 7.46)。

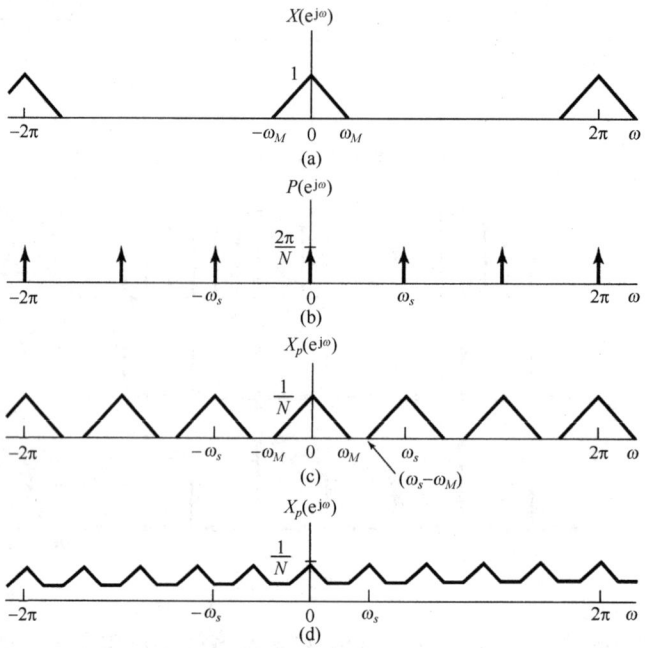

图 7.32 一个离散时间信号经脉冲串采样后的频域效果。(a) 原始信号的频谱;(b) 采样序列的频谱;(c) 在 $\omega_s > 2\omega_M$ 时已采样信号的频谱;(d) 在 $\omega_s < 2\omega_M$ 时已采样信号的频谱,这时发生了混叠

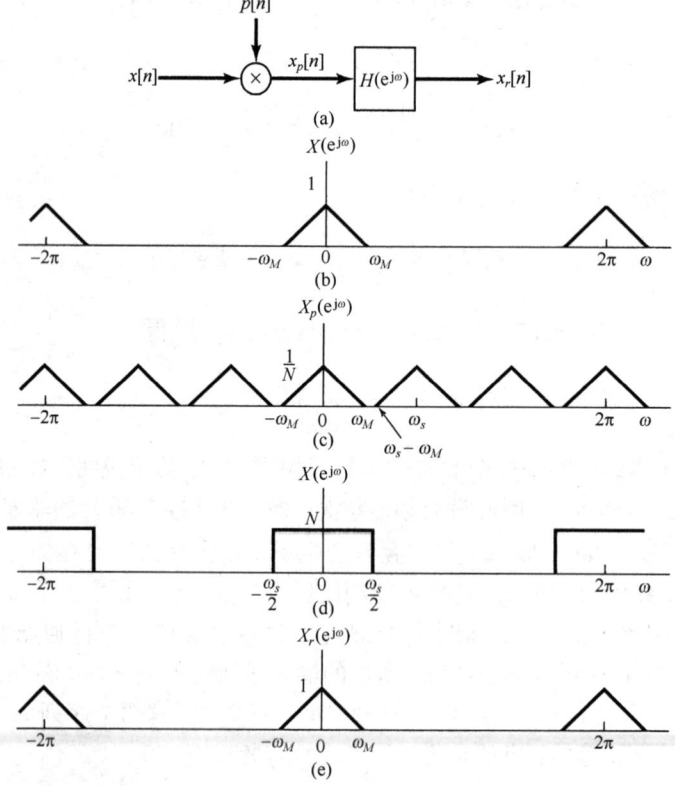

图 7.33 利用理想低通滤波器从样本中完全恢复一个离散时间信号。(a) 一个带限信号采样并从样本中恢复的方框图;(b) 信号 $x[n]$ 的频谱;(c) $x_p[n]$ 的频谱;(d) 截止频率为 $\omega_s/2$ 的理想低通滤波器的频率响应;(e) 重建信号 $x_r[n]$ 的频谱。由于此图是对应于 $\omega_s > 2\omega_M$ 的,所以没有混叠,$x_r[n] = x[n]$

例 7.4 有一个序列 $x[n]$，其傅里叶变换 $X(e^{j\omega})$ 具有如下特点：

$$X(e^{j\omega}) = 0, \quad 2\pi/9 \leq |\omega| \leq \pi$$

为了确定确保不发生混叠而能对 $x[n]$ 采样的最低采样率，就必须求出最大的 N，以使

$$\frac{2\pi}{N} \geq 2\left(\frac{2\pi}{9}\right) \Longrightarrow N \leq 9/2$$

从而可得 $N_{\max} = 4$，对应的采样频率是 $2\pi/4 = \pi/2$。

通过对 $x_p[n]$ 利用一个低通滤波器来重建 $x[n]$ 的过程，也能看成在时域中类似于式(7.11)的一个内插公式。用 $h[n]$ 表示该低通滤波器的单位脉冲响应，则有

$$h[n] = \frac{N\omega_c}{\pi} \frac{\sin(\omega_c n)}{\omega_c n} \tag{7.44}$$

重建的序列 $x_r[n]$ 就是

$$x_r[n] = x_p[n] * h[n] \tag{7.45}$$

或者等效地写成

$$x_r[n] = \sum_{k=-\infty}^{+\infty} x[kN] \frac{N\omega_c}{\pi} \frac{\sin[\omega_c(n-kN)]}{\omega_c(n-kN)} \tag{7.46}$$

式(7.46)代表一种理想的带限内插，从而要求实现一个理想低通滤波器。在一般的应用中，往往在图7.33中使用一个适当近似的低通滤波器，这时等效的内插公式具有如下形式：

$$x_r[n] = \sum_{k=-\infty}^{+\infty} x[kN] h_r[n-kN] \tag{7.47}$$

其中 $h_r[n]$ 就是内插滤波器的单位脉冲响应。与连续时间内插类似，在离散时间内插中，也有零阶保持和一阶保持这样的内插近似，其中几个具体例子可见习题7.50。

7.5.2 离散时间抽取与内插

离散时间采样的原理在诸如滤波器设计和实现或在通信中都有很多重要应用。在许多这样的应用中，直接按照图7.31的形式来表示、传输或存储这个已采样的序列 $x_p[n]$ 是很不经济的，因为该序列在采样点之间显然都为零。因此，往往将该序列用一个新序列 $x_b[n]$ 来代替，而 $x_b[n]$ 就是用 $x_p[n]$ 中的每第 N 个点的序列值构成的，即

$$x_b[n] = x_p[nN] \tag{7.48}$$

或者，因为 $x_p[n]$ 和 $x[n]$ 在 N 的整数倍上都是相等的，可等效为

$$x_b[n] = x[nN] \tag{7.49}$$

一般将提取每第 N 个点的样本的过程称为**抽取**①。$x[n]$，$x_p[n]$ 和 $x_b[n]$ 之间的关系如图7.34所示。

为了确定抽取在频域中的效果，希望能求得 $x_b[n]$ 的傅里叶变换 $X_b(e^{j\omega})$ 和 $X(e^{j\omega})$ 之间的关系。为此，注意到

$$X_b(e^{j\omega}) = \sum_{k=-\infty}^{+\infty} x_b[k] e^{-j\omega k} \tag{7.50}$$

或利用式(7.48)，有

---

① 抽取(decimation)通常指每第10个抽取1，然而现在它已成为通用术语，通指每第 N(不一定为10)个抽取1的运算。

$$X_b(e^{j\omega}) = \sum_{k=-\infty}^{+\infty} x_p[kN]e^{-j\omega k} \tag{7.51}$$

如果令 $n = kN$，或者 $k = n/N$，就能写成

$$X_b(e^{j\omega}) = \sum_{n \text{为}N\text{的整数倍}} x_p[n]e^{-j\omega n/N}$$

因为当 n 不为 N 的整数倍时，$x_p[n] = 0$，所以上式也能写成

$$X_b(e^{j\omega}) = \sum_{n=-\infty}^{+\infty} x_p[n]e^{-j\omega n/N} \tag{7.52}$$

进而，式(7.52)的等号右边就是 $x_p[n]$ 的傅里叶变换，即

$$\sum_{n=-\infty}^{+\infty} x_p[n]e^{-j\omega n/N} = X_p(e^{j\omega/N}) \tag{7.53}$$

由此，根据式(7.52)和式(7.53)可得

$$X_b(e^{j\omega}) = X_p(e^{j\omega/N}) \tag{7.54}$$

这一关系如图 7.35 所示，从中可以看到，已采样序列 $x_p[n]$ 和抽取序列 $x_b[n]$ 的频谱差别只体现在频率尺度上或归一化上。如果原来的频谱 $X(e^{j\omega})$ 被适当地带限，以至于在 $X_p(e^{j\omega})$ 中不存在混叠，抽取的效果就是将原来序列的频谱扩展到一个较宽的频带部分，如图 7.35 所示。

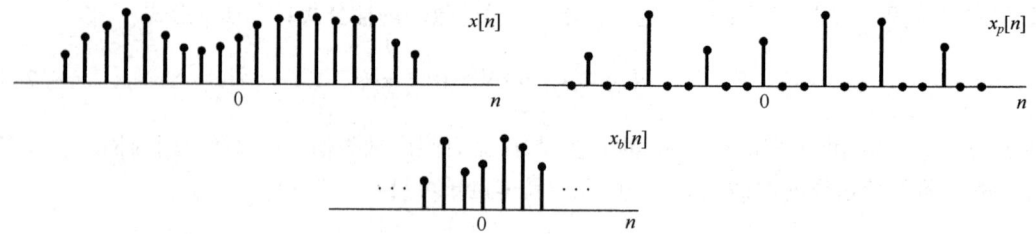

图 7.34　$x[n]$，已采样序列 $x_p[n]$ 和抽取序列 $x_b[n]$ 之间的关系

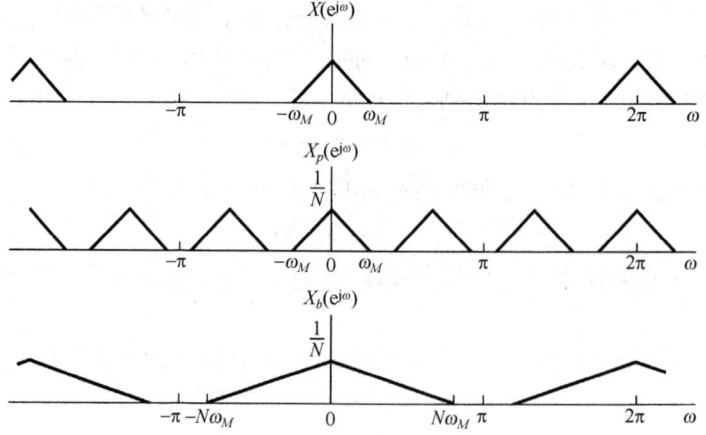

图 7.35　采样与抽取之间的关系在频域中的说明

如果这个原始序列 $x[n]$ 经由连续时间信号采样而得到，抽取过程就可以看成在连续时间信号上将采样率减小为原来的 $1/N$ 的结果。因此，为了避免在抽取过程中出现混叠，原序列 $x[n]$ 的 $X(e^{j\omega})$ 就不能占满整个频带。换句话说，如果序列能够被抽取而又不引入混叠，原来的连续时

间信号就是被过采样了的,从而原采样率可以减小而不会出现混叠。因此,抽取的过程往往就称为**减采样**(downsampling)。

在某些应用中,序列是由对某一连续时间信号采样而得到的,原有采样率可能在不出现混叠的前提下尽可能取低值,而在经过另外的处理和滤波后,序列的带宽可能减小。这样的一个例子如图 7.36 所示。因为图中离散时间滤波器的输出是带限的,从而就有可能进行减采样或抽取。

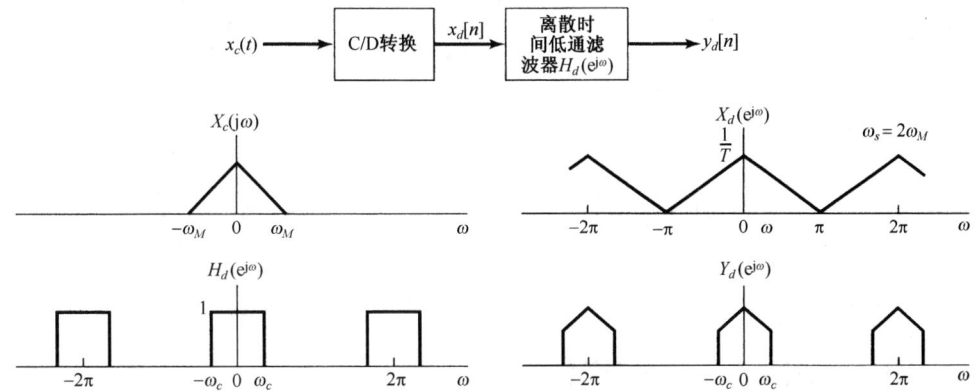

图 7.36 连续时间信号最初是在奈奎斯特速率下进行的采样,经过离散时间滤波以后,所得到的序列可以进一步减采样。图中 $X_c(j\omega)$ 是 $x_c(t)$ 的连续时间傅里叶变换, $X_d(e^{j\omega})$ 和 $Y_d(e^{j\omega})$ 分别是 $x_d[n]$ 和 $y_d[n]$ 的离散时间傅里叶变换,而 $H_d(e^{j\omega})$ 是离散时间低通滤波器的频率响应

正如减采样在某些应用中很有用,也有一些情况下需要将一个序列转换到较高的等效采样率上,这种称为**增采样**(upsampling)或**内插**(interpolation)的过程也很有用。增采样基本上就是抽取或减采样的逆过程。正如在图 7.34 和图 7.35 中所表明的,在抽取中先进行采样,然而仅保留采样瞬时的序列值。为了增采样,应将上述过程颠倒过来。例如,参照图 7.34,考虑将序列 $x_b[n]$ 增采样以得到 $x[n]$ 的过程。由 $x_b[n]$ 可形成序列 $x_p[n]$,只需在 $x_b[n]$ 的每一个序列值之间插入 $(N-1)$ 个幅度为零的序列值即可。然后就可以利用低通滤波从 $x_p[n]$ 中得到这个已被内插了的序列 $x[n]$。整个过程全部综合在图 7.37 中。

例 7.5 本例用来说明如何将内插和抽取结合起来,用于对一个序列减采样而不会带来混叠。应该注意的是,一旦离散时间序列频谱在一个周期内的非零部分已经扩展到将 $-\pi$ 到 π 的整个频带占满,就达到了最大可能的减采样。

考虑序列 $x[n]$,其傅里叶变换 $X(e^{j\omega})$ 如图 7.38(a)所示。正如在例 7.4 中所讨论的,对于这个序列,在脉冲串采样时为了不带来混叠而能用的最低采样率是 $2\pi/4$。这就相应于对 $x[n]$ 每 4 个值采样一次。如果对该已采样序列以 4 抽取,就可得到序列 $x_b[n]$,它的频谱如图 7.38(b)所示。很显然,这时对原有的频谱来说,仍然没有任何混叠。然而,在 $8\pi/9 \leq |\omega| \leq \pi$ 这段频带内频谱还是零,这就使人想到仍有进一步减采样的余地。

具体而言,考虑图 7.38(a),如果能将频率尺标扩大 9/2 倍,得到的频谱的非零值就占满了 $-\pi$ 到 π 的整个频率范围。但是,9/2 不是一个整数,因此无法单凭减采样来实现它,而必须先将 $x[n]$ 以 2 增采样,然后再以 9 减采样。$x[n]$ 以 2 增采样后得到的序列 $x_u[n]$ 的频谱 $X_u(e^{j\omega})$ 如图 7.38(c)所示。$x_u[n]$ 再以 9 减采样后得到的序列 $x_{ub}[n]$ 的频谱 $X_{ub}(e^{j\omega})$ 如图 7.38(d)所示。这样一个联合作用的结果就相当于将 $x[n]$ 以一个非整数值 9/2 减采样。假设 $x[n]$ 代表一个连续时间信号 $x_c(t)$ 的无混叠样本,这个已内插和抽取的序列就代表了 $x_c(t)$ 的最大可能(无混叠)减采样。

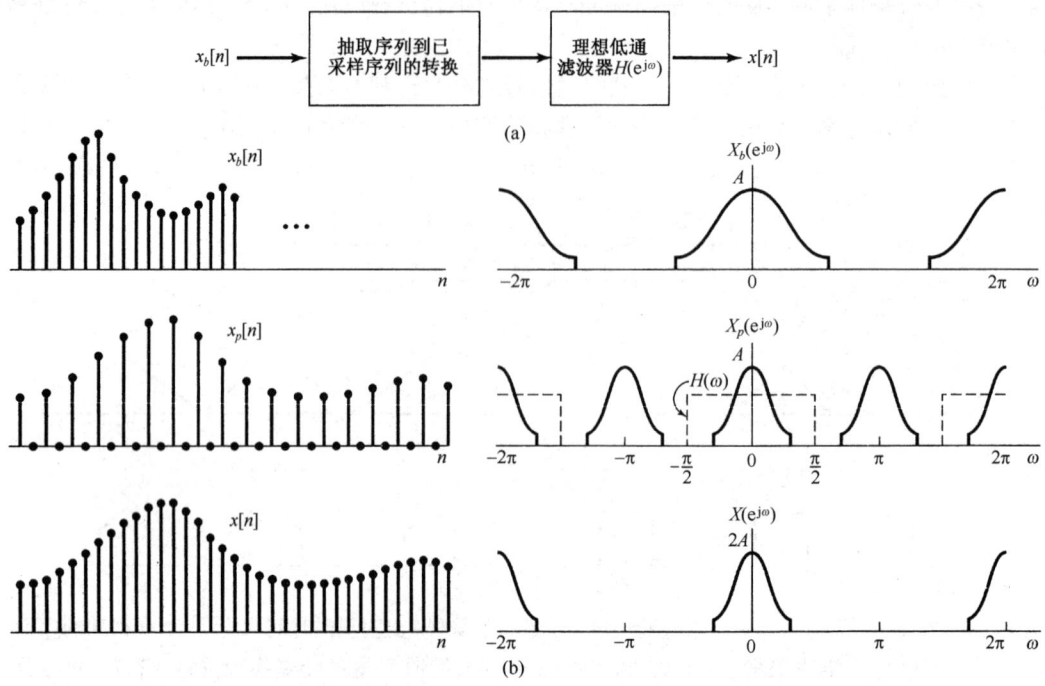

图 7.37 增采样。(a) 整个系统的方框图;(b) 增采样(1 倍)后的序列与频谱

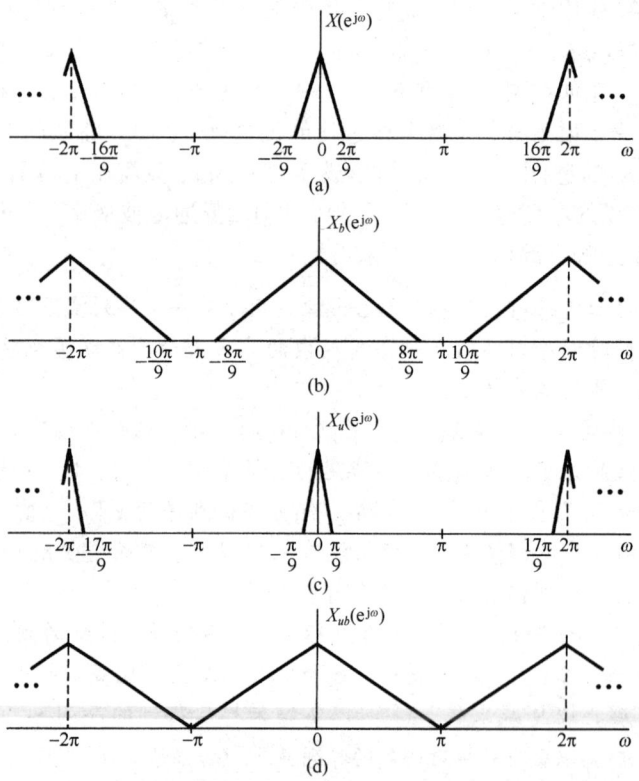

图 7.38 例 7.5 的有关频谱。(a) $x[n]$ 的频谱;(b) 以 4 减采样后的频谱;(c) 将 $x[n]$ 以 2 增采样后的频谱;(d) 将 $x[n]$ 以 2 增采样后再以 9 减采样的频谱

7.6 小结

本章研究了采样的概念,据此一个连续时间或离散时间信号可以用该信号的等间隔样本值序列来表示。信号能完全从这些样本序列中恢复出来的条件存在于采样定理中。该定理要求,为了完全恢复被采样的信号,信号必须是带限的,而且采样频率必须大于被采样信号中最高频率的两倍。在这些条件下,原始信号的重建是通过理想低通滤波来完成的,这种理想的重建信号过程的时域解释一般称为理想带限内插。在实际实现中,低通滤波器是近似理想的,时域内插就不再是完善的。在某些情形下,像零阶保持或线性内插(一阶保持)等这些简单的内插过程已足够了。

如果一个信号是欠采样的(即采样频率小于采样定理中要求的频率),理想带限内插所重建的信号就会是混叠失真了的原信号。在很多情况下,选取采样率以避免出现混叠是很重要的,然而也有一些重要的例子,如频闪器,利用了混叠现象。

采样有许多重要的应用。一个特别有意义的应用场合是利用采样的原理,采用离散时间系统来处理连续时间信号,这可以通过利用微处理机、微处理器或任何面向离散时间信号处理的各种专用器件来完成。

对于连续时间信号和离散时间信号而言,采样的基本理论是类似的。在离散时间情况下,有一个与离散时间采样密切相关的概念称为抽取,抽取序列是对原序列在相等间隔上提取序列值得到的。采样与抽取之间的差别在于:对已采样序列来说,各样本值之间是若干个零值;而对抽取序列来说,这些零值点被摒弃,从而在时间上对序列进行了压缩。抽取的逆过程是内插。抽取和内插的概念出现在很多重要的信号与系统的实际应用中,其中包括通信系统、数字音频、高分辨率电视,以及其他很多应用领域。

习题

习题的第一部分属于基本题,答案在书末给出。其余两部分分别属于基本题和深入题。

基本题(附答案)

7.1 已知一个实信号 $x(t)$,当采样频率 $\omega_s = 10\,000\pi$ 时,$x(t)$ 能用它的样本值唯一确定。问 $X(j\omega)$ 在什么 ω 值下保证为零?

7.2 一个连续时间信号 $x(t)$ 从一个截止频率为 $\omega_c = 1000\pi$ 的理想低通滤波器的输出得到,如果对 $x(t)$ 完成冲激串采样,那么下列采样周期中的哪些可能保证 $x(t)$ 在利用一个合适的低通滤波器后能从它的样本中得到恢复?

(a) $T = 0.5 \times 10^{-3}$　　　　(b) $T = 2 \times 10^{-3}$　　　　(c) $T = 10^{-4}$

7.3 在采样定理中,采样频率必须超过的那个频率称为**奈奎斯特速率**。试确定下列各信号的奈奎斯特速率:

(a) $x(t) = 1 + \cos(2000\pi t) + \sin(4000\pi t)$　　(b) $x(t) = \dfrac{\sin(4000\pi t)}{\pi t}$　　(c) $x(t) = \left(\dfrac{\sin(4000\pi t)}{\pi t}\right)^2$

7.4 设 $x(t)$ 是一个奈奎斯特速率为 ω_0 的信号,试确定下列各信号的奈奎斯特速率:

(a) $x(t) + x(t-1)$　　(b) $\dfrac{\mathrm{d}x(t)}{\mathrm{d}t}$　　(c) $x^2(t)$　　(d) $x(t)\cos\omega_0 t$

7.5 设 $x(t)$ 是一个奈奎斯特速率为 ω_0 的信号,同时设

$$y(t) = x(t)p(t-1)$$

其中，
$$p(t) = \sum_{n=-\infty}^{+\infty} \delta(t-nT), \qquad T < \frac{2\pi}{\omega_0}$$

当某一滤波器以 $y(t)$ 为输入，以 $x(t)$ 为输出时，试给出该滤波器频率响应的模和相位特性上的限制。

7.6 在图 P7.6 所示的系统中，有两个时间函数 $x_1(t)$ 和 $x_2(t)$ 相乘，其乘积 $w(t)$ 由一个冲激串采样，$x_1(t)$ 带限于 ω_1，$x_2(t)$ 带限于 ω_2，即
$$X_1(j\omega) = 0, \quad |\omega| \geq \omega_1$$
$$X_2(j\omega) = 0, \quad |\omega| \geq \omega_2$$

试求最大的采样间隔 T，使得利用某一理想低通滤波器能从 $w_p(t)$ 恢复 $w(t)$。

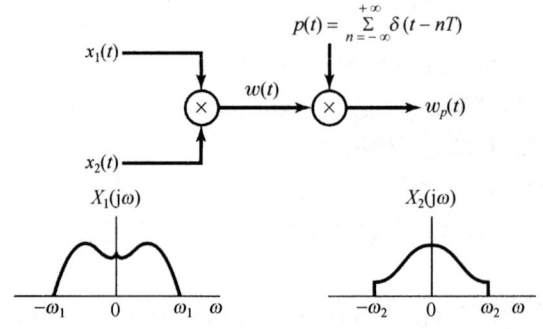

图 P7.6

7.7 信号 $x(t)$ 以采样周期 T 经过一个零阶保持处理，产生一个信号 $x_0(t)$，设 $x_1(t)$ 是在 $x(t)$ 的样本上经过一阶保持处理的结果，即
$$x_1(t) = \sum_{n=-\infty}^{+\infty} x(nT)h_1(t-nT)$$

其中 $h_1(t)$ 是图 P7.7 所示的函数。试给出一个滤波器的频率响应，当输入为 $x_0(t)$ 时，该滤波器产生的输出为 $x_1(t)$。

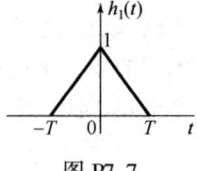

图 P7.7

7.8 有一个实值且为奇函数的周期信号 $x(t)$，它的傅里叶级数表示为
$$x(t) = \sum_{k=0}^{5} \left(\frac{1}{2}\right)^k \sin(k\pi t)$$

令 $\hat{x}(t)$ 代表用采样周期 $T=0.2$ 的周期冲激串对 $x(t)$ 进行采样的结果。
(a) 会出现混叠吗？
(b) 若 $\hat{x}(t)$ 通过一个截止频率为 π/T 且通带增益为 T 的理想低通滤波器，求输出信号 $g(t)$ 的傅里叶级数表示。

7.9 考虑信号 $x(t)$ 为
$$x(t) = \left[\frac{\sin(50\pi t)}{\pi t}\right]^2$$

现在想用采样频率 $\omega_s = 150\pi$ 对 $x(t)$ 进行采样，以得到一个信号 $g(t)$，其傅里叶变换为 $G(j\omega)$。为确保
$$G(j\omega) = 75X(j\omega), \quad |\omega| \leq \omega_0$$

求 ω_0 的最大值，其中 $X(j\omega)$ 为 $x(t)$ 的傅里叶变换。

7.10 判断下面每一种说法是否正确。
(a) 只要采样周期 $T < 2T_0$，信号 $x(t) = u(t+T_0) - u(t-T_0)$ 的冲激串采样就不会出现混叠。
(b) 只要采样周期 $T < \pi/\omega_0$，傅里叶变换为 $X(j\omega) = u(\omega + \omega_0) - u(\omega - \omega_0)$ 的信号 $x(t)$ 的冲激串采样就不会出现混叠。
(c) 只要采样周期 $T < 2\pi/\omega_0$，傅里叶变换为 $X(j\omega) = u(\omega) - u(\omega - \omega_0)$ 的信号 $x(t)$ 的冲激串采样就不会出现混叠。

7.11 设 $x_c(t)$ 是一个连续时间信号,它的傅里叶变换具有如下特点:
$$X_c(j\omega) = 0, \quad |\omega| \geq 2000\pi$$
某个离散时间信号经由
$$x_d[n] = x_c(n(0.5 \times 10^{-3}))$$
而得到。试对下列每一个有关 $x_d[n]$ 的傅里叶变换 $X_d(e^{j\omega})$ 所给的限制,确定对 $X_c(j\omega)$ 的相应限制:
(a) $X_d(e^{j\omega})$ 为实函数。 (b) 对所有 ω, $X_d(e^{j\omega})$ 的最大值是 1。
(c) $X_d(e^{j\omega}) = 0, \dfrac{3\pi}{4} \leq |\omega| \leq \pi$ (d) $X_d(e^{j\omega}) = X_d(e^{j(\omega-\pi)})$

7.12 有一个离散时间信号 $x_d[n]$,其傅里叶变换 $X_d(e^{j\omega})$ 具有如下性质:
$$X_d(e^{j\omega}) = 0, \quad 3\pi/4 \leq |\omega| \leq \pi$$
现该信号被转换为一个连续时间信号为
$$x_c(t) = T \sum_{n=-\infty}^{+\infty} x_d[n] \frac{\sin(\frac{\pi}{T}(t-nT))}{\pi(t-nT)}$$
其中 $T = 10^{-3}$。确定 $x_c(t)$ 的傅里叶变换 $X_c(j\omega)$ 保证为零的 ω 值。

7.13 参照图 7.24 所示的滤波方法,假定所用的采样周期为 T,输入 $x_c(t)$ 为带限,而有 $X_c(j\omega) = 0, |\omega| \geq \pi/T$。若整个系统具有 $y_c(t) = x_c(t-2T)$,试求图 7.24 中离散时间滤波器的单位脉冲响应 $h[n]$。

7.14 假定在上题中有
$$y_c(t) = \frac{d}{dt} x_c\left(t - \frac{T}{2}\right)$$
重做习题 7.13。

7.15 对 $x[n]$ 进行脉冲串采样,得到
$$g[n] = \sum_{k=-\infty}^{+\infty} x[n]\delta[n-kN]$$
若 $X(e^{j\omega}) = 0, 3\pi/7 \leq |\omega| \leq \pi$,试确定当采样 $x[n]$ 时保证不发生混叠的最大采样间隔 N。

7.16 关于 $x[n]$ 及其傅里叶变换 $X(e^{j\omega})$ 给出下列条件:
1. $x[n]$ 为实序列。
2. $X(e^{j\omega}) \neq 0, 0 < \omega < \pi$
3. $x[n] \sum_{k=-\infty}^{+\infty} \delta[n-2k] = \delta[n]$

求 $x[n]$。解题时注意到: $\sin\left(\dfrac{\pi}{2}n\right)/(\pi n)$ 满足其中的两个条件是有用的。

7.17 考虑一个理想离散时间带阻滤波器,其单位脉冲响应为 $h[n]$,频率响应在 $-\pi \leq \omega \leq \pi$ 条件下为
$$H(e^{j\omega}) = \begin{cases} 1, & |\omega| \leq \dfrac{\pi}{4}, \quad |\omega| \geq \dfrac{3\pi}{4} \\ 0, & \text{其他} \end{cases}$$
求单位脉冲响应为 $h[2n]$ 的滤波器的频率响应。

7.18 假设截止频率为 $\pi/2$ 的一个理想离散时间低通滤波器的单位脉冲响应是用于内插(按图 7.37 的),以得到一个 2 倍的增采样序列,求对应于这个增采样单位脉冲响应的频率响应。

7.19 考虑图 P7.19 所示的系统,输入为 $x[n]$,输出为 $y[n]$。零值插入系统在每个序列 $x[n]$ 值之间插入两个零值点,抽取系统定义为
$$y[n] = w[5n]$$
其中 $w[n]$ 是抽取系统的输入序列。若输入 $x[n]$ 为
$$x[n] = \frac{\sin(\omega_1 n)}{\pi n}$$
试确定下列 ω_1 值时的输出 $y[n]$:
(a) $\omega_1 \leq \dfrac{3\pi}{5}$ (b) $\omega_1 > \dfrac{3\pi}{5}$

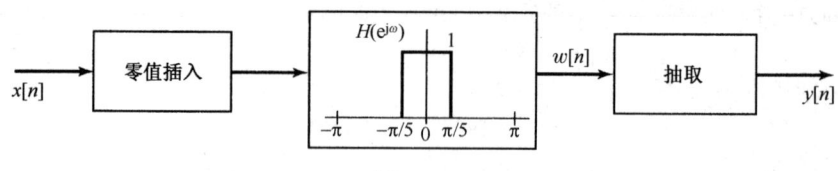

图 P7.19

7.20 有两个离散时间系统 S_1 和 S_2 用于实现一个截止频率为 $\pi/4$ 的理想低通滤波器。系统 S_1 如图 P7.20(a) 所示,系统 S_2 如图 P7.20(b) 所示。在这些图中,S_A 相应于一个零值插入系统,在每一个输入样本之后插入一个零值点;而 S_B 相应于一个抽取系统,在其输入中每两个取一个。
(a) S_1 相应于所要求的理想低通滤波器吗?
(b) S_2 相应于所要求的理想低通滤波器吗?

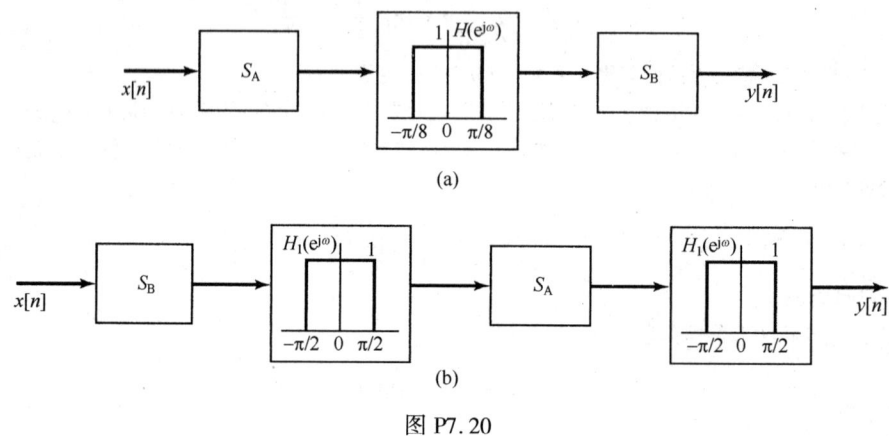

图 P7.20

基本题

7.21 信号 $x(t)$ 的傅里叶变换为 $X(j\omega)$,对 $x(t)$ 进行冲激串采样,产生 $x_p(t)$ 为

$$x_p(t) = \sum_{n=-\infty}^{+\infty} x(nT)\delta(t-nT)$$

其中 $T = 10^{-4}$。关于 $x(t)$ 和/或 $X(j\omega)$ 进行下列一组限制中的每一种,采样定理(见 7.1.1 节)能保证 $x(t)$ 可完全从 $x_p(t)$ 中恢复吗?
(a) $X(j\omega) = 0,\ |\omega| > 5000\pi$
(b) $X(j\omega) = 0,\ |\omega| > 15\,000\pi$
(c) $\mathcal{Re}\{X(j\omega)\} = 0,\ |\omega| > 5000\pi$
(d) $x(t)$ 为实数,$X(j\omega) = 0,\ \omega > 5000\pi$
(e) $x(t)$ 为实数,$X(j\omega) = 0,\ \omega < -15\,000\pi$
(f) $X(j\omega) * X(j\omega) = 0,\ |\omega| > 15\,000\pi$
(g) $|X(j\omega)| = 0,\ \omega > 5000\pi$

7.22 信号 $y(t)$ 由两个均为带限的信号 $x_1(t)$ 和 $x_2(t)$ 卷积而成,即

$$y(t) = x_1(t) * x_2(t)$$

其中,

$$X_1(j\omega) = 0, \quad |\omega| > 1000\pi$$
$$X_2(j\omega) = 0, \quad |\omega| > 2000\pi$$

现对 $y(t)$ 进行冲激串采样,以得到

$$y_p(t) = \sum_{n=-\infty}^{+\infty} y(nT)\delta(t-nT)$$

试给出保证能从 $y_p(t)$ 恢复 $y(t)$ 的采样周期 T 的范围。

7.23 图 P7.23 所示是一个用交替符号冲激串来采样信号的系统。输入信号的傅里叶变换 $X(j\omega)$ 如图所示。

(a) 对于 $\Delta < \pi/(2\omega_M)$，画出 $x_p(t)$ 和 $y(t)$ 的傅里叶变换。
(b) 对于 $\Delta < \pi/(2\omega_M)$，确定一个能从 $x_p(t)$ 中恢复 $x(t)$ 的系统。
(c) 对于 $\Delta < \pi/(2\omega_M)$，确定一个能从 $y(t)$ 中恢复 $x(t)$ 的系统。
(d) 确定 $x(t)$ 既能从 $x_p(t)$ 又能从 $y(t)$ 中恢复的最大 Δ 值（相对于 ω_M）。

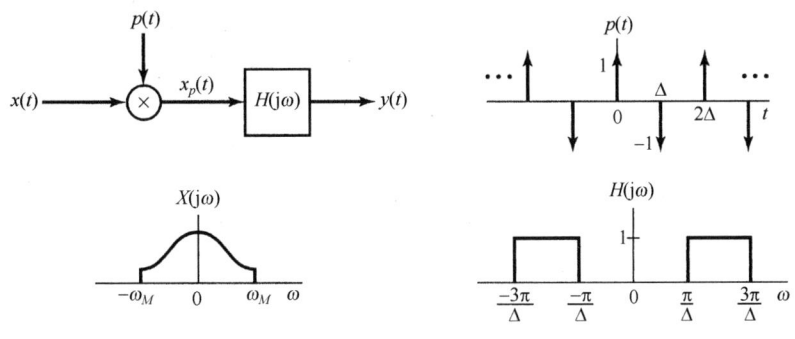

图 P7.23

7.24 图 P7.24 所示是一个将输入信号乘以一个周期方波的系统，$s(t)$ 的周期是 T，输入信号是带限的，且为 $|X(j\omega)| = 0$，$|\omega| \geq \omega_M$。
(a) 对于 $\Delta = T/3$，利用 ω_M 确定 T 的最大值，以使在 $W(j\omega)$ 中 $X(j\omega)$ 的重复部分之间没有混叠。
(b) 对于 $\Delta = T/4$，利用 ω_M 确定 T 的最大值，以使在 $W(j\omega)$ 中 $X(j\omega)$ 的重复部分之间没有混叠。

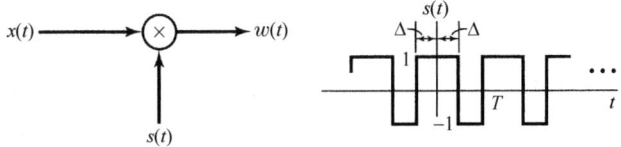

图 P7.24

7.25 图 P7.25 所示是一个采样器紧跟着一个用于从样本 $x_p(t)$ 中恢复出 $x(t)$ 的理想低通滤波器。根据采样定理可知，若 $\omega_s = 2\pi/T$ 大于 $x(t)$ 中存在的最高频率的 2 倍，而且 $\omega_c = \omega_s/2$，重建的信号 $x_r(t)$ 就一定等于 $x(t)$。如果在 $x(t)$ 的带宽上不满足这个条件，$x_r(t)$ 就一定不等于 $x(t)$。本题要证明，如果 $\omega_c = \omega_s/2$，那么无论选什么 T，$x_r(t)$ 和 $x(t)$ 在采样瞬时总是相等的，即
$$x_r(kT) = x(kT), \quad k = 0, \pm 1, \pm 2, \cdots$$
为了得到这一结果，考虑式（7.11），它将 $x_r(t)$ 用 $x(t)$ 的样本值表示成
$$x_r(t) = \sum_{n=-\infty}^{+\infty} x(nT) T \frac{\omega_c}{\pi} \frac{\sin[\omega_c(t-nT)]}{\omega_c(t-nT)}$$
由于 $\omega_c = \omega_s/2$，上式变为
$$x_r(t) = \sum_{n=-\infty}^{+\infty} x(nT) \frac{\sin\left[\frac{\pi}{T}(t-nT)\right]}{\frac{\pi}{T}(t-nT)} \tag{P7.25-1}$$

只要考虑到 $[\sin(\alpha)]/\alpha = 0$ 的 α 值，无须对 $x(t)$ 进行任何限制，由式（P7.25-1）证明：对任意整数 k，都有 $x_r(kT) = x(kT)$。

7.26 采样定理表明，一个信号必须以大于它的 2 倍带宽的采样率来采样（或者等效为大于它的最高频率的 2 倍）。这就意味着，如果有一个信号 $x(t)$ 的频谱如图 P7.26(a) 所示，就必须用大于 $2\omega_2$ 的采样率对 $x(t)$ 进行采样。然而，因为这个信号的大部分能量集中在一个窄带范围内，因此似乎有理由期望能用一个低于 2 倍最高频率的采样率来采样。能量集中于某一频带范围内的信号往往称为**带通信号**（bandpass signal）。有各种方法来对这样的信号进行采样，一般统称为**带通采样**（bandpass-sampling）技术。

为了研究有可能在一个小于总带宽的采样率下对一个带通信号进行采样，考虑图 P7.26(b) 所示的系统。假定 $\omega_1 > \omega_2 - \omega_1$，求使得 $x_r(t) = x(t)$ 的最大 T 值，以及常数 A、ω_a 和 ω_b 的值。

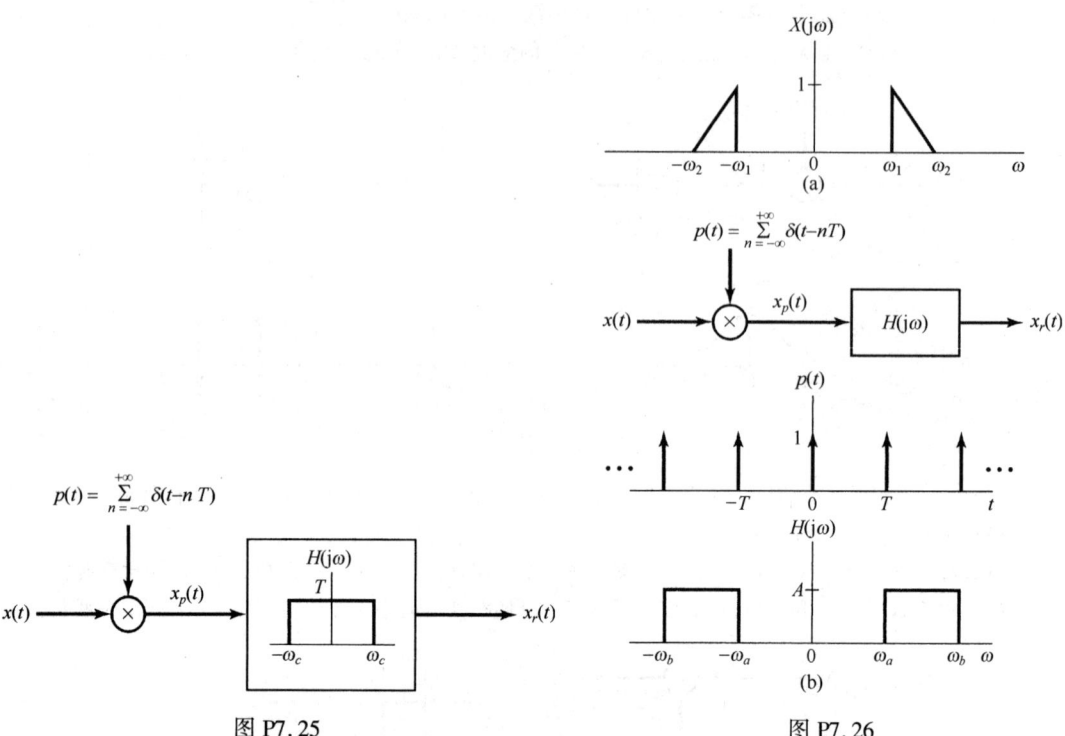

图 P7.25   图 P7.26

7.27 在习题 7.26 中讨论了带通采样和恢复的一种方法。当 $x(t)$ 为实信号时可用另一种方法，这种方法先将 $x(t)$ 乘以一个复指数，然后再对乘积采样。采样系统如图 P7.27(a) 所示。由于 $x(t)$ 为实函数，且 $X(j\omega)$ 仅在 $\omega_1 < |\omega| < \omega_2$ 时为非零，频率 ω_0 选为 $\omega_0 = (1/2)(\omega_1 + \omega_2)$，低通滤波器 $H_1(j\omega)$ 的截止频率为 $(1/2)(\omega_2 - \omega_1)$。

(a) 若 $X(j\omega)$ 如图 P7.27(b) 所示，画出 $X_p(j\omega)$。
(b) 确定最大的采样周期 T，以使可以从 $x_p(t)$ 中恢复 $x(t)$。
(c) 确定一个从 $x_p(t)$ 中恢复 $x(t)$ 的系统。

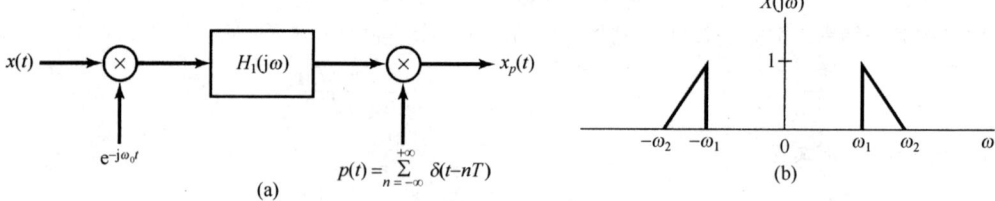

图 P7.27

7.28 图 P7.28(a) 所示的系统将一个连续时间信号转换为一个离散时间信号。输入 $x(t)$ 是周期的，周期为 0.1 s，$x(t)$ 的傅里叶级数系数是

$$a_k = \left(\frac{1}{2}\right)^{|k|}, \quad -\infty < k < +\infty$$

低通滤波器 $H(j\omega)$ 的频率响应如图 P7.28(b) 所示，采样周期 $T = 5 \times 10^{-3}$。
(a) 证明 $x[n]$ 是一个周期序列，并确定它的周期。
(b) 确定 $x[n]$ 的傅里叶级数系数。

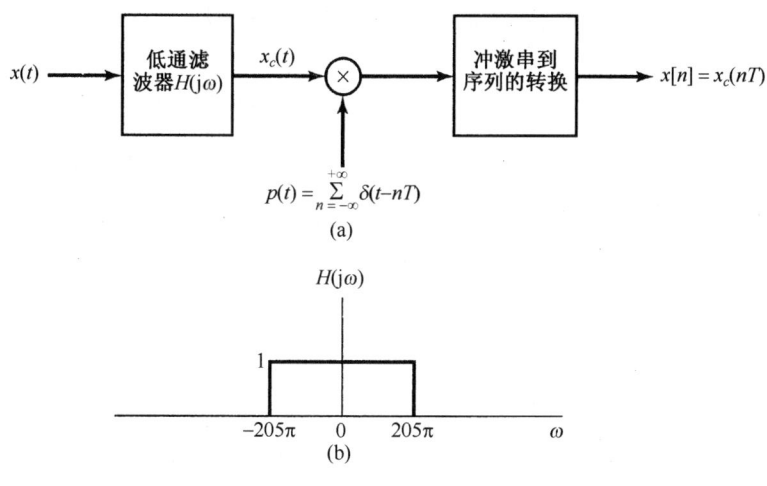

图 P7.28

7.29 图 P7.29(a)所示系统利用离散时间滤波器过滤连续时间信号。若 $X_c(j\omega)$ 和 $H(e^{j\omega})$ 如图 P7.29(b)所示,以 $1/T = 20\text{ kHz}$ 画出 $X_p(j\omega)$,$X(e^{j\omega})$,$Y(e^{j\omega})$,$Y_p(j\omega)$ 和 $Y_c(j\omega)$。

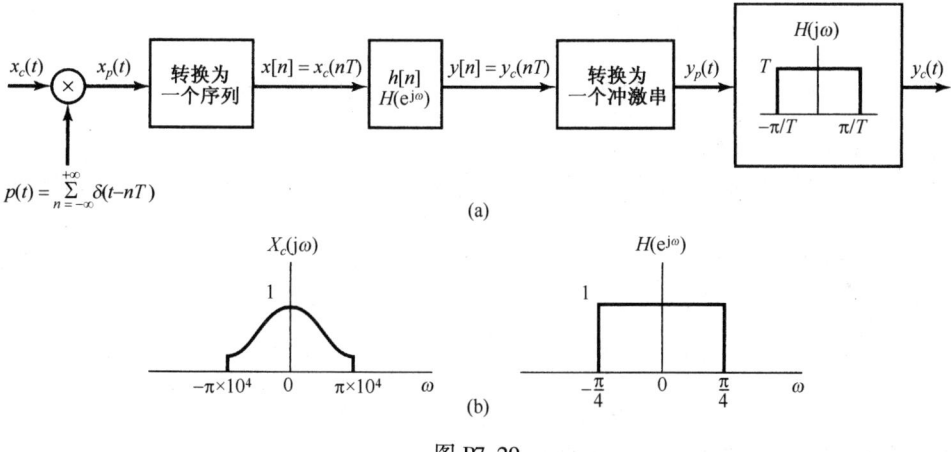

图 P7.29

7.30 图 P7.30 所示系统由一个连续时间线性时不变系统接一个采样器,转换为一个序列,再后接一个离散时间线性时不变系统。该连续时间线性时不变系统是因果的,且满足如下线性常系数微分方程:

$$\frac{dy_c(t)}{dt} + y_c(t) = x_c(t)$$

输入 $x_c(t)$ 是一个单位冲激函数 $\delta(t)$。
(a) 确定 $y_c(t)$。
(b) 确定频率响应 $H(e^{j\omega})$ 和单位脉冲响应 $h[n]$,使得有 $w[n] = \delta[n]$。

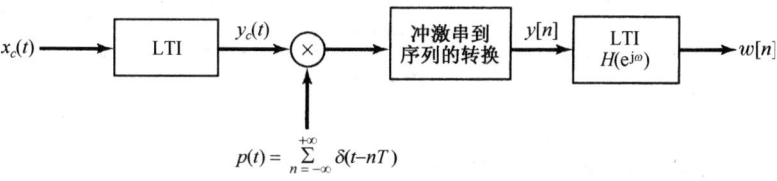

图 P7.30

7.31 图 P7.31 所示系统利用一个数字滤波器 $h[n]$ 来处理连续时间信号,该数字滤波器是线性的、因果的,并且满足如下差分方程:

$$y[n] = \frac{1}{2}y[n-1] + x[n]$$

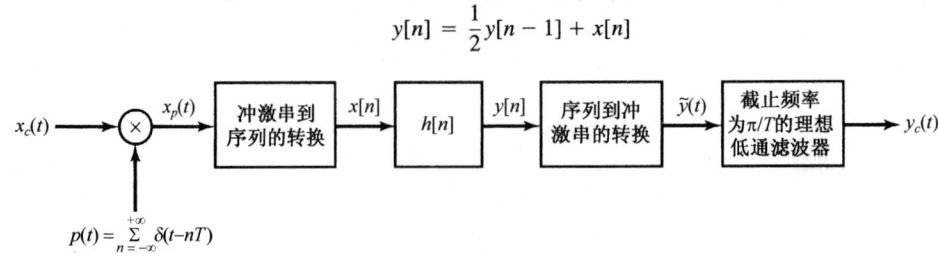

图 P7.31

对于带限输入的信号,即 $X_c(j\omega) = 0$, $|\omega| > \pi/T$,图中的系统等效为一个连续时间线性时不变系统。确定从输入 $x_c(t)$ 到输出 $y_c(t)$ 的整个系统的等效频率响应 $H_c(j\omega)$。

7.32 信号 $x[n]$ 的傅里叶变换 $X(e^{j\omega})$ 在 $(\pi/4) \leqslant |\omega| \leqslant \pi$ 时为零,另一信号为

$$g[n] = x[n] \sum_{k=-\infty}^{+\infty} \delta[n-1-4k]$$

试给出一个低通滤波器的频率响应 $H(e^{j\omega})$,使得当该滤波器的输入为 $g[n]$ 时,输出等于 $x[n]$。

7.33 傅里叶变换为 $X(e^{j\omega})$ 的信号 $x[n]$ 具有如下性质:

$$\left(x[n] \sum_{k=-\infty}^{+\infty} \delta[n-3k]\right) * \left(\frac{\sin(\frac{\pi}{3}n)}{\frac{\pi}{3}n}\right) = x[n]$$

对于什么样的 ω 值,可以保证 $X(e^{j\omega}) = 0$?

7.34 一个实值离散时间信号 $x[n]$ 的傅里叶变换 $X(e^{j\omega})$ 在 $3\pi/14 \leqslant |\omega| \leqslant \pi$ 时为零,可首先利用增采样 L 倍,然而再减采样 M 倍的办法将 $X(e^{j\omega})$ 的非零部分占满 $|\omega| < \pi$ 的区域,试求 L 和 M 的值。

7.35 考虑一个离散时间序列 $x[n]$,由 $x[n]$ 形成两个新序列 $x_p[n]$ 和 $x_d[n]$,其中 $x_p[n]$ 是以采样周期为 2 对 $x[n]$ 采样而得到的,而 $x_d[n]$ 则以 2 对 $x[n]$ 进行抽取而得,即

$$x_p[n] = \begin{cases} x[n], & n = 0, \pm 2, \pm 4, \cdots \\ 0, & n = \pm 1, \pm 3, \cdots \end{cases} \quad \text{且} \, x_d[n] = x[2n]$$

(a) 若 $x[n]$ 如图 P.35(a) 所示,画出序列 $x_p[n]$ 和 $x_d[n]$。

(b) 若 $X(e^{j\omega})$ 如图 P.35(b) 所示,画出 $X_p(e^{j\omega})$ 和 $X_d(e^{j\omega})$。

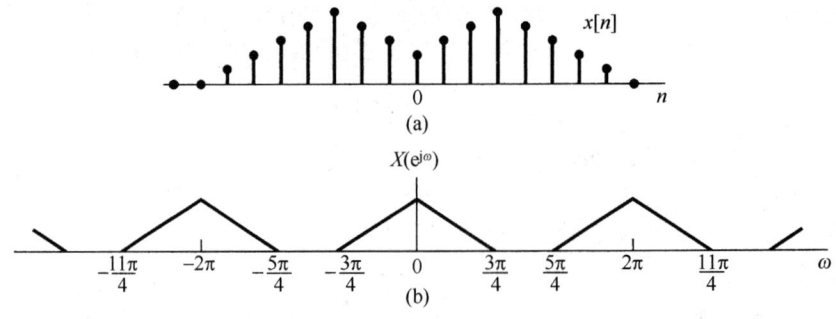

图 P7.35

深入题

7.36 设 $x(t)$ 为一个带限信号,当 $|\omega| \geqslant \pi/T$ 时,$X(j\omega) = 0$。

(a) 若 $x(t)$ 用采样周期 T 对其采样,试确定一个内插函数 $g(t)$,使得有

$$\frac{\mathrm{d}x(t)}{\mathrm{d}t} = \sum_{n=-\infty}^{+\infty} x(nT)g(t-nT)$$

(b) 函数 $g(t)$ 是唯一的吗?

7.37 只要平均采样密度为每秒 $2(W/2\pi)$ 个样本,就能从非均匀间隔的样本中恢复一个带限于 $|\omega|<W$ 的信号。本题说明一个特殊的非均匀采样的例子。假设在图 P7.37(a) 中有如下条件:

1. $x(t)$ 是带限的, $X(j\omega)=0$, $|\omega|>W$。
2. $p(t)$ 是一个非均匀间隔的周期冲激串,如图 P7.37(b) 所示。
3. $f(t)$ 是一个周期性波形,其周期 $T=2\pi/W$,由于 $f(t)$ 与一个冲激串相乘,因而只在 $t=0$ 和 $t=\Delta$ 时的值 $f(0)=a$ 和 $f(\Delta)=b$ 才有意义。

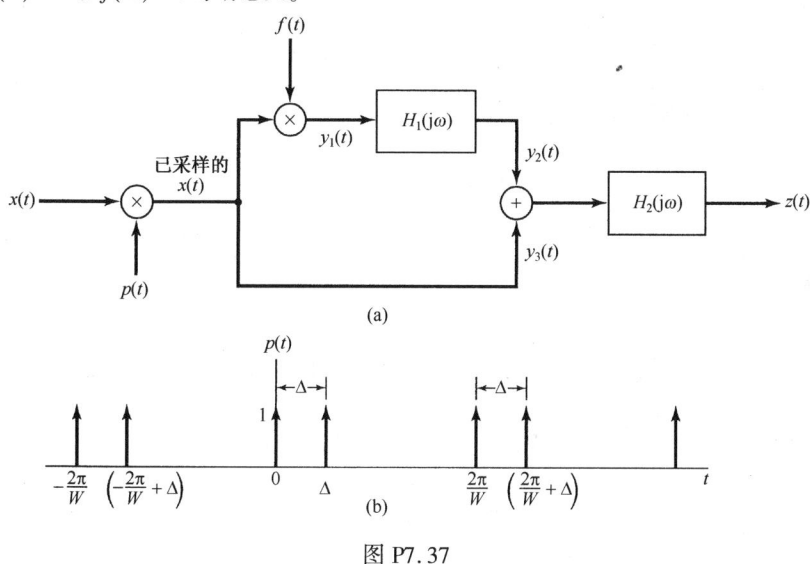

图 P7.37

4. $H_1(j\omega)$ 是一个 90° 的相移器,即

$$H_1(j\omega) = \begin{cases} j, & \omega>0 \\ -j, & \omega<0 \end{cases}$$

5. $H_2(j\omega)$ 是一个理想低通滤波器,即

$$H_2(j\omega) = \begin{cases} K, & 0<\omega<W \\ K^*, & -W<\omega<0 \\ 0, & |\omega|>W \end{cases}$$

其中 K 是一个常数(可能是复数)。

(a) 求 $p(t)$, $y_1(t)$, $y_2(t)$ 和 $y_3(t)$ 的傅里叶变换。
(b) 给出作为 Δ 的函数的 a, b 和 K 值,以使对任何带限信号 $x(t)$ 和任何 Δ, $0<\Delta<\pi/W$, 都有 $z(t)=x(t)$。

7.38 我们往往需要在示波器屏幕上显示出具有极短时间的一些波形部分(例如,千分之几纳秒量级),由于最快的示波器的上升时间也比这个时间长,因此这种波形无法直接显示。然而,如果这个波形是周期的,就可以采用一种称为取样示波器的仪器来间接地得到所需的结果。

图 P7.38(a) 就是用来对快速变化的波形 $x(t)$ 进行采样的,采样时每个周期采一次,但在相邻的下一个周期内,采样依次推迟。增量 Δ 应该是根据 $x(t)$ 的带宽而适当选择的一个采样间隔。如果让所得到的冲激串通过一个合适的低通内插滤波器,那么输出 $y(t)$ 将正比于减慢了或者在时间上展宽了的原始快变化波形,即 $y(t)$ 正比于 $x(at)$,其中 $a<1$。

若 $x(t)=A+B\cos[(2\pi/T)t+\theta]$,试求出 Δ 的取值范围,使得图 P7.38(b) 中的 $y(t)$ 正比于 $x(at)$, $a<1$;同时,用 T 和 Δ 确定 a 的值。

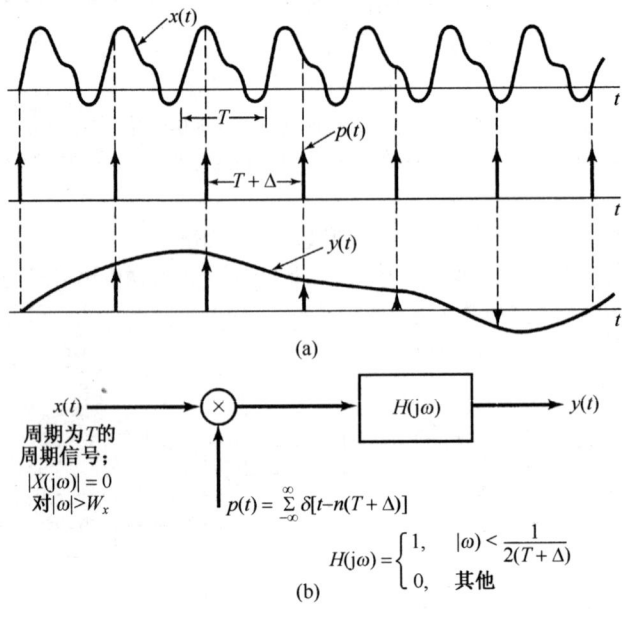

图 P7.38

7.39 信号 $x_p(t)$ 是对一个频率等于采样频率 ω_s 一半的正弦信号 $x(t)$ 进行冲激串采样得到的, 即

$$x(t) = \cos\left(\frac{\omega_s}{2}t + \phi\right) \quad 且 \quad x_p(t) = \sum_{n=-\infty}^{+\infty} x(nT)\delta(t - nT)$$

其中 $T = 2\pi/\omega_s$。

(a) 求一个 $g(t)$, 使得有

$$x(t) = \cos\phi\cos\left(\frac{\omega_s}{2}t\right) + g(t)$$

(b) 证明

$$g(nT) = 0, \quad n = 0, \pm 1, \pm 2, \cdots$$

(c) 利用前两部分的结果证明: 若 $x_p(t)$ 作为输入加到截止频率为 $\omega_s/2$ 的理想低通滤波器上, 则其输出为

$$y(t) = \cos\phi\cos\left(\frac{\omega_s}{2}t\right)$$

7.40 考虑一个圆盘, 在该圆盘上画有一个正弦曲线的 4 个周期。圆盘以近似 15 r/s 的速度旋转, 因此当通过一个窄缝看时, 正弦曲线具有 60 Hz 的频率。整个装置如图 P7.40 所示。设 $v(t)$ 代表从窄缝看到的线的位置, 因而 $v(t)$ 有如下形式:

$$v(t) = A\cos(\omega_0 t + \phi), \quad \omega_0 = 120\pi$$

为了符号上的方便, 现将 $v(t)$ 归一化, 以使 $A = 1$。在 60 Hz 频率下, 人的眼睛是不可能跟踪 $v(t)$ 的变化的, 现假定这一效果可以通过把眼睛模型化为截止频率为 20 Hz 的理想低通滤波器来代替。

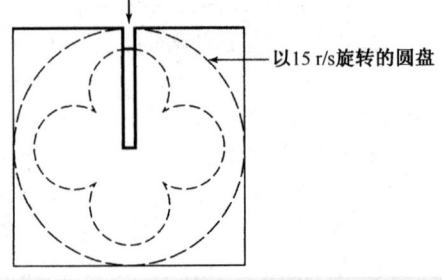

图 P7.40

对正弦曲线的采样可以用一个频闪灯照亮圆盘来完成, 因此光照度 $i(t)$ 可以用一个冲激串来表示, 即

$$i(t) = \sum_{k=-\infty}^{+\infty} \delta(t - kT)$$

其中 $1/T$ 是频闪频率(Hz)。所得到的已采样信号是乘积 $r(t) = v(t)i(t)$。令 $R(j\omega)$, $V(j\omega)$ 和 $I(j\omega)$ 分别为 $r(t)$, $v(t)$ 和 $i(t)$ 的傅里叶变换。

(a) 画出 $V(j\omega)$,并明确指出参量 ϕ 和 ω_0 的影响。

(b) 画出 $I(j\omega)$,并指出 T 的影响。

(c) 根据采样定理,利用 ω_0 来表示存在一个最大的 T 值,使得能够利用一个低通滤波器从 $r(t)$ 中恢复 $v(t)$。试确定这个 T 值和该低通滤波器的截止频率,画出当 T 略微小于这个最大 T 值时的 $R(j\omega)$。如果采样周期 T 取得大于(c)中所确定的值,将会发生频谱混叠。由于混叠的结果,感觉看到的将是一个较低频率的正弦波。

(d) 假定 $2\pi/T = \omega_0 + 20\pi$,对 $|\omega| < 40\pi$,画出 $R(j\omega)$。用 $v_a(t)$ 表示看到的线的视在位置,如果假定眼睛表现为一个截止频率为 20 Hz 并具有单位增益的理想低通滤波器,试将 $v_a(t)$ 表示成如下形式:
$$v_a(t) = A_a\cos(\omega_a + \phi_a)$$
其中 A_a 是 $v_a(t)$ 的视在振幅,ω_a 是它的视在频率,ϕ_a 是它的视在相位。

(e) 当 $2\pi/T = \omega_0 - 20\pi$ 时,重做(d)。

7.41 许多实际场合是在有回波的情况下记录信号的,因而希望通过适当的处理消除这些回波。例如,图 P7.41(a)示意了一个系统,在该系统中接收机同时接收到信号 $x(t)$ 和一个回波,该回波是用衰减并延迟了的 $x(t)$ 来表示的。于是,接收机的输出是 $s(t) = x(t) + \alpha x(t - T_0)$,其中 $|\alpha| < 1$。为了恢复 $x(t)$,先将 $s(t)$ 变换成一个序列,并用合适的数字滤波器 $h[n]$ 对接收机的输出进行处理,如图 P7.41(b)所示。

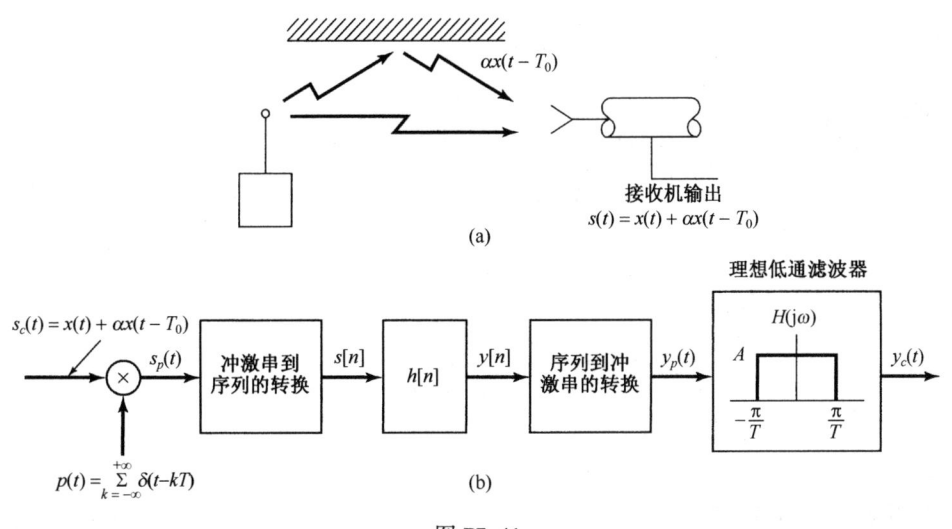

图 P7.41

假定 $x(t)$ 是带限的,即 $X(j\omega) = 0$, $|\omega| > \omega_M$,且 $\alpha < 1$。

(a) 若 $T_0 < \pi/\omega_M$,并取采样周期等于 T_0(即 $T = T_0$),试确定数字滤波器 $h[n]$ 的差分方程,以使 $y_c(t)$ 正比于 $x(t)$。

(b) 在(a)的假定条件下,确定该理想低通滤波器的增益 A,以使 $y_c(t) = x(t)$。

(c) 现在假定 $\pi/\omega_M < T_0 < 2\pi/\omega_M$,试选择采样周期 T、低通滤波器增益 A 和数字滤波器 $h[n]$ 的频率响应,使得 $y_c(t)$ 正比于 $x(t)$。

7.42 考虑一个带限信号 $x_c(t)$,以高于奈奎斯特速率对其采样,然后将相隔 T 秒的各样本按图 P7.42 转换为一个序列 $x[n]$。试确定序列的能量 E_d、原始信号的能量 E_c 和采样间隔 T 之间的关系。序列 $x[n]$ 的能量定义为
$$E_d = \sum_{n=-\infty}^{+\infty}|x[n]|^2$$

而连续时间函数 $x_c(t)$ 的能量定义为

$$E_c = \int_{-\infty}^{+\infty} |x_c(t)|^2 \, dt$$

7.43 图 P7.43(a) 所示系统的输入和输出都是离散时间信号。离散时间输入 $x[n]$ 转换为一个连续时间冲激串 $x_p(t)$，然后将 $x_p(t)$ 经过一个线性时不变系统过滤产生输出 $y_c(t)$，而 $y_c(t)$ 又被转换成离散时间信号 $y[n]$。其中输入为 $x_c(t)$ 且输出为 $y_c(t)$ 的线性时不变系统是因果的，且由如下线性常系数微分方程所表征：

$$\frac{d^2 y_c(t)}{dt^2} + 4\frac{dy_c(t)}{dt} + 3y_c(t) = x_c(t)$$

整个系统等效为一个因果离散时间线性时不变系统，如图 P7.43(b) 所示。
试确定该等效线性时不变系统的频率响应 $H(e^{j\omega})$ 和单位脉冲响应 $h[n]$。

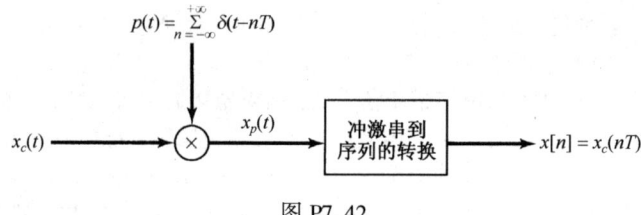

图 P7.42

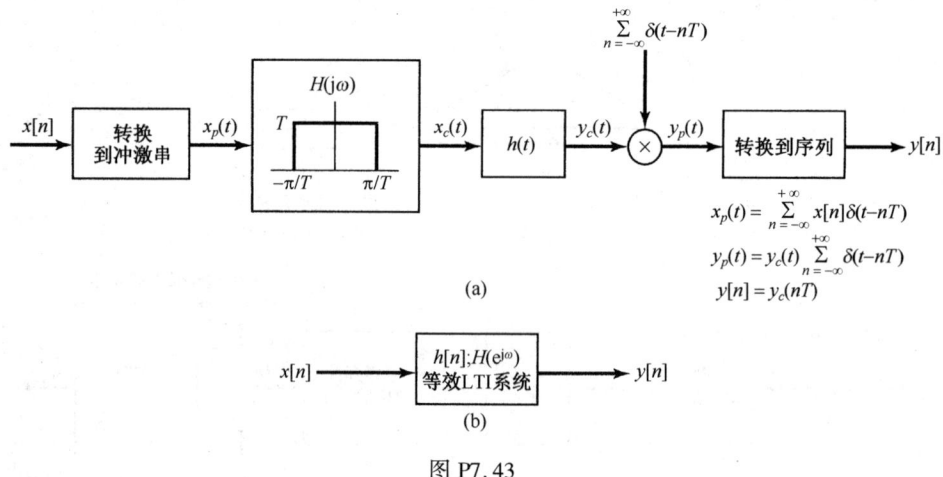

图 P7.43

7.44 设想要设计一个连续时间正弦信号发生器，该发生器对 $\omega_1 \leq \omega \leq \omega_2$ 内的任何频率都能产生正弦信号，其中 ω_1 和 ω_2 是已知的正数。

设计准备这样来做：现在已经存储了一个周期为 N 的离散时间余弦波，也就是说已经存储了 $x[0]$，$x[1]$，$\cdots$，$x[N-1]$，其中

$$x[k] = \cos\left(\frac{2\pi k}{N}\right)$$

每隔 T 秒输出一个被 $x[k]$ 的值加权了的冲激，这是通过按周期方式取 $k=0, 1, \cdots, N-1$ 来实现的，即

$$y_p(kT) = x(k \bmod N)$$

或等效为

$$y_p(kT) = \cos\left(\frac{2\pi k}{N}\right) \quad \text{和} \quad y_p(t) = \sum_{k=-\infty}^{+\infty} \cos\left(\frac{2\pi k}{N}\right) \delta(t - kT)$$

(a) 证明：通过调整 T，可以调节被采样的余弦信号的频率，也就是证明

$$y_p(t) = \cos(\omega_0 t) \sum_{k=-\infty}^{+\infty} \delta(t-kT)$$

其中 $\omega_0 = 2\pi/(NT)$。试确定 T 的取值范围,使得 $y_p(t)$ 能代表一个余弦信号的样本值,而该余弦信号的频率在整个范围 $\omega_1 \leq \omega \leq \omega_2$ 内可调。

(b) 概略画出 $Y_p(j\omega)$。

产生连续时间正弦波的整个系统示于图 P7.44(a),图中 $H(j\omega)$ 是一个具有单位增益的理想低通滤波器,即

$$H(j\omega) = \begin{cases} 1, & |\omega| < \omega_c \\ 0, & \text{其他} \end{cases}$$

参数 ω_c 是需要确定的,使得 $y(t)$ 在所需的频带内是一个连续时间余弦信号。

(c) 对在(a)中所确定范围内的任何 T 值,确定最小的 N 值和 ω_c 的某个值,使 $y(t)$ 在 $\omega_1 \leq \omega \leq \omega_2$ 范围内是一个余弦信号。

(d) $y(t)$ 的振幅将随在 ω_1 和 ω_2 之间所选定的 ω 值而变化。因此,有必要设计一个系统 $G(j\omega)$,该系统将信号进行归一化,如图 P7.44(b)所示。求此系统 $G(j\omega)$。

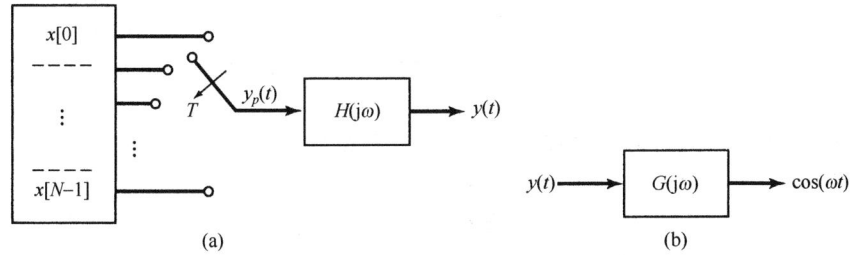

图 P7.44

7.45 在图 P7.45 所示的系统中,输入 $x_c(t)$ 是带限的,当 $|\omega| > 2\pi \times 10^4$ 时,有 $X_c(j\omega) = 0$。数字滤波器 $h[n]$ 的输入-输出关系为

$$y[n] = T \sum_{k=-\infty}^{n} x[k] \tag{P7.45-1}$$

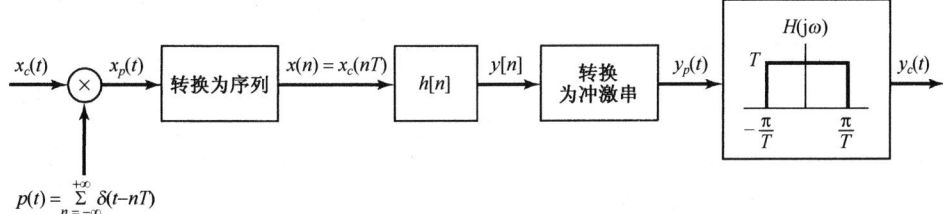

图 P7.45

(a) 若从 $x_c(t)$ 到 $x_p(t)$ 的变换中避免混叠发生,所允许的最大 T 值是什么?
(b) 确定由式(P7.45-1)给出的离散时间线性时不变系统的单位脉冲响应。
(c) 确定是否有任何 T 值能使

$$\lim_{n \to \infty} y[n] = \lim_{t \to \infty} \int_{-\infty}^{t} x_c(\tau) d\tau \tag{P7.45-2}$$

若有,求出最大的 T 值;若没有,陈述理由,并说明应该如何选择 T,才能使式(P7.45-2)最接近成立(这一部分要仔细想想,否则很容易导出错误结论)。

7.46 图 P7.46 所示为一个信号 $x[n]$ 的离散时间采样,$h_r[n]$ 是一个理想低通滤波器,其频率响应为

$$H_r(e^{j\omega}) = \begin{cases} N, & |\omega| < \frac{\pi}{N} \\ 0, & \frac{\pi}{N} < |\omega| < \pi \end{cases}$$

根据式(7.46)和式(7.47)，该滤波器的输出可表示为

$$x_r[n] = \sum_{k=-\infty}^{+\infty} x[kN] h_r[n-kN] = \sum_{k=-\infty}^{+\infty} x[kN] \frac{N\omega_c}{\pi} \frac{\sin[\omega_c(n-kN)]}{\omega_c(n-kN)}$$

其中 $\omega_c = \pi/N$。证明：无论序列 $x[n]$ 是在高于还是低于奈奎斯特速率下进行采样的，都有 $x_r[mN] = x[mN]$，m 为任意正或负的整数。

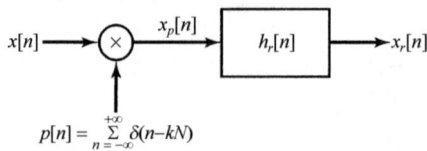

图 P7.46

7.47 假设 $x[n]$ 的傅里叶变换在 $\pi/3 \leq |\omega| \leq \pi$ 内为零，证明：

$$x[n] = \sum_{k=-\infty}^{\infty} x[3k] \left(\frac{\sin(\frac{\pi}{3}(n-3k))}{\frac{\pi}{3}(n-3k)} \right)$$

7.48 若 $x[n] = \cos\left(\frac{\pi}{4}n + \phi_0\right)$，$0 \leq \phi_0 < 2\pi$ 且 $g[n] = x[n] \sum_{k=-\infty}^{\infty} \delta[n-4k]$，为保证

$$g[n] * \left(\frac{\sin \frac{\pi}{4} n}{\frac{\pi}{4} n} \right) = x[n]$$

必须对 ϕ_0 施加什么样的额外限制？

7.49 正如在7.5节中讨论并于图7.37中说明的，用一个整数因子 N 内插或增采样的过程可以看成两个运算的级联。第一个涉及系统 A，相应于在 $x[n]$ 的每一个序列值之间插入 $(N-1)$ 个零值序列，从而有

$$x_p[n] = \begin{cases} x_d\left[\frac{n}{N}\right], & n = 0, \pm N, \pm 2N, \cdots \\ 0, & 其他 \end{cases}$$

对于真正的带限内插来说，$H(e^{j\omega})$ 应该是一个理想的低通滤波器。

(a) 确定系统 A 是否是线性的？
(b) 确定系统 A 是否是时不变的？
(c) 若 $X_d(e^{j\omega})$ 如图 P7.49 所示，$N=3$，画出 $X_p(e^{j\omega})$。
(d) $N=3$，$X_d(e^{j\omega})$ 如图 P7.49 所示，而 $H(e^{j\omega})$ 已适当选择成具有真正的带限内插，画出 $X(e^{j\omega})$。

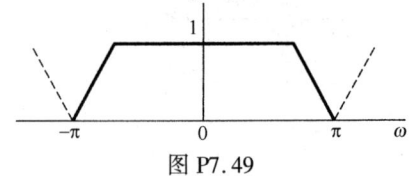

图 P7.49

7.50 在本题中考虑与在7.2.1节和7.2节中讨论的连续时间零阶和一阶保持相对应的离散时间零阶保持和一阶保持问题。

设 $x[n]$ 为一个序列，按图7.31所指出的对它进行离散时间采样。假定满足离散时间采样定理中的条件，即 $\omega_s > 2\omega_M$，这里 ω_s 是采样频率，并且有 $X(e^{j\omega}) = 0$，$\omega_M < |\omega| \leq \pi$。那么，原信号 $x[n]$ 就可以用理想低通滤波器由 $x_p[n]$ 完全恢复，这如同在7.5节中所讨论的相应于带限内插的情况。

零阶保持代表一种近似内插，借此每个样本被重复(或保持) $N-1$ 次，图 P7.50(a) 给出了 $N=3$ 的情况。一阶保持则代表样本之间的线性内插，也如图 P7.50(a) 所示。

(a) 零阶保持(ZOH)可以表示成式(7.47)的内插，或等效为图 P7.50(b) 所示的系统。对采样周期为 N 的一般情况，试确定并画出 $h_0[n]$。

(b) 如图 P7.50(c) 所示，利用一个合适的线性时不变滤波器 $H(e^{j\omega})$，可以从零阶保持序列 $x_0[n]$ 中完全恢复 $x[n]$。试确定并画出 $H(e^{j\omega})$。

(c) 一阶保持(FOH)可以表示成式(7.47)的内插，或等效为图 P7.50(d)所示的系统。对采样周期为 N 的一般情况，试确定并画出 $h_1[n]$。

(d) 利用一个合适的频率响应为 $H(e^{j\omega})$ 的线性时不变滤波器，可以从一阶保持序列 $x_1[n]$ 中完全恢复 $x[n]$。试确定并画出 $H(e^{j\omega})$。

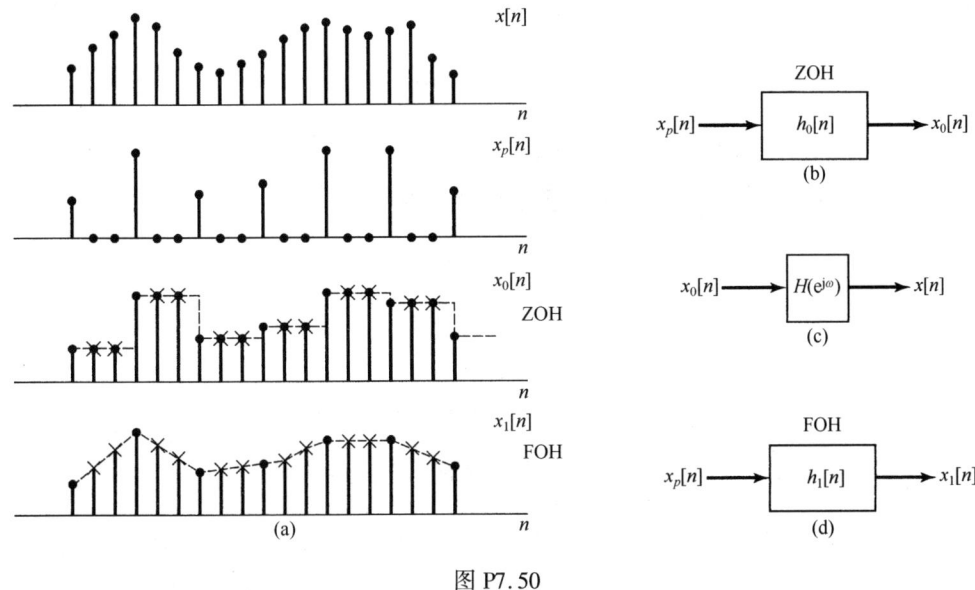

图 P7.50

7.51 正如图 7.37 所示和 7.5.2 节所讨论的，以整数因子 N 内插或增采样的过程可以看成两种运算的级联。对于真正的带限内插，图 7.37 中的滤波器 $H(e^{j\omega})$ 是一个理想低通滤波器。但在任何实际应用中，就有必要实现一个近似的低通滤波器。在本题中要研究的是，在这些近似滤波器的设计上往往要施加一些有用的限制条件。

(a) 假定 $H(e^{j\omega})$ 用一个零相位的 FIR 滤波器来近似，这个滤波器是用这样的约束条件来设计的：原始序列 $x_d[n]$ 的值得到**真正的重现**，即

$$x[n] = x_d\left[\frac{n}{L}\right], \quad n = 0, \pm L, \pm 2L, \cdots \tag{P7.51-1}$$

这就保证了虽然在原始序列值之间的内插并不完善，但原始序列值在内插中得到真正重现。为了保证对任何序列 $x_d[n]$，式(P7.51-1)都严格成立，试确定对低通滤波器单位脉冲响应 $h[n]$ 的限制。

(b) 现在假设内插是用一个长度为 N 的**线性相位、因果、对称**的 FIR 滤波器来进行的，即

$$h[n] = 0, \quad n < 0, n > N - 1 \tag{P7.51-2}$$

$$H(e^{j\omega}) = H_R(e^{j\omega})e^{-j\alpha\omega} \tag{P7.51-3}$$

其中 $H_R(e^{j\omega})$ 是实函数。这个滤波器按下述条件来设计：使原始序列值 $x_d[n]$ 得到真正重现，但具有一个整数延迟 α，这里 α 是 $H(e^{j\omega})$ 相位特性斜率的负值，即

$$x[n] = x_d\left[\frac{n-\alpha}{L}\right], \quad n - \alpha = 0, \pm L, \pm 2L, \cdots \tag{P7.51-4}$$

确定这是否意味着对滤波器的长度 N 是奇数还是偶数施加了什么限制。

(c) 再次假定内插是用线性相位、因果、对称的 FIR 滤波器来进行的，因而 $H(e^{j\omega})$ 具有

$$H(e^{j\omega}) = H_R(e^{j\omega})e^{-j\beta\omega}$$

其中 $H_R(e^{j\omega})$ 是实函数。该滤波器按下述条件来设计：使原始序列值 $x_d[n]$ 得到真正重现，但具有一个延迟 M，而 M 不一定等于相位特性斜率的负值，即

$$x[n] = x_d\left[\frac{n-\alpha}{L}\right], \qquad n - M = 0, \pm L, \pm 2L, \cdots$$

确定这是否意味着对滤波器的长度 N 是奇数还是偶数施加了什么限制。

7.52 在本题中要建立与时域采样定理对偶的**频域采样**定理，一个时限信号借此可以由它的频域样本得到重建。为了得到这一结果，考虑图 P7.52 中的频域采样。

(a) 证明

$$\tilde{x}(t) = x(t) * p(t)$$

其中 $\tilde{x}(t)$, $x(t)$ 和 $p(t)$ 分别是 $\tilde{X}(j\omega)$, $X(j\omega)$ 和 $P(j\omega)$ 的傅里叶逆变换。

(b) 假设 $x(t)$ 是时限的，即 $x(t)=0$, $|t| \geq \dfrac{\pi}{\omega_0}$，证明：通过一个"低时窗"的运算，可从 $\tilde{x}(t)$ 中恢复 $x(t)$，即

$$x(t) = \tilde{x}(t)w(t)$$

其中，

$$w(t) = \begin{cases} \omega_0, & |t| \leq \dfrac{\pi}{\omega_0} \\ 0, & |t| > -\dfrac{\pi}{\omega_0} \end{cases}$$

(c) 证明：若 $x(t)$ 在 $|t| \geq \pi/\omega_0$ 时不限制为零，就不能从 $\tilde{x}(t)$ 中恢复 $x(t)$。

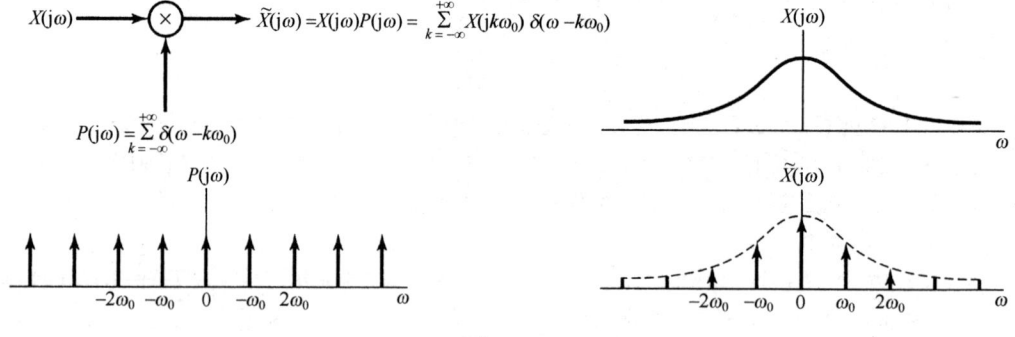

图 P7.52

第8章 通信系统

8.0 引言

在当今社会中，通信系统对于人、系统和计算机之间的信息传递起着至关重要的作用。一般而言，在所有通信系统中，源信息都要首先被某一发射装置或调制器所处理，以便将它变成在通信信道上最适合传输的形式，而在接收端则通过适当的处理将信号予以恢复。有各种理由要求进行这样的处理。特别是，任何特定的通信信道都有一个与其相关的频率范围，在该范围内最适合传输某一类信号，而在该范围以外，通信将严重受阻，甚至根本不可能传输信号。例如，在大气层，音频范围(10 Hz ~ 20 kHz)的信号传输将急剧衰减，而较高频率范围的信号将能传播到很远的距离。因此，要想在通过大气层进行传播的通信信道上传输像语言或音乐这样的音频信号，就必须首先在发射机中通过适当的处理把这些信号嵌入另一个较高频率的信号中。

本书前几章所建立的许多概念和方法在通信系统的分析和设计中都起着核心的作用。关于与各种重要应用密切相关的概念，有很多细节问题值得研究，并且如同在参考文献中所指出的，在这一方面已有了很多优秀的参考书。尽管全面而详细地分析通信系统已远远超出我们的讨论范围，但是利用前几章的基础仍可介绍一些基本原理，以及在这些系统的分析和设计中所遇到的一些问题。

将某个载有信息的信号嵌入另一个信号中的过程一般称为**调制**(modulation)，而将这个载有信息的信号提取出来的过程称为**解调**(demodulation)。我们将会看到，调制技术不仅能够将信息嵌入可以有效传输的信号中，而且还能够把频谱重叠的多个信号通过称为**复用**(multiplexing)的概念在同一信道上同时传输。

在实际应用中有各种不同的调制方法，本章只讨论其中几种最重要的方法。有一大类调制方法建立在**幅度调制**(amplitude modulation，AM)概念的基础上，在其中待传输的信号用来调制另一个信号的振幅。幅度调制中最通常的形式是**正弦幅度调制**(sinusoidal amplitude modulation)，对其将在8.1节到8.4节中与频分多路复用的有关概念一起进行比较详细的讨论。另一类重要的幅度调制系统涉及一个脉冲信号的幅度调制，这类调制形式将在8.5节和8.6节中与时分多路复用的概念一起讨论。在8.7节中还要讨论一种不同形式的调制，即**正弦频率调制**(sinusoidal frequency modulation)，其中载有信息的信号用来改变正弦信号的频率。

直到8.7节为止，所有的讨论都集中在连续时间信号上，这是因为大多数的传输媒质(如大气层)都是最适合作为连续时间现象考虑的。尽管如此，对于离散时间信号不仅能够建立类似的调制技术，而且讨论这些信号的调制概念也有很大的实际意义，因此在8.8节中将对离散时间信号通信所涉及的一些有关概念给予介绍。

8.1 复指数与正弦幅度调制

很多通信系统都建立在正弦幅度调制的基础上，在这里一个复指数信号或正弦信号$c(t)$的振幅被载有信息的信号$x(t)$相乘(或调制)。信号$x(t)$一般称为**调制信号**(modulating signal)，而信号$c(t)$称为**载波信号**(carrier signal)，已调信号$y(t)$就是这两个信号的乘积，即

$$y(t) = x(t)c(t)$$

正如在 8.0 节中所讨论的，调制的一个重要目的就是产生一个信号，该信号的频率范围适合于在所用的通信信道上传输。例如，在电话传输系统中，长距离传输往往是在微波或卫星中继通信系统中完成的。单个声音信号在 200 Hz ~ 4 kHz 的频率范围内，而微波中继则要求信号在 300 MHz ~ 300 GHz 的频率范围内，卫星中继通信工作在从数百兆赫到40 GHz的频率范围内。因此，要在这些信道上传输以声音信号表示的信息，就必须将其搬移到这些较高的频率范围内。本节将看到，正弦幅度调制可用很简单的方式来完成这样的频率搬移。

8.1.1 复指数载波的幅度调制

正弦幅度调制有两种常用的形式，其中一种是载波信号 $c(t)$ 为如下复指数形式：

$$c(t) = e^{j(\omega_c t + \theta_c)} \tag{8.1}$$

第二种是正弦形式的载波信号，

$$c(t) = \cos(\omega_c t + \theta_c) \tag{8.2}$$

在这两种情况下，频率 ω_c 都称为**载波频率**(carrier frequency)。先考虑复指数载波的情况。为了方便起见，选 $\theta_c = 0$，这样已调信号 $y(t)$ 就是

$$y(t) = x(t)e^{j\omega_c t} \tag{8.3}$$

根据相乘性质(见4.5节)，并把 $x(t)$，$y(t)$ 和 $c(t)$ 的傅里叶变换分别记为 $X(j\omega)$，$Y(j\omega)$ 和 $C(j\omega)$，则有

$$Y(j\omega) = \frac{1}{2\pi}\int_{-\infty}^{+\infty} X(j\theta)C(j(\omega - \theta))d\theta \tag{8.4}$$

当 $c(t)$ 是一个由式(8.1)给出的复指数信号时，

$$C(j\omega) = 2\pi\delta(\omega - \omega_c) \tag{8.5}$$

因此有

$$Y(j\omega) = X(j\omega - j\omega_c) \tag{8.6}$$

由此可见，已调输出 $y(t)$ 的频谱就是输入的谱，只是在频率轴上位移了一个等于载波频率 ω_c 的量。例如，若 $X(j\omega)$ 带限于最高频率 ω_M(带宽为 $2\omega_M$)，如图 8.1(a) 所示，输出的谱 $Y(j\omega)$ 就如图 8.1(c) 所示。

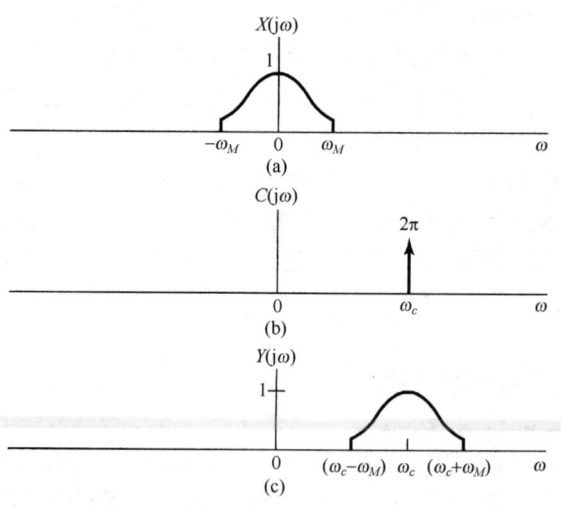

图 8.1　复指数载波的幅度调制在频域上的效果。(a) 调制信号 $x(t)$ 的频谱；
(b) 载波信号 $c(t) = e^{j\omega_c t}$ 的谱；(c) 幅度已调信号 $y(t) = x(t)e^{j\omega_c t}$ 的谱

由式(8.3)可以很明显地看出，为了能够从已调信号 $y(t)$ 中恢复 $x(t)$，只要将 $y(t)$ 乘以复指数 $e^{-j\omega_c t}$，即

$$x(t) = y(t)e^{-j\omega_c t} \tag{8.7}$$

在频域中，这就等于把已调信号的频谱在频率轴上移回调制信号原先所在的频谱位置。从已调信号中恢复原始信号的过程称为**解调**。8.2 节将对此进行更多的讨论。

因为 $e^{j\omega_c t}$ 是复指数信号，所以式(8.3)又可以写成

$$y(t) = x(t)\cos(\omega_c t) + j x(t)\sin(\omega_c t) \tag{8.8}$$

在 $x(t)$ 为实信号时，可以用图 8.2 来实现式(8.7)或式(8.8)，这里要用两个单独的乘法器和两个相位相差 $\pi/2$ 的正弦载波信号。在 8.4 节中将给出一个应用的例子，以表明使用图 8.2 所示的系统(用两个相位差 $\pi/2$ 的正弦载波)将具有一些特别的好处。

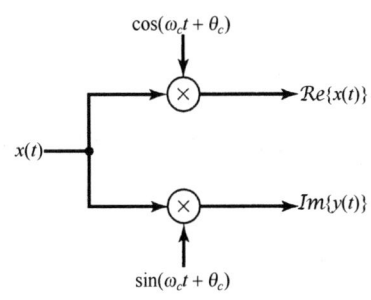

图 8.2　用复指数信号 $c(t) = e^{j(\omega_c t + \theta_c)}$ 作为载波的幅度调制的实现

8.1.2　正弦载波的幅度调制

在很多情况下，使用式(8.2)所示的正弦载波往往更为简单一些，并且和复指数载波一样有效。事实上，使用正弦载波就相应于仅仅保留图 8.2 所示系统中输出的实部或虚部，这样的系统如图 8.3 所示。

用式(8.2)所示的正弦载波来进行幅度调制的效果也可以采用与 8.1.1 节相同的方法进行分析。为方便起见，再次选 $\theta_c = 0$。这一情况下，载波信号的频谱是

$$C(j\omega) = \pi[\delta(\omega - \omega_c) + \delta(\omega + \omega_c)] \tag{8.9}$$

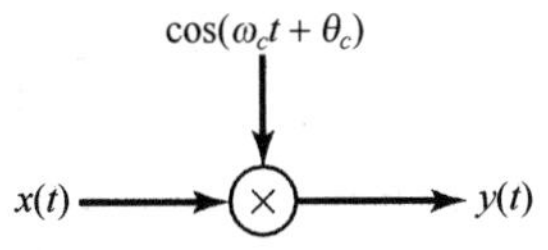

根据式(8.4)，就有

$$Y(j\omega) = \frac{1}{2}[X(j\omega - j\omega_c) + X(j\omega + j\omega_c)] \tag{8.10}$$

图 8.3　正弦载波的幅度调制

若 $X(j\omega)$ 如图 8.4(a)所示，则 $y(t)$ 的频谱如图 8.4(c)所示。从图中可以注意到，以 $+\omega_c$ 和 $-\omega_c$ 为中心都有一个原始信号频谱形状的重复。结果只要 $\omega_M < \omega_c$，就能从 $y(t)$ 中恢复 $x(t)$，否则这两个重复的频谱将会有重叠。与复指数载波的情况相比，在那里原始信号频谱形状的重复仅在 ω_c 附近出现。因此，正如在 8.1.1 节中所看到的，在以复指数为载波的幅度调制中，对任意选取的 ω_c，总是可以按式(8.7)采用乘以 $e^{-j\omega_c t}$，将频谱移回原先位置的方法，从 $y(t)$ 中恢复 $x(t)$。另一方面，利用正弦载波，如果 $\omega_c < \omega_M$，由图 8.4 可见，$X(j\omega)$ 的两个重复的频谱之间将会有重叠，例如图 8.5 中当 $\omega_c = \omega_M/2$ 时的 $Y(j\omega)$。很明显，这时 $x(t)$ 的频谱不再在 $Y(j\omega)$ 中重复原样，因此也就不再可能从 $y(t)$ 中恢复 $x(t)$。

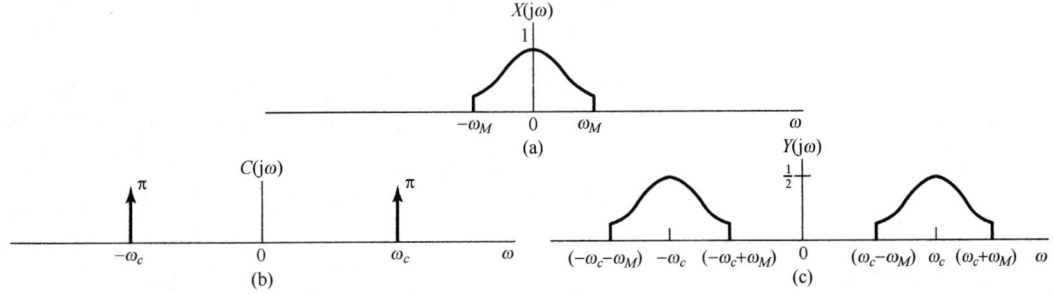

图 8.4　正弦载波幅度调制在频域中的效果。(a) 调制信号 $x(t)$ 的频谱；
(b) 载波信号 $c(t) = \cos\omega_c t$ 的频谱；(c) 幅度已调信号的频谱

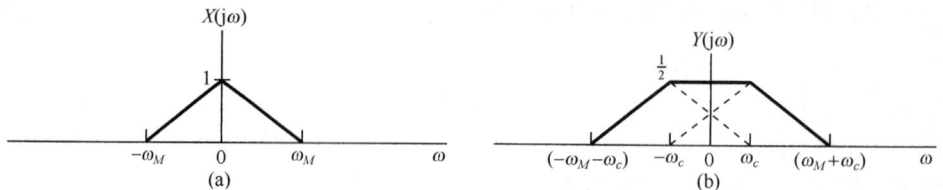

图 8.5 载波为 cos $\omega_c t$，在 $\omega_c = \omega_M/2$ 时的正弦幅度调制。
(a) 调制信号的频谱；(b) 已调信号的频谱

8.2 正弦幅度调制的解调

在通信系统的接收端，载有信息的信号 $x(t)$ 是经由解调而得到恢复的。本节研究正弦幅度调制的解调过程，包括两种常用的解调方法，各有优缺点。8.2.1 节讨论的方法称为**同步解调**(synchronous demodulation)，其中发射机和接收机在相位上是同步的；8.2.2 节将介绍的另一种方法称为**非同步解调**(asynchronous demodulation)。

8.2.1 同步解调

假设 $\omega_c > \omega_M$，将一个用正弦载波调制的已调信号进行解调就相对很直接了。具体而言，若

$$y(t) = x(t)\cos(\omega_c t) \tag{8.11}$$

正如在例 4.21 中所做的，原始信号可以通过用 $y(t)$ 来调制同样一个正弦载波，并用一个低通滤波器把它恢复出来。为了说明这一点，考虑如下过程：

$$w(t) = y(t)\cos(\omega_c t) \tag{8.12}$$

图 8.6 中示出了 $y(t)$ 和 $w(t)$ 的频谱，并看到 $x(t)$ 可以用一个增益为 2，截止频率大于 ω_M 而小于 $(2\omega_c - \omega_M)$ 的理想低通滤波器从 $w(t)$ 中恢复出来。该低通滤波器的频率响应在图 8.6(c) 中用虚线示出。

利用式(8.12)和一个低通滤波器来解调 $y(t)$ 的原理也可以从代数运算中看出。根据式(8.11)和式(8.12)立即可得

$$w(t) = x(t)\cos^2(\omega_c t)$$

或者利用三角恒等式

$$\cos^2(\omega_c t) = \frac{1}{2} + \frac{1}{2}\cos(2\omega_c t)$$

就可以将 $w(t)$ 重新写成

$$w(t) = \frac{1}{2}x(t) + \frac{1}{2}x(t)\cos(2\omega_c t) \tag{8.13}$$

于是，$w(t)$ 由两项之和组成：一项是原始信号的一半，另一项则是用原始信号的一半去调制一个 $2\omega_c$ 的正弦载波。这两项在图 8.6(c) 所示的频谱中都是显而易见的。对 $w(t)$ 应用低通滤波器就相当于保留式(8.13)中等号右边的第一项，而消除掉第二项。

利用复指数载波进行幅度调制和解调的整个系统示于图 8.7 中，而利用正弦载波调制和解调的整个系统示于图 8.8 中。这两个图都表现出了更一般的情况，即在复指数和正弦载波两种情况下，都包括了载波相位 θ_c。为了包括 θ_c，以上分析相应会有些变化，但也是很直接的，并将在习题 8.21 中讨论。

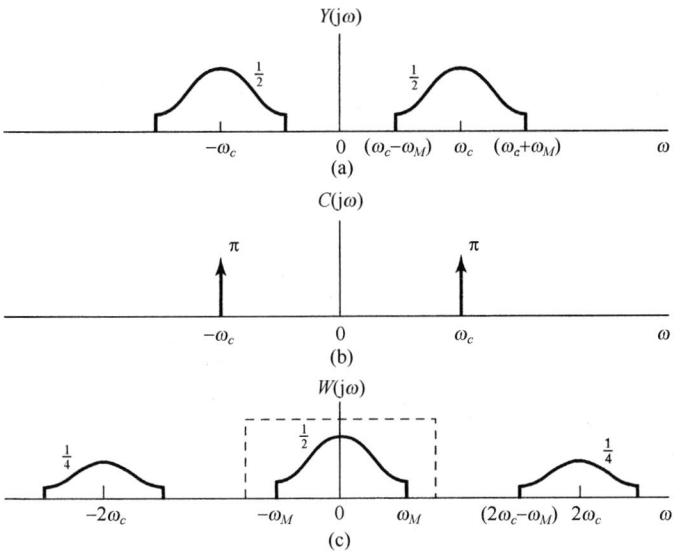

图 8.6 正弦载波的幅度已调信号的解调。(a) 已调信号的频谱;(b) 载波信号的频谱;(c) 已调信号乘以载波后的频谱。图中虚线指出用于提取已解调信号的低通滤波器的频率响应

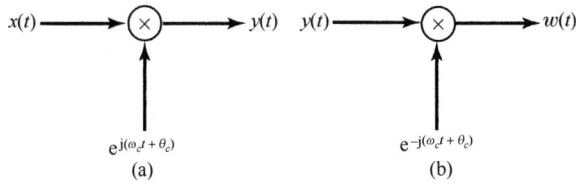

图 8.7 利用复指数载波的幅度调制和解调系统。(a) 调制;(b) 解调

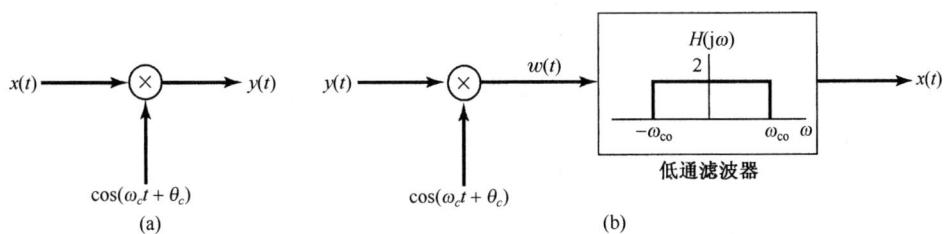

图 8.8 正弦载波的幅度调制与解调。(a) 调制系统;(b) 解调系统。低通滤波器的截止频率 ω_{co} 大于 ω_M 而小于 $(2\omega_c - \omega_M)$

在图 8.7 和图 8.8 所示的系统中,都假设解调器载波在相位上与调制器载波是同相的,因而这一过程称为**同步解调**(synchronous demodulation)。下文分析当调制器和解调器在相位上不同步时这两种系统的解调结果。在复指数载波的情况下,用 θ_c 代表调制用载波的相位,用 ϕ_c 代表解调用载波的相位,即

$$y(t) = e^{j(\omega_c t + \theta_c)} x(t) \tag{8.14}$$

$$w(t) = e^{-j(\omega_c t + \phi_c)} y(t) \tag{8.15}$$

或者

$$w(t) = e^{j(\theta_c - \phi_c)} x(t) \tag{8.16}$$

因此，如果 $\theta_c \neq \phi_c$，则 $w(t)$ 将有一个复振幅因子。对于 $x(t)$ 为正值的特殊情况，$x(t) = |w(t)|$，因而可以通过取已解调信号的绝对值而恢复 $x(t)$。

对正弦载波而言，还是设 θ_c 和 ϕ_c 分别为调制载波和解调载波的相位，如图 8.9 所示。现在低通滤波器的输入 $w(t)$ 就是

$$w(t) = x(t)\cos(\omega_c t + \theta_c)\cos(\omega_c t + \phi_c) \tag{8.17}$$

或者利用三角恒等式

$$\cos(\omega_c t + \theta_c)\cos(\omega_c t + \phi_c) = \frac{1}{2}\cos(\theta_c - \phi_c) + \frac{1}{2}\cos(2\omega_c t + \theta_c + \phi_c) \tag{8.18}$$

可得

$$w(t) = \frac{1}{2}\cos(\theta_c - \phi_c)x(t) + \frac{1}{2}x(t)\cos(2\omega_c t + \theta_c + \phi_c) \tag{8.19}$$

这样，低通滤波器的输出就是 $x(t)$ 乘以振幅因子 $\cos(\theta_c - \phi_c)$。如果调制器和解调器中的振荡器是同相位的，即 $\theta_c = \phi_c$，低通滤波器的输出就是 $x(t)$。另一方面，如果这些振荡器有 $\pi/2$ 的相位差，输出就是零。一般来说，为了获得最大的输出信号，振荡器应该同相。更重要的是，这两个振荡器之间的相位关系必须在所有时间内保持不变，以使振幅因子 $\cos(\theta_c - \phi_c)$ 不变。这就要求在调制器和解调器之间准确地同步，这一点往往很难做到，特别是在通信系统中，一般调制和解调总是被分隔在两个不同的地点。同步的需要和相应的影响不仅存在于调制器和解调器的相位之间，而且还存在于两者所用的载波频率之间。关于这两点将在习题 8.23 中详细讨论。

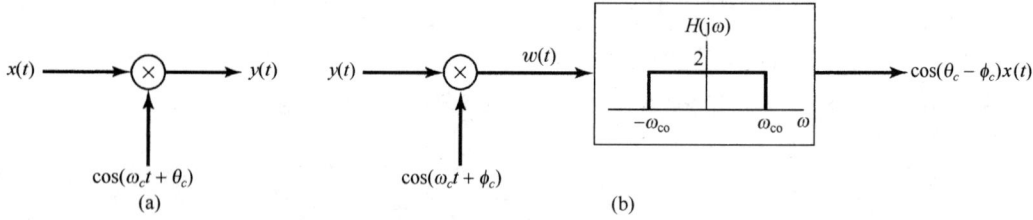

图 8.9 调制器和解调器中载波信号不同步时的正弦幅
度调制和解调系统。(a) 调制器；(b) 解调器

8.2.2 非同步解调

在很多应用正弦幅度调制的系统中，也经常采用另一种称为**非同步解调**(asynchronous demodulation)的方法。非同步解调避免了在调制器和解调器间需要同步的困难。假设 $x(t)$ 总是正的，而载波频率 ω_c 比调制信号的最高频率 ω_M 高得多，在这种情况下已调信号 $y(t)$ 就会有图 8.10 所示的一般形式。特别是连接 $y(t)$ 中峰值的一条平滑曲线，称为 $y(t)$ 的**包络线**(envelope)，将表现为 $x(t)$ 的一个合理的近似。于是，$x(t)$ 就能够近似地通过一个系统而得到恢复，该系统可以跟踪着 $y(t)$ 的峰值，通过提取这一包络即可恢复 $x(t)$。这样的系统称为**包络检波器**(envelope detector)。图 8.11(a) 是一个包络检波器的简单电路，这种电路一般都跟着一个低通滤波器以减小包络中载频的波动，这种波动在图 8.11(b) 中很明显，并且一般都会在图 8.11(a) 所示的包络检波器的输出端存在。

对于非同步解调需要两个基本假设：$x(t)$ 总是正的；$x(t)$ 的变化比 ω_c 慢得多，以使包络线容易被跟踪。第二个条件是能够满足的，例如在射频信道上进行音频传输，$x(t)$ 的最高频率一般约为 15~20 kHz，而 $\omega_c/2\pi$ 总在 500~2000 kHz 范围内。第一个条件，$x(t)$ 总是正的，也能够满足，

只要把一个适当的常数值加到 $x(t)$ 上,或者在调制器中进行一些简单的变化,如图 8.12 所示,都能保证这一点。这样,包络检波器的输出就近似为 $x(t)+A$,从这里很容易获得 $x(t)$。

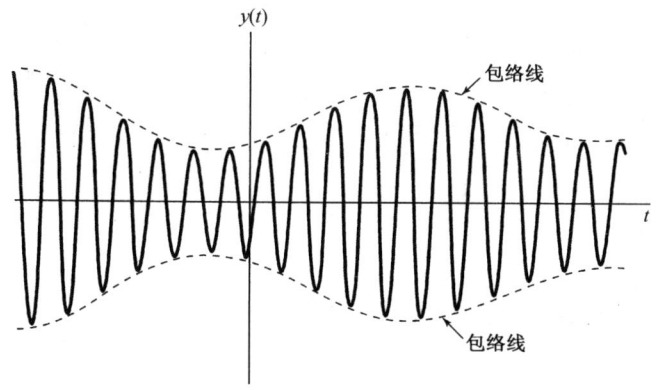

图 8.10　调制信号为正的幅度已调信号,图中虚线代表已调信号的包络

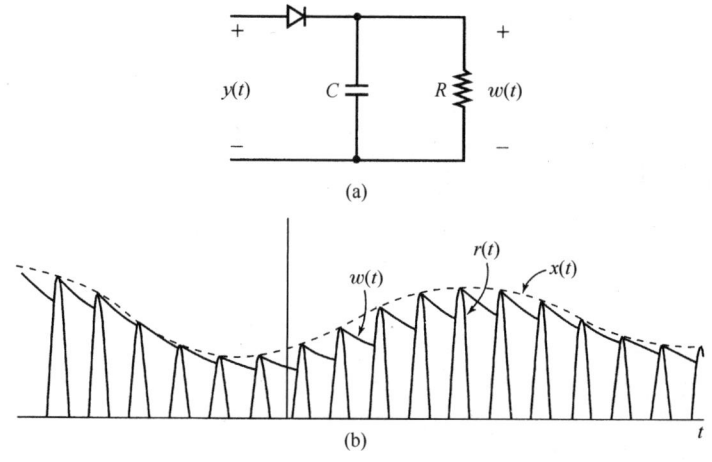

图 8.11　用包络检波器解调。(a) 利用半波整流的包络检波器电路;(b) 与图(a)有关的波形。$r(t)$ 是半波整流信号,$x(t)$ 是真正的包络,而 $w(t)$ 是从图(a)中电路得到的包络。为了说明问题,图(b)中 $x(t)$ 和 $w(t)$ 之间的差别已经夸大了。在一个实际的非同步解调系统中,$w(t)$ 非常接近于 $x(t)$

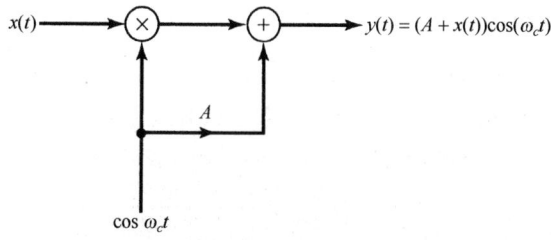

图 8.12　非同步调制/解调系统中的调制器

为了用包络检波器解调,就要求 A 足够大,以使 $x(t)+A$ 总是正的。现在令 K 是 $x(t)$ 的最大幅度值,即 $|x(t)|\leq K$。为了使 $x(t)+A$ 总是正的,就要求 $A>K$。一般 K/A 之比称为**调制指数**(modulation index)m,若以百分数表示,则称为**调制百分数**(percent modulation)。图 8.13 示出了

当 $x(t)$ 为正弦变化时，对于两个不同的 m [分别为 $m=0.5$ (50%调制) 和 $m=1$ (100%调制)]，调制器的输出波形。

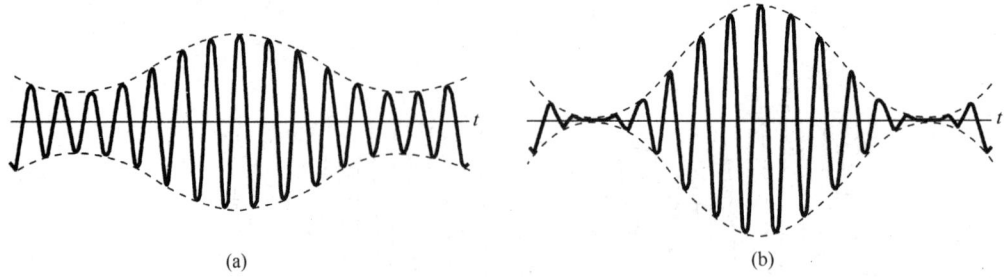

图 8.13　图 8.12 所示幅度调制系统的输出。(a) 调制指数 $m=0.5$；(b) 调制指数 $m=1.0$

当分别利用同步解调和非同步解调时，与已调信号有关的频谱示于图 8.14，以供比较。特别要注意，对于图 8.12 所示的非同步解调系统，其调制器的输出有一个额外的分量 $A\cos(\omega_c t)$，这个分量在同步解调系统中是不存在的，也是不必要的。这就是反映在图 8.14(c) 中的 $+\omega_c$ 和 $-\omega_c$ 处的冲激。若调制信号的最大幅度 K 固定不变，则随着 A 的减小，存在于已调信号输出中载波分量的相对值就会减小。因为输出中的载波分量不含有任何信息，所以它的存在是不经济的。例如，对发射已调信号所要求的功率大小来说就是这样，因此从这种意义上来说，希望 K/A 之比，即调制指数 m 尽可能大。另一方面，对于图 8.11 所示的简单包络检波器，跟踪包络线以提取 $x(t)$ 的能力，则是随着调制指数 m 的下降而改善的。因此在调制器输出中，系统在功率利用上的效率和解调信号的质量之间存在着一个折中考虑。

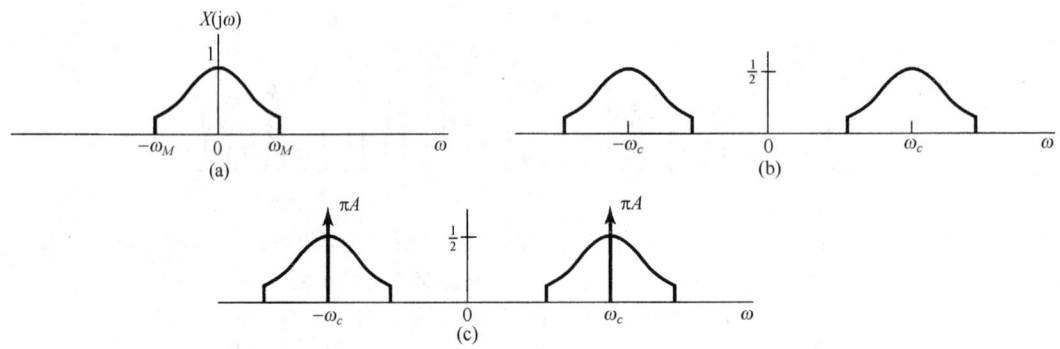

图 8.14　同步与非同步正弦幅度调制系统频谱的比较。(a) 调制信号的谱；(b) 在同步系统中代表已调信号 $x(t)\cos(\omega_c t)$ 的谱；(c) 在非同步系统中代表已调信号 $[x(t)+A]\cos(\omega_c t)$ 的谱

图 8.11 和图 8.12 所示的非同步调制/解调系统与图 8.8 所示的同步系统相比各有优缺点。同步系统要求有一个更高档的解调器，因为解调器中的振荡器必须与调制器中的振荡器在相位和频率上保持同步；另一方面，非同步调制器则比同步调制器要求有更大的输出功率，因为若要包络检波器能正常工作，则包络线必须是正的，或者等效地说，在被发射的信号中就必须有载波分量存在。这种情况往往在像公共无线电广播这样的系统中是受欢迎的，因为它要求批量生产为数众多而又价格适中的接收机(解调器)供大家收听；另外，在发射功率上付出的额外代价还可以在大量的廉价接收机上得到补偿。但是，在发射机的功率要求非常宝贵的情况下，如在卫星通信系统中，花在一个更为高档的同步接收机上的代价就是很值得的了。

8.3 频分多路复用

用于传输信号的许多系统都可以提供一个比信号本身所要求的频带宽得多的带宽。例如，一个典型的微波中继系统的总带宽可达几千兆赫，而这个带宽比单个声音信道要求的带宽大得多。如果有频谱互相重叠的单个声音信号，利用正弦幅度调制把它们的频谱在频率上进行搬移，使这些已调信号的频谱不再重叠，就能在同一个宽带信道上同时传输这些信号。这就是**频分多路复用**(frequency-division multiplexing, FDM)的概念。利用正弦载波的频分多路复用原理如图 8.15 所示。每个待传输的信号假设都是带限的，并且用不同的载波频率进行调制，然后把这些已调信号组合在同一个通信信道上同时传输。每个子信道和复合多路信号的频谱都示于图 8.16。通过这一复用过程，每个输入信号都

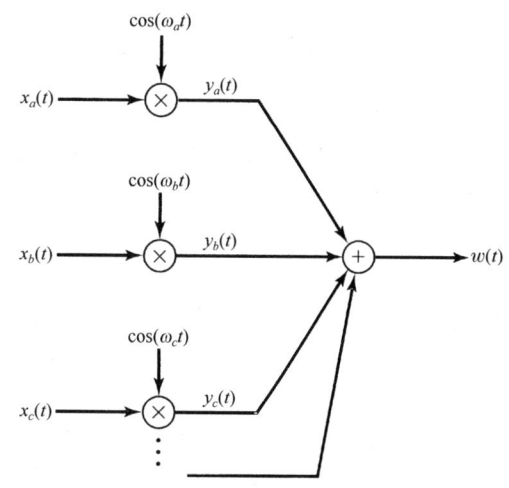

图 8.15 利用正弦幅度调制的频分多路复用

安排在这个频带内的不同部分。为了在解复用过程中恢复每个信道，要求有两个基本步骤：先用带通滤波器来滤出某一特定信道的已调信号，然后紧接着利用解调来恢复原始信号。例如，要恢复信道 a，而又采用同步解调，则如图 8.17 所示。

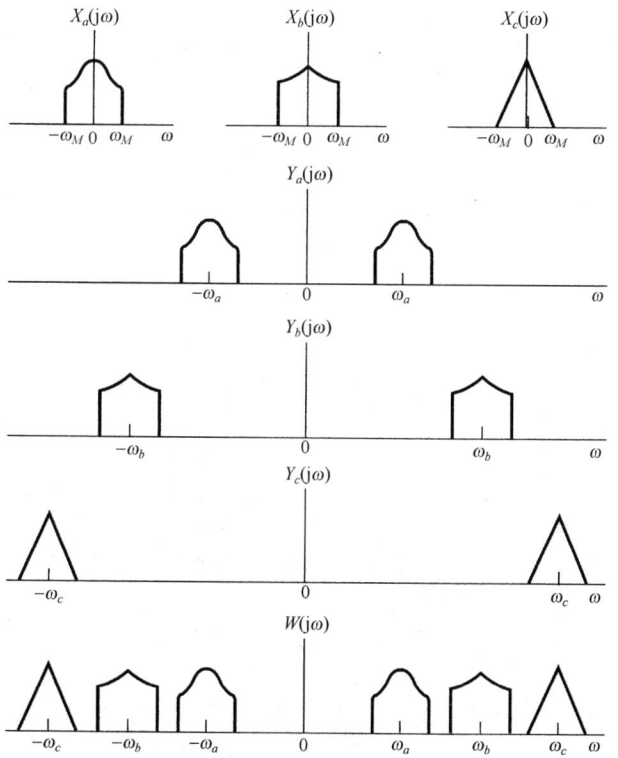

图 8.16 图 8.15 所示频分多路复用系统中的有关频谱

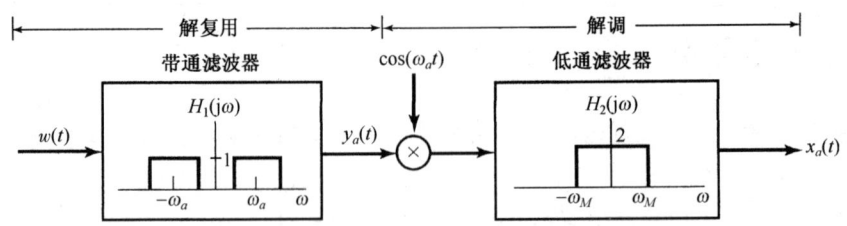

图 8.17 对某一路频分多路复用信号的解复用与解调

电话通信是频分多路复用系统的一个重要应用场合,另一个重要应用场合是在射频频带内经由大气层的信号传输。在美国,用于传输信号的频率范围为 10 kHz ~ 257 GHz,并受联邦通信委员会(Federal Communications Commission)控制来合理安排使用。图 8.18 所示为本书落笔时的频段分配。由图可见,1 MHz 附近的频率范围是安排给调幅(AM)广播波段(这里 AM 特指正弦幅度调制)的。每个调幅无线电台都安排在调幅波段某一特定的频率范围内,从而使许多电台可利用频分多路复用同时广播。在接收机方面,原则上每个电台都可用图 8.17 所示的解复用和解调系统选出来。接收机面板上的调谐旋钮既控制了带通滤波器的中心频率,又控制了解调振荡器的频率。事实上,民用公共广播都采用非同步调制和解调系统,以简化接收机并降低它的成本。再者,图 8.17 所示的解复用系统要求一个锐截止的中心频率可变的带通滤波器。实现一个可变的频率选择性滤波器很困难,所以用固定频率的滤波器代替它,并采用一个调制和滤波的中间级,在无线电接收机中称为**中频**(intermediate-frequency, IF)。不用可变带通滤波器,而是用调制将信号的频谱搬移到一个固定频率的带通滤波器内,这一过程和 4.5.1 节讨论的过程是类似的。这就是目前家用调幅无线电接收机的基本原理。关于这个问题的更多细节将在习题 8.36 中讨论。

频率范围	符号	用途	传播方式	信道特点
30 ~ 300 Hz	ELF(极低频)	长波、海底通信	兆米波	穿透导电大地与海水
0.3 ~ 3 kHz	VF(音频)	数据终端、电话	铜导线	
3 ~ 30 kHz	VLF(甚低频)	导航、电话、电报、频率和时间标准	地表面波	低损耗、小衰落、极稳定的相位与频率、大天线
30 ~ 300 kHz	LF(低频)	工业通信(电力线)、航空与海上远距离导航、无线电航标	大多为地表面波	些微衰落、高大气噪声
0.3 ~ 3 MHz	MF(中频)	移动通信,调幅广播、业余波段、公用保险	地波与电离层反射(天空波)	衰落增加,仍可靠
3 ~ 30 MHz	HF(高频)	军事通信、飞行器、国际固定、业余及民用波段、工业应用	电离层反射天空波(50 ~ 400 km电离层高度)	周期性和频率选择性衰落、多径效应
30 ~ 300 MHz	VHF(甚高频)	调频和 TV 广播,地面通信(出租汽车、公共汽车、铁路)	天空波(电离层反射和对流层散射)效应	衰落、散射和多径效应
0.3 ~ 3 GHz	UHF(特高频)	特高频 TV、空间遥测、雷达军事	穿越地表至对流层散射与视距中继	
3 ~ 30 GHz	SHF(超高频)	卫星与空间通信、公用载频(CC)、微波	视距电离层穿透	电离层穿透、宇宙噪声、高方向性
30 ~ 300 GHz	EHF(极高频)	科研、政府机关、射电天文学	视距	水蒸气和氧吸收
10^3 ~ 10^7 GHz	红外线,可见光,紫外线	光通信	视距	

图 8.18 射频频谱的频率分配

如图 8.16 所说明的,在图 8.15 所示的频分多路复用系统中,每一个信号的频谱都在正和负的频率上重复,因此已调信号占据的带宽是原始信号的 2 倍。这一点在频带的利用上是不经济的。下一节将讨论另一种正弦幅度调制的形式,它能更有效地利用频带,但为此付出的代价却是调制和解调系统都大大地复杂化了。

8.4 单边带正弦幅度调制

在 8.1 节讨论的正弦幅度调制系统中,原始信号 $x(t)$ 的总带宽是 $2\omega_M$,既包括正的频率部分,又包括负的频率部分,其中 ω_M 是 $x(t)$ 中的最高频率。利用复指数载波,这个频谱被搬到 ω_c 上,虽然已调信号现在是复数的,但占有信号能量的总的频带宽度仍是 $2\omega_M$。利用正弦载波,信号的频谱搬移到 $+\omega_c$ 和 $-\omega_c$ 上,因此要求 2 倍于前面的频带宽度。这意味着利用正弦载波,在已调信号中有冗余度,利用一种称为**单边带调制**(single-sideband modulation,SSB)的技术,可以把这个冗余度除掉。

图 8.19(a)示出了 $x(t)$ 的频谱,这里用不同的阴影线标出正负频率分量。图 8.19(b)是用正弦载波调制得到的频谱,图中特别用上边带和下边带标出在 $+\omega_c$ 和 $-\omega_c$ 两边的频谱部分。比较图 8.19(a)和图 8.19(b)可以看出,如果仅保留正、负频率的上边带部分,就可以恢复 $X(j\omega)$;或者类似地仅保留正、负频率的下边带部分,也可以恢复 $X(j\omega)$。仅保留上边带所得到的频谱如图 8.19(c)所示,而图 8.19(d)则是仅保留下边带时的频谱。将 $x(t)$ 转换到相应于图 8.19(c)或图 8.19(d)所示的形式称为单边带调制。与图 8.19(b)相比,上、下两个边带都保留的称为**双边带调制**(double-sideband modulation,DSB)。

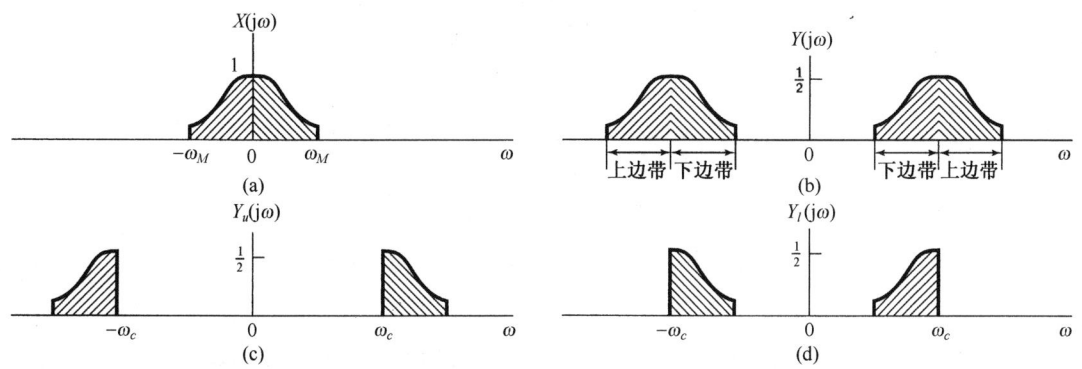

图 8.19 双边带与单边带调制。(a)调制信号频谱;(b)用正弦载波调制后的频谱;(c)仅包含上边带的频谱;(d)仅包含下边带的频谱

有几种方法可以获得单边带信号。一种方法是应用一个锐截止的带通或高通滤波器,滤掉图 8.19(b)中不需要的边带,如图 8.20 所示。第二种方法是采用移相技术来滤掉一个边带而保留另一个边带。图 8.21 就是一个用于保留下边带的这种系统。该图中的 $H(j\omega)$ 称为"90°相移网络",其频率特性为

$$H(j\omega) = \begin{cases} -j, & \omega > 0 \\ j, & \omega < 0 \end{cases} \tag{8.20}$$

$x(t)$,$y_1(t) = x(t)\cos(\omega_c t)$,$y_2(t) = x_p(t)\sin(\omega_c t)$ 和 $y(t)$ 的频谱都示于图 8.22。正如在习题 8.28 中所讨论的,若要保留上边带,$H(j\omega)$ 的相位特性就应该相反,即

$$H(j\omega) = \begin{cases} j, & \omega > 0 \\ -j, & \omega < 0 \end{cases} \tag{8.21}$$

正如习题 8.29 中所讨论的,单边带系统的同步解调可以采用与双边带系统的同步解调一样的方式来实现。为单边带系统频谱利用率的提高所付出的代价是增加了调制器的复杂性。

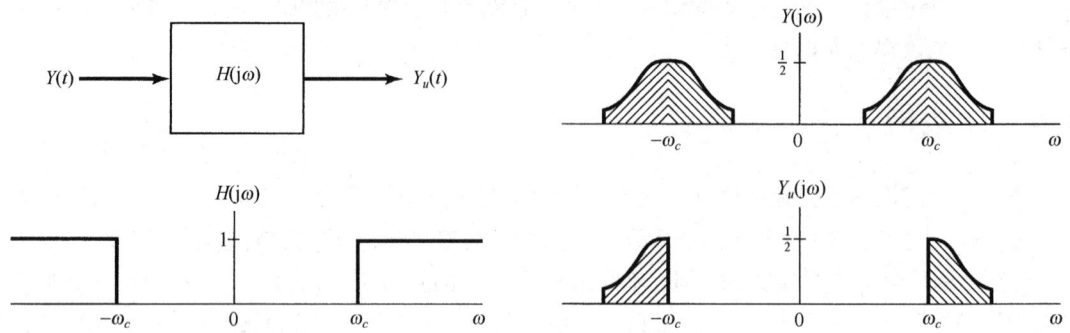

图 8.20 利用理想高通滤波器保留上边带的系统

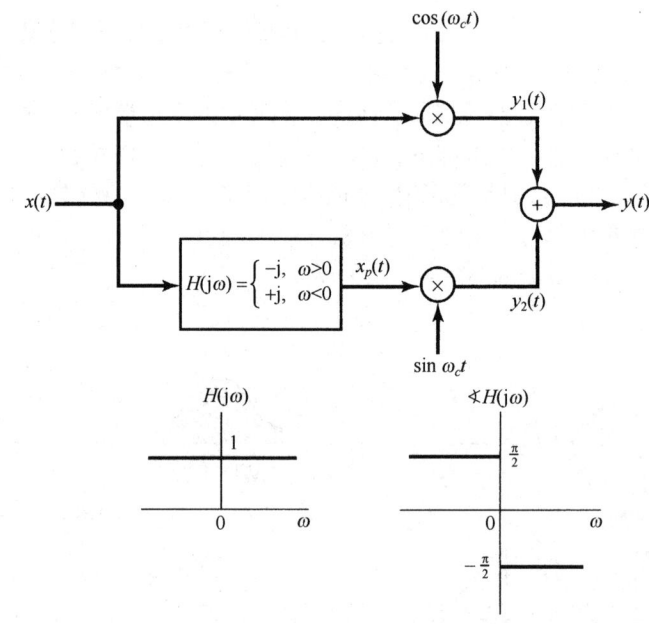

图 8.21 利用一个 90°相移网络,仅保留下边带的单边带幅度调制系统

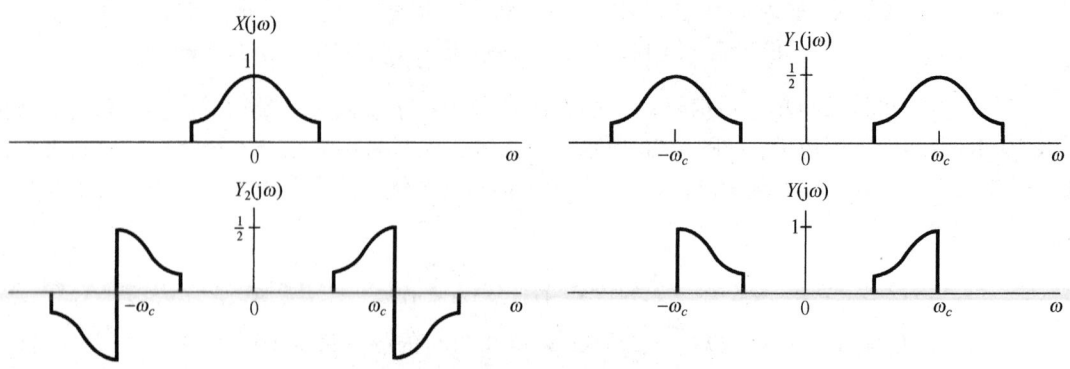

图 8.22 图 8.21 所示单边带系统的有关频谱

总之，8.1 节到 8.4 节已经讨论过几种复指数和正弦幅度调制方法。若利用 8.2.2 节讨论的非同步解调，就必须在调制信号上增加一个常数值以使它总为正，这就在已调输出中形成了载波分量信号，从而在传输时要求更多的功率，但却使解调器比在一个同步系统中所要求的简单得多。另外，若在已调输出中仅保留上边带或下边带，则频带和发射机功率的使用都更加经济有效，但要求使用一个更高档的解调器。具有双边带并含有载波的正弦幅度调制一般缩写为 AM-DSB/WC，意即"幅度调制双边带/载波存在"；而当载波抑制或不存在时就缩写为 AM-DSB/SC，意即"幅度调制双边带/载波抑制"。相应的单边带系统分别缩写为 AM-SSB/WC 和 AM-SSB/SC。

8.1 节到 8.4 节都在对与正弦幅度调制有关的许多基本概念进行简单介绍，有关它们的很多细节和实现的进一步讨论，可参阅书末所列的有关文献。

8.5 用脉冲串进行载波的幅度调制

8.5.1 脉冲串载波调制

前几节讨论的幅度调制利用的是正弦载波。另一类重要的幅度调制技术利用的载波信号是一个脉冲串，如图 8.23 所示。这种类型的幅度调制相应于等间隔地传输 $x(t)$ 的时隙样本。一般来说，不能期望任何一个信号都能从这样一组时隙样本中得到恢复。然而，从第 7 章中采样概念的讨论使人能想到，如果 $x(t)$ 是带限的，并且脉冲重复频率足够高，这就应该是可能的。

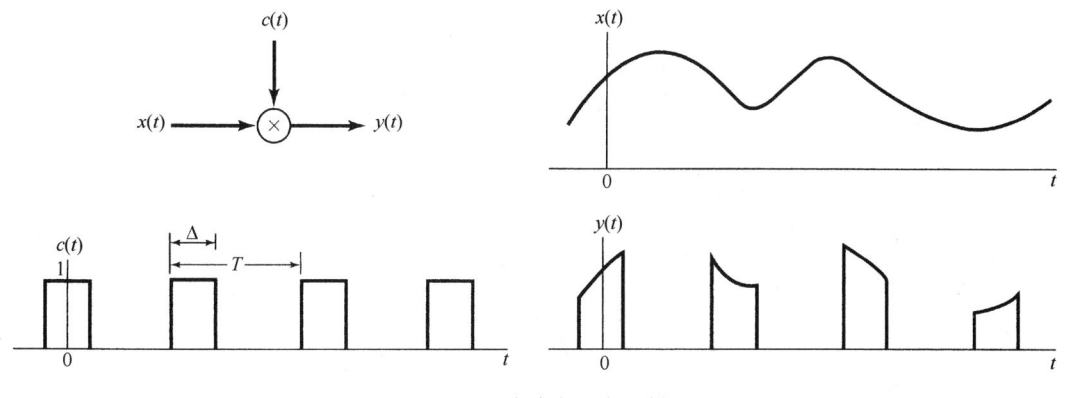

图 8.23　脉冲串幅度调制

由图 8.23 可见

$$y(t) = x(t)c(t) \tag{8.22}$$

也就是说，已调信号 $y(t)$ 是 $x(t)$ 和载波 $c(t)$ 的乘积。若用 $Y(j\omega)$，$X(j\omega)$ 和 $C(j\omega)$ 分别代表这些信号的傅里叶变换，那么由相乘性质可得

$$Y(j\omega) = \frac{1}{2\pi}\int_{-\infty}^{+\infty} X(j\theta)C(j(\omega-\theta))d\theta \tag{8.23}$$

因为 $c(t)$ 是周期的，周期为 T，所以 $C(j\omega)$ 就是由在频域中相隔 $2\pi/T$ 的冲激组成的，即

$$C(j\omega) = 2\pi\sum_{k=-\infty}^{+\infty} a_k\delta(\omega-k\omega_c) \tag{8.24}$$

其中 $\omega_c = 2\pi/T$，系数 a_k 就是 $c(t)$ 的傅里叶级数系数，由例 3.5 可知

$$a_k = \frac{\sin(k\omega_c\Delta/2)}{\pi k} \tag{8.25}$$

$c(t)$ 的频谱如图 8.24(b) 所示。若 $x(t)$ 的频谱如图 8.24(a) 所示,已调信号 $y(t)$ 所得到的谱就如图 8.24(c) 所示。由式(8.23)和式(8.24)可知,$Y(j\omega)$ 是 $X(j\omega)$ 的加权和移位的各部分之和:

$$Y(j\omega) = \sum_{k=-\infty}^{+\infty} a_k X(j(\omega - k\omega_c)) \tag{8.26}$$

比较式(8.26)和式(7.6),并比较图 8.24 和图 7.3(c),会发现 $y(t)$ 的频谱非常类似于由周期冲激串采样得到的频谱,唯一的差别在脉冲串的傅里叶系数值上。对于第 7 章中所用的周期冲激串来说,所有的傅里叶系数都等于 $1/T$,而图 8.23 中的脉冲串 $c(t)$ 的傅里叶系数则由式(8.25)给出。这样,只要 $\omega_c > 2\omega_M$,$X(j\omega)$ 的周期重复并受 a_k 加权的各部分之间就不会互相重叠,这就相应于奈奎斯特采样定理中的条件。如果这一条件可以满足,就与冲激串采样相同,可以应用一个截止频率大于 ω_M,小于 $\omega_c - \omega_M$ 的低通滤波器从 $y(t)$ 中恢复 $x(t)$。

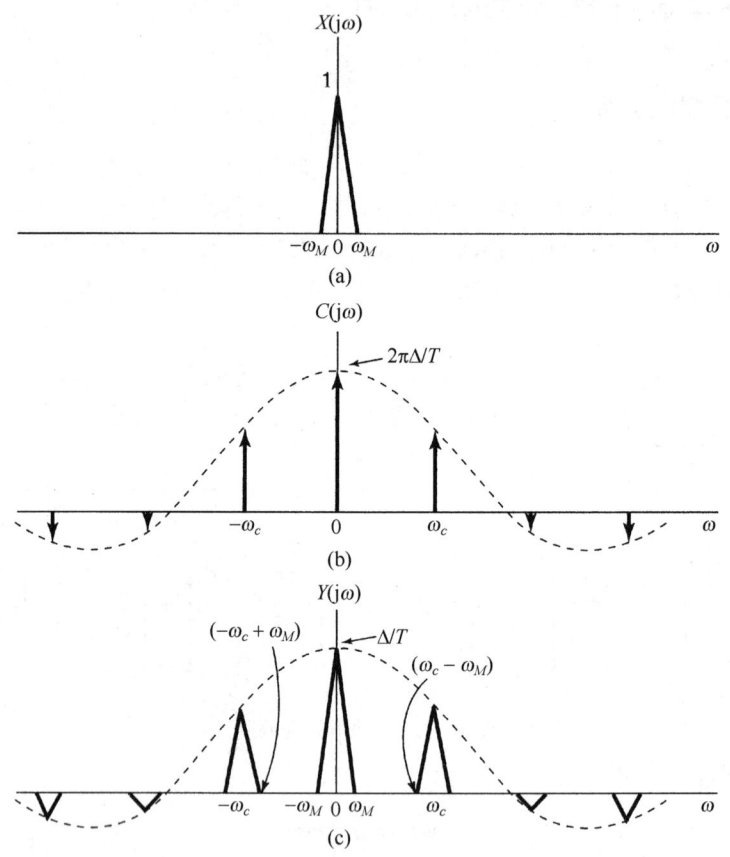

图 8.24 脉冲串幅度调制的有关频谱。(a) 带限信号 $x(t)$ 的频谱;(b) 图 8.23 中的脉冲载波信号 $c(t)$ 的频谱;(c) 已调脉冲串 $y(t)$ 的频谱

注意,上述结论对其他各种形状的脉冲载波波形也都成立,即如果 $c(t)$ 是任意具有某傅里叶系数 a_k 的,由式(8.24)表示的傅里叶变换的周期信号,$Y(j\omega)$ 就由式(8.26)给出。然后,只要 $\omega_c = 2\pi/T > 2\omega_M$,在 $Y(j\omega)$ 中各加权和移位的 $X(j\omega)$ 就不会重叠,在直流傅里叶系数 a_0 非零的条件下,可以用低通滤波的方法恢复 $x(t)$。正如在习题 8.11 中指出的,如果 a_0 是零或非常小,那么利用一个带通滤波器选取 a_k 较大的那个 $X(j\omega)$ 的移位分量,就可以得到一个正弦幅度调制信号,唯有此时作为调制信号的 $x(t)$ 受到某一加权。利用 8.2 节的解调方法可以恢复 $x(t)$。

8.5.2 时分多路复用

利用脉冲串载波的幅度调制常用于在某单一信道上传输几路信号。如图 8.23 所示,已调信号 $y(t)$ 仅当载波信号 $c(t)$ 非零时才不为零,而在这个 $c(t)$ 的间隔内,就能传输其他类似的已调信号。这一过程的两种等效表示如图 8.25 所示。在一个单一的信道内,利用这种技术来实现多路信号的传输就是:每一路信号被安排在一组持续期为 Δ 的时隙内,该 Δ 时隙每隔 T 秒重复一次,并且它不会与安排给其他路信号的时隙相重合。Δ/T 的比值越小,在这个信道内能传输的信号路数就越多。这一过程称为**时分多路复用**(time-division multiplexing,TDM)。8.3 节讨论的频分多路复用为每一路信号指定不同的**频率**间隔,而时分多路复用则为每一路信号指定不同的**时间**间隔。在图 8.25 中,对每一路信号从复合信号中解复用,是通过时间控制门的办法来选择与每一路信号有关的特定时隙来完成的。

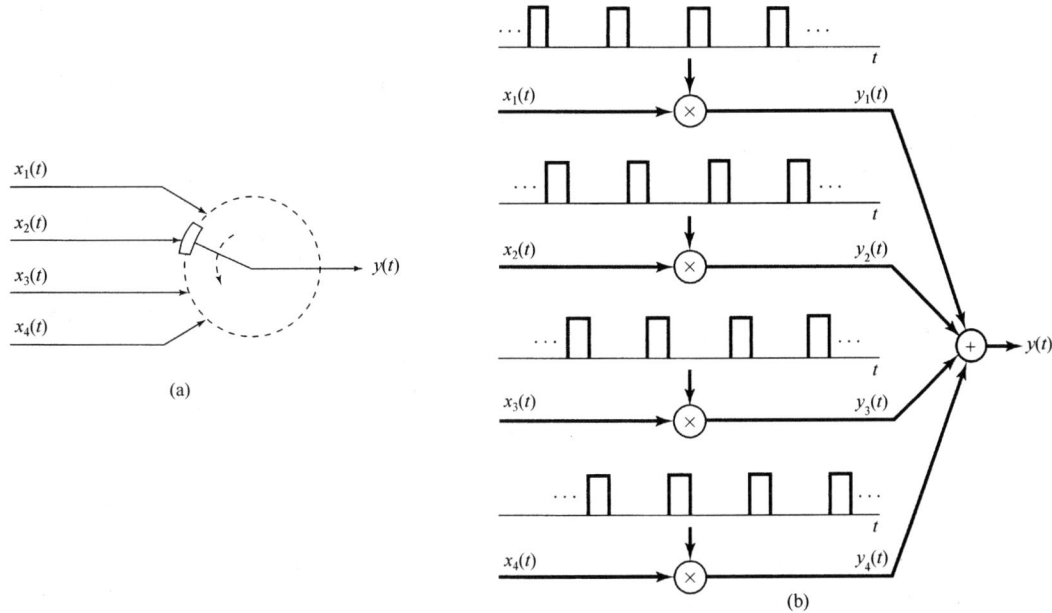

图 8.25 时分多路复用

8.6 脉冲幅度调制

8.6.1 脉冲幅度已调信号

在 8.5 节中讨论了一种调制系统,在该系统中用一个连续时间信号 $x(t)$ 去调制一个周期脉冲串,这就相当于每隔 T 秒传输 $x(t)$ 中一个 Δ 时隙的信号。无论是在上节的讨论中,还是在第 7 章关于采样的研究中都已看到,从这些时隙信号中恢复 $x(t)$ 的能力并不取决于 Δ 的大小,而是与频率 $2\pi/T$ 有关;为了保证 $x(t)$ 的重建是无混叠的,这个频率必须超过奈奎斯特速率。也就是说,原则上仅需要传输信号 $x(t)$ 的样本 $x(nT)$。

事实上,在现代通信系统中,要传输的是这些载有信息信号 $x(t)$ 的样本值,而不是那些时隙内的值。但是由于一些实际的问题,在一个通信信道上能传输的最大幅度有限制,这样传输 $x(t)$ 的冲激样本就不实际,而代之以样本 $x(nT)$ 去调制一个脉冲序列的幅度,这样就形成了所谓的**脉冲幅度调制**(pulse-amplitude modulation,PAM)系统。

利用矩形脉冲就相当于采样保持的办法，将持续期为 Δ 且幅度正比于 $x(t)$ 的瞬时样本值的这些脉冲传输出去，图 8.26 所示为这种形式的单一 PAM 信道的波形图，图中虚线代表信号 $x(t)$。与 8.5 节的调制方法类似，脉冲幅度调制信号也是能够时分多路复用的，如图 8.27 所示。图中画出了三路时分多路复用信道的传输波形，与各路有关的脉冲用阴影线加以区分，并且在每路的脉冲上方还用信道号标出。对某一给定的重复周期 T 来说，随着脉冲宽度的减小，在同一通信信道或媒质内就能传输更多的时分多路复用信号。然而，当脉冲宽度减小时，一般就需要增大传输脉冲的幅度，以使每个脉冲在传输中有一定的能量。

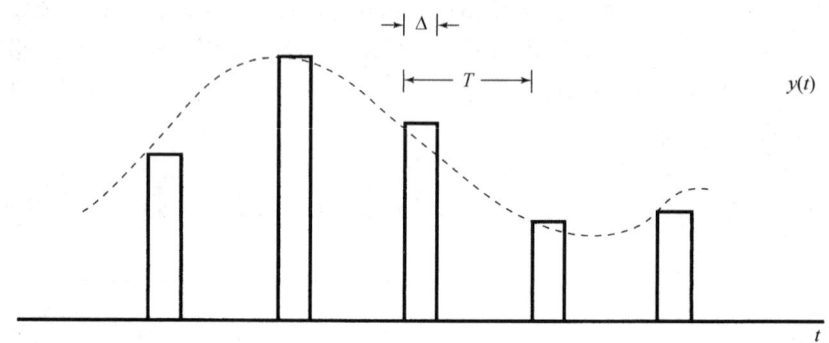

图 8.26 对一路脉冲幅度调制信道传输的波形，图中虚线代表信号 $x(t)$

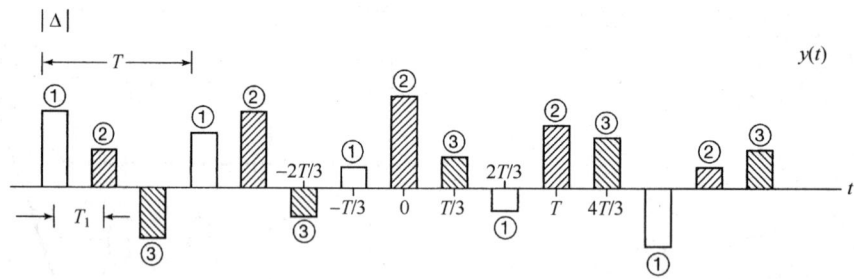

图 8.27 三路时分多路复用的脉冲幅度调制信道的传输波形。与每路有关的波形是用不同的阴影线来区分的，同时在每一路脉冲上还标出了信道号。这里符号间的间隔是 $T_1 = T/3$

除了在能量方面的考虑，在设计一个脉冲幅度调制信号时还有其他一些因素要顾及。特别是，我们知道，只要采样频率超过奈奎斯特速率，$x(t)$ 就能完全由它的样本恢复出来，所以能用这些样本去调制任何形状的一串脉冲的幅度！脉冲形状的选择受制于一些因素，诸如所用的通信媒质的频率选择性、码间干扰问题等，下面将对此进行讨论。

8.6.2 脉冲幅度调制系统中的码间干扰

在刚才讨论的时分多路复用脉冲幅度调制系统中，原则上接收机都能够凭借在一些适当的时间对时分多路复用的波形进行采样，从而将各路信道分隔开。例如，考虑图 8.27 所示的时分多路复用信号，它是由三个信号 $x_1(t)$，$x_2(t)$ 和 $x_3(t)$ 的脉冲幅度调制组成的。如果在每个脉冲的中间点上用适当的时间对 $y(t)$ 采样，就能将这三路信号的样本分隔开，即

$$\begin{aligned} y(t) &= Ax_1(t), & t &= 0, \pm 3T_1, \pm 6T_1, \cdots \\ y(t) &= Ax_2(t), & t &= T_1, T_1 \pm 3T_1, T_1 \pm 6T_1, \cdots \\ y(t) &= Ax_3(t), & t &= 2T_1, 2T_1 \pm 3T_1, T_1 \pm 6T_1, \cdots \end{aligned} \qquad (8.27)$$

其中 T_1 是码间间隔,这里等于 $T/3$,而 A 是一个适当的比例常数。换句话说,利用对已接收到的时分多路复用的脉冲幅度调制信号进行合适的采样,就能得出 $x_1(t)$、$x_2(t)$ 和 $x_3(t)$ 的各样本值。

上述方法都假定传输的脉冲形状在通信信道上传输时都能保持得相当好。然而,在经由任何实际的信道传输时,这些脉冲由于加性噪声和过滤的影响都会有失真。加性噪声自然会在采样时刻引入幅度误差,而由于信道非理想的频率响应而带来的滤波会导致单个脉冲的变形,从而引起已接收到的脉冲在时间上互相重合。这种干扰如图 8.28 所示,称为**码间干扰**(intersymbol interference)。

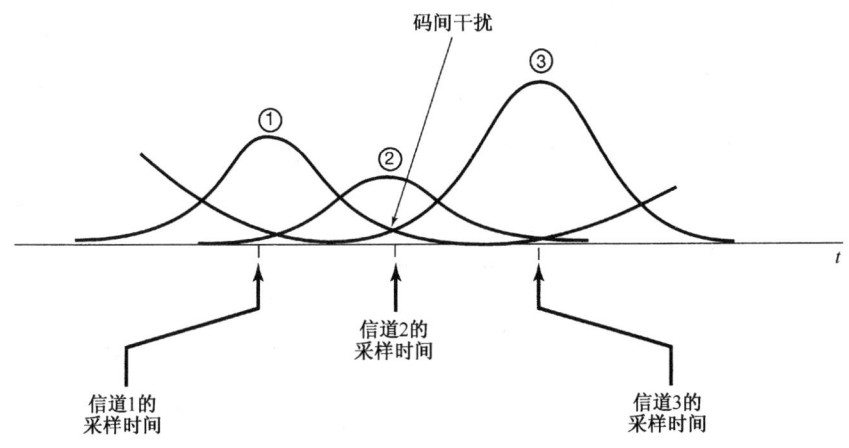

图 8.28 码间干扰

图 8.27 中的这些理想化的脉冲形状受到破坏,有可能是由于该信道带宽的限制产生的,或者就如 6.2.2 节讨论过的,是由于非恒定群延迟引起的相位弥散而产生的(特别是在例 6.1 中)。如果码间干扰的产生仅仅是由于信道的有限带宽,那么可以利用一种脉冲形状 $p(t)$ 来解决问题,它本身是带限的,因此不受(或很少受)信道有限带宽的影响。尤其是,如果信道有一种频率响应 $H(j\omega)$,它在某一给定频带上是无失真的,即若 $|\omega| < W$ 时 $H(j\omega) = 1$,而所用的脉冲又是带限于它的频带内的,即若 $|\omega| \geq W$ 时 $P(j\omega) = 0$,那么每一路脉冲幅度调制信号一定会在无失真的条件下被接收。另一方面,利用这样一个脉冲以后,也就不会再有像图 8.27 那样互不重合的脉冲了。然而,即使用一种带限的脉冲,在时域中的码间干扰仍然可以避免,只要该脉冲形状在其他采样时刻都限制为具有过零特性,以使式(8.27)继续成立就可以。例如,考虑如下 sinc 脉冲:

$$p(t) = \frac{T_1 \sin(\pi t/T_1)}{\pi t}$$

该脉冲及其频谱都如图 8.29 所示。因为该脉冲在符号间隔 T_1 的整数倍上都为零,如图 8.30 所示,所以在这些瞬时就不会有码间干扰。也就是说,如果在 $t = kT_1$ 对已接收信号采样,那么来自其他所有脉冲[即 $p(t - mT_1)$,$m \neq k$]的对这个采样值的贡献都为零。当然,为了避免从邻近脉冲来的干扰,就一定要求在采样瞬间有高的精确度,以使采样在邻近码的过零时刻发生。

sinc 脉冲仅是时域中在 $\pm T_1$,$\pm 2T_1$,…过零的许多带限脉冲之一。更一般的情况是,考虑一个脉冲 $p(t)$,其频谱具有如下形式:

$$P(j\omega) = \begin{cases} 1 + P_1(j\omega), & |\omega| \leq \frac{\pi}{T_1} \\ P_1(j\omega), & \frac{\pi}{T_1} < |\omega| \leq \frac{2\pi}{T_1} \\ 0, & \text{其他} \end{cases} \tag{8.28}$$

并且 $P_1(j\omega)$ 关于 π/T_1 奇对称，则有

$$P_1\left(-j\omega + j\frac{\pi}{T_1}\right) = -P_1\left(j\omega + j\frac{\pi}{T_1}\right), \qquad 0 \leq \omega \leq \frac{\pi}{T_1} \qquad (8.29)$$

如图 8.31 所示。若 $P_1(j\omega) = 0$，$p(t)$ 就是 sinc 脉冲。如同在习题 8.42 中所讨论的，更一般的情况是，对任何满足式(8.28)和式(8.29)条件的 $P(j\omega)$，$p(t)$ 在 $\pm T_1$，$\pm 2T_1$，$\cdots$ 都有过零特性。

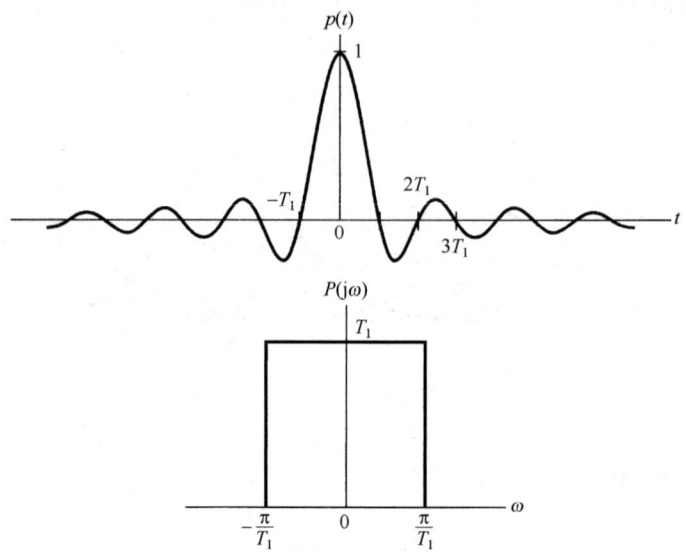

图 8.29 sinc 脉冲及其频谱

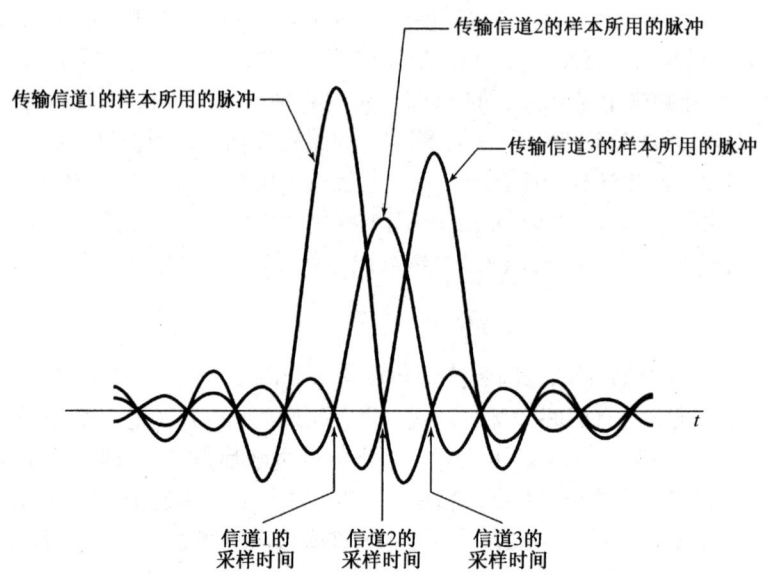

图 8.30 当利用具有准确选择的过零 sinc 脉冲时，码间干扰不存在的情况

虽然满足式(8.28)和式(8.29)的信号可以克服有限信道带宽的问题，但是其他信道失真也可能产生。这就要求选择不同的脉冲波形，或者在分离不同的时分多路复用信号之前对已接收到的信号进行一些附加的处理。特别是，如果 $|H(j\omega)|$ 在通带内不是恒定的，就可能需要进行**信道均衡**

(channel equalization),也就是对已接收到的信号进行滤波,以校正非恒定的信道增益。同时,如果信道具有非线性相位特性,除非进行补偿处理,否则失真也会导致码间干扰。习题8.43和习题8.44将给出这些影响的例子。

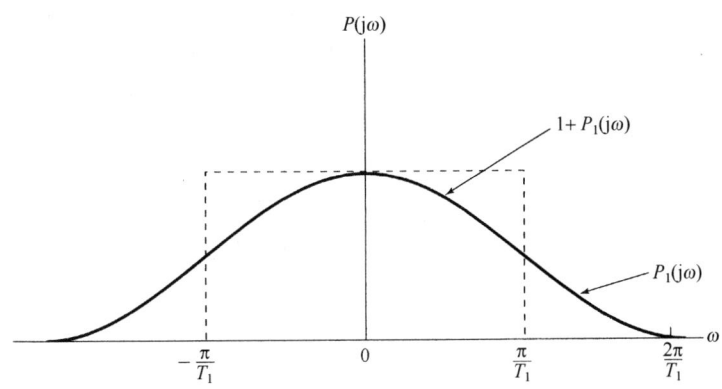

图 8.31　按式(8.29)定义的关于π/T_1的奇对称

8.6.3 数字脉冲幅度调制和脉冲编码调制

8.6.2 节所讨论的脉冲幅度调制系统涉及用一组离散的样本去调制一个脉冲序列。这组样本可以认为是一个离散时间信号$x[n]$,并且在许多应用中,事实上$x[n]$被存储在某一数字系统中,或者由某一数字系统产生。在这样的情况下,一个数字系统的有限字长就意味着$x[n]$仅能取到一个有限的量化值,这就造成了对这些已调脉冲来说只有有限个可能的幅度值。

事实上,在很多情况下,这种数字脉冲幅度调制的量化形式就演变为仅用几个(典型的是两个)幅度值的系统。也就是说,如果$x[n]$的每一个样本表示成一个二进制数(即一串有限个0和1),具有两个可能值(一个值对应于0,另一个值对应于1)之一的脉冲就可以被置为这串二进制数中的每一个二进制位,或称**比特**(bit)。更一般的情况是,为了防止传输误差或者提供可靠的通信,代表$x[n]$的这个二进制位的序列在传输之前首先可以变换或编码成另一个0和1的序列。例如,一个很简单的误差校正机理就是对$x[n]$的每个样本传输一个附加的已调脉冲,它代表一种**奇偶**(parity)校验。也就是说,若$x[n]$的二进制表示中有奇数个1,就将这个附加的比特置为1;若有偶数个1就置为0。然后,接收机就可以将这个已接收到的奇偶校验位与另外已接收到的比特位进行对照,以检测出它们的不一致性。更为复杂的编码和误差校正设计肯定都能使用,并且具有特殊要求的码形设计是通信系统设计中的一项重要内容。由上讨论显而易见,一个由编码的0和1的序列所调制的脉冲幅度调制系统就称为**脉冲编码调制**(pulse-code modulation, PCM)系统。

8.7 正弦频率调制

前面几节讨论了几种幅度调制系统,其中调制信号用来改变一个正弦或脉冲载波的振幅。已经看到,这样的系统可以用前面几章所建立的频域方法给予详细分析。还有一类很重要的调制技术称为**频率调制**(Frequency modulation, FM),其中调制信号用来控制一个正弦载波的频率。这种类型的调制系统与幅度调制系统相比有很多优点。正如由图8.10所想到的,在正弦幅度调制下,载波包络线的峰值幅度直接与调制信号$x(t)$的大小有关,而$x(t)$可能有一个大的动态范围,也就是说有显著的变化;而在频率调制下,载波的包络是一个常数。这样,一个频率调制发射机总是可以工作在峰值功率状态。另外,在频率调制系统中,在传输信道中由于加性扰动或衰落引起的幅度变化,可以在相当大的范围内在接收机中被消除掉。因此,在公共广播和其他一些场合,频率调制的接收质量总是比幅度调制的接收质量更好。另一方面,将会看到,频率调制一般比正弦幅度调制要求更宽的信号带宽。

频率调制系统具有高度的非线性特征,因此分析起来不像前面讨论的正弦幅度调制系统那样更直接。然而,前面各章所建立的分析方法也能使我们对频率调制系统的工作和性质有一定了解。

现在从引入**角调制**(angle modulation)的一般概念入手来分析频率调制问题。考虑一个以下式表示的正弦载波:

$$c(t) = A\cos(\omega_c t + \theta_c) = A\cos\theta(t) \tag{8.30}$$

其中 $\theta(t) = \omega_c t + \theta_c$, ω_c 是载波的频率, θ_c 是载波的相位。一般来说,角调制就是用调制信号去改变或使相角 $\theta(t)$ 发生变化。改变相角 $\theta(t)$ 的一种方式是利用调制信号 $x(t)$ 去改变相位 θ_c,这样已调信号 $y(t)$ 就为

$$y(t) = A\cos[\omega_c t + \theta_c(t)] \tag{8.31}$$

其中 θ_c 现在是时间的函数,即

$$\theta_c(t) = \theta_0 + k_p x(t) \tag{8.32}$$

如果 $x(t)$ 是常数,那么 $y(t)$ 的相位也一定是常数,而且正比于 $x(t)$ 的幅度。式(8.31)的角调制称为**相位调制**(phase modulation)。角调制的另一种方式是用调制信号线性地变化相角的**导数**(derivative),即

$$y(t) = A\cos\theta(t) \tag{8.33}$$

其中,

$$\frac{d\theta(t)}{dt} = \omega_c + k_f x(t) \tag{8.34}$$

如果 $x(t)$ 为常数,那么 $y(t)$ 就是正弦的,其频率相对于载频 ω_c 的偏离量正比于 $x(t)$ 的大小。为此,式(8.33)和式(8.34)这样的角调制一般称为频率调制。

虽然相位调制和频率调制都是角调制的不同形式,但它们能很容易地联系起来。根据式(8.31)和式(8.32),对相位调制来说,有

$$\frac{d\theta(t)}{dt} = \omega_c + k_p \frac{dx(t)}{dt} \tag{8.35}$$

据此,比较式(8.34)和式(8.35)可知,用 $x(t)$ 进行相位调制就等于用 $x(t)$ 的导数 $dx(t)/dt$ 进行频率调制;同理,用 $x(t)$ 进行频率调制和用 $x(t)$ 的积分进行相位调制也完全是一样的。图8.32(a)和图8.32(b)给出了有关相位调制和频率调制的示例说明。在这两种情况下,调制信号都是 $x(t) = tu(t)$(也就是在 $t > 0$ 时,随时间线性增加)。图8.32(c)是用阶跃(即斜坡信号的导数)信号作为调制信号来进行频率调制的例子。图8.32(a)和图8.32(c)之间的一致性应该很明显。

用阶跃信号进行频率调制就相应于正弦载波的频率在 $t = 0$ 时刻,当 $x(t)$ 变化时,从一个频率瞬时变化到另一个频率,这就很像一个正弦振荡器,当频率置定开关瞬时变化时引起频率突然改变。若频率调制是用一个斜坡信号来控制的,如图8.32(b)所示,则频率随时间呈线性变化。这一时变频率的概念往往最好用**瞬时频率**(instantaneous frequency)的概念来表示。对于具有如下形式的 $y(t)$:

$$y(t) = A\cos\theta(t) \tag{8.36}$$

该正弦波的瞬时频率 ω_i 定义为

$$\omega_i(t) = \frac{d\theta(t)}{dt} \tag{8.37}$$

因此,当 $y(t)$ 是真正的正弦波时,即 $\theta(t) = (\omega_c t + \theta_0)$,瞬时频率就是 ω_c,正如我们所期望的。对于由式(8.31)和式(8.32)表示的相位调制来说,瞬时频率就是 $\omega_c + k_p(\mathrm{d}x(t)/\mathrm{d}t)$,而对于由式(8.33)和式(8.34)表示的频率调制来说,瞬时频率就是 $\omega_c + k_f x(t)$。

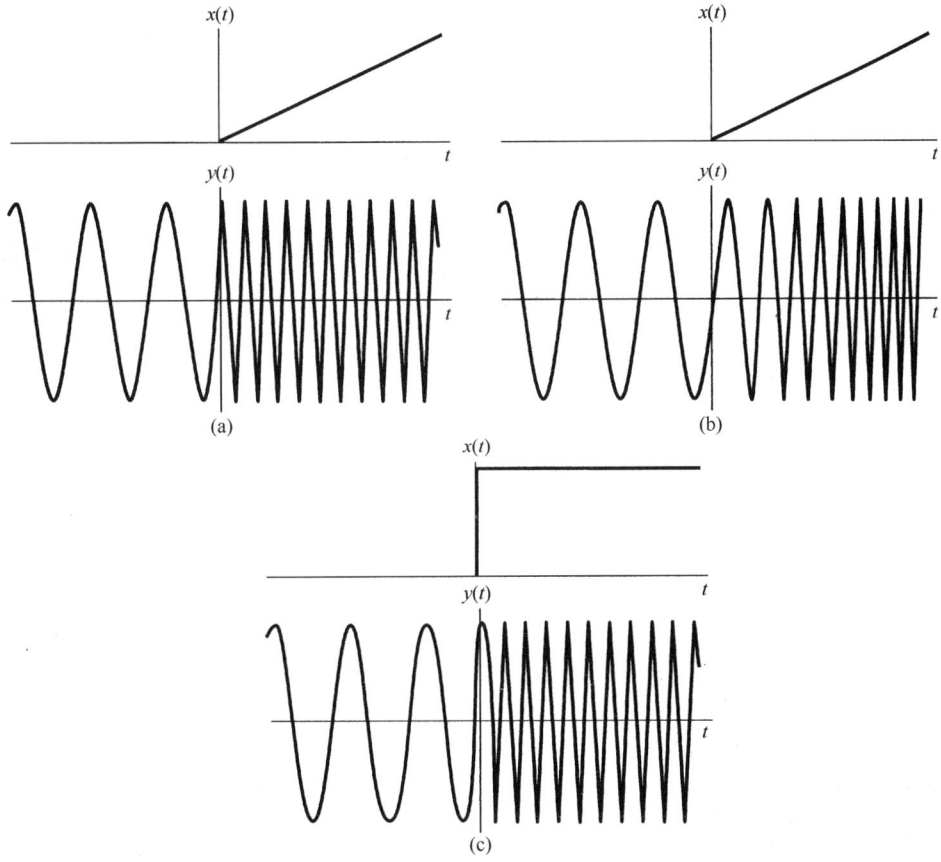

图 8.32 相位调制、频率调制及其关系。(a) 用斜坡信号作为调制信号的相位调制;(b) 用斜坡信号作为调制信号的频率调制;(c) 用阶跃信号(斜坡信号的导数)作为调制信号的频率调制

因为频率调制和相位调制极易联系起来,所以下面的讨论只用频率调制来进行。为了对已调频信号的频谱如何受调制信号 $x(t)$ 的影响有本质的了解,考虑两种简单的情况,以说明调频的一些基本性质。

8.7.1 窄带频率调制

考虑 $x(t)$ 为正弦变化时的频率调制:
$$x(t) = A\cos(\omega_m t) \tag{8.38}$$
由式(8.34)和式(8.37)可知瞬时频率 $\omega_i(t)$ 是
$$\omega_i(t) = \omega_c + k_f A\cos(\omega_m t) \tag{8.39}$$
$\omega_i(t)$ 就在 $\omega_c + k_f A$ 和 $\omega_c - k_f A$ 之间呈现正弦变化。若定义 $\Delta\omega$ 为
$$\Delta\omega = k_f A$$
就有
$$\omega_i(t) = \omega_c + \Delta\omega\cos(\omega_m t)$$

并且

$$y(t) = \cos[\omega_c t + \int x(t)dt]$$
$$= \cos\left[\omega_c t + \frac{\Delta\omega}{\omega_m}\sin(\omega_m t) + \theta_0\right] \tag{8.40}$$

其中 θ_0 是一个积分常数。为了方便起见,选 $\theta_0 = 0$,则

$$y(t) = \cos\left[\omega_c t + \frac{\Delta\omega}{\omega_m}\sin(\omega_m t)\right] \tag{8.41}$$

记 $\Delta\omega/\omega_m$ 为 m,定义为频率调制的**调制指数**。根据调制指数 m 的大小,频率调制系统的性质就会不一样,m 较小的系统称为窄带频率调制系统。一般来说,可以将式(8.41)重写成

$$y(t) = \cos[\omega_c t + m\sin(\omega_m t)] \tag{8.42}$$

或者

$$y(t) = \cos(\omega_c t)\cos[m\sin(\omega_m t)] - \sin(\omega_c t)\sin[m\sin(\omega_m t)] \tag{8.43}$$

当 m 足够小时($\ll \pi/2$),可进行如下近似:

$$\cos[m\sin(\omega_m t)] \simeq 1 \tag{8.44}$$
$$\sin[m\sin(\omega_m t)] \simeq m\sin(\omega_m t) \tag{8.45}$$

这样,式(8.42)就变为

$$y(t) \simeq \cos(\omega_c t) - m\sin(\omega_m t)\sin(\omega_c t) \tag{8.46}$$

根据这一近似式,$y(t)$ 的频谱如图 8.33 所示。注意,这时 $y(t)$ 的频谱与 AM-DSB/WC 的频谱有些类似,频谱中既有载波,又有代表调制信号频谱的两个边带。然而,在 AM-DSB/WC 中,引入的附加载波与已调载波是同相的。而由式(8.46)可见,在窄带频率调制情况下,这个附加载波与已调载波之间有一个 $\pi/2$ 的相位差。对应于 AM-DSB/WC 和频率调制的

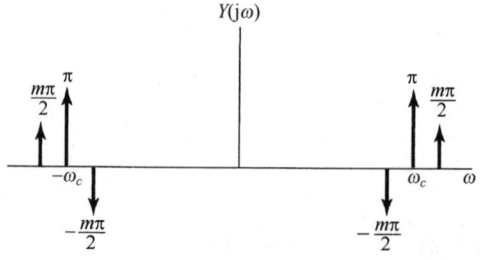

图 8.33 窄带频率调制的近似频谱

波形也很不同。图 8.34(a)示出了相应于式(8.46)的窄带频率调制的时间波形。为便于比较,图 8.34(b)示出了 AM-DSB/WC 信号

$$y_2(t) = \cos(\omega_c t) + m\cos(\omega_m t)\cos(\omega_c t) \tag{8.47}$$

的时间波形。

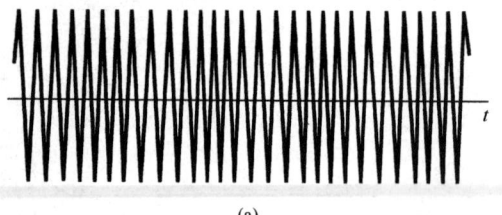

(a)

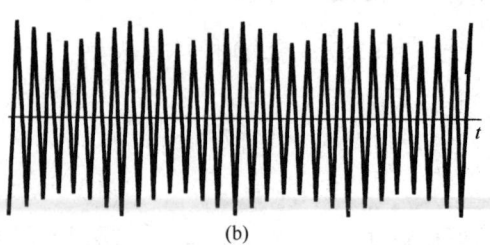

(b)

图 8.34 窄带频率调制与 AM-DSB/WC 的对比。
(a) 窄带频率调制;(b) AM-DSB/WC

对于式(8.46)所示的窄带频率调制信号,其边带宽度就等于调制信号的宽度;特别是,虽然这个近似式是在 $m \ll \pi/2$ 条件下得到的,但是边带的宽度仍然与调制指数 m 无关,即边带宽度仅取决于调制信号的带宽,而与它的大小无关。即使不是正弦调制信号,而是更一般的调制信号,对于窄带调频来说,上述结论也是成立的。

8.7.2 宽带频率调制

当 m 增大以后,近似式(8.46)不再成立,这时 $y(t)$ 的频谱与调制信号 $x(t)$ 的幅度和频率都有关。由 $y(t)$ 的表示式(8.43)可知,$\cos[m\sin(\omega_m t)]$ 和 $\sin[m\sin(\omega_m t)]$ 这两项都是基波频率为 ω_m 的周期信号。因此,这两个信号中的每一个的傅里叶变换都是一个冲激串,这些冲激串发生在 ω_m 的整数倍上,其大小正比于它们的傅里叶级数系数。这两个周期信号的傅里叶级数系数涉及第一类贝塞尔函数。式(8.43)中的第一项相当于正弦载波 $\cos(\omega_c t)$ 被一个周期信号 $\cos[m\sin(\omega_m t)]$ 调幅的结果,第二项相当于正弦载波 $\sin(\omega_c t)$ 被一个周期信号 $\sin[m\sin(\omega_m t)]$ 调幅的结果。我们知道,一个信号乘以某一载波,在频域内就有把原频谱搬移到载波频率 ω_c 两边的效果。图 8.35(a)和图 8.35(b)分别画出了式(8.43)中单独两项对于 $\omega > 0$ 时频谱的模,而图 8.35(c)则代表已调信号 $y(t)$ 的频谱的模。可见,$y(t)$ 的频谱是由在频率 $\pm\omega_c + n\omega_m$,$n = 0, \pm 1, \pm 2, \cdots$ 的冲激组成的,并且严格地讲,围绕 $\pm\omega_c$,$y(t)$ 的频谱不是带限的。然而,由于 $\cos[m\sin(\omega_m t)]$ 和 $\sin[m\sin(\omega_m t)]$ 的傅里叶级数系数,对于 $|n| > m$ 的 n 次谐波的幅度可忽略不计,因此在 $+\omega_c$ 和 $-\omega_c$ 两边每一边带的总有效宽度 B 还是限于 $2m\omega_m$,即

$$B \simeq 2m\omega_m \tag{8.48}$$

或者,因为 $m = k_f A/\omega_m = \Delta\omega/\omega_m$,可得

$$B \simeq 2k_f A = 2\Delta\omega \tag{8.49}$$

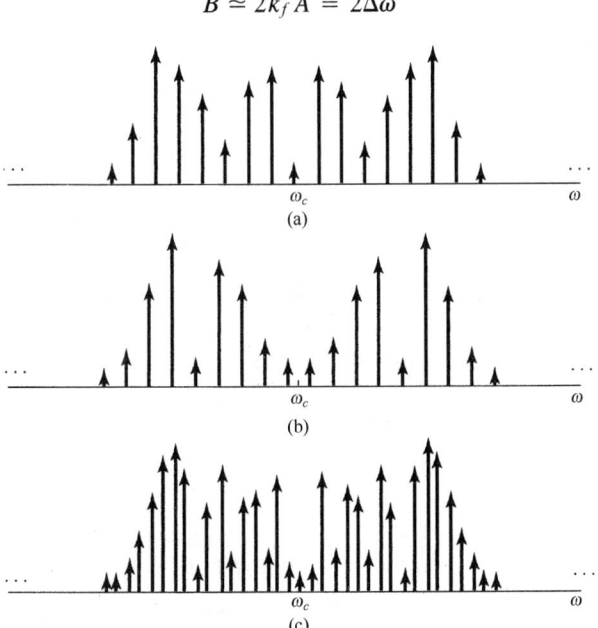

图 8.35 宽带频率调制($m = 12$)频谱的模。(a)$\cos(\omega_c t)\cos[m\sin(\omega_m t)]$ 频谱的模特性;(b)$\sin(\omega_c t)\sin[m\sin(\omega_m t)]$ 频谱的模特性;(c)$\cos[\omega_c t + m\sin(\omega_m t)]$ 频谱的模特性

将式(8.39)和式(8.49)进行比较可以得出,每一边带的有效带宽就等于在载波频率附近瞬时频率的总偏移值。因此,对宽带频率调制来说,已调信号的带宽比调制信号的带宽宽得多,因

为假定 m 比较大。并且与窄带情况正好形成对照，在宽带频率调制中已调信号的带宽正比于调制信号的幅度 A 和增益系数 k_f。

8.7.3 周期方波调制信号

用来理解频率调制性质的另一个例子是调制信号为一个周期方波的情况。在式(8.39)中令 $k_f = 1$，则有 $\Delta\omega = A$，并令 $x(t)$ 如图 8.36 所示。这时已调信号 $y(t)$ 就如图 8.37 所示。当 $x(t)$ 为正时，瞬时频率就是 $\omega_c + \Delta\omega$；当 $x(t)$ 为负时，瞬时频率就是 $\omega_c - \Delta\omega$。因此 $y(t)$ 也可写成

$$y(t) = r(t)\cos[(\omega_c + \Delta\omega)t] + r\left(t - \frac{T}{2}\right)\cos[(\omega_c - \Delta\omega)t] \tag{8.50}$$

其中 $r(t)$ 是图 8.38 所示的方波。因此，对于这样一个特别的调制信号来说，也能把确定频率调制信号 $y(t)$ 的频谱问题当成求式(8.50)中两个幅度调制信号之和的频谱问题，即

$$\begin{aligned}Y(j\omega) &= \frac{1}{2}[R(j\omega + j\omega_c + j\Delta\omega) + R(j\omega - j\omega_c - j\Delta\omega)] \\ &\quad + \frac{1}{2}[R_T(j\omega + j\omega_c - j\Delta\omega) + R_T(j\omega - j\omega_c + j\Delta\omega)]\end{aligned} \tag{8.51}$$

其中 $R(j\omega)$ 是图 8.38 中周期方波 $r(t)$ 的傅里叶变换，而 $R_T(j\omega)$ 则是 $r(t - T/2)$ 的傅里叶变换。由例 4.6 可知，当 $T = 4T_1$ 时，有

$$R(j\omega) = \sum_{k=-\infty}^{+\infty} \frac{2}{2k+1}(-1)^k \delta\left[\omega - \frac{2\pi(2k+1)}{T}\right] + \pi\delta(\omega) \tag{8.52}$$

和

$$R_T(j\omega) = R(j\omega)e^{-j\omega T/2} \tag{8.53}$$

$Y(j\omega)$ 频谱的模特性如图 8.39 所示。和宽带频率调制一样，这个谱以 $\omega_c \pm \Delta\omega$ 为中心，各自呈现了两个边带，这两个边带在 $\omega < (\omega_c - \Delta\omega)$ 和 $\omega > (\omega_c + \Delta\omega)$ 的区域都衰减了。

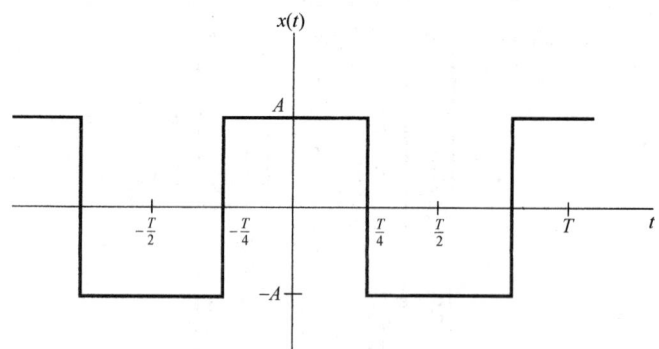

图 8.36 对称周期方波

频率调制信号的解调系统典型地有两种类型，一种类型的解调系统通过微分将频率调制信号变换为幅度调制信号，而第二种类型的解调系统则直接跟踪已调信号的相位或频率。以上仅简单讨论了频率调制的特性，通过这些讨论再次看到前面几章所建立的基本方法如何用来分析这一类重要系统，并了解对这类重要系统的本质。

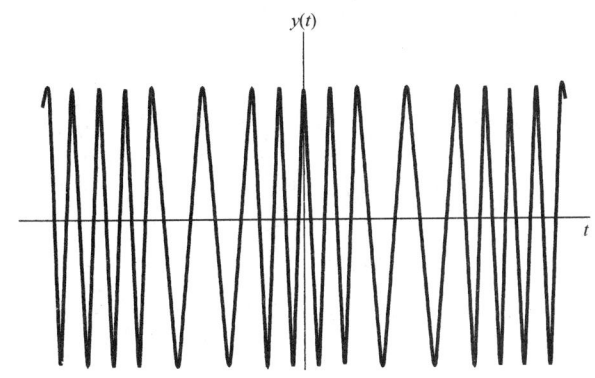

图 8.37 用周期方波作为调制信号的频率调制

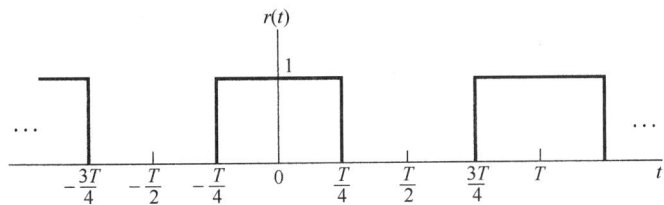

图 8.38 式(8.50)中的对称方波 $r(t)$

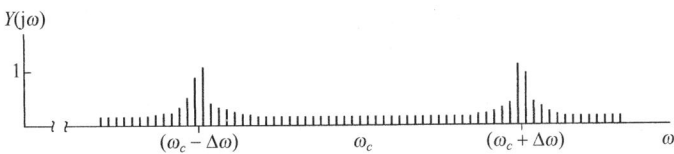

图 8.39 用一个周期方波调制信号时，$\omega > 0$ 时频率调制的频谱的模特性。图中每根垂直线都代表面积正比于这条线高度的冲激

8.8 离散时间调制

8.8.1 离散时间正弦幅度调制

一个离散时间幅度调制系统如图 8.40 所示，其中 $c[n]$ 是载波，$x[n]$ 是调制信号。分析连续时间幅度调制的基础是傅里叶变换的相乘性质，即时域内的相乘会导致频域内的卷积。正如在 5.5 节中所讨论的，对离散时间也存在一个相应的性质可用来分析离散时间幅度调制。考虑

$$y[n] = x[n]c[n]$$

分别用 $X(e^{j\omega})$，$Y(e^{j\omega})$ 和 $C(e^{j\omega})$ 来代表 $x[n]$，$y[n]$ 和 $c[n]$ 的傅里叶变换，$Y(e^{j\omega})$ 就正比于 $X(e^{j\omega})$ 和 $C(e^{j\omega})$ 的周期卷积，即

$$Y(e^{j\omega}) = \frac{1}{2\pi}\int_{2\pi} X(e^{j\theta})C(e^{j(\omega-\theta)})d\theta \qquad (8.54)$$

因为 $X(e^{j\omega})$ 和 $C(e^{j\omega})$ 都是周期的，周期为 2π，因此该积分就可以在任何一个 2π 的频率区间内完成。

首先考虑为复指数载波的正弦幅度调制

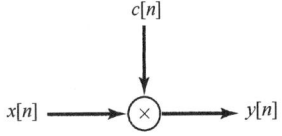

图 8.40 离散时间幅度调制

$$c[n] = e^{j\omega_c n} \tag{8.55}$$

在 5.2 节中已经知道，$c[n]$ 的傅里叶变换是一个周期冲激串，即

$$C(e^{j\omega}) = \sum_{k=-\infty}^{+\infty} 2\pi\delta(\omega - \omega_c + k2\pi) \tag{8.56}$$

$C(e^{j\omega})$ 如图 8.41(b) 所示。若 $X(e^{j\omega})$ 如图 8.41(a) 所示，那么已调信号的频谱则如图 8.41(c) 所示。特别要注意到，$Y(e^{j\omega}) = X(e^{j(\omega - \omega_c)})$，这与图 8.1 是完全相对应的，并且当 $x[n]$ 是实序列时，已调信号也是复数的。将已调信号乘以 $e^{-j\omega_c n}$，使频谱回到频率轴上它原来的地方，就实现了解调，即

$$x[n] = y[n] e^{-j\omega_c n} \tag{8.57}$$

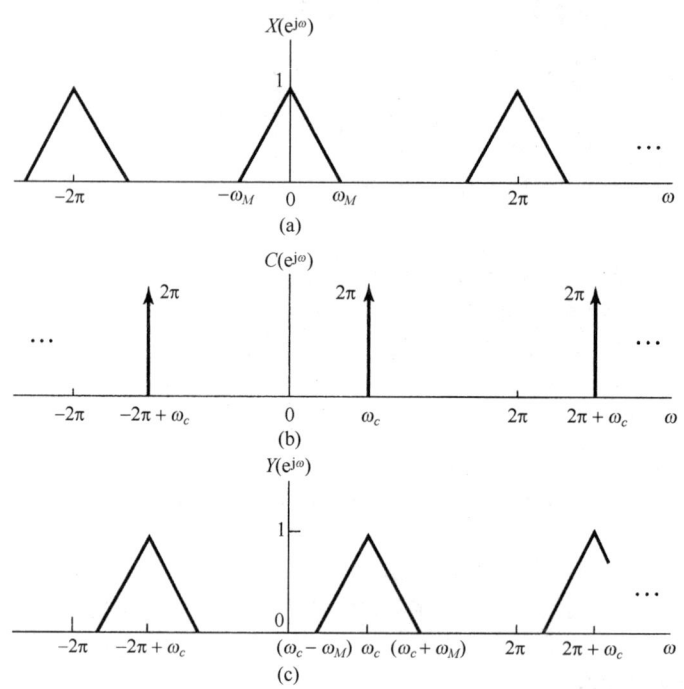

图 8.41　(a) $x[n]$ 的频谱；(b) $c[n] = e^{j\omega_c n}$ 的频谱；(c) $y[n] = x[n]c[n]$ 的频谱

正如在习题 6.43 中所讨论的，若 $\omega_c = \pi$，那么 $c[n] = (-1)^n$，这样在时域调制的结果就是逢奇数 n 将 $x[n]$ 改变代数符号，而在频域则是将高低频分量互换。习题 6.44 就采用了这种调制方式，利用一个低通滤波器来实现一个高通的过滤，反之亦然。

除了复指数载波，还可以利用正弦载波。这时，若 $x[n]$ 是实序列，则 $y[n]$ 也一定是实序列。若 $c[n] = \cos(\omega_c n)$，载波的频谱就由在 $\omega = \pm\omega_c + k2\pi$ 的周期重复的冲激对组成，如图 8.42(b) 所示。若 $X(e^{j\omega})$ 如图 8.42(a) 所示，已调信号的频谱则如图 8.42(c) 所示，相应于 $X(e^{j\omega})$ 在 $\pm\omega_c + k2\pi$ 处重复。为使每一个重复的 $X(e^{j\omega})$ 不重叠，就要求

$$\omega_c > \omega_M \tag{8.58}$$

且

$$2\pi - \omega_c - \omega_M > \omega_c + \omega_M$$

或等效为

$$\omega_c < \pi - \omega_M \tag{8.59}$$

第一个条件与 8.2 节讨论的连续时间正弦幅度调制的条件是一致的；而第二个条件则来自离散时

间频谱固有的周期性质。将式(8.58)和式(8.59)合并,对于正弦载波的幅度调制,ω_c 就必须受如下限制:

$$\omega_M < \omega_c < \pi - \omega_M \tag{8.60}$$

解调也可以采用与连续时间情况类似的方式来实现。该系统如图8.43所示。将 $y[n]$ 乘以在调制器中利用的同一载波,结果就得到了原始信号频谱的若干重复,而其中之一是在以 $\omega=0$ 为中心处出现的,利用低通滤波器滤掉不需要的 $X(e^{j\omega})$ 的重复部分,就可以得到已解调的信号。

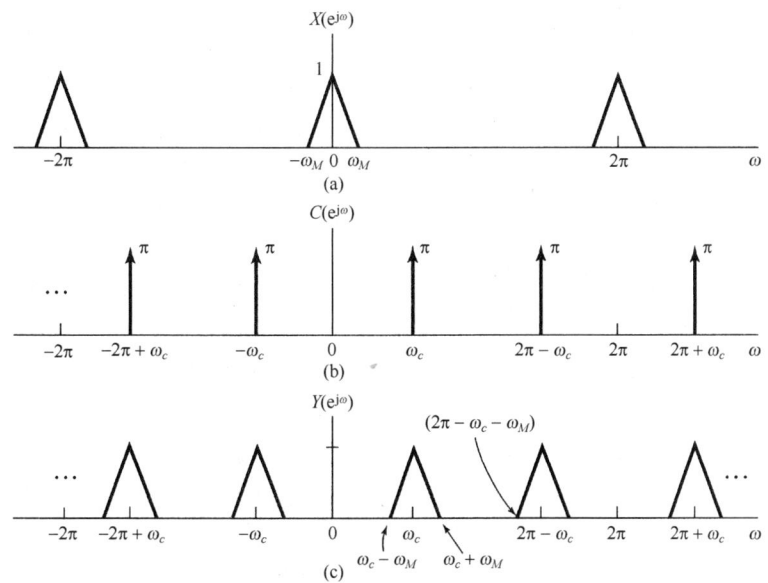

图8.42 利用正弦载波的离散时间幅度调制的有关频谱。(a) 带限信号 $x[n]$ 的频谱;(b) 正弦载波信号 $c[n]=\cos(\omega_c n)$ 的频谱;(c) 已调信号 $y[n]=x[n]c[n]$ 的频谱

由前面的讨论应该明显看出,离散时间幅度调制的分析在处理上和连续时间幅度调制很类似,只有少量差别。例如,在习题8.47中将讨论到,在同步调制与解调系统中,调制器和解调器中正弦载波之间在相位和频率上的差异所带来的影响,在这两种系统中都是一样的。另外,与连续时间情况下一样,在离散时间情况下也能应用离散时间正弦幅度调制作为频分多路复用的基础。再者,也可以利用一个离散时间信号去调制一个脉冲串,导致离散时间信号的时分多路复用,这种方法可参见习题8.48。

离散时间多路复用系统的实现,给出了一个极好的例子来说明一般情况下离散时间处理的灵活性,以及增采样(见7.5.2节)运算的重要性。考虑一个具有 M 路序列的离散时间系统,希望构成频分多路复用。由于有 M 个信

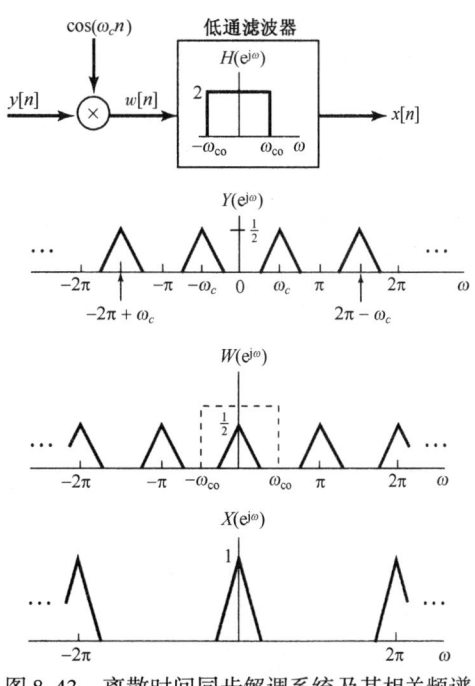

图8.43 离散时间同步解调系统及其相关频谱

道,就要求每一路 $X_i[n]$ 是带限的,即

$$X_i(\omega) = 0, \quad \frac{\pi}{M} < |\omega| < \pi \tag{8.61}$$

例如,如果原来的这些序列都相应于在奈奎斯特速率下对连续时间信号采样而得,从而这些原有序列都占满了整个频带,那么在频分多路复用之前,首先就必须将它们变换到某个较高的采样率(即增采样)。这一概念在习题 8.33 中将进一步讨论。

8.8.2 离散时间调制转换

广泛使用离散时间调制并结合第 7 章介绍的抽取、增采样和内插等运算的一个领域是数字通信系统。一般来说,在这样的系统中,连续时间信号均以由采样得到的离散时间信号的形式在通信信道上进行传输。这些连续时间信号往往是以时分多路复用或频分多路复用的信号方式组成的,然后将这些信号转换为离散时间序列,为了存储和远距离传输的需要,序列值均以数字表示。在某些系统中,由于在发送端或接收端所受的限制或要求不同,或者由于已经用不同的方式分别被复用的若干组信号现在要被重新复用在一起,就要求把用时分多路复用表示的信号序列转换成用频分多路复用表示的信号序列,或者相反。这种从一种调制或复用方式转换到另一种的过程称为**调制转换**(transmodulation)或**复用转换**(transmultiplexing)。在数字通信系统方面,一种显而易见的实现复用转换的方式是,首先通过解复用和解调把它转换回连续时间信号,然后按要求再对信号进行调制和复用。然而,如果这个新的信号要被再转换成离散时间信号,那么很显然对整个过程来说,更有效的办法是直接在离散时域中完成。图 8.44 以方框图的形式表示了将一个离散时间时分多路复用信号转换为离散时间频分多路复用信号的过程中涉及的各个环节。应该注意,在将时分多路复用信号解复用以后,每一信道都必须增采样,以准备频分多路复用。

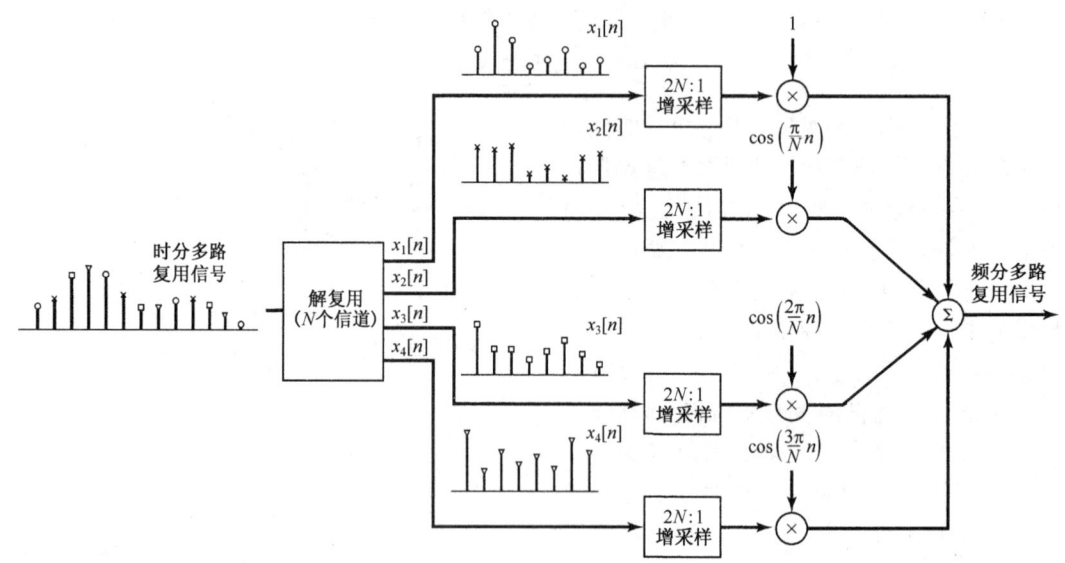

图 8.44 时分多路复用到频分多路复用转换的方框图

8.9 小结

本章讨论了与通信系统有关的一些基本概念,特别是调制的概念。在调制中,用一个希望传输的信号来调制称为载波的第二个信号。本章详细地讨论了幅度调制的问题。幅度调制的性质

第 8 章 通信系统

最容易通过傅里叶变换的相乘性质在频域得到解释。复指数或正弦载波的幅度调制一般就是用来在频率上搬移一个信号的频谱,例如在通信系统中的应用就是将信号的频谱搬移到一个适合传输的频率范围内,并能够实现频分多路复用。本章还讨论了各种正弦幅度的调制,例如带有载波信号的非同步系统、单边带系统及双边带系统等。

我们还讨论了基于调制通信的几种其他形式,并简短地介绍了频率和相位调制的概念。虽然这种调制类型的详细分析更困难一些,但通过频域的分析还是有可能获得一些实质性的了解的。

本章比较详细地讨论了一个脉冲信号的幅度调制,从而产生了时分多路复用和脉冲幅度调制的概念。在脉冲幅度调制中,一个离散时间信号的连续样本用来调制一串脉冲的幅度。这样又反过来引发了对离散时间调制和数字通信问题的关注,并且在数字通信中,离散时间处理的灵活性对于更高级的通信系统的设计与实现提供了方便,其中涉及了像脉冲编码调制和调制转换之类的内容。

习题

习题第一部分属于基本题,答案在书末给出。其余两部分分别属于基本题和深入题。

基本题(附答案)

8.1 设 $x(t)$ 为一个信号,其中 $X(j\omega) = 0$,$|\omega| > \omega_M$,另一个信号 $y(t)$ 有傅里叶变换 $Y(j\omega) = 2X(j(\omega - \omega_c))$,试确定信号 $m(t)$,使之有
$$x(t) = y(t)m(t)$$

8.2 设 $x(t)$ 为一个实信号,并有 $X(j\omega) = 0$,$|\omega| > 1000\pi$,设 $y(t) = e^{j\omega_c t}x(t)$,试回答下列问题:
(a) 对 ω_c 应施加什么限制,才能保证从 $y(t)$ 中恢复 $x(t)$?
(b) 对 ω_c 应施加什么限制,才能保证从 $\mathcal{R}e\{y(t)\}$ 中恢复 $x(t)$?

8.3 设 $x(t)$ 为一个实信号,并有 $X(j\omega) = 0$,$|\omega| > 2000\pi$,现进行幅度调制以产生信号
$$g(t) = x(t)\sin(2000\pi t)$$
图 P8.3 给出一种解调方法,其中 $g(t)$ 是输入,$y(t)$ 是输出,理想低通滤波器截止频率为 2000π,通带增益为 2,试确定 $y(t)$。

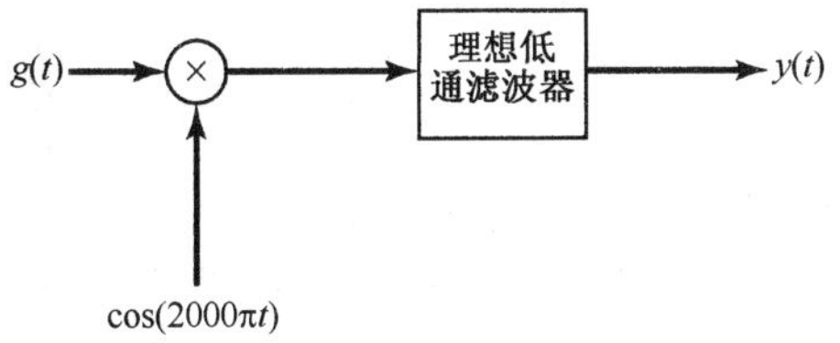

8.4 假设 $x(t)$ 为
$$x(t) = \sin(200\pi t) + 2\sin(400\pi t)$$
$g(t)$ 为
$$g(t) = x(t)\sin(400\pi t)$$
若乘积 $g(t)[\sin(400\pi t)]$ 通过一个截止频率为 400π,通带增益为 2 的理想低通滤波器,试确定该低通滤波器输出端所得到的信号。

图 P8.3

8.5 假设要传输信号 $x(t)$
$$x(t) = \frac{\sin 1000\pi t}{\pi t}$$
利用产生如下信号的调制器:
$$w(t) = (x(t) + A)\cos(10\,000\pi t)$$
试确定最大可容许的调制指数 m 的值,以保证可用非同步解调从 $w(t)$ 中恢复 $x(t)$。解此题应假设 sinc 函数的一个旁瓣所取得的最大值发生在包围这个旁瓣的两个过零点之间一半的时刻。

8.6 假设 $x(t)$ 的傅里叶变换 $X(j\omega) = 0$,$|\omega| > \omega_M$,而信号 $g(t)$ 可用 $x(t)$ 表示成
$$g(t) = x(t)\cos\omega_c t - \left\{x(t)\cos(\omega_c t) * \left(\frac{\sin(\omega_c t)}{\pi t}\right)\right\}$$

其中 * 表示卷积，且 $\omega_c > \omega_M$。试确定常数 A 的值，使得

$$x(t) = [g(t)\cos(\omega_c t)] * \frac{A\sin(\omega_M t)}{\pi t}$$

8.7 为 AM-SSB/SC 系统施加信号 $x(t)$，$x(t)$ 的傅里叶变换 $X(j\omega) = 0$，$|\omega| > \omega_M$。在该系统中所用的载波频率 ω_c 大于 ω_M。令 $g(t)$ 是该系统仅保留上边带时的输出，$q(t)$ 是该系统仅保留下边带时的输出。图 P8.7 所示的系统用来将 $g(t)$ 转换成 $q(t)$。图中的参数 ω_0 对于 ω_c 的关系如何？通带增益 A 应该是多少？

8.8 考虑图 P8.8 所示的调制系统。输入信号 $x(t)$ 的傅里叶变换 $X(j\omega) = 0$，$|\omega| > \omega_M$，假设 $\omega_c > \omega_M$，试回答下列问题：
(a) 若 $x(t)$ 为实信号，那么 $y(t)$ 保证为实信号吗？
(b) 可以从 $y(t)$ 中恢复 $x(t)$ 吗？

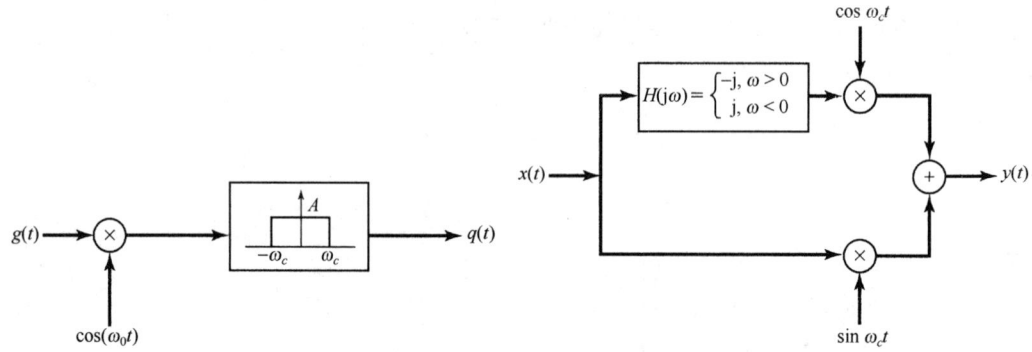

图 P8.7　　　　　　图 P8.8

8.9 有两个信号 $x_1(t)$ 和 $x_2(t)$，它们的傅里叶变换对于 $|\omega| > \omega_c$ 都为零，现在要用频分多路复用将它们组合起来。对每个信号都采用图 8.21 所示的 AM-SSB/SC 技术保留下边带，对 $x_1(t)$ 和 $x_2(t)$ 所用的载波频率分别是 ω_c 和 $2\omega_c$。然后，将这两个已调信号加在一起以得到频分多路复用信号 $y(t)$。
(a) 对于什么样的 ω 值，$Y(j\omega)$ 保证是零？
(b) 试给出 A 和 ω_0 的值，以使得

$$x_1(t) = \left[\left\{y(t) * \frac{\sin(\omega_0 t)}{\pi t}\right\}\cos(\omega_0 t)\right] * \frac{A\sin(\omega_c t)}{\pi t}$$

其中 * 表示卷积。

8.10 信号 $x(t)$ 与图 P8.10 所示的矩形脉冲串 $c(t)$ 相乘。
(a) 在 $X(j\omega)$ 上应加什么限制，才能保证利用一个理想低通滤波器从乘积 $x(t)c(t)$ 中恢复 $x(t)$？
(b) 给出为从 $x(t)c(t)$ 中恢复 $x(t)$ 所需理想低通滤波器的截止频率 ω_c 和通带增益 A。假设 $X(j\omega)$ 满足(a)中确定的限制。

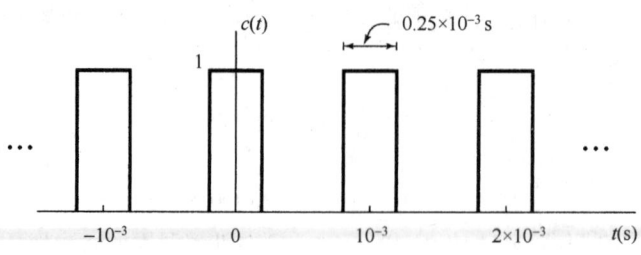

图 P8.10

8.11 设 $c(t)$ 为一个实值周期信号

$$c(t) = \sum_{k=-\infty}^{+\infty} a_k e^{jk\omega_c t}$$

其中 $a_0 = 0$, $a_1 \neq 0$。同时令 $x(t)$ 是一个 $X(j\omega) = 0$, $|\omega| \geq \omega_c/2$ 的信号, 信号 $x(t)$ 用来调制载波 $c(t)$, 以得到

$$y(t) = x(t)c(t)$$

(a) 试给出一个理想带通滤波器的通带和通带增益, 以使得当输入为 $y(t)$ 时, 该滤波器的输出是

$$g(t) = (a_1 e^{j\omega_c t} + a_1^* e^{-j\omega_c t})x(t)$$

(b) 若 $a_1 = |a_1|e^{j\sphericalangle a_1}$, 证明

$$g(t) = A\cos(\omega_c t + \phi)x(t)$$

并将 A 和 ϕ 分别用 $|a_1|$ 和 $\sphericalangle a_1$ 表示。

8.12 考虑有 10 个信号 $x_i(t)$, $i = 1, 2, 3, \cdots, 10$。假定每个 $x_i(t)$ 的傅里叶变换 $X_i(j\omega) = 0$, $|\omega| \geq 2000\pi$, 这 10 个信号中的每一个都乘以图 P8.12 的载波 $c(t)$, 之后要被时分多路复用。如果 $c(t)$ 的周期 T 已选成最大可容许的值, 求这 10 个信号能时分多路复用的最大 Δ 值。

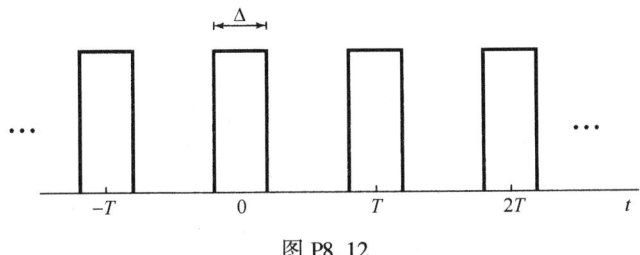

图 P8.12

8.13 在脉冲幅度调制中普遍采用的一类脉冲是具有**升余弦**(raised cosine)频率响应的脉冲, 其中之一的频率响应是

$$P(j\omega) = \begin{cases} \frac{1}{2}\left(1 + \cos\frac{\omega T_1}{2}\right), & 0 \leq |\omega| \leq \frac{2\pi}{T_1} \\ 0, & 其他 \end{cases}$$

其中 T_1 为码间间隔。

(a) 确定 $p(0)$。
(b) 确定 $p(kT_1)$, $k = \pm 1, \pm 2, \cdots$。

8.14 考虑频率已调信号 $y(t)$

$$y(t) = \cos[\omega_c t + m\cos(\omega_m t)]$$

其中 $\omega_c \gg \omega_m$, $m \ll \pi/2$, 试给出 $\omega > 0$ 时 $Y(j\omega)$ 的近似式。

8.15 对于在 $-\pi < \omega_0 \leq \pi$ 范围内的什么样的 ω_0 值, 载波为 $e^{j\omega_0 n}$ 的幅度调制等效于载波为 $\cos(\omega_0 n)$ 的幅度调制?

8.16 假设 $x[n]$ 是一个实值离散时间信号, 其傅里叶变换 $X(e^{j\omega})$ 为

$$X(e^{j\omega}) = 0, \quad \frac{\pi}{8} \leq \omega \leq \pi$$

现用 $x[n]$ 去调制一个正弦载波 $c[n] = \sin\left(\frac{5\pi}{2}n\right)$, 以产生

$$y[n] = x[n]c[n]$$

试确定 ω 的值 $(0 \leq \omega \leq \pi)$, 以保证 $Y(e^{j\omega})$ 为零。

8.17 考虑任意有限长序列 $x[n]$, 其傅里叶变换为 $X(e^{j\omega})$, 现用插入零值样本的方法产生一个信号 $g[n]$

$$g[n] = x_{(4)}[n] = \begin{cases} x[n/4], & n = 0, \pm 4, \pm 8, \pm 12, \ldots \\ 0, & 其他 \end{cases}$$

将 $g[n]$ 通过一个截止频率为 $\pi/4$, 通带增益为 1 的理想低通滤波器产生一个信号 $q[n]$。最后得到

$$y[n] = q[n]\cos\left(\frac{3\pi}{4}n\right)$$

对于什么样的 ω 值, 可保证 $Y(e^{j\omega})$ 为零?

8.18 设 $x[n]$ 是一个实值序列,其傅里叶变换 $X(e^{j\omega})=0$,$\omega \geq \pi/4$,现在想要得到一个信号 $y[n]$,它的傅里叶变换在 $-\pi<\omega\leq\pi$ 内为

$$Y(e^{j\omega})=\begin{cases} X(e^{j(\omega-\frac{\pi}{2})}), & \frac{\pi}{2}<\omega\leq\frac{3\pi}{4} \\ X(e^{j(\omega+\frac{\pi}{2})}), & -\frac{3\pi}{4}<\omega\leq-\frac{\pi}{2} \\ 0, & 其他 \end{cases}$$

图 P8.18 所示的系统用于从 $x[n]$ 得到 $y[n]$。试确定要使该系统正常工作,图中滤波器的频率响应 $H(e^{j\omega})$ 必须满足什么限制。

8.19 考虑 10 路任意实值序列 $x_i[n]$,$i=1,2,\cdots,10$。假设每一 $x_i[n]$ 都以因子 N 增采样,然后用载波频率 $\omega_i=i\pi/10$ 进行正弦幅度调制,现在再将这 10 路已调信号加在一起以构成频分多路复用信号,为使每一路 $x_i[n]$ 都能从这个频分多路复用信号 $y[N]$ 中恢复,试确定 N 值。

8.20 设 $v_1[n]$ 和 $v_2[n]$ 是两个通过采样(无混叠)连续时间信号而得来的序列,设

$$y[n]=\hat{v}_1[n]+\hat{v}_2[n-1]$$

是一个时分多路复用信号,式中 $\hat{v}_i[n]$,$i=1,2$ 为

$$\hat{v}_i[n]=\begin{cases} v_i\left[\frac{n}{2}\right], & n=0,\pm2,\pm4,\pm6,\cdots \\ 0, & 其他 \end{cases}$$

信号 $y[n]$ 由图 P8.20 所示的系统 S 处理,得到信号 $g[n]$。对于在 S 中所用的这两个滤波器,有

$$H_0(e^{j\omega})=\begin{cases} 1, & |\omega|\leq\frac{\pi}{2} \\ 0, & \frac{\pi}{2}<\omega\leq\pi \end{cases}$$

试确定在系统 S 中所用的 $p[n]$,以使得 $g[n]$ 代表 $v_1[n]$ 和 $v_2[n]$ 的频分多路复用。

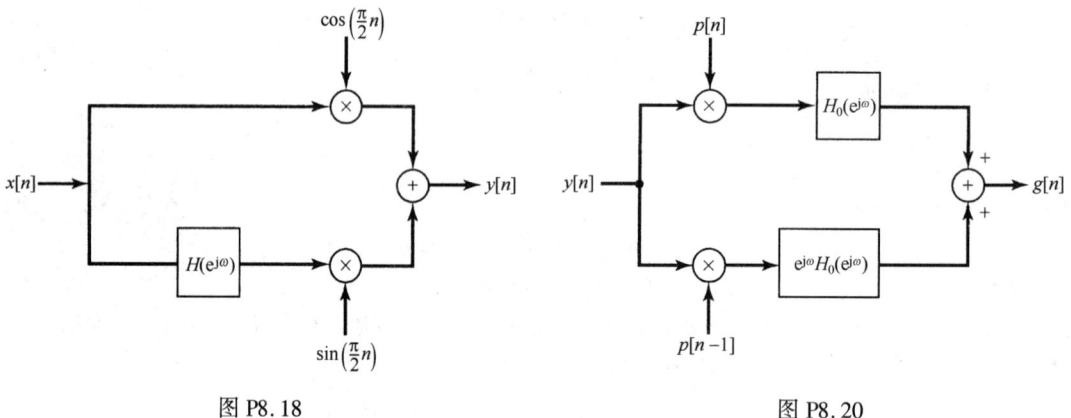

图 P8.18　　　　　　　　　　图 P8.20

基本题

8.21 在 8.1 节和 8.2 节中分析图 8.8 的正弦幅度调制和解调系统时,都假设载波信号的相位 θ_c 为零。

(a) 在该图中任意相位 θ_c 的一般情况下,证明:在解调系统中的信号可以表示成

$$w(t)=\frac{1}{2}x(t)+\frac{1}{2}x(t)\cos(2\omega_c t+2\theta_c)$$

(b) 若 $x(t)$ 的频谱在 $|\omega|\geq\omega_M$ 为零,试确定 ω_{co}[图 8.8(b) 中理想低通滤波器的截止频率]、ω_c(载波频率)和 ω_M 三者之间的关系,以使得该低通滤波器的输出正比于 $x(t)$。所得答案与载波相位 θ_c 有关吗?

8.22 图 P8.22(a) 示出了一个系统,其输入是 $x(t)$,输出是 $y(t)$,输入信号的傅里叶变换 $X(j\omega)$ 如图 P8.22(b) 所示,试确定并画出 $y(t)$ 的频谱 $Y(j\omega)$。

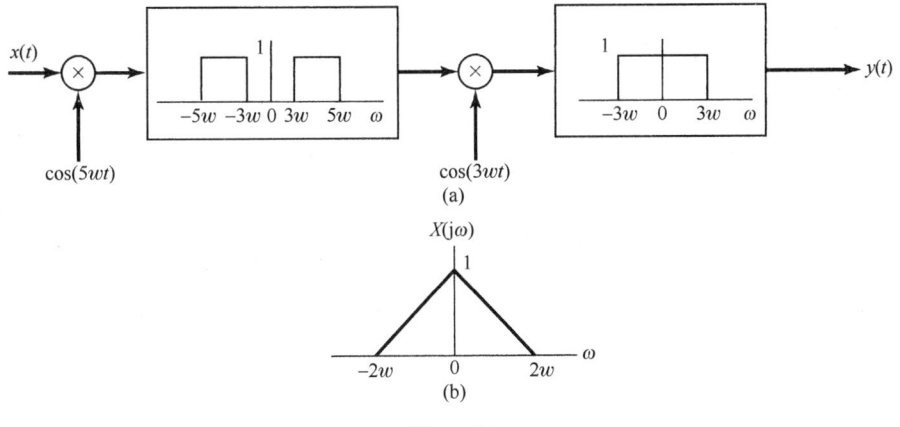

图 P8.22

8.23 8.2 节曾讨论过正弦幅度调制系统中的调制器和解调器载波之间在相位上不同步所带来的影响，并指出解调器的输出要受到一个相位差的余弦的衰减，尤其是当相位差为 π/2 时，解调器输出为零。本题要说明，调制器和解调器之间**频率**上的同步也很重要。考虑图 8.8 的幅度调制和解调系统，$\theta_c = 0$，而解调器载波在频率上有一个变化，从而使

$$w(t) = y(t)\cos(\omega_d t)$$

其中，

$$y(t) = x(t)\cos(\omega_c t)$$

将调制器和解调器之间的频率差记为 $\Delta\omega$（即 $\omega_d - \omega_c = \Delta\omega$）。同时假设 $x(t)$ 是带限的，从而有 $X(j\omega) = 0$，$|\omega| \geq \omega_M$，并假定解调器中低通滤波器的截止频率 ω_{co} 满足下列不等式：

$$\omega_M + \Delta\omega < \omega_{co} < 2\omega_c + \Delta\omega - \omega_M$$

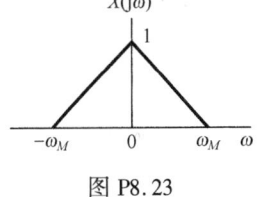

图 P8.23

(a) 证明：在解调器中低通滤波器的输出正比于 $x(t)\cos(\Delta\omega t)$。
(b) 若 $x(t)$ 的频谱如图 P8.23 所示，画出解调器输出的频谱。

8.24 图 P8.24 示出了一个用于正弦幅度调制的系统，其中 $x(t)$ 是带限的，其最高频率为 ω_M，即 $X(j\omega) = 0$，$|\omega| > \omega_M$。如图所指出的，信号 $s(t)$ 是一个周期为 T 的周期冲激串，不过对于 $t = 0$ 有一个偏移 Δ。系统 $H(j\omega)$ 是一个带通滤波器。

(a) 若 $\Delta = 0$，$\omega_M = \pi/2T$，$\omega_l = \pi/T$ 且 $\omega_h = 3\pi/T$，证明：$y(t)$ 正比于 $x(t)\cos\omega_c t$，$\omega_c = 2\pi/T$。
(b) 如果 ω_M，ω_l 和 ω_h 与 (a) 中给出的相同，但 Δ 不一定为零，证明：$y(t)$ 正比于 $x(t)\cos(\omega_c t + \theta_c)$，并用 T 和 Δ 来确定 ω_c 和 θ_c。
(c) 在 $y(t)$ 仍正比于 $x(t)\cos(\omega_c t + \theta_c)$ 的前提下，确定与 T 有关的 ω_M 的最大容许值。

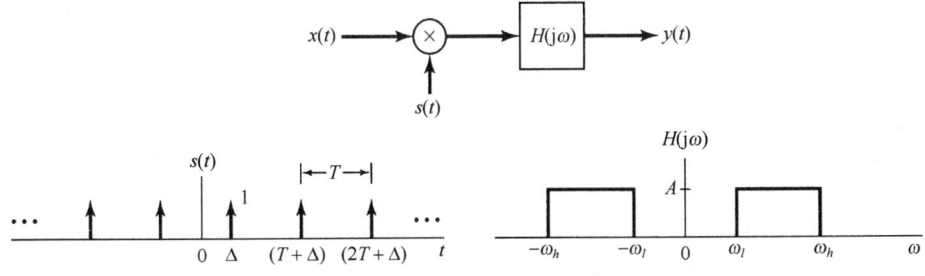

图 P8.24

8.25 在语音通信中,为了保密,最常使用的一种系统是**语音加密器**(speech scrambler)。正如图 P8.25(a)所说明的,该系统的输入是正常的语音信号 $x(t)$,而输出是加密以后的 $y(t)$。信号 $y(t)$ 被发送出去,然后在接收机中解密。

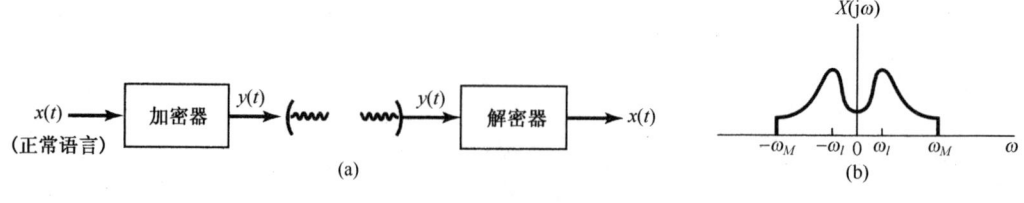

图 P8.25

假定输入至加密器的所有输入都是实信号且带限于频率 ω_M,即 $X(j\omega) = 0$, $|\omega| > \omega_M$。当给定任何一个这样的输入以后,加密器就把这个输入信号的频谱变换到不同的频带内。另外,输出信号也是实信号,且带限于同一频带,即 $Y(j\omega) = 0$, $|\omega| > \omega_M$。对该加密器来说,其具体的变换算法是

$$Y(j\omega) = X(j(\omega - \omega_M)), \quad \omega > 0$$
$$Y(j\omega) = X(j(\omega + \omega_M)), \quad \omega < 0$$

(a) 若 $X(j\omega)$ 如图 P8.25(b)所示,画出加密后信号 $y(t)$ 的频谱。
(b) 利用放大器、乘法器、相加器、振荡器,以及你认为必要的无论什么类型的理想滤波器,画出这样一个理想加密器的方框图。
(c) 再次利用放大器、乘法器、相加器、振荡器和各种理想滤波器,画出相应的解密器的方框图。

8.26 在 8.2.2 节中讨论过,$y(t) = [x(t) + A]\cos(\omega_c t + \theta_c)$ 这种形式的幅度调制信号的非同步解调要用一个包络检波器。还有另外一种解调系统,它也不要求相位同步,但要求频率同步,该系统如图 P8.26 的方框图所示。两个低通滤波器截止频率都为 ω_c,信号 $y(t) = [x(t) + A]\cos(\omega_c t + \theta_c)$,其中 θ_c 为常数但大小未知。信号 $x(t)$ 带限于 ω_M,即 $X(j\omega) = 0$, $|\omega| > \omega_M$ 且 $\omega_M < \omega_c$。与利用包络检波器的要求相同,对所有的 t,$[x(t) + A] > 0$。
证明:图 P8.26 所示系统可用于从 $y(t)$ 中恢复 $x(t)$,而无须知道调制器相位 θ_c。

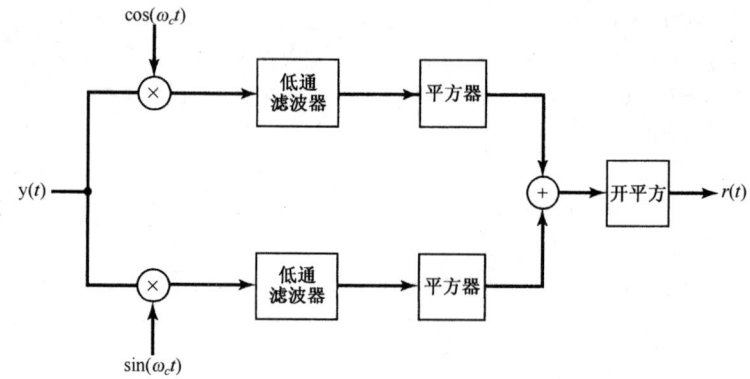

图 P8.26

8.27 在 8.2.2 节中讨论过,非同步调制/解调需要加入载波信号,使得已调信号具有如下形式:

$$y(t) = [A + x(t)]\cos(\omega_c t + \theta_c) \quad (P8.27-1)$$

其中,对所有 t,$[A + x(t)] > 0$。载波的存在意味着需要发射更大的功率,也表明了这种系统的低效率。
(a) 设 $x(t) = \cos(\omega_M t)$,$\omega_M < \omega_c$ 且 $[A + x(t)] > 0$。对一个周期为 T 的周期信号 $y(t)$,其平均功率定义为 $P_y = (1/T)\int_T y^2(t)dt$。试确定式(P8.27-1)的信号 $y(t)$ 并画出 P_y。要将答案结果表示成调制指数 m 的函数,调制指数定义为 $x(t)$ 的最大绝对值除以 A。

(b) 一个幅度已调信号的传输效率定义为该信号的边带功率与信号的总功率之比。如果 $x(t) = \cos(\omega_M t)$，$\omega_M < \omega_c$ 且 $[A + x(t)] > 0$，作为调制指数 m 的函数，确定并画出已调信号的效率。

8.28 在8.4节中讨论了利用90°相移网络来实现单边带调制，并在图8.21和图8.22中具体画出了这个系统，以及为保留下边带所要求的有关频谱。

图P8.28(a)示出了一个为保留上边带的对应系统。

(a) 若 $X(j\omega)$ 与图8.22中的相同，试画出该系统的 $Y_1(j\omega)$，$Y_2(j\omega)$ 和 $Y(j\omega)$，并展示出仅保留了上边带。

(b) 若 $X(j\omega)$ 为纯虚数，如图P8.28(b)所示，试画出该系统的 $Y_1(j\omega)$，$Y_2(j\omega)$ 和 $Y(j\omega)$，并展示出这种情况下也是仅保留了上边带。

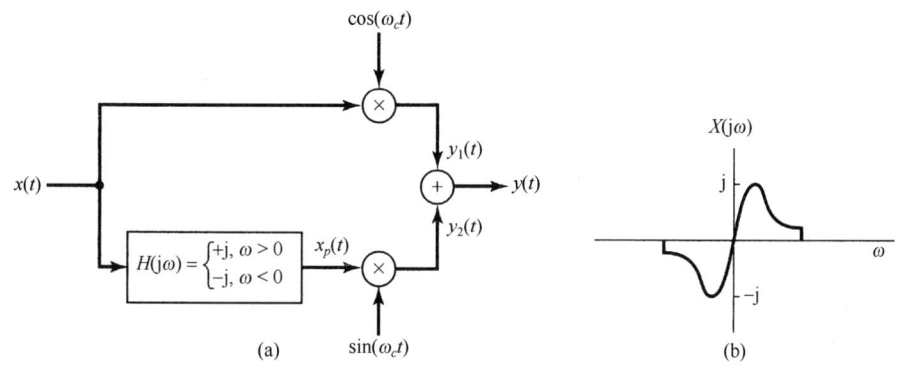

图 P8.28

8.29 单边带调制最常用在点对点的语音通信中。它有很多优点，其中包括功率利用效率高，带宽节省，以及对于信道中的某些随机衰落不敏感等。在双边带载波抑制(DSB/SC)系统中，调制信号的频谱在发射频谱中全部出现在两个地方。单边带调制除掉了这一冗余度，因此节省频带并提高了余下的要发射频谱部分内的信(号)噪(声)比。

图P8.29(a)示出了产生幅度调制的单边带信号的两个系统。该图上部的系统可以产生保留下边带的单边带信号，而下部的系统则用于产生保留上边带的单边带信号。

(a) 若 $X(j\omega)$ 如图P8.29(b)所示，确定并画出下边带已调信号的傅里叶变换 $S(j\omega)$ 和上边带已调信号的傅里叶变换 $R(j\omega)$。假定 $\omega_c > \omega_3$。

上边带调制方案在语音通信中特别有用，因为任何实际滤波器在截止频率 ω_c 附近都有一个有限的过渡带。由于语音信号在 $\omega = 0$ 附近(即对 $|\omega| < \omega_1 = 2\pi \times 40$ Hz)没有多少能量，因此在这个区域可以容许很小的失真。

(b) 产生单边带信号的另一种方法称为移相法(phase-shift method)，如图P8.29(c)所示。证明：用这种方法产生的单边带信号正比于由图P8.29(a)的下边带调制方案所产生的信号，即 $p(t)$ 正比于 $s(t)$。

(c) 这三个 AM-SSB 信号都可以用图P8.29(a)右边所示的方案解调。证明：只要接收机和发射机中的振荡器相位相同，并且 $w = \omega_c$，那么无论接收到的信号是 $s(t)$，$r(t)$ 还是 $p(t)$，解调器的输出都是 $x(t)$。

当接收机中的振荡器与发射机中的振荡器不同相时产生的失真称为**正交失真**(quadrature distortion)，在数据通信中是最令人烦恼的。

8.30 用一个脉冲串载波的幅度调制可以按图P8.30(a)建模。该系统的输出是 $q(t)$。

(a) 设 $x(t)$ 是一个带限信号，即有 $X(j\omega) = 0$，$|\omega| \geq \pi/T$，如图P8.30(b)所示。确定并画出 $R(j\omega)$ 和 $Q(j\omega)$。

(b) 求最大的 Δ 值，使得通过一个合适的滤波器 $M(j\omega)$ 后有 $w(t) = x(t)$。

(c) 确定并画出使 $w(t) = x(t)$ 的补偿滤波器 $M(j\omega)$。

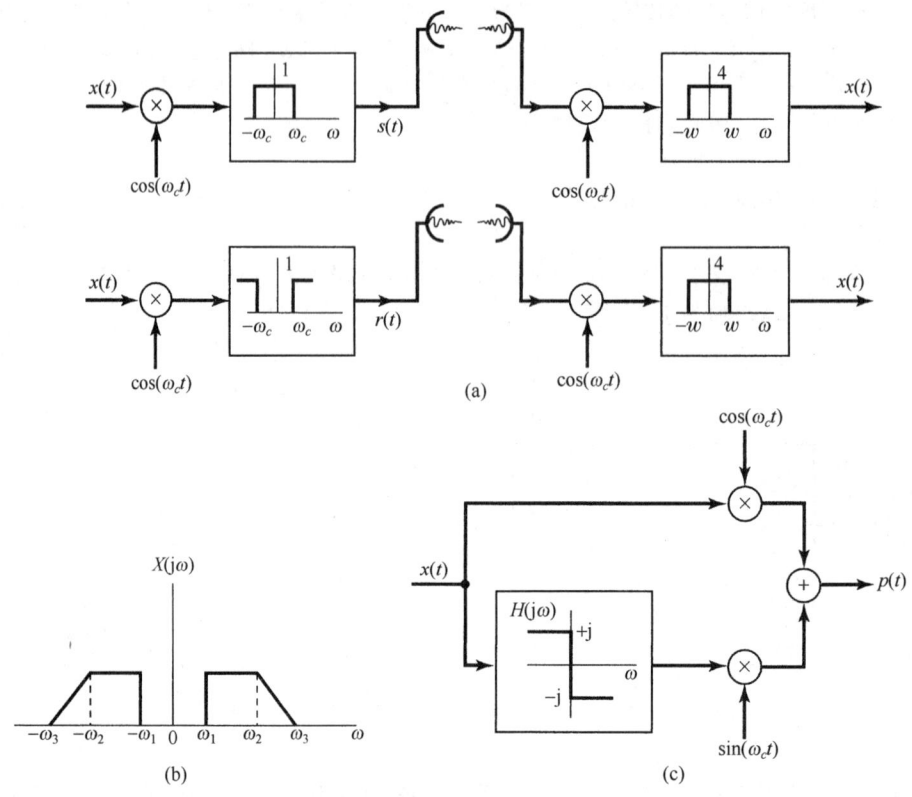

图 P8.29

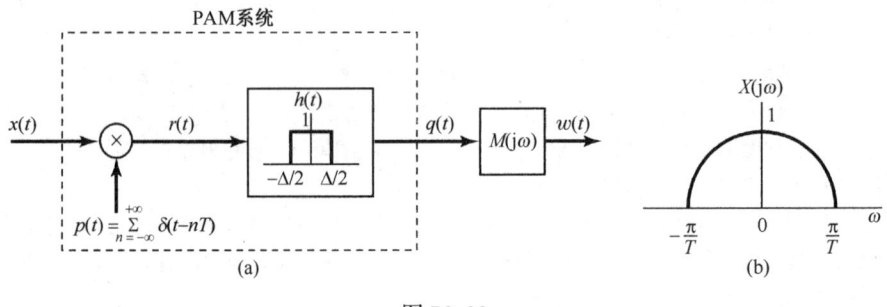

图 P8.30

8.31 设 $x[n]$ 是一个离散时间信号,其频谱为 $X(e^{j\omega})$,并设 $p(t)$ 是一个频谱为 $P(j\omega)$ 的连续时间脉冲函数。现形成信号 $y(t)$ 为

$$y(t) = \sum_{n=-\infty}^{+\infty} x[n]p(t-n)$$

(a) 用 $X(e^{j\omega})$ 和 $P(j\omega)$ 确定 $Y(j\omega)$。

(b) 如果有

$$p(t) = \begin{cases} \cos(8\pi t), & 0 \leq t \leq 1 \\ 0, & \text{其他} \end{cases}$$

试确定 $P(j\omega)$ 和 $Y(j\omega)$。

8.32 考虑离散时间信号 $x[n]$,其傅里叶变换如图 P8.32(a)所示。该信号被一个正弦序列所调制,如图 P8.32(b)所示。

(a) 确定并画出 $y[n]$ 的傅里叶变换 $Y(e^{j\omega})$。

(b) 图 P8.32(c) 是一个解调系统，对于什么样的 θ_c，ω_{lp} 和 G 值，将有 $\hat{x}[n] = x[n]$？为保证可从 $y[n]$ 中恢复 $x[n]$，有必要对 ω_c 和 ω_{lp} 施加任何限制吗？

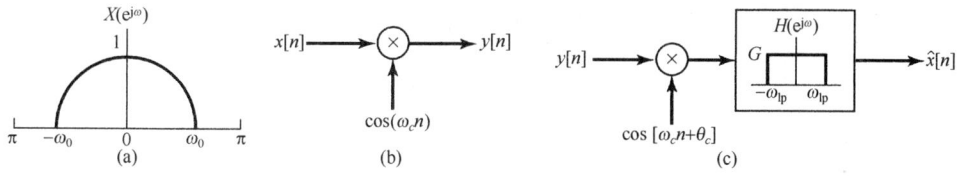

图 P8.32

8.33 现在考虑一组离散时间信号 $x_i[n]$，$i = 0, 1, 2, 3$ 的频分多路复用。另外，每一路 $x_i[n]$ 都可能占满了整个频带（$-\pi < \omega < \pi$），这些信号中的每一个增采样后的正弦调制既可以用双边带技术，也可以用单边带技术来实现。

(a) 假设每一路信号 $x_i[n]$ 都经过适当增采样，然后与 $\cos[i(\pi/4)n]$ 调制。为确保频分多路复用的频谱不发生任何混叠，对 $x_i[n]$ 最小的增采样量应该是多少？

(b) 若每一路 $x_i[n]$ 的增采样因子局限为 4，如何利用单边带技术以保证频分多路复用信号没有任何混叠？

提示：见习题 8.17。

深入题

8.34 在讨论幅度调制系统时，调制和解调都是通过使用乘法器来完成的。由于乘法器的实现往往比较困难，因而在许多实际系统中都利用了一种非线性单元。本题将要说明这一基本概念。

图 P8.34 示出了这样一个用于幅度调制的非线性系统。该系统由以下两部分组成：先将调制信号和载波相加再平方，然后通过带通滤波获得幅度已调信号。

假设 $x(t)$ 是带限的，$X(j\omega) = 0$，$|\omega| > \omega_M$。试确定带通滤波器的参数 A，ω_l 和 ω_h，使得 $y(t)$ 就是用 $x(t)$ 进行幅度调制的结果，即有 $y(t) = x(t) \cos(\omega_c t)$。如果有，试给出对 ω_c 和 ω_M 的必要的限制。

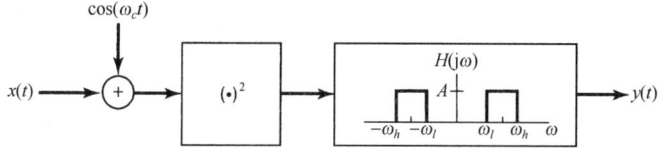

图 P8.34

8.35 本题提出的这个调制/解调系统，除了在解调时利用了一个与 $\cos(\omega_c t)$ 具有相同过零点的方波，与正弦幅度调制是类似的。该系统如图 P8.35(a) 所示，而 $\cos(\omega_c t)$ 与 $p(t)$ 之间的关系如图 P8.35(b) 所示。设输入信号 $x(t)$ 带限于最高频率 ω_M，而 $\omega_M < \omega_c$，如图 P8.35(c) 所示。

(a) 分别画出 $z(t)$，$p(t)$ 和 $Y(j\omega)$ 的傅里叶变换 $Z(j\omega)$，$P(j\omega)$ 和 $Y(j\omega)$ 的实部和虚部，并加以标注。

(b) 画出使 $v(t) = x(t)$ 的滤波器 $H(j\omega)$，并加以标注。

8.36 无线电与电视信号的准确解复用（解调）通常是利用一种称为超外差接收机的系统来实现的，这等效于一种可变调谐滤波器。图 P8.36(a) 示出了它的基本组成系统。

(a) 输入信号 $y(t)$ 由已频分多路复用过的众多幅度已调信号叠加而成，所以每一路信号分别占用不同频率的信道。现在考虑一个这样的信道，它包括幅度已调信号 $y_1(t) = x_1(t) \cos(\omega_c t)$，其频谱 $Y_1(j\omega)$ 如图 P8.36(b) 所示。现在想要利用图 P8.36(a) 所示的系统对 $y_1(t)$ 先复用再解调，以便恢复调制信号 $x_1(t)$。粗调谐滤波器有一个示于图 P8.36(b) 下部的频率响应 $H_1(j\omega)$。确定输入至固定选频滤波器 $H_2(j\omega)$ 的输入信号 $z(t)$ 的频谱 $Z(j\omega)$，并对 $\omega > 0$ 画出 $Z(j\omega)$ 且加以标注。

(b) 固定选频滤波器是一个以频率 ω_f 为中心的带通滤波器，如图 P8.36(c) 所示。希望该滤波器 $H_2(j\omega)$ 的输出是 $r(t) = x_1(t) \cos(\omega_f t)$，依据 ω_c 和 ω_M，为了保证 $x_1(t)$ 的一个不失真的频谱集中于 $\omega = \omega_f$ 周围，ω_T 必须满足什么约束？

(c) 图 P8.36(c) 中，G，α 和 β 必须等于什么，才能使 $r(t) = x_1(t) \cos(\omega_f t)$？

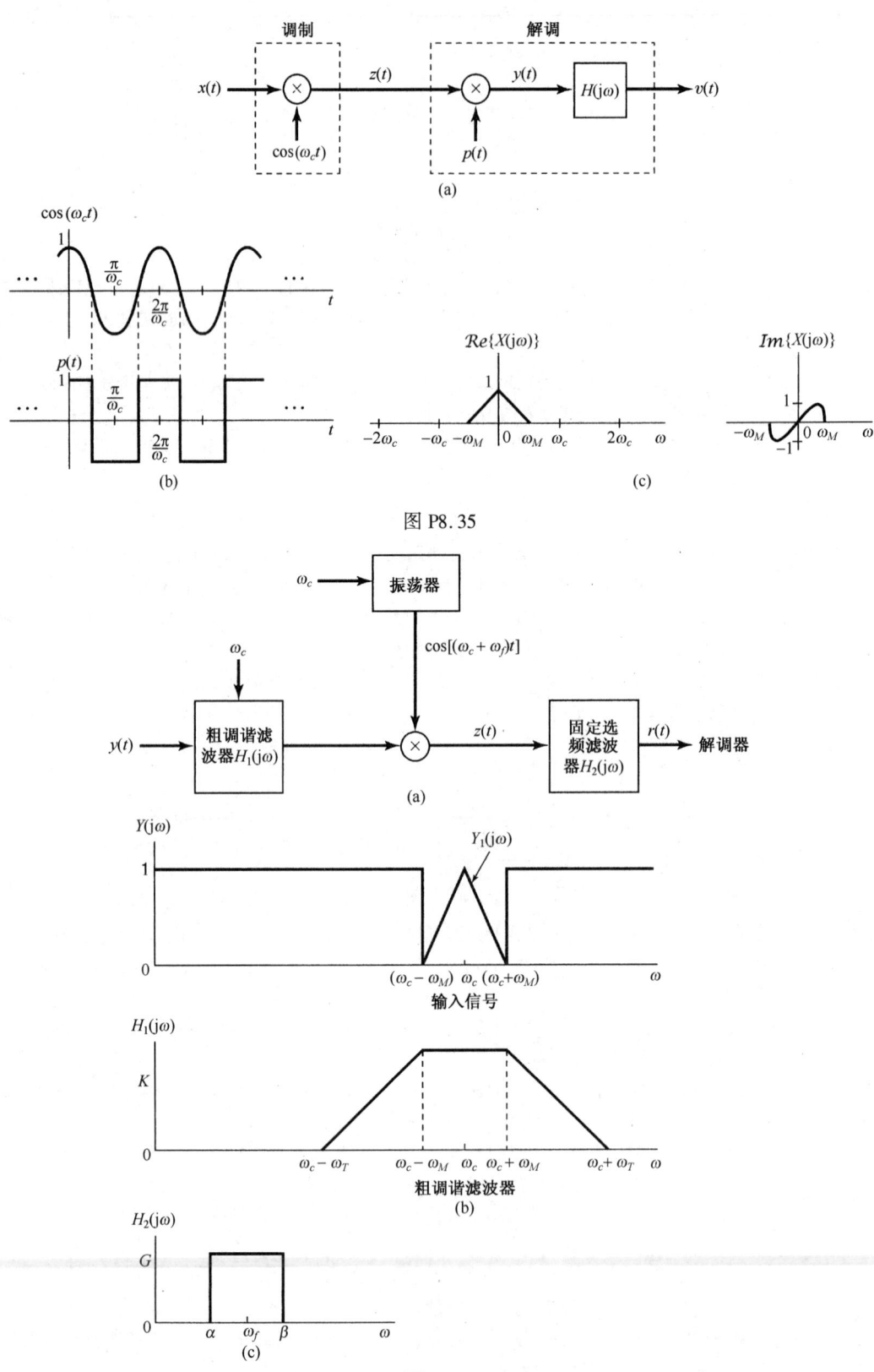

图 P8.35

图 P8.36

8.37 现在设想用下面的方案来实现幅度调制：输入信号 $x(t)$ 与载波信号 $\cos(\omega_c t)$ 相加，然后通过一个非线性器件，使输出 $z(t)$ 与输入 $x(t)$ 满足如下关系：

$$z(t) = e^{y(t)} - 1$$
$$y(t) = x(t) + \cos(\omega_c t)$$

如图 P8.37(a)所示。这样一种非线性关系可以通过二极管的电流-电压特性来实现。若分别以 $i(t)$ 和 $v(t)$ 代表二极管的电流和电压，则有

$$i(t) = I_0 e^{av(t)} - 1 \quad (a \text{ 为实数})$$

为了研究这种非线性的效果，可以研究 $z(t)$ 的频谱，看它与 $X(j\omega)$ 和 ω_c 有何关系。为此，利用 e^y 的幂级数展开，即

$$e^y = 1 + y + \frac{1}{2}y^2 + \frac{1}{6}y^3 + \cdots$$

(a) 若 $x(t)$ 的频谱如图 P8.37(b)所示，且 $\omega_c = 100\omega_1$，利用 e^y 幂级数中的前 4 项，画出 $z(t)$ 的频谱 $Z(j\omega)$，并加以标注。
(b) 带通滤波器(BPF)具有图 P8.37(c)所示的参数，试确定 α 和 β 的范围，使得 $r(t)$ 就是用 $x(t)$ 进行幅度调制的结果。

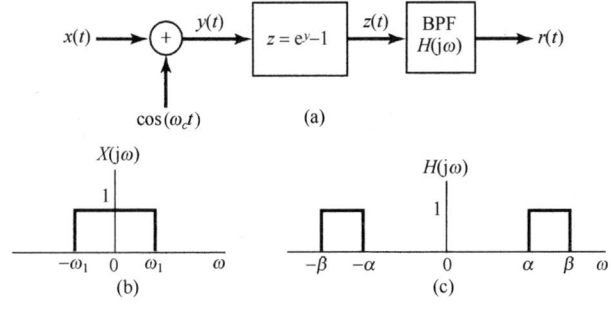

图 P8.37

8.38 图 P8.38(a)示出了一种通信系统，该系统把一个带限信号 $x(t)$ 转换为周期性高频能量脉冲来发射。假定 $X(j\omega) = 0$，$|\omega| > \omega_M$，对调制信号 $m(t)$ 有两种可能的选择，分别用 $m_1(t)$ 和 $m_2(t)$ 来表示，其中 $m_1(t)$ 是周期性的正弦脉冲串，每个脉冲的持续期为 D，如图 P8.38(b)所示，即

$$m_1(t) = \sum_{k=-\infty}^{\infty} p(t - kT)$$

其中，

$$p(t) = \begin{cases} \cos(\omega_c t), & |t| < (D/2) \\ 0, & |t| > (D/2) \end{cases}$$

$m_2(t)$ 是被周期性阻断或选通了的 $\cos(\omega_c t)$，即 $m_2(t) = g(t)\cos(\omega_c t)$，$g(t)$ 如图 P8.38(b)所示。假定参数 T，D，ω_c 和 ω_M 之间有下列关系：

$$D < T, \quad \omega_c \gg \frac{2\pi}{D}, \quad \frac{2\pi}{T} > 2\omega_M$$

同时假定对于 $x \gg 1$，$(\sin x)/x$ 可以忽略。

确定是否对某一选定的 ω_{lp}，无论 $m_1(t)$ 或 $m_2(t)$，都将产生一个已解调信号 $x(t)$。对你认为肯定的每一种情况，确定 ω_{lp} 可容许的范围。

8.39 设想希望传送两个可能的消息中的一个，即消息 m_0 或消息 m_1。为此，在长度为 T 的时间间隔内，发送两种频率之一的高频脉冲。注意，T 与传送哪一个消息是无关的。对消息 m_0 将送出 $\cos(\omega_0 t)$，而对消息 m_1 则送出 $\cos(\omega_1 t)$。于是，脉冲 $b(t)$ 看上去如图 P8.39(a)所示。这种通信系统称为**频移键控**(FSK)。当高频脉冲 $b(t)$ 被收到时，就要判断它是代表消息 m_0 还是消息 m_1。为此，按图 P8.39(b)的方案去实现。

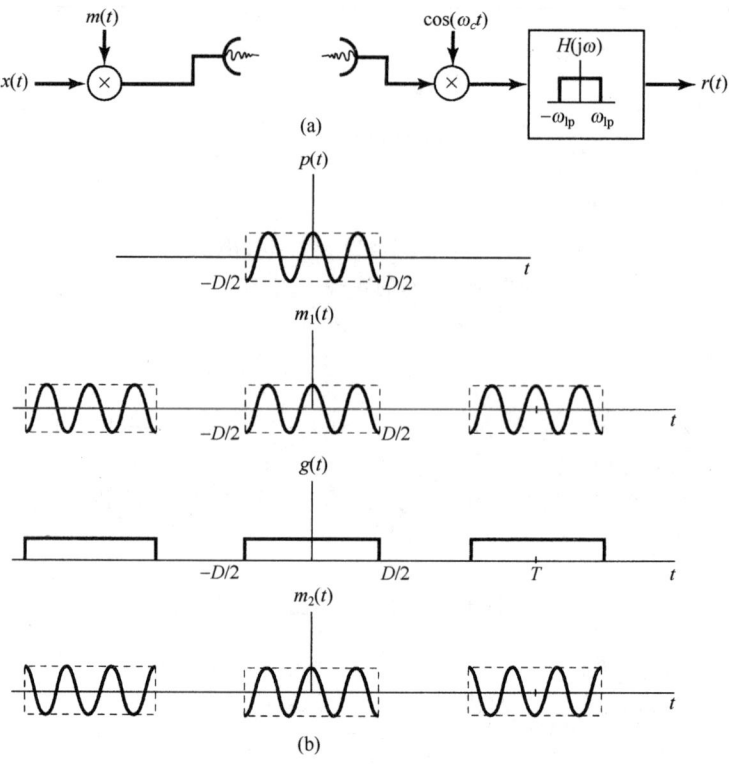

图 P8.38

(a) 证明：当 $\cos(\omega_0 t)$ 和 $\cos(\omega_1 t)$ 满足关系

$$\int_0^T \cos(\omega_0 t)\cos(\omega_1 t)dt = 0$$

时，在图 P8.39(b) 中两条线路的绝对值之间差别最大。

(b) 选择 ω_0 和 ω_1，使得没有一个长度为 T 的区间能满足

$$\int_0^T \cos(\omega_0 t)\cos(\omega_1 t)dt = 0$$

这可能实现吗？

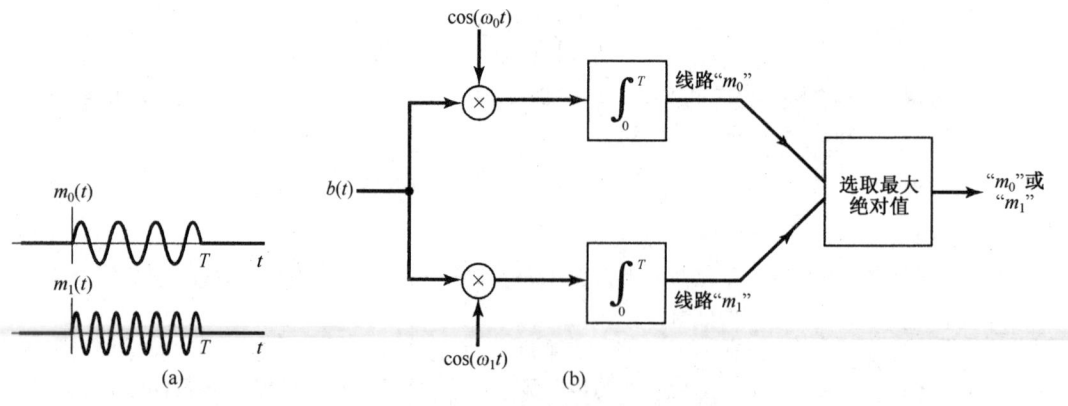

图 P8.39

8.40 在 8.3 节中曾讨论过利用正弦幅度调制实现频分多路复用，借以把几个信号搬移到不同的频带上，然后把它们加起来同时发送出去。本题将研究另一种称为**正交多路复用**(quadrature multiplexing)的概念。按此多路复用方法，如果两个载波信号的相位相差 90°，这两个信号就可以同时在同一频带内传送。该多路复用系统如图 P8.40(a)所示，其解复用系统如图 P8.40(b)所示。

假定 $x_1(t)$ 和 $x_2(t)$ 都是带限的，其最高频率为 ω_M，即有 $X_1(j\omega) = X_2(j\omega) = 0$, $|\omega| > \omega_M$。假定载波频率 ω_c 大于 ω_M，证明：$y_1(t) = x_1(t)$ 和 $y_2(t) = x_2(t)$。

8.41 在习题 8.40 中介绍了正交多路复用的概念，借此将频率相同但相位相差 90°的两个载波信号分别由每个信号进行调制之后，再把两者相加。与此对应的离散时间多路复用器和解复用器示于图 P8.41 中。假定信号 $x_1[n]$ 和 $x_2[n]$ 都是带限于 ω_M 的，即

$$X_1(e^{j\omega}) = X_2(e^{j\omega}) = 0, \qquad \omega_M < \omega < 2\pi - \omega_M$$

(a) 确定 ω_c 的取值范围，使得能够从 $r[n]$ 中恢复 $x_1[n]$ 和 $x_2[n]$。

(b) 如果 ω_c 满足(a)中的条件，确定 $H(e^{j\omega})$，使得有

$$y_1[n] = x_1[n] \quad \text{和} \quad y_2[n] = x_2[n]$$

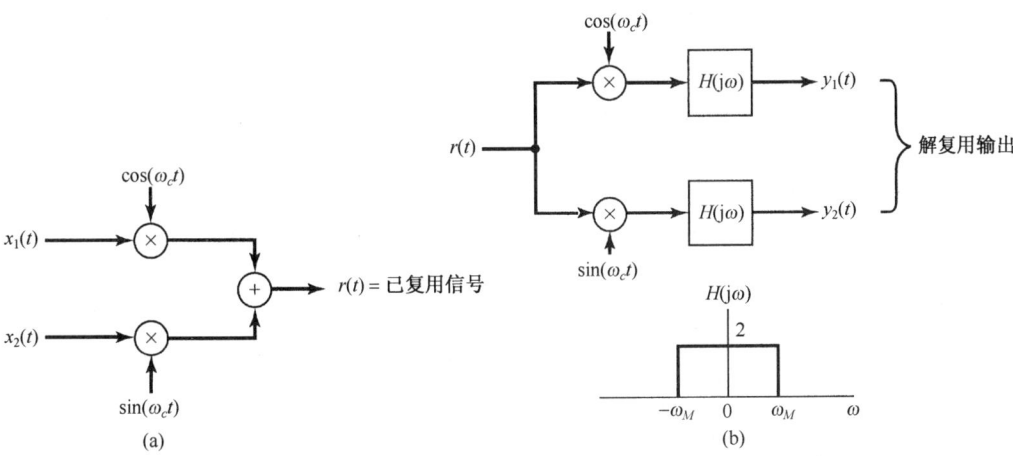

图 P8.40

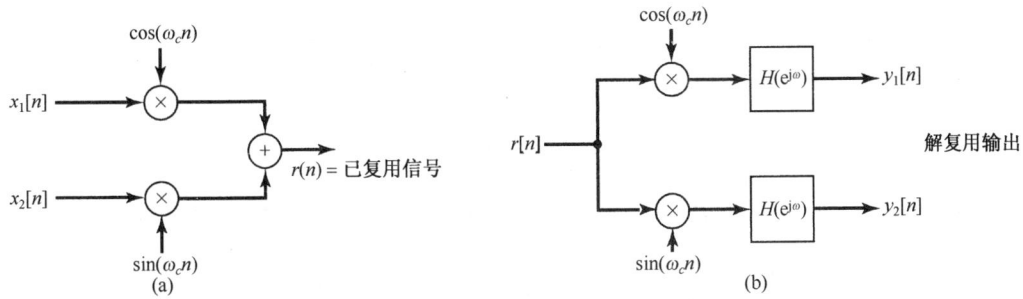

图 P8.41

8.42 为了避免码间干扰，在脉冲幅度调制中所用的脉冲都设计成在码间间隔 T_1 的整数倍上其值为零。本题将建立一类这样的脉冲，它们在 $t = kT_1$, $k = \pm 1$, ± 2, ± 3, $\cdots$ 都是零。

考虑一个脉冲 $p_1(t)$，它为实偶函数，傅里叶变换为 $P_1(j\omega)$。同时假定

$$P_1\left(-j\omega + j\frac{\pi}{T_1}\right) = -P_1\left(j\omega + j\frac{\pi}{T_1}\right), \quad 0 \le \omega \le \frac{\pi}{T_1}$$

(a) 定义一个周期脉冲串 $\tilde{p}_1(t)$，其傅里叶变换为

$$\tilde{P}_1(j\omega) = \sum_{m=-\infty}^{+\infty} P_1\left(j\omega - jm\frac{4\pi}{T_1}\right)$$

证明

$$\tilde{P}_1(j\omega) = -\tilde{P}_1\left(j\omega - j\frac{2\pi}{T_1}\right)$$

(b) 利用(a)的结果,证明:对某些 T 有

$$\tilde{p}_1(t) = 0, \quad t = kT, \quad k = 0, \pm 2, \pm 4, \cdots$$

(c) 利用上述结果,证明:

$$p_1(kT_1) = 0, \quad k = \pm 1, \pm 2, \pm 3, \cdots$$

(d) 证明:具有傅里叶变换为 $P(j\omega)$

$$P(j\omega) = \begin{cases} 1 + P_1(j\omega), & |\omega| \leq \frac{\pi}{T_1} \\ P_1(j\omega), & \frac{\pi}{T_1} \leq |\omega| \leq \frac{2\pi}{T_1} \\ 0, & 其他 \end{cases}$$

的脉冲 $p(t)$ 也有如下性质:

$$p(kT_1) = 0, \quad k = \pm 1, \pm 2, \pm 3, \cdots$$

8.43 用于脉冲幅度调制通信的某一信道的单位冲激响应为

$$h(t) = 10000e^{-1000t}u(t)$$

假定该信道的相位特性在信道的通带内近似为线性的。通过该信道后接收到的脉冲,再用一个单位冲激响应为 $g(t)$ 的线性时不变系统 S 来处理,以补偿信道带宽内的不均匀增益。
(a) 证明:若 $g(t)$ 具有傅里叶变换

$$G(j\omega) = A + jB\omega$$

其中 A 和 B 都为实系数,那么 $g(t)$ 就能够补偿在该信道通带内的不均匀增益。试确定 A 和 B 的值。
(b) 现在建议由图 P8.43 所示系统来实现系统 S,试确定在该系统中的增益因子 α 和 β 的值。

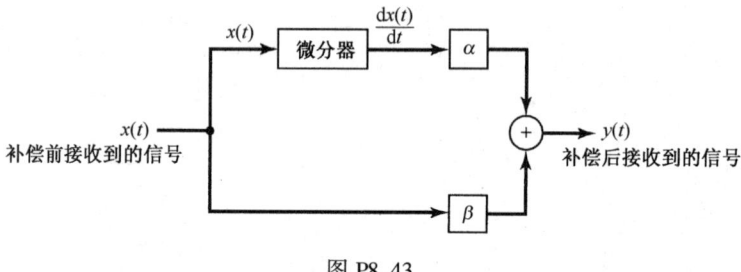

图 P8.43

8.44 本题要研究一种均衡方法,该方法用于避免由于信道在其通带内的非线性相位而在脉冲幅度调制系统中引起的码间干扰。

当一个在码间间隔 T_1 的整数倍点上具有过零点的脉冲通过具有非线性相位特性的信道时,接收到的脉冲可能就不再在 T_1 的整数倍点上过零。因此,为了避免码间干扰,将已接收脉冲通过一个**置零均衡器**(Zero-forcing equalizer),强制该脉冲在 T_1 的整数倍点上过零。这种均衡器产生一个新的脉冲 $y(t)$,它由加权和移位了的已接收脉冲 $x(t)$ 相加而成,即

$$y(t) = \sum_{l=-N}^{N} a_l x(t - lT_1) \tag{P8.44-1}$$

其中 a_l 全为实数,并且选成使得有

$$y(kT_1) = \begin{cases} 1, & k = 0 \\ 0, & k = \pm 1, \pm 2, \pm 3, \cdots, \pm N \end{cases}$$

(a) 证明：该均衡器是一个滤波器，并确定它的冲激响应。

(b) 为了说明加权值 a_l 的选取，考虑一个例子。假设 $x(0T_1) = 0$, $x(-T_1) = 0.2$, $x(T_1) = -0.2$ 和 $x(kT_1) = 0$, $|k| > 1$，试求 a_0, a_1 和 a_{-1} 的值，使得 $y(\pm T_1) = 0$。

8.45 利用窄带频率调制技术来传输一个带限信号 $x(t)$，也就是说，按 8.7 节所定义的，调制指数 $m \ll \pi/2$。在 $x(t)$ 被传送到调制器之前先进行一个处理，从而有 $X(j\omega)|_{\omega=0} = 0$ 和 $|x(t)| < 1$。对于这个经归一化了的 $x(t)$，现在用角调制去调制一个载波，从而形成频率调制信号

$$y(t) = \cos\left(\omega_c t + m \int_{-\infty}^{t} x(\tau) d\tau\right)$$

(a) 求瞬时频率 ω_i。

(b) 利用式(8.44)和式(8.45)，假设为窄带的 $(m \ll \pi/2)$，并具有上面的归一化条件，证明

$$y(t) \approx \cos\omega_c t - \left(m \int_{-\infty}^{t} x(\tau) d\tau\right) \sin(\omega_c t)$$

(c) 在 $y(t)$ 的带宽、$x(t)$ 的带宽和载波频率 ω_c 之间有什么关系？

8.46 考虑复指数时间函数

$$s(t) = e^{j\theta(t)} \quad (P8.46-1)$$

其中 $\theta(t) = \omega_0 t^2/2$。

因为瞬时频率 $\omega_i = d\theta/dt$ 也是时间的函数，所以信号 $s(t)$ 就可以当成一个频率调制信号。特别是，因为这个信号的瞬时频率随时间线性地扫过频谱，因此通常就称它为线性调频信号，或称"鸟声"信号。

(a) 求瞬时频率。

(b) 确定并画出"鸟声"信号傅里叶变换的模和相位特性。为了计算傅里叶变换积分，你会发现，将被积函数的复指数"完全平方"，并利用如下关系：

$$\int_{-\infty}^{+\infty} e^{jz^2} dz = \sqrt{\frac{\pi}{2}}(1 + j)$$

是有用的。

(c) 考虑图 P8.46 所示系统，图中 $x(t)$ 是"鸟声"信号，如式(P8.46-1)所给出。证明：$y(t) = X(j\omega_0 t)$，$X(j\omega)$ 是 $x(t)$ 的傅里叶变换。

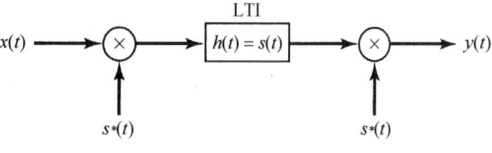

图 P8.46

注意，图 P8.46 所示的系统称为"鸟声"变换算法(chirp transform algorithm)，在实际中常用于获取一个信号的傅里叶变换。

8.47 在 8.8 节中讨论了正弦载波时的同步离散时间调制和解调系统。本题要研究当相位和/或频率失去同步时的影响。图 P8.47(a)示出了调制和解调系统，图中都指出了调制器和解调器载波之间的相位差和频率差。设频率差 $\omega_d - \omega_c$ 记为 $\Delta\omega$，相位差 $\theta_d - \theta_c$ 记为 $\Delta\theta$。

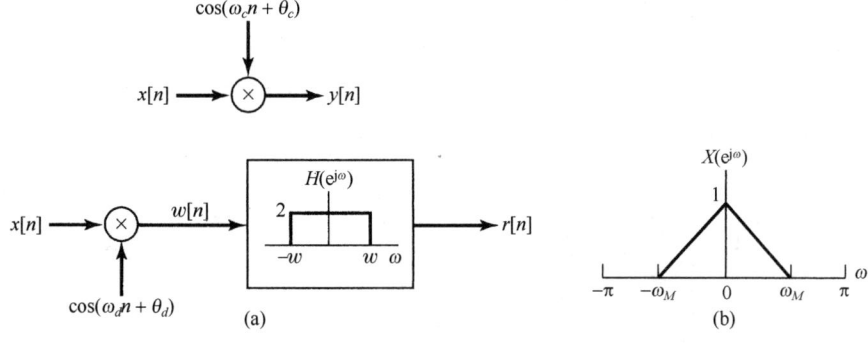

图 P8.47

(a) 若 $x[n]$ 的频谱如图 P8.47(b) 所示,并假定 $\Delta\omega = 0$,试画出 $w[n]$ 的频谱。

(b) 若 $\Delta\omega = 0$,证明:可以通过选择 w,使输出 $r[n]$ 为 $r[n] = x[n]\cos(\Delta\theta)$。特别是,若 $\Delta\theta = \pi/2$,$r[n]$ 是什么?

(c) 当 $\Delta\theta = 0$ 且 $w = \omega_M + \Delta\omega$ 时,证明:输出 $r[n] = x[n]\cos(\Delta\omega n)$ (假定 $\Delta\omega$ 很小)。

8.48 在本题中要讨论用脉冲串作载波的离散时间幅度调制的分析。要讨论的系统如图 P8.48(a) 所示。

(a) 确定并画出图 P8.48(a) 中周期方波信号 $p[n]$ 的离散时间傅里叶变换。

(b) 假设 $x[n]$ 的频谱如图 P8.48(b) 所示,若 $\omega_M = \pi/2N$ 且图 P8.48(a) 中的 $M = 1$,试画出 $y[n]$ 的傅里叶变换 $Y(e^{j\omega})$。

(c) 现在假设 $X(e^{j\omega})$ 已知带限于 $X(e^{j\omega}) = 0$,$\omega_M < \omega < 2\pi - \omega_M$,但其他的并未给出,对于图 P8.48(a) 所示的系统,确定为了能够从 $y[n]$ 中恢复 $x[n]$,作为 N 的函数的最大可容许 ω_M 值,并指出所得结果与 M 有关吗?

(d) 若 ω_M 和 N 满足(c)中所确定的条件,试用方框图形式表明如何从 $y[n]$ 中恢复 $x[n]$。

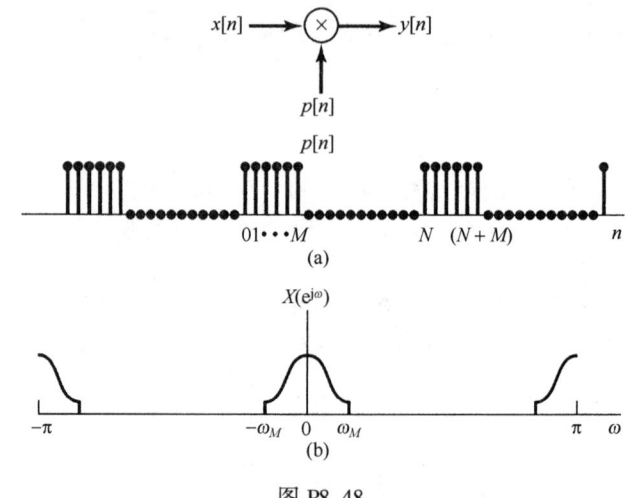

图 P8.48

8.49 在实际中,要构成在很低频率上工作的放大器往往很困难。因此,低频放大器一般都采用幅度调制原理,将信号搬移到较高的频段。这样的放大器称为**斩波器放大器**(chopper amplifier),图 P8.49 给出了它的方框图。

(a) 如果要使 $y(t)$ 正比于 $x(t)$,即整个系统等效为一个放大器,试用 T 来确定在 $x(t)$ 中容许存在的最高频率。

(b) 若 $x(t)$ 按(a)中所确定的是带限的,试用 A 和 T 确定图 P8.49 所示系统的增益。

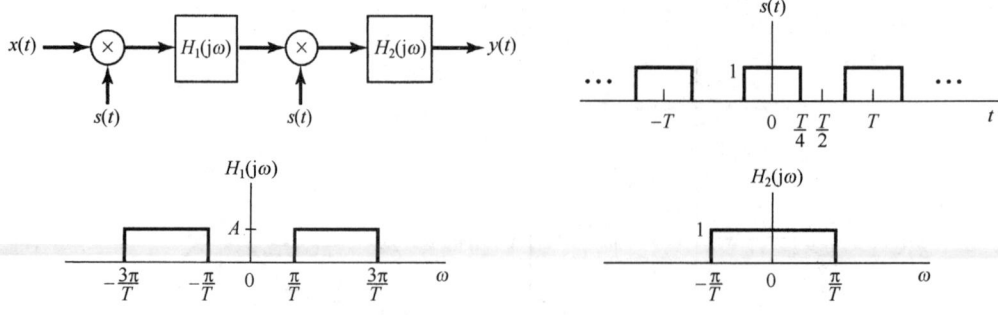

图 P8.49

第 9 章 拉普拉斯变换

9.0 引言

前面几章已经看到，傅里叶分析工具在研究涉及信号和线性时不变系统的很多问题时极为有用。在很大程度上，这是由于相当广泛的一类信号都能用周期复指数信号的线性组合来表示，而复指数信号又是线性时不变系统的特征函数。连续时间傅里叶变换提供了将信号表示成形如 e^{st}，$s = j\omega$ 的复指数信号的线性组合；然而，由 3.2 节引入的特征函数性质及其他很多结果对任意 s 值都是适用的，而并不是将它仅限于纯虚数的情况。这样的看法就导致了连续时间傅里叶变换的推广，称为拉普拉斯变换，这正是本章要讨论的。下一章将建立对应的离散时间的推广，称为 z 变换。

读者将会看到，拉普拉斯变换和 z 变换都有很多使傅里叶分析如此有用的性质。然而，这些变换不仅为那些能用傅里叶变换进行分析的信号与系统提供了另一种分析工具和分析角度，还能应用于一些不能应用傅里叶变换的重要方面。例如，拉普拉斯变换和 z 变换能用于许多不稳定系统的分析，从而在系统的稳定性或不稳定性的研究中起着重要的作用。这一事实再与拉普拉斯变换和 z 变换与傅里叶变换共有的代数性质组合在一起，就形成了一整套重要的系统分析工具，尤其在第 11 章要讨论的反馈系统分析中更是如此。

9.1 拉普拉斯变换

在第 3 章中已经知道，一个单位冲激响应为 $h(t)$ 的线性时不变系统，对 e^{st} 复指数输入信号的响应 $y(t)$ 是

$$y(t) = H(s)e^{st} \tag{9.1}$$

其中，

$$H(s) = \int_{-\infty}^{+\infty} h(t)e^{-st}\,dt \tag{9.2}$$

若 s 为虚数（即 $s = j\omega$），式(9.2)的积分就对应于 $h(t)$ 的傅里叶变换。对一般的复变量 s 来说，式(9.2)就称为单位冲激响应 $h(t)$ 的**拉普拉斯变换**(Laplace transform)。

一个信号 $x(t)$ 的拉普拉斯变换定义如下①：

$$\boxed{X(s) \triangleq \int_{-\infty}^{+\infty} x(t)e^{-st}\,dt} \tag{9.3}$$

应该特别注意到，这是一个自变量为 s 的函数，而 s 是在 e^{-st} 中指数的复变量。复变量 s 一般可写成 $s = \sigma + j\omega$，其中 σ 和 ω 分别是它的实部和虚部。为方便起见，常将拉普拉斯变换表示为算子 $\mathcal{L}\{x(t)\}$ 形式，而把 $x(t)$ 和 $X(s)$ 之间的变换关系记为

---

① 由式(9.3)定义的变换称为双边拉普拉斯变换，以区别于将在 9.9 节中讨论的单边拉普拉斯变换。式(9.3)的双边变换涉及从 $-\infty$ 到 $+\infty$ 的积分；而单边变换与式(9.3)有类似的形式，但积分限是从 0 到 $+\infty$ 的。因为我们主要讨论的是双边变换，因此一般都略去"双边"二字，仅在 9.9 节为了避免混淆而需要加上"双边"二字。

$$x(t) \overset{\mathcal{L}}{\longleftrightarrow} X(s) \tag{9.4}$$

当 $s = j\omega$ 时,式(9.3)就变成了

$$X(j\omega) = \int_{-\infty}^{+\infty} x(t)e^{-j\omega t}\,dt \tag{9.5}$$

这就是 $x(t)$ 的**傅里叶变换**,即

$$X(s)|_{s=j\omega} = \mathcal{F}\{x(t)\} \tag{9.6}$$

当复变量 s 不为纯虚数时,拉普拉斯变换与傅里叶变换也有一个直接的关系。为了看出这一点,将式(9.3)的 $X(s)$ 中的 s 表示成 $s = \sigma + j\omega$,则有

$$X(\sigma + j\omega) = \int_{-\infty}^{+\infty} x(t)e^{-(\sigma+j\omega)t}\,dt \tag{9.7}$$

或

$$X(\sigma + j\omega) = \int_{-\infty}^{+\infty} [x(t)e^{-\sigma t}]e^{-j\omega t}\,dt \tag{9.8}$$

我们可以把式(9.8)的等号右边看成 $x(t)e^{-\sigma t}$ 的傅里叶变换。也就是说,$x(t)$ 的拉普拉斯变换可以看成 $x(t)$ 乘以一个实指数信号以后的傅里叶变换。这个实指数 $e^{-\sigma t}$ 在时间上可以是衰减的,或者是增长的,这取决于 σ 是正还是负的。

为了说明拉普拉斯变换,以及它与傅里叶变换的关系,考虑下面的例子。

例 9.1 设信号 $x(t) = e^{-at}u(t)$,由例 4.1,它的傅里叶变换 $X(j\omega)$ 在 $a > 0$ 时收敛,且为

$$X(j\omega) = \int_{-\infty}^{+\infty} e^{-at}u(t)e^{-j\omega t}\,dt = \int_{0}^{\infty} e^{-at}e^{-j\omega t}\,dt = \frac{1}{j\omega + a}, \quad a > 0 \tag{9.9}$$

根据式(9.3),其拉普拉斯变换为

$$X(s) = \int_{-\infty}^{+\infty} e^{-at}u(t)e^{-st}\,dt = \int_{0}^{\infty} e^{-(s+a)t}\,dt \tag{9.10}$$

或者,根据 $s = \sigma + j\omega$,有

$$X(\sigma + j\omega) = \int_{0}^{\infty} e^{-(\sigma+a)t}e^{-j\omega t}\,dt \tag{9.11}$$

将式(9.11)与式(9.9)相比较,可以看出式(9.11)就是 $e^{-(\sigma+a)t}u(t)$ 的傅里叶变换,于是有

$$X(\sigma + j\omega) = \frac{1}{(\sigma + a) + j\omega}, \quad \sigma + a > 0 \tag{9.12}$$

由于 $s = \sigma + j\omega$ 且 $\sigma = \mathcal{R}e\{s\}$,上式又可等效为

$$X(s) = \frac{1}{s + a}, \quad \mathcal{R}e\{s\} > -a \tag{9.13}$$

这就是

$$e^{-at}u(t) \overset{\mathcal{L}}{\longleftrightarrow} \frac{1}{s + a}, \quad \mathcal{R}e\{s\} > -a \tag{9.14}$$

例如,对于 $a = 0$,$x(t)$ 就是单位阶跃函数,其拉普拉斯变换为 $X(s) = 1/s$,$\mathcal{R}e\{s\} > 0$。

从这个例子可以特别注意到,正如傅里叶变换不是对所有信号都收敛一样,拉普拉斯变换也可能对某些 $\mathcal{R}e\{s\}$ 值收敛,而对另一些 $\mathcal{R}e\{s\}$ 值则不收敛。在式(9.13)中,该拉普拉斯变换仅对 $\sigma = \mathcal{R}e\{s\} > -a$ 收敛,如果 a 为正值,$X(s)$ 就能在 $\sigma = 0$ 求值,从而得到

$$X(0 + j\omega) = \frac{1}{j\omega + a} \tag{9.15}$$

如式(9.6)所指出的, 对于 $\sigma=0$, 拉普拉斯变换就等于傅里叶变换, 只要比较式(9.9)和式(9.15)就能看出这一点。如果 a 是负的或为零, 则拉普拉斯变换仍然存在, 但傅里叶变换却不存在。

例9.2 为了与例9.1相比较, 考虑第二个例子。信号 $x(t)$ 为

$$x(t) = -e^{-at}u(-t) \tag{9.16}$$

那么

$$\begin{aligned} X(s) &= -\int_{-\infty}^{+\infty} e^{-at} e^{-st} u(-t) \, dt \\ &= -\int_{-\infty}^{0} e^{-(s+a)t} \, dt \end{aligned} \tag{9.17}$$

或

$$X(s) = \frac{1}{s+a} \tag{9.18}$$

对于这个例子, 为保证收敛, 则要求 $Re\{s+a\}<0$, 或者 $Re\{s\}<-a$, 即

$$-e^{-at}u(-t) \overset{\mathcal{L}}{\longleftrightarrow} \frac{1}{s+a}, \qquad Re\{s\} < -a \tag{9.19}$$

比较式(9.14)和式(9.19)可见, 对于例9.1和例9.2中的两个信号, 它们的拉普拉斯变换代数表示式都是一样的; 然而, 这个代数表示式能成立的 s 域却大不相同。这就说明, 在给出一个信号的拉普拉斯变换时, 代数表示式和该表示式能成立的变量 s 值的范围都应该给出。一般称使积分式(9.3)收敛的 s 值的范围为拉普拉斯变换的**收敛域**(region of convergence), 特简记为ROC。也就是说, 收敛域是由这样一些 $s=\sigma+j\omega$ 组成的, 对这些 s 来说, $x(t)e^{-\sigma t}$ 的傅里叶变换收敛。随着我们深入讨论拉普拉斯变换的性质, 关于收敛域将有更多的内容要讨论。

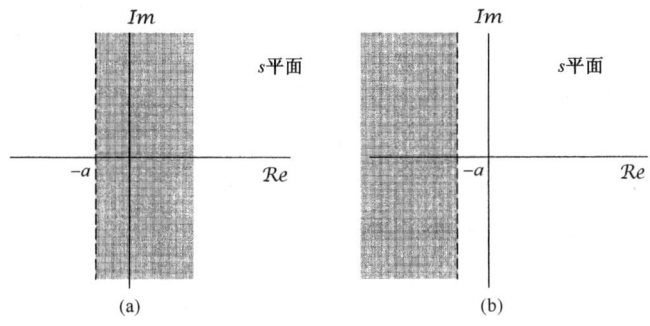

图9.1 (a) 例9.1的收敛域; (b) 例9.2的收敛域

表示收敛域的一个简便方法如图9.1所示。变量 s 是一个复数, 图9.1所展示的复平面一般称为与这个复变量有关的 s 平面。沿水平轴是 $Re\{s\}$ 轴, 沿垂直轴是 $Im\{s\}$ 轴, 水平轴和垂直轴有时分别称为 σ 轴和 $j\omega$ 轴。图9.1(a)的阴影部分就是对应例9.1的收敛域, 而图9.1(b)的阴影部分指出了例9.2的收敛域。

例9.3 本例考虑的信号是两个实指数信号的和, 即

$$x(t) = 3e^{-2t}u(t) - 2e^{-t}u(t) \tag{9.20}$$

于是其拉普拉斯变换的代数表示式为

$$\begin{aligned} X(s) &= \int_{-\infty}^{+\infty} \left[3e^{-2t}u(t) - 2e^{-t}u(t) \right] e^{-st} \, dt \\ &= 3\int_{-\infty}^{+\infty} e^{-2t} e^{-st} u(t) \, dt - 2\int_{-\infty}^{+\infty} e^{-t} e^{-st} u(t) \, dt \end{aligned} \tag{9.21}$$

式(9.21)中的每个积分式都与式(9.10)中的积分式具有相同的形式,这样就能利用例 9.1 的结果而得到

$$X(s) = \frac{3}{s+2} - \frac{2}{s+1} \tag{9.22}$$

为了确定它的收敛域,我们注意到,因为 $x(t)$ 是两个实指数信号的和,而由式(9.21)可知, $X(s)$ 是单独每一项的拉普拉斯变换之和。第一项是 $3e^{-2t}u(t)$ 的拉普拉斯变换,而第二项是 $-2e^{-t}u(t)$ 的拉普拉斯变换。由例 9.1 知道

$$e^{-t}u(t) \overset{\mathcal{L}}{\longleftrightarrow} \frac{1}{s+1}, \qquad Re\{s\} > -1$$

$$e^{-2t}u(t) \overset{\mathcal{L}}{\longleftrightarrow} \frac{1}{s+2}, \qquad Re\{s\} > -2$$

于是,使这两项拉普拉斯变换都收敛的那些 $Re\{s\}$ 值的集合就是 $Re\{s\} > -1$,合并式(9.22)的等号右边的两项,可得

$$3e^{-2t}u(t) - 2e^{-t}u(t) \overset{\mathcal{L}}{\longleftrightarrow} \frac{s-1}{s^2+3s+2}, \quad Re\{s\} > -1 \tag{9.23}$$

例 9.4 本例要考虑实指数和复指数之和的信号为

$$x(t) = e^{-2t}u(t) + e^{-t}\cos(3t)u(t) \tag{9.24}$$

利用欧拉关系,可写为

$$x(t) = \left[e^{-2t} + \frac{1}{2}e^{-(1-3j)t} + \frac{1}{2}e^{-(1+3j)t} \right] u(t)$$

那么 $x(t)$ 的拉普拉斯变换就能表示成

$$X(s) = \int_{-\infty}^{+\infty} e^{-2t}u(t)e^{-st}\,dt + \frac{1}{2}\int_{-\infty}^{+\infty} e^{-(1-3j)t}u(t)e^{-st}\,dt + \frac{1}{2}\int_{-\infty}^{+\infty} e^{-(1+3j)t}u(t)e^{-st}\,dt \tag{9.25}$$

式(9.25)中的每个积分都代表了例 9.1 所涉及的拉普拉斯变换,即

$$e^{-2t}u(t) \overset{\mathcal{L}}{\longleftrightarrow} \frac{1}{s+2}, \quad Re\{s\} > -2 \tag{9.26}$$

$$e^{-(1-3j)t}u(t) \overset{\mathcal{L}}{\longleftrightarrow} \frac{1}{s+(1-3j)}, \quad Re\{s\} > -1 \tag{9.27}$$

$$e^{-(1+3j)t}u(t) \overset{\mathcal{L}}{\longleftrightarrow} \frac{1}{s+(1+3j)}, \quad Re\{s\} > -1 \tag{9.28}$$

为了使这三个拉普拉斯变换都同时收敛,必须有 $Re\{s\} > -1$,因此 $x(t)$ 的拉普拉斯变换为

$$\frac{1}{s+2} + \frac{1}{2}\left(\frac{1}{s+(1-3j)}\right) + \frac{1}{2}\left(\frac{1}{s+(1+3j)}\right), \quad Re\{s\} > -1 \tag{9.29}$$

或者,合并为公共分母,得到

$$e^{-2t}u(t) + e^{-t}\cos(3t)u(t) \overset{\mathcal{L}}{\longleftrightarrow} \frac{2s^2+5s+12}{(s^2+2s+10)(s+2)}, \quad Re\{s\} > -1 \tag{9.30}$$

以上 4 个例子中的每一个,其拉普拉斯变换式都是有理的,也即都是复变量 s 的两个多项式之比,具有如下形式:

$$X(s) = \frac{N(s)}{D(s)} \tag{9.31}$$

其中, $N(s)$ 和 $D(s)$ 分别为分子多项式和分母多项式。正如在例 9.3 和例 9.4 中所见到的,只要 $x(t)$ 是实指数或复指数信号的线性组合, $X(s)$ 就一定是有理的。并且,在 9.7 节中将会看到,当

线性时不变系统用线性常系数微分方程表征时，也会见到有理变换。除了一个常数因子，在一个有理拉普拉斯变换式中，分子与分母多项式都可以用它们的根来表示，据此，在 s 平面内标出 $N(s)$ 和 $D(s)$ 根的位置，并指出收敛域，就提供了一种描述拉普拉斯变换的方便而形象的表示。例如，如果用"×"来表示式(9.23)中分母多项式的每个根的位置，用"○"来表示式(9.23)中分子多项式的每个根的位置，在图 9.2(a)中就展示了例 9.3 的拉普拉斯变换的 s 平面表示。图 9.2(b)则是例 9.4 的拉普拉斯变换式分子和分母多项式的根所对应的图。每一个例子的收敛域都在相应的图上用阴影区给出。

对于有理拉普拉斯变换来说，因为在分子多项式的那些根上 $X(s)=0$，故称分子多项式的根为 $X(s)$ 的**零点**(zero)；在分母多项式的那些根上 $X(s)$ 变成无界的，故称分母多项式的根为 $X(s)$ 的**极点**(pole)。在有限 s 平面内，$X(s)$ 的零点和极点，除了一个常数因子，可以完全表征 $X(s)$ 的代数表示式。通过 s 平面内的极点和零点的 $X(s)$ 的表示就称为 $X(s)$ 的**零-极点图**(pole-zero plot)。然而，正如在例 9.1 和例 9.2 中所看到的，$X(s)$ 的代数表示式本身并不能确认该拉普拉斯变换的收敛域。也就是说，除了一个常数因子，一个有理拉普拉斯变换的完全表征是由该变换的零-极点图与它的收敛域一起组成的(一般在 s 平面内，收敛域用阴影区表示，如图 9.1 和图 9.2 所示)。

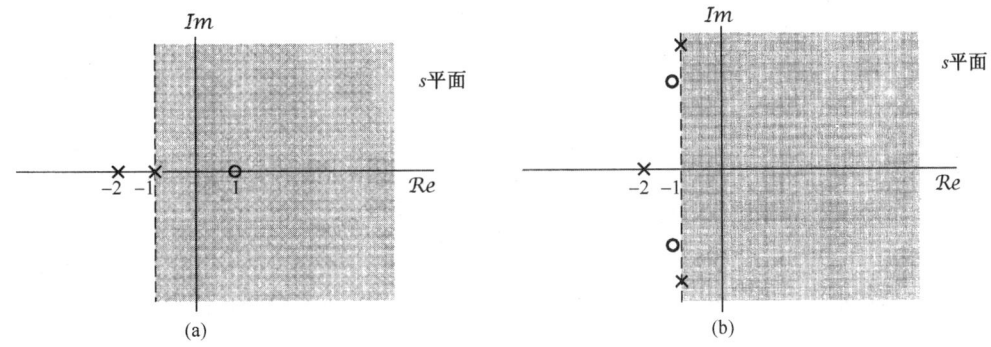

图 9.2 (a)和(b)分别为例 9.3 和例 9.4 的拉普拉斯变换的 s 平面表示。图中每个×标出相应拉普拉斯变换的一个极点位置，也就是分母多项式的一个根的位置。同理，每个○标出一个零点，即分子多项式的一个根的位置。收敛域用阴影区指出

另外，虽然不一定都需要给出一个有理变换 $X(s)$ 的代数表示式，但是有时为了指明 $X(s)$ 在无限远点的极点或零点，有了代数表示式倒是较为方便的。也就是说，如果分母多项式的阶次高于分子多项式的阶次，那么 $X(s)$ 将随 s 趋于无穷大而变为零。相反，若分子多项式的阶次高于分母多项式的阶次，那么 $X(s)$ 将随 s 趋于无穷大而变成无界的。根据这样的特性，就可以把它们看成无限远点的零点或极点。例如，在式(9.23)中的拉普拉斯变换的分母的阶为 2，而分子的阶仅为 1，所以在这种情况下，$X(s)$ 在无限远点有一个零点。同理，在式(9.30)中的拉普拉斯变换的分子的阶为 2，而分母的阶为 3，$X(s)$ 在无限远点也有一个零点。一般来说，如果分母的阶次超出分子的阶次为 k 次，则 $X(s)$ 在无限远点一定有 k 阶零点；同理，若分子的阶次超出分母的阶次为 k 次，则 $X(s)$ 在无限远点一定有 k 阶极点。

例 9.5 设信号 $x(t)$ 为

$$x(t) = \delta(t) - \frac{4}{3}e^{-t}u(t) + \frac{1}{3}e^{2t}u(t) \tag{9.32}$$

式(9.32)中等号右边第二项和第三项的拉普拉斯变换都可由例 9.1 求出，而单位冲激函数的拉普拉斯变换可直接求出为

$$\mathcal{L}\{\delta(t)\} = \int_{-\infty}^{+\infty} \delta(t) e^{-st} dt = 1 \tag{9.33}$$

该结果对任何 s 值都成立。也就是说，$\mathcal{L}\{\delta(t)\}$ 的收敛域是整个 s 平面。利用这个结果，再考虑到式(9.32)的其余两项，就得出

$$X(s) = 1 - \frac{4}{3}\frac{1}{s+1} + \frac{1}{3}\frac{1}{s-2}, \quad \mathcal{R}e\{s\} > 2 \tag{9.34}$$

或者

$$X(s) = \frac{(s-1)^2}{(s+1)(s-2)}, \quad \mathcal{R}e\{s\} > 2 \tag{9.35}$$

其中，这个收敛域是对 $x(t)$ 的三项拉普拉斯变换都收敛的 s 值的集合。该例的零-极点图及其收敛域如图9.3所示。另外，因为 $X(s)$ 的分子、分母同阶次，所以 $X(s)$ 在无限远点既无极点，也无零点。

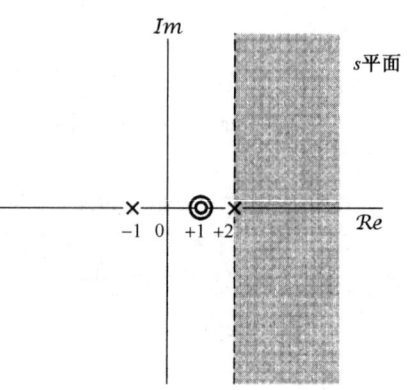

图9.3 例9.5的零-极点图和收敛域

回顾式(9.6)，当 $s = j\omega$ 时，拉普拉斯变换就是傅里叶变换。然而，如果这个拉普拉斯变换的收敛域不包括 $j\omega$ 轴，即 $\mathcal{R}e\{s\} = 0$，那么傅里叶变换就不收敛。正如从图9.3中所看到的，事实上这就是例9.5的情况，与在 $x(t)$ 中 $(1/3)e^{2t}u(t)$ 这一项没有傅里叶变换是一致的。同时，从这个例子还可看到，式(9.35)中的两个零点出现在同一个 s 值上。一般都用零点或极点标志的重复次数来指出它们的阶数。在例9.5中有一个二阶零点在 $s = 1$，并且有两个一阶极点分别在 $s = -1$ 和 $s = 2$。在这个例子中，收敛域位于最右边极点的右边。一般来说，对于一个有理拉普拉斯变换，在极点位置和与一个给定的零-极点图有关的收敛域之间存在一种紧密的关系，并且一些具体的限制都与 $x(t)$ 的时域性质密切相关。下一节将说明这些限制和有关的性质。

9.2 拉普拉斯变换收敛域

从前面的讨论可知，拉普拉斯变换的全部特性不仅要求 $X(s)$ 的代数表示式，而且还应该伴随着收敛域的说明。这一点在例9.1和例9.2中体现得最为明显：两个很不相同的信号能够有完全相同的 $X(s)$ 代数表示式，因此它们的拉普拉斯变换只有靠收敛域才能区分。这一节将说明对各种信号在收敛域中的某些具体限制。读者将会看到，理解了这些限制往往使我们仅从 $X(s)$ 的代数表示式和 $x(t)$ 在时域中的某些一般特征，就能明确地给出或构成收敛域。

性质1 $X(s)$ 的收敛域在 s 平面内是由平行于 $j\omega$ 轴的带状区域组成的。

这一性质来自这样一个事实：$X(s)$ 的收敛域是由这样一些 $s = \sigma + j\omega$ 组成的，其中 $x(t)e^{-\sigma t}$ 的傅里叶变换收敛。也就是说，$x(t)$ 的拉普拉斯变换的收敛域是由这样一些 s 值组成的，对于这些 s 值，$x(t)e^{-\sigma t}$ 是绝对可积的[①]，即

$$\int_{-\infty}^{+\infty} |x(t)| e^{-\sigma t} dt < \infty \tag{9.36}$$

因为这个条件只与 σ，即 s 的实部有关，所以就得到了性质1。

[①] 对拉普拉斯变换及其数学性质的更完整和正规的讨论，其中包括收敛性，可参阅 E. D. Rainville 所著 *The Laplace Transform: An Introduction* (New York: Macmillan, 1963)，以及 R. V. Churchill 和 J. W. Brown 所著 *Complex Variables and Applications* (5th ed.) (New York: McGraw-Hill, 1990)。注意，绝对可积条件就是在4.1节讨论傅里叶变换收敛时的狄里赫利条件之一。

性质 2 对有理拉普拉斯变换来说，收敛域内不包括任何极点。

这个性质，在到目前为止所研究的例子中都能很容易地看出。因为，在一个极点处，$X(s)$ 为无限大，式(9.3)的积分显然在极点处不收敛，所以收敛域内不能包括属于极点的 s 值。

性质 3 如果 $x(t)$ 是有限持续期的，并且是绝对可积的，那么收敛域就是整个 s 平面。

这个结果背后的直观性由图 9.4 和图 9.5 可以想到。也就是说，一个有限持续期的信号具有这个性质，它在某一有限区间之外都是零，如图 9.4 所示。在图 9.5(a)中画出了图 9.4 这样的 $x(t)$ 乘以一个衰减的指数函数，而在图 9.5(b)中则画出了同一类型的信号乘以一个增长的指数函数。因为，$x(t)$ 为非零的区间是有限长的，所以指数加权永远不会无界，这样 $x(t)$ 的可积性不会由于这个指数加权而被破坏就是合情合理的了。

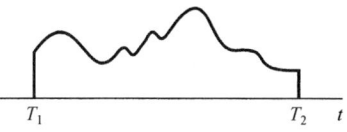

图 9.4 有限持续期信号

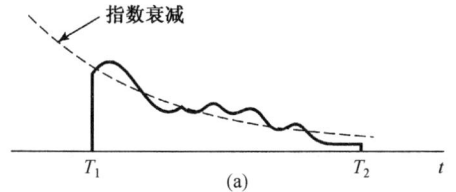 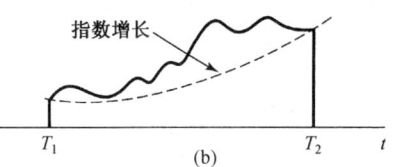

图 9.5　(a) 有限持续期信号乘以衰减的指数；(b) 有限持续期信号乘以增长的指数

性质 3 的一个更正规的证明如下：假设 $x(t)$ 是绝对可积的，所以有

$$\int_{T_1}^{T_2} |x(t)| \, dt < \infty \tag{9.37}$$

对于在收敛域内的 $s = \sigma + j\omega$，就要求 $x(t)e^{-\sigma t}$ 是绝对可积的，即

$$\int_{T_1}^{T_2} |x(t)| e^{-\sigma t} \, dt < \infty \tag{9.38}$$

式(9.37)表明当 $\mathcal{R}e\{s\} = \sigma = 0$ 时的 s 平面在收敛域内。对于 $\sigma > 0$，$e^{-\sigma t}$ 在 $x(t)$ 为非零的区间内的最大值是 $e^{-\sigma T_1}$，因此可以写成

$$\int_{T_1}^{T_2} |x(t)| e^{-\sigma t} \, dt < e^{-\sigma T_1} \int_{T_1}^{T_2} |x(t)| \, dt \tag{9.39}$$

因为式(9.39)的小于号右边是有界的，所以小于号左边也就是有界的；因此当 $\mathcal{R}e\{s\} > 0$ 时的 s 平面必须也在收敛域内。依类似的证明方法，若 $\sigma < 0$，那么

$$\int_{T_1}^{T_2} |x(t)| e^{-\sigma t} \, dt < e^{-\sigma T_2} \int_{T_1}^{T_2} |x(t)| \, dt \tag{9.40}$$

$x(t)e^{-\sigma t}$ 也是绝对可积的。因此，收敛域包括整个 s 平面。

例 9.6　设 $x(t)$ 为

$$x(t) = \begin{cases} e^{-at}, & 0 < t < T \\ 0, & \text{其他} \end{cases} \tag{9.41}$$

那么其拉普拉斯变换为

$$X(s) = \int_0^T e^{-at} e^{-st} \, dt = \frac{1}{s+a}[1 - e^{-(s+a)T}] \qquad (9.42)$$

在这个例子中，因为 $x(t)$ 是有限长的，由性质3，其收敛域就是整个 s 平面。在式(9.42)中，形式上好像 $X(s)$ 有一个极点在 $s = -a$，而这与根据性质3与收敛域由整个 s 平面组成是不一致的。然而，事实上式(9.42)的代数表示式在 $s = -a$ 都是分子和分母的零点！为了确定 $s = -a$ 处的 $X(s)$ 值，可以应用洛必达法则而得到

$$\lim_{s \to -a} X(s) = \lim_{s \to -a} \left[\frac{\frac{d}{ds}(1 - e^{-(s+a)T})}{\frac{d}{ds}(s+a)} \right] = \lim_{s \to -a} T e^{-aT} e^{-sT}$$

所以

$$X(-a) = T \qquad (9.43)$$

在 $x(t)$ 为非零的区间上，保证指数型权函数是有界的，认识到这一点很重要。上面的讨论主要依赖这一事实：$x(t)$ 是有限持续期的。下面两个性质要讨论有关这一结果的一种变形，即 $x(t)$ 具有的有限范围仅仅在正时间或负时间方向上。

性质4 如果 $x(t)$ 是右边信号，并且 $Re\{s\} = \sigma_0$ 这条线位于收敛域内，那么 $Re\{s\} > \sigma_0$ 的全部 s 值都一定在收敛域内。

若在某有限时间 T_1 之前，$x(t) = 0$，则称该信号为**右边**(right-side)信号，如图9.6所示。对于这样一个信号，有可能不存在任何 s 值，使其拉普拉斯变换收敛。一个例子就是 $x(t) = e^{t^2} u(t)$。然而，假如拉普拉斯变换对某一 σ 值收敛，比如 σ_0，那么

$$\int_{-\infty}^{+\infty} |x(t)| e^{-\sigma_0 t} \, dt < \infty \qquad (9.44)$$

或者，因为 $x(t)$ 是右边信号，可等效为

$$\int_{T_1}^{+\infty} |x(t)| e^{-\sigma_0 t} \, dt < \infty \qquad (9.45)$$

如果 $\sigma_1 > \sigma_0$，由于随 $t \to +\infty$，$e^{-\sigma_1 t}$ 衰减得比 $e^{-\sigma_0 t}$ 快，如图9.7所示，那么 $x(t) e^{-\sigma_1 t}$ 也就一定绝对可积。正规地说，由于 $\sigma_1 > \sigma_0$，而有

$$\begin{aligned} \int_{T_1}^{\infty} |x(t)| e^{-\sigma_1 t} \, dt &= \int_{T_1}^{\infty} |x(t)| e^{-\sigma_0 t} e^{-(\sigma_1 - \sigma_0) t} \, dt \\ &\leq e^{-(\sigma_1 - \sigma_0) T_1} \int_{T_1}^{\infty} |x(t)| e^{-\sigma_0 t} \, dt \end{aligned} \qquad (9.46)$$

因为 T_1 是有限值，根据式(9.45)，式(9.46)的不等号右边的式子就是有限的，所以 $x(t) e^{-\sigma_1 t}$ 就是绝对可积的。

应该注意到，在以上的证明中明显依赖这一事实：$x(t)$ 是右边信号。因而即使 $\sigma_1 > \sigma_0$，随着 $t \to -\infty$，$e^{-\sigma_1 t}$ 发散快于 $e^{-\sigma_0 t}$，但是由于 $t < T_1$ 时 $x(t) = 0$，$x(t) e^{-\sigma_1 t}$ 在负的时间轴方向也不能无界地增长。同时，在这种情况下，如果有某一点 s 在收敛域内，那么所有位于这个 s 点右边的点，也就是所有具有更大实部的点，都在收敛域内。这时一般就说收敛域在**右半平面**(right-half plane)。

性质5 如果 $x(t)$ 是左边信号，并且 $Re\{s\} = \sigma_0$ 这条线位于收敛域内，那么 $Re\{s\} < \sigma_0$ 的全部 s 值也一定在收敛域内。

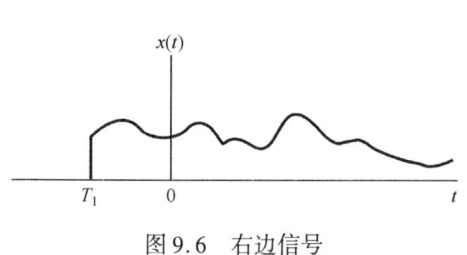

图 9.6　右边信号

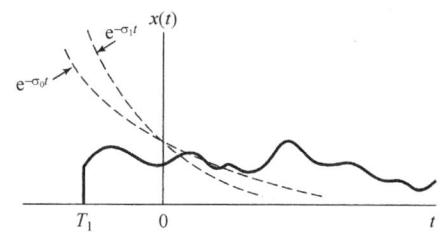

图 9.7　若 $x(t)$ 是右边信号，而 $x(t)\mathrm{e}^{-\sigma_0 t}$ 是绝对可积的，那么 $x(t)\mathrm{e}^{-\sigma_1 t}$，$\sigma_1 > \sigma_0$ 也一定绝对可积

若在某一有限时间 T_2 后 $x(t) = 0$，则称该信号为**左边**(left-sided)信号，如图 9.8 所示。这个性质的证明和直观性完全与性质 4 所做的类似。同时，对于一个左边信号，如果有某一点 s 在收敛域内，那么所有位于这个 s 点左边的点也都在收敛域内。这时一般就说收敛域在**左半平面**(left-half plane)。

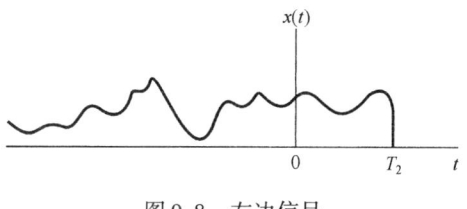

图 9.8　左边信号

性质 6　如果 $x(t)$ 是双边信号，并且 $\mathcal{R}e\{s\} = \sigma_0$ 这条线位于收敛域内，那么收敛域就一定由 s 平面的一条带状区域组成，直线 $\mathcal{R}e\{s\} = \sigma_0$ 位于该区域中。

一个**双边**(two-sided)信号就是对 $t > 0$ 和 $t < 0$ 都具有无限范围的信号，如图 9.9(a)所示。对于这样一个信号，其收敛域可以这样求出：选取任一时间 T_0，然而将 $x(t)$ 分成右边信号 $x_R(t)$ 和左边信号 $x_L(t)$ 之和，如图 9.9(b)和图 9.9(c)所示。$x(t)$ 的拉普拉斯变换的收敛域就是能使 $x_R(t)$ 和 $x_L(t)$ 两者的拉普拉斯变换都收敛的区域。根据性质 4，对于某 σ_R 值，$\mathcal{L}\{x_R(t)\}$ 的收敛域由 $\mathcal{R}e\{s\} > \sigma_R$ 的半平面组成；而根据性质 5，对于某 σ_L 值，$\mathcal{L}\{x_L(t)\}$ 的收敛域由 $\mathcal{R}e\{s\} < \sigma_L$ 的半平面组成。$\mathcal{L}\{x(t)\}$ 的收敛域就是这两个半平面的重叠部分，如图 9.10 所示。当然，这里假设 $\sigma_R < \sigma_L$，因而这两个半平面有某些重合。如果不是这种情况，那么即使 $x_R(t)$ 和 $x_L(t)$ 的拉普拉斯变换存在，$x(t)$ 的拉普拉斯变换也不存在。

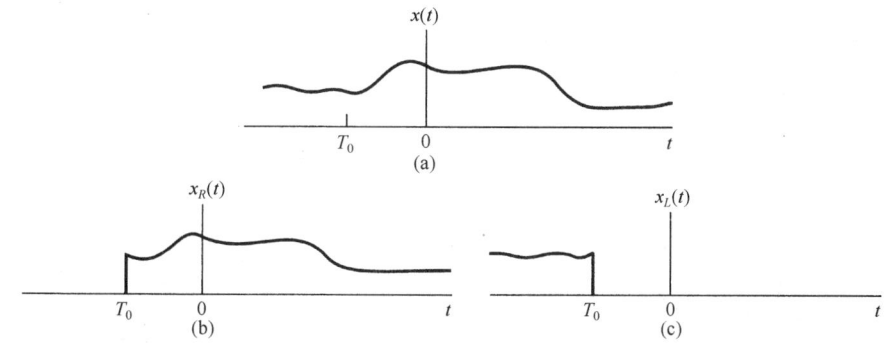

图 9.9　双边信号分成右边信号和左边信号之和。(a) 双边信号 $x(t)$；(b) $t < T_0$ 等于零，而 $t > T_0$ 等于 $x(t)$ 的右边信号；(c) $t > T_0$ 等于零，而 $t < T_0$ 等于 $x(t)$ 的左边信号

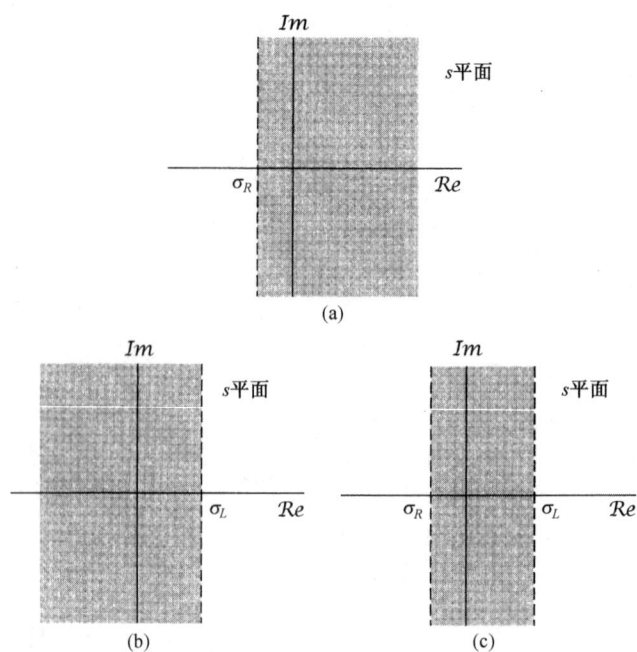

图 9.10 (a) 图 9.9 中 $x_R(t)$ 的收敛域；(b) 图 9.9 中 $x_L(t)$ 的收敛域；(c) $x(t) = x_R(t) + x_L(t)$ 的收敛域，这里假定(a)和(b)中的收敛域有重叠

例 9.7 设 $x(t)$ 为

$$x(t) = e^{-b|t|} \tag{9.47}$$

对于 $b>0$ 和 $b<0$ 均如图 9.11 所示。因为这是一个双边信号，可将它分为右边信号和左边信号之和，即

$$x(t) = e^{-bt}u(t) + e^{+bt}u(-t) \tag{9.48}$$

由例 9.1 有

$$e^{-bt}u(t) \xleftrightarrow{\mathcal{L}} \frac{1}{s+b}, \quad Re\{s\} > -b \tag{9.49}$$

由例 9.2 有

$$e^{+bt}u(-t) \xleftrightarrow{\mathcal{L}} \frac{-1}{s-b}, \quad Re\{s\} < +b \tag{9.50}$$

虽然，式(9.48)中每一单独项的拉普拉斯变换都有一个收敛域，但如果 $b \le 0$，就没有公共的收敛域，于是，对于这样一些 b 值，$x(t)$ 就没有拉普拉斯变换。如果 $b>0$，则 $x(t)$ 的拉普拉斯变换是

$$e^{-b|t|} \xleftrightarrow{\mathcal{L}} \frac{1}{s+b} - \frac{1}{s-b} = \frac{-2b}{s^2-b^2}, \quad -b < Re\{s\} < +b \tag{9.51}$$

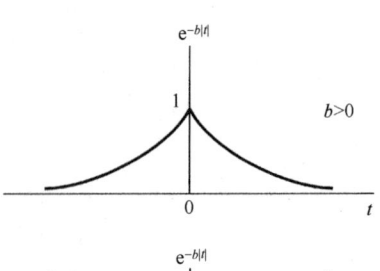
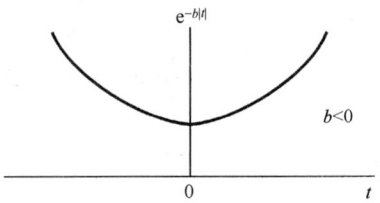

图 9.11 $b>0$ 和 $b<0$ 时的信号 $x(t) = e^{-b|t|}$

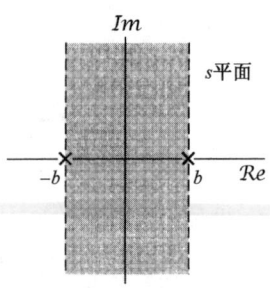

图 9.12 例 9.7 的零-极点图及其收敛域

相应的零-极点图如图 9.12 所示，阴影区所指为收敛域。

一个信号要么没有拉普拉斯变换，否则就一定属于由性质3到性质6这4类情况中的某一种。于是，对于具有某一拉普拉斯变换的信号而言，收敛域一定是整个s平面(有限长信号)、某一左半平面(左边信号)、某一右半平面(右边信号)或者一条带状收敛域(双边信号)这4种中的一种。在所有已经讨论过的例题中，收敛域都有一个另外的性质：收敛域在每一个方向上(也就是$Re\{s\}$增加和$Re\{s\}$减小)都是被极点所界定的，或者延伸到无限远。事实上，对于有理拉普拉斯变换来说，下面这个性质总是成立的。

> **性质7** 如果$x(t)$的拉普拉斯变换$X(s)$是有理的，那么它的收敛域是被极点所界定的或延伸到无限远。另外，在收敛域内不包含$X(s)$的任何极点。

对于这一性质的正规证明有些烦琐，但它基本上是由于如下事实的一个结果：一个具有有理拉普拉斯变换的信号均由指数信号的线性组合构成，并且根据例9.1和例9.2，该线性组合中的每一项变换的收敛域一定有这一性质。作为性质7的一个结果，再与性质4和性质5结合在一起就有了如下性质。

> **性质8** 如果$x(t)$的拉普拉斯变换$X(s)$是有理的，那么若$x(t)$是右边信号，则其收敛域在s平面上位于最右边极点的右边；若$x(t)$是左边信号，则其收敛域在s平面上位于最左边极点的左边。

为了说明不同的收敛域如何与相同的零-极点图相联系，考虑下面这个例子。

例9.8 设有一个拉普拉斯变换代数表示式为

$$X(s) = \frac{1}{(s+1)(s+2)} \tag{9.52}$$

其零-极点图如图9.13(a)所示。正如在图9.13(b)~图9.13(d)中所指出的，与这个代数表示式有关的有三种可能的收敛域，对应着三种不同的信号。与图9.13(b)零-极点图有关的是右边信号。因为收敛域包括$j\omega$轴，所以该信号的傅里叶变换收敛。图9.13(c)对应于一个左边信号，而图9.13(d)则对应于一个双边信号。后面这两个信号中没有一个有傅里叶变换，因为它们的收敛域都不包括$j\omega$轴。

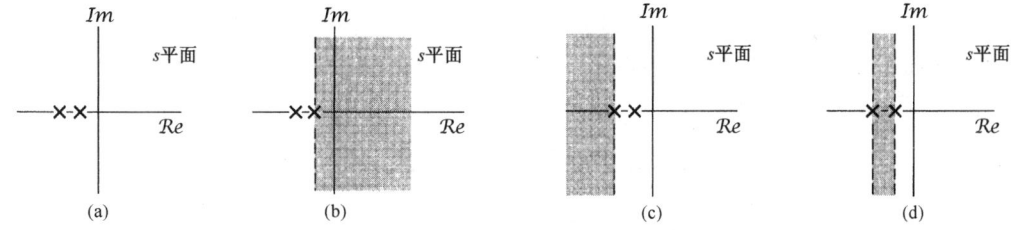

图9.13 (a) 例9.8的零-极点图; (b) 对应于右边信号的收敛域;
(c) 对应于左边信号的收敛域; (d) 对应于双边信号的收敛域

9.3 拉普拉斯逆变换

9.1节讨论了将一个信号的拉普拉斯变换看成该信号经指数加权后的傅里叶变换。也就是说，将s表示成$s = \sigma + j\omega$，一个信号$x(t)$的拉普拉斯变换是

$$X(\sigma + j\omega) = \mathcal{F}\{x(t)e^{-\sigma t}\} = \int_{-\infty}^{+\infty} x(t)e^{-\sigma t}e^{-j\omega t}\,dt \tag{9.53}$$

其中，$s=\sigma+j\omega$ 在收敛域中。可以利用式(4.9)的傅里叶逆变换关系，对式(9.53)求逆变换：

$$x(t)e^{-\sigma t} = \mathcal{F}^{-1}\{X(\sigma+j\omega)\} = \frac{1}{2\pi}\int_{-\infty}^{+\infty} X(\sigma+j\omega)e^{j\omega t}d\omega \tag{9.54}$$

或者将两边各乘以 $e^{\sigma t}$，可得

$$x(t) = \frac{1}{2\pi}\int_{-\infty}^{+\infty} X(\sigma+j\omega)e^{(\sigma+j\omega)t}d\omega \tag{9.55}$$

也就是说，可以这样从拉普拉斯变换中恢复 $x(t)$：在收敛域内，将 σ 固定不变，对于 ω 从 $-\infty$ 到 $+\infty$ 变化的这一组 $s=\sigma+j\omega$ 值，按式(9.55)求值。若将变量在式(9.55)中从 ω 改变为 s，并利用 σ 是常数这一点，可以使该式的意义更为突出，并对根据 $X(s)$ 恢复 $x(t)$ 有更深刻的认识。因为 σ 是常数，所以 $ds = jd\omega$，可得拉普拉斯逆变换的基本关系式为

$$\boxed{x(t) = \frac{1}{2\pi j}\int_{\sigma-j\infty}^{\sigma+j\infty} X(s)e^{st}ds} \tag{9.56}$$

上式说明，$x(t)$ 可以用一个复指数信号的加权积分来表示。式(9.56)的积分路径是在 s 平面内对应于满足 $\mathcal{R}e\{s\}=\sigma$ 的全部 s 点的这条直线，该直线平行于 $j\omega$ 轴。再者，在收敛域内可以选取任何一条这样的直线，即在收敛域内可以选取任何 σ 值而使 $X(\sigma+j\omega)$ 收敛。对于一般的 $X(s)$ 来说，这个积分的求值要求利用复平面的围线积分(在此不讨论)。然而，对于有理变换，求其拉普拉斯逆变换不必直接计算式(9.56)，而可以像在第4章求傅里叶逆变换所做的那样，采用部分分式展开的办法。这一过程基本上就是把一个有理代数表示式展开成低阶次项的线性组合。

例如，假设没有重阶极点，并假设分母多项式的阶次高于分子多项式的阶次，$X(s)$ 就可以展开为如下形式：

$$X(s) = \sum_{i=1}^{m} \frac{A_i}{s+a_i} \tag{9.57}$$

根据 $X(s)$ 的收敛域，该式中每一项的收敛域都能推演出来，然后由例9.1和例9.2，每一项的拉普拉斯逆变换都可被确定。在式(9.57)中每一项 $A_i/(s+a_i)$ 的逆变换都有两种可能的选择，若收敛域位于极点 $s=-a_i$ 的右边，那么这一项的逆变换就是 $A_i e^{-a_i t}u(t)$，是一个右边信号；若收敛域位于极点 $s=-a_i$ 的左边，那么这一项的逆变换就是 $-A_i e^{-a_i t}u(-t)$，是一个左边信号。将式(9.57)中每一项的逆变换相加，就得到了 $X(s)$ 的逆变换。详细过程最好通过几个例子来给出。

例9.9 设有 $X(s)$ 为

$$X(s) = \frac{1}{(s+1)(s+2)}, \qquad \mathcal{R}e\{s\} > -1 \tag{9.58}$$

为了求它的逆变换，先对它进行部分分式展开：

$$X(s) = \frac{1}{(s+1)(s+2)} = \frac{A}{s+1} + \frac{B}{s+2} \tag{9.59}$$

根据附录A介绍的办法，将式(9.59)的第二个等号两边各乘以 $(s+1)(s+2)$。然后，令第二个等号两边 s 的同阶次项的系数相等，可求出系数 A 和 B。另一种方法是利用下列关系：

$$A = [(s+1)X(s)]|_{s=-1} = 1 \tag{9.60}$$

$$B = [(s+2)X(s)]|_{s=-2} = -1 \tag{9.61}$$

由此，$X(s)$ 的部分分式展开式为

$$X(s) = \frac{1}{s+1} - \frac{1}{s+2} \tag{9.62}$$

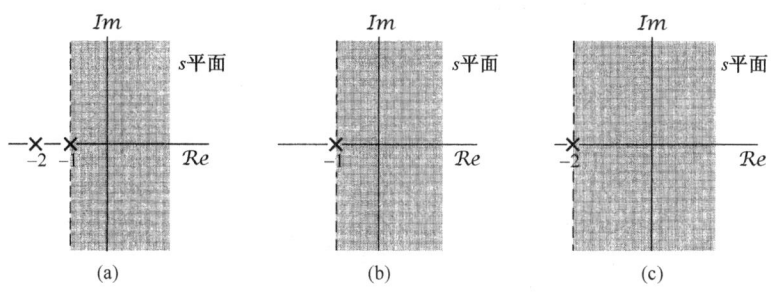

图 9.14 例 9.8 的 $X(s)$ 的部分分式展开式中每一项收敛域的构成。(a) $X(s)$ 的零-极点图和收敛域；(b) 在 $s=-1$ 的极点及其收敛域；(c) 在 $s=-2$ 的极点及其收敛域

由例 9.1 和例 9.2 可知，根据收敛域是位于极点的左边还是右边，对于 $1/(s+a)$ 都有两种可能的逆变换，因此就需要确定与式 (9.62) 中每个一次项有关的收敛域。这可以参照 9.2 节建立的收敛域性质来完成。因为 $X(s)$ 的收敛域是 $Re\{s\} > -1$，那么式 (9.62) 中的每一项的收敛域都应包括 $Re\{s\} > -1$。然后，对于每一项来说，其收敛域就可以向左或向右（或向两边）延伸，直到被一个极点所界定或至无限远为止，如图 9.14 所示。图 9.14(a) 是由式 (9.58) 给出的 $X(s)$ 的零-极点图和收敛域，而图 9.14(b) 和图 9.14(c) 就是式 (9.62) 中每一项的零-极点图及其收敛域。总的收敛域在图中用阴影区表示。由图 9.14(c) 所代表的这一项，其收敛域还可以如图示向左延伸，直至被一个极点所界定。

因为收敛域位于这两个极点的右边，所以正如在图 9.14(b) 和图 9.14(c) 中所看到的，这两个单独项中的每一项的收敛域也就应在各自极点的右边，结果根据 9.2 节的性质 8 可知，它们都对应于右边信号。由例 9.1 可知，式 (9.62) 中每一项的逆变换就是

$$e^{-t}u(t) \overset{\mathcal{L}}{\longleftrightarrow} \frac{1}{s+1}, \qquad Re\{s\} > -1 \tag{9.63}$$

$$e^{-2t}u(t) \overset{\mathcal{L}}{\longleftrightarrow} \frac{1}{s+2}, \qquad Re\{s\} > -2 \tag{9.64}$$

由此可得

$$[e^{-t} - e^{-2t}]u(t) \overset{\mathcal{L}}{\longleftrightarrow} \frac{1}{(s+1)(s+2)}, \qquad Re\{s\} > -1 \tag{9.65}$$

例 9.10 现在假设 $X(s)$ 的代数表示式仍由式 (9.58) 给出，但收敛域在 $Re\{s\} < -2$ 的左半平面。$X(s)$ 的部分分式展开仅与它的代数表示式有关，所以式 (9.62) 仍然不变。然而，由于这个新的收敛域位于两个极点的左边，所以式 (9.62) 中每一项的收敛域也都必须位于极点的左边。也就是说，对应于极点 $s=-1$ 这一项的收敛域是 $Re\{s\} < -1$；而对应于极点 $s=-2$ 这一项的收敛域是 $Re\{s\} < -2$。那么，根据例 9.2 就有

$$-e^{-t}u(-t) \overset{\mathcal{L}}{\longleftrightarrow} \frac{1}{s+1}, \quad Re\{s\} < -1 \tag{9.66}$$

$$-e^{-2t}u(-t) \overset{\mathcal{L}}{\longleftrightarrow} \frac{1}{s+2}, \quad Re\{s\} < -2 \tag{9.67}$$

所以有

$$x(t) = [-e^{-t} + e^{-2t}]u(-t) \overset{\mathcal{L}}{\longleftrightarrow} \frac{1}{(s+1)(s+2)}, \quad Re\{s\} < -2 \tag{9.68}$$

例 9.11 最后，假设式 (9.58) 的 $X(s)$，其收敛域是 $-2 < Re\{s\} < -1$，这时收敛域在 $s=-1$ 极点的左边，所以这一项对应于式 (9.66) 的左边信号；而收敛域在 $s=-2$ 极点的右边，所以这一项

对应于式(9.64)的右边信号。将两者合在一起,求得

$$x(t) = -e^{-t}u(-t) - e^{-2t}u(t) \overset{\mathcal{L}}{\longleftrightarrow} \frac{1}{(s+1)(s+2)}, \quad -2 < \mathcal{R}e\{s\} < -1 \tag{9.69}$$

正如在附录 A 中所讨论的,当 $X(s)$ 有重阶极点,或者分母的阶次不高于分子的阶次时,部分分式展开式中除了在例 9.9 到例 9.11 中考虑的一次项,还应包括其他项。到 9.5 节,当讨论完拉普拉斯变换的性质以后,还将讨论其他一些拉普拉斯变换对,连同拉普拉斯变换的性质一起,就能将例 9.9 所给出的求逆变换的方法推广到任意有理变换中。

9.4 由零-极点图对傅里叶变换进行几何求值

在 9.1 节中已经看到,一个信号的傅里叶变换就是拉普拉斯变换在 $j\omega$ 轴上的求值。本节将讨论由与一个有理拉普拉斯变换有关的零-极点图来求傅里叶变换的一种求值方法,并且更一般地说,求拉普拉斯变换在任意 s 点的值的几何求值法。为了建立这一方法,首先考虑只有单个零点的拉普拉斯变换[即 $X(s) = (s-a)$]在某一给定的 s,如 $s = s_1$ 处求值。这个代数表示式 $s_1 - a$ 是两个复数之和,一个是 s_1,另一个是 $-a$;它们中的每一个都能在复平面内用一个向量来表示,如图 9.15 所示。然后,代表这个复数 $(s_1 - a)$ 的向量就是向量 s_1 和 $-a$ 之和;在图 9.15 中可以看出,这个向量就是从 $s = a$ 这个零点到 s_1 点的向量 $s_1 - a$。这样,$X(s_1)$ 的模就是这个向量的长度,而相位就是这个向量对于实轴的角度。如果 $X(s)$ 在 $s = a$ 是一个极点,即 $X(s) = 1/(s-a)$,那么 $X(s)$ 的分母就是上面讨论的同一向量,这时 $X(s_1)$ 的模是该向量(从极点 $s = a$ 到 $s = s_1$ 点)长度的**倒数**(reciprocal),而相位则是该向量相对于实轴角度的**负值**(negative)。

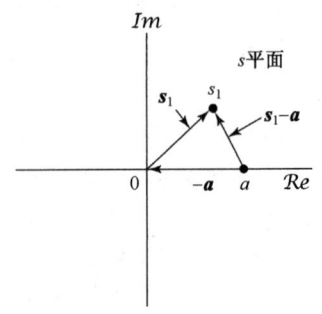

图 9.15 分别代表复数 s_1,$-a$ 和 $(s_1 - a)$ 的向量 s_1,$-a$ 和 $s_1 - a$ 的复平面表示

一个更一般的有理拉普拉斯变换是由上述讨论的零点和极点项的乘积组成的,也就是说,一个有理拉普拉斯变换可以因式分解成

$$X(s) = M \frac{\prod_{i=1}^{R}(s - \beta_i)}{\prod_{j=1}^{P}(s - \alpha_j)} \tag{9.70}$$

为了求取 $X(s)$ 在 $s = s_1$ 的值,乘积中的每一项都可用一个从零点或极点到 s_1 点的向量来表示。那么,$X(s_1)$ 的模就是各零点向量(从各个零点到 s_1 点的向量)长度乘积的 M 倍被各极点向量(从各个极点到 s_1 的向量)长度的积相除,而复数 $X(s_1)$ 的相角则是这些零点向量相角的和减去这些极点向量相角的和。如果在式(9.70)中的比例因子 M 是负的,则对应有一个附加相角 π。如果 $X(s)$ 有多阶极点或零点(或均有),即相应于某些 α_i 或/和 β_i 是相等的,那么这些多阶极点或零点向量的长度和相角在 $X(s_1)$ 中都应包括相应的倍数(等于极点或零点的阶次)。

例 9.12 有 $X(s)$ 为

$$X(s) = \frac{1}{s + \frac{1}{2}}, \quad \mathcal{R}e\{s\} > -\frac{1}{2} \tag{9.71}$$

傅里叶变换为 $X(s)|_{s=j\omega}$,故该例的傅里叶变换就是

$$X(j\omega) = \frac{1}{j\omega + 1/2} \tag{9.72}$$

$X(s)$ 的零-极点图如图 9.16 所示。为了用几何法确定傅里叶变换，在图中构造了一个极点向量。傅里叶变换在频率 ω 处的模，就是从极点到虚轴上 $j\omega$ 点向量长度的倒数，而傅里叶变换的相位就是该向量相角的负值。由图 9.16，从几何上可写出

$$|X(j\omega)|^2 = \frac{1}{\omega^2 + (1/2)^2} \tag{9.73}$$

和

$$\sphericalangle X(j\omega) = -\arctan(2\omega) \tag{9.74}$$

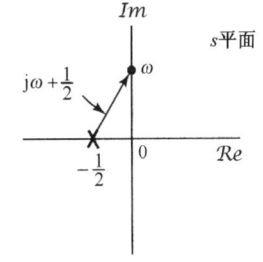

图 9.16　例 9.12 的零-极点图。$|X(j\omega)|$ 就是图示向量长度的倒数，$\sphericalangle X(j\omega)$ 是向量相角的负值

傅里叶变换几何确定的价值往往在于近似观察整体特性。例如，在图 9.16 中很快能看出，极点向量的长度随 ω 的增加而单调增加，因此傅里叶变换的模将随 ω 的增加而单调下降。由零-极点图对傅里叶变换特性得出一般性结论的能力，下面会用一阶和二阶系统作为例子进一步说明。

9.4.1　一阶系统

作为例 9.12 的一般化，现在来考虑曾在 6.5.1 节较详细讨论过的一阶系统。这类系统的单位冲激响应是

$$h(t) = \frac{1}{\tau} e^{-t/\tau} u(t) \tag{9.75}$$

它的拉普拉斯变换就是

$$H(s) = \frac{1}{s\tau + 1}, \qquad \mathcal{R}e\{s\} > -\frac{1}{\tau} \tag{9.76}$$

其零-极点图如图 9.17 所示。从该图可以看到，极点向量的长度在 $\omega = 0$ 最短，并随 ω 增加而单调增加；同时，极点向量的相角随 ω 从 0 增加到 ∞ 而单调地从 0 增加到 $\pi/2$。

从极点向量随 ω 变化的规律来看，很明显其频率响应 $H(j\omega)$ 的模随 ω 增加而单调下降，而 $\sphericalangle H(j\omega)$ 则单调地从 0 下降到 $-\pi/2$，如图 9.18 中该系统的伯德图所示。同时也可以注意到，当 $\omega = 1/\tau$ 时，极点向量的实部和虚部相等，从而频率响应的模从它在 $\omega = 0$ 时的最大值下

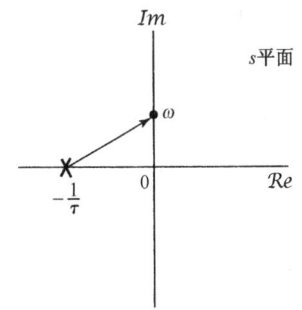

图 9.17　式 (9.76) 一阶系统的零-极点图

降了 $1/\sqrt{2}$，或近似下降了 3 dB；而此时频率响应的相位是 $\pi/4$ 值。这与 6.5.1 节讨论一阶系统时所得结论相一致，在那里就将 $\omega = 1/\tau$ 称为 3 dB 点或转折频率，也就是 $|H(j\omega)|$ 伯德图的直线近似在斜率上有一个转折处的频率。在 6.5.1 节中也已看到，时间常数控制了一阶系统的响应速度，而现在看到，这样一个系统在 $s = -1/\tau$ 的极点在负实轴上，它到原点的距离就是该时间常数的倒数。

从图示效果也能看到，时间常数，或者等效地说 $H(s)$ 极点位置的变化如何改变一阶系统的特性。特别是，极点朝左半平面移动，系统的转折频率，或有效截止频率就会增加；同时，由式 (9.75) 和图 6.19 都可以看到，极点向左移动对应于时间常数 τ 减小，结果单位冲激响应就衰减得更快，而阶跃响应则有一个更快的上升时间。极点位置的实部和系统响应速度之间的这一关系一般总是成立的，即远离 $j\omega$ 轴的那些极点总是对应于单位冲激响应中的那些快速响应项。

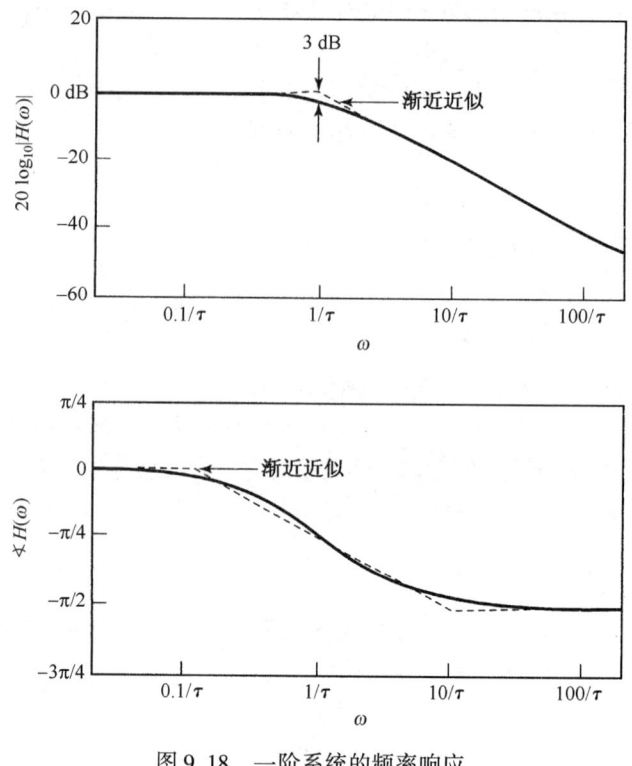

图 9.18 一阶系统的频率响应

9.4.2 二阶系统

下面来讨论二阶系统，该系统也曾在 6.5.2 节较为详细地讨论过。对于这类系统的单位冲激响应和频率响应，曾分别由式(6.37)和式(6.33)给出为

$$h(t) = M[e^{c_1 t} - e^{c_2 t}]u(t) \tag{9.77}$$

其中，

$$c_1 = -\zeta\omega_n + \omega_n\sqrt{\zeta^2 - 1}, \quad c_2 = -\zeta\omega_n - \omega_n\sqrt{\zeta^2 - 1}, \quad M = \frac{\omega_n}{2\sqrt{\zeta^2 - 1}}$$

且

$$H(j\omega) = \frac{\omega_n^2}{(j\omega)^2 + 2\zeta\omega_n(j\omega) + \omega_n^2} \tag{9.78}$$

单位冲激响应的拉普拉斯变换是

$$H(s) = \frac{\omega_n^2}{s^2 + 2\zeta\omega_n s + \omega_n^2} = \frac{\omega_n^2}{(s - c_1)(s - c_2)} \tag{9.79}$$

当 $\zeta > 1$ 时，c_1 和 c_2 都是实数，所以两个极点都位于实轴上，如图 9.19(a)所示。$\zeta > 1$ 时的情况实质上就是如 9.4.1 节讨论的两个一次项的乘积。因此在这种情况下，$|H(j\omega)|$ 随 $|\omega|$ 的增加而单调下降，而 $\angle H(j\omega)$ 则由 $\omega = 0$ 时为 0 变到 $\omega \to \infty$ 时的 $-\pi$。这一点可从图 9.19(a)得到证实，因为这两个极点中的每一个到 $j\omega$ 的向量长度都随 ω 的增加而单调增加，而每个极点向量的相角则随 ω 从 0 到 ∞ 的增加相应地从 0 增加到 $\pi/2$。同时也可以注意到，随着 ζ 的增加，一个极点移向 $j\omega$ 轴(这就是在单位冲激响应中衰减较慢的一项)；而另一个极点则移向左半平面(这就是在单位冲激响应中衰减较快的一项)。于是，对于大的 ζ 值，正是紧靠 $j\omega$ 轴的这一极点支配着系

统的响应。同理,从图 9.19(b)所示的 $\zeta \gg 1$ 时的极点向量来考虑,在低的频率部分,紧靠 $j\omega$ 轴的极点向量的长度和相角随 ω 的变化,比远离 $j\omega$ 轴的极点向量灵敏得多,所以在低频区域,频率响应特性主要受紧靠 $j\omega$ 轴的极点的影响。

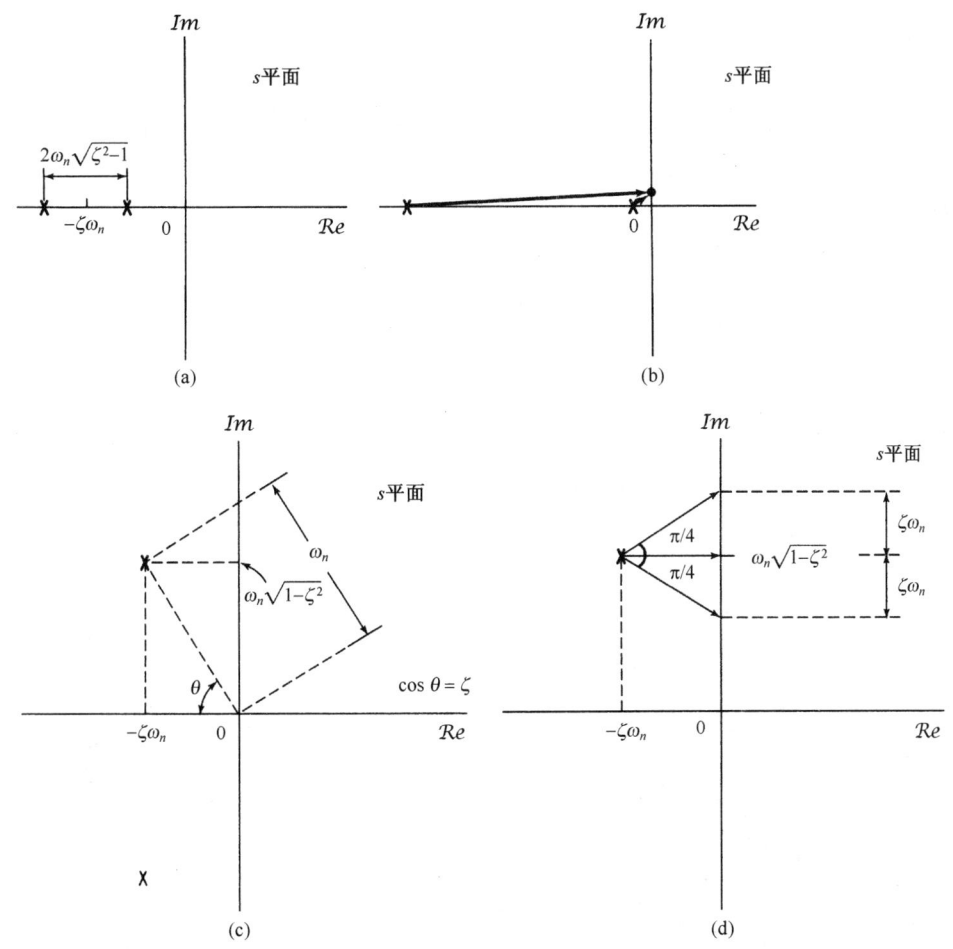

图 9.19 (a) $\zeta > 1$ 时二阶系统的零-极点图;(b) $\zeta \gg 1$ 时的极点向量;(c) $0 < \zeta < 1$ 时二阶系统的零-极点图;(d) $0 < \zeta < 1$ 时,$\omega = \omega_n \sqrt{1-\zeta^2}$ 和 $\omega = \omega_n \sqrt{1-\zeta^2} \pm \zeta\omega_n$ 的极点向量

当 $0 < \zeta < 1$ 时,c_1 和 c_2 都是复数,所以零-极点图如图 9.19(c)所示。相应地,单位冲激响应和阶跃响应都有振荡的部分。应该注意到,这两个极点发生在复数共轭的位置上。事实上,由 9.5.5 节的讨论可知,对于一个实信号,复数极点(和零点)总是共轭成对地出现的。从这个图上,特别是当 ζ 较小时,这些极点很靠近 $j\omega$ 轴,随着 ω 接近于 $\omega_n \sqrt{1-\zeta^2}$,频率响应特性主要由第二象限内的这个极点所决定。尤其是,在 $\omega = \omega_n \sqrt{1-\zeta^2}$ 处,这个极点向量的长度有一个最小值,因此可以定性地预期到,频率响应的模在该频率附近应有一个峰值。由于有其他极点的存在,峰值不是真正出现在 $\omega = \omega_n \sqrt{1-\zeta^2}$ 处,而是在比它略小一点的频率上。图 9.20(a) 对于 $\omega_n = 1$ 和几个不同的 ζ 值,给出了频率响应的模,显然在极点附近有一个所期望的特性。当然,这与 6.5.2 节对二阶系统进行的分析是一致的。

因此,当 $0 < \zeta < 1$ 时,这个二阶系统是一个非理想的带通滤波器,参数 ζ 控制着频率响应的尖锐程度和峰值宽度。从图 9.19(d) 的几何性质也可看到,当频率 ω 在 $\omega_n \sqrt{1-\zeta^2}$ 上下各增减一

个 $\zeta\omega_n$ 的值时，第二象限极点向量的长度对于 $\omega = \omega_n\sqrt{1-\zeta^2}$ 处的最小值来说就增加了 $\sqrt{2}$ 倍。这样，对于小的 ζ 值，远在第三象限的极点的影响可以忽略，$|H(j\omega)|$ 在频率范围

$$\omega_n\sqrt{1-\zeta^2} - \zeta\omega_n < \omega < \omega_n\sqrt{1-\zeta^2} + \zeta\omega_n$$

内就在其峰值 $1/\sqrt{2}$ 之内。若定义相对带宽 B 为这个频率间隔（即 $2\zeta\omega_n$）除以自然频率 ω_n，则有

$$B = 2\zeta$$

因此，ζ 越接近于零，频率响应的峰值就越尖锐，峰值宽度就越窄。另外，B 就是在 6.5.2 节定义的二阶系统品质因数 Q 值的倒数，因此随着品质因数的增加，相对带宽减小，滤波器的频率选择性就越强。

对于 $\omega_n = 1$ 和几个不同的 ζ 值，该二阶系统的相位特性如图 9.20(b) 所示。由图 9.19(d) 可以看到，第二象限极点向量的相角在频率 ω 由 $\omega_n\sqrt{1-\zeta^2} - \zeta\omega_n$ 变到 $\omega_n\sqrt{1-\zeta^2}$ 再变到 $\omega_n\sqrt{1-\zeta^2} + \zeta\omega_n$ 的过程中，由 $-\pi/4$ 到 0 再到 $\pi/4$ 内变化。对于较小的 ζ 值，第三象限极点向量的相角在这个频率范围内的变化很小，其结果就是在这个频率间隔上，$\sphericalangle H(j\omega)$ 就有一个 $\pi/2$ 的急剧变化。这就是在图 9.20(b) 中所指出的。

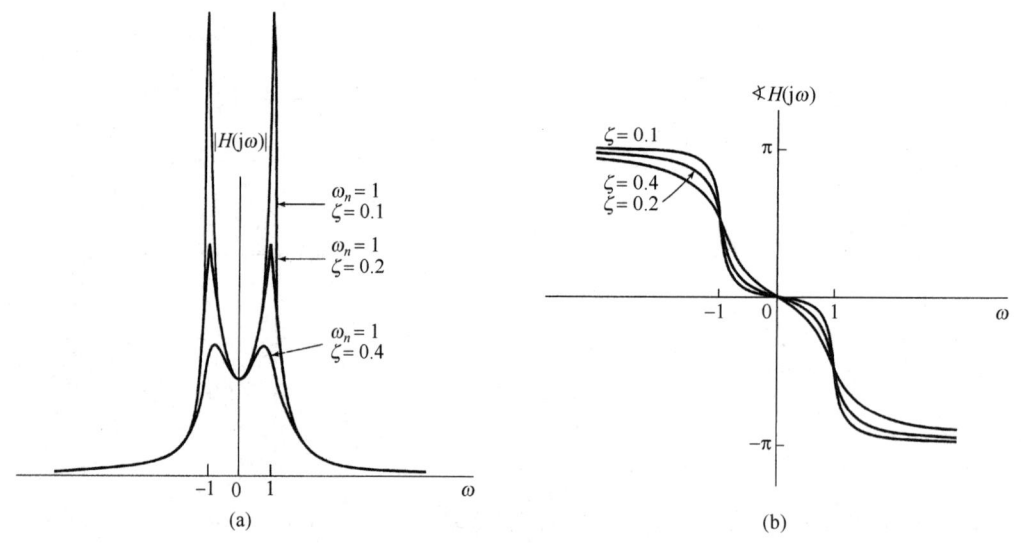

图 9.20　$0 < \zeta < 1$ 时二阶系统的频率响应。（a）模特性；（b）相位特性

ζ 固定而改变 ω_n，在上面的讨论中仅改变了频率坐标的尺度，也就是说，$|H(j\omega)|$ 和 $\sphericalangle H(j\omega)$ 仅仅取决于 ω/ω_n。从图 9.19(c) 中也很容易确定，当保持 ω_n 不变而变化 ζ 时，这些极点和系统特性是如何随 ζ 而改变的。因为 $\cos\theta = \zeta$，所以这两个极点就沿着半径为 ω_n 的半圆移动。当 $\zeta = 0$ 时，这两个极点都在虚轴上，这就对应于在时域中单位冲激响应是无衰减的正弦振荡。随着 ζ 从 0 增加到 1，这两个极点仍为复数，并移向左半平面，而且从原点到这两个极点的向量长度保持为常数 ω_n。随着极点的实部变得更负，有关的时间响应随 $t \to \infty$ 衰减得更快。同时，正如已经看到的，随着 ζ 从 0 增加到 1 的过程，频率响应的相对带宽也随着增加，频率响应的尖锐程度逐渐降低，频率选择性变差。

9.4.3　全通系统

作为利用频率响应几何求值的最后一个例子，我们来考虑一个系统，其单位冲激响应的拉普拉斯变换有如图 9.21(a) 所示的零-极点图。由该图可明显看出，沿着 $j\omega$ 轴的任何一点，其极点

向量和零点向量的长度都是相等的,因而频率响应的模是一个常数而与频率无关。这样的系统称为**全通系统**(all-pass system),因为它等增益(或等衰减)地通过所有频率。频率响应的相位是 $\theta_1 - \theta_2$,或者因为 $\theta_1 = \pi - \theta_2$,所以

$$\sphericalangle H(j\omega) = \pi - 2\theta_2 \tag{9.80}$$

由图 9.21(a)可知, $\theta_2 = \arctan(\omega/a)$,因此

$$\sphericalangle H(j\omega) = \pi - 2\arctan\left(\frac{\omega}{a}\right) \tag{9.81}$$

$H(j\omega)$ 的模和相位特性均如图 9.21(b)所示。

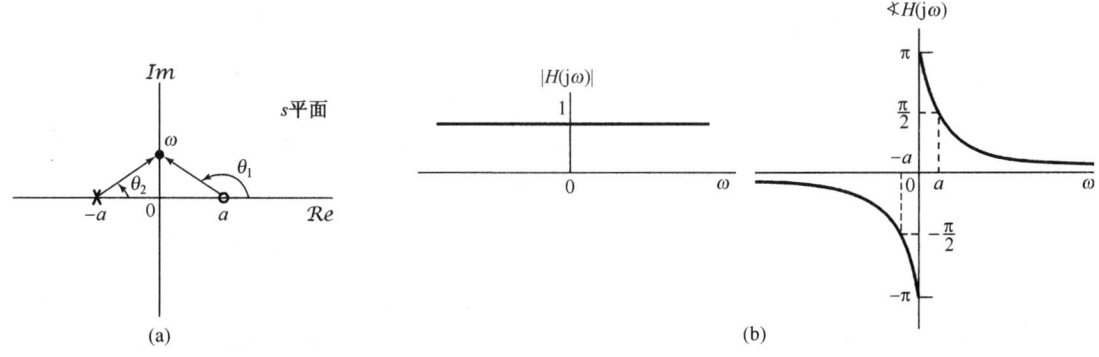

图 9.21 (a) 全通系统的零-极点图;(b) 全通系统频率响应的模和相位特性

9.5 拉普拉斯变换的性质

讨论傅里叶变换的应用时,主要依靠的是 4.3 节获得的一组性质。本节将考虑相应的一组拉普拉斯变换的性质。很多结果的导出都与傅里叶变换中相应性质的导出是类似的,因此这里不进行详细推导,有些将在本章末习题中作为课后作业(见习题 9.52 至习题 9.54)。

9.5.1 线性性质

若

$$x_1(t) \overset{\mathcal{L}}{\longleftrightarrow} X_1(s), \quad \text{ROC为} R_1$$

且

$$x_2(t) \overset{\mathcal{L}}{\longleftrightarrow} X_2(s), \quad \text{ROC为} R_2$$

则有

$$\boxed{ax_1(t) + bx_2(t) \overset{\mathcal{L}}{\longleftrightarrow} aX_1(s) + bX_2(s), \quad \text{ROC 包括 } R_1 \cap R_2} \tag{9.82}$$

正如所指出的, $X(s)$ 的收敛域至少是 R_1 和 R_2 的相交,这个交可以是空的;若是这样, $X(s)$ 就没有收敛域,即 $x(t)$ 不存在拉普拉斯变换。例如,对于例 9.7 中式(9.47)的 $x(t)$,在 $b>0$ 时 $X(s)$ 的收敛域就是在和式中这两项收敛域的交。若 $b<0$ 则在 R_1 和 R_2 中没有公共点,即这个交是空的,因此 $x(t)$ 就没有拉普拉斯变换。 $X(s)$ 的收敛域也可能比这个"交"大。作为一个简单例子,在式(9.82)中,若 $x_1(t) = x_2(t)$ 且 $a = -b$,则有 $x(t) = 0$,因此 $X(s) = 0$,这样 $X(s)$ 的收敛域就是整个 s 平面。

与一些项的线性组合相联系的收敛域,总可以利用在9.2节中得到的关于收敛域的性质来构成。具体而言,根据这些单项收敛域的公共相交部分(假定各单项收敛域有相交部分),就能在这个线性组合的收敛域中找到一条线或一个带状区域,然后将其向右延伸($Re\{s\}$增加)和向左延伸($Re\{s\}$减小),直到最近的极点(这个极点也可能在无限远)为止。

例9.13 这个例子要说明一个由信号的线性组合构成的信号,其拉普拉斯变换的收敛域有时可能会延伸到超过这些单项收敛域的交。考虑信号

$$x(t) = x_1(t) - x_2(t) \tag{9.83}$$

其中 $x_1(t)$ 和 $x_2(t)$ 的拉普拉斯变换分别是

$$X_1(s) = \frac{1}{s+1}, \qquad Re\{s\} > -1 \tag{9.84}$$

和

$$X_2(s) = \frac{1}{(s+1)(s+2)}, \qquad Re\{s\} > -1 \tag{9.85}$$

$X_1(s)$ 和 $X_2(s)$ 的零-极点图及收敛域如图9.22(a)和图9.22(b)所示。由式(9.82)可知

$$X(s) = \frac{1}{s+1} - \frac{1}{(s+1)(s+2)} = \frac{s+1}{(s+1)(s+2)} = \frac{1}{s+2} \tag{9.86}$$

由此,在 $x_1(t)$ 和 $x_2(t)$ 的线性组合中,$s = -1$ 的极点被 $s = -1$ 的零点所抵消。$X(s) = X_1(s) - X_2(s)$ 的零-极点图如图9.22(c)所示。$X_1(s)$ 和 $X_2(s)$ 的收敛域的交是 $Re\{s\} > -1$。然而,因为收敛域总是被一个极点或无限远点所界定,对这个例子来说,$X(s)$ 的收敛域就能再向左延伸,直至被 $s = -2$ 的极点所界定为止,这就是由于在 $s = -1$ 零极点抵消的结果。

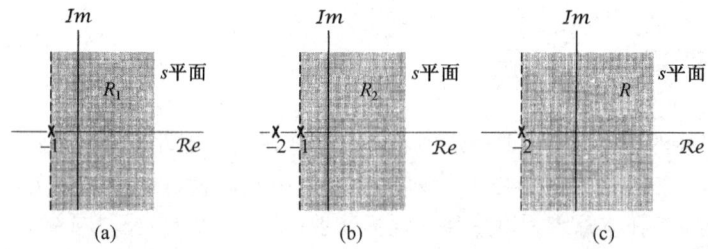

图9.22 例9.13的零-极点图和收敛域。(a) $X_1(s)$;(b) $X_2(s)$;(c) $X_1(s) - X_2(s)$。$X_1(s) - X_2(s)$ 的收敛域包括 R_1 和 R_2 的交,这个交可以延伸到被极点 $s = -2$ 界定为止

9.5.2 时移性质

若

$$x(t) \overset{\mathcal{L}}{\longleftrightarrow} X(s), \qquad \text{ROC} = R$$

则有

$$x(t - t_0) \overset{\mathcal{L}}{\longleftrightarrow} e^{-st_0} X(s), \qquad \text{ROC} = R \tag{9.87}$$

9.5.3 s 域平移性质

若

$$x(t) \overset{\mathcal{L}}{\longleftrightarrow} X(s), \qquad \text{ROC} = R$$

则有

$$e^{s_0 t} x(t) \stackrel{\mathcal{L}}{\longleftrightarrow} X(s-s_0), \quad \text{ROC} = R + \mathcal{R}e\{s_0\} \tag{9.88}$$

也就是说，$X(s-s_0)$ 的收敛域是 $X(s)$ 的收敛域平移一个 $\mathcal{R}e\{s_0\}$。于是，对位于 R 中的任何一个 s 值，$s+\mathcal{R}e\{s_0\}$ 的值一定在 R_1 中，如图 9.23 所示。应该注意，如果 $X(s)$ 有一个极点或零点在 $s=a$，$X(s-s_0)$ 就有一个极点或零点在 $s-s_0=a$，也就是 $s=a+s_0$。

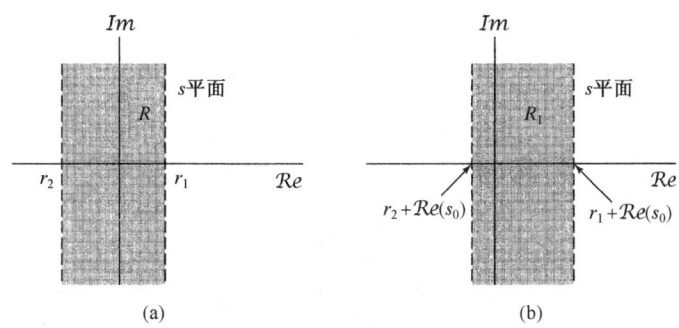

图 9.23 s 域平移在收敛域上的影响。(a) $X(s)$ 的收敛域；(b) $X(s-s_0)$ 的收敛域

式(9.88)的一个重要的特殊情况是当 $s_0 = j\omega_0$ 时，也就是当一个信号 $x(t)$ 用来调制一个周期复指数信号 $e^{j\omega_0 t}$ 时，式(9.88)就变成

$$e^{j\omega_0 t} x(t) \stackrel{\mathcal{L}}{\longleftrightarrow} X(s-j\omega_0), \quad \text{ROC} = R \tag{9.89}$$

式(9.89)中的双向箭头的右边可以看成在 s 平面内平行于实轴的一个平移。也就是说，若 $x(t)$ 的拉普拉斯变换在 $s=a$ 有一个极点或零点，那么 $e^{j\omega_0 t} x(t)$ 就在 $s=a+j\omega_0$ 有一个极点或零点。

9.5.4 时域尺度变换性质

若

$$x(t) \stackrel{\mathcal{L}}{\longleftrightarrow} X(s), \quad \text{ROC} = R$$

则有

$$x(at) \stackrel{\mathcal{L}}{\longleftrightarrow} \frac{1}{|a|} X\left(\frac{s}{a}\right), \quad \text{ROC } R_1 = |a|R \tag{9.90}$$

也就是说，对于在 R 中的任何 s 值[见图 9.24(a)]，$a \cdot s$ 的值一定位于 R_1 中，如图 9.24(b)所示，这里 $0 < a < 1$。注意，对于 $0 < a < 1$ 的情况，$X(s)$ 的收敛域要变为原来的 a 倍，如图 9.24(b)所示；而对于 $a > 1$ 的情况，收敛域要扩展为原来的 a 倍。另外，式(9.90)还意味着，若 a 为负，收敛域就要进行倒置再加一个尺度变换。特别是，如图 9.24(c)所示，该图对应于 $-1 < a < 0$ 的情况，$1/|a| X(s/a)$ 的收敛域涉及关于 $j\omega$ 轴的反转，再加上一个 $1/|a|$ 因子的收敛域大小的变化。因此，$x(t)$ 的时间反转就形成了收敛域的反转，即

$$x(-t) \stackrel{\mathcal{L}}{\longleftrightarrow} X(-s), \quad \text{ROC} = -R \tag{9.91}$$

9.5.5 共轭性质

若

$$x(t) \stackrel{\mathcal{L}}{\longleftrightarrow} X(s), \quad \text{ROC} = R \tag{9.92}$$

则有

$$x^*(t) \overset{\mathcal{L}}{\longleftrightarrow} X^*(s^*), \quad \text{ROC} = R \tag{9.93}$$

因此

$$X(s) = X^*(s^*), \quad x(t) \text{为实数} \tag{9.94}$$

因此，若 $x(t)$ 为实函数并且若 $X(s)$ 有一个极点或零点在 $s = s_0$，即如果 $X(s)$ 在 $s = s_0$ 无界或为零，那么 $X(s)$ 也一定有一个复数共轭的 $s = s_0^*$ 的极点或零点。例如，例 9.4 中的实信号 $x(t)$ 的拉普拉斯变换 $X(s)$ 就有共轭成对的极点 $s = 1 \pm 3\mathrm{j}$ 和零点 $s = (-5 \pm \mathrm{j}\sqrt{71})/2$。

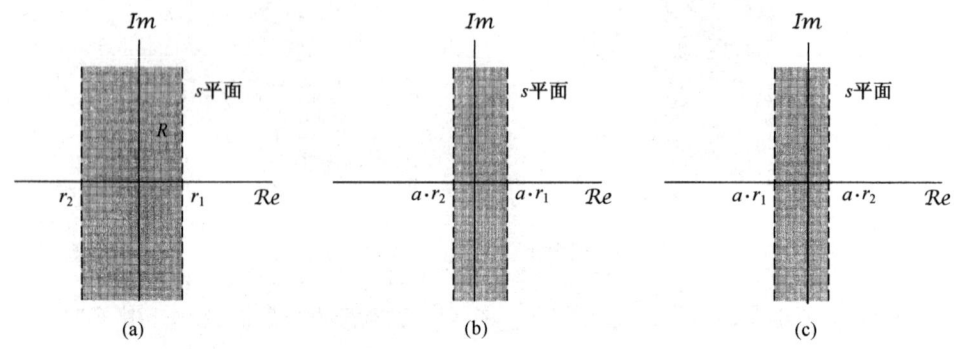

图 9.24 时域尺度变换在收敛域上的影响。(a) $X(s)$ 的收敛域；(b) $0 < a < 1$ 时 $(1/|a|)X(s/a)$ 的收敛域；(c) $-1 < a < 0$ 时 $(1/|a|)X(s/a)$ 的收敛域

9.5.6 卷积性质

若

$$x_1(t) \overset{\mathcal{L}}{\longleftrightarrow} X_1(s), \quad \text{ROC} = R_1$$

且

$$x_2(t) \overset{\mathcal{L}}{\longleftrightarrow} X_2(s), \quad \text{ROC} = R_2$$

则有

$$x_1(t) * x_2(t) \overset{\mathcal{L}}{\longleftrightarrow} X_1(s)X_2(s), \quad \text{ROC 包括 } R_1 \cap R_2 \tag{9.95}$$

因此，与 9.5.1 节的线性性质一样，$X_1(s)X_2(s)$ 的收敛域包括 $X_1(s)$ 和 $X_2(s)$ 的收敛域的相交部分，如果在乘积中有零极点相消，那么 $X_1(s)X_2(s)$ 的收敛域也可以比它们的相交部分大。例如，若

$$X_1(s) = \frac{s+1}{s+2}, \quad Re\{s\} > -2 \tag{9.96}$$

且

$$X_2(s) = \frac{s+2}{s+1}, \quad Re\{s\} > -1 \tag{9.97}$$

那么 $X_1(s)X_2(s) = 1$，它的收敛域就是整个 s 平面。

正如在第 4 章中所看到的，傅里叶变换中的卷积性质在线性时不变系统的分析中起着很重要的作用。在 9.7 节和 9.8 节中，也将利用拉普拉斯变换的卷积性质来分析线性时不变系统，更具体一些就是分析由线性常系数微分方程所表征的系统。

9.5.7 时域微分性质

若
$$x(t) \stackrel{\mathcal{L}}{\longleftrightarrow} X(s), \quad \text{ROC} = R$$

则有

$$\boxed{\frac{\mathrm{d}x(t)}{\mathrm{d}t} \stackrel{\mathcal{L}}{\longleftrightarrow} sX(s), \quad \text{ROC 包括 } R} \tag{9.98}$$

将式(9.56)的逆变换式两边对 t 微分,就可以得到这个性质,即设

$$x(t) = \frac{1}{2\pi\mathrm{j}} \int_{\sigma-\mathrm{j}\infty}^{\sigma+\mathrm{j}\infty} X(s)\mathrm{e}^{st}\mathrm{d}s$$

就有

$$\frac{\mathrm{d}x(t)}{\mathrm{d}t} = \frac{1}{2\pi\mathrm{j}} \int_{\sigma-\mathrm{j}\infty}^{\sigma+\mathrm{j}\infty} sX(s)\mathrm{e}^{st}\mathrm{d}s \tag{9.99}$$

可见,$\mathrm{d}x(t)/\mathrm{d}t$ 就是 $sX(s)$ 的逆变换。$sX(s)$ 的收敛域包括 $X(s)$ 的收敛域,并且如果 $X(s)$ 中有一个 $s=0$ 的一阶极点被乘以 s 抵消了,就能比 $X(s)$ 的收敛域更大。例如,若 $x(t) = u(t)$,那么 $X(s) = 1/s$,收敛域是 $Re\{s\} > 0$,而 $x(t)$ 的导数是一个单位冲激函数 $\delta(t)$,它的拉普拉斯变换是 1,而且收敛域是整个 s 平面。

9.5.8 s 域微分性质

将式(9.3)的拉普拉斯变换,即

$$X(s) = \int_{-\infty}^{+\infty} x(t)\mathrm{e}^{-st}\mathrm{d}t$$

两边对 s 微分,得到

$$\frac{\mathrm{d}X(s)}{\mathrm{d}s} = \int_{-\infty}^{+\infty} (-t)x(t)\mathrm{e}^{-st}\mathrm{d}t$$

因此,若

$$x(t) \stackrel{\mathcal{L}}{\longleftrightarrow} X(s), \quad \text{ROC} = R$$

则有

$$\boxed{-tx(t) \stackrel{\mathcal{L}}{\longleftrightarrow} \frac{\mathrm{d}X(s)}{\mathrm{d}s}, \quad \text{ROC} = R} \tag{9.100}$$

下面两个例子用来说明这个性质的应用。

例 9.14 求下面 $x(t)$ 的拉普拉斯变换

$$x(t) = t\mathrm{e}^{-at}u(t) \tag{9.101}$$

因为

$$\mathrm{e}^{-at}u(t) \stackrel{\mathcal{L}}{\longleftrightarrow} \frac{1}{s+a}, \quad Re\{s\} > -a$$

所以由式(9.100)可得

$$t\mathrm{e}^{-at}u(t) \stackrel{\mathcal{L}}{\longleftrightarrow} -\frac{\mathrm{d}}{\mathrm{d}s}\left[\frac{1}{s+a}\right] = \frac{1}{(s+a)^2}, \quad Re\{s\} > -a \tag{9.102}$$

事实上,反复利用式(9.100),可得

$$\frac{t^2}{2}\mathrm{e}^{-at}u(t) \stackrel{\mathcal{L}}{\longleftrightarrow} \frac{1}{(s+a)^3}, \quad Re\{s\} > -a \tag{9.103}$$

或更一般的形式为

$$\frac{t^{n-1}}{(n-1)!}e^{-at}u(t) \overset{\mathcal{L}}{\longleftrightarrow} \frac{1}{(s+a)^n}, \qquad \mathcal{R}e\{s\} > -a \tag{9.104}$$

下一个例子要说明,当将部分分式展开用于求一个具有重阶极点的有理函数的逆变换时,这个特殊的拉普拉斯变换对是特别有用的。

例 9.15 考虑下面的拉普拉斯变换 $X(s)$：

$$X(s) = \frac{2s^2 + 5s + 5}{(s+1)^2(s+2)}, \qquad \mathcal{R}e\{s\} > -1$$

将附录 A 中介绍的部分分式展开法应用于 $X(s)$,可写成

$$X(s) = \frac{2}{(s+1)^2} - \frac{1}{(s+1)} + \frac{3}{s+2}, \qquad \mathcal{R}e\{s\} > -1 \tag{9.105}$$

因为收敛域在极点 $s = -1$ 和 $s = -2$ 的右边,所以每一项逆变换都是一个右边信号,再应用式(9.14)和式(9.104),可得逆变换为

$$x(t) = [2te^{-t} - e^{-t} + 3e^{-2t}]u(t)$$

9.5.9 时域积分性质

若

$$x(t) \overset{\mathcal{L}}{\longleftrightarrow} X(s), \qquad \text{ROC} = R$$

则有

$$\boxed{\int_{-\infty}^{t} x(\tau)d\tau \overset{\mathcal{L}}{\longleftrightarrow} \frac{1}{s}X(s), \qquad \text{ROC 包括 } R \cap \{\mathcal{R}e\{s\} > 0\}} \tag{9.106}$$

这个性质是 9.5.7 节所述微分性质的逆性质,利用 9.5.6 节的卷积性质可以将它导出,即

$$\int_{-\infty}^{t} x(\tau)d\tau = u(t) * x(t) \tag{9.107}$$

由例 9.1 可知,若 $a = 0$,则有

$$u(t) \overset{\mathcal{L}}{\longleftrightarrow} \frac{1}{s}, \qquad \mathcal{R}e\{s\} > 0 \tag{9.108}$$

根据卷积性质有

$$u(t) * x(t) \overset{\mathcal{L}}{\longleftrightarrow} \frac{1}{s}X(s) \tag{9.109}$$

它的收敛域应包括 $X(s)$ 的收敛域和式(9.108)中 $u(t)$ 的拉普拉斯变换收敛域的相交,这就是式(9.106)给出的收敛域结果。

9.5.10 初值定理与终值定理

若 $t < 0$, $x(t) = 0$,并且在 $t = 0$ 时,$x(t)$ 不包含冲激或高阶奇异函数,在这些特别限制下,就可以直接从拉普拉斯变换式中计算出初值 $x(0^+)$,即当 t 从正值方向趋于 0 时 $x(t)$ 的值,以及终值,即 $t \to \infty$ 时的 $x(t)$ 值。

初值定理(initial-value theorem)

$$x(0^+) = \lim_{s \to \infty} sX(s) \tag{9.110}$$

终值定理(final-value theorem)
$$\lim_{t \to \infty} x(t) = \lim_{s \to 0} sX(s) \tag{9.111}$$

这些结果的导出留在习题 9.53 中考虑。

例 9.16 初值定理与终值定理在验证一个信号的拉普拉斯变换计算结果的正确性方面很有用。例如，考虑例 9.4 中的信号 $x(t)$，由式(9.24)可见 $x(0^+) = 2$，同时利用式(9.29)可求出

$$\lim_{s \to \infty} sX(s) = \lim_{s \to \infty} \frac{2s^3 + 5s^2 + 12s}{s^3 + 4s^2 + 14s + 20} = 2$$

这与式(9.110)的初值定理是一致的。

9.5.11 性质列表

表 9.1 综合了本节中所得到的全部性质，在 9.7 节中将拉普拉斯变换用于线性时不变系统的分析和表征时，会用到很多这些性质。正如已在几个例子中所说明的，拉普拉斯变换及其收敛域的各种性质，都能为一个信号及其变换提供大量的信息，而这些无论是在表征信号方面，还是校核一个计算的结果方面，都是有用的。在 9.7 节和 9.8 节及本章末的习题中，将给出应用这些性质的其他一些例子。

表 9.1 拉普拉斯变换性质

节 号	性 质	信 号	拉普拉斯变换	收 敛 域
		$x(t)$	$X(s)$	R
		$x_1(t)$	$X_1(s)$	R_1
		$x_2(t)$	$X_2(s)$	R_2
9.5.1	线性	$ax_1(t) + bx_2(t)$	$aX_1(s) + bX_2(s)$	至少 $R_1 \cap R_2$
9.5.2	时移	$x(t - t_0)$	$e^{-st_0} X(s)$	R
9.5.3	s 域平移	$e^{s_0 t} x(t)$	$X(s - s_0)$	R 的平移，即若 $(s - s_0)$ 在 R 中，则 s 就位于收敛域中
9.5.4	时域尺度变换	$x(at)$	$\frac{1}{|a|} X\left(\frac{s}{a}\right)$	R/a，即若 s/a 在 R 中，则 s 就位于收敛域中
9.5.5	共轭	$x^*(t)$	$X^*(s^*)$	R
9.5.6	卷积	$x_1(t) * x_2(t)$	$X_1(s) X_2(s)$	至少 $R_1 \cap R_2$
9.5.7	时域微分	$\frac{d}{dt} x(t)$	$sX(s)$	至少 R
9.5.8	s 域微分	$-tx(t)$	$\frac{d}{ds} X(s)$	R
9.5.9	时域积分	$\int_{-\infty}^{t} x(\tau) d(\tau)$	$\frac{1}{s} X(s)$	至少 $R \cap \{\mathcal{R}e\{s\} > 0\}$
9.5.10	初值定理和终值定理 若 $t < 0$，$x(t) = 0$ 且在 $t = 0$ 不包括任何冲激或高阶奇异函数，则 $x(0^+) = \lim_{s \to \infty} sX(s)$ $\lim_{t \to \infty} x(t) = \lim_{s \to 0} sX(s)$			

9.6 常用拉普拉斯变换对

正如 9.3 节所指出的，把 $X(s)$ 分解成较简单的一些项的线性组合，往往很容易求得拉普拉斯逆变换，因为这些简单项的拉普拉斯变换可以直接写出来，或者极易求得。表 9.2 列出了若干

常用的拉普拉斯变换对。第1对直接由式(9.3)得到。第2对和第6对可由例9.1分别以 $a=0$ 和 $a=\alpha$ 代入求出。利用微分性质,由例9.14可得变换对4。在变换对4的基础上,利用9.5.3节的性质可得变换对8。变换对3,5,7和9分别在变换对2,4,6和8的基础上,再结合9.5.4节的时域尺度变换性质,以 $a=-1$ 代入而得出。同理,变换对10到16都可以利用表9.1的有关性质,在前面那些变换对的基础上导得(见习题9.55)。

表9.2 基本函数的拉普拉斯变换

变换对	信号	变换	收敛域
1	$\delta(t)$	1	全部 s
2	$u(t)$	$\dfrac{1}{s}$	$Re\{s\}>0$
3	$-u(-t)$	$\dfrac{1}{s}$	$Re\{s\}<0$
4	$\dfrac{t^{n-1}}{(n-1)!}u(t)$	$\dfrac{1}{s^n}$	$Re\{s\}>0$
5	$-\dfrac{t^{n-1}}{(n-1)!}u(-t)$	$\dfrac{1}{s^n}$	$Re\{s\}<0$
6	$e^{-at}u(t)$	$\dfrac{1}{s+a}$	$Re\{s\}>-a$
7	$-e^{-at}u(-t)$	$\dfrac{1}{s+a}$	$Re\{s\}<-a$
8	$\dfrac{t^{n-1}}{(n-1)!}e^{-at}u(t)$	$\dfrac{1}{(s+a)^n}$	$Re\{s\}>-a$
9	$-\dfrac{t^{n-1}}{(n-1)!}e^{-at}u(-t)$	$\dfrac{1}{(s+a)^n}$	$Re\{s\}<-a$
10	$\delta(t-T)$	e^{-sT}	全部 s
11	$\cos(\omega_0 t)u(t)$	$\dfrac{s}{s^2+\omega_0^2}$	$Re\{s\}>0$
12	$\sin(\omega_0 t)u(t)$	$\dfrac{\omega_0}{s^2+\omega_0^2}$	$Re\{s\}>0$
13	$e^{-at}\cos(\omega_0 t)u(t)$	$\dfrac{s+a}{(s+a)^2+\omega_0^2}$	$Re\{s\}>-a$
14	$e^{-at}\sin(\omega_0 t)u(t)$	$\dfrac{\omega_0}{(s+a)^2+\omega_0^2}$	$Re\{s\}>-a$
15	$u_n(t)=\dfrac{d^n\delta(t)}{dt^n}$	s^n	全部 s
16	$u_{-n}(t)=\underbrace{u(t)*\cdots*u(t)}_{n次}$	$\dfrac{1}{s^n}$	$Re\{s\}>0$

9.7 用拉普拉斯变换分析与表征线性时不变系统

拉普拉斯变换的重要应用之一是对线性时不变系统的分析与表征。对于线性时不变系统,拉普拉斯变换的作用直接来自卷积性质(见9.5.6节)。根据这一性质可得,一个线性时不变系统输入和输出的拉普拉斯变换是通过乘以系统单位冲激响应的拉普拉斯变换联系起来的,即

$$Y(s) = H(s)X(s) \tag{9.112}$$

其中,$X(s)$,$Y(s)$ 和 $H(s)$ 分别是系统输入、输出和单位冲激响应的拉普拉斯变换。式(9.112)是与傅里叶变换场合的式(4.56)相对应的。事实上,当 $s=j\omega$ 时,式(9.112)拉普拉斯变换中的每一项都变成相应的傅里叶变换,这样式(9.112)就完全相当于式(4.56)。另外,根据3.2节关于

线性时不变系统对复指数信号响应的讨论,若一个线性时不变系统的输入是 $x(t) = e^{st}$,其输出就一定是 $H(s)e^{st}$,即 e^{st} 是系统的一个特征函数,而其特征值就等于单位冲激响应的拉普拉斯变换。

当 $s = j\omega$ 时, $H(s)$ 就是这个线性时不变系统的频率响应。在拉普拉斯变换的范畴内,一般称 $H(s)$ 为系统函数或**传递函数**(transfer function)。线性时不变系统的很多性质都与**系统函数**(system function)在 s 平面的特性密切相关。下面将通过几个重要的系统性质和几类重要的系统来说明这一点。

9.7.1 因果性

对于一个因果线性时不变系统,其单位冲激响应在 $t < 0$ 时为零,因此是一个右边信号,根据 9.2 节的讨论,则有

> 一个因果系统的系统函数的收敛域是某个右半平面。

应该强调的是,相反的结论未必成立。如例 9.19 所说明的,位于最右边极点的右边的收敛域并不保证系统是因果的,只保证单位冲激响应是右边的。然而,如果 $H(s)$ 是有理的,那么如例 9.17 和例 9.18 所表明的,只须看它的收敛域是否为右半平面,就能确定该系统是否是因果的,从而有

> 对于一个具有有理系统函数的系统来说,系统的因果性就等效于收敛域位于最右边极点的右边的右半平面。

例 9.17 有一个系统,其单位冲激响应为

$$h(t) = e^{-t}u(t) \tag{9.113}$$

因为 $t < 0$, $h(t) = 0$,所以该系统是因果的。同时,根据例 9.1,它的系统函数为

$$H(s) = \frac{1}{s+1}, \qquad Re\{s\} > -1 \tag{9.114}$$

在这种情况下,系统函数是有理的,并且收敛域在最右边极点的右边,这就与具有有理系统函数的系数的因果性等效于收敛域位于最右边极点的右边的结论相一致。

例 9.18 有一个系统,其单位冲激响应为

$$h(t) = e^{-|t|}$$

因为 $t < 0$, $h(t) \neq 0$,所以该系统是非因果的。同时,根据例 9.7,它的系统函数为

$$H(s) = \frac{-2}{s^2 - 1}, \qquad -1 < Re\{s\} < +1$$

因此, $H(s)$ 是有理的,但收敛域不在最右边极点的右边,这与系统的非因果性是一致的。

例 9.19 考虑如下系统函数:

$$H(s) = \frac{e^s}{s+1}, \qquad Re\{s\} > -1 \tag{9.115}$$

对于该系统,其收敛域位于最右边极点的右边,因此单位冲激响应必须是右边的。为了确定它的单位冲激响应,首先利用例 9.1 的结果

$$e^{-t}u(t) \overset{\mathcal{L}}{\longleftrightarrow} \frac{1}{s+1}, \qquad Re\{s\} > -1 \tag{9.116}$$

接下来,根据 9.5.2 节的时移性质[见式(9.87)],在式(9.115)中的因子 e^s 可以认为是式(9.116)中时间函数的移位,那么

$$e^{-(t+1)}u(t+1) \overset{\mathcal{L}}{\longleftrightarrow} \frac{e^s}{s+1}, \qquad \mathcal{R}e\{s\} > -1 \tag{9.117}$$

所以系统的单位冲激响应是

$$h(t) = e^{-(t+1)}u(t+1) \tag{9.118}$$

它在 $-1 < t < 0$ 时不等于零，所以系统不是因果的。这个例子可以作为一个提示：因果性确实意味着收敛域位于最右边极点的右边，但是相反的结论一般不成立，除非系统函数是有理的。

可以用完全类似的方式来处理有关反因果性的概念。如果在 $t > 0$ 时系统的单位冲激响应 $h(t) = 0$，就说该系统是**反因果**（anticausal）的。因为在这种情况下，$h(t)$ 是左边信号，由9.2可知，系统函数 $H(s)$ 的收敛域就必须是某个左半平面。一般来说，其相反的结论是不成立的。也就是说，如果 $H(s)$ 的收敛域是某个左半平面，那么我们所知道的只是 $h(t)$ 是左边的。然而，如果 $H(s)$ 是有理的，那么收敛域位于最左边极点的左边就等效于系统是反因果的。

9.7.2 稳定性

$H(s)$ 的收敛域也可以与系统的稳定性联系起来。正如2.3.7节曾提到的，一个线性时不变系统的稳定性等效于它的单位冲激响应是绝对可积的，这时的单位冲激响应的傅里叶变换收敛（见4.4节）。因为一个信号的傅里叶变换就等于拉普拉斯变换沿 $j\omega$ 轴求值，所以就有

> 当且仅当系统函数 $H(s)$ 的收敛域包括 $j\omega$ 轴，即 $\mathcal{R}e\{s\} = 0$ 时，一个线性时不变系统就是稳定的。

例 9.20 考虑一个线性时不变系统，其系统函数为

$$H(s) = \frac{s-1}{(s+1)(s-2)} \tag{9.119}$$

因为没有给出收敛域，那么根据9.2节的讨论知道，存在几种不同的收敛域，就会有几种不同的单位冲激响应与式(9.119)给出的 $H(s)$ 代数表示式相联系。然而，如果有关于系统的因果性或稳定性方面的信息，那么适当的收敛域还是能被确定的。例如，若已知系统是因果的，那么收敛域一定如图9.25(a)所示，这时的单位冲激响应就是

$$h(t) = \left(\frac{2}{3}e^{-t} + \frac{1}{3}e^{2t}\right)u(t) \tag{9.120}$$

注意，这种收敛域的选择并未包括 $j\omega$ 轴，因此对应的系统是不稳定的。只要看看 $h(t)$ 不是绝对可积的就能得出这个结果。另一方面，若已知系统是稳定的，那么收敛域就如图9.25(b)所示，相应的单位冲激响应是

$$h(t) = \frac{2}{3}e^{-t}u(t) - \frac{1}{3}e^{2t}u(-t)$$

这是绝对可积的。最后，收敛域为图9.25(c)所示，这时的单位冲激响应为

$$h(t) = -\left(\frac{2}{3}e^{-t} + \frac{1}{3}e^{2t}\right)u(-t)$$

系统是反因果的，而且是不稳定的。

当然,一个系统是稳定(或不稳定)的,但具有一个非有理系统函数,这完全是可能的。例如,式(9.115)的系统函数不是有理的,而它的单位冲激响应式(9.118)是绝对可积的,这就表明系统是稳定的。然而,对于具有有理系统函数的系统,其稳定性很容易用系统的极点来说明。例如,对于图9.25的零-极点图,稳定性就对应于收敛域的选择要在两个极点之间,以使$j\omega$轴位于收敛域内。

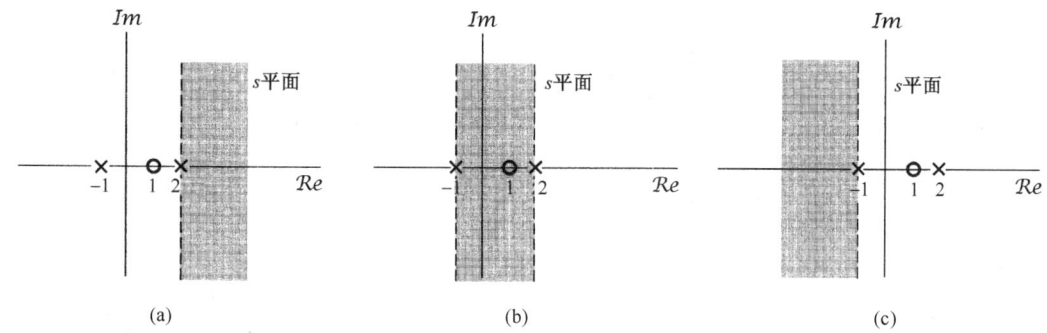

图9.25 例9.20所示系统函数(极点为$s=-1$和$s=2$,零点在$s=1$)的几种可能收敛域。(a)因果不稳定系统;(b)非因果稳定系统;(c)反因果不稳定系统

对于一种特别而重要的系统,稳定性可以很简单地用极点的位置来表征。具体而言,考虑一个具有有理系统函数$H(s)$的因果线性时不变系统,因为系统是因果的,收敛域就在最右边极点的右边,因此这个系统若是稳定的,即收敛域包括$j\omega$轴,$H(s)$的最右边的极点就必须位于$j\omega$轴的左边,即

> 当且仅当$H(s)$的全部极点都位于s平面的左半平面时,也即全部极点都有负实部时,一个具有有理系统函数$H(s)$的因果系统才是稳定的。

例9.21 再次考虑例9.17的因果系统,式(9.113)的单位冲激响应是绝对可积的,因此该系统是稳定的。与此相一致的是,由式(9.114)给出的$H(s)$,其极点在$s=-1$,它在s平面的左半平面。与此相反,单位冲激响应为

$$h(t) = e^{2t}u(t)$$

的因果系统是不稳定的,因为$h(t)$不是绝对可积的。同时,在这种情况下

$$H(s) = \frac{1}{s-2}, \qquad \text{Re}\{s\} > 2$$

系统有一个极点在$s=2$,它位于s平面的右半平面。

例9.22 考虑曾在9.4.2节和6.5.2节讨论过的因果二阶系统,单位冲激响应和系统函数分别是

$$h(t) = M[e^{c_1 t} - e^{c_2 t}]u(t) \tag{9.121}$$

和

$$H(s) = \frac{\omega_n^2}{s^2 + 2\zeta\omega_n s + \omega_n^2} = \frac{\omega_n^2}{(s-c_1)(s-c_2)} \tag{9.122}$$

其中,

$$c_1 = -\zeta\omega_n + \omega_n\sqrt{\zeta^2 - 1} \tag{9.123}$$

$$c_2 = -\zeta\omega_n - \omega_n\sqrt{\zeta^2-1} \tag{9.124}$$

$$M = \frac{\omega_n}{2\sqrt{\zeta^2-1}} \tag{9.125}$$

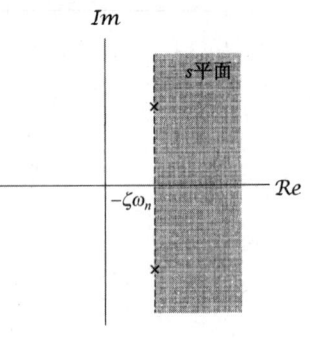

图 9.26 $\zeta<0$ 时，一个因果二阶系统的极点位置和收敛域

在图 9.19 中，已经标出了 $\zeta>0$ 时的极点位置。在图 9.26 中标出的是 $\zeta<0$ 时的极点位置。从后面这个图及式 (9.124) 和式 (9.125) 都很容易看出，对于 $\zeta<0$，两个极点都有正的实部，结果对于 $\zeta<0$，这个因果的二阶系统不可能是稳定的。这个结果在式 (9.121) 中也是显然的，因为 $Re\{c_1\}>0$ 和 $Re\{c_2\}>0$，每一项都随 t 的增加而呈指数增长，因此 $h(t)$ 不可能是绝对可积的。

9.7.3 由线性常系数微分方程表征的线性时不变系统

4.7 节已经讨论过利用傅里叶变换来得到一个由线性常系数微分方程表征的线性时不变系统的频率响应，而无须首先解出单位冲激响应或时域解。采用完全类似的方式，拉普拉斯变换的性质也能用来直接求得一个由线性常系数微分方程所表征系统的系统函数。下面的例子用来说明这一过程。

例 9.23 考虑一个线性时不变系统，其输入 $x(t)$ 和输出 $y(t)$ 满足如下线性常系数微分方程：

$$\frac{dy(t)}{dt} + 3y(t) = x(t) \tag{9.126}$$

在式 (9.126) 两边应用拉普拉斯变换，并分别用 9.5.1 节的线性性质和 9.5.7 节的微分性质，即式 (9.82) 和式 (9.98)，可得代数方程

$$sY(s) + 3Y(s) = X(s) \tag{9.127}$$

因为由式 (9.112) 可知系统函数是

$$H(s) = \frac{Y(s)}{X(s)}$$

所以该系统的系统函数是

$$H(s) = \frac{1}{s+3} \tag{9.128}$$

这样就给出了系统函数的代数表示式，但没有收敛域。事实上，正如在 2.4 节中所讨论的，微分方程本身并不能完全表征这个线性时不变系统，有不同的单位冲激响应都与这个微分方程相吻合。如果除了这个微分方程，还知道系统是因果的，就可以推断出收敛域在最右边极点的右边，在这个例子中就对应于 $Re\{s\}>-3$；如果已知系统是反因果的，收敛域就是 $Re\{s\}<-3$。在因果的情况下，相应的单位冲激响应是

$$h(t) = e^{-3t}u(t) \tag{9.129}$$

而在反因果的情况下则是

$$h(t) = -e^{-3t}u(-t) \tag{9.130}$$

在例 9.23 中，由微分方程得到 $H(s)$ 的过程可以应用到更一般的情况。考虑如下形式的线性常系数微分方程：

$$\sum_{k=0}^{N} a_k \frac{d^k y(t)}{dt^k} = \sum_{k=0}^{M} b_k \frac{d^k x(t)}{dt^k} \tag{9.131}$$

在上式两边进行拉普拉斯变换，并反复应用线性和微分性质，可得

$$\left(\sum_{k=0}^{N} a_k s^k\right) Y(s) = \left(\sum_{k=0}^{M} b_k s^k\right) X(s) \tag{9.132}$$

或者

$$H(s) = \frac{\left\{\sum_{k=0}^{M} b_k s^k\right\}}{\left\{\sum_{k=0}^{N} a_k s^k\right\}} \tag{9.133}$$

因此，一个由微分方程表征的系统，其系统函数总是有理的，它的零点就是如下方程的解：

$$\sum_{k=0}^{M} b_k s^k = 0 \tag{9.134}$$

而它的极点就是如下方程的解：

$$\sum_{k=0}^{N} a_k s^k = 0 \tag{9.135}$$

和前面的讨论一样，式(9.133)并没有包括 $H(s)$ 收敛域的说明，因为该线性常系数微分方程本身没有限制收敛域。然而，如果给出系统有关稳定性或因果性的附加说明，收敛域就可以被推演出来。例如，如果在系统中强加上初始松弛的条件，它就是因果的，收敛域就一定位于最右边极点的右边。

例 9.24 一个 RLC 电路，若其电容器上的电压和电感线圈中的电流最初都是零，就构成了一个可用线性常系数微分方程描述的线性时不变系统。现考虑图 9.27 中的串联 RLC 电路。设跨于电压源的电压是输入信号 $x(t)$，跨于电容器的电压是输出信号 $y(t)$。令在电阻、电感和电容器上的电压之和等于电源电压，可得

$$RC\frac{\mathrm{d}y(t)}{\mathrm{d}t} + LC\frac{\mathrm{d}^2 y(t)}{\mathrm{d}t^2} + y(t) = x(t) \tag{9.136}$$

应用式(9.133)，可得

$$H(s) = \frac{1/LC}{s^2 + (R/L)s + (1/LC)} \tag{9.137}$$

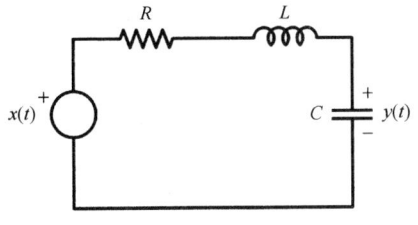

图 9.27 串联 RLC 电路

正如在习题 9.64 中所指出，如果 R，L 和 C 的值全是正的，该系统函数的极点就都具有负的实部，因此该系统一定是稳定的。

9.7.4 系统特性与系统函数的关系举例

我们已经看到，诸如因果性和稳定性之类的系统性质，都能直接与系统函数及其特性联系起来。事实上，已经给出的拉普拉斯变换的每一个性质都能以这种方式用于将系统特性与系统函数联系起来。这一节将用几个例子来说明这一点。

例 9.25 假设已知一个线性时不变系统的输入是

$$x(t) = \mathrm{e}^{-3t} u(t)$$

那么其输出就是

$$y(t) = [e^{-t} - e^{-2t}]u(t)$$

现在要证明，根据这些认识就能确定该系统的系统函数，并且由此还能立即推断出系统的其他性质。

将 $x(t)$ 和 $y(t)$ 分别取拉普拉斯变换，可得

$$X(s) = \frac{1}{s+3}, \qquad Re\{s\} > -3$$

和

$$Y(s) = \frac{1}{(s+1)(s+2)}, \qquad Re\{s\} > -1$$

由式(9.112)可得

$$H(s) = \frac{Y(s)}{X(s)} = \frac{s+3}{(s+1)(s+2)} = \frac{s+3}{s^2+3s+2}$$

而且，还可以确定系统函数的收敛域。由9.5.6节的卷积性质知道，$Y(s)$ 的收敛域至少必须包括 $X(s)$ 和 $H(s)$ 的收敛域相交部分。观察 $H(s)$ 的收敛域的三种可能情况(即极点 $s=-2$ 的左边，极点 -2 和极点 -1 之间，以及极点 $s=-1$ 的右边)，可见只有 $Re\{s\} > -1$ 这一种选择才能与 $X(s)$ 和 $Y(s)$ 的收敛域相符。因为这个收敛域就是 $H(s)$ 的最右边极点的右边，因此可得 $H(s)$ 是因果的。又因为 $H(s)$ 的两个极点都有负的实部，所以系统又是稳定的。再者，根据式(9.131)和式(9.133)之间的关系，还能给出下列微分方程：

$$\frac{d^2 y(t)}{dt^2} + 3\frac{dy(t)}{dt} + 2y(t) = \frac{dx(t)}{dt} + 3x(t)$$

与初始松弛条件一起来表征这个系统。

例9.26 假定关于某个线性时不变系统已知下列条件信息：

1. 系统是因果的。
2. 系统函数是有理的，且仅有两个极点在 $s=-2$ 和 $s=4$。
3. 若 $x(t) = 1$，则 $y(t) = 0$。
4. 单位冲激响应在 $t=0^+$ 时的值是4。

根据以上信息，我们想要确定该系统的系统函数。

根据条件1和条件2可知，系统是不稳定的(因为系统是因果的，而又有一个实部为正的极点在 $s=4$)，并且系统函数具有如下形式：

$$H(s) = \frac{p(s)}{(s+2)(s-4)} = \frac{p(s)}{s^2 - 2s - 8}$$

其中 $p(s)$ 是一个 s 的多项式。由于对输入 $x(t) = 1 = e^{0 \cdot t}$ 的响应 $y(t)$ 必须等于 $H(0) \cdot e^{0 \cdot t} = H(0)$，因此由条件3可得 $p(0) = 0$，也就是说 $p(s)$ 必定有一个根在 $s=0$，于是 $p(s)$ 应该为

$$p(s) = sq(s)$$

其中 $q(s)$ 是另一个 s 多项式。

最后，根据条件4和9.5.10节中的初值定理，可知

$$\lim_{s \to \infty} sH(s) = \lim_{s \to \infty} \frac{s^2 q(s)}{s^2 - 2s - 8} = 4 \qquad (9.138)$$

当 $s \to \infty$ 时，$sH(s)$ 的分子和分母中 s 的最高阶次项起支配作用，从而在求式(9.138)时是重要的项；再者，若分子的阶次比分母的阶次高，那么这个极限一定发散。因此，对于这个极限要得到一个有限的非零值，只有 $sH(s)$ 在分子和分母同阶次的情况下才有可能。现在已知分母阶次为2，因此要使式(9.138)能成立，$q(s)$ 必须是一个常数，即 $q(s) = K$。这个常数可以按如下求出：

$$\lim_{s \to \infty} \frac{Ks^2}{s^2 - 2s - 8} = \lim_{s \to \infty} \frac{Ks^2}{s^2} = K \tag{9.139}$$

令式(9.138)和式(9.139)相等，可见 $K = 4$，因此

$$H(s) = \frac{4s}{(s+2)(s-4)}$$

例9.27 考虑一个稳定的因果系统，其单位冲激响应为 $h(t)$，系统函数为 $H(s)$。假定 $H(s)$ 是有理的，有一个极点在 $s = -2$，原点没有零点，其余的极点和零点位置都不知道。对于下列每一种说法，判断是否能肯定地说是对的，是否能肯定地说是错的，或者说由于条件不充分而无法确认它的真实性。

(a) $\mathcal{F}\{h(t)\mathrm{e}^{3t}\}$ 收敛。

(b) $\int_{-\infty}^{+\infty} h(t)\mathrm{d}t = 0$

(c) $th(t)$ 是一个稳定因果系统的单位冲激响应。

(d) $\mathrm{d}h(t)/\mathrm{d}t$ 在它的拉普拉斯变换中至少有一个极点。

(e) $h(t)$ 是有限持续期的。

(f) $H(s) = H(-s)$。

(g) $\lim_{s \to \infty} H(s) = 2$。

(a) 是错的。因为 $\mathcal{F}\{h(t)\mathrm{e}^{3t}\}$ 相应于 $h(t)$ 的拉普拉斯变换在 $s = -3$ 的值，如果这个值收敛，那就意味着 $s = -3$ 在收敛域内。但是，一个稳定因果系统的收敛域总是在它的全部极点的右边，而 $s = -3$ 不在极点 $s = -2$ 的右边。

(b) 也是错的。因为这等于说 $H(0) = 0$，可是已知 $H(s)$ 在原点没有零点。

(c) 这个说法是对的。按表9.1所列的根据9.5.8节得到的性质，$th(t)$ 的拉普拉斯变换与 $H(s)$ 有相同的收敛域，而 $H(s)$ 的收敛域包括 $j\omega$ 轴，因此对应的系统是稳定的。同时，对于 $t < 0$，$h(t) = 0$，这意味着对于 $t < 0$ 也有 $th(t) = 0$，因此 $th(t)$ 代表的是一个因果系统的单位冲激响应。

(d) 这个说法也是对的。因为根据表9.1，$\mathrm{d}h(t)/\mathrm{d}t$ 的拉普拉斯变换为 $sH(s)$，而乘以一个 s 并没有消去在 $s = -2$ 的极点。

(e) 是错的。如果 $h(t)$ 是有限持续期的，它的拉普拉斯变换的收敛域就必须是整个 s 平面，然而 $H(s)$ 在 $s = -2$ 已经有极点。

(f) 也是错的。如果这是对的，那么因为 $H(s)$ 在 $s = -2$ 有一个极点，就必须在 $s = 2$ 也有一个极点；而对于一个稳定因果系统，其全部极点都一定位于 s 平面的左半平面，这是相矛盾的。

(g) 这个说法的真假由给出的条件无法肯定。因为这种情况要求 $H(s)$ 的分子和分母同阶次，但是缺乏足够的条件来判断 $H(s)$ 是否属于这种情况。

9.7.5 巴特沃思滤波器

在例6.3中曾简要介绍过称为巴特沃思滤波器的一类应用广泛的线性时不变系统。这类滤波器有几个性质，其中包括这类滤波器中的每一种频率响应的模特性，在实际实现中颇具吸引力。作为拉普拉斯变换应用的进一步说明，这一节将用拉普拉斯变换技术从频率响应模特性的要求中确定巴特沃思滤波器的系统函数。

一个 N 阶低通巴特沃思滤波器频率响应的模平方是

$$|B(\mathrm{j}\omega)|^2 = \frac{1}{1 + (\mathrm{j}\omega/\mathrm{j}\omega_c)^{2N}} \tag{9.140}$$

其中 N 是滤波器的阶。从式(9.140)要确定系统函数 $B(s)$，该系统函数可给出 $|B(j\omega)|^2$ 的特性。首先按定义

$$|B(j\omega)|^2 = B(j\omega)B^*(j\omega) \tag{9.141}$$

如果将该巴特沃思滤波器的单位冲激响应限制为实函数，则由傅里叶变换的共轭对称性质，可得

$$B^*(j\omega) = B(-j\omega) \tag{9.142}$$

这样

$$B(j\omega)B(-j\omega) = \frac{1}{1 + (j\omega/j\omega_c)^{2N}} \tag{9.143}$$

注意到 $B(s)|_{s=j\omega} = B(j\omega)$，由式(9.143)就有

$$B(s)B(-s) = \frac{1}{1 + (s/j\omega_c)^{2N}} \tag{9.144}$$

这个分母多项式的根就是 $B(s)B(-s)$ 的极点，这些极点应位于

$$s = (-1)^{1/2N}(j\omega_c) \tag{9.145}$$

式(9.145)对如下 $s = s_p$ 都满足

$$|s_p| = \omega_c \tag{9.146}$$

$$\angle s_p = \frac{\pi(2k+1)}{2N} + \frac{\pi}{2}, \quad k \text{ 为整数} \tag{9.147}$$

也即

$$s_p = \omega_c \exp\left(j\left[\frac{\pi(2k+1)}{2N} + \pi/2\right]\right) \tag{9.148}$$

在图 9.28 中画出了 $N = 1, 2, 3$ 和 6 时，$B(s)B(-s)$ 的极点位置。关于 $B(s)B(-s)$ 的极点，一般可以给出如下几点判断：

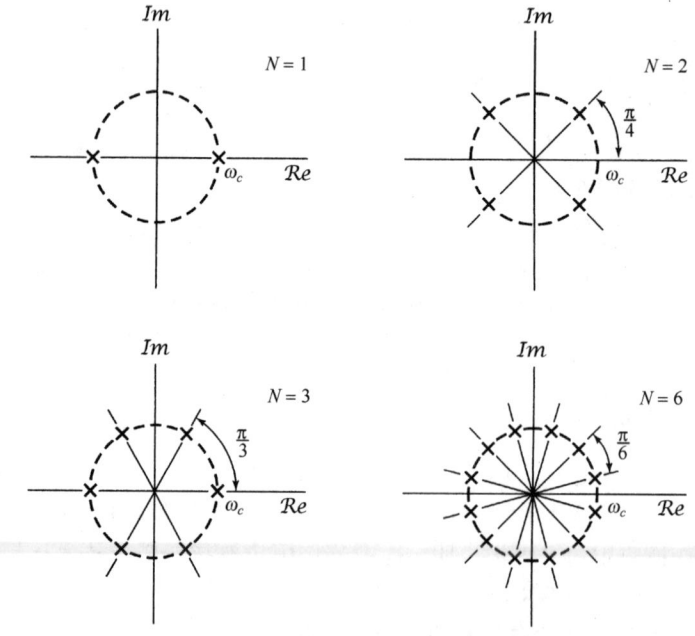

图 9.28 $N = 1, 2, 3$ 和 6 时，$B(s)B(-s)$ 的极点位置

1. 在 s 平面内，半径为 ω_c 的圆上，有 $2N$ 个极点在角度上呈等分割配置。
2. 极点永远不会位于 $j\omega$ 轴上，而且当 N 为奇数时，在 σ 轴上有极点，当 N 为偶数时则没有。
3. 相邻极点之间的角度差是 π/N 弧度。

在已知 $B(s)B(-s)$ 极点的情况下，为了确定 $B(s)$ 的极点，可以观察到，$B(s)B(-s)$ 的极点总是成对出现的，即如果有一个极点在 $s=s_p$，就也有一个极点在 $s=-s_p$。因此，为了构成 $B(s)$ 的极点，可以从每对极点中选取一个。若将系统限制为稳定和因果的，那么与 $B(s)$ 有关的极点就应该是位于该圆上沿左半平面半圆上的极点。除了一个常数因子，这些极点位置就给出了 $B(s)$ 的性质。然而，从式(9.144)可看到 $B^2(s)|_{s=0}=1$，或者等效地说，按式(9.140)，常数因子选择成使频率响应的模平方在 $\omega=0$ 时为单位增益。

为了说明 $B(s)$ 的确定，现考虑当 $N=1,2$ 和 3 时的情况。根据式(9.148)，图 9.28 中已画出了 $B(s)B(-s)$ 的极点，对于所给三种 N 值的情况，在图 9.29 中指出了与 $B(s)$ 有关的极点。这些相应的传递函数就是

$$N=1: \quad B(s)=\frac{\omega_c}{s+\omega_c} \tag{9.149}$$

$$N=2: \quad B(s)=\frac{\omega_c^2}{(s+\omega_c e^{j(\pi/4)})(s+\omega_c e^{-j(\pi/4)})}=\frac{\omega_c^2}{s^2+\sqrt{2}\omega_c s+\omega_c^2} \tag{9.150}$$

$$\begin{aligned} N=3: \quad B(s) &=\frac{\omega_c^3}{(s+\omega_c)(s+\omega_c e^{j(\pi/3)})(s+\omega_c e^{-j(\pi/3)})} \\ &=\frac{\omega_c^3}{(s+\omega_c)(s^2+\omega_c s+\omega_c^2)} \\ &=\frac{\omega_c^3}{s^3+2\omega_c s^2+2\omega_c^2 s+\omega_c^3} \end{aligned} \tag{9.151}$$

根据 9.7.3 节的讨论，由 $B(s)$ 可以确定与其相关的线性常系数微分方程。对应以上三种 N 值，相应的微分方程就是

$$N=1: \quad \frac{\mathrm{d}y(t)}{\mathrm{d}t}+\omega_c y(t)=\omega_c x(t) \tag{9.152}$$

$$N=2: \quad \frac{\mathrm{d}^2 y(t)}{\mathrm{d}t^2}+\sqrt{2}\omega_c \frac{\mathrm{d}y(t)}{\mathrm{d}t}+\omega_c^2 y(t)=\omega_c^2 x(t) \tag{9.153}$$

$$N=3: \quad \frac{\mathrm{d}^3 y(t)}{\mathrm{d}t^3}+2\omega_c \frac{\mathrm{d}^2 y(t)}{\mathrm{d}t^2}+2\omega_c^2 \frac{\mathrm{d}y(t)}{\mathrm{d}t}+\omega_c^3 y(t)=\omega_c^3 x(t) \tag{9.154}$$

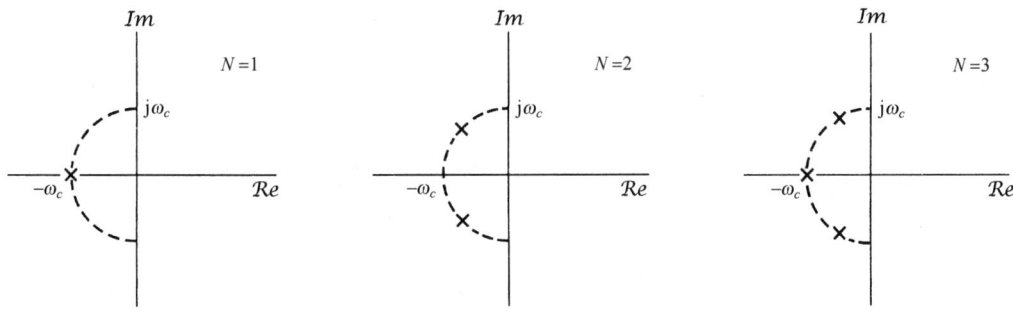

图 9.29 $N=1,2$ 和 3 时，$B(s)$ 的极点位置

9.8 系统函数的代数属性与方框图表示

利用拉普拉斯变换可将微分、卷积、时移等这些时域中的运算用代数运算来代替。前文已展示了这样做在分析线性时不变系统时的很多好处。本节将讨论系统函数代数属性的另一个重要应用,即通过分析线性时不变系统的互联及基本系统的构造单元的互联来综合出复杂系统中的应用。

9.8.1 线性时不变系统互联的系统函数

考虑两个系统的并联,如图 9.30(a)所示。总系统的单位冲激响应是

$$h(t) = h_1(t) + h_2(t) \tag{9.155}$$

由拉普拉斯变换的线性性质,有

$$H(s) = H_1(s) + H_2(s) \tag{9.156}$$

同理,两个系统的级联,如图 9.30(b)所示,其单位冲激响应为

$$h(t) = h_1(t) * h_2(t) \tag{9.157}$$

系统函数为

$$H(s) = H_1(s)H_2(s) \tag{9.158}$$

通过代数运算,在表示线性系统的互联时利用拉普拉斯变换,可以扩展到远比图 9.30 这种简单的并联和级联更为复杂的互联中去。为此,考虑图 9.31 所示两个系统的反馈互联。第 11 章将详细讨论这类互联系统的设计、应用和分析。尽管在时域中这类系统的分析不是特别简单,但是确定由输入 $x(t)$ 到输出 $y(t)$ 的总系统函数还是一个直接的代数运算。具体而言,由图 9.31 有

$$Y(s) = H_1(s)E(s) \tag{9.159}$$

$$E(s) = X(s) - Z(s) \tag{9.160}$$

和

$$Z(s) = H_2(s)Y(s) \tag{9.161}$$

由此可得

$$Y(s) = H_1(s)[X(s) - H_2(s)Y(s)] \tag{9.162}$$

或者

$$\frac{Y(s)}{X(s)} = H(s) = \frac{H_1(s)}{1 + H_1(s)H_2(s)} \tag{9.163}$$

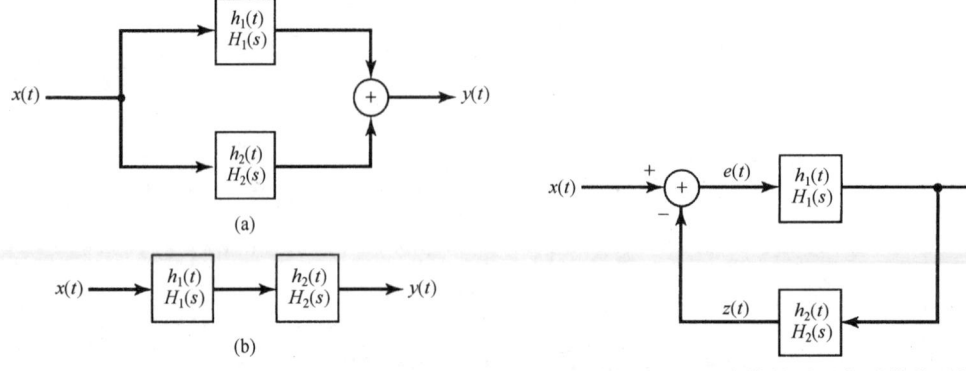

图 9.30 (a)两个线性时不变系统的并联;
(b)两个线性时不变系统的级联

图 9.31 两个线性时不变系统的反馈互联

9.8.2 由微分方程和有理系统函数描述的因果线性时不变系统的方框图表示

2.4.3 节曾说明过,利用相加、乘以一个系数和积分这些基本运算,可将由一阶微分方程描述的线性时不变系统用方框图来表示。这三种运算也能用来构造更高阶系统的方框图,本节将用几个例子来给予说明。

例 9.28 考虑一个因果线性时不变系统,其系统函数 $H(s)$ 为

$$H(s) = \frac{1}{s+3}$$

由 9.7.3 节可知,这个系统也能用下列微分方程来描述:

$$\frac{\mathrm{d}y(t)}{\mathrm{d}t} + 3y(t) = x(t)$$

具有初始松弛条件。在 2.4.3 节曾构造出一个方框图表示,如图 2.32 所示。另一种等效的方框图(相应于图 2.32 中的 $a=3$ 和 $b=1$)如图 9.32(a)所示。图中 $1/s$ 是一个单位冲激响应为 $u(t)$ 的系统的系统函数,也就是一个积分器的系统函数。在图 9.32(a)的反馈回路中的系统函数 -3 就相应于乘以系数 -3。这个方框图所涉及的反馈回路很像 9.8.1 小节考虑并画在图 9.31 中的反馈回路,唯一的差别是输入相加器中的这两个信号在图 9.32(a)中是相加的,而在图 9.31 中是相减的。然而,若在反馈回路中改变相乘系数的符号,所得出的图 9.32(b)就与图 9.31 完全一样了。这样可用式(9.163)证明出

$$H(s) = \frac{1/s}{1+3/s} = \frac{1}{s+3}$$

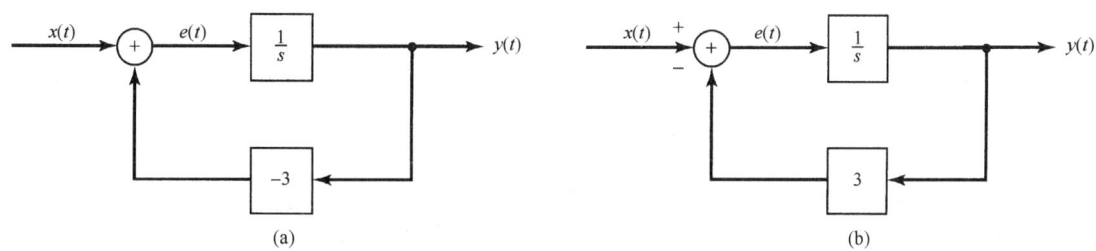

图 9.32 (a) 例 9.28 的因果线性时不变系统的方框图表示;(b) 等效方框图表示

例 9.29 现在考虑一个因果线性时不变系统,其系统函数 $H(s)$ 为

$$H(s) = \frac{s+2}{s+3} = \left(\frac{1}{s+3}\right)(s+2) \tag{9.164}$$

由式(9.164)可以想到,这个系统可以看成一个系统函数为 $1/(s+3)$ 的系统与系统函数为 $(s+2)$ 的系统的级联结果。如图 9.33(a)所示,图中已经用了图 9.32(a)的方框图来代表 $1/(s+3)$。

对于式(9.164)的系统,还有可能得到另一种方框图表示。利用拉普拉斯变换的线性和微分性质可知,图 9.33(a)中的 $y(t)$ 和 $z(t)$ 是由下列方程关联起来的:

$$y(t) = \frac{\mathrm{d}z(t)}{\mathrm{d}t} + 2z(t)$$

然而,输入至积分器的 $e(t)$ 就是输出 $z(t)$ 的导数,所以

$$y(t) = e(t) + 2z(t)$$

这样就直接导出了另一种方框图表示,如图 9.33(b)所示。注意,因为

$$y(t) = \frac{dz(t)}{dt} + 2z(t)$$

图 9.33(a)中的方框图要求 $z(t)$ 的微分,而与此对照,图 9.33(b)并不涉及任何信号的直接微分。

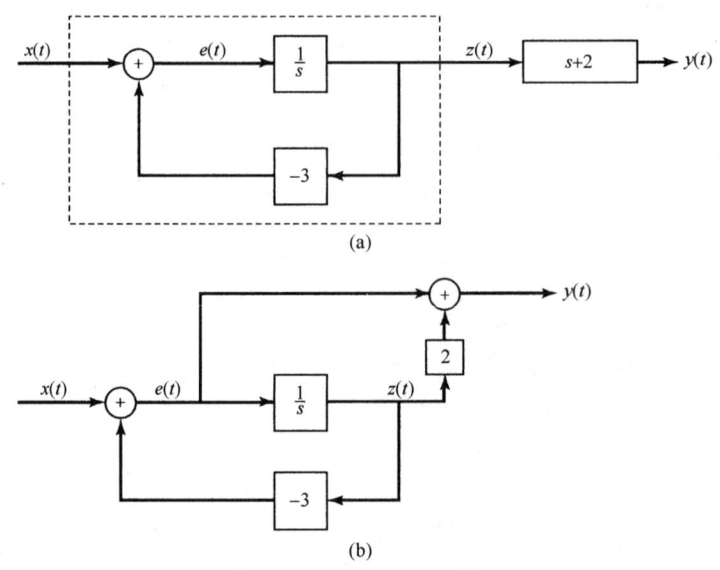

图 9.33 (a) 例 9.29 的系统方框图表示;(b) 等效方框图表示

例 9.30 接下来考虑一个因果二阶系统,其系统函数为

$$H(s) = \frac{1}{(s+1)(s+2)} = \frac{1}{s^2 + 3s + 2} \tag{9.165}$$

这个系统的输入 $x(t)$ 和输出 $y(t)$ 满足如下微分方程:

$$\frac{d^2y(t)}{dt^2} + 3\frac{dy(t)}{dt} + 2y(t) = x(t) \tag{9.166}$$

采用与前面例子类似的想法,可以得出这个系统的方框图表示,如图 9.34(a)所示。因为,积分器的输入就是积分器输出的导数,所以方框图中的各信号关联如下:

$$f(t) = \frac{dy(t)}{dt}$$

$$e(t) = \frac{df(t)}{dt} = \frac{d^2y(t)}{dt^2}$$

同时,将式(9.166)重写成

$$\frac{d^2y(t)}{dt^2} = -3\frac{dy(t)}{dt} - 2y(t) + x(t), \quad 或 \quad e(t) = -3f(t) - 2y(t) + x(t)$$

这是与图 9.34(a)所代表的完全相同的。

图 9.34(a)中出现的系数可以直接根据系统函数中的系数或等效微分方程中的系数来确定,所以称这种方框图为**直接型**(direct-form)表示。对系统函数进行稍许变化,可以得到实际中很重要的其他方框图表示。特别是,式(9.165)中的 $H(s)$ 可重写成

$$H(s) = \left(\frac{1}{s+1}\right)\left(\frac{1}{s+2}\right)$$

这就令人想到能将该系统表示成两个一阶系统的级联。这种**级联型**(cascade-form)表示如图 9.34(b)所示。另外,将 $H(s)$ 进行部分分式展开,可得

$$H(s) = \frac{1}{s+1} - \frac{1}{s+2}$$

这就产生了**并联型**(parallel-form)表示，如图9.34(c)所示。

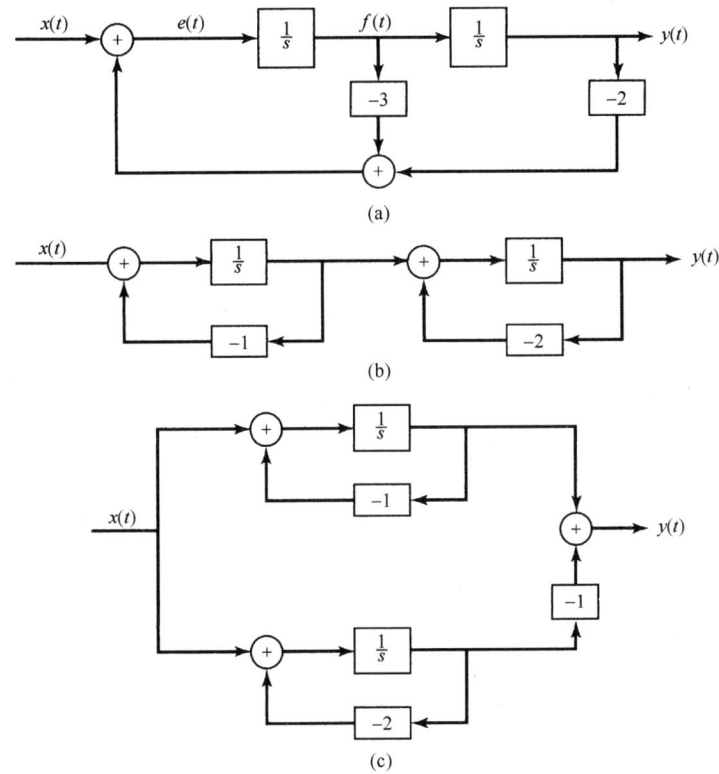

图 9.34　例 9.30 系统的方框图表示。(a) 直接型; (b) 级联型; (c) 并联型

例 9.31　作为最后一个例子，考虑如下系统函数：

$$H(s) = \frac{2s^2 + 4s - 6}{s^2 + 3s + 2} \tag{9.167}$$

再次利用系统函数的代数属性，可将 $H(s)$ 写成几种不同的形式，其中每一种都有对应的方框图表示。特别是，能将 $H(s)$ 写成

$$H(s) = \left(\frac{1}{s^2 + 3s + 2}\right)(2s^2 + 4s - 6)$$

因此 $H(s)$ 可看成图 9.34(a) 的系统与系统函数为 $(2s^2 + 4s - 6)$ 的系统的级联。完全像在例 9.29 中所做的，可以用"抽头"信号的办法把出现在第一个系统积分器输入端的信号抽出来，以提取第二个系统所要求的导数。详细过程将在习题 9.36 中讨论，而所得的直接型方框图表示则如图 9.35 所示。我们再一次看到，在直接型表示中，方框图中出现的系数可以直观地由系统函数式(9.167)中的系数来确定。

作为一种替代方式，还能将 $H(s)$ 写成

$$H(s) = \left(\frac{2(s-1)}{s+2}\right)\left(\frac{s+3}{s+1}\right) \tag{9.168}$$

或者

$$H(s) = 2 + \frac{6}{s+2} - \frac{8}{s+1} \tag{9.169}$$

其中，式(9.168)是一种级联型表示，而式(9.169)则是一种并联型表示(详见习题9.36)。

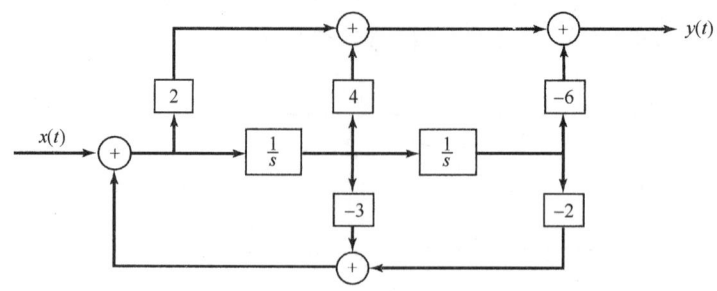

图 9.35　例 9.31 所示系统的直接型表示

对于由微分方程和有理系统函数描述的因果线性时不变系统，构造方框图表示的方法都可以用于高阶的系统。另外，构造方式通常有很大的灵活性。例如，若将式(9.168)中的分子颠倒一下次序，就可以写成

$$H(s) = \left(\frac{s+3}{s+2}\right)\left(\frac{2(s-1)}{s+2}\right)$$

这又是一种不同的级联型表示。同理，正如在习题 9.38 中所说明的，一个四阶系统函数可以写成两个二阶系统函数的乘积，而其中每个二阶系统函数又有几种不同的表示方式(如直接型、级联型或并联型)，并且还能写成低阶项的和，而每个低阶项又有几种不同的表示。这样一来，简单的低阶系统就可以作为基本的构造单元，用来实现更复杂的高阶系统。

9.9　单边拉普拉斯变换

本章前面各节讨论的拉普拉斯变换一般称为双边拉普拉斯变换。稍许有些不同的另一种拉普拉斯变换形式称为**单边拉普拉斯变换**(unilateral Laplace transform)，将在本节介绍和讨论。单边拉普拉斯变换在分析具有非零初始条件的(即系统最初不是松弛的)，由线性常系数微分方程所描述的因果系统时有很大的价值。

一个连续时间信号 $x(t)$ 的单边拉普拉斯变换 $\mathcal{X}(s)$ 定义为

$$\mathcal{X}(s) \triangleq \int_{0^-}^{\infty} x(t) e^{-st} \, dt \tag{9.170}$$

这里，积分的下限取为 0^-，以表明在积分区间内包括了集中于 $t=0$ 的任何冲激或高阶奇异函数。对于一个信号及其单边拉普拉斯变换，再次采用一个方便的简化符号表示为

$$x(t) \overset{\mathcal{UL}}{\longleftrightarrow} \mathcal{X}(s) = \mathcal{UL}\{x(t)\} \tag{9.171}$$

比较式(9.170)和式(9.3)即可发现，单边和双边拉普拉斯变换在定义上的不同在于积分的下限。双边拉普拉斯变换取决于 $t=-\infty$ 到 $t=+\infty$ 的整个信号，而单边拉普拉斯变换仅取决于 $t=0^-$ 到 $t=\infty$ 的信号。这样一来，在 $t<0$ 时不同，而在 $t \geq 0$ 时相同的两个信号，将有不同的双边拉普拉斯变换，而有相同的单边拉普拉斯变换。同理，任何在 $t<0$ 时都为零的信号，其双边和单边拉普拉斯变换相同。

因为 $x(t)$ 的单边拉普拉斯变换就是将信号 $x(t)$ 在 $t<0$ 时将它的值置为零而求得的双边拉普拉斯变换，因此有关双边拉普拉斯变换中的很多细节、概念和结果都能直接用于单边的情况。例如，利用 9.2 节对右边信号的性质 4 即可得出，式(9.170)的收敛域总是位于某

9.9.1 单边拉普拉斯变换举例

为了说明单边拉普拉斯变换，考虑下面这些例子。

例9.32 考虑信号 $x(t)$

$$x(t) = \frac{t^{n-1}}{(n-1)!}e^{-at}u(t) \tag{9.172}$$

因为 $t<0$ 时 $x(t)=0$，所以 $x(t)$ 的单边和双边拉普拉斯变换是一致的。于是，由表9.2可得

$$X(s) = \frac{1}{(s+a)^n}, \qquad Re\{s\} > -a \tag{9.173}$$

例9.33 考虑信号 $x(t)$

$$x(t) = e^{-a(t+1)}u(t+1) \tag{9.174}$$

这个信号的双边变换 $X(s)$ 可由例9.1和时移性质（见9.5.2节）求得为

$$X(s) = \frac{e^s}{s+a}, \qquad Re\{s\} > -a \tag{9.175}$$

与此对照的是，其单边变换是

$$\begin{aligned} \mathcal{X}(s) &= \int_{0^-}^{\infty} e^{-a(t+1)}u(t+1)e^{-st}dt = \int_{0^-}^{\infty} e^{-a}e^{-t(s+a)}dt \\ &= e^{-a}\frac{1}{s+a}, \qquad Re\{s\} > -a \end{aligned} \tag{9.176}$$

因此，这个例子的单边和双边拉普拉斯变换明显不同。事实上，应该将 $\mathcal{X}(s)$ 看成不是 $x(t)$ 而是 $x(t)u(t)$ 的双边变换，这就与先前关于单边变换就是在 $t<0^-$ 时置一个信号为零的双边变换这一结论一致了。

例9.34 考虑下面的信号 $x(t)$：

$$x(t) = \delta(t) + 2u_1(t) + e^t u(t) \tag{9.177}$$

因为 $t<0$ 时 $x(t)=0$，并且在积分区间内包括了在原点的奇异函数，所以 $x(t)$ 的单边变换与双边变换相同。根据表9.2的变换对15，$u_n(t)$ 的双边变换是 s^n，所以有

$$\mathcal{X}(s) = X(s) = 1 + 2s + \frac{1}{s-1} = \frac{s(2s-1)}{s-1}, \qquad Re\{s\} > 1 \tag{9.178}$$

例9.35 考虑如下单边拉普拉斯变换：

$$\mathcal{X}(s) = \frac{1}{(s+1)(s+2)} \tag{9.179}$$

在例9.9中已经讨论过一个双边拉普拉斯变换的逆变换问题，其代数表示式与式(9.179)一样，不过是对几种不同的收敛域来做的。对于单边变换，收敛域一定位于 $\mathcal{X}(s)$ 的最右边极点的右边的右半平面，即这种情况下收敛域由 $Re\{s\} > -1$ 的所有点 s 组成。然后，与例9.9完全一样，将这个单边变换求逆变换而得

$$x(t) = [e^{-t} - e^{-2t}]u(t), \qquad t > 0^- \tag{9.180}$$

这里要强调，单边拉普拉斯变换所提供的仅为 $t>0^-$ 时信号的有关信息。

例 9.36 考虑如下单边变换：

$$X(s) = \frac{s^2 - 3}{s + 2} \tag{9.181}$$

因为 $X(s)$ 分子的阶次不是严格地小于分母的阶次，所以可将 $X(s)$ 展开为

$$X(s) = A + Bs + \frac{C}{s + 2} \tag{9.182}$$

令式(9.181)和式(9.182)相等，并通分约去分母，可得

$$s^2 - 3 = (A + Bs)(s + 2) + C \tag{9.183}$$

令上式等号左右两边 s 阶次的系数相等，就有

$$X(s) = -2 + s + \frac{1}{s + 2} \tag{9.184}$$

其收敛域为 $\mathrm{Re}\{s\} > -2$。将每一项求逆变换，可得

$$x(t) = -2\delta(t) + u_1(t) + \mathrm{e}^{-2t} u(t), \qquad t > 0^- \tag{9.185}$$

9.9.2 单边拉普拉斯变换性质

与双边拉普拉斯变换一样，单边拉普拉斯变换也有许多重要的性质，其中有一些与双边变换是相同的，而另有几个则明显不同。表 9.3 综合了这些性质。注意，对每个信号的单边拉普拉斯变换，并没有另辟一列明确地指出其收敛域，这是由于任何单边拉普拉斯变换的收敛域总是某一右半平面的缘故。例如，一个有理单边拉普拉斯变换的收敛域总是在最右边极点的右边。

表 9.3 单边拉普拉斯变换性质

性　　质	信　　号	单边拉普拉斯变换
	$x(t)$	$X(s)$
	$x_1(t)$	$X_1(s)$
	$x_2(t)$	$X_2(s)$
线性	$ax_1(t) + bx_2(t)$	$aX_1(s) + bX_2(s)$
s 域平移	$\mathrm{e}^{s_0 t} x(t)$	$X(s - s_0)$
时域尺度变换	$x(at), a > 0$	$\frac{1}{a} X\left(\frac{s}{a}\right)$
共轭	$x^*(t)$	$X^*(s)$
卷积[假设 $t < 0$, $x_1(t)$ 和 $x_2(t)$ 均为零]	$x_1(t) * x_2(t)$	$X_1(s) X_2(s)$
时域微分	$\dfrac{\mathrm{d}}{\mathrm{d}t} x(t)$	$sX(s) - x(0^-)$
s 域微分	$-tx(t)$	$\dfrac{\mathrm{d}}{\mathrm{d}s} X(s)$
时域积分	$\displaystyle\int_{0^-}^{t} x(\tau) \mathrm{d}\tau$	$\dfrac{1}{s} X(s)$
初值定理和终值定理 若 $x(t)$ 在 $t = 0$ 不包含任何冲激或高阶奇异函数，则 $x(0^+) = \lim_{s \to \infty} sX(s)$ $\lim_{t \to \infty} x(t) = \lim_{s \to 0} sX(s)$		

将表9.3和表9.1进行对比可见,单边拉普拉斯变换的收敛域总是在右半平面,线性、s域平移、时域尺度变换、共轭和s域微分等性质都与双边变换的是一样的。9.5.10节的初值定理与终值定理对单边拉普拉斯变换也成立[①]。这些性质的推导也与双边变换的情况相同。

单边变换的卷积性质也与双边变换的情况十分类似。这个性质表明,若

$$x_1(t) = x_2(t) = 0, \quad t < 0 \tag{9.186}$$

则

$$x_1(t) * x_2(t) \overset{\mathcal{UL}}{\longleftrightarrow} X_1(s)X_2(s) \tag{9.187}$$

因为在式(9.186)的条件下,$x_1(t)$和$x_2(t)$的单边变换和双边变换是一样的,所以立即由双边变换的卷积性质可得出式(9.187)。因此,只要在$t<0$,输入为零时处理因果线性时不变系统(对此,系统函数**既是**单位冲激响应的双边拉普拉斯变换,**又是**单边拉普拉斯变换),那么在本章建立并应用的系统分析方法和系统函数的代数属性,无须任何变化都适用于单边拉普拉斯变换。表9.3的积分性质就是一个例子,若$t<0$时$x(t)=0$,则

$$\int_{0^-}^{t} x(\tau) \, d\tau = x(t) * u(t) \overset{\mathcal{UL}}{\longleftrightarrow} X(s)\mathcal{U}(s) = \frac{1}{s}X(s) \tag{9.188}$$

作为第二种情况,考虑下面这个例子。

例9.37 假设由下列微分方程描述的一个因果线性时不变系统:

$$\frac{d^2 y(t)}{dt^2} + 3\frac{dy(t)}{dt} + 2y(t) = x(t) \tag{9.189}$$

具有初始松弛条件。利用式(9.133),可求得该系统的系统函数是

$$\mathcal{H}(s) = \frac{1}{s^2 + 3s + 2} \tag{9.190}$$

设系统的输入是$x(t) = \alpha u(t)$。这时,输出$y(t)$的单边(和双边)拉普拉斯变换是

$$\mathcal{Y}(s) = \mathcal{H}(s)X(s) = \frac{\alpha}{s(s+1)(s+2)}$$
$$= \frac{\alpha/2}{s} - \frac{\alpha}{s+1} + \frac{\alpha/2}{s+2} \tag{9.191}$$

将例9.32用于式(9.191)中的每一项,得到

$$y(t) = \alpha \left[\frac{1}{2} - e^{-t} + \frac{1}{2}e^{-2t} \right] u(t) \tag{9.192}$$

重要的是要注意,仅当式(9.187)中$x_1(t)$和$x_2(t)$两者在$t<0$时都为零,单边拉普拉斯变换的卷积性质才成立。也就是说,虽然$x_1(t) * x_2(t)$的双边拉普拉斯变换总是等于$x_1(t)$和$x_2(t)$的双边拉普拉斯变换的乘积,但是如果$x_1(t)$或$x_2(t)$中有一个在$t<0$时不为零,那么一般来说$x_1(t) * x_2(t)$的单边拉普拉斯变换不等于各自单边拉普拉斯变化的乘积(见习题9.39)。

单边和双边变换的性质之间的一个特别重要的差别是微分性质。考虑某一信号$x(t)$,其单边拉普拉斯变换为$X(s)$,那么根据分部积分法可求得$dx(t)/dt$的单边变换为

$$\int_{0^-}^{\infty} \frac{dx(t)}{dt} e^{-st} \, dt = x(t)e^{-st} \Big|_{0^-}^{\infty} + s\int_{0^-}^{\infty} x(t)e^{-st} \, dt \tag{9.193}$$
$$= sX(s) - x(0^-)$$

同理,再次利用分部积分又可求得$d^2 x(t)/dt^2$的单边拉普拉斯变换,即

[①] 事实上,初值定理与终值定理基本上应属单边变换的性质,因为它们仅适用于$t<0$时$x(t)=0$的信号。

$$s^2X(s) - sx(0^-) - x'(0^-) \tag{9.194}$$

其中 $x'(0^-)$ 为 $x(t)$ 的导数在 $t=0^-$ 的值。显而易见，可以继续这一过程而得到高阶导数的单边拉普拉斯变换。

9.9.3 利用单边拉普拉斯变换求解微分方程

单边拉普拉斯变换的一个主要应用是求解具有非零初始条件的线性常系数微分方程，现用下面的例子来说明它。

例9.38 考虑由式(9.189)的微分方程表征的系统，其初始条件为

$$y(0^-) = \beta, \quad y'(0^-) = \gamma \tag{9.195}$$

设 $x(t) = \alpha u(t)$。那么在式(9.189)两边应用单边拉普拉斯变换，可得

$$s^2\mathcal{Y}(s) - \beta s - \gamma + 3s\mathcal{Y}(s) - 3\beta + 2\mathcal{Y}(s) = \frac{\alpha}{s} \tag{9.196}$$

或者

$$\mathcal{Y}(s) = \frac{\beta(s+3)}{(s+1)(s+2)} + \frac{\gamma}{(s+1)(s+2)} + \frac{\alpha}{s(s+1)(s+2)} \tag{9.197}$$

其中 $\mathcal{Y}(s)$ 是 $y(t)$ 的单边拉普拉斯变换。

参照例 9.37 特别是式(9.191)可以看出，式(9.197)右边最后一项就是当式(9.195)的初始条件均为零($\beta=\gamma=0$)时系统响应的单边拉普拉斯变换。也就是说，最后一项代表了由式(9.189)描述的因果线性时不变系统在初始松弛条件下的响应。这个响应常称为**零状态响应**(zero-state response)，也即当初始状态[式(9.195)的一组初始条件]为零时的响应。

对于式(9.197)的等号右边的前两项也可给出类似的解释。这两项所代表的是当输入为零($\alpha=0$)时，该系统响应的单边拉普拉斯变换。这个响应常称为**零输入响应**(zero-input response)。注意，零输入响应是初始条件值的线性函数(即，β 和 γ 的值增大一倍，零输入响应也随之加倍)。再者，式(9.197)对于具有非零初始条件的线性常系数微分方程的解说明了一个重要事实，即总的响应就是零状态响应和零输入响应的叠加。零状态响应是将初始条件置为零所得到的响应，也即一个由该微分方程定义的线性时不变系统在初始松弛条件下的响应。零输入响应则是当输入为零时系统对初始条件的响应。在习题 9.20、习题 9.40 和习题 9.66 中还能找到其他的例子。

最后，对于任何 α, β 和 γ 值，当然都能将 $\mathcal{Y}(s)$ 展开成部分分式，而求逆变换得出 $y(t)$。例如，若 $\alpha=2, \beta=3$ 且 $\gamma=-5$，那么式(9.197)部分分式展开的结果就是

$$\mathcal{Y}(s) = \frac{1}{s} - \frac{1}{s+1} + \frac{3}{s+2} \tag{9.198}$$

对每一项应用例 9.32，则有

$$y(t) = [1 - e^{-t} + 3e^{-2t}]u(t), \quad t > 0 \tag{9.199}$$

9.10 小结

本章讨论并研究了拉普拉斯变换，它可以看成傅里叶变换的一种推广。在线性时不变系统的分析和研究中，拉普拉斯变换是一种特别有用的分析工具。由于拉普拉斯变换具有的性质，线性时不变系统，其中包括由线性常系数微分方程表示的系统，都能利用代数运算在变换域中进行表征和分析。另外，系统函数的代数属性为分析线性时不变系统的互联和由微分方程描述的线性时不变系统的方框图表示的构成，都提供了一个方便的工具。

第9章 拉普拉斯变换

对于具有有理拉普拉斯变换的信号与系统，变换往往很便于通过在复平面内标出零点和极点的位置，并指出它们的收敛域来表示。从零-极点图来讲，除了一个常数因子，可以用几何方法求得傅里叶变换。因果性、稳定性及其他一些特征也很容易从极点位置和有关收敛域的了解中得以识别。

本章主要关注的是双边拉普拉斯变换，同时也介绍了略有不同的另一种拉普拉斯变换形式，即单边拉普拉斯变换。单边拉普拉斯变换可看成在 $t=0^-$ 之前为零的信号的双边拉普拉斯变换。这种单边拉普拉斯变换在求解具有非零初始条件的线性常系数微分方程时特别有用。

习题

习题的第一部分属于基本题，答案在书末给出。其余三个部分分别属于基本题、深入题和扩充题。

基本题（附答案）

9.1 对下列每个积分，给出保证积分收敛的实参数 σ 的值：

(a) $\int_0^\infty e^{-5t} e^{-(\sigma+j\omega)t} dt$ 　　(b) $\int_{-\infty}^0 e^{-5t} e^{-(\sigma+j\omega)t} dt$ 　　(c) $\int_{-5}^5 e^{-5t} e^{-(\sigma+j\omega)t} dt$

(d) $\int_{-\infty}^\infty e^{-5t} e^{-(\sigma+j\omega)t} dt$ 　　(e) $\int_{-\infty}^\infty e^{-5|t|} e^{-(\sigma+j\omega)t} dt$ 　　(f) $\int_{-\infty}^0 e^{-5|t|} e^{-(\sigma+j\omega)t} dt$

9.2 考虑信号
$$x(t) = e^{-5t} u(t-1)$$
其拉普拉斯变换记为 $X(s)$，
(a) 利用式(9.3)求 $X(s)$，并给出它的收敛域。
(b) 确定有限数 A 和 t_0，以使
$$g(t) = Ae^{-5t} u(-t-t_0)$$
的拉普拉斯变换 $G(s)$ 与 $X(s)$ 有相同的代数式。对应于 $G(s)$ 的收敛域是什么？

9.3 考虑信号
$$x(t) = e^{-5t} u(t) + e^{-\beta t} u(t)$$
其拉普拉斯变换记为 $X(s)$。若 $X(s)$ 的收敛域是 $Re\{s\} > -3$，则应在 β 的实部和虚部上施加什么限制？

9.4 对于
$$x(t) = \begin{cases} e^t \sin(2t), & t \le 0 \\ 0, & t > 0 \end{cases}$$
的拉普拉斯变换，指出它的极点位置及其收敛域。

9.5 对下列每个信号拉普拉斯变换的代数表示式，确定位于有限 s 平面的零点个数和在无限远处的零点个数：

(a) $\dfrac{1}{s+1} + \dfrac{1}{s+3}$ 　　(b) $\dfrac{s+1}{s^2-1}$ 　　(c) $\dfrac{s^3-1}{s^2+s+1}$

9.6 已知一个绝对可积的信号 $x(t)$ 有一个极点在 $s=2$，试回答下列问题：
(a) $x(t)$ 可能是有限持续期的吗？　　(b) $x(t)$ 是左边的吗？
(c) $x(t)$ 是右边的吗？　　(d) $x(t)$ 是双边的吗？

9.7 有多少个信号在其收敛域内都有如下式所示的拉普拉斯变换：
$$\frac{(s-1)}{(s+2)(s+3)(s^2+s+1)}$$

9.8 设信号 $x(t)$ 有一个有理拉普拉斯变换，共有两个极点在 $s = -1$ 和 $s = -3$。若 $g(t) = e^{2t}x(t)$，其傅里叶变换 $G(j\omega)$ 收敛，试问 $x(t)$ 是左边的，右边的，还是双边的？

9.9 已知
$$e^{-at}u(t) \overset{\mathcal{L}}{\longleftrightarrow} \frac{1}{s+a}, \qquad \mathcal{R}e\{s\} > \mathcal{R}e\{-a\}$$
求
$$X(s) = \frac{2(s+2)}{s^2 + 7s + 12}, \qquad \mathcal{R}e\{s\} > -3$$
的拉普拉斯逆变换。

9.10 根据相应的零-极点图，利用傅里叶变换模的几何求值方法，确定下列每个拉普拉斯变换其相应的傅里叶变换的模特性是否近似为低通、高通或带通的：

(a) $H_1(s) = \dfrac{1}{(s+1)(s+3)}, \quad \mathcal{R}e\{s\} > -1$ (b) $H_2(s) = \dfrac{s}{s^2 + s + 1}, \quad \mathcal{R}e\{s\} > -\dfrac{1}{2}$

(c) $H_3(s) = \dfrac{s^2}{s^2 + 2s + 1}, \quad \mathcal{R}e\{s\} > -1$

9.11 利用零-极点图的几何求值方法，确定拉普拉斯变换为
$$X(s) = \frac{s^2 - s + 1}{s^2 + s + 1}, \qquad \mathcal{R}e\{s\} > -\frac{1}{2}$$
的信号的傅里叶变换的模特性。

9.12 关于信号 $x(t)$，假设已知下面三点：
1. $x(t) = 0, \; t < 0$
2. $x(k/80) = 0, \; k = 1, 2, 3, \cdots$
3. $x(1/160) = e^{-120}$

设 $X(s)$ 为 $x(t)$ 的拉普拉斯变换，确定下面哪种说法与给出的有关 $x(t)$ 的信息相一致：
(a) $X(s)$ 在有限 s 平面内仅有一个极点。
(b) $X(s)$ 在有限 s 平面内仅有两个极点。
(c) $X(s)$ 在有限 s 平面内有多于两个的极点。

9.13 设 $g(t)$ 为
$$g(t) = x(t) + \alpha x(-t)$$
其中，
$$x(t) = \beta e^{-t}u(t)$$
$g(t)$ 的拉普拉斯变换是
$$G(s) = \frac{s}{s^2 - 1}, \qquad -1 < \mathcal{R}e\{s\} < 1$$
试确定 α 和 β 的值。

9.14 关于信号 $x(t)$ 及其拉普拉斯变换 $X(s)$，给出如下条件：
1. $x(t)$ 是实值的偶信号。
2. 在有限 s 平面内，$X(s)$ 有 4 个极点而没有零点。
3. $X(s)$ 有一个极点在 $s = (1/2)e^{j\pi/4}$。
4. $\int_{-\infty}^{\infty} x(t)\,\mathrm{d}t = 4$

试确定 $X(s)$ 及其收敛域。

9.15 有两个右边信号 $x(t)$ 和 $y(t)$，满足如下微分方程：
$$\frac{\mathrm{d}x(t)}{\mathrm{d}t} = -2y(t) + \delta(t)$$
和
$$\frac{\mathrm{d}y(t)}{\mathrm{d}t} = 2x(t)$$
试确定 $Y(s)$ 和 $X(s)$ 及其收敛域。

9.16 一个单位冲激响应为 $h(t)$ 的因果线性时不变系统 S，其输入 $x(t)$ 和输出 $y(t)$ 由如下线性常系数微分方程所关联：

$$\frac{d^3y(t)}{dt^3} + (1+\alpha)\frac{d^2y(t)}{dt^2} + \alpha(\alpha+1)\frac{dy(t)}{dt} + \alpha^2 y(t) = x(t)$$

(a) 若

$$g(t) = \frac{dh(t)}{dt} + h(t)$$

那么 $G(s)$ 有多少个极点？

(b) 实参数 α 为何值才能保证系统 S 是稳定的？

9.17 一个因果线性时不变系统 S 的方框图表示如图 P9.17 所示，试确定描述该系统输入 $x(t)$ 到输出 $y(t)$ 的微分方程。

9.18 考虑习题 3.20 所讨论的 RLC 电路所代表的因果线性时不变系统。

(a) 确定 $H(s)$ 并给出它的收敛域。答案应与系统是因果和稳定的条件一致。

(b) 利用 $H(s)$ 的零-极点图和傅里叶变换模特性的几何求值法，判断对应的傅里叶变换的模特性是否近似为一个低通、高通或带通特性。

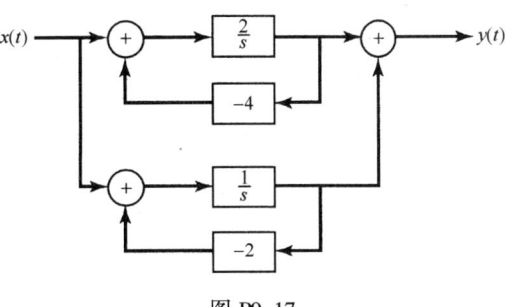

图 P9.17

(c) 若将 R 的值改变为 $10^{-3}\ \Omega$，试确定 $H(s)$ 并给出它的收敛域。

(d) 利用在 (c) 中所得 $H(s)$ 的零-极点图和傅里叶变换模特性的几何求值法，判断对应的傅里叶变换的模特性是否近似为一个低通、高通或带通特性。

9.19 确定下列各信号的单边拉普拉斯变换，并给出相应的收敛域：

(a) $x(t) = e^{-2t}u(t+1)$
(b) $x(t) = \delta(t+1) + \delta(t) + e^{-2(t+3)}u(t+1)$
(c) $x(t) = e^{-2t}u(t) + e^{-4t}u(t)$

9.20 考虑习题 3.19 的 RL 电路。

(a) 当输入电流 $x(t) = e^{-2t}u(t)$ 时，确定该电路的零状态响应。

(b) 已知 $y(0^-) = 1$，确定该电路在 $t > 0^-$ 时的零输入响应。

(c) 当输入电流 $x(t) = e^{-2t}u(t)$，初始条件与 (b) 相同时，确定电路的输出。

基本题

9.21 确定下列时间函数的拉普拉斯变换、收敛域及零-极点图：

(a) $x(t) = e^{-2t}u(t) + e^{-3t}u(t)$
(b) $x(t) = e^{-4t}u(t) + e^{-5t}\sin(5t)u(t)$
(c) $x(t) = e^{2t}u(-t) + e^{3t}u(-t)$
(d) $x(t) = te^{-2|t|}$
(e) $x(t) = |t|e^{-2|t|}$
(f) $x(t) = |t|e^{2t}u(-t)$
(g) $x(t) = \begin{cases} 1, & 0 \leq t \leq 1 \\ 0, & \text{其他} \end{cases}$
(h) $x(t) = \begin{cases} t, & 0 \leq t \leq 1 \\ 2-t, & 1 \leq t \leq 2 \end{cases}$
(i) $x(t) = \delta(t) + u(t)$
(j) $x(t) = \delta(3t) + u(3t)$

9.22 对下列每个拉普拉斯变换及其收敛域，确定时间函数 $x(t)$：

(a) $\dfrac{1}{s^2+9}$, $Re\{s\} > 0$
(b) $\dfrac{s}{s^2+9}$, $Re\{s\} < 0$
(c) $\dfrac{s+1}{(s+1)^2+9}$, $Re\{s\} < -1$
(d) $\dfrac{s+2}{s^2+7s+12}$, $-4 < Re\{s\} < -3$

(e) $\dfrac{s+1}{s^2+5s+6}$, $-3 < \mathcal{Re}\{s\} < -2$ (f) $\dfrac{(s+1)^2}{s^2-s+1}$, $\mathcal{Re}\{s\} > \dfrac{1}{2}$

(g) $\dfrac{s^2-s+1}{(s+1)^2}$, $\mathcal{Re}\{s\} > -1$

9.23 对于下面关于 $x(t)$ 的每一种说法，和图 P9.23 中 4 个零-极点图中的每一个，确定在收敛域上的相应限制：

1. $x(t)\mathrm{e}^{-3t}$ 是绝对可积的。
2. $x(t)*(\mathrm{e}^{-t}u(t))$ 是绝对可积的。
3. $x(t) = 0$, $t > 1$
4. $x(t) = 0$, $t < -1$

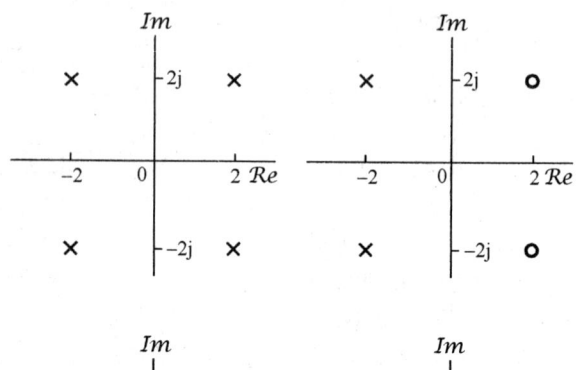

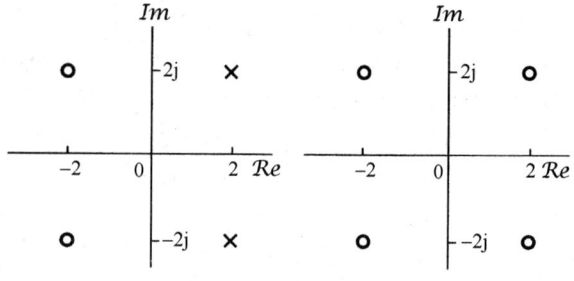

图 P9.23

9.24 本题中认为拉普拉斯变换的收敛域总是包括 $j\omega$ 轴的。

(a) 考虑一个信号 $x(t)$，其傅里叶变换为 $X(j\omega)$，而拉普拉斯变换为 $X(s) = s + 1/2$。画出 $X(s)$ 的零-极点图。另外，对某一给定的 ω 画出一个向量，其长度代表 $|X(j\omega)|$，而其对实轴的角度代表 $\angle X(j\omega)$。

(b) 通过该零-极点图和(a)中的向量图，确定另一个不同的拉普拉斯变换 $X_1(s)$，其对应于时间函数是 $x_1(t)$，使得有

$$|X_1(j\omega)| = |X(j\omega)|$$

但

$$x_1(t) \neq x(t)$$

给出零-极点图和代表 $X_1(j\omega)$ 的有关向量。

(c) 对于(b)的答案，再通过有关的向量图，确定 $\angle X(j\omega)$ 和 $\angle X_1(j\omega)$ 之间的关系。

(d) 确定某一拉普拉斯变换 $X_2(s)$，使得有

$$\angle X_2(j\omega) = \angle X(j\omega)$$

但是 $x_2(t)$ 不是正比于 $x(t)$ 的。给出 $X_2(s)$ 的零-极点图和代表 $X_2(j\omega)$ 的有关向量。

(e) 对于(d)的答案，确定 $|X_2(j\omega)|$ 和 $|X(j\omega)|$ 之间的关系。

(f) 考虑一个信号 $x(t)$,其拉普拉斯变换为 $X(s)$,零-极点图如图 P9.24 所示。确定 $X_1(s)$,以使 $|X(j\omega)| = |X_1(j\omega)|$,而且 $X_1(s)$ 的全部极点和零点都位于 s 平面的左半平面,即 $\mathcal{R}e\{s\} < 0$。另外,再确定 $X_2(s)$,以使 $\sphericalangle X(j\omega) = \sphericalangle X_2(j\omega)$,而且 $X_2(s)$ 的全部极点和零点都位于 s 平面的左半平面。

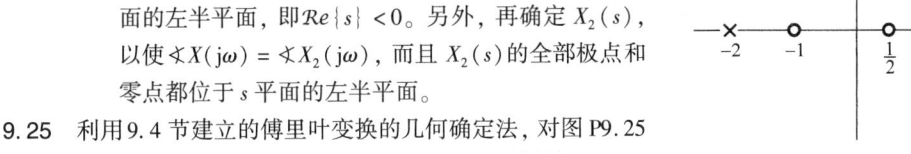

图 P9.24

9.25 利用 9.4 节建立的傅里叶变换的几何确定法,对图 P9.25 中的每个零-极点图画出有关傅里叶变换的模特性。

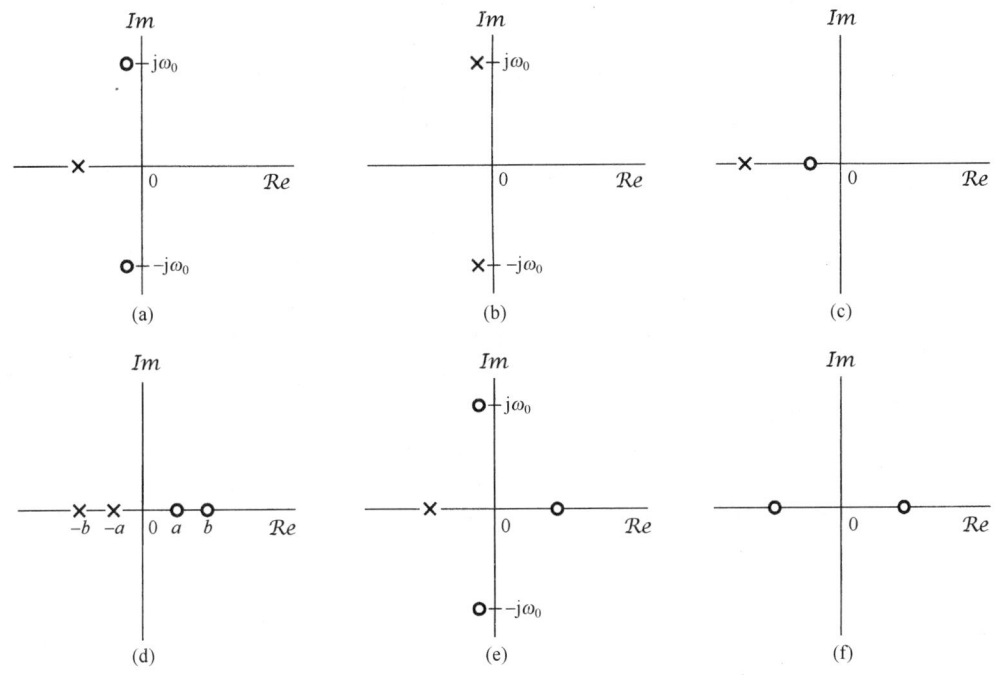

图 P9.25

9.26 考虑一个信号 $y(t)$,它与两个信号 $x_1(t)$ 和 $x_2(t)$ 的关系是
$$y(t) = x_1(t-2) * x_2(-t+3)$$
其中,
$$x_1(t) = e^{-2t}u(t) \quad 且 \quad x_2(t) = e^{-3t}u(t)$$
已知
$$e^{-at}u(t) \overset{\mathcal{L}}{\longleftrightarrow} \frac{1}{s+a}, \quad \mathcal{R}e\{s\} > -a$$
利用拉普拉斯变换性质,确定 $y(t)$ 的拉普拉斯变换 $Y(s)$。

9.27 关于一个拉普拉斯变换为 $X(s)$ 的实信号 $x(t)$,给出下列 5 个条件:

1. $X(s)$ 只有两个极点。
2. $X(s)$ 在有限 s 平面没有零点。
3. $X(s)$ 有一个极点在 $s = -1+j$。
4. $e^{2t}x(t)$ 不是绝对可积的。
5. $X(0) = 8$。

试确定 $X(s)$ 并给出它的收敛域。

9.28 考虑一个线性时不变系统,其系统函数 $H(s)$ 的零-极点图如图 P9.28 所示。
(a) 指出与该零-极点图有关的所有可能的收敛域。
(b) 对于(a)中所标定的每个收敛域,给出有关的系统是否是稳定的和/或因果的。

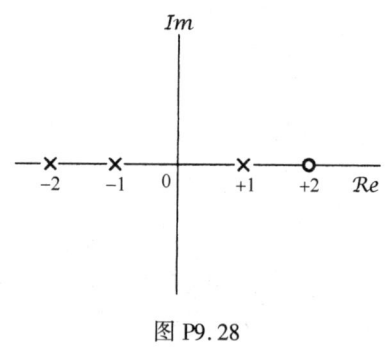

图 P9.28

9.29 有一个线性时不变系统,输入 $x(t) = e^{-t}u(t)$,单位冲激响应 $h(t) = e^{-2t}u(t)$。
(a) 确定 $x(t)$ 和 $h(t)$ 的拉普拉斯变换。
(b) 利用卷积性质确定输出 $y(t)$ 的拉普拉斯变换 $Y(s)$。
(c) 由(b)所求得的 $y(t)$ 的拉普拉斯变换求 $y(t)$。
(d) 将 $x(t)$ 和 $h(t)$ 直接卷积,以验证(c)的结果。

9.30 压力计可以用一个线性时不变系统来仿真,对于一个单位阶跃的输入,其响应为 $(1 - e^{-t} - te^{-t})u(t)$。在某一输入 $x(t)$ 的情况下,观察到的输出是 $(2 - 3e^{-t} + e^{-3t})u(t)$。对于这个已观察到的结果,确定该压力计的真正压力输入(作为时间的函数)。

9.31 有一个连续时间线性时不变系统,其输入 $x(t)$ 和输出 $y(t)$ 由下列微分方程所关联:

$$\frac{d^2y(t)}{dt^2} - \frac{dy(t)}{dt} - 2y(t) = x(t)$$

设 $X(s)$ 和 $Y(s)$ 分别是 $x(t)$ 和 $y(t)$ 的拉普拉斯变换,$H(s)$ 是系统单位冲激响应 $h(t)$ 的拉普拉斯变换。
(a) 求 $H(s)$ 作为 s 的两个多项式之比,画出 $H(s)$ 的零-极点图。
(b) 对下列每一种情况,求 $h(t)$:
(i) 系统是稳定的。 (ii) 系统是因果的。 (iii) 系统既不是稳定的又不是因果的。

9.32 一个单位冲激响应为 $h(t)$ 的因果线性时不变系统有下列性质:
1. 当系统的输入为对于所有的 t 有 $x(t) = e^{2t}$ 时,输出对于所有的 t 是 $y(t) = (1/6)e^{2t}$。
2. 单位冲激响应 $h(t)$ 满足下列微分方程:

$$\frac{dh(t)}{dt} + 2h(t) = (e^{-4t})u(t) + bu(t)$$

其中 b 是一个未知常数。
确定该系统的系统函数 $H(s)$,以与上述性质相符。在答案中不应该有未知常数,即该未知常数 b 不应该出现在答案中。

9.33 有一个因果线性时不变系统的系统函数是

$$H(s) = \frac{s+1}{s^2 + 2s + 2}$$

当输入 $x(t)$ 为

$$x(t) = e^{-|t|}, \quad -\infty < t < \infty$$

求出并画出响应 $y(t)$。

9.34 假设关于一个单位冲激响应为 $h(t)$ 和有理系统函数为 $H(s)$ 的因果稳定线性时不变系统 S,给出下列信息:
1. $H(1) = 0.2$。
2. 当输入为 $u(t)$ 时,输出是绝对可积的。
3. 当输入为 $tu(t)$ 时,输出不是绝对可积的。
4. 信号 $d^2h(t)/dt^2 + 2dh(t)/dt + 2h(t)$ 是有限长的。
5. $H(s)$ 在无限远点只有一个零点。
确定 $H(s)$ 及其收敛域。

9.35 一个因果线性时不变系统的输入 $x(t)$ 和输出 $y(t)$ 是通过图 P9.35 所示的方框图来表示的。

(a) 求联系 $y(t)$ 和 $x(t)$ 的微分方程。
(b) 该系统是稳定的吗?

9.36 本题要讨论输入为 $x(t)$，输出为 $y(t)$ 且系统函数为

$$H(s) = \frac{2s^2 + 4s - 6}{s^2 + 3s + 2}$$

的因果线性时不变系统 S 的各种方框图表示的结构。为了导出 S 的直接型方框图表示，首先考虑一个因果线性时不变系统 S_1，其输入与系统 S 的输入同为 $x(t)$，但它的系统函数为 $H_1(s)$

$$H_1(s) = \frac{1}{s^2 + 3s + 2}$$

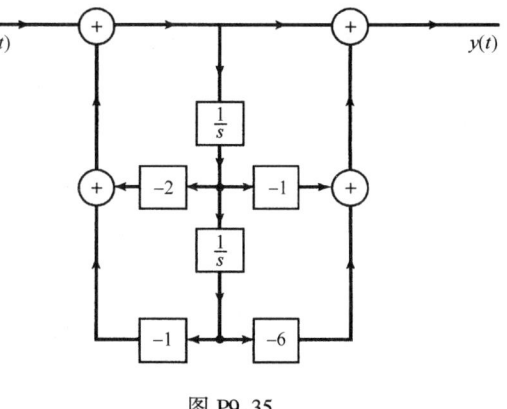

图 P9.35

若系统 S_1 的输出为 $y_1(t)$，则 S_1 的直接型方框图表示如图 P9.36 所示。图中信号 $e(t)$ 和 $f(t)$ 分别代表两个积分器的输入。

(a) 将 $y(t)$（系统 S 的输出）表示成 $y_1(t)$，$dy_1(t)/dt$ 和 $d^2y_1(t)/dt^2$ 的线性组合。
(b) $dy_1(t)/dt$ 是如何与 $f(t)$ 相关联的?
(c) $d^2y_1(t)/dt^2$ 是如何与 $e(t)$ 相关联的?
(d) 将 $y(t)$ 表示成 $e(t)$，$f(t)$ 和 $y_1(t)$ 的线性组合。
(e) 利用前面部分的结果将 S_1 的直接型方框图表示推广，形成 S 的方框图表示。
(f) 可注意到

$$H(s) = \left(\frac{2(s-1)}{s+2}\right)\left(\frac{s+3}{s+1}\right)$$

画出将 S 作为两个子系统级联的方框图表示。

(g) 可注意到

$$H(s) = 2 + \frac{6}{s+2} - \frac{8}{s+1}$$

画出将 S 作为三个子系统并联的方框图表示。

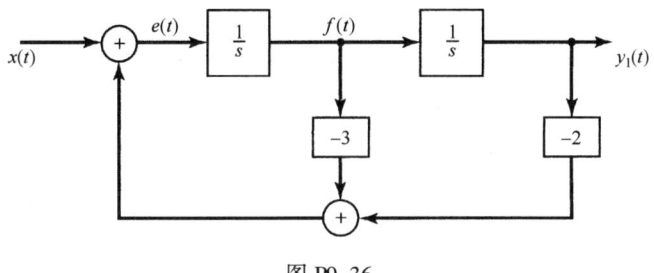

图 P9.36

9.37 画出具有下列系统函数的因果线性时不变系统的直接型表示:

(a) $H_1(s) = \dfrac{s+1}{s^2+5s+6}$ (b) $H_2(s) = \dfrac{s^2-5s+6}{s^2+7s+10}$ (c) $H_3(s) = \dfrac{s}{(s+2)^2}$

9.38 有一个四阶因果线性时不变系统 S，其系统函数为

$$H(s) = \frac{1}{(s^2 - s + 1)(s^2 + 2s + 1)}$$

(a) 证明：由四个一阶系统级联组成的 S 的直接型表示中一定包含不是纯实数的系数相乘。

(b) 画出将 S 作为两个二阶系统级联的方框图表示,每一个二阶系统都用直接型表示。在得到的方框图中不应该有非实数系数的相乘。

(c) 画出将 S 作为两个二阶系统并联的方框图表示,每一个二阶系统都用直接型表示。在得到的方框图中不应该有非实数系数的相乘。

9.39 设 $x_1(t)$ 和 $x_2(t)$ 为

$$x_1(t) = e^{-2t}u(t), \qquad x_2(t) = e^{-3(t+1)}u(t+1)$$

(a) 对 $x_1(t)$ 求单边拉普拉斯变换 $\mathcal{X}_1(s)$ 和双边拉普拉斯变换 $X_1(s)$。

(b) 对 $x_2(t)$ 求单边拉普拉斯变换 $\mathcal{X}_2(s)$ 和双边拉普拉斯变换 $X_2(s)$。

(c) 取 $X_1(s)X_2(s)$ 的双边逆变换,求信号 $g(t) = x_1(t) * x_2(t)$。

(d) 证明 $\mathcal{X}_1(s)\mathcal{X}_2(s)$ 的单边逆变换在 $t > 0^-$ 时不同于 $g(t)$。

9.40 考虑由下列微分方程表征的系统 S:

$$\frac{d^3y(t)}{dt^3} + 6\frac{d^2y(t)}{dt^2} + 11\frac{dy(t)}{dt} + 6y(t) = x(t)$$

(a) 当输入 $x(t) = e^{-4t}u(t)$ 时,求该系统的零状态响应。

(b) 已知

$$y(0^-) = 1, \qquad \left.\frac{dy(t)}{dt}\right|_{t=0^-} = -1, \qquad \left.\frac{d^2y(t)}{dt^2}\right|_{t=0^-} = 1$$

求 $t > 0^-$ 时系统的零输入响应。

(c) 当输入为 $x(t) = e^{-4t}u(t)$ 且初始条件与(b)所给出的相同时,求系统 S 的输出。

深入题

9.41 (a) 证明:若 $x(t)$ 是偶函数,即 $x(t) = x(-t)$,则 $X(s) = X(-s)$。

(b) 证明:若 $x(t)$ 是奇函数,即 $x(t) = -x(-t)$,则 $X(s) = -X(-s)$。

(c) 对于图 P9.41 所示的零-极点图,判断有无与一个偶时间函数相对应的零-极点图?若有,对这些图指出所需的收敛域。

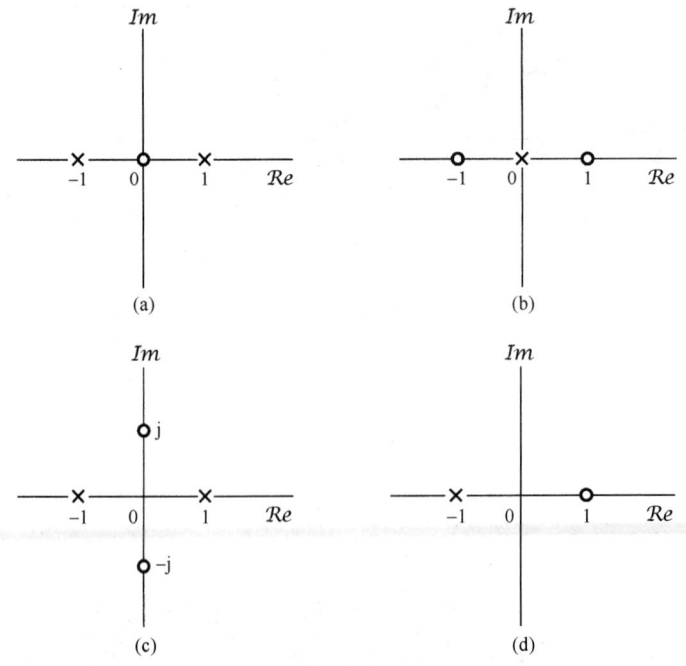

图 P9.41

9.42 判断下列每种说法是否正确。若是正确的，则为它构造一个有力的证据；若是错误的，就给出一个反例。

(a) $t^2 u(t)$ 的拉普拉斯变换在 s 平面的任何地方都不收敛。

(b) $e^{t^2} u(t)$ 的拉普拉斯变换在 s 平面的任何地方都不收敛。

(c) $e^{j\omega_0 t}$ 的拉普拉斯变换在 s 平面的任何地方都不收敛。

(d) $e^{j\omega_0 t} u(t)$ 的拉普拉斯变换在 s 平面的任何地方都不收敛。

(e) $|t|$ 的拉普拉斯变换在 s 平面的任何地方都不收敛。

9.43 设 $h(t)$ 是一个具有有理系统函数的因果稳定线性时不变系统的单位冲激响应，

(a) 单位冲激响应为 $dh(t)/dt$ 的系统能保证是因果和稳定的吗？

(b) 单位冲激响应为 $\int_{-\infty}^{t} h(\tau) d\tau$ 的系统能保证是因果和不稳定的吗？

9.44 设 $x(t)$ 是如下的已采样信号：

$$x(t) = \sum_{n=0}^{\infty} e^{-nT} \delta(t - nT)$$

其中 $T > 0$。

(a) 求 $X(s)$，包括它的收敛域。

(b) 画出 $X(s)$ 的零-极点图。

(c) 利用零-极点图的几何解释，证明 $X(j\omega)$ 是周期的。

9.45 对于图 P9.45(a) 所示的线性时不变系统，已知下列情况：

$$X(s) = \frac{s+2}{s-2}$$

$$x(t) = 0, \quad t > 0$$

和

$$y(t) = -\frac{2}{3} e^{2t} u(-t) + \frac{1}{3} e^{-t} u(t) \quad [\text{见图 P9.45(b)}]$$

(a) 求 $H(s)$ 及其收敛域。

(b) 求 $h(t)$。

(c) 若输入为

$$x(t) = e^{3t}, \quad -\infty < t < +\infty$$

利用 (a) 中求得的系统函数 $H(s)$，求输出 $y(t)$。

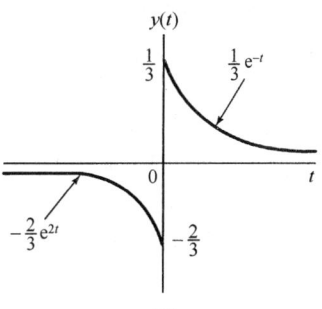

图 P9.45

9.46 设 $H(s)$ 代表一个因果稳定系统的系统函数，该系统的输入是由三项之和组成的，其中之一是一个冲激 $\delta(t)$，而其余的则是 $e^{s_0 t}$ 的复指数形式，这里 s_0 是一个复常数。系统的输出是

$$y(t) = -6 e^{-t} u(t) + \frac{4}{34} e^{4t} \cos(3t) + \frac{18}{34} e^{4t} \sin(3t) + \delta(t)$$

求与这些条件相符的 $H(s)$。

9.47 设信号

$$y(t) = e^{-2t} u(t)$$

是系统函数为

$$H(s) = \frac{s-1}{s+1}$$

的因果全通系统的输出。

(a) 求出并画出至少两种都能产生 $y(t)$ 的可能的输入 $x(t)$。

(b) 若已知

$$\int_{-\infty}^{\infty} |x(t)| dt < \infty$$

求输入 $x(t)$。

(c) 如果已知存在某个稳定(但不一定因果)的系统，它若以 $y(t)$ 为输入，则输出为 $x(t)$，这个输入 $x(t)$ 是什么? 求这个滤波器的单位冲激响应，并用直接卷积证明它有所声称的性质，即 $y(t) * h(t) = x(t)$。

9.48 一个线性时不变系统 $H(s)$ 的逆系统是这样定义的系统：它与 $H(s)$ 级联后所得到的总系统函数为1，或者说，总的系统的单位冲激响应是一个单位冲激函数。

(a) 若将 $H_1(s)$ 记为 $H(s)$ 逆系统的系统函数，试确定 $H(s)$ 和 $H_1(s)$ 之间一般的代数关系。

(b) 图 P9.48 给出一个因果稳定系统 $H(s)$ 的零-极点图，试确定它的逆系统的零-极点图。

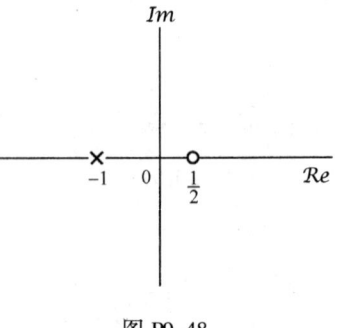

图 P9.48

9.49 一种系统称为最小延迟系统或最小相位系统，有时是通过这一说法来定义的：这些系统是因果稳定的，而它们的逆系统也是因果稳定的。

基于上面的定义，试建立一个论据来说明：一个最小相位系统的系统函数，其全部极点和零点都必须位于 s 平面的左半平面，即 $Re\{s\} < 0$。

9.50 关于线性时不变系统，判断下列每一种说法是否正确。如果一种说法是正确的，就给出一个有力的证据；如果一种说法是错误的，就给出一个反例。

(a) 一个连续时间稳定系统的全部极点必须位于 s 平面的左半平面，即 $Re\{s\} < 0$。

(b) 若一个系统函数的极点数多于零点数，而这个系统是因果的，那么阶跃响应在 $t = 0$ 一定连续。

(c) 若一个系统函数的极点数多于零点数，而这个系统不限定是因果的，那么阶跃响应在 $t = 0$ 可能不连续。

(d) 一个因果稳定系统的系统函数的全部极点和零点都必须在 s 平面的左半平面。

9.51 有一个因果稳定系统，其单位冲激响应 $h(t)$ 是实函数，系统函数为 $H(s)$。已知 $H(s)$ 是有理的，它的极点之一在 $(-1+j)$，零点之一在 $(3+j)$，并且在无限远点只有两个零点。判断下面每种说法是否正确，或者条件不充分而难以置评。

(a) $h(t)e^{-3t}$ 是绝对可积的。

(b) $H(s)$ 的收敛域是 $Re\{s\} > -1$。

(c) 关联系统 S 的输入 $x(t)$ 和输出 $y(t)$ 的微分方程可以仅用实系数的形式写出。

(d) $\lim\limits_{s \to \infty} H(s) = 1$。

(e) $H(s)$ 有不少于 4 个极点。

(f) 至少存在一个有限的 ω，有 $H(j\omega) = 0$。

(g) 若系统 S 的输入是 $e^{3t}\sin t$，输出就是 $e^{3t}\cos t$。

9.52 正如 9.5 节所指出的，拉普拉斯变换的许多性质和推导都与对应的傅里叶变换的性质和推导类似。本题将要求导出几个拉普拉斯变换的性质。

细心注意第 4 章对傅里叶变换有关性质的推导过程，导出下列每个拉普拉斯变换的性质，导出时必须包括有关收敛域的考虑。

(a) 时移(见 9.5.2 节)   (b) s 域平移(见 9.5.3 节)
(c) 时域尺度变换(见 9.5.4 节)   (d) 卷积性质(见 9.5.6 节)

9.53 正如 9.5.10 节所提到的，初值定理指的是，对一个拉普拉斯变换为 $X(s)$ 的信号 $x(t)$，若 $t < 0$ 时 $x(t) = 0$，那么 $x(t)$ 的初值，即 $x(0^+)$ 可以由 $X(s)$ 通过关系

$$x(0^+) = \lim_{s \to \infty} sX(s)$$

求得。首先注意到，因为 $t < 0$ 时 $x(t) = 0$，所以 $x(t) = x(t)u(t)$。接下来将 $x(t)$ 在 $t = 0^+$ 展开成泰勒级数，得到

$$x(t) = \left[x(0^+) + x^{(1)}(0^+)t + \cdots + x^{(n)}(0^+)\frac{t^n}{n!} + \cdots \right] u(t) \quad \text{(P9.53-1)}$$

其中 $x^{(n)}(0^+)$ 代表 $x(t)$ 的 n 阶导数在 $t = 0^+$ 的值。
(a) 求式(P9.53-1)的等号右边任意项 $x^{(n)}(0^+)(t^n/n!)u(t)$ 的拉普拉斯变换(参考例9.14有助于求解)。
(b) 由(a)的结果和式(P9.53-1)的展开式，证明 $X(s)$ 可以表示成

$$X(s) = \sum_{n=0}^{\infty} x^{(n)}(0^+) \frac{1}{s^{n+1}}$$

(c) 证明由(b)的结果就可得出式(9.110)。
(d) 通过首先求出 $x(t)$，对下列各个例子验证初值定理：

　　(i) $X(s) = \dfrac{1}{s+2}$　　　(ii) $X(s) = \dfrac{s+1}{(s+2)(s+3)}$

(e) 初值定理的更一般的形式是：若 $n < N$ 时 $x^{(n)}(0^+) = 0$，那么 $x^{(N)}(0^+) = \lim_{s \to \infty} s^{N+1}X(s)$。证明：这个一般的形式也可由(b)的结果得到。

9.54 有一个拉普拉斯变换为 $X(s)$ 实值信号 $x(t)$。
(a) 在式(9.56)两边应用复数共轭，证明 $X(s) = X^*(s^*)$。
(b) 根据(a)的结果，证明：若 $X(s)$ 在 $s = s_0$ 有一个极点(零点)，那么在 $s = s_0^*$ 也必须有一个极点(零点)。也就是说，对于实值的 $x(t)$，$X(s)$ 的极点和零点必须共轭成对地出现，除非它们在实轴上。

9.55 9.6节的表9.2中列出了几个拉普拉斯变换对，并具体指出了从变换对 1~9 是如何从例9.1和例9.14，以及结合表9.1的各种性质得到的。利用表9.1的各个性质，证明变换对 10~16 是如何根据表9.2中的变换对 1~9 来得到的。

9.56 对于某一具体的复数 s，若变换的模是有限的，即若 $|X(s)| < \infty$，就认为这个拉普拉斯变换存在。证明：变换 $X(s)$ 在 $s = s_0 = \sigma_0 + j\omega_0$ 存在的一个**充分**条件是

$$\int_{-\infty}^{+\infty} |x(t)| e^{-\sigma_0 t} dt < \infty$$

换句话说，证明 $x(t)$ 被 $e^{-\sigma_0 t}$ 指数加权后是绝对可积的。求证时，需要利用复函数 $f(t)$ 的如下结论：

$$\left| \int_a^b f(t) dt \right| \leq \int_a^b |f(t)| dt \quad \text{(P9.56-1)}$$

如果不对式(P9.56-1)进行严格证明，你能证明这是可能的吗？

9.57 一个信号 $x(t)$ 的拉普拉斯变换 $X(s)$ 有4个极点，而零点个数未知；又知信号 $x(t)$ 在 $t = 0$ 有一个冲激。试确定在什么样的有关信息下(如果有)，可以提供有关零点的个数及其位置的情况。

9.58 设 $h(t)$ 是一个具有有理系统函数 $H(s)$ 的因果稳定线性时不变系统的单位冲激响应，证明：$g(t) = \mathcal{R}e\{h(t)\}$ 也是一个因果稳定系统的单位冲激响应。

9.59 若 $X(s)$ 是 $x(t)$ 的单边拉普拉斯变换，利用 $X(s)$ 求下列各信号的单边拉普拉斯变换：

　(a) $x(t-1)$　　　(b) $x(t+1)$　　　(c) $\displaystyle\int_{-\infty}^{\infty} x(\tau) d\tau$　　　(d) $\dfrac{d^3 x(t)}{dt^3}$

扩充题

9.60 在长途电话通信中，由于被传输的信号在接收端被反射，有时候会遇到回波，回波又经线路被送回来，再次在发射端被反射，又返回到接收端。这样的过程可以用图P9.60所示的单位冲激响应系统来仿真，图中已假定只接收到一个回波。参数 T 相当于沿通信信道的单向传播时间。参数 α 代表发射端与接收端之间在幅度上的衰减。

(a) 求该系统的系统函数 $H(s)$ 及其收敛域。
(b) 从(a)的结果应该看到，$H(s)$ 已不是由两个多项式之比组成的。不过，用极点和零点来表示仍是有用的。这里和一般

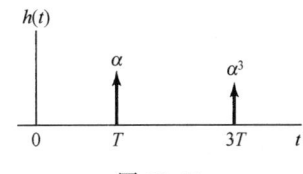

图 P9.60

情况相同，零点就是使 $H(s)=0$ 的那些 s 值，而极点就是使 $1/H(s)=0$ 的那些 s 值。试对(a)中所确定的系统，确定它的零点，并说明它没有任何极点。

(c) 根据(b)的结果，画出 $H(s)$ 的零-极点图。

(d) 通过考虑在 s 平面内合适的向量，大致画出该系统频率响应的模特性。

9.61 一个信号 $x(t)$ 的自相关函数定义为

$$\phi_{xx}(\tau) = \int_{-\infty}^{+\infty} x(t)x(t+\tau)\,dt$$

(a) 求如图 P9.61(a) 所示的输入为 $x(t)$，输出为 $\phi_{xx}(t)$ 的线性时不变系统的单位冲激响应 $h(t)$，要求利用 $x(t)$ 来表示。

(b) 根据(a)的结果，求利用 $X(s)$ 来表示的 $\phi_{xx}(\tau)$ 的拉普拉斯变换 $\Phi_{xx}(s)$；另外将 $\phi_{xx}(\tau)$ 的傅里叶变换 $\Phi_{xx}(j\omega)$ 用 $X(j\omega)$ 来表示。

(c) 如果 $x(t)$ 的拉普拉斯变换 $X(s)$ 有图 P9.61(b) 所示的零-极点图和收敛域，则画出 $\Phi_{xx}(s)$ 的零-极点图并指出收敛域。

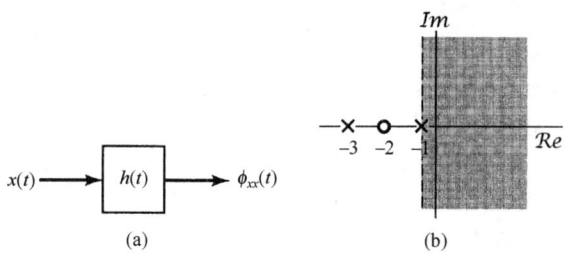

图 P9.61

9.62 在信号设计和分析的一些应用中，会遇到这样一类信号

$$\phi_n(t) = e^{-t/2}L_n(t)u(t), \quad n = 0, 1, 2, \cdots \qquad (P9.62\text{-}1)$$

其中,

$$L_n(t) = \frac{e^t}{n!}\frac{d^n}{dt^n}(t^n e^{-t}) \qquad (P9.62\text{-}2)$$

(a) 函数 $L_n(t)$ 称为 Laguerre 多项式。为了证明它们事实上具有多项式的形式，试明确地确定 $L_0(t)$，$L_1(t)$ 和 $L_2(t)$。

(b) 利用表 9.1 的拉普拉斯变换性质和表 9.2 的拉普拉斯变换对，求 $\phi_n(t)$ 的拉普拉斯变换 $\Phi_n(s)$。

(c) 用一个单位冲激函数去激励图 P9.62 中的网络，就可以产生信号集 $\phi_n(t)$。求 $H_1(s)$ 和 $H_2(s)$，使得沿此级联链路的单位冲激响应正是所指出的信号 $\phi_n(t)$。

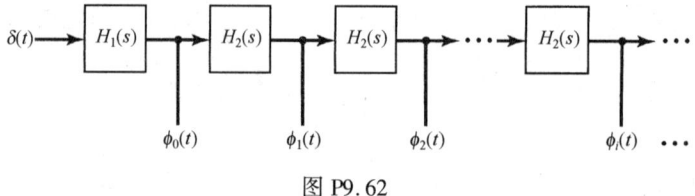

图 P9.62

9.63 在滤波器设计中，将一个低通滤波器转换到一个高通滤波器(反之亦然)，往往是可能的，而且也很方便。现用 $H(s)$ 代表原滤波器的传递函数，用 $G(s)$ 代表已被转换的滤波器的传递函数，通常这种转换是用 $1/s$ 代替 s 构成的，即

$$G(s) = H\left(\frac{1}{s}\right)$$

(a) 若 $H(s) = 1/(s + \frac{1}{2})$, 画出 $|H(j\omega)|$ 和 $|G(j\omega)|$。

(b) 确定与 $H(s)$ 和 $G(s)$ 有关的线性常系数微分方程。

(c) 现在考虑一般的情况, 其中 $H(s)$ 是与下面一般形式的线性常系数微分方程相联系的传递函数:

$$\sum_{k=0}^{N} a_k \frac{d^k y(t)}{dt^k} = \sum_{k=0}^{N} b_k \frac{d^k x(t)}{dt^k} \qquad (P9.63-1)$$

不失一般性, 假定上式两边的最高阶导数 N 相等, 尽管在任何具体情况下, 其中的某些系数可能是零。求 $H(s)$ 和 $G(s)$。

(d) 根据(c)的结果, 利用式(P9.63-1)中的系数, 确定与 $G(s)$ 有关的线性常系数微分方程。

9.64 考虑图9.27所示的 RLC 电路, 设输入为 $x(t)$, 输出为 $y(t)$。

(a) 证明: 若 R, L 和 C 全部是正的, 则这个线性时不变系统是稳定的。

(b) R, L 和 C 相互之间应该有怎样的关系, 才能使该系统代表二阶巴特沃思滤波器?

9.65 (a) 求图 P9.65 所示 RLC 电路关于 $v_i(t)$ 和 $v_0(t)$ 之间的微分方程。

(b) 假定 $v_i(t) = e^{-3t}u(t)$, 利用单边拉普拉斯变换求 $t > 0$ 时的 $v_0(t)$。

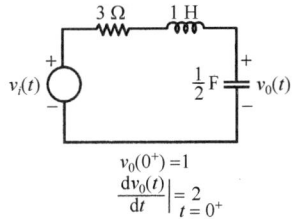

$v_0(0^+) = 1$

$\left.\frac{dv_0(t)}{dt}\right|_{t=0^+} = 2$

图 P9.65

9.66 考虑图 P9.66 所示 RL 电路。假设电流 $i(t)$ 在开关位于 A 时已到达稳态。在 $t = 0$, 开关由 A 移至 B。

(a) 求 $t > 0^-$ 时, $i(t)$ 和 v_2 之间的微分方程。利用 v_1 为这个微分方程标出初始条件, 即 $i(0^-)$ 的值。

(b) 利用表9.3中单边拉普拉斯变换的性质, 求出并画出对于下列 v_1 和 v_2 值的 $i(t)$:

(i) $v_1 = 0$ V, $v_2 = 2$ V

(ii) $v_1 = 4$ V, $v_2 = 0$ V

(iii) $v_1 = 4$ V, $v_2 = 2$ V

利用(i), (ii)和(iii)中的答案, 证明: $i(t)$ 可以表示成电流的零状态响应和零输入响应之和。

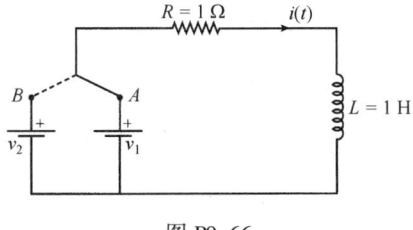

图 P9.66

第10章 z变换

10.0 引言

第9章讨论了拉普拉斯变换,将它作为连续时间傅里叶变换的一种推广。进行这种推广的部分原因是拉普拉斯变换比傅里叶变换有更广的适用范围,因为有不少信号不存在傅里叶变换,但却有拉普拉斯变换。例如,对于不稳定系统有可能用拉普拉斯变换进行变换域分析,这就为线性时不变系统的分析提供了另一种角度和手段。

在本章讨论z变换时,将对离散时间情况采用同一途径:将z变换当成在离散时间情况下与拉普拉斯变换相对应。读者将会看到,在为什么要引入z变换,以及z变换的性质等方面,都与拉普拉斯变换十分相似。然而,正如连续时间和离散时间傅里叶变换之间的关系一样,在z变换和拉普拉斯变换之间也一定存在一些很重要的不同,而这些不同正是来自连续时间和离散时间信号与系统之间的基本差异。

10.1 z变换

由 3.2 节讨论可知,单位脉冲响应为 $h[n]$ 的离散时间线性时不变系统对复指数输入 z^n 的响应 $y[n]$ 为

$$y[n] = H(z)z^n \tag{10.1}$$

其中,

$$H(z) = \sum_{n=-\infty}^{+\infty} h[n]z^{-n} \tag{10.2}$$

若 $z = e^{j\omega}$,这里 ω 为实数(即 $|z|=1$),则式(10.2)的求和式就是 $h[n]$ 的离散时间傅里叶变换。在更一般的情况下,当 $|z|$ 不限制为1时,式(10.2)就称为 $h[n]$ 的 **z 变换**(z-transform)。

一个离散时间信号 $x[n]$ 的 z 变换定义为①

$$\boxed{X(z) \triangleq \sum_{n=-\infty}^{+\infty} x[n]z^{-n}} \tag{10.3}$$

其中 z 是一个复变量。有时为了方便,也将 $x[n]$ 的 z 变换写为 $Z\{x[n]\}$,而 $x[n]$ 和它的 z 变换之间的关系记为

$$x[n] \overset{z}{\longleftrightarrow} X(z) \tag{10.4}$$

在第9章中,对于连续时间信号,讨论了拉普拉斯变换和傅里叶变换之间的几个重要关系。与此相仿,但不完全一样,z变换和离散时间傅里叶变换之间也存在着几个重要关系。为了说明这些关系,现将复变量 z 表示成如下极坐标形式:

---

① 按式(10.3)定义的z变换常称**双边**z变换,以区别于10.9节将要讨论的**单边**z变换。双边z变换的求和是从 $-\infty$ 到 $+\infty$ 的,而单边z变换也有类似于式(10.3)的形式,只是求和是从0到 $+\infty$ 的。因为大多数情况下关心的是双边z变换,所以就将式(10.3)所定义的 $X(z)$ 称为z变换,只有在10.9节中为避免混淆,才用"单边"和"双边"这个词。

$$z = re^{j\omega} \tag{10.5}$$

用 r 表示 z 的模,而用 ω 表示它的相角。利用 r 和 ω, 式(10.3)变成

$$X(re^{j\omega}) = \sum_{n=-\infty}^{+\infty} x[n](re^{j\omega})^{-n}$$

或等效为

$$X(re^{j\omega}) = \sum_{n=-\infty}^{+\infty} \{x[n]r^{-n}\}e^{-j\omega n} \tag{10.6}$$

由式(10.6)可见,$X(re^{j\omega})$ 就是序列 $x[n]$ 乘以实指数 r^{-n} 后的傅里叶变换,即

$$X(re^{j\omega}) = \mathcal{F}\{x[n]r^{-n}\} \tag{10.7}$$

指数加权 r^{-n} 可以随 n 增加而衰减,也可以随 n 增加而增长,这取决于 r 大于 1 还是小于 1。特别要注意的是,若 $r=1$, 或等效为 $|z|=1$, 式(10.3)就变为傅里叶变换,即

$$X(z)\big|_{z=e^{j\omega}} = X(e^{j\omega}) = \mathcal{F}\{x[n]\} \tag{10.8}$$

离散时间信号的 z 变换和傅里叶变换之间关系的讨论与 9.1 节对连续时间信号的讨论是紧密并行的,但具有一些重要的不同。在连续时间情况下,当变换变量的实部为零时,拉普拉斯变换就演变为傅里叶变换。利用复平面 s 来解释,这就意味着,在虚轴 $j\omega$ 上的拉普拉斯变换就是傅里叶变换。与此对应的是,在 z 变换中当变换变量 z 的模为 1,即 $z = e^{j\omega}$ 时, z 变换就演变为傅里叶变换。于是,傅里叶变换就成为在复数 z 平面中,半径为 1 的圆上的 z 变换,如图 10.1 所示。在 z 平面上,这个圆称为**单位圆**(unit circle)。这个单位圆在 z 变换讨论中所起的作用,非常类似于 s 平面上的虚轴在拉普拉斯变换讨论中所起的作用。

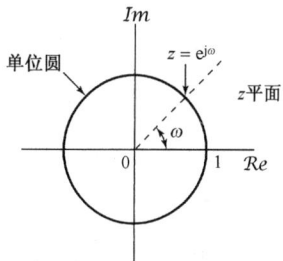

图 10.1 复数 z 平面。当变量 z 在单位圆上时,z 变换就变为傅里叶变换

从式(10.7)可知,为了使 z 变换收敛,要求 $x[n]r^{-n}$ 的傅里叶变换收敛。对于任何一个具体的序列 $x[n]$ 来说,可以想到对某些 r 值,其傅里叶变换收敛,而对另一些 r 值来说则不收敛。一般来说,对于某一序列的 z 变换,存在着某一个 z 值的范围,对该范围内的 z, $X(z)$ 收敛。与拉普拉斯变换一样,这样一些值的范围称为**收敛域**(ROC)。如果收敛域包括单位圆,则傅里叶变换也收敛。为了说明 z 变换及其有关的收敛域,现举下面几个例子。

例 10.1 有一个序列 $x[n] = a^n u[n]$, 根据式(10.3),它的 $X(z)$ 应为

$$X(z) = \sum_{n=-\infty}^{+\infty} a^n u[n] z^{-n} = \sum_{n=0}^{\infty} (az^{-1})^n$$

为使 $X(z)$ 收敛,就要求 $\sum_{n=0}^{\infty} |az^{-1}|^n < \infty$。于是收敛域就是满足 $|az^{-1}| < 1$ 的 z 值范围,或等效表示为 $|z| > |a|$ 的范围,这样就有

$$X(z) = \sum_{n=0}^{\infty} (az^{-1})^n = \frac{1}{1-az^{-1}} = \frac{z}{z-a}, \quad |z| > |a| \tag{10.9}$$

因此,这个信号的 z 变换对于任何 a 值都有定义,它的收敛域按式(10.9)由 a 的模确定。例如,若 $a = 1$, $x[n]$ 就是单位阶跃序列,其 z 变换为

$$X(z) = \frac{1}{1-z^{-1}}, \quad |z| > 1$$

可以看到,式(10.9)的 z 变换是一个有理函数。当然,和拉普拉斯变换一样, z 变换也能够用它的零点(分子多项式的根)和极点(分母多项式的根)来表示。对于这个例子,有一个在 $z=0$ 的零点和一个在 $z=a$ 的极点,当 a 为 0 和 1 之间的某个值时,例 10.1 的零-极点图和收敛域如图 10.2 所示。若 $|a|>1$,则收敛域不包括单位圆;这一点与下述事实是一致的:当 $|a|>1$ 时,$a^n u[n]$ 的傅里叶变换不收敛。

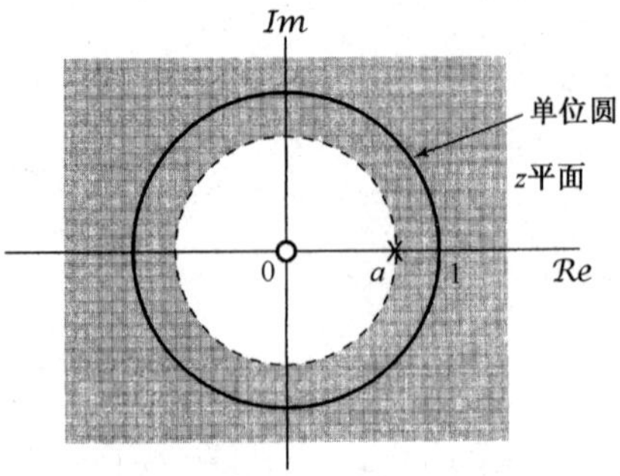

例 10.2 设 $x[n] = -a^n u[-n-1]$,那么

$$X(z) = -\sum_{n=-\infty}^{+\infty} a^n u[-n-1] z^{-n} = -\sum_{n=-\infty}^{-1} a^n z^{-n}$$
$$= -\sum_{n=1}^{\infty} a^{-n} z^n = 1 - \sum_{n=0}^{\infty} (a^{-1} z)^n \tag{10.10}$$

图 10.2 当 $0<a<1$ 时,例 10.1 的零-极点图和收敛域

若 $|a^{-1} z| < 1$,即 $|z| < |a|$,则式(10.10)的求和收敛为

$$X(z) = 1 - \frac{1}{1-a^{-1}z} = \frac{1}{1-az^{-1}} = \frac{z}{z-a}, \quad |z|<|a| \tag{10.11}$$

当 a 的值位于 0 和 1 之间时,该例的零-极点图和收敛域如图 10.3 所示。

比较式(10.9)和式(10.10)及图 10.2 和图 10.3,可以看出,在例 10.1 和例 10.2 中,两者的 $X(z)$ 代数表示式和零-极点图都是一样的,不同的仅是 z 变换的收敛域。因此,和拉普拉斯变换一样, z 变换的表述既要求它的代数表示式,又要求相应的收敛域。另外,还可以看出在这两个例子中,如果序列都是指数的,所得到的变换就是有理的。事实上,在下面的例子中将进一步阐明,只要 $x[n]$ 是实指数或复指数的线性组合,$X(z)$ 就一定是有理的。

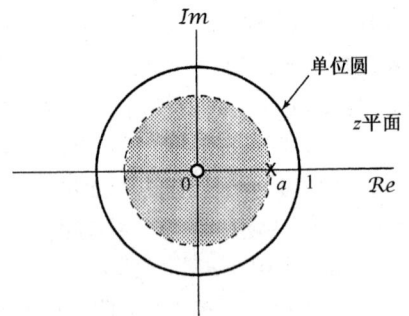

图 10.3 当 $0<a<1$ 时,例 10.2 的零-极点图和收敛域

例 10.3 设一个信号是两个实指数序列之和:

$$x[n] = 7\left(\frac{1}{3}\right)^n u[n] - 6\left(\frac{1}{2}\right)^n u[n] \tag{10.12}$$

那么, z 变换为

$$X(z) = \sum_{n=-\infty}^{+\infty} \left\{ 7\left(\frac{1}{3}\right)^n u[n] - 6\left(\frac{1}{2}\right)^n u[n] \right\} z^{-n}$$
$$= 7 \sum_{n=-\infty}^{+\infty} \left(\frac{1}{3}\right)^n u[n] z^{-n} - 6 \sum_{n=-\infty}^{+\infty} \left(\frac{1}{2}\right)^n u[n] z^{-n} \tag{10.13}$$
$$= 7 \sum_{n=0}^{+\infty} \left(\frac{1}{3} z^{-1}\right)^n - 6 \sum_{n=0}^{+\infty} \left(\frac{1}{2} z^{-1}\right)^n$$

$$= \frac{7}{1-\frac{1}{3}z^{-1}} - \frac{6}{1-\frac{1}{2}z^{-1}} = \frac{1-\frac{3}{2}z^{-1}}{(1-\frac{1}{3}z^{-1})(1-\frac{1}{2}z^{-1})} \tag{10.14}$$

$$= \frac{z(z-\frac{3}{2})}{(z-\frac{1}{3})(z-\frac{1}{2})} \tag{10.15}$$

为了保证 $X(z)$ 收敛,式(10.13) 中的两个和式都必须收敛,这就要求 $|(1/3)z^{-1}| < 1$ 并且 $|(1/2)z^{-1}| < 1$,或者等效为 $|z| > 1/3$ 且 $|z| > 1/2$。因此,收敛域就是 $|z| > 1/2$。

这个例子的 z 变换也可以利用例 10.1 的结果来求得。根据 z 变换的定义式(10.3)可见,z 变换是一个线性变换。也就是说,如果 $x[n]$ 是两项的和,那么 $X(z)$ 就是单独每一项 z 变换的和,并且当这两项 z 变换都收敛时,$X(z)$ 也一定收敛。由例 10.1 有

$$\left(\frac{1}{3}\right)^n u[n] \stackrel{z}{\longleftrightarrow} \frac{1}{1-\frac{1}{3}z^{-1}}, \quad |z| > \frac{1}{3} \tag{10.16}$$

和

$$\left(\frac{1}{2}\right)^n u[n] \stackrel{z}{\longleftrightarrow} \frac{1}{1-\frac{1}{2}z^{-1}}, \quad |z| > \frac{1}{2} \tag{10.17}$$

结果就得到

$$7\left(\frac{1}{3}\right)^n u[n] - 6\left(\frac{1}{2}\right)^n u[n] \stackrel{z}{\longleftrightarrow} \frac{7}{1-\frac{1}{3}z^{-1}} - \frac{6}{1-\frac{1}{2}z^{-1}}, \quad |z| > \frac{1}{2} \tag{10.18}$$

这就是前面已经得到的结果。图 10.4 分别画出了每一项 z 变换的零-极点图和收敛域,以及组合信号 z 变换的零-极点图和收敛域。

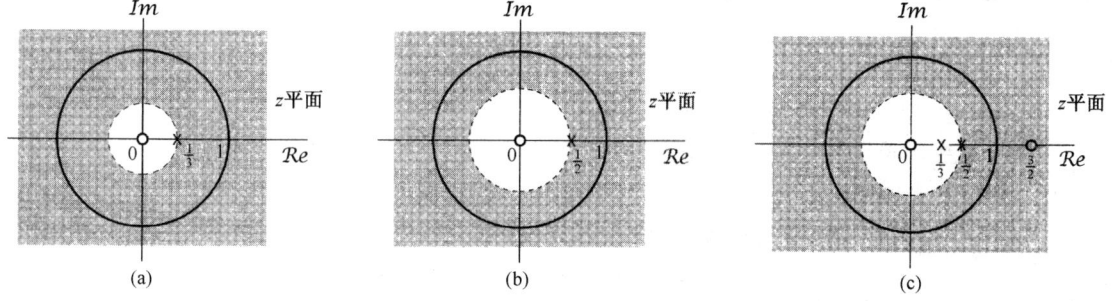

图 10.4 例 10.3 中每一项及其和的拉普拉斯变换的零-极点图和收敛域。(a) $1/\left(1-\frac{1}{3}z^{-1}\right)$, $|z| > \frac{1}{3}$;(b) $1/\left(1-\frac{1}{2}z^{-1}\right), |z| > \frac{1}{2}$;(c) $7/\left(1-\frac{1}{3}z^{-1}\right) - 6/\left(1-\frac{1}{2}z^{-1}\right), |z| > \frac{1}{2}$

例 10.4 考虑信号 $x[n]$ 为

$$\begin{aligned} x[n] &= \left(\frac{1}{3}\right)^n \sin\left(\frac{\pi}{4}n\right) u[n] \\ &= \frac{1}{2j}\left(\frac{1}{3}e^{j\pi/4}\right)^n u[n] - \frac{1}{2j}\left(\frac{1}{3}e^{-j\pi/4}\right)^n u[n] \end{aligned}$$

这个信号的 z 变换是

$$\begin{aligned} X(z) &= \sum_{n=-\infty}^{+\infty}\left\{\frac{1}{2j}\left(\frac{1}{3}e^{j\pi/4}\right)^n u[n] - \frac{1}{2j}\left(\frac{1}{3}e^{-j\pi/4}\right)^n u[n]\right\} z^{-n} \\ &= \frac{1}{2j}\sum_{n=0}^{+\infty}\left(\frac{1}{3}e^{j\pi/4}z^{-1}\right)^n - \frac{1}{2j}\sum_{n=0}^{+\infty}\left(\frac{1}{3}e^{-j\pi/4}z^{-1}\right)^n \\ &= \frac{1}{2j}\frac{1}{1-\frac{1}{3}e^{j\pi/4}z^{-1}} - \frac{1}{2j}\frac{1}{1-\frac{1}{3}e^{-j\pi/4}z^{-1}} \end{aligned} \tag{10.19}$$

或等效为

$$X(z) = \frac{\frac{1}{3\sqrt{2}}z}{(z - \frac{1}{3}e^{j\pi/4})(z - \frac{1}{3}e^{-j\pi/4})} \tag{10.20}$$

为了保证 $X(z)$ 收敛，式(10.19)中的两个和式都必须收敛，这就要求 $|(1/3)e^{j\pi/4}z^{-1}| < 1$ 并且 $|(1/3)e^{-j\pi/4}z^{-1}| < 1$，或等效为 $|z| > 1/3$。这个例子的零-极点图和收敛域如图10.5所示。

在以上4个例子中，都将 z 变换既表示成 z 的多项式之比，又表示成 z^{-1} 的多项式之比。从式(10.3)这种 z 变换的定义形式中可以看到，对于那些在 $n < 0$ 时为零的序列，$X(z)$ 仅涉及 z 的负幂，因此对这种信号，把 $X(z)$ 表示成 z^{-1} 的多项式特别方便。在以后的讨论中，只要合适，都将采用这种表示形

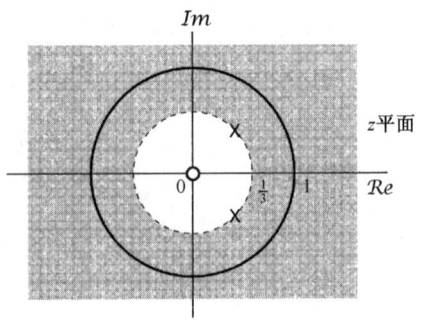

图 10.5 例 10.4 中 z 变换的零-极点图和收敛域

式。然而，关于极点和零点，总是利用以 z 为多项式表示的分母与分子多项式的根。另外，将 $X(z)$ 写成 z 多项式之比有时也很方便，如在考察无限远点的零极点时就是这样，若分子的阶次超过分母的阶次，在无限远点就有极点；若分子的阶次小于分母的阶次，在无限远点就有零点。

10.2 z 变换的收敛域

在第9章中已看到，对于各种不同类型的信号，在拉普拉斯变换收敛域上都有一些特别的性质，而且理解了这些性质会对拉普拉斯变换有更进一步的理解。这一节将以类似的方式来说明 z 变换收敛域的几个性质。以下讨论的每一个性质及其证明都是与9.2节讨论的每一个性质相并行的。

性质1 $X(z)$ 的收敛域是在 z 平面内以原点为中心的圆环。

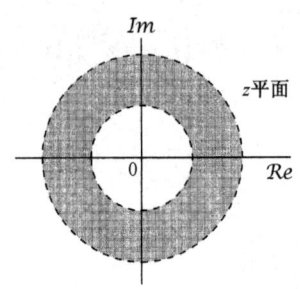

这个性质如图10.6所示。这是由于收敛域是由这样一些 $z = re^{j\omega}$ 值组成的，对于这些 z 值，$x[n]r^{-n}$ 的傅里叶变换收敛。也就是说，$x[n]$ 的 z 变换的收敛域是由 $x[n]r^{-n}$ 绝对可和的那些 z 值组成的[①]：

$$\sum_{n=-\infty}^{+\infty} |x[n]| r^{-n} < \infty \tag{10.21}$$

因此，收敛域仅取决于 $r = |z|$，而与 ω 无关。结果，若某一具体的 z 值在收敛域内，那么位于同一圆内的全部 z 值(即具有相同的模)也一定在收敛域内。这本身就保证了收敛域是由同心圆环组成的。在讨论性质6时将会看到，事实上收敛域必须仅由一个单一的圆环组成。在某些情况下，收敛域的内圆边界可

图 10.6 收敛域为 z 平面的一个圆环。在某些情况下，内圆边界可延伸到原点，这时收敛域就是一个圆盘。在另一些情况下，外圆边界可延伸至无限远

以向内延伸到原点，而在另一些情况下，外圆边界可以向外延伸到无限远。

[①] 关于 z 变换数学性质的完整论述，可见 R. V. Churchill 和 J. W. Brown 所著 *Complex Variables and Applications* (5th ed.) (New York: McGraw-Hill, 1990)，以及 E. I. Jury 所著 *Theory and Application of the z-Transform Method* (Malabar, FL: R. E. Krieger Pub. Co., 1982)。

性质2 收敛域内不包含任何极点。

和拉普拉斯变换一样，这一性质是由于在极点处，$X(z)$为无穷大，因此根据定义，z变换不收敛。

性质3 如果$x[n]$是有限长序列，那么收敛域就是整个z平面，可能除去$z=0$和/或$z=\infty$。

一个有限长序列仅有有限个非零值，例如从$n=N_1$到$n=N_2$，其中N_1和N_2都是有限值。于是z变换就是一个有限项的和，即

$$X(z) = \sum_{n=N_1}^{N_2} x[n]z^{-n} \quad (10.22)$$

当z不等于零或无穷大时，和式中的每一项都是有限的，$X(z)$就一定收敛。如果N_1为负值且N_2为正值，那么$x[n]$对$n<0$和$n>0$都有非零值，式(10.22)的和式中既包括z的正幂次项，又包括z的负幂次项。当$|z|\to 0$时，涉及z的负幂次的那些项就成为无界的；而当$|z|\to\infty$时，涉及z的正幂次的那些项就成为无界的。因此，当N_1为负值且N_2为正值时，收敛域不包括$z=0$和$z=\infty$。如果N_1为零或为正值，那么式(10.22)中仅有z的负幂次项，这时收敛域就可以包括$z=\infty$；而如果N_2为零或为负值，式(10.22)中就仅有z的正幂次项，收敛域就可以包括$z=0$。

例10.5 考虑单位脉冲信号$\delta[n]$的z变换，按定义为

$$\delta[n] \stackrel{z}{\longleftrightarrow} \sum_{n=-\infty}^{+\infty} \delta[n]z^{-n} = 1 \quad (10.23)$$

收敛域由整个z平面组成，包括$z=0$和$z=\infty$。另一方面，考虑一个延迟的单位脉冲$\delta[n-1]$，它的z变换为

$$\delta[n-1] \stackrel{z}{\longleftrightarrow} \sum_{n=-\infty}^{+\infty} \delta[n-1]z^{-n} = z^{-1} \quad (10.24)$$

这个z变换除$z=0$外都有定义，在$z=0$是一个极点。因此，收敛域由整个z平面组成，其中包括$z=\infty$，但不包括$z=0$。同理，考虑一个超前的单位脉冲信号，即$\delta[n+1]$，这时

$$\delta[n+1] \stackrel{z}{\longleftrightarrow} \sum_{n=-\infty}^{+\infty} \delta[n+1]z^{-n} = z \quad (10.25)$$

这个变换对全部有限的z值都有定义，因此收敛域由整个有限z平面组成(包括$z=0$)，但在无限远点有一个极点。

性质4 如果$x[n]$是一个右边序列，并且$|z|=r_0$的圆位于收敛域内，那么$|z|>r_0$的全部有限z值都一定在这个收敛域内。

这个性质的证明和9.2节的性质4的论述是相同的。一个右边序列就是在某一个n值，如N_1以前是零。如果$|z|=r_0$的圆位于收敛域内，那么$x[n]r_0^{-n}$就是绝对可和的。现在考虑$|z|=r_1$，$r_1>r_0$，这样r_1^{-n}随n的增加衰减得比r_0^{-n}还要快。正如图10.7所示，当n为正值时，这个加快了衰减的指数将进一步使序列值衰减，而负n值却不能使序列值成为无界的，因为$x[n]$是右边序列，尤其是$n<N_1$时$x[n]z^{-n}=0$。因此，$x[n]r_1^{-n}$是绝对可和的。

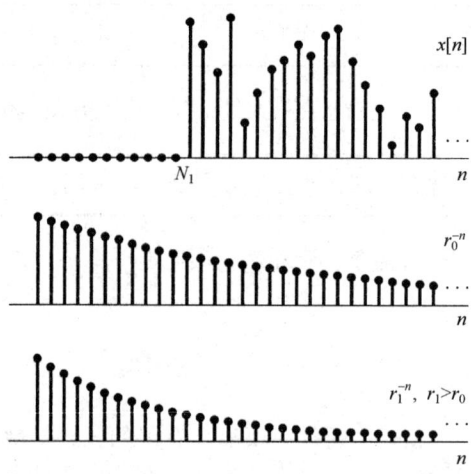

图 10.7 由于 $r_1 > r_0$ 时 $x[n]r_1^{-n}$ 当 n 增加时衰减得比 $x[n]r_0^{-n}$ 快, 又由于 $n < N_1$ 时 $x[n] = 0$, 这就意味着: 若 $x[n]r_0^{-n}$ 是绝对可和的, 则 $x[n]r_1^{-n}$ 一定是绝对可和的

对于右边序列, 通常式(10.3)可取如下形式:

$$X(z) = \sum_{n=N_1}^{\infty} x[n]z^{-n} \tag{10.26}$$

其中 N_1 是有限值, 可以为正也可以为负。如果 N_1 是负的, 那么式(10.26)的和式中将包括 z 的正幂次项, 这些项将随 $|z| \to \infty$ 而变成无界的。因此, 一般来说, 右边序列的收敛域不包括无限远点。然而, 对于因果序列, 即 $n < 0$ 时序列值为零的序列, N_1 一定为非负, 因此收敛域一定包括 $z = \infty$。

> **性质 5** 如果 $x[n]$ 是一个左边序列, 而且 $|z| = r_0$ 的圆位于收敛域内, 那么满足 $0 < |z| < r_0$ 的全部 z 值都一定在这个收敛域内。

这个性质与拉普拉斯变换相应的性质也是并行的, 并且它的证明和直观性与性质 4 是类似的。一般来说, 根据式(10.3), 一个左边序列的 z 变换将有如下形式:

$$X(z) = \sum_{n=-\infty}^{N_2} x[n]z^{-n} \tag{10.27}$$

其中 N_2 可以为正也可以为负。如果 N_2 为正值, 那么式(10.27)中将包括 z 的负幂次项, 这些项将随 $|z| \to 0$ 而变成无界的。因此, 一般左边序列的 z 变换, 其收敛域不包括 $z = 0$, 然而如果 $N_2 \leq 0$(即 $n > 0$ 时 $x[n] = 0$), 那么收敛域一定包括 $z = 0$。

> **性质 6** 如果 $x[n]$ 是一个双边序列, 而且 $|z| = r_0$ 的圆位于收敛域内, 那么该收敛域在 z 域中一定是包含 $|z| = r_0$ 这一圆环的环状区域。

与 9.2 节的性质 6 一样, 双边序列的收敛域可以把 $x[n]$ 表示成一个右边信号和一个左边信号之和来确定。右边分量的收敛域在内部被一个圆所界定, 而向外延伸到(或可能包括)无限远点; 左边分量的收敛域向外被一个圆所界定, 而向内延伸到(或可能包括)原点。整个序列的收敛域就是这两部分收敛域的相交, 如图 10.8 所示, 重叠部分(假定有)就是 z 平面内的一个圆环。

下面将用几个例子来说明上面几个性质, 这些例子与例 9.6 和例 9.7 是并列的。

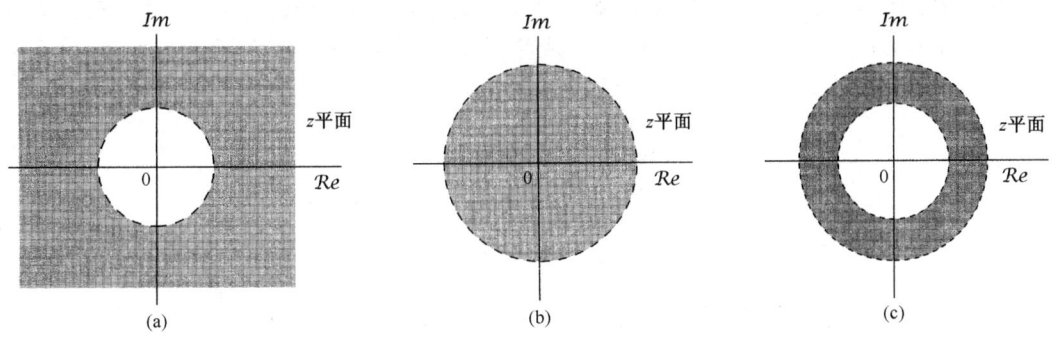

图 10.8　(a) 右边序列的收敛域；(b) 左边序列的收敛域；(c) (a)与(b)中收敛域的相交部分，它就是由该右边序列和左边序列之和构成的双边序列的收敛域

例 10.6　有一个序列 $x[n]$ 为

$$x[n] = \begin{cases} a^n, & 0 \leq n \leq N-1,\ a > 0 \\ 0, & \text{其他} \end{cases}$$

那么它的 z 变换为

$$X(z) = \sum_{n=0}^{N-1} a^n z^{-n} = \sum_{n=0}^{N-1} (az^{-1})^n = \frac{1-(az^{-1})^N}{1-az^{-1}} = \frac{1}{z^{N-1}} \frac{z^N - a^N}{z-a} \tag{10.28}$$

因为 $x[n]$ 是有限长的，由性质 3 立即可得收敛域包括整个 z 平面，可能除去原点和/或无限远点。事实上，由性质 3 的讨论知道，因为 $n < 0$ 时 $x[n] = 0$，所以收敛域将延伸至无限远。然而，因为 $x[n]$ 从某些正 n 值起是非零值，所以收敛域不包括原点。由式(10.28)也很明显看出，因为在 $z=0$ 有一个 $N-1$ 阶的极点。分子多项式的 N 个根是

$$z_k = a\mathrm{e}^{\mathrm{j}(2\pi k/N)}, \quad k = 0, 1, \cdots, N-1 \tag{10.29}$$

在 $k=0$ 的根抵消掉在 $z=a$ 的极点。因此，除原点外就没有任何极点。余下的零点在

$$z_k = a\mathrm{e}^{\mathrm{j}(2\pi k/N)}, \quad k = 1, \cdots, N-1 \tag{10.30}$$

它的零-极点图如图 10.9 所示。

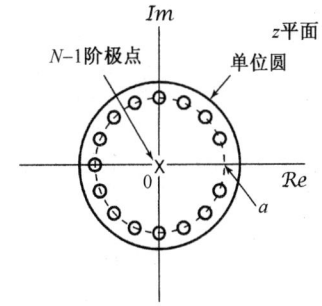

图 10.9　当 $N=16$ 和 $0<a<1$ 时，例 10.6 的零-极点图。这个例子的收敛域除 $z=0$ 以外，由全部 z 值组成

例 10.7　设 $x[n]$ 为

$$x[n] = b^{|n|}, \quad b > 0 \tag{10.31}$$

该双边序列在 $b<1$ 和 $b>1$ 时，如图 10.10 所示。这个序列的 z 变换可以通过表示成一个右边序列和一个左边序列之和来求得。这就是

$$x[n] = b^n u[n] + b^{-n} u[-n-1] \tag{10.32}$$

由例 10.1 有

$$b^n u[n] \overset{z}{\longleftrightarrow} \frac{1}{1-bz^{-1}}, \quad |z| > b \tag{10.33}$$

由例 10.2 有

$$b^{-n} u[-n-1] \overset{z}{\longleftrightarrow} \frac{-1}{1-b^{-1}z^{-1}}, \quad |z| < \frac{1}{b} \tag{10.34}$$

在图 10.11(a) 至图 10.11(d) 中，给出了 $b>1$ 和 $0<b<1$ 时，由式(10.31)和式(10.34)表示的零

-极点图和收敛域。对于 $b>1$,没有任何公共的收敛域,因此由式(10.31)表示的序列没有 z 变换,尽管其右边序列和左边序列都有单独的 z 变换。对于 $b<1$,式(10.33)和式(10.34)的收敛域有重叠,因此合成序列的 z 变换是

$$X(z) = \frac{1}{1-bz^{-1}} - \frac{1}{1-b^{-1}z^{-1}}, \quad b<|z|<\frac{1}{b} \tag{10.35}$$

或等效为

$$X(z) = \frac{b^2-1}{b} \frac{z}{(z-b)(z-b^{-1})}, \quad b<|z|<\frac{1}{b} \tag{10.36}$$

对应的零-极点图和收敛域如图 10.11(e) 所示。

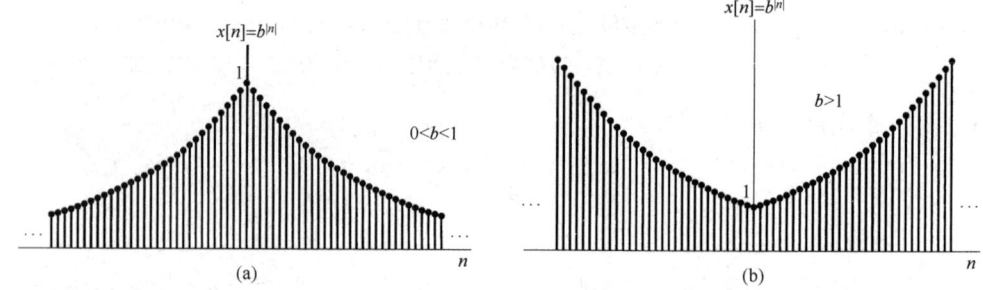

图 10.10 $0<b<1$ 和 $b>1$ 时的序列 $x[n] = b^{|n|}$。(a) $b=0.95$;(b) $b=1.05$

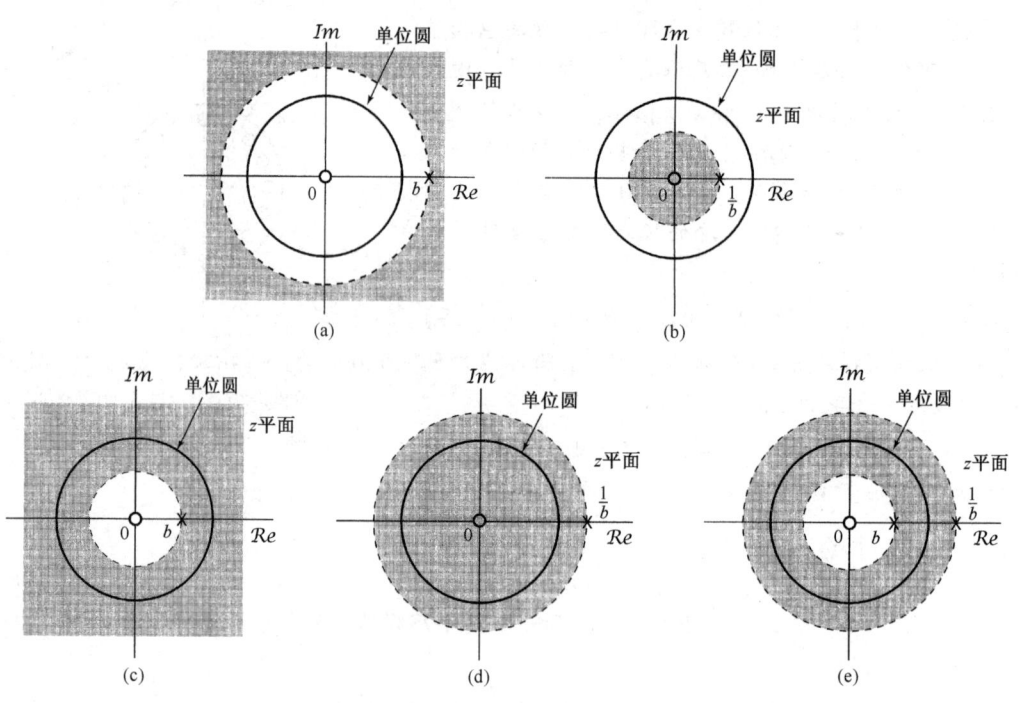

图 10.11 例 10.7 的零-极点图和收敛域。(a) $b>1$ 时的式(10.33);(b) $b>1$ 时的式(10.34);
(c) $0<b<1$ 时的式(10.33);(d) $0<b<1$ 时的式(10.34);(e) $0<b<1$ 时的式(10.36)
的零-极点图和收敛域。$b>1$ 时,式(10.31)中 $x[n]$ 的 z 变换对任何 z 都不收敛

在第 9 章关于拉普拉斯变换的讨论中曾提到,对一个有理拉普拉斯变换来说,收敛域总是被极点或无限远点所界定的。在前面几个例子中可以看到,这一点对于 z 变换来说也是成立的,并且事实上这总是对的,从而有

性质7 如果$x[n]$的z变换$X(z)$是有理的，它的收敛域就被极点所界定，或延伸至无限远。

将性质7与性质4和性质5结合在一起，就有如下性质：

性质8 如果$x[n]$的z变换$X(z)$是有理的，并且$x[n]$是右边序列，那么收敛域就位于z平面内最外层的极点的外边，也就是半径等于$X(z)$极点中最大模值的圆的外边。而且，若$x[n]$是因果序列，即$x[n]$为$n<0$时等于零的右边序列，那么收敛域也包括$z=\infty$。

因此，对于具有有理变换的右边序列，它的全部极点比收敛域中的任何一点都更加靠拢原点。

性质9 如果$x[n]$的z变换$X(z)$是有理的，并且$x[n]$是左边序列，那么收敛域就位于z平面内最里层的非零极点的里边，也就是半径等于$X(z)$中除去$z=0$的极点中最小模值的圆的里边，并且向内延伸到可能包括$z=0$。特别是，若$x[n]$是反因果序列，即$x[n]$为$n>0$时等于零的左边序列，那么收敛域也包括$z=0$。

因此，对于左边序列，除了可能在$z=0$的极点，$X(z)$的极点都比收敛域中任何一点更加远离原点。

对于一个给定的零-极点图，或等效为一个给定的有理$X(z)$的代数表示式，存在着有限的几个不同的收敛域与上述性质相符。为了说明不同的收敛域是如何与同一零-极点图相联系的，考虑下面这个例子。这个例子与例9.8是并行的。

例 10.8 有一个z变换$X(z)$为

$$X(z) = \frac{1}{(1-\frac{1}{3}z^{-1})(1-2z^{-1})} \tag{10.37}$$

现在来讨论与该$X(z)$有关的所有可能的收敛域。$X(z)$的零-极点图如图10.12(a)所示。根据本节的讨论，有三种可能的收敛域都能与这个z变换的代数表示式相联系，这些收敛域分别在图10.12(b)至图10.12(d)中指出。三种收敛域中的每一个都对应于不同的序列，其中图10.12(b)所示的收敛域对应于一个右边序列，而图10.12(c)所示的收敛域则对应于一个左边序列。图10.12(d)是一个双边序列z变换的收敛域。三种情况中唯有图10.12(d)才包括单位圆，因此只有与其对应的序列才有傅里叶变换。

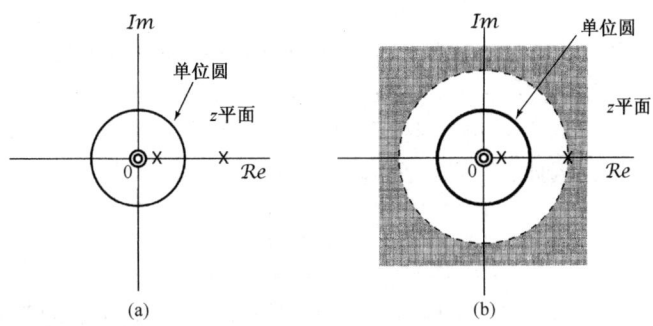

图 10.12 与例10.8的z变换的表示式有关的三种可能收敛域。(a) $X(z)$的零-极点图；(b) $x[n]$是右边序列时的零-极点图和收敛域。在每种情况下，原点的零点都是二阶零点

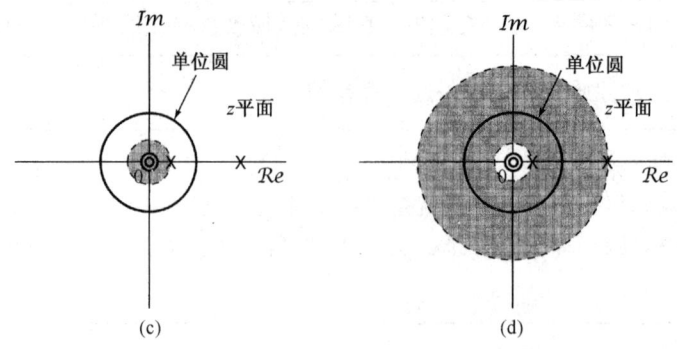

图 10.12(续) 与例 10.8 的的 z 变换的表示式有关的三种可能收敛域。(c) $x[n]$是左边序列时的零-极点图和收敛域;(d) $x[n]$是双边序列时的零-极点图和收敛域。在每种情况下,原点的零点都是二阶零点

10.3 z 逆变换

这一节来讨论从已知 z 变换求得一个序列的几种方法。首先,考虑用 z 变换表示一个序列的数学关系。在 10.1 节曾把 z 变换看成一个指数加权后的序列的傅里叶变换,根据这种解释就可以得到这一关系。按式(10.7)的表示,有

$$X(re^{j\omega}) = \mathcal{F}\{x[n]r^{-n}\} \tag{10.38}$$

其中的 r 值是位于收敛域内的 $z = re^{j\omega}$ 的模。对式(10.38)两边进行傅里叶逆变换,可得

$$x[n]r^{-n} = \mathcal{F}^{-1}\{X(re^{j\omega})\}$$

或

$$x[n] = r^n \mathcal{F}^{-1}[X(re^{j\omega})] \tag{10.39}$$

利用式(5.8)的傅里叶逆变换表示式,可得

$$x[n] = r^n \frac{1}{2\pi} \int_{2\pi} X(re^{j\omega}) e^{j\omega n} d\omega$$

或者,将 r^n 的指数因子移进积分号内,与 $e^{j\omega n}$ 项归并成 $(re^{j\omega})^n$,则可得

$$x[n] = \frac{1}{2\pi} \int_{2\pi} X(re^{j\omega})(re^{j\omega})^n d\omega \tag{10.40}$$

也就是说,将 z 变换沿着收敛域内 $z = re^{j\omega}$,r 固定而 ω 在一个 2π 区间内变化的闭合围线求值,就能恢复 $x[n]$。现在将积分变量从 ω 变为 z。由于 $z = re^{j\omega}$,r 固定,$dz = jre^{j\omega}d\omega = jzd\omega$,或者 $d\omega = (1/j)z^{-1}dz$。这样,式(10.40)在 ω 的 2π 区间内的积分,利用 z 以后,就对应于以变量 z 在环绕 $|z| = r$ 的圆上一周的积分。因此,根据 z 平面内的积分,式(10.40)就可重写为

$$\boxed{x[n] = \frac{1}{2\pi j} \oint X(z) z^{n-1} dz} \tag{10.41}$$

式中 $\oint$ 记为在半径为 r,以原点为中心的封闭圆上沿逆时针方向环绕一周的积分。r 的值可选为使 $X(z)$ 收敛的任何值,也就是使 $|z| = r$ 的积分围线位于收敛域内的任何值。式(10.41)就是 z 逆变换的正规数学表示式,并且它与拉普拉斯逆变换式(9.56)是对应的。和式(9.56)一样,式(10.41)逆变换的求值要利用复平面的围线积分。然而,还有另外几种方法可以从 z 变换求得

与其对应的序列。和拉普拉斯变换一样，其中特别有用的是，对于一个有理 z 变换，可以首先将它进行部分分式展开，然后逐项求其逆变换。现用下例给予具体说明。

例 10.9　z 变换 $X(z)$ 为

$$X(z) = \frac{3 - \frac{5}{6}z^{-1}}{(1 - \frac{1}{4}z^{-1})(1 - \frac{1}{3}z^{-1})}, \quad |z| > \frac{1}{3} \tag{10.42}$$

有两个极点，一个在 $z = 1/3$，另一个在 $z = 1/4$，而收敛域位于最外边极点的外边。也就是收敛域由所有的模大于最大极点模值（即 $z = 1/3$ 的极点）的点组成。根据 10.2 节的性质 4 可知，逆变换是一个右边序列。由附录 A 所述，$X(z)$ 可按部分分式方法展开。对于这个例子，以 z^{-1} 多项式表示的部分分式展开式为

$$X(z) = \frac{1}{1 - \frac{1}{4}z^{-1}} + \frac{2}{1 - \frac{1}{3}z^{-1}} \tag{10.43}$$

因此，$x[n]$ 为两项之和，其中一项的 z 变换是 $1/[1 - (1/4)z^{-1}]$，而另一项的 z 变换是 $2/[1 - (1/3)z^{-1}]$。为了确定每一项的逆变换，必须要为每一项标出收敛域。由于 $X(z)$ 的收敛域位于最外层极点的外边，所以在式(10.43)中每一项的收敛域都必须位于自己极点的外边，即每一项的收敛域由所有模大于相应极点模值的点组成。于是

$$x[n] = x_1[n] + x_2[n] \tag{10.44}$$

其中，

$$x_1[n] \xleftrightarrow{z} \frac{1}{1 - \frac{1}{4}z^{-1}}, \quad |z| > \frac{1}{4} \tag{10.45}$$

$$x_2[n] \xleftrightarrow{z} \frac{2}{1 - \frac{1}{3}z^{-1}}, \quad |z| > \frac{1}{3} \tag{10.46}$$

由例 10.1 可以确定这两个序列是

$$x_1[n] = \left(\frac{1}{4}\right)^n u[n] \tag{10.47}$$

$$x_2[n] = 2\left(\frac{1}{3}\right)^n u[n] \tag{10.48}$$

因此可得

$$x[n] = \left(\frac{1}{4}\right)^n u[n] + 2\left(\frac{1}{3}\right)^n u[n] \tag{10.49}$$

例 10.10　现在考虑与式(10.42)相同的 $X(z)$ 的代数表示式，但 $X(z)$ 的收敛域是 $1/4 < |z| < 1/3$。式(10.43)的部分分式展开式仍然有效，但与每一项有关的收敛域将改变。因为 $X(z)$ 的收敛域在 $z = 1/4$ 的极点的外边，那么在式(10.43)中对应于这一项的收敛域也就在这个极点的外边，并由模值大于 $1/4$ 的全部点组成，这就如同在前面例子中所做的那样。然而，又因为在这个例子中 $X(z)$ 的收敛域位于 $z = 1/3$ 的极点的里边，也就是说，因为收敛域内的所有点的模值都小于 $1/3$，那么对应于这一项的收敛域也必须位于这个极点的里边。这样，对于式(10.44)每一分量的 z 变换对就是

$$x_1[n] \xleftrightarrow{z} \frac{1}{1 - \frac{1}{4}z^{-1}}, \quad |z| > \frac{1}{4} \tag{10.50}$$

$$x_2[n] \xleftrightarrow{z} \frac{2}{1 - \frac{1}{3}z^{-1}}, \quad |z| < \frac{1}{3} \tag{10.51}$$

信号 $x_1[n]$ 仍旧与式(10.47)相同，而从例 10.2 可得

$$x_2[n] = -2\left(\frac{1}{3}\right)^n u[-n-1] \tag{10.52}$$

因此有

$$x[n] = \left(\frac{1}{4}\right)^n u[n] - 2\left(\frac{1}{3}\right)^n u[-n-1] \tag{10.53}$$

例10.11 最后，考虑 $X(z)$ 仍如式(10.42)表示，但收敛域是 $|z| < 1/4$ 的情况。这时收敛域在两个极点的里边，即收敛域内的点的模值比极点 $z = 1/3$ 或 $z = 1/4$ 的模值都小，因此在式(10.43)的部分分式展开式中的每一项的收敛域也必须位于相应极点的里边。结果，$x_1[n]$ 的 z 变换对为

$$x_1[n] \xleftrightarrow{z} \frac{1}{1 - \frac{1}{4}z^{-1}}, \quad |z| < \frac{1}{4} \tag{10.54}$$

而 $x_2[n]$ 的 z 变换对仍由式(10.51)给出。将例10.2的结果用于式(10.54)，可得

$$x_1[n] = -\left(\frac{1}{4}\right)^n u[-n-1]$$

因此有

$$x[n] = -\left(\frac{1}{4}\right)^n u[-n-1] - 2\left(\frac{1}{3}\right)^n u[-n-1]$$

前面这些例子说明了利用部分分式展开的方法来确定 z 变换的基本步骤。与拉普拉斯变换对应的方法一样，这个方法依赖于将 z 变换表示成一组较简单项的线性组合，而对每一简单项的逆变换都能凭直观求得。特别是，假定 $X(z)$ 的部分分式展开式具有如下形式：

$$X(z) = \sum_{i=1}^{m} \frac{A_i}{1 - a_i z^{-1}} \tag{10.55}$$

$X(z)$ 的逆变换就等于式(10.55)中每一项的逆变换之和。若 $X(z)$ 的收敛域位于极点 $z = a_i$ 的外边，与式(10.55)中相应项的逆变换就是 $A_i a_i^n u[n]$；另一方面，若 $X(z)$ 的收敛域位于极点 $z = a_i$ 的里边，对应于这一项的逆变换就是 $-A_i a_i^n u[-n-1]$。一般来说，在 $X(z)$ 的部分分式展开式中，可以包括式(10.55)中的其他项(一次项除外)。10.6节将列出其他几个 z 变换对，利用这些变换对，再与10.5节将要讨论的 z 变换性质结合起来，就能将上述例子中建立的求逆变换方法推广到任意有理 z 变换中。

确定 z 逆变换的另一种十分有用的方法建立在 $X(z)$ 的幂级数展开的基础上。这个方法直接来自 z 变换的定义式(10.3)，因为由这个定义可看到，实际上 z 变换就是涉及 z 的正幂和负幂的一个幂级数，这个幂级数的系数就是序列值 $x[n]$。为了说明一个幂级数的展开式如何用来得到 z 逆变换，现考虑如下三个例子。

例10.12 有 z 变换为

$$X(z) = 4z^2 + 2 + 3z^{-1}, \quad 0 < |z| < \infty \tag{10.56}$$

根据式(10.3)中 z 变换的幂级数定义，凭直观就能确定 $X(z)$ 的逆变换为

$$x[n] = \begin{cases} 4, & n = -2 \\ 2, & n = 0 \\ 3, & n = 1 \\ 0, & \text{其他} \end{cases}$$

即

$$x[n] = 4\delta[n+2] + 2\delta[n] + 3\delta[n-1] \tag{10.57}$$

比较式(10.56)和式(10.57)可以看出，不同的 z 的幂在序列中作为不同的占位符，也就是说，若

应用如下变换对:
$$\delta[n+n_0] \overset{z}{\longleftrightarrow} z^{n_0}$$
就能立即由式(10.56)过渡到式(10.57),反之亦然。

例 10.13 考虑一个 z 变换 $X(z)$ 为
$$X(z) = \frac{1}{1-az^{-1}}, \quad |z| > |a|$$
该式可用长除法将其展开成幂级数

$$1-az^{-1} \overline{\big)\begin{array}{l} 1+az^{-1}+a^2z^{-2}+\cdots \\ 1 \\ \underline{1-az^{-1}} \\ az^{-1} \\ \underline{az^{-1}-a^2z^{-2}} \\ a^2z^{-2} \end{array}}$$

或者写为
$$\frac{1}{1-az^{-1}} = 1 + az^{-1} + a^2 z^{-2} + \cdots \quad (10.58)$$

因为 $|z|>|a|$,或等效为 $|az^{-1}|<1$,所以式(10.58)的级数收敛。将该式与式(10.3)的 z 变换定义进行比较可见:$n<0$ 时 $x[n]=0$,$x[0]=1$,$x[1]=a$,$x[2]=a^2$,$\cdots$,$x[n]=a^n u[n]$,这个结果与例 10.1 的是一致的。

如果 $X(z)$ 的收敛域 $|z|<|a|$,或等效为 $|az^{-1}|>1$,那么式(10.58)中 $1/(1-az^{-1})$ 的幂级数展开式就不收敛。然而,再利用一次长除法可以得到一个收敛的幂级数为

$$-az^{-1}+1 \overline{\big)\begin{array}{l} -a^{-1}z-a^{-2}z^2-\cdots \\ 1 \\ \underline{1-a^{-1}z} \\ a^{-1}z \end{array}}$$

或
$$\frac{1}{1-az^{-1}} = -a^{-1}z - a^{-2}z^2 - \cdots \quad (10.59)$$

在这种情况下,$n \geqslant 0$ 时 $x[n]=0$,$x[-1]=-a^{-1}$,$x[-2]=-a^{-2}$,$\cdots$,即 $x[n]=-a^n u[-n-1]$。这个结果与例 10.2 的是一致的。

用幂级数展开法来求 z 逆变换对非有理 z 变换式特别有用,下面用一个例子来说明。

例 10.14 考虑如下 z 变换 $X(z)$
$$X(z) = \log(1+az^{-1}), \quad |z|>|a| \quad (10.60)$$
由于 $|z|>|a|$,或等效为 $|az^{-1}|<1$,可将式(10.60)展开为泰勒级数
$$\log(1+v) = \sum_{n=1}^{+\infty} \frac{(-1)^{n+1} v^n}{n}, \quad |v|<1 \quad (10.61)$$
将上式用于式(10.60)就有
$$X(z) = \sum_{n=1}^{+\infty} \frac{(-1)^{n+1} a^n z^{-n}}{n} \quad (10.62)$$
据此可确认

$$x[n] = \begin{cases} (-1)^{n+1} \dfrac{a^n}{n}, & n \geq 1 \\ 0, & n \leq 0 \end{cases} \tag{10.63}$$

或等效为

$$x[n] = \frac{-(-a)^n}{n} u[n-1]$$

在习题10.63中将考虑收敛域为 $|z| < |a|$ 的一个例子。

10.4 利用零-极点图对傅里叶变换进行几何求值

10.1节曾提到，只要 z 变换的收敛域包括单位圆，而使傅里叶变换收敛，那么对于 $|z|=1$（在 z 平面上对应于单位圆的围线），z 变换就变成了傅里叶变换。同理，在第9章中也可看到，连续时间信号在 s 平面 $j\omega$ 轴上的拉普拉斯变换就变成了傅里叶变换。9.4节还讨论了根据拉普拉斯变换的零-极点图可以用几何方法对傅里叶变换进行求值。在离散时间情况下，利用 z 平面内零极点向量也能对傅里叶变换进行几何求值。然而，因为在这种情况下，有理函数是在 $|z|=1$ 的单位圆上进行求值，所以应该考虑从极点和零点到这一单位圆上的向量，而不是到虚轴上的向量。为了说明这一方法，现考虑曾在6.6节讨论过的一阶系统和二阶系统。

10.4.1 一阶系统

一阶因果离散时间系统的单位脉冲响应具有如下一般形式：

$$h[n] = a^n u[n] \tag{10.64}$$

根据例10.1，它的 z 变换是

$$H(z) = \frac{1}{1 - az^{-1}} = \frac{z}{z - a}, \quad |z| > |a| \tag{10.65}$$

若 $|a|<1$，收敛域就包括单位圆，结果 $h[n]$ 的傅里叶变换收敛并等于 $H(z)$，$z = e^{j\omega}$。因此，一阶系统的频率响应是

$$H(e^{j\omega}) = \frac{1}{1 - ae^{-j\omega}} \tag{10.66}$$

图10.13(a)画出了由式(10.65)表示的 $H(z)$ 的零-极点图，其中包括从极点 $(z=a)$ 和零点 $(z=0)$ 到单位圆的向量。利用这个图，$H(z)$ 的几何求值可以用9.4节讨论的同一方法来完成。如果想要求式(10.65)的频率响应，就需要以 $z = e^{j\omega}$ 来完成对各 z 值的求值。频率响应在频率 ω 处的模就是向量 v_1 的长度与向量 v_2 的长度之比，如图10.13(a)所示。频率响应的相位是向量 v_1 相对于实轴的角度减去向量 v_2 相对于实轴的角度。此外，从在原点的零点到单位圆的向量 v_1 的长度不变且为1，因此对 $H(e^{j\omega})$ 的模特性没有任何影响。而该零点对 $H(e^{j\omega})$ 相位的贡献则是该零点向量相对于实轴的角度，由图可见它就等于 ω。对于 $0 < a < 1$，该极点向量在 $\omega=0$ 处其长度最小，然后随 ω 从 0 到 π 增加而单调增加，因此频率响应的模在 $\omega=0$ 一定最大，然后随 ω 从 0 到 π 增加而单调下降。该极点向量的角度开始时为0，然后随 ω 从 0 到 π 增加而单调增加。对于两个不同的 a 值，得到的频率响应 $H(e^{j\omega})$ 的模和相位特性分别如图10.13(b)和图10.13(c)所示。

在离散时间一阶系统中，参数 a 的大小所起的作用类似于9.4.1节连续时间一阶系统中的时间常数 τ 的作用。在图10.13中首先注意到，$H(e^{j\omega})$ 在 $\omega=0$ 峰值的大小随着 $|a|$ 朝向0减小而减小。另外，如同6.6.1节所讨论的，以及在图6.26和图6.27中所说明的，当 $|a|$ 减小时，单位脉冲响应衰减得更陡峭了，而阶跃响应建立得更快了。如果不是一个极点，而有多个极点，那么与

每个极点有关的响应速度与该极点到原点的距离有关,最靠近原点的那些极点在单位脉冲响应中提供了最快的衰减项。这将在下面的二阶系统中进一步说明。

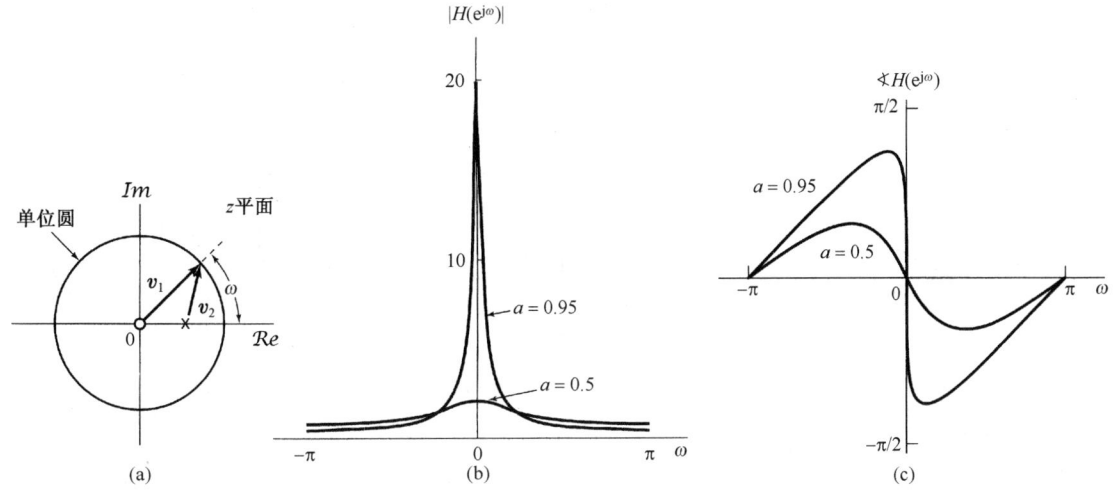

图 10.13　(a) $0 < a < 1$ 时,一阶系统频率响应几何求值的极点和零点向量;(b) $a = 0.95$ 和 $a = 0.5$ 时的频率响应模特性;(c) $a = 0.95$ 和 $a = 0.5$ 时的频率响应的相位特性

10.4.2　二阶系统

接下来考虑 6.6.2 节讨论的一类二阶系统,它的单位脉冲响应和频率响应分别由式(6.64)和式(6.60)给出,这里重复如下:

$$h[n] = r^n \frac{\sin[(n + 1)\theta]}{\sin \theta} u[n] \tag{10.67}$$

和

$$H(e^{j\omega}) = \frac{1}{1 - (2r\cos\theta)e^{-j\omega} + r^2 e^{-j2\omega}} \tag{10.68}$$

其中 $0 < r < 1$ 且 $0 \leq \theta \leq \pi$。因为 $H(e^{j\omega}) = H(z)|_{z = e^{j\omega}}$,所以就能从式(10.68)推导出系统函数,相应于系统单位脉冲响应的 z 变换,为

$$H(z) = \frac{1}{1 - (2r\cos\theta)z^{-1} + r^2 z^{-2}} \tag{10.69}$$

$H(z)$ 的极点位于

$$z_1 = re^{j\theta}, \quad z_2 = re^{-j\theta} \tag{10.70}$$

并且在 $z = 0$ 有二阶零点。$H(z)$ 的零-极点图,以及 $0 < \theta < \pi/2$ 时的零-极点向量都示于图 10.14(a)中。

在图 10.14(a)中,频率响应的模等于向量 v_1 模的平方(因为在原点是二阶零点)除以向量 v_1 和 v_3 模的乘积。由于向量 v_1 的长度对所有 ω 值都是 1,所以频率响应的模就等于两个极点向量 v_2 和 v_3 的长度的乘积的倒数。另外,频率响应的相位等于向量 v_1 相对于实轴的角度的两倍减去向量 v_2 和 v_3 的角度之和。图 10.14(b)展示了 $r = 0.95$ 和 $r = 0.75$ 时频率响应的模特性,而在图 10.14(c)中,对于同样两个 r 值展示出的是 $H(e^{j\omega})$ 的相位特性。在图中特别注意到,随着 ω 沿单位圆从 $\omega = 0$ 向 $\omega = \pi$ 移动,向量 v_2 的长度起初在减小,然后增加,在极点位置 $\omega = \theta$ 附近有一个最小值。这就与当向量 v_2 的长度比较小时,频率响应的模特性在 ω 接近 θ 时出现峰值是一致的。根据极点向量的性质,很明显,随着 r 接近 1,极点向量的最小长度也在减小,因此频率响应的峰值将随着 r 的增加而变得更为尖锐。另外,对于 r 接近 1,向量 v_2 的角度在 ω 接近 θ 时变化得很剧烈。根据式(10.67)和图 6.29 所示的单位脉冲响应或式(6.67)和图 6.30 所示的阶跃响应可以看到,就像在一阶系统中那样,随着极点向原点移近,这就相应于 r 减小,单位脉冲响应衰减得更为迅速,而阶跃响应则建立得更快。

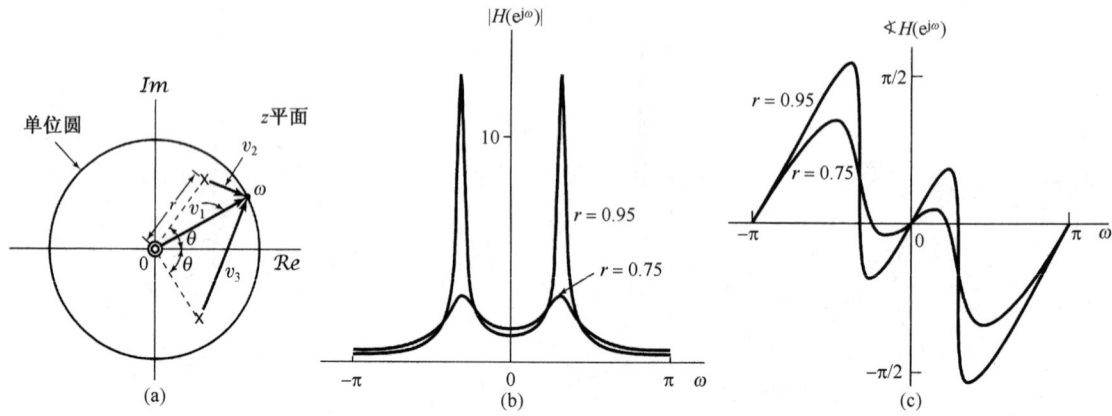

图 10.14　(a) 用于二阶系统频率响应几何求值中的零点向量 v_1 及极点向量 v_2 和 v_3;
(b) $r = 0.95$ 和 $r = 0.75$ 时,对应于极点向量长度乘积的倒数的频率响应的模特性;(c) $r = 0.95$ 和 $r = 0.75$ 时,频率响应的相位特性

10.5　z 变换的性质

与已经讨论过的其他变换一样,z 变换也具有许多性质,这些性质在离散时间信号与系统的研究中成为很有价值的工具。本节将综述这些性质。由于这些性质的推导都与其他变换相类似,所以很多推导都留给读者作为练习(见习题 10.43 和习题 10.51 至习题 10.54)。

10.5.1　线性性质

若
$$x_1[n] \xleftrightarrow{z} X_1(z), \quad \text{ROC} = R_1$$

且
$$x_2[n] \xleftrightarrow{z} X_2(z), \quad \text{ROC} = R_2$$

则有
$$\boxed{ax_1[n] + bx_2[n] \xleftrightarrow{z} aX_1(z) + bX_2(z), \quad \text{ROC 包括 } R_1 \cap R_2} \tag{10.71}$$

正如所指出的,线性组合的收敛域至少是 R_1 和 R_2 相重合的部分。对于具有有理 z 变换的序列,如果 $aX_1(z) + bX_2(z)$ 的极点是由 $X_1(z)$ 和 $X_2(z)$ 的全部极点构成的(即没有零极点相消),收敛域就一定是各单个收敛域的重叠部分。如果线性组合是这样来构成的,使某些零点的引入抵消掉某些极点,收敛域就可以增大。属于这种情况的一个简单例子是,$x_1[n]$ 和 $x_2[n]$ 都是无限长序列,但线性组合以后成为有限长序列了。在这种情况下,线性组合后的序列的 z 变换,其收敛域就是整个 z 平面,可能除去原点和/或无限远点。例如,序列 $a^n u[n]$ 和序列 $a^n u[n-1]$ 都有一个 z 变换的收敛域为 $|z| > |a|$,但它们之差的序列 $(a^n u[n] - a^n u[n-1]) = \delta[n]$ 的 z 变换却有一个收敛域是整个 z 平面。

10.5.2　时移性质

若
$$x[n] \xleftrightarrow{z} X(z), \quad \text{ROC} = R$$

则有

$$x[n - n_0] \overset{z}{\longleftrightarrow} z^{-n_0}X(z), \quad \text{ROC} = R, \text{原点或无限远点可能加上或除掉} \tag{10.72}$$

由于乘以 z^{-n_0}，因此若 $n_0 > 0$，z^{-n_0} 将会在 $z = 0$ 引入极点，而这些极点可以抵消 $X(z)$ 在 $z = 0$ 的零点。因此，虽然 $z = 0$ 可以不是 $X(z)$ 的一个极点，但却可以是 $z^{-n_0}X(z)$ 的一个极点。在这种情况下，$z^{-n_0}X(z)$ 的收敛域等于 $X(z)$ 的收敛域，但原点要除去。同理，若 $n_0 < 0$，则 z^{-n_0} 将在 $z = 0$ 引入零点，它可以抵消 $X(z)$ 在 $z = 0$ 的极点。这样当 $z = 0$ 不是 $X(z)$ 的一个极点时，却可以是 $z^{-n_0}X(z)$ 的一个零点。在这种情况下，$z = \infty$ 是 $z^{-n_0}X(z)$ 的一个极点，因此 $z^{-n_0}X(z)$ 的收敛域等于 $X(z)$ 的收敛域，但 $z = \infty$ 要除去。

10.5.3 z 域尺度变换性质

若

$$x[n] \overset{z}{\longleftrightarrow} X(z), \quad \text{ROC} = R$$

则有

$$z_0^n x[n] \overset{z}{\longleftrightarrow} X\left(\frac{z}{z_0}\right), \quad \text{ROC} = |z_0|R \tag{10.73}$$

其中 $|z_0|R$ 代表域 R 的一种尺度变化。也就是说，若 z 是 $X(z)$ 的收敛域内的一点，那么点 $|z_0|z$ 就在 $X(z/z_0)$ 的收敛域内。同理，若 $X(z)$ 有一个极点（或零点）在 $z = a$，那么 $X(z/z_0)$ 就有一个极点（或零点）在 $z = z_0 a$。

式 (10.73) 的一个重要的特例是当 $z_0 = e^{j\omega_0}$ 时，这时 $|z_0|R = R$，并且

$$e^{j\omega_0 n}x[n] \overset{z}{\longleftrightarrow} X(e^{-j\omega_0}z) \tag{10.74}$$

式 (10.74) 中的双向箭头的左边相应于乘以复指数序列，而右边可以看成在 z 平面内的旋转，即全部零极点的位置在 z 平面内旋转一个角度 ω_0，如图 10.15 所示。这一过程可以这样来看，如果 $X(z)$ 中有一个因式 $(1 - az^{-1})$，那么 $X(e^{-j\omega_0}z)$ 中将有一个因式为 $(1 - ae^{j\omega_0}z^{-1})$，于是 $X(z)$ 在 $z = a$ 的一个极点或零点就变成 $X(e^{-j\omega_0}z)$ 中在 $z = ae^{j\omega_0}$ 的一个极点或零点。这样，z 变换在单位圆上的特性也将移动一个角度 ω_0。这一点与 5.3.3 节的频移性质是一致的，即时域内乘以复指数是与傅里叶变换的频移相对应的。另外，在 $z_0 = r_0 e^{j\omega_0}$ 的一般情况下，式 (10.73) 所代表的极点和零点的位置变化除了有一个 ω_0 旋转，在大小上还要有 r_0 倍的变化。

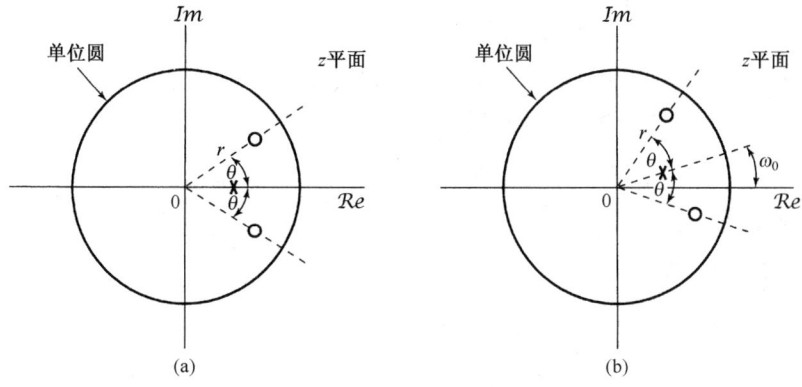

图 10.15 时域乘以复指数序列 $e^{j\omega_0 n}$ 在零-极点图上的效果。(a) 信号 $x[n]$ 的 z 变换的零-极点图；(b) $x[n]e^{j\omega_0 n}$ 的 z 变换的零-极点图

10.5.4 时间反转性质

若

$$x[n] \stackrel{z}{\longleftrightarrow} X(z), \quad \text{ROC} = R$$

则有

$$\boxed{x[-n] \stackrel{z}{\longleftrightarrow} X\left(\frac{1}{z}\right), \quad \text{ROC} = \frac{1}{R}} \tag{10.75}$$

也就是说,若 z_0 在 $x[n]$ 的 z 变换收敛域内,那么 $1/z_0$ 就在 $x[-n]$ 的 z 变换的收敛域内。

10.5.5 时间扩展性质

在 5.3.7 节中已讨论到,连续时间的时域尺度变换的概念不能直接推广到离散时间中,因为离散时间变量仅仅定义在整数值上。然而,离散时间的时间扩展的概念(即在离散时间序列 $x[n]$ 的各个值之间插入若干零值)还是可以定义的,并且在离散时间信号与系统分析中起着重要的作用。这就是 5.3.7 节所介绍的 $x_{(k)}[n]$,其定义为

$$x_{(k)}[n] = \begin{cases} x[n/k], & n \text{ 是 } k \text{ 的整倍数} \\ 0, & n \text{ 不是 } k \text{ 的整倍数} \end{cases} \tag{10.76}$$

它在原有序列 $x[n]$ 的各连续值之间插入 $(k-1)$ 个零值序列,在这种情况下,若

$$x[n] \stackrel{z}{\longleftrightarrow} X(z), \quad \text{ROC} = R$$

则有

$$\boxed{x_{(k)}[n] \stackrel{z}{\longleftrightarrow} X(z^k), \quad \text{ROC} = R^{1/k}} \tag{10.77}$$

也就是说,若 z 位于 $X(z)$ 的收敛域内,那么 $z^{1/k}$ 就在 $X(z^k)$ 的收敛域内;同时,若 $X(z)$ 有一个极点(或零点)在 $z = a$,那么 $X(z^k)$ 就有一个极点(或零点)在 $z = a^{1/k}$。

这一结果的解释由 z 变换的幂级数形式可直接得出,由这个幂级数可见,z^{-n} 项的系数就等于序列在时刻 n 的值。也就是说,由于

$$X(z) = \sum_{n=-\infty}^{+\infty} x[n] z^{-n}$$

立即可得

$$X(z^k) = \sum_{n=-\infty}^{+\infty} x[n](z^k)^{-n} = \sum_{n=-\infty}^{+\infty} x[n] z^{-kn} \tag{10.78}$$

仔细检查式(10.78)的右边可见,仅仅能出现的是具有 z^{-kn} 的那些项,即 z^{-m} 项的系数当 m 不是 k 的整倍数时为 0,而当 m 是 k 的整倍数时等于 $x[m/k]$。因此,式(10.78)的逆变换就是 $x_{(k)}[n]$。

10.5.6 共轭性质

若

$$x[n] \stackrel{z}{\longleftrightarrow} X(z), \quad \text{ROC} = R \tag{10.79}$$

则有

$$\boxed{x^*[n] \stackrel{z}{\longleftrightarrow} X^*(z^*), \quad \text{ROC} = R} \tag{10.80}$$

结果,若 $x[n]$ 是实序列,就可由式(10.80)得到

$$X(z) = X^*(z^*)$$

因此,若 $X(z)$ 有一个 $z = z_0$ 的极点(或零点),就一定有一个与 z_0 共轭成对的 $z = z_0^*$ 的极点(或零点)。例如,在例 10.4 中实序列 $x[n]$ 的 z 变换 $X(z)$ 就有一个共轭成对的极点 $z = (1/3) e^{\pm j\pi/4}$。

10.5.7 卷积性质

若

$$x_1[n] \xleftrightarrow{z} X_1(z), \quad \text{ROC} = R_1$$

且

$$x_2[n] \xleftrightarrow{z} X_2(z), \quad \text{ROC} = R_2$$

则有

$$\boxed{x_1[n] * x_2[n] \xleftrightarrow{z} X_1(z)X_2(z), \quad \text{ROC 包括 } R_1 \cap R_2} \tag{10.81}$$

与拉普斯变换的卷积性质一样,$X_1(z)X_2(z)$ 的收敛域包括 R_1 和 R_2 的相交部分,如果在乘积中发生零极点相消,则收敛域可以扩大。z 变换的卷积性质可以用不同的方法导出。一种正规的推导将在习题 10.56 中讨论。另一种方法也能将其导出,这很类似于在 4.4 节对连续时间傅里叶变换的卷积性质所做的,依赖于把傅里叶变换看成一个复指数信号,通过一个线性时不变系统后,在该复指数信号的振幅上所给予的变化。

对于 z 变换,还有一种关于卷积性质的解释。根据式(10.3)的定义,将 z 变换看成一个 z^{-1} 的级数,其中 z^{-n} 的系数就是序列值 $x[n]$。这样,实质上式(10.81)的卷积性质是:当两个多项式或幂级数 $X_1(z)$ 和 $X_2(z)$ 相乘时,代表该乘积的多项式的系数就是在多项式 $X_1(z)$ 和 $X_2(z)$ 中的系数的卷积(见习题 10.57)。

例 10.15 有一个线性时不变系统

$$y[n] = h[n] * x[n] \tag{10.82}$$

其中,

$$h[n] = \delta[n] - \delta[n-1]$$

注意

$$\delta[n] - \delta[n-1] \xleftrightarrow{z} 1 - z^{-1} \tag{10.83}$$

其收敛域等于整个 z 平面,但不包括原点。同时,式(10.83)的 z 变换在 $z = 1$ 有一个零点,根据式(10.81)可见,若

$$x[n] \xleftrightarrow{z} X(z), \quad \text{ROC} = R$$

则

$$y[n] \xleftrightarrow{z} (1 - z^{-1}) X(z) \tag{10.84}$$

其收敛域等于 R,但可能会除去 $z = 0$ 和/或增加 $z = 1$。

注意,这个系统有

$$y[n] = [\delta[n] - \delta[n-1]] * x[n] = x[n] - x[n-1]$$

也就是说,$y[n]$ 是序列 $x[n]$ 的一次差分。因为一次差分(first-difference)运算一般被认为相当于离散时间情况下的"微分",因此,式(10.83)也就可以认为是 9.5.7 节讨论的拉普拉斯变换微分性质在 z 变换中所对应的性质。

例 10.16 现在考虑一次差分的逆运算,即累加器或求和器。$w[n]$ 是 $x[n]$ 的连续求和,即

$$w[n] = \sum_{k=-\infty}^{n} x[k] = u[n] * x[n] \tag{10.85}$$

那么，利用式(10.81)，再结合例 10.1 中单位阶跃的 z 变换，就有

$$w[n] = \sum_{k=-\infty}^{n} x[k] \overset{z}{\longleftrightarrow} \frac{1}{1-z^{-1}} X(z) \tag{10.86}$$

其收敛域至少包括 R 与 $|z|>1$ 的相交部分。式(10.86)就是在 9.5.9 节得到的拉普拉斯变换积分性质在 z 变换中所对应的性质。

10.5.8　z 域微分性质

若

$$x[n] \overset{z}{\longleftrightarrow} X(z), \quad \text{ROC} = R$$

则有

$$\boxed{nx[n] \overset{z}{\longleftrightarrow} -z \frac{\mathrm{d}X(z)}{\mathrm{d}z}, \quad \text{ROC} = R} \tag{10.87}$$

只要将式(10.3)的 z 变换式两边对 z 进行微分，就可直接得出这个性质。作为应用该性质的一个例子，利用它对例 10.14 考虑的 z 变换求逆变换。

例 10.17　若 $X(z)$ 为

$$X(z) = \log(1 + az^{-1}), \quad |z|>|a| \tag{10.88}$$

则有

$$nx[n] \overset{z}{\longleftrightarrow} -z \frac{\mathrm{d}X(z)}{\mathrm{d}z} = \frac{az^{-1}}{1+az^{-1}}, \quad |z|>|a| \tag{10.89}$$

这样，利用微分就把这个非有理 z 变换转换成一个有理函数的表示式。式(10.89)的等号右边部分的逆变换可以用例 10.1 和 10.5.2 节所得的时移性质式(10.72)来求得。根据例 10.1 和线性性质，有

$$a(-a)^n u[n] \overset{z}{\longleftrightarrow} \frac{a}{1+az^{-1}}, \quad |z|>|a| \tag{10.90}$$

将上式与时移性质结合起来，可得

$$a(-a)^{n-1} u[n-1] \overset{z}{\longleftrightarrow} \frac{az^{-1}}{1+az^{-1}}, \quad |z|>|a|$$

因此有

$$x[n] = \frac{-(-a)^n}{n} u[n-1] \tag{10.91}$$

例 10.18　作为应用 z 域微分性质的另一个例子，考虑求下列 z 变换的逆变换：

$$X(z) = \frac{az^{-1}}{(1-az^{-1})^2}, \quad |z|>|a| \tag{10.92}$$

根据例 10.1，有

$$a^n u[n] \overset{z}{\longleftrightarrow} \frac{1}{1-az^{-1}}, \quad |z|>|a| \tag{10.93}$$

所以有

$$na^n u[n] \overset{z}{\longleftrightarrow} -z \frac{\mathrm{d}}{\mathrm{d}z}\left(\frac{1}{1-az^{-1}}\right) = \frac{az^{-1}}{(1-az^{-1})^2}, \quad |z|>|a| \tag{10.94}$$

10.5.9　初值定理

若 $n<0$ 时 $x[n]=0$，则

$$x[0] = \lim_{z \to \infty} X(z) \tag{10.95}$$

只要考虑 z 变换表示式每一项的极限,利用 $n<0$ 时 $x[n]=0$ 的条件,就可以得出这个性质。由于这个限制,

$$X(z) = \sum_{n=0}^{\infty} x[n]z^{-n}$$

随着 $z \to \infty$,当 $n>0$ 时,$z^{-n} \to 0$,而当 $n=0$ 时,$z^{-n}=1$,于是得到式(10.95)。

对于一个因果序列,初值定理的一个直接结果就是:如果 $x[0]$ 是有限值,那么 $\lim_{z\to\infty} X(z)$ 就是有限值。结果,将 $X(z)$ 表示成两个多项式之比,分子多项式的阶次不能高于分母多项式的阶次;或者说,零点的个数不能多于极点的个数。

例 10.19 初值定理也能够用于检验一个信号 z 变换计算中的正确性。例如,考虑例 10.3 的信号 $x[n]$,由式(10.12)知道 $x[0]=1$,同时,由式(10.14)可知

$$\lim_{z\to\infty} X(z) = \lim_{z\to\infty} \frac{1-\frac{3}{2}z^{-1}}{(1-\frac{1}{3}z^{-1})(1-\frac{1}{2}z^{-1})} = 1$$

这是与初值定理一致的。

10.5.10 性质小结

表 10.1 综合列出了以上所讨论的 z 变换性质。

表 10.1 z 变换性质

节 号	性 质	信 号	z 变 换	收 敛 域
		$x[n]$	$X(z)$	R
		$x_1[n]$	$X_1(z)$	R_1
		$x_2[n]$	$X_2(z)$	R_2
10.5.1	线性	$ax_1[n] + bx_2[n]$	$aX_1(z) + bX_2(z)$	至少是 R_1 和 R_2 的相交
10.5.2	时移	$x[n-n_0]$	$z^{-n_0}X(z)$	R(除了可能增加或除去原点或 ∞ 点)
10.5.3	z 域尺度变换	$e^{j\omega_0 n}x[n]$	$X(e^{-j\omega_0}z)$	R
		$z_0^n x[n]$	$X\left(\frac{z}{z_0}\right)$	$z_0 R$
		$a^n x[n]$	$X(a^{-1}z)$	R 的尺度变换,即 $\|a\|R$ 等于在 R 中的 z 这些 $\|a\|\|z\|$ 点的集合
10.5.4	时间反转	$x[-n]$	$X(z^{-1})$	R^{-1},即 R^{-1} 等于在 R 中的 z 的这些 z^{-1} 点的集合
10.5.5	时间扩展	$x_{(k)}[n] = \begin{cases} x[r], & n=rk \\ 0, & n \neq rk \end{cases}$ 对某整数 r	$X(z^k)$	$R^{1/k}$,即在 R 中的 z 的这些 $z^{1/k}$ 点的集合
10.5.6	共轭	$x^*[n]$	$X^*(z^*)$	R
10.5.7	卷积	$x_1[n] * x_2[n]$	$X_1(z)X_2(z)$	至少是 R_1 和 R_2 的相交
10.5.7	一次差分	$x[n] - x[n-1]$	$(1-z^{-1})X(z)$	至少是 R 和 $\|z\|>0$ 的相交
10.5.7	累加	$\sum_{k=-\infty}^{n} x[k]$	$\frac{1}{1-z^{-1}}X(z)$	至少是 R 和 $\|z\|>1$ 的相交
10.5.8	z 域微分	$nx[n]$	$-z\frac{dX(z)}{dz}$	R
10.5.9	初值定理 若 $n<0$ 时 $x[n]=0$,则 $x[0] = \lim_{z\to\infty} X(z)$			

10.6 常用 z 变换对

与拉普拉斯逆变换一样，z 逆变换往往也能很容易地把 $X(z)$ 表示成若干简单项的线性组合而得到。表 10.2 中列出了几个常用的 z 变换对。其中每一对都可以从前面举出的例子，再结合 z 变换的性质而推导出。例如变换对 2 和 5 直接由例 10.1 得出；变换对 7 则来自例 10.18。有了这些，再结合分别由 10.5.4 节和 10.5.2 节建立的时间反转和时移性质，就可以推导出变换对 3，6 和 8。变换对 9 和 10 可以利用变换对 2，再结合分别由 10.5.1 节和 10.5.3 节建立的线性和 z 域尺度变换性质而得到。

表 10.2 常用 z 变换对

信 号	变 换	收 敛 域
1. $\delta[n]$	1	全部 z
2. $u[n]$	$\dfrac{1}{1-z^{-1}}$	$|z|>1$
3. $-u[-n-1]$	$\dfrac{1}{1-z^{-1}}$	$|z|<1$
4. $\delta[n-m]$	z^{-m}	全部 z，除去 0（若 $m>0$）或 ∞（若 $m<0$）
5. $a^n u[n]$	$\dfrac{1}{1-az^{-1}}$	$|z|>|a|$
6. $-a^n u[-n-1]$	$\dfrac{1}{1-az^{-1}}$	$|z|<|a|$
7. $na^n u[n]$	$\dfrac{az^{-1}}{(1-az^{-1})^2}$	$|z|>|a|$
8. $-na^n u[-n-1]$	$\dfrac{az^{-1}}{(1-az^{-1})^2}$	$|z|<|a|$
9. $\cos(\omega_0 n)u[n]$	$\dfrac{1-(\cos\omega_0)z^{-1}}{1-2(\cos\omega_0)z^{-1}+z^{-2}}$	$|z|>1$
10. $\sin(\omega_0 n)u[n]$	$\dfrac{(\sin\omega_0)z^{-1}}{1-2(\cos\omega_0)z^{-1}+z^{-2}}$	$|z|>1$
11. $r^n\cos(\omega_0 n)u[n]$	$\dfrac{1-r(\cos\omega_0)z^{-1}}{1-2r(\cos\omega_0)z^{-1}+r^2 z^{-2}}$	$|z|>r$
12. $r^n\sin(\omega_0 n)u[n]$	$\dfrac{r(\sin\omega_0)z^{-1}}{1-2r(\cos\omega_0)z^{-1}+r^2 z^{-2}}$	$|z|>r$

10.7 利用 z 变换分析与表征线性时不变系统

在离散时间线性时不变系统的分析和表示中，z 变换有其特别重要的作用。根据 10.5.7 节的卷积性质，有

$$Y(z) = H(z)X(z) \tag{10.96}$$

其中 $X(z)$，$Y(z)$ 和 $H(z)$ 分别是系统输入、输出和单位脉冲响应的 z 变换。$H(z)$ 称为系统的**系统函数**(system function)或**传递函数**(transfer function)。只要单位圆在 $H(z)$ 的收敛域内，将 $H(z)$ 在单位圆上求值(即 $z=e^{j\omega}$)，$H(z)$ 就变成了系统的频率响应。另外，从 3.2 节的讨论可知，若一个线性时不变系统的输入是复指数信号 $x[n]=z^n$，那么输出一定是 $H(z)z^n$；也就是说，z^n 是系统的特征函数，其特征值由 $H(z)$ 给出，而 $H(z)$ 就是单位脉冲响应的 z 变换。

一个系统的很多性质都能够直接与系统函数的零极点和收敛域的性质相联系,这一节将通过讨论几个重要的系统性质和一类重要的系统来说明这些关系。

10.7.1 因果性

一个因果线性时不变系统的单位脉冲响应 $h[n]$,当 $n<0$ 时 $h[n]=0$,因此是一个右边序列。由 10.2 节的性质 4 可知 $H(z)$ 的收敛域位于 z 平面内某个圆的外边。对于某些系统,例如,若 $h[n]=\delta[n]$,而有 $H(z)=1$,则收敛域可以延伸至所有地方,并可能包括原点。同时,一般来说,对于一个右边序列,它的收敛域可以包括或不包括无限远点。例如,若 $h[n]=\delta[n+1]$,那么 $H(z)=z$,它在无限远点有一个极点。然而,根据 10.2 节的性质 8,对于一个因果序列,这个幂级数中,

$$H(z) = \sum_{n=0}^{+\infty} h[n]z^{-n}$$

不包含任何 z 的正幂次项,因此收敛域包括无限远点。综合上述,可以得出如下属性。

> 一个离散时间线性时不变系统,当且仅当它的系统函数的收敛域在某个圆的外边,且包括无限远点时,该系统就是因果的。

如果 $H(z)$ 是有理的,那么由 10.2 节的性质 8,该系统若要是因果的,其收敛域必须位于最外层极点的外边,且无限远点必须在收敛域内;等效地说,当 $z\to\infty$ 时,$H(z)$ 的极限必须是有限的。正如 10.5.9 节所讨论的,这就等效于,当 $H(z)$ 的分子和分母都表示成 z 的多项式时,其分子的阶次不会高于分母的阶次,即

> 一个具有有理系统函数 $H(z)$ 的线性时不变系统是因果的,当且仅当:(a)收敛域位于最外层极点外边某个圆的外边;并且(b)若 $H(z)$ 表示成 z 的多项式之比,其分子的阶次不能高于分母的阶次。

例 10.20 考虑一个系统的系统函数,其代数表示式为

$$H(z) = \frac{z^3 - 2z^2 + z}{z^2 + \frac{1}{4}z + \frac{1}{8}}$$

甚至用不着知道它的收敛域,就能得出该系统不是因果的,因为 $H(z)$ 分子的阶次高于分母的阶次。

例 10.21 考虑一个系统,其系统函数是

$$H(z) = \frac{1}{1 - \frac{1}{2}z^{-1}} + \frac{1}{1 - 2z^{-1}}, \quad |z| > 2 \tag{10.97}$$

因为该系统函数的收敛域在最外层极点外边的某个圆的外边,就能知道它的单位脉冲响应是右边序列。为了确定是否是因果的,仅需要用因果性所要求的其他条件来检验就可以了,这就是当 $H(z)$ 表示成 z 的两个多项式之比时,$H(z)$ 的分子的阶次不能高于分母的阶次。对于这个例子,

$$H(z) = \frac{2 - \frac{5}{2}z^{-1}}{(1 - \frac{1}{2}z^{-1})(1 - 2z^{-1})} = \frac{2z^2 - \frac{5}{2}z}{z^2 - \frac{5}{2}z + 1} \tag{10.98}$$

$H(z)$ 的分子和分母的阶次都是 2,因此可得该系统是因果的。计算出 $H(z)$ 的逆变换可以证实这一点。利用表 10.2 的变换对 5,可求得该系统的单位脉冲响应为

$$h[n] = \left[\left(\frac{1}{2}\right)^n + 2^n\right]u[n] \tag{10.99}$$

$n<0$ 时 $h[n]=0$, 所以就能证实该系统是因果的。

10.7.2 稳定性

2.3.7 节曾讨论过, 一个离散时间线性时不变系统的稳定性就等效于它的单位脉冲响应是绝对可和的。在这种情况下, $h[n]$ 的傅里叶变换收敛, 结果就是 $H(z)$ 的收敛域必须包括单位圆。综上所述, 可得如下结果：

> 一个线性时不变系统, 当且仅当它的系统函数 $H(z)$ 的收敛域包括单位圆 $|z|=1$ 时, 该系统就是稳定的。

例 10.22 再次考虑式(10.97)的系统函数, 因为与其有关的收敛域是 $|z|>2$, 它不包括单位圆, 所以系统不是稳定的。从它的单位脉冲响应式(10.99)不是绝对可和的, 也能看出这一点。然而, 如果一个系统的系统函数和式(10.97)有相同的代数表示式, 但收敛域位于 $1/2<|z|<2$, 那么收敛域就包括单位圆, 这样对应的系统就是非因果的, 但是是稳定的。在这种情况下, 利用表 10.2 中的变换对 5 和 6, 可求得相应的单位脉冲响应是

$$h[n] = \left(\frac{1}{2}\right)^n u[n] - 2^n u[-n-1] \tag{10.100}$$

它是绝对可和的。

第三种可供选择的收敛域是 $|z|<1/2$, 这时系统既不是因果的(因为收敛域不是在最外层极点的外边), 又不是稳定的(因为收敛域不包括单位圆)。这也能从它的单位脉冲响应中看出, 利用表 10.2 中的变换对 6, 可求得为

$$h[n] = -\left[\left(\frac{1}{2}\right)^n + 2^n\right]u[-n-1]$$

正如在例 10.22 中所表示的, 一个系统是稳定的, 但不是因果的, 这是完全可能的。然而, 如果仅集中在因果系统上, 那么系统的稳定性就很容易通过检查极点的位置来验证。对于一个具有有理系统函数的因果系统而言, 收敛域位于最外层极点的外边。对于这个包括单位圆的收敛域, 系统的全部极点都必须位于单位圆内, 即

> 一个具有有理系统函数的因果线性时不变系统, 当且仅当 $H(z)$ 的全部极点都位于单位圆内时, 即全部极点的模均小于 1 时, 该系统就是稳定的。

例 10.23 考虑一个因果系统, 其系统函数为

$$H(z) = \frac{1}{1-az^{-1}}$$

它有一个极点在 $z=a$。这个系统若要是稳定的, 极点就必须位于单位圆内, 即必须有 $|a|<1$。这与对应的单位脉冲响应 $h[n]=a^n u[n]$ 绝对可和的条件是一致的。

例 10.24 由式(10.69)给出的二阶系统的系统函数具有复数极点, 即

$$H(z) = \frac{1}{1-(2r\cos\theta)z^{-1}+r^2 z^{-2}} \tag{10.101}$$

其极点位于 $z_1 = re^{j\theta}$ 和 $z_2 = re^{-j\theta}$。假定系统为因果的，可知收敛域位于最外层极点的外边，即 $|z| > |r|$。当 $r > 1$ 和 $r < 1$ 时，这个系统的零-极点图和收敛域均如图 10.16 所示。当 $r < 1$ 时，极点位于单位圆内，收敛域包括单位圆，因此系统是稳定的。当 $r > 1$ 时，极点在单位圆外，收敛域不包括单位圆，因此系统是不稳定的。

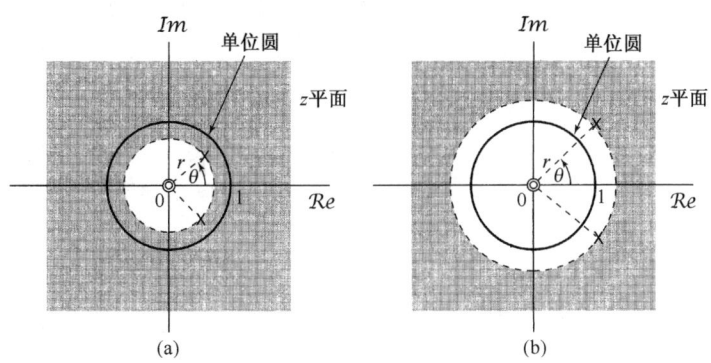

图 10.16　具有复数极点的二阶系统的零-极点图。（a）$r < 1$；（b）$r > 1$

10.7.3　由线性常系数差分方程表征的线性时不变系统

对于由线性常系数差分方程表征的系统，z 变换的这些性质对于求得系统的系统函数、频率响应或时域响应等，都提供了一种特别方便的方法。下面用一个例子来说明。

例 10.25　考虑一个线性时不变系统，其输入 $x[n]$ 和输出 $y[n]$ 满足如下线性常系数差分方程：

$$y[n] - \frac{1}{2}y[n-1] = x[n] + \frac{1}{3}x[n-1] \tag{10.102}$$

在式（10.102）两边应用 z 变换，并利用 10.5.1 节的线性性质和 10.5.2 节的时移性质，可得

$$Y(z) - \frac{1}{2}z^{-1}Y(z) = X(z) + \frac{1}{3}z^{-1}X(z)$$

或者

$$Y(z) = X(z)\left[\frac{1 + \frac{1}{3}z^{-1}}{1 - \frac{1}{2}z^{-1}}\right] \tag{10.103}$$

由式（10.96）可得

$$H(z) = \frac{Y(z)}{X(z)} = \frac{1 + \frac{1}{3}z^{-1}}{1 - \frac{1}{2}z^{-1}} \tag{10.104}$$

该式给出了 $H(z)$ 的代数表示式，但没有收敛域。事实上有两种不同的单位脉冲响应都与式（10.102）这个差分方程相符，一个是右边的，另一个是左边的。相应地，式（10.104）就有两种不同的收敛域选择：一个是 $|z| > 1/2$，它是与 $h[n]$ 为右边的假设有关的收敛域；另一个是 $|z| < 1/2$，它是与 $h[n]$ 为左边的假设有关的收敛域。

首先考虑收敛域选为 $|z| > 1/2$。将 $H(z)$ 写成

$$H(z) = \left(1 + \frac{1}{3}z^{-1}\right)\frac{1}{1 - \frac{1}{2}z^{-1}}$$

利用表 10.2 中的变换对 5，再结合线性和时移性质，就能求得相应的单位脉冲响应为

$$h[n] = \left(\frac{1}{2}\right)^n u[n] + \frac{1}{3}\left(\frac{1}{2}\right)^{n-1} u[n-1]$$

对于另一种收敛域的选择,即 $|z|<1/2$,可利用表 10.2 中的变换对 6,再结合线性和时移性质,求得

$$h[n] = -\left(\frac{1}{2}\right)^n u[-n-1] - \frac{1}{3}\left(\frac{1}{2}\right)^{n-1} u[-n]$$

在这种情况下,该系统是反因果的($n>0$ 时 $h[n]=0$),并且是不稳定的。

对于一般的 N 阶差分方程,可以用类似于例 10.25 的方法进行,即对方程两边进行 z 变换,并利用线性和时移性质。现考虑一个线性时不变系统,其输入、输出满足如下线性常系数差分方程:

$$\sum_{k=0}^{N} a_k y[n-k] = \sum_{k=0}^{M} b_k x[n-k] \qquad (10.105)$$

在式(10.105)两边取 z 变换,并利用线性和时移性质,可得

$$\sum_{k=0}^{N} a_k z^{-k} Y(z) = \sum_{k=0}^{M} b_k z^{-k} X(z)$$

或者

$$Y(z) \sum_{k=0}^{N} a_k z^{-k} = X(z) \sum_{k=0}^{M} b_k z^{-k}$$

这样就有

$$H(z) = \frac{Y(z)}{X(z)} = \frac{\sum_{k=0}^{M} b_k z^{-k}}{\sum_{k=0}^{N} a_k z^{-k}} \qquad (10.106)$$

特别要注意,一个满足线性常系数差分方程的系统,其系统函数总是有理的。另外,与前面所举的例子及与拉普拉斯变换有关讨论相一致的是,差分方程本身也没有提供关于与代数表示式 $H(z)$ 有关的收敛域的信息。因此,诸如因果性、稳定性之类的附加限制,应该用来作为标定收敛域的条件。例如,如果知道系统是因果的,收敛域就一定位于最外层极点的外边;如果系统是稳定的,收敛域就一定包括单位圆。

10.7.4 系统特性与系统函数的关系举例

正如在前面几节所说明的,离散时间线性时不变系统的很多性质都能直接与系统函数及其特性有关。这一节将给出另外几个例子来表明 z 变换是如何用于系统分析的。

例 10.26 假设关于一个线性时不变系统给出下列信息:

1. 若系统的输入是 $x_1[n] = (1/6)^n u[n]$,那么输出是

$$y_1[n] = \left[a\left(\frac{1}{2}\right)^n + 10\left(\frac{1}{3}\right)^n\right]u[n]$$

其中 a 为实数。

2. 若 $x_2[n] = (-1)^n$,那么输出是 $y_2[n] = \frac{7}{4}(-1)^n$。现在要说明,根据这两条信息就能确定该系统的系统函数 $H(z)$,包括 a 的值,同时也能立即推导出该系统的几个性质。

根据第一条信息,所给出的这些信号的 z 变换是

$$X_1(z) = \frac{1}{1 - \frac{1}{6}z^{-1}}, \quad |z| > \frac{1}{6} \qquad (10.107)$$

$$Y_1(z) = \frac{a}{1 - \frac{1}{2}z^{-1}} + \frac{10}{1 - \frac{1}{3}z^{-1}}$$

$$= \frac{(a+10) - (5 + \frac{a}{3})z^{-1}}{(1 - \frac{1}{2}z^{-1})(1 - \frac{1}{3}z^{-1})}, \quad |z| > \frac{1}{2} \tag{10.108}$$

由式(10.96)可得系统函数的代数表示式为

$$H(z) = \frac{Y_1(z)}{X_1(z)} = \frac{[(a+10) - (5 + \frac{a}{3})z^{-1}][1 - \frac{1}{6}z^{-1}]}{(1 - \frac{1}{2}z^{-1})(1 - \frac{1}{3}z^{-1})} \tag{10.109}$$

此外,对于 $x_2[n] = (-1)^n$ 的响应必须等于 $(-1)^n$ 乘以系统函数 $H(z)$ 在 $z = -1$ 的值,因此根据第二条信息,有

$$\frac{7}{4} = H(-1) = \frac{[(a+10) + 5 + \frac{a}{3}][\frac{7}{6}]}{(\frac{3}{2})(\frac{4}{3})} \tag{10.110}$$

解出式(10.110),求得 $a = -9$,所以

$$H(z) = \frac{(1 - 2z^{-1})(1 - \frac{1}{6}z^{-1})}{(1 - \frac{1}{2}z^{-1})(1 - \frac{1}{3}z^{-1})} \tag{10.111}$$

或者

$$H(z) = \frac{1 - \frac{13}{6}z^{-1} + \frac{1}{3}z^{-2}}{1 - \frac{5}{6}z^{-1} + \frac{1}{6}z^{-2}} \tag{10.112}$$

或者最后写为

$$H(z) = \frac{z^2 - \frac{13}{6}z + \frac{1}{3}}{z^2 - \frac{5}{6}z + \frac{1}{6}} \tag{10.113}$$

由卷积性质知道,$Y_1(z)$ 的收敛域必须至少包括 $X_1(z)$ 和 $H(z)$ 的收敛域的相交部分,对 $H(z)$ 检查一下三种可能的收敛域,即 $|z| < 1/3$,$1/3 < |z| < 1/2$ 和 $|z| > 1/2$,可以发现,只有 $|z| > 1/2$ 才能与 $X_1(z)$ 和 $Y_1(z)$ 的收敛域相符。

因为该系统的收敛域包括单位圆,所以系统是稳定的。此外,根据式(10.113)将 $H(z)$ 表示成 z 的多项式之比,可见其分子的阶次不超过分母的阶次,由此可得该系统是因果的。同时利用式(10.112)和式(10.106),可以写出在初始松弛条件下表征该系统的差分方程为

$$y[n] - \frac{5}{6}y[n-1] + \frac{1}{6}y[n-2] = x[n] - \frac{13}{6}x[n-1] + \frac{1}{3}x[n-2]$$

例 10.27 已知一个单位脉冲响应为 $h[n]$,有理系统函数为 $H(z)$ 的因果稳定系统,假设已知 $H(z)$ 有一个极点在 $z = 1/2$,并在单位圆的某个地方有一个零点,其余极点和零点的真正数量和位置均未知。试对下面每一种说法进行判断,能否肯定地说是对的,还是错的,或者由于条件不充分而难以置评:

(a) $\mathcal{F}\{(1/2)^n h[n]\}$ 收敛。

(b) 对某一 ω 有 $H(e^{j\omega}) = 0$。

(c) $h[n]$ 为有限长的。

(d) $h[n]$ 是实序列。

(e) $g[n] = n[h[n] * h[n]]$ 是一个稳定系统的单位脉冲响应。

(a) 是对的。因为 $\mathcal{F}\{(1/2)^n h[n]\}$ 相应于 $h[n]$ 的 z 变换在 $z = 2$ 的值,因此它的收敛就等同于点 $z = 2$ 在收敛域内。因为该系统是稳定和因果的,$H(z)$ 的全部极点都必须位于单位圆内,因此收敛域就应该包括所有位于单位圆外的点,当然也包括 $z = 2$。

(b) 是对的，因为有一个零点在单位圆内。

(c) 是错的，因为有限长序列的收敛域必须包括整个 z 平面，可能除去 $z=0$ 和/或 $z=\infty$，而这是与在 $z=1/2$ 有一个极点相矛盾的。

(d) 这个说法要求 $H(z) = H^*(z^*)$，这就意味着，若在一个非实数的地方 $z=z_0$ 有一个极点（或零点），就必定在 $z=z_0^*$ 还有一个极点（或零点）。所给出的信息太少，而不足以证实该说法是否属实。

(e) 是对的。因为系统是因果的，$n<0$ 时 $h[n]=0$，因此 $n<0$ 时 $h[n]*h[n]=0$，也就是说以 $h[n]*h[n]$ 作为单位脉冲响应的系统是因果的，那么同一结论对于 $g[n] = n[h[n]*h[n]]$ 也是对的。此外，由 10.5.7 节的卷积性质可知，对应于单位脉冲响应 $h[n]*h[n]$ 的系统函数是 $H^2(z)$，再由 10.5.8 节的微分性质可知，对应于 $g[n]$ 的系统函数就是

$$G(z) = -z\frac{\mathrm{d}}{\mathrm{d}z}H^2(z) = -2zH(z)\left[\frac{\mathrm{d}}{\mathrm{d}z}H(z)\right] \tag{10.114}$$

由式(10.114)可以得出，$G(z)$ 的极点与 $H(z)$ 的极点有相同的位置，可能的例外是原点。因此，因为 $H(z)$ 的全部极点在单位圆内，所以 $G(z)$ 也必须如此，$g[n]$ 就是一个因果稳定系统的单位脉冲响应。

10.8 系统函数的代数属性与方框图表示

与连续时间的拉普拉斯变换一样，离散时间的 z 变换也能将时域中诸如卷积和时移等运算用代数运算来代替。这一点已经在 10.7.3 节中应用过了，在那里将一个线性时不变系统的差分方程描述用代数方程描述来代替。将系统描述转换成代数方程的 z 变换的这种作用在分析线性时不变系统的互联，以及用基本系统的构造单元的互联来综合出其他系统时也是很有帮助的。

10.8.1 线性时不变系统互联的系统函数

对于分析像级联、并联和反馈互联这些离散时间方框图的系统函数方面的代数问题，与 9.8.1 节对应的连续时间系统是完全一样的。例如，两个离散时间线性时不变系统级联后的系统函数是各自系统函数的乘积。同时，考虑图 10.17 所示的两个系统的反馈互联问题，也是要确定整个系统的差分方程或单位脉冲响应这样一些在时域中的关系。然而，由于系统和序列都是用它

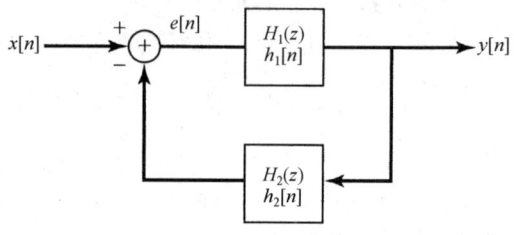

图 10.17 两个系统的反馈互联

们的 z 变换来表示的，分析中仅涉及代数方程。对于图 10.17 所示系统的具体方程，完全可采用与式(9.159)到式(9.163)相并行的步骤，得出该反馈互联后总的系统函数为

$$\frac{Y(z)}{X(z)} = H(z) = \frac{H_1(z)}{1+H_1(z)H_2(z)} \tag{10.115}$$

10.8.2 由差分方程和有理系统函数描述的因果线性时不变系统的方框图表示

与 9.8.2 节一样，可以用三种基本运算，即相加、系数相乘和单位延迟的方框图来表示由差分方程描述的因果线性时不变系统。2.4.3 节曾对一阶差分方程描述过这样的方框图。现在首先

回顾那个例子，这次利用系统函数的代数属性，然后再考虑其他稍许复杂一些的例子来说明构成方框图表示的一些基本概念。

例 10.28 考虑一个因果线性时不变系统，其系统函数为

$$H(z) = \frac{1}{1 - \frac{1}{4}z^{-1}} \tag{10.116}$$

利用 10.7.3 节的结果，可求得该系统的差分方程

$$y[n] - \frac{1}{4}y[n-1] = x[n]$$

具有初始松弛条件。2.4.3 节曾对这种形式的一阶系统构造出一种方框图表示，图 10.18(a)给出了一种等效的方框图表示(相应于图 2.28 中的 $a = -1/4$ 和 $b = 1$)，其中 z^{-1} 是单位延迟的系统函数。也就是说，根据时移性质，这个系统的输入和输出是由

$$w[n] = y[n-1]$$

所表示的。图 10.18(a)的方框图中包括一个反馈回路，它很像上一节中考虑的系统并画在图 10.17 中。事实上稍加变化就能得到图 10.18(b)所示的等效方框图，这就与图 10.17 所示的完全一样了，其中 $H_1(z) = 1$ 且 $H_2(z) = (-1/4)z^{-1}$。应用式(10.115)就能证实图 10.18 的系统函数是由式(10.116)给出的。

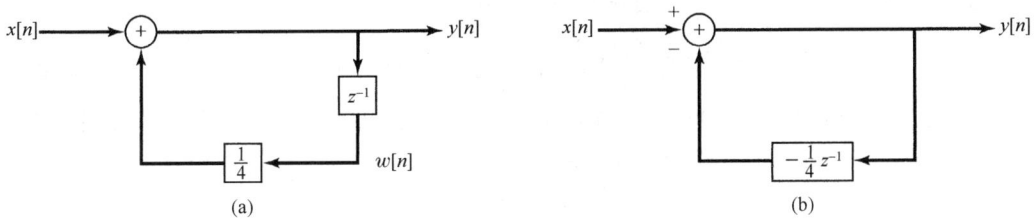

图 10.18　(a) 例 10.28 的因果线性时不变系统的方框图表示；(b) 等效方框图表示

例 10.29 假设现在考虑一个因果线性时不变系统，其系统函数为

$$H(z) = \frac{1 - 2z^{-1}}{1 - \frac{1}{4}z^{-1}} = \left(\frac{1}{1 - \frac{1}{4}z^{-1}}\right)(1 - 2z^{-1}) \tag{10.117}$$

按式(10.117)所建议的，可以将系统看成系统函数为 $1/[1 - (1/4)z^{-1}]$ 的系统和另一系统函数为 $(1 - 2z^{-1})$ 的系统的级联。图 10.19(a)示意了这种级联实现，图中已用图 10.18(a)的方框图来表示 $1/[1 - (1/4)z^{-1}]$，并且用一个单位延迟单元、一个加法器和一个系数相乘器来表示 $(1 - 2z^{-1})$。根据时移性质，系统函数为 $(1 - 2z^{-1})$ 的系统，其输入 $v[n]$ 和输出 $y[n]$ 是由下列差分方程相联系的：

$$y[n] = v[n] - 2v[n-1]$$

尽管图 10.19(a)的方框图确实是式(10.117)所示系统的一个正确表示，但是这个方框图不够经济。为了看出这一点，注意图 10.19(a)中这两个单位延迟单元的输入都是 $v[n]$，因此它们的输出都是相同的，即

$$w[n] = s[n] = v[n-1]$$

这样就没必要保留两个延迟单元，只需用它们中的一个为两个系数相乘器提供输入信号。这个结果就是图 10.19(b)的方框图表示。因为每个单位延迟单元都要求一个存储寄存器来保留它的输入中的前一个值，所以图 10.19(b)比图 10.19(a)的表示需要用较少的存储器。

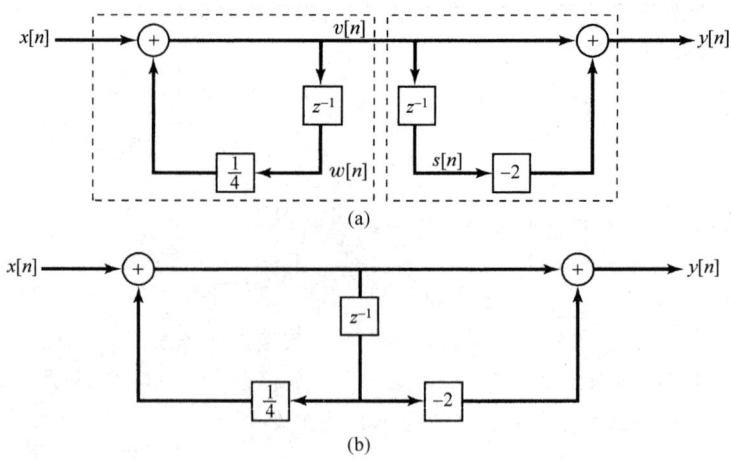

图 10.19 (a) 例 10.29 所示系统的方框图表示；(b) 只用一个单位延迟单元的等效方框图表示

例 10.30 有一个二阶系统函数为

$$H(z) = \frac{1}{(1+\frac{1}{2}z^{-1})(1-\frac{1}{4}z^{-1})} = \frac{1}{1+\frac{1}{4}z^{-1}-\frac{1}{8}z^{-2}} \tag{10.118}$$

它的差分方程为

$$y[n] + \frac{1}{4}y[n-1] - \frac{1}{8}y[n-2] = x[n] \tag{10.119}$$

利用与例 10.28 相同的思路，可得该系统的方框图表示如图 10.20(a) 所示。因为在图中系统函数为 z^{-1} 的两个方框都是单位延迟的，因此有

$$f[n] = y[n-1]$$
$$e[n] = f[n-1] = y[n-2]$$

这样式(10.119)可重写成

$$y[n] = -\frac{1}{4}y[n-1] + \frac{1}{8}y[n-2] + x[n]$$

或者

$$y[n] = -\frac{1}{4}f[n] + \frac{1}{8}e[n] + x[n]$$

这就和图中的表示完全一样了。

图 10.20(a) 的方框图一般称为**直接型**表示，因为出现在方框图中的系数可以直接根据出现在差分方程或系统函数中的系数来确定。另外，与连续时间系统一样，对系统函数略作代数运算，就能得到**级联型**方框图和**并联型**方框图。具体而言就是将式(10.118)重写成

$$H(z) = \left(\frac{1}{1+\frac{1}{2}z^{-1}}\right)\left(\frac{1}{1-\frac{1}{4}z^{-1}}\right) \tag{10.120}$$

该式的级联型表示如图 10.20(b) 所示，图中系统是用式(10.120)中代表两个因式的系统级联来表示的。

同理，将式(10.118)进行部分分式展开，可得

$$H(z) = \frac{\frac{2}{3}}{1+\frac{1}{2}z^{-1}} + \frac{\frac{1}{3}}{1-\frac{1}{4}z^{-1}}$$

这样就得到了图 10.20(c) 的并联型表示。

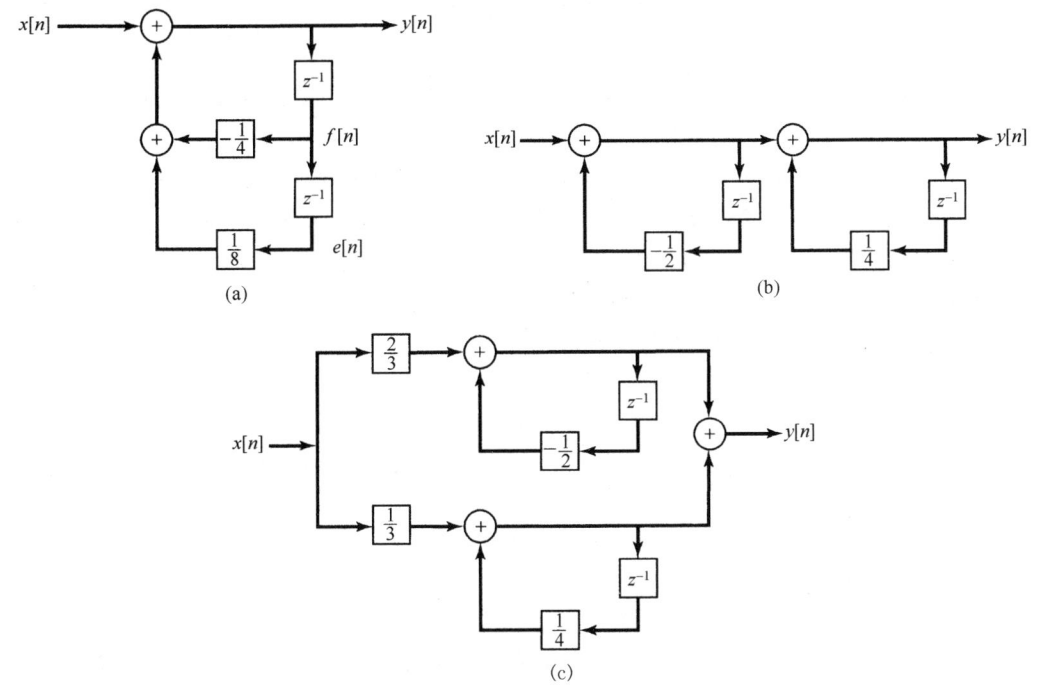

图 10.20 例 10.30 所示系统的方框图表示。(a) 直接型; (b) 级联型; (c) 并联型

例 10.31 最后, 考虑的系统函数为

$$H(z) = \frac{1 - \frac{7}{4}z^{-1} - \frac{1}{2}z^{-2}}{1 + \frac{1}{4}z^{-1} - \frac{1}{8}z^{-2}} \tag{10.121}$$

将它写成

$$H(z) = \left(\frac{1}{1 + \frac{1}{4}z^{-1} - \frac{1}{8}z^{-2}}\right)\left(1 - \frac{7}{4}z^{-1} - \frac{1}{2}z^{-2}\right) \tag{10.122}$$

该式就代表了图 10.20(a) 所示的系统与系统函数为 $\left(1 - \frac{7}{4}z^{-1} - \frac{1}{2}z^{-2}\right)$ 的系统的级联表示。然而, 与例 10.29 一样, 为实现在式(10.122)第一项所需的这些单位延迟单元, 也产生了在计算第二个系统输出时所要求的延迟信号, 这个结果就是图 10.21 所示的直接型方框图, 有关它的一些构成细节将在习题 10.38 中讨论。在直接型表示中的这些系数可以直接由式(10.121)的系统函数中的系数来确定。

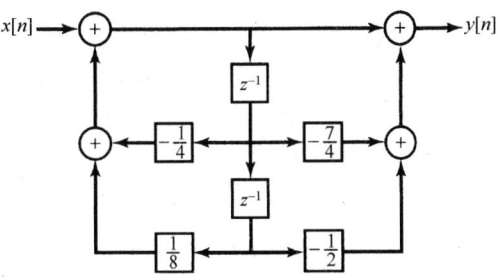

图 10.21 例 10.31 所示系统的直接型方框图表示

$H(z)$ 也能写成如下形式:

$$H(z) = \left(\frac{1 + \frac{1}{4}z^{-1}}{1 + \frac{1}{2}z^{-1}}\right)\left(\frac{1 - 2z^{-1}}{1 - \frac{1}{4}z^{-1}}\right) \tag{10.123}$$

和

$$H(z) = 4 + \frac{5/3}{1 + \frac{1}{2}z^{-1}} - \frac{14/3}{1 - \frac{1}{4}z^{-1}} \tag{10.124}$$

由式(10.123)可以想到一种级联型表示,而式(10.124)可以导致一种并联型表示,这些都将在习题10.38中考虑。

在前面几个例子中用到的有关构造方框图表示的一些概念,都能直接用到高阶系统中,在习题10.39中将考虑几个例子。与连续时间情况相同,在具体进行时一般都有很大的灵活性。例如,在式(10.123)的乘积表示中,分子和分母的因式如何配对;对每一个因式以什么方式来实现;以及这些因式的级联次序等都有很大的选择余地。尽管所有这些变化都会导致同一个系统表示,但实际上这些不同方框图的性能还是有差别的。具体而言,一个系统的每一种方框图表示,对于系统实现来说都能直接转换为一个计算机算法,然而由于计算机的有限字长,要对方框图中的这些系数进行量化,又由于在算法运算过程中会有数值上的舍入,因此每一种方框图表示所引进的算法仅是对原系统特性的一种近似。然而,每种近似中的误差或多或少是不同的。由于这些差别,通过考察量化效应的准确度和灵敏度,对各种不同的方框图表示进行相对的评价,在这一方面已经做了极大的努力。有关这一专题的讨论,读者可查阅书末参考文献中有关数字信号处理方面的参考书。

10.9 单边 z 变换

到目前为止,本章所考虑的 z 变换一般称为**双边 z 变换**(bilateral z-transform)。与拉普拉斯变换一样,也有另一种形式称为**单边 z 变换**(unilateral z-transform)。单边 z 变换在分析由线性常系数差分方程描述的具有初始条件(即系统不是初始松弛的)的因果系统时特别有用。本节将采用与9.9节讨论单边拉普拉斯变换相同的方式来讨论单边 z 变换,并说明它的有关性质和应用。

一个序列 $x[n]$ 的单边 z 变换定义为

$$X(z) = \sum_{n=0}^{+\infty} x[n] z^{-n} \tag{10.125}$$

与第9章相同,对于一个信号和它的单边 z 变换,采用一种方便的简化符号记为

$$x[n] \stackrel{\mathcal{UZ}}{\longleftrightarrow} X(z) = \mathcal{UZ}\{x[n]\} \tag{10.126}$$

单边 z 变换与双边 z 变换的差别在于,求和仅在 n 的非负值上进行,而不考虑 $n<0$ 时 $x[n]$ 是否为零。因此,$x[n]$ 的单边 z 变换就能看成 $x[n]u[n]$(即 $x[n]$ 乘以单位阶跃)的双边 z 变换。特别是,若任何序列在 $n<0$ 时本身就为零,该序列的单边和双边 z 变换就是一致的。根据10.2节有关收敛域的讨论也可看到,因为 $x[n]u[n]$ 总是一个右边序列,所以 $X(z)$ 的收敛域总是位于某个圆的外边。

由于双边和单边 z 变换之间的紧密联系,因此单边 z 变换的计算和双边 z 变换的也相差不多,但是要考虑到在变换求和中的极限是对 $n \geq 0$ 进行的。同理,单边 z 逆变换的计算也基本上与双边 z 逆变换相同,但是要考虑到对单边 z 变换而言,其收敛域总是位于某个圆的外边。

10.9.1 单边 z 变换和单边 z 逆变换举例

例10.32 设信号 $x[n]$ 为

$$x[n] = a^n u[n] \tag{10.127}$$

因为 $n<0$ 时 $x[n]=0$,所以该例的单边和双边 z 变换相等,为

$$X(z) = \frac{1}{1-az^{-1}}, \qquad |z| > |a| \tag{10.128}$$

例 10.33 设 $x[n]$ 为

$$x[n] = a^{n+1}u[n+1] \tag{10.129}$$

在这种情况下,单边和双边 z 变换并不相等,因为 $x[-1] = 1 \neq 0$。它的双边 z 变换由例 10.1 和 10.5.2 节中的时移性质可求得为

$$X(z) = \frac{z}{1-az^{-1}}, \qquad |z| > |a| \tag{10.130}$$

与此对比,它的单边 z 变换为

$$\mathcal{X}(z) = \sum_{n=0}^{\infty} x[n]z^{-n} = \sum_{n=0}^{\infty} a^{n+1}z^{-n}$$

或

$$\mathcal{X}(z) = \frac{a}{1-az^{-1}}, \qquad |z| > |a| \tag{10.131}$$

例 10.34 考虑如下单边 z 变换 $\mathcal{X}(z)$:

$$\mathcal{X}(z) = \frac{3 - \frac{5}{6}z^{-1}}{(1 - \frac{1}{4}z^{-1})(1 - \frac{1}{3}z^{-1})} \tag{10.132}$$

在例 10.9 中,曾对几个不同的收敛域讨论过与式(10.132)相同的双边 z 变换 $X(z)$ 的逆变换问题。在单边 z 变换的情况下,收敛域必须位于半径等于 $\mathcal{X}(z)$ 极点最大模值的圆的外边,该例就是 $|z| > 1/3$,然后就与例 10.9 完全一样地求单边 z 逆变换,得到

$$x[n] = \left(\frac{1}{4}\right)^n u[n] + 2\left(\frac{1}{3}\right)^n u[n], \qquad n \geq 0 \tag{10.133}$$

在式(10.133)中已经强调了这一点,即单边 z 逆变换所给出的仅为 $n \geq 0$ 时 $x[n]$ 的有关情况。

10.3 节介绍的求逆变换的另一种方法,即通过 z 变换的幂级数展开式的系数来求逆变换的方法,也可用于单边 z 变换的情况。不过,在单边情况下必须满足的一种限制是,根据式(10.125)的定义,变换的幂级数展开式中不能包括 z 的正幂次项。例如,在例 10.13 中对如下双边 z 变换:

$$X(z) = \frac{1}{1-az^{-1}} \tag{10.134}$$

进行长除可有两种方式,分别对应于 $X(z)$ 的两种可能的收敛域。其中只有一种,即对应于 $|z| > |a|$ 的收敛域,才会有一个无 z 的正幂次项的级数展开式,即

$$\frac{1}{1-az^{-1}} = 1 + az^{-1} + a^2z^{-2} + \cdots \tag{10.135}$$

而这才是式(10.134)的展开式代表一个单边 z 变换的唯一选择。

应该注意,$\mathcal{X}(z)$ 的幂级数展开式中没有 z 的正幂次项的要求,意味着不是每一个 z 函数都能是一个单边 z 变换。特别是,若考虑将 z 的一个有理函数写成以 z(而不是以 z^{-1})的多项式之比,即

$$\frac{p(z)}{q(z)} \tag{10.136}$$

那么,这个 z 的有理函数若能成为一个单边变换(适当地选择收敛域为某一个圆的外边),其分子的阶次必须不能高于分母的阶次。

例 10.35 说明前面结论的一个简单例子是由式(10.130)给出的有理函数,现在将它写成 z 的多项式之比为

$$\frac{z^2}{z-a} \tag{10.137}$$

有两种可能的双边变换都与这个函数有关,即它们对应于两种可能的收敛域,$|z|<|a|$ 和 $|z|>|a|$。选择 $|z|>|a|$ 就对应于一个右边序列,但它不是一个对所有 $n<0$ 都为零的序列,因为它的逆变换由式(10.129)给出,对于 $n=-1$,它并不为零。

更一般地说,若将式(10.136)与一个其收敛域位于半径为 $q(z)$ 的根的最大模值的圆的外边的双边 z 变换相联系,那么其逆变换肯定是右边的;然而,要使它对所有 $n<0$ 都为零,就必须也有 $p(z)$ 的阶次小于或等于 $q(z)$ 的阶次。

10.9.2 单边 z 变换性质

单边 z 变换有许多重要性质,其中有一些与双边 z 变换对应的性质相同,而另有几个明显不同。表 10.3 综合列出了这些性质。在表中可以注意到,并没有某一列明确指出每一信号的单边 z 变换的收敛域。这是因为任何单边 z 变换的收敛域总是位于某个圆的外边,例如一个有理单边 z 变换的收敛域总是位于最外层极点的外边。

表 10.3 单边 z 变换性质

性质	信号	单边 z 变换
	$x[n]$	$X(z)$
	$x_1[n]$	$X_1(z)$
	$x_2[n]$	$X_2(z)$
线性	$ax_1[n]+bx_2[n]$	$aX_1(z)+bX_2(z)$
时间延迟	$x[n-1]$	$z^{-1}X(z)+x[-1]$
时移	$x[n+1]$	$zX(z)-zx[0]$
z 域尺度变换	$e^{j\omega_0 n}x[n]$	$X(e^{-j\omega_0}z)$
	$z_0^n x[n]$	$X(z/z_0)$
	$a^n x[n]$	$X(a^{-1}z)$
时间扩展	$x_k[n] = \begin{cases} x[m], & n=mk \\ 0, & n \neq mk, \text{对任意 } m \end{cases}$	$X(z^k)$
共轭	$x^*[n]$	$X^*(z^*)$
卷积(假设 $n<0$ 时 $x_1[n]$ 和 $x_2[n]$ 均为零)	$x_1[n]*x_2[n]$	$X_1(z)X_2(z)$
一次差分	$x[n]-x[n-1]$	$(1-z^{-1})X(z)-x[-1]$
累加	$\sum_{k=0}^{n} x[k]$	$\dfrac{1}{1-z^{-1}}X(z)$
z 域微分	$nx[n]$	$-z\dfrac{dX(z)}{dz}$
初值定理 $x[0] = \lim\limits_{z \to \infty} X(z)$		

将这个表与双边 z 变换对应的表 10.1 进行对比,就会对单边 z 变换的性质有更深入的理解。特别是有几个性质,即线性、z 域尺度变换、时间扩展、共轭和 z 域微分等与双边 z 变换相应的性质都是一样的。至于 10.5.9 节所提到的初值定理,这本来就是一个单边变换的性质,因为它要求 $n<0$ 时 $x[n]=0$。有一个双边变换的性质,即 10.5.4 节得出的时间反转性质,很明显地在单边变换情况下找不到对应的性质,而其余这些性质在双边和单边变换之间有一些重要的差异。

首先来考察在卷积性质上的差别。表 10.3 表明，对于全部 $n<0$，若 $x_1[n] = x_2[n] = 0$，则有

$$x_1[n] * x_2[n] \overset{uz}{\longleftrightarrow} X_1(z)X_2(z) \tag{10.138}$$

因为在这种情况下，对这两个信号的双边和单边变换都是相同的，所以式(10.138)由双边变换的卷积性质就能得出。因此，只要考虑的是因果线性时不变系统(这时，系统函数既是单位脉冲响应的双边 z 变换，又是它的单边 z 变换)，其输入对 $n<0$ 均为零，那么在本章所建立并应用的系统分析和系统函数的代数属性，都能毫无变化地应用到单边 z 变换中。这种应用的一个例子是表 10.3 中的累加或求和性质。若 $n<0$ 时 $x[n] = 0$，那么

$$\sum_{k=0}^{n} x[k] = x[n] * u[n] \overset{uz}{\longleftrightarrow} X(z)\mathcal{U}(z) = X(z)\frac{1}{1-z^{-1}} \tag{10.139}$$

作为第二个例子，考虑下面这个例子。

例 10.36 考虑由下列差分方程描述的因果线性时不变系统：

$$y[n] + 3y[n-1] = x[n] \tag{10.140}$$

结合初始松弛条件，其系统函数为

$$\mathcal{H}(z) = \frac{1}{1 + 3z^{-1}} \tag{10.141}$$

假定系统的输入是 $x[n] = \alpha u[n]$，这是 α 是某个给定的常数。这时，系统输出 $y[n]$ 的单边(和双边) z 变换是

$$\mathcal{Y}(z) = \mathcal{H}(z)\mathcal{X}(z) = \frac{\alpha}{(1+3z^{-1})(1-z^{-1})} = \frac{(3/4)\alpha}{1+3z^{-1}} + \frac{(1/4)\alpha}{1-z^{-1}} \tag{10.142}$$

将例 10.32 用于式(10.142)中的每一项，可得

$$y[n] = \alpha\left[\frac{1}{4} + \left(\frac{3}{4}\right)(-3)^n\right]u[n] \tag{10.143}$$

值得注意的是，单边 z 变换的卷积性质仅适用于式(10.138)中信号 $x_1[n]$ 和 $x_2[n]$ 在 $n<0$ 时全都为零的情况。尽管对于双边变换一般来说的确如此，即 $x_1[n] * x_2[n]$ 的双边变换等于 $x_1[n]$ 和 $x_2[n]$ 的双边变换的乘积，但若 $x_1[n]$ 或 $x_2[n]$ 中有一个在 $n<0$ 时不为零，那么 $x_1[n] * x_2[n]$ 的单边变换并不等于 $x_1[n]$ 和 $x_2[n]$ 的单边变换的乘积。这一点将在习题 10.41 中进一步讨论。

单边 z 变换最重要的应用是分析因果系统，特别是由线性常系数差分方程描述的，可能具有非零初始条件的因果系统。在 10.7 节中曾经讨论过，怎样利用双边变换(特别是双边 z 变换中的时移性质)分析和求解初始松弛条件下，由这样的差分方程表征的线性时不变系统。现在要看到，单边变换中的时移性质(不同于双边变换的时移性质)对具有初始条件的系统也起着类似的作用。

为了建立单边变换的时移性质，考虑下列信号：

$$y[n] = x[n-1] \tag{10.144}$$

那么

$$\mathcal{Y}(z) = \sum_{n=0}^{+\infty} x[n-1]z^{-n}$$

$$= x[-1] + \sum_{n=1}^{\infty} x[n-1]z^{-n}$$

$$= x[-1] + \sum_{n=0}^{\infty} x[n]z^{-(n+1)}$$

或者
$$\mathcal{Y}(z) = x[-1] + z^{-1}\sum_{n=0}^{\infty} x[n]z^{-n} \tag{10.145}$$

这样就有
$$\mathcal{Y}(z) = x[-1] + z^{-1}\mathcal{X}(z) \tag{10.146}$$

重复应用式(10.146),
$$w[n] = y[n-1] = x[n-2] \tag{10.147}$$

的单边变换就是
$$\mathcal{W}(z) = x[-2] + x[-1]z^{-1} + z^{-2}\mathcal{X}(z) \tag{10.148}$$

继续这个迭代过程,就能确定对任意正整数 m 的 $x[n-m]$ 的单边 z 变换。

式(10.146)有时称为时间延迟性质,因为在式(10.144)中的 $y[n]$ 就是延迟了的 $x[n]$。单边变换也有一个时移性质,它将超前了的 $x[n]$ 的变换与 $\mathcal{X}(z)$ 联系起来,这就如习题10.60所指出的:

$$x[n+1] \stackrel{uz}{\longleftrightarrow} z\mathcal{X}(z) - zx[0] \tag{10.149}$$

10.9.3 利用单边 z 变换求解差分方程

下面的例子利用单边 z 变换和时间延迟性质来解具有非零初始条件的线性常系数差分方程。

例 10.37 再次考虑式(10.140)的差分方程,其输入 $x[n] = \alpha u[n]$,初始条件为

$$y[-1] = \beta \tag{10.150}$$

在式(10.140)两边进行单边 z 变换,并利用线性和时间延迟性质,可得

$$\mathcal{Y}(z) + 3\beta + 3z^{-1}\mathcal{Y}(z) = \frac{\alpha}{1-z^{-1}} \tag{10.151}$$

对 $\mathcal{Y}(z)$ 求解得

$$\mathcal{Y}(z) = -\frac{3\beta}{1+3z^{-1}} + \frac{\alpha}{(1+3z^{-1})(1-z^{-1})} \tag{10.152}$$

对照例10.36,特别是式(10.142)可见,式(10.152)的等号右边的第二项等于式(10.150)的初始条件为零($\beta=0$)时系统响应的单边 z 变换。也就是说,这一项代表由式(10.140)描述的因果线性时不变系统在初始松弛条件下的响应。与连续时间情况相同,这个响应往往称为零状态响应,即当初始条件或初始状态为零时的响应。

式(10.152)的等号右边的第一项可看成零输入响应的单边 z 变换,即输入为零($\alpha=0$)时系统的响应。零输入响应是初始条件 β 值的线性函数。此外,式(10.152)表明,一个具有非零初始状态的线性常系数差分方程的解是零状态响应和零输入响应的叠加。将初始条件置于零得到的零状态响应,就对应于由该差分方程定义的因果线性时不变系统在初始松弛条件下的响应。零输入响应是在输入为零的条件下,单独对初始条件的响应。习题10.20和习题10.42还给出了其他几个例子来说明单边 z 变换在解非零初始条件下差分方程方面的应用。

最后,对于任意 α 和 β 值,都能将式(10.152)中的 $\mathcal{Y}(z)$ 展开成部分分式,然后求逆变换而得到 $y[n]$。例如,若 $\alpha=8$ 且 $\beta=1$,则

$$\mathcal{Y}(z) = \frac{3}{1+3z^{-1}} + \frac{2}{1-z^{-1}} \tag{10.153}$$

为上式中每一项应用例10.32的单边变换对,可得

$$y[n] = [3(-3)^n + 2]u[n], \quad n \geq 0 \tag{10.154}$$

10.10 小结

本章讨论了离散时间信号与系统的 z 变换。所有讨论都是与连续时间信号的拉普拉斯变换紧密并行的，但在讨论过程中给出了它们之间某些重要的不同。例如，拉普拉斯变换在 s 平面内演变为虚轴 $j\omega$ 上的傅里叶变换，而 z 变换则在 z 平面的单位圆上成为傅里叶变换；对拉普拉斯变换来说，收敛域是由一个带状区域，或该带状区域在一个方向上延伸到无限远的半平面组成的，而 z 变换的收敛域则是由一个圆环，或者圆环向外延伸到无限远，或者圆环向内延伸到原点组成的。与拉普拉斯变换一样，一个序列的时域特性，诸如右边序列、左边序列和双边序列等，以及一个线性时不变系统的因果性或稳定性等，都能与收敛域的性质联系起来。尤其是对有理 z 变换来说，这些时域特性都能与相对于收敛域的极点位置联系起来。

由于 z 变换的性质，线性时不变系统，其中包括由线性常系数差分方程所描述的系统，都能够凭借代数运算在变换域进行分析。系统函数的代数属性对于线性时不变系统互联的分析，以及对于由差分方程描述的线性时不变系统构造方框图的表示，都是很有用的工具。

本章大部分关注的都是双边 z 变换。然而，与拉普拉斯变换一样，我们也介绍了 z 变换的第二种形式，称为单边 z 变换。单边 z 变换可以看成一个信号在 $n<0$ 时置为零的该信号的双边 z 变换，单边 z 变换在分析非零初始条件下，由线性常系数差分方程描述的系统时是特别有用的。

习题

习题的第一部分属于基本题，答案在书末给出。其余三个部分分别属于基本题、深入题和扩充题。

基本题（附答案）

10.1 试对下列和式，为保证收敛确定在 $r=|z|$ 上的限制：

(a) $\sum_{n=-1}^{+\infty} \left(\frac{1}{2}\right)^{n+1} z^{-n}$ (b) $\sum_{n=1}^{+\infty} \left(\frac{1}{2}\right)^{-n+1} z^{n}$

(c) $\sum_{n=0}^{+\infty} \left\{\frac{1+(-1)^n}{2}\right\} z^{-n}$ (d) $\sum_{n=-\infty}^{+\infty} \left(\frac{1}{2}\right)^{|n|} \cos\left(\frac{\pi}{4}n\right) z^{-n}$

10.2 设信号 $x[n]$ 为

$$x[n] = \left(\frac{1}{5}\right)^n u[n-3]$$

利用式(10.3)求该信号的 z 变换，并标出对应的收敛域。

10.3 设信号 $x[n]$ 为

$$x[n] = (-1)^n u[n] + \alpha^n u[-n-n_0]$$

已知它的 z 变换 $X(z)$ 的收敛域是

$$1 < |z| < 2$$

试确定对复数 α 和整数 n_0 的限制。

10.4 考虑下面的信号

$$x[n] = \begin{cases} (\frac{1}{3})^n \cos(\frac{\pi}{4}n), & n \leq 0 \\ 0, & n > 0 \end{cases}$$

对 $X(z)$ 确定它的极点和收敛域。

10.5 对下列信号 z 变换的每个代数表示式，确定在有限 z 平面内的零点个数和在无限远点的零点个数。

(a) $\dfrac{z^{-1}\left(1-\frac{1}{2}z^{-1}\right)}{\left(1-\frac{1}{3}z^{-1}\right)\left(1-\frac{1}{4}z^{-1}\right)}$ (b) $\dfrac{(1-z^{-1})(1-2z^{-1})}{(1-3z^{-1})(1-4z^{-1})}$ (c) $\dfrac{z^{-2}(1-z^{-1})}{\left(1-\frac{1}{4}z^{-1}\right)\left(1+\frac{1}{4}z^{-1}\right)}$

10.6 设 $x[n]$ 是一个绝对可和的信号，其有理 z 变换为 $X(z)$。若已知 $X(z)$ 在 $z=1/2$ 有一个极点，$x[n]$ 能够是
(a) 有限长信号吗？　(b) 左边信号吗？　(c) 右边信号吗？　(d) 双边信号吗？

10.7 假设 $x[n]$ 的 z 变换代数表示式是

$$X(z) = \frac{1-\frac{1}{4}z^{-2}}{(1+\frac{1}{4}z^{-2})(1+\frac{5}{4}z^{-1}+\frac{3}{8}z^{-2})}$$

$X(z)$ 可能有多少不同的收敛域？

10.8 设 $x[n]$ 的有理 z 变换 $X(z)$ 有一个极点在 $z=1/2$，已知

$$x_1[n] = \left(\frac{1}{4}\right)^n x[n]$$

是绝对可和的，而

$$x_2[n] = \left(\frac{1}{8}\right)^n x[n]$$

不是绝对可和的。试确定 $x[n]$ 是否是左边的、右边的或双边的。

10.9 已知

$$a^n u[n] \overset{z}{\longleftrightarrow} \frac{1}{1-az^{-1}}, \quad |z|>|a|$$

利用部分分式展开求下面 $X(z)$ 的逆变换：

$$X(z) = \frac{1-\frac{1}{3}z^{-1}}{(1-z^{-1})(1+2z^{-1})}, \quad |z|>2$$

10.10 有一个信号 $x[n]$ 的 z 变换的代数表示式为

$$X(z) = \frac{1+z^{-1}}{1+\frac{1}{3}z^{-1}}$$

(a) 假定收敛域是 $|z|>1/3$，利用长除法求 $x[0]$, $x[1]$ 和 $x[2]$ 的值。
(b) 假定收敛域是 $|z|<1/3$，利用长除法求 $x[0]$, $x[-1]$ 和 $x[-2]$ 的值。

10.11 求下面 $X(z)$ 的逆变换：

$$X(z) = \frac{1}{1024}\left[\frac{1024-z^{-10}}{1-\frac{1}{2}z^{-1}}\right], \quad |z|>0$$

10.12 根据由零-极点图对傅里叶变换的几何解释，确定下列每个 z 变换所对应的信号是否都有一个近似的低通、带通或高通特性：

(a) $X(z) = \dfrac{z^{-1}}{1+\frac{8}{9}z^{-1}}, \quad |z|>\frac{8}{9}$ (b) $X(z) = \dfrac{1+\frac{8}{9}z^{-1}}{1-\frac{16}{9}z^{-1}+\frac{64}{81}z^{-2}}, \quad |z|>\frac{8}{9}$

(c) $X(z) = \dfrac{1}{1+\frac{64}{81}z^{-2}}, \quad |z|>\frac{8}{9}$

10.13 有一个矩形序列

$$x[n] = \begin{cases} 1, & 0 \leq n \leq 5 \\ 0, & \text{其他} \end{cases}$$

设

$$g[n] = x[n] - x[n-1]$$

(a) 求信号 $g[n]$，并直接计算它的 z 变换。
(b) 可注意到

$$x[n] = \sum_{k=-\infty}^{n} g[k]$$

利用表 10.1 求 $x[n]$ 的 z 变换 $X[z]$。

10.14 考虑三角形序列 $g[n]$

$$g[n] = \begin{cases} n-1, & 2 \leq n \leq 7 \\ 13-n, & 8 \leq n \leq 12 \\ 0, & 其他 \end{cases}$$

(a) 求 n_0 的值，使之有

$$g[n] = x[n] * x[n-n_0]$$

这里 $x[n]$ 是习题 10.13 中考虑的矩形序列。

(b) 利用卷积和时移性质，再结合在习题 10.13 中求得的 $X(z)$，求 $G(z)$。证实所得结果满足初值定理。

10.15 设 $y[n]$ 为

$$y[n] = \left(\frac{1}{9}\right)^n u[n]$$

试确定两个不同的信号，其每一个都有一个 z 变换为 $X(z)$，且满足下列条件：
1. $[X(z) + X(-z)]/2 = Y(z^2)$ 2. 在 z 平面内，$X(z)$ 仅有一个极点和一个零点。

10.16 考虑稳定线性时不变系统的下列系统函数，不用求逆变换，试判断该系统是否为因果系统。

(a) $\dfrac{1 - \frac{4}{3}z^{-1} + \frac{1}{2}z^{-2}}{z^{-1}\left(1 - \frac{1}{2}z^{-1}\right)\left(1 - \frac{1}{3}z^{-1}\right)}$ (b) $\dfrac{z - \frac{1}{2}}{z^2 + \frac{1}{2}z - \frac{3}{16}}$ (c) $\dfrac{z+1}{z + \frac{4}{3} - \frac{1}{2}z^{-2} - \frac{2}{3}z^{-3}}$

10.17 关于一个单位脉冲响应为 $h[n]$，z 变换为 $H(z)$ 的线性时不变系统 S，已知下列 5 个事实：

1. $h[n]$ 是实序列。
2. $h[n]$ 是右边序列。
3. $\lim\limits_{z \to \infty} H(z) = 1$
4. $H(z)$ 有两个零点。
5. $H(z)$ 的极点中有一个位于 $|z| = 3/4$ 圆上的非实数位置。

试回答下列两个问题：

(a) S 是因果的吗？   (b) S 是稳定的吗？

10.18 有一个因果线性时不变系统，其输入 $x[n]$ 和输出 $y[n]$ 由图 P10.18 的方框图表示，

(a) 求关联 $y[n]$ 和 $x[n]$ 的差分方程。

(b) 该系统是稳定的吗？

10.19 求下列每个信号的单边 z 变换，并标出相应的收敛域：

(a) $x_1[n] = \left(\frac{1}{4}\right)^n u[n+5]$

(b) $x_2[n] = \delta[n+3] + \delta[n] + 2^n u[-n]$

(c) $x_3[n] = \left(\frac{1}{2}\right)^{|n|}$

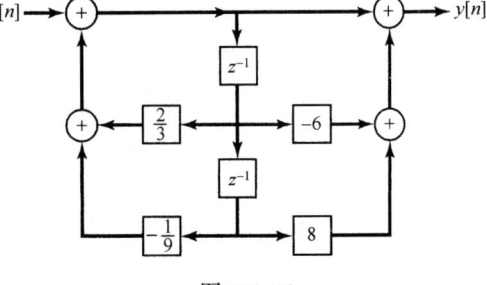

图 P10.18

10.20 一个系统的其输入 $x[n]$ 和输出 $y[n]$ 由下列差分方程表示：

$$y[n-1] + 2y[n] = x[n]$$

(a) 若 $y[-1] = 2$，求系统的零输入响应。

(b) 若 $x[n] = (1/4)^n u[n]$，求系统的零状态响应。

(c) 当 $x[n] = (1/4)^n u[n]$ 和 $y[-1] = 2$ 时，求 $n \geq 0$ 时的系统的输出。

基本题

10.21 求出下列每个序列的 z 变换，画出零-极点图，指出收敛域，并指出序列的傅里叶变换是否存在。

(a) $\delta[n+5]$

(b) $\delta[n-5]$

(c) $(-1)^n u[n]$

(d) $\left(\dfrac{1}{2}\right)^{n+1} u[n+3]$

(e) $\left(-\dfrac{1}{3}\right)^n u[-n-2]$

(f) $\left(\dfrac{1}{4}\right)^n u[3-n]$

(g) $2^n u[-n] + \left(\dfrac{1}{4}\right)^n u[n-1]$

(h) $\left(\dfrac{1}{3}\right)^{n-2} u[n-2]$

10.22 求下列各序列的 z 变换。将全部和式均以闭式表示，画出零-极点图，指出收敛域，并指出其傅里叶变换是否存在。

(a) $\left(\dfrac{1}{2}\right)^n \{u[n+4] - u[n-5]\}$

(b) $n\left(\dfrac{1}{2}\right)^{|n|}$

(c) $|n|\left(\dfrac{1}{2}\right)^{|n|}$

(d) $4^n \cos\left(\dfrac{2\pi}{6}n + \dfrac{\pi}{4}\right) u[-n-1]$

10.23 对下列每个 z 变换，分别用部分分式展开法和长除法求逆变换：

$$X(z) = \dfrac{1 - z^{-1}}{1 - \frac{1}{4}z^{-2}},\ |z| > \dfrac{1}{2} \qquad X(z) = \dfrac{1 - z^{-1}}{1 - \frac{1}{4}z^{-2}},\ |z| < \dfrac{1}{2}$$

$$X(z) = \dfrac{z^{-1} - \frac{1}{2}}{1 - \frac{1}{2}z^{-1}},\ |z| > \dfrac{1}{2} \qquad X(z) = \dfrac{z^{-1} - \frac{1}{2}}{1 - \frac{1}{2}z^{-1}},\ |z| < \dfrac{1}{2}$$

$$X(z) = \dfrac{z^{-1} - \frac{1}{2}}{(1 - \frac{1}{2}z^{-1})^2},\ |z| > \dfrac{1}{2} \qquad X(z) = \dfrac{z^{-1} - \frac{1}{2}}{(1 - \frac{1}{2}z^{-1})^2},\ |z| < \dfrac{1}{2}$$

10.24 利用指定的方法，求下列各 z 变换对应的序列：

(a) 部分分式展开法

$$X(z) = \dfrac{1 - 2z^{-1}}{1 + \frac{5}{2}z^{-1} + z^{-2}}, \qquad x[n] \text{是绝对可和的}$$

(b) 长除法

$$X(z) = \dfrac{1 - \frac{1}{2}z^{-1}}{1 + \frac{1}{2}z^{-1}}, \qquad x[n] \text{为右边序列}$$

(c) 部分分式展开法

$$X(z) = \dfrac{3}{z - \frac{1}{4} - \frac{1}{8}z^{-1}}, \qquad x[n] \text{是绝对可和的}$$

10.25 一个右边序列 $x[n]$ 的 z 变换为

$$X(z) = \dfrac{1}{(1 - \frac{1}{2}z^{-1})(1 - z^{-1})} \qquad (\text{P10.25-1})$$

(a) 将式(P10.25-1)表示成 z^{-1} 的多项式之比，再进行部分分式展开，由展开式求 $x[n]$。

(b) 将式(P10.25-1)重写成 z 的多项式之比，再进行部分分式展开，由展开式求 $x[n]$，并说明所得序列与(a)所得的是一样的。

10.26 一个左边序列 $x[n]$ 的 z 变换为

$$X(z) = \dfrac{1}{(1 - \frac{1}{2}z^{-1})(1 - z^{-1})}$$

(a) 将 $X(z)$ 写成 z 的多项式之比。

(b) 利用部分分式展开，将 $X(z)$ 表示成若干项之和，其中每一项都代表(a)中答案的一个极点。

(c) 求 $x[n]$。

10.27 一个右边序列 $x[n]$ 的 z 变换为

$$X(z) = \frac{3z^{-10} + z^{-7} - 5z^{-2} + 4z^{-1} + 1}{z^{-10} - 5z^{-7} + z^{-3}}$$

求 $n < 0$ 时的 $x[n]$。

10.28 （a）求序列

$$x[n] = \delta[n] - 0.95\delta[n-6]$$

的 z 变换。

（b）画出（a）中 z 变换的零-极点图。

（c）利用极点向量和零点向量沿单位圆横穿一周时的特性，近似画出 $x[n]$ 傅里叶变换的模特性。

10.29 利用 10.4 节讨论的频率响应的几何求值法，对图 P10.29 的每个零-极点图大致画出有关傅里叶变换的模特性。

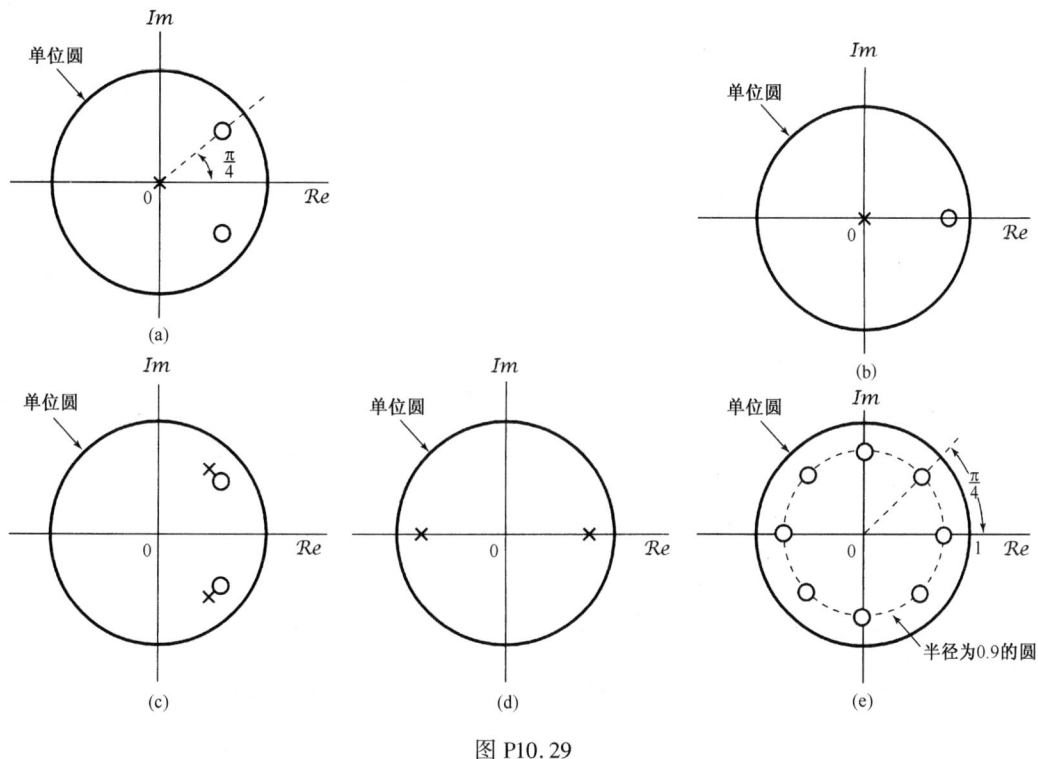

图 P10.29

10.30 有一个信号 $y[n]$，它与另两个信号 $x_1[n]$ 和 $x_2[n]$ 的关系是

$$y[n] = x_1[n+3] * x_2[-n+1]$$

其中，

$$x_1[n] = \left(\frac{1}{2}\right)^n u[n], \qquad x_2[n] = \left(\frac{1}{3}\right)^n u[n]$$

已知

$$a^n u[n] \overset{z}{\longleftrightarrow} \frac{1}{1 - az^{-1}}, \ |z| > |a|$$

利用 z 变换性质求 $y[n]$ 的 z 变换 $Y(z)$。

10.31 关于 z 变换为 $X(z)$ 的一个离散时间信号 $x[n]$，给出下面 5 个事实：

1. $x[n]$ 是实序列且为右边序列。
2. $X(z)$ 只有两个极点。
3. $X(z)$ 在原点有二阶零点。

4. $X(z)$ 有一个极点在 $z = \dfrac{1}{2}\mathrm{e}^{\mathrm{j}\pi/3}$。

5. $X(1) = 8/3$。

试求 $X(z)$ 并给出它的收敛域。

10.32 考虑一个线性时不变系统，其单位脉冲响应为
$$h[n] = \begin{cases} a^n, & n \geq 0 \\ 0, & n < 0 \end{cases}$$
且输入为
$$x[n] = \begin{cases} 1, & 0 \leq n \leq N-1 \\ 0, & \text{其他} \end{cases}$$
(a) 用 $x[n]$ 和 $h[n]$ 的离散卷积求输出 $y[n]$。
(b) 通过计算 $x[n]$ 和 $h[n]$ 的 z 变换的乘积求逆变换，再求 $y[n]$。

10.33 (a) 求由差分方程
$$y[n] - \dfrac{1}{2}y[n-1] + \dfrac{1}{4}y[n-2] = x[n]$$
表示的因果线性时不变系统的系统函数。
(b) 若 $x[n]$ 为
$$x[n] = \left(\dfrac{1}{2}\right)^n u[n]$$
用 z 变换求 $y[n]$。

10.34 有一个因果线性时不变系统，其差分方程为
$$y[n] = y[n-1] + y[n-2] + x[n-1]$$
(a) 求该系统的系统函数，画出 $H(z) = Y(z)/X(z)$ 的零-极点图，指出收敛域。
(b) 求系统的单位脉冲响应。
(c) 你应该能发现该系统是不稳定的，求一个满足该差分方程的稳定（非因果）单位脉冲响应。

10.35 考虑一个线性时不变系统，其输入 $x[n]$ 和输出 $y[n]$ 满足下列差分方程：
$$y[n-1] - \dfrac{5}{2}y[n] + y[n+1] = x[n]$$
系统可以是也可以不是稳定的或因果的。
利用与上述差分方程相联系的零-极点图，求三种可能的系统单位脉冲响应，并证明其中每一个都满足该差分方程。

10.36 考虑一个离散时间线性时不变系统，其输入 $x[n]$ 和输入 $y[n]$ 的差分方程为
$$y[n-1] - \dfrac{10}{3}y[n] + y[n+1] = x[n]$$
该系统是稳定的，求单位脉冲响应。

10.37 一个因果线性时不变系统的输入 $x[n]$ 和输出 $y[n]$ 由图 P10.37 的方框图表示，
(a) 求 $y[n]$ 和 $x[n]$ 之间的差分方程。
(b) 该系统是稳定的吗？

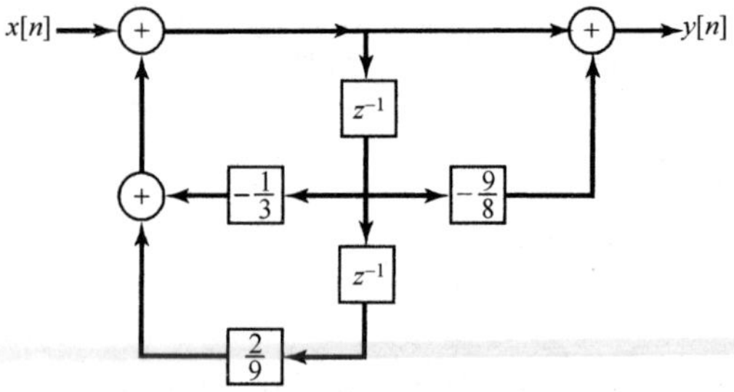

10.38 考虑一个因果线性时不变系统 S，其输入为 $x[n]$，系统函数表示为
$$H(z) = H_1(z)H_2(z)$$
其中，
$$H_1(z) = \dfrac{1}{1 + \dfrac{1}{4}z^{-1} - \dfrac{1}{8}z^{-2}}$$
且
$$H_2(z) = 1 - \dfrac{7}{4}z^{-1} - \dfrac{1}{2}z^{-2}$$

图 P10.37

将 $H_1(z)$ 的方框图与 $H_2(z)$ 的方框图级联就得到了 $H(z)$ 的方框图，如图 P10.38 所示。图中还标出了各中间信号 $e_1[n]$，$e_2[n]$，$f_1[n]$ 和 $f_2[n]$。

(a) $e_1[n]$ 与 $f_1[n]$ 是什么关系?
(b) $e_2[n]$ 与 $f_2[n]$ 是什么关系?
(c) 利用上面两部分的结果,构造一个仅含两个时间延迟单元的直接型方框图。
(d) 依据

$$H(z) = \left(\frac{1+\frac{1}{4}z^{-1}}{1+\frac{1}{2}z^{-1}}\right)\left(\frac{1-2z^{-1}}{1-\frac{1}{4}z^{-1}}\right)$$

画出系统 S 的级联型方框图表示。

(e) 依据

$$H(z) = 4 + \frac{5/3}{1+\frac{1}{2}z^{-1}} - \frac{14/3}{1-\frac{1}{4}z^{-1}}$$

画出系统 S 的并联型方框图表示。

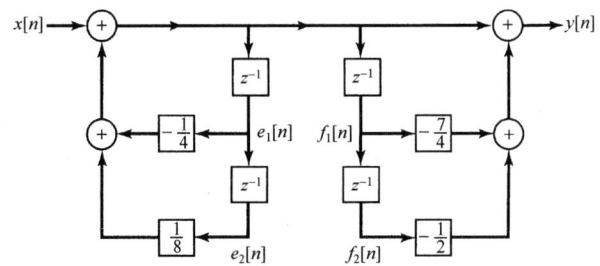

图 P10.38

10.39 考虑下列对应于因果线性时不变系统的三个系统函数:

$$H_1(z) = \frac{1}{(1-z^{-1}+\frac{1}{4}z^{-2})(1-\frac{2}{3}z^{-1}+\frac{1}{9}z^{-2})}$$

$$H_2(z) = \frac{1}{(1-z^{-1}+\frac{1}{2}z^{-2})(1-\frac{1}{2}z^{-1}+z^{-2})}$$

$$H_3(z) = \frac{1}{(1-z^{-1}+\frac{1}{2}z^{-2})(1-z^{-1}+\frac{1}{4}z^{-2})}$$

(a) 对每一个系统函数画出直接型方框图。
(b) 对每一个系统函数画出两个二阶系统级联的方框图,其中每个二阶系统应该都是直接型的。
(c) 对每个系统函数判断是否都存在一种方框图表示,它是由 4 个全由实系数相乘的一阶系统的方框图级联而成的。

10.40 求习题 10.21 中每个序列的单边 z 变换。

10.41 考虑下面两个信号:

$$x_1[n] = \left(\frac{1}{2}\right)^{n+1}u[n+1], \quad x_2[n] = \left(\frac{1}{4}\right)^n u[n]$$

令 $X_1(z)$ 和 $X_1(z)$ 分别代表 $x_1[n]$ 的单边和双边 z 变换,$X_2(z)$ 和 $X_2(z)$ 分别代表 $x_2[n]$ 的单边和双边 z 变换。
(a) 取 $X_1(z)X_2(z)$ 的双边 z 逆变换,求 $g[n] = x_1[n] * x_2[n]$。
(b) 取 $X_1(z)X_2(z)$ 的单边 z 逆变换,得到一个信号 $q[n]$,$n \geq 0$。注意观察,当 $n \geq 0$ 时 $q[n]$ 和 $g[n]$ 是不相同的。

10.42 对下面给出的各差分方程、输入 $x[n]$ 和初始条件,利用单边 z 变换求零输入响应和零状态响应。

(a) $y[n] + 3y[n-1] = x[n]$ (b) $y[n] - \frac{1}{2}y[n-1] = x[n] - \frac{1}{2}x[n-1]$

$x[n] = \left(\frac{1}{2}\right)^n u[n]$ $x[n] = u[n]$

$y[-1] = 1$ $y[-1] = 0$

(c) $y[n] - \frac{1}{2}y[n-1] = x[n] - \frac{1}{2}x[n-1]$

$$x[n] = u[n]$$
$$y[-1] = 1$$

深入题

10.43 考虑一个偶序列 $x[n]$，即 $x[n] = x[-n]$，它的有理 z 变换为 $X(z)$。
(a) 根据 z 变换的定义，证明
$$X(z) = X\left(\frac{1}{z}\right)$$
(b) 根据(a)中的结果，证明：若 $X(z)$ 的一个极点(零点)出现在 $z = z_0$，那么在 $z = 1/z_0$ 也一定有一个极点(零点)。
(c) 对下列序列验证(b)的结果：
    (i) $\delta[n+1] + \delta[n-1]$ (ii) $\delta[n+1] - \frac{5}{2}\delta[n] + \delta[n-1]$

10.44 设 $x[n]$ 是一个离散时间信号，其 z 变换为 $X(z)$，对下列信号利用 $X(z)$ 求其 z 变换：
(a) $\Delta x[n]$，这里 Δ 记为一次差分算子，定义为
$$\Delta x[n] = x[n] - x[n-1]$$
(b) $x_1[n] = \begin{cases} x[n/2], & n \text{ 为偶数} \\ 0, & n \text{ 为奇数} \end{cases}$
(c) $x_1[n] = x[2n]$

10.45 确定下列 z 变换中的哪一个可以是一个离散时间线性系统的传递函数，这些系统不一定是稳定的，但是其单位脉冲响应在 $n < 0$ 时为零。试清楚地陈述理由。

(a) $\dfrac{(1-z^{-1})^2}{1-\frac{1}{2}z^{-1}}$ (b) $\dfrac{(z-1)^2}{z-\frac{1}{2}}$ (c) $\dfrac{\left(z-\frac{1}{4}\right)^5}{\left(z-\frac{1}{2}\right)^6}$ (d) $\dfrac{\left(z-\frac{1}{4}\right)^6}{\left(z-\frac{1}{2}\right)^5}$

10.46 一个序列 $x[n]$ 是输入为 $s[n]$ 时一个线性时不变系统的输出，该系统由下列差分方程描述：
$$x[n] = s[n] - e^{8\alpha}s[n-8]$$
其中 $0 < \alpha < 1$。
(a) 求系统函数
$$H_1(z) = \frac{X(z)}{S(z)}$$
并画出零-极点图，指出收敛域。
(b) 我们要用一个线性时不变系统从 $x[n]$ 中恢复 $s[n]$。求系统函数
$$H_2(z) = \frac{Y(z)}{X(z)}$$
以使得 $y[n] = s[n]$。求 $H_2(z)$ 的所有可能的收敛域，并对每一种收敛域回答该系统是否是因果的，或稳定的。
(c) 求单位脉冲响应 $h_2[n]$ 的所有可能选择，使得有
$$y[n] = h_2[n] * x[n] = s[n]$$

10.47 关于一个输入为 $x[n]$，输出为 $y[n]$ 的离散时间线性时不变系统，已知下列情况：
1. 若对全部 n，$x[n] = (-2)^n$，则对所有 n 有 $y[n] = 0$。
2. 若对全部 n，$x[n] = (1/2)^n u[n]$，则对所有 n，$y[n]$ 为

$$y[n] = \delta[n] + a\left(\frac{1}{4}\right)^n u[n]$$

其中 a 为一常数。

(a) 求常数 a 的值。

(b) 若对于所有 n，有输入 $x[n] = 1$，求响应 $y[n]$。

10.48 假设一个二阶因果线性时不变系统已经设计或具有实值单位脉冲响应 $h_1[n]$ 和一个有理系统函数 $H_1(z)$，$H_1(z)$ 的零–极点图如图 P10.48(a) 所示。现在要考虑另一个二阶因果系统，其单位脉冲响应为 $h_2[n]$，有理系统函数为 $H_2(z)$，$H_2(z)$ 的零–极点图如图 P10.48(b) 所示。求一个序列 $g[n]$，使下面三个条件都得到满足：

1. $h_2[n] = g[n]h_1[n]$
2. $g[n] = 0, n < 0$
3. $\sum_{k=0}^{\infty} |g[k]| = 3$

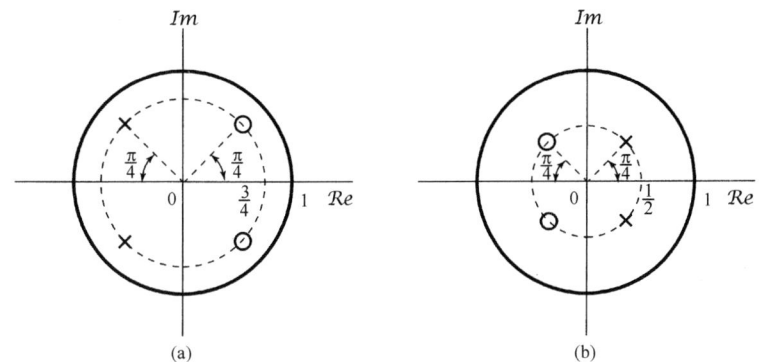

图 P10.48

10.49 10.2 节的性质 4 是，若 $x[n]$ 是一个右边序列，并且 $|z| = r_0$ 的圆在收敛域内，则全部 $|z| > r_0$ 的有限 z 值都一定在这个收敛域内。在讨论中已经给出了一种直观解释。更为正规一些的证明是与 9.2 节的性质 4 有关拉普拉斯变换的讨论紧密并行的。也就是说，考虑一个右边序列

$$x[n] = 0, \qquad n < N_1$$

对此有

$$\sum_{n=-\infty}^{+\infty} |x[n]|r_0^{-n} = \sum_{n=N_1}^{+\infty} |x[n]|r_0^{-n} < \infty$$

那么，若 $r_0 \le r_1$，则有

$$\sum_{n=N_1}^{+\infty} |x[n]|r_1^{-n} \le A \sum_{n=N_1}^{+\infty} |x[n]|r_0^{-n} \tag{P10.49-1}$$

其中 A 是某个正常数。

(a) 证明式 (P10.49-1) 是正确的，并用 r_0，r_1 和 N_1 来确定常数 A。

(b) 根据 (a) 的结果，证明可得 10.2 节的性质 4。

(c) 利用类似的方法证明 10.2 节的性质 5。

10.50 一个离散时间系统的零–极点图如图 P10.50(a) 所示，因为无论频率为什么，频率响应的模都是常数，所以该系统称为一阶全通系统。

(a) 用代数方法说明 $|H(e^{j\omega})|$ 是常数。为了用几何方法说明同一性质，考虑图 P10.50(b) 中的向量图。证明：向量 v_2 的长度正比于向量 v_1 的长度而与频率 ω 无关。

(b) 利用余弦定理和下列事实来表示 v_1 的长度：v_1 是一个三角形的一条边，该三角形的另两条边是单位向量和长度为 a 的向量。

(c) 用与(b)中相似的方法，确定 v_2 的长度，并证明它正比于 v_1 的长度而与频率 ω 无关。

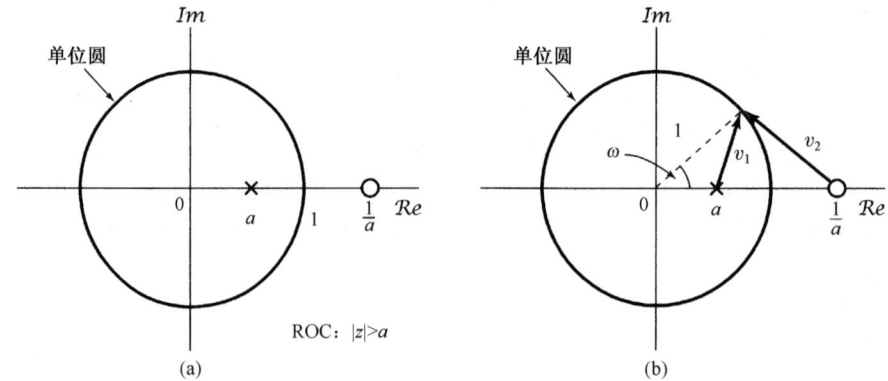

图 P10.50

10.51 有一个实值序列 $x[n]$，其有理 z 变换为 $X(z)$。

(a) 由 z 变换的定义，证明
$$X(z) = X^*(z^*)$$

(b) 根据(a)中的结果，证明：若 $X(z)$ 有一个极点(零点)出现在 $z = z_0$，那么在 $z = z_0^*$ 也一定有一个极点(零点)。

(c) 对下列每个序列验证(b)的结果：

(i) $x[n] = \left(\dfrac{1}{2}\right)^n u[n]$ (ii) $x[n] = \delta[n] - \dfrac{1}{2}\delta[n-1] + \dfrac{1}{4}\delta[n-2]$

(d) 将(b)的结果与习题 10.43(b)的结果相结合，证明：对于一个实值偶序列，若 $H(z)$ 有一个极点(零点)在 $z = \rho e^{j\theta}$，那么 $H(z)$ 在 $z = (1/\rho)e^{j\theta}$ 和 $z = (1/\rho)e^{-j\theta}$ 也都有一个极点(零点)。

10.52 序列 $x_1[n]$ 的 z 变换为 $X_1(z)$，另一个序列 $x_2[n]$ 的 z 变换为 $X_2(z)$，
$$x_2[n] = x_1[-n]$$
证明：$X_2(z) = X_1(1/z)$。并由此证明：若 $X_1(z)$ 在 $z = z_0$ 有一个极点(零点)，那么 $X_2(z)$ 一定有一个极点(零点)在 $z = 1/z_0$。

10.53 (a) 完成表 10.1 中下列性质的证明：

  (i) 10.5.2 节的性质。 (ii) 10.5.3 节的性质。 (iii) 10.5.4 节的性质。

(b) 若以 $X(z)$ 表示 $x[n]$ 的 z 变换，以 R_x 表示 $X(z)$ 的收敛域，试用 $X(z)$ 和 R_x 确定下列每个序列的 z 变换及其收敛域：

  (i) $x^*[n]$ (ii) $z_0^n x[n]$，z_0 为某一复数。

10.54 在 10.5.9 节提到并证明了因果序列的初值定理。

(a) 若 $x[n]$ 是反因果序列，即若 $n > 0$ 则有 $x[n] = 0$，陈述并证明相应的定理。

(b) 证明：若 $n < 0$ 时 $x[n] = 0$，那么
$$x[1] = \lim_{z \to \infty} z(X(z) - x[0])$$

10.55 设 $x[n]$ 是一个 $x[0]$ 为非零且为有限的因果序列，即 $n < 0$ 时 $x[n] = 0$，

(a) 利用初值定理证明：$X(z)$ 在 $z = \infty$ 不存在任何极点或零点。

(b) 作为(a)的结论的一个结果，证明在有限 z 平面内 $X(z)$ 的极点个数等于零点个数(有限 z 平面不包括 $z = \infty$)。

10.56 在 10.5.7 节曾提到 z 变换的卷积性质，为了证明这个性质成立，现从卷积和表示式入手，即
$$x_3[n] = x_1[n] * x_2[n] = \sum_{k=-\infty}^{+\infty} x_1[k] x_2[n-k] \qquad (P10.56\text{-}1)$$

(a) 将式(P10.56-1)取 z 变换，并利用式(10.3)证明

$$X_3(z) = \sum_{k=-\infty}^{+\infty} x_1[k]\hat{X}_2(z)$$

其中 $\hat{X}_2(z)$ 是 $x_2[n-k]$ 的 z 变换。

(b) 利用(a)的结果和表10.1中的性质10.5.2，证明

$$X_3(z) = X_2(z) \sum_{k=-\infty}^{+\infty} x_1[k]z^{-k}$$

(c) 由(b)，证明

$$X_3(z) = X_1(z)X_2(z)$$

这就是式(10.81)所陈述的。

10.57 设 $X_1(z)$ 和 $X_2(z)$ 为

$$X_1(z) = x_1[0] + x_1[1]z^{-1} + \cdots + x_1[N_1]z^{-N_1}$$
$$X_2(z) = x_2[0] + x_2[1]z^{-1} + \cdots + x_2[N_2]z^{-N_2}$$

定义

$$Y(z) = X_1(z)X_2(z)$$

并令

$$Y(z) = \sum_{k=0}^{M} y[k]z^{-k}$$

(a) 用 N_1 和 N_2 表示 M。
(b) 用多项式相乘确定 $y[0]$，$y[1]$ 和 $y[2]$。
(c) 用多项式相乘证明：对于 $0 \leq k \leq M$ 有

$$y[k] = \sum_{m=-\infty}^{+\infty} x_1[m]x_2[k-m]$$

10.58 一个最小相位系统是这样一个系统，它是因果稳定的，而它的逆系统也是因果稳定的。试确定一个最小相位系统的系统函数，其零极点在 z 平面内的位置应受到的必要限制。

10.59 考虑图 P10.59 所示的数字滤波器结构。
(a) 求该因果滤波器的 $H(z)$，画出零-极点图，指出收敛域。
(b) k 为何值时该系统是稳定的？
(c) 若 $k = 1$ 且 $x[n] = (2/3)^n$ (对全部 n)，求 $y[n]$。

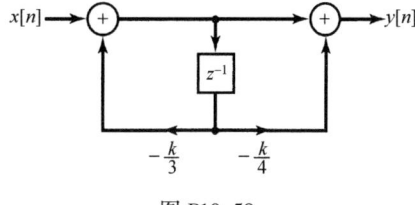

图 P10.59

10.60 信号 $x[n]$ 的单边 z 变换是 $X(z)$。证明 $y[n] = x[n+1]$ 的单边 z 变换是

$$\mathcal{Y}(z) = zX(z) - zx[0]$$

10.61 若 $X(z)$ 为 $x[n]$ 的单边 z 变换，利用 $X(z)$，求下列序列的单边 z 变换：

(a) $x[n+3]$ (b) $x[n-3]$ (c) $\sum_{k=-\infty}^{n} x[k]$

扩充题

10.62 序列 $x[n]$ 的自相关序列定义为

$$\phi_{xx}[n] = \sum_{k=-\infty}^{+\infty} x[k]x[n+k]$$

利用 $x[n]$ 的 z 变换确定 $\phi_{xx}[n]$ 的 z 变换。

10.63 利用幂级数展开式

$$\log(1-w) = -\sum_{i=1}^{+\infty} \frac{w^i}{i}, \qquad |w| < 1$$

求下面两个 z 变换的逆变换：

(a) $X(z) = \log(1-2z)$, $\quad |z| < \frac{1}{2}$ (b) $X(z) = \log\left(1 - \frac{1}{2}z^{-1}\right)$, $\quad |z| > \frac{1}{2}$

10.64 首先对 $X(z)$ 进行微分，再利用 z 变换的适当性质，求下列每个 z 变换所对应的序列：

(a) $X(z) = \log(1-2z)$, $\quad |z| < \frac{1}{2}$ (b) $X(z) = \log\left(1 - \frac{1}{2}z^{-1}\right)$, $\quad |z| > \frac{1}{2}$

将(a)和(b)所得结果与利用幂级数展开在习题 10.63 中所得结果进行比较。

10.65 **双线性变换**(bilinear transformation)是一个从有理拉普拉斯变换 $H_c(s)$ 求得一个有理 z 变换 $H_d(z)$ 的映射，这种映射有两个重要性质：

1. 若 $H_c(s)$ 是一个因果稳定线性时不变系统的拉普拉斯变换，那么 $H_d(z)$ 就是一个因果稳定线性时不变系统的 z 变换。

2. $|H_c(j\omega)|$ 的某些重要特性在 $|H_d(e^{j\omega})|$ 中得到了保留。本题以全通滤波器为例来说明第二个性质。

(a) 设 $H_c(s)$ 为

$$H_c(s) = \frac{a-s}{s+a}$$

其中 a 为正实数。证明

$$|H_c(j\omega)| = 1$$

(b) 现在对 $H_c(s)$ 进行双线性变换，以求得 $H_d(z)$，即

$$H_d(z) = H_c(s)\big|_{s=\frac{1-z^{-1}}{1+z^{-1}}}$$

证明：$H_d(z)$ 有一个极点(在单位圆内)和一个零点(在单位圆外)。

(c) 对于由(b)中导得的系统函数 $H_d(z)$，证明 $|H_d(e^{j\omega})| = 1$。

10.66 上题中所引入的双线性变换也可用来得到一个离散时间滤波器，该滤波器频率响应的模与给定的连续时间低通滤波器的模特性类似。本题将以一个连续时间二阶巴特沃思滤波器[系统函数为 $H_c(s)$]为例来说明这一相似性。

(a) 设

$$H_d(z) = H_c(s)\big|_{s=\frac{1-z^{-1}}{1+z^{-1}}}$$

证明

$$H_d(e^{j\omega}) = H_c\left(j\tan\frac{\omega}{2}\right)$$

(b) 已知

$$H_c(s) = \frac{1}{(s+e^{j\pi/4})(s+e^{-j\pi/4})}$$

并设该滤波器是因果的。证明：$H_c(0) = 1$，$|H_c(j\omega)|$ 随 ω 向正值方向增大而单调下降，$|H_c(j\omega)|^2 = 1/2$ (即 $\omega_c = 1$ 是半功率点频率) 且 $H_c(\infty) = 0$。

(c) 若对于(b)题中的 $H_c(s)$ 应用双线性变换而得到 $H_d(z)$，那么有关 $H_d(z)$ 和 $H_d(e^{j\omega})$ 可以得出如下结论：

1. $H_d(z)$ 仅有两个极点，均在单位圆内。

2. $H_d(e^{j0}) = 1$。

3. $|H_d(e^{j\omega})|$ 随 ω 从 0 到 π 变化而单调下降。

4. $H_d(e^{j\omega})$ 的半功率点频率是 π/2。

第11章 线性反馈系统

11.0 引言

　　长期以来人们就认识到,在很多情况下应用反馈可以获得很多益处。反馈就是利用一个系统的输出,控制或改变系统的输入。例如,在机电系统中反馈是很常用的,为使一台电机的轴的位置保持在一个恒定的角度,可以测出电机轴的真正位置与所要求位置之间的误差,然后利用这一误差信号使轴在适当的方向上转动。图11.1就是这样的一个例子,图中用一台直流电机使望远镜准确定位在某一方向上。图11.1(a)示意性地画出了这样一个系统,其中$v(t)$是电机的输入电压,$\theta(t)$是望远镜平台的角位置。图11.1(b)是电机驱动定向系统的方框图。图11.1(c)是控制该望远镜位置的反馈系统,该系统的等效方框图如图11.1(d)所示。这个反馈系统的外部或参考输入就是所要求的轴向角 θ_D。第一个电位器用来把所要求的角 θ_D 正比地转换为一个电压 $K_1\theta_D$,而第二个电位器则用来产生一个正比于真正平台角度 $\theta(t)$ 的电压 $K_1\theta(t)$。然后把这两个电压进行比较,产生一个误差电压 $K_1(\theta_D-\theta(t))$,经放大后用来驱动电机。

　　图 11.1 对望远镜的定向提出了两种不同的方法,其中之一是图 11.1(c)和图 11.1(d)所示的反馈系统,这时必须提供的输入是所要求的参考角度 θ_D。另一种方法如图 11.1(a)和图 11.1(b)所示,这时若初始角、所要求的角,以及整个系统详细的电气特性和机械特性都已完全准确地知道了,就可以给出输入电压 $v(t)$ 的精确特性,先使轴加速,然后减速,从而不用反馈也能把平台调到所要求的位置上。按照图 11.1(a)和图 11.1(b)工作的系统一般称为**开环系统**(open-loop system),而与此对照的图 11.1(c)和图 11.1(d)所示的系统称为**闭环系统**(close-loop system)。在实际情况下,用闭环系统来控制轴向角比用开环系统有很多明显的优点。例如,在闭环系统中,当轴已经转到正确的位置时,任何偏离这个位置的扰动都会被感受到,并产生一个误差信号,该误差信号用来进行校正,以使轴回到原来的正确位置上。在开环系统中不存在这种校正作用。关于闭环系统的另一个优点,可考虑对整个装置的系统特性在建模时所产生误差的影响。在开环系统中,为了设计一个正确的输入,必须知道整个系统的精确特性;而在闭环系统中,输入只是所要求的轴向角度,并不要求对整个系统有过细的了解。闭环系统对扰动不灵敏及对系统特性的了解要求不高,是反馈系统的两个重要优点。

　　电机的控制只是反馈起着重要作用的大量例子中的一个。反馈的类似应用还可以在各种各样的应用中找到,例如化学过程控制、汽车燃料系统、家庭供暖系统和空间系统等不胜枚举。另外,反馈也存在于很多生物过程及人类动作的控制过程中,例如当一个人伸手去拿某一件物品的时候,通常总是在拿的过程中,凭视觉来判断手和物品之间的距离,然后使手的速度随着手和物品之间的距离(这就是误差)的缩短而逐渐放慢。比较一下,在伸手拿物品时,有视觉反馈和没有视觉反馈的情形,就可以清楚地说明利用系统输出(手的位置)控制输入的效果。

　　反馈除了能提供一个误差校正的机理,从而减小系统对扰动及系统数学模型误差的灵敏度,另一个重要特性是使一个固有的不稳定系统稳定的能力。考虑一个试图将一把扫帚的把子平衡地立在手掌心上的问题。如果手固定不动,那么任何小的扰动(如一丝微风或者手的无意运动)都会引起扫帚把倒下来。当然,如果完全知道即将出现的扰动情况,并且能很得体地控制人手的运动,那么事先确定应如何移动手的位置以平衡它似乎也是可能的,但这一点很显然是不现实的! 然而,如果不断地在扫帚即将倒下的方向上移动手,就有可能将扫帚平衡住。当然,这就需要反馈以感受扫帚即将倒下的方向。与上面扫帚平衡的例子密切相关的第二个例子是控制倒立摆的问题。如图 11.2 所示,一个倒立摆是由一根细棒及其顶端的重物组成的。这根细棒的底部安装在一个小车上,这个小车可以沿轨道来回运动。同理,如果该小车保持静止不动,那么倒立摆一定会倒下来。稳定这个倒立摆的问题就是设计一个反馈系统,该反馈系统使小车移动以保持倒立摆成垂直状态。这个例子将在习题 11.56 中讨论。与扫帚的平衡也具有某些相似性的第三个例子是控制火箭轨道的问题。在这种情况下,非常类似于用手的运动来补偿扫帚位置的扰动,采用火箭推力的方向来校正由于空气动力的变化和风造成的扰动,以避免火箭偏离其航道。由于这些力和扰动都是不可能事先精确知道的,所以反馈就显得十分重要。

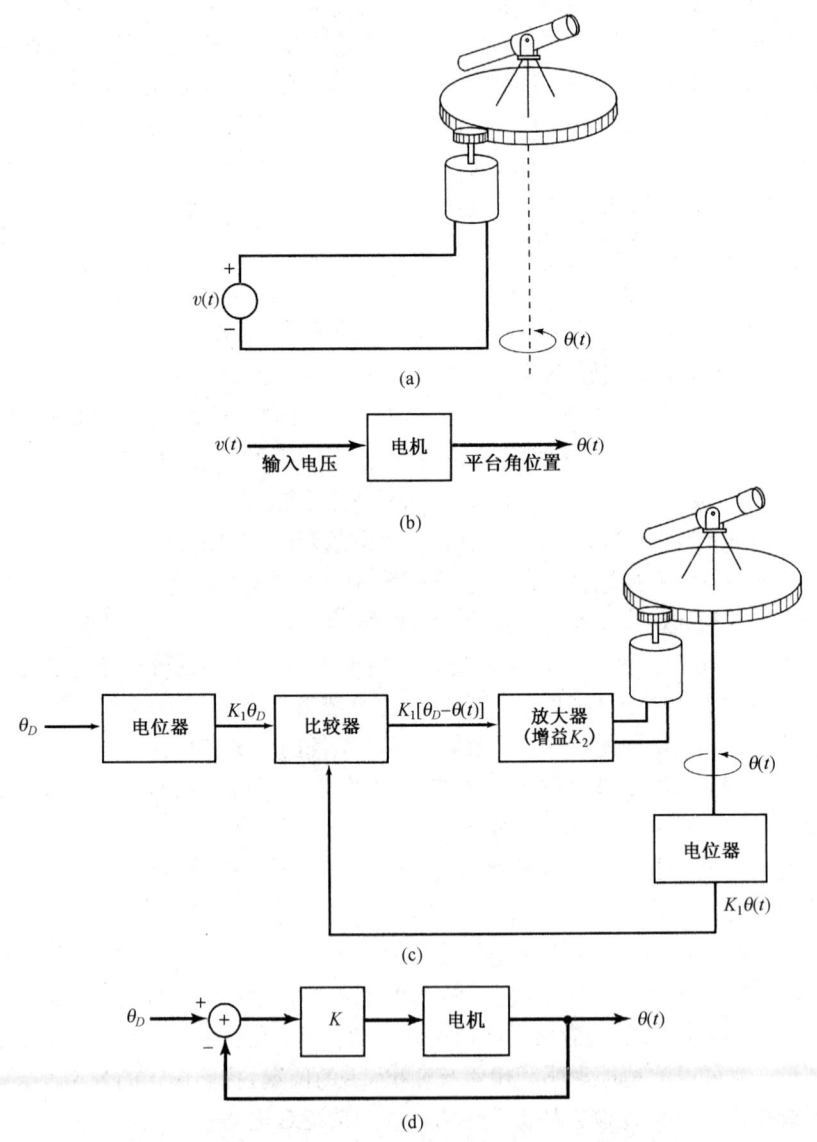

图 11.1 利用反馈控制一个望远镜的角位置。(a) 直流电机驱动望远镜平台;(b) 系统(a) 的方框图;(c) 望远镜定向反馈系统;(d) 系统(c) 的方框图(其中 $K = K_1 K_2$)

上面的例子都提供了某些迹象,说明了为什么反馈是有用的。下面两节将介绍线性反馈系统的基本方框图和基本方程,并比较详细地讨论反馈和控制在连续时间系统和离散时间系统中的几个应用。我们同时也会指出,除了有用的效果,反馈是怎样带来危害的。在这些例子中,应用反馈及其带来的效果,会使我们更透彻地理解这样的问题:

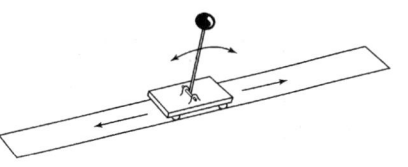

图 11.2 倒立摆

在一个反馈控制系统中应该如何变化其参数而使系统性能发生改变。在设计具有某些特性要求的反馈系统中,明了这些关系是最基本的。有了这方面的材料作为背景,就能在本章余下的各节中建立连续时间和离散时间反馈系统的分析和设计中的几个很有价值的具体方法。

11.1 线性反馈系统

连续时间线性时不变反馈系统的一般结构可以用图 11.3(a)来表示,而离散时间线性时不变反馈系统则可以用图 11.3(b)来表示。由于反馈最典型的应用场合都是在因果系统中的,所以很自然地把图 11.3(a)和图 11.3(b)中的系统都局限为因果系统。本章的讨论中都假设如此。这样,图 11.3 中的系统函数既可认为是单边变换,又可认为是双边变换;而作为因果性的一个结果,其有关的收敛域,对拉普拉斯变换而言,总是位于最右边极点的右边,而对 z 变换而言,总是位于最外层极点的外边。

应该注意,按照习惯,在图 11.3(a)中,都是从输入信号 $x(t)$ 中减去反馈信号 $r(t)$ 以形成 $e(t)$ 的。在离散时间情况下也采用这一约定。历史上,这一约定是在跟踪系统的应用中产生的,在那里 $x(t)$ 代表所要求的控制输入,而 $e(t)$ 代表 $x(t)$ 和真正的响应 $r(t)$ 之间的误差。例如,早先讨论的望远镜定向系统就是这种情况。在更一般的反馈系统中,$e(t)$ 和 $e[n]$ 可能并不对应误差信号,或者不直接作为误差信号来理解。

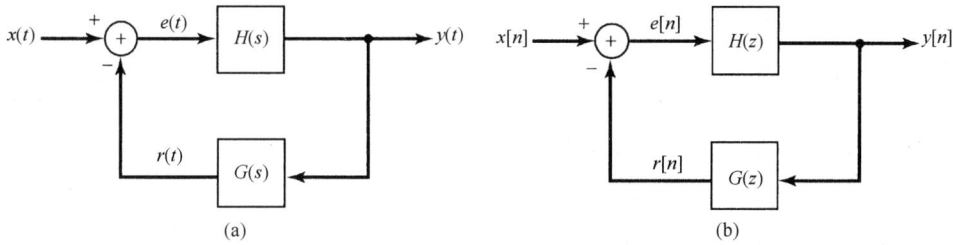

图 11.3 基本反馈系统的组成。(a) 连续时间系统;(b) 离散时间系统

图 11.3(a)中的 $H(s)$ 或图 11.3(b)中的 $H(z)$ 称为**正向通路系统函数**(system function of the forward path),而 $G(s)$ 或 $G(z)$ 则称为**反馈通路系统函数**(system function of the feedback path)。图 11.3(a)或图 11.3(b)中的整个系统的系统函数称为**闭环系统函数**(close-loop system function),特记为 $Q(s)$ 或 $Q(z)$。在 9.8.1 节和 10.8.1 节中都已经导出过线性时不变系统反馈互联的系统函数表示式,将这些结果用于图 11.3 的反馈系统,可得到

$$Q(s) = \frac{Y(s)}{X(s)} = \frac{H(s)}{1 + G(s)H(s)} \tag{11.1}$$

$$Q(z) = \frac{Y(z)}{X(z)} = \frac{H(z)}{1 + G(z)H(z)} \tag{11.2}$$

式(11.1)和式(11.2)代表了研究线性时不变反馈系统的基本方程。下面几节将以这两个方程为基础,对反馈系统的性质获得深入的了解,并建立分析反馈系统的几种方法。

11.2 反馈的某些应用及结果

在本章开头的引言中，对反馈系统的某些性质和应用进行了简短而直观的介绍。本节将以基本反馈方程式(11.1)和式(11.2)为出发点，以稍更定量的方式来研究反馈的几个特性和应用。其目的是对反馈的应用进行介绍和评价，而不是深入探讨这些应用的细节。下面几节将较深入地关注几种分析反馈系统的具体方法，这些方法在范围广泛的一类问题中都是很有用的，其中包括即将讨论的这些应用方面。

11.2.1 逆系统设计

在某些应用中，希望综合出一个已知连续时间系统的逆系统。假定这个系统的系统函数为 $P(s)$，考虑图 11.4 所示的反馈系统。应用式(11.1)，若 $H(s) = K$ 且 $G(s) = P(s)$，可求得闭环系统函数为

$$Q(s) = \frac{K}{1 + KP(s)} \tag{11.3}$$

若增益 K 足够大，因而满足 $KP(s) \gg 1$，那么

$$Q(s) \approx \frac{1}{P(s)} \tag{11.4}$$

于是图 11.4 的反馈系统就可近似为系统函数为 $P(s)$ 的系统的逆系统。

值得注意的是，式(11.4)的结果要求增益 K 足够大，否则它就与增益的具体大小有关。各种运算放大器就是具有这样一种增益特性的器件，并广泛用于反馈系统中。式(11.4)中存在可逆性的最一般应用是在积分器的实现中。一个电容器具有这样的性质，它的电流正比于电容器上电压的导数。在一个运算放大器的反馈通路中插入一个电容器，这个电容器的微分性质就被取

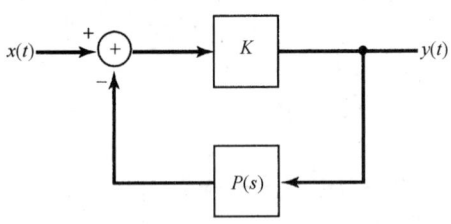

图 11.4 一个反馈系统，用于实现系统函数为 $P(s)$ 的系统的逆系统

逆而给出积分特性。对于这个具体应用，将在习题 11.50 至习题 11.52 中给予更详细的讨论。

虽然以上讨论大都局限于线性系统，但值得指出的是，在求一个非线性系统的逆系统时，一般也采用这一基本途径。例如，对于输出是输入的对数的这样一个非线性系统，也可以在一个运算放大器的反馈通路中，将具有指数型电流-电压特性的二极管作为反馈来实现。对于这个问题，将在习题 11.53 中详细讨论。

11.2.2 非理想元件的补偿

反馈的另一种应用是校正开环系统的某些非理想特性。例如，反馈往往被用来设计一个在给定频率范围内具有恒定增益的放大器。事实上，这是 20 世纪 20 年代由贝尔电话实验室的 H. S. Black 所开创的，这一应用被认为一直对反馈控制的一套实际而有用的系统设计方法的建立起着促进作用。

具体而言，考虑一个开环频率响应 $H(j\omega)$，$H(j\omega)$ 在某一给定频带内有放大，但不是常数。例如，Black 关注的运算放大器或电子管放大器一般都能提供很大的放大倍数，但是不能精确控制。虽然这类器件能提供几个数量级的放大倍数，但带来的却是放大倍数的不稳定，随着频率、

时间、温度等变化都会产生波动，从而引入了不需要的相位和非线性失真。Black 提出来的就是把这样一个具有很强放大能力，但却飘忽不定的放大器放在图 11.3(a) 的反馈回路内，而将 $G(s)$ 选为常数，即 $G(s) = K$，这时闭环频率响应是

$$Q(j\omega) = \frac{H(j\omega)}{1 + KH(j\omega)} \tag{11.5}$$

若在给定频带内有

$$|KH(j\omega)| \gg 1 \tag{11.6}$$

那么

$$Q(j\omega) \simeq \frac{1}{K} \tag{11.7}$$

也就是说，正如所要求的，闭环系统频率响应是一个常数。当然，得到这个结果是因为假定反馈通路中的系统 $G(s)$ 的频率响应 $G(j\omega)$ 能够设计成在所要求的频率范围内有一个常数增益 K，而这正是 $H(j\omega)$ 所不能保证的！然而，对于 $H(j\omega)$ 的要求和对于 $G(j\omega)$ 的要求，这两者之间的差别在于：$H(j\omega)$ 必须提供放大量。根据式(11.7)可见，若闭环系统能提供一个比 1 大的增益，K 就必须小于 1，即 $G(j\omega)$ 在给定频率范围内必须是一个衰减器。一般来说，实现一个具有近似平坦频率特性的衰减器比实现一个具有同样频率特性的放大器来说要容易得多（因为衰减器可以用无源元件构成）。

应用反馈可使频率响应平坦，这是要付出其他代价的，并且正是由于这一点使 Black 的想法受到很大的质疑。由式(11.6)和式(11.7)可见

$$|H(j\omega)| \gg \frac{1}{K} \simeq Q(j\omega) \tag{11.8}$$

因此，闭环增益 $1/K$ 远小于开环增益 $|H(j\omega)|$。在 Black 称为负反馈的负反馈放大器中，这个在增益上的明显损失最初被认为是一个严重的缺憾。确实如此，这种效果已经被知道了许多年，并且导致这样一种信念：负反馈不是一个特别有用的机理！然而，Black 指出，在总的增益上所失去的，在降低总的闭环放大器的灵敏度方面往往可以得到更多的补偿：闭环系统函数基本上就等于式(11.7)，只要 $|H(j\omega)|$ 足够大，就与 $H(j\omega)$ 的变化无关。因此，如果该开环放大器最初设计成比真正所需的大得多的增益，闭环放大器就能提供所要求的放大倍数，而又大大降低了灵敏度。这个拓宽放大器频带宽度的概念及其应用将在习题 11.49 中研究。

11.2.3 不稳定系统的稳定

正如引言中提到的，反馈的一个重要应用是稳定一个原先在没有反馈时不稳定的系统。这种例子包括火箭轨道的控制、核电站中核反应堆的控制、飞行体的稳定，以及动物繁殖的自然节制和人为节制的控制等。

为了说明怎样利用反馈稳定一个不稳定系统，先考虑一个简单一阶连续时间系统的例子，其系统函数为

$$H(s) = \frac{b}{s - a} \tag{11.9}$$

$a > 0$ 时这个系统是不稳定的。若选择系统函数 $G(s)$ 为一个常数 K，则式(11.1)中的闭环系统函数 $Q(s)$ 为

$$Q(s) = \frac{H(s)}{1 + KH(s)} = \frac{b}{s - a + Kb} \tag{11.10}$$

如果这个极点移到 s 平面的左半平面,该闭环系统就一定是稳定的。若

$$Kb > a \tag{11.11}$$

就会是这种情况。因此,在反馈通路中利用一个常数增益的系统,并且该常数增益满足式(11.11),就能使原来不稳定的系统稳定。因为在这种系统中被反馈回来的信号是与系统输出成比例的,所以这种类型的反馈系统称为**比例反馈系统**(proportional feedback system)。

作为另一个例子,考虑二阶系统

$$H(s) = \frac{b}{s^2 + a} \tag{11.12}$$

若 $a > 0$,该系统就是一个振荡器,即 $H(s)$ 的极点位于 $j\omega$ 轴上,并且系统的单位冲激响应是正弦变化的。若 $a < 0$,$H(s)$ 就有一个极点在左半平面,另一个极点在右半平面。因此,无论 a 属于何种情况之一,系统都是不稳定的。事实上,正如习题11.56所讨论的,由式(11.12)给出的系统函数可以用来描述在引言中提到的倒立摆的动态特性。

首先考虑对这个二阶系统利用比例反馈,即取

$$G(s) = K \tag{11.13}$$

将其代入式(11.1),得

$$Q(s) = \frac{b}{s^2 + (a + Kb)} \tag{11.14}$$

在第6章关于二阶系统的讨论中,曾考虑下列形式的传递函数:

$$\frac{\omega_n^2}{s^2 + 2\zeta\omega_n s + \omega_n^2} \tag{11.15}$$

对于这样一个系统,若要是稳定的,则 ω_n 必须为实数,且为正值(即 $\omega_n^2 > 0$),而 ζ 也必须为正实数(相应于正的阻尼)。将式(11.14)和式(11.15)进行比较可见,比例反馈仅对 ω_n^2 的值有影响,因为不能引入任何阻尼因子,所以单靠比例反馈无法使该二阶系统稳定。为了提出一个能使该系统稳定的反馈类型,回顾曾在6.5.2节作为二阶系统讨论过的汽车减震系统。在那个系统中,系统的阻尼是由于包括了一个减震器(或阻尼器),该减震器提供了一个与汽车速度成比例的恢复力。由此使人想到,可以考虑利用一个**比例加微分**(proportional-plus-derivative)的反馈类型,也就是 $G(s)$ 具有如下形式:

$$G(s) = K_1 + K_2 s \tag{11.16}$$

从而得到

$$Q(s) = \frac{b}{s^2 + bK_2 s + (a + K_1 b)} \tag{11.17}$$

只要选择 K_1 和 K_2 满足下式:

$$bK_2 > 0, \qquad a + K_1 b > 0 \tag{11.18}$$

闭环极点就一定位于左半平面,因此闭环系统是稳定的。

前面的讨论说明了反馈怎样才能用于稳定连续时间系统。对于离散时间系统,不稳定系统的稳定也是反馈的一种重要应用。在反馈不存在的条件下,离散时间不稳定系统的例子是动物繁殖模型。为了说明反馈怎样才能用来遏制某种动物总数的无休止增长,考虑一个简单的单种动物繁殖模型。令 $y[n]$ 为第 n 代动物的总数,假定在没有任何阻碍因素存在的条件下,出生率使每一代的总数加倍。在这种情况下,这种动物数量增长的动态基本方程就是

$$y[n] = 2y[n-1] + e[n] \tag{11.19}$$

其中 $e[n]$ 代表由于外界的影响而引起的总数的增加或减少。

这样一个繁殖模型明显是不稳定的，因为它的单位脉冲响应呈指数增长。然而，在任何生态系统中，总归存在着一些阻止它增长的因素。例如，当该类动物的总数变得很大时，由于有限食物的限制，将会使其增长减慢。同理，如果该类动物有一些天然的"敌人"，做这样的假设往往也是合理的，即当这些提供食物的动物（即被捕食的动物）的总数增长时，那些以捕获该动物为食的动物的总数也将增长，结果这些"天敌"就会阻碍前者的增长。除了这些自然的因素的总数，人类有目的地进行控制也会产生影响。例如，控制食物供给或控制这些捕食动物的总数的增长，都将影响这些自然因素。另外，在湖中养鱼或者从别的地方引进动物，都有助于提高增长率；而控制打猎或捕鱼也能够提供某一节制能力。以上讨论到的所有节制因素都取决于动物的总数（无论是自然的或人为的），它们都代表了反馈的效果。

根据前面的讨论，可将 $e[n]$ 分为两部分：

$$e[n] = x[n] - r[n] \tag{11.20}$$

其中 $r[n]$ 代表上述的一些控制因素的效果，而 $x[n]$ 则考虑到了外部因素，例如动物的迁移或其他自然灾害、疾病等因素。应该注意到，在式(11.20)中已经包括了一个负号。这一点是与利用负反馈的约定相一致的，并且本身也有物理意义，因为动物繁殖的无限制增长是不稳定的，所以反馈项起的作用就是减缓它。为了看出增长过程可因这一反馈项的存在而控制住，假定在每一代中，由于这些控制因素引起的减少是以一个固定的比值 β 进行的。因为根据模型，每一代剩下的部分将在下一代加倍，因此有

$$y[n] = 2(1 - \beta)y[n - 1] + x[n] \tag{11.21}$$

将式(11.21)与式(11.19)和式(11.20)比较，可见

$$r[n] = 2\beta y[n - 1] \tag{11.22}$$

这里的因子 2 表示这样一个事实，这一代动物的总数的减少使得下一代出生的动物的总数下降。

图 11.5 表示了这样一个反馈应用的例子，其中正向通路的系统函数可由式(11.19)得到，且

$$H(z) = \frac{1}{1 - 2z^{-1}} \tag{11.23}$$

而根据式(11.22)，反馈通路的系统函数是

$$G(z) = 2\beta z^{-1} \tag{11.24}$$

结果，闭环系统的系统函数就是

$$Q(z) = \frac{H(z)}{1 + G(z)H(z)} = \frac{1}{1 - 2(1 - \beta)z^{-1}} \tag{11.25}$$

若 $\beta < 1/2$，则闭环系统仍然是不稳定的；但若 $1/2 < \beta < 3/2$，则闭环系统就是稳定的了[①]。

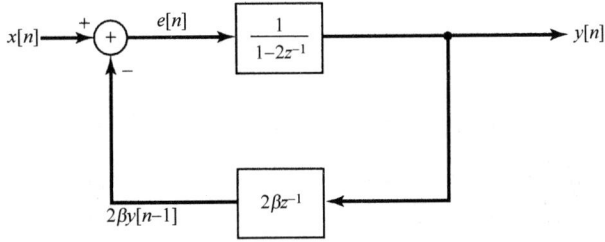

图 11.5　一个简单的动物总数的动态反馈模型方框图

[①]　虽然，在现在这个例子中 β 是不可能超过 1 的，因为当 $\beta > 1$ 时，就相应于把动物总数降低多于 100% 了。

显然，这个动物总数的增长和控制的例子是极端简化了的。例如，式(11.22)的反馈并未考虑这一事实，即 $r[n]$ 中由于天敌存在的那部分还应该依从捕食动物的总数，而后者本身也有其增长的动态模型。吸收这些因素以后，反馈模型会变得更复杂，以反映在一个生态系统中其他动态模型的存在，由此而形成一个反映各类动物种族之间相互制约的增长模型，这一模型在生态研究中是极为重要的。然而，即使没有考虑这些相互之间的影响，这个简单模型也足以说明反馈如何阻止一种动物无限制繁殖或灭绝的基本概念。特别是，也能初步看到如何利用人类的干预作用来力图保持这种生态平衡。例如，如果有一次自然灾害或者由于天敌总数的增加而导致某一种动物急剧减少，就可以采用严格限制打猎或捕鱼，以及其他加速繁殖的措施，将 β 减小，而使系统**解除稳定**(destabilize)，以使其有一个快速增长的过程，直至该类动物总数再次达到正常的数量为止。

还应该注意到，对于这种类型的问题，人们通常并不需要严格的稳定。如果这些控制因素是使 $\beta = 1/2$，而且其他所有的外部因素都为零，即若 $x[n] = 0$，那么 $y[n] = y[n-1]$。因此，只要 $x[n]$ 很小而且在几代中平均值为零，那么 $\beta = 1/2$ 就将得出一个总数基本上恒定的系统。然而，对于这个 β 值来说，该系统仍然是不稳定的。因为在这种情况下，式(11.21)就简化为

$$y[n] = y[n-1] + x[n] \tag{11.26}$$

也就是说，该系统等效为一个累加器。因此，如果 $x[n]$ 是一个阶跃，输出就会无界增长。当然，如果希望 $x[n]$ 有某种稳定不变的倾向，如通过将动物迁移到某一区域，就需要用 $\beta > 1/2$ 的值来稳定这一系统，以保持其动物总数在某一界限以内，从而维持生态平衡。

11.2.4 采样数据反馈系统

除了以上讨论到的问题，离散时间反馈技术在涉及连续时间系统的各种应用中也是很重要的。数字系统的灵活性已经使**采样数据反馈系统**(sampled-data feedback system)的实现具有极大的吸引力。在这样的系统中，连续时间系统的输出被采样，然后对采样的序列完成一些处理，这样就得到了一个反馈控制的离散序列。然后，将这个序列变换为连续时间信号反馈到输入端，并从外部输入中减去这一反馈信号，就能产生该连续时间系统的真正输入。

显然，对反馈系统的因果性假定对将这个离散时间反馈信号转换为连续时间信号的过程施加了限制(例如，理想低通滤波，或者理想低通的任何非因果近似都不允许应用)。最广泛应用的转换系统之一是零阶保持(曾于7.1.2节介绍过)。一种涉及零阶保持的采样数据反馈系统的结构示于图11.6(a)中。图中包含一个连续时间线性时不变系统，其系统函数为 $H(s)$，它的输出 $y(t)$ 被采样以产生一个离散时间序列

$$p[n] = y(nT) \tag{11.27}$$

然后，序列 $p[n]$ 被系统函数为 $G(z)$ 的离散时间线性时不变系统所处理，其输出通过一个零阶保持而产生连续时间信号

$$z(t) = d[n], \quad nT \leq t < (n+1)T \tag{11.28}$$

这个信号又从外部输入 $x(t)$ 中减去而得到 $e(t)$。

假设 $x(t)$ 在 T 的区间内是常数，即

$$x(t) = r[n], \quad nT \leq t < (n+1)T \tag{11.29}$$

其中 $r[n]$ 是一个离散时间序列。因为采样率一般都很高，以至于 $x(t)$ 在 T 的区间内没有明显变化，所以在实践中这种近似通常都是成立的。此外，在很多应用中，这个外部输入 $x(t)$ 本身就是在某一离散序列上应用零阶保持而产生的。例如，在先进航空器系统中，外部输入代表了人的控制命令，

第 11 章 线性反馈系统 531

而这些都是首先经由数字化处理,然后再转换成连续时间输入信号。由于零阶保持是一个线性运算,所以当 $x(t)$ 由式(11.29)给出时,图 11.6(a)就等效为图 11.6(b)所示的系统。

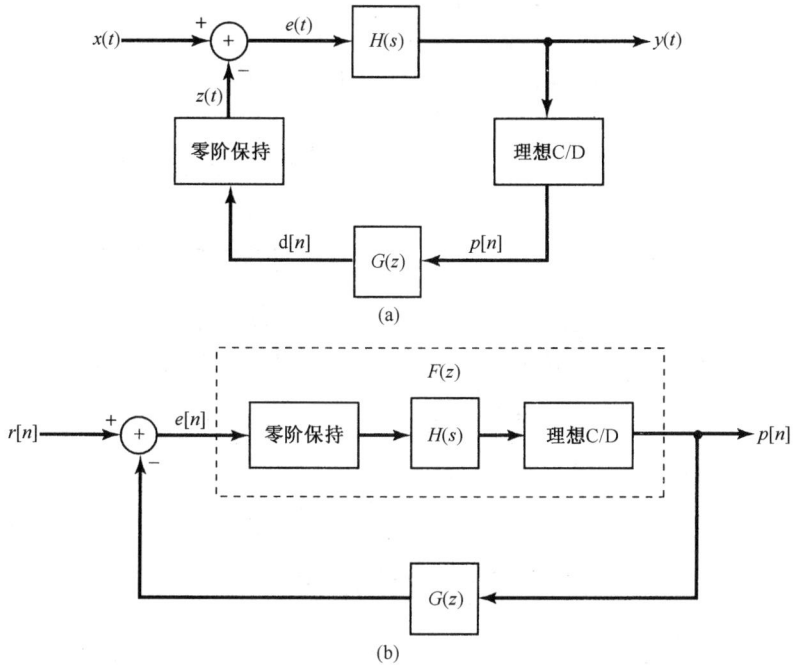

图 11.6 (a) 一个应用零阶保持的采样数据反馈系统;(b) 等效的离散时间系统的反馈系统

正如习题 11.60 指出的,输入为 $e[n]$ 和输出为 $p[n]$ 的离散时间系统是一个系统函数为 $F(z)$ 的线性时不变系统,该系统函数 $F(z)$ 与连续时间系统函数 $H(s)$ 的关系是通过一种**阶跃响应不定** (step-invariant) 的变换联系起来的。也就是说,若 $s(t)$ 是该连续时间系统的阶跃响应,那么该离散时间系统的阶跃响应 $q[n]$ 就由 $s(t)$ 的等间隔样本组成,其数学表示是

$$q[n] = s(nT), \quad 对于所有 n \tag{11.30}$$

一旦确定了 $F(z)$,就有了一个完整的离散时间反馈系统的模型[见图 11.6(b)]。它真正反映了在采样瞬时 $t = nT$ 时该连续时间反馈系统[见图 11.6(a)]的特性,然后就能考虑设计这个反馈系统函数 $G(z)$ 来完成所要达到的目的。设计一个这样的采样数据反馈系统来稳定一个不稳定的连续时间系统的例子,将在习题 11.60 中详细研究。

11.2.5 跟踪系统

正如在 11.0 节中提到的,反馈的重要应用之一是设计一个旨在使输出跟踪输入的系统。在范围广泛的各种问题中,跟踪是一个重要的部分。例如,本章引言里讨论的望远镜定向问题就是一个跟踪问题。图 11.1(c)和图 11.1(d)的反馈系统以所要求的定向角作为输入,而反馈环路的目的是为了能够提供一种机制,以驱动望远镜跟随着输入变化。在飞机自动驾驶仪中,输入就是要求的飞行路径,而自动驾驶仪的反馈系统就是利用飞机的控制翼面(方向舵、副翼和升降舵)和推力控制,以保持飞机在预定的航线上飞行。

为了说明在跟踪系统设计中出现的某些问题,现在来考虑图 11.7(a)所示的离散时间反馈系统。在分析作为连续时间应用的采样数据跟踪系统特性时,常会研究这种形式的离散时间跟踪系统。数字自动驾驶仪就是这样一个系统的例子。在图 11.7(a)中,$H_p(z)$ 代表输出将被控制的系统的系统函数。这个系统往往称为"工厂"(plant)。术语"工厂"的来历可以追溯到这样一些应用场合，如发电厂的控制、供热系统，以及化学处理工厂的控制等。系统函数 $H_c(z)$ 代表某一种补偿器，它是待设计的部分。这里补偿器的输入是跟踪误差，即输入 $x[n]$ 和输出 $y[n]$ 之差 $e[n]$。补偿器的输出就是该"工厂"的输入，例如图 11.1(c) 和图 11.1(d) 的反馈系统中加到电机上的真正的电压，或者加到一个飞机方向舵的驱动系统上的真正的物理输入。

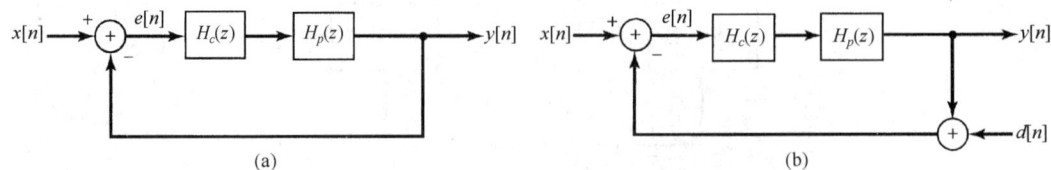

图 11.7 (a) 离散时间跟踪系统；(b) 考虑到测量误差的存在，在反馈路径具有扰动 $d[n]$ 时 (a) 的跟踪系统

为了简化符号，令 $H(z) = H_c(z)H_p(z)$，这时应用式 (11.2) 可得如下关系：

$$Y(z) = \frac{H(z)}{1+H(z)}X(z) \tag{11.31}$$

同时，因为有 $Y(z) = H(z)E(z)$，则

$$E(z) = \frac{1}{1+H(z)}X(z) \tag{11.32}$$

或者，以 $z = e^{j\omega}$ 代入而得

$$E(e^{j\omega}) = \frac{1}{1+H(e^{j\omega})}X(e^{j\omega}) \tag{11.33}$$

式 (11.33) 提供了有关跟踪系统设计中的一些内在性质，即好的跟踪品质应该希望 $e[n]$，或者等效为 $E(e^{j\omega})$ 越小越好，即

$$\frac{1}{1+H(e^{j\omega})}X(e^{j\omega}) \simeq 0 \tag{11.34}$$

因此，对于使 $X(e^{j\omega})$ 非零的那些频率范围，我们希望 $|H(e^{j\omega})|$ 尽可能大。由此可以得到反馈系统设计的一个基本原则：好的跟踪特性要求大的增益。然而，大增益的想法一般必须经受几方面的考验。这有几个原因，一个原因是，如果增益太大，闭环系统就可能有某些不希望的特性(如过小的阻尼)，或者事实上可能变成不稳定的。下一节将会讨论到这种可能性，并且将用下面各节中所建立的方法来讨论它。

除了稳定性的问题，还存在一些其他理由要求限制一个跟踪系统的增益。例如，在实现这样一个跟踪系统时，必须测量输出 $y[n]$，以便与控制输入 $x[n]$ 进行比较，而任何测量装置都有测量误差和其他误差源(如测量仪器中电子学方面的热噪声)。图 11.7(b) 在反馈回路中以干扰输入 $d[n]$ 的形式包括了这样一些误差源。经过简单的系统函数的代数运算，$Y(z)$ 和 $x[n]$ 及 $d[n]$ 的变换 $X(z)$ 及 $D(z)$ 之间的关系为

$$Y(z) = \left[\frac{H(z)}{1+H(z)}X(z)\right] - \left[\frac{H(z)}{1+H(z)}D(z)\right] \tag{11.35}$$

从这个表示式可以看到，为了使 $d[n]$ 对 $y[n]$ 的影响最小，$H(z)$ 要尽量小，这样式 (11.35) 的等号右边的第二项就是小的。

从上面的讨论可见，跟踪的要求与减小测量误差的影响是互为矛盾的，在设计中必须考虑这一点，以便有一个可接受的系统设计。一般来说，设计本身还与输入 $x[n]$ 和干扰 $d[n]$ 的更详细的一些特性有关。例如，在很多应用中，$x[n]$ 的能量明显集中在低频域，而像热噪声这样的测量

误差源的大部分能量都在高频部分,这样通常就能设计一个补偿器 $H_c(z)$,使 $|H(e^{j\omega})|$ 在低频域是大的,而在 ω 接近 $\pm\pi$ 区域是小的。

在设计跟踪系统时,还有很多其他方面的问题必须考虑,诸如反馈回路中其他点上存在的干扰。例如,在设计自动驾驶仪时,就必须考虑风对飞机运动的影响。本章介绍的反馈系统分析方法对于研究这些问题提供了必要的手段。在习题 11.57 中,将用这些方法来研究设计跟踪系统中另外几方面的问题。

11.2.6 反馈引起的不稳定

与反馈有很多应用一样,反馈也会有一些不希望的后果,事实上反馈可以引起不稳定。以图 11.1 所示的望远镜定向系统为例,从前面的讨论知道,我们希望有一个大的放大器增益,以实现在跟踪所要求的定向角上有一个好的特性。另一方面,随着增益的增加,很可能以系统阻尼的减小为代价而得到一个快速的跟踪响应。但是,当改变定向角时,其响应中就会有显著的超量和振荡。此外,如果增益增加得太多,就可能形成不稳定。

反馈可能引起不稳定的另一个常见例子是音响系统中的反馈。考虑图 11.8(a)所示的情况。这里,扬声器出来的音频信号就是放大了的,由拾音器拾取来的声音信号。可以注意到,除了其他音频输入,从扬声器本身来的信号也可以被拾音器感受到,这个感受到的信号有多强取决于扬声器和拾音器之间的距离。由于空气的衰减,这个距离越大,到达拾音器的信号就越弱。另外,由于声波传播速度有限,由扬声器产生的信号和拾音器感受到的这个信号之间会有时间延迟。

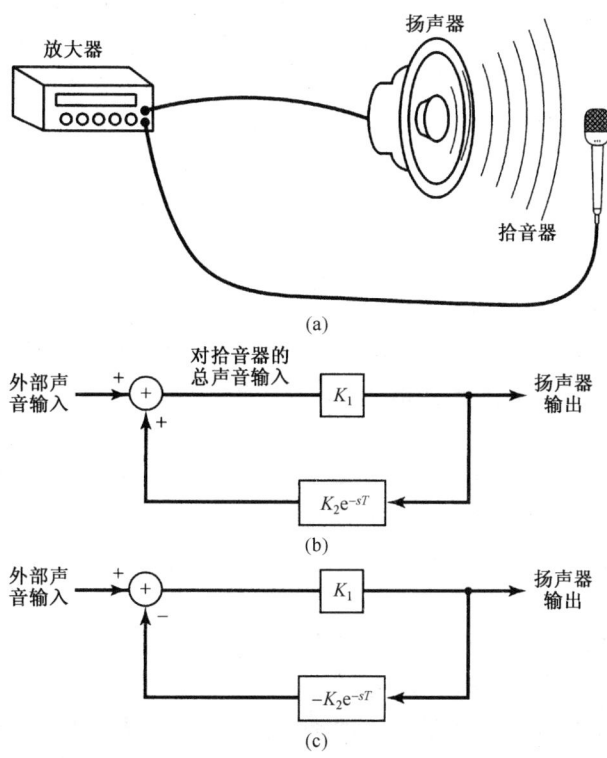

图 11.8 (a) 音频反馈现象的形象表示;(b) 图(a)的方框图表示;(c) 将(b)的方框图重画成一个负反馈系统(注意,e^{-sT} 就是 T 秒延迟环节的系统函数)

图 11.8(b)示出了这个音频反馈系统的方框图。这里,反馈路径中的 K_2 代表衰减,而 T 则是传播引起的延迟。常数 K_1 是放大器增益。同时可注意到,从反馈路径来的输出是被加到外部输入上

的。这就是一个**正反馈**(positive feedback)的例子。正如在本节一开始所讨论的，在图11.3所示的这种基本反馈系统的定义中，负号的应用纯粹是一种约定，而正负反馈系统都可以用相同的方法来分析。例如，如图11.8(c)所示，图11.8(b)的反馈系统也可以表示成负反馈，给反馈通路的系统函数加上一个负号即可。从该图及式(11.1)就可以确定闭环系统函数为

$$Q(s) = \frac{K_1}{1 - K_1 K_2 e^{-sT}} \tag{11.36}$$

稍后将继续讨论这个例子，并可利用在11.3节建立的方法证明：若

$$K_1 K_2 > 1 \tag{11.37}$$

图11.8的系统就是不稳定的。由于经由空气的传播所引起的衰减随扬声器和拾音器之间距离的减小而减小(即K_2增加)，因此如果这个拾音器放得离扬声器太近，而使式(11.37)得以满足，系统就会不稳定。这个不稳定的结果就是音频信号的过度放大和失真。

很有意思的是正反馈，Black称之为再生反馈，在Black发明负反馈放大器以前，人们已经知道了正反馈，并且具有讽刺意味的是，它一直被认为是一种很有用的机制(与对负反馈持怀疑态度正好相反)！确实如此，正反馈可以是有用的。例如，在20世纪20年代人们就知道，正反馈的解稳定作用可以用来产生振荡信号。正反馈的这一应用将在习题11.54中讨论。

这一节已经提到了反馈的几个应用，其他方面的应用将在本章末的习题中给予较详细的讨论。例如，反馈在离散时间递归滤波器实现中的应用可见习题11.55。从对反馈应用的讨论，以及有可能稳定和去稳定作用的讨论中，可明显看出必须仔细谨慎地对反馈系统进行设计和分析，以确保闭环系统有所要求的特性。11.2.3节和11.2.6节已经给出了几个反馈系统的例子，它们的闭环系统特性可以很明显地通过变更反馈系统中的一个或两个参数值来改变。本章其余几节将讨论几种方法，用于分析闭环系统中参数变化的影响，以及用于满足有稳定性和足够阻尼等目标要求的系统设计。

11.3 线性反馈系统的根轨迹分析法

从已讨论过的几个例子和应用中已经看到，一种有用的反馈系统类型是在这个系统中有可调节的增益K。随着这个增益的变化，考虑闭环系统的极点如何变化是很有益处的。因为这些极点的位置告诉我们有关闭环系统特性的很多信息。例如，在使一个不稳定系统稳定的过程中，增益的改变用来把这些极点移到左半平面(对于连续时间系统)或者移到单位圆内(对于离散时间系统)。另外，在习题11.49中也表明，利用反馈来移动一阶系统的极点，使得系统的时间常数减小，可以拓宽一阶系统的频带宽度。此外，就像利用反馈来重新安排极点以改善系统的性能一样，由11.2.6节也看到，由于不适当地选择反馈，一个稳定的系统可以不稳定，而这通常是不希望有的，即反馈还存在着潜在的危险性。

这一节将讨论一种方法来检查，随着可调增益的变化，闭环系统的极点在复平面内的轨迹(即路径)。这种方法称为**根轨迹法**(root-locus method)，它是把一个有理系统函数$Q(s)$或$Q(z)$的闭环极点作为增益值的函数画出来的一种图示方法。这一方法对连续时间系统和离散时间系统都是同样有效的。

11.3.1 一个例子

为了说明分析一个反馈系统的根轨迹方法的基本性质，现在重新研究前一节讨论过的离散时间系统的例子，其系统函数为

$$H(z) = \frac{1}{1 - 2z^{-1}} = \frac{z}{z - 2} \tag{11.38}$$

和

$$G(z) = 2\beta z^{-1} = \frac{2\beta}{z} \tag{11.39}$$

其中 β 被看成一个可调节的增益。那么，闭环系统函数是

$$Q(z) = \frac{1}{1 - 2(1-\beta)z^{-1}} = \frac{z}{z - 2(1-\beta)} \tag{11.40}$$

在这个例子中，可以直接看出闭环极点位于 $z = 2(1-\beta)$。在图 11.9(a) 中已经画出了当 β 从 0 变化到 $+\infty$ 时，这个系统的极点的轨迹。图 11.9(b) 是 β 从 0 变化到 $-\infty$ 时极点的轨迹。在每一幅图上都指出了 $z = 2$ 这一点，这就是开环极点，即 $\beta = 0$ 时 $Q(z)$ 的极点。随着 β 从 0 增加，极点沿实轴向 $z = 2$ 点的左边移动，图 11.9(a) 中在一条粗线上用箭头指出了随着 β 增加，极点的移动方向。同理，对 $\beta < 0$，$Q(z)$ 的极点向 $z = 2$ 的右边移动。图 11.9(b) 中的箭头方向指出随着 $|\beta|$ 增加，极点的移动方向。对于 $1/2 < \beta < 3/2$，极点位于单位圆内，于是系统就是稳定的。

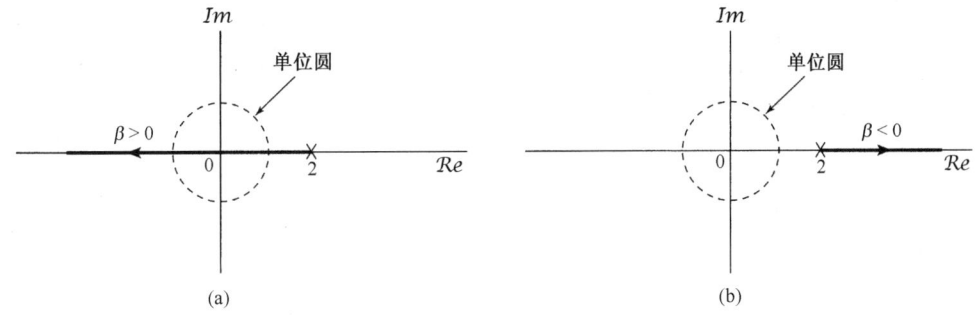

图 11.9　随 β 值变化，由式(11.40)表示的闭环系统的根轨迹。(a) $\beta > 0$；
(b) $\beta < 0$。注意，图中已标出 $z = 2$ 的点，对应于 $\beta = 0$ 的极点位置

作为第二个例子，考虑一个连续时间反馈系统，其

$$H(s) = \frac{s}{s - 2} \tag{11.41}$$

且

$$G(s) = \frac{2\beta}{s} \tag{11.42}$$

其中 β 仍代表可调节的增益。因为这个例子中的 $H(s)$ 和 $G(s)$ 在代数表示式上与前一个例子是相同的，所以除了用 s 来代替 z，闭环系统函数也是一样的，即

$$Q(s) = \frac{s}{s - 2(1-\beta)} \tag{11.43}$$

并且，作为 β 函数的极点轨迹也与前例相同。这两个例子之间的关系突出了这样一点，即极点的轨迹只取决于正向通路和反馈通路系统函数的代数表示式，而与该系统是否是一个连续时间系统或离散时间系统无关。然而，对所得结果的解释则与连续时间系统或离散时间系统有密切关系。在离散时间情况下，重要的是极点位置与单位圆的关系；而在连续时间情况下，极点位置相对于虚轴的关系则很重要。因此，我们已经看到，对于式(11.40)的离散时间系统，$1/2 < \beta < 3/2$ 时系统是稳定的；而对于式(11.43)的连续时间系统，$\beta > 1$ 时系统是稳定的。

11.3.2 闭环极点方程

在前面考虑的简单例子中,根轨迹图是很容易画出来的,因为闭环极点作为增益参数的函数可以明确地确定,然后随着增益变化就能画出极点的位置。对于较为复杂的系统,不能期望对闭环极点能找到这样简单的闭式表示式。然而,无须求出任何一个具体增益值的极点位置,仍有可能准确地画出当增益参数值从 $-\infty$ 到 $+\infty$ 变化时极点的轨迹。确定根轨迹的这一方法对了解一个反馈系统的特性是极为有用的。随着对这一方法的讨论,我们将会看到,一旦确定了根轨迹,就有相当直接的办法来确定增益参数值,以沿根轨迹在任何给定位置产生一个闭环极点。下面将只用拉普拉斯变换变量 s 来讨论,对离散时间情况同样也是适用的。

图 11.10 是一个变形了的图 11.3(a)所示的基本反馈系统,其中 $G(s)$ 或 $H(s)$ 与一个可调节的增益 K 级联。在这两种情况下,闭环系数函数的分母都是 $1 + KG(s)H(s)$①。因此闭环系统极点方程是下列方程的解:

$$1 + KG(s)H(s) = 0 \qquad (11.44)$$

重新写出式(11.44),即可得到确定这个闭环极点的基本方程为

$$G(s)H(s) = -\frac{1}{K} \qquad (11.45)$$

画出这个根轨迹图的方法基于这个方程的性质及其解。本节的后续内容将讨论这些性质,并给出如何利用它们来确定根轨迹。

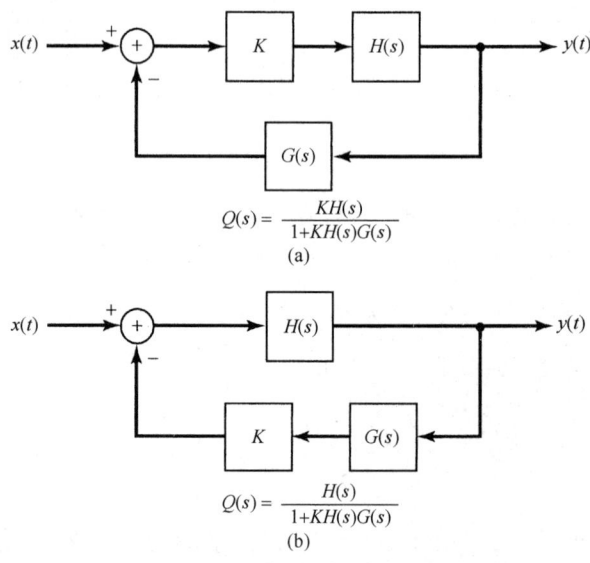

图 11.10 包含一个可调增益的反馈系统。(a) 可调增益位于
正向通路的系统;(b) 可调增益位于反馈通路的系统

11.3.3 根轨迹的端点:$K=0$ 和 $|K|=\infty$ 时的闭环极点

或许对于根轨迹来说,由式(11.45)得出的根轨迹立即可看出的是 $K=0$ 和 $|K|=\infty$ 这两点。特别是对 $K=0$,这个方程的解必定是 $G(s)H(s)$ 的极点,因为 $1/K=\infty$。为了说明这一性质,考

---

① 在以下讨论中,为简单起见都假定 $G(s)H(s)$ 乘积中没有零极点相消的情况。若有零极点相消发生,也不会引起任何实质性的困难,本节讨论的方法很容易推广到这种情况(见习题 11.32)。事实上,本节开始的简单例子,即式(11.41)和式(11.42),就涉及一个在 $s=0$ 的零极点相消的情况。

虑由式(11.41)和式(11.42)给出的例子。如果令 β 起着 K 的作用，式(11.45)就会变成

$$\frac{2}{s-2} = -\frac{1}{\beta} \tag{11.46}$$

因此，根据上面的讨论，$\beta = 0$ 表明了系统的极点将位于 $2/(s-2)$ 的极点上，即 $s = 2$，这就与图 11.9 所指出的是一致的。

现在假定 $|K| = \infty$，这时 $1/K = 0$，式(11.45)的解必定趋向于 $G(s)H(s)$ 的**零点**。如果 $G(s)H(s)$ 的分子的阶次低于分母的阶次，这些零点中就有一些(其数目等于分母和分子阶次的差)将在无限远点。

再回到式(11.46)，因为 $2/(s-2)$ 的分母的阶次是 1，而分子的阶次是 0，所以有一个零点在无限远，而没有零点在有限 s 平面内。于是随着 $|\beta| \to \infty$，闭环极点趋向于无限远点。这一点与图 11.9 也是一致的。从这里可以看到，极点的模对 $\beta > 0$ 或 $\beta < 0$ 都随着 $|\beta| \to \infty$ 而无限增加。

虽然上面的讨论提供了在 K 的两个极限值之下，有关闭环极点位置的基本信息，但是以下讨论的结果，才是在没有真正解出闭环极点作为增益的显函数的条件下能够画出根轨迹的关键。

11.3.4 角判据

再来考虑式(11.45)。因为这个方程的等号右边是一个实数，所以 s_0 能够成为一个闭环极点的条件唯有式(11.45)的左边，即 $G(s_0)H(s_0)$ 也是一个实数。将它写成

$$G(s_0)H(s_0) = |G(s_0)H(s_0)| e^{j\sphericalangle G(s_0)H(s_0)} \tag{11.47}$$

则 $G(s_0)H(s_0)$ 成为实数的条件就是

$$e^{j\sphericalangle G(s_0)H(s_0)} = \pm 1 \tag{11.48}$$

也就是说，s_0 要想成为一个闭环极点，就必须有

$$\sphericalangle G(s_0)H(s_0) = \pi \text{的整倍数} \tag{11.49}$$

回顾式(11.46)立即可见，为使 $2/(s_0-2)$ 成为实数，s_0 也必须是实数。对于更复杂一些的系统函数，要确定使 $G(s_0)H(s_0)$ 成为实数的 s_0 可没有像这个例子这么容易。然而我们将会看到，利用由式(11.49)给出的角判据，再结合第 9 章介绍的有关求 $\sphericalangle G(s_0)H(s_0)$ 的几何方法，将会非常便于确定根轨迹。

由式(11.49)给出的角判据提供了对某些增益值 K 来说，判定点 s_0 是否可能成为一个闭环极点的直接方法。再进一步研究式(11.45)，还给出了一种方法，利用这种方法可以计算出相应于根轨迹上任何一点的增益值。具体而言，设 s_0 满足

$$\sphericalangle G(s_0)H(s_0) = \pi \text{的奇数倍} \tag{11.50}$$

则 $e^{j\sphericalangle G(s_0)H(s_0)} = -1$，并且根据式(11.47)可得

$$G(s_0)H(s_0) = -|G(s_0)H(s_0)| \tag{11.51}$$

将式(11.51)代入式(11.45)可发现，如果

$$K = \frac{1}{|G(s_0)H(s_0)|} \tag{11.52}$$

s_0 就是式(11.45)的一个解，所以是一个闭环极点。

同理，如果 s_0 满足下列条件：

$$\sphericalangle G(s_0)H(s_0) = \pi \text{的偶数倍} \tag{11.53}$$

那么

$$G(s_0)H(s_0) = |G(s_0)H(s_0)| \tag{11.54}$$

于是，如果

$$K = -\frac{1}{|G(s_0)H(s_0)|} \tag{11.55}$$

s_0 就是式(11.45)的一个解，所以是一个闭环极点。

对于由式(11.46)给出的例子来说，如果 s_0 在实轴上并且 $s_0 < 2$，那么

$$\sphericalangle\left(\frac{2}{s_0-2}\right) = -\pi \tag{11.56}$$

由式(11.52)，使 s_0 成为闭环极点的 β 值为

$$\beta = \frac{1}{\left|\frac{2}{s_0-2}\right|} = \frac{2-s_0}{2} \tag{11.57}$$

即

$$s_0 = 2(1-\beta) \tag{11.58}$$

这与式(11.43)的结论是一致的。

将以上观察到的两点归纳为：闭环系统的**根轨迹**(root locus)，即当 K 从 $-\infty$ 到 $+\infty$ 变化时，对某些 K 值来说，在复平面 s 内是闭环极点的那些点的集合，就是满足角条件式(11.49)的那些点。于是可归纳如下。

---

1. 满足

$$\sphericalangle G(s_0)H(s_0) = \pi\text{的奇数倍} \tag{11.59}$$

的点 s_0 位于根轨迹上，并且对 $K > 0$ 的某个值来说是一个闭环极点，使 s_0 成为闭环极点的增益值由式(11.52)确定。

2. 满足

$$\sphericalangle G(s_0)H(s_0) = \pi\text{的偶数倍} \tag{11.60}$$

的点 s_0 位于根轨迹上，并且对 $K < 0$ 的某个值来说是一个闭环极点，使 s_0 成为闭环极点的增益值由式(11.55)确定。

因此，现在把确定根轨迹的问题变成寻找满足由式(11.59)和式(11.60)给出的角条件的这些点的问题。从这两个条件出发，可进一步提炼出一组性质，利用这组性质将有助于画出根轨迹。在讨论这些性质以前，先考虑一个简单的例子。

例 11.1 设

$$H(s) = \frac{1}{s+1}, \quad G(s) = \frac{1}{s+2} \tag{11.61}$$

回顾 9.4 节有关拉普拉斯变换的几何求值的讨论，可知该有理拉普拉斯变换

$$\frac{\prod_{k=1}^{m}(s-\beta_k)}{\prod_{k=1}^{n}(s-\alpha_k)} \tag{11.62}$$

在复平面上某一点 s_0 的相位等于从每个零点到 s_0 的零点向量的相角之和，减去从每个极点到 s_0 的极点向量的相角之和。现将此应用于 $G(s)H(s)$，其中 $G(s)$ 和 $H(s)$ 均由式(11.61)给出，就能

在 s 平面上用几何方法确定满足角判据式(11.59)和式(11.60)的那些点,因此就能画出根轨迹。

在图 11.11 中,已经画出了 $G(s)H(s)$ 的极点,并指出每个极点到 s_0 的相角 θ 和 ϕ。首先,对位于实轴上的 s_0 点来检验一下角判据。当 s_0 起初位于实轴上 -1 点的右边时,两个极点对相位的贡献都是零,于是

$$\sphericalangle G(s_0)H(s_0) = 0 = 0 \cdot \pi, \quad s_0 \text{为实数且} s_0 > -1 \tag{11.63}$$

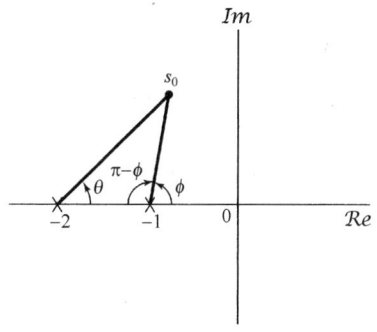

图 11.11 例 11.1 中求满足角判据的几何方法

根据式(11.60),这些点位于 $K<0$ 时的根轨迹上。对位于两个极点之间的那些点,极点 -1 提供的相角是 $-\pi$,而极点 -2 提供的相角是 0,因此

$$\sphericalangle G(s_0)H(s_0) = -\pi, \quad s_0 \text{为实数且} -2 < s_0 < -1 \tag{11.64}$$

这些点位于 $K>0$ 时的根轨迹上。最后,当 s_0 为实数且 $s_0 < -2$ 时,每一个极点对相位的贡献都是 $-\pi$,因此

$$\sphericalangle G(s_0)H(s_0) = -2\pi, \quad s_0 \text{为实数且} s_0 < -2$$

这些点都位于 $K<0$ 时的根轨迹上。

现在来检验一下 s 的上半平面(因为单位冲激响应是实值的,复数极点必须共轭成对,因此在研究了上半平面的极点之后,就能立即确定下半平面的极点所对应的情况)。根据图 11.11,$G(s_0)H(s_0)$ 在 s_0 的相位角是

$$\sphericalangle G(s_0)H(s_0) = -(\theta + \phi) \tag{11.65}$$

另外,因为 s_0 的范围是在上半平面(不包括实轴),所以有

$$0 < \theta < \pi, \quad 0 < \phi < \pi \tag{11.66}$$

于是有

$$-2\pi < \sphericalangle G(s)H(s) < 0 \tag{11.67}$$

因此立即可以看出,在上半平面,没有任何一点能够位于 $K<0$ 时的根轨迹上,因为 $\sphericalangle G(s)H(s)$ 绝不可能等于 π 的偶数倍。另外,如果 s_0 位于 $K>0$ 时的根轨迹上,则必须有

$$\sphericalangle G(s_0)H(s_0) = -(\theta + \phi) = -\pi \tag{11.68}$$

或者

$$\theta = \pi - \phi \tag{11.69}$$

研究图 11.11 的几何性质,可以看出,只有在平行于虚轴并且平分极点 -1 和 -2 连线的那条直线上的点,才有这样的相位特性。到现在为止,我们已经检查了整个 s 平面并确定了所有位于根轨迹上的点。另外,我们还知道 $K=0$ 时闭环极点就等于 $G(s)H(s)$ 的极点,而在 $|K| \to \infty$ 时,闭环极点就是 $G(s)H(s)$ 的零点。在该例中,$G(s)$ 和 $H(s)$ 的零点都在无限远点。把所有这些结果放在一起,就能画出整个根轨迹图,如图 11.12 所示。图中分别对于 $K>0$ 和 $K<0$,用箭头指出 $|K|$ 增加的方向。

由图 11.12 可看到,当 $K>0$ 时,根轨迹有两个分支,这一点对于 $K<0$ 也是对的。存在两个分支的原因是这个例子的闭环系统函数是二阶的,因而对任何特定的 K 值都有两个极点。因此,根轨迹有两个分支,其中每个分支随着 K 的变化都为一个闭环极点的位置画出一条轨迹,而且对于任何特定的 K 值,在每个分支上都有一个闭环极点。另外,如果希望对轨迹上每一个具体的闭环极点 s_0 计算出 K 值,就可以用式(11.52)和式(11.55)来确定。

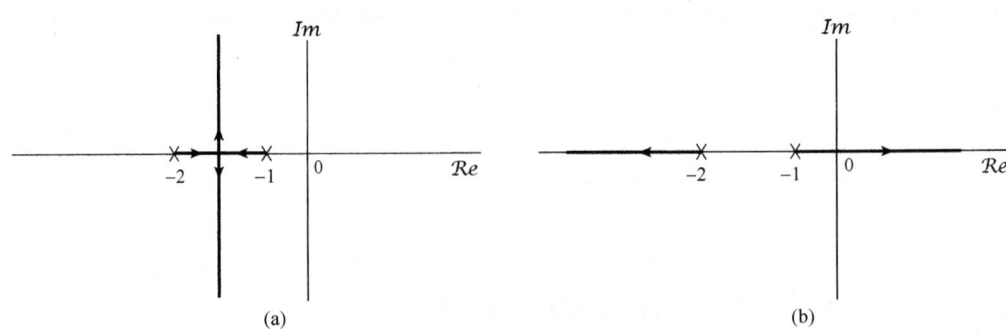

图 11.12 例 11.1 的根轨迹。图中已标出 $G(s)H(s)$ 在
$s = -1$ 和 $s = -2$ 的极点。(a) $K>0$; (b) $K<0$

11.3.5 根轨迹的性质

11.3.4 节提到的这个过程,原则上提供了一种确定任何连续和离散时间线性时不变反馈系统根轨迹的方法。也就是说,用图解方法或其他方法,只要确定所有满足式(11.59)或式(11.60)的那些点即可。所幸的是,根轨迹另外有几个几何性质,这些性质使得根轨迹的作图大为简化。在开始讨论这些性质的时候,先假定 $G(s)H(s)$ 具有如下标准形式:

$$G(s)H(s) = \frac{s^m + b_{m-1}s^{m-1} + \cdots + b_0}{s^n + a_{n-1}s^{n-1} + \cdots + a_0} = \frac{\prod_{k=1}^{m}(s-\beta_k)}{\prod_{k=1}^{n}(s-\alpha_k)} \quad (11.70)$$

其中,β_k 代表零点,而 α_k 代表极点,它们都可以是复数。另外,由式(11.70)还可看到,已将 $G(s)H(s)$ 的分子和分母多项式首项系数假定为 +1。这一点总是可以这样做到的:用分母 s^n 的系数去除分子和分母多项式,然后把 s^m 的系数吸收到增益 K 中。例如,

$$K\frac{2s+1}{3s^2+5s+2} = K\frac{\frac{2}{3}s + \frac{1}{3}}{s^2 + \frac{5}{3}s + \frac{2}{3}} = \left(\frac{2}{3}\right)K\frac{s + \frac{1}{2}}{s^2 + \frac{5}{3}s + \frac{2}{3}} \quad (11.71)$$

然后在确定根轨迹时,将 $(2/3)K$ 这个量看成可变化的总增益。

另外,再假设

$$m \leq n \quad (11.72)$$

因为通常在实际中遇到的都属于这一情况(习题 11.33 讨论了 $m>n$ 的情况)。以下就是有助于作根轨迹图的某些性质,其中也包括上面已讨论过的一些内容。

> **性质 1** 对于 $K=0$,式(11.45)的解就是 $G(s)H(s)$ 的极点。因为假定有 n 个极点,因此根轨迹就有 n 个分支,其中每个分支都始于 $G(s)H(s)$ 的一个极点($K=0$)。

性质 1 包括了在例 11.1 所提到的一般形式:对每一个闭环极点,都存在根轨迹的一个分支。下面的性质也只是复述一下早先已经得到的结果。

> **性质 2** 随着 $|K| \to \infty$,根轨迹的每个分支都趋向于 $G(s)H(s)$ 的一个零点。因为假设 $m \leq n$,所以这些零点中的 $(n-m)$ 个在无限远点。

性质 3 位于 $G(s)H(s)$ 的奇数个实极点和零点的左边的实轴部分在 $K>0$ 时的根轨迹图上；位于 $G(s)H(s)$ 的偶数个（包括零个）实极点和零点的左边的实轴部分在 $K<0$ 时的根轨迹图上。

可以对性质 3 进行如下证明。根据例 11.1 的讨论和从图 11.13(a) 中可以看到，如果在实轴上有一个点位于 $G(s)H(s)$ 的一个实极点或零点的右边，这个极点或零点对 $\angle G(s_0)H(s_0)$ 提供的相位就是零。另一方面，如果 s_0 位于一个零点的左边，这个零点对相位的贡献就是 $+\pi$，而如果 s_0 位于一个极点的左边，给出的相位就是 $-\pi$（因为要减去极点相角）。所以，如果 s_0 位于奇数个实极点和零点的左边，那么这些极点和零点提供的总相位就是 π 的奇数倍；而如果 s_0 位于偶数个实极点和零点的左边，那么这些极点和零点提供的总相位就是 π 的偶数倍。根据式(11.59)和式(11.60)，如果能证明具有非零虚部的全部极点和零点在相位上的总贡献是 π 的偶数倍，那么也一定有性质 3 的结果。这里的关键是，这样的极点和零点都是共轭成对地出现的，从而可以研究其中每一对的贡献，如图 11.13(b) 所示。由于对称性，对实轴上的任意一点 s_0，这一对极点的相角和总是 2π。将全部共轭零点对的相角相加，再减去全部共轭极点对的相位和，就得到了所要求的结果。因此，位于实极点或零点之间的实轴上的任何线段，不是 $K>0$ 时的根轨迹，就是 $K<0$ 时的根轨迹，这要由这一线段究竟是位于 $G(s)H(s)$ 的奇数个还是偶数个极点和零点的左边来确定。

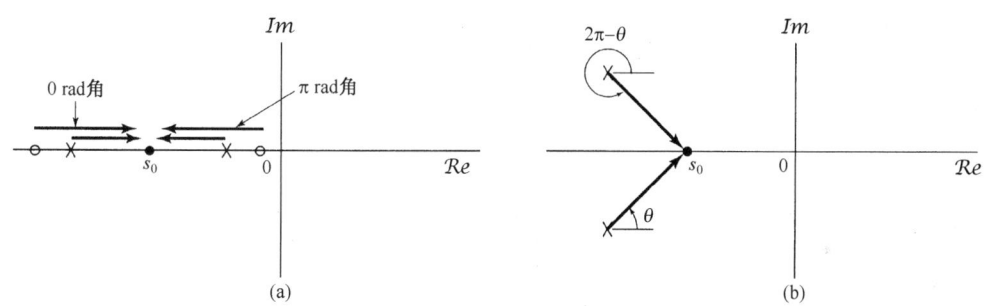

图 11.13 （a）由实极点和零点对实轴上某一点的相角贡献；
(b) 一对复数共轭极点对实轴上某一点的总相角贡献

作为性质 1 至性质 3 的一个结果，现在考虑在实轴上的一个线段，该线段位于 $G(s)H(s)$ 的两个极点之间，并且其间无零点。根据性质 1，根轨迹始于极点；根据性质 3，这两个极点之间的实轴部分对应于某一个正的或负的 K 值范围的根轨迹。因此，随着 $|K|$ 从零增加，开始于这两个极点的根轨迹的两条分支将沿着这两个极点之间的实轴线段相向移动。根据性质 2，随着 $|K|$ 增加到无穷大，根轨迹的每一条分支都必须趋向于一个零点。又因为在实轴的这一部分没有零点，唯一的可能就是当 $|K|$ 大到一定情况时，这两条分支在复平面内突然分裂开，这就是图 11.12 所说明的。在那里，$K>0$ 时的根轨迹有一部分位于两个实极点之间。随着 K 的增加，根轨迹最终离开实轴，形成两条复共轭分支。综合这些讨论，可以得到下面的根轨迹性质。

性质 4 当 $|K|$ 足够大时，两个实极点之间的根轨迹必然分裂而进入复平面。

性质 1 至性质 4 用来说明怎样从式(11.45)、式(11.59)和式(11.60)推演出根轨迹特性。在很多情况下，图示出 $G(s)H(s)$ 的极点和零点，然后利用这 4 个性质就足以勾画出相当准确的根轨迹（见例 11.2 和例 11.3）。然而，除了这些性质，根轨迹还有其他很多特性，利用这些特性可以得到更准确的根轨迹图。例如，根据性质 2 知道，根轨迹的 $(n-m)$ 条分支都要趋向于无限远点。事实上，这些分支都是以一些特定的角度趋向于无限远点的，这些角度可以算出来，因此这些分支都渐近地平行于在这些角度上的直线。此外，画出这些渐近线，特别是确定这些渐近线的交点，都是有可能的。这两个性质及其他性质将在习题11.34到习题11.36及习题11.41和习题11.42中说明。有关根轨迹方法的更详细的论述可参阅本书末所附参考文献中一些更为深入的教科书。

现在举两个例子，一个是连续时间的情况，另一个是离散时间的情况，以说明如何用这4个性质画出根轨迹图，并演绎出当增益 K 变化时一个反馈系统的稳定性特性。

例 11.2 设

$$G(s)H(s) = \frac{s-1}{(s+1)(s+2)} \tag{11.73}$$

根据性质1和性质2，K 为正和 K 为负的根轨迹开始于 $s=-1$ 和 $s=-2$ 这两个极点。一个分支终止于零点 $s=1$，另一个分支终止于无限远点。

先考虑 $K>0$ 的情况，这时根轨迹如图11.14(a)所示。由性质3可以确认位于根轨迹上的实轴部分，即 $\text{Re}\{s\}<-2$ 和 $-1<\text{Re}\{s\}<1$ 的区域。因此，$K>0$ 时根轨迹的一支开始于 $s=-1$，随着 $K\to+\infty$ 而趋向于 $s=1$。另一支开始于 $s=-2$，随着 $K\to+\infty$，向左延伸一直到 $\text{Re}\{s\}=-\infty$。

由此可见，对 $K>0$ 来说，若 K 足够大，则系统将变成不稳定的，因为闭环极点之一移到了右半平面。当然，现在用来画根轨迹的这一方法并没有指出发生不稳定时的 K 值。然而，对现在这个例子来说，发生不稳定时的 K 值对应于根轨迹通过 $s=0$ 这一点。因此，根据式(11.52)，相应的 K 值就是

$$K = \frac{1}{|G(0)H(0)|} = 2 \tag{11.74}$$

于是，这个系统在 $0 \leq K < 2$ 时是稳定的，而在 $K \geq 2$ 时是不稳定的。

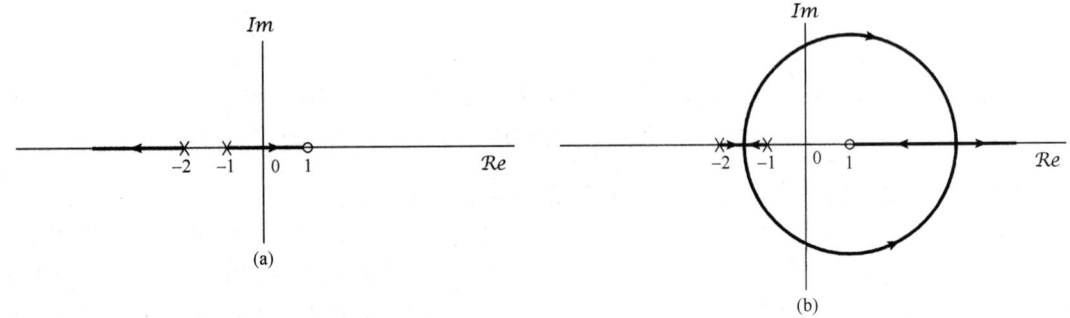

图 11.14　例 11.2 的根轨迹图。图中标出的是 $G(s)H(s)$ 在 $s=-1$ 和 $s=-2$ 的极点，以及在 $s=1$ 的零点。(a) $K>0$; (b) $K<0$

对于 $K<0$ 的情况，位于根轨迹上的实轴部分是 $\text{Re}\{s\}>1$ 和 $-2<\text{Re}\{s\}<-1$。因此，根轨迹还是从 $s=-2$ 和 $s=-1$ 开始，移入 $-2<\text{Re}\{s\}<-1$ 的区域。在某一点上，根轨迹分裂为两支而进入复平面，并沿着某一条轨迹回到 $s>1$ 的实轴上。一旦回到实轴上之后，一支向左移直到 $s=1$ 为止，另一支一直向右移直到 $s=\infty$，如图11.14(b)所示。这张图已经展现了 $K<0$ 时的准确根轨迹图。

对于指出根轨迹离开和进入实轴的位置，也能够确立一些规律，甚至无须精确画图也能大致勾画出图11.14(b)所示根轨迹的一般形状，并且可以推断出对于 $K<0$，当 $|K|$ 足够大时系统也能变成不稳定的。

例 11.3 考虑图 11.15 所示的离散时间反馈系统,这时

$$G(z)H(z) = \frac{z^{-1}}{\left(1-\frac{1}{2}z^{-1}\right)\left(1-\frac{1}{4}z^{-1}\right)} = \frac{z}{\left(z-\frac{1}{2}\right)\left(z-\frac{1}{4}\right)} \tag{11.75}$$

本节最初提到,离散时间反馈系统根轨迹的画法与连续时间情况下的是一样的。因此与上例完全一样,可以推断出该例的根轨迹的基本形式,如图 11.16 所示。这时,对于 $K>0$,位于 $G(z)H(z)$ 的两个极点($z=1/4$ 和 $z=1/2$)之间的实轴部分在根轨迹上,并且随着 K 的增加,根轨迹分裂为两支而进入复平面内,并在左半平面

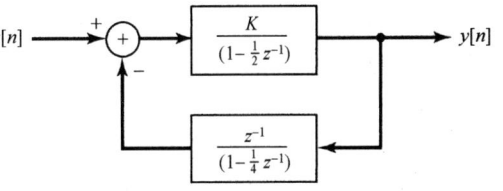

图 11.15　例 11.3 的离散时间反馈系统

实轴上的某一点重新回到实轴上。从这一点开始,一支随 K 趋向无限远点向 $G(z)H(z)$ 在 $z=0$ 的零点靠拢,而另一支则趋向于无限远点。$K<0$ 时的根轨迹图由实轴上的两支组成,一支趋向于零,另一支则趋向于无限远点。

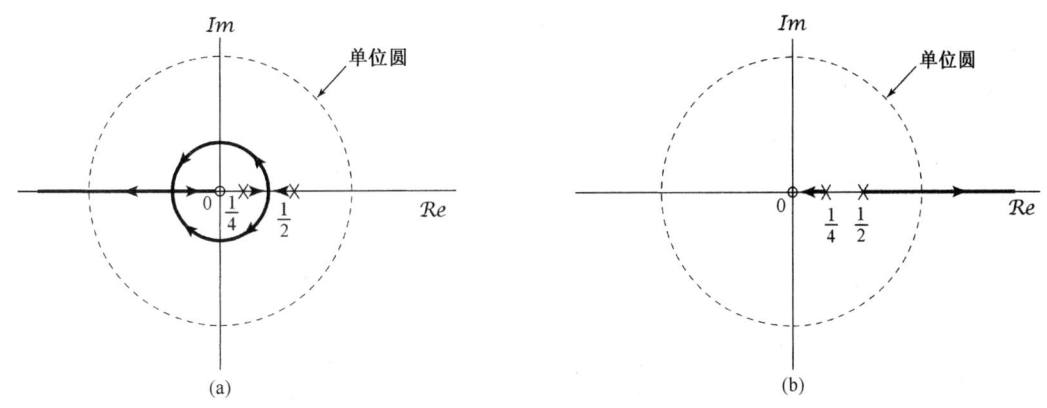

图 11.16　例 11.3 的根轨迹。(a) $K>0$;(b) $K<0$。图中已指出 $G(z)H(z)$ 的极点在 $z=1/4$ 和 $z=1/2$,零点在 $z=0$

如同前文已指出的,虽然根轨迹的形式与系统是连续时间的还是离散时间的无关,但是依据根轨迹所得出的有关稳定性的结论则肯定与它们属于何类系统有关。对这个例子来说,可以得出结论:当 $|K|$ 足够大时系统是不稳定的,因为两个极点中有一个极点的模大于 1。特别是,在图 11.16(a) 中从 $K>0$ 的根轨迹图可看出,由稳定到不稳定的过渡发生在当闭环极点之一在 $z=-1$ 时,由式(11.52),这时对应的 K 值是

$$K = \frac{1}{|G(-1)H(-1)|} = \frac{15}{8} \tag{11.76}$$

同理,根据图 11.16(b),从稳定到不稳定的过渡发生在当闭环极点之一在 $z=1$ 时,而根据式(11.55),这时对应的 K 值是

$$K = -\frac{1}{|G(1)H(1)|} = -\frac{3}{8} \tag{11.77}$$

将它们合在一起可见,若

$$-\frac{3}{8} < K < \frac{15}{8} \tag{11.78}$$

则图 11.16 的闭环系统是稳定的,而 K 值在这个范围以外时系统就是不稳定的。

11.4 奈奎斯特稳定判据

11.3 节所建立的根轨迹方法给出了关于闭环极点的位置随系统增益变化的详细情况。从根轨迹图上可以确定系统的阻尼,以及系统的稳定性特性随 K 变化的情况。根轨迹的确定需要正向通路和反馈通路系统函数的解析表达式,并且仅当这些变换是有理函数时才能适用。例如,单凭实验得到的这些系统函数的有关知识,就不能直接应用这种方法。

本节将介绍另一种方法,这种方法也是将反馈系统稳定性的确定作为某一可调增益参数的函数来处理的。这一方法称为**奈奎斯特判据**(Nyquist criterion)。这种方法与根轨迹相比有两个基本的区别。与根轨迹法不同,奈奎斯特判据不给出关于闭环极点位置作为 K 的函数的详细信息,而只是确定对任何具体的 K 值来说该系统是否稳定;奈奎斯特判据可以适用于非有理系统函数的情况,而且在正向通路和反馈通路系统函数非解析表述的情况下也是可用的。

本节的目的是概要地提出奈奎斯特判据所包含的基本思想,其中既包括连续时间系统,也包括离散时间系统。我们将会看到,离散时间和连续时间奈奎斯特判据的检验都是同一基本概念的结果。当然,与根轨迹法一样,由于这两种系统的不同,对稳定性的真正判定是不同的。更为详细的有关奈奎斯特判据及其在反馈系统中的应用,都可以在本书末所列的有关反馈系统和自动控制系统分析与综合方面的教科书中找到。

为了介绍这一方法,首先回顾图 11.10 的闭环系统及其对应的离散时间系统。这个闭环系统的极点是下面的方程的解,对连续时间系统是

$$1 + KG(s)H(s) = 0 \tag{11.79}$$

而对离散时间系统则是

$$1 + KG(z)H(z) = 0 \tag{11.80}$$

对离散时间系统要确定的是式(11.80)的解是否有位于单位圆以外的;而对连续时间系统要确定的则是式(11.79)的解是否有在 s 平面的右半平面内的。奈奎斯特判据确定这一点,是通过检查 $G(s)H(s)$ 沿着 $j\omega$ 轴的值和 $G(z)H(z)$ 沿着单位圆上的值来进行的。这一判据的基础就是将在下面讨论的围线性质。

11.4.1 围线性质

现在考虑一个一般的有理函数 $W(p)$,这里 p 是一个复变量[①]。假设要对 p 平面内沿一条顺时针方向的闭合围线上的 p 值画出 $W(p)$。图 11.17 所示 $W(p)$ 在 p 平面内有两个零点,而无极点。图 11.17(a) 给出了 p 平面内的一条闭合路径 C,图 11.17(b) 则给出了当 p 沿 C 变化一周时 $W(p)$ 的值形成的一条闭合围线。在该例中,$W(p)$ 的一个零点在闭合围线 C 的内部,而另一个零点则在其外部。对围线 C 上的任何一点 p,$W(p)$ 的相位就是两个到 p 点的零点向量 v_1 和 v_2 的相角之和。当绕这条围线一周时,围线**内部**零点向量的相角 ϕ_1 有 -2π 的净(net)变化,而围线**外部**零点向量的相角 ϕ_2 在绕围线一周时,其净变化为零。因此,$W(p)$ 在 W 平面的相位上的净变化就为 -2π;换句话说,图 11.17(b) 所示的 $W(p)$ 在 W 平面上以顺时针方向围绕原点一周。更一般的情况是,对任意一个有理函数 $W(p)$,当 p 以顺时针方向沿某一闭合围线变化一周时,$W(p)$ 位于该围线

[①] 因为要把即将建立的性质既用于连续时间反馈系统,又用于离散时间反馈系统,所以选择了一个一般的复变量 p 来讨论它。下面将把这一性质应用于连续时间反馈系统,这时复变量就是 s,在 11.4.3 节再将围线性质用于离散时间系统,这时的复变量就是 z。

外部的任何极点和零点对 $W(p)$ 相位的净变化没有贡献，位于围线内部的每一个零点对 $W(p)$ 相位的净变化提供的贡献是 -2π，而位于围线内部的每一个极点的贡献则是 $+2\pi$。因为相位上 -2π 的净变化就相当于 $W(p)$ 以顺时针方向围绕原点一周，因此可以给出如下基本**围线性质**(encirclement property)。

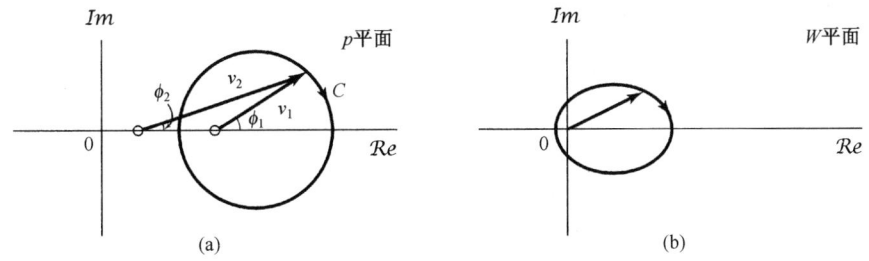

图 11.17　基本围线性质。在(b)中的闭合围线代表了 p 的值沿(a)的封闭围线 C 变化一周时，所对应的 $W(p)$ 的值的图。这里，(a)中围线 C 上的箭头指出 C 的绕向，而(b)中的箭头则是对应的 $W(p)$ 值的变化方向

> **围线性质**　当在 p 平面内以顺时针方向沿一条闭合围线 C 绕一周时，对于沿这条闭合围线的 p 值所对应的 $W(p)$ 以顺时针方向围绕原点的净次数，等于 p 平面上闭合围线 C 内 $W(p)$ 的零点数减去它的极点数。

在应用这个性质时，$W(p)$ 的逆时针方向围线将看成负的顺时针方向围线。例如，$W(p)$ 在闭合围线 C 内有一个极点，而无零点，那么 $W(p)$ 一定有一个逆时针方向围线，或者等效成一个负的顺时针方向围线。

例 11.4　有一个函数 $W(p)$ 为

$$W(p) = \frac{p-1}{(p+1)(p^2+p+1)} \tag{11.81}$$

在图 11.18 中，在 p 平面内画出了几条闭合围线，以及沿每一条闭合围线的 $W(p)$ 的轨迹。在图 11.18(a)中，围线 C_1 内没有包含 $W(p)$ 的任何极点和零点，结果 $W(p)$ 就是一条不围绕原点的闭合轨迹。在图 11.18(b)中，闭合路径 C_2 内仅包含一个极点 $p=-1$，因此 $W(p)$ 以逆时针方向绕原点一周。图 11.18(c)中的 C_3 内包含了 $W(p)$ 的三个极点，因此 $W(p)$ 的轨迹以逆时针方向绕原点三周。图 11.18(d)中的 C_4 内包含了一个极点和一个零点，因此 $W(p)$ 的轨迹也不围绕原点。最后，在图 11.18(e)中，C_5 内包含了 $W(p)$ 的全部零点和极点，这时 $W(p)$ 以逆时针方向净围绕原点两周。

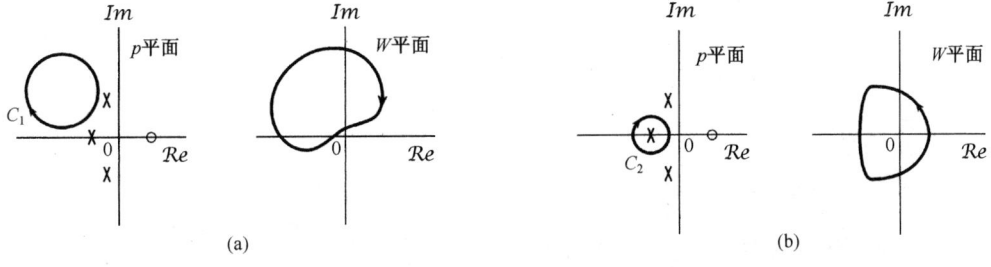

图 11.18　例 11.4 的基本围线性质。(a) 围线 C_1 内不包含任何极点或零点，结果 $W(p)$ 就不围绕原点；(b) 围线 C_2 内包含一个极点，因此 $W(p)$ 围绕原点一周

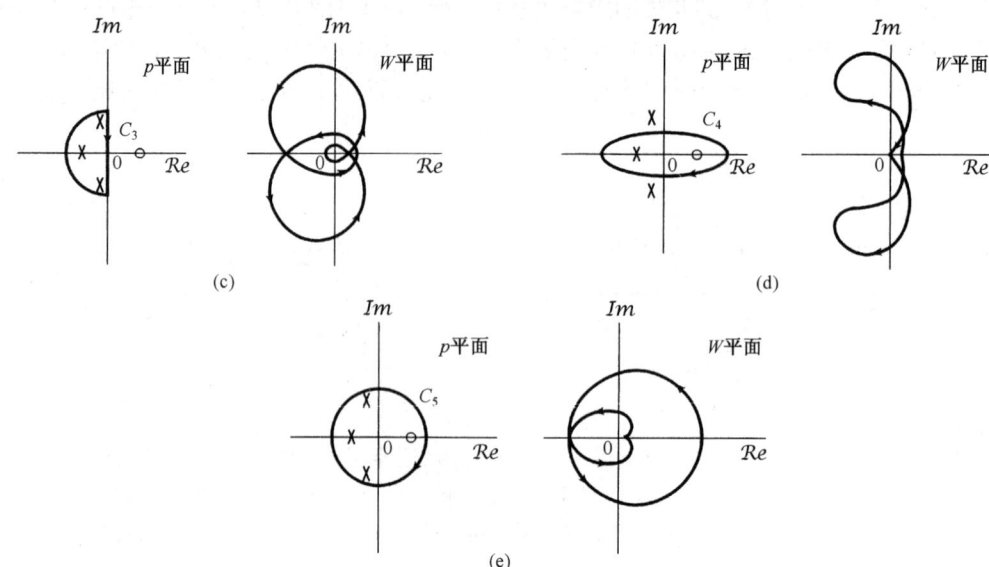

图 11.18(续) 例 11.4 的基本围线性质。(c) 围线 C_3 内包含了三个极点，因此 $W(p)$ 围绕原点三周；(d) 围线 C_4 内包含了一个极点和一个零点，因此 $W(p)$ 不围绕原点；(e) 围线 C_5 内包含了三个极点和一个零点，因此 $W(p)$ 围绕原点两周

11.4.2 连续时间线性时不变反馈系统的奈奎斯特判据

本节将利用围线性质来研究图 11.10 所示的连续时间反馈系统的稳定性。这个系统的稳定性要求 $[1 + KG(s)H(s)]$ 或等效为函数

$$R(s) = \frac{1}{K} + G(s)H(s) \tag{11.82}$$

在 s 平面的右半平面内没有零点。因此，在应用以上得到的一般性结论时，可以考虑图 11.19 所示的一条围线。当 s 沿这条围线 C 旋转一周时，由 $R(s)$ 的轨迹顺时针环方向围绕原点的次数可得出该围线内所包括的 $R(s)$ 的零点数和极点数之差。随着 M 增加到无穷大，这就对应于 s 右半平面内 $R(s)$ 的零点数与极点数之差。

再来研究当 M 增加到无穷大时，$R(s)$ 沿图 11.19 这条围线的求值问题。当沿着围线的半圆部分延伸到右半平面时，必须保证随着 M 增加，$R(s)$ 仍然是有界的，即假设 $R(s)$ 的极点数至少要等于零点数。这时

$$R(s) = \frac{b_n s^n + b_{n-1} s^{n-1} + \cdots + b_0}{a_n s^n + a_{n-1} s^{n-1} + \cdots + a_0} \tag{11.83}$$

且

$$\lim_{|s| \to \infty} R(s) = \frac{b_n}{a_n} = 常数 \tag{11.84}$$

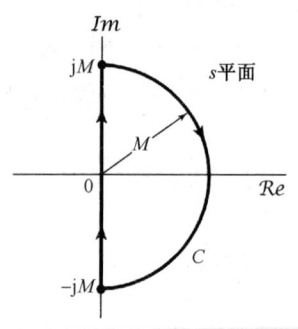

图 11.19 包括右半平面一部分的闭合围线；当 $M \to \infty$ 时，围线包围了整个右半平面

因此，当 M 增加到无穷大时，沿着这个围线的半圆部分 $R(s)$ 的值不变化，这个常数值就等于 $R(s)$ 在末端的值，即 $\omega = \pm \infty$ 时 $R(j\omega)$ 的值。

因此，$R(s)$ 沿着图 11.19 这条围线的图可以这样来画：将这条围线的一部分与虚轴重合，$R(s)$ 的图就是当 ω 从 $-\infty$ 变到 $+\infty$ 时 $R(j\omega)$ 的图。因为 $R(j\omega)=1/K+G(j\omega)H(j\omega)$，所以 $R(s)$ 沿着这条闭合围线的图可以根据 $G(j\omega)$ 和 $H(j\omega)$ 画出。如果正向通路和反馈通路的系统函数都是稳定的，这就是这两个系统的频率响应函数。然而，一般函数 $W(p)$ 的围线性质只是复变函数的一个性质，它与这个函数是由信号的拉普拉斯变换来的还是由 z 变换来的无关，因此也与收敛域无关。这样，即便是正向通路和反馈通路的系统是不稳定的，如果检查了函数 $R(j\omega)=1/K+G(j\omega)H(j\omega)$ 在 $-\infty<\omega<+\infty$ 范围内的图，则仍能利用围线性质计算 $R(s)$ 位于右半平面内的零点数和极点数之差。

而且，由式(11.82)可知，$R(s)$ 的极点就是 $G(s)H(s)$ 的极点，而 $R(s)$ 的零点是闭环极点。另外，因为 $G(j\omega)H(j\omega)=R(j\omega)-1/K$，所以 $G(j\omega)H(j\omega)$ 的图绕 $-1/K$ 点的次数就是 $R(j\omega)$ 绕原点的次数。当 ω 从 $-\infty$ 变到 $+\infty$ 时，$G(j\omega)H(j\omega)$ 的图就称为**奈奎斯特图**(Nyquist plot)。那么，根据围线性质可得

奈奎斯特图顺时针绕 $-1/K$ 点的净次数 = 右半平面内闭环极点数减去 $G(s)H(s)$ 在

右半平面内的极点数 (11.85)

虽然开环系统 $G(s)H(s)$ 可以有不稳定的极点，但是对于一个闭环系统，若要是稳定的，就需要没有右半平面内的闭环极点。这样就得出了**连续时间奈奎斯特稳定判据**：

> **连续时间奈奎斯特稳定判据** 一个闭环系统若要是稳定的，$G(j\omega)H(j\omega)$ 的奈奎斯特图顺时针方向围绕 $-1/K$ 点的净次数必须等于 $G(s)H(s)$ 在右半平面内的极点数的**负值**。或者说，**逆时针**方向围绕 $-1/K$ 点的净次数必须**等于** $G(s)H(s)$ 在右半平面内的极点数。

例如，如果正向通路和反馈通路的系统都是稳定的，奈奎斯特图就是这两个系统级联的频率响应。这时，因为 $G(s)H(s)$ 在右半平面内没有极点，所以奈奎斯特判据对稳定性的要求就是围绕 $-1/K$ 点的净次数为零。

例 11.5 设

$$G(s)=\frac{1}{s+1}, \qquad H(s)=\frac{1}{\frac{1}{2}s+1} \tag{11.86}$$

$G(j\omega)H(j\omega)$ 的伯德图如图 11.20 所示，图 11.21 所示的奈奎斯特图就是直接从它的对数模特性和相位特性构成的。也就是说，奈奎斯特图上的每一点对某一 ω 值都有相应的模 $|G(j\omega)H(j\omega)|$ 和相位 $\measuredangle G(j\omega)H(j\omega)$，它们就组成了 $G(j\omega)H(j\omega)$ 在该 ω 下的极坐标表示。通过共轭对称性质，$G(j\omega)H(j\omega)$ 在 $\omega<0$ 时的极坐标表示可以根据 $\omega>0$ 时的极坐标得到。这个性质本身表明，由实值单位冲激响应系统组成的反馈系统，可以很简单地画出奈奎斯特图。这是因为 $|G(-j\omega)H(-j\omega)|=|G(j\omega)H(j\omega)|$，而 $\measuredangle G(-j\omega)H(-j\omega)=-\measuredangle G(j\omega)H(j\omega)$，所以 $\omega\leqslant 0$ 时 $G(j\omega)H(j\omega)$ 的奈奎斯特图与 $\omega\geqslant 0$ 时的图关于实轴对称。在图 11.21 中还标明了箭头，指出 ω 增加的方向，即该方向是在应用奈奎斯特判据计算围绕次数时，奈奎斯特图移动的方向(ω 由 $-\infty$ 变到 $+\infty$)。

这个例子没有右半平面内的开环极点，所以对稳定性来说，奈奎斯特判据要求对 $-1/K$ 点没有净围绕。检查一下图 11.21，如果 $-1/K$ 点落在奈奎斯特围线外部，这个闭环系统就是稳定的。也就是说，若

$$-\frac{1}{K}\leqslant 0 \quad \text{或者} \quad -\frac{1}{K}>1 \tag{11.87}$$

这就等效于

$$K \geq 0 \quad 或者 \quad 0 > K > -1 \tag{11.88}$$

将这两个条件结合在一起，就得出了结论：只要 $K > -1$，这个闭环系统就一定是稳定的。

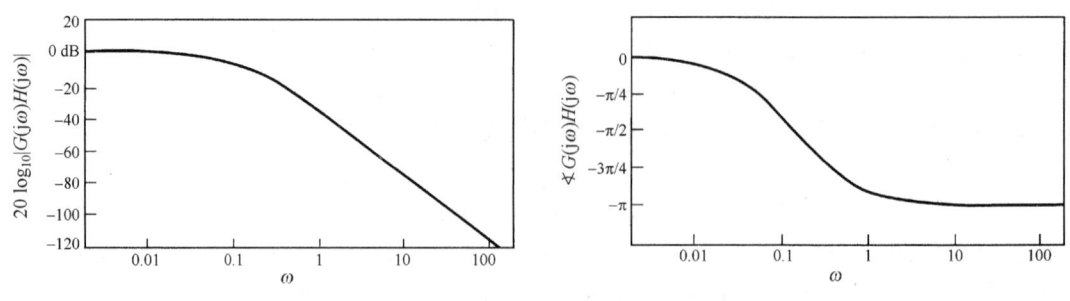

图 11.20　例 11.5 中的 $G(j\omega)H(j\omega)$ 的伯德图

例 11.6　现在考虑

$$G(s)H(s) = \frac{s+1}{(s-1)(\frac{1}{2}s+1)} \tag{11.89}$$

这个系统的奈奎斯特图如图 11.22 所示。对于这个例子，$G(s)H(s)$ 有一个右半平面内的极点。因此对稳定性来说，要求沿逆时针方向围绕 $-1/K$ 点一次，这就要求 $-1/K$ 点落在这条围线内部。于是，当且仅当 $-1 < -1/K < 0$，也即 $K > 1$ 时，系统才是稳定的。

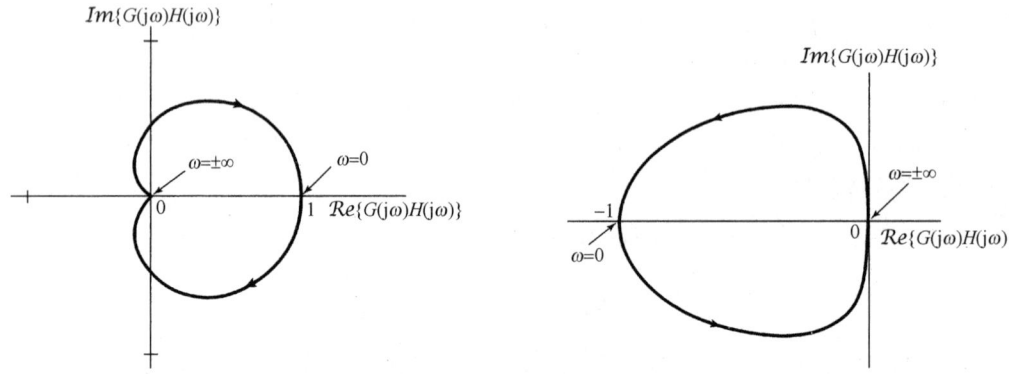

图11.21　例 11.5 中的 $G(j\omega)H(j\omega)$ 的奈奎斯特图。图中曲线上的箭头指出了 ω 的增加方向

图 11.22　例 11.6 的奈奎斯特图。图中曲线上的箭头指出了 ω 的增加方向

在上面的讨论中，已经介绍并说明了奈奎斯特稳定判据的一种形式，它对于范围极为广泛的一大类反馈系统都是适用的。另外，对这个判据还可以进行一些细致的改进和推广，使之对许多其他反馈系统也能用。例如，正如已经看到的，只要 $G(s)H(s)$ 在 $j\omega$ 轴上没有极点，画出稳定或不稳定的 $G(s)H(s)$ 的奈奎斯特图毫无困难。当在 $j\omega$ 轴上有极点时，$G(j\omega)H(j\omega)$ 在这些点上的值就是无穷大。然而，正如习题 11.44 所讨论的，将奈奎斯特判据稍加修改也能用于 $G(s)H(s)$ 在 $j\omega$ 轴上有极点的情况。另外，在本节开头就提到过，奈奎斯特判据也能推广到 $G(s)$ 和 $H(s)$ 不是有理函数的情况。例如，可以证明：如果正向通路和反馈通路的系统都是稳定的，对系统函数是非有理函数和有理函数的情况，其奈奎斯特判据是相同的。也就是说，如果奈奎斯特图不包围 $-1/K$ 点，闭环系统就是稳定的。为了说明奈奎斯特判据对非有理系统函数系统的应用，现给出下面一个例子。

例 11.7 考虑 11.2.6 节讨论过的声音反馈系统。回顾图 11.8(a)，令 $K = K_1 K_2$ 且

$$G(s)H(s) = -e^{-sT} = e^{-(sT + j\pi)} \tag{11.90}$$

上式中已经用了 $e^{-j\pi} = -1$ 的关系。这时

$$G(j\omega)H(j\omega) = e^{-j(\omega T + \pi)} \tag{11.91}$$

当 ω 从 $-\infty$ 变到 $+\infty$ 时，$G(j\omega)H(j\omega)$ 以顺时针方向画出一个半径为 1 的圆，而且每当 ω 变化 $2\pi/T$，$G(j\omega)H(j\omega)$ 就沿着这个圆绕满一周，如图 11.23 所示。因为正向通路和反馈通路的系统都是稳定的，即 $G(s)H(s)$ 的级联就是一个时间延迟系统，所以奈奎斯特稳定判据表明，当且仅当 $-1/K$ 点不落在该单位圆内时，这个闭环系统就是稳定的。这就要求

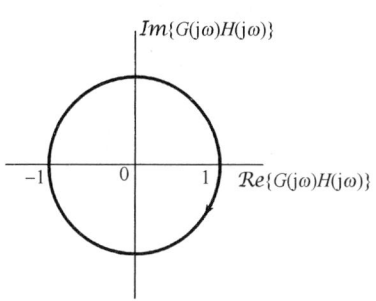

图 11.23 例 11.7 的奈奎斯特图

$$|K| < 1 \tag{11.92}$$

因为 K_1 和 K_2 分别代表声音的增益和衰减，它们都是正的，因此稳定判据就成为

$$K_1 K_2 < 1 \tag{11.93}$$

11.4.3 离散时间线性时不变反馈系统的奈奎斯特判据

与连续时间情况一样，离散时间系统的奈奎斯特稳定判据也基于这样一点，即对于一个有理函数来说，通过沿着某一闭合路径的函数值图可以确定该函数在该闭合围线内部的零点和极点数之差。连续时间和离散时间情况之间的不同在于闭合路径的选择上。对于离散时间情况，闭环反馈系统的稳定性要求

$$R(z) = \frac{1}{K} + G(z)H(z) \tag{11.94}$$

在单位圆外没有零点。

回想一下，围线性质是将任何给定**围线内**的零点和极点的关系联系在一起的，而在研究一个离散时间系统的稳定性时，关心的是 $R(z)$ 在**单位圆外**的零点。所以，为了能应用围线性质，首先应该对 $R(z)$ 进行简单的变换。现考虑如下有理函数：

$$\hat{R}(z) = R\left(\frac{1}{z}\right) \tag{11.95}$$

正如在习题 10.43 中所看到的，如果 z_0 是 $R(z)$ 的一个零点(或极点)，那么 $1/z_0$ 也必定是 $\hat{R}(z)$ 的一个零点(或极点)。如果 $|z_0| > 1$，那么 $1/|z_0| < 1$，这样，$R(z)$ 在**单位圆外**的任何零点或极点都与 $\hat{R}(z)$ 在**单位圆内**的零点或极点相对应。

由基本围线性质可知，随着 z 沿单位圆顺时针方向旋转一周，$\hat{R}(z)$ 沿顺时针方向围绕原点的净次数就等于 $\hat{R}(z)$ 在单位圆内的零点数和极点数之差。然而，从上面的讨论可知，这就等于 $R(z)$ 在**单位圆外**的零点数和极点数之差。此外，在单位圆上，$z = e^{j\omega}$，而 $1/z = e^{-j\omega}$，因此有

$$\hat{R}(e^{j\omega}) = R(e^{-j\omega}) \tag{11.96}$$

从上式可知，z 沿顺时针方向绕单位圆一周时对 $\hat{R}(z)$ 的求值与沿**逆时针**方向绕单位圆一周时，对 $R(z)$ 的求值是完全一样的。总之

| 以逆时针方向沿单位圆旋转一周时，即 ω 从 0 增加到 2π 时，$R(e^{j\omega})$ 值的图沿顺时针方向围绕原点的净次数 | = | $R(z)$ 在单位圆外的零点数减去单位圆外的极点数 | (11.97) |

连续时间情况完全一样。计算 $R(e^{j\omega})$ 围绕原点的次数就等效于计算 $G(e^{j\omega})H(e^{j\omega})$ 的图围绕 $-1/K$ 点的次数,因而把 $G(e^{j\omega})H(e^{j\omega})$ 的图也称为奈奎斯特图,它是当 ω 从 0 到 2π 变化时画出的。同时,$R(z)$ 的极点就是 $G(z)H(z)$ 的极点,而 $R(z)$ 的零点就是闭环系统的极点。因此,前面所讨论的围线性质就意味着:奈奎斯特图沿顺时针方向围绕 $-1/K$ 点的次数就等于单位圆外的闭环极点数减去单位圆外 $G(z)H(z)$ 的极点数。为使闭环系统成为稳定的,就要求在单位圆外没有闭环极点,于是就得出**离散时间奈奎斯特稳定判据**。

> **离散时间奈奎斯特稳定判据** 一个闭环系统若要是稳定的,则当 ω 从 0 变化到 2π 时,奈奎斯特图 $G(e^{j\omega})H(e^{j\omega})$ 沿顺时针方向围绕 $-1/K$ 点的净次数必须等于 $G(z)H(z)$ 在单位圆外极点数的**负值**,或者等效表示为沿**逆时针**方向围绕 $-1/K$ 点的净次数必须**等于** $G(z)H(z)$ 在单位圆外的极点数。

例 11.8 设

$$G(z)H(z) = \frac{z^{-2}}{1+\frac{1}{2}z^{-1}} = \frac{1}{z(z+\frac{1}{2})} \quad (11.98)$$

其奈奎斯特图如图 11.24 所示。因为 $G(z)H(z)$ 在单位圆外无极点,因此闭环系统若要是稳定的,$G(e^{j\omega})H(e^{j\omega})$ 就不能围绕 $-1/K$ 点。由图可见,这种情况就是 $-1/K < -1$ 或者 $-1/K > 2$,因此系统的稳定条件就是 $-1/2 < K < 1$。

与连续时间情况一样,如果正向通路和反馈通路的系统都是稳定的,奈奎斯特图就可由这些系统的频率响应 $H(e^{j\omega})$ 和 $G(e^{j\omega})$ 得到;如果它们是不稳定的,这两个频率响应就无定义。即便如此,函数 $H(z)H(z)$ 仍然可以在单位圆上求值,奈奎斯特判据照样可用。

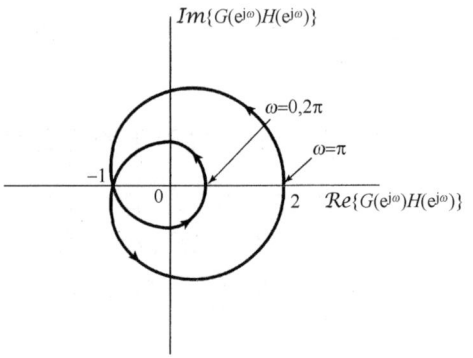

图 11.24 例 11.8 的奈奎斯特图。图中箭头指出了当 ω 从 0 到 2π 增加时,该曲线移动的方向

由本节讨论可见,奈奎斯特稳定判据对于判断一个连续时间或离散时间反馈系统在什么样的增益 K 值范围内是稳定的或不稳定的,提供了一种有用的方法。这个判据和根轨迹法在反馈系统的设计和实现中都是极为重要的工具,并且每一种方法都有它本身的适用范围和局限性。例如,奈奎斯特判据可以应用于非有理系统函数,而根轨迹法则不能。另一方面,根轨迹图提供的不仅是稳定性特性,而且还给出了闭环系统响应的其他特性,诸如阻尼、振荡频率之类的特性都很容易根据闭环系统极点的位置来得到。下一节将介绍另一种分析反馈系统的重要方法,该方法突出了闭环系统的另一些重要特性。

11.5 增益裕度和相位裕度

本节要介绍并研究在一个反馈系统中**稳定性裕度**(margin of stability)的概念。问题往往是不仅要知道一个反馈系统**是否**是稳定的,而且要确定在系统中有多少增益量可以变化,有多少相移可以再加在这个系统上,直到系统变成不稳定的为止。有关这方面的情况是很重要的,因为在很多实际应用中,正向通路和反馈通路的系统函数都是近似的,或者在工作过程中,由于磨损、元件的高温效应,或者类似的其他因素等,都可能有一些微小的变化。

作为一个例子,考虑在引言中提到并在图 11.1(c) 和图 11.1(d) 中说明过的望远镜定向系统。该系统由一台电机、一个用于将轴角度转换为电压的电位器,以及用于放大代表角度差的电压的放大器组成。假定已经有了对每一种元件特性的近似表示,如果这些特性是准确的,就可以给出一个放大器的增益,使得该系统是稳定的。然而,放大器增益和反映电位器角度-电压转换特性的比例常数不可能确切知道,因此反馈系统的真正增益可能与系统设计时的标称增益有差异。再者,电机的阻尼特性也不可能绝对精确地确定,因此电机响应的真正时间常数可能就与系统中所用的近似数据不一致。例如,如果电机响应的真正时间常数大于设计时使用的标称值,那么电机的响应比预期的更迟缓一些,从而在反馈系统中产生了时间延迟效果。在早先的讨论和例 11.11 中都已知,时间延迟就是在一个系统的频率响应上增加了负的相位,而这个相移可能是一个不稳定因素。由于在增益和相位上可能存在的误差,因此显然总是希望对放大器的增益给予某些误差裕度,使得在设计过程中,即使真正的系统与近似模型有差异,真正的系统仍是稳定的。

本节将介绍确定反馈系统的稳定性裕度的量的一种方法。为此,考虑图 11.25 所示的闭环系统,并假设该系统在给定的正向通路和反馈通路系统函数标称值下是稳定的,这里假设用 $H(s)$ 和 $G(s)$ 代表这些标称值。同时,因为连续和离散时间系统的基本概念都是一样的,所以还是重点对连续时间系统的情况进行讨论,在本节的最后再举一个例子来说明这些概念对离散时间系统的应用。

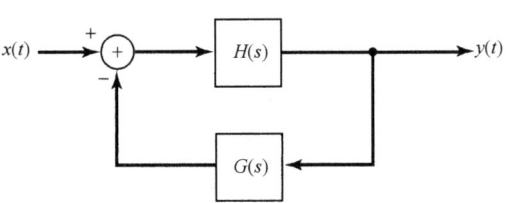

图 11.25 假设用 $H(s)$ 和 $G(s)$ 代表标称值时设计为稳定的典型反馈系统

为了评价这个反馈系统的稳定性裕度,假设真正的反馈系统如图 11.26 所示,其中已经允许在反馈通路中可能有增益 K 和相移 ϕ 的变化。在标称系统中 $K=1$,相移 $\phi=0$,但在真正系统中这两个量或其中之一可以有不同的值。因此我们关心的是这两个量能允许有多大变化而不会丧失闭环系统的稳定性。反馈系统的**增益裕度**(gain margin)定义为 $\phi=0$ 时使闭环系统变成不稳定的最小附加 K 值;同理,**相位裕度**(phase margin)就是 $K=1$ 时系统变成不稳定的附加相移值。按照惯例,相位裕度表示成一个正的量,即等于使系统变成不稳定的附加负相移值的大小。

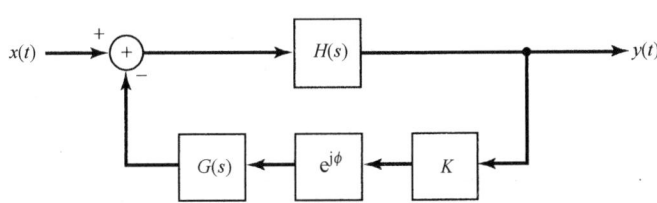

图 11.26 在图 11.25 所示的标称系统中,包括可能的增益和相移的反馈系统

因为图 11.25 的闭环系统是稳定的,所以仅当在 K 和 ϕ 变化时,至少有一个闭环系统的极点跨过 $j\omega$ 轴,图 11.26 的系统才能变成不稳定的。如果该闭环系统的一个极点位于 $j\omega$ 轴上,如 $\omega=\omega_0$,在这个频率上就有

$$1 + Ke^{-j\phi}G(j\omega_0)H(j\omega_0) = 0 \tag{11.99}$$

或者

$$Ke^{-j\phi}G(j\omega_0)H(j\omega_0) = -1 \tag{11.100}$$

注意,图 11.25 所示标称反馈系统在 $K=1$ 和 $\phi=0$ 时假设是稳定的,因而这时没有任何 ω_0 值能满足式(11.100)。这个系统的增益裕度就是在 $\phi=0$ 条件下,使式(11.100)有某个 ω_0 的解时, $K>1$ 的最小值。也就是说,增益裕度是使下列方程有某个解的最小 K 值:

$$KG(j\omega_0)H(j\omega_0) = -1 \qquad (11.101)$$

同理，相位裕度就是 $K=1$ 时使式(11.100)有某个 ω_0 解的最小 ϕ 值；换句话说，相位裕度是使下列方程有某个解时 $\phi>0$ 的最小值：

$$e^{-j\phi}G(j\omega_0)H(j\omega_0) = -1 \qquad (11.102)$$

为了说明增益裕度和相位裕度的计算，并对系统进行图解，考虑下面的例子。

例 11.9 设

$$G(s)H(s) = \frac{4(1+\frac{1}{2}s)}{s(1+2s)(1+0.05s+(0.125s)^2)} \qquad (11.103)$$

图 11.27 所示为这个系统的伯德图。在作该伯德图时应该注意（见习题 6.31），在 $G(j\omega)H(j\omega)$ 中的因子 $1/j\omega$ 提供的是 $-90°(-\pi/2 \text{ rad})$ 相移和在 $|G(j\omega)H(j\omega)|$ 中 20 dB/十倍频程的衰减。为了确定增益裕度，可以看到在 $\phi=0$ 时能满足式(11.101)的唯一频率是 $\sphericalangle G(j\omega_0)H(j\omega_0) = -\pi$。在这个频率上，以 dB 计的增益裕度可以由图 11.27 判断出来。也就是说，首先检查图 11.27(b)，确定使相位特性越过 $-\pi$ rad 的频率 ω_1，然后把 ω_1 这一点标定在图 11.27(a)上，给出一个 $|G(j\omega_1)H(j\omega_1)|$ 的值。为使 $\omega_0=\omega_1$ 时满足式(11.101)，K 必须等于 $1/|G(j\omega_1)H(j\omega_1)|$。这个值就是增益裕度。正如图 11.27(a)所示，以 dB 表示的增益裕度可以在对数模特性上表示为：当把曲线向上移，直到与 0 dB 线在 ω_1 处相交时，曲线所移动的分贝数就是增益裕度。

以类似的方式可以确定相位裕度。首先注意到，能满足式(11.102)的唯一频率是使 $|G(j\omega_0)H(j\omega_0)|=1$，或者等效为 $20\log_{10}|G(j\omega_0)H(j\omega_0)|=0$ 的频率 ω_2。为了确定相位裕度，首先在图 11.27(a)上找到 ω_2 点，在频率 ω_2 上，对数模特性跨过 0 dB 线。然后把这一点标定在图 11.27(b)上，由此可给出 $\sphericalangle G(j\omega_2)H(j\omega_2)$ 的值。为了使 $\omega_0=\omega_2$ 能满足式(11.102)，该式等号左边部分的相位必须等于 $-\pi$，满足这个要求的 ϕ 值就是相位裕度。在图 11.27(b)上，这个相位裕度的大小就是当把相位特性向下移，直到与 $-\pi$ 线在 ω_2 处相交时，曲线向下移动的数量。

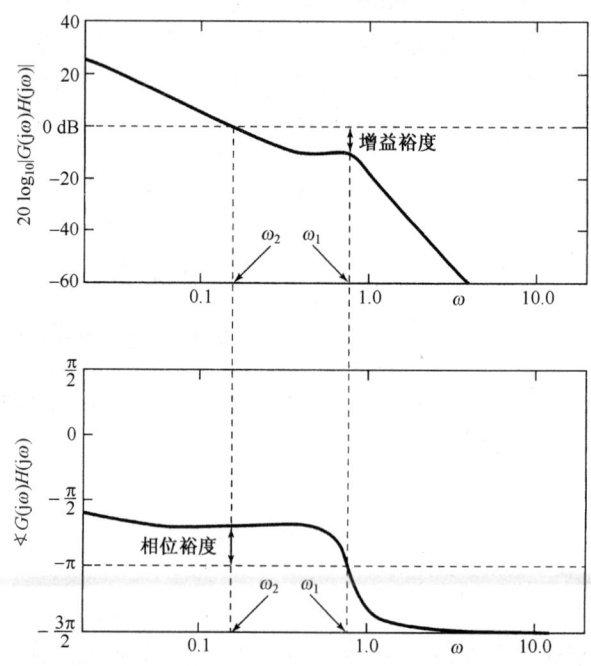

图 11.27　利用伯德图对例 11.9 的系统计算增益裕度和相位裕度

在确定增益裕度和相位裕度时,不必总是明确指出在什么**频率**下极点将跨过 $j\omega$ 轴。因此,另一种方法就是根据**对数幅-相图**(log magnitude-phase diagram)直接确定增益裕度和相位裕度。例如,图 11.27 这个例子的对数幅-相图就如图 11.28 所示。在该图上,当 ω 从 0 变到 $+\infty$ 时,画出了 $20\log_{10}|G(j\omega)H(j\omega)|$ 与 $\sphericalangle G(j\omega)H(j\omega)$ 的对比图。由于 $G(j\omega)H(j\omega)$ 的共轭对称性质,这幅图包含了奈奎斯特图的同样内容,只不过奈奎斯特图是在 $-\infty<\omega+\infty$ 范围内,以 $Re\{G(j\omega)H(j\omega)\}$ 对比 $Im\{G(j\omega)H(j\omega)\}$ 画出的。正如图 11.28 所示,相位裕度可由该对数幅-相特性与 0 dB 线的交点来读出;也就是说,相位裕度值就是移动这条对数幅-相曲线,使之在准确 $180°(\pi\,rad)$ 的相位处

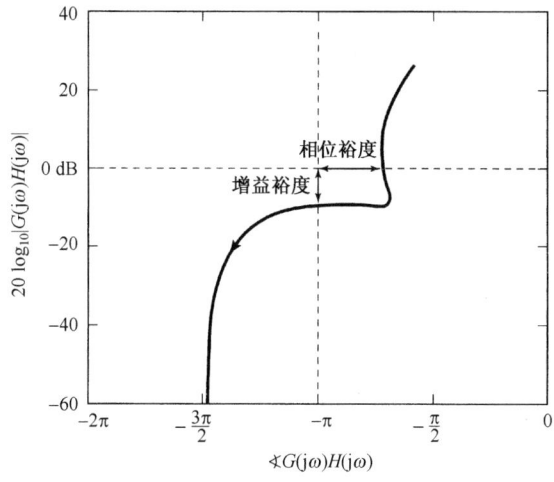

图 11.28 例 11.9 系统的对数幅-相图

与 0 dB 线相交所需的附加负相移值。同理,增益裕度值可直接由这条对数幅-相曲线与 $-\pi$ rad 线相交处得到,而这就代表将这条曲线在 0 dB 处与 $-\pi$ 线相交所需的附加增益值。

下面几个例子给出了有关对数幅-相图的几个基本应用。

例 11.10 设

$$G(s)H(s) = \frac{1}{\tau s+1}, \qquad \tau>0 \tag{11.104}$$

在这种情况下,可以求得图 11.29 所画的对数幅-相图。这个系统的相位裕度为 π,并且因为这条曲线不会与 $-\pi$ 线相交,所以系统的增益裕度为无限大,即任意增大增益时仍能维持系统稳定。查看图 11.30(a) 的方框图就可以得到上述同样的结论。在图 11.30(b) 中画出了 $\phi=0$ 且 $K>0$ 时的系统的根轨迹图。由该图明显看出,对于任何正的 K 值,这个系统都是稳定的。另外,如果 $K=1$ 且 $\phi=\pi$,使得 $e^{j\phi}=-1$,图 11.30(a) 所示系统的闭环系统函数就是 $1/\tau s$,有一个极点在 $s=0$ 处,这个系统是不稳定的。

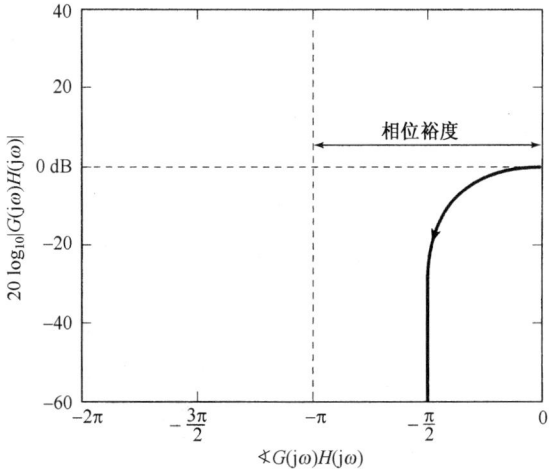

图 11.29 例 11.10 所示一阶系统的对数幅-相图

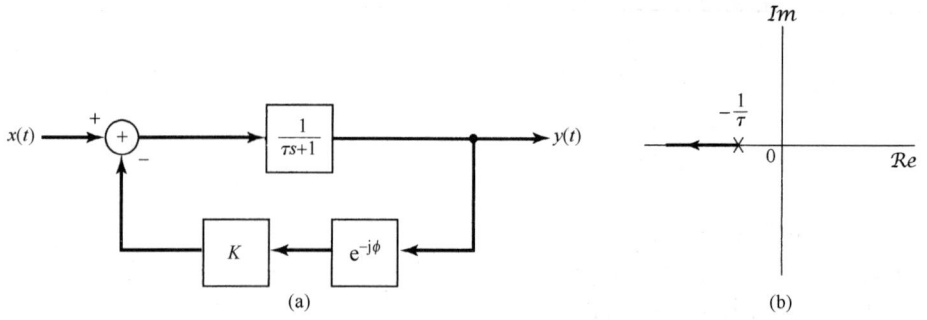

图 11.30 （a）在反馈通路中可能有增益和相位变化的一阶反馈系统；（b）$\phi = 0$ 且 $K > 0$ 时该系统的根轨迹图

例 11.11 设有一个二阶系统

$$H(s) = \frac{1}{s^2 + s + 1}, \qquad G(s) = 1$$

(11.105)

这个系统的无阻尼自然频率是 1，阻尼比为 0.5。这个系统的对数幅-相图如图 11.31 所示。由图可见，其增益裕度为无限大，但相位裕度仅为 $\pi/2$。这可以直接计算出来，因为 $\omega = 1$ 时 $|H(j\omega)| = 1$，而在该频率下 $\angle H(j\omega) = -\pi/2$。

现在用这个例子可以说明用增益裕度和相位裕度的概念能够解决的一类问题。设想由式(11.105)给出的系统无法实现，或者更确切地说，在反馈通路中引入某些不可避免的时间延迟因素，即

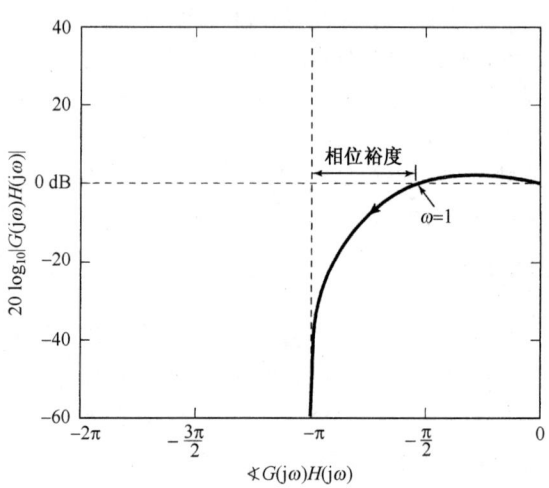

图 11.31 例 11.11 的二阶系统的对数幅-相图

$$G(s) = e^{-s\tau} \tag{11.106}$$

其中 τ 是时间延迟。我们想要知道的是：多小的延迟仍能保证该闭环系统的稳定性？

首先，

$$|e^{-j\omega\tau}| = 1 \tag{11.107}$$

所以，延迟环节并没有改变 $H(j\omega)G(j\omega)$ 的模。另一方面

$$\angle e^{-j\omega\tau} = -\omega\tau \text{ 弧度} \tag{11.108}$$

因此，在图 11.31 中曲线上的每一点都向左移动，而移动的量正比于在对数幅-相图上每一点的 ω 值。

由此可见，一旦相位裕度减小到 0，就会出现不稳定。这正是在 $\omega = 1$ 时由于延迟而使相移为 $-\pi/2$ 的情况下发生的。也就是说，时间延迟的临界值 τ^* 应满足

$$\angle e^{-j\tau^*} = -\tau^* = -\frac{\pi}{2} \tag{11.109}$$

或者（假设 ω 的单位为 rad/s）

$$\tau^* \approx 1.57 \text{ s} \tag{11.110}$$

因此，对于任何 $\tau < \tau^*$ 的时间延迟，该系统仍然是稳定的。

例 11.12 再来研究曾在 11.2.6 节和例 11.7 中讨论过的声音反馈系统。假设图 11.8 的系统已经设计为 $K_1K_2 < 1$,所以闭环系统是稳定的。在这种情况下,图 11.32 给出了 $G(s)H(s) = K_1K_2 e^{-(sT+j\pi)}$ 的对数幅-相图。由图可见,系统的相位裕度为无限大,而以 dB 计的增益裕度为 $-20\log_{10}(K_1K_2)$ dB,也就是当乘以 K_1K_2(等于 1)的增益因子。

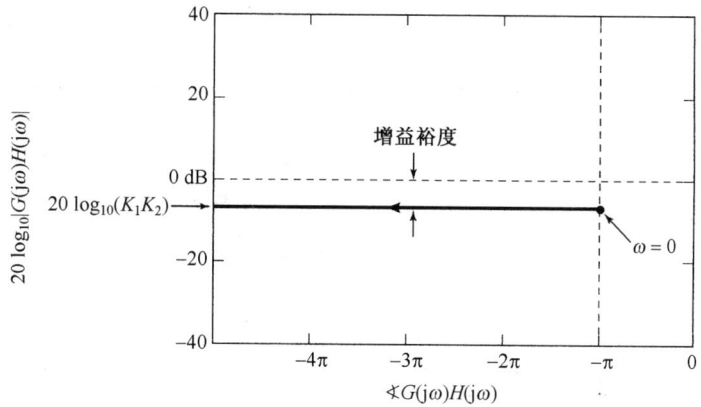

图 11.32 例 11.12 的对数幅-相图

在本节一开始就指出过,增益裕度和相位裕度的定义对离散时间反馈系统和连续时间系统是一样的。具体而言,如果有一个稳定的离散时间反馈系统,增益裕度就是使闭环系统变成不稳定时所需的最小附加增益值;同理,相位裕度就是该反馈系统变成不稳定时所需的最小附加负相移值。下面的例子用于说明离散时间反馈系统相位和增益裕度的图解求法,其步骤和连续时间系统的基本上是一样的。

例 11.13 这个例子用来说明图 11.33 所示的离散时间反馈系统的增益裕度和相位裕度的概念。其中

$$G(z)H(z) = \frac{\frac{7\sqrt{2}}{4}z^{-1}}{1 - \frac{7\sqrt{2}}{8}z^{-1} + \frac{49}{64}z^{-2}} \tag{11.111}$$

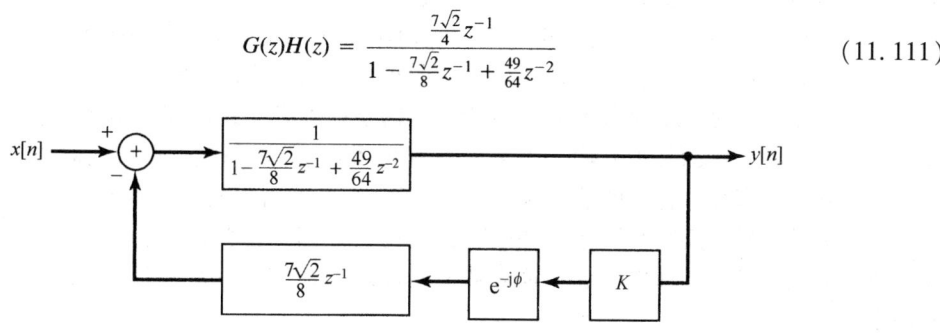

图 11.33 例 11.13 的离散时间反馈系统

通过直接计算可以证明,这个系统在 $K=1$ 且 $\phi=0$ 时是稳定的。图 11.34 所示为这个系统的对数幅-相图;即当 ω 从 0 到 2π 变化时,$20\log_{10}|G(e^{j\omega})H(e^{j\omega})|$ 与 $\angle G(e^{j\omega})H(e^{j\omega})$ 的关系图。这个系统有 1.68 dB 的增益裕度和 0.0685 rad(3.93°)的相位裕度。

在本节即将结束时应该强调的是,增益裕度是一个或几个闭环极点移到 $j\omega$ 轴(连续时间情况)或单位圆(离散时间情况)上,从而引起系统不稳定的**最小增益值**;然而,这并不意味着系统对所有超过增益裕度的增益值都是不稳定的。正如习题 11.47 所说明的,随着 K 的增加,根轨迹可以从左半平面移到右半平面,然后再返回到左半平面。增益裕度只是提供这样的信息,即增益

增加多少才能使极点首先到达 $j\omega$ 轴，而并没有告诉我们对于比它更大的增益值，系统还有可能是稳定的这样一些问题。为了得到这样一些信息，就必须借助于根轨迹图，或者用奈奎斯特判据来进一步研究(见习题 11.47)①。

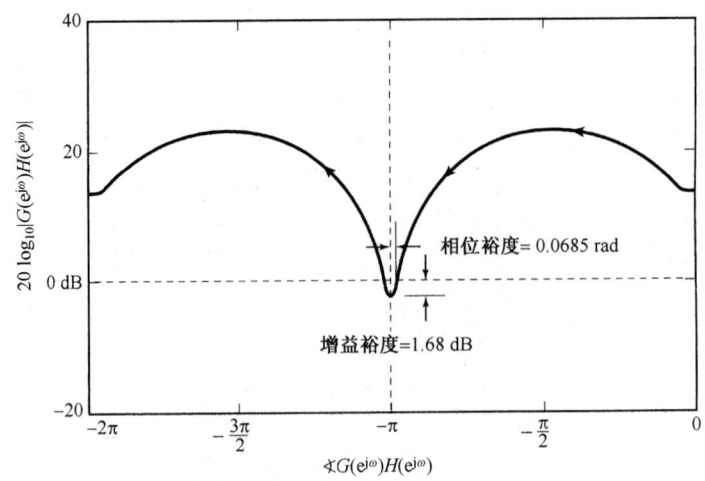

图 11.34　例 11.13 的离散时间反馈系统的对数幅-相图

11.6　小结

本章讨论了反馈系统的几方面应用，以及分析反馈系统的几种方法。我们已经看到，如何利用拉普拉斯变换和 z 变换，用代数和图解的方法来分析这些系统。11.2 节指出了反馈的几个应用例子，包括逆系统的设计、不稳定系统的稳定及跟踪系统的设计等。我们同时也可以看到，反馈也能引起不稳定。

11.3 节讨论了根轨迹法，将闭环系统的极点作为增益参数的函数而画出极点轨迹。我们发现，有理拉普拉斯变换或 z 变换的相位几何求值法对根轨迹性质的了解很有价值。根据这些性质，往往可以在不必进行复杂计算的条件下，得到一个相当准确的根轨迹图。

与根轨迹法相比，11.4 节的奈奎斯特判据则是在不必得到详细的闭环极点位置的条件下，确定反馈系统稳定性的一种方法。奈奎斯特判据可以适用于非有理系统函数，因此可用在由实验获得系统频率响应特性的情况。这一点对于 11.5 节讨论的增益和相位裕度来说也是成立的。这两个量提供了反馈系统稳定性裕度的一种度量，因此对设计者来说是很重要的，它使设计者能够确定，当正向通路和反馈通路系统函数的估计值与其真正值之间有差异时系统的稳健程度。

习题

习题的第一部分属于基本题，答案在书末给出。其余三个部分分别属于基本题、深入题和扩充题。

基本题(附答案)

11.1　考虑图 P11.1 所示的离散时间线性时不变系统的互联，试将总系统函数用 $H_0(z)$, $H_1(z)$ 和 $G(z)$ 表示。

---
① 关于这一点及有关增益和相位裕度、对数幅-相图的详细讨论，可参考书末文献清单中所列有关反馈方面的教科书。

11.2 考虑图 P11.2 所示连续时间线性时不变系统的互联，试将总系统函数用 $H_1(s)$，$H_2(s)$，$G_1(s)$ 和 $G_2(s)$ 表示。

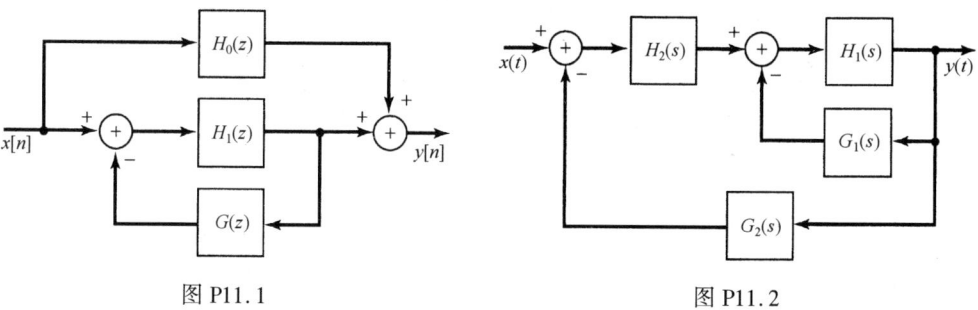

图 P11.1   图 P11.2

11.3 考虑图 11.3(a)中的连续时间反馈系统，其
$$H(s) = \frac{1}{s-1}, \qquad G(s) = s - b$$
对于什么样的 b 值，该反馈系统是稳定的？

11.4 一个输入为 $x(t)$ 和输出为 $y(t)$ 的因果线性时不变系统 S，其微分方程是
$$\frac{d^2 y(t)}{dt^2} + \frac{dy(t)}{dt} + y(t) = \frac{dx(t)}{dt}$$
现在要用 $H(s) = 1/(s+1)$ 时的图 11.3(a) 的反馈互联来实现系统 S，试求 $G(s)$。

11.5 考虑图 11.3(b)中的离散时间反馈系统，其
$$H(z) = \frac{1}{1 - \frac{1}{2}z^{-1}}, \qquad G(z) = 1 - bz^{-1}$$
对于什么样的 b 值，该反馈系统是稳定的？

11.6 考虑图 11.3(b)中的离散时间反馈系统，其
$$H(z) = 1 - z^{-N}, \qquad G(z) = \frac{z^{-1}}{1 - z^{-N}}$$
这个系统是无限脉冲响应的，还是有限脉冲响应的？

11.7 假设一个反馈系统的闭环极点满足
$$\frac{1}{(s+2)(s+3)} = -\frac{1}{K}$$
利用根轨迹法确定使该反馈系统稳定的 K 值范围。

11.8 假设一个反馈系统的闭环极点满足
$$\frac{s-1}{(s+1)(s+2)} = -\frac{1}{K}$$
利用根轨迹法确定使该反馈系统稳定的 K 的负值范围。

11.9 假设一个反馈系统的闭环极点满足
$$\frac{(s+1)(s+3)}{(s+2)(s+4)} = -\frac{1}{K}$$
利用根轨迹法确定：是否存在可调节增益 K 的任何值，使得该系统的单位冲激响应含有 $e^{-at}\cos(\omega_0 t + \phi)$ 形式的振荡分量？这里 $\omega_0 \neq 0$。

11.10 对应于 $G(s)H(s) = -1/K$ 的根轨迹图如图 P11.10 所示。图中对于根轨迹的每一分支的起点($K=0$) 和终点都用符号"●"标出，标出 $G(s)H(s)$ 的极点和零点。

11.11 假设一个离散时间反馈系统的闭环极点满足
$$\frac{z^{-2}}{(1 - \frac{1}{2}z^{-1})(1 + \frac{1}{2}z^{-1})} = -\frac{1}{K}$$
利用根轨迹法确定使该系统稳定的 K 的正值范围。

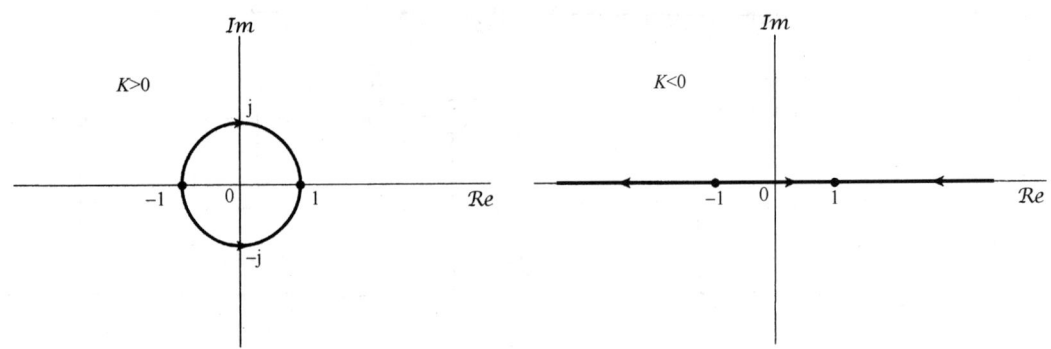

图 P11.10

11.12 $z=1/2$, $z=1/4$, $z=0$ 和 $z=-1/2$ 这四个点中的每一个都是 $G(z)H(z)$ 的一个单阶极点或零点,此外还知道 $G(z)H(z)$ 仅有两个极点。根据对全部 K 值,对应于

$$G(z)H(z) = -\frac{1}{K}$$

的根轨迹都位于实轴上这一事实,关于 $G(z)H(z)$ 的极点和零点能够推出什么样的信息?

11.13 考虑图 P11.13 所示的一个离散时间系统的方框图,利用根轨迹法确定使该系统稳定的 K 值范围。

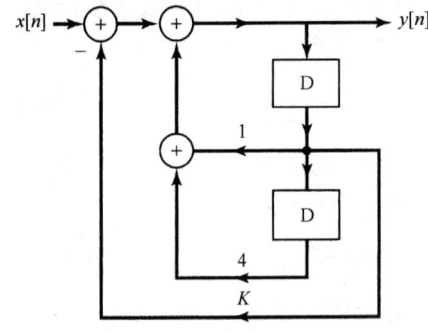

图 P11.13

11.14 设 C 是一条闭合路径,位于 p 平面的单位圆上。现将 p 以顺时针方向绕 C 一周以求得 $W(p)$。对于下列每一个 $W(p)$ 的表示式,确定 $W(p)$ 的图以顺时针方向围绕原点的净次数。

(a) $W(p) = \dfrac{\left(1-\dfrac{1}{2}p^{-1}\right)}{\left(1-\dfrac{1}{4}p^{-1}\right)}$

(b) $W(p) = \dfrac{(1-2p^{-1})}{\left(1-\dfrac{1}{2}p^{-1}\right)(1-2p^{-1}+4p^{-2})}$

11.15 考虑一个连续时间反馈系统,其闭环极点满足

$$G(s)H(s) = \frac{1}{(s+1)} = -\frac{1}{K}$$

利用奈奎斯特图和奈奎斯特稳定判据确定使该闭环系统稳定的 K 值范围。

提示: 在画奈奎斯特图时,先画出相应的伯德图是有用的,同时确定出 $G(j\omega)H(j\omega)$ 为实值的 ω 值也是有帮助的。

11.16 考虑一个连续时间反馈系统,其闭环极点满足

$$G(s)H(s) = \frac{1}{(s+1)(s/10+1)} = -\frac{1}{K}$$

利用奈奎斯特图和奈奎斯特稳定判据确定使该闭环系统稳定的 K 值范围。

11.17 考虑一个连续时间反馈系统,其闭环极点满足

$$G(s)H(s) = \frac{1}{(s+1)^4} = -\frac{1}{K}$$

利用奈奎斯特图和奈奎斯特稳定判据确定使该闭环系统稳定的 K 值范围。

11.18 考虑一个离散时间反馈系统，其闭环极点满足

$$G(z)H(z) = z^{-3} = -\frac{1}{K}$$

利用奈奎斯特图和奈奎斯特稳定判据确定使该闭环系统稳定的 K 值范围。

11.19 考虑一个反馈系统，既可以是连续时间的，也可以是离散时间的，假设该系统的奈奎斯特图穿过 $-1/K$ 点，对于这个增益值，该系统是稳定的还是不稳定的？为什么？

11.20 考虑图 11.3(a) 所示的基本连续时间反馈系统，确定下列 $H(s)$ 和 $G(s)$ 的增益和相位裕度：

$$H(s) = \frac{s+1}{s^2+s+1}, \quad G(s) = 1$$

基本题

11.21 考虑图 P11.21 所示的反馈系统，试对下列 K 值，求该系统的闭环极点和零点：

(i) $K = 0.1$ (ii) $K = 1$ (iii) $K = 10$ (iv) $K = 100$

11.22 考虑图 11.3(a) 所示的基本反馈系统，求下列每个正向通路和反馈通路系统函数的闭环系统单位冲激响应：

(a) $H(s) = \frac{1}{(s+1)(s+3)}, G(s) = 1$

(b) $H(s) = \frac{1}{s+3}, G(s) = \frac{1}{s+1}$

(c) $H(s) = \frac{1}{2}, G(s) = e^{-s/3}$

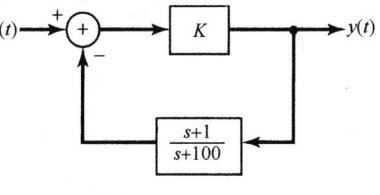

图 P11.21

11.23 考虑图 11.3(b) 所示的基本反馈系统，求下列每个正向通路和反馈通路系统函数的闭环系统单位脉冲响应：

(a) $H(z) = \dfrac{z^{-1}}{1-\frac{1}{2}z^{-1}}$, $G(z) = \dfrac{2}{3} - \dfrac{1}{6}z^{-1}$ (b) $H(z) = \dfrac{2}{3} - \dfrac{1}{6}z^{-1}$, $G(z) = \dfrac{z^{-1}}{1-\frac{1}{2}z^{-1}}$

11.24 对下列每一种情况分别画出 $K>0$ 和 $K<0$ 时的根轨迹：

(a) $G(s)H(s) = \dfrac{1}{s+1}$ (b) $G(s)H(s) = \dfrac{1}{(s-1)(s+3)}$

(c) $G(s)H(s) = \dfrac{1}{s^2+s+1}$ (d) $G(s)H(s) = \dfrac{s+1}{s^2}$

(e) $G(s)H(s) = \dfrac{(s+1)^2}{s^3}$ (f) $G(s)H(s) = \dfrac{s^2+2s+2}{s^2(s-1)}$

(g) $G(s)H(s) = \dfrac{(s+1)(s-1)}{s(s^2+2s+2)}$ (h) $G(s)H(s) = \dfrac{(1-s)}{(s+2)(s+3)}$

11.25 对下列每一种情况分别画出 $K>0$ 和 $K<0$ 时的根轨迹：

(a) $G(z)H(z) = \dfrac{z-1}{z^2-\frac{1}{4}}$ (b) $G(z)H(z) = \dfrac{2}{z^2-\frac{1}{4}}$

(c) $G(z)H(z) = \dfrac{z^{-1}(1+z^{-1})}{1-\frac{1}{4}z^{-2}}$ (d) $G(z)H(z) = z^{-1} - z^{-2}$

(e) $G(z)H(z)$ 是由如下差分方程：

$$y[n] - 2y[n-1] = x[n-1] - x[n-2]$$

描述的因果线性时不变系统的系统函数。

11.26 有一个反馈系统,其

$$G(s)H(s) = \frac{(s-a)(s-b)}{s(s+3)(s+6)}$$

分别就下列所给的几组 a 和 b 的值,画出 $K>0$ 和 $K<0$ 时的根轨迹图:

(a) $a=1$, $b=2$ (b) $a=-2$, $b=2$ (c) $a=-4$, $b=2$
(d) $a=-7$, $b=2$ (e) $a=-1$, $b=-2$ (f) $a=-4$, $b=-2$
(g) $a=-7$, $b=-2$ (h) $a=-5$, $b=-4$ (i) $a=-7$, $b=-4$
(j) $a=-7$, $b=-8$

11.27 有一个反馈系统,其

$$H(s) = \frac{s+2}{s^2+2s+4}, \quad G(s) = K$$

(a) 画出 $K>0$ 时的根轨迹。
(b) 画出 $K<0$ 时的根轨迹。
(c) 求出闭环系统单位冲激响应不呈现任何振荡特性的最小正 K 值。

11.28 画出下列每一个 $G(s)H(s)$ 的奈奎斯特图,并利用连续时间奈奎斯特判据确定使闭环系统稳定的 K 值范围(如果存在)。注意:在作奈奎斯特图时,先画出相应的伯德图并求出 $G(j\omega)H(j\omega)$ 为实数的 ω 值是有帮助的。

(a) $G(s)H(s) = \dfrac{1}{s-1}$ (b) $G(s)H(s) = \dfrac{1}{s^2-1}$

(c) $G(s)H(s) = \dfrac{1}{(s+1)^2}$ (d) $G(s)H(s) = \dfrac{1}{(s+1)^3}$

(e) $G(s)H(s) = \dfrac{1-s}{(s+1)^2}$ (f) $G(s)H(s) = \dfrac{s+1}{(s-1)^2}$

(g) $G(s)H(s) = \dfrac{s+1}{s^2-4}$ (h) $G(s)H(s) = \dfrac{1}{s^2+2s+2}$

(i) $G(s)H(s) = \dfrac{s+1}{s^2-2s+2}$ (j) $G(s)H(s) = \dfrac{s+1}{(s+100)(s-1)^2}$

(k) $G(s)H(s) = \dfrac{s^2}{(s+1)^3}$

11.29 考虑图 11.3(a)所示的基本连续时间反馈系统,对下列每一种 $G(s)$ 和 $H(s)$,画出对数幅-相图,并大致确定增益和相位裕度。应用第 6 章建立的伯德图直线近似有助于画出对数幅-相图。然而当有欠阻尼的二阶项存在时,要仔细考虑在转折频率附近真正的频率响应与它的近似值之间的偏差如何(见6.5.2节)。

(a) $H(s) = \dfrac{10s+1}{s^2+s+1}$, $G(s) = 1$ (b) $H(s) = \dfrac{s/10+1}{s^2+s+1}$, $G(s) = 1$

(c) $H(s) = \dfrac{1}{(s+1)^2(s+10)}$, $G(s) = 100$ (d) $H(s) = \dfrac{1}{(s+1)^3}$, $G(s) = \dfrac{1}{s+1}$

(e) $H(s) = \dfrac{1-s}{(s+1)(s+10)}$, $G(s) = 1$ (f) $H(s) = \dfrac{1-s/100}{(s+1)^2}$, $G(s) = \dfrac{10s+1}{s/10+1}$

(g) $H(s) = \dfrac{1}{s(s+1)}$, $G(s) = \dfrac{1}{s+1}$

注意:在画(g)的时候应该反映出这一点,对该反馈系统当 $\omega \to 0$ 时 $|G(j\omega)H(j\omega)| \to \infty$;当 $\omega = 0^+$,即 ω 有一个比 0 大的无限小量时,$G(j\omega)H(j\omega)$ 的相位是什么?

11.30 画出下列每一个 $G(z)H(z)$ 的奈奎斯特图,并利用离散时间奈奎斯特判据确定使闭环系统稳定的 K 值范围(如果存在)。注意:画奈奎斯特图时,先画出作为频率函数的模和相位图,或者至少计算出在几个点上的 $|G(e^{j\omega})H(e^{j\omega})|$ 和 $\angle G(e^{j\omega})H(e^{j\omega})$ 值,并求出 $G(e^{j\omega})H(e^{j\omega})$ 为实数的 ω 值是有帮助的。

(a) $G(z)H(z) = \dfrac{1}{z - \dfrac{1}{2}}$

(b) $G(z)H(z) = \dfrac{1}{z-2}$

(c) $G(z)H(z) = z^{-1}$

(d) $G(z)H(z) = z^{-2}$

(e) $G(z)H(z) = \dfrac{1}{\left(z+\dfrac{1}{2}\right)\left(z-\dfrac{3}{2}\right)}$

(f) $G(z)H(z) = \dfrac{z-\sqrt{3}}{z(z+1/\sqrt{3})}$

(g) $G(z)H(z) = \dfrac{1}{z^2 - z + \dfrac{1}{3}}$

(h) $G(z)H(z) = \dfrac{z - \dfrac{1}{2}}{z(z-2)}$

(i) $G(z)H(z) = \dfrac{(z+1)^2}{z^3}$

11.31 考虑图11.3(b)所示的基本离散时间反馈系统,对于下列每一种 $G(z)$ 和 $H(z)$,画出对数幅-相图,并大致确定增益和相位裕度。先确定 $|G(e^{j\omega})H(e^{j\omega})| = 1$ 或 $\measuredangle G(e^{j\omega}) = -\pi$ 的 ω 值将有利于作图。

(a) $H(z) = z^{-1}$, $G(z) = \dfrac{1}{2}$

(b) $H(z) = \dfrac{z^{-1}}{1 - \dfrac{1}{2}z^{-1}}$, $G(z) = \dfrac{1}{2}$

(c) $H(z) = \dfrac{1}{\left(1 - \dfrac{1}{2}z^{-1}\right)\left(1 + \dfrac{1}{2}z^{-1}\right)}$, $G(z) = z^{-2}$

(d) $H(z) = \dfrac{2}{z-2}$, $G(z) = 1$

(e) $H(z) = \dfrac{1}{z + \dfrac{1}{2}}$, $G(z) = \dfrac{1}{z - \dfrac{3}{2}}$

(f) $H(z) = \dfrac{1}{z + \dfrac{1}{2}}$, $G(z) = 1 - \dfrac{3}{2}z^{-1}$

(g) $H(z) = \dfrac{\dfrac{1}{2}}{z^2 - z + \dfrac{1}{3}}$, $G(z) = 1$

(h) $H(z) = \dfrac{1}{z-1}$, $G(z) = \dfrac{1}{4}z^{-1}$

注意:在画(h)的时候应该反映出这一点,对于该反馈系统,$G(z)H(z)$ 有一个极点在 $z=1$;当 $e^{j\omega}$ 刚刚位于 $z=1$ 这一点的任意一边时,$\measuredangle G(e^{j\omega})H(e^{j\omega})$ 的值是什么?

深入题

11.32 (a) 考虑图11.10(b)所示的反馈系统,其

$$H(s) = \dfrac{N_1(s)}{D_1(s)}, \quad G(s) = \dfrac{N_2(s)}{D_2(s)} \qquad (\text{P11.32-1})$$

假设在 $G(s)H(s)$ 不存在零极点相消的情况,证明:闭环系统函数的零点由 $H(s)$ 的零点和 $G(s)$ 的极点组成。

(b) 利用(a)中的结果,再结合根轨迹的适当性质确认:若 $K=0$,闭环系统的零点就是 $H(s)$ 的零点,而闭环系统的极点就是 $H(s)$ 的极点。

(c) 虽然通常在式(P11.32-1)中的 $H(s)$ 和 $G(s)$ 都是化简了的形式,即 $N_1(s)$ 和 $D_1(s)$ 多项式没有公因式, $N_2(s)$ 和 $D_2(s)$ 也没有公因式,但是 $N_1(s)$ 和 $D_2(s)$,或者 $N_2(s)$ 和 $D_1(s)$ 可能有公因式。为了看出当这样一些公因式存在时会发生什么问题,可记 $p(s)$ 为 $N_1(s)$ 和 $D_2(s)$ 的最大公因式,也即

$$\dfrac{N_1(s)}{p(s)} \quad \text{和} \quad \dfrac{D_2(s)}{p(s)}$$

都是没有公因式的多项式。同理

$$\dfrac{N_2(s)}{q(s)} \quad \text{和} \quad \dfrac{D_1(s)}{q(s)}$$

也是没有公因式的多项式。证明:闭环系统函数可以写成

$$Q(s) = \frac{p(s)}{q(s)}\left[\frac{\hat{H}(s)}{1+K\hat{G}(s)\hat{H}(s)}\right] \quad \text{(P11.32-2)}$$

其中,

$$\hat{H}(s) = \frac{N_1(s)/p(s)}{D_1(s)/q(s)}$$

且

$$\hat{G}(s) = \frac{N_2(s)/q(s)}{D_2(s)/p(s)}$$

因此，由式(P11.32-2)和(a)中结果可见，$Q(s)$ 的零点是 $p(s)$ 的零点、$\hat{H}(s)$ 的零点及 $\hat{G}(s)$ 的极点，而 $Q(s)$ 的极点则是 $q(s)$ 的零点和下列方程:

$$1 + K\hat{G}(s)\hat{H}(s) = 0 \quad \text{(P11.32-3)}$$

的解。依前构成原理，在乘积 $\hat{G}(s)\hat{H}(s)$ 中不存在零极点相消的情况，因此可以应用 11.3 节所述的根轨迹图法画出随 K 变化时，式(P11.32-3)的解的位置。

(d) 利用在(c)中提出的步骤，当

$$H(s) = \frac{s+1}{(s+4)(s+2)}, \quad G(s) = \frac{s+2}{s+1}$$

时确定闭环零点，任何其位置与 K 无关的闭环极点，以及 $K>0$ 时其余那些闭环极点的轨迹。

(e) 对于

$$H(z) = \frac{1+z^{-1}}{1-\frac{1}{2}z^{-1}}, \quad G(z) = \frac{z^{-1}}{1+z^{-1}}$$

重做(d)。

(f) 令

$$H(z) = \frac{z^2}{(z-2)(z+2)}, \quad G(z) = \frac{1}{z^2}$$

(i) 分别画出 $K>0$ 和 $K<0$ 时的根轨迹。
(ii) 求使整个系统稳定的所有 K 值。
(iii) 当 $K=4$ 时，求闭环系统的单位脉冲响应。

11.33 考虑图 11.10(a)所示的反馈系统，并假设

$$G(s)H(s) = \frac{\prod_{k=1}^{m}(s-\beta_k)}{\prod_{k=1}^{n}(s-\alpha_k)}$$

其中 $m>n$[①]。这时，$G(s)H(s)$ 在无限远点有 $(m-n)$ 阶极点(见第 9 章)，并且可以通过表明以下几点改写前文给出的根轨迹法则: (1) 根轨迹有 m 条支路; (2) 当 $K=0$ 时，根轨迹的所有支路都开始于 $G(s)H(s)$ 的极点，其中有 $(m-n)$ 条支路开始于无限远点。此外，随 $|K|\to\infty$，这些支路收敛于 $G(s)H(s)$ 的 m 个零点，即 $\beta_1, \beta_2, \cdots, \beta_m$。利用这些事实，有助于对下列每种情况画出 $K>0$ 和 $K<0$ 时的根轨迹:

(a) $G(s)H(s) = s-1$ (b) $G(s)H(s) = (s+1)(s+2)$ (c) $G(s)H(s) = \dfrac{(s+1)(s+2)}{s-1}$

---

① 应该注意，对连续时间系统而言，条件 $m>n$ 意味着系统函数为 $G(s)H(s)$ 的系统涉及输入的微分，事实上 $G(s)H(s)$ 的逆变换包含直到 $(m-n)$ 阶的奇异函数。在离散时间下，若 $G(z)H(z)$ 写成 z 的多项式之比，且有 $m>n$，那么它一定是一个非因果系统的系统函数，事实上 $G(z)H(z)$ 的逆变换在时间 $(n-m)<0$ 有非零值。因此，本题所考虑的情况，实际上只对连续时间系统才有意义。

11.34 11.3 节曾导出几个性质，这些性质在确定一个反馈系统的根轨迹时是很有用的。本题将讨论其他几个性质。在导出这些性质时将以连续时间系统为例。但是，与所有的根轨迹性质一样，这些性质对离散时间系统也是成立的。在讨论中，针对的就是由闭环极点所满足的基本方程，即

$$G(s)H(s) = -\frac{1}{K} \tag{P11.34-1}$$

其中，

$$G(s)H(s) = \frac{\prod_{k=1}^{m}(s-\beta_k)}{\prod_{k=1}^{n}(s-\alpha_k)} = \frac{\sum_{k=0}^{m}b_k s^k}{\sum_{k=0}^{n}a_k s^k} \tag{P11.34-2}$$

此题中都假设 $m \leq n$。

(a) 由性质 2 知道，根轨迹的 $(n-m)$ 条支路延伸到 $G(s)H(s)$ 位于无限远点的零点。在第一部分要说明，可以直接确定这些支路趋向于无限远点的角度。现考虑在 s 平面的很远的区域，即 $|s|$ 极大，且远离 $G(s)H(s)$ 的任何零点和极点，该区域示于图 P11.34。利用图中的几何特性，再结合 $K>0$ 和 $K<0$ 时的角判据，推出：

• 当 $K>0$ 时，根轨迹的 $(n-m)$ 条支路以角度

$$\frac{(2k+1)\pi}{n-m}, \quad k = 0, 1, \cdots, n-m-1$$

趋向于无限远点。

• 当 $K<0$ 时，根轨迹的 $(n-m)$ 条支路以角度

$$\frac{2k\pi}{n-m}, \quad k = 0, 1, \cdots, n-m-1$$

趋向于无限远点。

因此，根轨迹的这些支路以对称设置的角度趋向于无限远点。例如，当 $(n-m)=3$ 且 $K>0$ 时，可见渐近线的角度是 $\pi/3$，π 和 $5\pi/3$。本题(a)中的结果，再结合另一个条件，就能够以渐近线画出那些趋向于无限远点的根轨迹支路。这个条件是，所有这 $(n-m)$ 条渐近线都相交于实轴上的一个点。这个结论由本题的下一部分导出。

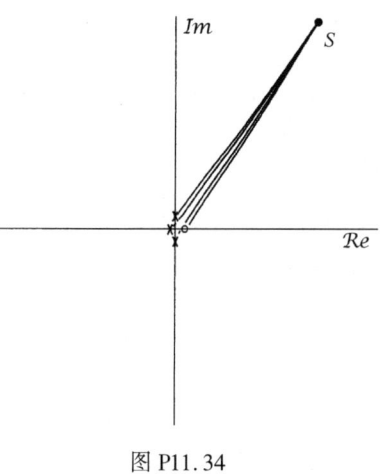

图 P11.34

(b) (i) 作为第一步，先考虑一个一般多项式方程

$$s^r + f_{r-1}s^{r-1} + \cdots + f_0 = (s-\xi_1)(s-\xi_2)\cdots(s-\xi_r) = 0$$

证明

$$f_{r-1} = -\sum_{i=1}^{r}\xi_i$$

(ii) 将 $1/G(s)H(s)$ 做长除，将其写成

$$\frac{1}{G(s)H(s)} = s^{n-m} + \gamma_{n-m-1}s^{n-m-1} + \cdots \tag{P11.34-3}$$

证明

$$\gamma_{n-m-1} = a_{n-1} - b_{m-1} = \sum_{k=1}^{m}\beta_k - \sum_{k=1}^{n}\alpha_k$$

参见式(P11.34-2)。

(iii) 证明：对于大的 s，式(P11.34-1)的解就是下列方程的近似解：

$$s^{n-m} + \gamma_{n-m-1}s^{n-m-1} + \gamma_{n-m-2}s^{n-m-2} + \cdots + \gamma_0 + K = 0$$

(iv) 利用(i)到(iii)的结果，推演出：趋向于无限远点的$(n-m)$个闭环极点之和渐近地等于

$$b_{m-1} - a_{n-1}$$

因此，这$(n-m)$个极点的重心是

$$\frac{b_{m-1} - a_{n-1}}{n-m}$$

与K无关。因此可得，$(n-m)$个闭环极点以均匀等分角趋向于无限远点，而且其重心与K无关。由此可以推出：趋向于无限远点的$(n-m)$条根轨迹支路的渐近线相交于点

$$\frac{b_{m-1} - a_{n-1}}{n-m} = \frac{\sum_{k=1}^{n}\alpha_k - \sum_{k=1}^{m}\beta_k}{n-m}$$

这些渐近线相交的这一点对于$K>0$和$K<0$都是相同的。

(c) 假设

$$G(s)H(s) = \frac{1}{(s+1)(s+3)(s+5)}$$

(i) 当$K>0$和$K<0$时，趋向于无限远点的闭环极点的渐近线角度是什么？
(ii) 渐近线的交点是什么？
(iii) 画出这些渐近线，并用它们画出$K>0$和$K<0$时的根轨迹。

(d) 对下列每一个$G(s)H(s)$，重做(c)：

(i) $G(s)H(s) = \dfrac{s+1}{s(s+2)(s+4)}$ (ii) $G(s)H(s) = \dfrac{1}{s^4}$

(iii) $G(s)H(s) = \dfrac{1}{s(s+1)(s+5)(s+6)}$ (iv) $G(s)H(s) = \dfrac{1}{(s+2)^2(s-1)^2}$

(v) $G(s)H(s) = \dfrac{s+3}{(s+1)(s^2+2s+2)}$ (vi) $G(s)H(s) = \dfrac{s+1}{(s+2)^2(s^2+2s+2)}$

(vii) $G(s)H(s) = \dfrac{s+1}{(s+100)(s-1)(s-2)}$

(e) 利用(a)中的结果来解释为什么下列说法是对的：对具有式(P11.34-2)所给$G(s)H(s)$的任何连续时间反馈系统，若$(n-m) \geq 3$，就能够把$|K|$选得足够大，而使闭环系统不稳定。

(f) 对由下式给出的离散时间反馈系统，重做(c)：

$$G(z)H(z) = \frac{z^{-3}}{(1-z^{-1})(1+\frac{1}{2}z^{-1})}$$

(g) 试解释为什么下述说法是对的：对于具有

$$G(z)H(z) = \frac{z^m + b_{m-1}z^{m-1} + \cdots + b_0}{z^n + a_{n-1}z^{n-1} + \cdots + a_0}$$

的任何离散时间反馈系统，若$n>m$，就能够把$|K|$选得足够大，而使闭环系统不稳定。

11.35 (a) 再次考虑例11.2的反馈系统：

$$G(s)H(s) = \frac{s-1}{(s+1)(s+2)}$$

$K<0$时的根轨迹图如图11.14(b)所示。对某一K值，闭环极点位于$j\omega$轴上。通过考虑方程

$$G(j\omega)H(j\omega) = -\frac{1}{K}$$

的实部和虚部，若$s=j\omega$对任何给定的K值位于根轨迹上，就必须满足上式，依此求出这个K值和相应的闭环极点位置。利用这一结果，再加上例11.2中的分析，求出使闭环系统稳定的全部K值(正的和负的)的范围。

(b) 注意，当$|K|$足够大时，该反馈系统是不稳定的。解释为什么对连续时间反馈系统，当$G(s)H(s)$在

右半平面有一个零点时，对离散时间反馈系统，当 $G(z)H(z)$ 在单位圆外有一个零点时，这个结论一般都是正确的。

11.36 考虑一个连续时间反馈系统，其

$$G(s)H(s) = \frac{1}{s(s+1)(s+2)} \qquad (P11.36\text{-}1)$$

(a) 分别画出 $K>0$ 和 $K<0$ 时的根轨迹。**提示**：这里可以利用习题 11.34 的结果。

(b) 如果已经正确地画出了这条根轨迹就会发现，当 $K>0$ 时，这条根轨迹的两条支路跨过 $j\omega$ 轴，由左半平面进入右半平面，结果可以得出该闭环系统在 $0<K<K_0$ 时是稳定的，其中 K_0 就是根轨迹的两条支路与 $j\omega$ 轴相交时的增益值。应该注意，画出根轨迹本身并没有表明 K_0 值是多少，或者两条支路跨过 $j\omega$ 轴是在哪一点。根据习题 11.35，利用解方程

$$G(j\omega)H(j\omega) = -\frac{1}{K_0} \qquad (P11.36\text{-}2)$$

得到的一对实部和虚部方程可求出 K_0 值和相应的两个 ω 值，因为极点成复数共轭，所以它们互为负值。

根据在(a)中所得到的根轨迹图可以看到，在实轴上位于两个极点之间的一段位于 $K>0$ 时的根轨迹图上，而在实轴上有另外一段位于 $K<0$ 时的根轨迹图上。在这两种情况下，根轨迹都在实轴上的某一点分裂开。本题的下一部分将说明如何计算出这些分裂点。

(c) 将闭环极点方程记为

$$G(s)H(s) = -\frac{1}{K} \qquad (P11.36\text{-}3)$$

利用式(P11.36-1)可证明：闭环极点的等效方程是

$$p(s) = s^3 + 3s^2 + 2s = -K \qquad (P11.36\text{-}4)$$

考虑实轴上位于 0 和 -1 之间的一段，这一段位于 $K \geq 0$ 时的根轨迹上。对于 $K=0$，根轨迹的两条支路开始于 0 和 -1，随着 K 的增大，这些极点互相靠近。

(i) 利用上面陈述的理由，并结合式(P11.36-4)，解释为什么函数 $p(s)$ 在 $-1 \leq s \leq 0$ 时具有图 P11.36(a)所示的形状，以及为什么发生最小值的点 s_+ 是分离点，即 $K>0$ 时根轨迹的两条支路在 -1 和 0 之间的实轴段分离的点。

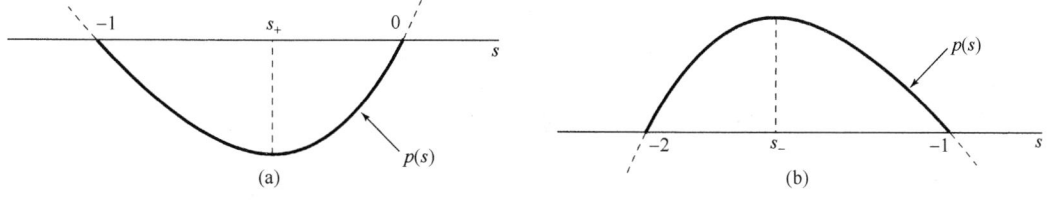

图 P11.36

同理，考虑 $K<0$ 时的根轨迹，在实轴上位于 -1 和 -2 之间的一段是 $K<0$ 时根轨迹的一部分。对于 $K=0$，根轨迹的两条支路开始于 -1 和 -2，随着 K 的减小，这些极点互相靠近。

(ii) 利用(i)所用的类似方法，解释为什么函数 $p(s)$ 具有图 P11.36(b)所示的形状，以及为什么发生最大值的点 s_- 是 $K<0$ 时的分离点。

因此，当 s 在负实轴上的一段范围内变化时，分离点就相应于 $p(s)$ 的最大值和最小值。

(iii) $p(s)$ 具有最大值或最小值的点是方程

$$\frac{dp(s)}{ds} = 0$$

的解。利用这一点，求出分离点 s_+ 和 s_-，然后利用式(P11.36-4)求出使这些点成为闭环极点的增益。

除了(c)中所说明的方法,还有其他方法部分采用了分析法或部分采用了图解方法来确定分离点。另外,还可以利用类似于(c)中所说明的步骤来确定"进入点",即根轨迹的两条路又在"进入点"会合而进入实轴。这些方法连同刚才所说的都可以在本书末所列的一些较深入的教科书中找到。

11.37 系统设计者必须始终考虑的一个问题是:当试图通过反馈来稳定或改变系统特性时,该系统未经模型化的部分可能带来的影响。在本题中用一个例子来说明为什么是这样的。设想有一个连续时间反馈系统,其

$$H(s) = \frac{1}{(s+10)(s-2)} \quad \text{(P11.37-1)}$$

且

$$G(s) = K \quad \text{(P11.37-2)}$$

(a) 利用根轨迹法证明:如果 K 取得足够大,闭环系统就仍是稳定的。
(b) 假设想利用反馈来稳定的系统,其实际的系统函数为

$$H(s) = \frac{1}{(s+10)(s-2)(10^{-3}s+1)} \quad \text{(P11.37-3)}$$

这个附加的因子可认为代表了一个一阶系统,它与式(P11.37-1)的系统相级联。可以注意到,这个附加的一阶系统的时间常数极小,因而有一个几乎瞬时出现的阶跃响应。为此,可以常常忽略掉这样的因子,以便得到一个简单而易于处理的,并且体现了系统的所有重要特性的模型。然而,在获得一个有用的反馈设计时,必须要记住这些已被忽略掉的动态因素。为了看出为什么是这种情况,试证明:如果 $G(s)$ 由式(P11.37-2)给出, $H(s)$ 由式(P11.37-3)所示,那么在 K 选得太大时,闭环系统将不稳定。提示:见习题 11.34。

(c) 利用根轨迹法证明:若

$$G(s) = K(s+100)$$

如果 $H(s)$ 由式(P11.37-1)或式(P11.37-3)给出,那么对于所有足够大的 K 值,该反馈系统都将是稳定的。

11.38 考虑图 11.3(b)所示的反馈系统,其

$$H(z) = \frac{Kz^{-1}}{1-z^{-1}}$$

且

$$G(z) = 1 - az^{-1}$$

(a) 当 $a = 1/2$ 时,分别画出 $K > 0$ 和 $K < 0$ 时的根轨迹。
(b) 当 $a = -1/2$ 时,重做(a)。
(c) 当 $a = -1/2$ 时,求出 K 的一个值,使闭环单位脉冲响应对于某些常数 A, B 和 α, $|\alpha| < 1$,具有如下形式:

$$(A + Bn)\alpha^n$$

提示:在这种情况下,闭环系统的分母必须为什么形式?

11.39 考虑图 P11.39 所示的反馈系统,其

$$H(z) = \frac{1}{1-\frac{1}{2}z^{-1}}, \quad G(z) = K$$

(P11.39-1)

(a) 画出 $K > 0$ 时的根轨迹图。
(b) 画出 $K < 0$ 时的根轨迹图。注意:对这个根轨迹要细心些。在实轴上应用角判据会发现,随着 K 从零开始减小,闭环极点沿着正实轴

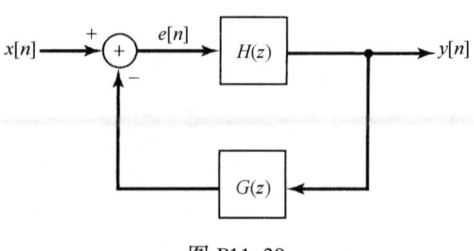

图 P11.39

趋向于 $z = +\infty$，然后再沿着负实轴从 $z = -\infty$ 返回来。验证这一点实际上就是把闭环极点作为 K 的函数，以显式求解的情况。试问 K 为何值时，极点在 $|z| = \infty$？

(c) 求出使闭环系统稳定的全部 K 值的范围。

(d) 在(b)中看到的现象是如下事实的一个直接结果：在这个例子中，$G(z)H(z)$ 的分子和分母同阶次。当这种情况出现在离散时间反馈系统中时，意味着在系统中存在一个无延迟的回路。也就是说，在一个给定时间点上的输出被反馈到系统中，又依次返回来影响在同一时刻点上的自身值。为了能看出这正是在这个例子中考虑的情况，试写出联系 $y[n]$ 和 $e[n]$ 的差分方程，然后利用该反馈系统的输入和输出来表示 $e[n]$，将此结果与

$$H(z) = \frac{1}{1 - \frac{1}{2}z^{-1}}, \quad G(z) = Kz^{-1} \quad (\text{P}11.39\text{-}2)$$

的反馈系统的结果相对照。

具有无延迟回路的主要后果是：这样的反馈系统是不能按所画出的反馈形式来实现的。例如，对于式(P11.39-1)的系统，由于 $e[n]$ 与 $y[n]$ 有关，因此不能先计算 $e[n]$，然后再算出 $y[n]$。应该注意，对于式(P11.39-2)的系统就可以进行这种计算，因为 $e[n]$ 与 $y[n-1]$ 有关。

(e) 证明：除了使闭环极点在 $|z| = \infty$ 的 K 值，式(P11.39-1)代表了一个因果系统。

11.40 考虑图 P11.40 给出的离散时间反馈系统。这个系统在正向通路中阻尼得不够好，希望选择反馈系统函数以改善总的阻尼性能。用根轨迹法，证明这一目的可以用

$$G(z) = 1 - \frac{1}{2}z^{-1}$$

来完成。

具体而言，就是画出 $K > 0$ 时的根轨迹，并标出使阻尼能得到明显改善的增益值 K。

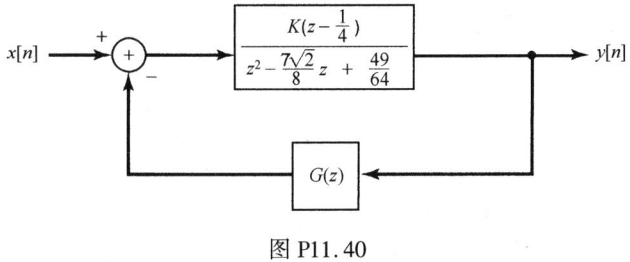

图 P11.40

11.41 (a) 考虑一个反馈系统，其

$$H(z) = \frac{z+1}{z^2+z+\frac{1}{4}}, \quad G(z) = \frac{K}{z-1}$$

(i) 以两个多项式之比的形式明确地写出闭环系统函数(分母多项式将有系数与 K 相关)。

(ii) 证明：闭环极点之和与 K 无关。

(b) 更一般化地，有一个反馈系统，其系统函数为

$$G(z)H(z) = K\frac{z^m + b_{m-1}z^{m-1} + \cdots + b_0}{z^n + a_{n-1}z^{n-1} + \cdots + a_0}$$

证明：若 $m \leq (n-2)$，则闭环极点之和与 K 无关。

11.42 再次考虑例 11.3 的离散时间反馈系统

$$G(z)H(z) = \frac{z}{(z-\frac{1}{2})(z-\frac{1}{4})}$$

$K > 0$ 和 $K < 0$ 时的根轨迹如图 11.16 所示。

(a) 考虑 $K > 0$ 时的根轨迹。这时，当闭环极点之一小于或等于 -1 时，该系统就变成不稳定的，求 $z = -1$ 是一个闭环极点时的 K 值。

(b) 考虑 $K<0$ 时的根轨迹。这时,当闭环极点之一大于或等于 1 时,该系统就变成不稳定的,求 $z=1$ 是一个闭环极点时的 K 值。

(c) 使闭环系统稳定的整个 K 值范围是什么?

11.43 有一个离散时间反馈系统,其

$$G(z)H(z) = \frac{1}{z(z-1)}$$

(a) 分别画出 $K>0$ 和 $K<0$ 时的根轨迹。

(b) 如果已经正确地画出了 $K>0$ 时的根轨迹,将会发现,根轨迹的两条支路跨过单位圆,并从单位圆上出去,结果可以得出,在 $0<K<K_0$ 范围内,闭环系统是稳定的,这里 K_0 就是两条支路与单位圆相交的增益值。这些支路从单位圆上的什么点上出去? K_0 值为多少?

11.44 11.4 节曾提到过,连续时间奈奎斯特判据可以推广到 $G(s)H(s)$ 允许在 $j\omega$ 轴上有极点的情况。本题将通过几个例子说明这样做的一般方法。现考虑一个连续时间系统,其

$$G(s)H(s) = \frac{1}{s(s+1)} \tag{P11.44-1}$$

当 $G(s)H(s)$ 在 $s=0$ 有一个极点时,可以修改图 11.19 的闭合围线以避开原点。为此,在这个闭合围线的右半平面加一个半径为无限小 ϵ 的半圆,如图 P11.44(a) 所示。因此,右半平面内只有很小的部分未被修改了的围线所包围,而且当令 $\epsilon \to 0$ 时,这部分的面积趋于零。结果,随着 $M \to \infty$,该围线将包围整个右半平面。根据前文所述, $G(s)H(s)$ 沿无限大半径的圆为一个常数(在此情况下为零)。因此,为了画出 $G(s)H(s)$ 沿围线的图,只需对由 $j\omega$ 轴和无限小半圆所组成的围线部分,画出它的图。

(a) 证明

$$\sphericalangle G(j0^+)H(j0^+) = -\frac{\pi}{2}$$

和

$$\sphericalangle G(j0^-)H(j0^-) = \frac{\pi}{2}$$

其中 $s=j0^-$ 是无限小半圆与 $j\omega$ 轴相交于刚好在原点下面的点,而 $s=j0^+$ 是刚好在原点上面的对应点。

(b) 利用(a)中的结果,再结合式(P11.44-1)证明:图 P11.44(b) 是 $G(s)H(s)$ 沿 $-j\infty$ 到 $j0^-$ 和 $j0^+$ 到 $j\infty$ 的围线部分的准确图形。特别是,应该校核一下 $\sphericalangle G(j\omega)H(j\omega)$ 和 $|G(j\omega)H(j\omega)|$ 在图示情况下的特性。

(c) 现在余下要做的就是确定 $G(s)H(s)$ 沿着位于 $s=0$ 附近这个小的半圆上的图。注意,随着 $\epsilon \to 0$, $G(s)H(s)$ 的模沿该围线趋于无限大。证明:随着 $\epsilon \to 0$,在 $s=-1$ 的极点对 $\sphericalangle G(s)H(s)$ 沿该半圆的贡献是零。然后再证明:当 $\epsilon \to 0$ 时

$$\sphericalangle G(s)H(s) = -\theta$$

这里 θ 由图 P11.44(a) 定义。因为,当 θ 从在 $s=j0^-$ 的 $-\pi/2$ 以逆时针方向变化到在 $s=j0^+$ 的 $+\pi/2$ 时, $\sphericalangle G(s)H(s)$ 必须从在 $s=j0^+$ 的 $+\pi/2$ 以顺时针方向变化到在 $s=j0^-$ 的 $-\pi/2$。其结果就是图 P11.44(c) 所画出的完整的奈奎斯特图。

(d) 利用图 P11.44(c) 的奈奎斯特图,求出使闭环反馈系统稳定的 K 值范围。**提示**:正如前文中所提到的,连续时间奈奎斯特判据是指,为了使闭环系统稳定,顺时针方向围绕 $-1/K$ 点的净次数必须等于 $G(s)H(s)$ 在右半平面极点数的负值。在现在的例子中,应该注意, $G(s)H(s)$ 在 $s=0$ 的极点位于修改了的围线外面,因而计算 $G(s)H(s)$ 在右半平面的极点数时不包括这种极点,即应用奈奎斯特判据时,只有严格位于右半平面内的 $G(s)H(s)$ 的极点才能计入。因此,在此情况下,由于 $G(s)H(s)$ 没有严格位于右半平面内的极点,所以为了使闭环系统稳定,就不能围绕 $s=-1/K$ 点。

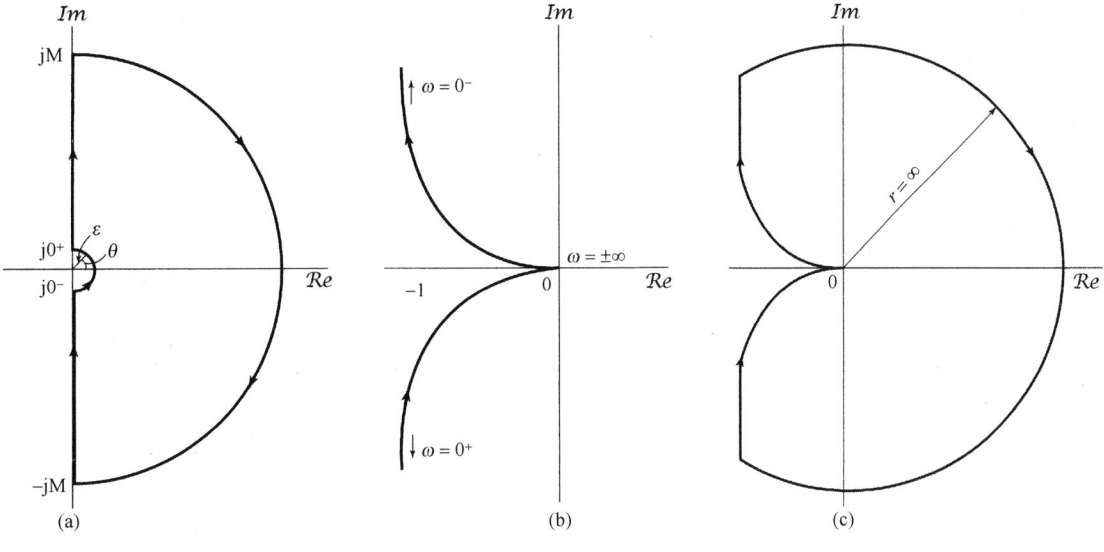

图 P11.44

(e) 依照(a)到(c)中所列的各个步骤,画出下列每种情况的奈奎斯特图:

(i) $G(s)H(s) = \dfrac{(s/10) + 1}{s(s+1)}$ (ii) $G(s)H(s) = \dfrac{1}{s(s+1)^2}$

(iii) $G(s)H(s) = 1/s^2$ [在计算沿无限小半圆的$\sphericalangle G(s)H(s)$时要特别小心]

(iv) $G(s)H(s) = \dfrac{s+1}{s(1-s)}$ [在随ω变化计算$\sphericalangle G(j\omega)H(j\omega)$时要小心,务必考虑分母中的负号]

(v) $G(s)H(s) = \dfrac{s+1}{s^2}$ [注意点同(iii)]

在每种情况下,利用奈奎斯特判据,确定使闭环系统稳定的K值范围(如果存在)。同时用另一种方法(根轨迹法或作为K的函数直接计算闭环极点的方法),对奈奎斯特图的正确性给出部分校核。提示:在画奈奎斯特图时,会发现先画出$G(s)H(s)$的伯德图并确定使$G(j\omega)H(j\omega)$为实数的ω值都是有帮助的。

(f) 对下列情况,重做(e):

(i) $G(s)H(s) = \dfrac{1}{s^2+1}$ (ii) $G(s)H(s) = \dfrac{s+1}{s^2+1}$

提示:在这些情况下,有两个极点在虚轴上,需要修改图 11.19 的围线以避开它们,像图P11.44(a)那样再利用无限小的半圆。

11.45 考虑一个系统。其系统函数为

$$H(s) = \dfrac{1}{(s+1)(s-2)} \tag{P11.45-1}$$

因为这个系统是不稳定的,现在要想出一些办法来稳定它。

(a) 首先考虑用图 P11.45(a)的串联补偿方案,证明:如果系统函数$C(s)$为

$$C(s) = \dfrac{s-2}{s+3}$$

那么这个图的整个系统是稳定的。实际上,我们不认为这是一个特别有用的稳定系统的方法。试解释理由。

(b) 现在设想用图 P11.45(b)的反馈系统来取代上述方案,利用常数增益作为补偿单元,即

$$C(s) = K$$

有可能稳定这个系统吗?试用奈奎斯特方法解释理由。

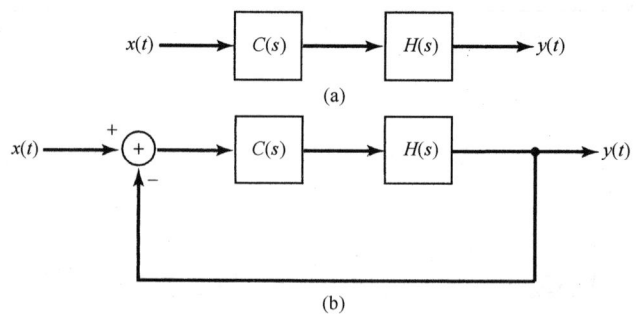

图 P11.45

(c) 若 $C(s)$ 是一个比例加微分的系统，即

$$C(s) = K(s + a)$$

证明：图 P11.45(b) 可以被稳定。解题时既要考虑 $a > 2$，也要考虑 $0 < a < 2$ 的情况。

(d) 假设

$$C(s) = K(s + 2)$$

选取 K 的值，以使该闭环系统有一对复数极点，其阻尼系数 $\zeta = 1/2$。**提示**：这时，闭环系统函数的分母必须具有如下形式：

$$s^2 + \omega_n s + \omega_n^2$$

其中 $\omega_n > 0$。

(e) 单纯的微分补偿在实际中是不可能得到的，也是不理想的。这是由于要求任意高频的放大既做不到，也不可取，所有真实系统都要受到某种程度的高频干扰。因此提出用这种形式的补偿器：

$$C(s) = K\left(\frac{s + a}{s + b}\right), \quad a, b > 0 \tag{P11.45-2}$$

如果 $b < a$，这就是一个**滞后网络**(lag network)，因为对所有的 $\omega > 0$ 都有 $\angle C(j\omega) < 0$，因此该系统输出的相位滞后于输入的相位。如果 $b > a$，则对所有的 $\omega > 0$ 都有 $\angle C(j\omega) > 0$，该系统就称为**超前网络**(lead network)。

(i) 证明：若 K 选得足够大，利用超前补偿器

$$C(s) = K\left(\frac{s + \frac{1}{2}}{s + 2}\right) \tag{P11.45-3}$$

有可能稳定该系统。

(ii) 证明：利用滞后网络

$$C(s) = K\left(\frac{s + 3}{s + 2}\right)$$

不可能使图 P11.45(b) 所示的反馈系统稳定。

提示：在画根轨迹时，利用习题 11.34 的结果。然后确定根轨迹上位于 $j\omega$ 轴上的那些点，以及使每一个这样的点成为闭环极点的 K 值。利用这些信息来证明没有一个 K 值能使所有的闭环极点位于左半平面内。

11.46 有一个连续时间反馈系统如图 P11.46(a) 所示。

(a) 利用第 6 章建立的伯德图直线近似求得该系统的对数幅-相图。从图中估计出相位和增益裕度。

(b) 设想在反馈系统内有一个未知的延迟，所以真实的反馈系统如图 P11.46(b) 所示。在该反馈系统变成不稳定之前，能容许的最大延迟 τ 是多少(近似值)？计算时利用(a)中的结果。

(c) 精确计算出相位和增益裕度值，并将结果与(a)中的结果进行比较。这样应该可以给出由于应用近似的伯德图所引起的误差大小的某些概念。

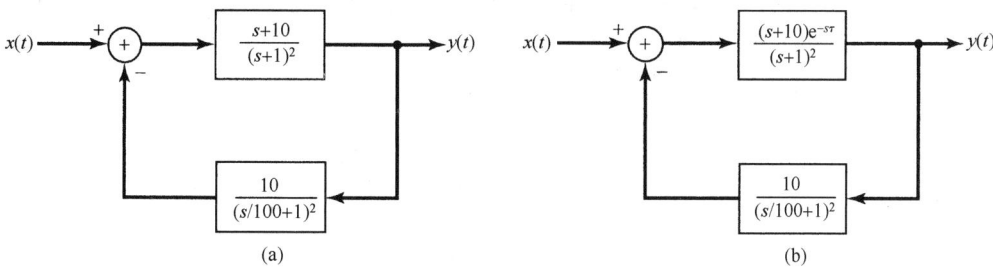

图 P11.46

11.47 在 11.5 节结束时曾提到，相位和增益裕度可以提供充分的条件，以保证一个稳定系统仍然是稳定的。例如，当增益增大时，直到由增益裕度所给出的极限为止，一个稳定反馈系统将仍然是稳定的。这并不意味着：(a) 减小增益，不会使反馈系统变成不稳定的，或者(b) 对于所有大于增益裕度极限的增益值，系统都一定是不稳定的。本题将说明以上两点。

(a) 考虑一个连续时间反馈系统，其

$$G(s)H(s) = \frac{1}{(s-1)(s+2)(s+3)}$$

画出 $K>0$ 时该系统的根轨迹。利用前文所列的以及习题 11.34 讨论的根轨迹性质，有助于绘出准确的根轨迹。一旦得到了根轨迹，就应该能够看出：对于小的增益 K 值，系统是不稳定的；对于比较大的 K 值，系统是稳定的；而对于更大的 K 值，该系统再次变成不稳定的。试求出使该系统稳定的 K 值范围。**提示**：利用在例 11.2 和习题 11.35 中所用的同样方法，确定根轨迹的支路通过原点和跨过 $j\omega$ 轴的 K 值。

如果将增益设在刚才求得的稳定范围内的某处，则可以把增益再稍许增大一些，并仍保持系统稳定。但是，在增益增加到足够量时，又引起了系统不稳定。使闭环系统刚刚变为不稳定的这个增益的最大增加量，就是增益裕度。还应该注意到，如果将增益减小得太多，则也会引起不稳定。

(b) 考虑(a)的反馈系统，设增益 K 值为 7，试证明该闭环系统是稳定的。画出该系统的对数幅-相图，并证明有两个非负的 ω 值使 $\angle G(j\omega)H(j\omega) = -\pi$。再证明：对其中一个 ω 值有 $7|G(j\omega)H(j\omega)|<1$，而对另一个 ω 值有 $7|G(j\omega)H(j\omega)|>1$。前者提供了通常的增益裕度，即可将增益增大到 $1/|7G(j\omega)H(j\omega)|$ 倍而刚好引起不稳定；后者则可将增益减小到 $1/|7G(j\omega)H(j\omega)|$ 而引起系统刚好不稳定。

(c) 考虑一个反馈系统，其

$$G(s)H(s) = \frac{(s/100+1)^2}{(s+1)^3}$$

画出 $K>0$ 时的根轨迹。证明：根轨迹的两条支路起始于左半平面，随着 K 的增加，这两条支路进入右半平面，然后又回到左半平面。可以通过考虑下列方程来进行：

$$G(j\omega)H(j\omega) = -\frac{1}{K}$$

具体做法是，令该方程的实部和虚部相等，证明：有两个 $K\geqslant 0$ 的值使闭环极点位于 $j\omega$ 轴上。因此，若将增益设置得足够小，以使系统是稳定的，就可以把增益加大到使根轨迹的两条支路与 $j\omega$ 轴相交这一点的增益值为止。对超过这一点的增益值的某一范围，闭环系统是不稳定的。然而，若再继续增大增益，当 K 足够大时，该系统又将变成稳定的。

(d) 对(c)的系统画出奈奎斯特图，并应用奈奎斯特判据(确保计算出了环绕 $-1/K$ 点的净次数)确认在(c)中所得出的结论。

诸如在本题(c)和(d)中所讨论的系统，通常都称为**条件稳定**(conditionally stable)系统，因为当增益变化时，这种系统的稳定性特性可以改变多次。

11.48 本题要讨论与习题 11.44 所对应的离散时间系统的方法。具体而言，离散时间奈奎斯特判据可以推广到允许 $G(z)H(z)$ 在单位圆上有极点的情况。

考虑一个离散时间反馈系统，其

$$G(z)H(z) = \frac{z^{-2}}{1-z^{-1}} = \frac{1}{z(z-1)} \quad \text{(P11.48-1)}$$

在这种情况下，将 $G(z)H(z)$ 在其上求值的围线修改成如图 P11.48(a) 所示。

(a) 证明：

$$\sphericalangle G(e^{j0^+})H(e^{j0^+}) = -\frac{\pi}{2}$$

和

$$\sphericalangle G(e^{j2\pi^-})H(e^{j2\pi^-}) = \frac{\pi}{2}$$

其中 $z = e^{j2\pi^-}$ 是小的半圆与单位圆相交于实轴下面的点，而 $z = e^{j0^+}$ 是相应的在实轴上面的点。

(b) 利用(a)的结果，再结合式(P11.48-1)，证明：图 P11.48(b) 是当 ω 以逆时针方向从 0^+ 变化到 $2\pi^-$ 时，$G(z)H(z)$ 沿围线 $z = e^{j\omega}$ 部分的准确图形。特别是要证明 $G(e^{j\omega})H(e^{j\omega})$ 的角度变化是如图所指出的。

(c) 求出使 $\sphericalangle G(e^{j\omega})H(e^{j\omega}) = -\pi$ 时的 ω 值，并证明在这一点上有

$$|G(e^{j\omega})H(e^{j\omega})| = 1$$

提示：利用计算 $\sphericalangle G(e^{j\omega})H(e^{j\omega})$ 的几何方法，再结合初等几何学来确定 ω 的值。

(d) 接下来考虑沿着 $z = 1$ 附近的小半圆上 $G(z)H(z)$ 的图。注意，当 $\epsilon \to 0$ 时，$G(z)H(z)$ 的模沿这条围线趋于无穷大。证明：当 $\epsilon \to 0$ 时，位于 $z = 0$ 的极点对沿该半圆的 $\sphericalangle G(z)H(z)$ 的贡献为零；然后证明：当 $\epsilon \to 0$ 时

$$\sphericalangle G(z)H(z) = -\theta$$

其中 θ 由图 P11.48(a) 所定义。

于是，当 θ 以逆时针方向从 $-\pi/2$ 到 $+\pi/2$ 变化时，$\sphericalangle G(z)H(z)$ 就以顺时针方向从 $+\pi/2$ 变化到 $-\pi/2$，其结果就是图 P11.48(c) 所示的完整奈奎斯特图。

(e) 利用该奈奎斯特图求出使闭环反馈系统稳定的 K 值范围。**提示**：因为 $G(z)H(z)$ 在 $z = 1$ 的极点位于修改后的围线里，因而在计算 $G(z)H(z)$ 位于单位圆外的极点数时，它不包括在内。也就是说，在应用奈奎斯特判据时，只有严格位于单位圆外的极点才被计入。在此情况下，由于 $G(z)H(z)$ 没有极点严格位于单位圆外，因此为了使闭环系统稳定，就不能环绕 $z = -1/K$ 点。

(f) 依照在(a), (b)和(d)中所列步骤，画出下列每种情况的奈奎斯特图。

(i) $\dfrac{z + \frac{1}{2} + \sqrt{3}}{z - 1}$ (ii) $\dfrac{1}{(z-1)\left(z + \frac{1}{2} + \sqrt{3}\right)}$ (iii) $\dfrac{z+1}{z(z-1)}$

(iv) $\dfrac{z - 1/\sqrt{3}}{(z-1)^2}$ ［在计算沿无限小半圆上的 $\sphericalangle G(z)H(z)$ 时要特别小心］

对于以上每种情况，利用奈奎斯特判据，确定使闭环系统稳定的 K 值范围(如果存在)。并且用另一种方法(根轨迹法或作为 K 的函数直接计算闭环极点的方法)对所得的奈奎斯特图的正确性给出部分校核。**提示**：在画奈奎斯特图时，先画出作为频率函数的模和相位图，或者至少在几个点上计算出 $|G(e^{j\omega})H(e^{j\omega})|$ 和 $\sphericalangle G(e^{j\omega})H(e^{j\omega})$ 的值都是有助于作图的。同时，确定 $G(e^{j\omega})H(e^{j\omega})$ 为实值的 ω 值也是有用的。

(g) 对于

$$G(z)H(z) = \frac{1}{z^2 - 1}$$

重做(f)。在这种情况下，有两个极点在单位圆上，因此必须围绕每一个极点这样来修改围线：包含一个延伸到单位圆外的无限小半圆，借此把极点置于围线里。

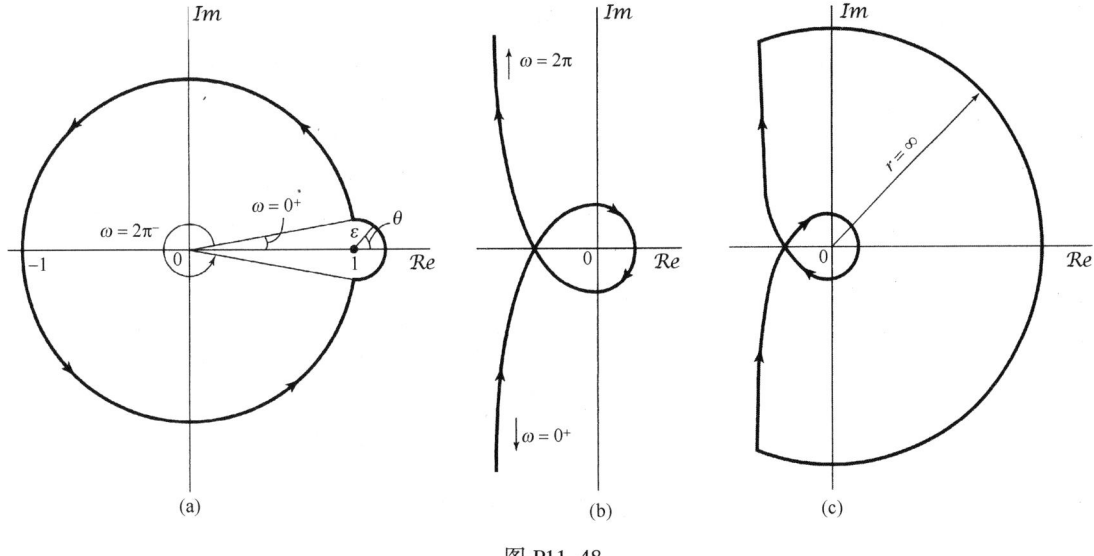

图 P11.48

扩充题

11.49 本题要给出一个说明性的例子，表明如何利用反馈来增大一个放大器的带宽。考虑一个增益在高频跌落的放大器，即假定该放大器的系统函数是

$$H(s) = \frac{Ga}{s+a}$$

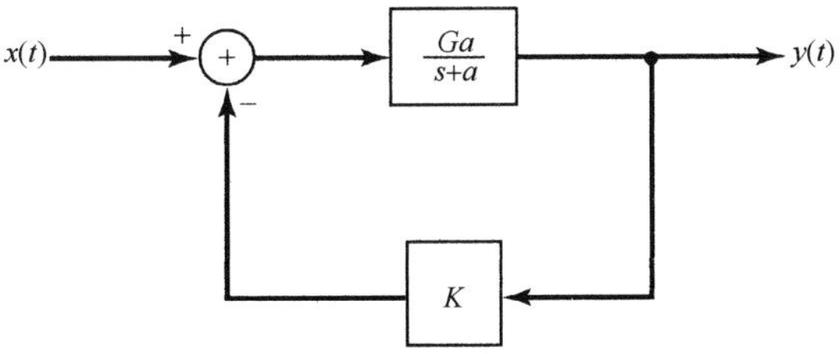

(a) 该放大器的直流增益是什么(即零频率处，放大器频率响应的模)？

(b) 系统的时间常数是什么？

(c) 若将带宽定义为：当放大器频率响应的模等于直流时频率响应模的 $1/\sqrt{2}$ 时所对应的频率，那么该放大器的带宽是多少？

(d) 若将该放大器放在图 P11.49 所示的反馈环中，那么闭环系统的直流增益是什么？该闭环系统的时间常数和带宽是什么？

(e) 求出使该闭环系统的带宽恰好等于开环放大器带宽的两倍时的 K 值，这时闭环系统的时间常数和直流增益是什么？

图 P11.49

11.50 前文中曾提到，用来实现反馈系统的一类重要器件是各种运算放大器。图 P11.50(a)给出这样一个放大器的模型，该放大器的输入是两个电压 $v_2(t)$ 和 $v_1(t)$ 之差，输出电压 $v_o(t)$ 则是放大了的输入，即

$$v_o(t) = K[v_2(t) - v_1(t)] \quad (P11.50\text{-}1)$$

现在考虑一个运算放大器的连接，如图 P11.50(b)所示。图中，$Z_1(s)$ 和 $Z_2(s)$ 都是阻抗(即每一个都是一个线性时不变系统的系统函数，其输入是流入这个阻抗元件的电流，其输出则是跨在该元件两端的电压)。现给出如下近似：运算放大器的输入阻抗为无限大，而输出阻抗为零。在这个近似条件下可以得到 $v_1(t)$，$v_i(t)$ 和 $v_o(t)$ 的拉普拉斯变换 $V_1(s)$，$V_i(s)$ 和 $V_o(s)$ 之间的下列关系：

$$V_1 = \left[\frac{Z_2(s)}{Z_1(s)+Z_2(s)}\right]V_i(s) + \left[\frac{Z_1(s)}{Z_1(s)+Z_2(s)}\right]V_o(s) \quad (P11.50\text{-}2)$$

另外，由式(P11.50-1)和图 P11.50(b)可见有

$$V_o(s) = -KV_1(s) \quad (P111.50\text{-}3)$$

(a) 证明：按图 P11.50(b)互联的系统函数

$$H(s) = \frac{V_o(s)}{V_i(s)}$$

与图 P11.50(c)所示系统的整个闭环系统函数是相同的。

(b) 若 $K \gg 1$，证明

$$H(s) \approx -\frac{Z_2(s)}{Z_1(s)}$$

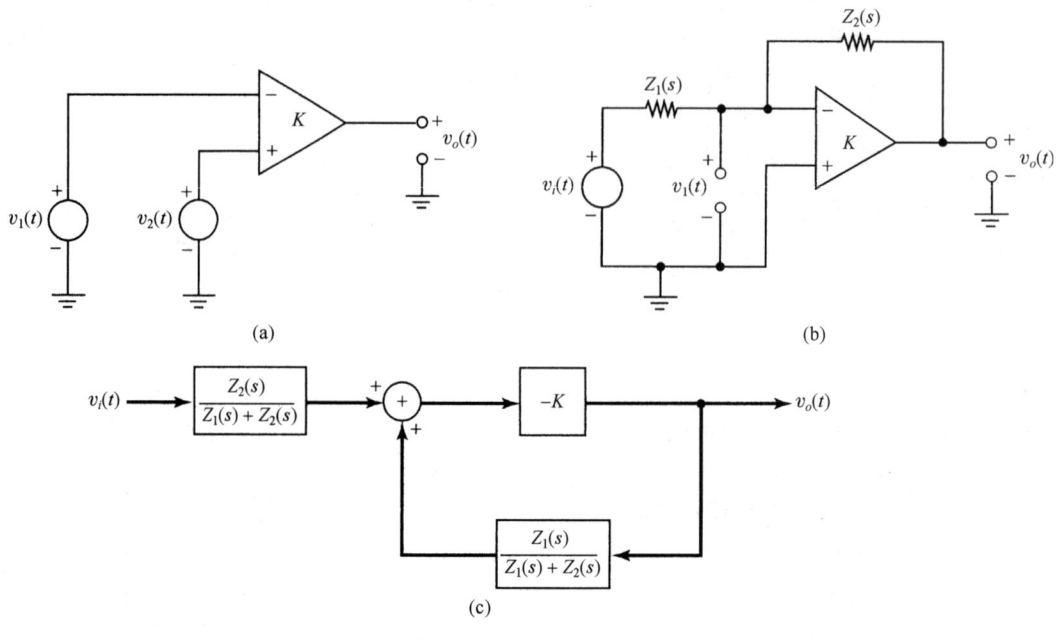

图 P11.50

11.51 (a) 假设在图 P11.50(b)中，$Z_1(s)$ 和 $Z_2(s)$ 都是两个纯电阻，比如 R_1 和 R_2。R_2/R_1 的典型值在 $1 \sim 10^3$ 的范围内，而 K 的典型值是 10^6。利用习题 11.50(a) 的结果，对这个 K 值，并在 $R_2/R_1 = 1$，然后等于 10^3 时，计算出真正的系统函数；并将所得出的每一个值与 $(-R_2/R_1)$ 相比较。该题表明，关于习题 11.50(b) 的近似式是一个相当好的近似。

(b) 反馈的重要应用之一在于降低系统对参数变化的灵敏度，这一点对于涉及运算放大器的电路显得特别重要，因为放大器的高增益值只是近似知道的。

(i) 考虑在(a)中讨论的电路，若 $R_2/R_1 = 10^2$，如果 K 从 10^6 变到 5×10^5，该系统的闭环增益变化的百分比是多少？

(ii) 为了使 K 的值减小 50% 时只引起闭环增益减小 1%，K 值必须多大？再次取 $R_2/R_1 = 10^2$。

11.52 考虑图 P11.52 所示的电路。这个电路是在图 P11.50(b) 中用

$$Z_1(s) = R, \quad Z_2(s) = \frac{1}{CS}$$

而得到的。利用习题 11.50 的结果，证明该系统特性近似为一个积分器。在什么频率范围内(用 K，R 和 C 表示)这个近似特性被破坏？

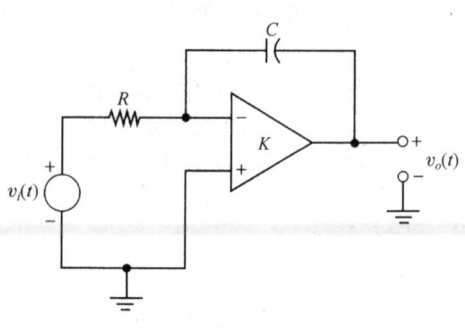

图 P11.52

11.53 考虑图 P11.53(a) 所示的电路，该电路由图 P11.50(b) 用 $Z_1(s) = R$，并以具有指数电流-电压关系的二极管来取代 $Z_2(s)$ 而得到。假设这个指数关系是

$$i_d(t) = M e^{q v_d(t)/kT} \tag{P11.53-1}$$

其中 M 是一个与二极管结构有关的常数，q 是一个电子的电荷，K 是玻尔兹曼常数，T 是热力学温度。注意，式(P11.53-1)的理想化关系是假定没有任何负的二极管电流存在。通常情况下虽然有一个很小的二极管最大反向电流，但在分析中略去了这种可能性。

(a) 假定运算放大器的输入阻抗无限大，而输出阻抗为零，证明：下列关系成立：

$$v_o(t) = v_d(t) + Ri_d(t) + v_i(t) \tag{P11.53-2}$$

$$v_o(t) = -K[v_o(t) - v_d(t)] \tag{P11.53-3}$$

(b) 证明：对于大的 K 值，$v_o(t)$ 和 $v_i(t)$ 之间的关系与图 P11.53(b) 反馈系统中的关系基本相同，在该图中反馈通路上的系统是一个非线性无记忆系统，其输入为 $v_o(t)$，输出为

$$w(t) = RM e^{qv_o(t)/kT}$$

(c) 证明：对于大的 K 值

$$v_o(t) \approx \frac{kT}{q} \ln\left(-\frac{v_i(t)}{RM}\right) \tag{P11.53-4}$$

注意，式(P11.53-4)仅对负的 $v_i(t)$ 有意义，这与二极管电流不能是负值的要求相一致。如果加上一个正的 $v_i(t)$，那么电流 $i_d(t)$ 就不能平衡掉通过电阻器的电流，因此就有一个不可忽略的电流反馈给放大器，从而引起放大器饱和。

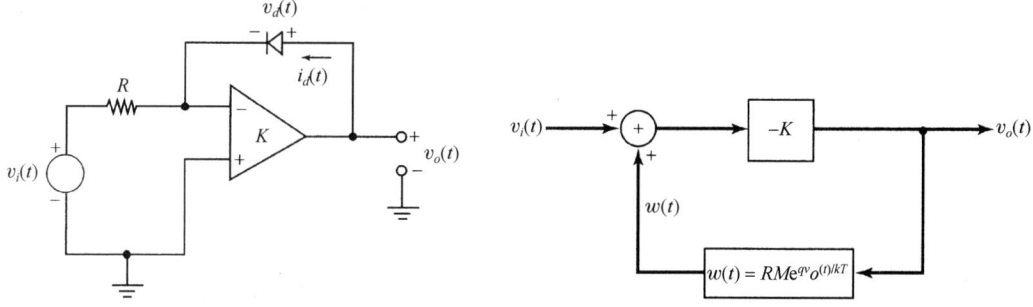

图 P11.53

11.54 本题要说明利用正反馈来产生振荡信号。

(a) 考虑图 P11.54(a) 所示的系统，证明：若

$$G(s)H(s) = -1 \tag{P11.54-1}$$

则 $x_f(t) = x_i(t)$。

假设在图 P11.54(a) 中将端点 1 和 2 连接起来，并使 $x_i(t) = 0$，那么若仍满足式(P11.54-1)，系统的输出就应该保持不变。现在这个系统在没有任何输入时产生了一个输出。因此，只要满足式(P11.54-1)，图 P11.54(b) 所示系统就是一个振荡器。

(b) 在实际中一般常用的是正弦波振荡器。对于这样的振荡器，可以将式(P11.54-1)的条件重写为

$$G(j\omega_0)H(j\omega_0) = -1 \tag{P11.54-2}$$

当满足式(P11.54-2)时，图 P11.54(b) 所示的系统在 ω_0 处的闭环增益值是什么？

(c) 一个正弦振荡器可以利用图 P11.54(c) 所示电路，根据上述原理来构成。该放大器的输入是电压 $v_1(t)$ 和 $v_2(t)$ 之差。在这个电路中，放大器的增益为 A，输出电阻是 R_0；$Z_1(s)$，$Z_2(s)$ 和 $Z_3(s)$ 都是阻抗。也就是说，每一个都是一个线性时不变系统的系统函数，其输入是流入该阻抗元件的电流，输出是跨在该元件两端的电压。对这个电路可以证明

$$H(s) = \frac{-AZ_L(s)}{Z_L(s) + R_0}$$

其中，

$$Z_L = \frac{Z_2(s)(Z_1(s) + Z_3(s))}{Z_1(s) + Z_2(s) + Z_3(s)}$$

另外也能证明

$$G(s) = \frac{-Z_1(s)}{Z_1(s) + Z_3(s)}$$

(i) 证明

$$G(s)H(s) = \frac{AZ_1(s)Z_2(s)}{R_0(Z_1(s) + Z_2(s) + Z_3(s)) + Z_2(s)(Z_1(s) + Z_3(s))}$$

(ii) 若 $Z_1(s)$，$Z_2(s)$ 和 $Z_3(s)$ 都是纯电抗(即电感或电容)，就能写成 $Z_1(j\omega) = jX_1(j\omega)$，$Z_2(j\omega) = jX_2(j\omega)$ 和 $Z_3(j\omega) = jX_3(j\omega)$，其中 $X_i(j\omega)$，$i = 1, 2, 3$ 均是实数。利用(b)和(i)中的结果，证明该电路能产生振荡的一个必要条件是

$$X_1(j\omega) + X_2(j\omega) + X_3(j\omega) = 0$$

(iii) 证明：除了(ii)中的条件，$AX_1(j\omega) = X_2(j\omega)$ 是该电路产生振荡必须满足的另一个条件。因为对电感来说，$X_i(j\omega)$ 为正；对电容来说，$X_i(j\omega)$ 为负，所以后面这个条件要求 $Z_1(s)$ 和 $Z_2(s)$ 必须是同一种类型的阻抗，即应该同为电感或同为电容。

(iv) 假设 $Z_1(s)$ 和 $Z_2(s)$ 同为电感，则有

$$X_1(j\omega) = X_2(j\omega) = \omega L$$

假设 $Z_3(s)$ 为电容，则有

$$X_3(j\omega) = -1/(\omega C)$$

利用(ii)中导出的条件确定电路产生振荡的频率(用 L 和 C 表示)。

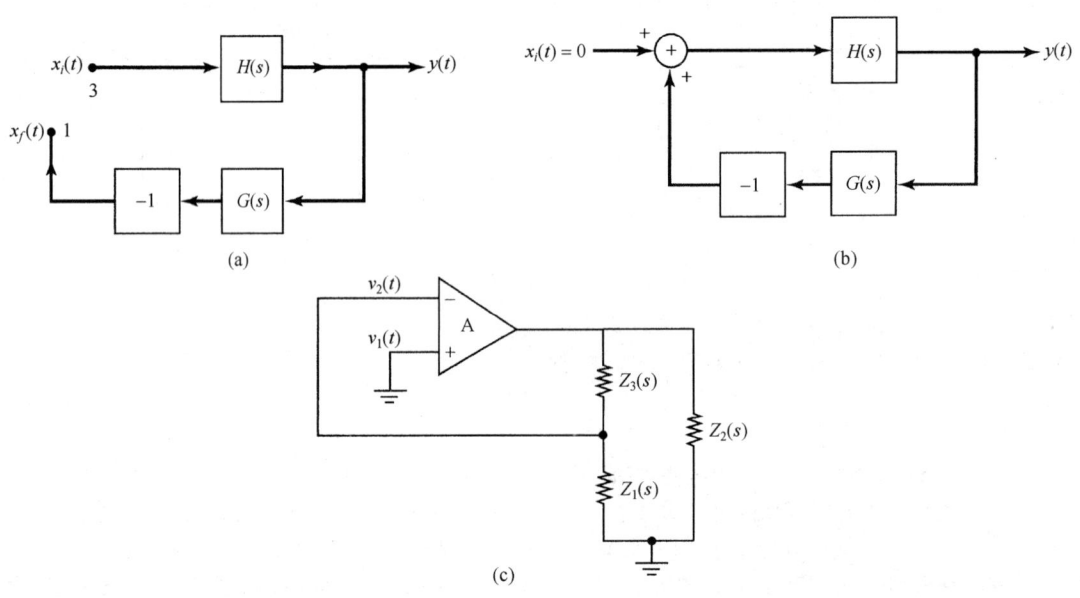

图 P11.54

11.55 (a) 考虑图 P11.55(a) 所示的非递归离散时间线性时不变滤波器。对于这个非递归系统，通过应用反馈可以实现一个递归滤波器。为此，考虑示于图 P11.55(b) 中的结构，其中 $H(z)$ 是图 P11.55(a) 的非递归线性时不变系统的系统函数。试求该反馈系统总的系统函数，并求出关于整个系统输入和输出的差分方程。

(b) 假设图 P11.55(b) 中的 $H(z)$ 是一个递归线性时不变系统的系统函数，即假设

$$H(z) = \frac{\sum_{i=1}^{N} c_i z^{-i}}{\sum_{i=1}^{N} d_i z^{-i}}$$

怎样求系数 $K, c_1, \cdots, c_N$ 和 $d_0, \cdots, d_N$ 的值,使得闭环系统函数为

$$Q(z) = \frac{\sum_{i=0}^{N} b_i z^{-i}}{\sum_{i=0}^{N} a_i z^{-i}}$$

其中 a_i 和 b_i 都是已给定的系数。

在本题中已经看到,利用反馈可以提供实现由线性常系数差分方程确定的线性时不变系统的另一种方法。因为有一些技术最适合用这种抽头延迟线的结构(即,由一串具有抽头的延迟线来构成,在各抽头处的输出经加权后再相加作为输出的系统)来实现,因此在(a)中的由围绕非递归系统的反馈所构成的实现是特别有意义的。

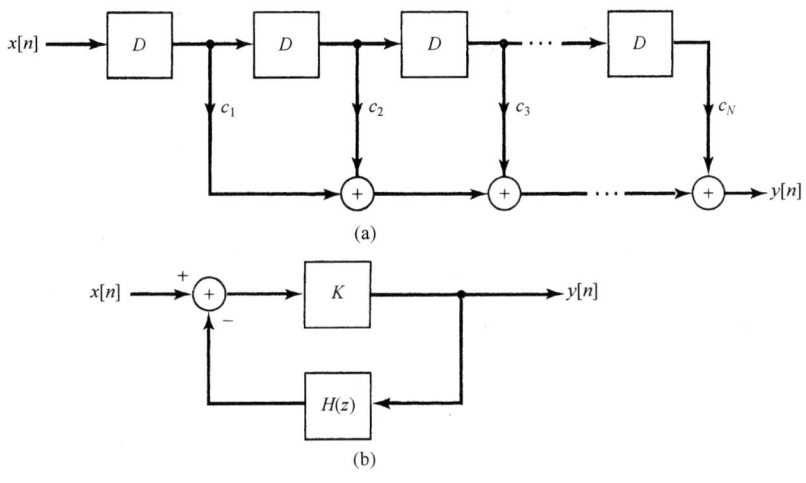

图 P11.55

11.56 考虑安装在一个可移动小车上的倒立摆系统,如图 P11.56 所示。这里已经将这个摆模型化为由一个长度为 L 的无质量杆和杆末端的质量 m 组成。变量 $\theta(t)$ 记为该摆偏离垂直位置的角度,g 是重力加速度,$s(t)$ 是小车相对于某个参考点的位置,$a(t)$ 是小车的加速度,$x(t)$ 代表由任何扰动(如一阵微风)引起的角加速度。

本题的目的是分析这个倒立摆的动态特性,具体而言就是通过合理地选择小车加速度 $a(t)$ 来研究该倒立摆的平衡问题。联系 $\theta(t)$、$a(t)$ 和 $x(t)$ 的微分方程是

$$L\frac{d^2\theta(t)}{dt^2} = g\sin[\theta(t)] - a(t)\cos[\theta(t)] + Lx(t)$$

(P11.56-1)

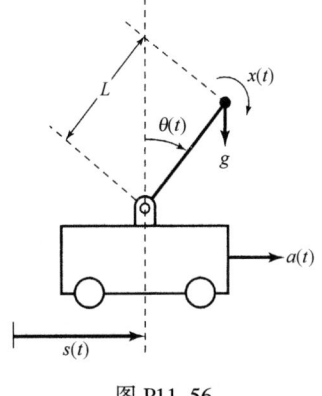

图 P11.56

这个关系就是将该质量沿垂直于杆的方向上的实际加速度与此方向以外的加速度(包括重力加速度、由于 $x(t)$ 引起的扰动加速度和小车的加速度)相等。

注意,式(P11.56-1)是一个非线性微分方程。详细而严格地分析了这个摆的特性,仔细考虑这一方程,然而通过线性化分析,还是能够得到有关该摆的动态特性的大量细节。具体而言,考虑该摆接近垂直位置,即 $\theta(t)$ 很小时摆的动态特性。这时可给出如下近似:

$$\sin[\theta(t)] \approx \theta(t), \quad \cos[\theta(t)] \approx 1 \qquad (P11.56\text{-}2)$$

(a) 假设小车是静止的,即 $a(t)=0$,研究由式(P11.56-1)所描述的输入为 $x(t)$,输出为 $\theta(t)$ 的因果

线性时不变系统，再结合由式(P11.56-2)给出的近似关系，求出该系统的系统函数，并证明：该系统在右半平面有一个极点，这表明该系统是不稳定的。

(b) 在(a)中的结果表明，如果小车是静止不动的，那么任何由 $x(t)$ 造成的微小角扰动都将导致偏离垂直方向的角度进一步增大。很明显，在某一点，这种角偏离已经大到使式(P11.56-2)的近似不再成立，在这一点上线性化分析不再正确。但是，正因为小的角偏离时这个近似是对的，才得出这个垂直平衡点是不稳定的，因为小的角度偏离将一直增加，而不是最终消失。现在研究当小车以适当的方式移动时，摆在垂直位置的稳定问题。设想采用比例反馈，即

$$a(t) = K\theta(t)$$

假定 $\theta(t)$ 很小，所以式(P11.56-2)有效。试以 $\theta(t)$ 作为输出，$x(t)$ 作为外部输入，$a(t)$ 作为反馈信号，画出这个线性化的系统方框图。证明：所得到的闭环系统是不稳定的。试求出，当 $x(t) = \delta(t)$ 时该摆以无阻尼振荡方式来回摆动的 K 值。

(c) 考虑使用比例加微分(PD)反馈

$$a(t) = K_1\theta(t) + K_2\frac{\mathrm{d}\theta(t)}{\mathrm{d}t}$$

证明：可以求出使摆稳定的 K_1 和 K_2 值。事实上，利用下列 g 和 L 的值：

$$\begin{aligned} g &= 9.8 \text{ m/s} \\ L &= 0.5 \text{ m} \end{aligned} \tag{P11.56-3}$$

可以选择 K_1 和 K_2 的值，使得闭环系统的阻尼系数为 1，自然频率为 3 rad/s。

11.57 本题要考虑设计跟踪系统的几个例子。对于图 P11.57 所示的系统，其中 $H_p(s)$ 是一个其输出要被控制的系统，$H_c(s)$ 是要设计的补偿器。在选择 $H_c(s)$ 时，其目的是使输出 $y(t)$ 跟踪输入 $x(t)$；特别是，除了稳定这个系统，还想使这个系统设计为对于某些给定的输入，其误差 $e(t)$ 衰减到零。

(a) 假设

$$H_p(s) = \frac{\alpha}{s+\alpha}, \quad \alpha \neq 0 \tag{P11.57-1}$$

证明：若 $H_c(s) = K$，称为**比例**(proportional)控制或 P 控制，就能够选择 K 值，以稳定该系统，并使得在 $x(t) = \delta(t)$ 时，有 $e(t) \to 0$。证明：若 $x(t) = u(t)$，就不能得到 $e(t) \to 0$。

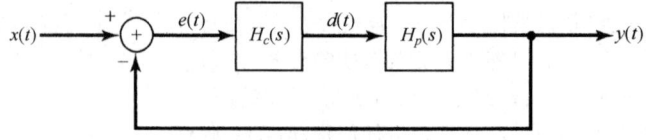

图 P11.57

(b) 再次设 $H_p(s)$ 为式(P11.57-1)，并设想采用**比例加积分**(proportional-plus-integral, PI)控制，即

$$H_c(s) = K_1 + \frac{K_2}{s}$$

证明：能够选择 K_1 和 K_2 的值，以稳定该系统，并在 $x(t) = u(t)$ 时，还能得到 $e(t) \to 0$。因此，这个系统可以跟踪一个阶跃变化。事实上，这就说明了在反馈系统设计中一个基本而重要的原理：为了跟踪一个阶跃变化 $[X(s) = 1/s]$，在反馈系统中就需要一个积分器 $(1/s)$。习题 11.58 考虑对这个原理的一种推广。

(c) 假设 $H_p(s)$ 为

$$H_p(s) = \frac{1}{(s-1)^2}$$

证明：用一个比例加积分控制器不能稳定这个系统。但是，如果采用**比例加积分加微分**(proportional-plus-integral-plus-differential, PID)控制，即

$$H_c(s) = K_1 + \frac{K_2}{s} + K_3 s$$

就能稳定这个系统，并让它能跟踪一个阶跃的变化。

11.58 在习题 11.57 中讨论了存在于反馈系统中的一个积分器，怎样使系统有可能跟踪一个阶跃输入，并且稳态误差为零。本题将推广这一想法。考虑图 P11.58 所示的反馈系统，假设总的闭环系统是稳定的，同时假设

$$H(s) = \frac{K \prod_{k=1}^{m}(s - \beta_k)}{s^l \prod_{k=1}^{n-l}(s - \alpha_k)}$$

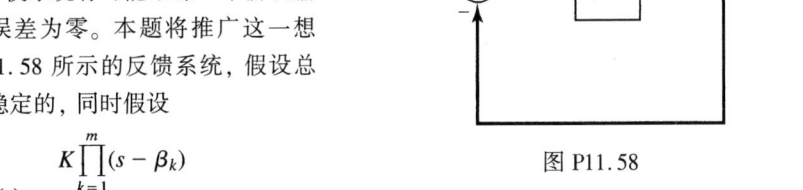

图 P11.58

其中 α_k 和 β_k 都是已知的非零数，l 是一个正整数。图 P11.58 所示的反馈系统常称为 I 型反馈系统。

(a) 利用终值定理（见 9.5.10 节）证明：I 型反馈系统能够跟踪一个阶跃变化，即若 $e(t) \to 0$ 则有 $x(t) = u(t)$。

(b) 以类似方式证明：I 型反馈系统不能跟踪一个斜坡变化，而是若 $x(t) = u_{-2}(t)$，则 $e(t)$ 趋于一个有限常数。

(c) 证明：若 $k > 2$ 时，$x(t) = u_{-k}(t)$，那么 I 型系统就会有一个无界的结果。

(d) 更一般的情况是证明，对 I 型系统：

(i) 若 $k \leq l$ 时 $x(t) = u_{-k}(t)$，则 $e(t)$ 趋于零。

(ii) 若 $x(t) = u_{(-l+1)}(t)$，则 $e(t)$ 趋于一个有限常数。

(iii) 若 $k > l+1$ 时 $x(t) = u_{-k}(t)$，则 $e(t)$ 趋于无穷大。

11.59 (a) 考虑图 P11.59 所示的离散时间反馈系统。假设

$$H(z) = \frac{1}{(z-1)(z+\frac{1}{2})}$$

证明：该系统在下述意义下能够跟踪一个单位阶跃，若 $x[n] = u[n]$，则

$$\lim_{n \to \infty} e[n] = 0 \qquad \text{(P11.59-1)}$$

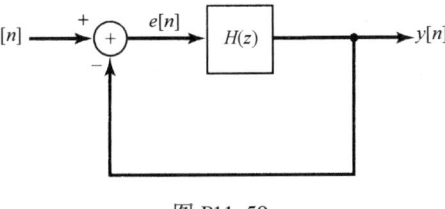

图 P11.59

(b) 更一般的情况下，考虑图 P11.59 所示的反馈系统，并假设闭环系统是稳定的。假定 $H(z)$ 有一个极点在 $z = 1$，证明：该系统能够跟踪一个单位阶跃。**提示**：用 $H(z)$ 和 $u[n]$ 的变换式表示 $e[n]$ 的变换 $E(z)$；解释为什么 $E(z)$ 的全部极点都在单位圆内。

(c) 上面 (a) 和 (b) 的结果是在离散时间中的，与习题 11.57 和习题 11.58 讨论的连续时间系统的结果相对应。在离散时间中，也可以考虑在经过若干步以后能完全跟踪给定输入的系统设计问题。这种系统称为**临界阻尼反馈系统**（deadbeat feedback system）。

考虑图 P11.59 所示的离散时间系统，其

$$H(z) = \frac{z^{-1}}{1 - z^{-1}}$$

证明：整个闭环系统是一个临界阻尼反馈系统，而且在经过一步以后，就能完全跟踪上一个阶跃输入，即若 $x[n] = u[n]$，那么 $n \geq 1$ 时 $e[n] = 0$。

(d) 证明：图 P11.59 的反馈系统，在

$$H(z) = \frac{\frac{3}{4}z^{-1} + \frac{1}{4}z^{-2}}{(1 + \frac{1}{4}z^{-1})(1 - z^{-1})}$$

下是一个临界阻尼系统，并具有如下跟踪性质：在经过若干步之后，输出能完全跟踪一个单位阶跃。那么在哪一步，误差 $e[n]$ 首先到达零？

(e) 更一般的情况是，对于图 P11.59 所示的反馈系统，求出使 $y[n]$ 在 $n \geq N$ 后能完全跟踪一个单位阶跃的 $H(z)$；事实上，这就是要使

$$e[n] = \sum_{k=0}^{N-1} a_k \delta[n-k] \tag{P11.59-2}$$

其中 a_k 是给定的常数。**提示**：当输入为单位阶跃，$e[n]$ 由式 (P11.59-2) 给出时，应用 $H(z)$ 和 $E(z)$ 之间的关系。

(f) 若图 P11.59 所示系统中的

$$H(z) = \frac{z^{-1} + z^{-2} - z^{-3}}{(1 + z^{-1})(1 - z^{-1})^2}$$

证明：该系统在经过两步以后就能完全跟踪上一个斜坡信号 $x[n] = (n+1)u[n]$。

11.60 本题要研究采样-数据反馈系统的几个性质并说明这种系统的应用。回顾 11.2.4 节所提到的，在一个采样-数据反馈系统中，连续时间系统的输出被采样，所得到的样本序列通过一个离散时间系统处理之后，又转换回连续时间信号中，然后将该连续时间信号反馈到输入端，并从外部输入中减去它，以产生该连续时间系统的真正输入。

(a) 考虑图 11.6(b) 中虚线框内的系统。这是一个输入为 $e[n]$，输出为 $p[n]$ 的离散时间系统，证明：该系统是一个线性时不变系统。在图中已指出，将 $F(z)$ 记为该系统的系统函数。

(b) 证明：在图 11.6(b) 中，系统函数为 $F(z)$ 的离散时间系统与系统函数为 $H(s)$ 的连续时间系统是以阶跃响应不变法相联系的。也就是说，若 $s(t)$ 是连续时间系统的阶跃响应，$q[n]$ 是离散时间系统的阶跃响应，那么

$$q[n] = s(nT), \quad \text{对全部} n$$

(c) 假设

$$H(s) = \frac{1}{s-1}, \quad \mathcal{R}e\{s\} > 1$$

证明

$$F(z) = \frac{(e^T - 1)z^{-1}}{1 - e^T z^{-1}}, \quad |z| > e^T$$

(d) 假设 $H(s)$ 与 (c) 所给出的一样，而 $G(z) = K$，试求使图 11.6(b) 所示闭环离散时间系统稳定的 K 值范围。

(e) 假设

$$G(z) = \frac{K}{1 + \frac{1}{2}z^{-1}}$$

T 在什么条件下能够找到一个 K 值使整个系统稳定？试求出一对 K 和 T 的值，从而产生一个稳定的闭环系统。**提示**：查看根轨迹，找出使极点进入或离开单位圆的 K 值。

附录 A　部分分式展开

A.1　引言

本附录的目的是阐述部分分式展开法。在信号与系统的研究中,这一方法非常有用,尤其是在求傅里叶逆变换、拉普拉斯逆变换或 z 逆变换,以及分析由线性常系数微分方程或差分方程表征的线性时不变系统时,显得特别有用。部分分式展开法就是把一个由两个多项式之比构成的函数,展开成一些形式上相同的简单项的线性组合。在这个线性组合中,确定系数是获得部分分式展开要解决的基本问题。我们将会看到,这个问题是在代数中能用一种"簿记"的形式很方便地解决的一个相当直接的问题。

为了说明基本想法和部分分式展开的基本法则,考虑 6.5.2 节讨论过的二阶连续时间线性时不变系统的分析问题。其微分方程为

$$\frac{d^2 y(t)}{dt^2} + 2\zeta\omega_n \frac{dy(t)}{dt} + \omega_n^2 y(t) = \omega_n^2 x(t) \tag{A.1}$$

该系统的频率响应是

$$H(j\omega) = \frac{\omega_n^2}{(j\omega)^2 + 2\zeta\omega_n(j\omega) + \omega_n^2} \tag{A.2}$$

或者,若将分母因式分解,则有

$$H(j\omega) = \frac{\omega_n^2}{(j\omega - c_1)(j\omega - c_2)} \tag{A.3}$$

其中,

$$\begin{aligned} c_1 &= -\zeta\omega_n + \omega_n\sqrt{\zeta^2 - 1} \\ c_2 &= -\zeta\omega_n - \omega_n\sqrt{\zeta^2 - 1} \end{aligned} \tag{A.4}$$

有了 $H(j\omega)$ 之后,就可以回答许多有关该系统的问题。例如,为了求出该系统的单位冲激响应,回忆一下,对于任何实部 $Re\{s\} < 0$ 的 a,

$$x_1(t) = e^{at}u(t) \tag{A.5}$$

的傅里叶变换为

$$X_1(j\omega) = \frac{1}{j\omega - a} \tag{A.6}$$

而如果

$$x_2(t) = te^{at}u(t) \tag{A.7}$$

则有

$$X_2(j\omega) = \frac{1}{(j\omega - a)^2} \tag{A.8}$$

因此,如果能将 $H(j\omega)$ 展开成一些具有式(A.6)或式(A.8)形式的项之和,就能凭直观求得 $H(j\omega)$ 的逆变换。例如,在 6.5.2 节中可注意到,当 $c_1 \neq c_2$ 时,式(A.3)就可以重新写成如下形式:

$$H(j\omega) = \left(\frac{\omega_n^2}{c_1 - c_2}\right)\frac{1}{j\omega - c_1} + \left(\frac{\omega_n^2}{c_2 - c_1}\right)\frac{1}{j\omega - c_2} \tag{A.9}$$

这时,就可以利用式(A.5)和式(A.6)的傅里叶变换对,立即写出 $H(j\omega)$ 的逆变换为

$$h(t) = \left[\frac{\omega_n^2}{c_1 - c_2}e^{c_1 t} + \frac{\omega_n^2}{c_2 - c_1}e^{c_2 t}\right]u(t) \tag{A.10}$$

虽然以上讨论是针对连续时间傅里叶变换的,但类似的概念在离散时间傅里叶分析和在拉普拉斯变换及 z 变换的应用中也同样适用。在所有这些情况中,尤其是遇到**有理变换**(rational transform)这样一类重要的类型,即变换式是某个变量的多项式之比时更是如此。同时,在每种情况下,都能发现将变换式展开成形如式(A.9)的这些简单项之和的理由。本节中为了导出求这种展开式的一般方法,考虑一个一般变量 v 的有理函数,即考虑具有如下形式的函数:

$$H(v) = \frac{\beta_m v^m + \beta_{m-1} v^{m-1} + \cdots + \beta_1 v + \beta_0}{\alpha_n v^n + \alpha_{n-1} v^{n-1} + \cdots + \alpha_1 v + \alpha_0} \tag{A.11}$$

对于连续时间傅里叶分析来说,v 对应于 $(j\omega)$;而对于拉普拉斯变换来说,v 对应于复变量 s。在离散时间傅里叶分析中,通常将 v 取为 $e^{-j\omega}$;而对于 z 变换,则可用 z^{-1} 或 z 取代 v。在导出部分分式展开的基本方法之后,再说明它在连续和离散时间线性时不变系统分析中的应用。

A.2 部分分式展开和连续时间信号与系统

在推导中,为了方便起见,设有理函数是两种标准形式中的一种。其中第二种形式在离散时间信号与系统分析中是常用的,将给予简要讨论。第一种标准形式是

$$G(v) = \frac{b_{n-1} v^{n-1} + b_{n-2} v^{n-2} + \cdots + b_1 v + b_0}{v^n + a_{n-1} v^{n-1} + \cdots + a_1 v + a_0} \tag{A.12}$$

在这种形式中,分母中阶次最高的项的系数为 1,并且分子的阶次低于分母的阶次(若 $b_{n-1} = 0$,则分子的阶次将低于 $n-1$)。

如果以式(A.11)的形式给出 $H(v)$,则可以经由两步简单的计算得到形如式(A.12)的有理函数。第一步,将 $H(v)$ 的分子和分母同除以 a_n,可得

$$H(v) = \frac{\gamma_m v^m + \gamma_{m-1} v^{m-1} + \cdots + \gamma_1 v + \gamma_0}{v^n + a_{n-1} v^{n-1} + \cdots + a_1 v + a_0} \tag{A.13}$$

其中,

$$\gamma_m = \frac{\beta_m}{\alpha_n}, \qquad \gamma_{m-1} = \frac{\beta_{m-1}}{\alpha_n}, \qquad \cdots$$

$$a_{n-1} = \frac{\alpha_{n-1}}{\alpha_n}, \qquad a_{n-2} = \frac{\alpha_{n-2}}{\alpha_n}, \qquad \cdots$$

若 $m < n$,则 $H(v)$ 称为**严格真**(strictly proper)有理函数,在这种情况下,令 $b_0 = \gamma_0$,$b_1 = \gamma_1$,$\cdots$,$b_m = \gamma_m$,并置其余 b 都等于零,式(A.13)中的 $H(v)$ 就已经具有式(A.12)的形式了。本书大多数有关有理函数的讨论都是关于严格真有理函数的。然而,如果 $H(v)$ 不是真有理函数(即 $m \geq n$),则可以通过基本的计算,将 $H(v)$ 写成一个 v 的多项式与一个严格真有理函数之和,即

$$H(v) = c_{m-n} v^{m-n} + c_{m-n-1} v^{m-n-1} + \cdots + c_1 v + c_0$$
$$+ \frac{b_{n-1} v^{n-1} + b_{n-2} v^{n-2} + \cdots + b_1 v + b_0}{v^n + a_{n-1} v^{n-1} + \cdots + a_1 v + a_0} \tag{A.14}$$

系数 c_0, c_1, $\cdots$, c_{m-n} 和 b_0, b_1, $\cdots$, b_{n-1} 可通过令式(A.13)和式(A.14)的等号右边部分相等,然后两部分同乘以分母而求得,即

$$\begin{aligned}\gamma_m v^m + \cdots + \gamma_1 v + \gamma_0 = & b_{n-1} v^{n-1} + \cdots + b_1 v + b_0 \\ & + (c_{m-n} v^{m-n} + \cdots + c_0)(v^n + a_{n-1} v^{n-1} + \cdots + a_0)\end{aligned} \quad (A.15)$$

令式(A.15)的等号两边 v 的同幂次项的系数相等,就能利用 a 和 γ 的值求得 c 和 b 的值。例如,若 $m=2$ 且 $n=1$,则

$$H(v) = \frac{\gamma_2 v^2 + \gamma_1 v + \gamma_0}{v + a_1} = c_1 v + c_0 + \frac{b_0}{v + a_1} \quad (A.16)$$

这时,式(A.15)就变成了

$$\begin{aligned}\gamma_2 v^2 + \gamma_1 v + \gamma_0 &= b_0 + (c_1 v + c_0)(v + a_1) \\ &= b_0 + c_1 v^2 + (c_0 + a_1 c_1) v + a_1 c_0\end{aligned}$$

由 v 的同幂次项的系数相等,可得到如下方程:

$$\begin{aligned}\gamma_2 &= c_1 \\ \gamma_1 &= c_0 + a_1 c_1 \\ \gamma_0 &= b_0 + a_1 c_0\end{aligned}$$

从第一个方程直接得到 c_1 值,代入第二个方程可解得 c_0,依次将 c_0 和 c_1 代入第三个方程求得 b_0,最后的结果是

$$\begin{aligned}c_1 &= \gamma_2 \\ c_0 &= \gamma_1 - a_1 \gamma_2 \\ b_0 &= \gamma_0 - a_1(\gamma_1 - a_1 \gamma_2)\end{aligned}$$

式(A.15)的一般情况可用类似的方法来解。

现在,把目标放在式(A.12)的真有理函数 $G(v)$ 上,将它展开成简单的真有理函数之和。为了看清楚展开方法,考虑 $n=3$ 的情况,这时式(A.12)简化成

$$G(v) = \frac{b_2 v^2 + b_1 v + b_0}{v^3 + a_2 v^2 + a_1 v + a_0} \quad (A.17)$$

第一步先将 $G(v)$ 的分母因式分解,为此将它写成

$$G(v) = \frac{b_2 v^2 + b_1 v + b_0}{(v - \rho_1)(v - \rho_2)(v - \rho_3)} \quad (A.18)$$

暂且假设分母的根 ρ_1, ρ_2 和 ρ_3 都不相同,可将 $G(v)$ 展开成如下形式的和:

$$G(v) = \frac{A_1}{v - \rho_1} + \frac{A_2}{v - \rho_2} + \frac{A_3}{v - \rho_3} \quad (A.19)$$

接下来就是确定系数 A_1, A_2 和 A_3。一种方法是令式(A.18)与式(A.19)的等号右边部分相等,然后将两部分同乘以分母。在这种情况下,可得到方程

$$b_2 v^2 + b_1 v + b_0 = A_1(v - \rho_2)(v - \rho_3) + A_2(v - \rho_1)(v - \rho_3) + A_3(v - \rho_1)(v - \rho_2) \quad (A.20)$$

将式(A.20)的等号右边部分展开,并令 v 的同幂次项的系数相等,就可以得到一组线性方程,以解出 A_1, A_2 和 A_3。

虽然这种方法总是可行的,但还有一种更简单的方法。考虑式(A.19),并假定要想计算 A_1,那么两边都乘以 $(v - \rho_1)$,得到

$$(v - \rho_1) G(v) = A_1 + \frac{A_2(v - \rho_1)}{v - \rho_2} + \frac{A_3(v - \rho_1)}{v - \rho_3} \quad (A.21)$$

因为 ρ_1, ρ_2 和 ρ_3 各不相同,对于 $v=\rho_1$,式(A.21)的等号右边的最后两项等于零,因此

$$A_1 = [(v-\rho_1)G(v)]|_{v=\rho_1} \tag{A.22}$$

或者,利用式(A.18)可得

$$A_1 = \frac{b_2\rho_1^2 + b_1\rho_1 + b_0}{(\rho_1-\rho_2)(\rho_1-\rho_3)} \tag{A.23}$$

同理,

$$A_2 = [(v-\rho_2)G(v)]|_{v=\rho_2} = \frac{b_2\rho_2^2 + b_1\rho_2 + b_0}{(\rho_2-\rho_1)(\rho_2-\rho_3)} \tag{A.24}$$

$$A_3 = [(v-\rho_3)G(v)]|_{v=\rho_3} = \frac{b_2\rho_3^2 + b_1\rho_3 + b_0}{(\rho_3-\rho_1)(\rho_3-\rho_2)} \tag{A.25}$$

现在假设 $\rho_1 = \rho_3 \neq \rho_2$,即

$$G(v) = \frac{b_2v^2 + b_1v + b_0}{(v-\rho_1)^2(v-\rho_2)} \tag{A.26}$$

在这种情况下,要寻求一种

$$G(v) = \frac{A_{11}}{v-\rho_1} + \frac{A_{12}}{(v-\rho_1)^2} + \frac{A_{21}}{v-\rho_2} \tag{A.27}$$

的展开式。这里,当把式(A.27)通分时,为了得到正确的分母,就需要有 $1/(v-\rho_1)^2$ 这一项。在一般情况下,也需要包括 $1/(v-\rho_1)$ 这一项。为了说明其理由,考虑令式(A.26)和式(A.27)的等号右边部分相等,然后两部分同乘以式(A.26)的分母,可得

$$b_2v^2 + b_1v + b_0 = A_{11}(v-\rho_1)(v-\rho_2) + A_{12}(v-\rho_2) + A_{21}(v-\rho_1)^2 \tag{A.28}$$

如果再次令 v 的同幂次项的系数相等,就得到了三个方程(对于 v^0,v^1 和 v^2 项的系数)。倘若略去式(A.27)中的 A_{11} 项,将得到含有两个未知量的三个方程,这样一般将无解。一旦包括了这一项,总是能求得一个解。然而,在这种情况下,还有一个更简单的方法。考虑式(A.27),等号两边同乘以 $(v-\rho_1)^2$:

$$(v-\rho_1)^2 G(v) = A_{11}(v-\rho_1) + A_{12} + \frac{A_{21}(v-\rho_1)^2}{v-\rho_2} \tag{A.29}$$

从上面的例子可立即看出如何确定 A_{12}:

$$A_{12} = [(v-\rho_1)^2 G(v)]|_{v=\rho_1} = \frac{b_2\rho_1^2 + b_1\rho_1 + b_0}{\rho_1-\rho_2} \tag{A.30}$$

至于 A_{11},假设将式(A.29)两边对 v 微分,即

$$\frac{d}{dv}[(v-\rho_1)^2 G(v)] = A_{11} + A_{21}\left[\frac{2(v-\rho_1)}{v-\rho_2} - \frac{(v-\rho_1)^2}{(v-\rho_2)^2}\right] \tag{A.31}$$

很明显,对于 $v=\rho_1$,式(A.31)中最后一项是零,因此

$$A_{11} = \left[\frac{d}{dv}(v-\rho_1)^2 G(v)\right]\bigg|_{v=\rho_1}$$
$$= \frac{2b_2\rho_1 + b_1}{\rho_1-\rho_2} - \frac{b_2\rho_1^2 + b_1\rho_1 + b_0}{(\rho_1-\rho_2)^2} \tag{A.32}$$

最后,把式(A.27)乘以 $(v-\rho_2)$,可以求得

$$A_{21} = [(v-\rho_2)G(v)]|_{v=\rho_2} = \frac{b_2\rho_2^2 + b_1\rho_2 + b_0}{(\rho_2-\rho_1)^2} \tag{A.33}$$

这个例子说明了一般情况下的部分分式展开的所有基本概念。特别是，设式（A.12）中 $G(v)$ 的分母的不同根 $\rho_1, \cdots, \rho_r$ 分别具有 $\sigma_1, \cdots, \sigma_r$ 次幂，那么

$$G(v) = \frac{b_{n-1}v^{n-1}+\cdots+b_1 v+b_0}{(v-\rho_1)^{\sigma_1}(v-\rho_2)^{\sigma_2}\cdots(v-\rho_r)^{\sigma_r}} \tag{A.34}$$

这时，$G(v)$ 具有部分分式展开的形式：

$$\begin{aligned} G(v) &= \frac{A_{11}}{v-\rho_1} + \frac{A_{12}}{(v-\rho_1)^2} + \cdots + \frac{A_{1\sigma_1}}{(v-\rho_1)^{\sigma_1}} \\ &\quad + \frac{A_{21}}{v-\rho_2} + \cdots + \frac{A_{2\sigma_2}}{(v-\rho_2)^{\sigma_2}} \\ &\quad + \cdots + \frac{A_{r1}}{v-\rho_r} + \cdots + \cdots + \frac{A_{r\sigma_r}}{(v-\rho_r)^{\sigma_r}} \\ &= \sum_{i=1}^{r}\sum_{k=1}^{\sigma_i} \frac{A_{ik}}{(v-\rho_i)^k} \end{aligned} \tag{A.35}$$

其中，A_{ik} 由下式①计算出：

$$\boxed{A_{ik} = \frac{1}{(\sigma_i-k)!}\left[\frac{\mathrm{d}^{\sigma_i-k}}{\mathrm{d}v^{\sigma_i-k}}[(v-\rho_i)^{\sigma_i}G(v)]\right]\bigg|_{v=\rho_i}} \tag{A.36}$$

这个结果可以像上面例子一样来校验：将式（A.35）的等号两边同乘以 $(v-\rho_i)^{\sigma_i}$，并重复求导，直到 A_{ik} 不再乘以 $(v-\rho_i)$ 的幂次为止，然后令 $v=\rho_i$。

例 A.1 在例 4.25 中，研究了一个由微分方程

$$\frac{\mathrm{d}^2 y(t)}{\mathrm{d}t^2} + 4\frac{\mathrm{d}y(t)}{\mathrm{d}t} + 3y(t) = \frac{\mathrm{d}x(t)}{\mathrm{d}t} + 2x(t) \tag{A.37}$$

描述的线性时不变系统。该系统的频率响应是

$$H(\mathrm{j}\omega) = \frac{\mathrm{j}\omega+2}{(\mathrm{j}\omega)^2+4\mathrm{j}\omega+3} \tag{A.38}$$

为了确定这个系统的单位冲激响应，将 $H(\mathrm{j}\omega)$ 展开成一些简单项之和，而这些简单项的逆变换凭直观就能求得。将 $\mathrm{j}\omega$ 换成 v，即可得到下面的函数：

$$G(v) = \frac{v+2}{v^2+4v+3} = \frac{v+2}{(v+1)(v+3)} \tag{A.39}$$

$G(v)$ 的部分分式展开是

$$G(v) = \frac{A_{11}}{v+1} + \frac{A_{21}}{v+3} \tag{A.40}$$

其中，

$$A_{11} = [(v+1)G(v)]\big|_{v=-1} = \frac{-1+2}{-1+3} = \frac{1}{2} \tag{A.41}$$

$$A_{21} = [(v+3)G(v)]\big|_{v=-3} = \frac{-3+2}{-3+1} = \frac{1}{2} \tag{A.42}$$

于是

$$H(\mathrm{j}\omega) = \frac{\frac{1}{2}}{\mathrm{j}\omega+1} + \frac{\frac{1}{2}}{\mathrm{j}\omega+3} \tag{A.43}$$

---

① 这里阶乘用符号 $r!$ 表示，记为 $r(r-1)(r-2)\cdots 2\cdot 1$，$0!$ 定义为等于 1。

将式(A.43)取逆变换,可得到该系统的单位冲激响应为

$$h(t) = \frac{1}{2}e^{-t}u(t) + \frac{1}{2}e^{-3t}u(t) \tag{A.44}$$

由式(A.37)描述的系统也可以采用拉普拉斯变换分析方法(见第9章),该系统的系统函数是

$$H(s) = \frac{s+2}{s^2+4s+3} \tag{A.45}$$

并且,若以 v 代替 s,就会得到与式(A.39)相同的 $G(v)$。因此,其部分分式展开完全与式(A.40)到式(A.42)相同,其结果是

$$H(s) = \frac{\frac{1}{2}}{s+1} + \frac{\frac{1}{2}}{s+3} \tag{A.46}$$

求该式的逆变换即可得到单位冲激响应,如式(A.44)所示。

例 A.2　现在说明当分母中具有重因子时的部分分式展开的方法。在例4.26中考虑过当输入为

$$x(t) = e^{-t}u(t) \tag{A.47}$$

时,由式(A.37)描述的系统响应。根据式(4.81),系统输出的傅里叶变换是

$$Y(j\omega) = \frac{j\omega+2}{(j\omega+1)^2(j\omega+3)} \tag{A.48}$$

以 v 代替 $j\omega$,可得到有理函数

$$G(v) = \frac{v+2}{(v+1)^2(v+3)} \tag{A.49}$$

这个函数的部分分式展开是

$$G(v) = \frac{A_{11}}{v+1} + \frac{A_{12}}{(v+1)^2} + \frac{A_{21}}{v+3} \tag{A.50}$$

其中,由式(A.36)有

$$A_{11} = \frac{1}{(2-1)!} \frac{d}{dv}[(v+1)^2 G(v)]|_{v=-1} = \frac{1}{4} \tag{A.51}$$

$$A_{12} = [(v+1)^2 G(v)]|_{v=-1} = \frac{1}{2} \tag{A.52}$$

$$A_{12} = [(v+3)G(v)]|_{v=-3} = -\frac{1}{4} \tag{A.53}$$

因此

$$Y(j\omega) = \frac{\frac{1}{4}}{j\omega+1} + \frac{\frac{1}{2}}{(j\omega+1)^2} - \frac{\frac{1}{4}}{j\omega+3} \tag{A.54}$$

取逆变换就会得到

$$y(t) = \left[\frac{1}{4}e^{-t} + \frac{1}{2}te^{-t} - \frac{1}{4}e^{-3t}\right]u(t) \tag{A.55}$$

同理,该分析也能用拉普拉斯变换完成,并且所得代数表示式与式(A.49)至式(A.55)完全相同。

A.3　部分分式展开和离散时间信号与系统

正如前面提及的,对离散时间傅里叶变换或 z 变换式进行部分分式展开时,另一种形式稍有不同的有理函数形式常常更便于处理。假设有一个有理函数,其形式为

$$G(v) = \frac{d_{n-1}v^{n-1} + \cdots + d_1v + d_0}{f_nv^n + \cdots + f_1v + 1} \tag{A.56}$$

这种形式的 $G(v)$,可通过把式(A.12)的 $G(v)$ 的分子和分母同除以 a_0 而得到。

对于式(A.56)中给出的 $G(v)$,分母相应的因式分解具有如下形式:

$$G(v) = \frac{d_{n-1}v^{n-1} + \cdots + d_1 v + d_0}{(1-\rho_1^{-1}v)^{\sigma_1}(1-\rho_2^{-1}v)^{\sigma_2}\cdots(1-\rho_r^{-1}v)^{\sigma_r}} \tag{A.57}$$

部分分式展开的形式为

$$G(v) = \sum_{i=1}^{r}\sum_{k=1}^{\sigma_i} \frac{B_{ik}}{(1-\rho_i^{-1}v)^k} \tag{A.58}$$

B_{ik} 可用类似于前面使用过的方法计算得到:

$$\boxed{B_{ik} = \frac{1}{(\sigma_i-k)!}(-\rho_i)^{\sigma_i-k}\left[\frac{\mathrm{d}^{\sigma_i-k}}{\mathrm{d}v^{\sigma_i-k}}[(1-\rho_i^{-1}v)^{\sigma_i}G(v)]\right]\bigg|_{v=\rho_i}} \tag{A.59}$$

与前面一样,式(A.59)的正确性可以这样验证:将式(A.58)两边各乘以 $(1-\rho_i^{-1}v)^{\sigma_i}$,然后重复对 v 求导,直到 B_{ik} 中不再有乘以 $(1-\rho_i^{-1}v)$ 的幂次为止,最后令 $v=\rho_i$。

例 A.3 考虑例 5.19 的因果线性时不变系统,其差分方程为

$$y[n] - \frac{3}{4}y[n-1] + \frac{1}{8}y[n-2] = 2x[n] \tag{A.60}$$

该系统的频率响应是

$$H(\mathrm{e}^{j\omega}) = \frac{2}{1-\frac{3}{4}\mathrm{e}^{-j\omega}+\frac{1}{8}\mathrm{e}^{-2j\omega}} \tag{A.61}$$

对于像这样的离散时间变换,最方便地是用 v 来代替 $\mathrm{e}^{-j\omega}$。进行这样的替换后,得到的有理函数为

$$G(v) = \frac{2}{1-\frac{3}{4}v+\frac{1}{8}v^2} = \frac{2}{(1-\frac{1}{2}v)(1-\frac{1}{4}v)} \tag{A.62}$$

利用由式(A.57)到式(A.59)给出的部分分式展开式,得到

$$G(v) = \frac{B_{11}}{1-\frac{1}{2}v} + \frac{B_{21}}{1-\frac{1}{4}v} \tag{A.63}$$

$$B_{11} = \left[\left(1-\frac{1}{2}v\right)G(v)\right]\bigg|_{v=2} = \frac{2}{1-\frac{1}{2}} = 4 \tag{A.64}$$

$$B_{21} = \left[\left(1-\frac{1}{4}v\right)G(v)\right]\bigg|_{v=4} = \frac{2}{1-2} = -2 \tag{A.65}$$

于是有

$$H(\mathrm{e}^{j\omega}) = \frac{4}{1-\frac{1}{2}\mathrm{e}^{-j\omega}} - \frac{2}{1-\frac{1}{4}\mathrm{e}^{-j\omega}} \tag{A.66}$$

将式(A.66)取逆变换,可得到单位脉冲响应为

$$h[n] = 4\left(\frac{1}{2}\right)^n u[n] - 2\left(\frac{1}{4}\right)^n u[n] \tag{A.67}$$

在 10.7 节中提出了用 z 变换分析方法来研究由线性常系数差分方程表征的离散时间线性时不变系统。将该分析方法应用于这里的例子,则该系统函数可由式(A.60)凭直观确定为

$$H(z) = \frac{2}{1-\frac{3}{4}z^{-1}+\frac{1}{8}z^{-2}} \tag{A.68}$$

然后,用 v 代替 z^{-1},可得出如式(A.62)所示的 $G(v)$,利用式(A.63)至式(A.65)的部分分式展开式计算,求得

$$H(z) = \frac{4}{1-\frac{1}{2}z^{-1}} - \frac{2}{1-\frac{1}{4}z^{-1}} \qquad (A.69)$$

进行逆变换后，可得到式(A.67)的单位脉冲响应。

例 A.4 假定例 A.3 考虑的系统输入是

$$x[n] = \left(\frac{1}{4}\right)^n u[n] \qquad (A.70)$$

那么，根据例 5.20，输出的傅里叶变换是

$$Y(e^{j\omega}) = \frac{2}{(1-\frac{1}{2}e^{-j\omega})(1-\frac{1}{4}e^{-j\omega})^2} \qquad (A.71)$$

用 v 代替 $e^{-j\omega}$，可得

$$G(v) = \frac{2}{(1-\frac{1}{2}v)(1-\frac{1}{4}v)^2} \qquad (A.72)$$

于是，应用式(A.58)和式(A.59)，可得部分分式展开式为

$$G(v) = \frac{B_{11}}{1-\frac{1}{4}v} + \frac{B_{12}}{(1-\frac{1}{4}v)^2} + \frac{B_{21}}{1-\frac{1}{2}v} \qquad (A.73)$$

并求得

$$B_{11} = (-4)\left[\frac{d}{dv}\left(1-\frac{1}{4}v\right)^2 G(v)\right]\bigg|_{v=4} = -4 \qquad (A.74)$$

$$B_{12} = \left[\left(1-\frac{1}{4}v\right)^2 G(v)\right]\bigg|_{v=4} = -2 \qquad (A.75)$$

$$B_{21} = \left[\left(1-\frac{1}{2}v\right)G(v)\right]\bigg|_{v=2} = 8 \qquad (A.76)$$

因此，

$$Y(j\omega) = -\frac{4}{1-\frac{1}{4}e^{-j\omega}} - \frac{2}{(1-\frac{1}{4}e^{-j\omega})^2} + \frac{8}{1-\frac{1}{2}e^{-j\omega}} \qquad (A.77)$$

利用表 4.2 的傅里叶变换时，凭直观就可求出逆变换为

$$y[n] = \left\{-4\left(\frac{1}{4}\right)^n - 2(n+1)\left(\frac{1}{4}\right)^n + 8\left(\frac{1}{2}\right)^n\right\}u[n] \qquad (A.78)$$

例 A.5 在离散时间系统分析中，常常遇到假有理函数。为了说明这个问题，同时也指出如何用附录 A 中提出的方法进行分析，考虑由差分方程

$$y[n] + \frac{5}{6}y[n-1] + \frac{1}{6}y[n-2] = x[n] + 3x[n-1] + \frac{11}{6}x[n-2] + \frac{1}{3}x[n-3]$$

表征的因果线性时不变系统，该系统的频率响应是

$$H(e^{j\omega}) = \frac{1 + 3e^{-j\omega} + \frac{11}{6}e^{-j2\omega} + \frac{1}{3}e^{-j3\omega}}{1 + \frac{5}{6}e^{-j\omega} + \frac{1}{6}e^{-j2\omega}} \qquad (A.79)$$

用 v 代替 $e^{-j\omega}$，可得

$$G(v) = \frac{1 + 3v + \frac{11}{6}v^2 + \frac{1}{3}v^3}{1 + \frac{5}{6}v + \frac{1}{6}v^2} \qquad (A.80)$$

这个有理函数可以写成一个多项式和一个真有理函数之和：

$$G(v) = c_0 + c_1 v + \frac{b_1 v + b_0}{1 + \frac{5}{6} v + \frac{1}{6} v^2} \tag{A.81}$$

令式(A.80)和式(A.81)等号右边相等，并同乘以 $\left(1 + \frac{5}{6} v + \frac{1}{6} v^2\right)$，可得

$$1 + 3v + \frac{11}{6} v^2 + \frac{1}{3} v^3 = (c_0 + b_0) + \left(\frac{5}{6} c_0 + c_1 + b_1\right) v + \left(\frac{1}{6} c_0 + \frac{5}{6} c_1\right) v^2 + \frac{1}{6} c_1 v^3 \tag{A.82}$$

令各系数相等，可得

$$\begin{aligned} \frac{1}{6} c_1 &= \frac{1}{3} \to c_1 = 2 \\ \frac{1}{6} c_0 + \frac{5}{6} c_1 &= \frac{11}{6} \to c_0 = 1 \\ \frac{5}{6} c_0 + c_1 + b_1 &= 3 \to b_1 = \frac{1}{6} \\ c_0 + b_0 &= 1 \to b_0 = 0 \end{aligned} \tag{A.83}$$

因此，

$$H(e^{j\omega}) = 1 + 2e^{-j\omega} + \frac{\frac{1}{6} e^{-j\omega}}{1 + \frac{5}{6} e^{-j\omega} + \frac{1}{6} e^{-j2\omega}} \tag{A.84}$$

另外，采用附录 A 提出的方法，将式(A.81)中的真有理函数展开成

$$\frac{\frac{1}{6} v}{1 + \frac{5}{6} v + \frac{1}{6} v^2} = \frac{\frac{1}{6} v}{(1 + \frac{1}{3} v)(1 + \frac{1}{2} v)} = \frac{B_{11}}{(1 + \frac{1}{3} v)} + \frac{B_{21}}{(1 + \frac{1}{2} v)} \tag{A.85}$$

这些系数是

$$B_{11} = \left.\left(\frac{\frac{1}{6} v}{1 + \frac{1}{2} v}\right)\right|_{v=-3} = 1$$

$$B_{21} = \left.\left(\frac{\frac{1}{6} v}{1 + \frac{1}{3} v}\right)\right|_{v=-2} = -1$$

因此可得

$$H(e^{j\omega}) = 1 + 2e^{-j\omega} + \frac{1}{1 + \frac{1}{3} e^{-j\omega}} - \frac{1}{1 + \frac{1}{2} e^{-j\omega}} \tag{A.86}$$

凭直观可求得该系统的单位脉冲响应为

$$h[n] = \delta[n] + 2\delta[n-1] + \left[\left(-\frac{1}{3}\right)^n - \left(-\frac{1}{2}\right)^n\right] u[n] \tag{A.87}$$

附录 B 文献清单

本文献清单的目的是为了在信号与系统分析方面,给读者另外提供一些较深入的专题论述材料的来源。这决不是想要给出一个毫无遗漏的清单,而是旨在指出在每一方面进一步研究的方向和若干参考的方面。

本文献清单共分为 16 个不同类别。前面几类涉及信号与系统分析方面的一些数学方法,其中包括基础数学(微积分学、微分和差分方程及复变函数)、傅里叶级数、傅里叶变换、拉普拉斯变换和 z 变换理论,以及在信号与系统分析中常常遇到并使用的其他方面的一些数学问题。接下来的几类是已在本书中介绍过的,在信号与系统方面的几个专题的更为完整和专门的论述,其中包括滤波器设计、离散时间信号处理、通信系统,以及反馈与控制等。另外还给出了信号与系统和电路理论方面的一些基本教材和著作。此外,对于那些有志于进一步扩大在信号与系统方法方面知识领域的读者,或者是利用这些先进技术在应用中进行探索的读者,为便于进一步学习,这里也给出了几个重要的有代表性的领域方面的参考文献,特别是包括了状态空间模型和方法、多维信号、图像和视频处理、语音信号处理、多速率与多分辨率信号分析、随机信号和统计信号处理,以及非线性系统与时变系统等有关内容。最后,还包括了一些涉及其他应用和近代论题方面的参考文献。这个文献清单所收集的参考文献对信号与系统领域所构成的广泛范围和应用领域都提供了很有意义的评价。

B.1 基础数学

B.1.1 微积分学、分析数学与高等数学

ARFKEN, G., and WEBER, H. J., *Mathematical Methods for Physicists*. 4th ed. Boston, MA: Academic Press, 1995.

HILDEBRAND, F. B., *Advanced Calculus for Applications*. 2nd ed. Englewood Cliffs, NJ: Prentice Hall, 1976.

THOMAS, G. B., Jr., and FINNEY, R. L., *Calculus and Analytic Geometry*. 9th ed. Reading, MA: Addison-Wesley, 1996.

B.1.2 微分和差分方程

BIRKHOFF, G., and ROTA, G. -C., *Ordinary Differential Equations*. 3rd ed. New York, NY: John Wiley, 1978.

BOYCE, W. E., and DIPRIMA, R. C., *Elementary Differential Equations*. 3rd ed. New York, NY: John Wiley, 1977.

HILDEBRAND, F. B., *Finite Difference Equations and Simulations*. Englewood Cliffs, NJ: Prentice Hall, 1968.

LEVY, H., and LESSMAN, F., *Finite Difference Equations*. New York, NY: Macmillan, 1961.

SIMMONS, G. F., *Differential Equations: With Applications and Historical Notes*. New York, NY: McGraw-Hill, 1972.

B.1.3 复变函数

CARRIER, G. F., KROOK, M., and PEARSON, C. E., *Functions of a Complex Variable: Theory and Technique*. Ithaca, NY: Hod Books, 1983.

CHURCHILL, R. V., BROWN, J. W., and VERHEY, R. F., *Complex Variables and Applications*. 5th ed. New YOrk, NY: McGraw-Hill, 1990.

B.2 级数展开与变换

B.2.1 傅里叶级数、变换及应用

BRACEWELL, R. N., *The Fourier Transform and Its Applications*. 2nd ed. New York, NY: McGraw-Hill, 1986.

CHURCHILL, R. V., and BROWN, J. W., *Fourier Series and Boundary Value Problems*. 3rd ed. New York, NY: McGraw-Hill, 1978.

DYM, H., and MCKEAN, H. P., *Fourier Series and Integrals*. New York, NY: Academic Press, 1972.

EDWARDS, R. E., *Fourier Series: A Modern Introduction*. 2nd ed. New York, NY: Springer-Verlag, 1979.

GRAY, R. M., and GOODMAN, J. W., *Fourier Transforms: An Introduction for Engineers*. Boston, MA: Kluwer Academic Publishers, 1995.

LIGHTHILL, M. J., *Introduction to Fourier Analysis and Generalized Functions*. New York, NY: Cambridge University Press, 1962.

PAPOULIS, A., *The Fourier Integral and Its Applications*. New York, NY: McGraw-Hill, 1987.

WALKER, R L., *The Theory of Fourier Series and Integrals*. New York, NY: John Wiley, 1986.

B.2.2 拉普拉斯变换

DOETSCH, G., *Introduction to the Theory and Applications of the Laplace Transformation with a Table of Laplace Transformations*. New York, NY: Springer Verlag, 1974.

LEPAGE, W. R., *Complex Variables and the Laplace Transform for Engineers*. New York, NY: McGraw-Hill, 1961.

RAINVILLE, E. D., *The Laplace Transform: An Introduction*. New York, NY: Macmillan, 1963.

B.2.3 z变换

JURY, E. I., *Theory and Application of the Z-Transform Method*. Malabar, FL: R. E. Krieger, 1982.

VICH, R., *Z Transform Theory and Applications*. Boston, MA: D. Reidel, 1987.

B.3 数学的其他论题

B.3.1 广义函数

ARSAC, J., *Fourier Transforms and the Theory of Distributions*. Translated by A. Nussbaum and G. C. Heim. Englewood Cliffs, NJ: Prentice Hall, 1966.

GELFAND, I. M. et al., *Generalized Functions*. 5 vols. Translated by E. Saletan et al. New York, NY: Academic Press, 1964-68.

HOSKINS, R. F., *Generalised Functions*. New York, NY: Halsted Press, 1979.

ZEMANIAN, A. H., *Distribution Theory and Transform Analysis*. New York, NY: McGraw-Hill, 1965.

B.3.2 线性代数

GOLUB, G. H., and VAN LOAN, C. E, *Matrix Computations*. 2nd ed. Baltimore: The Johns Hopkins University Press, 1989.

HORN, R. A., and JOHNSON, C. R., *Matrix Analysis*. New York, NY: Cambridge University Press, 1985.

STRANG, G., *Introduction to Linear Algebra*. Wellesley, MA: Wellesley-Cambridge Press, 1993.

B.4 电路理论

BOBROW, L. S., *Elementary Linear Circuit Analysis*. New York, NY: Holt, Rinehart, and Winston, 1981.

CHUA, L. O., DESOER, C. A., and KUH, E. S., *Basic Circuit Theory*. New York: McGraw-Hill, 1987.

IRVINE, R. G., *Operational Amplifier Characteristics and Applications*. Englewood Cliffs, NJ: Prentice Hall, 1994.

ROBERGE, J. K., *Operational Amplifiers: Theory and Practice*. New York, NY: John Wiley, 1975.
VAN VALKENBURG, M. E., *Network Analysis*. 3rd ed. Englewood Cliffs, NJ: Prentice Hall, 1974.

B.5 基本的信号与系统

CADZOW, J. A., and VAN LANDINGHAM, H. F., *Signals and Systems*. Englewood Cliffs, NJ: Prentice Hall, 1985.
CRUZ, J. B., and VAN VALKENBURG, M. E., *Signals in Linear Circuits*. Boston, MA: Houghton Mifflin, 1974.
GABEL, R. A., and ROBERTS, R. A., *Signals and Linear Systems*. 3rd ed. New York, NY: John Wiley, 1987.
GLISSON, T. H., *Introduction to System Analysis*. New York, NY: McGraw-Hill, 1985.
HOUTS, R. C., *Signal Analysis in Linear Systems*. New York, NY: Saunders College, 1991.
JACKSON, L. B., *Signals, Systems, and Transforms*. Reading, MA: Addison-Wesley, 1991.
KAMEN, E., *Introduction to Signals and Systems*. New York, NY: Macmillan, 1987.
LATHI, B. P., *Linear Systems and Signals*. Carmichael, CA: Berkeley-Cambridge Press, 1992.
LIU, C. L., and LIU, J. W., *Linear Systems Analysis*. New York: McGraw-Hill, 1975.
MAYHAN, R. J., *Discrete-time and Continuous-time Linear Systems*. Reading, MA: Addison-Wesley, 1984.
MCGILLEM, C. D., and COOPER, G. R., *Continuous and Discrete Signal and System Analysis*. 3rd ed. New York, NY: Holt, Rinehart and Winston, 1991.
NEFF, H. E, *Continuous and Discrete Linear Systems*. New York, NY: Harper and Row, 1984.
PAPOULIS, A., *Signal Analysis*. New York, NY: McGraw-Hill, 1977.
SIEBERT, W. M., *Circuits, Signals, and Systems*. Cambridge, MA: The MIT Press, 1986.
SOLIMAN, S., and SRINATH, M., *Continuous and Discrete Signals and Systems*. New York, NY: Prentice Hall, 1990.
TAYLOR, E J., *Principles of Signals and Systems*. McGraw-Hill Series in Electrical and Computer Engineering. New York, NY: McGraw-Hill, 1994.
ZIEMER, R. E., TRANTER, W. H., and FANNIN, D. R. *Signals and Systems: Continuous and Discrete*. 2nd ed. New York, NY: Macmillan, 1989.

B.6 离散时间信号处理

BRIGHAM, O. E., *The Fast Fourier Transform and its Applications*. Englewood Cliffs, NJ: Prentice Hall, 1988.
BURRUS, C. S., MCCLELLAN, J. H., OPPENHEIM, A. V., PARKS, T. W., SCHAFER, R. W., and SCHUESSLER, H. W. *Computer-Based Exercises for Signal Processing Using MATLAB*. Englewood Cliffs, NJ: Prentice Hall, Inc., 1994.
GOLD, B., and RADER, C. M., *Digital Processing of Signals*. Lincoln Laboratory Publications. New York, NY: McGraw-Hill, 1969.
OPPENHEIM, A. V., and SCHAFER, R. W., *Digital Signal Processing*. Englewood Cliffs, NJ: Prentice Hall, 1975.
OPPENHEIM, A. V., and SCHAFER, R. W., *Discrete-Time Signal Processing*. Englewood Cliffs, NJ: Prentice Hall, 1989.
PELED, A., and LIU, B., *Digital Signal Processing: Theory Design and Implementation*. New York, NY: John Wiley, 1976.
PROAKIS, J. G., and MANOLAKIS, D. G., *Digital Signal Processing Principles, Algorithms*, and Applications. 3rd ed. Englewood Cliffs, NJ: Prentice Hall, 1996.
RABINER, L. R., and GOLD, B., *Theory and Application of Digital Signal Processing*. Englewood Cliffs, NJ: Prentice Hall, 1975.
ROBERTS, R. A., and MULLIS, C. T., *Digital Signal Processing*. Reading, MA: Addison-Wesley, 1987.
STRUM, R. D., and KIRK, D. E., *First Principles of Discrete Systems and Digital Signal Processing*. Addison-Wesley Series in Electrical Engineering. Reading, MA: Addison-Wesley, 1988.
TRETTER, S. A., *Introduction to Discrete-Time Signal Processing*. New York, NY: John Wiley, 1976.

B.7 滤波器设计

ANTONIOU, A., *Digital Filters, Analysis, Design, and Applications*. 2nd ed. New York, NY: McGraw-Hill, 1993.

CHRISTIAN, E., and EISENMANN, E., *Filter Design Tables and Graphs*. Knightdale, NC: Transmission Networks International, 1977.

HAMMING, R. W., *Digital Filters*. 3rd ed. Englewood Cliffs, NJ: Prentice Hall, 1989.

HUELSMAN, L. P., and ALLEN, P. E., *Introduction to the Theory and Design of Active Filters*. New York, NY: McGraw-Hill, 1980.

PARKS, T. W., and BURRUS, C. S., *Digital Filter Design*. New York, NY: John Wiley, 1987.

VAN VALKENBURG, M. E., *Analog Filter Design*. New York, NY: Holt, Rinehart and Winston, 1982.

WEINBERG, L., *Network Analysis and Synthesis*. New York, NY: McGraw-Hill, 1962.

ZVEREV, A. I., *Handbook of Filter Synthesis*. New York, NY: John Wiley, 1967.

B.8 状态空间模型和方法

BROCKETT, R., *Finite Dimensional Linear Systems*. New York, NY: John Wiley, 1970.

CHEN, C. T., *Linear System Theory and Design*. New York, NY: Holt, Rinehart, and Winston, 1984.

CLOSE, C. M., and FREDERICK, D. K. *Modeling and Analysis of Dynamic Systems*. Boston, MA: Houghton Mifflin, 1978.

GUPTA, S. C., *Transform and State Variable Methods in Linear Systems*. New York, NY: John Wiley, 1966.

KAILATH, T., *Linear Systems*. Englewood Cliffs, NJ: Prentice Hall, 1980.

LJNNG, L., *System Identification: Theory for the User*. Englewood Cliffs, NJ: Prentice Hall, 1987.

LUENBERGER, D. G., *Introduction to Dynamic Systems: Theory, Models, and Applications*. New York, NY: John Wiley, 1979.

ZADEH, L. A., and DESOER, C. A., *Linear System Theory: The State Space Approach*. New York, NY: McGraw-Hill, 1963.

B.9 反馈与控制

ANDERSON, B. D. O., and MOORE, J. B., *Optimal Control: Linear Quadratic Methods*. Englewood Cliffs, NJ: Prentice Hall, 1990.

D'AZZO, J. J., and HOUPIS, C. H., *Linear Control System Analysis and Design: Conventional and Modern*. 4th ed. NY: McGraw-Hill, 1995.

DORF, R. C., and BISHOP, R. H., *Modern Control Systems*. 7th ed. Reading, MA: Addison-Wesley Publishing Company, 1995.

DOYLE, J. C., FRANCIS, B. A., and TANNENBAUM, A. R., *Feedback Control Theory*. New York, NY: Macmillan Publishing Company, 1992.

HOSTETTER, G. H., SAVANT, Jr., C. J., and STEFANI, R. T., *Design of Feedback Control Systems*. 2nd ed. Saunders College Publishing, a Division of Holt, Reinhart and Winston, Inc., 1989.

KUO, B. C., *Automatic Control Systems*. 7th ed. Englewood Cliffs, NJ: Prentice Hall, 1995.

OGATA, K., *Modern Control Engineering*. 2nd ed. Englewood Cliffs, NJ: Prentice Hall, 1990.

OGATA, K., *Discrete-Time Control Systems*. 2nd ed. Englewood Cliffs, NJ: Prentice Hall, 1994.

RAGAZZINI, J. R., and FRANKLIN, G. F., *Sampled-Data Control Systems*. New York, NY: McGraw-Hill, 1958.

ROHRS, C. E., MELSA, J. L., and SCHULTZ, D. G., *Linear Control Systems*. New York, NY: McGraw-Hill, 1993.

VACCARO, R. J., *Digital Control: A State-Space Approach*. New York, NY: McGraw Hill, 1995.

B.10 通信系统

BENNETT, W. R., *Introduction to Signal Transmission*. New York, NY: McGraw-Hill, 1970.

BLAHUT, R. E., *Digital Transmission of Information*. Reading, MA: Addison-Wesley Publishing Company, 1990.

BLAHUT, R. E., *Algebraic Methods for Signal Processing and Communications Coding*. New York, NY: Springer-Verlag, 1992.

CARLSON, A. B., *Communication Systems: An Introduction to Signals and Noise in Electrical Communication*. 3rd ed. New York, NY: McGraw-Hill, 1986.

COUCH, II, L. W., *Modern Communication Systems Principles and Applications*. Upper Saddle River, NJ: Prentice Hall, Inc., 1995.

COVER, T. M., and THOMAS, J. B., *Elements of Information Theory*. New York, NY: John Wiley and Sons, Inc., 1991.

GALLAGER, R. M., *Information Theory and Reliable Communication*. New York, NY: John Wiley and Sons, Inc., 1968.

HAYKIN, S., *Digital Communications*. New York, NY: John Wiley & Sons, 1988.

JAYANT, N. S., and NOLL, P., *Digital Coding of Waveforms: Principles and Applications to Speech and Video*. Englewood Cliffs, NJ: Prentice Hall, Inc., 1984.

LATHI, B. P., *Modern Digital and Analog Communication Systems*. 2nd ed. New York, NY: Holt, Rinehart and Winston, Inc., 1989.

LEE, E. A., and MESSERSCHMITT, D. G., *Digital Communication*. 2nd ed. Boston, MA: Kluwer Academic Publishers, 1994.

PEEBLES, JR., E. Z., *Communication System Principles*. Reading, MA: Addison-Wesley Publishing Company, 1976.

PROAKIS, J. G., *Digital Communications*. 3rd ed. New York, NY: McGraw-Hill, 1995.

PROAKIS, J. G. and SALEHI, M., *Communication Systems Engineering*. Englewood Cliffs, NJ: Prentice Hall, 1994.

RODEN, M. S., *Analog and Digital Communication Systems*. 4th ed. Upper Saddle River, NJ: Prentice Hall, Inc., 1996.

SCHWARTZ, M., *Information Transmission, Modulation, and Noise*. 4th ed. New York, NY: McGraw-Hill, 1990.

SIMON, M. K., et al., eds., *Spread Spectrum Communication Handbook*. Rev. ed., New York, NY: McGraw-Hill, 1994.

STREMLER, F. G., *Introduction to Communication Systems*. 3rd ed. Addison-Wesley Series in Electrical Engineering, Reading, MA: Addison-Wesley, 1990.

TAUB, H., and SCHILLING, D. L., *Principles of Communication Systems*. 2nd ed. New York, NY: McGraw-Hill, 1986.

VITERBI, A. J., and OMURA, J. K., *Principles of Digital Communication and Coding*. New York, NY: McGraw-Hill, 1979.

ZIEMER, R. E. and TRANTER, W. H., *Principles of Communications Systems, Modulation, and Noise*. 4th ed. Boston, MA: Houghton Mifflin Co., 1995.

B.11 多维信号、图像和视频处理

BRACEWELL, R. N., *Two-Dimensional Imaging*. Englewood Cliffs, NJ: Prentice Hall, Inc., 1995.

CASTLEMAN, K. R., *Digital Image Processing*. Englewood Cliffs, NJ: Prentice Hall, Inc., 1996.

DUDGEON, D. E., MERSEREAU, R. M., *Multidimensional Digital Signal Processing*. Englewood Cliffs, NJ: Prentice Hall, Inc., 1984.

GONZALEZ, R. C., and WOODS, R. E., *Digital Image Processing*. Reading, MA: Addison-Wesley, 1993.

JAIN, A. K., *Fundamentals of Digital Image Processing*. Englewood Cliffs, NJ: Prentice Hall, 1989.

LIM, J. S., *Two-Dimensional Signal and Image Processing*. Englewood Cliffs, NJ: Prentice Hall Inc., 1990.

NETRAVALI, A. N., and HASKELL, B. G., *Digital Pictures: Representation, Compression, and Standards*. 2nd ed. New York, NY: Plenum Press, 1995.

PRATT, W. K., *Digital Image Processing*. 2nd ed. New York, NY: John Wiley and Sons, 1991.

TEKALP, A. M., *Digital Video Processing*. Upper Saddle River, NJ: Prentice Hall, Inc., 1995.

B.12 语音信号处理

DELLER, J. R., PROAKIS, J. G., and HANSEN, J. H. L., *Discrete-Time Processing of Speech Signals*. Upper Saddle River, NJ: Prentice Hall, 1987.

KLEIJN, W. B., and P., K. K., *Speech Coding and Synthesis*. Amsterdam: Elsevier, 1995.

LIM, J. S., ed., *Speech Enhancement*. Englewood Cliffs, NJ: Prentice Hall, 1983.

MARKEL, J. D., and GRAY, A. H., *Linear Prediction of Speech*. New York, NY: Springer-Verlag, 1976.

RABINER, L. R., and JUANG, B.-H., *Fundamentals of Speech Recognition*. Englewood Cliffs, NJ: Prentice Hall, 1993.

RABINER, L. R., and SCHAFER, R. W., *Digital Processing of Speech Signals*. Englewood Cliffs, NJ: Prentice Hall, 1978.

B.13 多速率与多分辨率信号分析

AKANSU, A. N., and HADDAD, R. A., *Multiresolution Signal Decomposition: Transforms, Subbands and Wavelets*. San Diego, CA: Academic Press, Inc., 1992.

CHUI, C. K., *An Introduction to Wavelets*. San Diego, CA: Academic Press Inc., 1992.

CROCHIERE, R. E., and RABINER, L. R., *Multirate Signal Processing*. Englewood Cliffs, NJ: Prentice Hall, 1983.

DAUBECHIES, I., *Ten Lectures on Wavelets*. CBMS-NSF Series on Applied Mathematics, Philadelphia: SIAM, 1992.

MALVAR, H. S., *Signal Processing with Lapped Transforms*. Norwood, MA: Artech House, 1992.

VAIDYANATHAN, P. P., *Multirate Systems and Filter Banks*. Englewood Cliffs, NJ: Prentice Hall, Inc., 1993.

VETTERLI, M., and KOVACEVIC, J., *Wavelets and Subband Coding*. Englewood Cliffs, NJ: Prentice Hall, Inc., 1995.

WORNELL, G. W., *Signal Processing with Fractals: A Wavelet-Based Approach*. Upper Saddle River, NJ: Prentice Hall, Inc., 1996.

B.14 随机信号与统计信号处理

B.14.1 基本概率论

DRAKE, A. W., *Fundamentals of Applied Probability Theory*. New York, NY: McGraw Hill, 1967.

ROSS, S., *Introduction to Probability Models*. 5th ed. Boston, MA: Academic Press, 1993.

B.14.2 随机过程、检测与估值

KAY, S. M., *Fundamentals of Statistical Signal Processing: Estimation Theory*. Englewood Cliffs, NJ: Prentice Hall, Inc., 1993.

LEON-GARCIA, A., *Probability and Random Processes for Electrical Engineering*. 2nd ed. Reading, MA: Addison-Wesley Publishing Co., 1994.

PAPOULIS, A., *Probability, Random Variables, and Stochastic Processes*. 3rd ed. New York, NY: McGraw-Hill, 1991.

PEEBLES, JR., E. Z., *Probability, Random Variables, and Random Signal Principles*. 3rd ed. New York, NY: McGraw-Hill, 1993.

PORAT, B., *Digital Processing of Random Signals: Theory and Methods*. Englewood Cliffs, NJ: Prentice Hall, Inc., 1994.

THERRIEN, C. W., *Discrete Random Signals and Statistical Signal Processing*. Englewood Cliffs, NJ: Prentice Hall, Inc., 1992.

VAN TREES, H. L., *Detection, Estimation, and Modulation Theory: Part I*. New York, NY: John Wiley and Sons, Inc., 1968.

B.15 非线性系统与时变系统

CHUA, L. O., *Introduction to Nonlinear Network Theory*. New York, NY: McGraw-Hill, 1969.

D'ANGELO, H., *Linear Time-Varying Systems: Analysis and Synthesis*. Boston, MA: Allyn and Bacon, 1970.

GRAHAM, D., and MCRUER, D., *Analysis of Nonlinear Control Systems*. New York, NY: Dover, 1971

HILLBORN, R. C., *Chaos and Nonlinear Dynamics: An Introduction for Scientists and Engineers*. New York, NY: Oxford University Press, 1994.

KHALIL, H. K., *Nonlinear Systems*. New York, NY: Macmillan Publishing Company, 1992.

LEFSCHETZ, S., *Stability of Nonlinear Control Systems*. Mathematics in Science and Engineering, no. 13. New York, NY: Academic Press, 1965.

RICHARDS, J. A., *Analysis of Periodically Time-Varying Systems*. New York, NY: Springer-Verlag, 1983.

STROGATZ, S. S., *Nonlinear Dynamics and Chaos*. Reading, MA: Addison-Wesley Publishing Company, 1994.

VIDYASAGER, M., *Nonlinear Systems Analysis*. 2nd ed. Englewood Cliffs, NJ: Prentice Hall, 1993.

B.16 其他应用与近代论题

BOX, G. E. E., and JENKINS, G. M., *Time Series Analysis: Forecasting and Control*. Rev. ed. San Francisco, CA: Holden-Day, 1976.

HAMILTON, J. D., *Time Series Analysis*. Princeton, NJ: Princeton University Press, 1994.

HAYKIN, S., *Adaptive Filter Theory*. 2nd ed. Englewood Cliffs, NJ: Prentice Hall, 1991.

HERMAN, G. T., *Image Reconstruction from Projections*. New York, NY: Academic Press, 1980.

JOHNSON, D. H. and DUDGEON, D. E., *Array Signal Processing: Concepts and Techniques*. Englewood Cliffs, NJ: Prentice Hall, Inc., 1993.

KAK, A. C., and SLANEY, M., *Principles of Computerized Tomography*. Englewood Cliffs, NJ: Prentice Hall, 1989.

KAY, S. M., *Modern Spectral Estimation: Theory and Application*. Englewood Cliffs, NJ: Prentice Hall, 1988.

MACOVSKI, A., *Medical Imaging Systems*. Englewood Cliffs, NJ: Prentice Hall, 1983.

MARPLE, JR., S. L., *Digital Spectral Analysis with Applications*. Englewood Cliffs, NJ: Prentice Hall, 1987.

OPPENHEIM, A. V., ed., *Applications of Digital Signal Processing*. Englewood Cliffs, NJ: Prentice Hall, 1978.

ROBINSON, E. A., et al., *Geophysical Signal Processing*. Englewood Cliffs, NJ: Prentice Hall, 1986.

VAN TREES, H. L., *Detection, Estimation, and Modulation Theory, Part III: Radar-Sonar Signal Processing and Gaussian Signals in Noise*. New York, NY: John Wiley, 1971.

WIDROW, B., and STEARNS, S. D., *Adaptive Signal Processing*. Englewood Cliffs, NJ: Prentice Hall, 1985.

基本题答案

第1章

1.1　-0.5，-0.5，j，$-j$，j，$1+j$，$1+j$，$1-j$，$1-j$

1.2　$5e^{j0}$，$2e^{j\pi}$，$3e^{-j\pi/2}$，$e^{-j\pi/3}$，$\sqrt{2}e^{j\pi/4}$，$2e^{-j\pi/2}$，$\sqrt{2}e^{j\pi/4}$，$e^{j\pi/2}$，$e^{-j\pi/12}$

1.3　(a) $P_\infty = 0$, $E_\infty = \dfrac{1}{4}$　　(b) $P_\infty = 1$, $E_\infty = \infty$　　(c) $P_\infty = \dfrac{1}{2}$, $E_\infty = \infty$　　(d) $P_\infty = 0$, $E_\infty = \dfrac{4}{3}$

　　(e) $P_\infty = 1$, $E_\infty = \infty$　　(f) $P_\infty = \dfrac{1}{2}$, $E_\infty = \infty$

1.4　(a) $n<1$ 和 $n>7$　　(b) $n<-6$ 和 $n>0$　　(c) $n<-4$ 和 $n>2$　　(d) $n<-2$ 和 $n>4$

　　(e) $n<-6$ 和 $n>0$

1.5　(a) $t>-2$　　(b) $t>-1$　　(c) $t>-2$　　(d) $t<1$

　　(e) $t<9$

1.6　(a) 不是　　(b) 不是　　(c) 是

1.7　(a) $|n|>3$　　(b) 全部 t　　(c) $|n|<3$，$|n|\to\infty$　　(d) $|t|\to\infty$

1.8　(a) $A=2$，$a=0$，$\omega=0$，$\phi=\pi$　　(b) $A=1$，$a=0$，$\omega=3$，$\phi=0$

　　(c) $A=1$，$a=1$，$\omega=3$，$\phi=\dfrac{\pi}{2}$　　(d) $A=1$，$a=2$，$\omega=100$，$\phi=\dfrac{\pi}{2}$

1.9　(a) $T=\dfrac{\pi}{5}$　　(b) 非周期的　　(c) $N=2$　　(d) $N=10$

　　(e) 非周期的

1.10　π

1.11　35

1.12　$M=-1$，$n_0=-3$

1.13　4

1.14　$A_1=3$，$t_1=0$，$A_2=-3$，$t_2=1$

1.15　(a) $y[n]=2x[n-2]+5x[n-3]+2x[n-4]$　　(b) 不是

1.16　(a) 不是　　(b) 0　　(c) 不是

1.17　(a) 不是；即 $y(-\pi)=x(0)$　　(b) 对

1.18　(a) 对　　(b) 对　　(c) $C\leq(2n_0+1)B$

1.19　(a) 线性，时变　　(b) 非线性，时不变　　(c) 线性，时不变　　(d) 线性，时变

1.20　(a) $\cos(3t)$　　(b) $\cos(3t-1)$

第2章

2.1　(a) $y_1[n]=2\delta[n+1]+4\delta[n]+2\delta[n-1]+2\delta[n-2]-2\delta[n-4]$

　　(b) $y_2[n]=y_1[n+2]$　　(c) $y_3[n]=y_2[n]$

2.2　$A=n-9$，$B=n+3$

2.3　$2\left[1-\dfrac{1}{2}^{n+1}\right]u[n]$

2.4　$y[n]=\begin{cases}n-6, & 7\leq n\leq 11\\ 6, & 12\leq n\leq 18\\ 24-n, & 19\leq n\leq 23\\ 0, & \text{其他}\end{cases}$

2.5 $N=4$

2.6 $y[n] = \begin{cases} \dfrac{3^n}{2}, & n<0 \\ \dfrac{1}{2}, & n\geq 0 \end{cases}$

2.7 (a) $u[n-2]-u[n-6]$ (b) $u[n-4]-u[n-8]$ (c) 错
(d) $y[n]=2u[n]-\delta[n]-\delta[n-1]$

2.8 $y(t) = \begin{cases} t+3, & -2<t\leq -1 \\ t+4, & -1<t\leq 0 \\ 2-2t, & 0<t\leq 1 \\ 0, & \text{其他} \end{cases}$

2.9 $A=t-5$, $B=t-4$

2.10 (a) $y(t) = \begin{cases} t, & 0\leq t\leq \alpha \\ \alpha, & \alpha\leq t\leq 1 \\ 1+\alpha-t, & 1\leq t\leq 1+\alpha \\ 0, & \text{其他} \end{cases}$ (b) $\alpha=1$

2.11 (a) $y(t) = \begin{cases} 0 & -\infty<t\leq 3 \\ \dfrac{1-e^{-3(t-3)}}{3}, & 3<t\leq 5 \\ \dfrac{(1-e^{-6})e^{-3(t-5)}}{3}, & 5<t\leq \infty \end{cases}$

(b) $g(t)=e^{-3(t-3)}u(t-3)-e^{-3(t-5)}u(t-5)$ (c) $g(t)=\dfrac{dy(t)}{dt}$

2.12 $A=\dfrac{1}{1-e^{-3}}$

2.13 (a) $A=\dfrac{1}{5}$ (b) $g[n]=\delta[n]-\dfrac{1}{5}\delta[n-1]$

2.14 $h_1(t)$, $h_2(t)$

2.15 $h_2[n]$

2.16 (a) 对 (b) 错 (c) 对 (d) 对

2.17 (a) $y(t)=\dfrac{1-j}{6}[e^{(-1+3j)t}-e^{-4t}]u(t)$ (b) $y(t)=\dfrac{1}{6}\{e^{-t}[\cos(3t)+\sin(3t)]-e^{-4t}\}u(t)$

2.18 $(1/4)^{n-1}u[n-1]$

2.19 (a) $\alpha=\dfrac{1}{4}$, $\beta=1$ (b) $\left[2\left(\dfrac{1}{2}\right)^n-\left(\dfrac{1}{4}\right)^n\right]u[n]$

2.20 (a) 1 (b) 0 (c) 0

第3章

3.1 $x(t)=4\cos\left(\dfrac{\pi}{4}t\right)-8\cos\left(\dfrac{3\pi}{4}t+\dfrac{\pi}{2}\right)$

3.2 $x[n]=1+2\sin\left(\dfrac{4\pi}{5}n+\dfrac{3\pi}{4}\right)+4\sin\left(\dfrac{8\pi}{5}n+\dfrac{5\pi}{6}\right)$

3.3 $\omega_0=\dfrac{\pi}{3}$, $a_0=2$, $a_2=a_{-2}=\dfrac{1}{2}$, $a_5=a_{-5}^*=-2j$

3.4 $a_k = \begin{cases} 0, & k=0 \\ e^{-jk\pi/2}\dfrac{3\sin\left(\dfrac{k\pi}{2}\right)}{k\pi}, & k\neq 0 \end{cases}$

3.5 $\omega_2 = \omega_1$, $b_k = e^{-jk\omega_1}[a_{-k} + a_k]$

3.6 (a) $x_2(t)$, $x_3(t)$ (b) $x_2(t)$

3.7 $a_k = \begin{cases} \dfrac{2}{T}, & k = 0 \\ \dfrac{b_k}{j\dfrac{2\pi}{T}k}, & k \neq 0 \end{cases}$

3.8 $x_1(t) = \sqrt{2}\sin(\pi t)$, $x_2(t) = -\sqrt{2}\sin(\pi t)$

3.9 $a_0 = 3$, $a_1 = 1 - 2j$, $a_2 = -1$, $a_3 = 1 + 2j$

3.10 $a_0 = 0$, $a_{-1} = -j$, $a_{-2} = -2j$, $a_{-3} = -3j$

3.11 $A = 10$, $B = \dfrac{\pi}{5}$, $C = 0$

3.12 $c_k = 6$, 对全部 k

3.13 $y(t) = 0$

3.14 $H(e^{j\pi/2}) = H^*(e^{j3\pi/2}) = 2e^{j\pi/4}$, $H(e^{j0}) = H(e^{j\pi}) = 0$

3.15 $|k| > 8$

3.16 (a) 0 (b) $\sin\left(\dfrac{3\pi}{8}n + \dfrac{\pi}{4}\right)$ (c) 0

3.17 S_1 和 S_3 都不是线性时不变系统。

3.18 S_1 和 S_2 都不是线性时不变系统。

3.19 (a) $\dfrac{dy(t)}{dt} + y(t) = x(t)$ (b) $H(j\omega) = \left(\dfrac{1}{1 + j\omega}\right)$ (c) $y(t) = \dfrac{1}{\sqrt{2}}\cos\left(t - \dfrac{\pi}{4}\right)$

3.20 (a) $\dfrac{d^2y(t)}{dt^2} + \dfrac{dy(t)}{dt} + y(t) = x(t)$ (b) $H(j\omega) = \left(\dfrac{1}{1 + j\omega - \omega^2}\right)$ (c) $-\cos t$

第4章

4.1 (a) $\dfrac{e^{-j\omega}}{2 + j\omega}$ (b) $\dfrac{4e^{-j\omega}}{4 + \omega^2}$

4.2 (a) $2\cos\omega$ (b) $-2j\sin(2\omega)$

4.3 (a) $\dfrac{\pi}{j}[e^{j\pi/4}\delta(\omega - 2\pi) - e^{-j\pi/4}\delta(\omega + 2\pi)]$ (b) $2\pi\delta(\omega) + \pi[e^{j\pi/8}\delta(\omega - 6\pi) + e^{-j\pi/8}\delta(\omega + 6\pi)]$

4.4 (a) $1 + \cos 4\pi t$ (b) $\dfrac{4j\sin^2 t}{\pi t}$

4.5 $x(t) = -\dfrac{2\sin[3(t - 3/2)]}{\pi(t - 3/2)}$, $t = \dfrac{k\pi}{3} + \dfrac{3}{2}$, 对非零整数 k

4.6 (a) $X_1(j\omega) = 2X(-j\omega)\cos\omega$ (b) $X_2(j\omega) = \dfrac{1}{3}e^{-j2\omega}X\left(j\dfrac{\omega}{3}\right)$

  (c) $X_3(j\omega) = -\omega^2 e^{-j\omega}X(j\omega)$

4.7 (a) 都不是, 都不是 (b) 虚, 奇 (c) 虚, 都不是 (d) 实, 偶

4.8 (a) $\dfrac{2\sin(\omega/2)}{j\omega^2} + \pi\delta(\omega)$ (b) $\dfrac{2\sin(\omega/2)}{j\omega^2}$

4.9 (a) $\dfrac{\sin\omega}{j\omega^2} - \dfrac{e^{-j\omega}}{j\omega}$ (b) $\dfrac{\sin\omega}{\omega}$ (c) $\dfrac{\sin\omega}{j\omega^2} - \dfrac{\cos\omega}{j\omega}$

4.10 (a) $X(j\omega) = \begin{cases} j/2\pi, & -2 \leq \omega < 0 \\ -j/2\pi, & 0 \leq \omega < 2 \\ 0, & 其他 \end{cases}$ (b) $A = \dfrac{1}{2\pi^3}$

4.11 $A = \dfrac{1}{3}$, $B = 3$

4.12 (a) $-\dfrac{4j\omega}{(1+\omega^2)^2}$ (b) $-j2\pi\omega e^{-|\omega|}$

4.13 (a) 否 (b) 是 (c) 是

4.14 $x(t) = \sqrt{12}\,[e^{-t} - e^{-2t}]u(t)$

4.15 $x(t) = 2te^{-|t|}u(t)$

4.16 (a) $g(t) = \pi\sum_{k=-\infty}^{\infty}\delta\left(t - \dfrac{k\pi}{4}\right)$ (b) $X(j\omega) = \begin{cases} 4, & |\omega| \leq 1 \\ 0, & 1 < |\omega| \leq 4 \end{cases}$

4.17 (a) 错 (b) 对

4.18 $h(t) = \begin{cases} \dfrac{5}{4}, & |t| < 1 \\ -\dfrac{|t|}{4} + \dfrac{3}{2}, & 1 \leq |t| \leq 5 \\ -\dfrac{|t|}{8} + \dfrac{7}{8}, & 5 < |t| < 7 \\ 0, & 其他 \end{cases}$

4.19 $x(t) = e^{-4t}u(t)$

4.20 $h(t) = \dfrac{2}{\sqrt{3}}e^{-t/2}\sin\left(\dfrac{\sqrt{3}}{2}t\right)u(t)$

第5章

5.1 (a) $\dfrac{e^{-j\omega}}{1 - \dfrac{1}{2}e^{-j\omega}}$ (b) $\dfrac{0.75e^{-j\omega}}{1.25 - \cos\omega}$

5.2 (a) $2\cos\omega$ (b) $2j\sin(2\omega)$

5.3 (a) $\dfrac{\pi}{j}\left\{e^{j\pi/4}\delta\left(\omega - \dfrac{\pi}{3}\right) - e^{-j\pi/4}\delta\left(\omega + \dfrac{\pi}{3}\right)\right\}$ (b) $4\pi\delta(\omega) + \pi\left\{e^{j\pi/8}\delta\left(\omega - \dfrac{\pi}{6}\right) + e^{-j\pi/8}\delta\left(\omega + \dfrac{\pi}{6}\right)\right\}$

5.4 (a) $x_1[n] = 1 + \cos\left(\dfrac{\pi}{2}n\right)$ (b) $-4\dfrac{\sin^2\left(\dfrac{\pi}{2}n\right)}{\pi n}$

5.5 $x[n] = \dfrac{\sin\left[\dfrac{\pi}{4}\left(n - \dfrac{3}{2}\right)\right]}{\pi\left(n - \dfrac{3}{2}\right)}$, $n = \pm\infty$ 时 $x[n] = 0$

5.6 (a) $X_1(e^{j\omega}) = (2\cos\omega)X(e^{-j\omega})$ (b) $X_2(e^{j\omega}) = \mathcal{R}e\{X(e^{j\omega})\}$

(c) $X_3(e^{j\omega}) = -\dfrac{d^2}{d\omega^2}X(e^{j\omega}) - 2j\dfrac{d}{d\omega}X(e^{j\omega}) + X(e^{j\omega})$

5.7 (a) 虚, 都不是 (b) 实, 奇 (c) 实, 都不是

5.8 $x[n] = \begin{cases} 1, & n \leq -2 \\ n+3, & -1 \leq n \leq 1 \\ 4, & n \geq 2 \end{cases}$

5.9 $x[n] = -\delta[n+2] + \delta[n+1] + \delta[n]$

5.10 $A = 2$

5.11 $\alpha = \pi$

5.12 $\dfrac{\pi}{2} \leq |\omega_c| \leq \pi$

5.13 $h_2[n] = -2\left(\dfrac{1}{4}\right)^n u[n]$

基本题答案 601

5.14 $h[n] = \frac{16}{17}\delta[n] - \frac{1}{17}\delta[n-2]$

5.15 $\omega_c = 3\pi/4$

5.16 (a) $\alpha = \frac{1}{4}$ (b) $N = 4$ (c) 否

5.17 $b_k = \frac{1}{2}(-1)^k$

5.18 $a_k = \frac{1}{3}\left(\frac{1}{2}\right)^{|k|}$

5.19 (a) $H(e^{j\omega}) = \dfrac{1}{\left(1-\frac{1}{2}e^{-j\omega}\right)\left(1+\frac{1}{3}e^{-j\omega}\right)}$ (b) $h[n] = \frac{3}{5}\left(\frac{1}{2}\right)^n u[n] + \frac{2}{5}\left(-\frac{1}{3}\right)^n u[n]$

5.20 (a) $H(e^{j\omega}) = \dfrac{\frac{4}{5}e^{-j\omega}}{1-\frac{4}{5}e^{-j\omega}}$ (b) $y[n] - \frac{4}{5}y[n-1] = \frac{4}{5}x[n-1]$

第6章

6.1 (a) $A = |H(j\omega_0)|$ (b) $t_0 = -\dfrac{\sphericalangle H(j\omega_0)}{\omega_0}$

6.2 $\sphericalangle H(e^{j\omega_0}) = -n_0(\omega_0) + 2\pi k$, 对某整数 k

6.3 (a) $A = 1$ (b) $\tau(\omega) > 0$, 其中 $\omega > 0$

6.4 (a) $2\cos\left(\frac{\pi}{2}n - \pi\right)$ (b) $2\sin\left(\frac{7\pi}{2}n - \frac{3\pi}{4}\right)$

6.5 (a) $g(t) = 2\cos(2\omega_c t)$ (b) 更集中

6.6 (a) $g[n] = (-1)^n$ (b) 更集中

6.7 (a) 1000 Hz 和 3000 Hz (b) 800 Hz 和 3200 Hz

6.8 $\pi - \omega_p \leq \omega \leq \pi$

6.9 终值 $= 2/5$, $t_0 = 2/5$ s

6.10 (a) $20\log_{10}|H(j\omega)| \approx \begin{cases} -20, & \omega \ll 0.1 \\ 20\log_{10}(\omega), & 0.1 \ll \omega \ll 40 \\ 32, & \omega \gg 40 \end{cases}$

(b) $20\log_{10}|H(j\omega)| \approx \begin{cases} 20, & \omega \ll 0.2 \\ -20\log_{10}(\omega) + 6, & 0.2 \ll \omega \ll 50 \\ -28, & \omega \gg 50 \end{cases}$

6.11 (a) $20\log_{10}|H(j\omega)| \approx \begin{cases} 20, & \omega \ll 0.5 \\ -20\log_{10}(\omega) + 14, & 0.5 \ll \omega \ll 50 \\ -40\log_{10}(\omega) + 48, & \omega \gg 50 \end{cases}$

(b) $20\log_{10}|H(j\omega)| \approx \begin{cases} 0, & \omega \ll 1 \\ -40\log_{10}(\omega), & 1 \ll \omega \ll 50 \\ -20\log_{10}(\omega) - 34, & \omega \gg 50 \end{cases}$

6.12 $H_2(j\omega) = \dfrac{0.01(j\omega + 40)}{(j\omega + 1)(j\omega + 8)}$

6.13 (a) 不唯一 (b) 唯一

6.14 $H_I(j\omega) = 0.2 \times 10^{-4} \dfrac{(j\omega + 50)(j\omega + 10)}{(j\omega + 0.2)^2}$

6.15 (a) 临界阻尼 (b) 欠阻尼 (c) 过阻尼 (d) 欠阻尼

6.16 $y[n] + \frac{1}{2}y[n-1] = \frac{3}{2}x[n]$

6.17 (a) 振荡 (b) 非振荡

6.18 不是

6.19 $R \geq 2\sqrt{\dfrac{L}{C}}$

6.20 $\tau(\omega) = 2$

第7章

7.1 $|\omega| > 5000\pi$

7.2 (a) 和 (c)

7.3 (a) 8000π (b) 8000π (c) $16\,000\pi$

7.4 (a) ω_0 (b) ω_0 (c) $2\omega_0$ (d) $3\omega_0$

7.5 $|H(j\omega)| = \begin{cases} T, & |\omega| \leq \omega_c \\ 0, & \text{其他} \end{cases}$, 其中 $\dfrac{\omega_0}{2} < \omega_c < \dfrac{2\pi}{T} - \dfrac{\omega_0}{2}$, $\sphericalangle H(j\omega) = 0$

7.6 $T_{\max} = \dfrac{\pi}{\omega_1 + \omega_2}$

7.7 $H(j\omega) = \dfrac{2\sin(\omega T/2)}{\omega T} \times e^{j(\omega T/2)}$

7.8 (a) 是 (b) $g(t) = \sum\limits_{k=-4}^{4} a_k e^{jk\pi t}$, $a_k = \begin{cases} 0, & k = 0 \\ -j\left(\dfrac{1}{2}\right)^{k+1}, & 1 \leq k \leq 4 \\ j\left(\dfrac{1}{2}\right)^{-k+1}, & -4 \leq k \leq -1 \end{cases}$

7.9 $\omega_0 = 50\pi$

7.10 (a) 错 (b) 对 (c) 对

7.11 (a) $X_c(j\omega)$ 为实 (b) $\max|X_c(j\omega)| = 0.5 \times 10^{-3}$
(c) $X_c(j\omega) = 0, |\omega| \geq 1500\pi$ (d) $X_c(j\omega) = X_c(j(\omega - 2000\pi)), 0 \leq \omega \leq 2000\pi$

7.12 $|\omega| \geq 750\pi$

7.13 $h[n] = \delta[n-2]$

7.14 $h[n] = -\dfrac{\sin\left[\pi\left(n - \dfrac{1}{2}\right)\right]}{T\pi\left(n - \dfrac{1}{2}\right)^2}$

7.15 $N = 2$

7.16 $x[n] = 4\left(\dfrac{\sin(\pi n/2)}{\pi n}\right)^2$

7.17 理想低通滤波器, 截止频率为 $\pi/2$, 通带增益为 1

7.18 理想低通滤波器, 截止频率为 $\pi/4$, 通带增益为 2

7.19 (a) $y[n] = \dfrac{\sin(5\omega_1 n/3)}{5\pi n}$ (b) $y[n] = \dfrac{1}{5}\delta[n]$

7.20 (a) 是 (b) 不是

第8章

8.1 (a) $m(t) = \dfrac{1}{2}e^{-j\omega_c t}$

8.2　(a) 没必要限制　　　(b) $|\omega_c| > 1000\pi$

8.3　$y(t) = 0$

8.4　$y(t) = \sin 200\pi t$

8.5　$m = \dfrac{3}{2\pi}$

8.6　$A = 4$

8.7　$\omega_0 = 2\omega_c$, $A = 2$

8.8　(a) 是　　　(b) 是, $x(t) = y(t)\sin(\omega_c t) \times \dfrac{2\sin(\omega_c t)}{\pi t}$

8.9　(a) $|\omega| > 2\omega_c$　　　(b) $\omega_0 = \omega_c$, $A = 2$

8.10　(a) $X(j\omega) = 0$, $|\omega| \geq 1000\pi$　　　(b) $\omega_c = 1000\pi$, $A = 4$

8.11　(a) $\dfrac{\omega_c}{2} \leq |\omega| \leq \dfrac{3\omega_c}{2}$, 增益 = 1　　　(b) $A = 2|a_1|$, $\phi = \sphericalangle a_1$

8.12　(a) $\Delta = 0.5 \times 10^{-4}$

8.13　(a) $p(0) = \dfrac{1}{T_1}$　　　(b) $p(kT_1) = 0$

8.14　(a) $Y(j\omega) = \pi\delta(\omega - \omega_c) - \dfrac{m\pi}{2j}\delta(\omega - \omega_c - \omega_m) - \dfrac{m\pi}{2j}\delta(\omega - \omega_c + \omega_m)$

8.15　(a) $\omega_0 = 0$ 和 $\omega_0 = \pi$

8.16　$0 \leq \omega \leq \dfrac{3\pi}{8}$ 和 $\dfrac{5\pi}{8} \leq \omega \leq \pi$

8.17　$0 \leq |\omega| \leq \dfrac{\pi}{2}$

8.18　$H(e^{j\omega}) = \begin{cases} j, & 0 < \omega \leq \dfrac{\pi}{4} \\ -j, & -\dfrac{\pi}{4} \leq \omega < 0 \end{cases}$

8.19　$N = 20$

8.20　$p[n] = \sum\limits_{k=-\infty}^{\infty} \delta[n - 2k]$

第9章

9.1　(a) $\sigma > -5$　　　(b) $\sigma < -5$　　　(c) $-\infty \leq \sigma \leq \infty$
　　　(d) 没有 σ 值　　　(e) $|\sigma| < 5$　　　(f) $\sigma < 5$

9.2　(a) $\dfrac{e^{-(s+5)}}{s+5}$, $\mathcal{Re}\{s\} > -5$　　　(b) $A = -1$, $t_0 = -1$, $\mathcal{Re}\{s\} < -5$

9.3　$\mathcal{Re}\{\beta\} = 3$, $\mathcal{Im}\{\beta\}$ 任意

9.4　$1 + 2j$, $1 - 2j$, $\mathcal{Re}\{s\} < 1$

9.5　(a) 1, 1　　　(b) 0, 1　　　(c) 1, 0

9.6　(a) 不是　　　(b) 是　　　(c) 不是　　　(d) 是

9.7　4

9.8　双边

9.9　$x(t) = 4e^{-4t}u(t) - 2e^{-3t}u(t)$

9.10　(a) 低通　　　(b) 带通　　　(c) 高通

9.11　$|X(j\omega)| = 1$

9.12　(a) 不一致　　　(b) 一致　　　(c) 一致

9.13　$\alpha = -1$, $\beta = \dfrac{1}{2}$

9.14 $X(s) = 1/\left[4\left(s^2 - \dfrac{s}{\sqrt{2}} + \dfrac{1}{4}\right)\left(s^2 + \dfrac{s}{\sqrt{2}} + \dfrac{1}{4}\right)\right]$, $\quad -\dfrac{\sqrt{2}}{4} < \mathcal{R}e\{s\} < \dfrac{\sqrt{2}}{4}$

9.15 $X(s) = \dfrac{s}{s^2 + 4}$, $\quad \mathcal{R}e\{s\} > 0$,

$Y(s) = \dfrac{2}{s^2 + 4}$, $\quad \mathcal{R}e\{s\} > 0$

9.16 (a) 2   (b) $\alpha > 0$

9.17 $\dfrac{d^2 y(t)}{dt^2} + 10 \dfrac{dy(t)}{dt} + 16y(t) = 12x(t) + 3\dfrac{dx(t)}{dt}$

9.18 (a) $H(s) = \dfrac{1}{s^2 + s + 1}$, $\quad \mathcal{R}e\{s\} > -\dfrac{1}{2}$ (b) 低通

  (c) $H(s) = \dfrac{1}{s^2 + 10^{-3}s + 1}$, $\quad \mathcal{R}e\{s\} > -0.0005$ (d) 带通

9.19 (a) $\dfrac{1}{s+2}$, $\quad \mathcal{R}e\{s\} > -2$ (b) $1 + \dfrac{e^{-6}}{s+2}$, $\quad \mathcal{R}e\{s\} > -2$

  (c) $\dfrac{1}{s+4} + \dfrac{1}{s+2}$, $\quad \mathcal{R}e\{s\} > -2$

9.20 (a) $e^{-t}u(t) - e^{-2t}u(t)$ (b) $e^{-t}u(t)$ (c) $2e^{-t}u(t) - e^{-2t}u(t)$

第10章

10.1 (a) $|z| > \dfrac{1}{2}$ (b) $|z| < \dfrac{1}{2}$ (c) $|z| > 1$ (d) $\dfrac{1}{2} < |z| < 2$

10.2 $X(z) = \dfrac{1}{125} \dfrac{z^{-3}}{1 - \dfrac{1}{5}z^{-1}}$, $\quad |z| > \dfrac{1}{5}$

10.3 $|\alpha| = 2$, n_0 任意

10.4 极点在 $z = \dfrac{1}{3}e^{\pm j\pi/4}$, 收敛域为 $|z| < \dfrac{1}{3}$

10.5 (a) 1, 1   (b) 2, 0   (c) 1, 2

10.6 (a) 不是   (b) 不是   (c) 是   (d) 是

10.7 3

10.8 双边

10.9 $x[n] = \dfrac{2}{9}u[n] + \dfrac{7}{9}(-2)^n u[n]$

10.10 (a) $x[0] = 1$, $x[1] = \dfrac{2}{3}$, $x[2] = -\dfrac{2}{9}$ (b) $x[0] = 3$, $x[-1] = -6$, $x[-2] = 18$

10.11 $x[n] = \begin{cases} \left(\dfrac{1}{2}\right)^n, & 0 \leq n \leq 9 \\ 0, & \text{其他} \end{cases}$

10.12 (a) 高通   (b) 低通   (c) 带通

10.13 (a) $G(z) = 1 - z^{-6}$, $\quad |z| > 0$ (b) $X(z) = \dfrac{1 - z^{-6}}{1 - z^{-1}}$, $\quad |z| > 0$

10.14 (a) $n_0 = 2$ (b) $G(z) = \left(\dfrac{z^{-1} - z^{-7}}{1 - z^{-1}}\right)^2$

10.15 $\left(\dfrac{1}{3}\right)^n u[n]$ 和 $\left(-\dfrac{1}{3}\right)^n u[n]$

10.16 (a) 非因果的   (b) 因果的   (c) 非因果的

10.17 (a) 是   (b) 是

10.18 (a) $y[n] - \frac{2}{3}y[n-1] + \frac{1}{9}y[n-2] = x[n] - 6x[n-1] + 8x[n-2]$ (b) 是

10.19 (a) $X_1(z) = \dfrac{1}{1 - \frac{1}{4}z^{-1}}$, $|z| > \frac{1}{4}$ (b) $X_2(z) = 2$, 全部 z

(c) $X_3(z) = \dfrac{1}{1 - \frac{1}{2}z^{-1}}$, $|z| > \frac{1}{2}$

10.20 (a) $-\left(-\frac{1}{2}\right)^n u[n]$ (b) $\frac{1}{3}\left(-\frac{1}{2}\right)^n u[n] + \frac{1}{6}\left(\frac{1}{4}\right)^n u[n]$

(c) $-\frac{2}{3}\left(-\frac{1}{2}\right)^n u[n] + \frac{1}{6}\left(\frac{1}{4}\right)^n u[n]$

第11章

11.1 $H_0(z) + \dfrac{H_1(z)}{1 + G(z)H_1(z)}$

11.2 $\dfrac{H_1(s)H_2(s)}{1 + H_1(s)G_1(s) + H_1(s)H_2(s)G_2(s)}$

11.3 $b < -1$

11.4 $G(s) = \dfrac{1}{s}$

11.5 $-\dfrac{5}{2} < b < \dfrac{3}{2}$

11.6 FIR

11.7 $K > -6$

11.8 $-3 < k < 0$

11.9 否,根轨迹在实轴上。

11.10 $s = -1$ 为二阶极点,$s = 1$ 为二阶零点。

11.11 $0 < k < \dfrac{5}{4}$

11.12 在实轴上零点和极点交替。

11.13 对所有的 K 不稳定。

11.14 (a) 0 (b) 1

11.15 $K > -1$

11.16 $K > -1$

11.17 $-1 < K < 4$

11.18 $-1 < K < 1$

11.19 不稳定。

11.20 增益裕度无限,相位裕度为 $2\arctan\sqrt{2}$。

新 书 荐 语

《信号、系统及推理（英文版）》
Signals, Systems and Inference　　　　　　　　　ISBN：978-7-121-39168-2

本书是美国麻省理工学院知名教授奥本海姆的近年力作，是其在该校开展了二十余年的 Signals, Systems and Inference 课程所涉及知识体系的拓展和延伸。

书中详细阐述了确定性信号与系统的性质和表示形式，包括群延迟和状态空间模型的结构与行为；引入了相关函数和功率谱密度来描述和处理随机信号。涉及的应用实例包括脉冲幅度调制，基于观测器的反馈控制，最小均方误差估计下的最佳线性滤波器，以及匹配滤波器；强调了基于模型的推理方法，特别是针对状态估计、信号估计和信号检测的应用。融合并扩展了信号与系统时频域分析的基本素材和概率论知识，这些都是信号处理、控制、通信、金融工程、生物医学工程等工程和应用科学领域的基本分析方法。具体特点如下：

- 将信号与系统状态、模态结合起来，将观测器与滤波理论结合起来，无论在状态估计还是信号检测上，构成的推理具有数学上的基础和普适性的应用；
- 立足的由基本原理和概念所构架的信号、系统、概率的研究和应用非常丰富，支持的领域非常广泛；
- "推理"（Inference）是结合先验知识和可用的信号量测来归纳不确定性的存在性的，从而引领信号与系统后续课程的建设；
- 引导学生发现问题而不是解决所有问题，基于这种精神，每章的最后一节给出的延伸阅读全部都是书籍而不是论文，而且直接指出该书对应的部分；
- 书中每一章都包含大量的习题，分为基本题、深入题和扩充题。

本书可作为电子信息、通信、自动化等相关专业的信号与系统课程的双语课教材，也可以供从事信息获取、转换、传输及处理工作的广大科技工作者参考。